DANTE

3

MATEMÁTICA
CONTEXTO & APLICAÇÕES

ENSINO MÉDIO

LUIZ ROBERTO DANTE

Livre-docente em Educação Matemática pela Universidade Estadual Paulista (Unesp–Rio Claro, SP).

Doutor em Psicologia da Educação: Ensino da Matemática pela Pontifícia Universidade Católica de São Paulo (PUC–SP).

Mestre em Matemática pela Universidade de São Paulo (USP).

Pesquisador em ensino e aprendizagem da Matemática pela Unesp–Rio Claro, SP.

Ex-professor na rede estadual de Ensino Fundamental e Médio.

Autor de vários livros, entre os quais: *Formulação e resolução de problemas de Matemática – Teoria e prática*; *Didática da Matemática na pré-escola*; Coleção *Aprendendo Sempre – Matemática* (1º ao 5º ano); Coleção *Projeto Ápis – Matemática* (1º ao 5º ano); Coleção *Tudo é Matemática* (6º ao 9º ano); Coleção *Matemática – Contexto & Aplicações* (volume único); todos por esta editora.

editora ática

editora ática

Diretora-Geral Editoras Ática e Scipione
Vera Balhestero
Diretora Editorial Editoras Ática e Scipione
Angela Marsiaj
Gerente Editorial Didáticos Editoras Ática e Scipione
Teresa Porto
Gerente de Qualidade e Suporte Editoras Ática e Scipione
Beatriz Mendes
Gerente Editorial Didáticos Ática
Margarete Gomes

Editora: Cármen Matricardi
Assistente Editorial: Rodrigo Andrade da Silva
Gerente de Revisão: Hélia de Jesus Gonsaga
Equipe de Revisão: Kátia Scaff Marques (Coord.), Ângela Cristina Davoglio, Ivana Alves Costa, Maurício Baptista Vieira e Patrícia Travanca
Supervisor de Arte: Sérgio Yutaka Suwaki
Equipe de Arte: André Gomes Vitale (Edição de Arte), Loide Edelweiss Iizuka (Edição de Arte), Josias Silva (Coordenação de Editoração Eletrônica) e Didier Dias de Moraes (Edição de Arte - Capa)
Supervisor de Iconografia e Cartografia: Sílvio Kligin
Equipe de Iconografia e Cartografia: Cláudia Balista (Assistência), Cláudia Bertolazzi (Pesquisa), Juliana de Albuquerque e Márcio Souza (Cartografia)
Tratamento de Imagem: Cesar Wolf e Fernanda Crevin
Equipe de Tecnologia de Educação: Ana Paula Barranco (Coord.), Cristiane Buranello (Editora), Aline Bagdanavicius (Assistente Editorial) e João Daniel Martins Bueno (Designer Digital)
Colaboração: Angela Elisa Sillos (Edição de Texto), Eloy Ferraz Machado Neto (Assessoria Didática), Erika Cordeiro Costa (Assistente Editorial), Luiz Fernando Piccin (Assessoria Didática), Mariana Von Borell dos Santos (Estagiária) e Sofia Isabel Machado Lucas (Assessoria Didática)
Programação Visual: das werk (Miolo) e Imageria Estúdio (Capa)
Editoração Eletrônica: Formato Comunicação Ltda.
Foto da Capa: Richard Newstead/Getty Images
Ilustrações: Estúdio Lápis Mágico (Edu) e Formato Comunicação Ltda.
Ilustrações das Aberturas de Capítulo: Alex Argozino (capítulo 5) e Paulo Manzi (capítulos 1, 2, 3, 4, 6 e 7)

Direitos desta edição cedidos à Editora Ática S.A.
Av. Otaviano Alves de Lima, 4400
5º andar e andar intermediário ala "A"
Freguesia do Ó – CEP 02909-900 – São Paulo – SP
Tel.: 0800 115152
www.atica.com.br / editora@atica.com.br

Dados Internacionais de Catalogação na Publicação (CIP)
(Câmara Brasileira do Livro, SP, Brasil)

Dante, Luiz Roberto
Matemática: contexto e aplicações / Luiz Roberto Dante. – São Paulo: Ática, 2011.

Obra em 3 v.
Conteúdo 1º ano (5. ed.) – 2º ano (5. ed.) – 3º ano (4. ed.)

1. Matemática (Ensino médio) I. Título.

11–06087 CDD–510.7

Índice para catálogo sistemático:
1. Matemática : Ensino médio 510.7

2012
ISBN 978 85 08 12918 8 (AL)
ISBN 978 85 08 12875 4 (PR)
Cód. da obra CL 737477
4ª edição
2ª impressão

Impressão e acabamento: Gráfica Ave Maria

Uma Publicação **Abril** EDUCAÇÃO

Conforme a nova ortografia da Língua Portuguesa

APRESENTAÇÃO

Caro(a) aluno(a),

Esta coleção de Matemática para o Ensino Médio foi elaborada especialmente para você. Nela, procuramos criar condições para que você possa compreender as ideias básicas da Matemática desse nível de ensino atribuindo significado a elas, além de aplicá-las na resolução de problemas do mundo real.

Todos os conceitos básicos próprios do Ensino Médio foram explorados de maneira intuitiva e compreensível. As receitas prontas e o excesso de fórmulas foram evitados, porém mantivemos o rigor que é necessário a esse nível.

Na abertura dos capítulos, apresentamos noções gerais sobre o assunto que será discutido, sempre com informações sobre a história da Matemática, aplicações dessa disciplina no dia a dia e desafios introdutórios. Assim, você será preparado(a) para o estudo do capítulo e vai, aos poucos, entender por que a Matemática é tão importante na sua vida e no mundo.

Antes de resolver os exercícios propostos, é absolutamente necessário que você estude a teoria e refaça os exercícios resolvidos. Na seção *Resolução passo a passo*, apresentamos exemplos comentados que explicitam as fases de resolução de um problema.

A seção *A Matemática e as práticas sociais* foi criada para você formular, resolver e interpretar situações-problema que exigem a participação consciente do cidadão na sociedade.

Cada capítulo contém ainda uma seção chamada *Pensando no Enem*, que apresenta modelos de questões que aparecem no Exame Nacional do Ensino Médio, desenvolvendo, ao mesmo tempo, o seu raciocínio crítico.

No fim de cada volume, foram incluídas questões do Enem. O volume 3, em especial, é encerrado por uma breve revisão teórica de todo o conteúdo do Ensino Médio, seguida de 500 questões de vestibular.

Além do conteúdo dos livros, você também terá acesso ao *Portal Pedagógico*, um interessante ambiente digital com diversos recursos multimídia que vão auxiliá-lo(a) nos seus estudos.

Esperamos poder contribuir para o seu processo de aprendizagem e para seu ingresso no Ensino Superior, consolidando e aprofundando o que você aprendeu no Ensino Fundamental.

Luiz Roberto Dante

CONHEÇA SEU LIVRO

Páginas de abertura

Duas páginas espelhadas oferecem a você o primeiro contato com o tema do capítulo por meio de:

- breve retomada de um fato histórico;
- apresentação de uma aplicação do conhecimento matemático em estudo;
- proposição de um desafio. (Será que você conseguirá resolvê-lo antes mesmo de estudar o assunto?)

Dois desses textos estão na lateral esquerda. O terceiro recebe tratamento especial: é explorado com mais profundidade nessas duas páginas.

Apresentação dos conteúdos

O conteúdo matemático é apresentado de forma clara, contextualizada, completa e com o rigor necessário à disciplina.

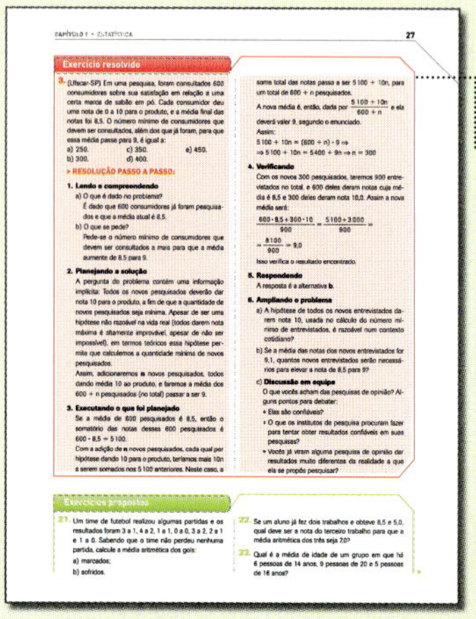

Exercício resolvido passo a passo

Um modelo de resolução por etapas sugere uma ampliação dos estudos para que você possa aprender sempre mais.

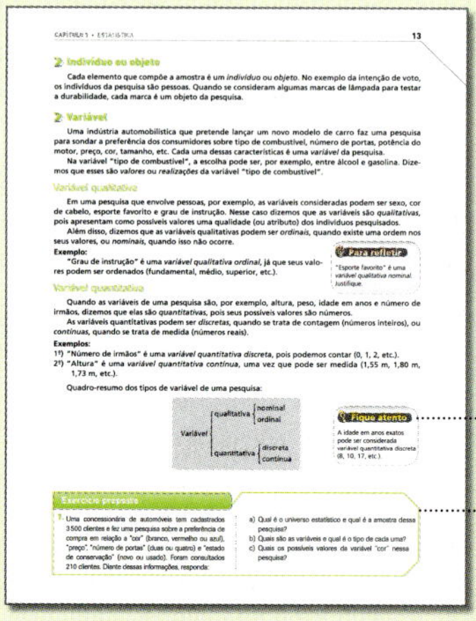

Boxes

Pequenos boxes trazem questões para reflexão ou dão dicas importantes para o estudo.

Exercícios propostos

Essenciais para a aprendizagem. Resolvendo-os, em classe ou em casa, você alcançará pleno entendimento do conteúdo estudado.

Seções especiais

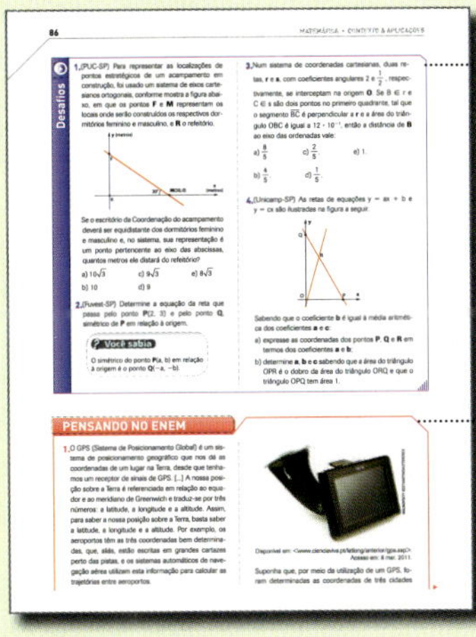

Desafios

Questões organizadas em grau crescente de dificuldade que exigem um bom conhecimento do assunto.

Pensando no Enem

Atividades contextualizadas que possibilitam o desenvolvimento das competências e habilidades necessárias para um bom desempenho no Enem.

A Matemática e as práticas sociais

Temas interessantes e atuais tratam de situações práticas em contexto amplo, articulando a Matemática com outras disciplinas e com temas como tecnologia, saúde e meio ambiente.

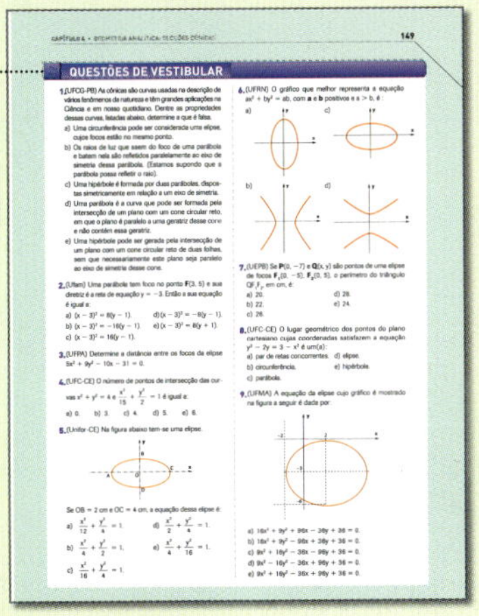

Questões de vestibular

Exercícios elaborados por instituições de todo o país vão capacitá-lo a enfrentar os vestibulares com mais confiança.

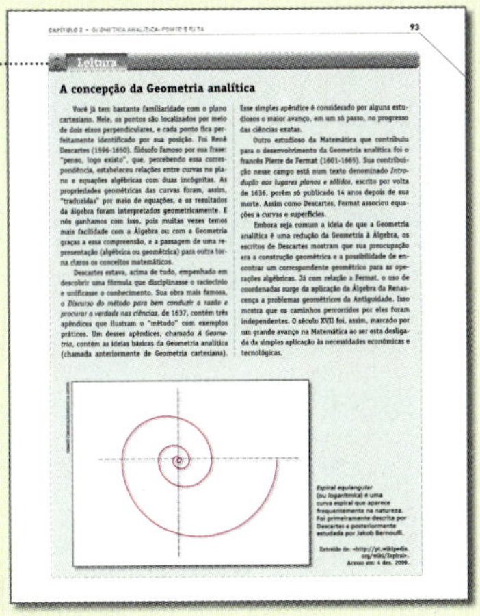

Leitura

Momento de reflexão sobre o tema do capítulo, relacionando-o com o próprio desenvolvimento histórico, com seu uso social, com aplicações científicas, etc.

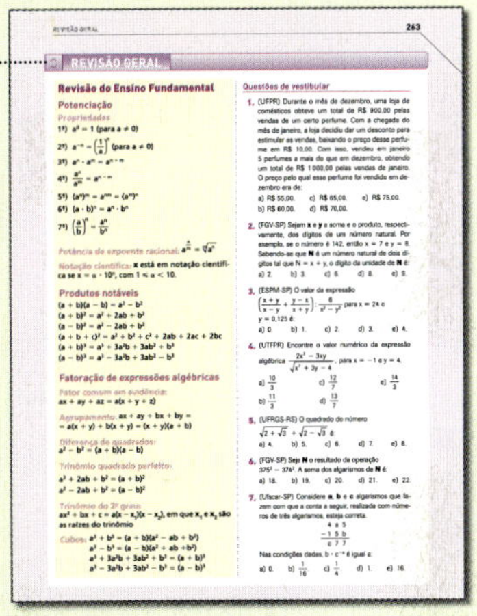

Revisão geral

Resumos teóricos retomam os principais tópicos estudados no Ensino Médio, acompanhados por 500 questões de vestibular.

Portal Pedagógico

Este quadro vai aparecer nos capítulos para indicar conteúdos digitais que você pode acessar no *Portal Pedagógico*.

Trata-se de um ambiente repleto de recursos para você explorar, interagir e ampliar seus conhecimentos sobre os assuntos do livro.

Sempre que este quadro aparecer, siga estes passos:

1º) Acesse o endereço **www.portalpedagogico.com.br/matematicacontextoeaplicacoes**

2º) Clique na capa de seu livro e você verá todos os conteúdos digitais disponíveis.

3º) Selecione o capítulo e escolha o conteúdo que deseja acessar. Para isso, não se esqueça de inserir o *login* e a senha que o(a) professor(a) vai lhe fornecer.

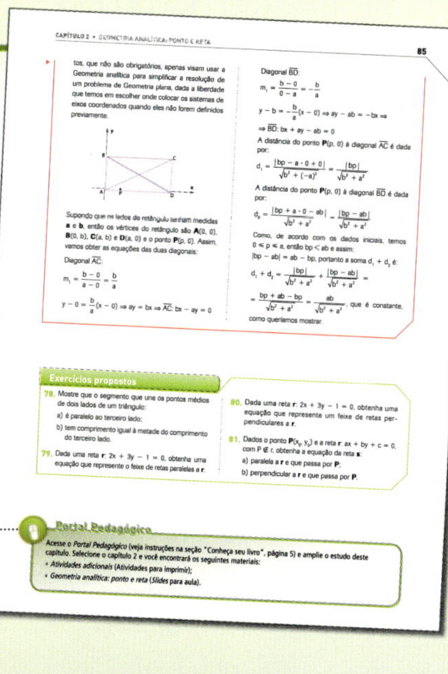

SUMÁRIO

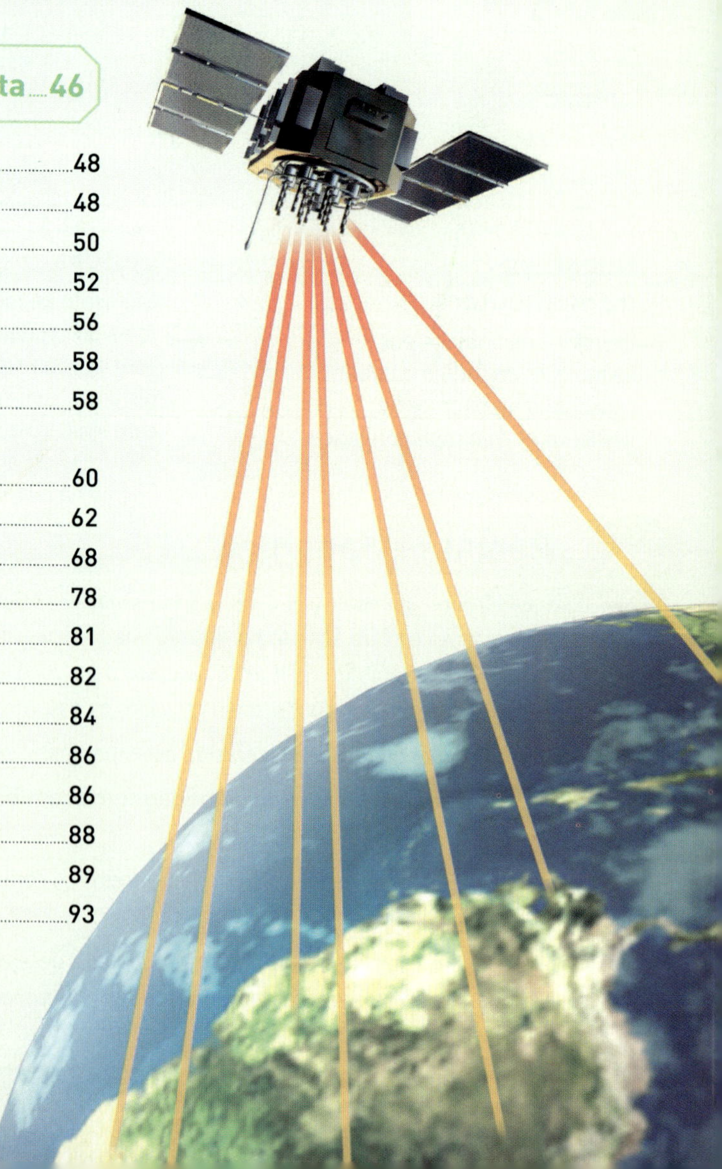

Capítulo 1 Estatística

UM POUCO DE HISTÓRIA

➲ Registros históricos indicam que o uso da Estatística já ocorria há cerca de 3300 a.C. na China, pela necessidade de os governantes conhecerem como os recursos e bens estavam distribuídos pela sociedade. Entretanto, somente no século XVIII, por obra de matemáticos, como o alemão Gottfried Achenwall (1719-1772), foi atribuído caráter científico a essa área da Matemática.

Todas as áreas do conhecimento utilizam a Estatística. Os dados estatísticos servem de base para a coleta e a distribuição de recursos econômicos, para o planejamento dos serviços do Estado (como na avaliação da educação e na previsão de surtos epidêmicos), para a melhoria da qualidade de produtos e serviços, para o aumento da produtividade do trabalho, etc.

Essa área da Matemática nos permite lançar um olhar analítico sobre os fenômenos sociais e naturais.

DESAFIO

➲ Considerando os gastos com obras dos estádios para a Copa do Mundo de 2014 citados, qual a diferença entre as médias de gasto dos dois estádios que exigirão mais recursos e dos dois estádios que exigirão menos recursos?

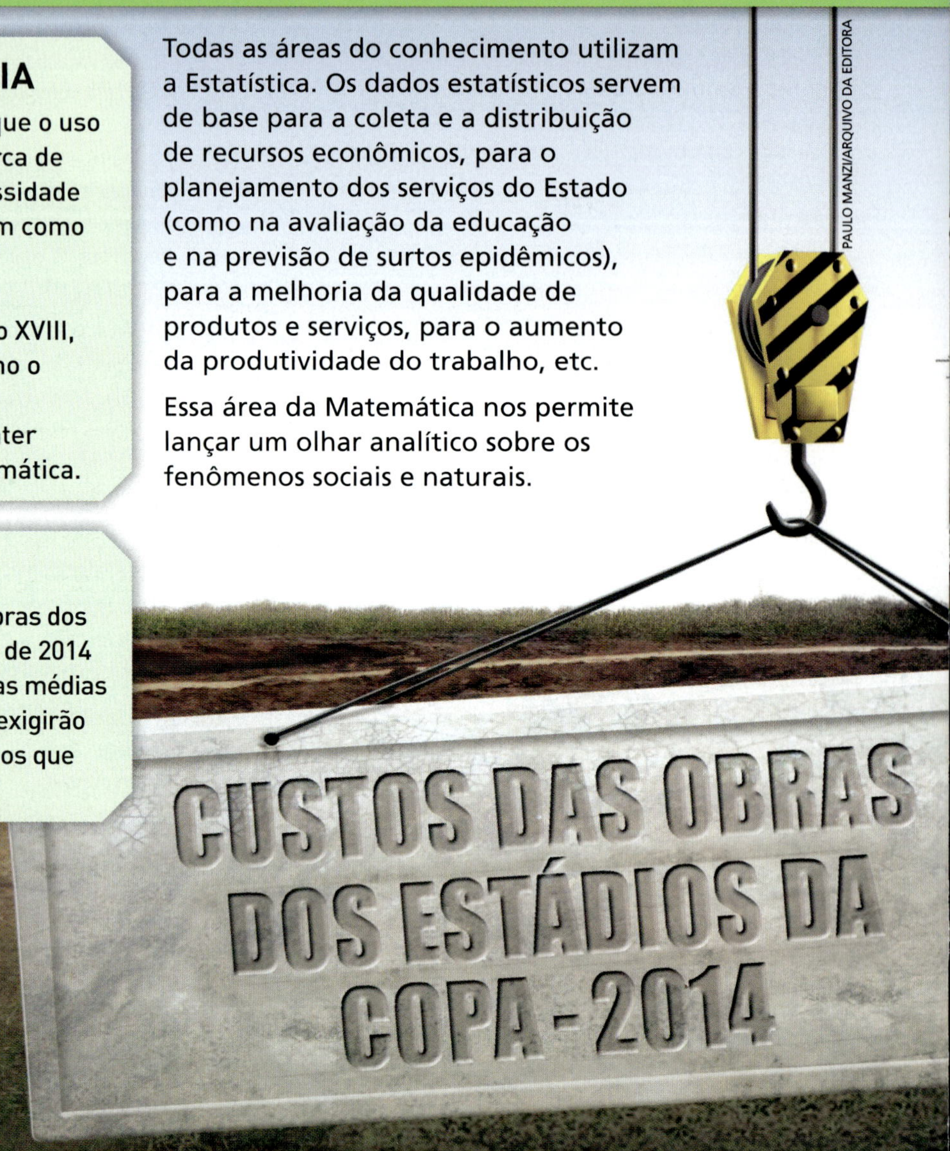

PAULO MANZI/ARQUIVO DA EDITORA

Adaptado de: <http://esporte.uol.com.br/infografico/2011/05/26/veja-a-situacao-das-12-sedes-da-copa-do-mundo-de-2014.jhtm>. Acesso em 15 jun. 2011.

Itaquerão – SP
Divisão dos gastos

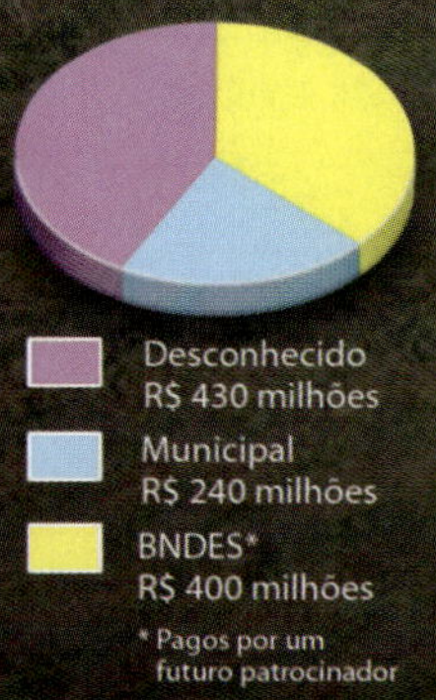

PREVISÃO DE ENTREGA DEZEMBRO/2013

Maracanã – RJ
Divisão dos gastos

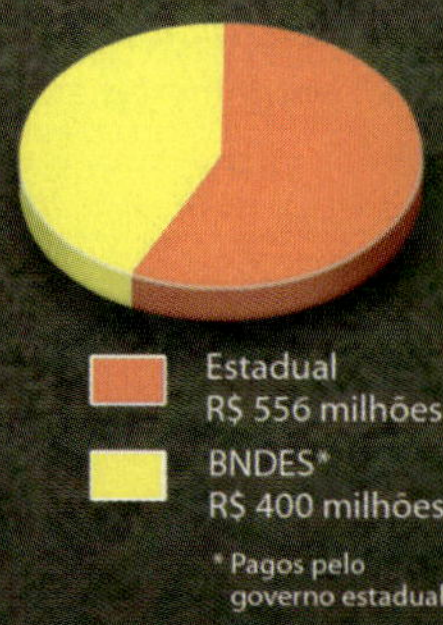

PREVISÃO DE ENTREGA DEZEMBRO/2012

Mineirão – MG
Divisão dos gastos

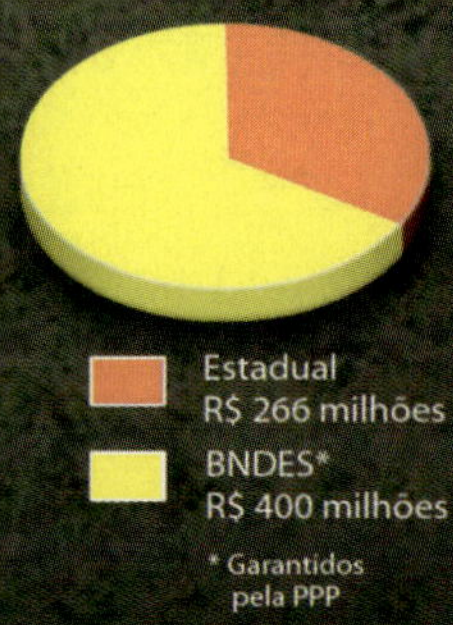

PREVISÃO DE ENTREGA DEZEMBRO/2012

Arena da Baixada – PR
Divisão dos gastos

PREVISÃO DE ENTREGA DEZEMBRO/2012

A MATEMÁTICA NA PRÁTICA

Muitas informações que recebemos diariamente, como índices econômicos, estimativas de custos e prazos de obras e resultados de pesquisas de opinião pública são provenientes da ESTATÍSTICA, área que disponibiliza métodos e técnicas para enfrentarmos situações de incerteza de modo racional.

Beira-Rio – RS
Divisão dos gastos

Privado
R$ 250 milhões

PREVISÃO DE ENTREGA
DEZEMBRO/2012

Mané Garrincha – DF
Divisão dos gastos

Distrital
R$ 696 milhões

PREVISÃO DE ENTREGA
DEZEMBRO/2012

Verdão – MT
Divisão dos gastos

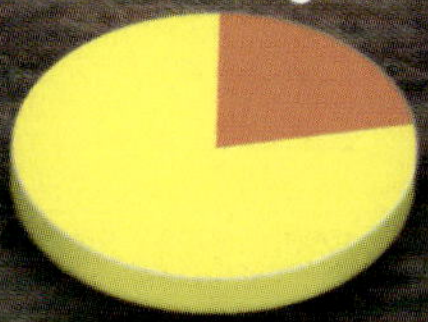

Estadual
R$ 107,7 milhões
BNDES*
R$ 392,3 milhões
* Pagos pelo governo estadual

PREVISÃO DE ENTREGA
DEZEMBRO/2012

Castelão – CE
Divisão dos gastos

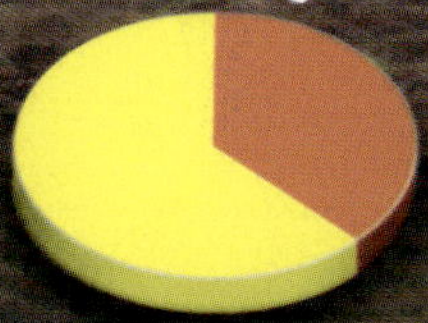

Estadual
R$ 167,1 milhões
BNDES*
R$ 351,5 milhões
* Pagos pelo governo estadual

PREVISÃO DE ENTREGA
ABRIL/2013

Vivaldão – AM
Divisão dos gastos

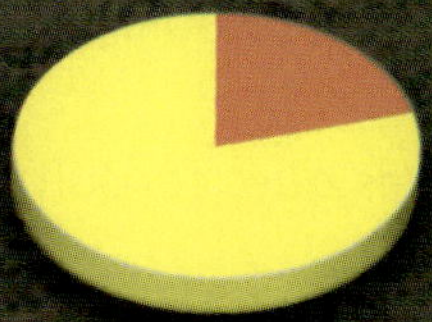

Estadual
R$ 107,2 milhões
BNDES*
R$ 392,3 milhões
* Pagos pelo governo estadual

PREVISÃO DE ENTREGA
1ª SEMANA/2013

Fonte Nova – BA
Divisão dos gastos

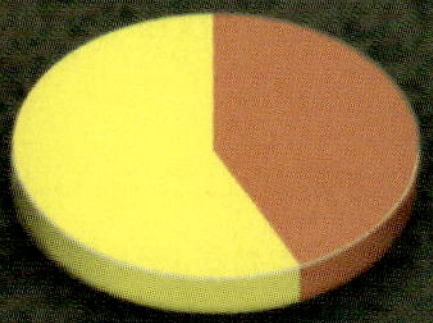

Estadual
R$ 267,3 milhões
BNDES*
R$ 323,7 milhões
* Pagos pelo governo estadual

PREVISÃO DE ENTREGA
DEZEMBRO/2012

Arena das Dunas – RN
Divisão dos gastos

Estadual
R$ 2 milhões
BNDES*
R$ 398 milhões
* Pagos pelo governo estadual

PREVISÃO DE ENTREGA
DEZEMBRO/2013

Arena Pernambuco – PE
Divisão dos gastos

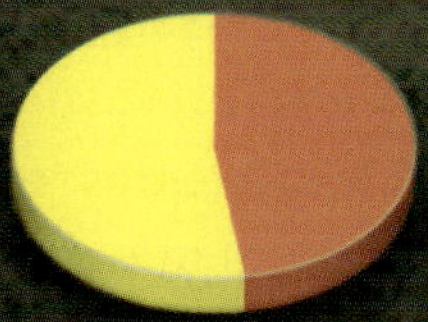

Estadual
R$ 252 milhões
BNDES*
R$ 280 milhões
* Pagos pelo governo estadual

PREVISÃO DE ENTREGA
DEZEMBRO/2012

1 Introdução

O uso da pesquisa é bastante comum nas várias atividades humanas.

Exemplos:

1º) As indústrias costumam realizar pesquisas entre os consumidores antes do lançamento de um novo produto no mercado.

2º) As pesquisas eleitorais fornecem elementos para que os candidatos direcionem a campanha.

3º) A pesquisa do desempenho dos atletas ou das equipes em uma partida ou em um campeonato interfere no planejamento dos treinamentos.

4º) Emissoras de tevê utilizam pesquisas que mostram a preferência dos espectadores para organizar sua programação.

A realização de uma pesquisa envolve muitas etapas, como a escolha da amostra, a coleta e organização dos dados (informações), o resumo desses dados (em tabelas, gráficos, etc.) e a interpretação dos resultados.

A parte da Matemática que trata desses assuntos é a *Estatística*. Neste capítulo, vamos estudar noções de Estatística, como a construção e a interpretação de gráficos como este abaixo:

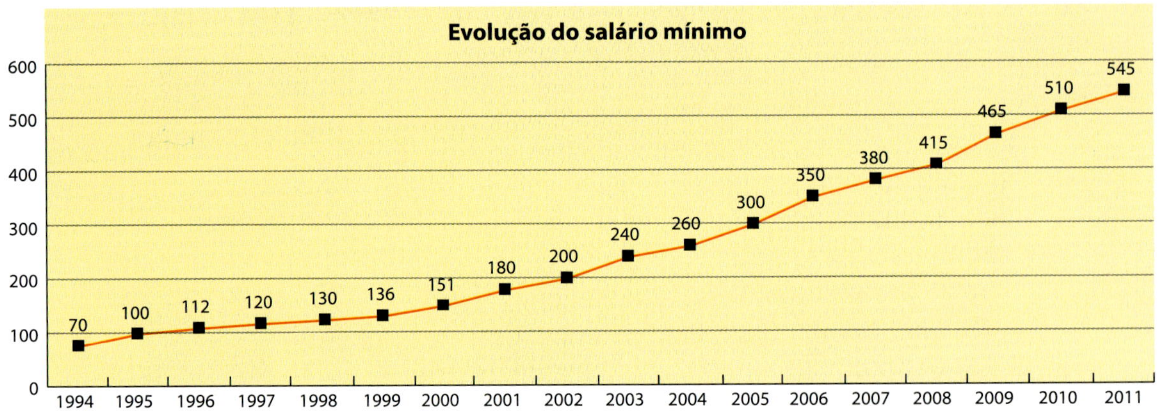

Fonte: Ministério do Trabalho.

2 Termos de uma pesquisa estatística

População e amostra

Se quisermos saber, por exemplo, qual é a matéria favorita entre os alunos de uma classe, podemos consultar todos os alunos da classe.

No entanto, isso não é possível quando queremos pesquisar a intenção de voto dos eleitores do estado de São Paulo, pois não podemos consultar todos os eleitores que constituem a *população* ou o *universo estatístico*.

Recorremos, então, ao que se chama de *amostra*, ou seja, um grupo de eleitores que, consultados, permitem que se chegue ao resultado mais próximo possível da realidade.

É comum aparecer na publicação das pesquisas quantos eleitores foram consultados, pois a escolha da amostra (quantos e quais eleitores) é fundamental para o resultado.

Chamando de **U** o universo estatístico e de **A** uma amostra, temos:

$$A \subset U$$

Para refletir

Em que situação temos A = U?

Indivíduo ou objeto

Cada elemento que compõe a amostra é um *indivíduo* ou *objeto*. No exemplo da intenção de voto, os indivíduos da pesquisa são pessoas. Quando se consideram algumas marcas de lâmpada para testar a durabilidade, cada marca é um objeto da pesquisa.

Variável

Uma indústria automobilística que pretende lançar um novo modelo de carro faz uma pesquisa para sondar a preferência dos consumidores sobre tipo de combustível, número de portas, potência do motor, preço, cor, tamanho, etc. Cada uma dessas características é uma *variável* da pesquisa.

Na variável "tipo de combustível", a escolha pode ser, por exemplo, entre álcool e gasolina. Dizemos que esses são *valores* ou *realizações* da variável "tipo de combustível".

Variável qualitativa

Em uma pesquisa que envolve pessoas, por exemplo, as variáveis consideradas podem ser sexo, cor de cabelo, esporte favorito e grau de instrução. Nesse caso dizemos que as variáveis são *qualitativas*, pois apresentam como possíveis valores uma qualidade (ou atributo) dos indivíduos pesquisados.

Além disso, dizemos que as variáveis qualitativas podem ser *ordinais*, quando existe uma ordem nos seus valores, ou *nominais*, quando isso não ocorre.

Exemplo:

"Grau de instrução" é uma *variável qualitativa ordinal*, já que seus valores podem ser ordenados (fundamental, médio, superior, etc.).

Para refletir

"Esporte favorito" é uma *variável qualitativa nominal.* Justifique.

Variável quantitativa

Quando as variáveis de uma pesquisa são, por exemplo, altura, peso, idade em anos e número de irmãos, dizemos que elas são *quantitativas*, pois seus possíveis valores são números.

As variáveis quantitativas podem ser *discretas*, quando se trata de contagem (números inteiros), ou *contínuas*, quando se trata de medida (números reais).

Exemplos:

1º) "Número de irmãos" é uma *variável quantitativa discreta*, pois podemos contar (0, 1, 2, etc.).

2º) "Altura" é uma *variável quantitativa contínua*, uma vez que pode ser medida (1,55 m, 1,80 m, 1,73 m, etc.).

Quadro-resumo dos tipos de variável de uma pesquisa:

- Variável
  - qualitativa
    - nominal
    - ordinal
  - quantitativa
    - discreta
    - contínua

Fique atento

A idade em anos exatos pode ser considerada variável quantitativa discreta (8, 10, 17, etc.).

Exercício proposto

1. Uma concessionária de automóveis tem cadastrados 3 500 clientes e fez uma pesquisa sobre a preferência de compra em relação a "cor" (branco, vermelho ou azul), "preço", "número de portas" (duas ou quatro) e "estado de conservação" (novo ou usado). Foram consultados 210 clientes. Diante dessas informações, responda:

a) Qual é o universo estatístico e qual é a amostra dessa pesquisa?

b) Quais são as variáveis e qual é o tipo de cada uma?

c) Quais os possíveis valores da variável "cor" nessa pesquisa?

Frequência absoluta e frequência relativa

Suponha que entre um grupo de turistas, participantes de uma excursão, tenha sido feita uma pesquisa sobre a nacionalidade de cada um e que o resultado dela tenha sido o seguinte: Pedro: brasileiro; Ana: brasileira; Ramón: espanhol; Laura: espanhola; Cláudia: brasileira; Sérgio: brasileiro; Raúl: argentino; Nélson: brasileiro; Sílvia: brasileira; Pablo: espanhol.

O número de vezes que um valor da variável é citado representa a *frequência absoluta* daquele valor.

Nesse exemplo, a variável é "nacionalidade" e a frequência absoluta de cada um de seus valores é: brasileira, 6; espanhola, 3; e argentina, 1.

Existe também a *frequência relativa*, que registra a frequência absoluta em relação ao total de citações.

Nesse exemplo, temos:

- frequência relativa da nacionalidade brasileira: 6 em 10 ou $\frac{6}{10}$ ou $\frac{3}{5}$ ou 0,6 ou 60%;
- frequência relativa da nacionalidade espanhola: 3 em 10 ou $\frac{3}{10}$ ou 0,3 ou 30%;
- frequência relativa da nacionalidade argentina: 1 em 10 ou $\frac{1}{10}$ ou 0,1 ou 10%.

Fique atento

A frequência relativa pode ser expressa em fração, decimal ou porcentagem.

Podemos associar a frequência relativa de um evento à probabilidade de que ele ocorra. Se o número total de citações for suficientemente grande, a frequência relativa se estabiliza em torno de um número que expressa a probabilidade de ocorrência desse evento.

Tabela de frequências

A tabela que mostra a variável e suas realizações (valores), com as frequências absoluta (FA) e relativa (FR), é chamada de *tabela de frequências*.

Assim, usando o mesmo exemplo, temos:

Nacionalidade	brasileira	espanhola	argentina	total
FA	6	3	1	10
FR	60%	30%	10%	100%

Exercício proposto

2. Um grupo de alunos foi consultado sobre o time paulista de sua preferência, e os votos foram registrados assim: Santos ; Palmeiras ; Corinthians ; São Paulo 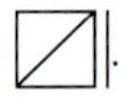. Construa a tabela de frequências correspondente a essa pesquisa.

Tabelas de frequências das variáveis quantitativas

Já sabemos que a variável quantitativa tem seus possíveis valores indicados por números. Veremos agora que, na elaboração de suas tabelas de frequências, podemos deparar com duas situações.

Para isso, vamos tomar como exemplo um grupo de alunos dos quais foram registrados a idade (em anos), o "peso" (em quilogramas) e a altura (em metros).

Alberto: 14 a, 49,0 kg e 1,73 m;
Alexandre: 14 a, 46,5 kg e 1,66 m;
Carlos: 16 a, 53,0 kg e 1,78 m;
Cláudio: 15 a, 50,0 kg e 1,75 m;
Eduardo: 14 a, 51,0 kg e 1,68 m;
Flávio: 15 a, 49,0 kg e 1,70 m;
Geraldo: 14 a, 44,0 kg e 1,62 m;
Gilberto: 15 a, 51,0 kg e 1,76 m;
Hélio: 14 a, 48,3 kg e 1,68 m;
José Carlos: 16 a, 52,0 kg e 1,79 m;
José Luís: 14 a, 49,0 kg e 1,74 m;
Lúcio: 14 a, 46,5 kg e 1,65 m;
Marcos: 15 a, 48,0 kg e 1,63 m;
Mário: 14 a, 48,5 kg e 1,69 m;
Maurício: 16 a, 50,0 kg e 1,70 m;
Mílton: 14 a, 52,0 kg e 1,75 m;
Renato: 14 a, 46,0 kg e 1,72 m;
Roberto: 15 a, 47,0 kg e 1,69 m;
Saul: 14 a, 51,0 kg e 1,73 m;
Sérgio: 14 a, 49,0 kg e 1,66 m.

Primeira situação:

Ao elaborar a tabela de frequências da variável "idade", notamos que aparecem como possíveis valores 14 anos, 15 anos e 16 anos:

Idade (anos)	**Contagem**	**FA**	**FR** (fração)	**FR** (%)
14		12	$\frac{12}{20} = \frac{3}{5}$	60
15		5	$\frac{5}{20} = \frac{1}{4}$	25
16		3	$\frac{3}{20}$	15
total		20	1	100

Segunda situação:

Para a variável "altura" aparecem muitos valores diferentes, o que torna inviável colocar na tabela uma linha para cada valor. Em casos como esse, agrupamos os valores em intervalos (ou classes), como veremos a seguir:

1º) Calculamos a diferença entre a maior e a menor altura registrada, obtendo a amplitude total (1,79 m − 1,62 m = 0,17 m).

2º) Escolhemos o número de intervalos (geralmente superior a quatro), consideramos um número conveniente (um pouco acima da amplitude total) e determinamos a amplitude de cada intervalo (classe). No exemplo, para 6 intervalos, fazemos 0,18 m : 6 = 0,03 m.

3º) Elaboramos a tabela de frequências:

Altura (em classes)	**Contagem**	**FA**	**FR** (decimal)	**FR** (%)
1,62 $\vdash$ 1,65 m		2	0,10	10
1,65 $\vdash$ 1,68 m		3	0,15	15
1,68 $\vdash$ 1,71 m		6	0,30	30
1,71 $\vdash$ 1,74 m		3	0,15	15
1,74 $\vdash$ 1,77 m		4	0,20	20
1,77 $\vdash$ 1,80 m		2	0,10	10
total		20	1,00	100

Observações:

1ª) As classes (intervalos) foram obtidas, a partir de 1,62 m, fazendo a adição de 0,03 (1,62 + 0,03 = 1,65; 1,65 + 0,03 = 1,68; e assim por diante).

2ª) O símbolo $\vdash$ indica intervalo fechado à esquerda e aberto à direita. Assim, a altura 1,68 m não foi registrada em 1,65 $\vdash$ 1,68 m, mas no intervalo 1,68 $\vdash$ 1,71 m.

Exercício proposto

3. Usando os dados da mesma pesquisa (página anterior), elabore a tabela de frequências da variável "peso" com seus valores agrupados em 5 classes.

Vamos agora retomar os termos de Estatística vistos até aqui, por meio da seguinte situação:

Em uma escola com 5 classes de 1º ano do ensino médio, cada uma com 45 alunos, foi feita uma pesquisa para traçar o perfil do 1º ano. Para tanto, foram selecionados 5 alunos de cada classe, que responderam a um questionário, a partir do qual foi elaborada a seguinte tabela:

Nome	Sexo	Idade (anos/meses)	Altura (cm)	Peso (kg)	Número de irmãos	Cor de cabelo	*Hobby*	Número do sapato	Manequim	Desempenho em Matemática
Antônio	M	15 a 4 m	156	49	2	castanho	esporte	36	38	ótimo
Artur	M	14 a 7 m	166	48	0	castanho	esporte	39	38	bom
Áurea	F	15 a 2 m	165	66	1	castanho	música	36	42	insuficiente
Bruno	M	14 a 8 m	175	63	0	castanho	patinação	40	42	regular
Carla	F	14 a 5 m	165	57	2	loiro	música	36	40	regular
Cláudia	F	15 a 3 m	164	50	2	loiro	dança	36	38	bom
Domingos	M	14 a 6 m	163	51	1	castanho	esporte	36	38	bom
Edite	F	14 a 7 m	160	60	3	castanho	música	36	40	ótimo
Flávia	F	14 a 7 m	175	65	1	castanho	esporte	37	42	bom
Fúlvio	M	14 a 5 m	150	38	1	ruivo	esporte	34	36	insuficiente
Geraldo	M	15 a 11 m	146	38	0	castanho	aeromodelismo	34	36	regular
José	M	14 a 10 m	165	52	1	castanho	dança	38	38	regular
Laura	F	14 a 0 m	165	53	2	castanho	dança	36	38	bom
Lúcia	F	14 a 8 m	167	65	2	castanho	música	37	42	bom
Mário	M	15 a 4 m	165	50	3	loiro	patinação	36	38	insuficiente
Mauro	M	14 a 11 m	163	54	4	castanho	esporte	38	40	ótimo
Nívea	F	15 a 2 m	164	63	1	loiro	esporte	38	42	bom
Orlando	M	14 a 8 m	159	64	2	castanho	música	37	42	regular
Patrícia	F	15 a 1 m	158	43	1	loiro	dança	36	36	insuficiente
Paula	F	14 a 11 m	163	53	1	castanho	dança	36	38	bom
Renata	F	14 a 3 m	162	52	1	castanho	dança	36	38	ótimo
Roberto	M	14 a 2 m	167	53	0	castanho	esporte	40	38	ótimo
Sandra	F	14 a 10 m	167	58	1	loiro	dança	40	40	ótimo
Teresa	F	15 a 9 m	155	49	0	castanho	patinação	35	36	ótimo
Vânia	F	15 a 2 m	152	41	3	castanho	música	34	36	bom

A partir das informações do enunciado e da tabela dada, podemos afirmar:

1º) O universo estatístico é constituído de 225 alunos.

2º) A amostra dessa pesquisa é constituída de 25 alunos.

3º) "Cor de cabelo" é uma variável qualitativa nominal.

4º) "Número de irmãos" é uma variável quantitativa discreta.

5º) "Desempenho em Matemática" é uma variável qualitativa ordinal.

6º) "Altura" é uma variável quantitativa contínua.

7º) "Dança" é um valor da variável *hobby*, cuja frequência absoluta é 7 e cuja frequência relativa é $\frac{7}{25}$ ou 0,28 ou 28%.

8º) A tabela de frequências da variável "número de irmãos" é a seguinte:

Número de irmãos	Contagem	FA	FR	FR
0	⧄	5	$\frac{5}{25} = 0,2$	20%
1	⧄⧄	10	$\frac{10}{25} = 0,4$	40%
2	⧄|	6	$\frac{6}{25} = 0,24$	24%
3	⊔	3	$\frac{3}{25} = 0,12$	12%
4	|	1	$\frac{1}{25} = 0,04$	4%
total		25	1	100%

9º) A tabela de frequências da variável "peso" (em quilograma), com os valores em classes:

Amplitude total: 66 − 38 = 28

Número de intervalos: 5

Amplitude relativa: 30 : 5 = 6

Peso (kg)	Contagem	FA	FR
38 ⊢— 44	□	4	16%
44 ⊢— 50	⊔	3	12%
50 ⊢— 56	⧄□	9	36%
56 ⊢— 62	⊔	3	12%
62 ⊢— 68	⧄|	6	24%
total		25	100%

Exercícios propostos

Para os exercícios 4, 5 e 6, utilize o quadro da página anterior.

4. Responda:

a) Das variáveis do quadro quais são qualitativas nominais?

b) Quais são os valores da variável "sexo"?

c) Qual é a frequência absoluta do valor 38 da variável "manequim"? E a frequência relativa (em fração, decimal e porcentagem)?

d) Qual é o valor da variável "cor de cabelo", cuja frequência relativa é 72%?

5. Elabore a tabela de frequências da variável "desempenho em Matemática".

6. Construa a tabela de frequências da variável "altura" (em centímetros), com os valores em 6 intervalos (classes).

7. A tabela a seguir é resultante de uma pesquisa sobre os "gêneros musicais" mais vendidos em uma loja de CDs durante um dia. Complete os espaços.

Gênero musical	FA	FR	FR	FR
sertanejo				30%
MPB		$\frac{6}{25}$		
rock				
clássico			0,14	
total	50			

8. Foi feito o levantamento dos "salários" dos funcionários de uma empresa e, em seguida, foi elaborada a tabela de frequências, com os valores da variável em classes. Complete a tabela.

Salário (R$)	FA	FR
⊢—		10%
⊢—	15	
⊢—	30	50%
⊢—	6	
960 ⊢— 1050		
total		

9. Na Copa do Mundo da África do Sul (2010), o Brasil disputou os seguintes jogos: Brasil 2 × 1 Coreia do Norte; Brasil 3 × 1 Costa do Marfim; Brasil 0 × 0 Portugal; Brasil 3 × 1 Chile; Brasil 1 × 2 Holanda.

a) Construa a tabela de frequências da variável "resultados", considerando como valores as vitórias, os empates e as derrotas do Brasil.

b) Elabore a tabela de frequências da variável "gols marcados pelo Brasil por partida", usando como valores 0 gol, 1 gol, 2 gols e 3 gols.

3 Representação gráfica

A representação gráfica fornece uma visão de conjunto mais rápida que a observação direta dos dados numéricos. Por isso, os meios de comunicação com frequência oferecem a informação estatística por meio de gráficos.

Consideremos uma situação em que, na votação para representante e vice-representante do 3º ano do ensino médio, cada voto é representado com um "x" ao lado do nome do candidato. Veja o resultado da votação na tabela ao lado.

Adriano	× × × × × × × × × × × × ×
Letícia	× × × × × × ×
Luciana	× × × × × × × × × ×
Marino	× × × × × ×
Magda	× × × ×

Não precisamos contar os votos para saber quem foi eleito. Pelos "xis", notamos que Adriano foi o escolhido para representante e Luciana para vice.

Com uma simples olhada, obtemos a informação de que necessitamos. Essa é uma característica importante dos gráficos estatísticos.

Gráfico de segmentos

A tabela que segue mostra a venda de livros em uma livraria no segundo semestre de determinado ano.

Meses do segundo semestre	Número de livros vendidos
julho	350
agosto	300
setembro	400
outubro	400
novembro	450
dezembro	500

A situação do exemplo estabelece uma correspondência que pode ser expressa por pares ordenados (julho, 350), (agosto, 300), etc. Usando eixos cartesianos, localizamos os seis pares ordenados e construímos um gráfico de segmentos.

Os gráficos de segmentos são utilizados principalmente para mostrar a evolução das frequências dos valores de uma variável durante certo período.

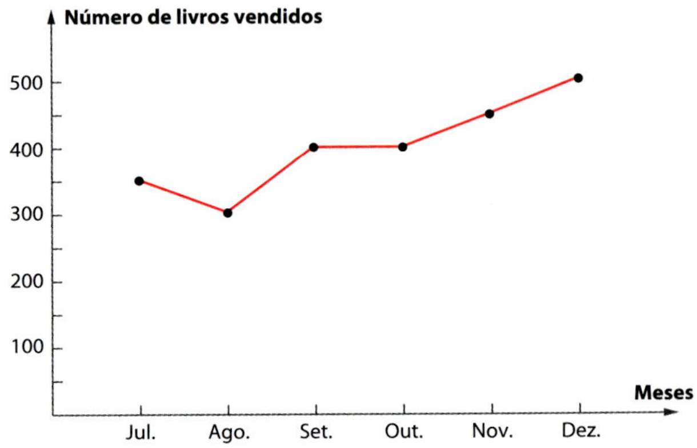

A posição de cada segmento indica crescimento, decréscimo ou estabilidade. Já a inclinação do segmento sinaliza a intensidade do crescimento ou do decréscimo.

Pelo gráfico anterior, vemos que:

- de julho para agosto as vendas caíram;
- de setembro para outubro as vendas permaneceram estáveis;
- o crescimento de agosto para setembro foi maior que o de outubro para novembro;
- o mês com maior número de vendas foi dezembro;
- no mês de outubro foram vendidos 400 livros.

Fique atento

O gráfico de segmentos é chamado também de gráfico de linhas.

Exemplos:

1º) **População brasileira de 1940 a 2010**

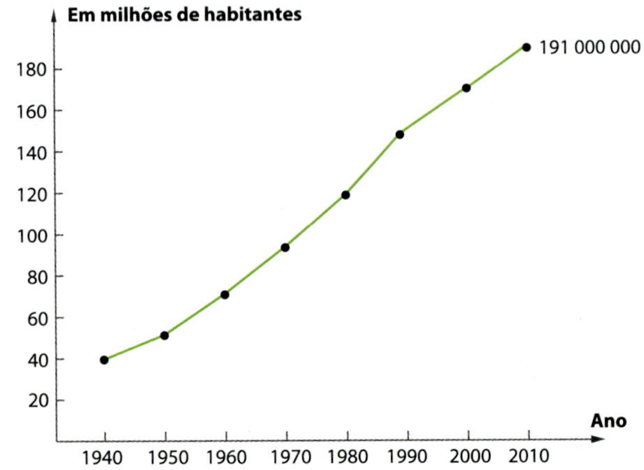

2º) **Quantidade de *sites* de compras coletivas no Brasil**

Fonte: <www.bolsadeofertas.com.br>

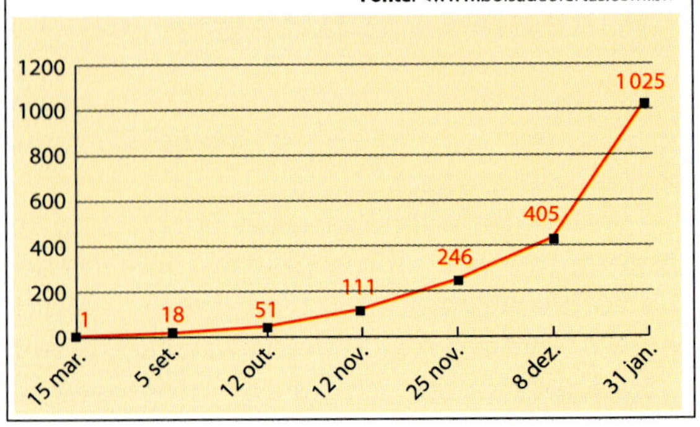

Disponível em: <comunikadu.com.br/2011/02/20/compras-coletivas-para-todos-os-gostos>. Acesso em: 2 mar. 2011.

Exercícios propostos

10. Utilize o gráfico de segmentos do exemplo dado (venda de livros) na página anterior e responda:

a) Em que períodos do segundo semestre as vendas subiram?

b) Em qual destes dois meses as vendas foram maiores: julho ou outubro?

c) Em que mês do semestre as vendas foram menores?

d) Em que mês foram vendidos 450 livros?

11. Um aluno apresentou durante o ano letivo o seguinte aproveitamento: Primeiro bimestre: nota 7; segundo bimestre: nota 6; terceiro bimestre: nota 8; e quarto bimestre: nota 8. Construa um gráfico de segmentos correspondente a essa situação e, a partir dele, tire algumas conclusões.

12. Analise o gráfico abaixo.

SALDO DA BALANÇA COMERCIAL BRASILEIRA – 2010

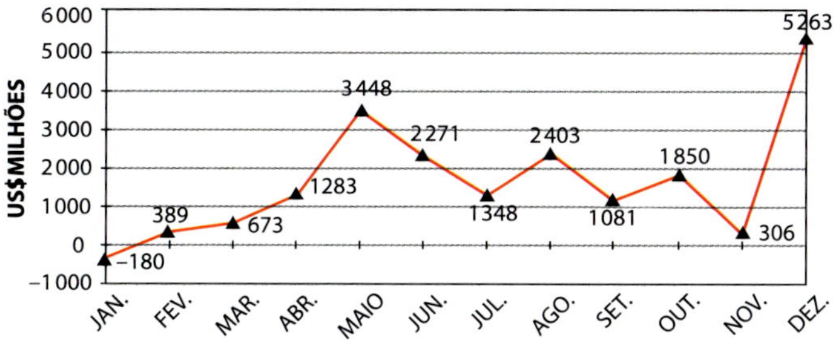

Fonte: <www.desenvolvimento.gov.br>. Acesso em: 23 mar. 2011.

Para refletir

O que indica o saldo da balança comercial?

Agora, responda:

a) Em qual mês de 2010 o saldo da balança comercial brasileira foi menor?

b) Em qual mês de 2010 o saldo foi maior?

c) O que ocorreu com o saldo da balança comercial brasileira de outubro a novembro de 2010?

d) Qual foi o crescimento do saldo, em milhões de dólares, de abril para maio?

Gráfico de barras

A partir do "desempenho em Química" demonstrado pelos alunos de uma classe, um professor elaborou a seguinte tabela:

Desempenho em Química	FA	FR
insuficiente	6	15%
regular	10	25%
bom	14	35%
ótimo	10	25%
total	40	100%

Com os dados da tabela é possível construir os gráficos de barras:

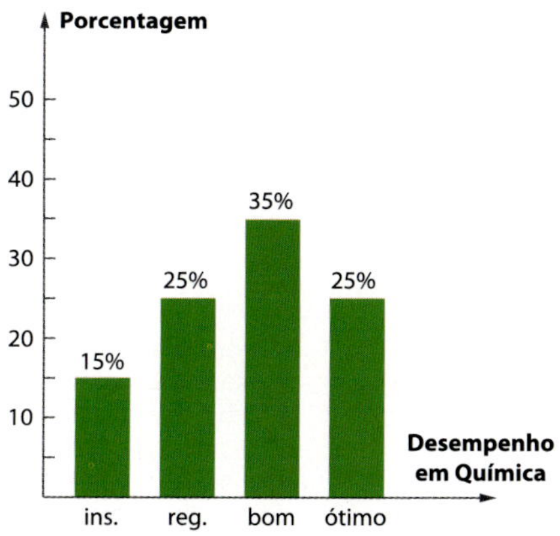

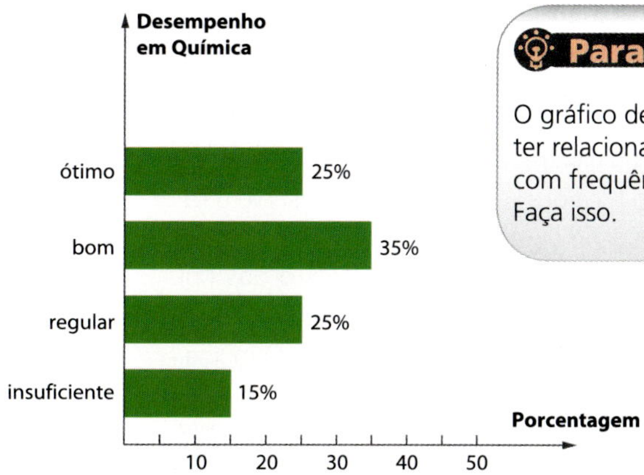

Para refletir

O gráfico de barras poderia ter relacionado desempenho com frequência absoluta. Faça isso.

Exemplos:

1º) Consumo de energia elétrica em uma residência (em 2011):

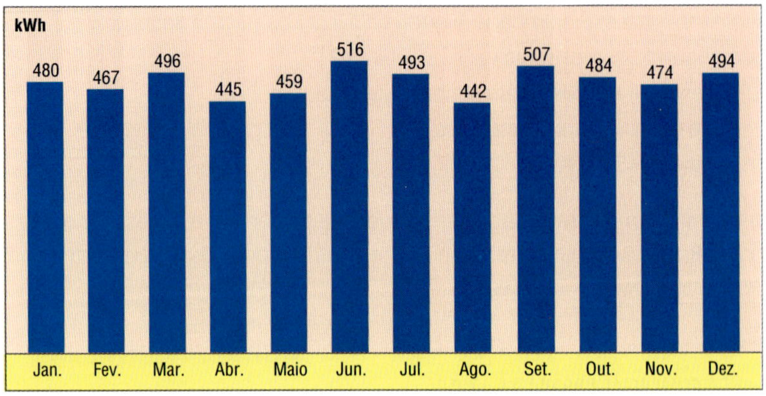

2º) Pesquisa sobre a média de idade da população.

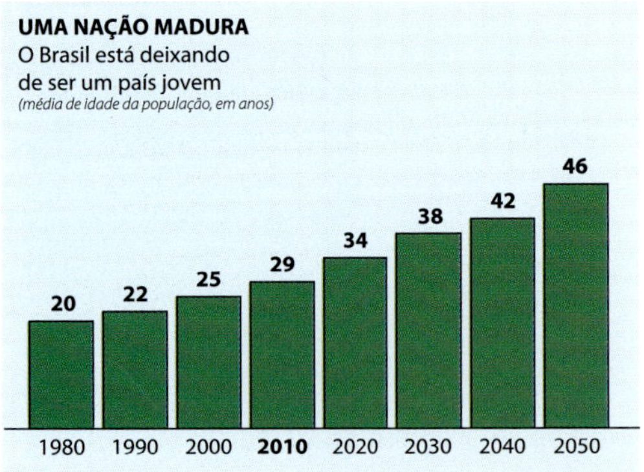

Fonte: Revista *Exame*. São Paulo: Abril, 17 nov. 2010.

3º) Pesquisa sobre a influência dos meios de comunicação sobre o consumidor.

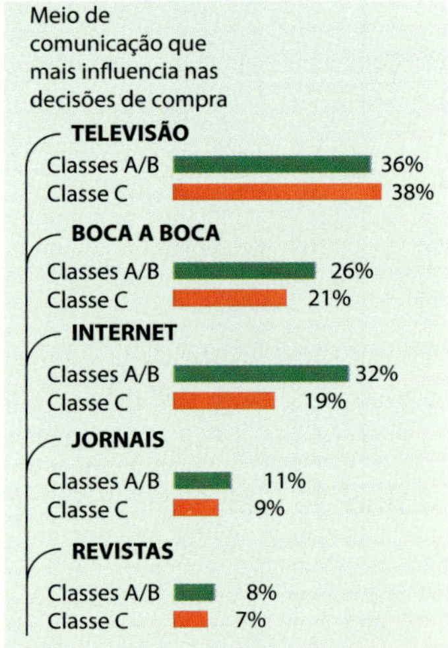

Fonte: Revista *Exame*. São Paulo: Abril, 20 out. 2010.

Exercícios propostos

13. A partir da variável "número de irmãos" na tabela da página 16, construa um gráfico de barras.

14. As áreas das superfícies dos estados da região Sudeste do Brasil são, em valores aproximados: São Paulo, 250 000 km²; Espírito Santo, 46 000 km²; Rio de Janeiro, 44 000 km²; Minas Gerais, 590 000 km². Construa um gráfico de barras registrando essa distribuição.

15. Em uma eleição para representante de classe, os candidatos foram Ricardo, Paula e Fausto. Observe o resultado da votação no gráfico de barras, em que estão especificados os votos das mulheres e dos homens, e, em seguida, responda:

a) Quantos alunos votaram? Desses, quantas mulheres e quantos homens?

b) Quantos votos obteve a candidata Paula?

c) Quantas mulheres votaram em Ricardo?

d) Qual a porcentagem de votos recebidos por Fausto?

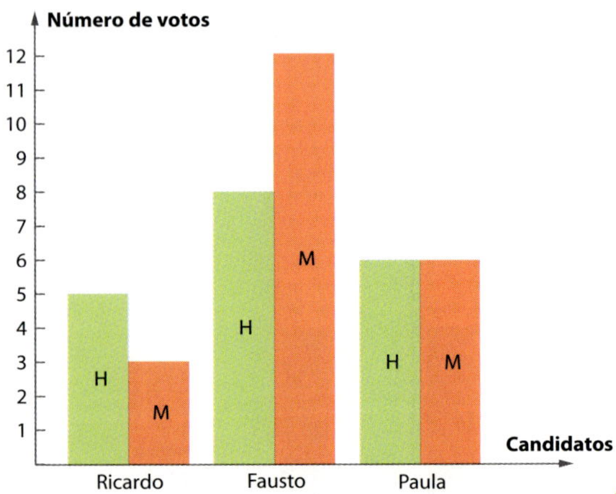

Gráfico de setores

Em um *shopping center* há três salas de cinema, e o número de espectadores em cada uma delas num determinado dia da semana foi de 300 na sala **A**, 200 na **B** e 500 na **C**.

Veja essa situação representada em uma tabela de frequências e depois em gráficos de setores:

Sala	FA	FR	
A	300	$\frac{300}{1\,000} = \frac{3}{10}$	30%
B	200	$\frac{2}{10} = \frac{1}{5}$	20%
C	500	$\frac{5}{10} = \frac{1}{2}$	50%

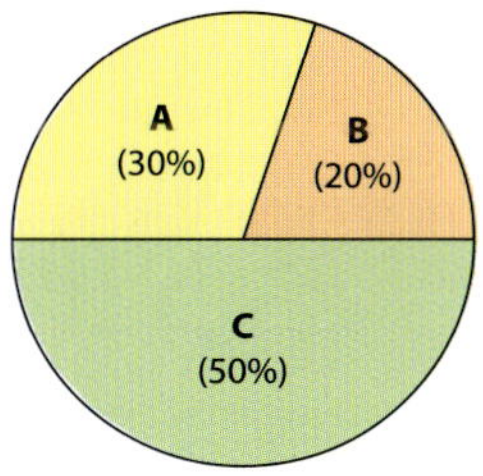

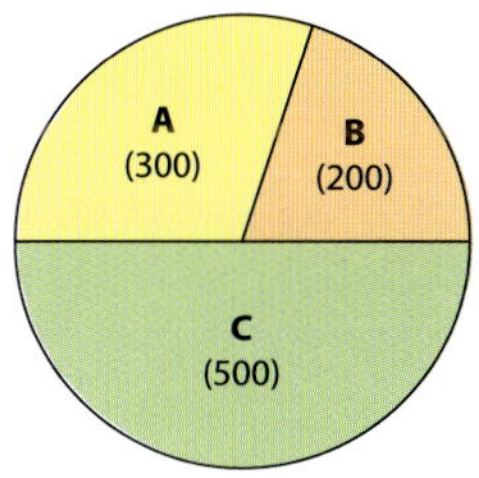

Em cada gráfico de setores o círculo todo indica o total (1 000 espectadores ou 100%) e cada setor indica a ocupação de uma sala. Na construção do gráfico de setores, determina-se o ângulo correspondente a cada setor por regra de três. Veja como exemplo o da sala **A**:

Usando a frequência absoluta, vem:

$$\frac{300}{1\,000} = \frac{x}{360°} \Rightarrow 1\,000x = 108\,000° \Rightarrow x = 108°$$

Usando a frequência relativa (em %), temos:

$$\frac{30}{100} = \frac{x}{360°} \Rightarrow 100x = 10\,800 \Rightarrow x = 108°$$

> **Para refletir**
>
> Verifique quais são os ângulos dos setores das salas **B** e **C**. Use um transferidor e constate na figura os ângulos de **A**, **B** e **C**.

Exemplos:

1º) Leitores de um jornal avaliam a manchete do dia anterior:

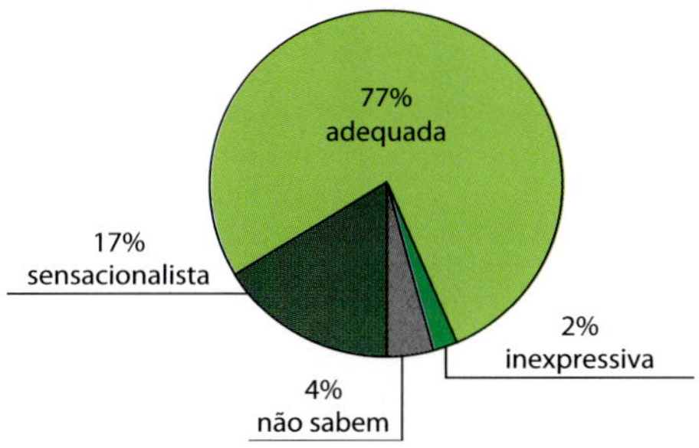

2º) Frequência de acesso à internet (Pesquisa com 8 561 entrevistas de pessoas com 10 anos ou mais, em 11 regiões metropolitanas do Brasil.)

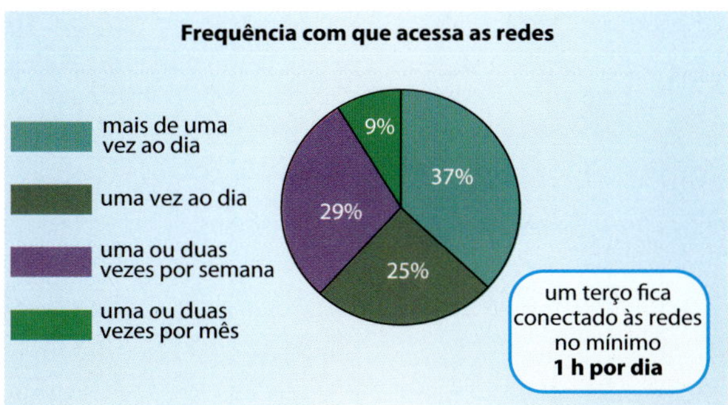

Fonte: Ibope Nielsen. Disponível em: <www.midiassociais.net/2010/11/o-fenomeno-das-redes-sociais-no-brasil>. Acesso em: 13 mar. 2010.

3º) Fontes de energia utilizadas no Japão

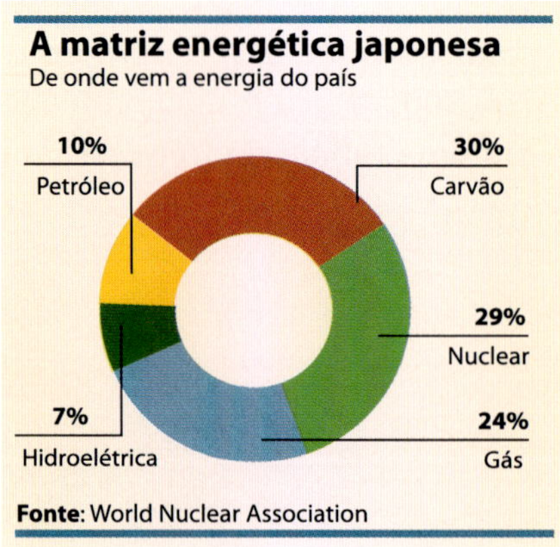

Fonte: Jornal *Valor*, 14 mar. 2011. p. A10.

Exercícios propostos

16. Em uma eleição concorreram os candidatos **A**, **B** e **C** e, apurada a primeira urna, os votos foram os seguintes: **A**: 50 votos; **B**: 80 votos; **C**: 60 votos; brancos e nulos (BN): 10 votos.

A partir desses dados, construa:

a) a tabela de frequências dessa variável;

b) o gráfico de barras, relacionando os valores da variável com as respectivas frequências absolutas;

c) o gráfico de setores, relacionando os valores da variável com suas porcentagens.

Fique atento

Neste exercício a variável é quantitativa discreta.

17. Luísa é muito organizada e para mostrar quanto tempo gasta com suas atividades construiu um gráfico de setores. Observe o gráfico e responda:

a) Quantas horas por dia Luísa estuda em casa?

b) Que porcentagem do dia ela gasta para dormir?

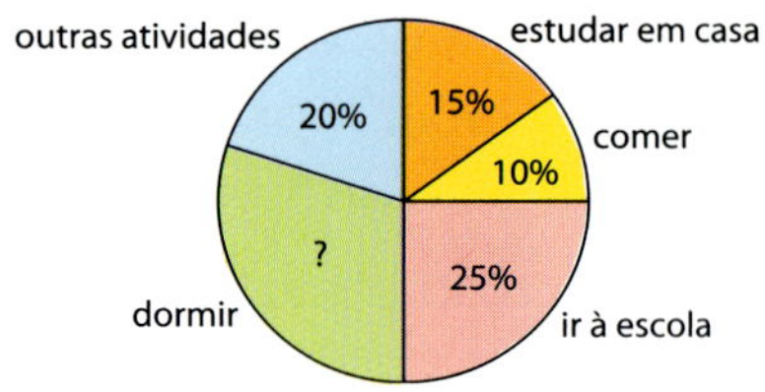

Construa também o gráfico de barras correspondente.

Histograma

Quando uma variável tem seus valores indicados por classes (intervalos), é comum o uso de um tipo de gráfico conhecido por *histograma*.

Exemplo:

Consideremos a "altura" (em centímetros) dos alunos de uma classe, agrupada em intervalos, e a seguir os histogramas correspondentes às frequências absolutas e relativas:

Altura (cm)	FA	FR
140 ⊢ 150	6	15%
150 ⊢ 160	10	25%
160 ⊢ 170	12	30%
170 ⊢ 180	8	20%
180 ⊢ 190	4	10%

- histograma com as classes (intervalos) relacionadas às frequências absolutas:

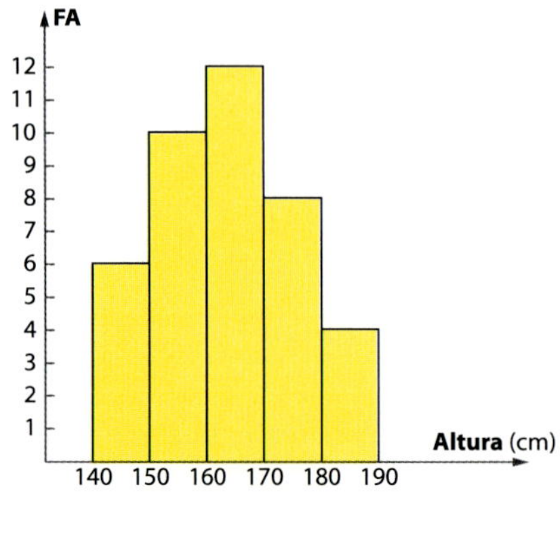

Para refletir

Qual é o número correspondente ao valor médio em cada uma das classes?

- histograma com as classes relacionadas às frequências relativas (em porcentagem):

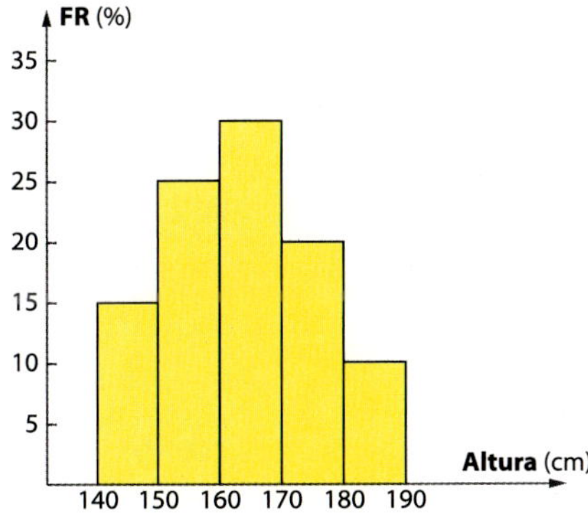

Às vezes usamos como representante de cada classe o valor médio correspondente (por exemplo, 155 representa a classe 150 ⊢— 160).

Os segmentos que ligam em sequência os pontos médios das bases superiores formam um gráfico de segmentos conhecido como *polígono do histograma*, que será usado em assuntos posteriores.

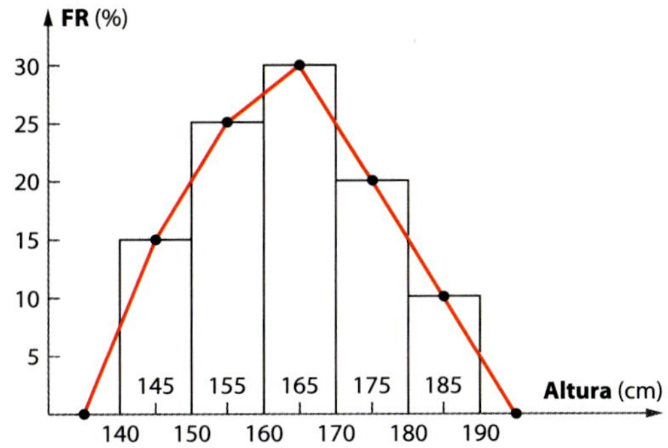

Exemplo:

Gols marcados em vários momentos de uma partida, nas quatro primeiras rodadas de um campeonato brasileiro de futebol.

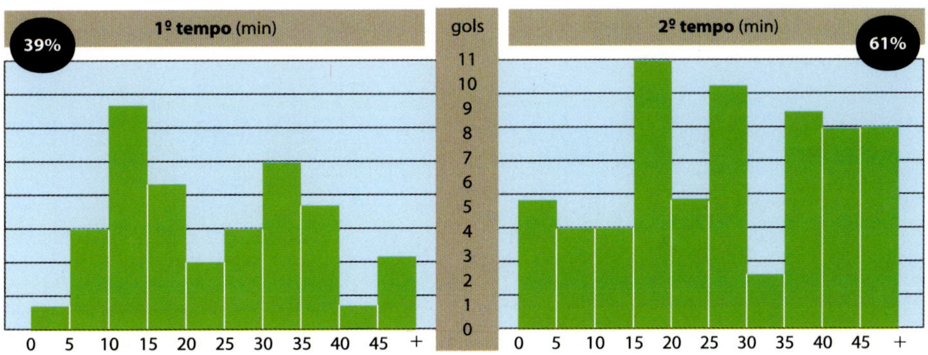

Exercício proposto

18. Fazendo o levantamento dos salários dos vinte funcionários de um escritório, foram obtidos os seguintes valores em reais: 650, 800, 720, 620, 700, 750, 780, 680, 720, 600, 846, 770, 630, 740, 680, 640, 710, 750, 680 e 690.

A partir deles, construa:

a) a tabela de frequências com 5 classes;

b) o histograma correspondente relacionando faixa salarial e frequência absoluta.

Vimos os vários tipos de gráficos utilizados para representar e interpretar dados estatísticos. É importante que se escolha sempre qual deles é o mais adequado à situação analisada.

É comum, em publicações como revistas e jornais, ilustrar os vários tipos de gráficos com figuras relacionadas ao assunto, tornando-os mais atraentes. Esses são os *gráficos pictóricos* (ou *pictogramas*). Veja um exemplo:

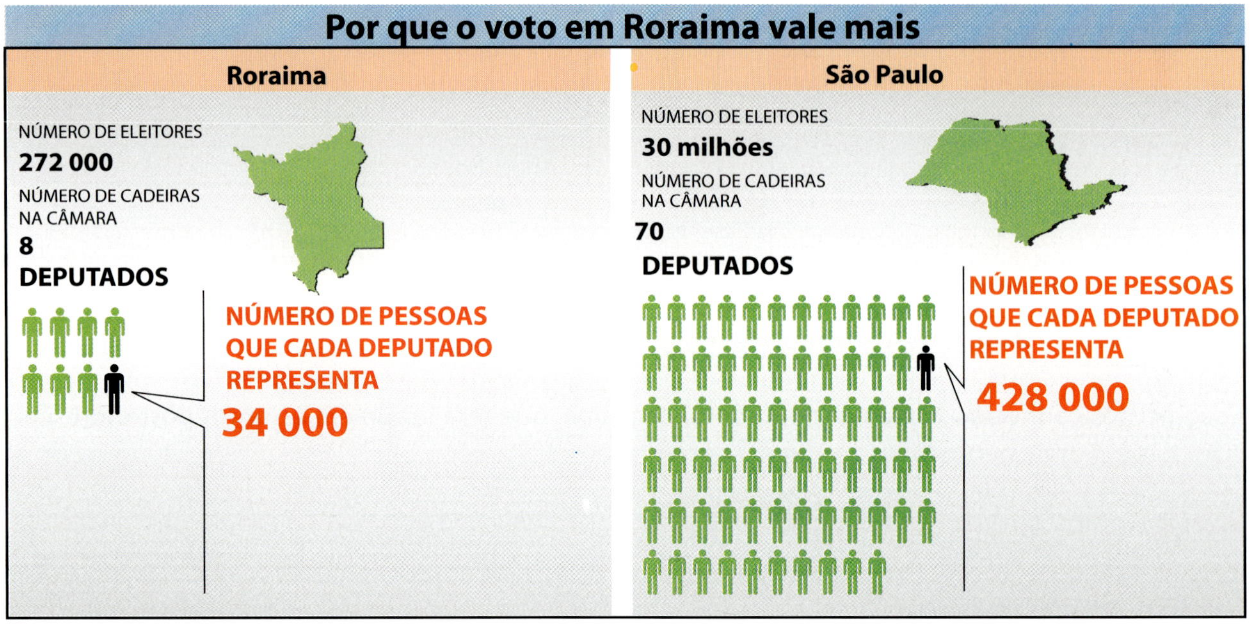

Fonte: Revista *Veja*. São Paulo: Abril, 9 fev. 2011. p. 63.

Exercícios resolvidos

1. Construa a tabela de frequências e os gráficos de barras e de setores para a variável *hobby* da primeira tabela da página 16.

Resolução:

Hobby	Contagem	FA	FR	
esporte (E)	⊠ ⊔	8	$\frac{8}{25} = 0{,}32$	32%
música (M)	⊠ |	6	$\frac{6}{25} = 0{,}24$	24%
patinação (P)	⊔	3	$\frac{3}{25} = 0{,}12$	12%
dança (D)	⊠ ∟	7	$\frac{7}{25} = 0{,}28$	28%
aero-modelismo (A)	|	1	$\frac{1}{25} = 0{,}04$	4%
total		25	1	100%

$$\frac{4}{100} = \frac{x}{360°} \Rightarrow 100x = 1\,440° \Rightarrow x = 14{,}4°$$

A cada 4% corresponde um setor de 14,4°.

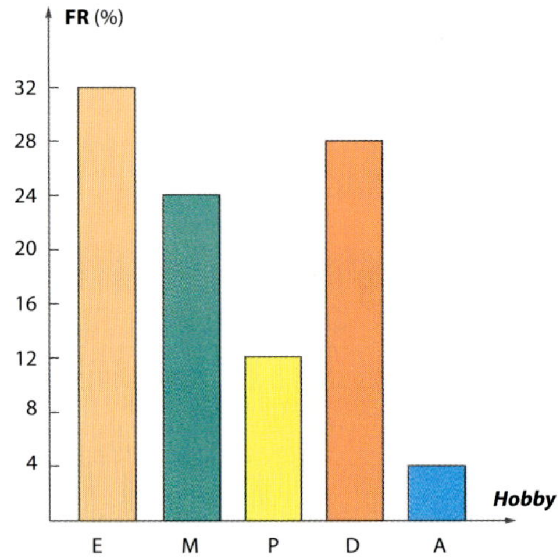

E: 32% (8 · 4%) ⟶ 8 · 14,4° = 115,2°

M: 24% (6 · 4%) ⟶ 6 · 14,4° = 86,4°

P: 12% (3 · 4%) ⟶ 3 · 14,4° = 43,2°

D: 28% (7 · 4%) ⟶ 7 · 14,4° = 100,8°

A: 4% ⟶ 14,4°

Então:

115,2 + 86,4 + 43,2 + 100,8 + + 14,4 = 360,0°

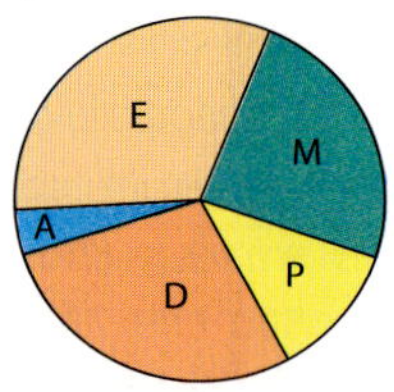

2. Na realização de uma prova foi anotado o tempo que cada aluno gastou para concluí-la (em minutos): 56; 51; 57; 49; 51; 51; 46; 50; 50; 47; 44; 57; 53; 50; 43; 55; 48; 56; 49; 51; 47; 46; 54; 52; 55; 45; 49; 50; 48; 51. A partir desses dados, construa:

a) a tabela de frequências com os valores em 5 classes;

b) o histograma relacionando às classes e suas frequências absolutas.

Resolução:

a) Subtraindo o menor valor do maior valor, a amplitude total será: 57 − 43 = 14

Sabendo que são 5 classes e escolhendo o número 15, a amplitude de cada classe será: 15 : 5 = 3

Tempo (min)	**Contagem**	**FA**	**FR**
43 ⊢—— 46	⊔	3	10%
46 ⊢—— 49	⊠|	6	20%
49 ⊢—— 52	⊠⊠∟	12	40%
52 ⊢—— 55	⊔	3	10%
55 ⊢—— 58	⊠|	6	20%
total		30	100%

b)

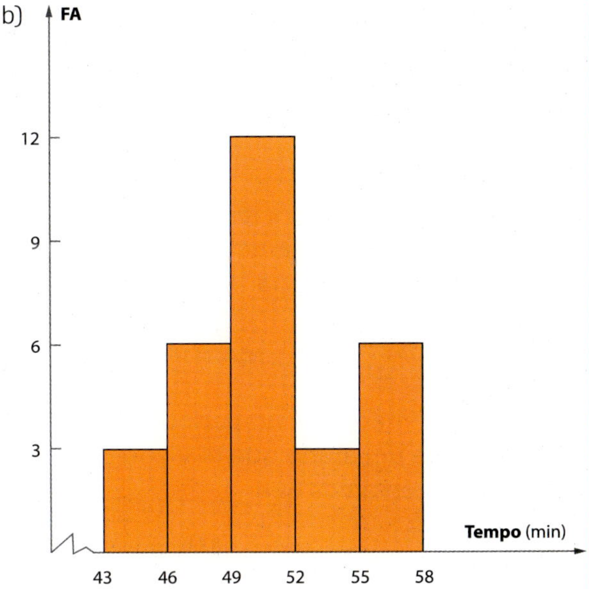

Exercícios propostos

19. A temperatura máxima do dia em uma cidade foi anotada durante vinte dias e apresentou os seguintes dados: 30 °C; 32 °C; 31 °C; 31 °C; 33 °C; 28,5 °C; 33,5 °C; 27 °C; 30 °C; 34 °C; 30,5 °C; 28 °C; 30,5 °C; 29,5 °C; 26 °C; 31 °C; 31 °C; 29 °C; 32 °C; 31,5 °C.

Construa o histograma correspondente com os valores da variável em 5 intervalos.

20. Os quarenta alunos de uma classe optaram pelo estudo de uma língua estrangeira, entre espanhol, francês, inglês ou italiano. Analise o gráfico de barras ao lado, que registra a escolha e, a partir dele, construa a tabela de frequências e o gráfico de setores.

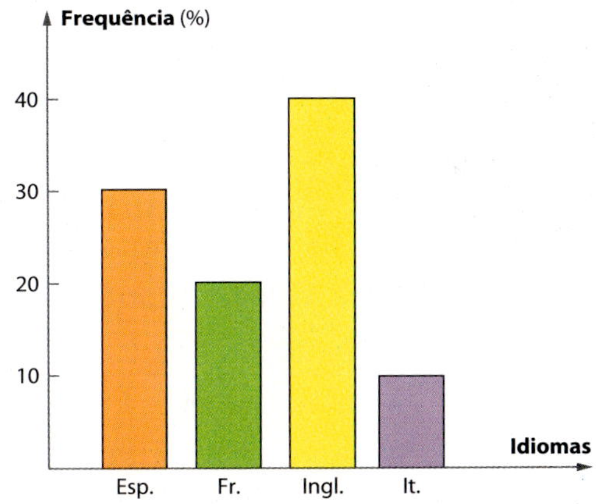

4 Medidas de tendência central

A partir da idade das pessoas de um grupo, podemos estabelecer uma única idade que caracteriza o grupo todo.

Considerando a temperatura de vários momentos em um mês qualquer, podemos determinar uma só temperatura que fornece uma ideia aproximada de todo o período.

Avaliando as notas dos vários trabalhos de um aluno no bimestre, podemos registrar com apenas uma nota seu aproveitamento no bimestre.

Em situações como essas, o número obtido é a *medida da tendência central* dos vários números usados. A *média aritmética* é a mais conhecida entre as medidas de tendência central. Além dela, vamos estudar também a *mediana* e a *moda*.

Fique atento

O uso da média, da moda ou da mediana é mais ou menos conveniente conforme a situação.

Média aritmética (MA)

Considerando um grupo de pessoas com 22, 20, 21, 24 e 20 anos, observamos que:

$$MA = \frac{22 + 20 + 21 + 24 + 20}{5} = \frac{107}{5} = 21{,}4$$

Dizemos, então, que a média aritmética ou simplesmente a média de idade do grupo é 21,4 anos.

Se, ao medir de hora em hora a temperatura em determinado local, registraram-se 14 °C às 6h, 15 °C às 7h, 15 °C às 8h, 18 °C às 9h, 20 °C às 10h e 23 °C às 11h, observamos que:

$$MA = \frac{14 + 15 + 15 + 18 + 20 + 23}{6} = \frac{105}{6} = 17{,}5$$

Dizemos, então, que no período das 6h às 11h a temperatura média foi 17,5 °C.

No caso de um aluno que realizou diversos trabalhos durante o bimestre e obteve as notas 7,5; 8,5; 10,0 e 7,0, observamos que:

$$MA = \frac{7{,}5 + 8{,}5 + 10{,}0 + 7{,}0}{4} = \frac{33}{4} = 8{,}25$$

Dizemos, então, que nesse bimestre o aluno teve média 8,25.

Assim, generalizando, podemos afirmar que, dados os **n** valores x_1, x_2, x_3, ..., x_n de uma variável, a média aritmética é o número obtido da seguinte forma:

$$MA = \frac{x_1 + x_2 + x_3 + ... + x_n}{n} = \frac{\sum_{i=1}^{n} x_i}{n}$$

Fique atento

O símbolo $\sum_{i=1}^{n} x_i$ significa a somatória dos números $\mathbf{x_i}$, sabendo que **i** varia de 1 a **n**.

Média aritmética ponderada (MP)

Vejamos, agora, o caso de um aluno que realiza vários trabalhos com pesos diferentes, isto é, com graus de importância diferentes. Se no decorrer do bimestre ele obteve 6,5 na prova (peso 2), 7,0 na pesquisa (peso 3), 6,0 no debate (peso 1) e 7,0 no trabalho de equipe (peso 2), a sua média, que neste caso é chamada *média aritmética ponderada*, será:

$$MP = \frac{2 \cdot 6{,}5 + 3 \cdot 7{,}0 + 1 \cdot 6{,}0 + 2 \cdot 7{,}0}{2 + 3 + 1 + 2} = \frac{13 + 21 + 6 + 14}{8} = \frac{54}{8} = 6{,}75$$

Quando calculamos a média aritmética de números que se repetem, podemos fazer simplificações. Dessa maneira, para obter a média aritmética de 7, 7, 7, 9, 9, 9, 9, 9, 11 e 11, observamos que:

$$MA = \frac{3 \cdot 7 + 5 \cdot 9 + 2 \cdot 11}{3 + 5 + 2} = \frac{21 + 45 + 22}{10} = \frac{88}{10} = 8{,}8$$

Dizemos, então, que 8,8 é a média aritmética dos números 7, 9 e 11, com frequências 3, 5 e 2, respectivamente.

Observe que esse também é um exemplo de média ponderada, com os pesos sendo as frequências 3, 5 e 2.

A média aritmética é usada como medida de tendência central, ou seja, como forma de, por meio de um único número, dar uma ideia das características de determinado grupo de números. No entanto, é importante ressaltar que em algumas situações a presença de um valor bem maior ou bem menor que os demais faz com que a média aritmética não consiga traçar o perfil correto do grupo.

Consideremos, por exemplo, um grupo de pessoas com idades de 2, 3, 2, 1, 2 e 50 anos. A média de idade, que é de 10 anos, não demonstra as características desse grupo em termos de idade. Em casos como esse são usadas outras medidas de tendência central, como a *moda* e a *mediana*, que serão estudadas adiante.

Exercício resolvido

3. (Ufscar-SP) Em uma pesquisa, foram consultados 600 consumidores sobre sua satisfação em relação a uma certa marca de sabão em pó. Cada consumidor deu uma nota de 0 a 10 para o produto, e a média final das notas foi 8,5. O número mínimo de consumidores que devem ser consultados, além dos que já foram, para que essa média passe para 9, é igual a:

a) 250.
b) 300.
c) 350.
d) 400.
e) 450.

> RESOLUÇÃO PASSO A PASSO:

1. Lendo e compreendendo

a) O que é dado no problema?
É dado que 600 consumidores já foram pesquisados e que a média atual é 8,5.

b) O que se pede?
Pede-se o número mínimo de consumidores que devem ser consultados a mais para que a média aumente de 8,5 para 9.

2. Planejando a solução

A pergunta do problema contém uma informação implícita: Todos os novos pesquisados deverão dar nota 10 para o produto, a fim de que a quantidade de novos pesquisados seja mínima. Apesar de ser uma hipótese não razoável na vida real (todos darem nota máxima é altamente improvável, apesar de não ser impossível), em termos teóricos essa hipótese permite que calculemos a quantidade mínima de novos pesquisados.

Assim, adicionaremos **n** novos pesquisados, todos dando média 10 ao produto, e faremos a média dos 600 + n pesquisados (no total) passar a ser 9.

3. Executando o que foi planejado

Se a média de 600 pesquisados é 8,5, então o somatório das notas desses 600 pesquisados é $600 \cdot 8{,}5 = 5\,100$.

Com a adição de **n** novos pesquisados, cada qual por hipótese dando 10 para o produto, teríamos mais 10n a serem somados nos 5 100 anteriores. Neste caso, a soma total das notas passa a ser 5 100 + 10n, para um total de 600 + n pesquisados.

A nova média é, então, dada por $\dfrac{5\,100 + 10n}{600 + n}$ e ela deverá valer 9, segundo o enunciado.

Assim:

$5\,100 + 10n = (600 + n) \cdot 9 \Rightarrow$

$\Rightarrow 5\,100 + 10n = 5\,400 + 9n \Rightarrow n = 300$

4. Verificando

Com os novos 300 pesquisados, teremos 900 entrevistados no total, e 600 deles deram notas cuja média é 8,5 e 300 deles deram nota 10,0. Assim a nova média será:

$$\frac{600 \cdot 8{,}5 + 300 \cdot 10}{900} = \frac{5\,100 + 3\,000}{900} =$$

$$= \frac{8\,100}{900} = 9{,}0$$

Isso verifica o resultado encontrado.

5. Respondendo

A resposta é a alternativa **b**.

6. Ampliando o problema

a) A hipótese de todos os novos entrevistados darem nota 10, usada no cálculo do número mínimo de entrevistados, é razoável num contexto cotidiano?

b) Se a média das notas dos novos entrevistados for 9,1, quantos novos entrevistados serão necessários para elevar a nota de 8,5 para 9?

c) **Discussão em equipe**

O que vocês acham das pesquisas de opinião? Alguns pontos para debater:

- Elas são confiáveis?
- O que os institutos de pesquisa procuram fazer para tentar obter resultados confiáveis em suas pesquisas?
- Vocês já viram alguma pesquisa de opinião dar resultados muito diferentes da realidade a que ela se propôs pesquisar?

Exercícios propostos

21. Um time de futebol realizou algumas partidas e os resultados foram 3 a 1, 4 a 2, 1 a 1, 0 a 0, 3 a 2, 2 a 1 e 1 a 0. Sabendo que o time não perdeu nenhuma partida, calcule a média aritmética dos gols:

a) marcados;
b) sofridos.

22. Se um aluno já fez dois trabalhos e obteve 8,5 e 5,0, qual deve ser a nota do terceiro trabalho para que a média aritmética dos três seja 7,0?

23. Qual é a média de idade de um grupo em que há 6 pessoas de 14 anos, 9 pessoas de 20 e 5 pessoas de 16 anos?

24. Calcule a média aritmética ponderada de um aluno que obteve no bimestre 8,0 na prova (peso 2), 7,0 na pesquisa (peso 3), 9,0 no debate (peso 1) e 5,0 no trabalho de equipe (peso 2).

25. A média das idades dos 11 funcionários de uma empresa era de 40 anos. Um dos funcionários se aposentou com 60 anos, saindo da empresa. A média de idade dos 10 funcionários restantes passou a ser:

a) 40 anos.
b) 39,8 anos.
c) 38,9 anos.
d) 38 anos.
e) 37,8 anos.

Moda (Mo)

Em Estatística, moda é a medida de tendência central definida como o valor mais frequente de um grupo de valores observados.

No exemplo do grupo de pessoas com idades de 2, 3, 2, 1, 2 e 50 anos, a moda é 2 anos (Mo = 2) e demonstra mais eficiência para caracterizar o grupo que a média aritmética.

Se a temperatura medida de hora em hora, das 6h às 11h, apresentou os resultados 14 °C, 15 °C, 15 °C, 18 °C, 20 °C e 25 °C, então dizemos que nesse período a moda foi 15 °C, ou seja, Mo = 15 °C.

No caso de um aluno que anotou, durante dez dias, o tempo gasto em minutos para ir de sua casa à escola e cujos registros foram 15 min, 14 min, 18 min, 15 min, 14 min, 25 min, 16 min, 15 min, 15 min e 16 min, a moda é 15 min, ou seja, Mo = 15 min.

Se as notas obtidas por um aluno foram 6,0; 7,5; 7,5; 5,0; e 6,0, dizemos que a moda é 6,0 e 7,5 e que a distribuição é bimodal.

Observação: Quando não há repetição de números, como, por exemplo, para os números 7, 9, 4, 5 e 8, não há moda.

Para refletir

Como é uma distribuição trimodal de números?

Exercício proposto

26. Considere os números 126, 130, 126 e 102 e calcule:

a) a média aritmética (MA);
b) a média aritmética ponderada (MP), com pesos 2, 3, 1 e 2, respectivamente;
c) a moda (Mo).

Mediana (Me)

A mediana é outra medida de tendência central.

Assim, dados **n** números em ordem crescente ou decrescente, a mediana será:

- o número que ocupar a posição central se **n** for ímpar;
- a média aritmética dos dois números que estiverem no centro se **n** for par.

Numa classe, foram anotadas as faltas durante um período de 15 dias: 3, 5, 2, 0, 2, 1, 3, 4, 5, 7, 0, 2, 3, 4 e 7.

Em ordem crescente, temos:

$$\underbrace{0,\ 0,\ 1,\ 2,\ 2,\ 2,\ 3,}_{7\text{ valores}}\ \ \underset{\downarrow\ \text{Me}}{3,}\ \ \underbrace{3,\ 4,\ 4,\ 5,\ 5,\ 7,\ 7}_{7\text{ valores}}$$

Como 15 é ímpar, o termo médio é o 8º.

Logo, a mediana é 3. Simbolicamente, Me = 3.

As idades dos alunos de uma equipe são 12, 16, 14, 12, 13, 16, 16 e 17 anos.

Para determinar a mediana desses valores, colocamos inicialmente na ordem crescente (ou decrescente):

$$12,\ 12,\ 13,\ \underbrace{14,\ 16,}_{\text{As duas posições centrais}}\ 16,\ 16,\ 17$$

Como temos um número par de valores (8), fazemos a média aritmética entre os dois centrais, que são o 4º e o 5º termos.

Logo, a mediana é dada por:

$$Me = \frac{14 + 16}{2} = \frac{30}{2} = 15$$

Simbolicamente, Me = 15 anos.

Exercícios propostos

27. Durante os sete primeiros jogos de um campeonato, um time marcou, respectivamente, 3, 2, 1, 1, 4, 3 e 2 gols. Determine:

a) a média de gols por partida (MA);

b) a moda (Mo);

c) a mediana (Me).

28. De segunda-feira a sábado, os gastos com alimentação de uma pessoa foram 15, 13, 12, 10, 14 e 14 reais. Determine:

a) a média diária de gastos (MA);

b) a moda (Mo);

c) a mediana (Me).

Média aritmética, moda e mediana a partir das tabelas de frequências

Utilizando os valores (números ou intervalos) e as frequências absolutas das tabelas de frequências das variáveis quantitativas, podemos calcular a MA, a Mo e a Me de seus valores.

Exemplos:

1º) Pesquisa sobre "número de irmãos" de cada aluno de uma classe:

Número de irmãos	FA
0	8
1	15
2	12
3	5
total	40

Média aritmética:

$$MA = \frac{8 \cdot 0 + 15 \cdot 1 + 12 \cdot 2 + 5 \cdot 3}{40} = \frac{0 + 15 + 24 + 15}{40} = \frac{54}{40} = 1{,}35 \text{ irmão}$$

Observação: Embora 1,35 irmão aparentemente seja um absurdo, é correto um valor desse tipo, assim como 3,5 gols por partida, 7,2 medalhas por Olimpíada, etc., pois a média aritmética é uma medida de tendência.

Moda:
A maior frequência é 15, que corresponde ao valor 1 irmão. Logo, Mo = 1 irmão.

Mediana:
Como o total de frequências é 40 (número par), os valores centrais são o 20º e o 21º

$$\left(\frac{40}{2} = 20 \text{ e } 20 + 1 = 21\right).$$

Se colocados na ordem crescente, virão os 8 valores correspondentes a 0 irmão, seguidos dos 15 valores de 1 irmão e assim por diante. Então, o 20º e o 21º valores serão, ambos, 1 irmão. Logo,

$$Me = \frac{1 + 1}{2} = 1 \text{ irmão.}$$

2º) Pesquisa sobre "peso" (em quilograma) de um grupo de pessoas.

Peso (kg)	FA
40 ⊢—— 44	1
44 ⊢—— 48	3
48 ⊢—— 52	7
52 ⊢—— 56	6
56 ⊢—— 60	3
total	20

Fique atento

O cálculo da média de números inteiros inclui uma divisão que pode não ser exata.

A partir da tabela em que os pesos estão agrupados em classes, consideramos, em cada classe, o seu valor médio (VM) e anexamos uma nova coluna à tabela. Assim, temos:

$44 - 40 = 48 - 44 = 52 - 48 = 56 - 52 = 60 - 56 = 4$

$\frac{4}{2} = 2$

$40 + 2 = 42$ (frequência 1)

$44 + 2 = 46$ (frequência 3)

$48 + 2 = 50$ (frequência 7)

$52 + 2 = 54$ (frequência 6)

$56 + 2 = 58$ (frequência 3)

Peso (kg)	FA	VM
40 ⊢—— 44	1	42
44 ⊢—— 48	3	46
48 ⊢—— 52	7	50
52 ⊢—— 56	6	54
56 ⊢—— 60	3	58
total	20	

Agora, podemos calcular MA, Mo e Me usando valores médios e suas frequências.

Média aritmética:

$$MA = \frac{1 \cdot 42 + 3 \cdot 46 + 7 \cdot 50 + 6 \cdot 54 + 3 \cdot 58}{20} = \frac{42 + 138 + 350 + 324 + 174}{20} = \frac{1\,028}{20} = 51{,}4 \text{ kg}$$

Moda:

A frequência maior, 7, indica o intervalo 48 ⊢—— 52, representado por 50, que é o ponto médio. Logo, Mo = 50 kg.

Mediana:

Como o total das frequências é 20 (número par), os dois valores centrais são o 10º e o 11º. Colocados os valores médios em ordem crescente e de acordo com suas frequências, o 10º é 50 kg e o 11º também. Logo, $Me = \frac{50 + 50}{2} = 50$ kg.

Exercícios propostos

29. Determine a MA, a Mo e a Me a partir das tabelas de frequências.

a) "Idade" (em anos) em um grupo de 10 pessoas:

Idade (em anos)	FA
13	3
14	2
15	4
16	1

b) "Altura" (em metros) em um grupo de 21 pessoas:

Altura (m)	FA
1,61 ⊢—— 1,65	3
1,65 ⊢—— 1,69	6
1,69 ⊢—— 1,73	5
1,73 ⊢—— 1,77	4
1,77 ⊢—— 1,81	3

30.

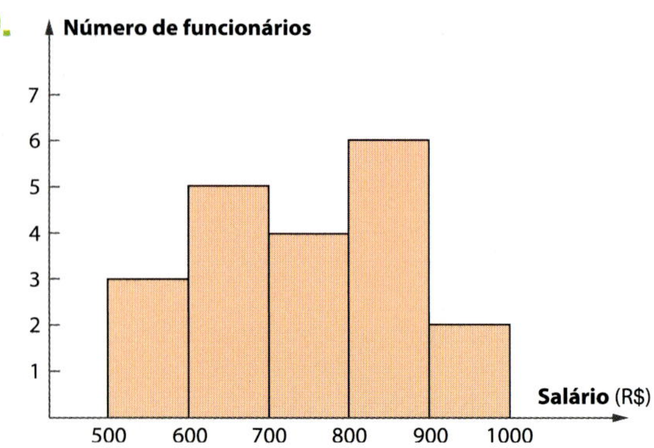

O histograma mostra a distribuição salarial (em reais) dos funcionários de uma empresa. Usando os valores médios dos intervalos, construa o polígono do histograma e, depois, calcule a MA, a Mo e a Me.

31. Uma prova com 5 testes foi aplicada em uma classe. O levantamento estatístico dos acertos foi registrado no gráfico ao lado.

Determine a partir do gráfico:

a) o número de alunos da classe;

b) a porcentagem da classe que acertou os 5 testes;

c) a porcentagem da classe que acertou 3 ou mais testes;

d) a MA, a Mo e a Me de acertos por pessoa.

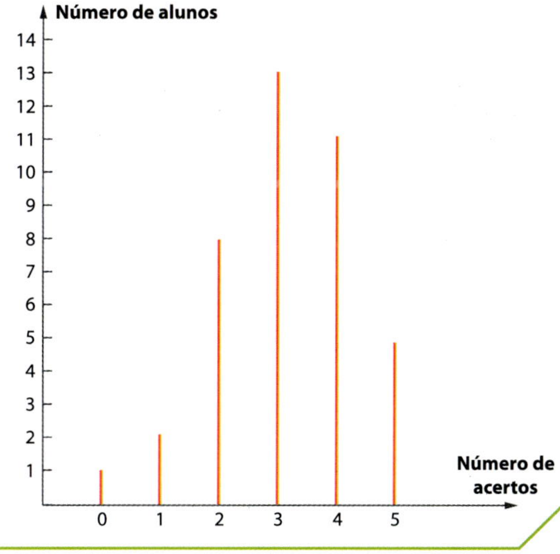

5 Medidas de dispersão

Já estudamos as medidas de tendência central mais usadas, como a média aritmética, a moda e a mediana. Elas têm como objetivo concentrar em um único número os diversos valores de uma variável quantitativa.

Neste item estudaremos casos nos quais as medidas de tendência central são insuficientes.

Vejamos a seguinte situação:

O critério de aprovação em um concurso estabelece que o candidato deve realizar 3 provas e obter, com suas notas, média igual ou maior que 6,0. Nesse caso, a informação de que o candidato obteve média 7,5 é suficiente para concluir que ele está aprovado.

Consideremos agora outra situação:

Uma pessoa é encarregada de organizar atividades de lazer para um grupo de 6 pessoas e recebe a informação de que a média de idade do grupo é 20 anos. Nesse caso, apenas a informação da média não é suficiente para planejar as atividades, pois podemos ter grupos com média de idade de 20 anos e características totalmente diferentes.

Observemos alguns grupos possíveis:

- Grupo **A**: 20 anos; 20 anos; 20 anos; 20 anos; 20 anos; 20 anos.

$$MA = \frac{20 + 20 + 20 + 20 + 20 + 20}{6} = \frac{120}{6} = 20 \text{ anos}$$

- Grupo **B**: 22 anos; 23 anos; 18 anos; 19 anos; 20 anos; 18 anos.

$$MA = \frac{22 + 23 + 18 + 19 + 20 + 18}{6} = \frac{120}{6} = 20 \text{ anos}$$

- Grupo **C**: 6 anos; 62 anos; 39 anos; 4 anos; 8 anos; 1 ano.

$$MA = \frac{6 + 62 + 39 + 4 + 8 + 1}{6} = \frac{120}{6} = 20 \text{ anos}$$

Como a medida de tendência central não é suficiente para caracterizar o grupo **C**, é conveniente utilizar medidas que expressem o grau de dispersão de um conjunto de dados. As mais usadas são a *variância* e o *desvio padrão*.

Fique atento

- No grupo **A** não houve dispersão.
- A dispersão no grupo **B** é menor que no grupo **C**.
- Dizemos que o grupo **B** é mais homogêneo que o **C** ou que o grupo **C** é mais heterogêneo que o **B**.

Variância (V)

A ideia básica de variância é tomar os desvios dos valores $\mathbf{x_i}$ em relação à média aritmética (x_i − MA). Mas a soma desses desvios é igual a 0 (por uma propriedade da média). Uma opção possível, então, é considerar o total dos quadrados dos desvios $\sum_{i=1}^{n}(x_i - MA)^2$ e expressar a variância (**V**) como a média dos quadrados dos desvios, ou seja:

$$V = \frac{\sum_{i=1}^{n}(x_i - MA)^2}{n}$$

Para refletir

Por que $\sum_{i=1}^{n}(x_i - MA) = 0$?

Exemplo:

Vamos descobrir a variância nos grupos **A**, **B** e **C** citados anteriormente:

- Grupo **A** (20; 20; 20; 20; 20; 20)
  MA = 20
  Desvios: 20 − 20 = 0; todos iguais a 0.
  V = 0
  Quando todos os valores são iguais, dizemos que não houve dispersão e, por isso, a variância é 0.

- Grupo **B** (22; 23; 18; 19; 20; 18)
  MA = 20
  Desvios: 22 − 20 = 2; 23 − 20 = 3; 18 − 20 = −2; 19 − 20 = −1; 20 − 20 = 0; 18 − 20 = −2

$$V = \frac{2^2 + 3^2 + (-2)^2 + (-1)^2 + 0^2 + (-2)^2}{6} = \frac{4 + 9 + 4 + 1 + 0 + 4}{6} = \frac{22}{6} \simeq 3{,}6$$

- Grupo **C** (6; 62; 39; 4; 8; 1)
  MA = 20
  Desvios: 6 − 20 = −14; 62 − 20 = 42; 39 − 20 = 19; 4 − 20 = −16; 8 − 20 = −12; 1 − 20 = −19

$$V = \frac{(-14)^2 + 42^2 + 19^2 + (-16)^2 + (-12)^2 + (-19)^2}{6} = \frac{196 + 1\,764 + 361 + 256 + 144 + 361}{6} =$$

$$= \frac{3\,082}{6} \simeq 513{,}6$$

A variância é suficiente para diferenciar a dispersão dos grupos: o grupo **A** não tem dispersão (V = 0) e o grupo **C** tem uma dispersão maior que a do grupo **B** (513,6 > 3,6).

Porém, não é possível expressar a variância na mesma unidade dos valores da variável, uma vez que os desvios são elevados ao quadrado. Então, definiu-se a medida de dispersão chamada *desvio padrão*.

Desvio padrão (DP)

O desvio padrão (DP) é a raiz quadrada da variância. Ele facilita a interpretação dos dados, pois é expresso na mesma unidade dos valores observados (do conjunto de dados).

No exemplo que estamos analisando, temos:

- Grupo **A**: DP = $\sqrt{0}$ = 0 ano
- Grupo **B**: DP = $\sqrt{3{,}6} \simeq$ 1,9 ano
- Grupo **C**: DP = $\sqrt{513{,}6} \simeq$ 22,6 anos

Fique atento

A variância e o desvio padrão são números positivos ou nulos.

Resumindo, se $x_1, x_2, x_3, ..., x_n$ são os **n** valores de uma variável quantitativa **x**, temos:

- A média aritmética dos valores de **x**: $MA = \frac{\sum_{i=1}^{n} x_i}{n}$
- a variância de **x**: $V = \frac{\sum_{i=1}^{n} (x_i - MA)^2}{n}$
- o desvio padrão de **x**: $DP = \sqrt{V}$

Observações:

1ª) Quando todos os valores da variável são iguais, o desvio padrão é 0.

2ª) Quanto mais próximo de 0 é o desvio padrão, mais homogênea é a distribuição dos valores da variável.

3ª) O desvio padrão é expresso na mesma unidade da variável.

Exercícios resolvidos

4. Em um treinamento de salto em altura, os atletas realizaram 4 saltos cada um. Veja as marcas obtidas por três atletas e responda:

- atleta **A**: 148 cm, 170 cm, 155 cm e 131 cm;
- atleta **B**: 145 cm, 151 cm, 150 cm e 152 cm;
- atleta **C**: 146 cm, 151 cm, 143 cm e 160 cm.

a) Qual deles obteve melhor média?

b) Qual deles foi o mais regular?

Resolução:

a) Calculando a média de cada atleta, obtemos:

Atleta **A**: $MA = \frac{148 + 170 + 155 + 131}{4} = \frac{604}{4} = 151$ cm

Atleta **B**: $MA = \frac{145 + 151 + 150 + 152}{4} = \frac{598}{4} = 149{,}5$ cm

Atleta **C**: $MA = \frac{146 + 151 + 143 + 160}{4} = \frac{600}{4} = 150$ cm

Logo, o atleta **A** obteve a maior média, 151 cm.

b) A maior regularidade será verificada a partir do desvio padrão. Assim, temos:

Atleta **A**:

$$V = \frac{(148 - 151)^2 + (170 - 151)^2 + (155 - 151)^2 + (131 - 151)^2}{4} = \frac{9 + 361 + 16 + 400}{4} = \frac{786}{4} = 196{,}5$$

$DP = \sqrt{196{,}5} \simeq 14$ cm

Atleta **B**:

$$V = \frac{(-4{,}5)^2 + (1{,}5)^2 + (0{,}5)^2 + (2{,}5)^2}{4} = \frac{20{,}25 + 2{,}25 + 0{,}25 + 6{,}25}{4} = \frac{29}{4} = 7{,}25$$

$DP = \sqrt{7{,}25} \simeq 2{,}7$ cm

Atleta **C**:

$$V = \frac{(-4)^2 + 1^2 + (-7)^2 + 10^2}{4} = \frac{16 + 1 + 49 + 100}{4} = \frac{166}{4} = 41{,}5$$

$DP = \sqrt{41{,}5} \simeq 6{,}4$ cm

Logo, o atleta **B** foi o mais regular, pois seu desvio padrão é o menor, aproximadamente 2,7 cm.

5. O histograma mostra o resultado de uma pesquisa sobre altura (em centímetros) entre os alunos de uma classe. Calcule o desvio padrão dessa variável.

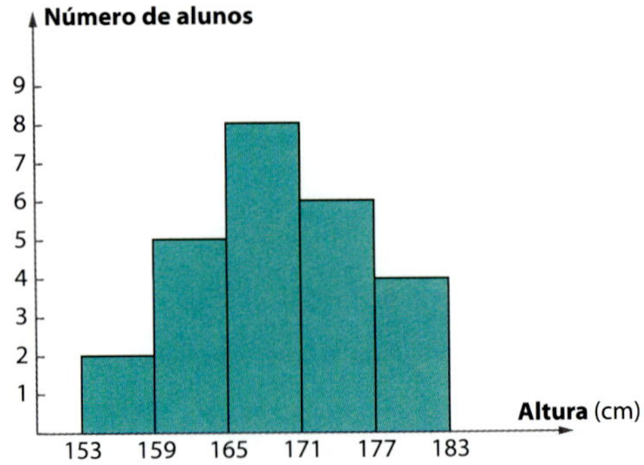

Resolução:

No histograma, os valores da variável são intervalos e, por isso, vamos usar os seus pontos médios:

153 ⊢ 159 → 156 (frequência 2); 159 ⊢ 165 → 162 (frequência 5); 165 ⊢ 171 → 168 (frequência 8); 171 ⊢ 177 → 174 (frequência 6); 177 ⊢ 183 → 180 (frequência 4)

Média aritmética:

$$MA = \frac{2 \cdot 156 + 5 \cdot 162 + 8 \cdot 168 + 6 \cdot 174 + 4 \cdot 180}{2 + 5 + 8 + 6 + 4} =$$

$$= \frac{312 + 810 + 1\,344 + 1\,044 + 720}{25} = \frac{4\,230}{25} = 169{,}2 \text{ cm}$$

Desvios ($x_i - MA$):

$156 - 169{,}2 = -13{,}2$; $162 - 169{,}2 = -7{,}2$; $168 - 169{,}2 = -1{,}2$; $174 - 169{,}2 = 4{,}8$; $180 - 169{,}2 = 10{,}8$

Variância:

$$V = \frac{2(-13{,}2)^2 + 5(-7{,}2)^2 + 8(-1{,}2)^2 + 6(4{,}8)^2 + 4(10{,}8)^2}{25} =$$

$$= \frac{348{,}48 + 259{,}2 + 11{,}52 + 138{,}24 + 466{,}56}{25} = \frac{1\,224}{25} = 48{,}96$$

Desvio padrão:

$$DP = \sqrt{48{,}96} \simeq 6{,}99 \text{ cm}$$

Fique atento

No cálculo da variância foram usadas as frequências.

Exercícios propostos

32. Em um concurso o critério de aprovação leva em conta a média e o desvio padrão após a realização de três provas. Calcule a média e o desvio padrão de um candidato que nas provas obteve, respectivamente, 63 pontos, 56 pontos e 64 pontos.

33. Em uma classe as notas obtidas pelos alunos foram agrupadas da seguinte maneira:

0 ⊢ 2,0 (1 aluno); 2,0 ⊢ 4,0 (6 alunos); 4,0 ⊢ 6,0 (9 alunos); 6,0 ⊢ 8,0 (8 alunos); 8,0 ⊢ 10,0 (6 alunos). A partir desses dados:

a) construa o histograma;

b) construa o polígono do histograma;

c) calcule a média, a moda, a mediana e o desvio padrão.

6 Estatística e probabilidade

A estatística também é usada para estimar a probabilidade de ocorrência de um evento, principalmente quando ela não pode ser calculada teoricamente pela razão $P = \frac{\text{evento}}{\text{espaço amostral}}$. Quando se diz que a probabilidade de um avião cair é de uma em um milhão, é porque a frequência relativa de ocorrência de acidentes é de um acidente a cada um milhão de decolagens. Ao longo dos anos, ocorrerão mais decolagens e essa probabilidade pode mudar. Dos anos 1960 para cá, a frequência relativa de acidentes aéreos no mundo diminuiu cerca de 15 vezes. Isso significa que a probabilidade de ocorrer um acidente nos anos 1960 era 15 vezes maior do que agora.

Quanto maior for a quantidade de experimentos, melhor será a estimativa da probabilidade usando-se a frequência relativa. Ao jogar uma moeda duas vezes, é possível que ocorra duas vezes cara.

Seria absurdo afirmar que a probabilidade de ocorrer cara é de 100%, pois a quantidade de experimentos é muito pequena e não pode ser utilizada para tal afirmação. Entretanto, ao jogar uma moeda 200 vezes, é possível observar algo como 94 caras e 106 coroas; jogando 2 000 vezes, 1 034 caras e 966 coroas; 20 000 vezes, 10 091 caras e 9 909 coroas.

Número de jogadas	FA (cara)	FR (cara)
2	2	100%
200	94	47%
2 000	1 034	51,7%
20 000	10 091	50,45%

Pela tabela ao lado, portanto, percebe-se que a frequência relativa tende ao valor teórico de 50% para a probabilidade de ocorrer cara e coroa. Isso é chamado de *lei dos grandes números*.

Previsões do tempo, resultados eleitorais, mortalidade causada por doenças, entre outras, são probabilidades calculadas usando-se frequências relativas de pesquisas estatísticas. Nesses casos, quanto maior for o histórico de dados a ser analisado, melhor será a previsão.

Exercícios resolvidos

6. O gráfico a seguir mostra a distribuição da população brasileira por regiões de acordo com o Pnad 2007.

Considerando que a população total do Brasil registrada foi de aproximadamente 184 milhões de habitantes e que no gráfico o ângulo da região Centro-Oeste é de 25°, calcule a população da região Centro-Oeste em porcentagem e em número de habitantes.

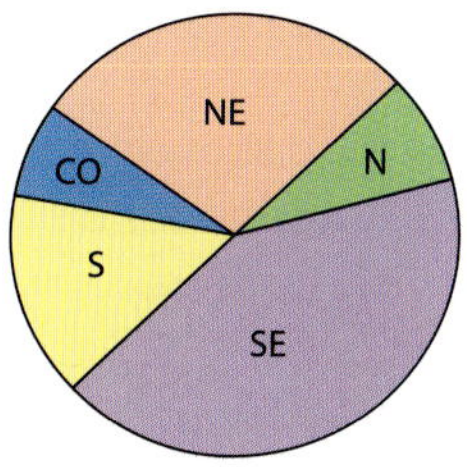

Resolução:

$$\left.\begin{array}{l}360° — 100\% \\ 25° — x\end{array}\right. \Rightarrow x \simeq 7\%$$

7% de 184 000 000 ≃ 13 000 000

Logo, a população da região Centro-Oeste para 2007 corresponde a, aproximadamente, 7% da população do Brasil, ou seja, 13 000 000 de habitantes.

7. Um dado foi lançado 1 200 vezes, obtendo-se o seguinte resultado:

Face	Número de vezes
1	248
2	355
3	175
4	180
5	126
6	116

a) Faça uma tabela de frequências relativas expressando os resultados em porcentagem.

b) Na sua opinião, o dado jogado é honesto? Justifique.

Resolução:

a)

Face	Número de vezes	Frequência relativa
1	248	20,7%
2	355	29,6%
3	175	14,6%
4	180	15,0%
5	126	10,5%
6	116	9,7%

b) Aparentemente há uma tendência maior em sair as faces "1" e "2" do que as outras faces. Como 1 200 é um número razoavelmente grande, a frequência relativa deveria ser, aproximadamente, igual ao valor teórico da probabilidade (que é de 16,6%). Com 1 200 jogadas o resultado teórico esperado seria o de sair cerca de 200 vezes cada face. Assim, podemos afirmar que o dado aparenta não ser honesto.

8. O número de acidentes aéreos na aviação civil brasileira, entre 2009 e 2010, caiu de 111 para 91. No mesmo período, o número de pousos e decolagens nos aeroportos aumentou 15%.

Fontes: <http://www.infraero.gov.br/images/stories/Estatistica/anuario/final.pdf> e <http://www.cenipa.aer.mil.br/cenipa/Anexos/article/18/aviacao_civil%2015%2012%2010.pdf>. Acesso em: 28 mar. 2011.

Segundo o texto acima, se a probabilidade de ocorrer um acidente aéreo em 2009 era $\mathbf{P_1}$, qual seria essa probabilidade em 2010?

Resolução:

Supondo que em 2009 o número de decolagens tenha sido igual a **x**, então em 2010 ele é igual a 1,15x. Assim:

$$P_1 = \frac{111}{x} \Rightarrow \frac{111}{P_1} = x$$

Em 2010, a probabilidade $\mathbf{P_2}$ é:

$$P_2 = \frac{91}{1{,}15x} = \frac{91}{1{,}15x \cdot \frac{111}{P_1}} = \frac{91 \cdot P_1}{1{,}15 \cdot 111} \simeq$$

$\simeq 0{,}71 \cdot P_1$ (cerca de 30% menor)

9. Em uma garrafa opaca fechada existem 20 bolinhas, distribuídas entre três cores: preta, vermelha e amarela. Não é possível ver as bolinhas dentro da garrafa, exceto se virarmos a garrafa de ponta-cabeça, quando uma das bolinhas vai para o gargalo e é possível ver sua cor. Ao longo de vários dias, repetiu-se 2 000 vezes a seguinte operação: chacoalhava-se e tombava-se a garrafa para então anotar a cor da bolinha que aparecia no gargalo.

Os resultados obtidos foram os seguintes:

Cor da bolinha	Número de vezes
preta	396
vermelha	910
amarela	694

Qual deve ser a quantidade de cada bolinha dentro da garrafa?

Resolução:

Como a quantidade de experimentos é grande, podemos esperar que a frequência relativa seja aproximadamente igual à probabilidade teórica. A tabela de frequências relativas é:

Cor da bolinha	Número de vezes	Frequência relativa
preta	396	0,198
vermelha	910	0,455
amarela	694	0,347

Assim, se tivermos **x** bolinhas pretas, **y** bolinhas vermelhas e **z** bolinhas amarelas, as probabilidades teóricas serão:

$P(\text{preta}) = \frac{x}{20}$

$P(\text{vermelha}) = \frac{y}{20}$

$P(\text{amarela}) = \frac{z}{20}$

Igualando-se as probabilidades teóricas com as respectivas frequências relativas, temos:

$\frac{x}{20} = 0{,}198 \Rightarrow x = 3{,}96$

$\frac{y}{20} = 0{,}455 \Rightarrow y = 9{,}10$

$\frac{z}{20} = 0{,}347 \Rightarrow z = 6{,}94$

Como as quantidades **x**, **y** e **z** de bolinhas são números inteiros, então x = 4, y = 9 e z = 7.

10. Observe a pesquisa (enquete) abaixo, encontrada em um *site* de esportes, sobre a opinião dos internautas a respeito da renovação do contrato do jogador Richarlyson:

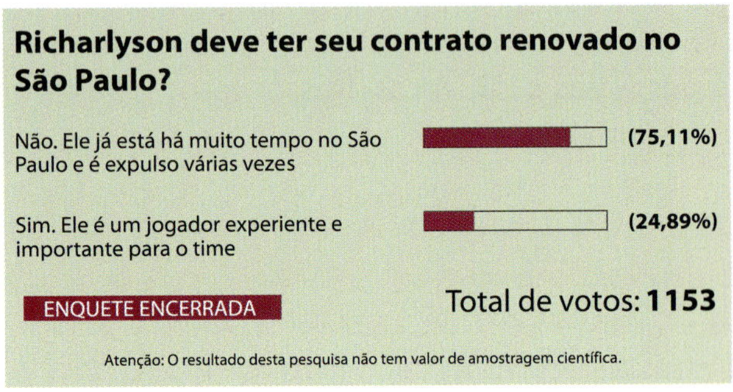

Fonte: <esporte.uol.com.br/enquetes/enquete.jhtm?id=9280>. Acesso em: 16 mar. 2011.

Por que existe o aviso de que o resultado da enquete não tem valor científico?

Resolução:

Porque a pesquisa não foi feita com um universo estatístico (população) que possa ser generalizado, de modo que seu resultado é muito específico. Ela só se refere à população de *usuários da internet, frequentadores do site*. Seria inadequado dizer que aproximadamente 75,11% da população brasileira acreditam que Richarlyson não deve ter seu contrato renovado, sabendo que o perfil da população brasileira é diferente do perfil dos usuários da internet.

Exercícios propostos

34. Um dado foi lançado 1 000 vezes, obtendo-se o seguinte resultado:

Face	Número de vezes
1	157
2	171
3	160
4	166
5	171
6	175

a) Faça uma tabela de frequências relativas expressando os resultados em porcentagem.

b) Na sua opinião, o dado jogado é honesto? Justifique.

35. "O Brasil tem um dos menores índices de acidentes aéreos. Aqui a frequência é de 0,85 acidente por milhão de decolagens. Essa média é mais baixa que a de outros países latinos (5,7), asiáticos (3,8) e africanos (13). A Europa (0,5) e a Oceania (0,2) têm os menores percentuais." Baseado no texto, calcule a probabilidade de ocorrência de um acidente aéreo no Brasil.

36. Em uma garrafa opaca fechada existem 10 bolinhas, distribuídas entre as cores azul e branca. Não é possível ver as bolinhas dentro da garrafa, exceto se virarmos a garrafa de ponta-cabeça, quando uma das bolinhas vai para o gargalo e é possível ver sua cor. Ao longo de vários dias, repetiu-se 2 000 vezes a seguinte operação: chacoalhava-se e tombava-se a garrafa para então anotar a cor da bolinha que aparecia no gargalo. Os resultados obtidos foram os seguintes:

Cor da bolinha	Número de vezes
azul	624
branca	1 376

Na próxima vez em que for repetida essa operação, qual a probabilidade de que a cor da bolinha do gargalo seja azul?

Portal Pedagógico

Acesse o *Portal Pedagógico* (veja instruções na seção "Conheça seu livro", página 5) e amplie o estudo deste capítulo. Selecione o capítulo 1 e você encontrará os seguintes materiais:

- *Atividades adicionais* (Atividades para imprimir);
- *Estatística* (*Slides* para aula).

Desafios

1. (UFPR) Os dados abaixo representam o tempo (em segundos) para carga de um determinado aplicativo, num sistema compartilhado.

Com base nesses dados, considere as afirmativas a seguir:

1) O tempo médio para carga do aplicativo é de 7,0 segundos.
2) A variância da distribuição é aproximadamente 1,33 segundo ao quadrado.
3) O desvio padrão é a raiz quadrada da variância.
4) Cinquenta por cento dos dados observados estão abaixo de 6,5 segundos.

Tempo (s)	Número de observações
4,5 ⊢— 5,5	3
5,5 ⊢— 6,5	6
6,5 ⊢— 7,5	13
7,5 ⊢— 8,5	5
8,5 ⊢— 9,5	2
9,5 ⊢—10,5	1
Total	30

Assinale a alternativa correta.

a) Somente as afirmativas 1 e 3 são verdadeiras.
b) Somente as afirmativas 2 e 3 são verdadeiras.
c) Somente as afirmativas 2 e 4 são verdadeiras.
d) Somente as afirmativas 1, 2 e 3 são verdadeiras.
e) Somente as afirmativas 1, 3 e 4 são verdadeiras.

2. (UnB-DF) A tabela adiante apresenta o levantamento das quantidades de peças defeituosas para cada lote de 100 unidades fabricadas em uma linha de produção de autopeças, durante um período de 30 dias úteis.

Dia	Número de peças defeituosas	Dia	Número de peças defeituosas	Dia	Número de peças defeituosas
1	6	11	1	21	2
2	4	12	5	22	6
3	3	13	4	23	3
4	4	14	1	24	5
5	2	15	3	25	2
6	4	16	7	26	1
7	3	17	5	27	3
8	5	18	6	28	2
9	1	19	4	29	5
10	2	20	3	30	7

Considerando **S** a série numérica de distribuição de frequências de peças defeituosas por lote de 100 unidades, julgue os itens abaixo.

1) A moda da série **S** é 5.
2) Durante o período de levantamento desses dados, o percentual de peças defeituosas ficou, em média, abaixo de 3,7%.
3) Os dados obtidos nos 10 primeiros dias do levantamento geram uma série numérica de distribuição de frequências com a mesma mediana da série **S**.

3. (Fuvest-SP) Numa classe com 20 alunos as notas do exame final podiam variar de 0 a 100 e a nota mínima para aprovação era 70. Realizado o exame, verificou-se que 8 alunos foram reprovados. A média aritmética das notas desses 8 alunos foi 6,5, enquanto a média dos aprovados foi 77. Após a divulgação dos resultados, o professor verificou que uma questão havia sido mal formulada e decidiu atribuir 5 pontos a mais a todos os alunos. Com essa decisão, a média dos aprovados passou a ser 80 e a dos reprovados 68,8.

a) Calcule a média aritmética das notas da classe toda antes da atribuição dos 5 pontos extras.
b) Com a atribuição dos 5 pontos extras, quantos alunos, inicialmente reprovados, atingiram nota para aprovação?

PENSANDO NO ENEM

1. Utilizamos métodos de *Estatística Descritiva* para organizar, resumir e descrever os aspectos importantes de um conjunto de características observadas ou então para comparar tais características entre dois ou mais conjuntos. Considere que uma indústria embale peças em caixas com 100 unidades. O *Controle de Qualidade* da indústria selecionou ao acaso 48 caixas na linha de produção e anotou em cada caixa o número de peças defeituosas. Obteve os seguintes dados:

2	0	0	4	3	0	0	1	0	0
1	1	2	1	1	1	1	1	1	0
0	0	3	0	0	0	2	0	0	1
1	2	0	2	0	0	0	0	0	0
0	0	0	0	0	0	1	0		

Em geral, usam-se três medidas de tendência central a fim de tentar representar o conjunto por inteiro com um único valor e são elas: média, mediana e moda. A mediana, a média e a moda dessa distribuição são, respectivamente:

a) 0; 0,5 e 1.
b) 1; 0,66 e 0.
c) 0; 1 e 0.
d) 0; 0,66 e 0.
e) 1; 0,5 e 0.

2. No dia 14 de fevereiro de 2011 foi anunciada a aposentadoria de um dos melhores jogadores de futebol de todos os tempos e o maior artilheiro de Copas do Mundo, Ronaldo Nazário de Lima, o Fenômeno. Eleito três vezes o melhor jogador do mundo pela Fifa, marcou centenas de gols e atuou em 7 clubes, 2 do Brasil e 5 do exterior. Teve também uma brilhante passagem pela seleção brasileira.

Os gols da carreira de Ronaldo

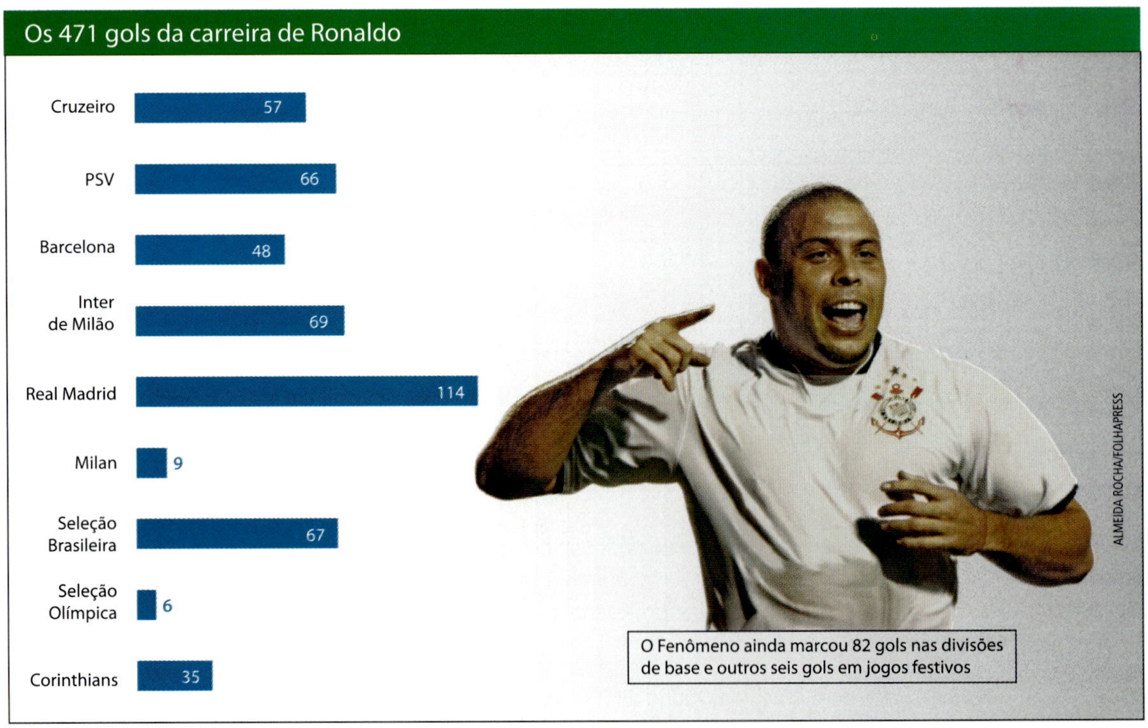

Fontes: <globoesporte.globo.com/platb/primeiramao/2010/03/10/os-gols-da-carreira-de-ronaldo pt.wikipedia.org/wiki/Ronaldo_Lu%C3%ADs_Naz%C3%A1rio_de_Lima>; <corinthians.com.br/ronaldoeternamente/estatísticas.asp>. Acesso em: jun. 2011.

Considerando-se apenas os dados relativos aos 7 clubes que Ronaldo defendeu (ou seja, sem considerar os jogos e gols pelas seleções), então a média de gols por clube e a mediana de gols por clube são, respectivamente:

a) 56,9 e 57.
b) 52,3 e 69.
c) 56,9 e 69.
d) 39,8 e 57.
e) 52,3 e 57.

A MATEMÁTICA E AS PRÁTICAS SOCIAIS

Projeção da população do Brasil

As estimativas populacionais, além de sua fundamental importância para o cálculo de indicadores sociodemográficos e econômicos nos períodos intercensitários, subsidiam ministérios e secretarias estaduais e municipais para a formulação, a implementação e a posterior avaliação de seus respectivos programas de desenvolvimento e, em particular, das ações contidas em suas políticas sociais, constituindo, ainda, o principal parâmetro para o Tribunal de Contas da União (TCU) distribuir as quotas partes relativas ao Fundo de Participação de Estados e Municípios.

Com o objetivo de proporcionar total transparência à sociedade, em geral, e aos usuários destas informações, em especial, o IBGE apresenta os resultados e a metodologia empregada no Sistema de Projeções e Estimativas da População do Brasil, em sua revisão 2008. A atualização empreendida incorpora as informações sobre as tendências observadas da mortalidade, da fecundidade e da migração em nível nacional, no período de 1980 a 2050, e utiliza para tal o Método das Componentes Demográficas.

A análise dos resultados, ilustrada com tabelas e gráficos, destaca as transformações mais relevantes observadas nos indicadores demográficos implícitos nessa projeção, sobretudo com relação ao acelerado processo de envelhecimento da população, resultante do efeito combinado da redução dos níveis da fecundidade e da mortalidade e do aumento da expectativa de vida, a partir de meados da década de 1980.

Pirâmides etárias absolutas

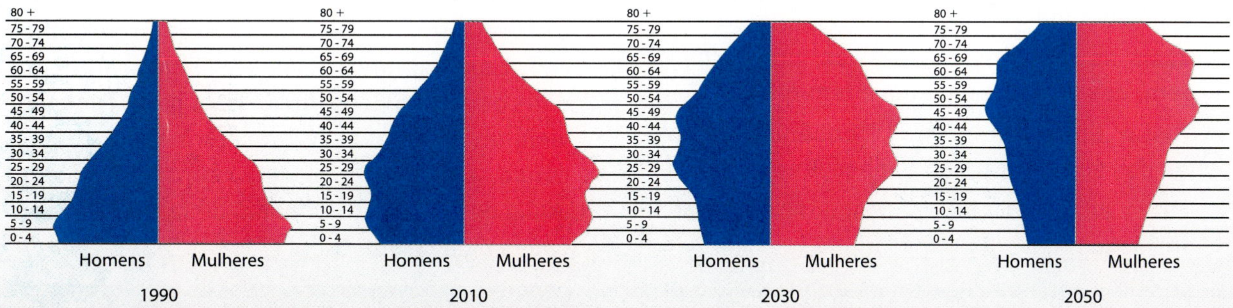

Projeção da população do Brasil por sexo e idade para 2010

Ano	Homens	Mulheres	Total
2015	98 330 018	102 551 667	200 881 685
2020	101 193 501	105 949 742	207 143 243
2025	103 586 664	108 843 385	212 430 049
2030	105 346 428	111 063 602	218 610 030
2035	106 261 382	112 383 329	216 844 711
2040	106 313 617	112 761 513	219 075 130
2045	105 607 669	112 280 740	217 888 409
2050	104 232 308	111 055 155	215 287 463

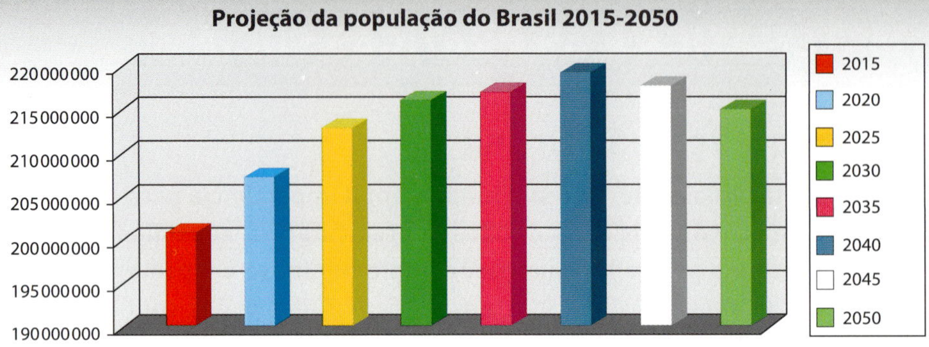

Fonte: <www.ibge.gov.br>. Acesso em: 25 mar. 2011.

Calculando e compreendendo melhor o texto

1. Com base no desenvolvimento da pirâmide etária no Brasil, entre 1990 e 2050, o que se pode esperar com respeito à taxa de natalidade e à expectativa de vida nas próximas décadas?

2. Usando como base a projeção para o ano de 2015, responda:

a) Quais as frequências absolutas dos sexos masculino e feminino?

b) Quais as frequências relativas, em porcentagem, dos sexos masculino e feminino?

c) Qual a diferença entre as frequências absolutas dos sexos feminino e masculino?

d) Qual a diferença entre as frequências relativas dos sexos feminino e masculino?

e) Considerando os resultados anteriores, a proposição: "existem muito mais mulheres que homens" é verdadeira?

3. Os dados mostram que a população brasileira está crescendo. Segundo as projeções, a população atingirá um valor máximo dentro das décadas analisadas.

a) Quando isso ocorrerá?

b) Qual será essa população máxima?

Pesquisando e discutindo

4. Pirâmides etárias são gráficos que representam a população por classes etárias e por sexo. Considerando que o nome desse gráfico remete à forma geométrica de um triângulo, responda:

a) Pela observação das pirâmides etárias apresentadas anteriormente, observa-se uma tendência de "inversão da pirâmide etária". O que significa essa expressão?

a) Indique um objetivo da Previdência Social diretamente relacionado à distribuição etária da população. Qual seria o impacto sobre esse objetivo se a pirâmide se invertesse, ou seja, se a base passasse a ser constituída pela população idosa?

5. É necessário que o Brasil dê mais atenção à população idosa, priorizando as políticas de assistência social, saúde, previdência e habitação. Essas políticas são essenciais aos cidadãos que tanto fizeram por este país. Tendo em vista que a população brasileira está envelhecendo, pesquise e discuta com seus colegas quais dessas políticas estão de fato sendo aplicadas na sua cidade.

PURESTOCK/GETTY IMAGES

Veja mais sobre o assunto

Procure mais informações em jornais, revistas e nos *sites*: <www.ibge.com.br>, <www.portaldo-envelhecimento.net/principal/principal.htm> e <www.dieese.org.br>.

QUESTÕES DE VESTIBULAR

1. (UFC-CE) A média aritmética das notas dos alunos de uma turma formada por 25 meninas e 5 meninos é igual a 7. Se a média aritmética das notas dos meninos é igual a 6, a média aritmética das notas das meninas é igual a:

a) 6,05.
b) 7,2.
c) 7,4.
d) 7,8.
e) 8,0.

2. (Fuvest-SP) Sabe-se que a média aritmética de 5 números inteiros distintos, estritamente positivos, é 16. O maior valor que um desses inteiros pode assumir é:

a) 16.
b) 20.
c) 50.
d) 70.
e) 100.

3. (Uece) A média aritmética dos elementos de um conjunto de números inteiros e positivos é 14,625. Se **n** é o número de elementos desse conjunto, então o menor valor de **n** é:

a) 4. b) 6. c) 8. d) 16.

Leia o texto abaixo para resolver as questões 4 e 5.

No quadro I constam dados relativos ao consumo doméstico de água, em litros, por atividade, e no quadro II, o tempo gasto com um banho diário, em minutos, e o número de banhos diários de cada membro de uma família.

Quadro I	
Atividade	**Quantidade** (litros)
Um minuto de chuveiro	15
Uma lavagem de mãos	3
Uma escovação dos dentes	11
Descarga do vaso sanitário	10

Quadro II		
Família	**Tempo** (minutos)	**Banhos diários**
Pai	4	3
Mãe	6	3
Filho	3	4
Filha	7	4

Para incentivar, facilitar e expandir a reciclagem de resíduos no País, o Conama estabeleceu um código de cores para os diferentes tipos de resíduos (quadro III). Esse código tem validade nacional e foi inspirado em formas de codificação adotadas internacionalmente. A reciclagem é uma das alternativas de tratamento de resíduos sólidos mais vantajosas, tanto do ponto de vista ambiental como social. Ela reduz o consumo de recursos naturais, poupa energia e água e ainda diminui o volume de lixo e a poluição. Além disso, quando há um sistema de coleta seletiva bem estruturado, a reciclagem pode ser uma atividade econômica rentável.

Quadro III	
Código de cores para os diferentes tipos de resíduos	
Cores	**Resíduos**
Amarelo	Metal
Azul	Papel
Verde	Vidro
Vermelho	Plástico

4. (UFPA) Considerando os dados dos quadros I e II, podemos afirmar que cada membro dessa família gasta para tomar banho diariamente, em média:

a) 52,5 litros de água.
b) 75,0 litros de água.
c) 105,0 litros de água.
d) 262,5 litros de água.
e) 300,0 litros de água.

5. (UFPA) Em Estatística, as variáveis são classificadas como qualitativas e quantitativas. Quando quantitativas elas podem ser discretas ou contínuas. Com base nas variáveis apresentadas nos quadros I, II e III, podemos afirmar que:

a) as cores são variáveis quantitativas.
b) o número de filhos de uma família constitui uma variável quantitativa discreta.
c) o número de minutos gasto ao tomar um banho é uma variável qualitativa.
d) o tipo de resíduo sólido é uma variável quantitativa contínua.
e) a quantidade de litros de água gastos durante um banho é uma variável qualitativa.

6. (UFMG) Este gráfico representa o resultado de uma pesquisa realizada com 1 000 famílias com filhos em idade escolar:

Responsáveis pela renda familiar

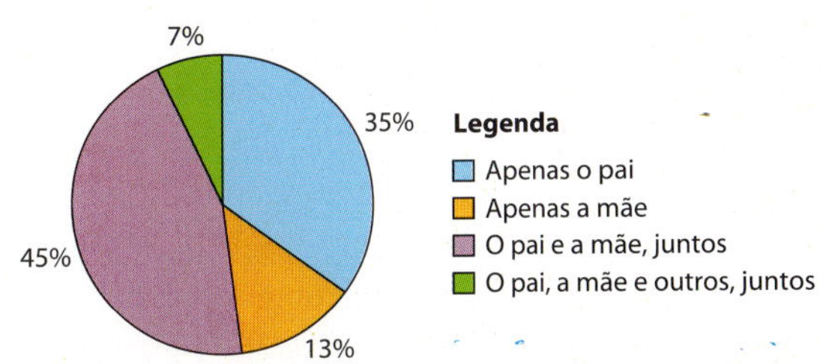

Considere estas afirmativas referentes às famílias pesquisadas:

I) O pai participa da renda familiar em menos de 850 dessas famílias.

II) O pai e a mãe participam, juntos, da renda familiar em mais de 500 dessas famílias.

Então, é correto afirmar que:

a) nenhuma das afirmativas é verdadeira.
b) apenas a afirmativa I é verdadeira.
c) apenas a afirmativa II é verdadeira.
d) ambas as afirmativas são verdadeiras.

7. (UFMS) O quadro abaixo apresenta a média da idade (em anos) de três grupos de pessoas que foram entrevistadas em uma pesquisa e a quantidade de pessoas de cada grupo.

Grupo	**Quantidade de pessoas entrevistadas**	**Média da idade** (em anos)
A	10	x
B	20	y
C	30	z

Admita que a média da idade das pessoas entrevistadas do grupo **B** supera em 3 anos a média da idade das pessoas entrevistadas do grupo **A**, que a diferença entre a média da idade das pessoas entrevistadas do grupo **C** e a média da idade das pessoas entrevistadas do grupo **A** é 2 anos e que a média da idade das pessoas entrevistadas de todos os grupos é 22 anos. A partir dessas informações, é correto afirmar que $x + y + z$ é:

a) 63.
b) 61.
c) 62.
d) 65.
e) 64.

8. (UFMS) Uma empresa tem 18 funcionários. Um deles pede demissão e é substituído por um funcionário de 22 anos de idade. Com isso, a média das idades dos funcionários diminuiu dois anos. Assim, a idade do funcionário que se demitiu é de:

a) 50 anos.
b) 48 anos.
c) 54 anos.
d) 56 anos.
e) 58 anos.

9. (UFPA) Suponha que o PSS fosse realizado com 5 disciplinas. Um candidato ao PSS-2007, que fez a 1ª etapa no PSS-2005 e a 2ª etapa no PSS-2006, está interessado em simular suas possibilidades de aprovação em um determinado curso e sabe que o último classificado desse curso no PSS-2006 obteve uma nota final de 662. Para fazer essa simulação, o candidato precisa saber que a nota final (NPF) de cada candidato é

$$NPF = \frac{NPG_1 + NPG_2 + 2\,NPG_3}{4}, \text{ em que:}$$

- NPG_1 é a nota padronizada da primeira fase;
- NPG_2 é a nota padronizada da segunda fase;
- NPG_3 é a nota padronizada da terceira fase.

Como o candidato já tem conhecimento das notas $NPG_1 = 690$ e $NPG_2 = 680$, é suficiente simular a nota NPG_3, que é calculada pela expressão

$$NPG_3 = \frac{NP_1 + NP_2 + NP_3 + NP_4 + NP_5}{5}, \text{ em que}$$

NP_i é a nota padronizada de cada matéria dada por

$$NP_i = \frac{(X_i - M_i)}{S_i} \cdot 100 + 500,\ i = 1, 2, 3, 4, 5, \text{ na qual:}$$

- $\mathbf{X_i}$ é a nota bruta do candidato na matéria **i**.
- $\mathbf{M_i}$ é a média de acertos na matéria **i**.
- $\mathbf{S_i}$ é o desvio padrão na matéria **i**.

Supondo que $\mathbf{M_i}$, $\mathbf{S_i}$ e $\mathbf{X_i}$ na terceira fase são:

i	**Matéria**	**Nota X_i**	**Média M_i**	**Desvio S_i**
1	Matemática	3	1	1
2	Física	2	1	1
3	História	5	2	2
4	Língua Portuguesa	5	3	2
5	Redação	8	5	2

Então, o candidato concluirá que sua nota final (NPF) é:

a) 706,93.
b) 705,15.
c) 701,11.
d) 667,31.
e) 662,50.

10. (Fuvest-SP) Para que fosse feito um levantamento sobre o número de infrações de trânsito, foram escolhidos 50 motoristas. O número de infrações cometidas por esses motoristas, nos últimos cinco anos, produziu a seguinte tabela:

Número de infrações	**Número de motoristas**
de 1 a 3	7
de 4 a 6	10
de 7 a 9	15
de 10 a 12	13
de 13 a 15	5
maior ou igual a 16	0

Pode-se então afirmar que a média do número de infrações, por motorista, nos últimos cinco anos, para esse grupo, está entre:

a) 6,9 e 9,0.
b) 7,2 e 9,3.
c) 7,5 e 9,6.
d) 7,8 e 9,9.
e) 8,1 e 10,2.

11. (UFRR) Os índices de desemprego constituem um importante indicador para os formuladores da política econômica do país. O gráfico a seguir mostra a evolução da taxa média de desocupação de outubro de 2006 a Novembro de 2007, medida pelo IBGE, nas seis regiões metropolitanas: Recife, Salvador, Belo Horizonte, Rio de Janeiro, São Paulo e Porto Alegre. Taxa média de desocupação é a porcentagem das pessoas desocupadas em relação às pessoas economicamente ativas.

Taxa média de desocupação (%)

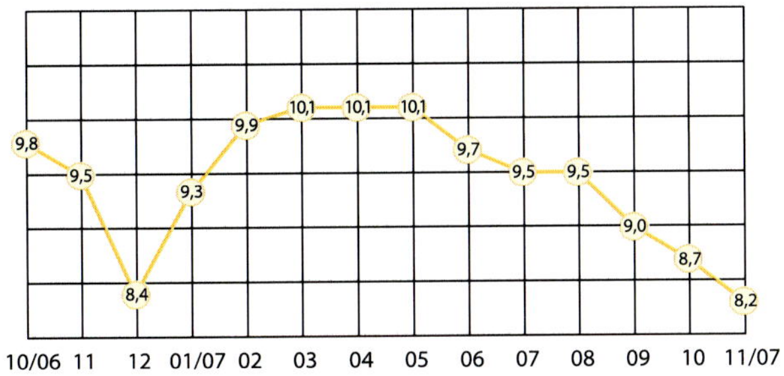

Fonte: IBGE, Diretoria de pesquisas, Coordenação de Trabalhos e Rendimento. Pesquisa Mensal de Emprego.

Com base no gráfico apresentado, pode-se afirmar que:

a) a média aritmética é igual a 9,4 e a moda é igual a 9,4.
b) a média aritmética é igual a 9,4 e a moda é igual a 8,4.
c) a média aritmética é igual a 9,2 e a moda é igual a 9,4.
d) a média aritmética é igual a 9,4 e a moda é igual a 10,1.
e) a média aritmética é igual a 9,0 e a moda é igual a 9,5.

12. (UFPR) Em 2010, uma loja de carros vendeu 270 carros a mais que em 2009. Abaixo temos um gráfico ilustrando as vendas nesses dois anos.

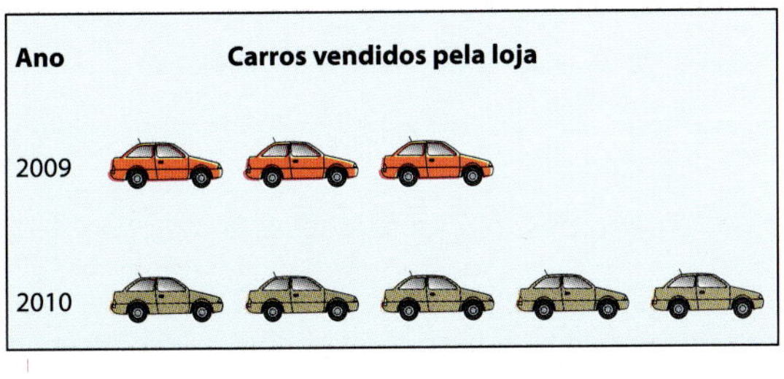

Nessas condições, pode-se concluir que a média aritmética simples das vendas efetuadas por essa loja durante os dois anos foi de:

a) 540 carros.
b) 530 carros.
c) 405 carros.
d) 270 carros.
e) 135 carros.

13. (UnB-DF) A tabela abaixo contém informações relativas à precipitação em algumas bacias hidrográficas do Brasil.

Bacia hidrográfica	Precipitação (em 1 000 m³/s)
Amazônica	*
São Francisco	18
Paraná	40
Paraguai	16
Uruguai	10

Considerando essas informações, julgue os itens seguintes.

a) Considere que a média aritmética das precipitações nas bacias incluídas na tabela seja igual a 115 000 m³/s. Nessa situação, a precipitação na bacia Amazônica é inferior a 350 000 m³/s.

b) O desvio padrão das 4 precipitações apresentadas na tabela é superior a 10 000 m³/s.

c) Considere que x_1, x_2, x_3, x_4, x_5 sejam os valores assumidos por uma variável quantitativa discreta de variância igual a V(x) e que, subtraindo-se 3 unidades de cada uma dessas variáveis, obtêm-se os valores y_1, y_2, y_3, y_4, y_5, assumidos por uma nova variável quantitativa discreta de variância igual a V(y). Nessa situação, tem-se V(y) = V(x) − 9.

14. (Ibmec-SP) Chama-se mediana de um conjunto de 50 dados ordenados em ordem crescente o número **x** dado pela média aritmética entre o 25º e o 26º dado. Observe no gráfico a seguir uma representação para as notas de 50 alunos do primeiro semestre de Ciências Econômicas numa determinada prova.

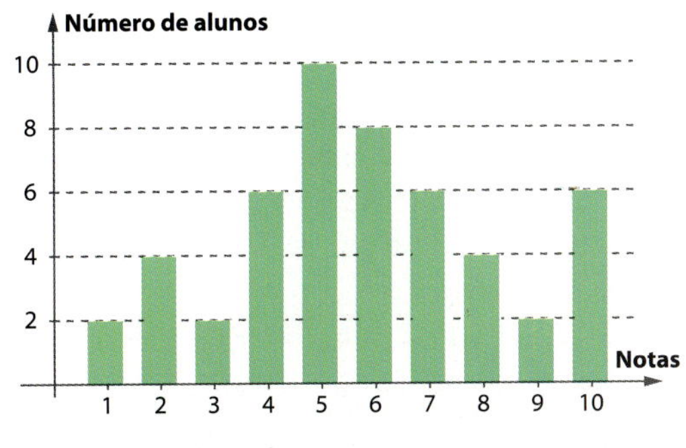

A mediana das notas dos 50 alunos de Ciências Econômicas nesta prova é igual a:

a) 3. b) 4. c) 5. d) 6. e) 7.

15. (Unicamp-SP) O gráfico abaixo mostra o total de acidentes de trânsito na cidade de Campinas e o total de acidentes sem vítimas, por 10 000 veículos, no período entre 1997 e 2003. Sabe-se que a frota da cidade de Campinas era composta por 500 000 veículos em 2003 e era 4% menor em 2002.

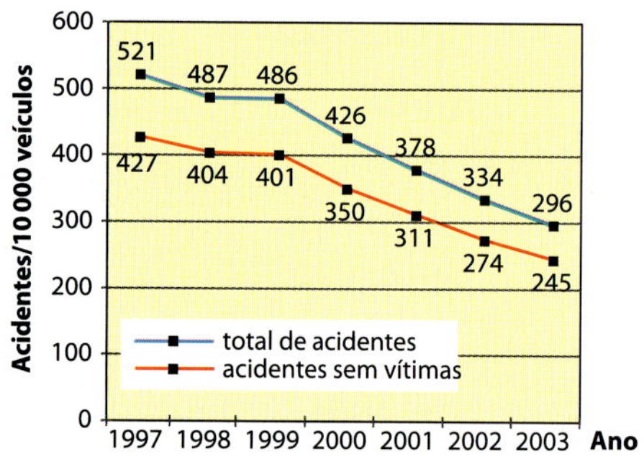

Adaptado de: *Sumário Estatístico da Circulação em Campinas 2002-2003*. Campinas, EMDEC, 2004, p. 12.

a) Calcule o número total de acidentes de trânsito ocorridos em Campinas em 2003.

b) Calcule o número de acidentes com vítimas ocorridos em Campinas em 2002.

16. (FGV-SP)

a) Considere **n** números reais não nulos $\mathbf{x_1}$, $\mathbf{x_2}$, $\mathbf{x_3}$, ..., $\mathbf{x_n}$. Em que condição a variância desses números é nula? Justifique.

b) Dados três números reais $\mathbf{x_1}$, $\mathbf{x_2}$ e $\mathbf{x_3}$, qual o valor de **m** que minimiza a expressão $\sum_{i=1}^{3}(x_i - m)^2$?

17. (UFPR) Dado um conjunto $X = \{x_1, x_2, x_3, ..., x_n\}$ com **n** elementos, definimos a média $\bar{x}$ e o desvio padrão **d** de **X** por:

$$\bar{x} = \frac{x_1 + x_2 + ... + x_n}{n}$$

$$d = \sqrt{\frac{(x_1 - \bar{x})^2 + (x_2 - \bar{x})^2 + ... + (x_n - \bar{x})^2}{n}}$$

Uma informação útil para quem analisa um conjunto de dados como **X** é que a maioria desses dados pertence ao intervalo $C = [\bar{x} - 2d, \bar{x} + 2d]$. Sendo $x = \left\{\frac{5}{2}, 4, \frac{7}{2}, 3\right\}$ um conjunto de dados:

1) calcule a média $\bar{x}$ e o desvio padrão **d**.

2) verifique quais dados do conjunto **X** acima pertencem ao intervalo **C**.

18. (Fuvest-SP) Uma prova continha cinco questões, cada uma valendo 2 pontos. Em sua correção, foram atribuídas a cada questão apenas as notas 0 ou 2, caso a resposta estivesse, respectivamente, errada ou certa. A soma dos pontos obtidos em cada questão forneceu a nota da prova de cada aluno. Ao final da correção, produziu-se a seguinte tabela, contendo a porcentagem de acertos em cada questão:

Questão	Porcentagem
1	30%
2	10%
3	60%
4	80%
5	40%

Logo, a média das notas da prova foi:

a) 3,8. d) 4,4.

b) 4,0. e) 4,6.

c) 4,2.

19. (Vunesp) O gráfico representa, em milhares de toneladas, a produção no estado de São Paulo de um determinado produto agrícola entre os anos de 1990 e 1998.

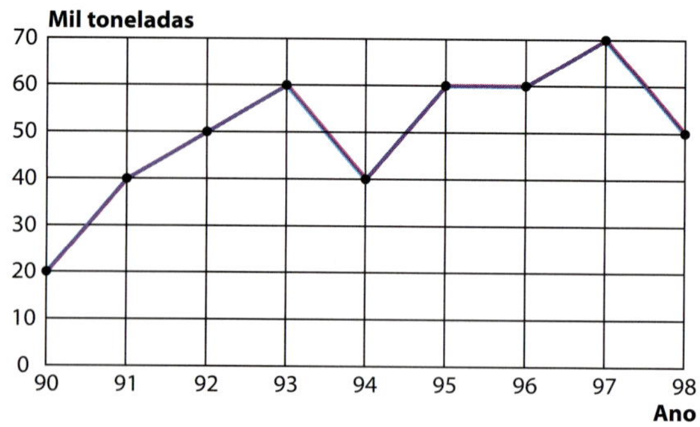

Analisando o gráfico, observa-se que a produção:

a) foi crescente entre 1992 e 1995.

b) teve média de 40 mil toneladas ao ano.

c) em 1993 teve acréscimo de 30% em relação ao ano anterior.

d) a partir de 1995 foi decrescente.

e) teve média de 50 mil toneladas ao ano.

Leitura

Estatística

A palavra *estatística* significa 'análise de dados'. Como método, surgiu milênios antes de Cristo, sendo, no início, uma simples compilação de números. Acredita-se que seu desenvolvimento ocorreu devido à necessidade de os governantes conhecerem como os recursos e bens estavam distribuídos pela população e do que dispunha o Estado. Até os dias de hoje são conhecidas suas aplicações em relação aos assuntos públicos. O censo, por exemplo, acontece periodicamente e fornece elementos importantes para o planejamento do país. De origem latina, a palavra *censo* significa 'conjunto dos dados estatísticos dos habitantes de uma cidade, estado ou nação'. O mais antigo de que se tem notícia é o da China — diz-se que em 2238 a.C. o imperador Yao mandou realizar um censo da população e das lavouras cultivadas. Por volta de 400 a.C., os romanos já faziam regularmente um levantamento da população e do grau de pobreza, com o objetivo de estabelecer taxas de impostos. O primeiro censo no Brasil foi realizado em 1872 e, desde 1936, quando foi criado o IBGE (Instituto Brasileiro de Geografia e Estatística), acontece a cada dez anos, tornando-se a operação estatística mais importante para a determinação do perfil sociodemográfico do país, dando subsídios para a análise de distribuição de recursos do Fundo de Participação dos Municípios. O gráfico abaixo, extraído do *site* oficial do IBGE, mostra a população do Brasil, em milhões de habitantes, nos últimos censos.

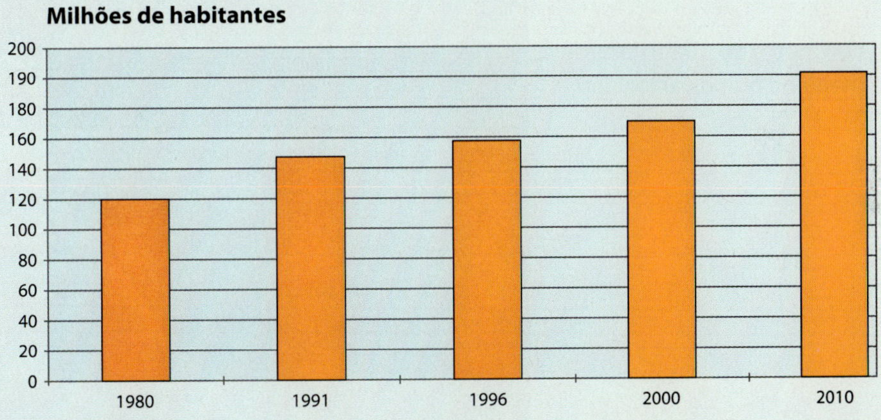

Fonte: <www.ibge.gov.br>. Acesso em: 2 maio 2010.

Apesar de as primeiras noções estatísticas terem aparecido muito tempo antes de Cristo, foi somente no século XVIII que o termo *estatística* se instituiu, por sugestão do alemão Gottfried Achenwall (1719-1772), jurista e historiador, que atribuiu à Estatística um caráter científico, considerando-a "um conjunto de elementos socioeconômicos e políticos nos quais se assenta o Estado".

No século XIX destaca-se Karl Pearson (1857-1936), fundador do primeiro departamento universitário dedicado à Estatística aplicada, tornando-a uma disciplina científica independente, integrando-a com várias áreas do conhecimento. Com especial interesse no estudo da bioestatística, contribuiu, no campo da Psicologia, com a pesquisa estatística da evolução do comportamento humano.

Por fornecer dados que embasam todo tipo de pesquisa, é uma disciplina presente em quase todos os cursos superiores. Apesar da frequência com que aparece no nosso dia a dia, uma vez que gráficos e tabelas povoam jornais e revistas, a Estatística pode nos levar a detalhes bastante sofisticados, que envolvem maior conhecimento técnico.

Capítulo 2 Geometria analítica: ponto e reta

UM POUCO DE HISTÓRIA

➲ Ao relacionar Álgebra com Geometria, em sua obra *Discurso do Método*, o filósofo francês René Descartes (1596-1650) concebeu os alicerces da Geometria analítica, estabelecendo relações entre curvas no plano cartesiano e equações algébricas. Essa abordagem marcou um grande avanço na Matemática, e as expressões "coordenadas cartesianas" e "sistema ou plano cartesiano" são homenagem a ele.

DESAFIO

➲ Determine o perímetro do quadrilátero abaixo, desenhado no plano cartesiano.

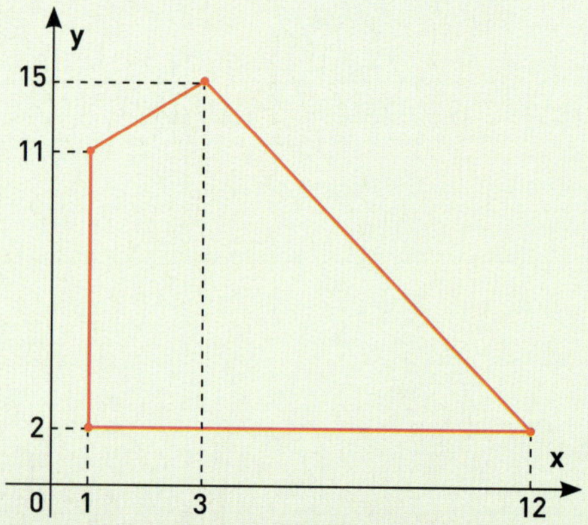

Entre os numerosos exemplos de aplicação da Geometria analítica está o desenvolvimento da computação gráfica. Telas de computador são exemplos de uso da estrutura de planos cartesianos com uma quantidade finita de pontos (*pixels*, em inglês), a qual determina a resolução das imagens.

A utilização de recursos de imagens, que ocorre na tomografia computadorizada, na localização por satélites (GPS) ou na simples impressão de uma foto, entre outros casos, mostra-nos como a organização da quantidade de pontos no plano é fundamental para a visualização dos detalhes e a interpretação dos resultados.

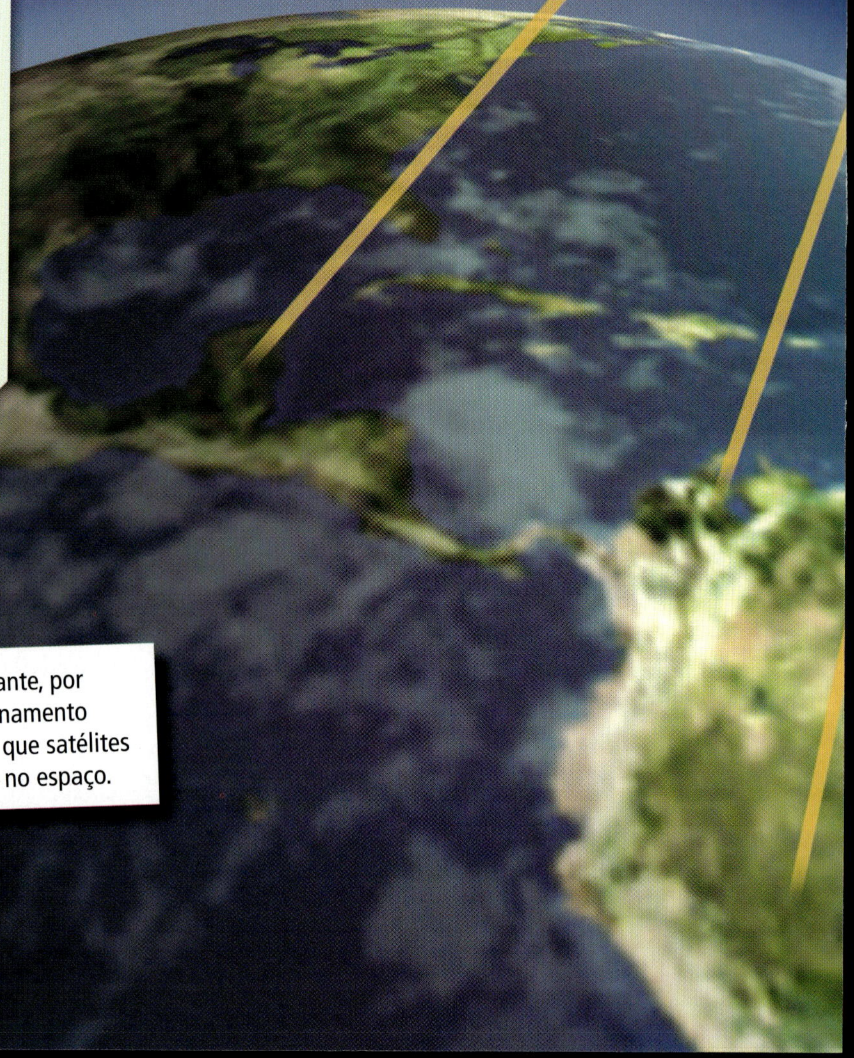

A Geometria analítica é importante, por exemplo, no sistema de posicionamento global, conhecido por **GPS**, em que satélites identificam posições de pontos no espaço.

A MATEMÁTICA NA PRÁTICA

Nosso modo de vida atual seria impensável sem a GEOMETRIA ANALÍTICA.

RIMANTAS ABROMAS/ SHUTTERSTOCK/ GLOW IMAGES

1 Introdução

A Geometria analítica está calcada na ideia de representar os pontos da reta por números reais e os pontos do plano por pares ordenados de números reais. Assim, as linhas no plano (reta, circunferência, elipse, etc.) são descritas por meio de equações. Com isso, é possível tratar algebricamente muitas questões geométricas, como também interpretar de forma geométrica algumas situações algébricas.

Essa integração entre Geometria e Álgebra foi responsável por grandes progressos na Matemática e nas outras ciências em geral.

Em Geometria analítica estudaremos várias figuras (incluindo as que não representam função) e suas propriedades geométricas por meio de processos algébricos (equações, inequações, sistemas, etc.). Para isso, algumas ideias estudadas nos capítulos 3 (Funções) e 4 (Função afim) do volume 1 serão retomadas e aprofundadas e outras serão introduzidas.

Uma função $f: \mathbb{R} \to \mathbb{R}$, definida por $f(x) = ax + b$ (ou $y = ax + b$), com $a \in \mathbb{R}$ e $b \in \mathbb{R}$, tem como gráfico uma reta não paralela ao eixo **y**.

Pela equação é possível estudar propriedades dessa reta, assim como, a partir de uma propriedade da reta, pode-se identificar uma equação.

Exemplos:

1º) A reta de equação $y = 3x + 7$ é paralela à reta de equação $y = 3x - 8$.

2º) Se a reta passa pela origem **O**(0, 0), então sua equação é da forma $y = ax$ ou $y = ax + b$, com $b = 0$.

2 Sistema cartesiano ortogonal

Existe uma correspondência biunívoca entre os pontos de um plano e o conjunto dos pares ordenados de números reais, isto é, a cada ponto do plano corresponde um único par ordenado (x, y), e a cada par ordenado (x, y) está associado um único ponto do plano. Conforme o sistema de eixos ortogonais adotado, o par ordenado (x, y) associado a um determinado ponto do plano pode variar.

Para estabelecer uma dessas correspondências biunívocas são usados dois eixos ortogonais (eixo **x** e eixo **y**) que formam o *sistema cartesiano ortogonal*. A intersecção dos eixos **x** e **y** é o ponto **O**, chamado de *origem* do sistema.

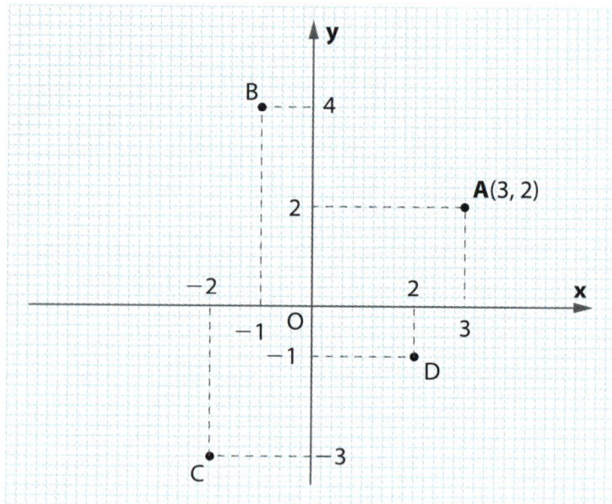

Exemplo:

Ao par ordenado de números reais:

- (0, 0) está associado o ponto **O** (origem);
- (3, 2) está associado o ponto **A**;
- (−1, 4) está associado o ponto **B**;
- (−2, −3) está associado o ponto **C**;
- (2, −1) está associado o ponto **D**.

Considerando o ponto **A**(3, 2), dizemos que o número 3 é a coordenada **x** ou a abscissa do ponto **A** e o número 2 é a coordenada **y** ou a ordenada do ponto **A**.

Observações:

1ª) Os eixos **x** e **y** chamam-se *eixos coordenados* e dividem o plano em quatro regiões chamadas *quadrantes*, cuja identificação é feita como mostra a figura ao lado.

O sinal positivo ou negativo da abscissa e da ordenada varia de acordo com o quadrante.

Se o ponto **P** pertence:

- ao 1º quadrante, então $x_p > 0$ e $y_p > 0$;
- ao 2º quadrante, então $x_p < 0$ e $y_p > 0$;
- ao 3º quadrante, então $x_p < 0$ e $y_p < 0$;
- ao 4º quadrante, então $x_p > 0$ e $y_p < 0$;

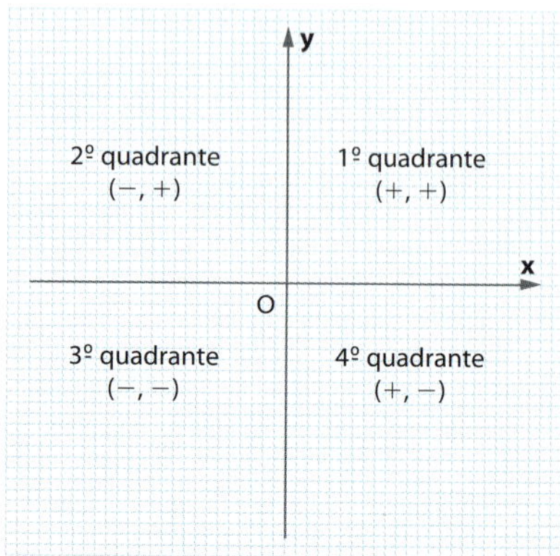

Fique atento

O ponto **O**(0, 0) pertence aos dois eixos.

2ª) Se o ponto **P** pertence ao eixo **x**, suas coordenadas são (a, 0), com a $\in \mathbb{R}$.

3ª) Se o ponto **P** pertence ao eixo **y**, suas coordenadas são (0, b), com b $\in \mathbb{R}$.

4ª) Se o ponto **P** pertence à bissetriz dos quadrantes ímpares, suas coordenadas têm ordenada igual à abscissa, ou seja, são do tipo (a, a) com a $\in \mathbb{R}$.

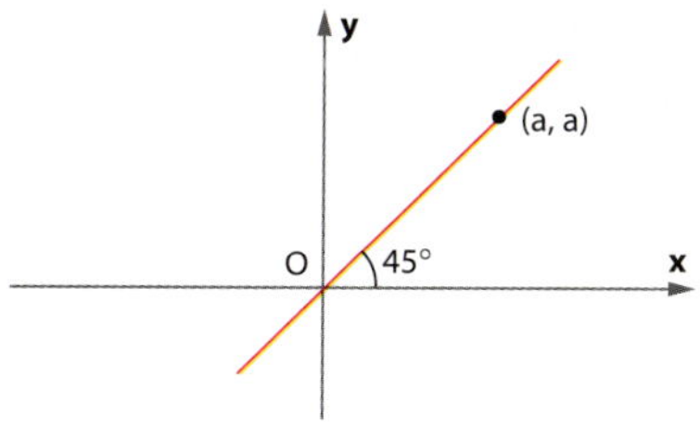

5ª) Se o ponto **P** pertence à bissetriz dos quadrantes pares, suas coordenadas têm abscissa e ordenada opostas, ou seja, são do tipo (a, −a) com a $\in \mathbb{R}$.

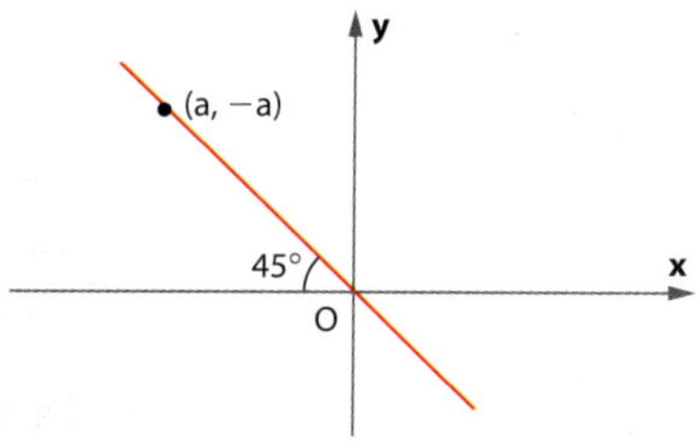

Exercícios propostos

1. Observe a figura e determine os pontos, ou seja, dê suas coordenadas:

a) **A**
b) **B**
c) **C**
d) **D**
e) **E**

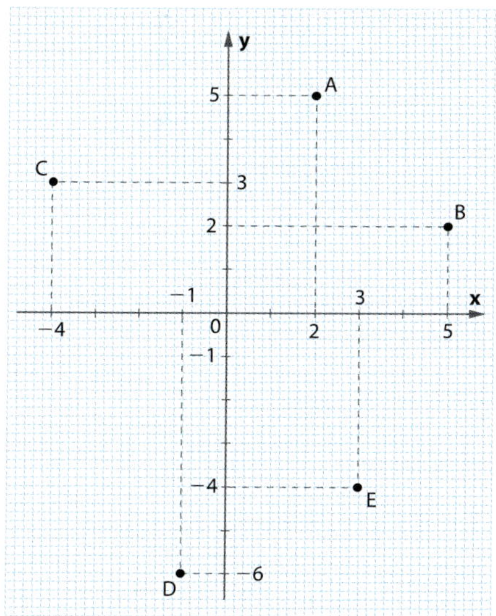

2. Marque num sistema de coordenadas cartesianas ortogonais os pontos:

a) **A**(1, −2)
b) **D**(0, 3)
c) **Q**(3, −2)
d) **B**(−3, 3)
e) **P**(−1, −5)
f) **N**(0, −4)
g) **C**(4, 4)
h) **M**(−4, 0)
i) **R**(3, 0)

3. No retângulo da figura, AB = 2a e BC = a. Dê as coordenadas dos vértices do retângulo.

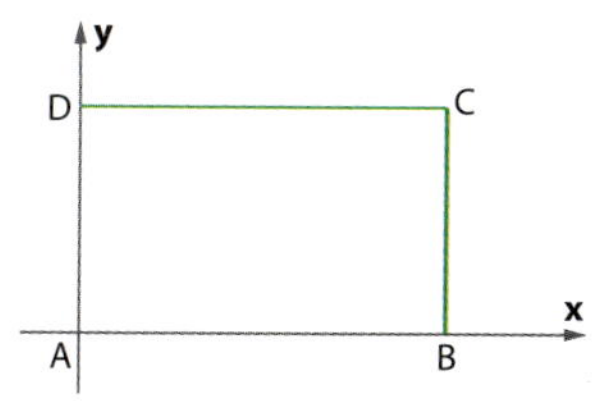

4. O valor de k^2, sabendo que o ponto **P**(k − 1, 2k) pertence à bissetriz dos quadrantes ímpares, é:

a) −1. b) 1. c) $-\frac{1}{3}$. d) $\frac{1}{3}$. e) $\frac{1}{9}$.

5. O raio da circunferência da figura ao lado mede 2 unidades. Quais são as coordenadas dos pontos **A**, **B**, **C** e **D**?

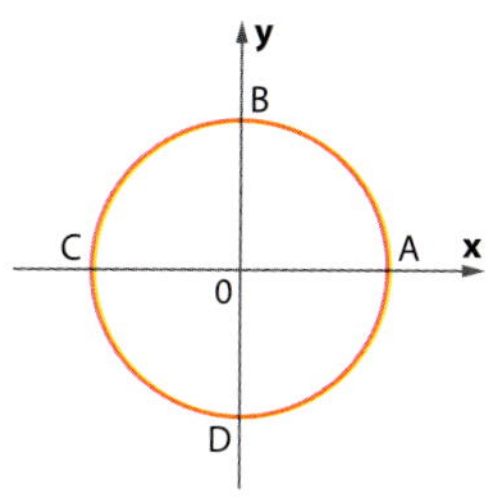

6. Sabendo que **P**(a, b), com ab > 0, em que quadrante se encontra o ponto **P**?

7. Sabendo que **P**(2m + 1, −3m − 4) pertence ao terceiro quadrante, determine os possíveis valores reais de **m**.

3 Distância entre dois pontos

Dados dois pontos, **A** e **B**, a distância entre eles, que será indicada por d(A, B), é a medida do segmento de extremidades **A** e **B**.

Exemplos:

1º)

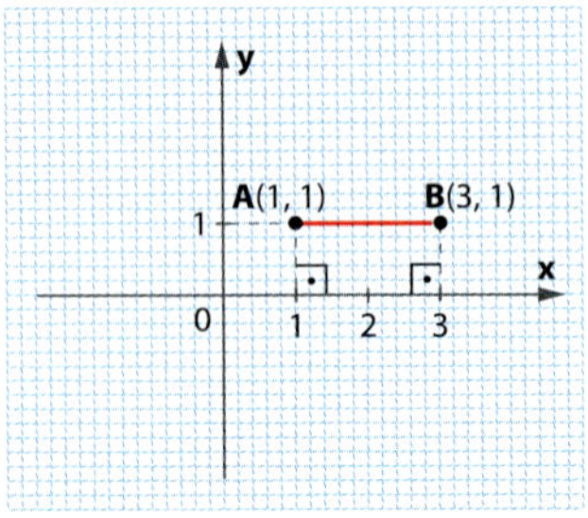

d(A, B) = 3 − 1 = 2

2º)

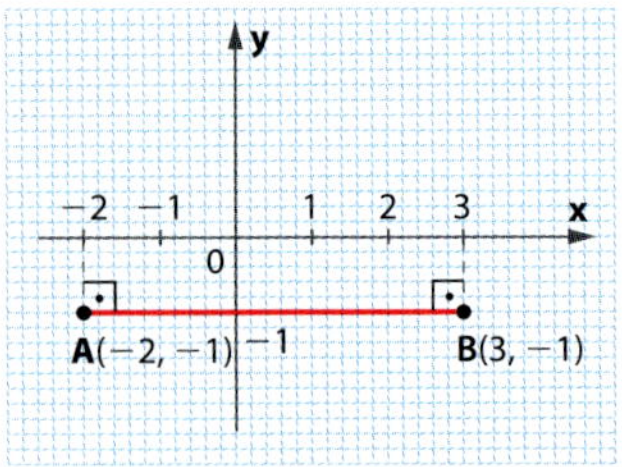

d(A, B) = 3 + 2 = 5

3º)

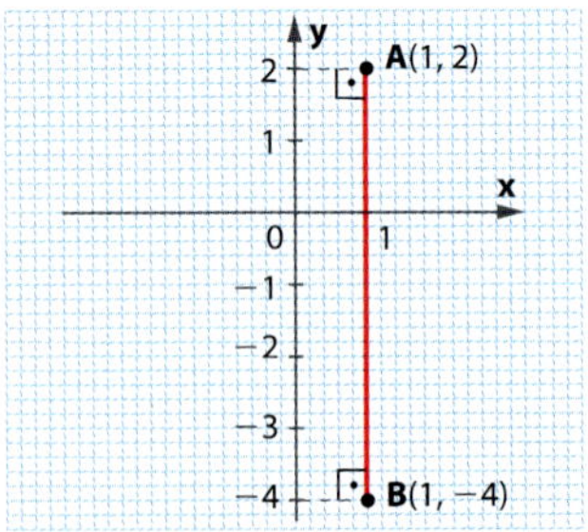

d(A, B) = 2 + 4 = 6

4º)

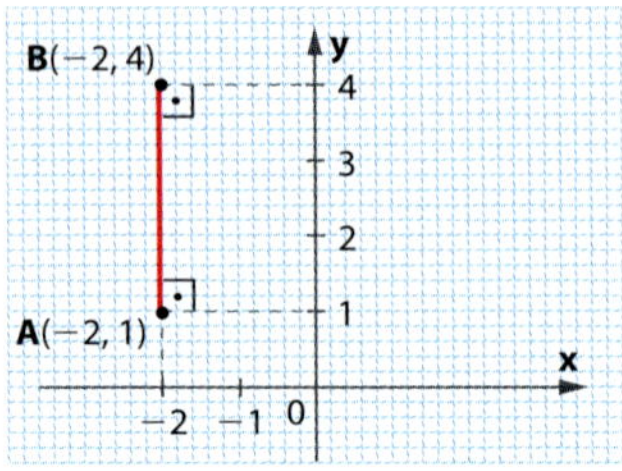

d(A, B) = 4 − 1 = 3

5º)

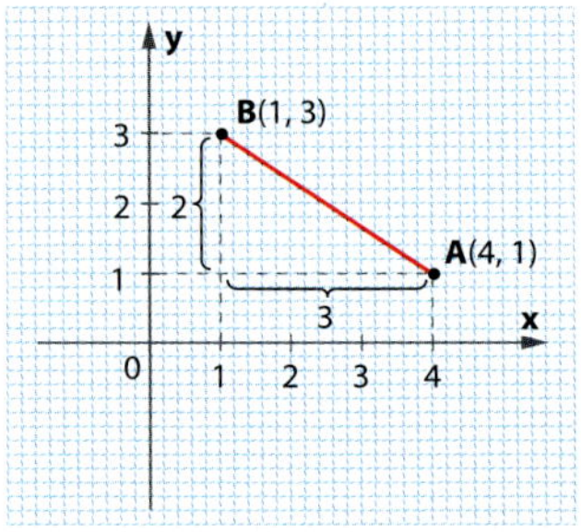

$[d(A, B)]^2 = 3^2 + 2^2 \Rightarrow d(A, B) = \sqrt{13}$

6º)

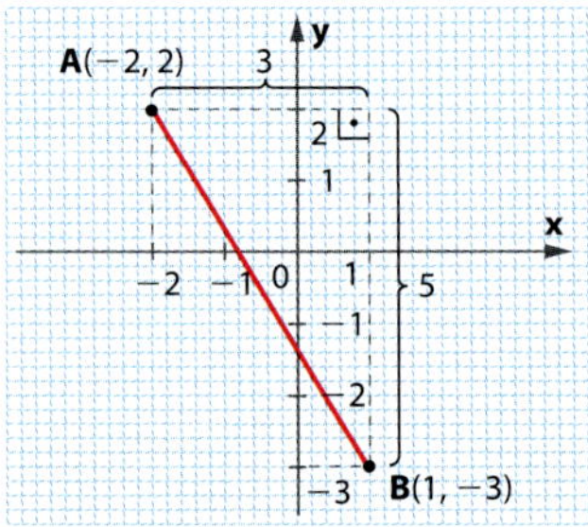

$[d(A, B)]^2 = 3^2 + 5^2 \Rightarrow d(A, B) = \sqrt{34}$

? Você sabia

Observe nos exemplos que:

- quando o segmento $\overline{AB}$ é paralelo ao eixo das abscissas, a distância entre os pontos **A** e **B** é dada por: $d_{(AB)} = |x_A - x_B|$.
- quando o segmento $\overline{AB}$ é paralelo ao eixo das ordenadas, a distância entre os pontos **A** e **B** é dada por: $d_{(AB)} = |y_A - y_B|$.

Fique atento

No 5º e no 6º exemplos foi usada a *relação de Pitágoras*.

Fórmula da distância entre dois pontos

Podemos determinar uma expressão que indica a distância entre **A** e **B**, quaisquer que sejam **A**(x_1, y_1) e **B**(x_2, y_2).

O triângulo ABC é retângulo em **C**, logo podemos usar a relação de Pitágoras:

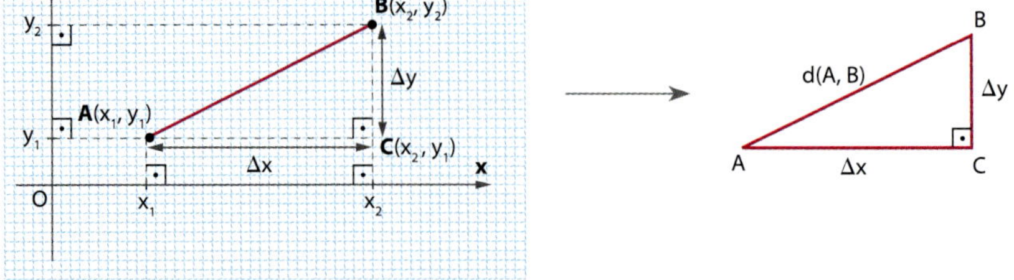

$$[d(A, B)]^2 = \Delta x^2 + \Delta y^2 \Rightarrow d(A, B) = \sqrt{\Delta x^2 + \Delta y^2} = \sqrt{(x_2 - x_1)^2 + (y_2 - y_1)^2}$$

Observação: A expressão obtida para a distância entre dois pontos **A** e **B** independe da localização de **A** e **B**, ou seja, vale para **A** e **B** quaisquer. Vejamos no 2º, 4º e 6º exemplos analisados anteriormente:

2º) **A**$(-2, -1)$ e **B**$(3, -1) \Rightarrow d(A, B) = \sqrt{[3 - (-2)]^2 + [(-1) - (-1)]^2} = \sqrt{5^2 + 0^2} = \sqrt{25} = 5$

4º) **A**$(-2, 1)$ e **B**$(-2, 4) \Rightarrow d(A, B) = \sqrt{[-2 - (-2)]^2 + (4 - 1)^2} = \sqrt{0^2 + 3^2} = \sqrt{9} = 3$

6º) **A**$(-2, 2)$ e **B**$(1, -3) \Rightarrow d(A, B) = \sqrt{[1 - (-2)]^2 + [(-3) - 2]^2} = \sqrt{3^2 + (-5)^2} = \sqrt{34}$

Concluímos, então, que a distância entre dois pontos **A** e **B** quaisquer do plano, tal que **A**(x_1, y_1) e **B**(x_2, y_2), é dada por:

$$d(A, B) = \sqrt{(x_2 - x_1)^2 + (y_2 - y_1)^2}$$

Fique atento

A expressão geral obtida independe da localização de **A** e **B**.

Exercícios resolvidos

1. Um ponto **P**(a, 2) é equidistante dos pontos **A**(3, 1) e **B**(2, 4). Calcule a abscissa do ponto **P**.

Resolução:

Como **P** é equidistante de **A** e **B**, devemos ter:

$d(P, A) = d(P, B) \Rightarrow$

$\Rightarrow \sqrt{(3 - a)^2 + (1 - 2)^2} = \sqrt{(2 - a)^2 + (4 - 2)^2} \Rightarrow$

$\Rightarrow \sqrt{(3 - a)^2 + 1} = \sqrt{(2 - a)^2 + 4} \Rightarrow$

$\Rightarrow (3 - a)^2 + 1 = (2 - a)^2 + 4 \Rightarrow$

$\Rightarrow 9 - 6a + \cancel{a^2} + 1 = 4 - 4a + \cancel{a^2} + 4 \Rightarrow$

$\Rightarrow -6a + 4a = 4 + 4 - 9 - 1 \Rightarrow -2a = -2 \Rightarrow$

$\Rightarrow 2a = 2 \Rightarrow a = 1$

Verificando:

$$a = 1 \Rightarrow \begin{cases} d(P, A) = \sqrt{(3 - 1)^2 + (1 - 2)^2} = \sqrt{5} \\ d(P, B) = \sqrt{(2 - 1)^2 + (4 - 2)^2} = \sqrt{5} \end{cases}$$

Então, a abscissa do ponto **P** é 1.

2. Demonstre que o triângulo com vértices **A**$(-2, 4)$, **B**$(-5, 1)$ e **C**$(-6, 5)$ é isósceles.

Resolução:

Um triângulo é isósceles quando tem dois lados congruentes (medidas iguais). Vamos calcular, então, as medidas dos lados do triângulo ABC:

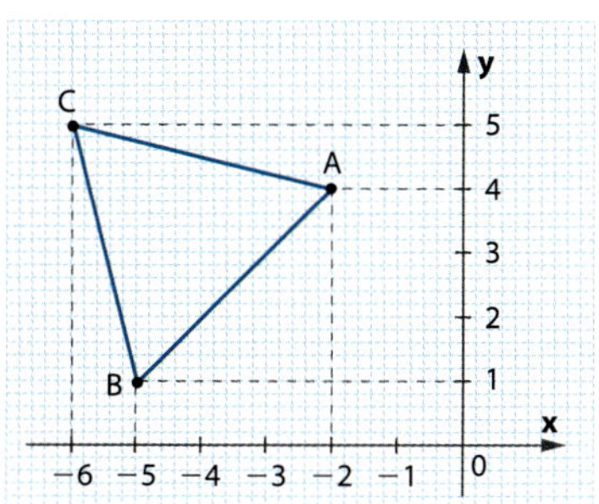

$d(A, B) = \sqrt{(-5 + 2)^2 + (1 - 4)^2} = \sqrt{9 + 9} =$

$= \sqrt{18} = 3\sqrt{2}$

$d(A, C) = \sqrt{(-6 + 2)^2 + (5 - 4)^2} = \sqrt{16 + 1} =$

$= \sqrt{17}$

$d(B, C) = \sqrt{(-6 + 5)^2 + (5 - 1)^2} = \sqrt{1 + 16} =$

$= \sqrt{17}$

Como $d(A, C) = d(B, C)$, o triângulo ABC é isósceles.

3. Considerando os vértices **A**$(-1, -3)$, **B**$(6, 1)$ e **C**$(2, -5)$, verifique se o triângulo ABC é retângulo.

Resolução:

Para ser triângulo retângulo, o quadrado de um lado deve ser igual à soma dos quadrados dos outros dois. Vejamos:

$d(A, B) = \sqrt{(6 + 1)^2 + (1 + 3)^2} = \sqrt{49 + 16} =$

$= \sqrt{65} \Rightarrow (\sqrt{65})^2 = 65$

$d(A, C) = \sqrt{(2 + 1)^2 + (-5 + 3)^2} = \sqrt{9 + 4} =$

$= \sqrt{13} \Rightarrow (\sqrt{13})^2 = 13$

$d(B, C) = \sqrt{(2 - 6)^2 + (-5 - 1)^2} = \sqrt{16 + 36} =$

$= \sqrt{52} \Rightarrow (\sqrt{52})^2 = 52$

Como $65 = 13 + 52$, podemos afirmar que o triângulo ABC é retângulo em **C**.

Fique atento

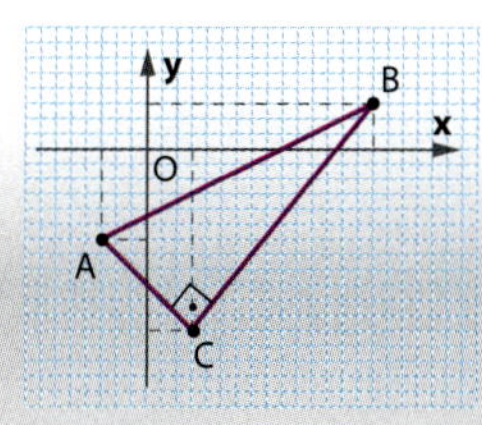

4. Considere um ponto **P**(x, y) tal que a sua distância ao ponto **A**(3, 2) é sempre duas vezes a sua distância ao ponto **B**$(-4, 1)$. Nessas condições, encontre uma equação que seja satisfeita com as coordenadas do ponto **P**.

Resolução:

De acordo com o problema, devemos ter
$d(P, A) = 2d(P, B)$, ou seja, $[d(P, A)]^2 = 4[d(P, B)]^2$.
Assim:

$(3 - x)^2 + (2 - y)^2 = 4[(-4 - x)^2 + (1 - y)^2] \Rightarrow$
$\Rightarrow 9 - 6x + x^2 + 4 - 4y + y^2 =$
$= 4[16 + 8x + x^2 + 1 - 2y + y^2] \Rightarrow$
$\Rightarrow 9 - 6x + x^2 + 4 - 4y + y^2 =$
$= 64 + 32x + 4x^2 + 4 - 8y + 4y^2 \Rightarrow$
$\Rightarrow -3x^2 - 3y^2 - 38x + 4y - 55 = 0 \Rightarrow$
$\Rightarrow 3x^2 + 3y^2 + 38x - 4y + 55 = 0$

5. A mediatriz de um segmento $\overline{AB}$ é a reta formada pelos pontos que equidistam de **A** e **B**. Encontre uma relação entre as coordenadas **x** e **y** do ponto **P**(x, y), sabendo que ele pertence à mediatriz do segmento $\overline{AB}$, com **A**(3, 2) e **B**(−2, −4).

Resolução:

Se **P**(x, y) pertence à mediatriz de $\overline{AB}$, então
$d(P, A) = d(P, B)$, ou seja, $[d(P, A)]^2 = [d(P, B)]^2$.
Assim:

$(x - 3)^2 + (y - 2)^2 = (x - (-2))^2 + (y - (-4))^2 \Rightarrow$
$\Rightarrow x^2 - 6x + 9 + y^2 - 4y + 4 =$
$= x^2 + 4x + 4 + y^2 + 8y + 16 \Rightarrow$
$\Rightarrow -10x - 12y - 7 = 0 \Rightarrow 10x + 12y = -7$ é uma das maneiras de expressar a relação entre **x** e **y**.

Exercícios propostos

8. Calcule a distância entre os pontos dados:

a) **A**(3, 7) e **B**(1, 4)

b) **E**(3, −1) e **F**(3, 5)

c) **H**(−2, −5) e **O**(0, 0)

d) **M**(0, −2) e **N**($\sqrt{5}$, −2)

e) **P**(3, −3) e **Q**(−3, 3)

f) **C**(−4, 0) e **D**(0, 3)

9. A distância do ponto **A**(a, 1) ao ponto **B**(0, 2) é igual a 3. Calcule o valor da abscissa **a**.

10. Qual é a distância do ponto **A**(cos a, sen a) ao ponto **B**(sen a, −cos a)?

11. Um ponto **P** pertence ao eixo das abscissas e é equidistante dos pontos **A**(−1, 2) e **B**(1, 4). Quais são as coordenadas do ponto **P**?

12. A abscissa de um ponto **P** é −6 e sua distância ao ponto **Q**(1, 3) é $\sqrt{74}$. Determine a ordenada do ponto.

13. Considere um ponto **P**(x, y) cuja distância ao ponto **A**(5, 3) é sempre duas vezes a distância de **P** ao ponto **B**(−4, −2). Nessas condições, escreva uma equação que deve ser satisfeita com as coordenadas do ponto **P**.

14. Demonstre que um triângulo com vértices **A**(0, 5), **B**(3, −2) e **C**(−3, −2) é isósceles e calcule o seu perímetro.

4 Ponto médio de um segmento de reta

Ponto divisor ou razão de seção

Sejam **A, B** e **P** três pontos do plano cartesiano, tal que **P** divide o segmento $\overline{AB}$ numa razão $r = \frac{AP}{PB}$ denominada *razão de seção*. Observe na figura abaixo que os triângulos APC e PBD são semelhantes.

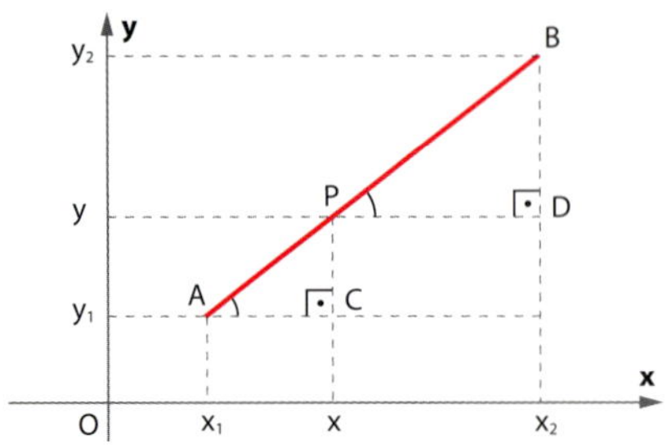

Fique atento

Neste estudo, o ponto **P** está entre os pontos **A** e **B**.

Então, temos:

$$r = \frac{AP}{PB} = \frac{x_1 - x}{x - x_2} = \frac{y_1 - y}{y - y_2}$$

Coordenadas do ponto médio de um segmento de reta

Dado um segmento de reta $\overline{AB}$ tal que **A**(x_1, y_1) e **B**(x_2, y_2) são pontos distintos, vamos determinar as coordenadas de **M**, o ponto médio de $\overline{AB}$.

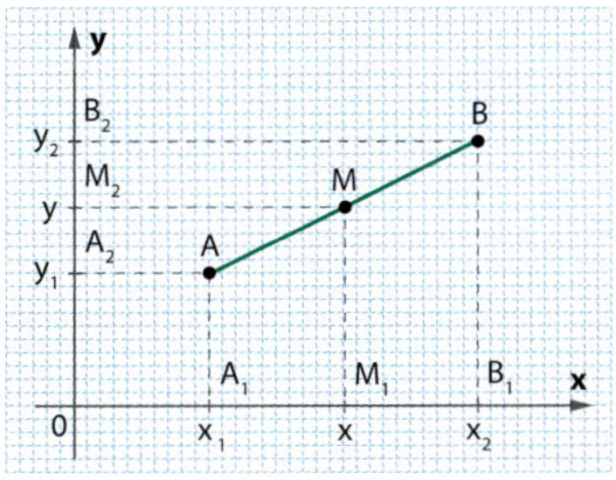

Para refletir

Por que **A** e **B** devem ser pontos distintos?

O ponto médio é o ponto divisor que divide o segmento em duas partes iguais. Sendo **A** e **B** os pontos extremos do segmento $\overline{AB}$, com ponto médio **M**, teremos $\frac{AM}{MB} = 1$.

Aplicando o teorema de Tales, temos:

$$\frac{AM}{MB} = \frac{A_1M_1}{M_1B_1} \Rightarrow 1 = \frac{x - x_1}{x_2 - x} \Rightarrow x - x_1 = x_2 - x \Rightarrow 2x = x_2 + x_1 \Rightarrow x = \frac{x_2 + x_1}{2}$$

$$\frac{AM}{MB} = \frac{A_2M_2}{M_2B_2} \Rightarrow 1 = \frac{y - y_1}{y_2 - y} \Rightarrow y - y_1 = y_2 - y \Rightarrow 2y = y_2 + y_1 \Rightarrow y = \frac{y_2 + y_1}{2}$$

Fique atento

- A demonstração independe da localização de **A** e **B** nos quadrantes.
- Chamando de **M** o ponto médio de $\overline{AB}$, temos: **M**$\left(\frac{x_1 + x_2}{2}, \frac{y_1 + y_2}{2}\right)$

Então, podemos concluir que, dado um segmento de extremidades **A**(x_1, y_1) e **B**(x_2, y_2):

- a abscissa do ponto médio do segmento é a média aritmética das abscissas das extremidades:

$$x = \frac{x_2 + x_1}{2}$$

- a ordenada do ponto médio do segmento é a média aritmética das ordenadas das extremidades:

$$y = \frac{y_2 + y_1}{2}$$

Coordenadas do baricentro de um triângulo

Dado um triângulo ABC de vértices **A**(x_1, y_1), **B**(x_2, y_2) e **C**(x_3, y_3), vamos determinar as coordenadas de **G**, baricentro do triângulo ABC.

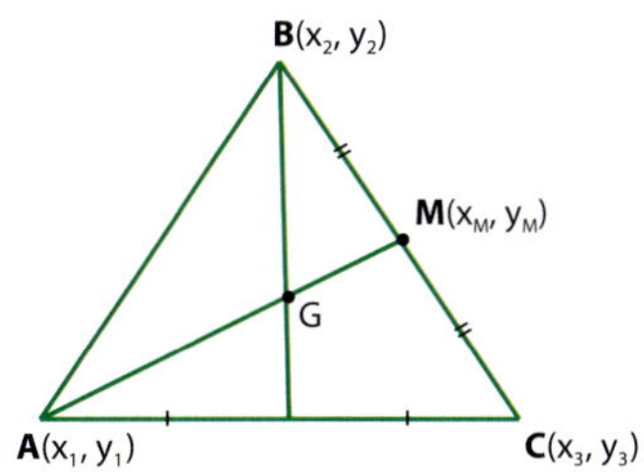

Seja **M** o ponto médio do lado $\overline{BC}$. Então $x_M = \frac{x_1 + x_2}{2}$ e $y_M = \frac{y_1 + y_2}{2}$.

Seja **G** o baricentro do triângulo que divide a mediana $\overline{AM}$ em duas partes, em que uma é o dobro da outra. Nesse caso, $\frac{AG}{GM} = 2$.

Portanto:

- $\frac{AG}{GM} = \frac{x_1 - x_G}{x_G - x_M} \Rightarrow 2 = \frac{x_1 - x_G}{x_G - x_M} \Rightarrow 2x_G - 2x_M = x_1 - x_G \Rightarrow 3x_G = x_1 + 2x_M \Rightarrow 3x_G = x_1 + 2\frac{x_2 + x_3}{2} \Rightarrow$

  $\Rightarrow 3x_G = x_1 + x_2 + x_3 \Rightarrow x_G = \frac{x_1 + x_2 + x_3}{3}$

- $\frac{AG}{GM} = \frac{y_1 - y_G}{y_G - y_M} \Rightarrow 2 = \frac{y_1 - y_G}{y_G - y_M} \Rightarrow 2y_G - 2y_M = y_1 - y_G \Rightarrow 3y_G = y_1 + 2y_M \Rightarrow 3y_G = y_1 + 2\frac{y_2 + y_3}{2} \Rightarrow$

  $\Rightarrow 3y_G = y_1 + y_2 + y_3 \Rightarrow y_G = \frac{y_1 + y_2 + y_3}{3}$

Exercícios resolvidos

6. Determine **M**, ponto médio de $\overline{AB}$, nos seguintes casos:

a) **A**(3, −2) e **B**(−1, −6)

b) **A**(0, 7) e **B**(6, 0)

c) $\mathbf{A}\left(\frac{1}{2}, \frac{1}{3}\right)$ e $\mathbf{A}\left(-1, \frac{2}{3}\right)$

Resolução:

Considerando $\mathbf{M}(x_M, y_M)$, temos:

a) $x_M = \dfrac{3 + (-1)}{2} = \dfrac{2}{2} = 1$

$y_M = \dfrac{-2 + (-6)}{2} = \dfrac{-8}{2} = -4$

Logo, **M**(1, −4).

b) $x_M = \dfrac{0 + 6}{2} = \dfrac{6}{2} = 3$

$y_M = \dfrac{7 + 0}{2} = \dfrac{7}{2} = 3\dfrac{1}{2}$

Logo:

$\mathbf{M}\left(3, \dfrac{7}{2}\right)$ ou $\mathbf{M}\left(3, 3\dfrac{1}{2}\right)$

c) $x_M = \dfrac{\frac{1}{2} + (-1)}{2} = \dfrac{-\frac{1}{2}}{2} = -\dfrac{1}{4}$

$y_M = \dfrac{\frac{1}{3} + \frac{2}{3}}{2} = \dfrac{1}{2}$

Logo, $\mathbf{M}\left(-\dfrac{1}{4}, \dfrac{1}{2}\right)$.

7. Uma das extremidades de um segmento é o ponto **A**(7, 13) e a outra é o ponto **B**(x, y). Sendo **M**(−3, 24) o ponto médio, determine as coordenadas da extremidade **B** do segmento.

Resolução:

Como $\mathbf{M}\left(\dfrac{x_1 + x_2}{2}, \dfrac{y_1 + y_2}{2}\right)$, então:

$-3 = \dfrac{7 + x}{2} \Rightarrow 7 + x = -6 \Rightarrow x = -13$

$24 = \dfrac{13 + y}{2} \Rightarrow 13 + y = 48 \Rightarrow y = 35$

Logo, **B**(−13, 35).

8. Calcule os comprimentos das medianas de um triângulo de vértices **A**(2, −6), **B**(−4, 2) e **C**(0, 4).

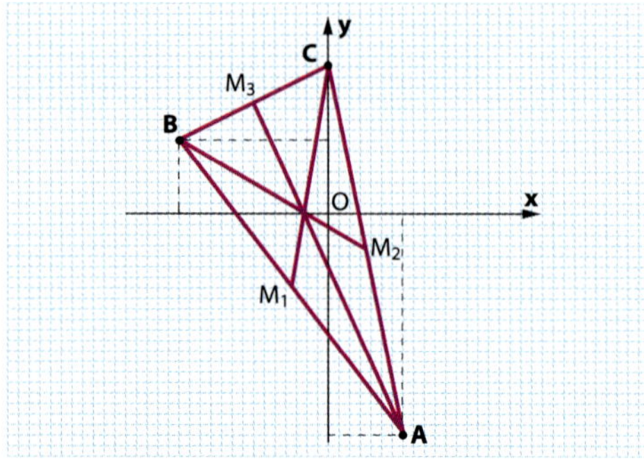

Você sabia

- A *mediana* de um triângulo é o segmento que tem como extremidades um vértice e o ponto médio do lado oposto.
- Todo triângulo possui três medianas que se cruzam num ponto chamado *baricentro* do triângulo.

Resolução:

- $\mathbf{M_1}$ é o ponto médio de $\overline{AB}$; calculando suas coordenadas:

$x = \dfrac{-4 + 2}{2} = -1$ $\quad$ $y = \dfrac{2 - 6}{2} = -2$

Então, $\mathbf{M_1}(-1, -2)$.

- $\mathbf{M_2}$ é o ponto médio de $\overline{AC}$; calculando suas coordenadas:

$x = \dfrac{0 + 2}{2} = 1$ $\quad$ $y = \dfrac{4 - 6}{2} = -1$

Então, $\mathbf{M_2}(1, -1)$.

- $\mathbf{M_3}$ é o ponto médio de $\overline{BC}$; calculando suas coordenadas:

$x = \dfrac{0 - 4}{2} = -2$ $\quad$ $y = \dfrac{4 + 2}{2} = 3$

Então, $\mathbf{M_3}(-2, 3)$.

Vamos calcular, agora, os comprimentos das medianas:

Mediana $\overline{AM_3}$, sendo **A**(2, −6) e $\mathbf{M_3}(-2, 3)$:

$d(A, M_3) = \sqrt{(-2 - 2)^2 + (3 + 6)^2} = \sqrt{16 + 81} =$

$= \sqrt{97}$

Mediana $\overline{BM_2}$, sendo **B**(−4, 2) e $\mathbf{M_2}(1, -1)$:

$d(B, M_2) = \sqrt{(1 + 4)^2 + (-1 - 2)^2} = \sqrt{25 + 9} =$

$= \sqrt{34}$

Mediana $\overline{CM_1}$, sendo **C**(0, 4) e **M₁**(−1, −2):

$d(C, M_1) = \sqrt{(-1-0)^2 + (-2-4)^2} = \sqrt{1+36} =$

$= \sqrt{37}$

9. Dados os pontos **A**(5, 12) e **B**(15, −3), determine o ponto **P** do segmento $\overline{AB}$ tal que a razão entre as medidas de $\overline{AP}$ e $\overline{PB}$ seja igual a $\frac{2}{3}$.

Resolução:

$\frac{AP}{PB} = \frac{2}{3}$

Fazendo **P**(x, y), temos:

- $\frac{2}{3} = \frac{x_A - x_P}{x_P - x_B} = \frac{5-x}{x-15} \Rightarrow$

  $\Rightarrow 2(y-15) = 3(5-x) \Rightarrow 2x - 30 = 15 - 3x \Rightarrow$

  $\Rightarrow 5x = 45 \Rightarrow x = 9$

- $\frac{2}{3} = \frac{y_A - y_P}{y_P - y_B} = \frac{12-y}{y-(-3)} \Rightarrow$

  $\Rightarrow 2(y+3) = 3(12-y) \Rightarrow 2y + 6 = 36 - 3y \Rightarrow$

  $\Rightarrow 5y = 30 \Rightarrow y = 6$

Logo, **P**(9, 6).

10. Se os vértices de um triângulo são os pontos **A**(1, 1), **B**(−2, 3) e **C**(−4, −2), determine as coordenadas do baricentro desse triângulo.

Resolução:

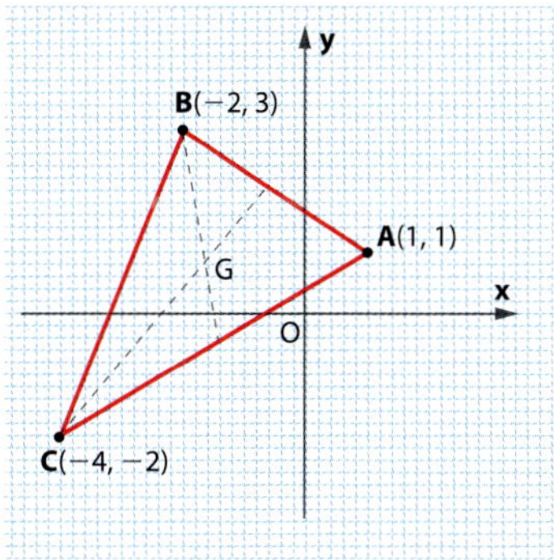

G: baricentro (ponto de encontro das medianas)

Sabemos que $x_G = \frac{x_A + x_B + x_C}{3}$ e

$y_G = \frac{y_A + y_B + y_C}{3}$. Assim:

$x_G = \frac{1 + (-2) + (-4)}{3} = \frac{-5}{3}$

$y_G = \frac{1 + 3 + (-2)}{3} = \frac{2}{3}$

Logo, as coordenadas do baricentro são $-\frac{5}{3}$ e $\frac{2}{3}$.

Ou seja, $G\left(-\frac{5}{3}, \frac{2}{3}\right)$.

Exercícios propostos

15. Determine o ponto médio do segmento de extremidades:

a) **A**(−1, 6) e **B**(−5, 4)

b) **A**(1, −7) e **B**(3, −5)

c) **A**(−1, 5) e **B**(5, −2)

d) **A**(−4, −2) e **B**(−2, −4)

16. Uma das extremidades de um segmento é o ponto **A**(−2, −2). Sabendo que **M**(3, −2) é o ponto médio desse segmento, calcule as coordenadas do ponto **B**(x, y), que é a outra extremidade do segmento.

17. Calcule os comprimentos das medianas do triângulo cujos vértices são os pontos **A**(0, 0), **B**(4, 2) e **C**(2, 4).

18. Num triângulo isósceles, a altura e a mediana relativas à base são segmentos coincidentes. Calcule a medida da altura relativa à base BC de um triângulo isósceles de vértices **A**(5, 8), **B**(2, 2) e **C**(8, 2).

19. Num paralelogramo ABCD, **M**(1, −2) é o ponto de encontro das diagonais $\overline{AC}$ e $\overline{BD}$. Sabe-se que **A**(2, 3) e **B**(6, 4) são dois vértices consecutivos. Uma vez que as diagonais se cortam mutuamente ao meio, determine as coordenadas dos vértices **C** e **D**.

20. Determine as coordenadas do ponto **P**(x, y) que divide o segmento **A**(2, 0) e **B**(17, 20) na razão $\frac{AP}{PB} = \frac{1}{4}$.

21. Determine as coordenadas dos pontos que dividem o segmento de extremidades (3, 1) e (18, 7) em três partes iguais.

22. Determine o baricentro do triângulo de vértices (2, 3), (4, 5) e (6, 10).

5 Condição de alinhamento de três pontos

Consideremos três pontos **A**, **B** e **C** alinhados:

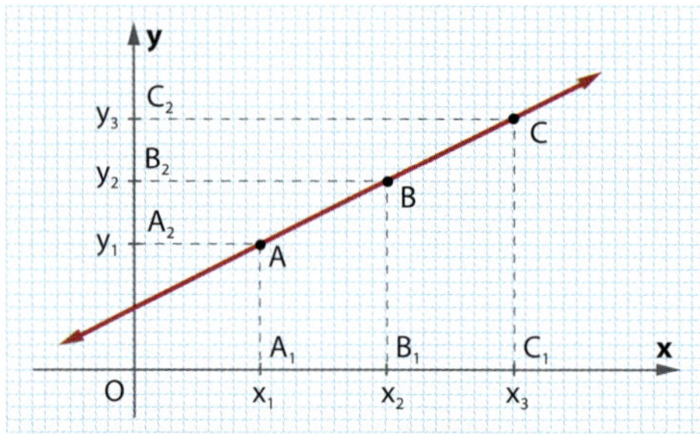

Pelo teorema de Tales:

$$\frac{AB}{AC} = \frac{A_1B_1}{A_1C_1} \Rightarrow \frac{AB}{AC} = \frac{x_2 - x_1}{x_3 - x_1} \quad \text{(I)}$$

$$\frac{AB}{AC} = \frac{A_2B_2}{A_2C_2} \Rightarrow \frac{AB}{AC} = \frac{y_2 - y_1}{y_3 - y_1} \quad \text{(II)}$$

Comparando (I) e (II), temos:

$$\frac{x_2 - x_1}{x_3 - x_1} = \frac{y_2 - y_1}{y_3 - y_1} \Rightarrow \frac{y_2 - y_1}{x_2 - x_1} = \frac{y_3 - y_1}{x_3 - x_1} \Rightarrow \frac{y_2 - y_1}{x_2 - x_1} - \frac{y_3 - y_1}{x_3 - x_1} = 0 \Rightarrow$$

$$\Rightarrow (x_3 - x_1)(y_2 - y_1) - (x_2 - x_1)(y_3 - y_1) = 0 \Rightarrow x_3y_2 - x_3y_1 - x_1y_2 + \cancel{x_1y_1} - x_2y_3 + x_2y_1 + x_1y_3 - \cancel{x_1y_1} = 0 \Rightarrow$$

$$\Rightarrow x_1y_2 - x_1y_3 + x_2y_3 - x_2y_1 + x_3y_1 - x_3y_2 = 0$$

O primeiro termo da igualdade corresponde ao determinante

$$\begin{vmatrix} x_1 & y_1 & 1 \\ x_2 & y_2 & 1 \\ x_3 & y_3 & 1 \end{vmatrix}.$$

> **Fique atento**
>
> Observe que o primeiro termo da igualdade realmente corresponde ao determinante apresentado.

Daí, podemos dizer que, se três pontos **A**(x_1, y_1), **B**(x_2, y_2) e **C**(x_3, y_3) estão alinhados, então:

$$D = \begin{vmatrix} x_1 & y_1 & 1 \\ x_2 & y_2 & 1 \\ x_3 & y_3 & 1 \end{vmatrix} = 0$$

coluna das ordenadas dos pontos

coluna das abscissas dos pontos

Observação: Fazendo o caminho inverso, podemos verificar também que, se $D = \begin{vmatrix} x_1 & y_1 & 1 \\ x_2 & y_2 & 1 \\ x_3 & y_3 & 1 \end{vmatrix} = 0$, então **A**$(x_1, y_1)$, **B**$(x_2, y_2)$ e **C**(x_3, y_3) são pontos colineares (recíproca da propriedade anterior).

Exercícios resolvidos

11. Verifique se os pontos **A**(−3, 5), **B**(1, 1) e **C**(3, −1) estão alinhados.

Resolução:

Usando as coordenadas, calculamos o determinante:

$$D = \begin{vmatrix} -3 & 5 & 1 \\ 1 & 1 & 1 \\ 3 & -1 & 1 \end{vmatrix} = -3 + 15 - 1 - 3 - 5 - 3 =$$

$= +15 - 15 = 0$

Como $D = 0$, os pontos dados estão alinhados.

Observação:

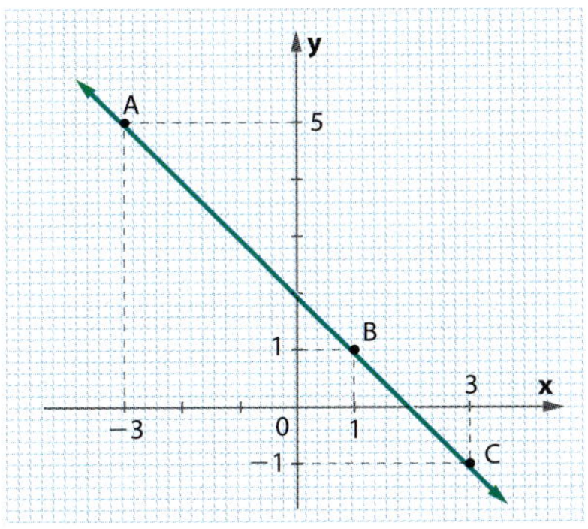

A figura ilustra, geometricamente, que os pontos dados estão numa mesma reta, ou seja, estão alinhados, mas é o processo analítico que garante a propriedade.

12. Sabendo que os pontos **A**(a, −4), **B**(−1, −2) e **C**(2, 1) estão alinhados, calcule o valor de **a**.

Resolução:

Se os pontos estão alinhados, devemos ter:

$$\begin{vmatrix} a & -4 & 1 \\ -1 & -2 & 1 \\ 2 & 1 & 1 \end{vmatrix} = 0$$

Resolvendo a equação, temos:

$-2a - 8 - 1 + \cancel{4} - \cancel{4} - a = 0 \Rightarrow$

$\Rightarrow -2a - a = 8 + 1 \Rightarrow 3a = -9 \Rightarrow a = -3$

Logo, $a = -3$.

13. Determine o valor de **x** de modo que os pontos **A**(−3, 1), **B**(x, 2) e **C**(−3, −1) sejam os vértices de um mesmo triângulo.

Resolução:

Para que **A**, **B** e **C** sejam os vértices de um triângulo, eles não devem estar alinhados.

Então,

$$\begin{vmatrix} -3 & 1 & 1 \\ x & 2 & 1 \\ -3 & -1 & 1 \end{vmatrix} \neq 0 \Rightarrow$$

$\Rightarrow -\cancel{6} - 3 - x + \cancel{6} - x - 3 \neq 0 \Rightarrow$

$\Rightarrow -x - x \neq 3 + 3 \Rightarrow 2x \neq -6 \Rightarrow x \neq -3$

Logo, $x \neq -3$.

14. O ponto **P**(0, r) e o ponto **Q**(s, 0) estão alinhados com o ponto (k, k). Sabe-se que **r** e **s** são raízes da equação $x^2 - 10x + 10 = 0$. Nessas condições, qual é o valor de **k**?

Resolução:

$$\begin{vmatrix} 0 & r & 1 \\ k & k & 1 \\ s & 0 & 1 \end{vmatrix} = 0 \Rightarrow rs - ks - kr = 0 \Rightarrow$$

$$\Rightarrow rs = k(r + s) \Rightarrow \frac{rs}{r + s} = k$$

Como rs é o produto das raízes e r + s é a soma das raízes, então:

- $rs = \frac{c}{a} = \frac{10}{1} = 10$
- $r + s = -\frac{b}{a} = -\frac{(-10)}{1} = 10$

Logo:

$$k = \frac{rs}{r + s} = \frac{10}{10} = 1$$

Exercícios propostos

23. Verifique se os pontos:

a) **A**(0, 2), **B**(−3, 1) e **C**(4, 5) estão alinhados;

b) **A**(−1, 3), **B**(2, 4) e **C**(−4, 10) podem ser os vértices de um mesmo triângulo.

24. Determine **x** de maneira que os pontos **A**(3, 5), **B**(1, 3) e **C**(x, 1) sejam os vértices de um triângulo.

25. Considerando uma reta **r** que passa pelos pontos **A**(−1, −2) e **B**(4, 2) e intersecta o eixo **y** no ponto **P**, determine as coordenadas do ponto **P**.

26. O ponto **P**(0, r) e o ponto **Q**(2r, 0) estão alinhados com o ponto (k, k). Nessas condições, qual é o valor de **k**, em função de **r**?

6 Inclinação de uma reta

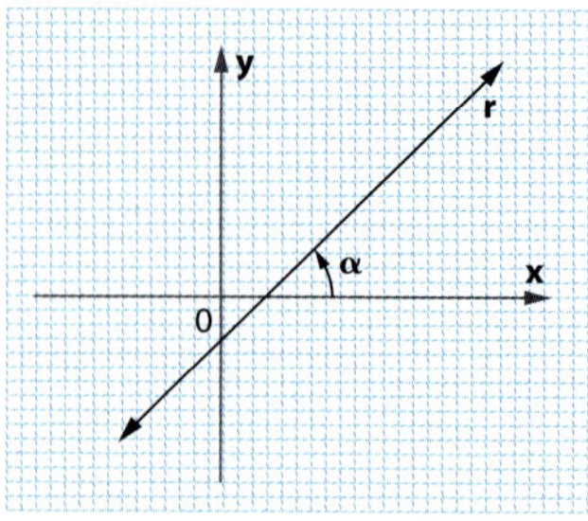

Seja α a medida do ângulo que a reta **r** forma com o eixo **x**. A medida α do ângulo é considerada do eixo **x** para a reta **r**, no sentido anti-horário, e denomina-se *inclinação* da reta **r**.

Quanto à inclinação de retas não paralelas ao eixo **x**, podemos ter:

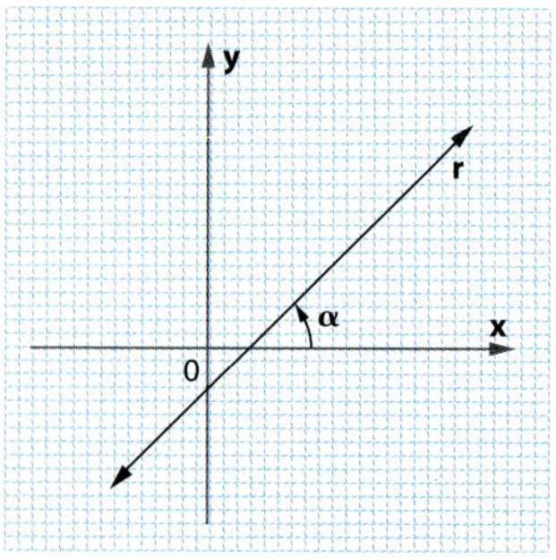

$0° < \alpha < 90°$

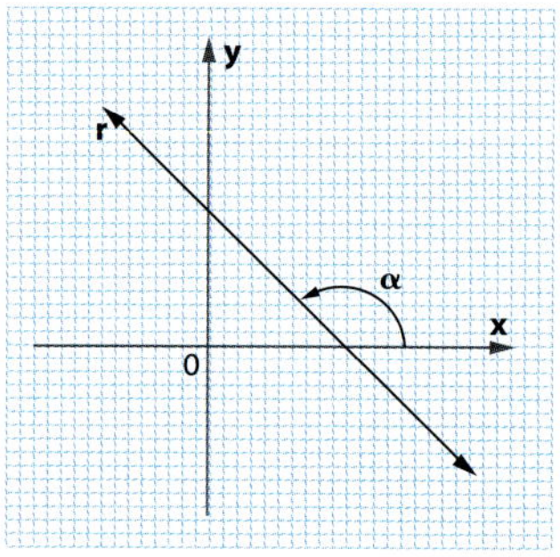

$90° < \alpha < 180°$

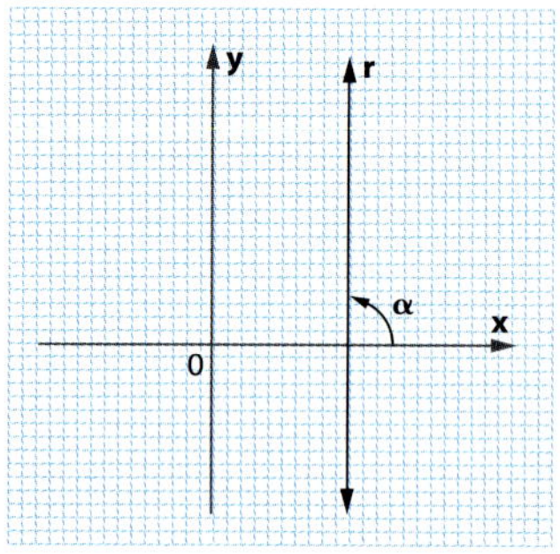

$\alpha = 90°$

Se a reta **r** é paralela ao eixo **x**, dizemos que sua inclinação é zero, ou seja, $\alpha = 0°$.

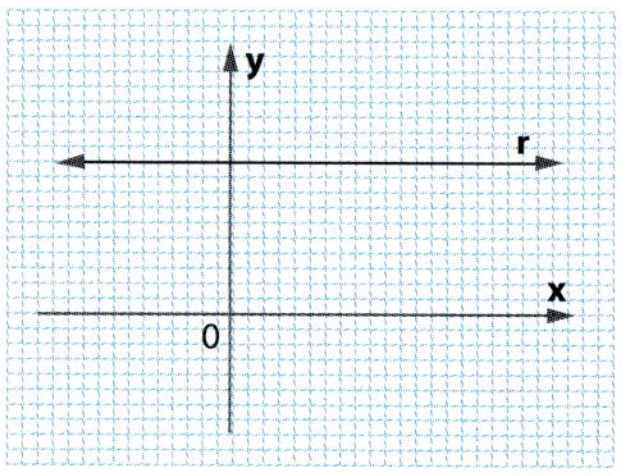

Fique atento

Entre as retas de inclinação zero, inclui-se o eixo **x**.

Então, podemos dizer que, para cada reta **r**, o ângulo α é único e tal que $0° \leq \alpha < 180°$.

7 Coeficiente angular de uma reta

Consideremos uma reta **r** de inclinação α em relação ao eixo **x**.

O *coeficiente angular* ou a *declividade* dessa reta **r** é o número real **m** que expressa a tangente trigonométrica de sua inclinação α, ou seja:

$$m = \text{tg}\ \alpha$$

Vamos observar os vários casos, considerando $0° \leq \alpha < 180°$:

1º)

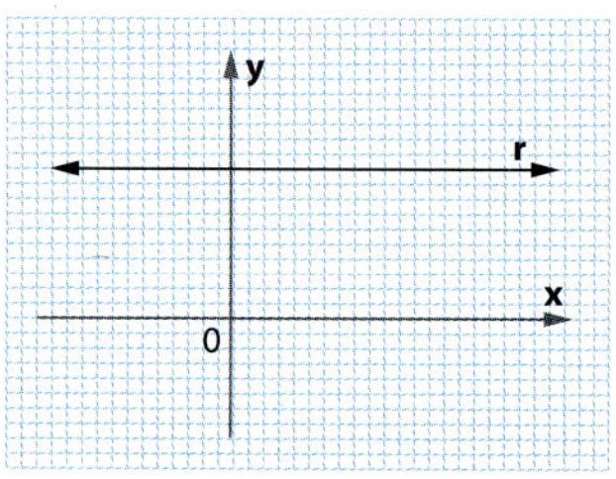

Para $\alpha = 0°$, temos
$m = \text{tg}\ \alpha = \text{tg}\ 0° = 0$.

2º)

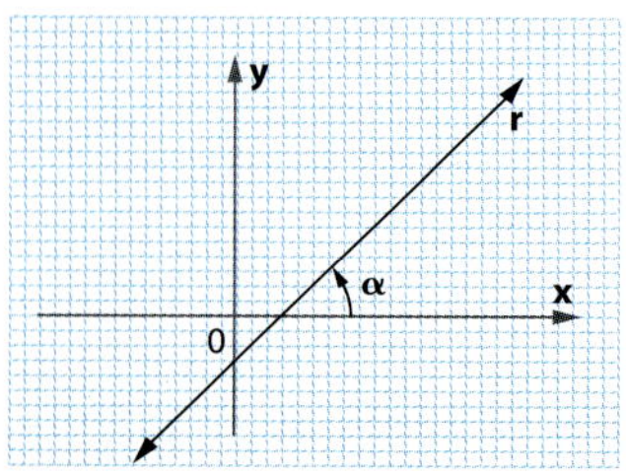

Para $0° < \alpha < 90°$,
temos $\text{tg}\ \alpha > 0 \Rightarrow m > 0$.

3º)

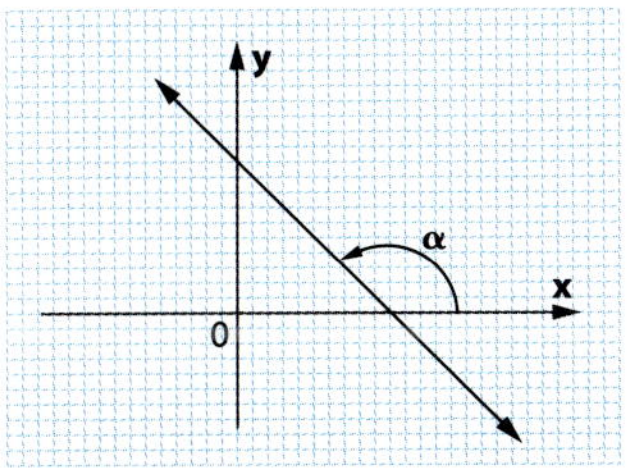

Para $90° < \alpha < 180°$,
temos $\text{tg}\ \alpha < 0 \Rightarrow m < 0$.

4º)

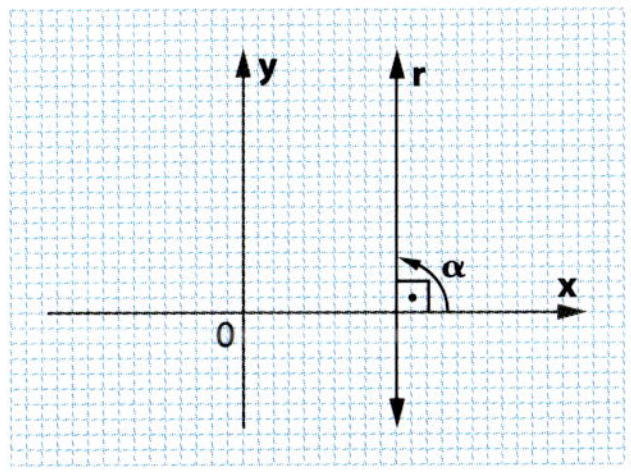

Para $\alpha = 90°$, a $\text{tg}\ \alpha$ não é definida. Dizemos então que, quando $\alpha = 90°$, isto é, quando a reta é vertical, ela não tem declividade.

Vejamos agora que é possível calcular o coeficiente angular de uma reta a partir das coordenadas de dois de seus pontos.

Como para $\alpha = 0°$ (reta horizontal) a declividade é 0 e para $\alpha = 90°$ (reta vertical) não há declividade, vamos analisar os casos de $0° < \alpha < 90°$ e $90° < \alpha < 180°$:

1º) $0° < \alpha < 90°$

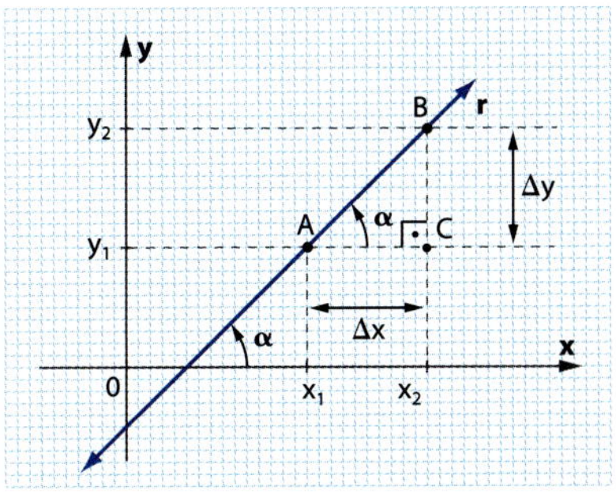

Seja **r** a reta determinada por **A**(x_1, y_1) e **B**(x_2, y_2) e seja **C**(x_2, y_1). No triângulo retângulo ABC ($\hat{C}$ é reto), temos:

$$\text{tg}\ \alpha = \frac{d(C, B)}{d(A, C)} = \frac{\Delta y}{\Delta x} = \frac{y_2 - y_1}{x_2 - x_1}$$

Então:

$$m = \frac{y_2 - y_1}{x_2 - x_1}$$

Fique atento

Dois pontos distintos determinam uma única reta.

2º) $90° < \alpha < 180°$

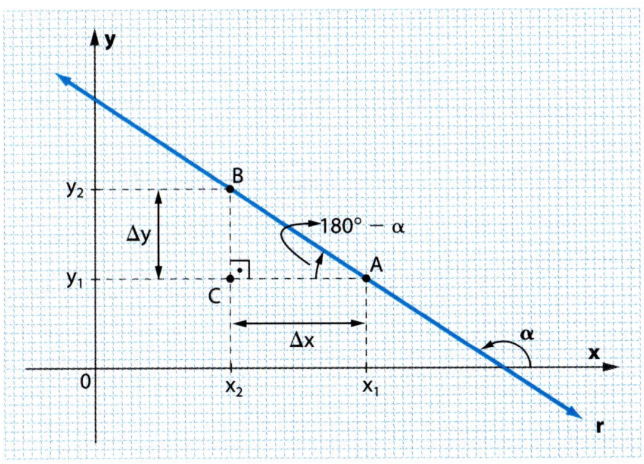

A(x_1, y_1), **B**(x_2, y_2) e **C**(x_2, y_1).

No triângulo retângulo ABC ($\hat{C}$ é reto), temos:

$$\text{tg}\ (180° - \alpha) = \frac{d(C, B)}{d(A, C)} = \frac{\Delta y}{\Delta x} = \frac{y_2 - y_1}{x_1 - x_2}$$

Como $\text{tg}\ (180° - \alpha) = -\text{tg}\ \alpha$, vem:

$$-\text{tg}\ \alpha = \frac{y_2 - y_1}{x_1 - x_2} \Rightarrow \text{tg}\ \alpha = \frac{y_2 - y_1}{-(x_1 - x_2)} \Rightarrow$$

$$\Rightarrow m = \text{tg}\ \alpha = \frac{\Delta y}{\Delta x} = \frac{y_2 - y_1}{x_2 - x_1}$$

Então, $m = \dfrac{y_2 - y_1}{x_2 - x_1}$.

Observe que $x_2 \neq x_1$, já que **r** não é paralela ao eixo **y**.

Podemos concluir que, se **A**(x_1, y_1) e **B**(x_2, y_2) são dois pontos distintos quaisquer na reta **r**, que não é paralela ao eixo **y** $(x_1 \neq x_2)$, a declividade ou o coeficiente angular de **r**, que indicaremos por **m**, é dada por:

$$m = \frac{\Delta y}{\Delta x} = \frac{y_2 - y_1}{x_2 - x_1}$$

Fique atento

Podemos usar $y_1 - y_2$ no numerador desde que, no denominador, usemos $x_1 - x_2$.

Assim, temos duas maneiras de obter o coeficiente angular de uma reta, quando ele existir:

- conhecendo a inclinação α da reta, calculamos $m = \text{tg}\ \alpha$;
- conhecendo dois pontos **A**(x_1, y_1) e **B**(x_2, y_2) da reta, calculamos $m = \dfrac{y_2 - y_1}{x_2 - x_1}$.

Na prática, é mais difícil obter a informação sobre a inclinação da reta, por isso é importante nunca esquecer $m = \dfrac{y_2 - y_1}{x_2 - x_1}$ ou $m = \dfrac{y_1 - y_2}{x_1 - x_2}$.

Observação: Agora você pode utilizar outro método para verificar o alinhamento de três pontos, comparando os coeficientes angulares das retas que passam pelos pontos dois a dois. Por exemplo, na verificação do alinhamento de três pontos **A**(x_1, y_1), **B**(x_2, y_2) e **C**(x_3, y_3) podemos verificar se ocorre $\dfrac{y_2 - y_1}{x_2 - x_1} = \dfrac{y_3 - y_2}{x_3 - x_2}$. Fica a seu critério usar esse método ou continuar utilizando o determinante para verificar o alinhamento ou não de três pontos.

Exercício resolvido

15. Calcule o coeficiente angular da reta que passa pelos pontos **A**(2, 3) e **B**(4, 7).

Resolução:

$$m = \frac{7 - 3}{4 - 2} = \frac{4}{2} = 2 \text{ ou } m = \frac{3 - 7}{2 - 4} = \frac{-4}{-2} = 2$$

Para refletir

O ângulo α é agudo ($0° < \alpha < 90°$), pois $m > 0$. Confirme construindo a figura com **A** e **B**.

Exercícios propostos

27. Determine o coeficiente angular (ou declividade) da reta que passa pelos pontos:

a) **A**(3, 2) e **B**(−3, −1)
b) **A**(2, −3) e **B**(−4, 3)
c) $\mathbf{P_1}$(3, 2) e $\mathbf{P_2}$(3, −2)
d) $\mathbf{P_1}$(−1, 4) e $\mathbf{P_2}$(3, 2)
e) **P**(5, 2) e **Q**(−2, −3)
f) **A**(200, 100) e **B**(300, 80)

28. Se α é a medida da inclinação de uma reta e **m** é a sua declividade (ou coeficiente angular), complete a tabela:

α	0°	30°	45°	60°	90°	120°	135°	150°
m								

Para refletir

Use régua e transferidor para traçar a reta **r** que passa por (0, 5) e tem coeficiente angular $-\sqrt{3}$.

8 Equação da reta quando são conhecidos um ponto $P_0(x_0, y_0)$ e a declividade m da reta

Já vimos que dois pontos distintos determinam uma reta, ou seja, dados dois pontos distintos, existe uma única reta que passa pelos dois pontos.

Da mesma forma, um ponto $\mathbf{P_0}(x_0, y_0)$ e a declividade **m** determinam uma reta **r**. Considerando **P**(x, y) um ponto genérico dessa reta, veremos que se pode chegar a uma equação, de incógnitas **x** e **y**, a partir dos números $\mathbf{x_0}$, $\mathbf{y_0}$ e **m**, que será chamada *equação da reta r*.

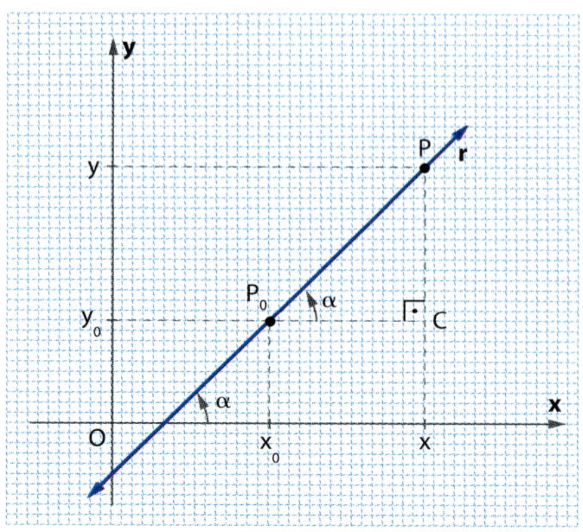

Considerando um ponto **P**(x, y) qualquer sobre a reta e $\text{tg}\,\alpha = m$, temos:

$$\text{tg}\,\alpha = \frac{d(C, P)}{d(P_0, C)} \Rightarrow m = \frac{y - y_0}{x - x_0} \Rightarrow \boxed{y - y_0 = m(x - x_0)}$$

Observações:

1ª) A equação $y - y_0 = m(x - x_0)$ independe de **m** ser positivo ou negativo e da localização do ponto $\mathbf{P_0}$.

2ª) Se a reta é paralela ao eixo **x**, temos $m = 0$ e a equação da reta será dada por $y = y_0$.

3ª) Se a reta é paralela ao eixo **y**, todos os pontos da reta têm a mesma abscissa e a equação será dada por $x = x_0$.

Exercícios resolvidos

16. Determine a equação da reta que passa pelo ponto **A**(−1, 4) e tem coeficiente angular 2.

Resolução:

Usando a equação $(y - y_0) = m(x - x_0)$, temos:

$y - 4 = 2(x - (-1)) \Rightarrow y - 4 = 2(x + 1) \Rightarrow$

$\Rightarrow y - 4 = 2x + 2 \Rightarrow -2x + y - 6 = 0 \Rightarrow$

$\Rightarrow 2x - y + 6 = 0$

A equação procurada é $2x - y + 6 = 0$.

17. Determine a equação da reta que passa pelos pontos **A**(−1, −2) e **B**(5, 2).

Resolução:

Já sabemos como calcular o coeficiente angular da reta determinada pelos pontos **A**(−1, −2) e **B**(5, 2):

$$m = \frac{y_B - y_A}{x_B - x_A} = \frac{2 + 2}{5 + 1} = \frac{4}{6} = \frac{2}{3}$$

Usando o ponto **A**(−1, −2), temos:

$$y - (-2) = \frac{2}{3}(x - (-1)) \Rightarrow$$

$$\Rightarrow y + 2 = \frac{2}{3}(x + 1) \Rightarrow$$

$\Rightarrow 3y + 6 = 2x + 2 \Rightarrow 2x - 3y - 4 = 0$

A equação da reta $\overleftrightarrow{AB}$ é $2x - 3y - 4 = 0$.

Outra resolução:

Chamando de **P**(x, y) um ponto genérico da reta $\overleftrightarrow{AB}$, podemos afirmar que **P**, **A** e **B** estão alinhados. Logo:

$$\begin{vmatrix} x & y & 1 \\ -1 & -2 & 1 \\ 5 & 2 & 1 \end{vmatrix} = 0 \Rightarrow$$

$\Rightarrow -2x + 5y - 2 + 10 - 2x + y = 0 \Rightarrow$

$\Rightarrow -4x + 6y + 8 = 0 \Rightarrow$

$\Rightarrow 4x - 6y - 8 = 0 \Rightarrow 2x - 3y - 4 = 0$

A equação da reta $\overleftrightarrow{AB}$ é $2x - 3y - 4 = 0$.

18. Determine a equação da reta nos seguintes casos:

a) **r** passa por (4, 7) e é paralela ao eixo **x**.

b) **r** passa por (4, 7) e é paralela ao eixo **y**.

Resolução:

a)

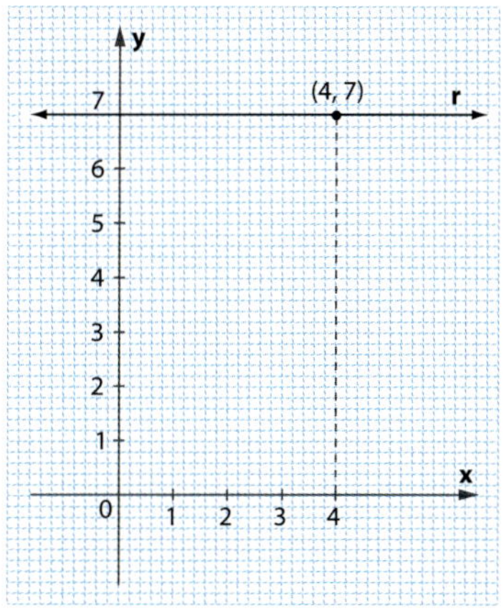

Os pontos de **r** têm ordenada 7, qualquer que seja a abscissa.

Logo, a equação de **r** é $y = 7$.

Podemos também justificar assim: se **r** é paralela ao eixo **x**, tem coeficiente angular $m = 0$.

Logo:

$y - 7 = 0(x - 4) \Rightarrow y - 7 = 0 \Rightarrow y = 7$

b)

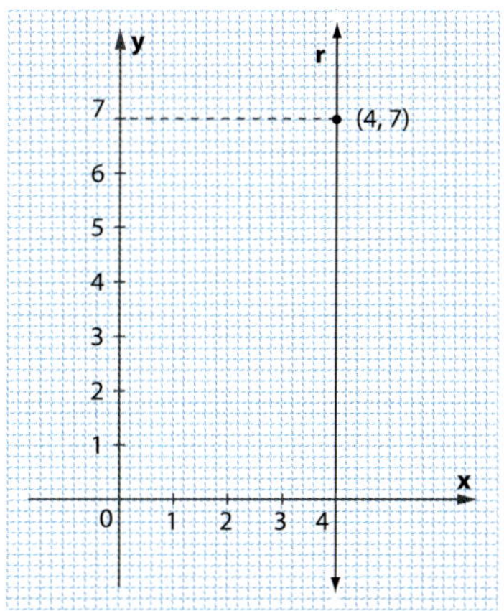

Se **r** é paralela ao eixo **y**, seus pontos têm abscissa 4, qualquer que seja a ordenada.

Logo, a equação da reta **r** é $x = 4$.

Exercícios propostos

29. Determine a equação da reta que satisfaz as seguintes condições:

a) A declividade é 4 e passa pelo ponto **A**(2, −3).

b) A inclinação é de 45° e passa pelo ponto **P**(4, 1).

c) Passa pelo ponto **M**(−2, −5) e tem coeficiente angular 0.

d) Passa pelos pontos **A**(3, 1) e **B**(−5, 4).

e) Passa pelo ponto **P**(−3, −4) e é paralela ao eixo **y**.

30. Verifique se o ponto **P**(2, 3) pertence à reta **r** que passa pelos pontos **A**(1, 1) e **B**(0, −3).

9 Formas da equação da reta

Forma reduzida da equação da reta

Vimos que a equação da reta que passa por um ponto **P**(x_0, y_0) com declividade **m** é dada por:

$$y - y_0 = m(x - x_0)$$

Se escolhermos o ponto particular (0, n), isto é, o ponto em que a reta intersecta o eixo **y**, para o ponto (x_1, y_1), pela equação anterior, teremos:

$$y - n = m(x - 0) \Rightarrow y - n = mx \Rightarrow \boxed{y = mx + n}$$

O número real **n**, que é a ordenada do ponto em que a reta intersecta o eixo **y**, é chamado *coeficiente linear da reta*.

$$y = mx + n$$

m: coeficiente angular

n: coeficiente linear

Essa forma é especialmente importante porque permite obter o coeficiente angular de uma reta a partir de uma equação, além de expressar claramente a coordenada **y** em função de **x**.

É conhecida como *forma reduzida* da equação da reta.

Note que forma reduzida é uma função afim, assunto já estudado no capítulo 4 do volume 1.

> **Fique atento**
>
> A equação reduzida de uma reta que passa pela origem é da forma y = mx.

Exercícios resolvidos

19. Determine o coeficiente angular e o coeficiente linear da reta de equação 2x + 3y = 1.

Resolução:

$$2x + 3y = 1 \Rightarrow 3y = -2x + 1 \Rightarrow y = -\frac{2}{3}x + \frac{1}{3}$$

Logo, o coeficiente angular é $m = -\frac{2}{3}$ e o coeficiente linear é $n = \frac{1}{3}$.

20. Determine a forma reduzida da equação da reta que passa pelos pontos **A**(−1, 5) e **B**(−3, −1).

Resolução:

Vamos, inicialmente, calcular o coeficiente angular da reta:

$$m = \frac{y_2 - y_1}{x_2 - x_1} = \frac{-1 - 5}{-3 + 1} = \frac{-6}{-2} = 3$$

Usando o ponto **A**(−1, 5), temos:

$$y - y_1 = m(x - x_1) \Rightarrow y - 5 = 3(x + 1) \Rightarrow$$
$$\Rightarrow y - 5 = 3x + 3 \Rightarrow y = 3x + 8$$

Logo, a equação procurada é y = 3x + 8.

Outra resolução:

A equação reduzida da reta é da forma y = mx + n.

Como ela passa por (−1, 5), temos:

5 = m(−1) + n

Como ela também passa por (−3, −1), vem:

−1 = m(−3) + n

Os valores de **m** e **n** serão calculados pela resolução do sistema:

$$\begin{cases} m - n = -5 \\ 3m - n = 1 \end{cases} \Rightarrow \begin{cases} -m + \not{n} = 5 \\ 3m - \not{n} = 1 \end{cases}$$

$$2m = 6 \Rightarrow m = 3$$

Substituindo m = 3 na primeira equação, temos:

$3 - n = -5 \Rightarrow -n = -8 \Rightarrow n = 8$

Logo, a equação correspondente é $y = 3x + 8$.

Para refletir

Refaça o exercício resolvido acima de uma terceira maneira, usando o determinante $\begin{vmatrix} x & y & 1 \\ -1 & 5 & 1 \\ -3 & -1 & 1 \end{vmatrix}$.

21. Determine a equação reduzida da reta que corta os eixos nos pontos (−5, 0) e (0, 3).

Resolução:

A equação é da forma $y = mx + n$ e, como a reta corta o eixo **y** em (0, 3), temos $n = 3$.

Ficamos, então, com $y = mx + 3$. Como a reta passa também pelo ponto (−5, 0), vem:

$0 = m(-5) + 3 \Rightarrow 5m = 3 \Rightarrow m = \frac{3}{5}$

Logo, a equação procurada é $y = \frac{3}{5}x + 3$.

22. Determine a equação reduzida da reta **r** que passa pela origem e tem inclinação de 60°.

Resolução:

A equação reduzida de **r** é da forma $y = mx + n$.

Como **r** passa pela origem (0, 0), temos $n = 0$.

Como a inclinação é de 60°, então:

$m = \text{tg } 60° = \sqrt{3}$

Logo, a equação reduzida de **r** é $y = \sqrt{3}x$.

Exercícios propostos

31. Dada a reta que tem a equação $3x + 4y = 7$, determine sua declividade.

32. Determine a equação da reta de coeficiente angular $m = -2$ que intersecta o eixo **y** no ponto **A**(0, −3).

33. Uma reta passa pelo ponto **P**(−1, −5) e tem coeficiente angular $m = \frac{1}{2}$. Escreva a equação da reta na forma reduzida.

34. Escreva na forma reduzida a equação da reta que passa pelos pontos $\mathbf{P_1}(2, 7)$ e $\mathbf{P_2}(-1, -5)$.

Para refletir

Resolva o exercício ao lado de três formas diferentes.

35. Escreva a equação:

a) da reta bissetriz dos quadrantes ímpares;

b) da reta bissetriz dos quadrantes pares;

c) do eixo **x**;

d) do eixo **y**.

Equação geral da reta

Toda reta do plano possui uma equação da forma:

$$ax + by + c = 0$$

na qual **a**, **b** e **c** são constantes e **a** e **b** não são simultaneamente nulos. Ela é denominada *equação geral da reta*.

Exemplo:

A reta:

- $y = -\frac{3}{4}x + 1$ pode ser escrita na forma geral por $3x + 4y - 4 = 0$.
- $\frac{x}{2} + \frac{y}{5} = 1$ pode ser dada na forma geral por $5x + 2y - 10 = 0$.
- $y = 5$, que é paralela ao eixo **x**, pode ser dada por $0x + 1y - 5 = 0$.
- $x = 2$, que é uma reta vertical, pode ser dada por $1x + 0y - 2 = 0$.
- $y - 3 = 5(x - 1)$ pode ser dada por $5x - 1y - 2 = 0$.

Exercícios resolvidos

23. Determine uma equação geral da reta que passa pelos pontos **A**(1, 4) e **B**(3, −3).

Resolução:

Vamos calcular a declividade da reta:

$$m = \frac{-3-4}{3-1} = \frac{-7}{2}$$

Considerando o ponto **A**(1, 4), temos:

$$y - y_1 = m(x - x_1) \Rightarrow y - 4 = -\frac{7}{2}(x-1) \Rightarrow$$

$$\Rightarrow y - 4 = -\frac{7}{2}x + \frac{7}{2} \Rightarrow 2y - 8 = -7x + 7 \Rightarrow$$

$$\Rightarrow 7x + 2y - 15 = 0$$

Outra resolução:

Consideramos um ponto **P**(x, y) qualquer da reta que passa pelos pontos **A** e **B**.

Como **A**, **B** e **P** estão alinhados, devemos ter:

$$\begin{vmatrix} x & y & 1 \\ 1 & 4 & 1 \\ 3 & -3 & 1 \end{vmatrix} = 0 \Rightarrow 4x + 3y - 3 - 12 - y + 3x = 0 \Rightarrow$$

$$\Rightarrow 7x + 2y - 15 = 0$$

24. Na figura dada, o ponto **O** é a origem do sistema de coordenadas ortogonais e ABCD é um quadrado de lado $3\sqrt{2}$. Escreva uma equação geral da reta determinada pelos pontos **A** e **D**.

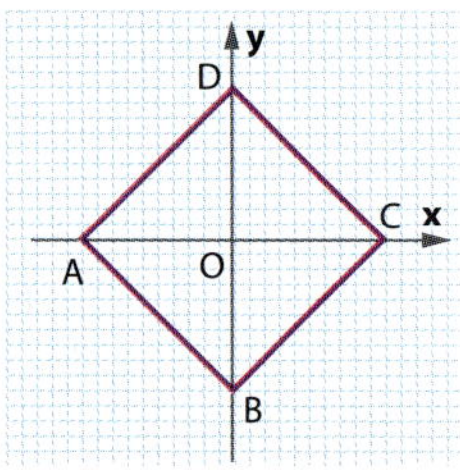

Resolução:

Se a figura é um quadrado, temos OA = OD.

Aplicando o teorema de Pitágoras no triângulo retângulo AOD, temos:

$$(AD)^2 = (AO)^2 + (OD)^2 \Rightarrow (3\sqrt{2})^2 = (OA)^2 + (OA)^2 \Rightarrow$$

$$\Rightarrow 2(OA)^2 = 18 \Rightarrow (OA)^2 = 9 \Rightarrow OA = 3$$

Sendo assim, no sistema de coordenadas ortogonais temos **A**(−3, 0), **B**(0, −3), **C**(3, 0), **D**(0, 3).

Uma equação geral da reta determinada pelos pontos **A** e **D** é dada por:

$$\begin{vmatrix} x & y & 1 \\ -3 & 0 & 1 \\ 0 & 3 & 1 \end{vmatrix} = 0 \Rightarrow -9 + 3y - 3x = 0 \Rightarrow$$

$$\Rightarrow 3x - 3y + 9 = 0 \Rightarrow x - y + 3 = 0$$

Logo, uma equação geral da reta é $x - y + 3 = 0$.

25. Se um triângulo tem como vértices os pontos **A**(1, 1), **B**(−2, −2) e **C**(−3, 4), determine a forma geral das equações das retas-suportes dos lados desse triângulo.

Resolução:

Equação geral da reta-suporte do lado $\overline{AB}$:

$$\begin{vmatrix} x & y & 1 \\ 1 & 1 & 1 \\ -2 & -2 & 1 \end{vmatrix} = 0 \Rightarrow x - 2y - 2 + 2 - y + 2x = 0 \Rightarrow$$

$$\Rightarrow 3x - 3y = 0 \Rightarrow x - y = 0$$

Equação geral da reta-suporte do lado $\overline{AC}$:

$$\begin{vmatrix} x & y & 1 \\ 1 & 1 & 1 \\ -3 & 4 & 1 \end{vmatrix} = 0 \Rightarrow x - 3y + 4 + 3 - y - 4x = 0 \Rightarrow$$

$$\Rightarrow -3x - 4y + 7 = 0 \Rightarrow 3x + 4y - 7 = 0$$

Equação geral da reta-suporte do lado $\overline{BC}$:

$$\begin{vmatrix} x & y & 1 \\ -2 & -2 & 1 \\ -3 & 4 & 1 \end{vmatrix} = 0 \Rightarrow -2x - 3y - 8 - 6 + 2y - 4x = 0 \Rightarrow$$

$$\Rightarrow -6x - y - 14 = 0 \Rightarrow 6x + y + 14 = 0$$

Forma segmentária da equação da reta

Consideremos uma reta **r** que não passa por (0, 0), intersecta o eixo Ox no ponto **A**(a, 0) e intersecta o eixo Oy no ponto **B**(0, b).

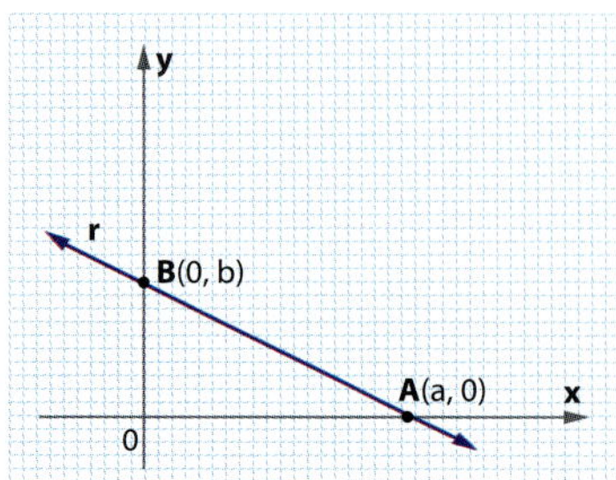

Calculando o coeficiente angular, temos:

$$m = \frac{0-b}{a-0} \Rightarrow m = -\frac{b}{a}$$

Usando a forma reduzida $y = mx + n$, em que $m = -\frac{b}{a}$ e $n = b$, vem:

$$y = -\frac{b}{a}x + b \Rightarrow ay = -bx + ab \Rightarrow bx + ay = ab$$

Dividindo os dois membros por ab ($a \neq 0$ e $b \neq 0$), temos:

$$\frac{bx}{ab} + \frac{ay}{ab} = \frac{ab}{ab} \Rightarrow \frac{x}{a} + \frac{y}{b} = 1$$

Fique atento

Podemos chegar ao mesmo resultado considerando um ponto genérico **P**(x, y) e fazendo $\begin{vmatrix} x & y & 1 \\ a & 0 & 1 \\ 0 & b & 1 \end{vmatrix} = 0$.

Esta é a *forma segmentária* da equação da reta que não passa por (0, 0) e intersecta os eixos nos pontos (a, 0) e (0, b).

Exemplos:

1º) A forma segmentária da equação da reta que corta os eixos em (5, 0) e (0, −2) é $\frac{x}{5} + \frac{y}{-2} = 1$.

2º) A reta cuja equação na forma segmentária é $\frac{x}{5} + \frac{y}{2} = 1$ corta os eixos em (5, 0) e (0, 2).

3º) Se $y = 2x - 5$ é a equação de uma reta na forma reduzida, podemos chegar à forma segmentária:

$$y = 2x - 5 \Rightarrow 2x - y = 5 \Rightarrow \frac{2x}{5} - \frac{y}{5} = 1 \Rightarrow \frac{x}{\frac{5}{2}} + \frac{y}{-5} = 1$$

Essa reta corta os eixos em $\left(\frac{5}{2}, 0\right)$ e (0, −5).

Exercícios resolvidos

26. Escreva na forma segmentária a equação da reta que passa pelos pontos (3, −1) e (−2, −4).

Resolução:

Determinamos o coeficiente angular:

$$m = \frac{-4+1}{-2-3} = \frac{-3}{-5} = \frac{3}{5}$$

Usando o ponto (3, −1), temos:

$$y + 1 = \frac{3}{5}(x - 3)$$

Agora vamos obter a equação na forma segmentária:

$$y + 1 = \frac{3}{5}(x - 3) \Rightarrow 5y + 5 = 3x - 9 \Rightarrow$$

$$\Rightarrow 3x - 5y = 14 \Rightarrow \frac{3x}{14} - \frac{5y}{14} = 1 \Rightarrow$$

$$\Rightarrow \frac{x}{\frac{14}{3}} + \frac{y}{\frac{-14}{5}} = 1$$

Outra resolução:

Consideramos o ponto genérico **P**(x, y) e fazemos:

$$\begin{vmatrix} x & y & 1 \\ 3 & -1 & 1 \\ -2 & -4 & 1 \end{vmatrix} = 0 \Rightarrow$$

$$\Rightarrow -x - 2y - 12 - 2 - 3y + 4x = 0 \Rightarrow$$

$$\Rightarrow 3x - 5y = 14 \Rightarrow \frac{x}{\frac{14}{3}} + \frac{y}{\frac{-14}{5}} = 1$$

27. Determine os pontos de intersecção da reta de equação $3x - 2y - 12 = 0$ com os eixos **x** e **y**.

Resolução:

O ponto de intersecção com o eixo **x** tem ordenada 0. Logo, fazendo $y = 0$, temos:

$$3x - 2 \cdot 0 - 12 = 0 \Rightarrow 3x - 12 = 0 \Rightarrow 3x = 12 \Rightarrow x = 4$$

Então, a reta corta o eixo **x** no ponto (4, 0).

O ponto de intersecção com o eixo **y** tem abscissa 0. Logo, fazendo $x = 0$, temos:

$$3 \cdot 0 - 2y - 12 = 0 \Rightarrow -2y = 12 \Rightarrow y = -6$$

Então, ela corta o eixo **y** no ponto (0, −6).

Outra resolução:

Podemos passar a equação da forma geral para a segmentária:

$$3x - 2y - 12 = 0 \Rightarrow 3x - 2y = 12 \Rightarrow$$

$$\Rightarrow \frac{3x}{12} - \frac{2y}{12} = \frac{12}{12} \Rightarrow \frac{x}{4} + \frac{y}{-6} = 1$$

Da equação segmentária obtemos os pontos procurados (4, 0) e (0, −6).

Exercícios propostos

36. Escreva na forma segmentária a equação da reta que satisfaz as seguintes condições:

a) Passa pelos pontos **A**(3, 0) e **B**(0, 2);

b) Passa pelos pontos **A**(5, 0) e tem declividade 2;

c) Passa pelos pontos $\mathbf{P_1}(4, -3)$ e $\mathbf{P_2}(-2, 6)$;

d) Sua equação reduzida é $y = -x + 5$.

37. Na figura dada, o ponto **O** é a origem do sistema de coordenadas ortogonais e OABC é um quadrado de lado 3. Escreva a equação da reta-suporte da diagonal $\overline{AC}$.

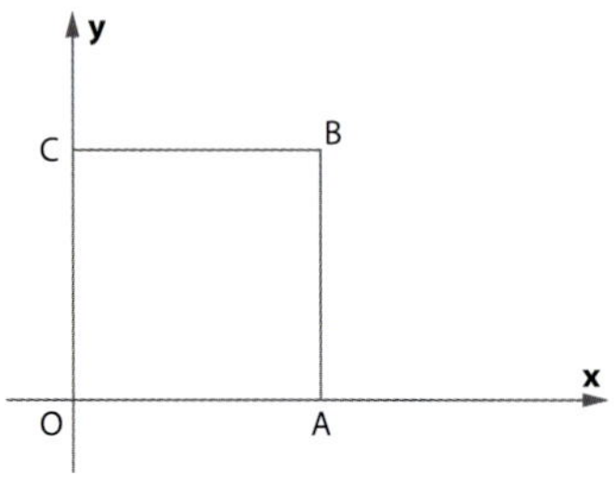

38. Na figura dada, o ponto **O** é a origem do sistema de coordenadas ortogonais e OABC é um quadrado de lado 4. Sabendo que **M** é o ponto médio de $\overline{OA}$ e **N** é o ponto médio de $\overline{OC}$, escreva a equação da reta que passa por **C** e **M** e a equação da reta que passa por **A** e **N**.

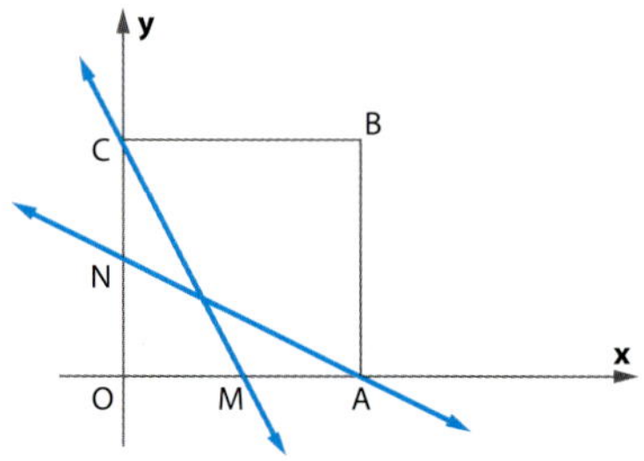

Forma paramétrica da equação da reta

Vimos que a equação de uma reta pode aparecer nas formas geral, reduzida e segmentária.

Existe mais uma, conhecida como *forma paramétrica*. Nesse caso, as coordenadas **x** e **y** dos pontos da reta são dadas em função de uma terceira variável, **t**, por meio de expressões do 1º grau. A variável **t** é chamada de *parâmetro*.

Exemplo:

A reta **r** é definida na forma paramétrica por $\begin{cases} x = t + 1 \\ y = 2t \end{cases}$.

Para t = 5, temos: $\begin{cases} x = 5 + 1 = 6 \\ y = 2 \cdot 5 = 10 \end{cases}$

Logo, (6, 10) é um ponto dessa reta. Mais que isso, qualquer ponto **P** da forma (t + 1, 2t) será um ponto dessa reta **r**.

Para determinar uma equação geral de **r**, podemos obter **t** em uma das equações paramétricas e substituí-lo na outra:

$x = t + 1 \Rightarrow t = x - 1$

$y = 2(x - 1) \Rightarrow y = 2x - 2 \Rightarrow 2x - y - 2 = 0$ (equação geral de **r**)

> **Para refletir**
>
> Substitua (6, 10) na equação geral de **r**.

Observações:

1ª) Vimos que a equação da reta pode ser escrita de várias formas. Na resolução de exercícios devemos escolher a mais conveniente em relação aos dados e à proposta do problema.

Assim:

- na forma $y - y_0 = m(x - x_0)$, identificamos a inclinação α da reta ($m = \text{tg}\ \alpha$) e um ponto da reta (x_0, y_0);
- na forma reduzida $y = mx + n$, identificamos a inclinação α ($m = \text{tg}\ \alpha$), o ponto de intersecção da reta com o eixo **y** (0, n) e ainda o ponto (1, m + n);
- na forma segmentária $\frac{x}{a} + \frac{y}{b} = 1$, identificamos os pontos de intersecção da reta com os eixos: (a, 0) e (0, b);

- quando fazemos $\begin{vmatrix} x & y & 1 \\ x_1 & y_1 & 1 \\ x_2 & y_2 & 1 \end{vmatrix} = 0$, identificamos sem fazer cálculos dois pontos da reta (x_1, y_1) e (x_2, y_2);
- a forma geral $ax + by + c = 0$ pode ser obtida a partir de qualquer uma das anteriores.

2ª) A mesma reta pode ter diversas representações na forma geral, ou seja, $x + 2y - 1 = 0$, $2x + 4y - 2 = 0$, $-x - 2y + 1 = 0$ e infinitas equações equivalentes a essas. Por essa razão, é preferível escrever "obter *uma* equação geral da reta" a "obter *a* equação geral da reta".

3ª) Dada uma equação geral de uma reta **r**: $ax + by + c = 0$, seu coeficiente angular pode ser obtido rapidamente usando $m_r = \frac{-a}{b}$, e seu coeficiente linear usando $n_r = \frac{-c}{b}$.

4ª) A reta **r** tal que $ax + by + c = 0$ intersecta os eixos nos pontos $\left(-\frac{c}{a}, 0\right)$ e $\left(0, -\frac{c}{b}\right)$.

Para refletir

Justifique a 3ª e a 4ª observações.

Exercícios resolvidos

28. Dadas as equações de **r** na forma paramétrica $\begin{cases} x = 2t - 1 \\ y = t + 2 \end{cases}$, determine:

a) a equação reduzida de **r**;

b) a intersecção de **r** com o eixo **x**.

Resolução:

a) Determinamos **t** na segunda equação:

$y = t + 2 \Rightarrow t = y - 2$

Substituindo na outra equação:

$x = 2t - 1 \Rightarrow x = 2(y - 2) - 1 \Rightarrow$

$\Rightarrow 2y - 4 - 1 = x \Rightarrow$

$\Rightarrow y = \frac{1}{2}x + \frac{5}{2}$ (equação reduzida de **r**)

b) Fazendo $y = 0$, temos:

$\frac{1}{2}x + \frac{5}{2} = 0 \Rightarrow x + 5 = 0 \Rightarrow x = -5$

Logo, **r** corta o eixo **x** em $(-5, 0)$.

29. Escreva nas formas reduzida, segmentária e geral a equação da reta que passa pelo ponto $(1, -6)$ e tem inclinação de 135°.

Resolução:

Pelos dados do problema é mais conveniente escrever inicialmente a equação na forma $(y - y_1) = m(x - x_1)$.

Como $\alpha = 135°$, então:

$m = \text{tg}\ \alpha = \text{tg}\ 135° = -1$

E, como a reta passa por $(1, -6)$, temos:

$y + 6 = -1(x - 1)$

Daí vem:

- forma reduzida:

  $y + 6 = -x + 1 \Rightarrow y = -x + 1 - 6 \Rightarrow$

  $\Rightarrow y = -x - 5$
- forma segmentária:

  $y + 6 = -x + 1 \Rightarrow x + y = -5 \Rightarrow$

  $\Rightarrow \frac{x}{-5} + \frac{y}{-5} = 1$
- forma geral:

  $y + 6 = -x + 1 \Rightarrow x + y - 1 + 6 = 0 \Rightarrow$

  $\Rightarrow x + y + 5 = 0$

Para refletir

- Essa reta tem inclinação de 135°, passa pelo ponto $(1, -6)$ e corta os eixos em $(-5, 0)$ e $(0, -5)$. Desenhe-a.
- O triângulo que ela determina com os eixos é um triângulo retângulo isósceles. Calcule a medida da hipotenusa.

Exercícios propostos

39. Em cada caso, escreva uma equação geral da reta definida pelos pontos **A** e **B**:

a) **A**$(-1, 6)$ e **B**$(2, -3)$

b) **A**$(-1, 8)$ e **B**$(-5, -1)$

c) **A**$(5, 0)$ e **B**$(-1, -4)$

d) **A**$(3, 3)$ e **B**$(1, -5)$

40. Se os pontos **A**$(3, 5)$ e **B**$(-3, 8)$ determinam uma reta, calcule o valor de **a** para que o ponto **C**$(4, a)$ pertença a essa reta.

41. Se um triângulo tem como vértices os pontos **A**$(2, 3)$, **B**$(4, 1)$ e **C**$(6, 7)$, determine uma equação geral da reta-suporte da mediana relativa ao lado BC.

42. Sabendo que os pontos **A**$(2, 0)$, **B**$(0, 4)$ e **C**$(4, 2)$ são os vértices de um triângulo, determine uma equação geral da reta-suporte de cada lado desse triângulo.

43. Sabendo que o ponto **P**$(2, 1)$ pertence à reta de equação $3kx + (k - 3)y = 4$, determine o valor de **k** e escreva uma forma geral da equação dessa reta.

44. Na figura dada, ABCD é um paralelogramo. Determine uma equação geral da reta suporte de cada diagonal $\overline{AC}$ e $\overline{BD}$.

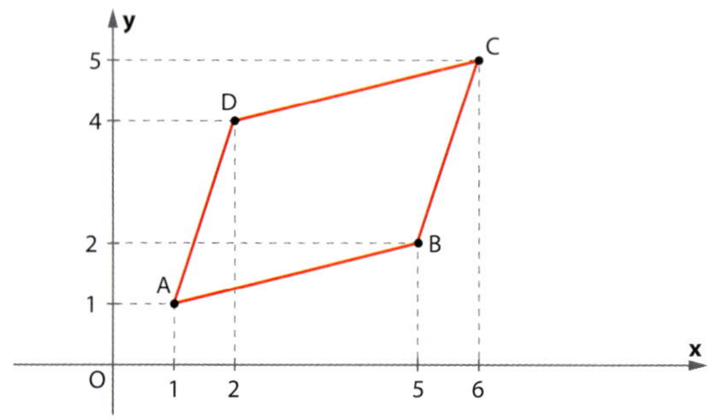

10 Posições relativas de duas retas no plano

Duas retas **r** e **s** contidas no mesmo plano são paralelas ou concorrentes. Veja:

Paralelas $\begin{cases} \text{iguais (coincidentes), se } r \cap s = r \\ \text{distintas, se } r \cap s = \varnothing \end{cases}$

Concorrentes $\begin{cases} \text{perpendiculares, se } \mathbf{r} \text{ e } \mathbf{s} \text{ determinam quatro ângulos retos} \\ \text{oblíquas, se } \mathbf{r} \text{ e } \mathbf{s} \text{ determinam dois ângulos agudos e dois obtusos} \end{cases}$

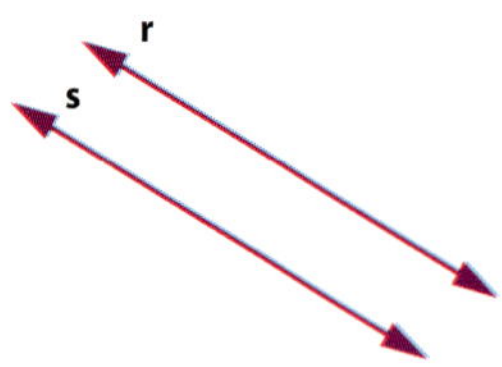

r e **s**: paralelas distintas
$r \parallel s$, com $r \cap s = \varnothing$

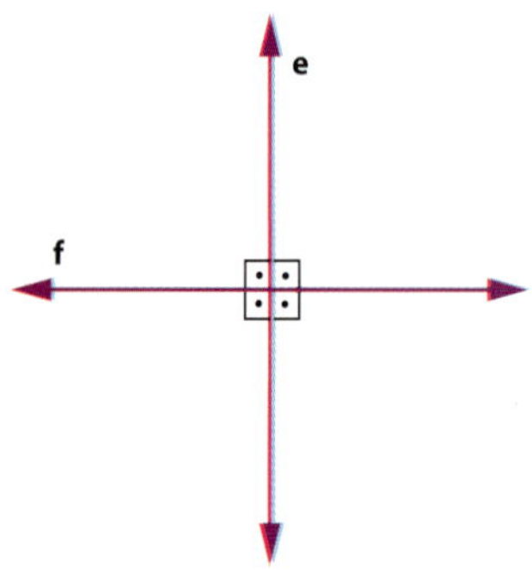

e e **f**: concorrentes perpendiculares $e \perp f$

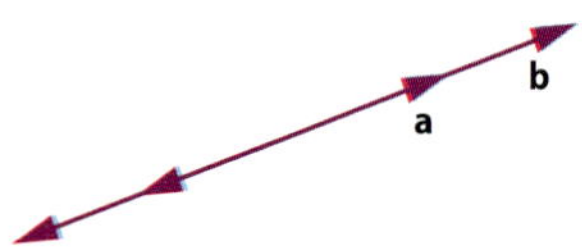

a e **b**: paralelas iguais ou **a** e **b**: coincidentes
a $\parallel$ **b**, com $a \cap b = a$ ou $a = b$

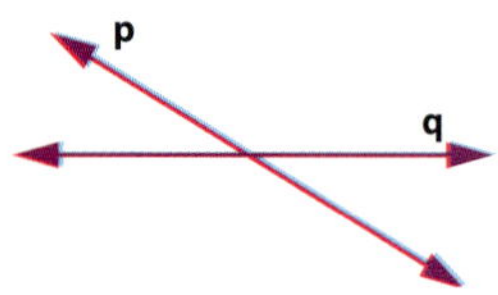

p e **q**: concorrentes oblíquas $p \angle q$

Veremos a seguir como determinar as posições relativas de duas retas do mesmo plano a partir de suas equações.

Retas paralelas

Se considerarmos, por exemplo, uma reta **r** de equação $2x - 3y + 5 = 0$ e uma reta **s** de equação $4x - 6y - 1 = 0$, qual será a posição da reta **r** em relação à reta **s**?

Note que a primeira equação equivale a $4x - 6y + 10 = 0$. Comparando com $4x - 6y - 1 = 0$ percebe-se que não existe um ponto (x, y) que pertença a **r** e **s** simultaneamente. Logo, **r** e **s** são retas paralelas distintas.

Vejamos agora como esse fato se caracteriza, analisando os coeficientes angulares das duas retas:

- Coeficiente angular $\mathbf{m_1}$ da reta **r**:

$$2x - 3y + 5 = 0 \Rightarrow -3y = -2x - 5 \Rightarrow 3y = 2x + 5 \Rightarrow y = \frac{2}{3}x + \frac{5}{3}$$

Então, $m_1 = \frac{2}{3}$ (I).

- Coeficiente angular $\mathbf{m_2}$ da reta **s**:

$$4x - 6y - 1 = 0 \Rightarrow -6y = -4x + 1 \Rightarrow 6y = 4x - 1 \Rightarrow y = \frac{4}{6}x - \frac{1}{6} \Rightarrow y = \frac{2}{3}x - \frac{1}{6}$$

Então, $m_2 = \frac{2}{3}$ (II).

Comparando (I) e (II), podemos verificar que $m_1 = m_2$.

Sendo α_1 a inclinação da reta **r** e α_2 a inclinação da reta **s**, temos:

$$m_1 = m_2 \Rightarrow \text{tg } \alpha_1 = \text{tg } \alpha_2 \Rightarrow \alpha_1 = \alpha_2 \ (\alpha_1 \text{ e } \alpha_2 \text{ estão entre } 0° \text{ e } 180°)$$

Se as inclinações são iguais, as retas são paralelas (r // s) e, como $\frac{5}{3} \neq -\frac{1}{6}$, são distintas.

Veja as figuras, que mostram duas retas distintas e não verticais, que são paralelas:

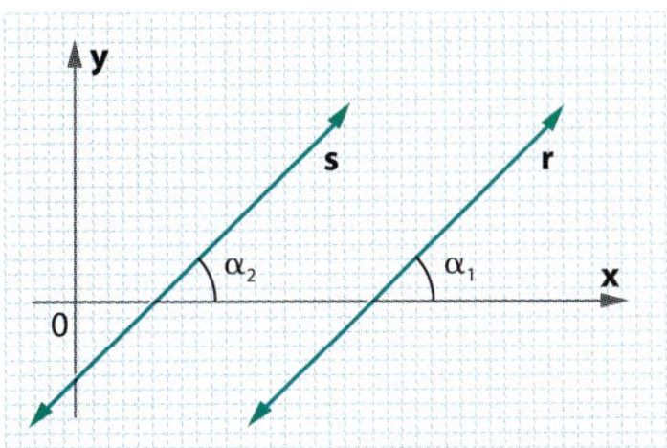

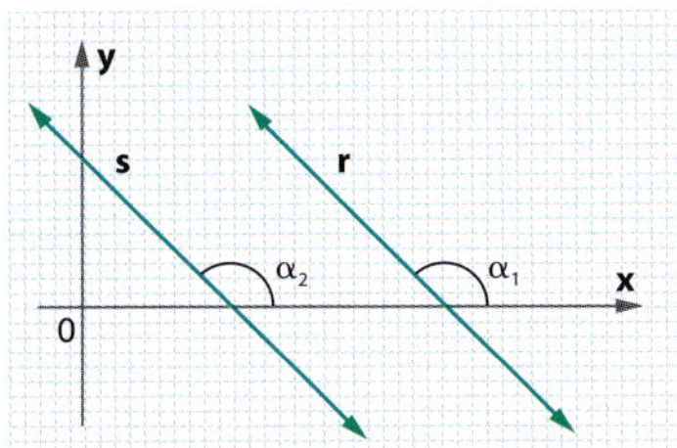

$$\alpha_1 = \alpha_2 \Leftrightarrow \text{tg } \alpha_1 = \text{tg } \alpha_2 \Leftrightarrow m_1 = m_2 \Leftrightarrow r \ // \ s$$

Duas retas distintas e não verticais **r** e **s** são paralelas se, e somente se, seus coeficientes angulares são iguais $(m_1 = m_2)$.

Fique atento

Se, além do mesmo coeficiente angular, elas têm também o mesmo coeficiente linear, as retas são coincidentes (paralelas iguais).

Retas concorrentes

Duas retas do mesmo plano com coeficientes angulares diferentes não são paralelas; logo, são concorrentes.

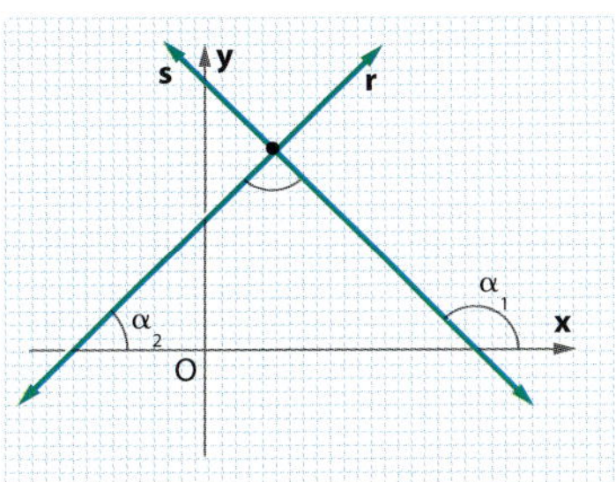

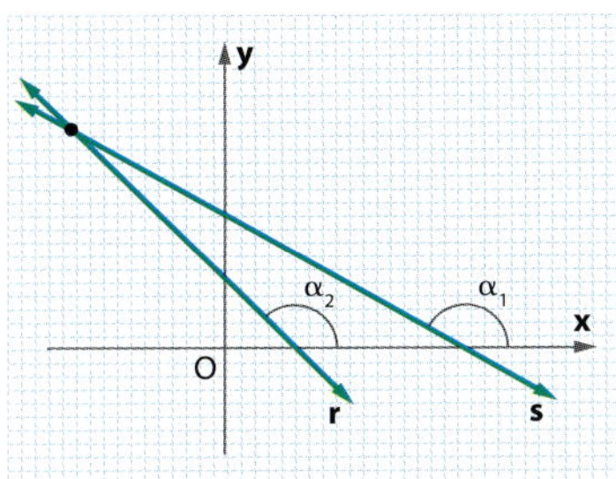

Duas retas distintas e não verticais **r** e **s** são concorrentes se, e somente se, seus coeficientes angulares são diferentes $(m_1 \neq m_2)$.

$$\alpha_1 \neq \alpha_2 \Leftrightarrow \text{tg } \alpha_1 \neq \text{tg } \alpha_2 \Leftrightarrow m_1 \neq m_2 \Leftrightarrow \textbf{r} \text{ e } \textbf{s}\text{: concorrentes}$$

Observação: Uma maneira prática de verificar o paralelismo de duas retas é comparar suas equações gerais.

Dadas duas retas, **r** e **s**, tal que **r**: $ax + by + c = 0$ e **s**: $a'x + b'y + c' = 0$, então basta compararmos as razões $\frac{a}{a'}$, $\frac{b}{b'}$ e $\frac{c}{c'}$.

- Se $\frac{a}{a'} = \frac{b}{b'} = \frac{c}{c'}$, então temos a mesma reta representada de duas formas diferentes, em geral conhecidas como paralelas iguais ou coincidentes.
- Se $\frac{a}{a'} = \frac{b}{b'} \neq \frac{c}{c'}$, então temos duas retas paralelas distintas.
- Se $\frac{a}{a'} \neq \frac{b}{b'}$, então temos duas retas concorrentes.

A expressão *paralelas iguais* (ou *coincidentes*) só se presta a permitir que se use $\frac{a}{a'} = \frac{b}{b'}$ para definir paralelismo sem nenhuma exceção.

Assim, podemos dizer que, se duas retas **r**: $ax + by + c = 0$ e **s**: $a'x + b'y + c' = 0$ são tal que $\frac{a}{a'} = \frac{b}{b'}$, ou seja, $ab' = a'b$, então elas são paralelas e vice-versa. É muito importante compreender que, se duas retas são ditas "paralelas iguais" ou "paralelas coincidentes", significa que elas *não são* duas retas, e sim uma só reta, representada de duas formas diferentes.

Exercícios resolvidos

30. Verifique a posição relativa das retas dadas por suas equações:

a) **r**: $3x - y + 2 = 0$

s: $\frac{x}{4} + \frac{y}{10} = 1$

b) **r**: $y = \frac{2}{3}x - 1$

s: $4x - 6y + 5 = 0$

c) **r**: $x = 8$

s: $y - 5 = 3(x - 4)$

Resolução:

a) Vamos determinar o coeficiente angular de **r** e **s** usando a equação na forma reduzida:

r: $3x - y + 2 = 0 \Rightarrow -y = -3x - 2 \Rightarrow$

$\Rightarrow y = 3x + 2 \Rightarrow m_1 = 3$

s: $\frac{x}{4} + \frac{y}{10} = 1 \Rightarrow 5x + 2y = 20 \Rightarrow$

$\Rightarrow 2y = -5x + 20 \Rightarrow y = \frac{-5}{2}x + 10 \Rightarrow$

$\Rightarrow m_2 = -\frac{5}{2}$

Se $m_1 \neq m_2$, então **r** e **s** são concorrentes.

b) **r**: $y = \frac{2}{3}x - 1 \Rightarrow m_1 = \frac{2}{3}$

s: $4x - 6y + 5 = 0 \Rightarrow 6y = 4x + 5 \Rightarrow$

$\Rightarrow y = \frac{4}{6}x + \frac{5}{6} \Rightarrow y = \frac{2}{3}x + \frac{5}{6} \Rightarrow m_2 = \frac{2}{3}$

Se $m_1 = m_2$, então **r** e **s** são paralelas. Como $-1 \neq \frac{5}{6}$, elas são paralelas e distintas.

c) **r**: $x = 8$ (**r** é paralela ao eixo **y**)

s: $y - 5 = 3(x - 4) \Rightarrow m = 3$ (**s** não é paralela a nenhum dos eixos)

Logo, **r** e **s** são concorrentes.

31. Dadas as retas de equações $(k - 1)x + 3y - 1 = 0$ e $2kx - 2y + 5 = 0$, encontre os valores de **k** para os quais as retas são concorrentes.

Resolução:

Vamos determinar os coeficientes angulares:

$(k - 1)x + 3y - 1 = 0 \Rightarrow 3y = -(k - 1)x + 1 \Rightarrow$

$\Rightarrow y = \frac{-k + 1}{3}x + \frac{1}{3} \Rightarrow m_1 = \frac{-k + 1}{3}$

$2kx - 2y + 5 = 0 \Rightarrow 2y = 2kx + 5 \Rightarrow$

$\Rightarrow y = kx + \frac{5}{2} \Rightarrow m_2 = k$

Para que as retas sejam concorrentes devemos ter $m_1 \neq m_2$:

$m_1 \neq m_2 \Rightarrow \frac{-k + 1}{3} \neq k \Rightarrow 3k \neq -k + 1 \Rightarrow$

$\Rightarrow 4k \neq 1 \Rightarrow k \neq \frac{1}{4}$

Para refletir

O que acontece quando $k = \frac{1}{4}$?

32. Determine uma equação geral da reta que passa pelo ponto **P**(2, −3) e é paralela à reta de equação $5x - 2y + 1 = 0$.

Resolução:

Vamos calcular o coeficiente angular **m** da reta cuja equação é dada:

$5x - 2y + 1 = 0 \Rightarrow -2y = -5x - 1 \Rightarrow$

$\Rightarrow 2y = 5x + 1 \Rightarrow y = \frac{5}{2}x + \frac{1}{2} \Rightarrow m = \frac{5}{2}$

De acordo com o problema, a reta procurada deve passar pelo ponto **P**(2, −3) e ter o mesmo coeficiente angular da reta dada, ou seja, $m = \frac{5}{2}$.

Daí, temos:

$y - y_1 = m(x - x_1) \Rightarrow y + 3 = \frac{5}{2}(x - 2) \Rightarrow$

$\Rightarrow y + 3 = \frac{5}{2}x - \frac{10}{2} \Rightarrow 2y + 6 = 5x - 10 \Rightarrow$

$\Rightarrow 5x - 2y - 16 = 0$

Logo, a equação procurada pode ser $5x - 2y - 16 = 0$.

Outra resolução:

Queremos determinar uma reta paralela à reta $5x - 2y + 1 = 0$. Então, a reta procurada é da forma $5x - 2y + c = 0$.

Como **P**(2, −3) pertence a ela, temos:

$5(2) - 2(-3) + c = 0 \Rightarrow 10 + 6 + c = 0 \Rightarrow$

$\Rightarrow c = -16$

Logo, a equação procurada é $5x - 2y - 16 = 0$.

33. As retas **r** e **s**, de equações $2x + (k - 2)y - 5 = 0$ e $4x + ky - 1 = 0$, respectivamente, são paralelas. Nessas condições, calcule o valor de **k**.

Resolução:

Pelos dados do problema, devemos ter $m_1 = m_2$.

Cálculo de $\mathbf{m_1}$ (coeficiente angular de **r**):

$2x + (k - 2)y - 5 = 0 \Rightarrow (k - 2)y = -2x + 5 \Rightarrow$

$\Rightarrow y = \frac{-2}{k - 2}x + \frac{5}{k - 2}$

$m_1 = \frac{-2}{k - 2}$, com $k \neq 2$

Cálculo de $\mathbf{m_2}$ (coeficiente angular de **s**):

$4x + ky - 1 = 0 \Rightarrow ky = -4x + 1 \Rightarrow$

$\Rightarrow y = -\frac{4}{k}x + \frac{1}{k} \Rightarrow m_2 = -\frac{4}{k}$, com $k \neq 0$

Como $m_1 = m_2$, temos:

$\frac{-2}{k - 2} = \frac{-4}{k} \Rightarrow -2k = -4k + 8 \Rightarrow$

$\Rightarrow -2k + 4k = 8 \Rightarrow 2k = 8 \Rightarrow k = 4$

Como $4 \neq 2$ e $4 \neq 0$, então $k = 4$.

34. Na figura, ABCD é um paralelogramo. Determine a equação da reta-suporte do lado AB.

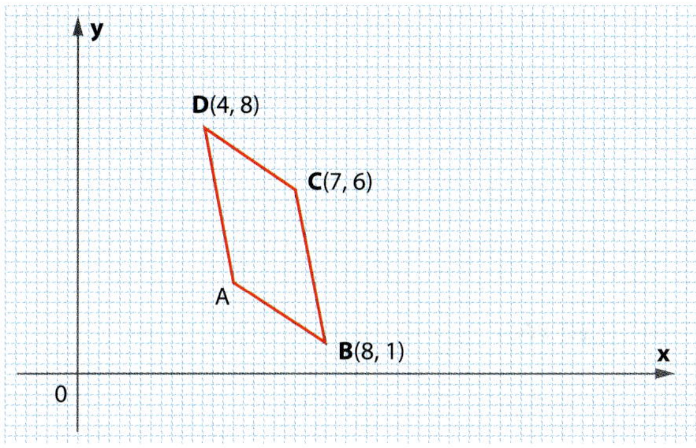

Resolução:

Sendo ABCD um paralelogramo, temos $\overline{AB} \parallel \overline{CD}$ e $\overline{AD} \parallel \overline{BC}$. Então, nosso problema consiste em determinar a equação da reta que passa pelo ponto **B** e é paralela à reta-suporte do lado CD.

Equação da reta-suporte do lado CD:

$$\begin{vmatrix} x & y & 1 \\ 7 & 6 & 1 \\ 4 & 8 & 1 \end{vmatrix} = 0 \Rightarrow 6x + 4y + 56 - 24 - 7y - 8x = 0 \Rightarrow$$

$\Rightarrow -2x - 3y + 32 = 0 \Rightarrow 2x + 3y - 32 = 0$

Cálculo do coeficiente angular dessa reta:

$2x + 3y - 32 = 0 \Rightarrow 3y = -2x + 32 \Rightarrow$

$\Rightarrow y = -\frac{2}{3}x + \frac{32}{3}$

$m = -\frac{2}{3}$

Equação da reta que passa por **B**(8, 1) e também tem coeficiente angular $m = -\frac{2}{3}$

$y - y_1 = m(x - x_1) \Rightarrow y - 1 = -\frac{2}{3}(x - 8) \Rightarrow$

$\Rightarrow y - 1 = -\frac{2}{3}x + \frac{16}{3} \Rightarrow 3y - 3 = -2x + 16 \Rightarrow$

$\Rightarrow 2x + 3y - 19 = 0$

Logo, a equação da reta procurada é

$2x + 3y - 19 = 0$.

Exercícios propostos

45. Qual é a posição da reta **r**, de equação $15x + 10y - 3 = 0$, em relação à reta **s**, de equação $9x + 6y - 1 = 0$?

46. Se as retas de equações $(a + 3)x + 4y - 5 = 0$ e $x + ay + 1 = 0$ são paralelas, calcule o valor de **a**.

47. Em cada caso, determine a equação da reta que passa pelo ponto **P** e é paralela à reta da equação dada:

a) **P**(1, 2) e $8x + 2y - 1 = 0$

b) **P**(2, 5) e $\frac{x}{2} + \frac{y}{3} = 1$

c) **P**(2, −5) e $x = 2$

48. A figura mostra um trapézio ABCD. Determine a equação da reta-suporte da base menor do trapézio.

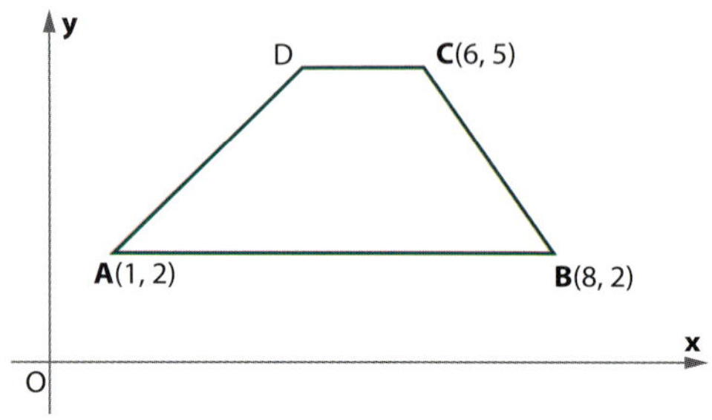

Intersecção de duas retas

A figura abaixo mostra duas retas, **r** e **s**, do mesmo plano, que se intersectam no ponto **P**(a, b).

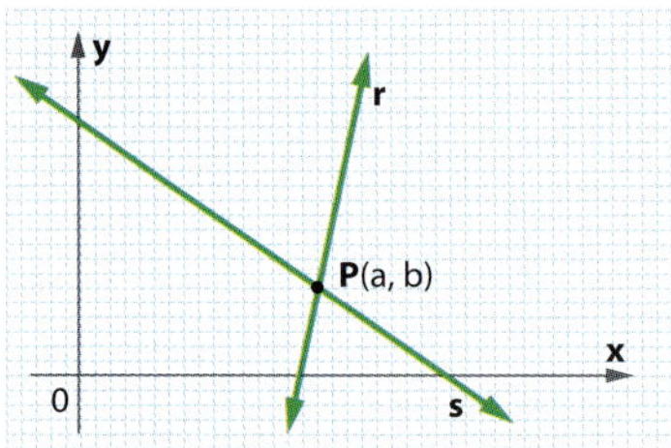

Como **P** pertence às duas retas, suas coordenadas devem satisfazer, simultaneamente, as equações dessas duas retas.

Logo, para determiná-las, basta resolver o sistema formado pelas equações das duas retas.

Observação: Pela resolução de sistemas podemos verificar a posição relativa de duas retas de um mesmo plano. Assim, temos:

- sistema possível e determinado (um único ponto comum): retas concorrentes;
- sistema possível e indeterminado (infinitos pontos comuns): retas coincidentes;
- sistema impossível (nenhum ponto comum): retas paralelas distintas.

Exercícios resolvidos

35. Determine as coordenadas do ponto **P** de intersecção das retas **r** e **s**, de equações $3x + 2y - 7 = 0$ e $x - 2y - 9 = 0$, respectivamente.

Resolução:

O nosso problema consiste em resolver o sistema formado pelas equações das duas retas:

$$\begin{cases} 3x + 2y - 7 = 0 \\ x - 2y - 9 = 0 \end{cases}$$

$$4x - 16 = 0 \Rightarrow 4x = 16 \Rightarrow x = 4$$

Substituindo na segunda equação, por exemplo, temos:

$$4 - 2y - 9 = 0 \Rightarrow -2y = 5 \Rightarrow 2y = -5 \Rightarrow$$

$$\Rightarrow y = -\frac{5}{2}$$

Logo, as coordenadas do ponto de intersecção são 4 e $-\frac{5}{2}$. Ou seja, $\mathbf{P}\left(4, -\frac{5}{2}\right)$.

36. Se as equações das retas-suportes dos lados de um triângulo são $y = 2x - 1$, $y = 5x - 4$ e $x = 5$, calcule as coordenadas dos vértices do triângulo.

Resolução:

Os vértices do triângulo são pontos de intersecção das retas, tomadas duas a duas. Assim:

Ponto de intersecção das retas de equações $y = 2x - 1$ e $x = 5$:

$$\begin{cases} x = 5 \\ y = 2x - 1 \Rightarrow y = 2(5) - 1 = 10 - 1 = 9 \end{cases}$$

Portanto, (5, 9).

Ponto de intersecção das retas de equações $y = 5x - 4$ e $x = 5$:

$$\begin{cases} x = 5 \\ y = 5x - 4 \Rightarrow y = 5(5) - 4 = 25 - 4 = 21 \end{cases}$$

Portanto, (5, 21).

Ponto de intersecção das retas de equações $y = 2x - 1$ e $y = 5x - 4$:

$$\begin{cases} y = 2x - 1 \\ y = 5x - 4 \end{cases}$$

$5x - 4 = 2x - 1 \Rightarrow 5x - 2x = 4 - 1 \Rightarrow$

$\Rightarrow 3x = 3 \Rightarrow x = 1$

$y = 2(1) - 1 = 2 - 1 = 1$

Portanto, (1, 1).

Logo, os vértices do triângulo são os pontos (5, 9), (5, 21) e (1, 1).

Exercícios propostos

49. Determine o ponto de encontro das retas cujas equações são:

a) $x + 2y - 3 = 0$ e $x - 2y + 7 = 0$

b) $2x + y - 1 = 0$ e $3x + 2y - 4 = 0$

c) $2x + 3y - 8 = 0$ e $2x - 4y + 13 = 0$

d) $y = \frac{7}{3}x - \frac{2}{3}$ e $y = -\frac{3}{2}x + 7$

e) $y = x + 3$ e $\begin{cases} x = t - 4 \\ y = t - 1 \end{cases}$

50. Quais são as coordenadas dos vértices de um triângulo, sabendo que as equações das retas-suportes de seus lados são $x + 2y - 1 = 0$, $x - 2y - 7 = 0$ e $y - 5 = 0$?

51. Demonstre que as retas de equações $2x + 3y - 1 = 0$, $3x + 4y - 1 = 0$ e $x + y = 0$ concorrem num mesmo ponto.

52. Os pontos **A**(1, 1), **B**(5, 2), **C**(6, 5) e **D**(2, 4) são os vértices de um paralelogramo. Vamos designar por **M**(a, b) o ponto de encontro das diagonais desse paralelogramo. Determine as coordenadas do ponto **M** e mostre que **M** é o ponto médio das diagonais.

53. A figura dada mostra um trapézio ABCD. Sendo **M** o ponto de encontro das diagonais do trapézio, determine as coordenadas do ponto **M**.

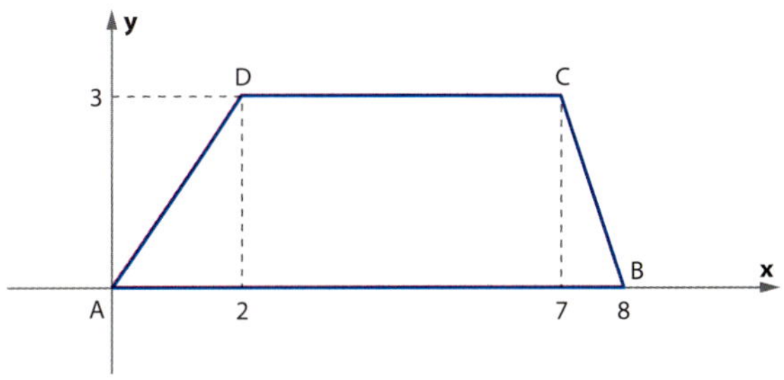

54. Qual é a equação da reta **r** que passa pelo ponto de encontro das retas $\mathbf{t_1}$ e $\mathbf{t_2}$ de equações $x - y + 2 = 0$ e $3x - y + 6 = 0$, respectivamente, e é paralela à reta **s**, cuja equação é $y = \frac{1}{2}x - 1$?

55. A figura dada mostra um quadrilátero OABC. Determine as coordenadas do ponto de encontro das diagonais.

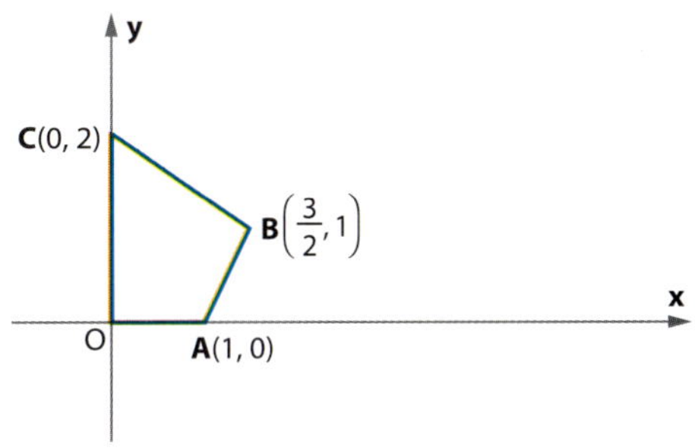

Perpendicularidade de duas retas

A figura abaixo mostra a reta **r**, de inclinação α_1, e a reta **s**, de inclinação α_2, tal que **r** e **s** são perpendiculares.

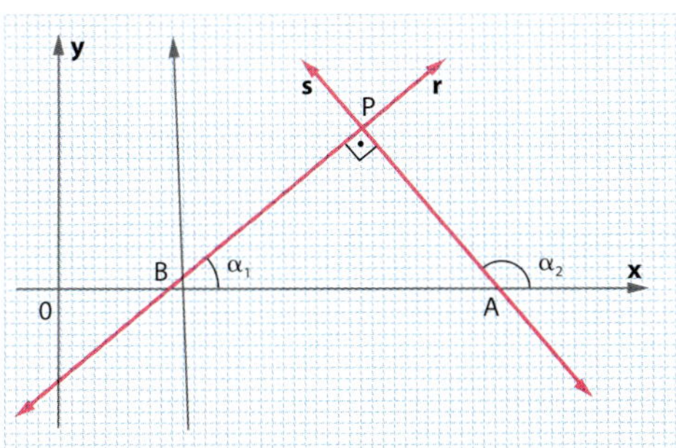

Pela Geometria plana, no triângulo APB temos:

$\alpha_2 = \alpha_1 + 90° \Rightarrow \text{tg}\ \alpha_2 = \text{tg}\ (\alpha_1 + 90°) \Rightarrow$

$$\Rightarrow \text{tg}\ \alpha_2 = \frac{\text{sen}(\alpha_1 + 90°)}{\cos(\alpha_1 + 90°)} = \frac{\text{sen}\ \alpha_1 \cdot \cos 90° + \text{sen}\ 90° \cdot \cos \alpha_1}{\cos \alpha_1 \cdot \cos 90° - \text{sen}\ \alpha_1 \cdot \text{sen}\ 90°}$$

Como sen 90° = 1 e cos 90° = 0, temos:

$$\text{tg}\ \alpha_2 = \frac{0 + \cos \alpha_1}{0 - \text{sen}\ \alpha_1} = \frac{\cos \alpha_1}{-\text{sen}\ \alpha_1} = -\text{cotg}\ \alpha_1 = -\frac{1}{\text{tg}\ \alpha_1}$$

Sabendo que tg $\alpha_2 = m_2$ e tg $\alpha_1 = m_1$, temos:

$$m_2 = -\frac{1}{m_1}, \text{ com } m_1, m_2 \neq 0$$

Então, se uma reta **s**, com coeficiente angular $\mathbf{m_2}$, é perpendicular a uma reta **r**, com coeficiente angular $\mathbf{m_1}$, temos:

$$m_2 = -\frac{1}{m_1} \quad (\text{com } m_1, m_2 \neq 0)$$

Reciprocamente, pode-se provar que, dadas uma reta **s**, de coeficiente angular $\mathbf{m_2}$, e uma reta **r**, de coeficiente angular $\mathbf{m_1}$, se $m_2 = -\frac{1}{m_1}$, então **s** é perpendicular a **r**.

Podemos concluir, então, que dadas as retas **r** e **s**, de coeficientes angulares $\mathbf{m_1}$ e $\mathbf{m_2}$, temos:

$$r \perp s \Leftrightarrow m_2 = -\frac{1}{m_1} \quad \text{ou} \quad r \perp s \Leftrightarrow m_1m_2 = -1$$

Observação: Uma maneira prática de verificar o perpendicularismo de duas retas **r** e **s**, dadas por suas equações gerais, tal que **r**: $ax + by + c = 0$ e **s**: $a'x + b'y + c' = 0$, é verificar se $a \cdot a' + b \cdot b' = 0$. Se isso ocorrer, elas serão perpendiculares.

Para refletir

Verifique que $aa' + bb' = 0$, a partir de $m_2 = -\frac{1}{m_1}$.

Exercícios resolvidos

37. Dadas as retas de equações $2x + 3y - 5 = 0$ e $3x - 2y + 9 = 0$, mostre que elas são perpendiculares.

Resolução:

Cálculo do coeficiente angular $\mathbf{m_1}$ da reta de equação $2x + 3y - 5 = 0$:

$2x + 3y - 5 = 0 \Rightarrow 3y = -2x + 5 \Rightarrow$

$\Rightarrow y = -\frac{2}{3}x + \frac{5}{3}$

$m_1 = -\frac{2}{3}$

Cálculo do coeficiente angular $\mathbf{m_2}$ da reta de equação $3x - 2y + 9 = 0$:

$3x - 2y + 9 = 0 \Rightarrow -2y = -3x - 9 \Rightarrow$

$\Rightarrow 2y = 3x + 9 \Rightarrow y = \frac{3}{2}x + \frac{9}{2}$

$m_2 = \frac{3}{2}$

Usando a condição de perpendicularismo:

$m_1m_2 = \left(-\frac{2}{3}\right)\left(\frac{3}{2}\right) = -1$

Logo, as retas são perpendiculares.

38. Dada a reta **r** com equação $3x - 2y + 4 = 0$ e o ponto **P**(1, −3), determine uma equação da reta **s** que passa pelo ponto **P** e é perpendicular à reta **r**.

Resolução:

Cálculo do coeficiente angular $\mathbf{m_1}$ da reta **r**:

$3x - 2y + 4 = 0 \Rightarrow -2y = -3x - 4 \Rightarrow$

$\Rightarrow 2y = 3x + 4 \Rightarrow y = \frac{3}{2}x + 2$

$m_1 = \frac{3}{2}$

Cálculo do coeficiente angular $\mathbf{m_2}$ da reta **s**, sendo $s \perp r$:

$m_2 = -\frac{1}{m_1} \Rightarrow m_2 = -\frac{1}{\frac{3}{2}} \Rightarrow m_2 = -\frac{2}{3}$

Equação da reta **s**:

$y - y_1 = m_2(x - x_1) \Rightarrow y + 3 = -\frac{2}{3}(x - 1) \Rightarrow$

$\Rightarrow y + 3 = -\frac{2}{3}x + \frac{2}{3} \Rightarrow 3y + 9 = -2x + 2 \Rightarrow$

$\Rightarrow 2x + 3y + 7 = 0$

Logo, uma equação da reta procurada é $2x + 3y + 7 = 0$.

39. Determine a equação da mediatriz do segmento cujas extremidades são os pontos **A**(3, 2) e **B**(−2, −4).

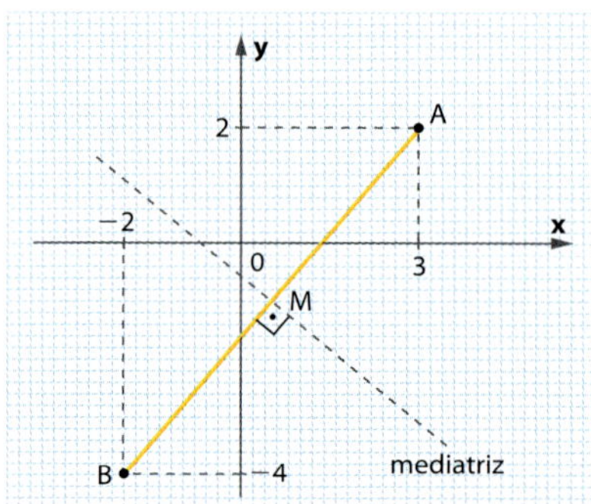

Resolução:

Pela Geometria plana, sabemos que a mediatriz de um segmento é uma reta perpendicular ao segmento no seu ponto médio. Na figura, **M** é o ponto médio de $\overline{AB}$.

Equação da reta-suporte do segmento $\overline{AB}$:

$$\begin{vmatrix} x & y & 1 \\ 3 & 2 & 1 \\ -2 & -4 & 1 \end{vmatrix} = 0 \Rightarrow$$

$\Rightarrow 2x - 2y - 12 + 4 + 4x - 3y = 0 \Rightarrow$

$\Rightarrow 6x - 5y - 8 = 0$

Cálculo do coeficiente angular $\mathbf{m_1}$ da reta-suporte:

$6x - 5y - 8 = 0 \Rightarrow -5y = -6x + 8 \Rightarrow$

$\Rightarrow 5y = 6x - 8 \Rightarrow y = \frac{6}{5}x - \frac{8}{5} \Rightarrow m_1 = \frac{6}{5}$

Cálculo do coeficiente angular $\mathbf{m_2}$ da mediatriz:

$$m_2 = -\frac{1}{\frac{6}{5}} = -\frac{5}{6}$$

Cálculo das coordenadas do ponto **M**:

$$x = \frac{3 - 2}{2} = \frac{1}{2}$$

$$y = \frac{2 - 4}{2} = -\frac{2}{2} = -1$$

O problema, agora, fica reduzido a determinar uma equação da reta que passa pelo ponto $\mathbf{M}\left(\frac{1}{2}, -1\right)$ e que tem coeficiente angular $-\frac{5}{6}$:

$$y - y_1 = m_2(x - x_1) \Rightarrow y + 1 = -\frac{5}{6}\left(x - \frac{1}{2}\right) \Rightarrow$$

$$\Rightarrow y + 1 = -\frac{5x}{6} + \frac{5}{12} \Rightarrow$$

$\Rightarrow 12y + 12 = -10x + 5 \Rightarrow 10x + 12y + 7 = 0$

Logo, uma equação da mediatriz do segmento é $10x + 12y + 7 = 0$.

Para refletir

A mediatriz de $\overline{AB}$ é o lugar geométrico dos pontos **P**(x, y) tal que d(P, A) = d(P, B), isto é, dos pontos equidistantes de **A** e **B**. Resolva este exercício usando essa informação.

40. Considerando o ponto **P**(4, 6) e a reta **r** de equação $x + y - 1 = 0$, determine as coordenadas da projeção ortogonal de **P** sobre a reta **r**.

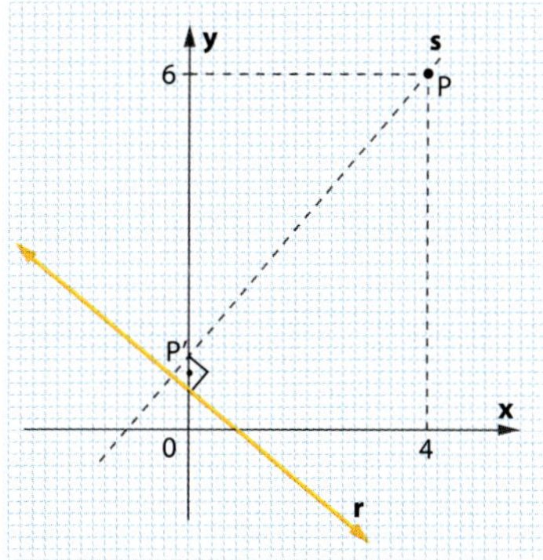

Resolução:

A figura mostra o ponto **P'**, projeção ortogonal de **P** sobre a reta **r**. **P'** é o ponto de encontro da reta **r** com a reta **s**, perpendicular a **r** pelo ponto **P**.

Cálculo do coeficiente angular $\mathbf{m_1}$ da reta **r**:

$x + y - 1 = 0 \Rightarrow y = -x + 1$

$m_1 = -1$

Cálculo do coeficiente angular $\mathbf{m_2}$ da reta **s**:

$$m_2 = -\frac{1}{m_1} = -\frac{1}{-1} = 1$$

Equação da reta que passa por **P**(4, 6) e tem coeficiente angular 1:

$y - y_1 = m_2(x - x_1) \Rightarrow y - 6 = 1(x - 4) \Rightarrow$

$\Rightarrow y - 6 = x - 4 \Rightarrow x - y + 2 = 0$

Cálculo das coordenadas do ponto **P'** (intersecção de **s** com **r**):

$$\begin{cases} x + y - 1 = 0 \\ x - y + 2 = 0 \end{cases}$$

$$2x + 1 = 0 \Rightarrow x = -\frac{1}{2}$$

$$-\frac{1}{2} + y - 1 = 0 \Rightarrow y = 1 + \frac{1}{2} = \frac{3}{2}$$

Logo, as coordenadas do ponto **P'** são $-\frac{1}{2}$ e $\frac{3}{2}$, ou seja, $\mathbf{P}\left(-\frac{1}{2}, \frac{3}{2}\right)$.

Você sabia

A projeção ortogonal **P'** de **P** sobre **r** é conhecida como pé da perpendicular a **r** que passa por **P**.

41. Para que valor do coeficiente **a** as retas de equações $3x + y - 15 = 0$ e $4x + ay + 1 = 0$ são perpendiculares entre si?

Resolução:

Cálculo do coeficiente angular $\mathbf{m_1}$ da reta de equação $3x + y - 15 = 0$:

$3x + y - 15 = 0 \Rightarrow y = -3x + 15$

$m_1 = -3$

Cálculo do coeficiente angular $\mathbf{m_2}$ da reta de equação $4x + ay + 1 = 0$:

$4x + ay + 1 = 0 \Rightarrow ay = -4x - 1 \Rightarrow$

$\Rightarrow y = -\frac{4x}{a} - \frac{1}{a}, a \neq 0$

$m_2 = -\frac{4}{a}, a \neq 0$

Pela condição de perpendicularismo, temos:

$m_2 = -\frac{1}{m_1} \Rightarrow -\frac{4}{a} = -\frac{1}{-3} \Rightarrow -\frac{4}{a} = +\frac{1}{3} \Rightarrow$

$\Rightarrow a = -12$

42. Determine as coordenadas do ponto **B**, simétrico do ponto **A**(4, 2) em relação à reta **r**, de equação $x + 3y + 10 = 0$.

Resolução:

A figura mostra o ponto **B** simétrico do ponto **A** em relação à reta **r**, ou seja:

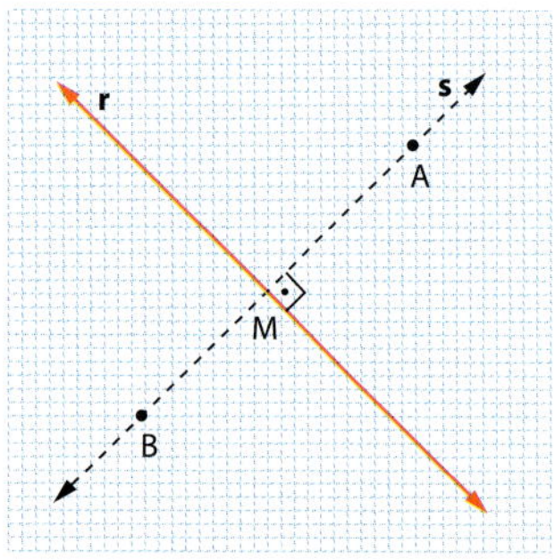

Fique atento

A figura serve apenas para ajudar na resolução do problema, por isso não há necessidade dos eixos.

- a reta **s** passa por **A** e é perpendicular à reta **r**;
- **M** é o ponto de intersecção das retas **r** e **s**;
- **M** é o ponto médio do segmento $\overline{AB}$.

Cálculo do coeficiente angular $\mathbf{m_1}$ da reta **r**:

$x + 3y + 10 = 0 \Rightarrow 3y = -x - 10 \Rightarrow$

$\Rightarrow y = -\frac{1}{3}x - \frac{10}{3}$

$m_1 = -\frac{1}{3}$

Cálculo do coeficiente angular $\mathbf{m_2}$ da reta **s**:

$m_2 = -\frac{1}{m_1} = -\frac{1}{-\frac{1}{3}} = 3$

Equação da reta **s**:

$y - y_1 = m_2(x - x_1) \Rightarrow y - 2 = 3(x - 4) \Rightarrow$

$\Rightarrow y - 2 = 3x - 12 \Rightarrow 3x - y - 10 = 0$

Cálculo das coordenadas do ponto **M**:

$\begin{cases} x + 3y + 10 = 0 \\ 3x - y - 10 = 0 \quad \cdot (3) \end{cases} \Rightarrow$

$\Rightarrow \begin{cases} x + \cancel{3y} + 10 = 0 \\ 9x - \cancel{3y} - 30 = 0 \end{cases}$

$10x - 20 = 0 \Rightarrow 10x = 20 \Rightarrow x = 2$

Substituindo $x = 2$ na segunda equação, vem:

$6 - y - 10 = 0 \Rightarrow y = -4$

Portanto, **M**(2, −4).

Sendo **M** o ponto médio de $\overline{AB}$, vamos determinar **B**(x, y):

$2 = \frac{4 + x}{2} \Rightarrow 4 = 4 + x \Rightarrow x = 0$

$-4 = \frac{2 + y}{2} \Rightarrow -8 = 2 + y \Rightarrow y = -10$

Logo, o simétrico do ponto **A** em relação à reta **r** é **B**(0, −10).

43. (Ibmec-SP) Os pontos **A**, **B**, **C** e **D** do plano abaixo representam 4 cidades.

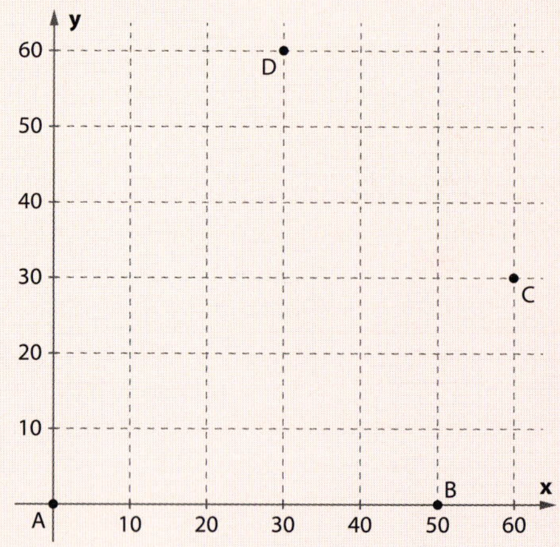

Uma emissora de televisão quer construir uma estação transmissora numa localização tal que:

- a distância entre a estação e a cidade localizada em **A** seja igual à distância entre a estação e a cidade localizada em **B**.
- a distância entre a estação e a cidade localizada em **C** seja igual à distância entre a estação e a cidade localizada em **D**.

Considerando as coordenadas do plano acima, a localização da estação deverá ser o ponto:

a) (10, 10).

b) (10, 20).

c) (25, 10).

d) (20, 20).

e) (25, 25).

> RESOLUÇÃO PASSO A PASSO:

1. Lendo e compreendendo

a) O que é dado no problema?

São dadas a localização das quatro cidades: **A**(0, 0), **B**(50, 0), **C**(60, 30) e **D**(30, 60); e as regras de localização da estação transmissora (equidistante de **A** e **B**, e equidistante de **C** e **D**).

b) O que se pede?

Pede-se a localização da estação transmissora de televisão, de acordo com as regras enunciadas no texto.

2. Planejando a solução

De acordo com o que foi estudado, sabemos que, se queremos localizar um ponto **P** equidistante de outros dois (**A** e **B**, por exemplo), esse ponto **P** estará na mediatriz do segmento $\overline{AB}$. Assim, a estação transmissora (o ponto **P**) estará na intersecção das mediatrizes do segmento $\overline{AB}$ e do segmento $\overline{CD}$.

Para obter cada mediatriz, vamos fazer o seguinte: obtemos o ponto médio e a declividade **m** de cada segmento. Com a declividade do segmento, obtemos a declividade da perpendicular a ele (ou seja, da mediatriz). De posse do ponto médio e da declividade da mediatriz, obtemos a equação de cada mediatriz. Tendo a equação de cada mediatriz, obtemos o ponto de intersecção **P**, que é a solução do problema proposto.

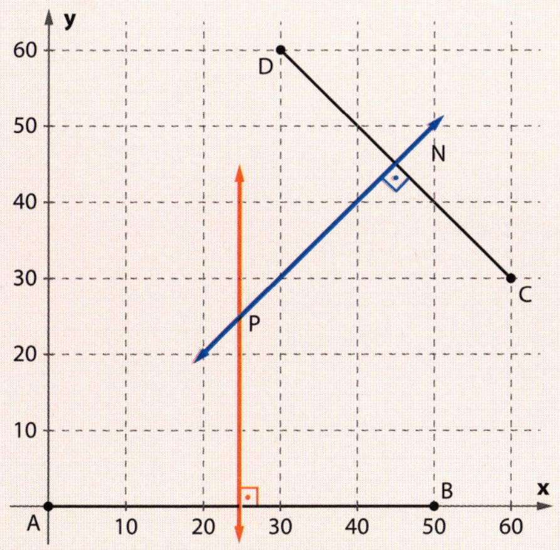

3. Executando o que foi planejado

- **Mediatriz do segmento $\overline{AB}$**

Inicialmente vamos obter o ponto **M**, médio de $\overline{AB}$. Sabemos que **A**(0, 0) e **B**(50, 0). Assim:

$$\mathbf{M}\left(\frac{0+50}{2}, \frac{0+0}{2}\right) \Rightarrow \mathbf{M}(25, 0)$$

Como o segmento $\overline{AB}$ é horizontal, sua mediatriz é vertical, passando pelo ponto **M**. Retas verticais são do tipo $x = x_0$, portanto a mediatriz procurada é $x = 25$.

- **Mediatriz do segmento $\overline{CD}$**

Inicialmente vamos obter o ponto **N**, médio de $\overline{CD}$. Sabemos que **C**(60, 30) e **D**(30, 60). Assim:

$$\mathbf{N}\left(\frac{60+30}{2}, \frac{30+60}{2}\right) \Rightarrow \mathbf{N}(45, 45)$$

A declividade do segmento $\overline{CD}$ é dada por

$$m_1 = \frac{60-30}{30-60} = \frac{30}{-30} = -1.$$

A declividade $\mathbf{m_2}$ da mediatriz do segmento $\overline{CD}$ é dada por $m_2 = -\frac{1}{m_1}$. Assim, $m_2 = -\frac{1}{(-1)} = 1$.

Com o ponto **N** e a declividade $\mathbf{m_2}$, podemos obter a equação da reta, usando uma equação do tipo $y - y_0 = m(x - x_0)$. Assim, a equação será:

$$y - 45 = 1(x - 45) \Rightarrow y - 45 = x - 45 \Rightarrow y = x$$

Essa é a equação da mediatriz do segmento $\overline{CD}$.

Finalmente, vamos obter o ponto de intersecção das duas mediatrizes, resolvendo o sistema formado pelas respectivas equações:

$$\begin{cases} x = 25 & \text{(mediatriz de } \overline{AB}\text{)} \\ y = x & \text{(mediatriz de } \overline{CD}\text{)} \end{cases} \Rightarrow$$

$$\Rightarrow x = 25 \text{ e } y = 25 \rightarrow \mathbf{P}(25, 25)$$

4. Verificando

Vamos calcular as distâncias PA, PB, PC e PD e verificar se PA = PB e PC = PD:

P(25, 25) e **A**(0, 0):

$$d_{PA} = \sqrt{(25+0)^2 + (25-0)^2} = \sqrt{1250} = 25\sqrt{2} \text{ km}$$

P(25, 25) e **B**(50, 0):

$$d_{PB} = \sqrt{(25-50)^2 + (25-0)^2} = \sqrt{1250} = 25\sqrt{2} \text{ km}$$

Portanto, PA = PB.

P(25, 25) e **C**(60, 30):

$$\sqrt{(25-60)^2 + (25-30)^2} = \sqrt{1250} = 25\sqrt{2} \text{ km}$$

P(25, 25) e **D**(30, 60):

$$\sqrt{(25-30)^2 + (25-60)^2} = \sqrt{1250} = 25\sqrt{2} \text{ km}$$

Portanto, PC = PD.

Isso verifica o resultado obtido, de que **P** é o ponto equidistante de **A** e **B** e também é equidistante de **C** e **D**.

5. Respondendo

A resposta é a alternativa **e**.

6. Ampliando o problema

a) A estação transmissora ficará mais perto das cidades **A** e **B** ou das cidades **C** e **D**?

b) Uma estação transmissora de TV emite sinal para todas as direções, com determinada potência capaz de fazer com que o sinal seja captado nos lugares desejados. Supondo que não haja interferência na qualidade dos sinais, qual é a área mínima que o sinal dessa estação transmissora localizada em **P** deverá cobrir, de forma que o sinal seja captado nas quatro cidades do texto?

c) **Discussão em equipe**

Desde dezembro de 2007 o Brasil entrou na era da TV digital. Da mesma forma como aconteceu com a introdução das transmissões em cores (que, apesar de ter começado em 1962, só se firmou definitivamente a partir de 1972), a mudança do sinal analógico para o digital é uma revolução no modo como se assiste TV. De acordo com os cronogramas oficiais, a transição para a TV digital ocorrerá até junho de 2016, quando se encerram as transmissões analógicas no Brasil. A partir dessa data, apenas quem possuir televisor adequado para sintonizar a TV digital conseguirá assistir televisão. Entre as vantagens da TV digital estão a melhor qualidade de imagem e som, a interatividade do telespectador com os programas de TV, a TV móvel (nos celulares, por exemplo), além de muitas outras. Diante disso, converse com seus colegas e discutam esse assunto. Vale a pena mudar o sistema de transmissão de TV e obrigar todo mundo a se adaptar ao novo modo? As vantagens compensam?

Exercícios propostos

56. Determine a equação da reta que passa pelo ponto **P** e é perpendicular à reta **r** em cada um dos seguintes casos.

a) **P**$(-3, 2)$ e equação de **r**: $3x + 4y - 4 = 0$;

b) **P**$(2, 6)$ e equação de **r**: $2x - y + 3 = 0$;

c) **P**$(1, 4)$ e equação de **r**: $x - y - 1 = 0$;

d) **P**$(3, 5)$ e equação de **r**: $y - 4 = 0$.

57. Qual deve ser o valor de **k** para que as retas **r** e **s**, de equações $kx + y + 5 = 0$ e $3x + (k + 1)y - 9 = 0$, respectivamente, sejam perpendiculares?

58. Dados a reta **r**, de equação $x - y + 1 = 0$, e o ponto **P**$(3, 2)$, quais são as coordenadas da projeção ortogonal de **P** sobre a reta **r**?

59. Determine as coordenadas do ponto **N**, simétrico ao ponto **M**$(2, 4)$ em relação à reta **r**, de equação $x - y - 6 = 0$.

60. O quadrilátero da figura é um losango, e seus vértices são os pontos **A**(a, b), **B**$(a + 4, b + 3)$, **C**$(a + 7, b + 7)$ e **D**$(a + 3, b + 4)$. Mostre que as retas que contêm as diagonais desse losango são perpendiculares.

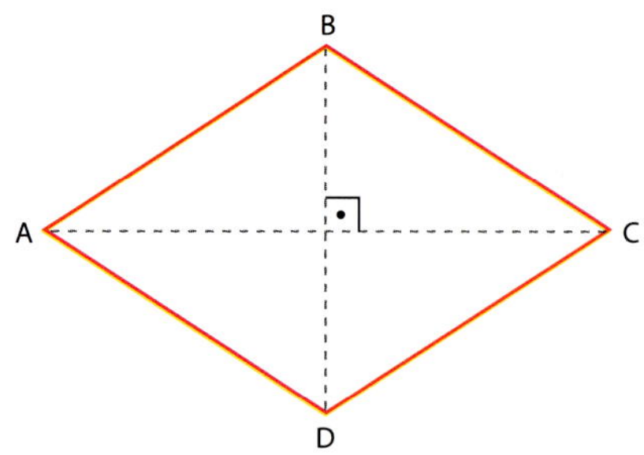

61. Descubra sobre a reta $x - y + 1 = 0$ um ponto **P** equidistante dos pontos **A**$(3, 0)$ e **B**$(7, 2)$.

11 Distância de um ponto a uma reta

Devemos recordar, da Geometria plana, que a distância de um ponto **A** a uma reta **r** é a medida do segmento de extremidades em **A** e **B**, em que **B** é a projeção ortogonal de **A** sobre **r**.

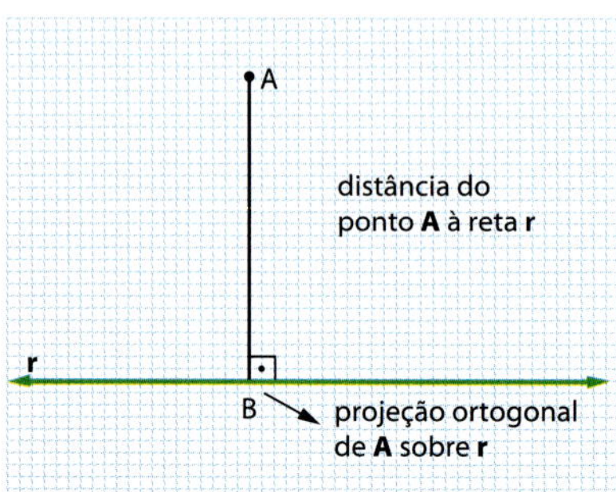

Exercício resolvido

44. Determine a distância do ponto **A**(3, 5) à reta **r**, de equação $x + 2y - 8 = 0$.

Resolução:

A figura mostra que a distância do ponto **A** à reta **r** é a distância entre os pontos **A** e **A'**, e **A'** é a projeção ortogonal do ponto **A** sobre a reta **r**.

Coeficiente angular de **r**:

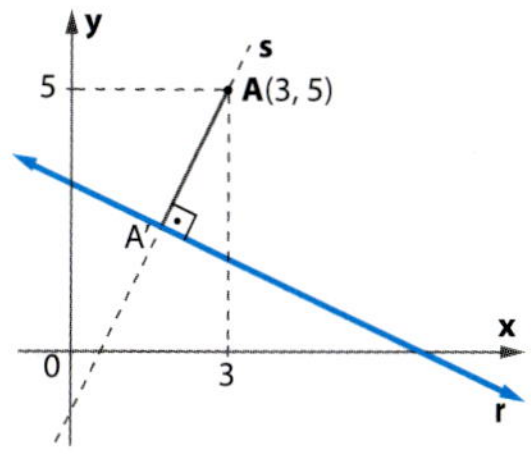

$$x + 2y - 8 = 0 \Rightarrow 2y = -x + 8 \Rightarrow y = -\frac{1}{2}x + 4$$

$$m = -\frac{1}{2}$$

Equação da reta **s**: $m_2 = -\dfrac{1}{m_1} = -\dfrac{1}{-\frac{1}{2}} = 2$

$y - y_1 = m_2(x - x_1) \Rightarrow y - 5 = 2(x - 3) \Rightarrow$
$\Rightarrow y - 5 = 2x - 6 \Rightarrow 2x - y - 1 = 0$ (equação geral da reta)

Coordenadas de **A'**: são aquelas do ponto de encontro de **r** e **s**:

$$\begin{cases} x + 2y - 8 = 0 \\ 2x - y - 1 = 0 \quad \cdot (2) \end{cases} \Rightarrow$$

$$\Rightarrow \begin{cases} x + \cancel{2y} - 8 = 0 \\ 4x - \cancel{2y} - 2 = 0 \end{cases}$$

$$5x - 10 = 0 \Rightarrow 5x = 10 \Rightarrow x = 2$$

Substituindo $x = 2$ na segunda equação, por exemplo, temos:

$2(2) - y - 1 = 0 \Rightarrow y = 3$

Portanto, **A'**(2, 3).

Cálculo da distância entre **A** e **A'**:

$$d = \sqrt{(3-2)^2 + (5-3)^2} = \sqrt{1+4} = \sqrt{5}$$

Logo, a distância do ponto **A** à reta **r** é $\sqrt{5}$.

Fórmula da distância de um ponto a uma reta

Com o mesmo procedimento usado no exercício resolvido anterior, para um ponto **P**(x_P, y_P) e uma reta **r** de equação $ax + by + c = 0$, chegamos a uma fórmula que facilita o cálculo da distância **d** de **P** a **r**. Veja:

$$d = \frac{|ax_P + by_P + c|}{\sqrt{a^2 + b^2}}$$

Para refletir

Quando temos $d = 0$?

Exemplo:

Veja a distância do ponto **A**(3, 5) à reta **r** de equação $x + 2y - 8 = 0$, calculada no exercício resolvido 44:

$$d = \frac{|1 \cdot 3 + 2 \cdot 5 - 8|}{\sqrt{1^2 + 2^2}} = \frac{|3 + 10 - 8|}{\sqrt{5}} = \frac{5}{\sqrt{5}} = \frac{5\sqrt{5}}{5} = \sqrt{5}$$

Exercícios resolvidos

45. Calcule a distância do ponto **A** à reta **r** nos casos:

a) **A**(−1, 5) e **r**: $\dfrac{x}{4} + \dfrac{y}{3} = 1$

b) **A**(0, 0) e **r**: $y - 4 = -\dfrac{2}{3}(x + 1)$

Resolução:

a) A equação de **r** deve ser colocada na forma geral:

$$\frac{x}{4} + \frac{y}{3} = 1 \Rightarrow 3x + 4y = 12 \Rightarrow 3x + 4y - 12 = 0$$

A distância de **A**(−1, 5) a **r** é:

$$d = \frac{|3(-1) + 4 \cdot 5 - 12|}{\sqrt{3^2 + 4^2}} =$$

$$= \frac{|-3 + 20 - 12|}{\sqrt{25}} = \frac{5}{5} = 1$$

b) **r**: $y - 4 = -\dfrac{2}{3}(x + 1) \Rightarrow 3y - 12 = -2x - 2 \Rightarrow$

$\Rightarrow 2x + 3y - 10 = 0$

A(0, 0)

$$d(A, r) = \frac{|2 \cdot 0 + 3 \cdot 0 - 10|}{\sqrt{2^2 + 3^2}} = \frac{|-10|}{\sqrt{13}} =$$

$$= \frac{10}{\sqrt{13}} = \frac{10\sqrt{13}}{13}$$

46. Um triângulo tem os vértices nos pontos **A**(1, 2), **B**(−3, −1) e **C**(2, −5).

Calcule a medida da altura do triângulo relativa ao lado $\overline{BC}$.

Resolução:

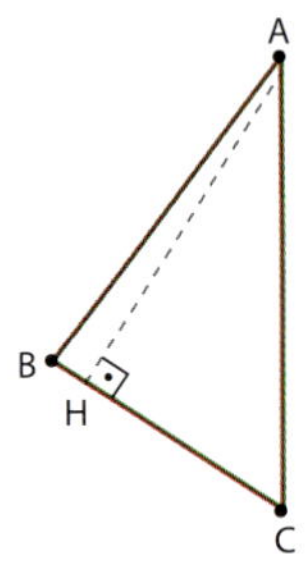

Pela figura, vemos que a medida da altura relativa ao lado $\overline{BC}$ é igual à distância entre o ponto **A** e a reta-suporte do lado $\overline{BC}$.

Equação da reta-suporte do lado $\overline{BC}$:

$$\begin{vmatrix} x & y & 1 \\ -3 & -1 & 1 \\ 2 & -5 & 1 \end{vmatrix} = 0 \Rightarrow$$

$$\Rightarrow -x + 2y + 15 + 2 + 5x + 3y = 0 \Rightarrow$$

$$\Rightarrow 4x + 5y + 17 = 0$$

Cálculo da medida da altura:

$$d = \frac{|ax_A + by_A + c|}{\sqrt{a^2 + b^2}} = \frac{|4 \cdot 1 + 5 \cdot 2 + 17|}{\sqrt{4^2 + 5^2}} =$$

$$= \frac{|31|}{\sqrt{41}} = \frac{31}{\sqrt{41}} = \frac{31\sqrt{41}}{41}$$

Logo, a medida da altura é $\frac{31\sqrt{41}}{41}$.

47. São dadas as retas **r** e **s**, de equações $2x + 3y - 10 = 0$ e $2x + 3y - 6 = 0$, respectivamente. Sabendo que essas retas são paralelas, calcule a distância entre elas.

Resolução:

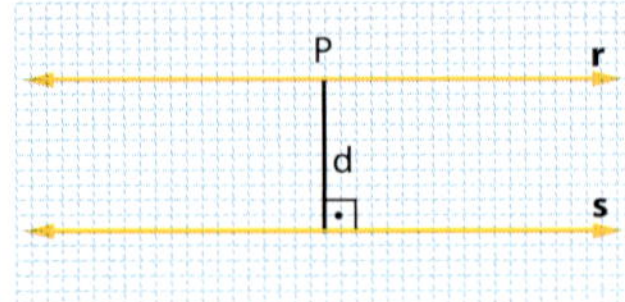

Da Geometria plana, sabemos que a distância entre duas retas paralelas é igual à distância de um ponto **P** qualquer de uma delas à outra reta.

- Cálculo das coordenadas de um ponto **P** qualquer da reta **r**:

  $2x + 3y - 10 = 0$

  Fazendo, arbitrariamente, $x = -1$, temos:

  $2(-1) + 3y - 10 = 0 \Rightarrow -2 + 3y - 10 = 0 \Rightarrow$

  $\Rightarrow 3y = 12 \Rightarrow y = 4$

  Portanto, **P**(−1, 4).

- Cálculo da distância de **P** à reta **s**:

  P(−1, 4) e **s**: $2x + 3y - 6 = 0$

  $$d = \frac{|ax_P + by_P + c|}{\sqrt{a^2 + b^2}} = \frac{|2(-1) + 3 \cdot 4 - 6|}{\sqrt{2^2 + 3^2}} =$$

  $$= \frac{|4|}{\sqrt{13}} = \frac{4}{\sqrt{13}} = \frac{4\sqrt{13}}{13}$$

  Logo, a distância entre as retas é $\frac{4\sqrt{13}}{13}$.

Para refletir

É possível demonstrar que, se duas retas **r**: $ax + by + c_1 = 0$ e **s**: $ax + by + c_2 = 0$ são paralelas, então a distância entre elas é dada por: $d(r, s) = \left|\frac{c_1 - c_2}{\sqrt{a^2 + b^2}}\right|$.

Verifique no exercício resolvido 47.

Exercícios propostos

62. Nos seguintes casos, calcule a distância do ponto **P** à reta **r**:

a) **P**(0, 3) e $4x + 3y + 1 = 0$

b) **P**(1, −5) e $3x - 4y - 2 = 0$

c) **P**(3, −2) e $2x + y + 6 = 0$

d) **P**(6, 4) e $y - 2 = 0$

63. Sendo **A** o ponto de encontro da reta **r**, de equação $x + y - 4 = 0$, com o eixo **x**, determine a distância do ponto **A** à reta **s**, de equação $3x - 4y + 10 = 0$.

64. Sabendo que as retas de equações $4x - 3y + 9 = 0$ e $4x - 3y - 6 = 0$ são paralelas, determine a distância entre as duas retas.

65. Se a distância do ponto **P**(0, p) à reta **r**, de equação $4x + 3y - 2 = 0$, é igual a 2 unidades, determine a coordenada **p**.

66. Calcule a área do triângulo ABC da figura.

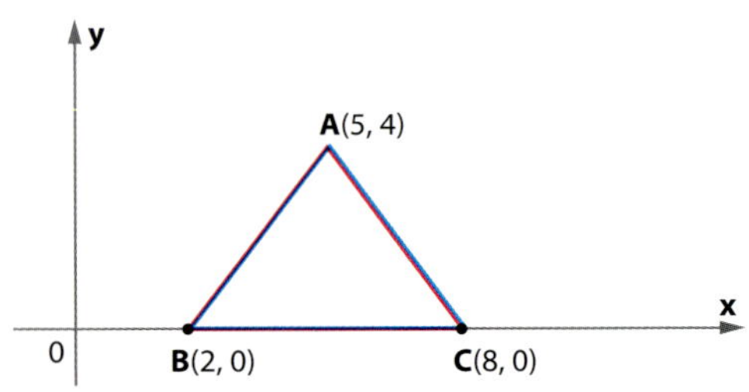

67. Dado o ponto **P**(3, 2), determine a distância de **P** até a reta **r**, nos seguintes casos:

a) **r**: $3x + 4y + 1 = 0$

b) $\frac{x}{2} + \frac{y}{3} = 1$

c) $y = 2x - 4$

d) $y = 6$

e) $x = -1$

f) $y - 4 = \frac{2}{5}(x - 3)$

68. Se a distância do ponto **P**(k, 2) à reta **r**, de equação $3x + 4y - 40 = 0$, é igual a 4 unidades, qual é o valor da coordenada **k**?

12 Ângulo formado por duas retas

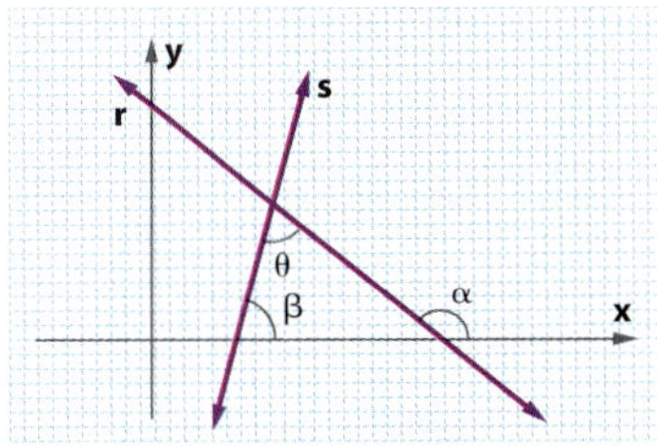

Vamos considerar duas retas concorrentes **r** e **s** oblíquas aos eixos coordenados e não perpendiculares entre si, de coeficientes angulares m_1 e m_2, respectivamente. Elas formam entre si o ângulo θ.

Então:

$$\theta + \beta = \alpha \Rightarrow \theta = \alpha - \beta \Rightarrow \text{tg}\,\theta = \text{tg}\,(\alpha - \beta) = \frac{\text{tg}\,\alpha - \text{tg}\,\beta}{1 + \text{tg}\,\alpha \cdot \text{tg}\,\beta} = \frac{m_1 - m_2}{1 + m_1 m_2}$$

Para θ agudo, temos:

$$\text{tg}\,\theta = \left|\frac{m_1 - m_2}{1 + m_1 m_2}\right|$$

- Se **r** e **s** forem paralelas, $m_1 = m_2$ e $\theta = 0°$.
- Se **r** e **s** forem perpendiculares, $m_1 m_2 = -1$ e $\theta = 90°$.
- Se uma das retas for vertical, temos:

$$\theta + \alpha = 90° \Rightarrow \theta = 90° - \alpha \Rightarrow \text{tg}\,\theta = \text{tg}\,(90° - \alpha) = \text{cotg}\,\alpha = \frac{1}{\text{tg}\,\alpha} = \frac{1}{m}$$

Considerando θ agudo, temos:

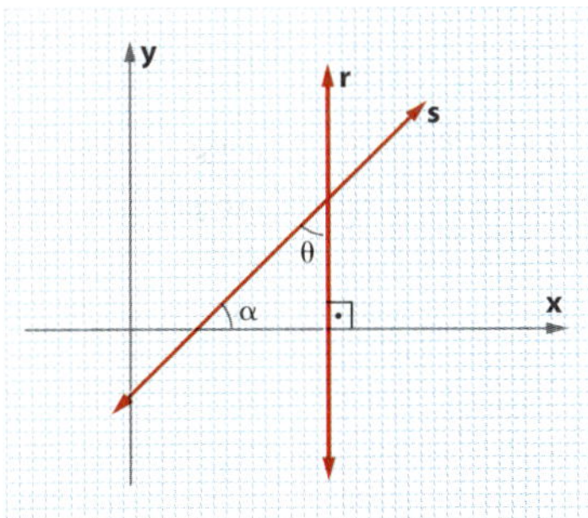

$$\text{tg}\,\theta = \left|\frac{1}{m}\right|$$

Exercício resolvido

48. Determine o valor do ângulo agudo formado pelas retas **r**: $y - 4 = 3(x - 5)$ e **s**: $2x + y - 7 = 0$.

Resolução:

- $y - 4 = 3(x - 5) \Rightarrow m_1 = 3$
- $2x + y - 7 = 0 \Rightarrow y = -2x + 7 \Rightarrow m_2 = -2$

Logo:

$$\text{tg}\,\theta = \left|\frac{3 - (-2)}{1 + 3(-2)}\right| = \left|\frac{5}{-5}\right| = |-1| = 1 \Rightarrow \theta = 45°$$

Fique atento

As retas **r** e **s** desse exercício formam dois ângulos de 45° e dois ângulos de 135°.

Exercícios propostos

69. Dadas as equações de **r** e **s**, determine θ, um dos ângulos formados por elas:

a) **r**: $y = 7$
s: $2x - 3y + 5 = 0$

b) **r**: $y = 4x - 6$
s: $y - 3 = -\frac{1}{4}(x + 5)$

c) **r**: $5x + y - 1 = 0$
s: $3x - y + 7 = 0$

d) **r**: $4x - 3 = 0$
s: $y = -9$

e) **r**: $y = -5x$
s: $\begin{cases} x = t - 3 \\ y = 2t \end{cases}$

f) **r**: $\frac{x}{2} + \frac{y}{6} = 1$
s: $15x - 5y + 2 = 0$

70. Determine a equação da reta que passa pelo ponto **P**(2, 1) e forma um ângulo de 45° com a reta de equação $y = 5x + 3$.

13 Área de uma região triangular

Vejamos como determinar a área de uma região triangular ABC a partir dos pontos **A**, **B** e **C**.

Pela Geometria plana, sabemos que a área da região triangular da figura é dada por:

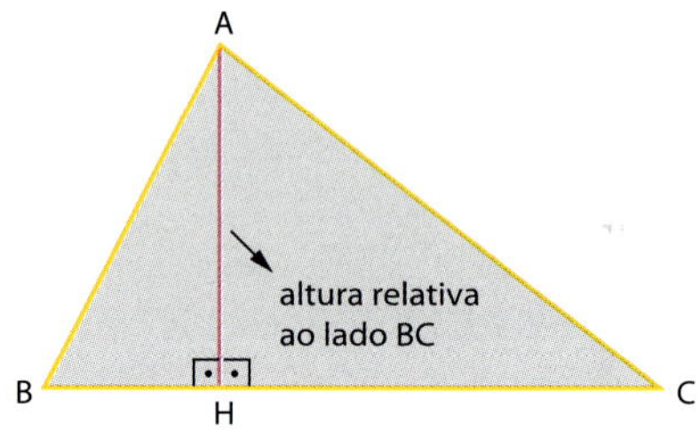

$$S = \frac{1}{2}(BC) \cdot (AH)$$

Em Geometria analítica, temos:

- d(B, C), que expressa a medida do lado $\overline{BC}$;
- a distância de **A** à reta-suporte do lado $\overline{BC}$ expressa a medida da altura $\overline{AH}$.

Exercício resolvido

49. Se um triângulo ABC tem como vértices os pontos **A**(1, 2), **B**(−3, 1) e **C**(0, −1), calcule a área da região triangular.

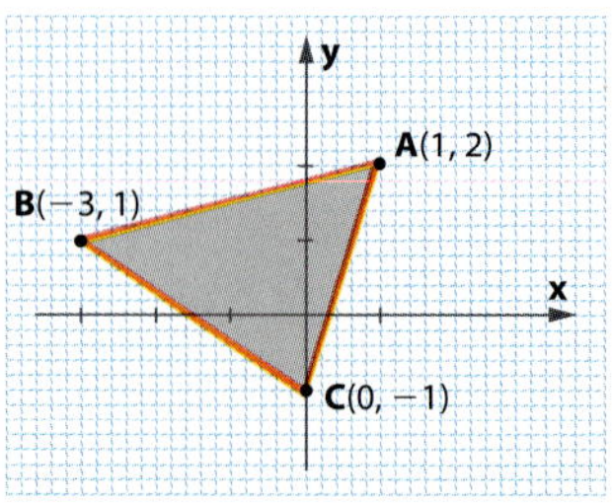

Resolução:

- Cálculo da medida do lado $\overline{BC}$:

$d(B, C) = \sqrt{(0 + 3)^2 + (-1 - 1)^2} = \sqrt{9 + 4} =$
$= \sqrt{13}$

- Cálculo da distância entre o vértice **A** e a reta-suporte do lado $\overline{BC}$:

$$\begin{vmatrix} x & y & 1 \\ -3 & 1 & 1 \\ 0 & -1 & 1 \end{vmatrix} = 0 \Rightarrow x + 3 + x + 3y = 0 \Rightarrow$$

$\Rightarrow 2x + 3y + 3 = 0$

$$d = \frac{|ax_A + by_A + c|}{\sqrt{a^2 + b^2}} = \frac{|2 \cdot 1 + 3 \cdot 2 + 3|}{\sqrt{2^2 + 3^2}} =$$

$$= \frac{|11|}{\sqrt{13}} = \frac{11}{\sqrt{13}}$$

- Cálculo da área da região triangular:

$$S = \frac{1}{2} \cdot \sqrt{13} \cdot \frac{11}{\sqrt{13}} = \frac{11}{2} \text{ ou } 5{,}5$$

Logo, a área da região triangular é $\frac{11}{2}$ ou 5,5 unidades de área.

Fórmula da área de uma região triangular

Com o mesmo procedimento do exercício resolvido anterior e considerando os pontos não alinhados **A**(x_1, y_1), **B**(x_2, y_2) e **C**(x_3, y_3), chegamos a uma fórmula que facilita o cálculo da área de uma região triangular.

Se os vértices de um triângulo são os pontos **A**(x_1, y_1), **B**(x_2, y_2) e **C**(x_3, y_3), então a área dessa região triangular é dada por:

$$S = \frac{1}{2}|D|$$

em que $D = \begin{vmatrix} x_1 & y_1 & 1 \\ x_2 & y_2 & 1 \\ x_3 & y_3 & 1 \end{vmatrix}$.

↑ coluna das ordenadas (segunda coluna)

↑ coluna das abscissas (primeira coluna)

Você sabia

O símbolo |D| indica módulo do determinante **D**.

Note que esse determinante é o mesmo que foi estudado no item 5 para verificar o alinhamento de três pontos. A conexão entre os dois assuntos está no fato de que, se três pontos que seriam os vértices de um triângulo estiverem alinhados, o triângulo se degenera num segmento de reta; nesse caso, é natural que sua área seja zero.

Exemplo:

Vejamos como fica o cálculo da área da região triangular ABC com **A**(1, 2), **B**(−3, 1) e **C**(0, −1), já feito no exercício resolvido 49:

$$D = \begin{vmatrix} 1 & 2 & 1 \\ -3 & 1 & 1 \\ 0 & -1 & 1 \end{vmatrix} = 1 + 3 + 1 + 6 = 11$$

$$S = \frac{1}{2}|D| = \frac{1}{2}|11| = \frac{1}{2} \cdot 11 = \frac{11}{2} = 5{,}5$$

Logo, a área da região triangular é $\frac{11}{2}$ ou 5,5 unidades de área.

Exercício resolvido

50. Determine a área da região triangular ABC, dados **A**, **B** e **C**.

a) **A**(−1, 2), **B**(3, 1) e **C**(a, 0)

b) **A**(0, 0), **B**(0, 4) e **C**(−5, 0)

Resolução:

a) $D = \begin{vmatrix} -1 & 2 & 1 \\ 3 & 1 & 1 \\ 2 & 0 & 1 \end{vmatrix} = -1 + 4 - 2 - 6 = -5$

$$S = \frac{1}{2}|-5| = \frac{5}{2} = 2{,}5$$

b) A localização de **A**, **B** e **C** permite concluir que o triângulo é retângulo em **A**, com catetos medindo 4 e 5. Logo:

$$S = \frac{4 \cdot 5}{2} = 10$$

Confirmando:

$$D = \begin{vmatrix} 0 & 0 & 1 \\ 0 & 4 & 1 \\ -5 & 0 & 1 \end{vmatrix} = 20$$

$$S = \frac{1}{2}|20| = \frac{20}{2} = 10$$

Exercícios propostos

71. Determine a área da região triangular que tem como vértices os pontos **A**(4, 0), **B**(−1, 1) e **C**(−3, 3).

72. As retas-suportes dos lados de um triângulo têm como equações $x + 2y - 1 = 0$, $y - 5 = 0$ e $x - 2y - 7 = 0$. Calcule a área da região triangular.

73. Um triângulo tem como vértices os pontos **A**(5, 3), **B**(4, 2) e **C**(2, k). A área da região triangular ABC mede 8 unidades. Nessas condições, calcule o valor de **k**.

74. Na figura, a reta **r** tem equação $x + 2y - 4 = 0$. Determine a área da região triangular AOB.

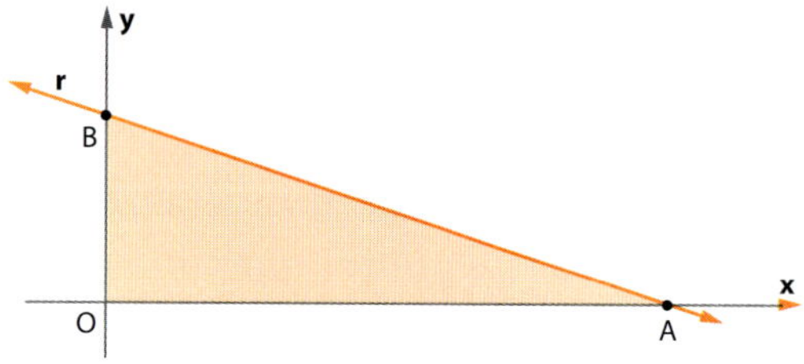

75. Calcule a área do quadrilátero de vértices **A**(4, 0), **B**(6, 2), **C**(2, 4) e **D**(0, 2).

76. Determine a área do quadrilátero de vértices (0, 0), (5, 7), (8, 2), (3, −3).

77. A área da figura colorida no diagrama abaixo vale:

a) 4.

b) 3,5.

c) 3.

d) 5.

e) 4,5.

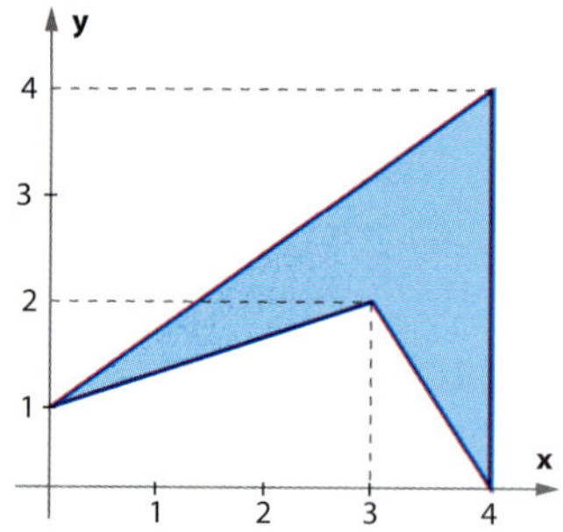

14 Aplicações à Geometria euclidiana

Exercícios resolvidos

Escolha um sistema de eixos coordenados adequado e resolva, usando Geometria analítica, os seguintes problemas de Geometria plana:

51. Seja ABC um triângulo retângulo de catetos AB = m, AC = n e hipotenusa $\overline{BC}$. Mostre que a mediana $\overline{AM}$ mede metade da hipotenusa.

Resolução:

O mais conveniente é colocar os dois catetos sobre os eixos coordenados; portanto, o vértice **A** deve coincidir com a origem:

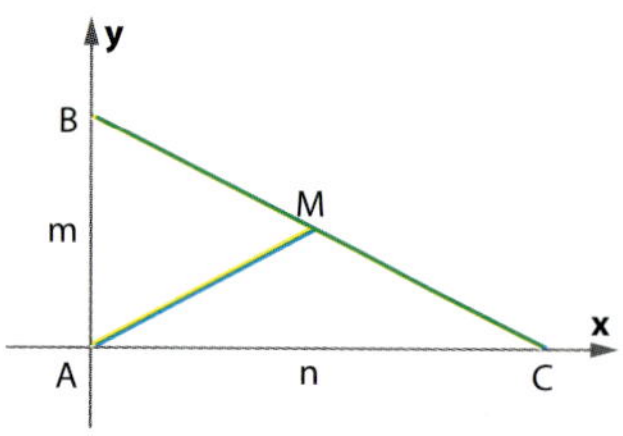

Assim, **A**(0, 0), **B**(0, m) e **C**(n, 0) são as coordenadas dos vértices, e $\mathbf{M}\left(\frac{n}{2}, \frac{m}{2}\right)$. O comprimento da hipotenusa $\overline{BC}$ é $d(B, C) = \sqrt{m^2 + n^2}$, e o comprimento da mediana $\overline{AM}$ é:

$$d(A, M) = \sqrt{\left(\frac{m}{2}\right)^2 + \left(\frac{n}{2}\right)^2} = \sqrt{\frac{m^2}{4} + \frac{n^2}{4}} =$$

$$= \frac{1}{2}\sqrt{m^2 + n^2}$$

Assim, $d(A, M) = \frac{1}{2}d(B, C)$, como queríamos mostrar.

52. Num retângulo qualquer, considere um ponto **P** pertencente a um dos lados do retângulo de lados **a** e **b**. Mostre que a soma das distâncias de **P** às diagonais desse retângulo é constante.

Resolução:

O mais conveniente é colocar dois lados do retângulo sobre os eixos coordenados, com um dos vértices coincidindo com a origem, e o ponto **P** em um dos lados que estão sobre os eixos. Esses procedimentos, que não são obrigatórios, apenas visam usar a Geometria analítica para simplificar a resolução de um problema de Geometria plana, dada a liberdade que temos em escolher onde colocar os sistemas de eixos coordenados quando eles não forem definidos previamente.

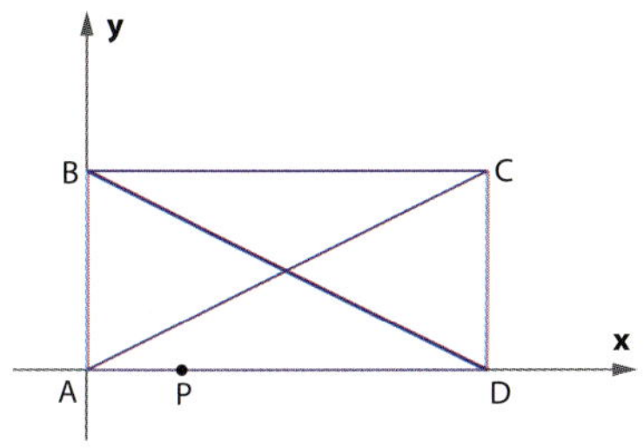

Supondo que os lados do retângulo tenham medidas **a** e **b**, então os vértices do retângulo são **A**(0, 0), **B**(0, b), **C**(a, b) e **D**(a, 0) e o ponto **P**(p, 0). Assim, vamos obter as equações das duas diagonais:

Diagonal $\overline{AC}$:

$$m_1 = \frac{b-0}{a-0} = \frac{b}{a}$$

$$y - 0 = \frac{b}{a}(x - 0) \Rightarrow ay = bx \Rightarrow \overline{AC}: bx - ay = 0$$

Diagonal $\overline{BD}$:

$$m_1 = \frac{b-0}{0-a} = -\frac{b}{a}$$

$$y - b = -\frac{b}{a}(x - 0) \Rightarrow ay - ab = -bx \Rightarrow$$

$$\Rightarrow \overline{BD}: bx + ay - ab = 0$$

A distância do ponto **P**(p, 0) à diagonal $\overline{AC}$ é dada por:

$$d_1 = \frac{|bp - a \cdot 0 + 0|}{\sqrt{b^2 + (-a)^2}} = \frac{|bp|}{\sqrt{b^2 + a^2}}$$

A distância do ponto **P**(p, 0) à diagonal $\overline{BD}$ é dada por:

$$d_2 = \frac{|bp + a \cdot 0 - ab|}{\sqrt{b^2 + a^2}} = \frac{|bp - ab|}{\sqrt{b^2 + a^2}}$$

Como, de acordo com os dados iniciais, temos $0 \leq p \leq a$, então $bp < ab$ e assim:

$|bp - ab| = ab - bp$, portanto a soma $d_1 + d_2$ é:

$$d_1 + d_2 = \frac{|bp|}{\sqrt{b^2 + a^2}} + \frac{|bp - ab|}{\sqrt{b^2 + a^2}} =$$

$$= \frac{bp + ab - bp}{\sqrt{b^2 + a^2}} = \frac{ab}{\sqrt{b^2 + a^2}}$$, que é constante, como queríamos mostrar.

Exercícios propostos

78. Mostre que o segmento que une os pontos médios de dois lados de um triângulo:

a) é paralelo ao terceiro lado;

b) tem comprimento igual à metade do comprimento do terceiro lado.

79. Dada uma reta **r**: $2x + 3y - 1 = 0$, obtenha uma equação que represente o feixe de retas paralelas a **r**.

80. Dada uma reta **r**: $2x + 3y - 1 = 0$, obtenha uma equação que represente um feixe de retas perpendiculares a **r**.

81. Dados o ponto **P**(x_0, y_0) e a reta **r**: $ax + by + c = 0$, com $P \notin r$, obtenha a equação da reta **s**:

a) paralela a **r** e que passa por **P**;

b) perpendicular a **r** e que passa por **P**.

Portal Pedagógico

Acesse o *Portal Pedagógico* (veja instruções na seção "Conheça seu livro", página 5) e amplie o estudo deste capítulo. Selecione o capítulo 2 e você encontrará os seguintes materiais:

- *Atividades adicionais* (Atividades para imprimir);
- *Geometria analítica: ponto e reta* (*Slides* para aula).

Desafios

1. (PUC-SP) Para representar as localizações de pontos estratégicos de um acampamento em construção, foi usado um sistema de eixos cartesianos ortogonais, conforme mostra a figura abaixo, em que os pontos **F** e **M** representam os locais onde serão construídos os respectivos dormitórios feminino e masculino, e **R** o refeitório.

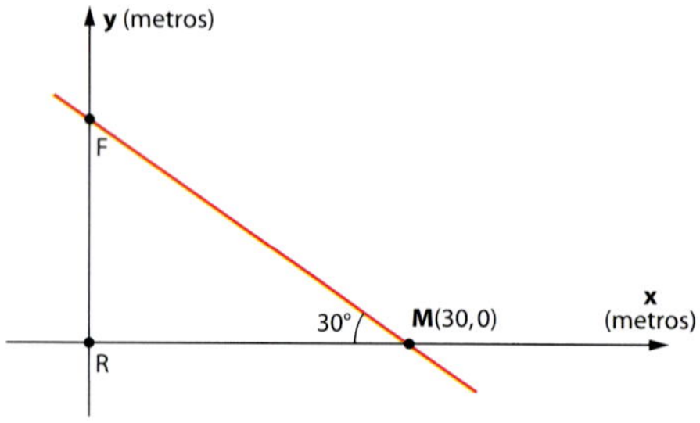

Se o escritório da Coordenação do acampamento deverá ser equidistante dos dormitórios feminino e masculino e, no sistema, sua representação é um ponto pertencente ao eixo das abscissas, quantos metros ele distará do refeitório?

a) $10\sqrt{3}$
b) 10
c) $9\sqrt{3}$
d) 9
e) $8\sqrt{3}$

2. (Fuvest-SP) Determine a equação da reta que passa pelo ponto **P**(2, 3) e pelo ponto **Q**, simétrico de **P** em relação à origem.

? Você sabia

O simétrico do ponto **P**(a, b) em relação à origem é o ponto **Q**(−a, −b).

3. Num sistema de coordenadas cartesianas, duas retas, **r** e **s**, com coeficientes angulares 2 e $\frac{1}{2}$, respectivamente, se interceptam na origem **O**. Se $B \in r$ e $C \in s$ são dois pontos no primeiro quadrante, tal que o segmento $\overline{BC}$ é perpendicular a **r** e a área do triângulo OBC é igual a $12 \cdot 10^{-1}$, então a distância de **B** ao eixo das ordenadas vale:

a) $\frac{8}{5}$
b) $\frac{4}{5}$.
c) $\frac{2}{5}$.
d) $\frac{1}{5}$.
e) 1.

4. (Unicamp-SP) As retas de equações $y = ax + b$ e $y = cx$ são ilustradas na figura a seguir.

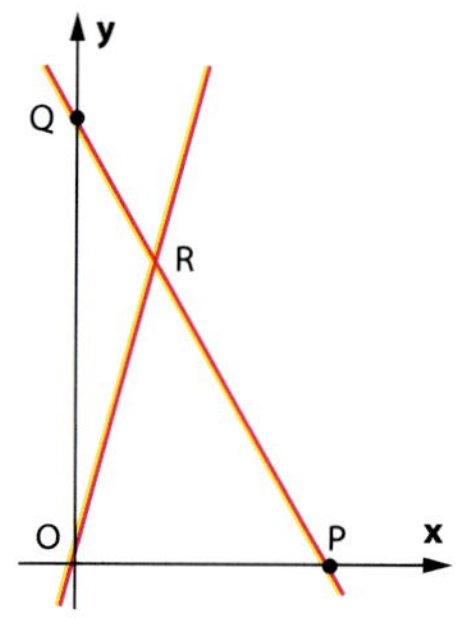

Sabendo que o coeficiente **b** é igual à média aritmética dos coeficientes **a** e **c**:

a) expresse as coordenadas dos pontos **P**, **Q** e **R** em termos dos coeficientes **a** e **b**;

b) determine **a**, **b** e **c** sabendo que a área do triângulo OPR é o dobro da área do triângulo ORQ e que o triângulo OPQ tem área 1.

PENSANDO NO ENEM

1. O GPS (Sistema de Posicionamento Global) é um sistema de posicionamento geográfico que nos dá as coordenadas de um lugar na Terra, desde que tenhamos um receptor de sinais de GPS. [...] A nossa posição sobre a Terra é referenciada em relação ao equador e ao meridiano de Greenwich e traduz-se por três números: a latitude, a longitude e a altitude. Assim, para saber a nossa posição sobre a Terra, basta saber a latitude, a longitude e a altitude. Por exemplo, os aeroportos têm as três coordenadas bem determinadas, que, aliás, estão escritas em grandes cartazes perto das pistas, e os sistemas automáticos de navegação aérea utilizam esta informação para calcular as trajetórias entre aeroportos.

MALINOVSKYY KOSTYANTYN/SHUTTERSTOCK

Disponível em: <www.cienciaviva.pt/latlong/anterior/gps.asp>. Acesso em: 8 mar. 2011.

Suponha que, por meio da utilização de um GPS, foram determinadas as coordenadas de três cidades que se encontram no nível do mar e cujas latitudes e longitudes são dadas pelos pares ordenados, em um sistema cartesiano em que cada unidade representa 100 km: **A**(2, 3), **B**(4, 6) e **C**(6, 5). Suponha também que as estradas que unem essas cidades, duas a duas, são linhas retas. Analise as afirmações abaixo e assinale a verdadeira.

a) A distância da cidade **A** até a cidade **B** é exatamente o dobro da distância entre as cidades **B** e **C**.
b) A distância entre as cidades **A** e **C** é de 300 km.
c) A cidade **A** está mais próxima da cidade **B** do que da cidade **C**.
d) A cidade **A** está mais próxima da cidade **C** do que da cidade **B**.
e) A soma das três distâncias entre as três cidades, duas a duas, é $\sqrt{38\,100}$ km.

2. Os romanos foram os grandes peritos em construção de estradas. Começaram em 312 a.C., com a via Ápia. [...] À medida que iam estendendo suas conquistas, iam construindo estradas sempre ligadas ao tronco principal, a via Ápia e os outros caminhos romanos. [...] Possuíam uma rede de 80 000 km de estradas, países modernos não chegaram a tanto! Quase todas pavimentadas e bem conservadas. Havia mais 350 000 quilômetros de estradas secundárias, sem pavimentação. Era uma extensa rede viária com Roma no centro. Daí o velho ditado: todos os caminhos levam a Roma. Ainda existem alguns trechos destas estradas conservadas quase como um monumento (veja o mapa a seguir).

Estradas romanas

Disponível em: <www.transitocomvida.ufrj.br/MundoInteiro1.asp>. Acesso em: 9 mar. 2011.

Consideremos duas estradas retilíneas, E_1 e E_2, que levavam a Roma. Digamos que em um determinado sistema de coordenadas cartesianas, E_1 tenha uma reta-suporte de equação y = 1 e, a 45° desta, no sentido anti-horário, esteja E_2. Consideremos também que Roma está localizada em um ponto de coordenadas (2,1). Nesse sistema cartesiano, a equação de E_2 é:

a) $y = \sqrt{3}x + 1$.
b) $y = x - 1$.
c) $y = 2x + 1$.
d) $y = \sqrt{2}x - 1$.
e) $y = x + 1$.

3. Consideremos que um míssil (projétil guiado, dotado de autopropulsão) tenha sido lançado e, imediatamente após seu lançamento, foi emitida uma ordem para que ele fosse destruído. A trajetória do primeiro míssil é dada pela equação do segundo grau $y = 2x^2 + 10x$.

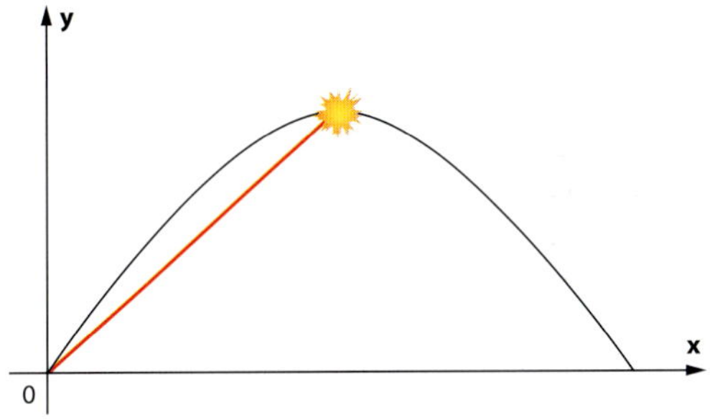

O segundo míssil, que deve destruir o primeiro no ponto mais alto da trajetória deste, foi lançado do mesmo ponto que o primeiro. Supondo que sua trajetória seja retilínea, a equação reduzida da reta-suporte da trajetória do segundo míssil é:

a) y = 6x.
b) y = 5x.
c) y = 4x.
d) y = 3x.
e) y = 2x.

4. Quando se adquire um bem móvel, em geral existe uma desvalorização natural do bem ao longo dos anos — chamada depreciação —, decorrente de fatores como o desgaste. Para simplificar os cálculos, costuma-se utilizar nas estimativas, para certos intervalos de tempo, a variação linear de valores. Suponha que Carlos adquiriu um automóvel novo por R$ 50 000,00, e que segundo estimativas um automóvel desse tipo desvalorize R$ 4 500,00 por ano, nos primeiros 2 anos, e R$ 2 250,00 por ano, nos 8 anos seguintes. Para desenhar a relação do valor de seu carro com o tempo, em um plano cartesiano, Carlos pegou uma folha de papel milimetrado e decidiu que cada *milímetro* do eixo **y** representaria R$ 1 000,00 e cada *centímetro* do eixo **x** representaria 1 ano. Terminado o desenho, o comprimento do segmento que representa a desvalorização dos últimos 8 anos mediu exatamente:

a) 8,2 cm.
b) 8,3 cm.
c) 8,4 cm.
d) 8,5 cm.
e) 8,6 cm.

A MATEMÁTICA E AS PRÁTICAS SOCIAIS

Reforma agrária

Reforma agrária é o conjunto de medidas para promover a melhor distribuição da terra, mediante modificações no regime de posse e uso, a fim de atender aos princípios de justiça social, desenvolvimento rural sustentável e aumento de produção. A concepção é estabelecida pelo Estatuto da Terra. Na prática, a reforma agrária proporciona:

- a desconcentração e democratização da estrutura fundiária;
- a produção de alimentos básicos;
- a geração de ocupação e renda;
- o combate à fome e à miséria;
- a diversificação do comércio e dos serviços no meio rural;
- a interiorização dos serviços públicos básicos;
- a redução da migração campo-cidade;
- a democratização das estruturas de poder;
- a promoção da Cidadania e da Justiça Social.

ADRIANO LIMA/FOTOARENA/FOLHAPRESS

Vista de acampamento do MST em Marabá Paulista, região do Pontal do Paranapanema (SP), em julho de 2010.

De acordo com as diretrizes estabelecidas no II Programa Nacional de Reforma Agrária, implantado em 2003, a reforma agrária executada pelo Incra (Instituto Nacional de Colonização e Reforma Agrária) deve ser integrada a um projeto nacional de desenvolvimento, massiva, de qualidade, geradora de trabalho e produtora de alimentos. Deve, ainda, contribuir para dotar o Estado dos instrumentos para gerir o território nacional.

* * * *

Segundo um balanço da Reforma agrária divulgado em 2010, a política agrária brasileira saltou de 21,1 milhões de hectares de terras obtidos entre 1995 e 2002 para 48,3 milhões entre 2003 e 2010, um aumento de 129%. O número de famílias beneficiadas também aumentou ao longo de oito anos, chegando aos atuais 614 093. No mesmo período foram criados 3 551 assentamentos. Atualmente, o Brasil conta com 85,8 milhões de hectares incorporados à reforma agrária, 8 763 atendidos pelo Incra, onde vivem 924 263 famílias.

Fonte: Incra <www.incra.gov.br>. Acesso em: 22 mar. 2011.

Calculando e compreendendo melhor o texto

1. Uma família, por meio da reforma agrária, foi beneficiada com uma terra em forma de região triangular. Para confirmar se a área cedida estava correta, o Incra utilizou um GPS e, a partir de um sistema de coordenadas cartesianas, identificou que os vértices do triângulo eram os pontos **A**(1, 1), **B**(2, 1) e **C**(2, 2). Sabendo que as unidades são dadas em km, qual é a área recebida pela família?

2. Uma fazenda improdutiva foi desapropriada para a reforma agrária. Em uma região da fazenda foram assentadas duas famílias. Exatamente no ponto médio do segmento de reta que une as casas das duas famílias encontra-se um poço, onde diariamente as famílias vão retirar água. A partir de um mesmo sistema de coordenadas cartesianas as casas das duas famílias podem ser representadas pelos pontos **A**(1, 1) e **B**(4, 5). Qual é a distância que cada família percorre da sua casa até o poço?

3. José Carlos mora em um assentamento. Todo dia, para ir à escola, ele sai de sua casa, que se encontra no ponto **A**(2, 3) de um mapa, e caminha até uma estrada, dada pela equação $3x + 4y + 2 = 0$ (com **x** e **y** em km), onde pega um ônibus. Calcule a menor distância que José Carlos percorre de sua casa até a estrada onde pega o ônibus.

Pesquisando e discutindo

4. Em equipe, pesquisem e produzam um texto sobre os temas abaixo. Para apresentar a pesquisa, usem recursos como cartazes com fotos, ilustrações, gráficos, etc.

   a) Má distribuição de terra no Brasil e importância da reforma agrária para o futuro do país.

   b) Invasão de terras públicas, Movimento dos Trabalhadores Rurais sem Terra e grilagem.

Veja mais sobre o assunto

Procure mais informações em jornais, revistas e nos *sites* <www.incra.gov.br>, <www.mst.org.br> e <www.ecodebate.com.br/tag/reforma-agraria>.

QUESTÕES DE VESTIBULAR

1. (Unifesp) Um ponto do plano cartesiano é representado pelas coordenadas $(x + 3y, -x - y)$ e também por $(4 + y, 2x + y)$, em relação a um mesmo sistema de coordenadas. Nessas condições, x^y é igual a:

a) -8. b) -6. c) 1. d) 8. e) 9.

2. (UFC-CE) Sejam **P**(2, 3) e **Q**(−4, 5) dois pontos do plano. Se o segmento PQ é prolongado de seu próprio comprimento até o ponto **M**, que se encontra à esquerda de **Q**, então o ponto **M** é:

a) $(-10, 7)$.

b) $\left(-\frac{21}{2}, 7\right)$.

c) $\left(-10, \frac{15}{2}\right)$.

d) $\left(-\frac{21}{2}, \frac{15}{2}\right)$.

3. (UFBA) Um dos vértices de um quadrado ABCD é **A**(−2, −1). Uma circunferência inscrita no quadrado tem centro (1, 3). A medida da diagonal do quadrado é:

a) $5\sqrt{2}$.

b) 5.

c) $\frac{5\sqrt{2}}{2}$.

d) $\sqrt{10}$.

e) 10.

4. (Vunesp) Dados dois pontos, **A** e **B**, com coordenadas cartesianas (−2, 1) e (1, −2), respectivamente, conforme a figura:

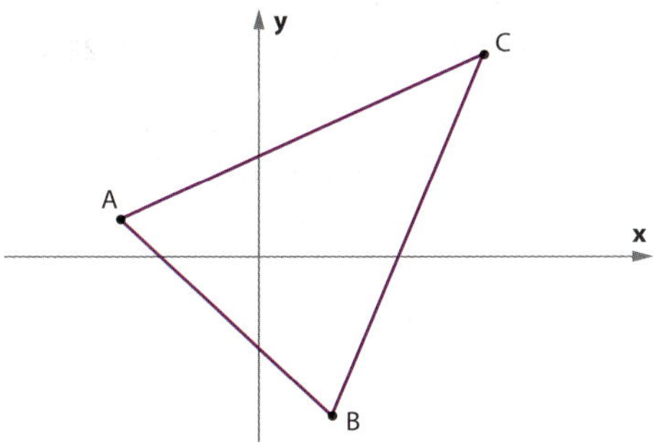

a) Calcule a distância entre **A** e **B**.

b) Sabendo-se que as coordenadas cartesianas do baricentro do triângulo ABC são $(x_G, y_G) = \left(\frac{2}{3}, 1\right)$ calcule as coordenadas (x_C, y_C) do vértice **C** do triângulo.

5. (UFPA) Considere um terreno que tenha a forma de um paralelogramo. Sabendo-se que as coordenadas de três vértices deste paralelogramo são **A**(2, 3), **B**(8, 9) e **C**(6, 5), é correto afirmar que o quarto vértice é um dos pontos de coordenadas:

a) (12, 11), (4, 7) e (0, 1).

b) (12, 10), (4, 7) e (0, −1).

c) (12, 10), (3, 7) e (0, −1).

d) (12, 11), (4, 7) e (0, −1).

e) (12, 10), (3, 7) e (0, 1).

6. (UFC-CE) Os vértices do quadrado ABCD no plano cartesiano são **A**(−1, 3), **B**(1, 1), **C**(3, 3) e **D**(x, y). Então, os valores de **x** e **y** são:

a) $x = 1$ e $y = 5$.

b) $x = 5$ e $y = 1$.

c) $x = 1 + \sqrt{5}$ e $y = 1 + \sqrt{5}$.

d) $x = 1 - \sqrt{5}$ e $y = 1$.

e) $x = 1$ e $y = 1 - \sqrt{5}$.

7. (Ibmec-SP) Para que os pontos do plano cartesiano de coordenadas (1, 1), (a, 2) e (2, b) estejam sobre uma mesma reta é necessário e suficiente que:

a) $ab = a - b$.

b) $ab = a + b$.

c) $ab = b - a$.

d) $ab = a^2 - b^2$.

e) $ab = a^2 + b^2$.

8. (UEMT) Observe os três pares de pontos: $\mathbf{P_1}(4, 15)$; $\mathbf{P_2}(12, 11)$ e $\mathbf{P_3}(18, k)$.
O valor de **k** para que os três pontos estejam sobre a mesma reta é:

a) 8.

b) 16.

c) −4.

d) 4.

e) −8.

9. (Unicamp-SP) A figura abaixo apresenta parte do mapa de uma cidade, no qual estão identificadas a catedral, a prefeitura e a câmara de vereadores. Observe que o quadriculado não representa os quarteirões da cidade, servindo apenas para a localização dos pontos e retas no plano cartesiano. Nessa cidade, a Avenida Brasil é formada pelos pontos equidistantes da catedral e da prefeitura, enquanto a Avenida Juscelino Kubitschek (não mostrada no mapa) é formada pelos pontos equidistantes da prefeitura e da câmara de vereadores.

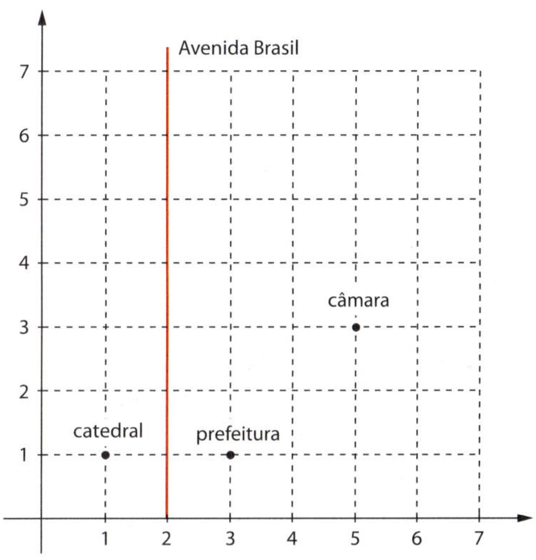

Sabendo que a distância real entre a catedral e a prefeitura é de 500 m, podemos concluir que a distância real, em linha reta, entre a catedral e a câmara de vereadores é de:

a) 1 500 m.

b) $500\sqrt{5}$ m.

c) $1000\sqrt{2}$ m.

d) $500 + 500\sqrt{2}$ m.

10. (UFMG) Os pontos **A**(0, 3), **B**(4, 0) e **C**(a, b) são vértices de um triângulo equilátero no plano cartesiano. Considerando-se essa situação, é correto afirmar que:

a) $b = \frac{4}{3}a$.

b) $b = \frac{4}{3}a - \frac{7}{6}$.

c) $b = \frac{4}{3}a + 3$.

d) $b = \frac{4}{3}a - \frac{3}{2}$.

11. (UFCG-PB) Um arquiteto usou Geometria Analítica para planejar o desenho de um bairro de uma cidade. A rua **T**, representada pela reta **t**, é paralela à rua **R**, representada pela reta **r**. A rua **R** é perpendicular à reta **s**, conforme desenho abaixo. Sabe-se que a reta **t** forma um ângulo α com o eixo das abscissas.

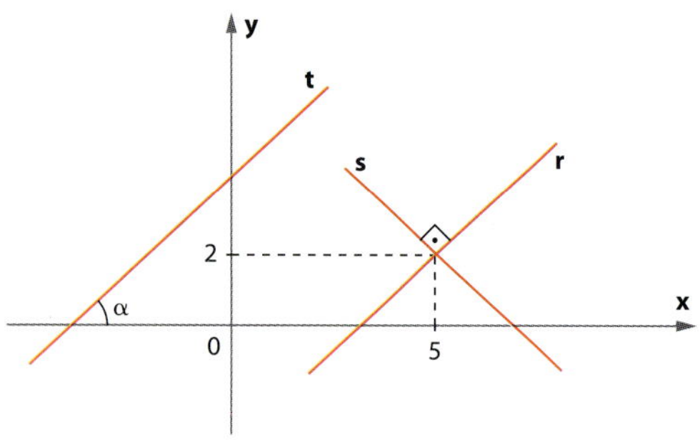

Se tg $\alpha = 1$, qual a equação da reta **s**?

a) $y = 2 - x$

b) $y = 7 - x$

c) $y = 8 - 2x$

d) $y = 3 - x$

e) $y = 4 - \frac{2}{5}x$

12. (UFPB) A figura a seguir mostra, no plano cartesiano, a vista superior de um museu que possui a forma de um quadrado.

Como parte do sistema de segurança desse museu, há localizado no ponto (0, 0), um emissor de raios retilíneos o qual detecta a presença de pessoas. Os raios emitidos são paralelos ao plano do piso e descrevem trajetórias paralelas às semirretas $y = \lambda x$, com $x > 0$, onde λ é um parâmetro que ajusta a direção dos raios, de acordo com o ponto que se deseja proteger. No museu, só existem entradas nos lados oeste e sul, os quais devem ficar totalmente protegidos pelo sistema de segurança.

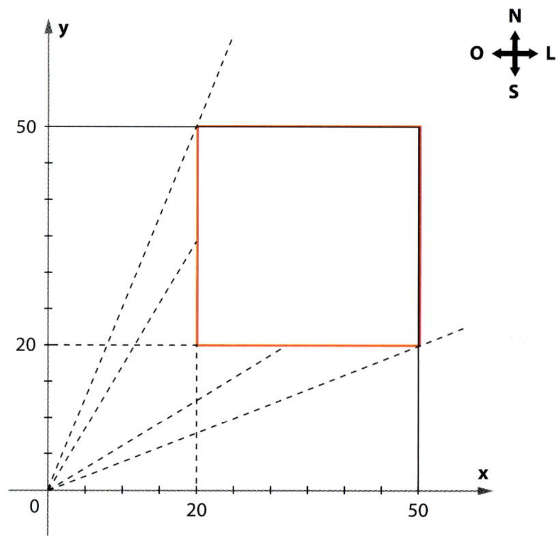

De acordo com essas informações, o parâmetro λ deve variar, pelo menos, no intervalo:

a) $\left[\frac{2}{7}, 2\right]$.

b) $\left[\frac{2}{5}, \frac{5}{2}\right]$.

c) $\left[3, \frac{7}{2}\right]$.

d) [8, 10].

e) [11, 13].

13. (Unifor-CE) Sejam as retas **r** e **s** representadas na figura abaixo.

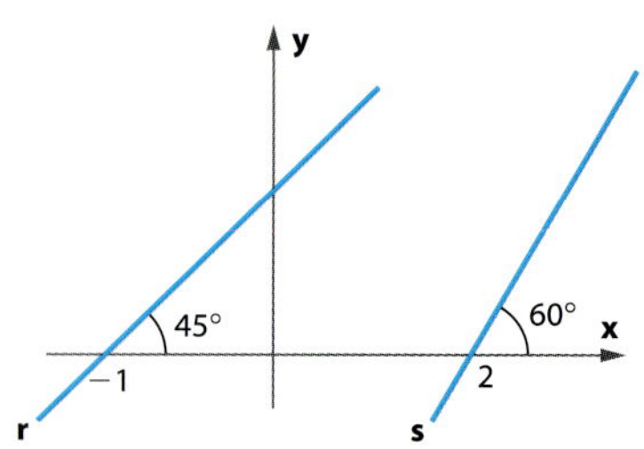

A abscissa do ponto de intersecção de **r** e **s** é:

a) $\frac{-3\sqrt{3} - 5}{2}$.

b) $\frac{3\sqrt{3} + 7}{2}$.

c) $\frac{3\sqrt{3} - 7}{2}$.

d) $\frac{3\sqrt{3} + 5}{2}$.

e) $\frac{3\sqrt{3} - 5}{2}$.

14. (Ufscar-SP) Os pontos **A**(3, 6), **B**(1, 3) e **C**(x_C, y_C) são vértices do triângulo ABC, sendo **M**(x_M, y_M) e **N**(4, 5) pontos médios dos lados AB e AC, respectivamente.

a) Calcule a distância entre os pontos **M** e **N**.

b) Determine a equação geral da reta-suporte do lado BC do triângulo ABC.

15. (Fuvest-SP) Seja **r** a reta que passa pelo ponto **P**(3, 2) e é perpendicular à reta **s**, de equação $y = -x + 1$. Qual é a distância do ponto **A**(3, 0) à reta **r**?

16. (Unifap) Dadas as equações das retas: **r**: $y = x - 1$ e **s**: $4y = 2x - 3$:

a) encontre a reta **t** perpendicular a **s** passando pelo ponto $\left(\frac{7}{2}, 1\right)$.

b) calcule a área da figura delimitada pelas retas **r**, **t** e o eixo **x**.

17. (Ufam/PS) Dadas as equações das retas **r**: $5x + y - 5 = 0$ e **s**: $x + 5y - 10 = 0$, podemos afirmar:

I) que a reta **r** passa pelos pontos (0, 5) e (2, −5).

II) que a reta **s** passa pelos pontos (10, 0) e (5, 5).

III) que **r** e **s** são paralelas.

IV) que **r** e **s** são perpendiculares.

Está(ão) correta(s):

a) I apenas.

b) II apenas.

c) II e IV apenas.

d) III e IV apenas.

e) II e III apenas.

18. (Ufam) Se as retas de equações $(m + 1)x + 2y - 3 = 0$ e $x + my + 2 = 0$ são paralelas, então o valor de **m** é igual a:

a) −1 ou 3.

b) 1 ou 2.

c) −3 ou 1.

d) −2 ou 1.

e) 2 ou −3.

19. (UFRR) A reta que passa pelo ponto de intersecção das retas $x - 4y = 6$ e $3x + 2y = 4$ e é perpendicular ao eixo das ordenadas Oy tem por equação:

a) $y = -1$.

b) $x = 2$.

c) $x + y = 2$.

d) $x - y = 2$.

e) $x + 2y = 4$.

20. (Ufac) A equação da reta que passa pela origem e pelo ponto **B**, sendo **B** uma extremidade do segmento AB, que tem A = (1, 1) como a outra extremidade e C = (2, 0) como ponto médio é:

a) $y = 2x$.

b) $y = x$.

c) $y = -3x$.

d) $y = -\frac{1}{3}x$.

e) $y = -x + 1$.

21. (UFG-GO) Em um sistema de coordenadas cartesianas considere os pontos A = (−1, 4), D = (−1, 1) e M = (1, 1). Determine os vértices **B** e **C** do triângulo ABC, sabendo que o segmento AD é a altura relativa ao lado BC, **M** é o ponto médio do lado BC e a área do triângulo ABC é 12.

22. (UEL-PR) Considere os pontos **A**(1, −2), **B**(2, 0) e **C**(0, −1). O comprimento da mediana do triângulo ABC, relativa ao lado AC, é:

a) $8\sqrt{2}$.

b) $6\sqrt{2}$.

c) $4\sqrt{2}$.

d) $3\sqrt{2}$.

e) $\frac{3\sqrt{2}}{2}$.

23. (UEL-PR) Considere os pontos **A**(1, −2), **B**(2, 0) e **C**(0, −1). A equação da reta-suporte da altura do triângulo ABC, relativa ao lado BC, é:

a) $2x + y = 0$.

b) $2x - y = 0$.

c) $x + 2y = 0$.

d) $2x + y - 2 = 0$.

e) $2x - y + 2 = 0$.

24. (FGV-SP)

a) No plano cartesiano, para que valores de **m** as retas de equações (**r**) $mx + 2y + 4 = 0$ e (**s**) $mx - 4y + 5 = 0$ são perpendiculares?

b) Qual a distância entre as retas (**t**) $3x + 4y = 0$ e (**v**) $3x + 4y + 5 = 0$?

25. (UFPB) As margens de um rio estão representadas pelas retas de equações $6x + 8y + 400 = 0$ e $3x + 4y + 25 = 0$, onde **x** e **y** são medidos em metros. Sabendo-se que um atleta de natação nadou nesse rio de uma margem a outra, conclui-se que esse atleta nadou no mínimo:

a) 30 m.

b) 35 m.

c) 28 m.

d) 32 m.

e) 40 m.

26. (UFMG) No plano cartesiano, o ponto **A**(1, 11) é vértice do quadrado ABCD, cuja diagonal BD está sobre a reta de equação $y = \frac{1}{2}x + 3$.

Considerando essas informações,

a) determine as coordenadas do centro **M** do quadrado ABCD;

b) determine as coordenadas do vértice **C**;

c) determine as coordenadas dos vértices **B** e **D**.

27. (UFBA) Considere os pontos **A**(−1, 2), **B**(1, 4) e **C**(−2, 5) do plano cartesiano. Sendo **D** o ponto simétrico de **C** em relação à reta que passa por **A** e é perpendicular ao segmento AB, determine a área do quadrilátero ABCD.

28. (UFPE) Dada uma reta no plano OXY de equação $mx + 2y = 6$ com $m \neq 0$ real, represente, respectivamente, por **P** e **Q** as intersecções desta reta com eixos OX e OY. Sabendo-se que a área do triângulo $\triangle OPQ$ é igual a 12, então o valor de **m** é:

a) $\frac{3}{4}$.

b) $\frac{4}{3}$.

c) 4.

d) 2.

e) 8.

29. (FGV-SP) A reta $x + 3y - 3 = 0$ divide o plano determinado pelo sistema cartesiano de eixos em dois semiplanos opostos. Cada um dos pontos (−2, 2) e (5, b) está situado em um desses dois semiplanos. Um possível valor de **b** é:

a) $\frac{1}{4}$.

b) $-\frac{1}{4}$.

c) $\frac{3}{4}$.

d) $-\frac{3}{4}$.

e) $-\frac{1}{2}$.

30. (UEM-PR) Considere **A**(−1, 0), **B**(1, 2) e **C** o ponto de interseção entre as retas **s**: $x + 3y + 1 = 0$ e **r**: $3x + y - 5 = 0$. Nessas condições, assinale o que for correto.

01) As coordenadas de **C** são (2, −1).

02) A reta MN, onde **M** e **N** são, respectivamente, os pontos médios de BC e AC, não é paralela ao lado AB.

04) O baricentro do triângulo ABC é **G**$\left(\frac{2}{3}, \frac{1}{3}\right)$.

08) A equação da reta **t**, paralela a AC e que passa pelo baricentro **G** do triângulo ABC, é **t**: $x + 3y - \frac{5}{3} = 0$.

16) A área do triângulo AGC, onde **G** é o baricentro do triângulo ABC, é $\frac{4}{3}$ u. a.

32) A área do triângulo ABC é o triplo da área do triângulo AGC, onde **G** é o baricentro do triângulo ABC.

31. (Uece) Para valores reais de **k**, a equação $(k - 4)x + 5y - 5k = 0$ representa no plano cartesiano uma família de retas que passa pelo ponto fixo **P**(m, n). O valor de m + n é:

a) 9.

b) 11.

c) 13.

d) 14.

32. (UFPR) Suponha que duas partículas **P** e **Q** se movem no plano cartesiano, de modo que em cada instante **t** a partícula **P** está no ponto (2t, 3 − t) e a partícula **Q** está no ponto (4t, 3t − 2). Com base nessas informações, avalie as seguintes afirmativas:

I) As partículas colidem uma com a outra no instante $t = \frac{5}{4}$.

II) Ambas as partículas passam pelo ponto (4, 1).

III) No instante t = 1, a distância entre as partículas é $\sqrt{5}$.

Assinale a alternativa correta.

a) Somente a afirmativa II é verdadeira.

b) Somente a afirmativa III é verdadeira.

c) Somente as afirmativas I e II são verdadeiras.

d) Somente as afirmativas I e III são verdadeiras.

e) Somente as afirmativas II e III são verdadeiras.

33. (Ufam/PS) As equações das retas-suportes dos lados de um triângulo são $x - 3y + 3 = 0$, $x + 3y + 3 = 0$ e $x = 1$. Esse triângulo é:

a) isósceles e não retângulo.

b) equilátero.

c) escaleno.

d) retângulo e não isósceles.

e) retângulo e isósceles.

Leitura

A concepção da Geometria analítica

Você já tem bastante familiaridade com o plano cartesiano. Nele, os pontos são localizados por meio de dois eixos perpendiculares, e cada ponto fica perfeitamente identificado por sua posição. Foi René Descartes (1596-1650), filósofo famoso por sua frase: "penso, logo existo", que, percebendo essa correspondência, estabeleceu relações entre curvas no plano e equações algébricas com duas incógnitas. As propriedades geométricas das curvas foram, assim, "traduzidas" por meio de equações, e os resultados da álgebra foram interpretados geometricamente. E nós ganhamos com isso, pois muitas vezes temos mais facilidade com a Álgebra ou com a Geometria graças a essa compreensão, e a passagem de uma representação (algébrica ou geométrica) para outra torna claros os conceitos matemáticos.

Descartes estava, acima de tudo, empenhado em descobrir uma fórmula que disciplinasse o raciocínio e unificasse o conhecimento. Sua obra mais famosa, o *Discurso do método para bem conduzir a razão e procurar a verdade nas ciências*, de 1637, contém três apêndices que ilustram o "método" com exemplos práticos. Um desses apêndices, chamado *A Geometria*, contém as ideias básicas da Geometria analítica (chamada anteriormente de Geometria cartesiana). Esse simples apêndice é considerado por alguns estudiosos o maior avanço, em um só passo, no progresso das ciências exatas.

Outro estudioso da Matemática que contribuiu para o desenvolvimento da Geometria analítica foi o francês Pierre de Fermat (1601-1665). Sua contribuição nesse campo está num texto denominado *Introdução aos lugares planos e sólidos*, escrito por volta de 1636, porém só publicado 14 anos depois de sua morte. Assim como Descartes, Fermat associou equações a curvas e superfícies.

Embora seja comum a ideia de que a Geometria analítica é uma redução da Geometria à Álgebra, os escritos de Descartes mostram que sua preocupação era a construção geométrica e a possibilidade de encontrar um correspondente geométrico para as operações algébricas. Já com relação a Fermat, o uso de coordenadas surge da aplicação da Álgebra da Renascença a problemas geométricos da Antiguidade. Isso mostra que os caminhos percorridos por eles foram independentes. O século XVII foi, assim, marcado por um grande avanço na Matemática ao ser esta desligada da simples aplicação às necessidades econômicas e tecnológicas.

FORMATO COMUNICAÇÃO/ARQUIVO DA EDITORA

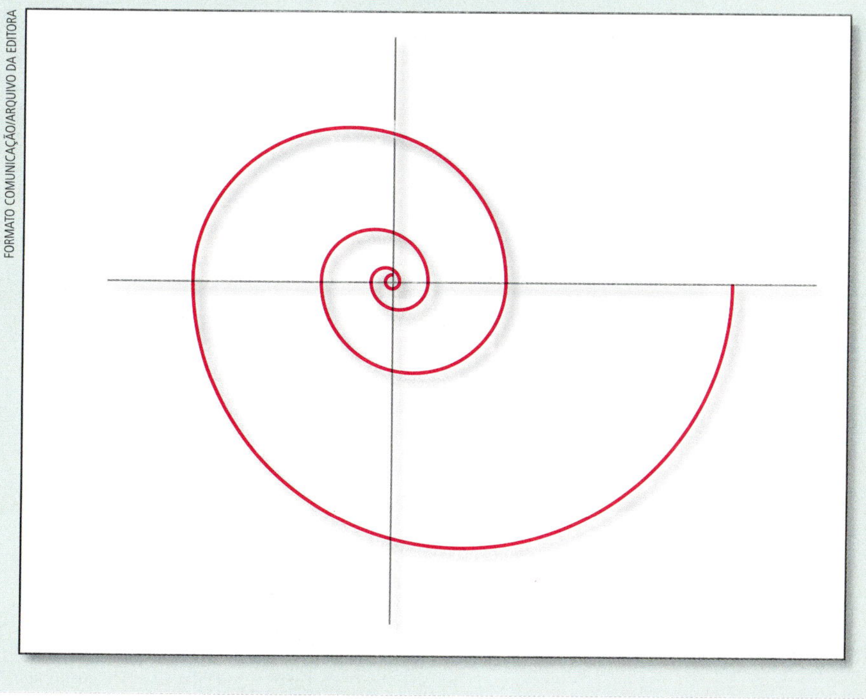

Espiral equiangular (ou *logarítmica*) é uma curva espiral que aparece frequentemente na natureza. Foi primeiramente descrita por Descartes e posteriormente estudada por Jakob Bernoulli.

Extraído de: <http://pt.wikipedia.org/wiki/Espiral>. Acesso em: 4 dez. 2009.

Capítulo 3 Geometria analítica: circunferência

UM POUCO DE HISTÓRIA

A Geometria analítica é a área da Matemática que relaciona Álgebra e Geometria, permitindo estudar propriedades de ponto, reta e circunferência por métodos algébricos. Iniciou-se no século XVII, com estudos simultâneos e independentes dos franceses René Descartes (1596-1650) e Pierre de Fermat (1601-1665).

A circunferência é amplamente utilizada em obras de construção civil, como poços e tubulações, e em equipamentos e peças mecânicas, como engrenagens, polias e rodas, além de obras de arte, estamparias, etc.

DESAFIO

Se os raios destas circunferências concêntricas vão de 1 u a 10 u, uniformemente, determine as coordenadas do centro e a distância do centro à origem.

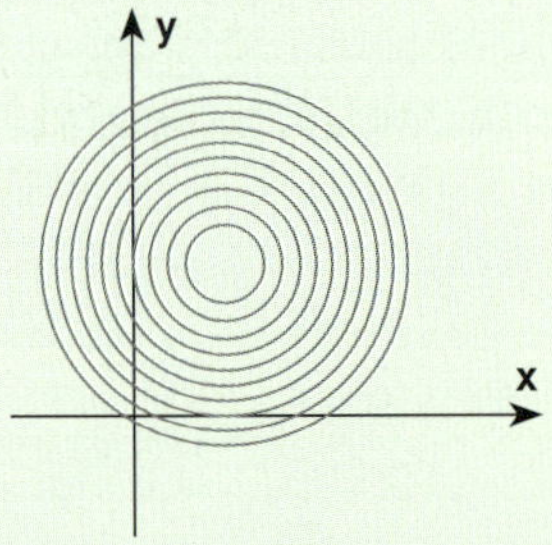

AXIOM RM/GETTY IMAGES

A London Eye ou Millennium Wheel, localizada em Londres, capital do Reino Unido, tem 135 metros de diâmetro. Foi inaugurada em 31 de dezembro de 1999, e até 2006 foi a maior roda-gigante do mundo.

PAULO MANZI/ARQUIVO DA EDITORA

A MATEMÁTICA NA PRÁTICA

O conhecimento da equação geral da CIRCUNFERÊNCIA contribui para o planejamento, desenvolvimento e execução dos mais variados projetos de Engenharia, Arquitetura e outras áreas da atividade humana.

SERGEI BACHLAKOV/SHUTTERSTOCK/GLOW IMAGES

O símbolo olímpico com seus cinco anéis entrelaçados representa a interação amistosa e pacífica entre os povos dos continentes.

MARIO RODRIGUES/ARQUIVO DA EDITORA

Reencontro no tempo, escultura de Nathalie Decoster, artista francesa que costuma utilizar formas geométricas em suas obras, principalmente circunferências. Foto durante a mostra individual da artista no MuBE (Museu Brasileiro da Escultura), em 2010.

1 Introdução

Em Geometria analítica, a Álgebra e a Geometria se integram. Assim, problemas de Geometria são resolvidos por processos algébricos, e relações algébricas são interpretadas geometricamente.

Podemos lembrar do capítulo anterior, por exemplo, que:

- a equação $3x + 2y - 5 = 0$ representa uma reta;
- um ponto do plano pode ser representado pelo par $(4, -3)$;
- o ponto $(4, 3)$ pertence à reta representada por $y = -2x + 11$;
- a reta que corta os eixos em $(5, 0)$ e $(0, 3)$ tem equação $\frac{x}{5} + \frac{y}{3} = 1$.

Neste capítulo, a figura estudada será a circunferência. Da mesma maneira como fizemos com a reta, vamos associar cada circunferência a uma equação e, a partir daí, estudar as suas propriedades geométricas.

2 Definição e equação

Sabemos, pela Geometria plana, que *circunferência* é o conjunto de todos os pontos de um plano equidistantes de um ponto fixo.

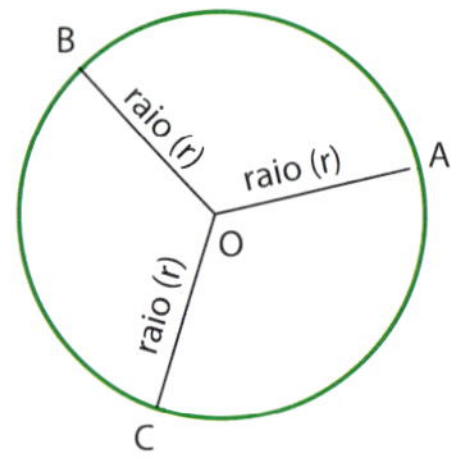

Fique atento

Às vezes referimo-nos ao raio como o segmento de reta e outras, a sua medida.

O ponto fixo chama-se *centro* da circunferência (na figura, o ponto **O**), e a distância constante é denominada *raio* da circunferência (na figura, OA = OB = OC = r).

Equação da circunferência

Considerando determinada situação em que a distância entre os pontos **P**(x, y) e **A**(5, 3) é igual a 2, qual será a relação que se pode estabelecer entre **x** e **y**?

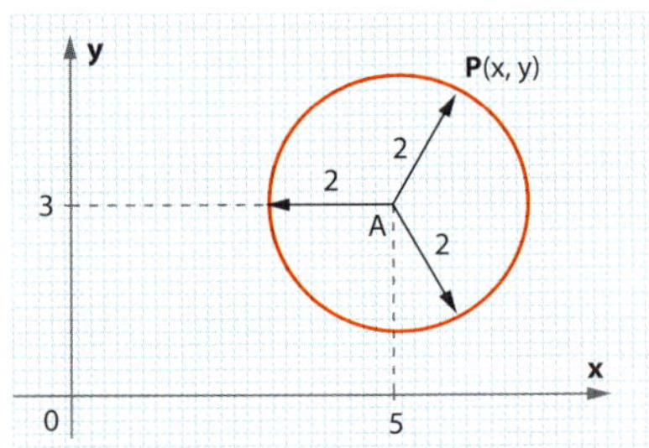

Pela fórmula da distância, temos:

$$d(P, A) = \sqrt{(x - 5)^2 + (y - 3)^2}$$

Como $d(P, A) = 2$, vem:

$$\sqrt{(x - 5)^2 + (y - 3)^2} = 2 \Rightarrow (x - 5)^2 + (y - 3)^2 = 4 \Rightarrow x^2 + y^2 - 10x - 6y + 30 = 0$$

Logo, a relação estabelecida é $(x - 5)^2 + (y - 3)^2 = 4$ ou $x^2 + y^2 - 10x - 6y + 30 = 0$.

O conjunto dos pontos **P**(x, y) que estão situados a uma distância 2 do ponto **A**(5, 3) é a circunferência de centro **A**(5, 3) e raio 2. Assim, a relação $(x - 5)^2 + (y - 3)^2 = 4$ é satisfeita por todos os pontos **P**(x, y) da circunferência de centro **A**(5, 3) e raio 2. Dizemos então que $(x - 5)^2 + (y - 3)^2 = 4$ é a equação dessa circunferência.

Agora, genericamente, considerando **O**(a, b) o centro, **r** o raio e **P**(x, y) um ponto da circunferência, temos:

$$d(P, O) = \sqrt{(x - a)^2 + (y - b)^2} = r$$

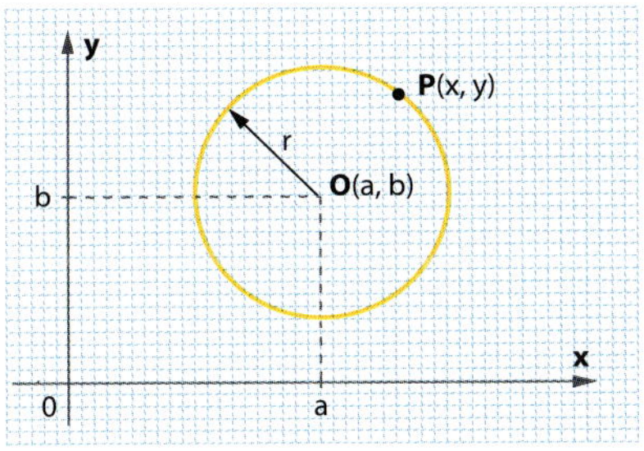

Elevando ambos os membros ao quadrado, temos:

$(x - a)^2 + (y - b)^2 = r^2$ (equação da circunferência de centro (a, b) e raio **r**)

Observação: No caso particular de o centro da circunferência estar na origem, ou seja, $a = b = 0$, a equação da circunferência é $x^2 + y^2 = r^2$.

Equação normal da circunferência

Ao desenvolver a equação da circunferência $(x - a)^2 + (y - b)^2 = r^2$, obtemos o que se chama de equação *normal* ou *geral* da circunferência:

$$x^2 - 2ax + a^2 + y^2 - 2by + b^2 - r^2 = 0 \Rightarrow x^2 + y^2 - 2ax - 2by + (a^2 + b^2 - r^2) = 0$$

É muito comum na prática que as circunferências sejam representadas por sua equação normal, como, por exemplo, a circunferência $x^2 + y^2 - 2x + 4y - 4 = 0$. À primeira vista, essa equação não nos permite identificar nem o centro nem o raio da circunferência em questão. Precisamos, portanto, aprender a obter o raio e o centro de uma circunferência a partir de sua equação normal. Temos dois métodos que podem ser utilizados:

1º) Método de completar os quadrados

Nesse método, o objetivo é obter os quadrados perfeitos $(x - a)^2$ e $(y - b)^2$ a partir das informações apresentadas na equação normal. Vejamos como ele funciona com a equação normal
$x^2 + y^2 - 2x + 4y - 4 = 0$:

- agrupam-se na equação normal os termos em **x** e os termos em **y**, isolando no outro membro o termo independente. É interessante deixar um espaço depois dos termos em **x** e dos termos em **y**, e dois espaços no outro termo:

$$x^2 - 2x + \_\_\_\_ + y^2 + 4y + \_\_\_\_ = 4 + \_\_\_\_ + \_\_\_\_$$

- somam-se a ambos os termos da equação valores convenientes, de modo que os termos em **x** e os termos em **y** se transformem, cada qual, em um quadrado perfeito. Na prática, usamos os espaços vagos para escrever esses números. O número que completa o quadrado perfeito em **x** é o quadrado da metade do coeficiente de **x**, se o coeficiente de $\mathbf{x^2}$ for 1. Assim, como o coeficiente de **x** é -2, metade de -2 é -1 e o quadrado de -1 é 1, somamos 1 em ambos os membros:

$$x^2 - 2x + 1 + y^2 + 4y + \_\_\_\_ = 4 + 1 + \_\_\_\_$$

Da mesma forma, o número que completa o quadrado perfeito em **y** é o quadrado da metade do coeficiente de **y**, se o coeficiente de y^2 for 1. Assim, como o coeficiente de **y** é 4, metade de 4 é 2 e o quadrado de 2 é 4, somamos 4 em ambos os membros:

$$x^2 - 2x + 1 + y^2 + 4y + 4 = 4 + 1 + 4$$

Assim, temos os seguintes quadrados perfeitos:

$$\underbrace{x^2 - 2x + 1}_{(x - 1)^2} + \underbrace{y^2 + 4y + 4}_{(y + 2)^2} = \underbrace{4 + 1 + 4}_{3^2}$$

Portanto, a equação $x^2 + y^2 - 2x + 4y - 4 = 0$ representa uma circunferência de centro $(1, -2)$ e raio 3.

Observação: Se os coeficientes de $\mathbf{x^2}$ e $\mathbf{y^2}$ não forem 1, basta dividir toda a equação normal por um número conveniente de forma a torná-los 1.

2º) Método da comparação

Nesse método, devemos comparar os coeficientes dos termos das duas equações – a equação teórica e a dada:

$$x^2 + y^2 - 2ax - 2by + (a^2 + b^2 - r^2) = x^2 + y^2 - 2x + 4y - 4$$

Desta forma:

$-2a = -2 \Rightarrow a = 1$

$-2b = 4 \Rightarrow b = -2$

$a^2 + b^2 - r^2 = -4 \Rightarrow 1^2 + (-2)^2 - r^2 = -4 \Rightarrow 1 + 4 - r^2 = -4 \Rightarrow r^2 = 9 \Rightarrow r = 3$ (não existe raio negativo)

Então, o centro da circunferência é $(1, -2)$ e o raio é 3.

O método de completar quadrados é o mais conveniente dos dois, pois não envolve memorização da forma teórica da equação normal e oferece a possibilidade de trabalhar da mesma forma com outras equações (não só a da circunferência). Mas fica a seu critério a escolha do método para resolver os exercícios.

Condições de existência

Consideremos a equação genérica $Ax^2 + By^2 + Cxy + Dx + Ey + F = 0$. Para que ela represente uma circunferência é necessário que sejam atendidas três condições:

- *1ª condição*: $A = B \neq 0$, ou seja, o coeficiente de $\mathbf{x^2}$ tem de ser igual ao coeficiente de $\mathbf{y^2}$.
- *2ª condição*: $C = 0$, ou seja, não pode existir o produto xy.
- *3ª condição*: $D^2 + E^2 - 4AF > 0$, ou seja, garantimos que o raio é raiz de um número positivo e, portanto, um número real.

Exercícios resolvidos

1. Determine a equação de uma circunferência com centro no ponto **O**$(-3, 1)$ e raio 3.

Resolução:

Neste caso, temos $a = -3$, $b = 1$ e $r = 3$.

Usando a equação, vem:

$(x - a)^2 + (y - b)^2 = r^2 \Rightarrow (x + 3)^2 + (y - 1)^2 = 3^2 \Rightarrow$

$\Rightarrow x^2 + y^2 + 6x - 2y + 1 = 0$

Logo, a equação é $(x + 3)^2 + (y - 1)^2 = 9$ ou $x^2 + y^2 + 6x - 2y + 1 = 0$.

Fique atento

$(x + 3)^2 + (y - 1)^2 = 9$ é a equação da circunferência na forma reduzida e $x^2 + y^2 + 6x - 2y + 1 = 0$ é a equação na forma geral.

2. Determine a equação da circunferência com centro no ponto **A**$(1, -2)$ e que passa pelo ponto **P**$(2, 3)$.

Resolução:

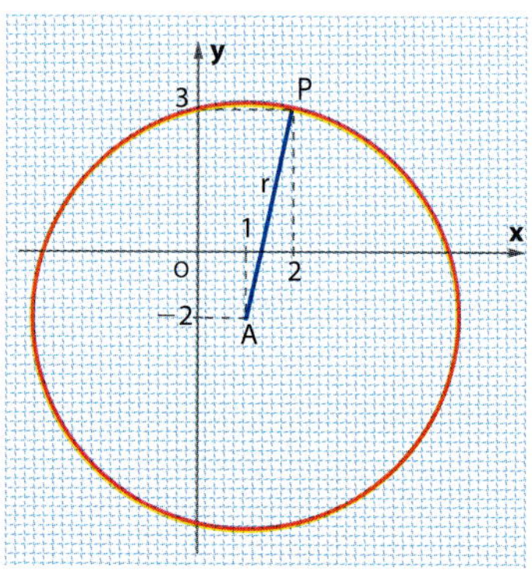

Pela figura, $r = d(P, A)$. Então:

$d(P, A) = \sqrt{(2 - 1)^2 + (3 + 2)^2} = \sqrt{1 + 25} =$

$= \sqrt{26} \Rightarrow r = \sqrt{26}$

Pela equação $(x - a)^2 + (y - b)^2 = r^2$, temos:

$(x - 1)^2 + (y + 2)^2 = (\sqrt{26})^2 \Rightarrow$

$\Rightarrow (x - 1)^2 + (y + 2)^2 = 26 \Rightarrow$

$\Rightarrow x^2 + y^2 - 2x + 4y - 21 = 0$

Logo, a equação é $(x - 1)^2 + (y + 2)^2 = 26$ ou $x^2 + y^2 - 2x + 4y - 21 = 0$.

Generalizando: Em uma circunferência de centro **C**(a, b) e raio **r** seus pontos satisfazem a equação $(x - a)^2 + (y - b)^2 = r^2$. Reciprocamente, uma equação de variáveis **x** e **y** escrita nessa forma representa uma circunferência de centro **C**(a, b) e raio $r > 0$.

3. Verifique se a equação $x^2 + y^2 - 4x - 8y + 19 = 0$ representa uma circunferência.

Resolução:

Usando o processo conhecido como "completar quadrados" e lembrando que $x^2 - 2ax + a^2 = (x - a)^2$, temos:

$x^2 + y^2 - 4x - 8y + 19 = 0 \Rightarrow$

$\Rightarrow x^2 - 4x + \_\_\_\_ + y^2 - 8y + \_\_\_\_ =$

$= -19 + \_\_\_\_ + \_\_\_\_ \Rightarrow$

$\Rightarrow \underbrace{x^2 - 4x + 4}_{(x-2)^2} + \underbrace{y^2 - 8y + 16}_{(y-4)^2} = \underbrace{-19 + 4 + 16}_{1} \Rightarrow$

$\Rightarrow (x - 2)^2 + (y - 4)^2 = 1^2$

Logo, a equação inicial representa uma circunferência de centro **C**(2, 4) e raio 1.

Outra resolução:

Em $x^2 + y^2 - 4x - 8y + 19 = 0$ temos:

- $A = B = 1$
- $C = 0$
- $D = -4$
- $E = -8$
- $F = 19$

Assim, atendemos às três condições de existência:

1ª) $A = B \neq 0$, pois $A = B = 1$

2ª) $C = 0$

3ª) $D^2 + E^2 - 4AF > 0$, pois
$(-4)^2 + (-8)^2 - 4 \cdot 1 \cdot 19 = 4$

Logo, a equação inicial representa uma circunferência.

4. A equação $x^2 + y^2 + 2x - 2y + 6 = 0$ representa uma circunferência? Em caso afirmativo, dê as coordenadas do centro e o raio.

Resolução:

$x^2 + y^2 + 2x - 2y + 6 = 0 \Rightarrow$
$\Rightarrow x^2 + 2x + y^2 - 2y = -6 \Rightarrow$
$\Rightarrow x^2 + 2x + 1 + y^2 - 2y + 1 = -6 + 1 + 1 \Rightarrow$
$\Rightarrow (x + 1)^2 + (y - 1)^2 = -4$

Como $(x + 1)^2$ é sempre positivo ou nulo, bem como $(y - 1)^2$, a soma $(x + 1)^2 + (y - 1)^2$ nunca é negativa; então, não há ponto que satisfaça a relação $(x + 1)^2 + (y - 1)^2 = -4$.

Logo, a equação $x^2 + y^2 + 2x - 2y + 6 = 0$ não representa uma circunferência.
Devemos sempre lembrar que:

> Uma equação nas variáveis **x** e **y** representa uma circunferência se, e somente se, pode ser escrita na forma:
>
> $$(x - a)^2 + (y - b)^2 = r^2$$
>
> com $a \in \mathbb{R}$, $b \in \mathbb{R}$, $r \in \mathbb{R}$ e $r > 0$.

Outra resolução:

Em $x^2 + y^2 + 2x - 2y + 6 = 0$ temos $A = B = 1$, $C = 0$, $D = 2$, $E = -2$ e $F = 6$.

A 3ª condição não é atendida, pois
$(2)^2 + (-2)^2 - 4 \cdot 1 \cdot 6 = -16$.
Logo, a equação não representa uma circunferência.

5. Obtenha o raio e o centro da circunferência $x^2 + y^2 + 6x - 4y - 12 = 0$.

Resolução:

Método de completar quadrados

$x^2 + 6x + \_\_\_\_ + y^2 - 4y + \_\_\_\_ =$
$= 12 + \_\_\_\_ + \_\_\_\_$

$$\underbrace{x^2 + 6x + 9}_{(x+3)^2} + \underbrace{y^2 - 4y + 4}_{(y-2)^2} = \underbrace{12 + 9 + 4}_{5^2}$$

Portanto, a equação $x^2 + y^2 + 6x - 4y - 12 = 0$ representa uma circunferência de centro $(-3, 2)$ e raio 5.

Método da comparação

$x^2 + y^2 - 2ax - 2by + (a^2 + b^2 - r^2) =$
$= x^2 + y^2 + 6x - 4y - 12 = 0$ [circunferência de centro (a, b) e raio **r**]

$-2a = 6 \Rightarrow a = -3$

$-2b = -4 \Rightarrow b = 2$

$a^2 + b^2 - r^2 = -12 \Rightarrow (-3)^2 + 2^2 - r^2 = -12 \Rightarrow$
$\Rightarrow 9 + 4 - r^2 = -12 \Rightarrow r^2 = 25 \Rightarrow r = 5$ (não existe raio negativo)

Então, o centro da circunferência é $(-3, 2)$ e o raio é 5.

6. (UEL-PR – Adaptada) Na decoração de uma escola infantil são usadas placas com formas de figuras geométricas. Uma dessas placas é formada por uma figura que pode ser definida por $x^2 + y^2 - 8x - 8y + 28 \leq 0$ quando projetada em um plano cartesiano xy, onde **x** e **y** são dados em metros. Essa placa vai ser pintada usando duas cores, cuja separação é definida pela reta $y = x$ no plano xy. Considerando o plano cartesiano xy como referência, a região acima da reta será pintada de vermelho e a região abaixo da reta, de verde. Sabendo que a escola vai fazer 12 dessas placas e que é necessária uma lata de tinta para pintar 3 m^2 de placa, serão necessárias, no mínimo, quantas latas de tinta vermelha?

a) 12
b) 24
c) 26
d) 32
e) 48

> RESOLUÇÃO PASSO A PASSO:

1. Lendo e compreendendo

a) O que é dado no problema?

É dado o formato da placa pela equação $x^2 + y^2 - 8x - 8y + 28 \leq 0$; é dada a reta $(y = x)$, que delimita a parte vermelha da placa; é dada a quantidade de placas (12); é dada a área que uma lata de tinta cobre (3 m^2).

b) O que se pede?

O número necessário de latas de tinta vermelha para pintar as 12 placas, conforme mencionado no texto.

2. Planejando a solução

Inicialmente devemos usar a equação dada e descobrir qual é o formato da placa, bem como os elementos que definem sua localização e tamanho. Em seguida, devemos fazer a intersecção da curva que define a placa com a reta para descobrir que parte será vermelha.
Sabendo que parte de cada placa será vermelha, descobrimos o total multiplicando por 12 placas e fazemos a conversão para o número de latas de tinta.

3. Executando o que foi planejado

A equação $x^2 + y^2 - 8x - 8y + 28 = 0$ define uma circunferência. Assim, é importante determinarmos seu centro e raio. Faremos isso pelo método de completar quadrados:

Agrupam-se na equação normal os termos em **x** e os termos em **y**, isolando no outro membro o termo independente. É interessante deixar um espaço depois dos termos em **x** e dos termos em **y**, e dois espaços no outro termo:

$x^2 - 8x + \_\_\_\_ + y^2 - 8y + \_\_\_\_ =$

$= -28 + \_\_\_\_ + \_\_\_\_$

Somam-se a ambos os termos da equação valores convenientes de modo que os termos em **x** e os termos em **y** se transformem, cada qual, em um quadrado perfeito. O número que completa o quadrado perfeito em **x** é o quadrado da metade do coeficiente de **x**, pois o coeficiente de $\mathbf{x^2}$ é 1. Assim, como o coeficiente de **x** é -8, a metade de -8 é -4 e o quadrado de -4 é 16, somamos 16 a ambos os membros:

$x^2 - 8x + \mathbf{16} + y^2 - 8y + \_\_\_\_ =$

$= -28 + \mathbf{16} + \_\_\_\_$

Da mesma forma, o número que completa o quadrado perfeito em **y** é o quadrado da metade do coeficiente de **y**, pois o coeficiente de $\mathbf{y^2}$ é 1. Assim, como o coeficiente de **y** é -8, a metade de -8 é -4 e o quadrado de -4 é 16, somamos 16 a ambos os membros:

$x^2 - 8x + \mathbf{16} + y^2 - 8y + \mathbf{16} = -28 + \mathbf{16} + \mathbf{16}$

Assim, temos os seguintes quadrados perfeitos:

$$\underbrace{x^2 - 8x + 16}_{(x-4)^2} + \underbrace{y^2 - 8y + 16}_{(y-4)^2} = \underbrace{-28 + 16 + 16}_{2^2}$$

Portanto, a equação $x^2 + y^2 - 8x - 8y + 28 = 0$ representa uma circunferência de centro (4, 4) e raio 2. E a equação $x^2 + y^2 - 8x - 8y + 28 \leq 0$ representa toda a região interna à circunferência de centro (4, 4) e raio 2, incluindo a própria circunferência.

Devemos notar que o centro da circunferência pertence à reta $y = x$, pois, no centro, $x = 4$ e $y = 4$, respeitando a equação $y = x$. E, se o centro pertence à reta dada, essa reta passa por um diâmetro da placa, dividindo-a em duas semicircunferências exatas, uma cuja área interna será vermelha e outra verde.

Dessa forma, teremos 12 semicírculos vermelhos, equivalentes a 6 círculos. A área de cada círculo é $A = \pi r^2$, de forma que a área total a ser pintada de vermelho será $A = 6(\pi \cdot 2^2) = 24\pi\ m^2$.

Como cada lata de tinta cobre 3 m^2, então para pintar os $24\pi\ m^2$ precisamos de $\frac{24\pi}{3} = 8\pi$ latas.

Usando $\pi = 3,14$, obtemos o valor de 25,12 latas. Assim, serão necessárias, no mínimo, 26 latas.

4. Verificando

Precisamos fazer várias verificações. Inicialmente, vamos verificar se o raio de cada placa é mesmo $r = 2$, usando outro método para obter o raio. O método alternativo para obter o centro e o raio é a comparação da equação normal dada com a equação normal genérica.

$-2a = -8 \Rightarrow a = 4$

$-2b = -8 \Rightarrow b = 4$

$a^2 + b^2 - r^2 = 28 \Rightarrow 4^2 + 4^2 - r^2 = 28 \Rightarrow$

$\Rightarrow 16 + 16 - r^2 = 28 \Rightarrow r^2 = 4 \Rightarrow r = 2$

Então, o centro da circunferência é (4, 4) e o raio é realmente 2.

Para verificar se a reta dada é um diâmetro, vamos substituir as coordenadas do centro na reta e ver se o centro (4, 4) verifica a equação $y = x$. Como $4 = 4$, então (4, 4) pertence à reta $y = x$ e assim verificamos que a reta divide cada placa na metade.

Finalmente, com 26 latas é possível pintar $26 \cdot 3 = 78\ m^2$ de placas com tinta vermelha. Como são 12 placas e metade de cada placa será pintada de vermelho, então a área que pode ser pintada de vermelho em cada placa com o que se tem de tinta é $\frac{78}{12} = 6,5\ m^2$.

Essa área é suficiente, pois metade de uma placa de raio 2 tem área $\frac{\pi \cdot 2^2}{2} = 2\pi$ (ou seja, 6,28, portanto, menor que 6,5). Isso verifica o resultado obtido.

5. Respondendo

A resposta é a alternativa **c**.

6. Ampliando o problema

a) Suponha que entre a parte vermelha e a verde será pintada uma faixa branca de 1 cm de largura. Qual será a área total de tinta branca nas 12 placas, em m^2?

b) **Discussão em equipe**

Ao falar em decoração de ambientes, é difícil não nos lembrarmos de obras de arte, especialmente pinturas. Lembre-se de quadros de pintura abstrata (ou com formas geométricas nítidas) que tenha visto. Se não se lembrar, procure em livros de arte da biblioteca ou na internet em obras de artistas como Tarsila do Amaral (1886-1973), Juan Miró (1893-1983) e Wassily Kandinsky (1866-1944). Depois, em debate com os colegas, expresse suas opiniões sobre a estética dessas obras: Você gosta desse tipo de arte? Que tipos de forma geométrica plana você mais aprecia nos quadros?

Exercícios propostos

1. Dê as coordenadas do centro e o raio das circunferências representadas pelas equações:

a) $(x - 5)^2 + (y - 4)^2 = 1$

b) $(x - 2)^2 + y^2 = 4$

c) $(x + 3)^2 + (y - 1)^2 = 16$

d) $x^2 + y^2 = 10$

2. Determine uma equação da circunferência que tem:

a) centro em **C**(2, 5) e raio 3

b) centro em **M**(−1, −4) e raio $\sqrt{2}$

c) centro em **Q**(0, −2) e raio 4

d) centro em **D**(4, 0) e raio 5

3. Obtenha o raio e o centro das circunferências a seguir. (Para resolver este exercício, use o método de completar quadrados e o da comparação.)

a) $2x^2 + 2y^2 - 8x + 12y - 6 = 0$

b) $x^2 + y^2 - 6x - 2y - 6 = 0$

4. As seguintes equações representam circunferências; determine as coordenadas do centro e o raio em cada caso:

a) $x^2 + y^2 - 4x - 8y + 16 = 0$

b) $x^2 + y^2 + 12x - 4y - 9 = 0$

c) $x^2 + y^2 + 8x + 11 = 0$

5. Verifique quais das equações abaixo representam circunferência:

a) $x^2 + y^2 - 8x + 6y + 1 = 0$

b) $x^2 + y^2 + xy + 4x + 6y - 3 = 0$

c) $2x^2 + y^2 + 4x - 2y + 1 = 0$

d) $3x^2 + 3y^2 - 12x - 15y - 6 = 0$

e) $4x^2 - 4y^2 = 0$

6. Verifique entre os pontos **A**(0, 3), **B**(7, 2) e **C**(−1, 3) quais pertencem à circunferência de equação $(x - 3)^2 + (y + 1)^2 = 25$.

7. O centro de uma circunferência é o ponto médio do segmento AB, sendo **A**(2, −5) e **B**(−2, −3). Se o raio dessa circunferência é $\sqrt{2}$, determine a sua equação.

8. Os pontos **A**(4, −2) e **B**(2, 0) são as extremidades do diâmetro de uma circunferência de centro **C**(a, b) e raio **r**. Determine uma equação dessa circunferência.

9. Uma circunferência de centro no ponto **Q**(2, 0) passa pelo ponto de encontro das retas **r** e **s** de equações $x - y - 2 = 0$ e $x + y - 6 = 0$, respectivamente. Qual é a equação dessa circunferência?

10. Quais são os valores que **k** pode assumir para que a equação $x^2 + y^2 - 2x + 10y + 13k = 0$ represente uma circunferência?

3 Posições relativas entre ponto e circunferência

Quando temos um ponto **P**(x_1, y_1) e uma circunferência λ, de centro **C**(a, b) e raio **r**, as possíveis posições relativas de **P** e λ são:

1ª) O ponto pertence à circunferência:

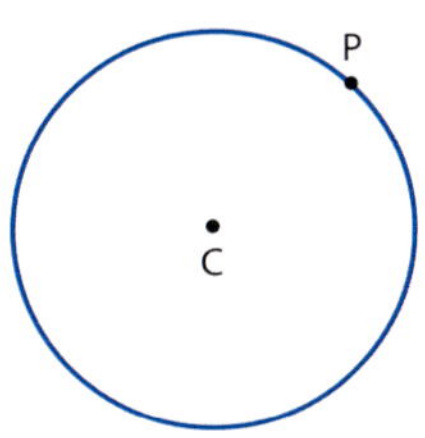

Nesse caso, as coordenadas do ponto devem satisfazer a equação da circunferência, e a distância entre **P** e **C** é igual a **r**.

2ª) O ponto é interno à circunferência:

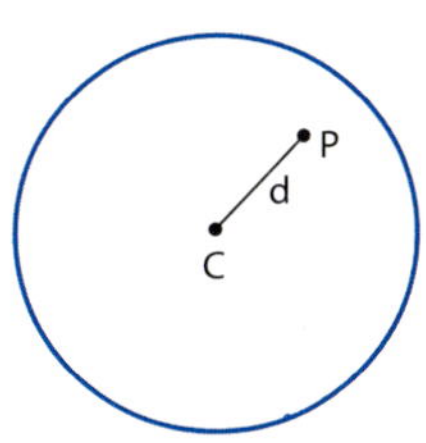

Nesse caso, a distância do ponto ao centro é menor que o raio.

3ª) O ponto é externo à circunferência:

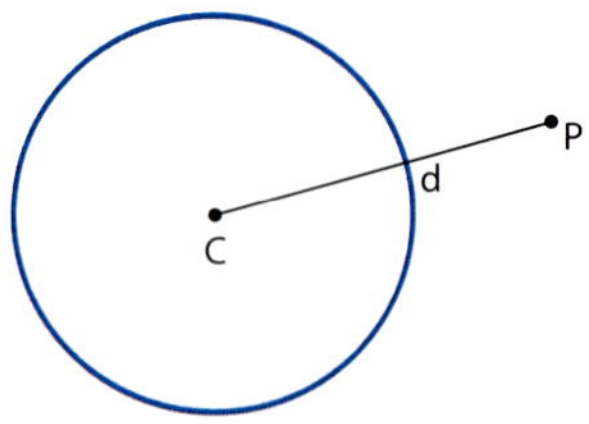

Nesse caso, a distância do ponto ao centro é maior que o raio.

Considerando que a equação da circunferência (reduzida ou geral) é obtida a partir da condição d(P, C) = r, podemos escrever:

- $d(P, C) = r \Leftrightarrow (x_1 - a)^2 + (y_1 - b)^2 = r^2 \Leftrightarrow (x_1 - a)^2 + (y_1 - b)^2 - r^2 = 0 \Leftrightarrow P \in \lambda$
- $d(P, C) < r \Leftrightarrow (x_1 - a)^2 + (y_1 - b)^2 < r^2 \Leftrightarrow (x_1 - a)^2 + (y_1 - b)^2 - r^2 < 0 \Leftrightarrow$ **P é interno a** λ
- $d(P, C) > r \Leftrightarrow (x_1 - a)^2 + (y_1 - b)^2 > r^2 \Leftrightarrow (x_1 - a)^2 + (y_1 - b)^2 - r^2 > 0 \Leftrightarrow$ **P é externo a** λ

Exercícios resolvidos

7. Dê a posição do ponto **P** relativa à circunferência λ:

a) **P**(3, 2) e $\lambda: x^2 + y^2 - 6x + 5 = 0$

b) **P**(5, −1) e $\lambda: x^2 + y^2 - 6x - 2y + 8 = 0$

c) **P**(4, 3) e $\lambda: x^2 + y^2 = 36$

d) **P**(−2, −3) e $\lambda: (x + 1)^2 + (y + 4)^2 = (\sqrt{5})^2$

Resolução:

a) **P**(3, 2) e $\lambda: x^2 + y^2 - 6x + 5 = 0$
Substituindo:
$3^2 + 2^2 - 6 \cdot 3 + 5 = 9 + 4 - 18 + 5 =$
$= 18 - 18 = 0$
Então, $P \in \lambda$.

b) **P**(5, −1) e $\lambda: x^2 + y^2 - 6x - 2y + 8 = 0$
Substituindo:
$5^2 + (-1)^2 - 6 \cdot 5 - 2(-1) + 8 =$
$= 25 + 1 - 30 + 2 + 8 = 36 - 30 = 6 > 0$
Então, **P** é externo a λ.

c) **P**(4, 3) e $\lambda: x^2 + y^2 = 36$
Substituindo:
$4^2 + 3^2 - 36 = 16 + 9 - 36 = -11 < 0$
Então, **P** é interno a λ.

d) **P**(−2, −3) e $\lambda: (x + 1)^2 + (y + 4)^2 = (\sqrt{5})^2$
Substituindo:
$(-2 + 1)^2 + (-3 + 4)^2 - (\sqrt{5})^2 = 1 + 1 - 5 =$
$= -3 < 0$
Então, **P** é interno a λ.

8. Determine uma equação da circunferência circunscrita ao triângulo de vértices **A**(1, 2), **B**(0, 3) e **C**(−7, −4).

Resolução:

A equação da circunferência é λ:
$(x - a)^2 + (y - b)^2 = r^2$.

- **A**(1, 2) $\in \lambda: (1 - a)^2 + (2 - b)^2 = r^2$ (I)
- **B**(0, 3) $\in \lambda: (0 - a)^2 + (3 - b)^2 = r^2$ (II)
- **C**(−7, −4) $\in \lambda: (-7 - a)^2 + (-4 - b)^2 = r^2$ (III)

Igualando (I) e (II), temos:
$1 - 2a + a^2 + 4 - 4b + b^2 = a^2 + 9 - 6b + b^2 \Rightarrow$
$\Rightarrow -2a + 2b = 4 \Rightarrow -a + b = 2$

Igualando (II) e (III), temos:
$a^2 + 9 - 6b + b^2 = 49 + 14a + a^2 + 16 + 8b + b^2 \Rightarrow$
$\Rightarrow -14a - 14b = 56 \Rightarrow a + b = -4$

Resolvendo o sistema $\begin{cases} -a + b = 2 \\ a + b = -4 \end{cases}$ encontramos

$a = -3$ e $b = -1$.

Assim, $\lambda: (x + 3)^2 + (y + 1)^2 = r^2$.

Para encontrar o valor de **r** usamos, por exemplo, a equação (I):
$(1 - a)^2 + (2 - b)^2 = r^2 \Rightarrow$
$\Rightarrow (1 + 3)^2 + (2 + 1)^2 = r^2 \Rightarrow r^2 = 25$

Portanto, a equação procurada é
$(x + 3)^2 + (y + 1)^2 = 25$.

Outra resolução:
Da Geometria plana, lembramos que o centro da circunferência circunscrita a um triângulo é o circuncentro, ou seja, é o encontro das mediatrizes do triângulo. Então, vamos obter a equação de duas mediatrizes e o ponto de intersecção delas. O centro da circunferência será esse ponto e o raio será a distância do centro a um dos três vértices.

Mediatriz do lado $\overline{AB}$:

$$m_1 = \frac{3 - 2}{0 - 1} = -1$$

$$m_2 = -\frac{1}{m_1} = \frac{-1}{-1} = 1$$

Ponto médio de $\overline{AB}$: $\mathbf{M}\left(\frac{1}{2}, \frac{5}{2}\right)$

Então, a reta que passa por **M** com coeficiente angular $m_2 = 1$ é:

$y - \frac{5}{2} = 1\left(x - \frac{1}{2}\right) \Rightarrow 2y - 5 = 2x - 1 \Rightarrow$

$\Rightarrow 2x - 2y + 4 = 0 \Rightarrow x - y + 2 = 0$

Mediatriz do lado $\overline{BC}$:

$m_3 = \frac{-4 - 3}{-7 - 0} = 1$

$m_4 = -\frac{1}{m_3} = -\frac{1}{1} = -1$

Ponto médio de $\overline{BC}$: **N**$\left(-\frac{7}{2}, -\frac{1}{2}\right)$

Então, a reta que passa por **N** com coeficiente angular $m_4 = -1$ é:

$y + \frac{1}{2} = -1\left(x + \frac{7}{2}\right) \Rightarrow 2y + 1 = -2x - 7 \Rightarrow$

$\Rightarrow 2x + 2y + 8 = 0 \Rightarrow x + y + 4 = 0$

Centro **O** da circunferência:

A intersecção das duas mediatrizes (que são retas concorrentes) é obtida pela resolução do sistema

$$\begin{cases} x - y + 2 = 0 \\ x + y + 4 = 0 \end{cases}.$$

Resolvendo esse sistema, encontramos $x = -3$ e $y = -1$. Logo, **O**$(-3, -1)$.

Raio da circunferência:

Distância do centro ao vértice **B** (poderia ser qualquer um dos três vértices):

$d(O, B) = \sqrt{(-3 - 0)^2 + (-1 - 3)^2} = \sqrt{9 + 16} = 5$

Portanto, raio = 5.

Então, a equação procurada é $(x + 3)^2 + (y + 1)^2 = 25$.

Exercícios propostos

11. Dados o ponto **P** e a circunferência λ, determine a posição de **P** em relação a λ.

a) **P**$(-1, 2)$ e λ: $(x - 3)^2 + (y + 1)^2 = 5^2$

b) **P**$(2, 2)$ e λ: $x^2 + y^2 - 10x + 8y - 1 = 0$

c) **P**$(3, 1)$ e λ: $x^2 + y^2 - 8x - 5 = 0$

12. Dada a circunferência de equação $x^2 + y^2 - 2x + 4y - 3 = 0$, qual é a posição do ponto **P**$(3, -4)$ em relação a essa circunferência?

13. Encontre a equação da circunferência que passa pelos pontos **P**$(0, 0)$, **Q**$(3, 3)$ e **R**$(0, 8)$.

4 Posições relativas entre reta e circunferência

Consideremos as três possíveis posições de uma reta em relação a uma circunferência:

1ª) A reta **t** é secante à circunferência:

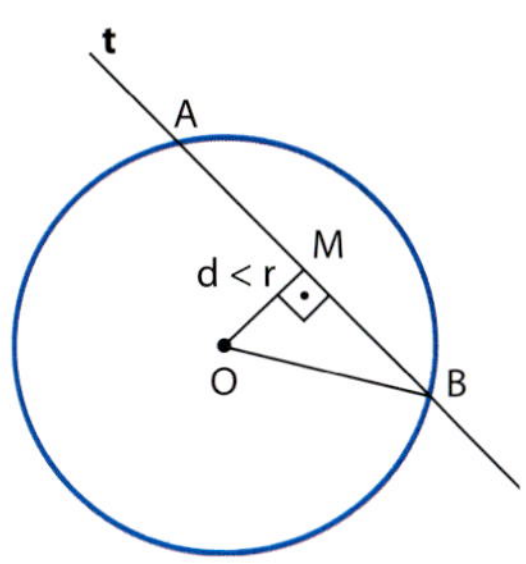

Nesse caso, a distância do centro da circunferência à reta é menor que o raio. A reta e a circunferência têm dois pontos comuns.

Fique atento

Propriedades de reta e da circunferência secantes:

- $\overline{OM} \perp \overline{AB}$
- **M** é ponto médio de $\overline{AB}$ $(AB = 2AM)$
- Teorema de Pitágoras: $(OM)^2 + (BM)^2 = (BO)^2$

2ª) A reta **t** é tangente à circunferência:

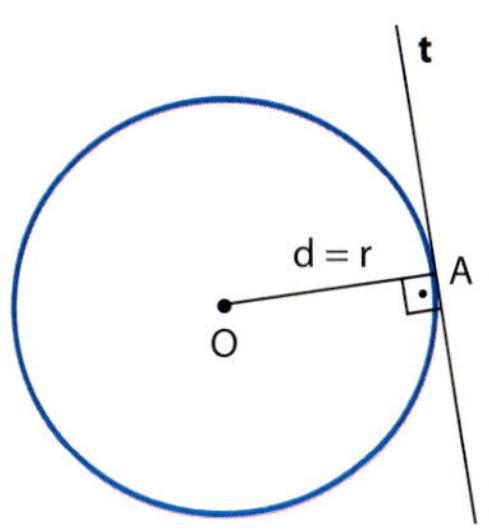

Nesse caso, a distância do centro da circunferência à reta é igual ao raio. A reta e a circunferência têm um único ponto comum.

Fique atento

Note que $t \perp \overline{OA}$.

3ª) A reta **t** é exterior à circunferência:

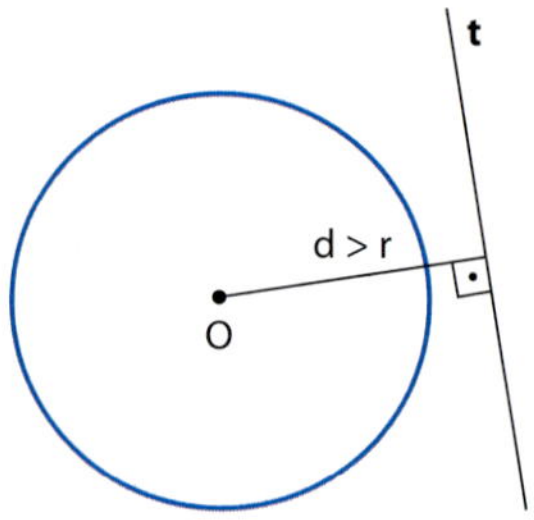

Nesse caso, a distância do centro da circunferência à reta é maior que o raio. A reta e a circunferência não têm ponto comum.

Vejamos, a partir das equações, como identificar qual desses casos se verifica.

Exercícios resolvidos

9. São dadas a reta **r**, de equação $2x + y - 1 = 0$, e a circunferência de equação $x^2 + y^2 + 6x - 8y = 0$. Qual é a posição da reta **r** em relação à circunferência?

Resolução:

Vamos calcular, inicialmente, as coordenadas do centro e o raio da circunferência:

$x^2 + y^2 + 6x - 8y = 0 \Rightarrow x^2 + 6x + y^2 - 8y = 0 \Rightarrow$

$\Rightarrow x^2 + 6x + 9 + y^2 - 8y + 16 = 9 + 16 \Rightarrow$

$\Rightarrow (x + 3)^2 + (y - 4)^2 = 25$

Então, **C**$(-3, 4)$ e $r = 5$.

Agora vamos determinar a distância do centro à reta:

$$d = \frac{|2(-3) + 1(4) - 1|}{\sqrt{2^2 + 1^2}} = \frac{|-3|}{\sqrt{5}} = \frac{3}{\sqrt{5}} \simeq 1{,}3$$

Comparando **d** e **r**, temos $d < r$ $(1{,}3 < 5)$.

Logo, a reta **r** é secante à circunferência.

Outra resolução:

Os pontos comuns à reta e à circunferência, se houver, são as soluções do sistema formado por suas equações:

$$\begin{cases} 2x + y - 1 = 0 \Rightarrow y = 1 - 2x \\ x^2 + y^2 + 6x - 8y = 0 \end{cases}$$

Substituindo **y** na segunda equação, temos:

$x^2 + y^2 + 6x - 8y = 0 \Rightarrow$

$\Rightarrow x^2 + (1 - 2x)^2 + 6x - 8(1 - 2x) = 0 \Rightarrow$

$\Rightarrow x^2 + 1 - 4x + 4x^2 + 6x - 8 + 16x = 0 \Rightarrow$

$\Rightarrow 5x^2 + 18x - 7 = 0$

O cálculo de Δ será suficiente para determinar quantos pontos comuns têm a reta e a circunferência e daí a posição relativa. Então:

$\Delta = 18^2 + 140 = 324 + 140 = 464 > 0$

O valor de $\Delta > 0$ indica a existência de dois valores reais e distintos de **x** e, consequentemente, dois pontos comuns à reta e à circunferência.

Logo, a reta é secante à circunferência.

Observação: A resolução completa do sistema permite descobrir quais são os dois pontos comuns à reta e à circunferência.

Fique atento

Para $\Delta = 0$, há um só ponto comum (reta tangente à circunferência).
Para $\Delta < 0$, não há ponto comum (reta exterior à circunferência).

10. Qual o comprimento da corda determinada pela reta **s**: $3y - 4x + 1 = 0$ na circunferência $x^2 + y^2 = 25$?

Resolução:

Os pontos comuns à reta e à circunferência são as extremidades **A** e **B** da corda AB procurada. Assim, vamos resolver o sistema e obter os pontos **A** e **B** da corda AB.

$$\begin{cases} x^2 + y^2 = 25 \\ 3y - 4x + 1 = 0 \rightarrow y = \frac{4x}{3} - \frac{1}{3} \end{cases}$$

Substituindo **y** na 1ª equação, temos:

$$x^2 + \left(\frac{4x}{3} - \frac{1}{3}\right)^2 = 25 \Rightarrow$$

$$\Rightarrow x^2 + \frac{16x^2}{9} - \frac{8x}{9} + \frac{1}{9} = 25 \Rightarrow$$

$$\Rightarrow \frac{25x^2}{9} - \frac{8x}{9} - \frac{224}{9} = 0 \Rightarrow 25x^2 - 8x - 224 = 0$$

Resolvendo a equação:

$\Delta = (-8)^2 - 4 \cdot 25 \cdot (-224) = 22\,464$

$$x = \frac{-(-8) \pm \sqrt{22\,464}}{2 \cdot 25} = \frac{8 \pm 24\sqrt{39}}{50} \Rightarrow$$

$$\Rightarrow x_1 = \frac{4 + 12\sqrt{39}}{25} \text{ e } x_2 = \frac{4 - 12\sqrt{39}}{25}$$

Para $x_1 = \frac{4 + 12\sqrt{39}}{25}$, temos:

$$y_1 = \frac{4}{3}\left(\frac{4 + 12\sqrt{39}}{25}\right) - \frac{1}{3} = \frac{-3 + 16\sqrt{39}}{25}$$

Então, $A\left(\dfrac{4 + 12\sqrt{39}}{25}, \dfrac{-3 + 16\sqrt{39}}{25}\right)$.

Para $x_2 = \dfrac{4 - 12\sqrt{39}}{25}$, temos:

$$y_2 = \frac{4}{3}\left(\frac{4 - 12\sqrt{39}}{25}\right) - \frac{1}{3} = \frac{-3 - 16\sqrt{39}}{25}$$

Então, $B\left(\dfrac{4 - 12\sqrt{39}}{25}, \dfrac{-3 - 16\sqrt{39}}{25}\right)$.

Finalmente, obtemos a distância d_{AB} entre os pontos **A** e **B**:

$$d_{AB} = \sqrt{\left(\frac{4 + 12\sqrt{39}}{25} - \frac{4 - 12\sqrt{39}}{25}\right)^2 + \left(\frac{-3 + 16\sqrt{39}}{25} - \frac{-3 - 16\sqrt{39}}{25}\right)^2} = \sqrt{\left(\frac{24\sqrt{39}}{25}\right)^2 + \left(\frac{32\sqrt{39}}{25}\right)^2} =$$

$$= \sqrt{\frac{1600 \cdot 39}{625}} = \frac{40\sqrt{39}}{25} = \frac{8\sqrt{39}}{5}$$

Outra resolução:

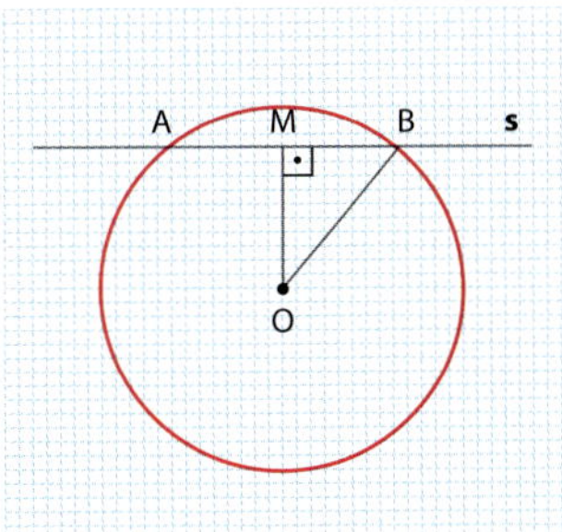

O ponto **O** tem coordenadas (0, 0). O segmento $\overline{OB}$ mede 5 (raio).

$\overline{OM}$ é a distância de **O** a **s**. Então:

$$OM = \frac{|0 - 0 + 1|}{\sqrt{3^2 + (-4)^2}} = \frac{1}{5}$$

Logo:

$$(MB)^2 + (MO)^2 = (OB)^2 \Rightarrow (MB)^2 + \frac{1}{25} = 25 \Rightarrow MB = \frac{4\sqrt{39}}{5}$$

Assim:

$$AB = 2MB = \frac{8\sqrt{39}}{5}$$

Exercícios propostos

14. Dadas uma reta **r** e uma circunferência λ, verifique a posição relativa de **r** e λ. Se houver pontos comuns (tangente ou secante), determine esses pontos:

a) **r**: $2x - y + 1 = 0$ e λ: $x^2 + y^2 - 2x = 0$

b) **r**: $y = x$ e λ: $x^2 + y^2 + 2x - 4y - 4 = 0$

c) **r**: $x = t - 4$ e $y = 2 - t$ e
λ: $x^2 + y^2 - 2x - 6y - 8 = 0$

15. Determine as coordenadas dos pontos em que a reta **r**, de equação $y = -x + 5$, intersecta a circunferência de equação $x^2 + y^2 - 10x - 2y + 21 = 0$.

16. A reta **r** de equação $x + y - 3 = 0$ e a circunferência de equação $(x + 2)^2 + (y - 1)^2 = 10$ são secantes nos pontos **A** e **B**. Determine a área do triângulo cujos vértices são o centro da circunferência e os pontos **A** e **B**.

17. Consideremos a reta **r**, de equação $x + y - 3 = 0$, e a circunferência de equação $x^2 + y^2 - 2x - 2y - 3 = 0$. Qual é a posição da reta **r** em relação à circunferência?

18. A reta $x + y - 1 = 0$ secciona a circunferência $x^2 + y^2 + 2x - 3 = 0$ nos pontos **A** e **B**. Calcule a distância do centro **C** à corda AB.

Problemas de tangência

Para resolver problemas envolvendo retas tangentes à circunferência, devemos lembrar dois detalhes já vistos:

- Quando a reta é tangente à circunferência, a *distância do centro* da circunferência à *reta* tangente é *o raio*.
- A reta tangente é sempre *perpendicular* ao raio no ponto de tangência.

Em razão disso, talvez seja uma boa ideia revisar o capítulo 2, item 10: *Posições relativas de duas retas no plano* (páginas 68 a 70).

Acompanhe nos exercícios resolvidos a seguir as situações mais comuns envolvendo tangência.

Exercícios resolvidos

11. O ponto **P**(5, 2) pertence à circunferência de equação $x^2 + y^2 + 2x - 6y - 27 = 0$. Determine a equação da reta **t** tangente a essa circunferência em **P**.

Resolução:

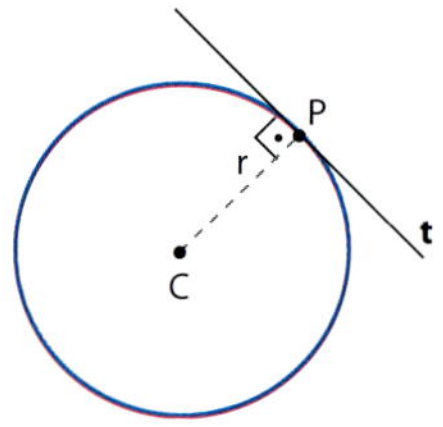

Lembre-se de que, se uma reta **t** tangencia uma circunferência de centro **C** e raio **r** em **P**, então **t** é perpendicular à reta suporte de $\overline{CP}$.

Calculando as coordenadas do centro **C** e o raio **r**, temos:

$x^2 + y^2 + 2x - 6y - 27 = 0 \Rightarrow$
$\Rightarrow x^2 + 2x + y^2 - 6y = 27 \Rightarrow$
$\Rightarrow x^2 + 2x + 1 + y^2 - 6y + 9 = 27 + 1 + 9 \Rightarrow$
$\Rightarrow (x + 1)^2 + (y - 3)^2 = 37$

Então, **C**(−1, 3) e $r = \sqrt{37}$.

Vamos determinar o coeficiente angular $\mathbf{m_1}$ da reta que passa pelos pontos **C**(−1, 3) e **P**(5, 2):

$$m_1 = \frac{2 - 3}{5 + 1} = -\frac{1}{6}$$

Vamos determinar o coeficiente angular $\mathbf{m_2}$ da reta **t** perpendicular à reta que passa pelos pontos **C** e **P**:

$$m_2 = -\frac{1}{m_1} = -\frac{1}{-\frac{1}{6}} = 6$$

Calculamos agora a equação da reta **t** que passa pelo ponto **P**(5, 2) e tem declividade 6:

$y - 2 = 6(x - 5) \Rightarrow y - 2 = 6x - 30 \Rightarrow$
$\Rightarrow 6x - y - 28 = 0$

Logo, a equação pedida é $6x - y - 28 = 0$.

Outra resolução:

Obtemos o centro **C**(−1, 3) como na *primeira resolução*. Determinamos a equação reduzida da reta CP e dela tiramos o coeficiente angular ($\mathbf{m_1}$):

$$\begin{vmatrix} x & y & 1 \\ -1 & 3 & 1 \\ 5 & 2 & 1 \end{vmatrix} = 0 \Rightarrow 3x + 5y - 2 - 15 + y - 2x = 0 \Rightarrow$$

$$\Rightarrow 6y = -x + 17 \Rightarrow y = -\frac{1}{6}x + \frac{17}{6} \Rightarrow m_1 = -\frac{1}{6}$$

A reta **t** procurada passa por **P**(5, 2) e é perpendicular à reta CP. Logo, seu coeficiente angular é 6, pois $\left(-\frac{1}{6}\right)6 = -1$.

Então, a equação de **t** é $y - 2 = 6(x - 5)$ ou $6x - y - 28 = 0$.

12. A reta de equação $x - y + k = 0$ é tangente à circunferência de equação $x^2 + y^2 = 9$. Calcule o valor de **k**.

Resolução:

Se a reta é tangente à circunferência, a distância do centro até a reta é igual ao raio.

Centro e raio da circunferência:

$x^2 + y^2 = 9 \Rightarrow (x - 0)^2 + (y - 0)^2 = 3^2$

Então, **C**(0, 0) e $r = 3$.

Distância do centro (0, 0) à reta $1x - 1y + k = 0$:

$$d = \frac{|1 \cdot 0 - 1 \cdot 0 + k|}{\sqrt{1^2 + 1^2}} = \frac{|k|}{\sqrt{2}}$$

Cálculo de **k**, sabendo que $d = r$:

$$\frac{|k|}{\sqrt{2}} = 3 \Rightarrow |k| = 3\sqrt{2} \Rightarrow k = \pm 3\sqrt{2}$$

Fique atento

Se há dois valores para **k**, existem duas retas, $x - y + 3\sqrt{2} = 0$ e $x - y - 3\sqrt{2} = 0$, que satisfazem à condição imposta.

Outra resolução:

Se a reta é tangente à circunferência, então o sistema formado pelas duas equações tem uma única solução:

$$\begin{cases} x - y + k = 0 \Rightarrow x = y - k \\ x^2 + y^2 = 9 \end{cases}$$

Substituindo **x** na segunda equação, temos:

$x^2 + y^2 = 9 \Rightarrow (y - k)^2 + y^2 = 9 \Rightarrow$
$\Rightarrow y^2 - 2ky + k^2 + y^2 - 9 = 0 \Rightarrow$
$\Rightarrow 2y^2 - 2ky + k^2 - 9 = 0$

Para que a solução seja única devemos ter $\Delta = 0$:

$\Delta = 4k^2 - 8(k^2 - 9) = 0 \Rightarrow 4k^2 - 8k^2 + 72 = 0 \Rightarrow$

$\Rightarrow -4k^2 + 72 = 0 \Rightarrow k^2 = \dfrac{72}{4} = 18 \Rightarrow$

$\Rightarrow k = \pm\sqrt{18} = \pm 3\sqrt{2}$

13. O ponto **P**(1, −2) é externo à circunferência de equação $(x - 1)^2 + (y - 2)^2 = 8$. Determine as equações das retas tangentes à circunferência e que passam por **P**.

Resolução:

Pela equação dada, temos **C**(1, 2) e $r = \sqrt{8}$.

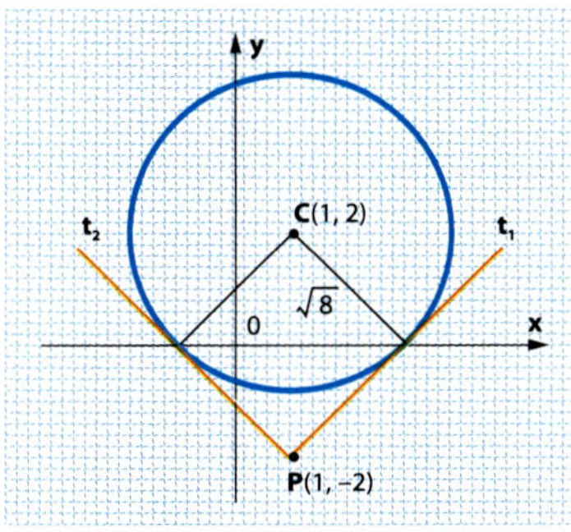

Considerando o coeficiente angular **m** das retas $\mathbf{t_1}$ e $\mathbf{t_2}$, podemos escrever a equação normal dessas retas, lembrando que passam por **P**(1, −2).

$y + 2 = m(x - 1) \Rightarrow y + 2 = mx - m \Rightarrow$

$\Rightarrow mx - y - 2 - m = 0$

Fique atento

- Se **P** pertence à circunferência, existe uma só reta que passa por **P** e é tangente à circunferência.

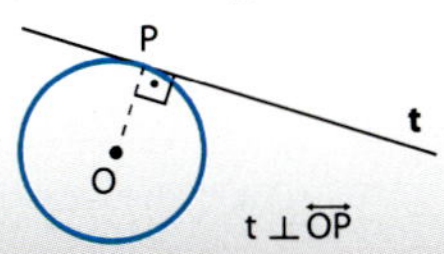

- Se **P** é externo, há duas tangentes.

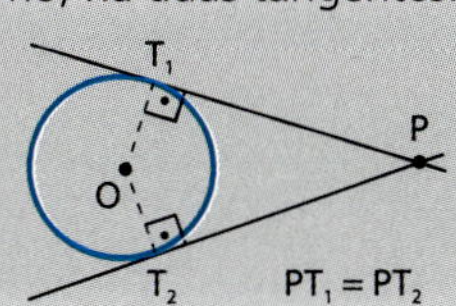

- Se **P** é interno, não existe tangente.

Como a distância entre o centro **C**(1, 2) e a reta de equação $mx - y - 2 - m = 0$ deve ser igual ao raio **r**, temos:

$$\frac{|m(1) - 1(2) - 2 - m|}{\sqrt{m^2 + 1}} = \sqrt{8} \Rightarrow$$

$$\Rightarrow \frac{|m - 2 - 2 - m|}{\sqrt{m^2 + 1}} = \sqrt{8} \Rightarrow$$

$$\Rightarrow \frac{|-4|}{\sqrt{m^2 + 1}} = \sqrt{8} \Rightarrow \frac{4}{\sqrt{m^2 + 1}} = \sqrt{8} \Rightarrow$$

$$\Rightarrow \frac{16}{m^2 + 1} = 8 \Rightarrow 8m^2 + 8 = 16 \Rightarrow$$

$\Rightarrow 8m^2 - 8 = 0 \Rightarrow m^2 - 1 = 0 \Rightarrow m^2 = 1 \Rightarrow$

$\Rightarrow m' = 1$ e $m'' = -1$

Vamos calcular, agora, as equações das retas $\mathbf{t_1}$ e $\mathbf{t_2}$, substituindo o valor de **m** por **m′** e **m″** na equação normal:

$mx - y - 2 - m = 0$.

Para $m' = 1$, temos:

$(1)x - y - 2 - 1 = 0 \Rightarrow x - y - 3 = 0$

Para $m'' = -1$, vem:

$(-1)x - y - 2 - (-1) = 0 \Rightarrow -x - y - 1 = 0 \Rightarrow$

$\Rightarrow x + y + 1 = 0$

Logo, as equações das retas tangentes $\mathbf{t_1}$ e $\mathbf{t_2}$ são $x - y - 3 = 0$ e $x + y + 1 = 0$.

Fique atento

Se houver duas retas tangentes, porém um único valor para **m**, significa que uma das retas é vertical.

14. Determine a equação da circunferência com centro no ponto **C**(1, 3) e que é tangente à reta **t** de equação $x + y + 2 = 0$.

Resolução:

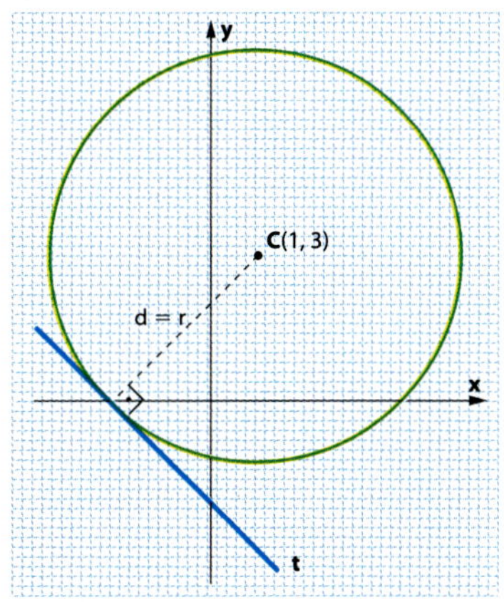

Pela figura, observamos que o raio da circunferência pedida é igual à distância entre o centro **C** e a reta **t**. Então:

$$r = \frac{|1(1) + 1(3) + 2|}{\sqrt{1^2 + 1^2}} = \frac{|1 + 3 + 2|}{\sqrt{2}} = \frac{|6|}{\sqrt{2}} =$$

$$= \frac{6}{\sqrt{2}} = \frac{6\sqrt{2}}{2} = 3\sqrt{2}$$

A equação da circunferência pedida, sabendo que $a = 1$, $b = 3$ e $r = 3\sqrt{2}$, é:

$(x - a)^2 + (y - b)^2 = r^2 \Rightarrow$

$\Rightarrow (x - 1)^2 + (y - 3)^2 = \left(3\sqrt{2}\right)^2 \Rightarrow$

$\Rightarrow (x - 1)^2 + (y - 3)^2 = 18 \Rightarrow$

$\Rightarrow x^2 + y^2 - 2x - 6y - 8 = 0$

Exercícios propostos

19. Sabendo que a reta $y = mx$ é tangente à circunferência de equação $x^2 + y^2 - 10x + 16 = 0$, calcule os valores de **m**.

20. O ponto **A**(2, 3) pertence à circunferência de equação $x^2 + y^2 - 2x - 2y - 3 = 0$. Determine a equação da reta tangente à circunferência no ponto **A**.

21. Pelo ponto **P**(0, 3), exterior à circunferência de equação $(x - 1)^2 + (y - 1)^2 = 4$, passam as retas $\mathbf{t_1}$ e $\mathbf{t_2}$, que são tangentes à circunferência dada. Determine as equações das retas $\mathbf{t_1}$ e $\mathbf{t_2}$.

22. A circunferência com centro **C**(1, 1) é tangente à reta **t** de equação $x + y - 10 = 0$. Determine a equação da circunferência.

23. Qual é a equação da circunferência de centro no ponto **C**(4, −4) e que é tangente aos dois eixos de coordenadas?

24. Determine a equação de uma circunferência tangente ao eixo **y** e à reta de equação $x = 4$, e que tem o centro no eixo **x**.

5 Posições relativas de duas circunferências

Duas circunferências distintas podem ter dois, um ou nenhum ponto comum.

Considere uma circunferência de centro C_1 e raio r_1 e outra de centro C_2 e raio r_2. A distância entre os centros será $d(C_1, C_2)$.

Veja as possíveis posições relativas das duas circunferências:

1ª) Dois pontos comuns:

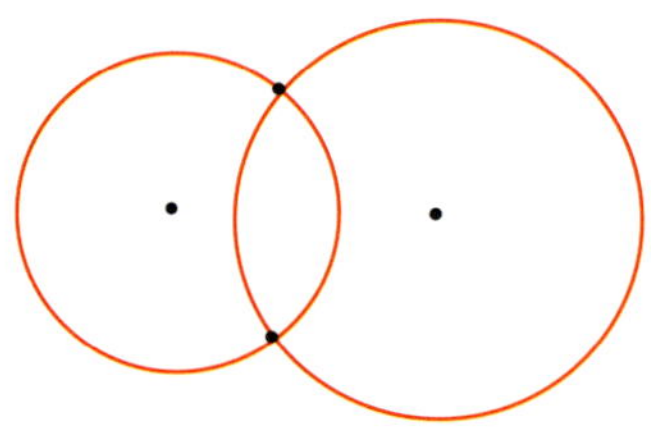

secantes

2ª) Um ponto comum:

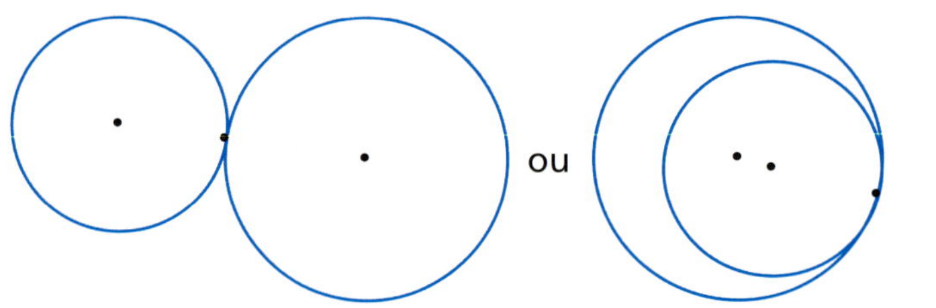

tangentes exteriormente — tangentes interiormente

Fique atento

No 2º caso, os dois centros e o ponto de tangência são colineares.

3ª) Nenhum ponto comum:

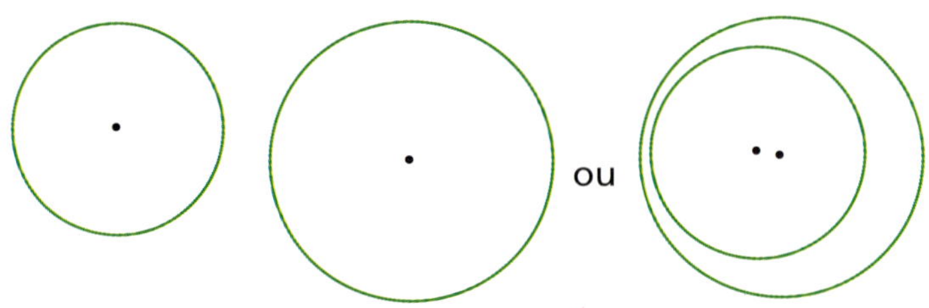

circunferências externas — uma circunferência interna à outra

A partir das equações das duas circunferências podemos descobrir quantos e quais são os pontos comuns resolvendo o sistema formado por elas. Além disso, no segundo caso (um ponto comum) e no terceiro caso (nenhum ponto comum), podemos identificar a posição relativa usando os dois raios e a distância entre os centros.

Exercícios resolvidos

15. Verifique a posição relativa das duas circunferências dadas. Se forem secantes ou tangentes, determine os pontos comuns:

a) $x^2 + y^2 = 30$ e $(x - 3)^2 + y^2 = 9$

b) $x^2 + y^2 - 20x - 2y + 100 = 0$ e
$x^2 + y^2 - 2x - 2y - 98 = 0$

c) $(x + 2)^2 + (y - 2)^2 = 1$ e $x^2 + y^2 = 1$

d) $(x - 3)^2 + (y - 2)^2 = 9$ e
$x^2 + y^2 - 6x - 4y + 12 = 0$

Resolução:

a) Resolvendo o sistema formado pelas duas equações, temos:

$$\begin{cases} x^2 + y^2 = 30 \\ (x - 3)^2 + y^2 = 9 \Rightarrow x^2 + y^2 - 6x = 0 \Rightarrow \\ \quad \Rightarrow 30 - 6x = 0 \Rightarrow 6x = 30 \Rightarrow x = 5 \end{cases}$$

Substituindo **x** na primeira equação, vem:

$x^2 + y^2 = 30 \Rightarrow 25 + y^2 = 30 \Rightarrow y^2 = 5 \Rightarrow$

$\Rightarrow y = \pm\sqrt{5}$

Logo, as duas circunferências são secantes e seus pontos comuns são $\left(5, \sqrt{5}\right)$ e $\left(5, -\sqrt{5}\right)$.

b) Resolvendo o sistema, temos:

$$\begin{cases} x^2 + y^2 - 20x - 2y + 100 = 0 \\ x^2 + y^2 - 2x - 2y - 98 = 0 \quad \cdot (-1) \end{cases} \Rightarrow$$

$$\Rightarrow \begin{cases} \cancel{x^2} + \cancel{y^2} - 20x - \cancel{2y} + 100 = 0 \\ -\cancel{x^2} - \cancel{y^2} + 2x + \cancel{2y} + 98 = 0 \end{cases}$$

$$-18x + 198 = 0 \Rightarrow 18x = 198 \Rightarrow$$

$$\Rightarrow x = \frac{198}{18} \Rightarrow x = 11$$

Substituindo **x** na primeira equação, vem:

$x^2 + y^2 - 20x - 2y + 100 = 0 \Rightarrow$

$\Rightarrow 11^2 + y^2 - 20 \cdot 11 - 2y + 100 = 0 \Rightarrow$

$\Rightarrow y^2 - 2y + 121 - 220 + 100 = 0 \Rightarrow$

$\Rightarrow y^2 - 2y + 1 = 0$

$\Delta = 0$

$$y = \frac{2 \pm 0}{2} = 1$$

(11, 1) é o único ponto comum às duas circunferências, portanto, elas são tangentes.

Como já vimos, as circunferências tangentes podem ser externas ou internas. Podemos determinar a sua posição relativa por meio da distância entre os centros das circunferências e por meio de seus raios (lembrando que os centros das circunferências e o ponto de tangência estão sempre alinhados).

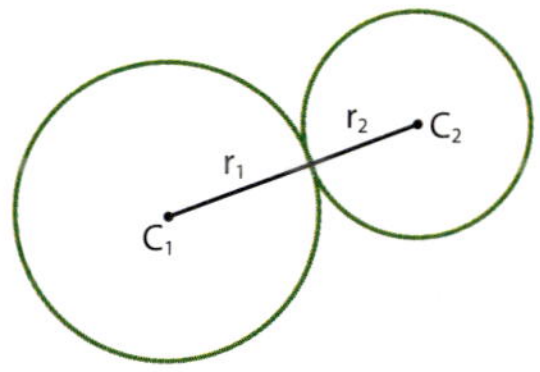

ou

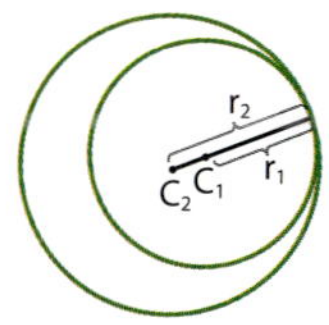

circunferências tangentes externamente
$d(C_1, C_2) = r_1 + r_2$

circunferências tangentes internamente
$d(C_1, C_2) = |r_1 - r_2|$

Considerando a primeira equação, temos:

$x^2 + y^2 - 20x - 2y + 100 = 0 \Rightarrow$

$\Rightarrow x^2 - 20x + 100 + y^2 - 2y + 1 =$

$= -100 + 100 + 1 \Rightarrow (x - 10)^2 + (y - 1)^2 = 1^2$

Então, $\mathbf{C_1}(10, 1)$ e $r_1 = 1$.

Agora, pela segunda, vem:

$x^2 + y^2 - 2x - 2y - 98 = 0 \Rightarrow$

$\Rightarrow x^2 - 2x + 1 + y^2 - 2y + 1 = 98 + 1 + 1 \Rightarrow$

$\Rightarrow (x - 1)^2 + (y - 1)^2 = 100 = 10^2$

Então, $\mathbf{C_2}(1, 1)$ e $r_2 = 10$.

Calculamos, então, a distância entre os centros $\mathbf{C_1}$ e $\mathbf{C_2}$:

$d(C_1, C_2) = \sqrt{(10 - 1)^2 + (1 - 1)^2} = \sqrt{81} = 9$

Como os raios medem $r_1 = 1$ e $r_2 = 10$ e $9 = |1 - 10|$, temos $d(C_1, C_2) = |r_1 - r_2|$.

Logo, as circunferências são tangentes internamente e o ponto comum é (11, 1).

c) Na circunferência $(x + 2)^2 + (y - 2)^2 = 1$, temos $\mathbf{C}(-2, 2)$ e $r = 1$.

Na circunferência $x^2 + y^2 = 1$, temos $\mathbf{C}(0, 0)$ e $r = 1$.

Esboçando o gráfico, podemos ver que as circunferências não têm ponto comum e são externas:

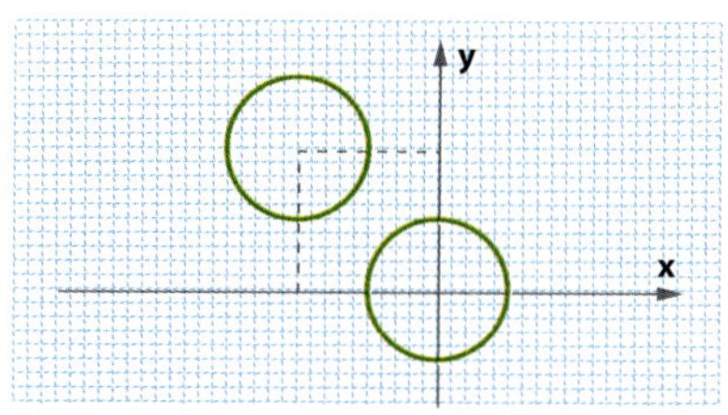

Agora, vamos resolver analiticamente.

Pelo sistema, temos:

$$\begin{cases} (x + 2)^2 + (y - 2)^2 = 1 \Rightarrow \\ \quad \Rightarrow \underbrace{x^2 + y^2}_{\cancel{1}} + 4x - 4y + 4 + 4 - \cancel{1} = 0 \Rightarrow \\ \quad \Rightarrow 4x - 4y = -8 \Rightarrow x - y = -2 \Rightarrow x = y - 2 \\ x^2 + y^2 = 1 \end{cases}$$

Substituindo **x** na segunda equação:

$x^2 + y^2 = 1 \Rightarrow (y - 2)^2 + y^2 = 1 \Rightarrow$

$\Rightarrow y^2 - 4y + 4 + y^2 - 1 = 0 \Rightarrow 2y^2 - 4y + 3 = 0$

$\Delta = 16 - 24 = -8 < 0$

Se $\Delta < 0$, não existe solução para o sistema, então as circunferências não têm ponto comum. Vejamos qual das duas situações se verifica:

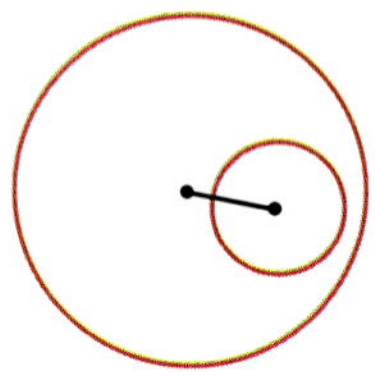

ou

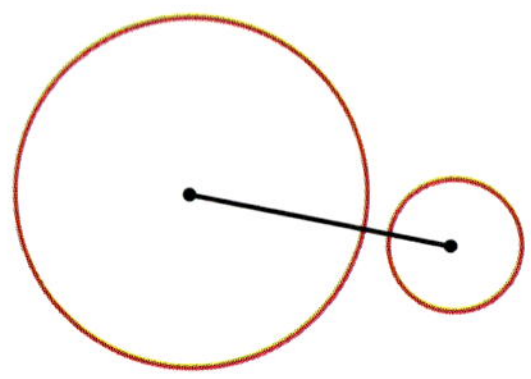

$d < r_1 + r_2$ $d > r_1 + r_2$

Calculando a distância entre os centros $\mathbf{C_1}(-2, 2)$ e $\mathbf{C_2}(0, 0)$, vem:

$d(C_1, C_2) = \sqrt{(-2 - 0)^2 + (2 - 0)^2} = \sqrt{8}$

Como os raios medem $r_1 = 1$ e $r_2 = 1$ e

$\sqrt{8} > 1 + 1$, temos $d > r_1 + r_2$.

Logo, as circunferências são externas.

d) A circunferência $(x - 3)^2 + (y - 2)^2 = 9$ tem $\mathbf{C}(3, 2)$ e $r = 3$.

$x^2 + y^2 - 6x - 4y + 12 = 0 \Rightarrow$

$\Rightarrow x^2 - 6x + 9 + y^2 - 4y + 4 = -12 + 9 + 4 \Rightarrow$

$\Rightarrow (x - 3)^2 + (y - 2)^2 = 1$

Então, a circunferência $(x - 3)^2 + (y - 2)^2 = 1$ tem $\mathbf{C}(3, 2)$ e $r = 1$.

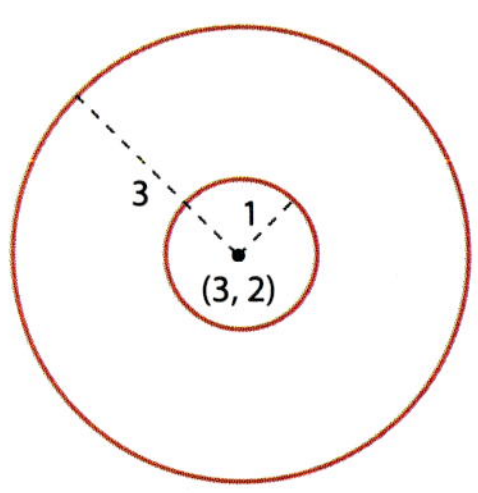

Para refletir

Resolva este item usando sistema.

Como as duas circunferências têm o mesmo centro (concêntricas) e raios diferentes, podemos afirmar que elas não têm ponto comum e uma é interna à outra.

16. Determine a equação da circunferência de centro em (8, 4) e que tangencia exteriormente a circunferência $x^2 + y^2 - 4x + 8y - 16 = 0$.

Resolução:

Nesse caso, a distância entre os centros é igual à soma dos raios:

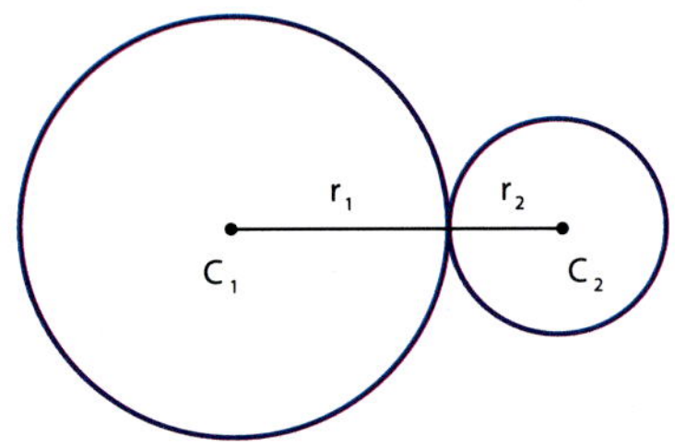

$d(C_1, C_2) = r_1 + r_2$

Inicialmente, calculamos o centro $(\mathbf{C_1})$ e o raio $(\mathbf{r_1})$ da circunferência dada acima:

$x^2 - 4x + 4 + y^2 + 8y + 16 = 16 + 4 + 16 \Rightarrow$

$\Rightarrow (x - 2)^2 + (y + 4)^2 = 36$

Então, $\mathbf{C_1}(2, -4)$ e $r_1 = 6$.

Agora, calculamos a distância entre os centros $\mathbf{C_1}(2, -4)$ e $\mathbf{C_2}(8, 4)$:

$d = \sqrt{6^2 + 8^2} = \sqrt{100} = 10$

Como $d = r_1 + r_2$, podemos calcular o raio $\mathbf{r_2}$:

$d = r_1 + r_2 \Rightarrow 10 = 6 + r_2 \Rightarrow r_2 = 4$

A equação procurada é a da circunferência de raio 4 e centro (8, 4):

$(x - 8)^2 + (y - 4)^2 = 4^2$ ou

$x^2 + y^2 - 16x - 8y + 64 = 0$

Exercícios propostos

25. Dadas as circunferências λ_1 e λ_2, descubra suas posições relativas e seus pontos comuns (se houver):

a) λ_1: $x^2 + y^2 - 4x - 8y - 5 = 0$
   λ_2: $x^2 + y^2 - 2x - 6y + 1 = 0$

b) λ_1: $(x - 2)^2 + (y - 1)^2 = 4$
   λ_2: $(x - 2)^2 + (y + 2)^2 = 1$

26. Sejam $\mathbf{S_1}$ e $\mathbf{S_2}$ duas circunferências tangentes externamente, tal que $\mathbf{S_1}$ tem como equação $x^2 + y^2 - 2x - 4y + 4 = 0$ e $\mathbf{S_2}$ tem centro no ponto $\mathbf{C}(5, -1)$. Calcule o raio da circunferência $\mathbf{S_2}$.

27. λ_1 e λ_2 são duas circunferências concêntricas, com λ_1 interna à λ_2. Sabendo que a equação de λ_1 é $x^2 + y^2 - 6x - 8y = 0$ e que a área do anel circular formado por λ_1 e λ_2 é igual a 24π, determine a equação de λ_2 na forma geral.

6 Aplicações à Geometria plana

Exercício resolvido

17. Um engenheiro precisa construir uma ponte em forma de arco de circunferência, semelhante à que aparece na foto abaixo. O vão livre sobre o rio a ser vencido pela ponte é de 24 m, e a pilastra central, segundo o arquiteto, deverá ter 4 m de altura. O engenheiro, usando seus conhecimentos de Geometria plana, já calculou que o raio do arco de circunferência projetado pelo arquiteto é de 20 m. Agora ele precisa calcular o tamanho das outras quatro pilastras menores (duas à esquerda e duas à direita da pilastra central). Segundo o projeto, todas as pilastras estão a 4 m uma da outra.

ALAMY/OTHER IMAGES

Ponte em Hamburgo, Alemanha.

Modelo matemático

FORMATO COMUNICAÇÃO/ARQUIVO DA EDITORA

Com base nas informações do problema, escolha um sistema de eixos coordenados conveniente e obtenha a altura dessas quatro pilastras menores.

Resolução:

Escolhendo um sistema de eixos cartesianos que coloque a pilastra central no eixo **y** e o vão da ponte no eixo **x**, temos que o centro da circunferência será **C**(0, −16), pois o raio tem 20 m e a pilastra maior tem 4 m. Para obter o tamanho das pilastras pedidas, precisamos apenas das ordenadas dos pontos **A** e **B**, cujas abscissas são, respectivamente, 4 e 8. Neste exercício, a escolha do sistema de eixos cartesianos adequado é muito importante para facilitar a resolução.

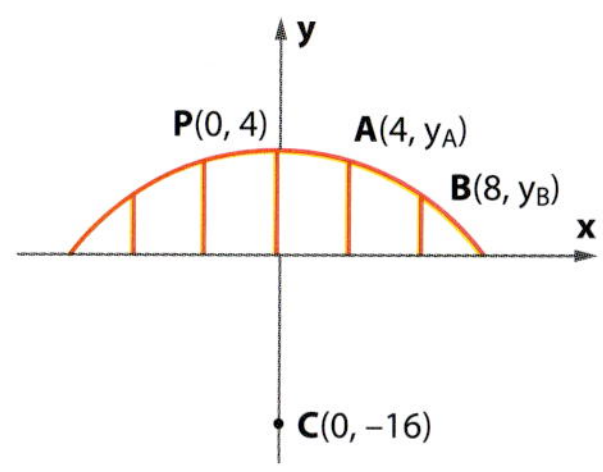

A equação da circunferência é, então:

$x^2 + (y + 16)^2 = 400$

Para obtermos a ordenada $\mathbf{y_A}$ do ponto **A**, basta substituir a abscissa $x_A = 4$ na equação da circunferência:

$$4^2 + (y_A + 16)^2 = 400 \Rightarrow (y_A + 16)^2 = 384 \Rightarrow$$

$$\Rightarrow y_A + 16 = \sqrt{384} \simeq 19{,}60 \Rightarrow y_A \simeq 3{,}60 \text{ m}$$

Da mesma forma, para obtermos a ordenada $\mathbf{y_B}$ do ponto **B**, basta substituir a abscissa $x_B = 8$ na equação da circunferência:

$$8^2 + (y_B + 16)^2 = 400 \Rightarrow (y_B + 16)^2 = 336 \Rightarrow$$

$$\Rightarrow y_B + 16 = \sqrt{336} \simeq 18{,}33 \Rightarrow y_B \simeq 2{,}33 \text{ m}$$

Por causa da simetria da ponte, as duas pilastras do lado esquerdo terão o mesmo tamanho de suas correspondentes no lado direito. Assim, duas das pilastras têm, aproximadamente, 2,33 m, e duas têm 3,60 m, e a central, como já sabíamos, tem 4 m.

Exercícios propostos

Escolha um sistema de eixos coordenados adequado e resolva, usando Geometria analítica, os seguintes problemas de Geometria plana:

28. Obtenha o raio da circunferência inscrita num triângulo retângulo cujos catetos meçam 3 cm e 4 cm.

(*Dica*: Coloque o vértice do ângulo reto do triângulo retângulo na origem.)

29. Uma circunferência **L** está inscrita em um triângulo equilátero de lado $2\sqrt{3}$. Mostre que, para todo ponto de **L**, a soma dos quadrados de suas distâncias aos três vértices do triângulo é constante.

Portal Pedagógico

Acesse o *Portal Pedagógico* (veja instruções na seção "Conheça seu livro", página 5) e amplie o estudo deste capítulo. Selecione o capítulo 3 e você encontrará os seguintes materiais:

- *Atividades adicionais* (Atividades para imprimir);
- *Geometria analítica: circunferência* (*Slides* para aula).

Desafios

1. (ITA-SP) Duas retas $\mathbf{r_1}$ e $\mathbf{r_2}$ são paralelas à reta $3x - y = 37$ e tangentes à circunferência $x^2 + y^2 - 2x - y = 0$. Se $\mathbf{d_1}$ é a distância de $\mathbf{r_1}$ até a origem e $\mathbf{d_2}$ é a distância de $\mathbf{r_2}$ até a origem, então $d_1 + d_2$ é igual a:

a) $\sqrt{12}$. b) $\sqrt{15}$. c) $\sqrt{7}$. d) $\sqrt{10}$. e) $\sqrt{5}$.

2. (ITA-SP) Consideremos, no plano cartesiano xy, duas circunferências $\mathbf{C_1}$ e $\mathbf{C_2}$, que se tangenciam exteriormente em $\mathbf{P}(5, 10)$. O ponto $\mathbf{Q}(10, 12)$ é o centro de $\mathbf{C_1}$. Determine o raio da circunferência $\mathbf{C_2}$, sabendo que ela tangencia a reta definida pela equação $x = y$.

PENSANDO NO ENEM

1. O equador é o nome dado à linha imaginária que resulta da intersecção da superfície da Terra com o plano que contém o seu centro e é perpendicular ao eixo de rotação. O equador divide a superfície da Terra em dois hemisférios: o hemisfério norte, que contém o polo Norte, e o hemisfério sul, que contém o polo Sul. O raio do equador mede cerca de 6 378 km.

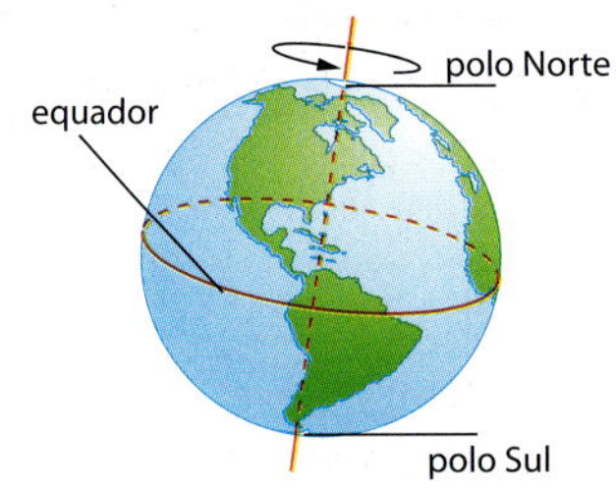

Suponha que um sistema de coordenadas cartesianas tenha sua origem coincidindo exatamente com o centro da circunferência da linha do equador. Analise as afirmações a seguir e assinale a verdadeira.

(Para facilitar o cálculo, adote o diâmetro equatorial igual a 12 unidades de comprimento.)

a) A linha do equador, supondo-a uma circunferência perfeita, tem como equação $x^2 + y^2 = 12^2$.

b) A equação normal da linha do equador é dada por $x^2 + y^2 + 144 = 0$.

c) A equação normal da linha do equador é dada por $x^2 + y^2 + 36 = 0$.

d) A equação normal da linha do equador é dada por $x^2 + y^2 - 144 = 0$.

e) A equação normal da linha do equador é dada por $x^2 + y^2 - 36 = 0$.

2. Os *satélites artificiais* são veículos espaciais que são colocados em órbita de um planeta, de um satélite ou do Sol. Hoje em dia o termo "satélite" vem sendo usado praticamente como um sinônimo para "satélite artificial". A expressão "satélite artificial" tem sido usada quando se quer distinguir satélites artificiais de satélites naturais, como a Lua. Atualmente, estão em órbita, para além dos satélites do Sistema de Posicionamento Global, satélites de comunicações, satélites científicos, satélites militares e uma grande quantidade de lixo espacial, ou seja, não se deve se referir a satélites apenas como um meio de mapear ou espionar o sistema terrestre.

STOCKTREK IMAGES/GETTY IMAGES

Disponível em: <http://www.ufrgs.br/museudetopografia/Artigos/Historia_dos_Sat%C3%A9lites.pdf>. Acesso em: 28 mar. 2011.

Vamos considerar dois satélites artificiais, $\mathbf{S_1}$ e $\mathbf{S_2}$, com órbitas circulares que, girando em torno de um determinado planeta, descrevem órbitas concêntricas com raios $R_1 = 25$ e $R_2 = 20$. Em um sistema de coordenadas devidamente escolhido, as coordenadas dos centros são dadas por $\mathbf{C}(30, 40)$.

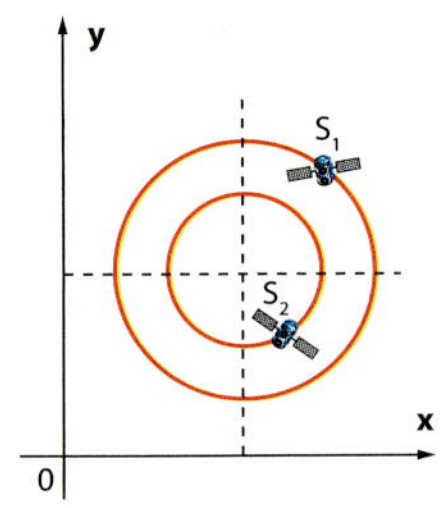

Analise as afirmações abaixo indicando a verdadeira:

a) A equação da circunferência descrita por $\mathbf{S_1}$ é dada por $(x - 30)^2 - (y - 40)^2 = 625$.

b) A equação da circunferência descrita por $\mathbf{S_2}$ é dada por $(x - 30)^2 - (y - 40)^2 = 400$.

c) Em algum instante o satélite $\mathbf{S_1}$ passará pelas coordenadas (15, 20).

d) O satélite $\mathbf{S_2}$ passará pela abscissa $x = 5$ em dois instantes diferentes durante uma volta.

e) A equação da circunferência descrita por $\mathbf{S_1}$ é dada por $(x + 30)^2 - (y + 40)^2 = 625$.

A MATEMÁTICA E AS PRÁTICAS SOCIAIS

As Olimpíadas

Competição entre os melhores atletas do mundo, confraternização entre os povos e, acima de tudo, a grande festa do esporte. As Olimpíadas são um dos mais importantes eventos do planeta, mobilizando populações de centenas de países e emocionando a todos com vitórias, recordes e histórias de superação. De quatro em quatro anos, uma cidade do mundo tem o privilégio de sediar os jogos, onde competidores e torcedores se misturam e, durante pouco mais de duas semanas, ajudam a preservar e fortalecer o espírito olímpico.

Os primeiros registros oficiais da existência dos jogos olímpicos datam de 776 a.C. Eles eram uma homenagem a Zeus — a maior divindade segundo a mitologia grega — e tinham o poder de interromper guerras, batalhas e combates. A vitória nos jogos olímpicos consagrava o atleta e proporcionava glória também à sua cidade de origem. A celebração dos jogos olímpicos durou até o ano de 394 d.C., quando, por questões religiosas, foi banida pelo imperador romano Teodósio.

Seu renascimento só aconteceu cerca de 1 500 anos depois, graças aos esforços de um pedagogo e esportista francês, o barão Pierre de Coubertin, que viu no esporte e nos ideais olímpicos gregos uma fonte de inspiração para o aperfeiçoamento do ser humano. Os primeiros jogos olímpicos da Era Moderna ocorreram em Atenas no ano de 1896. Estava criada também a concepção moderna de *olimpismo*, filosofia que sintetiza a relação amigável entre pessoas de diferentes países a partir do esporte.

Tiro com arco

O tiro com arco é disputado em duas categorias — individual e por equipes —, na distância de 70 m em relação ao alvo, que tem 1,22 m de diâmetro e é formado por dez círculos concêntricos. O círculo mais central — a mosca — vale 10 pontos; cada círculo seguinte perde um ponto em valor. Para vencer, o competidor tem de somar o maior número possível de pontos. A disputa é eliminatória e, a cada etapa, o atleta dispara 36 flechas — seis séries de seis flechas com quatro minutos cada.

Ciclismo

Nos jogos olímpicos e pan-americanos, as corridas de ciclismo têm provas individuais e por equipes, com disputas de velocidade, contra o cronômetro e perseguição. Nos jogos olímpicos, o esporte é dividido em quatro modalidades: pista, estrada, *mountain bike* e BMX. A categoria

JUNG YEON-JE/AGENCE FRANCE-PRESSE

A arqueira chinesa Zhang Juan Juan, medalha de ouro nos Jogos Olímpicos de Pequim, 2008.

pista tem o maior número de provas: dez diferentes; na estrada há duas provas — de velocidade e contra o relógio; na *mountain bike* há apenas uma — a *cross-country*; a BMX, versão ciclística do *motocross*, também tem apenas uma prova — a de corrida em pistas com saltos e obstáculos.

Fonte: Adaptado de Comitê Olímpico Brasileiro (COB).

FENG LI/GETTY IMAGES

As ciclistas canadenses Geneviève Ouellet e Mathilde Hupin, medalha de bronze nas Paraolimpíadas de Pequim, 2008.

Calculando e compreendendo melhor o texto

1. No tiro com arco, o círculo mais central (mosca) pode ser descrito pela equação $x^2 + y^2 - 36 \leq 0$, onde **x** e **y** são dados em centímetros. Qual a área desse círculo?

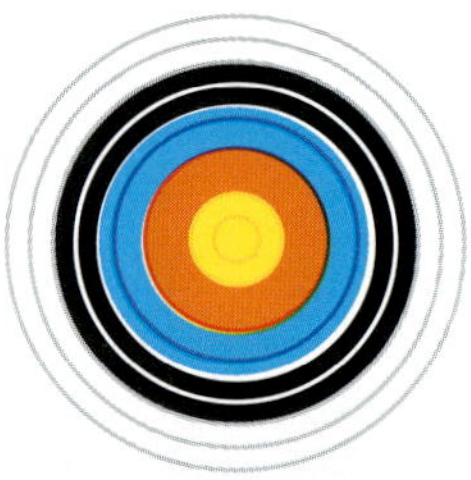

alvo de tiro com arco

2. Tomando o centro do alvo como centro do sistema de coordenadas cartesianas, e o raio do alvo dado em centímetros, qual a equação da maior circunferência pertencente ao alvo?

3. Um ciclista, em um de seus treinamentos para os jogos olímpicos de 2012, observou que a roda de sua bicicleta podia ser representada pela equação $x^2 + y^2 - 40x - 30y - 275 = 0$. Sabendo-se que essa roda dá 50 voltas por minuto e considerando **X** a distância percorrida por um ponto dessa roda em 1 segundo, então qual é o número correspondente a $\frac{X}{\pi}$?

   a) 10 b) 20 c) 30 d) 40 e) 50

4. Em uma competição de ciclismo onde a pista é circular, um competidor dá cinco voltas completas em 2 minutos e trinta segundos.

   a) Sabendo que durante essas cinco voltas o ciclista percorre uma distância de 400π m, qual o raio da pista?

   b) Esse raio é numericamente igual ao raio da circunferência de equação $x^2 + y^2 + 20x + 40y - 1\,100 = 0$?

5. Os cinco aros interligados, nas cores azul, amarelo, preto, verde e vermelho, representam a união dos cinco continentes. Um pintor desenhou esse símbolo olímpico em um grande painel. Sabendo que a equação em relação ao centro do painel, que representa o aro vermelho, é dada por $x^2 + y^2 - 2x + 10y - 10 = 0$, então qual a soma das áreas internas dos cinco aros?

símbolo olímpico

Pesquisando e discutindo

6. A medalha Pierre de Coubertin é muito difícil de ser conquistada. Pouquíssimos atletas em toda a História foram agraciados com essa premiação por demonstrarem elevado espírito olímpico. O brasileiro Vanderlei Cordeiro de Lima foi um deles. Pesquise e discuta com seus colegas quem foi Vanderlei Cordeiro de Lima e o que o fez merecedor dessa medalha.

Veja mais sobre o assunto

Procure mais informações em jornais, revistas e nos *sites* <www.cob.org.br>; <www.esporte.gov.br> e <www.olimpiadas.uol.com.br>.

QUESTÕES DE VESTIBULAR

1. (UEL-PR) São dados:

uma circunferência de centro **C** $\left(\frac{3}{2}, 1\right)$;

um ponto **T** $\left(\frac{3}{2}, -1\right)$, que pertence à circunferência.

A equação da circunferência dada é:

a) $4x^2 + 4y^2 - 12x - 8y - 3 = 0$.

b) $4x^2 + 4y^2 - 12x - 8y - 4 = 0$.

c) $3x^2 + y^2 - 6x - 4y - 2 = 0$.

d) $3x^2 + y^2 - 6x - 4y - 4 = 0$.

e) $x^2 + y^2 - \frac{3}{2}x - y = 0$.

2. (UFRJ) Os pontos $(-6, 2)$, $(3, -1)$, e $(-5, -5)$ pertencem a uma circunferência. Determine o raio dessa circunferência.

3. (Unirio-RJ) Uma universidade organizou uma expedição ao sítio arqueológico de Itaboraí, um dos mais importantes do Rio de Janeiro. Para facilitar a localização dos locais de escavação, foi adotado um sistema cartesiano de coordenadas. O objetivo da expedição é realizar escavações nos pontos $A = (0, 0)$, $B = (6, 18)$ e $C = (18, 6)$. Se o chefe da expedição pretende acampar em um ponto equidistante dos locais de escavação, determine as coordenadas do local de acampamento.

4. (UFPB) Um arquiteto fez o projeto de uma praça em formato elíptico, com quadras poliesportivas, um anfiteatro e alguns quiosques, e desenhou a planta dessa praça em um plano cartesiano, tendo o metro como unidade de comprimento.

O anfiteatro, em forma de círculo, tem um palco que está delimitado por um arco de circunferência que contorna o anfiteatro e por uma corda dessa circunferência, situada sobre a reta cuja equação é $3x - y + 4 = 0$. Sabendo-se que a equação da circunferência é $x^2 + y^2 - 10x - 8y + 16 = 0$, é correto afirmar que essa corda tem o comprimento de:

a) 2 m.

b) $\sqrt{26}$ m.

c) 8 m.

d) $\sqrt{12}$ m.

e) $\sqrt{10}$ m.

5. (Ufac) A área da "menor" figura limitada pela reta de equação $y = -x + 1$ e pela circunferência de equação $x^2 + y^2 = 1$ é igual a:

a) $\frac{\pi}{4} - \frac{1}{2}$.

b) $\frac{\pi}{2} - \frac{1}{4}$.

c) $\frac{\pi}{8} - \frac{1}{2}$.

d) $\frac{\pi}{4} - \frac{1}{4}$.

e) $\frac{\pi}{2} - \frac{1}{2}$.

6. (ITA-SP) Sejam **C** uma circunferência de raio $R > 4$ e centro $(0, 0)$ e $\overline{AB}$ uma corda de **C**. Sabendo que $(1, 3)$ é o ponto médio de $\overline{AB}$, então uma equação da reta que contém $\overline{AB}$ é:

a) $y + 3x - 6 = 0$.

b) $3y + x - 10 = 0$.

c) $2y + x - 7 = 0$.

d) $y + x - 4 = 0$.

e) $2y + 3x - 9 = 0$.

7. (UFPR) São dados os pontos **A**$(0, 0)$ e **B**$(6, 8)$ no plano cartesiano Oxy.

a) Escreva a equação reduzida da circunferência α que tem centro no ponto médio do segmento AB e contém os pontos **A** e **B**.

b) Encontre as coordenadas do ponto **P**, distinto de **A**, no qual a circunferência α intercepta o eixo **y**.

8. (UFPE) Calcule a distância **d** entre os pontos de intersecção das circunferências com equações:

$x^2 + y^2 - 2x - 2y + 1 = 0$ e

$x^2 + y^2 - 4x - 2y + 4 = 0$. Indique $4d^2$.

9. (Unir-RO) A distância entre os pontos de intersecção do eixo **y** com a circunferência tangente ao eixo **x** e centrada em $(2, -3)$, conforme a figura abaixo, é:

a) $3\sqrt{2}$.

b) $2\sqrt{3}$.

c) $2\sqrt{5}$.

d) $\sqrt{5}$.

e) 2.

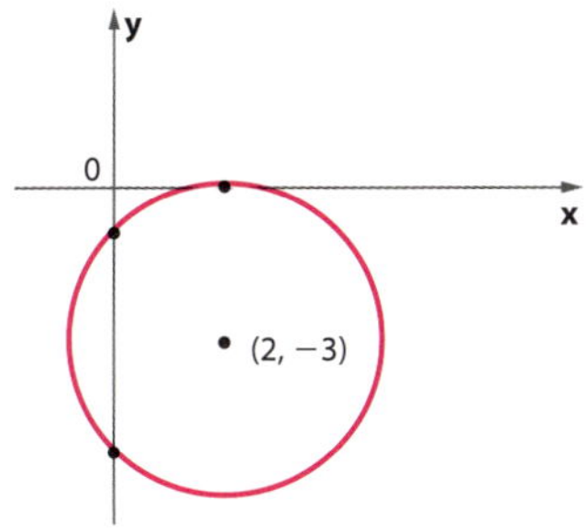

10. (UFMA) A roda de um carro é representada pela equação $x^2 - 40x + y^2 - 30y = 275$. Sabendo que essa roda dá 100 voltas por minuto, então a distância percorrida por um ponto dessa roda em 2 segundos, é igual a:

a) 30π.

b) 600π.

c) 20π.

d) 60π.

e) 200π.

11. (UFPE) Qual a maior distância entre um ponto da circunferência com equação $(x - 2)^2 + (y - 3)^2 = 1$ e a origem do sistema de coordenadas?
Abaixo estão esboçadas a circunferência $(x - 2)^2 + (y - 3)^2 = 1$ e a reta $y = \frac{3x}{2}$, que passa pela origem e pelo centro da circunferência.

a) $\frac{\sqrt{13}+1}{2}$

b) $\sqrt{13}+1$

c) $\sqrt{\sqrt{13}+1}$

d) $\sqrt{\sqrt{13}-1}$

e) 2,15

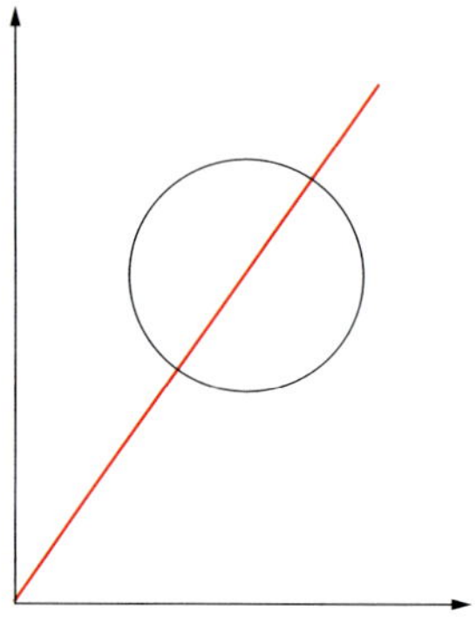

12. (UFCE) Em um sistema cartesiano de coordenadas, o valor positivo de **b** tal que a reta $y = x + b$ seja tangente ao círculo de equação $x^2 + y^2 = 1$ é:

a) 2.
b) 1.
c) $\sqrt{2}$.
d) $\frac{1}{\sqrt{2}}$.
e) 3.

13. (ITA-SP) Considere as circunferências
$\mathbf{C_1}$: $(x - 4)^2 + (y - 3)^2 = 4$ e
$\mathbf{C_2}$: $(x - 10)^2 + (y - 11)^2 = 9$. Seja **r** uma reta tangente interna a $\mathbf{C_1}$ e $\mathbf{C_2}$, isto é, **r** tangencia $\mathbf{C_1}$ e $\mathbf{C_2}$ e intercepta o segmento de reta $\overline{O_1O_2}$, definido pelos centros $\mathbf{O_1}$ de $\mathbf{C_1}$ e $\mathbf{O_2}$ de $\mathbf{C_2}$. Os pontos de tangência definem um segmento sobre **r** que mede:

a) $5\sqrt{3}$.
b) $4\sqrt{5}$.
c) $3\sqrt{6}$.
d) $\frac{25}{3}$.
e) 9.

14. ((UFMS) Se as retas de equação $y = mx$, onde **m** é constante, intersectam a circunferência de equação $(x - 2)^2 + (y - 2)^2 = \frac{4}{5}$, então:

a) $\frac{1}{2} \leq m \leq 2$.
b) $\frac{1}{4} \leq m \leq 2$.
c) $\frac{1}{4} \leq m \leq 3$.
d) $\frac{1}{4} \leq m \leq 4$.
e) $1 \leq m \leq 2$.

15. (UFG-GO) Na figura a seguir, a circunferência $\mathbf{C_1}$ tem raio 1 e a circunferência $\mathbf{C_2}$, de centro (2, 4), tem raio 2. A reta **r** forma um ângulo de 30° com o eixo das ordenadas e passa pelo centro das duas circunferências.

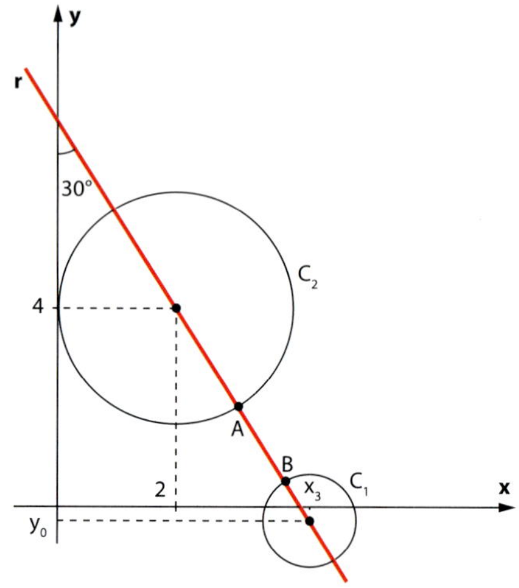

Sabendo que a distância entre os pontos **A** e **B** é igual a 2, as coordenadas (x_0, y_0) do centro da circunferência $\mathbf{C_1}$ são:

a) $\left(\frac{9}{2}, 4 - \frac{5\sqrt{3}}{2}\right)$.
b) $\left(\frac{15}{4}, 3 - 2\sqrt{3}\right)$.
c) $\left(\frac{7}{2}, 4 - \frac{3\sqrt{3}}{2}\right)$.
d) $\left(\frac{17}{4}, 5 - 3\sqrt{3}\right)$.
e) $\left(\frac{19}{4}, 2 - \frac{3\sqrt{3}}{2}\right)$.

16. (Cesupa) Determine o raio da circunferência $\mathbf{C_1}$, cujo centro é a intersecção da reta **r** de equação $x - y - 3 = 0$ com a reta **s** de equação $x - 3y + 3 = 0$. Sabe-se também que $\mathbf{C_1}$ é tangente exteriormente à circunferência $\mathbf{C_2}$ de equação $x^2 + y^2 + 4x - 6y + 4 = 0$.

a) 8
b) 5
c) 3
d) 1

17. (Fuvest-SP) No plano cartesiano, os pontos (0, 3) e (−1, 0) pertencem à circunferência **C**. Uma outra circunferência, de centro em $\left(-\frac{1}{2}, 4\right)$, é tangente a **C** no ponto (0, 3). Então, o raio de **C** vale:

a) $\frac{\sqrt{5}}{8}$.
b) $\frac{\sqrt{5}}{4}$.
c) $\frac{\sqrt{5}}{2}$.
d) $\frac{3\sqrt{5}}{4}$.
e) $\sqrt{5}$.

18. (ITA-SP) Determine uma equação da circunferência inscrita no triângulo cujos vértices são $A = (1, 1)$, $B = (1, 7)$ e $C = (5, 4)$ no plano xOy.

19. (Fuvest-SP) No plano cartesiano Oxy, a circunferência **C** tem centro no ponto $A = (-5, 1)$ e é tangente à reta **t** de equação $4x - 3y - 2 = 0$ em um ponto **P**. Seja ainda **Q** o ponto de intersecção da reta **t** com o eixo Ox. Assim:

a) Determine as coordenadas do ponto **P**.

b) Escreva uma equação para a circunferência **C**.

c) Calcule a área do triângulo APQ.

20. (Vunesp) Uma aeronave faz sua aproximação final do destino, quando seu comandante é informado pelo controlador de voo que, devido ao intenso tráfego aéreo, haverá um tempo de espera de 15 minutos para que o pouso seja autorizado e que ele deve permanecer em rota circular, em torno da torre de controle do aeroporto, a 1 500 metros de altitude, até que a autorização para o pouso seja dada.

O comandante, cônscio do tempo de espera a ser despendido e de que, nessas condições, a aeronave que pilota voa a uma velocidade constante de v_c (km/h), decide realizar uma única volta em torno da torre de controle durante o tempo de espera para aterrissar.

Sabendo que o aeroporto encontra-se numa planície e tomando sua torre de controle como sendo o ponto de origem de um sistema de coordenadas cartesianas, determine a equação da projeção ortogonal, sobre o solo, da circunferência que a aeronave descreverá na altitude especificada.

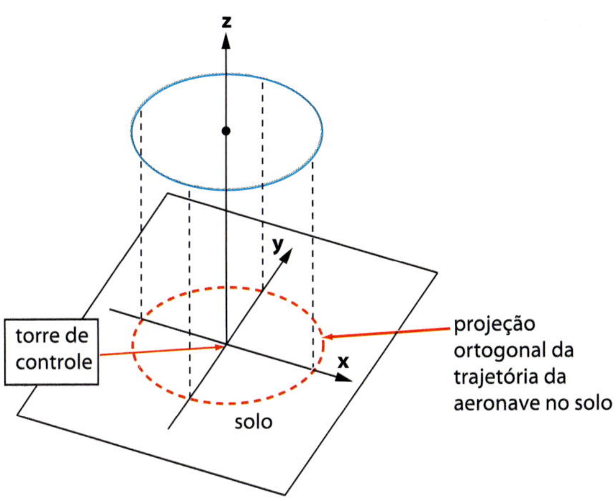

a) $x^2 + y^2 = \left(\dfrac{15v_c}{2\pi}\right)^2$.

b) $x^2 + y^2 = \left(\dfrac{2v_c}{\pi}\right)^2$.

c) $x^2 + y^2 = \left(\dfrac{v_c}{2\pi}\right)^2$.

d) $x^2 + y^2 = \left(\dfrac{v_c}{8\pi}\right)^2$.

e) $x^2 + y^2 = \left(\dfrac{v_c}{32\pi}\right)^2$.

21. (Unir-RO) Uma circunferência tem centro (a, b) no primeiro quadrante, raio **r** e é tangente aos eixos coordenados. Nessas condições, é correto afirmar:

a) $a = b$.

b) $a > b$.

c) $a < b$.

d) $a^2 + b^2 = r^2$.

e) $a^2 + b^2 = r$

22. (Fuvest-SP) Considere, no plano cartesiano Oxy, a circunferência **C** de equação $(x - 2)^2 + (y - 2)^2 = 4$ e sejam **P** e **Q** os pontos nos quais **C** tangencia os eixos Ox e Oy, respectivamente. Seja PQR o triângulo isósceles inscrito em **C**, de base $\overline{PQ}$, e com maior perímetro possível. Então, a área de PQR é igual a:

a) $2\sqrt{2} - 2$.

b) $2\sqrt{2} - 1$.

c) $2\sqrt{2}$.

d) $2\sqrt{2} + 2$.

e) $2\sqrt{2} + 4$.

23. (UFMG) Considere uma circunferência de equação $(x - a)^2 + (y - b)^2 = r^2$, em que **a** e **b** são números reais e **r** é um número real positivo.

Sabe-se que:

- a reta de equação $y = x + 5$ tangencia essa circunferência no ponto $T = (1, 6)$; e
- a reta de equação $y = x + 3$ determina, nessa circunferência, uma corda PQ de comprimento $2\sqrt{30}$.

Determine os valores de **a**, **b** e **r**.

24. (Uece) No sistema usual de coordenadas cartesianas, a equação da circunferência inscrita no quadrado representado pela equação $|x| + |y| = 1$ é:

a) $2x^2 + 2y^2 + 1 = 0$.

b) $x^2 + y^2 - 1 = 0$.

c) $2x^2 + 2y^2 - 1 = 0$.

d) $x^2 + y^2 - 2 = 0$.

Capítulo 4 Geometria analítica: secções cônicas

UM POUCO DE HISTÓRIA

➲ *Cônicas* é o título da obra em que o matemático e astrônomo grego Apolônio de Pérgamo (262 a.C.-190 a.C.) apresenta o mais completo estudo das curvas obtidas a partir de cortes (secções) específicos em cones: a parábola, a hipérbole e a elipse, atribuindo a elas os nomes como são conhecidas até hoje. Essa obra auxiliou o trabalho de muitos pensadores, especialmente astrônomos.

A MATEMÁTICA NA PRÁTICA

➲ Astronomia é uma das áreas que fazem importantes aplicações das secções cônicas. Os cientistas Nicolau Copérnico (1473-1543), Johannes Kepler (1571-1630), Edmond Halley (1656-1742) e Isaac Newton (1642-1727) aplicaram essas configurações para explicar fenômenos físicos, como órbitas de planetas e de projéteis. Atualmente, destacam-se aplicações em Arquitetura, Engenharia civil e Telecomunicações.

A arquitetura usufrui das formas geométricas em suas concepções. Diversas construções modernistas inspiradas em formas CÔNICAS alcançaram grande distinção, como as apresentadas nestas páginas.

SANTIAGO BARRIO/THE IMAGE BANK/GETTY IMAGES

Museu oceanográfico de Valência, Espanha. Nele está situado o maior aquário da Europa.

FUNDO: PAULO MANZI/ARQUIVO DA EDITORA

1. Elipse 2. Hipérbole 3. Parábola

DESAFIO

*Observe as formas das construções mostradas nas fotografias **A**, **B** e **C**. Considerando a semelhança de formas, associe a cada fotografia uma das secções CÔNICAS (elipse, hipérbole e parábola) apresentadas no final da página ao lado.*

A

Edifício do Centro de visitantes da baía de Cardiff, País de Gales, também conhecido como *The Tube* (O Tubo).

THE PHOTOLIBRARY WALES/ALAMY/OTHER IMAGES

B

Catedral Metropolitana de Brasília, DF.

HEEB CHRISTIAN/EASYPIX

C

1 Introdução

Considere as seguintes situações:

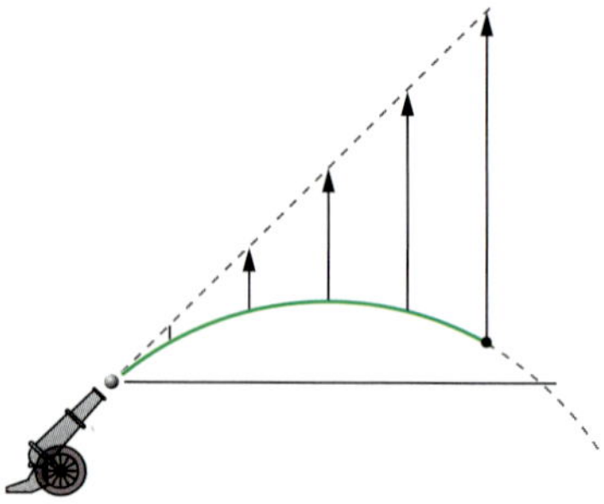

A trajetória de um projétil, em queda livre, é um arco de *parábola*.

Os planetas giram em torno do Sol numa trajetória cuja forma é uma *elipse*.

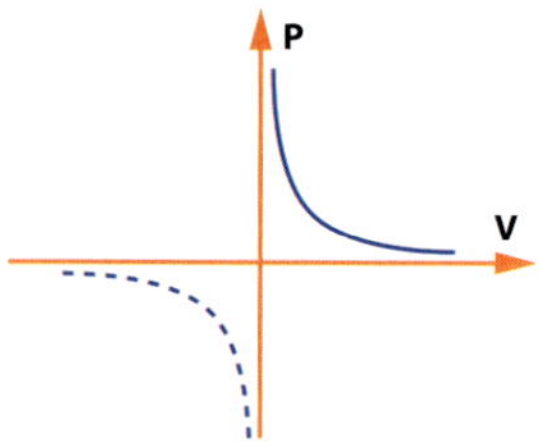

O gráfico que relaciona pressão e volume de um gás à temperatura constante, como o da figura ao lado, é uma *hipérbole*.

Veja mais algumas situações em que aparecem a parábola, a elipse e a hipérbole:

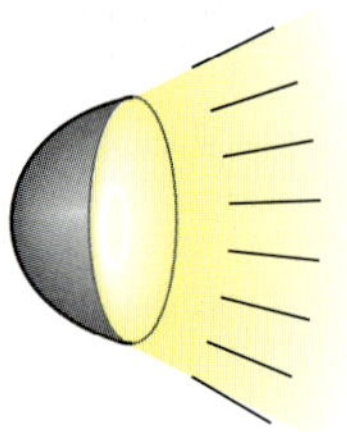

hipérbole

elipse

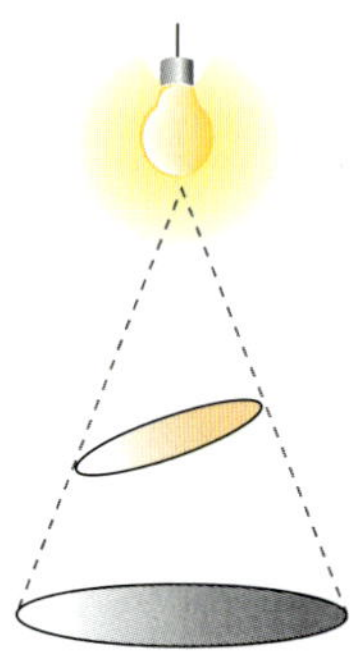

elipse

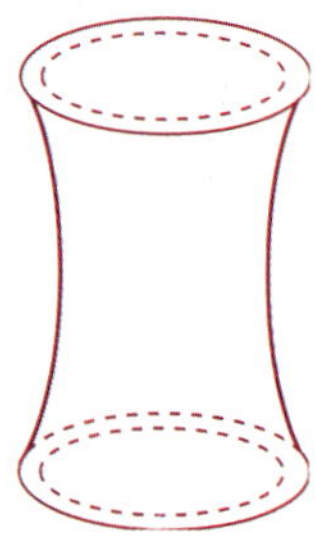

parábola

2 Parábola*

Origem

Vamos considerar um cone circular reto seccionado por um plano paralelo à geratriz, como mostram as figuras seguintes:

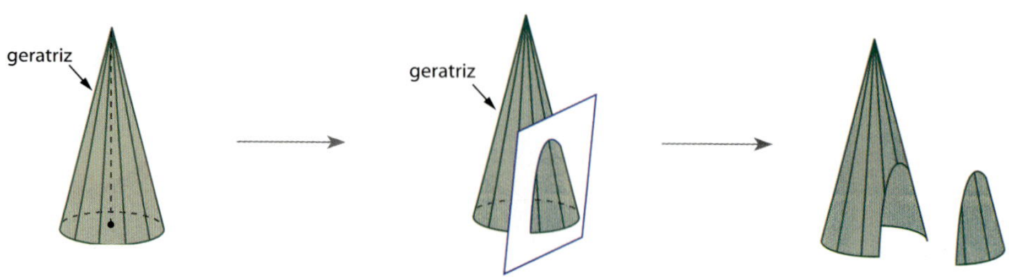

Nesse caso, dizemos que foi obtida uma secção cônica chamada *parábola*.

* Vamos retomar e aprofundar o que você já estudou no capítulo 5 do volume 1 – Função quadrática.

Definição e elementos

Inicialmente consideremos, no plano do papel, uma reta **d** e um ponto **F** que não pertence a ela.

Vamos marcar, agora, uma série de pontos que estão a uma mesma distância do ponto fixado **F** e da reta **d**. Na prática, isso pode ser feito com o auxílio de uma régua, um esquadro, lápis, alfinete e barbante.

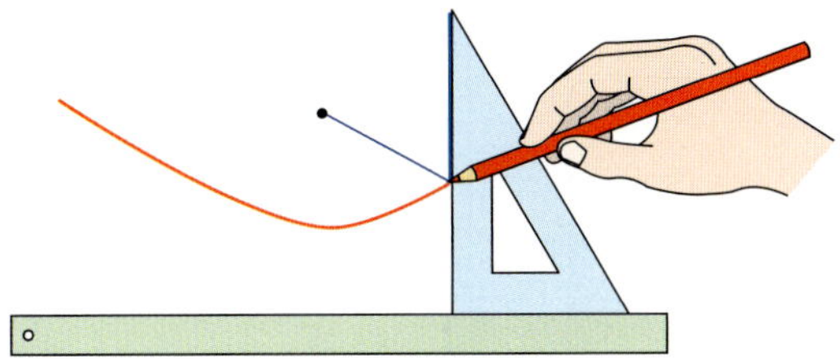

Construindo o gráfico ponto a ponto teremos:

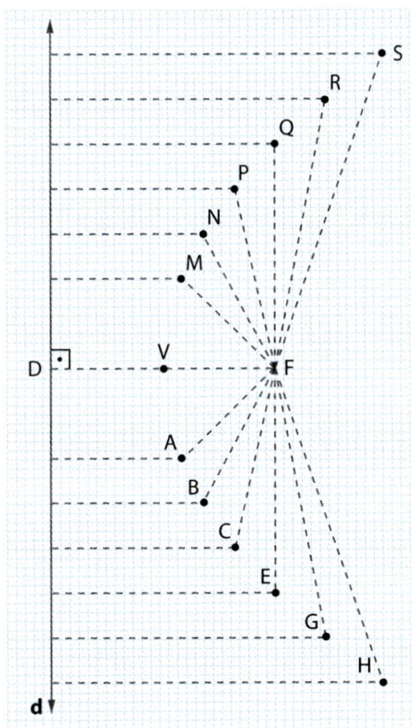

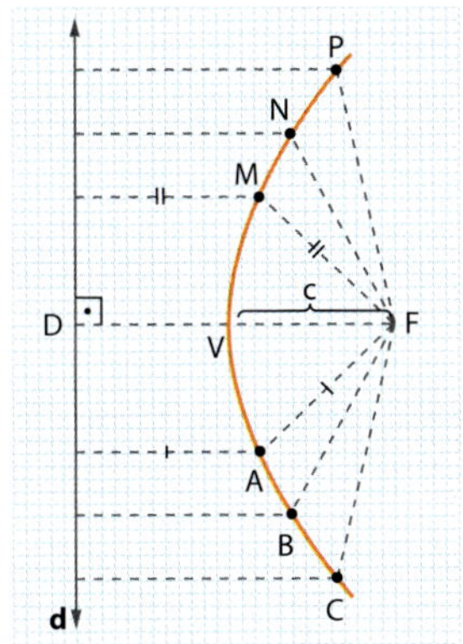

Fique atento

$$VF = \frac{FD}{2} = \frac{p}{2} = c$$

A parábola é o conjunto de todos os pontos do plano que estão à mesma distância de **F** e **d**.

Na figura devemos destacar:

- o ponto **F**, foco da parábola;
- a reta **d**, diretriz da parábola;
- o ponto **V**, vértice da parábola (ponto médio de $\overline{FD}$, distância de **F** até **d**);
- a reta que passa por **F**, perpendicular à diretriz **d**, que se chama *eixo de simetria* da parábola;
- a medida de FD = 2c, parâmetro (**p**) da parábola.

Fique atento

Todo ponto da parábola tem essa propriedade e todo ponto do plano que possui essa propriedade pertence à parábola.

Assim, definimos que parábola é o lugar geométrico dos pontos do plano que distam igualmente de uma reta fixa **d**, chamada *diretriz*, e de um ponto fixo **F**, não pertencente à diretriz, chamado *foco*.

Equação da parábola

Equação da parábola com vértice na origem

A partir do foco (**F**) e da diretriz (**d**), podemos chegar à equação da parábola formada por todos os pontos **P**(x, y) do plano tal que d(P, F) = d(P, d).

1º caso: diretriz x = −c e foco **F**(c, 0)

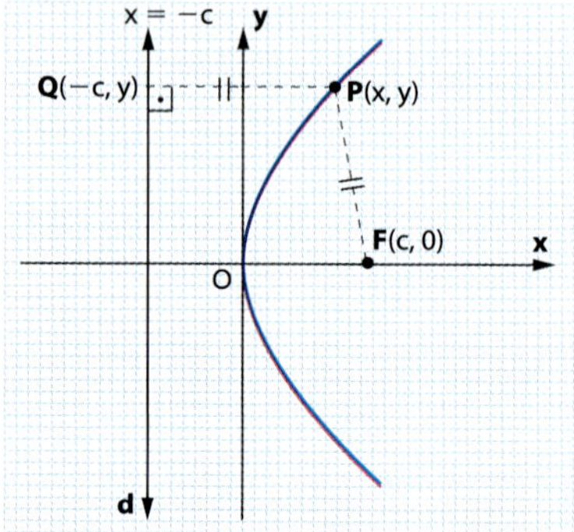

Fique atento

c indica a distância do foco ao vértice e é sempre positivo. Logo, **−c** indica um número negativo.

$$d(P, F) = d(P, Q) \Rightarrow \sqrt{(x-c)^2 + (y-0)^2} = \sqrt{(x+c)^2 + (y-y)^2} \Rightarrow (x-c)^2 + y^2 = (x+c)^2 \Rightarrow$$

$$\Rightarrow \cancel{x^2} - 2cx + \cancel{c^2} + y^2 = \cancel{x^2} + 2cx + \cancel{c^2} \Rightarrow y^2 = 4cx$$

Nesse caso, o vértice está na origem e a parábola é simétrica em relação ao eixo Ox, que é o eixo da parábola.

2º caso: diretriz y = −c e foco **F**(0, c)

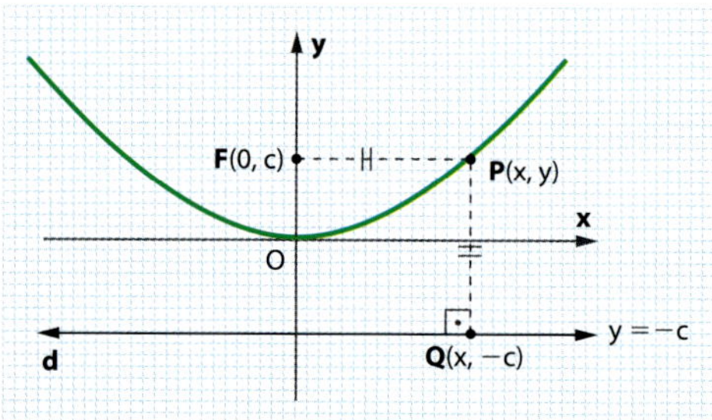

$$d(P, F) = d(P, Q) \Rightarrow \sqrt{(x-0)^2 + (y-c)^2} = \sqrt{(x-x)^2 + (y+c)^2} \Rightarrow x^2 + (y-c)^2 = (y+c)^2 \Rightarrow$$

$$\Rightarrow x^2 + \cancel{y^2} - 2cy + \cancel{c^2} = \cancel{y^2} + 2cy + \cancel{c^2} \Rightarrow x^2 = 4cy$$

Nesse caso, o vértice está na origem e a parábola é simétrica em relação ao eixo Oy, que é o eixo da parábola.

3º caso: diretriz x = c e **F**(−c, 0)

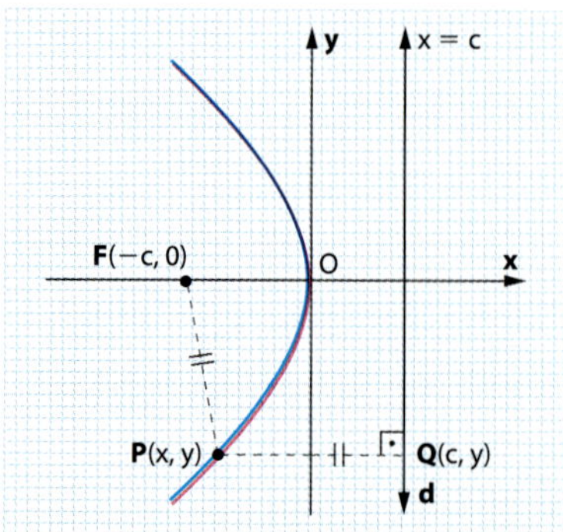

$$y^2 = -4cx$$

4º caso: diretriz $y = c$ e $\mathbf{F}(0, -c)$

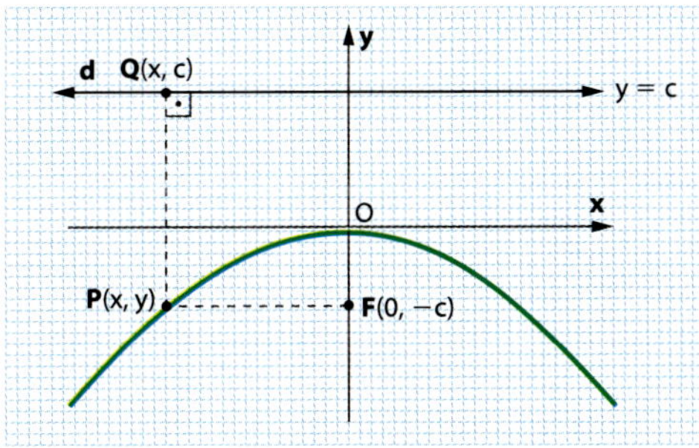

$$x^2 = -4cy$$

Fique atento

O valor do coeficiente **c** indica a distância do foco ao vértice e, consequentemente, a concavidade da parábola.

Assim, parábolas com foco em um dos eixos, diretriz paralela ao outro eixo e vértice **V**(0, 0) têm essas equações. Vale também a recíproca do que foi visto: as equações $y^2 = 4cx$, $x^2 = 4cy$, $y^2 = -4cx$ e $x^2 = -4cy$, com $c > 0$, representam parábolas com foco em um dos eixos, diretriz paralela ao outro eixo e vértice **V**(0, 0).

Exercícios resolvidos

1. Determine a equação da parábola de foco $\mathbf{F}(0, -5)$ e diretriz $y = 5$.

Resolução:

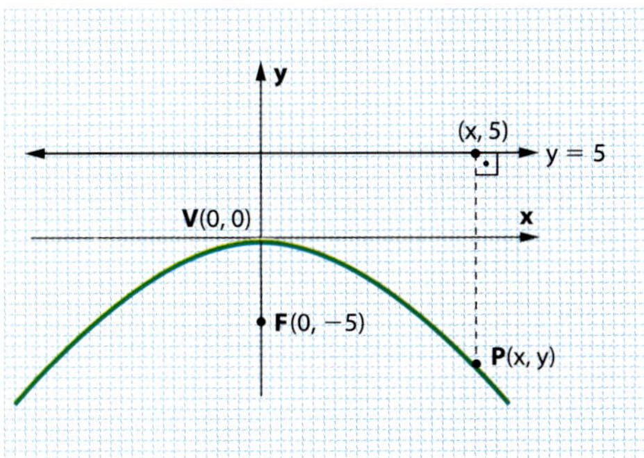

Usando a propriedade de todo ponto $\mathbf{P}(x, y)$ da parábola, temos:

$$d(P, F) = \sqrt{(x-0)^2 + (y+5)^2} = \sqrt{x^2 + (y+5)^2}$$

A distância de **P** à reta $y = 5$ é igual à distância de **P** até $(x, 5)$, que é igual a $\sqrt{(x-x)^2 + (y-5)^2}$.

Como as distâncias são iguais, temos:

$$x^2 + (y+5)^2 = 0^2 + (y-5)^2 \Rightarrow$$

$$\Rightarrow x^2 + \cancel{y^2} + 10y + \cancel{25} = \cancel{y^2} - 10y + \cancel{25} \Rightarrow$$

$$\Rightarrow x^2 = -20y$$

2. Determine o foco e a diretriz da parábola de equação $y^2 = 5x$.

Resolução:

Podemos escrever $y^2 = 5x$ como

$$(y-0)^2 = 4 \cdot \frac{5}{4}(x-0) \Rightarrow y^2 = 4 \cdot \frac{5}{4}x.$$

A distância do vértice (0, 0) ao foco é $c = \frac{5}{4}$.

Logo, $\mathbf{F}\left(\frac{5}{4}, 0\right)$ e a diretriz é $x = -\frac{5}{4}$.

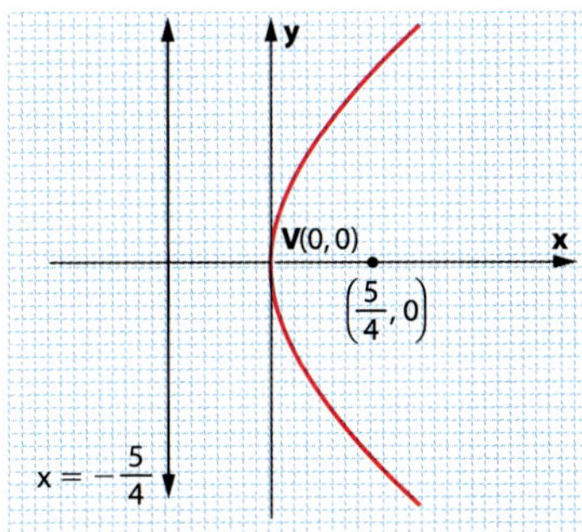

3. Esboce os gráficos das parábolas de equação:

a) $y^2 = x$;

b) $y^2 = 4x$;

c) $y^2 = 8x$.

Resolução:

a) $y^2 = x = 4 \cdot \frac{1}{4}x$

x	y
0	0
1	1
1	−1
4	2
4	−2

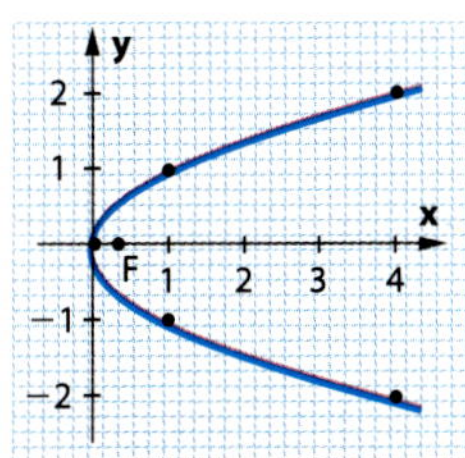

$\mathbf{F}\left(\frac{1}{4}, 0\right)$

b) $y^2 = 4x = 4 \cdot 1x$

x	y
0	0
1	2
1	−2
4	4
4	−4

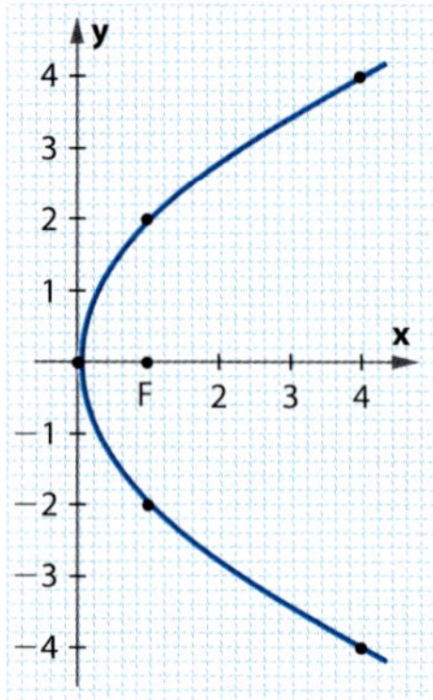

c) $y^2 = 8x = 4 \cdot 2x$

x	y
0	0
$\frac{1}{2}$	2
$\frac{1}{2}$	−2
2	4
2	−4

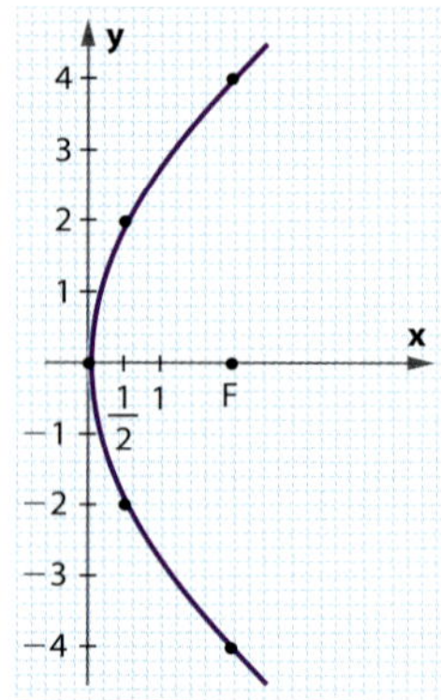

Observação: Como o valor do coeficiente **c** indica a distância do foco ao vértice e a concavidade da parábola, compare as parábolas do exercício resolvido 3: em $y^2 = 8x$ $(c = 2)$, a concavidade é maior que em $y^2 = 4x$ $(c = 1)$, pois $2 > 1$.

Exercício proposto

1. Determine a equação da parábola de foco **F** e diretriz **d** nos seguintes casos:

a) **F**(9, 0) e **d**: $x = -9$
b) **F**(0, −6) e **d**: $y = 6$
c) **F**(0, 7) e **d**: $y = -7$
d) **F**(−5, 0) e **d**: $x = 5$

Equação da parábola com vértice em um ponto qualquer

Vamos determinar a equação da parábola que tem como diretriz a reta de equação $x = -4$ e como foco o ponto **F**(6, 2):

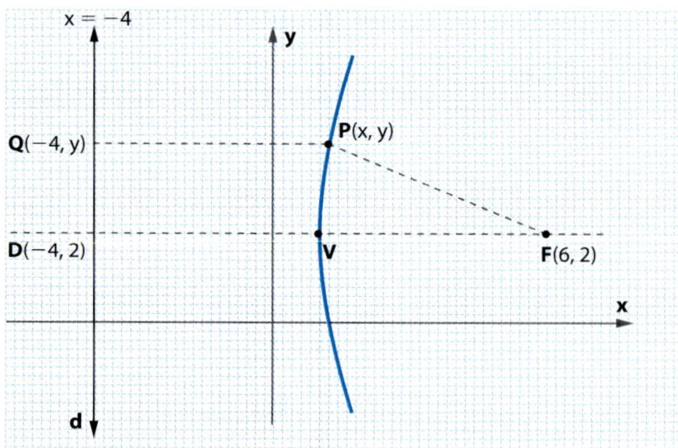

Nesse caso, o vértice é o ponto médio do segmento FD, no qual **F**(6, 2) e **D**(−4, 2):

$$\mathbf{V}\left(\frac{6-4}{2}, \frac{2+2}{2}\right) \Rightarrow \mathbf{V}(1, 2)$$

Pela distância de **V** até **F** encontramos o valor de **c**:

$$c = \sqrt{(6-1)^2 + (2-2)^2} = 5$$

Os pontos **P**(x, y) da parábola são tal que d(P, F) = d(P, Q), em que **Q**(−4, y):

$$d(P, F) = d(P, Q) \Rightarrow \sqrt{(x-6)^2 + (y-2)^2} = \sqrt{(x+4)^2 + (y-y)^2} \Rightarrow (x-6)^2 + (y-2)^2 = (x+4)^2 \Rightarrow$$

$$\Rightarrow (y-2)^2 = (x+4)^2 - (x-6)^2 = \cancel{x^2} + 8x + 16 - \cancel{x^2} + 12x - 36 = 20x - 20 \Rightarrow (y-2)^2 = 20(x-1)$$

Observemos que na equação obtida aparecem as coordenadas do vértice $x_V = 1$ e $y_V = 2$ e também o valor $c = 5$:

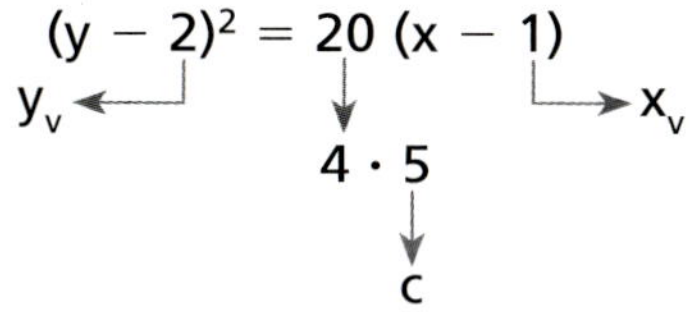

Reciprocamente, a partir da equação da parábola, $(y - 2)^2 = 20(x - 1)$, podemos chegar ao vértice e ao valor de **c** (distância de **V** a **F** ou de **V** à diretriz **d**) e, daí, ao foco e à diretriz:

$$(y - 2)^2 = 20(x - 1) = 4 \cdot 5(x - 1)$$

em que **V**(1, 2) e $c = 5$.

Esboçando o gráfico, vem:

Logo, **F**(6, 2) e diretriz $x = -4$.

Generalizando, podemos dizer que, a partir do foco e da diretriz, é possível determinar o vértice **V**(x_V, y_V) e o valor de **c** e, daí, a equação da parábola e a posição correspondente. Veja os casos possíveis:

$(y - y_V)^2 = 4c(x - x_V)$

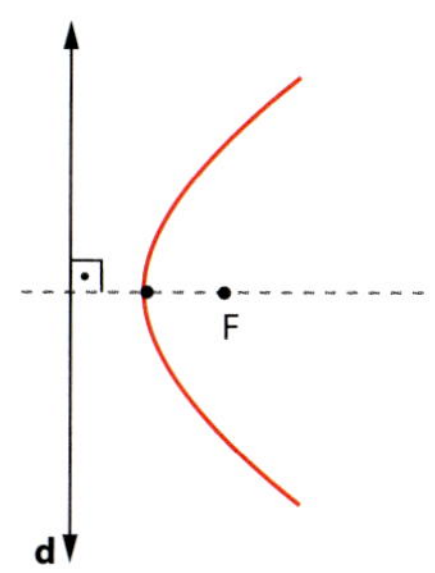

$(y - y_V)^2 = -4c(x - x_V)$

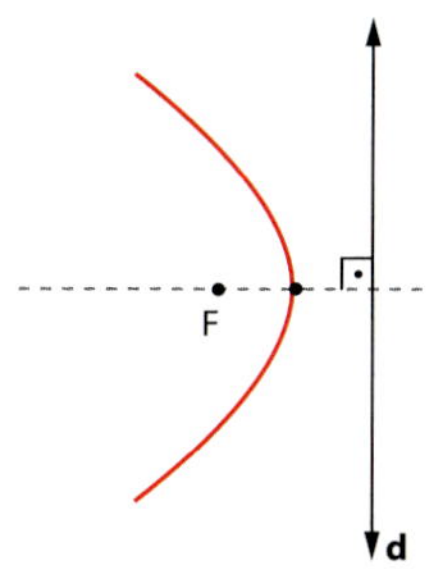

Para refletir

Quando estudamos a parábola como gráfico de uma função quadrática, não havia possibilidade de o eixo de simetria ser horizontal. Por quê?

$(x - x_V)^2 = 4c(y - y_V)$

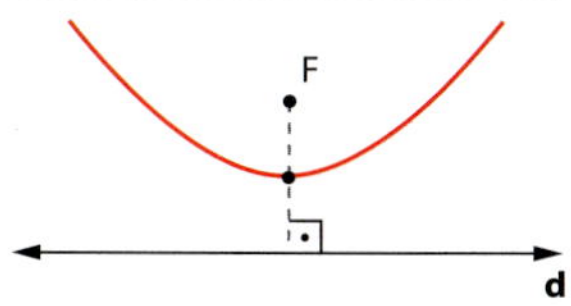

$(x - x_V)^2 = -4c(y - y_V)$

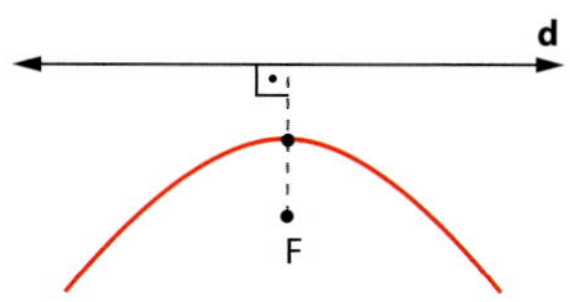

Devemos lembrar que vale a recíproca: a partir da equação da parábola podemos chegar ao vértice e ao valor de **c** e, daí, ao foco e à diretriz.

Observação: No volume 1 desta coleção, estudamos as funções quadráticas $y = ax^2 + bx + c$, cujos gráficos foram chamados de parábolas. Na verdade aquelas parábolas e as estudadas neste capítulo são as mesmas, pois, quando usamos a técnica de completar quadrados, podemos transformar qualquer equação do tipo $y = ax^2 + bx + c$, vista no volume 1, em uma do tipo $(x - x_V)^2 = \pm 4c(y - y_V)$, como temos trabalhado neste volume.

Fique atento

O **c** de $y = ax^2 + bx + c$ não é o mesmo **c** de $y - y_V = \pm 4c(x - x_V)^2$.

Exercícios resolvidos

4. Determine a equação e as coordenadas do vértice da parábola que tem foco no ponto **F**(1, 5) e a reta diretriz de equação $y = -3$.

Resolução:

Os dados do problema permitem fazer um esboço do gráfico e, assim, identificar o tipo da equação:

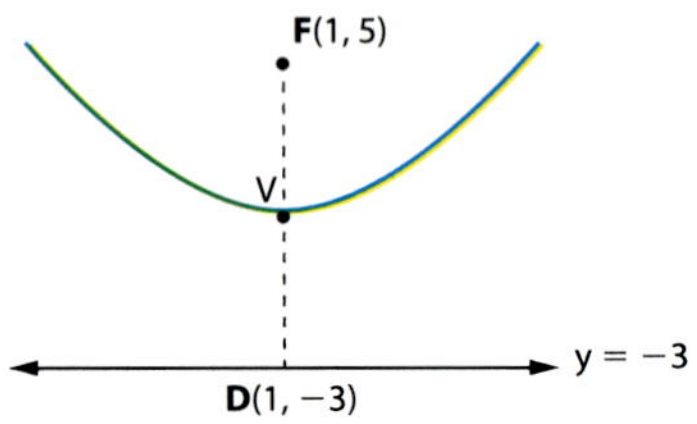

$(x - x_V)^2 = 4c(y - y_V)$

O vértice é o ponto médio de $\overline{FD}$. Então:

$$\mathbf{V}\left(\frac{1+1}{2}, \frac{5-3}{2}\right) \Rightarrow \mathbf{V}(1, 1)$$

Pela distância de **V** a **F** encontramos o valor de **c**:

$$c = \sqrt{(1-1)^2 + (5-1)^2} = \sqrt{0+16} = 4$$

Podemos escrever agora a equação procurada:

$(x - x_V)^2 = 4c(y - y_V) \Rightarrow (x - 1)^2 = 4 \cdot 4(y - 1) \Rightarrow$

$\Rightarrow (x - 1)^2 = 16(y - 1)$

Logo, a equação é $(x - 1)^2 = 16(y - 1)$ e **V**(1, 1).

5. Se uma parábola tem como equação $x^2 - 4x - 12y - 8 = 0$, determine as coordenadas do vértice, as coordenadas do foco, a equação da reta diretriz da parábola e a equação do eixo de simetria.

Resolução:

Completando os quadrados perfeitos, temos:

$x^2 - 4x - 12y - 8 = 0 \Rightarrow x^2 - 4x = 12y + 8 \Rightarrow$

$\Rightarrow x^2 - 4x + \ldots 4 \ldots = 12y + 8 + \ldots 4 \ldots \Rightarrow$

$\Rightarrow \underbrace{x^2 - 4x + 4} = \underbrace{12y + 12} \Rightarrow$

$\Rightarrow (x - 2)^2 = 12(y + 1) \Rightarrow$

$(x - 2)^2 = 4 \cdot 3(y + 1)$

em que $x_V = 2$, $y_V = -1$ e $c = 3$

Fazendo um esboço do gráfico, vem:

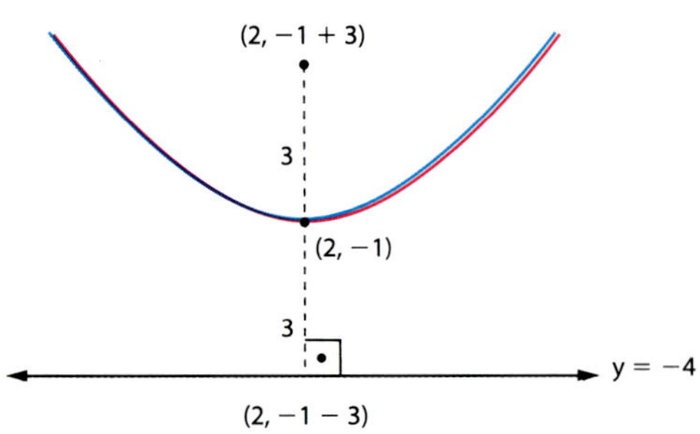

Logo, **V**(2, −1), **F**(2, 2), a diretriz é $y = -4$ e o eixo de simetria é $x = 2$.

6. Determine a equação, o foco **F** e a diretriz **d** da parábola com vértice **V**(−2, −3), sabendo que o foco está no quarto quadrante, **d** é paralela ao eixo **y** e o parâmetro, **p**, é 8.

Resolução:

$p = 8$ indica que $c = 4$, pois $c = \dfrac{p}{2}$.

As informações do problema levam a um esboço do gráfico:

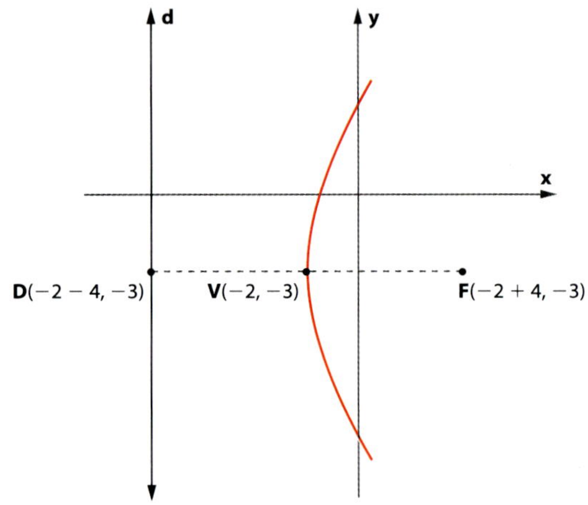

A posição da parábola indica que a equação é da forma $(y - y_V)^2 = 4c(x - x_V)$.

Daí, vem:

V(−2, −3)

$c = 4$

F$(-2 + 4, -3) \Rightarrow$ **F**$(2, -3)$

D$(-2 - 4, -3) \Rightarrow$ **D**$(-6, -3)$

diretriz $x = -6$

Substituindo as informações na fórmula, temos:

$(y - y_V)^2 = 4c(x - x_V) \Rightarrow (y + 2)^2 = 4 \cdot 4(x + 3) \Rightarrow$

$\Rightarrow (y + 2)^2 = 16(x + 3)$

Logo, a parábola tem equação $(y + 2)^2 = 16(x + 3)$, **F**(2, −3) e diretriz $x = -6$.

7. Determine a equação da parábola com eixo de simetria perpendicular ao eixo **Ox**, vértice no ponto **V**(0, 4) e que passa pelo ponto **P**(2, 1).

Resolução:

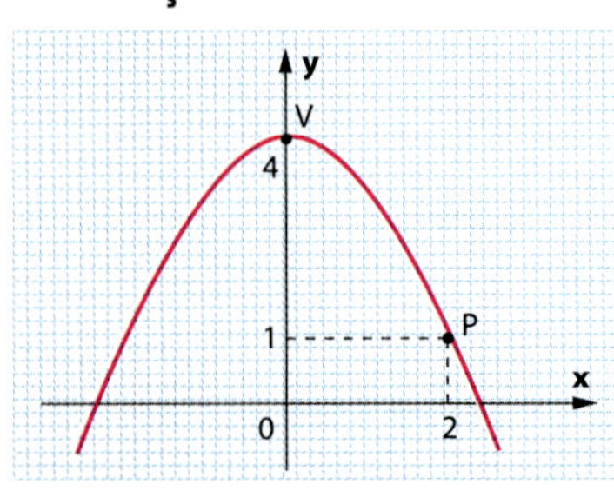

$(x - x_V)^2 = -4c(y - y_V)$

Substituindo $x_V = 0$ e $y_V = 4$ na equação, temos:

$(x - 0)^2 = -4c(y - 4) \Rightarrow x^2 = -4c(y - 4)$

Como a parábola passa por **P**(2, 1), vem:

$2^2 = -4c(1 - 4) \Rightarrow 12c = 4 \Rightarrow c = \frac{1}{3}$

Logo, a equação da parábola é $x^2 = -\frac{4}{3}(y - 4)$.

8. Verifique se os pontos **A**(3, 8), **B**(1, −4), **C**(4, 2) e **D**(−8, −10) pertencem ou não à parábola **P** de vértice **V**(4, 2) e foco **F**(1, 2).

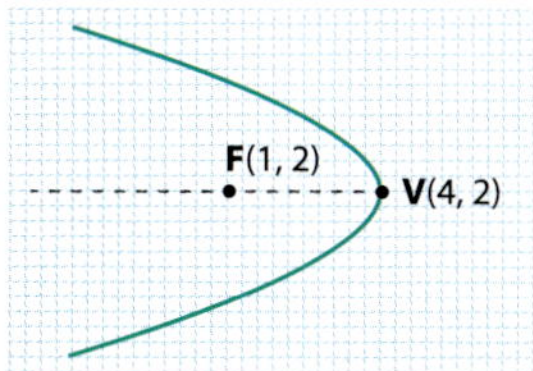

Resolução:

A posição da parábola indica que a equação é da forma

$(y - y_V)^2 = -4c(x - x_V)$.

Pela distância de **V** até **F** encontramos o valor de **c**:

$c = \sqrt{(1 - 4)^2 + (2 - 2)^2} = 3$

Sabendo que $c = 3$, $x_V = 4$ e $y_V = 2$, a equação da parábola é:

$(y - y_V)^2 = -4c(x - x_V) \Rightarrow$

$\Rightarrow (y - 2)^2 = -4 \cdot 3(x - 4) \Rightarrow (y - 2)^2 = -12(x - 4)$

A partir da equação, podemos verificar a posição de cada um dos pontos em relação à parábola **P**:

A$(3, 8) \Rightarrow (8 - 2)^2 \neq -12(3 - 4) \Rightarrow A \notin P$

B$(1, -4) \Rightarrow (-4 - 2)^2 = -12(1 - 4) \Rightarrow B \in P$

C$(4, 2) \in P$, pois é o vértice da parábola

D$(-8, -10) \Rightarrow (-10 - 2)^2 = -12(-8 - 4) \Rightarrow$

$\Rightarrow D \in P$

Exercícios propostos

2. Determine o foco, o vértice e a diretriz da parábola, a partir das equações:

a) $y^2 = 28x$
b) $x^2 = -4y$
c) $x^2 = 10y$
d) $y^2 = -16x$

3. Dadas duas parábolas, de equações $x^2 = -12y$ e $x^2 = -2y$, qual delas tem concavidade maior? Esboce os gráficos para comprovar sua resposta.

4. Determine a equação da parábola que tem:

a) foco no ponto **F**(3, 0) e diretriz de equação $x = -3$;
b) diretriz de equação $y = 3$ e vértice **V**(0, 0);
c) foco no ponto **F**(1, 2) e diretriz de equação $x = -2$;
d) diretriz de equação $x = 2$ e vértice **V**(−1, −3).

5. Determine as coordenadas do foco e a equação da reta diretriz das parábolas que têm por equação:

(*Sugestão:* Lembre-se, por exemplo, de que $2 = 4\left(\frac{1}{2}\right)$.)

a) $x^2 = 4y$
b) $y^2 = 2x$
c) $x = -\frac{1}{8}y^2$
d) $y^2 = -4x$
e) $x^2 = y$

6. Encontre as coordenadas do vértice, as coordenadas do foco, a equação da reta diretriz e a equação do eixo de simetria das parábolas de equações:

a) $y^2 - 6y - 12x + 21 = 0$
b) $x^2 - 2x - y + 4 = 0$

7. A parábola de equação $x^2 - 6x + y + 8 = 0$ intersecta o eixo **x** nos pontos **A** e **B**. Sendo **V** o vértice da parábola, determine a área do triângulo VAB.

8. Determine a equação das parábolas:

a) de vértice **V**(−1, 4), eixo paralelo ao eixo **y** e que passa pelo ponto **A**(3, 0);
b) de vértice **V**(4, 2) e foco **F**(4, 5).

9. Uma parábola tem foco no ponto **F**(3, 1) e sua diretriz é a reta de equação $x = -1$. Determine a equação da parábola e os pontos em que a reta de equação $x - y = 0$ intersecta a parábola.

3 Elipse

Origem

Vamos considerar um cone circular reto.

Utilizando um plano inclinado em relação ao eixo e que intersecte todas as geratrizes do cone, faremos um corte, como mostram as figuras seguintes:

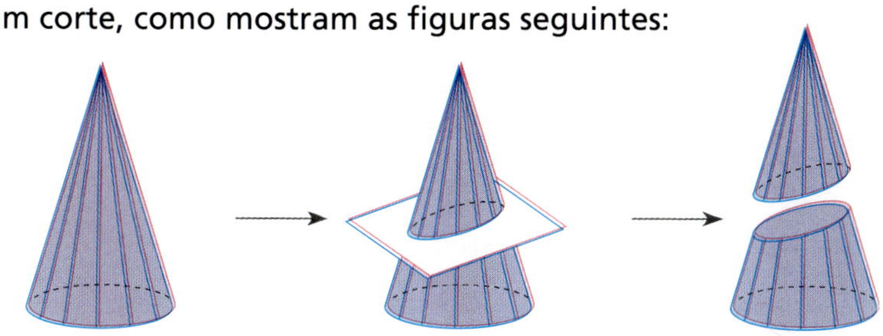

Fique atento

Se o plano for paralelo ao plano da base, obtemos uma circunferência, que também é uma secção cônica.

Nesse caso, a secção cônica obtida é chamada *elipse*. 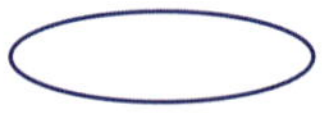

Definição e elementos

Consideremos, inicialmente, no plano do papel, dois pontos fixos $\mathbf{F_1}$ e $\mathbf{F_2}$ tal que a distância entre eles seja 2c.

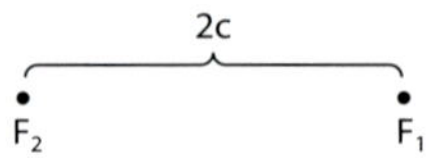

Imagine que vamos marcar uma série de pontos tal que a soma de suas distâncias aos pontos fixos $\mathbf{F_1}$ e $\mathbf{F_2}$ seja sempre constante e maior do que 2c. Na prática, isso pode ser feito com o auxílio de um lápis, dois alfinetes e barbante.

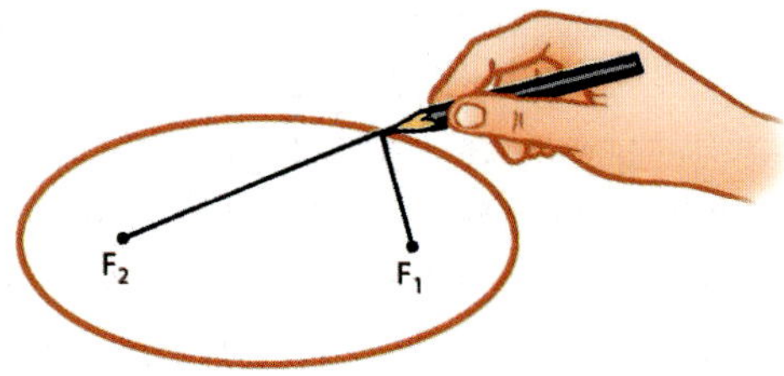

Construindo o gráfico ponto a ponto, teremos:

$AF_1 + AF_2 = BF_1 + BF_2 = CF_1 + CF_2 = ... = JF_1 + JF_2 = ... = LF_1 + LF_2 = ... = 2a$ (constante), sendo $2a > 2c$.

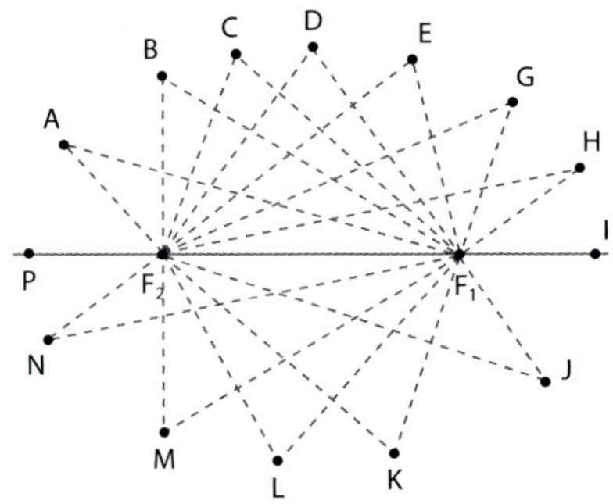

A elipse é o conjunto de todos os pontos do plano que satisfazem essa propriedade.

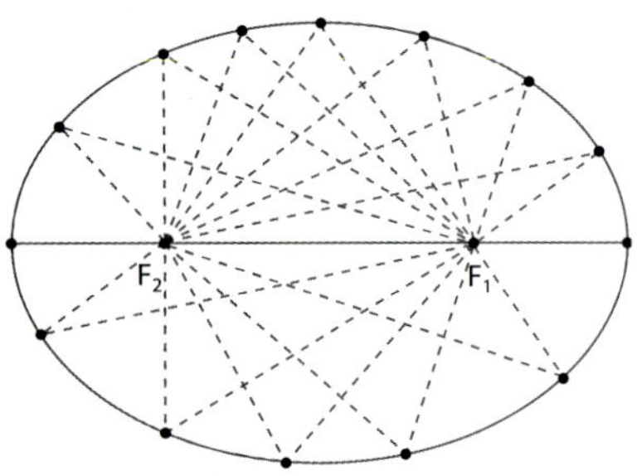

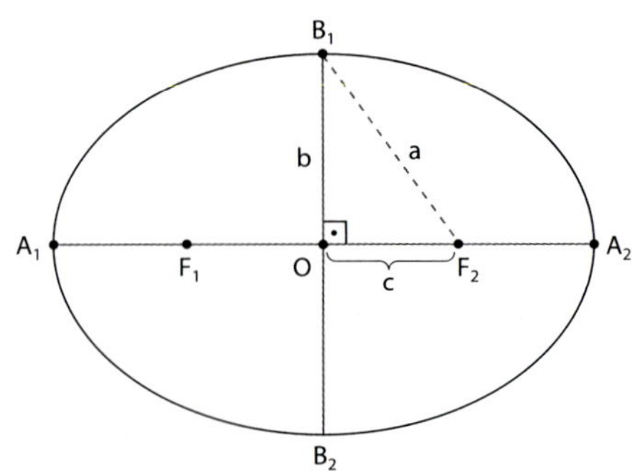

> Assim, definimos que elipse é o lugar geométrico dos pontos de um plano tal que a soma de suas distâncias a dois pontos fixos, $\mathbf{F_1}$ e $\mathbf{F_2}$, seja constante, igual a 2a e maior que a distância entre os focos ($2a > 2c$).

Nas figuras acima, temos:

- $\mathbf{F_1}$ e $\mathbf{F_2}$ são os focos da elipse e a distância entre eles é a distância focal (2c);
- $\overline{A_1A_2}$ é o eixo maior da elipse e sua medida é a soma que consta da definição (2a);

- $\overline{B_1B_2}$ é o eixo menor da elipse cuja medida é 2b;
- **O** é o centro da elipse (intersecção dos eixos da elipse e ponto médio de $\overline{F_1F_2}$, $\overline{A_1A_2}$ e $\overline{B_1B_2}$);
- o número $e = \frac{c}{a}$ chama-se *excentricidade* da elipse ($0 < e < 1$).

Observações:

1ª) $\overline{B_1F_2} \cong \overline{OA_2}$, pois ambos têm medida **a**.

2ª) No $\triangle B_1OF_2$ podemos notar que $b^2 + c^2 = a^2$. Essa relação é fundamental na determinação dos elementos da elipse.

? Você sabia

A excentricidade indica quanto a elipse se aproxima de um segmento ou de uma circunferência, conforme seu valor se aproxima de 1 ou de 0, respectivamente.

Equação da elipse

Vamos inicialmente considerar a elipse com as extremidades do eixo maior nos pontos $\mathbf{A_1}(-a, 0)$ e $\mathbf{A_2}(a, 0)$, do eixo menor em $\mathbf{B_1}(0, b)$ e $\mathbf{B_2}(0, -b)$ e, consequentemente, o centro em **O**(0, 0).

Consideremos um ponto **P**(x, y) qualquer da curva.

Pela definição observamos que:

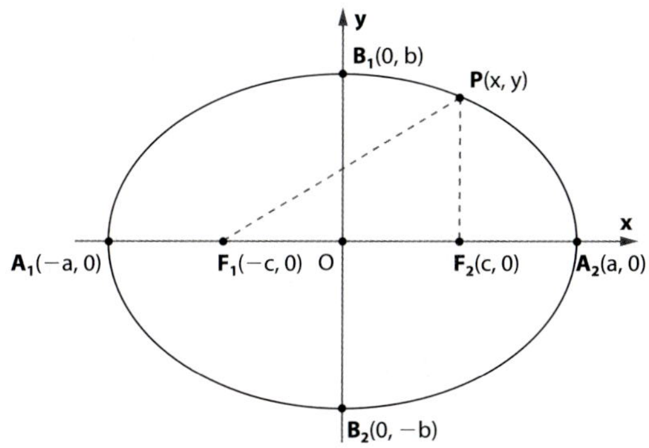

$$PF_1 + PF_2 = A_1F_1 + A_1F_2 = A_1A_2 = 2a$$

Daí, temos:

$$PF_2 + PF_1 = 2a \Rightarrow \sqrt{(x - c)^2 + (y - 0)^2} + \sqrt{(x + c)^2 + (y - 0)^2} = 2a \Rightarrow$$

$$\Rightarrow \sqrt{(x - c)^2 + y^2} + \sqrt{(x + c)^2 + y^2} = 2a \Rightarrow \sqrt{(x + c)^2 + y^2} = 2a - \sqrt{(x - c)^2 + y^2} \Rightarrow$$

$$\Rightarrow (x + c)^2 + y^2 = 4a^2 - 4a\sqrt{(x - c)^2 + y^2} + (x - c)^2 + y^2 \Rightarrow$$

$$\Rightarrow 4a\sqrt{(x - c)^2 + y^2} = 4a^2 + (x - c)^2 + \cancel{y^2} - (x + c)^2 - \cancel{y^2} \Rightarrow$$

$$\Rightarrow 4a\sqrt{(x - c)^2 + y^2} = 4a^2 + \cancel{x^2} - 2cx + \cancel{c^2} - \cancel{x^2} - 2cx - \cancel{c^2} \Rightarrow \cancel{4}a\sqrt{(x - c)^2 + y^2} = \cancel{4}a^2 - \cancel{4}cx \Rightarrow$$

$$\Rightarrow a\sqrt{(x - c)^2 + y^2} = a^2 - cx \Rightarrow a^2[(x - c)^2 + y^2] = (a^2 - cx)^2 \Rightarrow$$

$$\Rightarrow a^2[x^2 - 2cx + c^2 + y^2] = a^4 - 2a^2cx + c^2x^2 \Rightarrow a^2x^2 - \cancel{2a^2cx} + a^2c^2 + a^2y^2 = a^4 - \cancel{2a^2cx} + c^2x^2 \Rightarrow$$

$$\Rightarrow a^2x^2 - c^2x^2 + a^2y^2 = a^4 - a^2c^2 \Rightarrow (a^2 - c^2)x^2 + a^2y^2 = a^2(a^2 - c^2)$$

Na elipse, temos:

$$a^2 = b^2 + c^2 \Rightarrow a^2 - c^2 = b^2$$

Substituindo na equação, obtemos:

$$b^2x^2 + a^2y^2 = a^2b^2$$

Uma vez que $ab \neq 0$, vem:

$$\frac{b^2x^2}{a^2b^2} + \frac{a^2y^2}{a^2b^2} = \frac{a^2b^2}{a^2b^2} \Rightarrow \boxed{\frac{x^2}{a^2} + \frac{y^2}{b^2} = 1}$$

Fique atento

A recíproca é verdadeira: equações da forma $\frac{x^2}{a^2} + \frac{y^2}{b^2} = 1$, com $a \neq b$, representam elipses, ou seja, apenas os pontos de uma elipse satisfazem essa equação.

em que $a = OA_1 = OA_2$, $c = OF_1 = OF_2$ e **b** tal que $b^2 = a^2 - c^2$. Essa equação é denominada *equação reduzida da elipse* de focos no eixo $\mathbf{O_x}$ e centro na origem.

Vejamos agora:

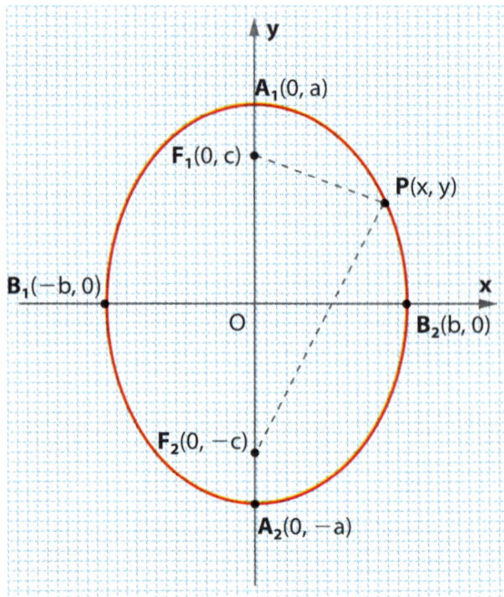

Se os focos da elipse estão sobre o eixo O_y e o centro na origem, conforme a figura acima, a equação reduzida da elipse é dada por:

$$\frac{x^2}{b^2} + \frac{y^2}{a^2} = 1$$

Analogamente, chegamos às equações da elipse com centro qualquer. Assim, temos as seguintes equações, considerando o centro um ponto qualquer, **O**(x_0, y_0), e os eixos paralelos aos eixos **x** e **y**:

1ª) $\overline{F_1F_2}$ é paralelo ao eixo **x**, $a = OA_1$, $b = OB_1$ e $a > b$.

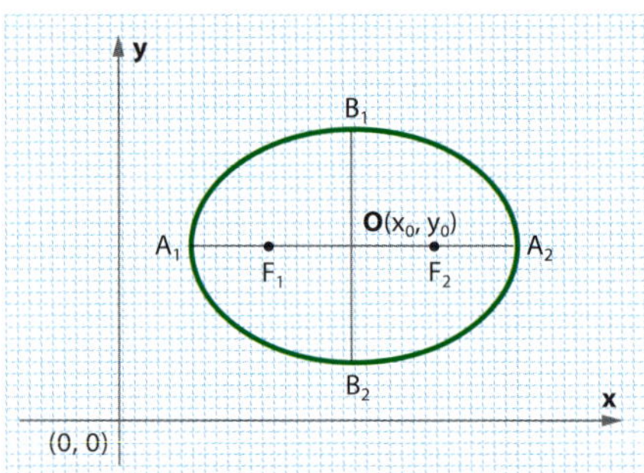

$$\frac{(x - x_0)^2}{a^2} + \frac{(y - y_0)^2}{b^2} = 1$$

2ª) $\overline{F_1F_2}$ é paralelo ao eixo **x**, $a = OA_1$, $b = OB_1$ e $a > b$.

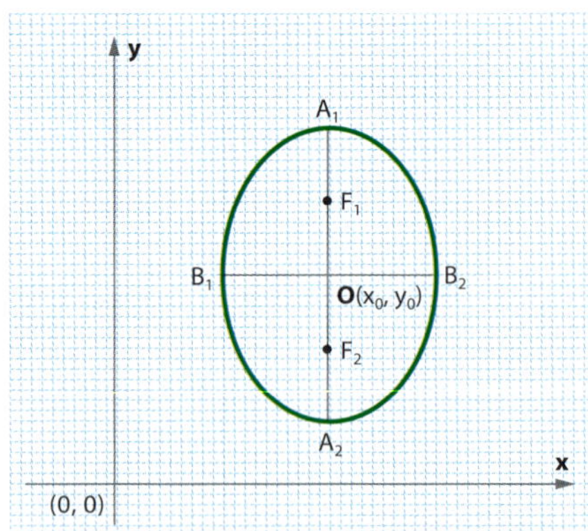

$$\frac{(x - x_0)^2}{b^2} + \frac{(y - y_0)^2}{a^2} = 1$$

Exercícios resolvidos

9. Determine a equação da elipse de focos $\mathbf{F_1}(3, 0)$ e $\mathbf{F_2}(-3, 0)$ e vértices, que são as extremidades do eixo maior, $\mathbf{A_1}(5, 0)$ e $\mathbf{A_2}(-5, 0)$.

Resolução:

Pelos dados do problema, os focos estão no eixo Ox e temos $a = 5$ e $c = 3$.

$a^2 = b^2 + c^2 \Rightarrow 25 = b^2 + 9 \Rightarrow b^2 = 16$

Nesse caso, a equação reduzida é:

$$\frac{x^2}{a^2} + \frac{y^2}{b^2} = 1 \Rightarrow \frac{x^2}{25} + \frac{y^2}{16} = 1$$

Logo, a equação procurada é $\frac{x^2}{25} + \frac{y^2}{16} = 1$.

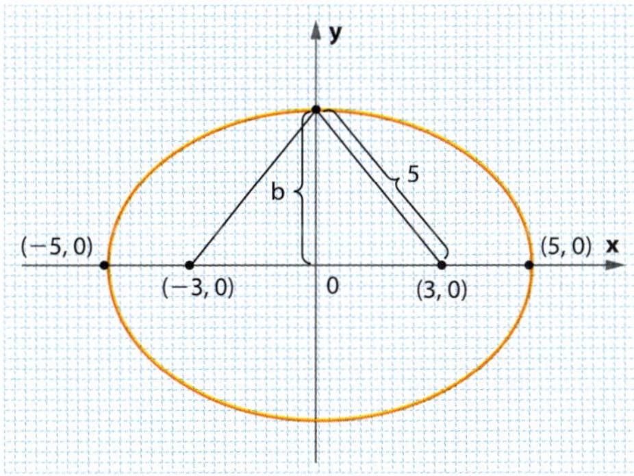

10. Uma elipse tem os focos nos pontos $F_1(0, 3)$ e $F_2(0, -3)$. Se o comprimento do eixo menor da elipse é 2, determine a equação dessa elipse.

Resolução:

Pelos dados do problema, temos:

$V(0, 0)$

$c = 3$

$2b = 2 \Rightarrow b = 1$

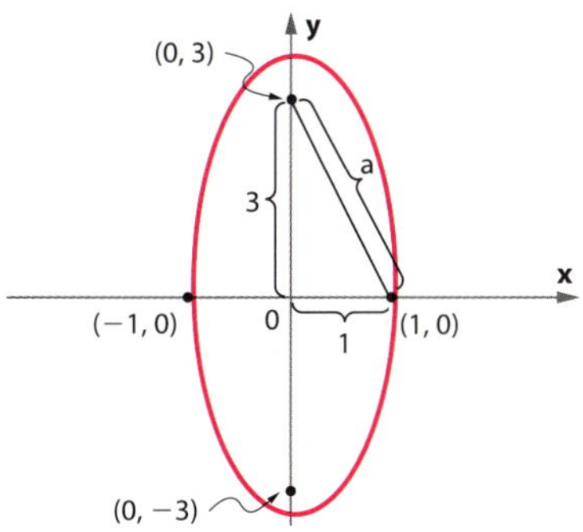

$a^2 = b^2 + c^2 \Rightarrow a^2 = 1 + 9 = 10$

Como os focos estão localizados no eixo **y** e o vértice é $V(0, 0)$, temos:

$$\frac{x^2}{b^2} + \frac{y^2}{a^2} = 1 \Rightarrow \frac{x^2}{1} + \frac{y^2}{10} = 1 \Rightarrow 10x^2 + y^2 = 10$$

Logo, a equação procurada é $x^2 + \frac{y^2}{10} = 1$ ou

$10x^2 + y^2 = 10$.

11. Determine os focos e as extremidades do eixo maior da elipse de equação $4x^2 + 25y^2 = 100$.

Resolução:

$$4x^2 + 25y^2 = 100 \Rightarrow \frac{4x^2}{100} + \frac{25y^2}{100} = \frac{100}{100} \Rightarrow$$

$$\Rightarrow \frac{x^2}{25} + \frac{y^2}{4} = 1$$

Como $25 > 4$, o eixo maior está no eixo Ox. Então:

$a^2 = 25 \Rightarrow a = 5$

$b^2 = 4 \Rightarrow b = 2$

$a^2 = b^2 + c^2 \Rightarrow 25 = 4 + c^2 \Rightarrow c^2 = 21 \Rightarrow c = \sqrt{21}$

Logo, os focos são os pontos

$F_1\left(\sqrt{21}, 0\right)$ e $F_2\left(-\sqrt{21}, 0\right)$ e as extremidades do eixo maior são $A_1(5, 0)$ e $A_2(-5, 0)$.

Para refletir

Quais são as extremidades do eixo menor?

12. (UEL-PR) Em uma praça dispõe-se de uma região retangular de 20 m de comprimento por 16 m de largura para construir um jardim. A exemplo de outros canteiros, este deverá ter a forma elíptica e estar inscrito nessa região retangular. Para aguá-lo, serão colocados dois aspersores nos pontos que correspondem aos focos da elipse. Qual será a distância entre os aspersores?

a) 4 m
b) 6 m
c) 8 m
d) 10 m
e) 12 m

> RESOLUÇÃO PASSO A PASSO:

1. Lendo e compreendendo

a) O que se pede?

A distância entre os dois aspersores de água do canteiro descrito no enunciado.

b) O que é dado no problema?

São dadas as dimensões de um retângulo (20 m × 16 m) no qual será inscrito um canteiro de forma elíptica. É dito que os aspersores ocupam o lugar dos focos da elipse.

2. Planejando a solução

Com as dimensões do retângulo, vamos obter os elementos da elipse que permitirão calcular a distância entre os focos.

3. Executando o que foi planejado

Se a elipse está inscrita em um retângulo de dimensões 20 m × 16 m, então o eixo maior da elipse mede 20 m e o eixo menor mede 16 m. Assim, $2a = 20$ e $2b = 16$, ou seja, $a = 10$ e $b = 8$.

Nas elipses, a distância focal é dada por $2c$. De $a^2 = b^2 + c^2$, obtemos o valor de **c**.

Assim:

$10^2 = 8^2 + c^2 \Rightarrow 100 = 64 + c^2 \Rightarrow c^2 = 36 \Rightarrow$

$\Rightarrow c = 6$

Então a distância focal é $2c = 12$ m.

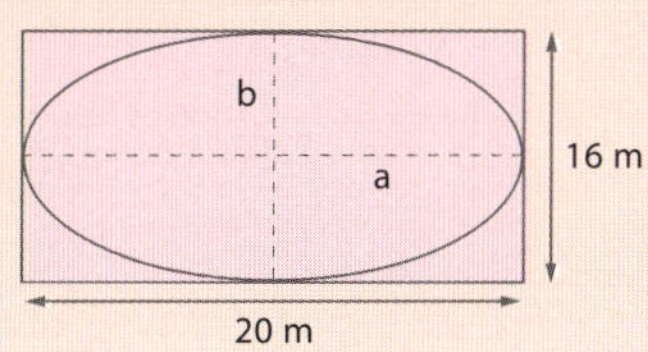

4. Verificando

Se a distância focal for 12 m, então c = 6. Se uma elipse está inscrita num retângulo de 16 m × 20 m, então a = 10 e b = 8. Como $10^2 = 8^2 + 6^2$, então essa distância focal é coerente com a elipse dada. Isso verifica o resultado.

5. Respondendo

A resposta é a alternativa **e**.

6. Ampliando o problema

a) A área de uma elipse é dada pela fórmula $A = \pi \cdot a \cdot b$, em que **a** e **b** são os semieixos maior e menor. Estime a área total desse canteiro em m^2.

b) **Discussão em equipe**
Qual a importância de uma cidade ter parques, ruas arborizadas, praças bem cuidadas e canteiros de flores?

13. Conhecendo os focos $F_1\left(0, \sqrt{3}\right)$ e $F_2\left(0, -\sqrt{3}\right)$ e a excentricidade $e = \frac{1}{2}$, determine a equação da elipse.

Resolução:

De acordo com os dados do problema, temos:

$c = \sqrt{3}$

$e = \frac{c}{a} = \frac{1}{2} \Rightarrow a = 2c = 2\sqrt{3}$

$a^2 = b^2 + c^2 \Rightarrow \left(2\sqrt{3}\right)^2 = b^2 + \left(\sqrt{3}\right)^2 \Rightarrow$

$\Rightarrow 12 = b^2 + 3 \Rightarrow b^2 = 9$

Segundo os dados do problema, os focos estão localizados no eixo Oy. Assim, vem:

$\frac{x^2}{b^2} + \frac{y^2}{a^2} = 1 \Rightarrow \frac{x^2}{9} + \frac{y^2}{12} = 1 \Rightarrow 4x^2 + 3y^2 = 36$

Logo, a equação procurada é $\frac{x^2}{9} + \frac{y^2}{12} = 1$ ou $4x^2 + 3y^2 = 36$.

14. Numa elipse, as extremidades do eixo maior são os pontos $A_1(6, 0)$ e $A_2(-6, 0)$. Sabendo que a elipse passa pelo ponto **P**(3, 2), determine sua equação.

Resolução:

Pelos dados do problema temos a = 6.

Como o eixo maior está sobre o eixo Ox, temos:

$\frac{x^2}{a^2} + \frac{y^2}{b^2} = 1 \Rightarrow \frac{x^2}{36} + \frac{y^2}{b^2} = 1$

Como a elipse passa pelo ponto **P**(3, 2), temos:

$\frac{9}{36} + \frac{4}{b^2} = 1 \Rightarrow \frac{1}{4} + \frac{4}{b^2} = 1 \Rightarrow \frac{4}{b^2} = 1 - \frac{1}{4} \Rightarrow$

$\Rightarrow \frac{4}{b^2} = \frac{3}{4} \Rightarrow b^2 = \frac{16}{3}$

Substituindo na equação original, vem:

$\frac{x^2}{36} + \frac{y^2}{\frac{16}{3}} = 1 \Rightarrow \frac{x^2}{36} + \frac{3y^2}{16} = 1 \Rightarrow$

$\Rightarrow 4x^2 + 27y^2 = 144$

Logo, a equação procurada é $\frac{x^2}{36} + \frac{3y^2}{16} = 1$ ou $4x^2 + 27y^2 = 144$.

15. Calcule a excentricidade $e = \frac{c}{a}$ e faça o esboço do gráfico de cada elipse:

a) $\frac{x^2}{25} + \frac{y^2}{4} = 1$

b) $\frac{x^2}{25} + \frac{y^2}{9} = 1$

c) $\frac{x^2}{25} + \frac{y^2}{16} = 1$

Resolução:

a) $a^2 = 25 \Rightarrow a = 5$

$b^2 = 4 \Rightarrow b = 2$

$c^2 = a^2 - b^2 = 25 - 4 = 21 \Rightarrow c = \sqrt{21}$

$e = \frac{\sqrt{21}}{5} \simeq \frac{4,58}{5} \simeq 0,91$

x	y
0	2
0	−2
5	0
−5	0
2	1,8
2	−1,8

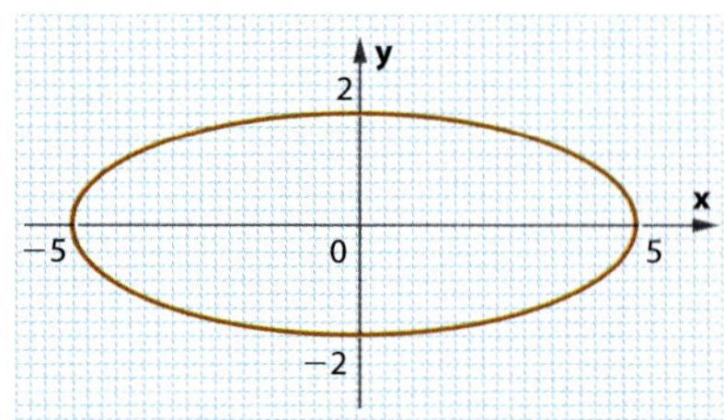

b) $a^2 = 25 \Rightarrow a = 5$

$b^2 = 9 \Rightarrow b = 3$

$c^2 = 25 - 9 = 16 \Rightarrow c = 4$

$e = \frac{4}{5} = 0,8$

x	y
0	3
0	−3
5	0
−5	0
2	2,7
2	−2,7

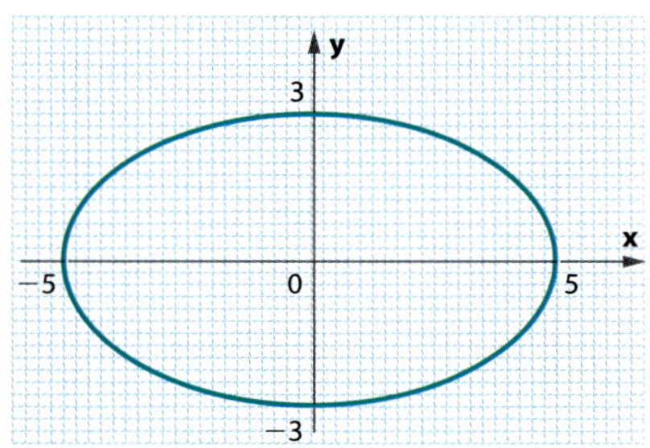

c) $a^2 = 25 \Rightarrow a = 5$

$b^2 = 16 \Rightarrow b = 4$

$c^2 = 25 - 16 = 9 \Rightarrow c = 3$

$e = \frac{3}{5} = 0,6$

x	y
0	4
0	−4
5	0
−5	0
2	3,6
2	−3,6

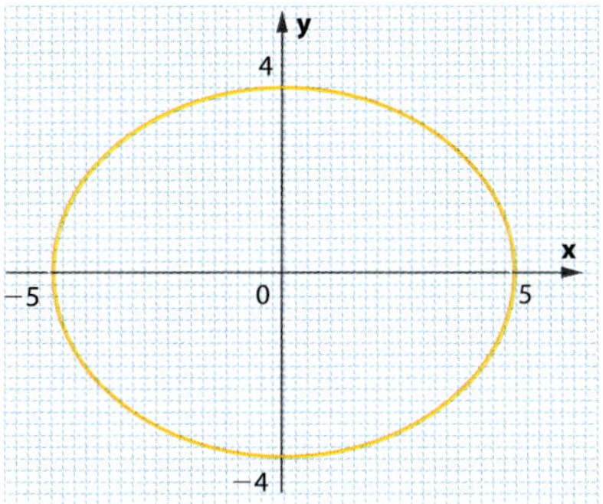

Observação: Quanto maior o valor de $e = \frac{c}{a}$, mais próxima de um segmento é a elipse correspondente.

> **Para refletir**
>
> O que acontece com a elipse à medida que o valor de **e** tende a zero?

16. Determine a equação da elipse com centro em (2, −1), eixo maior 2a = 6 e foco $\mathbf{F_1}(0, -1)$.

Resolução:

Pelos dados do problema identificamos a posição da elipse:

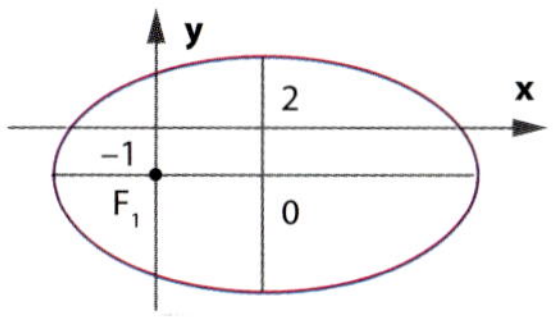

Daí a equação:

$$\frac{(x - x_0)^2}{a^2} + \frac{(y - y_0)^2}{b^2} = 1$$

Sabemos que:

$2a = 6 \Rightarrow a = 3$

Calculando a distância do centro (2, −1) ao foco $\mathbf{F_1}(0, -1)$, vem:

$$c = \sqrt{(2 - 0)^2 + (-1 + 1)^2} = 2$$

Como a = 3 e c = 2, temos:

$b^2 = a^2 - c^2 = 9 - 4 = 5$

Substituindo os dados na equação, vem:

$$\frac{(x - x_0)^2}{a^2} + \frac{(y - y_0)^2}{b^2} = 1 \Rightarrow$$

$$\Rightarrow \frac{(x - 2)^2}{9} + \frac{(y + 1)^2}{5} = 1$$

Logo, a equação dessa elipse é

$$\frac{(x - 2)^2}{9} + \frac{(y + 1)^2}{5} = 1$$

17. A equação $5x^2 + 9y^2 - 20x - 18y - 16 = 0$ representa uma elipse de eixo maior paralelo ao eixo Ox. Determine o centro e os focos dessa elipse.

Resolução:

Como $\overline{A_1A_2}$ é paralelo ao eixo Ox, devemos escrever a equação na forma:

$$\frac{(x - x_0)^2}{a^2} + \frac{(y - y_0)^2}{b^2} = 1$$

Desenvolvendo a equação dada, temos:

$5x^2 + 9y^2 - 20x - 18y - 16 = 0 \Rightarrow$

$\Rightarrow 5x^2 - 20x + 9y^2 - 18y = 16 \Rightarrow$

$\Rightarrow 5(x^2 - 4x) + 9(y^2 - 2y) = 16 \Rightarrow$

$\Rightarrow 5(x^2 - 4x + 4) + 9(y^2 - 2y + 1) = 16 + 20 + 9 \Rightarrow$

$\Rightarrow 5(x - 2)^2 + 9(y - 1)^2 = 45 \Rightarrow$

$$\Rightarrow \frac{(x - 2)^2}{9} + \frac{(y - 1)^2}{5} = 1$$

Da equação, concluímos que:

centro: **O**(2, 1)

$a^2 = 9 \Rightarrow a = 3$

$b^2 = 5 = b = \sqrt{5}$

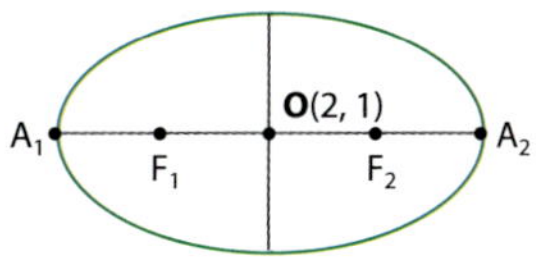

Fazendo $c^2 = a^2 - b^2$, vem:

$c^2 = 9 - 5 = 4 \Rightarrow c = 2$

Daí, temos:

$\mathbf{F_1}(2 - 2, 1) \Rightarrow \mathbf{F_1}(0, 1)$

$\mathbf{F_2}(2 + 2, 1) \Rightarrow \mathbf{F_2}(4, 1)$

Logo, essa elipse tem centro **O**(2, 1) e focos $\mathbf{F_1}(0, 1)$ e $\mathbf{F_2}(4, 1)$.

18. As equações seguintes representam uma circunferência, uma parábola e uma elipse. Identifique cada uma delas e seus principais elementos.

a) $y^2 + 4y - 8x + 12 = 0$

b) $x^2 + y^2 - 4x - 6y - 12 = 0$

c) $x^2 + 2y^2 + 6x + 4y + 7 = 0$

Resolução:

a) $y^2 + 4y - 8x + 12 = 0 \Rightarrow$

$\Rightarrow y^2 + 4y + 4 = 8x - 12 + 4 \Rightarrow$

$\Rightarrow (y + 2)^2 = 8x - 8 \Rightarrow (y + 2)^2 = 8(x - 1) \Rightarrow$

$\Rightarrow (y + 2)^2 = 4 \cdot 2(x - 1)$ (equação de parábola)

Daí, temos:

V(1, −2)

c = 2

Esboçando o gráfico, vem:

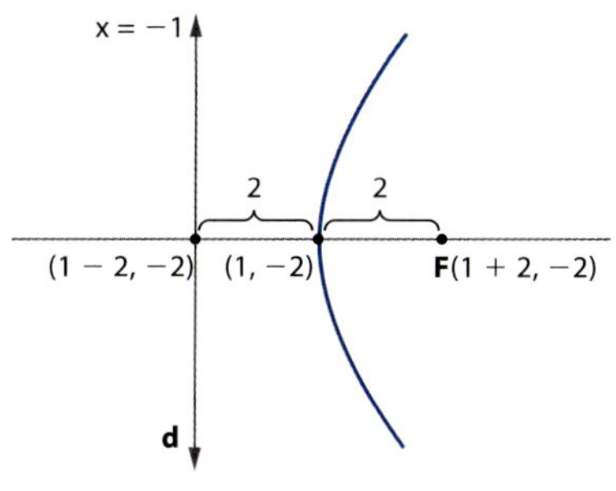

Logo, a equação é de uma parábola com vértice **V**(1, −2), c = 2, foco **F**(3, −2) e diretriz x = −1.

b) $x^2 + y^2 - 4x - 6y - 12 = 0 \Rightarrow$

$\Rightarrow x^2 - 4x + 4 + y^2 - 6y + 9 = 12 + 4 + 9 \Rightarrow$

$\Rightarrow (x - 2)^2 + (y - 3)^2 = 25 = 5^2$

Logo, a equação é de uma circunferência de centro **C**(2, 3) e raio 5.

c) $x^2 + 2y^2 + 6x + 4y + 7 = 0 \Rightarrow$

$\Rightarrow 1(x^2 + 6x) + 2(y^2 + 2y) = -7 \Rightarrow$

$\Rightarrow 1(x^2 + 6x + 9) + 2(y^2 + 2y + 1) = -7 + 9 + 2 \Rightarrow$

$\Rightarrow 1(x + 3)^2 + 2(y + 1)^2 = 4 \Rightarrow$

$\Rightarrow \frac{(x + 3)^2}{4} + \frac{(y + 1)^2}{2} = 1$ (equação de elipse)

Daí, temos:

C(−3, −1)

Como 4 > 2, vem:

$a^2 = 4 \Rightarrow a = 2$

$b^2 = 2 \Rightarrow b = \sqrt{2}$

$c^2 = a^2 - b^2 = 4 - 2 = 2 \Rightarrow c = \sqrt{2}$

Logo, a equação é de uma elipse de centro **C**(−3, −1) e focos $\mathbf{F_1}\left(-3 - \sqrt{2}, -1\right)$ e $\mathbf{F_2}\left(-3 + \sqrt{2}, -1\right)$.

Exercícios propostos

10. Determine a equação da elipse conhecendo:

a) os focos $\mathbf{F_1}(3, 0)$ e $\mathbf{F_2}(-3, 0)$ e o comprimento do eixo maior, 8;

b) os vértices $\mathbf{A_1}(5, 0)$ e $\mathbf{A_2}(-5, 0)$ e a excentricidade $e = \frac{\sqrt{5}}{5}$.

11. Determine as coordenadas dos focos, as coordenadas das extremidades do eixo maior e a excentricidade das elipses de equação:

a) $\frac{x^2}{144} + \frac{y^2}{81} = 1$

b) $\frac{x^2}{25} + \frac{y^2}{9} = 1$

c) $2x^2 + y^2 = 2$

12. O eixo maior de uma elipse está contido no eixo Ox. Sabendo que o centro é (0, 0), o comprimento do eixo menor é 6 e a distância focal é 10, determine a equação da elipse.

13. Qual é a medida do eixo maior de uma elipse de equação $\frac{x^2}{36} + \frac{y^2}{25} = 1$?

14. Dois dos vértices de um quadrilátero são os focos da elipse de equação $x^2 + 5y^2 = 20$. Os outros dois vértices são as extremidades do eixo menor da elipse. Calcule a área do quadrilátero.

15. Em uma elipse, o centro é (−2, 4), um dos focos é (−2, 7) e uma das extremidades do eixo menor é (−3, 4). Determine a equação dessa elipse.

16. Quais são as extremidades do eixo menor da elipse de equação $x^2 + 4y^2 - 4x - 8y + 4 = 0$?

17. Dadas as elipses $\frac{x^2}{9} + \frac{y^2}{4} = 1$ e $\frac{(x + 3)^2}{8} + \frac{(y - 1)^2}{3} = 1$, qual delas tem maior excentricidade?

18. Determine $k \in \mathbb{R}$ para que o ponto **A**(−2, k) pertença à elipse $9x^2 + 4y^2 + 18x - 8y - 23 = 0$.

a) $k = 1 \pm \frac{3\sqrt{3}}{2}$

b) $k = 2 \pm \frac{3\sqrt{3}}{2}$

c) $k = 3 \pm \frac{3\sqrt{3}}{2}$

d) $k = 4 \pm \frac{3\sqrt{3}}{2}$

e) $k = -1 \pm \frac{3\sqrt{3}}{2}$

19. A equação $9x^2 + 4y^2 - 18x - 16y - 11 = 0$ é de uma elipse. Os semieixos maior e menor medem:

a) 4 e 3.

b) 4 e 2.

c) 4 e 1.

d) 3 e 2.

e) 3 e 1.

20. A equação da elipse que passa pelos pontos (2, 0), (−2, 0) e (0, 1) é:

a) $x^2 + 4y^2 = 4$.

b) $x^2 + \frac{y^2}{4} = 1$.

c) $2x^2 - 4y^2 = 1$.

d) $x^2 - 4y^2 = 4$.

e) $x^2 + y^2 = 4$.

21. Encontre a equação da elipse abaixo:

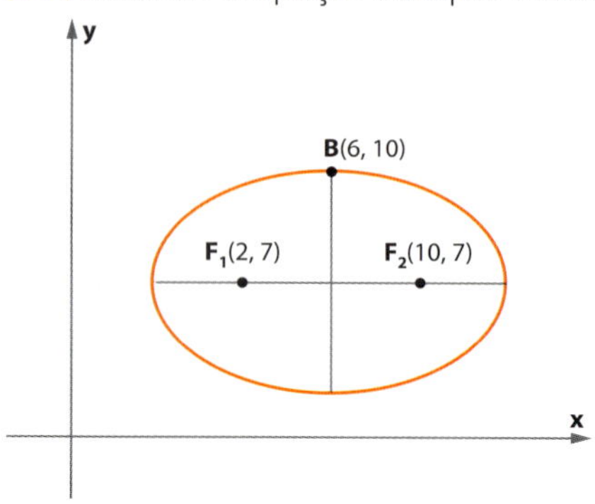

22. A reta $y = ax + 1$ intercepta a elipse $x^2 + 4y^2 = 1$ somente num ponto. Calcule $8a^2$.

4 Hipérbole

Origem

Vamos considerar um cone duplo e um plano qualquer que seccione as duas folhas do cone conforme mostram as figuras:

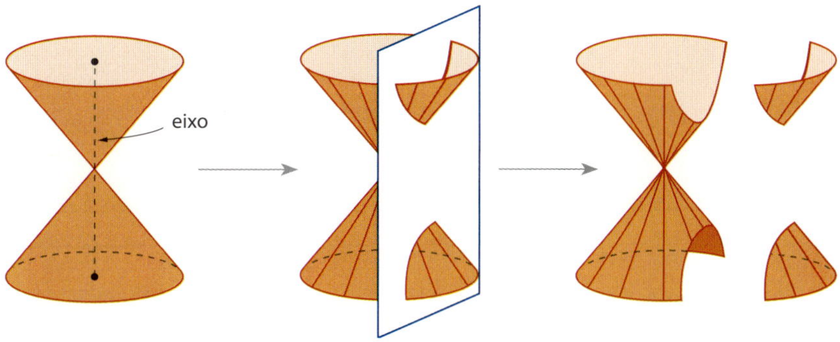

Nesse caso, a secção cônica obtida é denominada *hipérbole*.

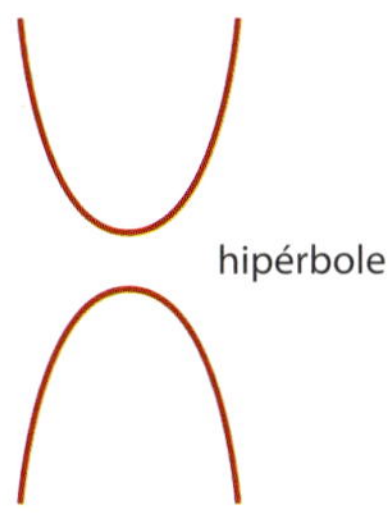

Definição e elementos

Consideremos, inicialmente, dois pontos fixos, $\mathbf{F_1}$ e $\mathbf{F_2}$, de um plano cuja distância $d(F_1, F_2) = 2c$.

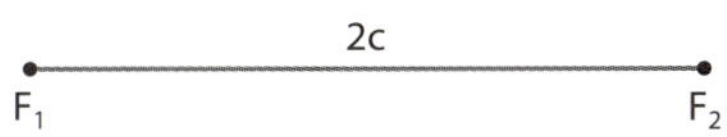

Imagine que vamos marcar no plano uma série de pontos tal que a diferença (em módulo) de suas distâncias aos pontos fixos $\mathbf{F_1}$ e $\mathbf{F_2}$ seja sempre constante e menor que 2c. Na prática, isso pode ser feito com o auxílio de régua, lápis, alfinetes e barbante.

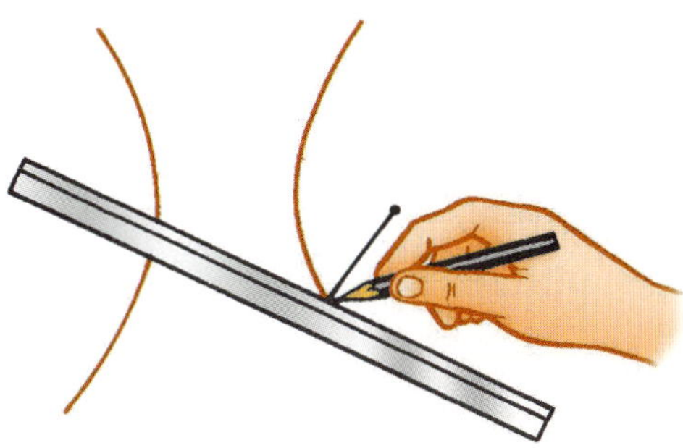

Construindo o gráfico ponto a ponto, teremos:

$$|AF_1 - AF_2| = |BF_1 - BF_2| = |CF_1 - CF_2| = ... = |TF_1 - TF_2| = 2a \text{ (constante), com } 2a < 2c.$$

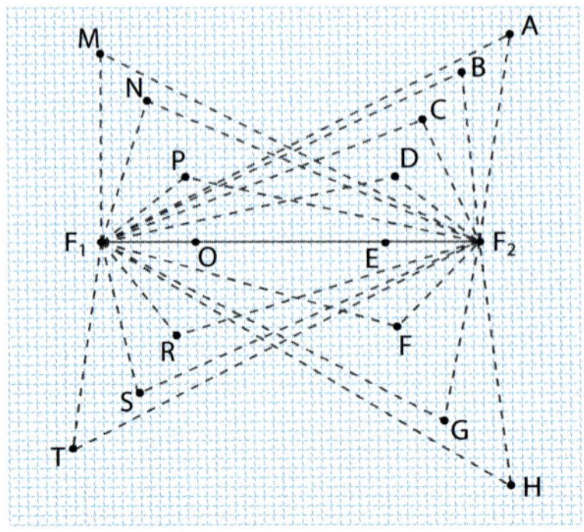

O conjunto de todos os pontos do plano com essa propriedade chama-se *hipérbole*.

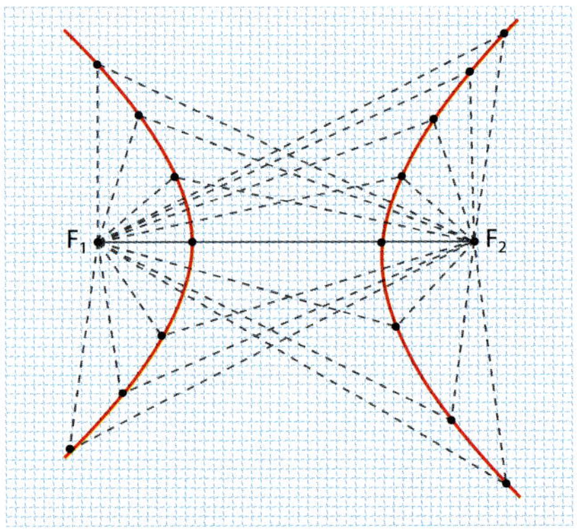

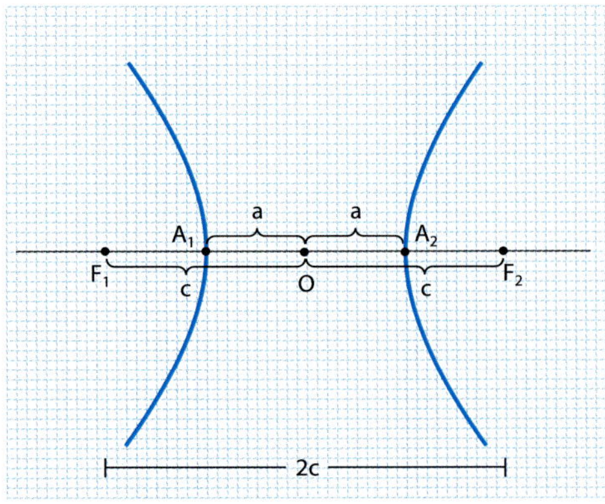

Assim, definimos que hipérbole é o lugar geométrico dos pontos **P**(x, y) de um plano tal que a diferença (em módulo) de suas distâncias a dois pontos fixos $\mathbf{F_1}$ e $\mathbf{F_2}$ é constante ($2a < 2c$), com $F_1F_2 = 2c$.

Nas figuras anteriores temos:

- $\mathbf{F_1}$ e $\mathbf{F_2}$ são anteriores, os focos da hipérbole, sendo $F_1F_2 = 2c$ a distância focal;
- $\mathbf{A_1}$ e $\mathbf{A_2}$ são os vértices da hipérbole, sendo $A_1A_2 = A_1F_2 - A_1F_1 = 2a$ (constante da definição);
- **O** é o centro da hipérbole (ponto médio de $\overline{F_1F_2}$ e de $\overline{A_1A_2}$);
- o número $e = \dfrac{c}{a}$, que é a excentricidade da hipérbole (note que $e > 1$, pois $c > a$).

Fique atento

Quanto mais próximo de 1 for a excentricidade, mais a hipérbole se aproxima de duas retas paralelas (perpendiculares ao eixo real). E se a excentricidade for cada vez maior, tendendo ao infinito, a hipérbole se aproxima de duas semirretas opostas (com origem em $\mathbf{A_1}$ e $\mathbf{A_2}$).

Observação: Considerando uma hipérbole de focos $\mathbf{F_1}$ e $\mathbf{F_2}$ e vértices $\mathbf{A_1}$ e $\mathbf{A_2}$, vimos que $F_1F_2 = 2c$ e $A_1A_2 = 2a$. Então, $OF_2 = c$ e $OA_2 = a$.

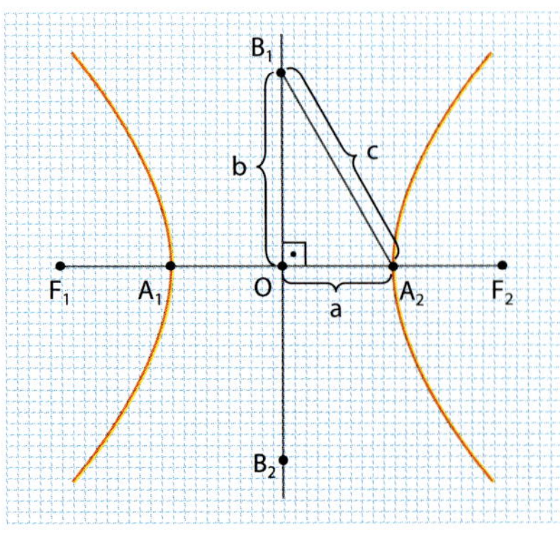

Seja $\mathbf{B_1}$ um ponto da mediatriz de $\overline{A_1A_2}$ tal que o triângulo B_1OA_2 seja retângulo em **O**, com o cateto $\overline{OA_2}$ medindo **a** e a hipotenusa $\overline{B_1A_2}$ medindo **c**. Assim, chamando de **b** a medida do cateto $\overline{OB_1}$, temos $a^2 + b^2 = c^2$ ou $b^2 = c^2 - a^2$.

> **Fique atento**
> - Nas mesmas condições de $\mathbf{B_1}$ existe $\mathbf{B_2}$, sobre a mediatriz de $\overline{A_1A_2}$, tal que $B_1B_2 = 2b$.
> - $\overline{A_1A_2}$ é chamado *eixo real* e $\overline{B_1B_2}$, *eixo imaginário* da hipérbole.

Equação da hipérbole

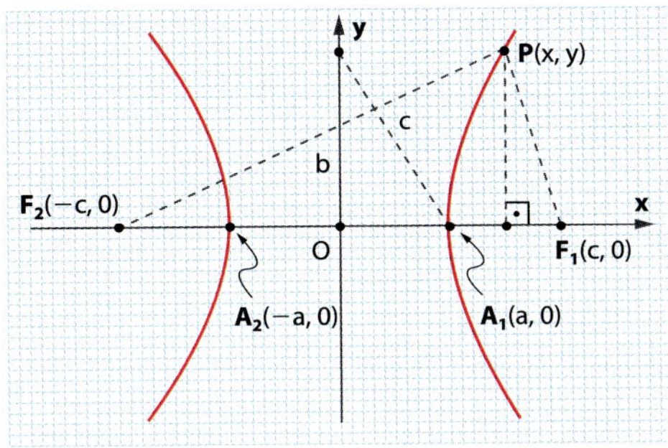

Consideremos inicialmente a hipérbole da figura, na qual os focos pertencem ao eixo Ox e o centro é a origem **O**(0, 0).

Um ponto **P**(x, y) qualquer da curva deve satisfazer, de acordo com a definição, a seguinte condição:

$$|PF_2 - PF_1| = 2a$$

Como $PF_2 = \sqrt{(x + c)^2 + (y - 0)^2}$ e $PF_1 = \sqrt{(x - c)^2 + (y - 0)^2}$, temos:

$$\left|\sqrt{(x + c)^2 + y^2} - \sqrt{(x - c)^2 + y^2}\right| = 2a \Rightarrow \sqrt{(x + c)^2 + y^2} - \sqrt{(x - c)^2 + y^2} = \pm 2a \Rightarrow$$

$$\Rightarrow \sqrt{(x + c)^2 + y^2} = \sqrt{(x - c)^2 + y^2} \pm 2a$$

Elevando ambos os membros ao quadrado, vem:

$$(x + c)^2 + y^2 = (x - c)^2 + y^2 \pm 4a\sqrt{(x - c)^2 + y^2} + 4a^2 \Rightarrow$$

$$\Rightarrow (x + c)^2 + y^2 - (x - c)^2 - y^2 - 4a^2 = \pm 4a\sqrt{(x - c)^2 + y^2} \Rightarrow$$

$$\Rightarrow \cancel{x^2} + 2cx + \cancel{c^2} + \cancel{y^2} - \cancel{x^2} + 2cx - \cancel{c^2} - \cancel{y^2} - 4a^2 = \pm 4a\sqrt{(x - c)^2 + y^2} \Rightarrow$$

$$\Rightarrow 4cx - 4a^2 = \pm 4a\sqrt{(x - c)^2 + y^2} \Rightarrow cx - a^2 = \pm a\sqrt{(x - c)^2 + y^2}$$

Elevando, novamente, os dois membros ao quadrado, obtemos:

$$c^2x^2 - 2a^2cx + a^4 = a^2[(x - c)^2 + y^2] \Rightarrow c^2x^2 - 2a^2cx + a^4 = a^2[x^2 - 2cx + c^2 + y^2] \Rightarrow$$

$$\Rightarrow c^2x^2 - \cancel{2a^2cx} + a^4 = a^2x^2 - \cancel{2a^2cx} + a^2c^2 + a^2y^2 \Rightarrow c^2x^2 - a^2x^2 - a^2y^2 = a^2c^2 - a^4 \Rightarrow$$

$$\Rightarrow (c^2 - a^2)x^2 - a^2y^2 = a^2(c^2 - a^2)$$

Mas:

$$c^2 = a^2 + b^2 \Rightarrow c^2 - a^2 = b^2$$

Substituindo $(c^2 - a^2)$ na equação anterior, temos $b^2x^2 - a^2y^2 = a^2b^2$.

Como $ab \neq 0$, vem:

$$\frac{b^2x^2}{a^2b^2} - \frac{a^2y^2}{a^2b^2} = \frac{a^2b^2}{a^2b^2} \Rightarrow \boxed{\frac{x^2}{a^2} - \frac{y^2}{b^2} = 1}$$

em que $a = OA_1 = OA_2$, $c = OF_1 = OF_2$ e **b** é tal que $b^2 = c^2 - a^2$.

Essa fórmula é denominada *equação reduzida da hipérbole*, quando os focos estão sobre o eixo **x** e são equidistantes da origem.

Veja agora:

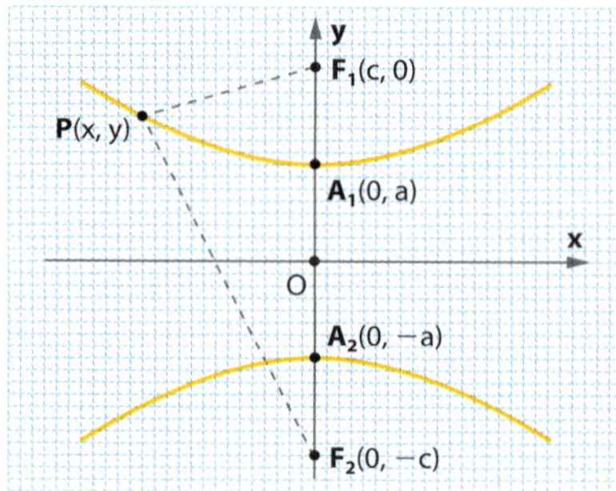

Caso os focos estejam sobre o eixo **y** e também equidistantes da origem, a equação reduzida da hipérbole será:

$$\frac{y^2}{a^2} - \frac{x^2}{b^2} = 1$$

Fique atento

A recíproca é verdadeira: equações dessa forma representam hipérboles, ou seja, apenas pontos de uma hipérbole satisfazem essa equação.

Analogamente, podemos generalizar essa equação para um centro qualquer.

Considerando o centro da hipérbole **O**(x_0, y_0) e os eixos (real e imaginário) paralelos aos eixos **x** e **y**, temos:

1º) Eixo real paralelo ao eixo **x**:

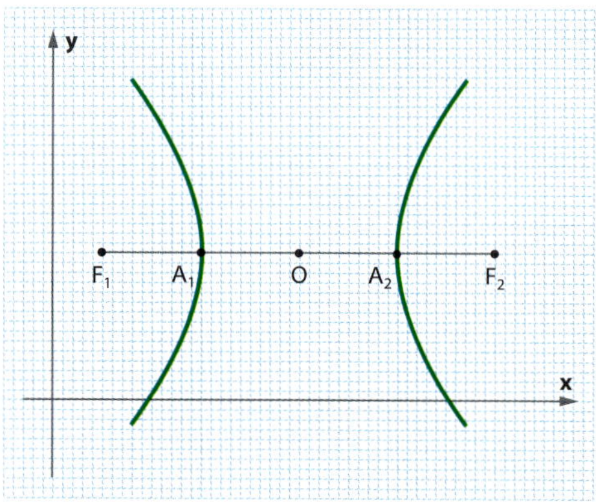

$$\frac{(x - x_0)^2}{a^2} - \frac{(y - y_0)^2}{b^2} = 1$$

2º) Eixo real paralelo ao eixo **y**:

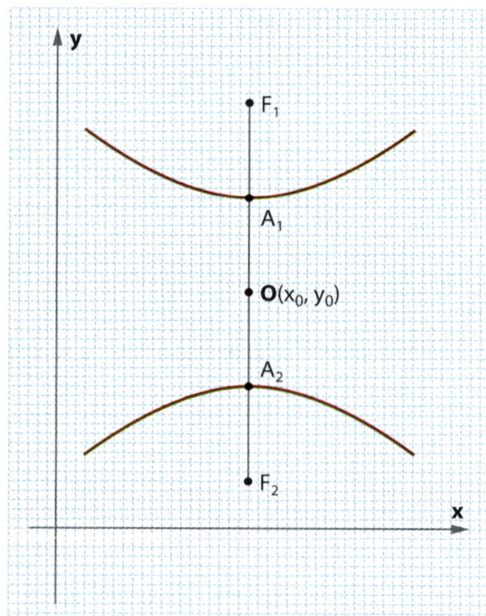

$$\frac{(y - y_0)^2}{a^2} - \frac{(x - x_0)^2}{b^2} = 1$$

Exercícios resolvidos

19. Determine uma equação da hipérbole de focos $\mathbf{F_1}(5, 0)$ e $\mathbf{F_2}(-5, 0)$ e de vértices $\mathbf{A_1}(3, 0)$ e $\mathbf{A_2}(-3, 0)$.

Resolução:

Pelos dados do problema, temos:

$c = 5$

$a = 3$

$c^2 = a^2 + b^2 \Rightarrow 25 = 9 + b^2 \Rightarrow b^2 = 16$

Como os focos estão sobre o eixo **x**, vem:

$$\frac{x^2}{a^2} - \frac{y^2}{b^2} = 1 \Rightarrow \frac{x^2}{9} - \frac{y^2}{16} = 1 \Rightarrow$$

$\Rightarrow 16x^2 - 9y^2 = 144$

Logo, a equação da hipérbole é $\frac{x^2}{9} - \frac{y^2}{16} = 1$ ou $16x^2 - 9y^2 = 144$.

20. Determine a equação da hipérbole de focos $\mathbf{F_1}(6, 0)$ e $\mathbf{F_2}(-6, 0)$ e de excentricidade igual a $\frac{3}{2}$.

Resolução:

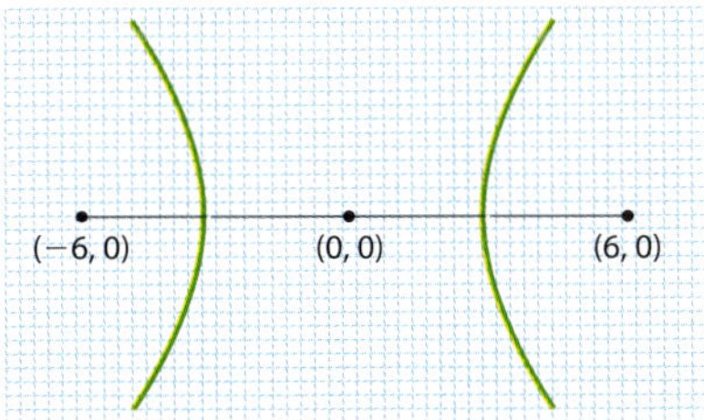

Pelos dados do problema, temos:

$c = 6$

$e = \frac{3}{2} \Rightarrow \frac{c}{a} = \frac{3}{2} \Rightarrow a = \frac{2c}{3} = \frac{2 \cdot 6}{3} = 4$

$c^2 = a^2 + b^2 \Rightarrow 36 = 16 + b^2 \Rightarrow b^2 = 20$

Como os focos estão sobre o eixo Ox e $\mathbf{O}(0, 0)$, vem:

$\frac{x^2}{a^2} - \frac{y^2}{b^2} = 1 \Rightarrow \frac{x^2}{16} - \frac{y^2}{20} = 1 \Rightarrow 5x^2 - 4y^2 = 80$

Logo, a equação da hipérbole é $\frac{x^2}{16} - \frac{y^2}{20} = 1$ ou $5x^2 - 4y^2 = 80$.

21. Uma hipérbole tem focos nos pontos $\mathbf{F_1}(0, 4)$ e $\mathbf{F_2}(0, -4)$. O segmento $\overline{A_1A_2}$, chamado eixo transversal (ou real), tem comprimento 6. Determine uma equação dessa hipérbole.

Resolução:

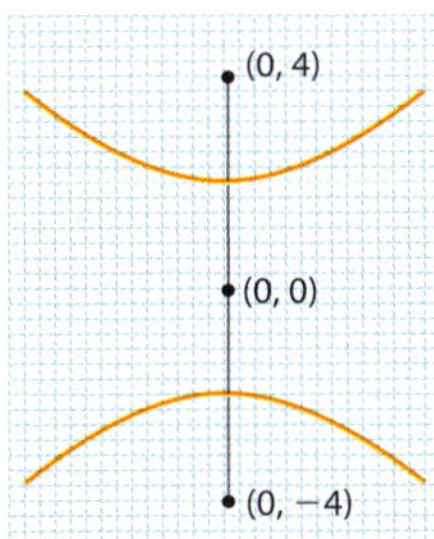

Pelos dados do problema, temos:

$c = 4$

$\underbrace{2a}_{} = 6 \Rightarrow a = 3$

(2a → comprimento do eixo transversal)

$c^2 = a^2 + b^2 \Rightarrow 16 = 9 + b^2 \Rightarrow$

$\Rightarrow b^2 = 7$

Como os focos estão sobre o eixo **y** e $\mathbf{O}(0, 0)$, vem:

$\frac{y^2}{a^2} - \frac{x^2}{b^2} = 1 \Rightarrow \frac{y^2}{9} - \frac{x^2}{7} = 1 \Rightarrow 7y^2 - 9x^2 = 63$

Logo, a equação da hipérbole é $\frac{y^2}{9} - \frac{x^2}{7} = 1$ ou $7y^2 - 9x^2 = 63$.

22. Uma hipérbole tem focos nos pontos $\mathbf{F_1}(3, 0)$ e $\mathbf{F_2}(-3, 0)$ e passa pelo ponto $\mathbf{P}(\sqrt{5}, 2)$. Qual é a equação dessa hipérbole?

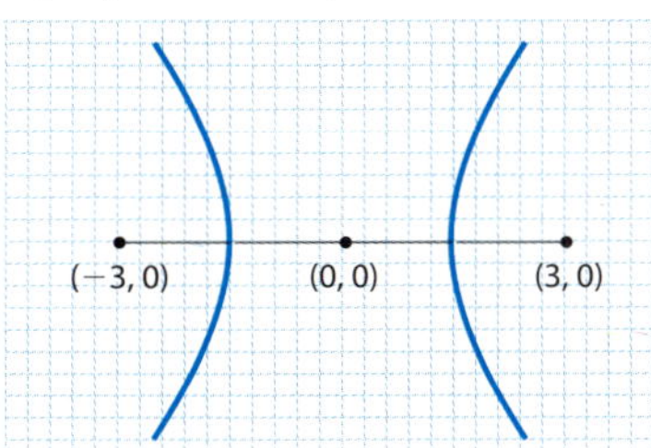

Resolução:

Como os focos estão sobre o eixo **x** e o centro em (0, 0), temos:

$\frac{x^2}{a^2} - \frac{y^2}{b^2} = 1$

Como a hipérbole passa pelo ponto $\mathbf{P}(\sqrt{5}, 2)$ vem:

$\frac{(\sqrt{5})^2}{a^2} - \frac{(2)^2}{b^2} = 1 \Rightarrow \frac{5}{a^2} - \frac{4}{b^2} = 1$ (I)

Como $c^2 = a^2 + b^2$ e $c = 3$, obtemos:

$9 = a^2 + b^2 \Rightarrow a^2 = 9 - b^2$ (II)

Substituindo (II) em (I), temos:

$\frac{5}{9 - b^2} - \frac{4}{b^2} = 1 \Rightarrow 5b^2 - 36 + 4b^2 = 9b^2 - b^4 \Rightarrow$

$\Rightarrow b^4 + \cancel{5b^2} + \cancel{4b^2} - \cancel{9b^2} - 36 = 0 \Rightarrow$

$\Rightarrow b^4 - 36 = 0 \Rightarrow b^4 = 36 \Rightarrow b^2 = 6$

Mas:

$a^2 = 9 - b^2 = 9 - 6 = 3$

Substituindo esse valor na equação reduzida da hipérbole, vem:

$\frac{x^2}{a^2} - \frac{y^2}{b^2} = 1 \Rightarrow \frac{x^2}{3} - \frac{y^2}{6} = 1 \Rightarrow 2x^2 - y^2 = 6$

Logo, a equação da hipérbole é $\frac{x^2}{3} - \frac{y^2}{6} = 1$ ou $2x^2 - y^2 = 6$.

23. Determine o centro, os focos e os vértices da hipérbole de equação $3x^2 - y^2 + 18x + 8y + 38 = 0$.

Resolução:

Transformando inicialmente a equação, temos:

$3x^2 - y^2 + 18x + 8y + 38 = 0 \Rightarrow$

$\Rightarrow 3(x^2 + 6x) - (y^2 - 8y) = -38 \Rightarrow$

$\Rightarrow 3(x^2 + 6x + 9) - (y^2 - 8y + 16) = -38 + 27 - 16 \Rightarrow$

$\Rightarrow 3(x + 3)^2 - 1(y - 4)^2 = -27 \Rightarrow$

$\Rightarrow 1(y - 4)^2 - 3(x + 3)^2 = 27 \Rightarrow$

$\Rightarrow \frac{(y - 4)^2}{27} - \frac{(x + 3)^2}{9} = 1$

Da equação obtida, vem:

centro: $\mathbf{O}(-3, 4)$

$a^2 = 27 \Rightarrow a = \sqrt{27} = 3\sqrt{3}$

$b^2 = 9 \Rightarrow b = \sqrt{9} = 3$

$c^2 = a^2 + b^2 = 27 + 9 = 36 \Rightarrow c = 6$

Esboçando o gráfico, temos:

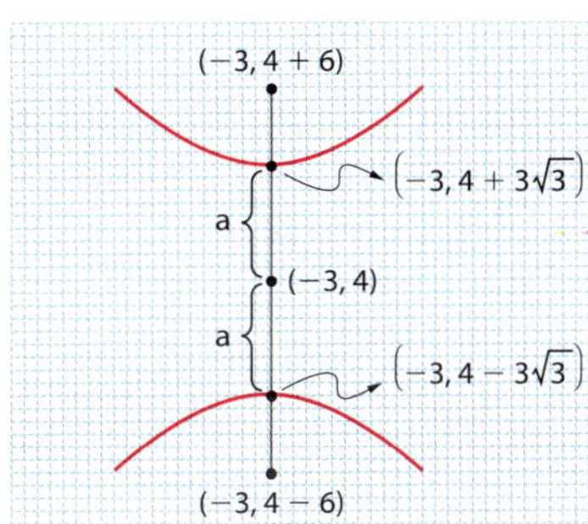

Logo, a hipérbole tem centro **O**$(-3, 4)$, vértices $\left(-3, 4 + 3\sqrt{3}\right)$ e $\left(-3, 4 - 3\sqrt{3}\right)$ e focos $(-3, 10)$ e $(-3, -2)$.

24. Em uma hipérbole de centro **O**$(5, 5)$, a distância focal é $2c = 6$ e o eixo real $2a = 2$ é paralelo ao eixo Ox. Determine a equação dessa hipérbole.

Resolução:

Do enunciado, vem:

Centro: **O**$(5, 5)$

$2c = 6 \Rightarrow c = 3$

$2a = 2 \Rightarrow a = 1$

$b^2 = c^2 - a^2 = 3^2 - 1^2 = 8$

Se o eixo real é paralelo ao eixo Ox, a equação é do tipo:

$$\frac{(x - x_0)^2}{a^2} - \frac{(y - y_0)^2}{b^2} = 1$$

Logo, a equação é $\frac{(x - 5)^2}{1} - \frac{(y - 5)^2}{8} = 1$.

25. Uma hipérbole tem equação $9x^2 - 16y^2 = 144$. Determine as coordenadas dos focos, as coordenadas dos vértices e a excentricidade da hipérbole.

Resolução:

$$9x^2 - 16y^2 = 144 \Rightarrow \frac{9x^2}{144} - \frac{16y^2}{144} = \frac{144}{144} \Rightarrow$$

$$\Rightarrow \frac{x^2}{16} - \frac{y^2}{9} = 1$$

A equação indica que os focos estão sobre o eixo Ox com centro $(0, 0)$, daí:

$a^2 = 16 \Rightarrow a = 4$

$b^2 = 9 \Rightarrow b = 3$

$c^2 = a^2 + b^2 = 16 + 9 = 25 \Rightarrow c = 5$

$e = \frac{c}{a} = \frac{5}{4}$

Logo, $\mathbf{F_1}(5, 0)$ e $\mathbf{F_2}(-5, 0)$, $\mathbf{A_1}(4, 0)$ e $\mathbf{A_2}(-4, 0)$ e a excentricidade $e = \frac{5}{4}$.

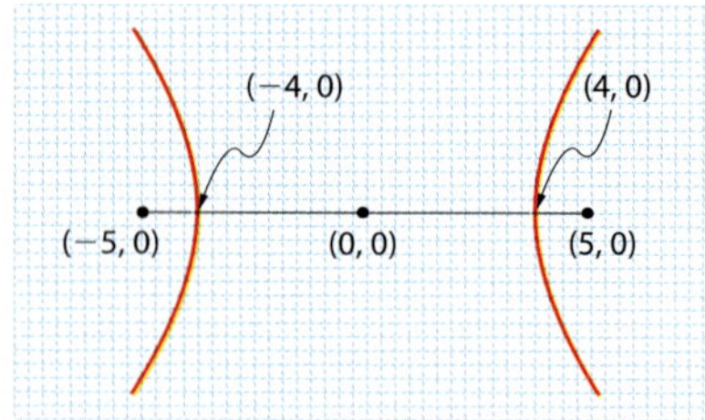

26. Determine a equação da hipérbole de centro $(3, 5)$, com um dos vértices em $(1, 5)$ e um dos focos em $(-1, 5)$.

Resolução:

Pelos dados do problema, o eixo real da hipérbole é paralelo ao eixo Ox, cuja equação é da forma:

$$\frac{(x - x_0)^2}{a^2} - \frac{(y - y_0)^2}{b^2} = 1$$

Fazendo um esboço da hipérbole, temos:

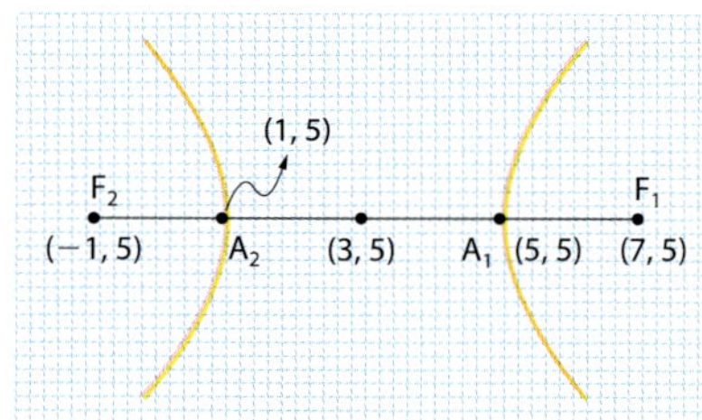

$a = 3 - 1 = 2$

$c = 3 - (-1) = 4$

$b^2 = c^2 - a^2 = 16 - 4 = 12$

Substituindo os dados na fórmula, obtemos:

$$\frac{(x - x_0)^2}{a^2} - \frac{(y - y_0)^2}{b^2} = 1 \Rightarrow$$

$$\Rightarrow \frac{(x - 3)^2}{4} - \frac{(y - 5)^2}{12} = 1$$

Logo, a equação procurada é

$$\frac{(x - 3)^2}{4} - \frac{(y - 5)^2}{12} = 1.$$

Exercícios propostos

23. Determine a equação da hipérbole. Dados:

a) os focos $\mathbf{F_1}(8, 0)$ e $\mathbf{F_2}(-8, 0)$ e os vértices $\mathbf{A_1}(5, 0)$ e $\mathbf{A_2}(-5, 0)$;

b) os vértices $\mathbf{A_1}(3, 0)$ e $\mathbf{A_2}(-3, 0)$ e a distância entre os focos igual a 8;

c) os vértices $\mathbf{A_1}(3, 0)$ e $\mathbf{A_2}(-3, 0)$ e a excentricidade igual a 2.

24. Determine as coordenadas dos focos, as coordenadas dos vértices e a excentricidade das hipérboles das equações:

a) $4x^2 - 25y^2 = 100$

b) $\frac{x^2}{16} - \frac{y^2}{25} = 1$

c) $3x^2 - 4y^2 = 36$

25. Determine a equação da hipérbole que passa pelo ponto $\mathbf{P}\left(4\sqrt{2}, 3\right)$ e tem os focos nos pontos $\mathbf{F_1}(5, 0)$ e $\mathbf{F_2}(-5, 0)$.

26. Calcule o comprimento do segmento A_1A_2 (os pontos $\mathbf{A_1}$ e $\mathbf{A_2}$ são os vértices) numa hipérbole de equação $4x^2 - 25y^2 = 100$.

27. Calcule o valor de **m** para que a hipérbole de equação $\frac{x^2}{m^2} - \frac{y^2}{4} = 1$ passe pelo ponto $\mathbf{P}\left(\sqrt{15},\ 4\right)$.

28. Numa hipérbole de excentricidade igual a $\sqrt{5}$, os vértices são os pontos $\mathbf{A_1}(2, 0)$ e $\mathbf{A_2}(-2, 0)$. Determine as coordenadas de seus focos.

29. Consideremos a hipérbole de equação $4y^2 - x^2 = 16$. Qual é a equação de uma circunferência cujo centro coincide com o centro da hipérbole e que passa pelos focos da hipérbole?

30. Calcule a excentricidade $e = \frac{c}{a}$, esboce o gráfico de cada uma das hipérboles e relacione o valor de **e** com a respectiva figura:

a) $\frac{x^2}{1} - \frac{y^2}{8} = 1$

b) $\frac{x^2}{1} - \frac{y^2}{5} = 1$

c) $\frac{x^2}{1} - \frac{y^2}{3} = 1$

31. Determine a equação da hipérbole cujos focos são $\mathbf{F_1}(3, 6)$ e $\mathbf{F_2}(3, -6)$ e o eixo imaginário é $2b = 6$.

32. Qual é a distância focal na hipérbole cuja equação é $4x^2 - 25y^2 - 32x - 100y - 136 = 0$?

33. O centro de uma hipérbole é o ponto $(4, -3)$, seu eixo real é $2a = 6$ e o eixo imaginário é $2b = 4$. Determine a equação dessa hipérbole e seus focos $\mathbf{F_1}$ e $\mathbf{F_2}$, sabendo ainda que $\overline{F_1F_2}$ é paralelo ao eixo **x**.

Assíntotas da hipérbole

Vamos considerar a hipérbole $\frac{x^2}{a^2} - \frac{y^2}{b^2} = 1$, de centro na origem e eixo real horizontal.

Isolando **y** nessa equação, obtemos:

$$\frac{y^2}{b^2} = \frac{x^2}{a^2} - 1 \Rightarrow y^2 = \frac{b^2}{a^2}(x^2 - a^2) \Rightarrow y = \pm\frac{b}{a}\sqrt{x^2 - a^2}$$

Vamos observar agora o termo $x^2 - a^2$ que está na raiz quadrada. Nele, **a** é constante, pois é um valor fixo na hipérbole, mas **x** é variável, ou seja, para cada ponto pertencente à hipérbole, **x** assumirá um valor real diferente.

Então, vamos imaginar **x** assumindo valores muito afastados do centro da hipérbole. Esses valores corresponderiam a pontos das curvas mais e mais distantes de $\mathbf{A_1}$ e $\mathbf{A_2}$.

À medida que **x** assume valores cada vez maiores (no sentido positivo do eixo das abscissas) ou cada vez menores (no sentido negativo), a diferença $x^2 - a^2$ vai se aproximando cada vez mais do próprio $\mathbf{x^2}$, já que $\mathbf{a^2}$, sendo constante, fica quase desprezível perto de $\mathbf{x^2}$.

Por exemplo, se $a = 1$, teremos:

x	x^2	$x^2 - a^2$
2	4	3
20	400	399
2 000	4 000 000	3 999 999

e assim por diante.

Então, podemos considerar que, para valores muito grandes, ou muito pequenos (se **x** for negativo, ao quadrado fica positivo e a diferença é a mesma), a equação da hipérbole $y = \pm\frac{b}{a}\sqrt{x^2 - a^2}$ se aproxima de $y = \pm\frac{b}{a}\sqrt{x^2}$ e, portanto, de $y = \pm\frac{b}{a}x$, que são retas que passam pela origem e têm, respectivamente, declividades $\frac{-b}{a}$ e $\frac{+b}{a}$.

A essas retas damos o nome de *assíntotas*, que são as retas para as quais tende a curva, embora nunca as toque (pois o pequeno $\mathbf{a^2}$ sempre estará presente).

No gráfico dessa hipérbole, podemos facilmente determinar pontos dessa reta, construindo o retângulo MNPQ, que passa pelos pontos $\mathbf{A_1}$, $\mathbf{A_2}$, $\mathbf{B_1}$ e $\mathbf{B_2}$:

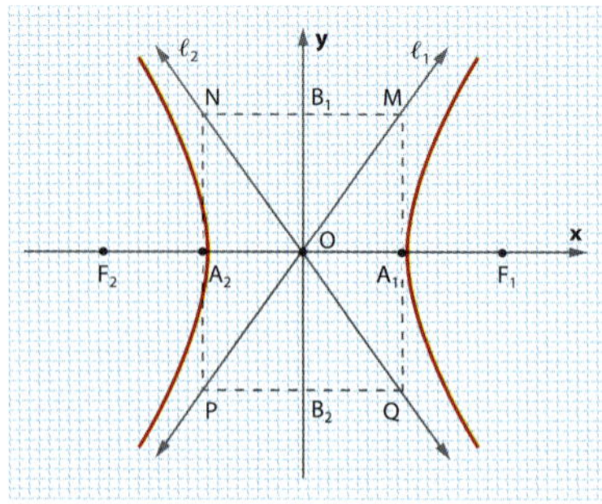

Observe que as diagonais desse retângulo são retas de declividades $\frac{-b}{a}$ e $\frac{b}{a}$, respectivamente.

De agora em diante, para traçarmos o gráfico de uma hipérbole, podemos começar traçando as assíntotas (basta ter os valores de **a**, **b** e as coordenadas do centro) e depois, à mão livre, conduzir as duas curvas que compõem a hipérbole, sem chegar a tocar essas retas, mas aproximando-as cada vez mais delas.

Generalizando, as equações das assíntotas serão:

$$y - y_C = \pm\frac{b}{a}(x - x_C)$$

(se o eixo real for horizontal)

e

$$y - y_C = \pm\frac{a}{b}(x - x_C)$$

(se o eixo real for vertical)

Exercício resolvido

27. Determine as equações das retas assíntotas da hipérbole de equação $\frac{(x-5)^2}{64} - \frac{(y-2)^2}{36} = 1$.

Resolução:

Da equação, vem:

$$\begin{cases} \text{centro: } \mathbf{O}(5, 2) \\ a^2 = 64 \Rightarrow a = 8 \\ b^2 = 36 \Rightarrow b = 6 \\ \text{eixo real horizontal} \end{cases}$$

Equações das assíntotas:

$$y - 2 = \pm\frac{6}{8}(x - 5)$$

$4y - 8 = 3x - 15 \Rightarrow$
$\Rightarrow 3x - 4y - 7 = 0$

$4y - 8 = -3x + 15 \Rightarrow$
$\Rightarrow 3x + 4y - 23 = 0$

Logo, as equações das retas assíntotas são $3x - 4y - 7 = 0$ e $3x + 4y - 23 = 0$.

Exercícios propostos

34. Determine as equações das assíntotas da hipérbole de equação:

a) $9x^2 - 16y^2 = 144$

b) $\frac{x^2}{25} - \frac{y^2}{4} = 1$

c) $\frac{(x-3)^2}{16} - \frac{(y-2)^2}{9} = 1$

35. As equações das assíntotas de uma hipérbole são $y = 2x$ e $y = -2x$. Se a hipérbole tem vértices $\mathbf{A_1}(3, 0)$ e $\mathbf{A_2}(-3, 0)$, determine a equação da hipérbole.

Hipérbole equilátera

Observemos a figura:

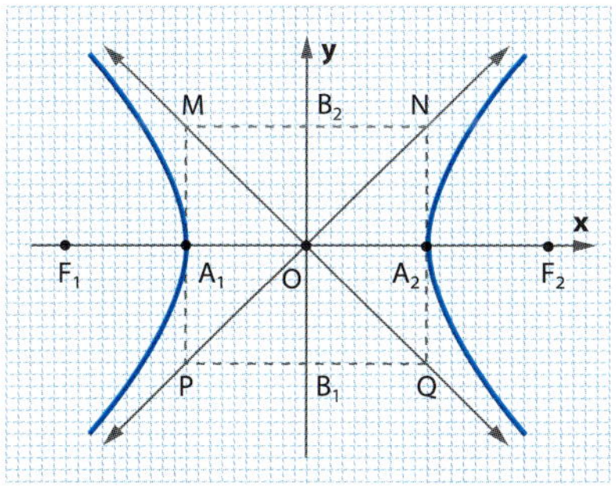

Quando temos b = a, o retângulo MNPQ se transforma num quadrado. Nesse caso, as assíntotas tornam-se perpendiculares e a hipérbole é denominada *hipérbole equilátera*.

A equação dessa hipérbole equilátera de centro $O(x_0, y_0)$ é:

$$\frac{(x - x_0)^2}{a^2} - \frac{(y - y_0)^2}{a^2} = 1$$

Fique atento

Se o centro dessa hipérbole é **O**(0, 0), sua equação será $\frac{x^2}{a^2} - \frac{y^2}{a^2} = 1$ ou $x^2 - y^2 = a^2$.

Observação: Uma das hipérboles equiláteras mais famosas é a que descreve a relação entre a pressão e o volume de um gás perfeito a temperatura constante, conhecida como lei de Boyle, segundo a qual o produto da pressão pelo volume é sempre constante em condições isotérmicas: PV = k.

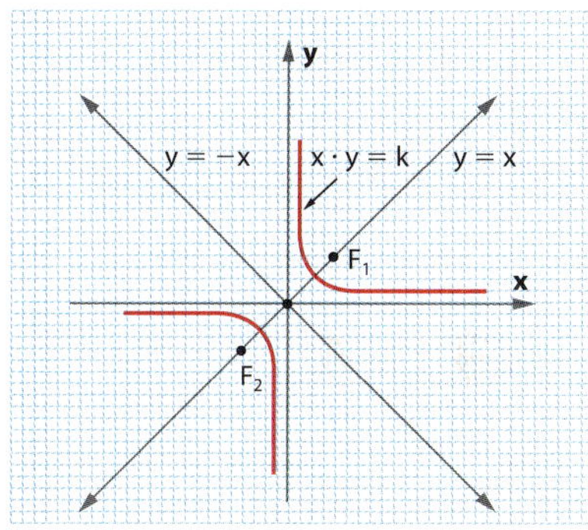

Entretanto, a equação xy = k não se parece nada com as hipérboles estudadas até aqui. O detalhe é que todas as hipérboles estudadas têm os eixos real e imaginário paralelos aos eixos **x** e **y**. Se os eixos real e imaginário não forem paralelos aos eixos **x** e **y**, aparecerá o termo xy na equação da hipérbole e, mais particularmente, se as assíntotas de uma hipérbole equilátera forem os eixos **x** e **y** (e portanto os eixos real e imaginário estão sobre as retas y = x e y = −x), então a equação da hipérbole se reduz à forma $xy = \frac{a^2}{2}$.

Dessa forma, o gráfico da lei de Boyle é realmente uma hipérbole equilátera tal como as estudadas neste capítulo, com a diferença de ter um sistema de coordenadas rotacionado de 45° em relação ao sistema de coordenadas mais adequado, que é o paralelo aos eixos real e imaginário e adotado neste capítulo.

Exercício resolvido

28. Os focos de uma hipérbole equilátera são $\mathbf{F_1}(1, 8)$ e $\mathbf{F_2}(1, 0)$. Determine a equação dessa hipérbole.

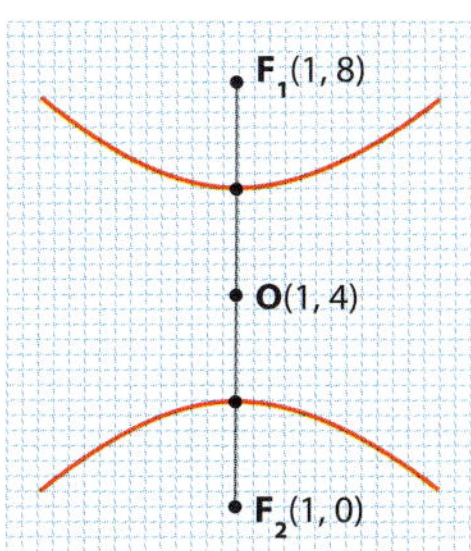

Resolução:

Pelos dados do problema deduzimos:

- centro: **O**(1, 4), o ponto médio de $\overline{F_1F_2}$
- posição da hipérbole: o eixo real é paralelo ao eixo **y**
- valor da distância focal: $2c = 8 \Rightarrow c = 4$
- tipo de equação: $\frac{(y - y_0)^2}{a^2} - \frac{(x - x_0)^2}{a^2} = 1$

Como a hipérbole é equilátera, temos:

$c^2 = a^2 + a^2 \Rightarrow 2a^2 = 16 \Rightarrow a^2 = 8$

Logo, a equação é $\frac{(y - 4)^2}{8} - \frac{(x - 1)^2}{8} = 1$.

Exercícios propostos

36. Determine a equação da hipérbole equilátera:

a) de focos $\mathbf{F_1}(6, 0)$ e $\mathbf{F_2}(-6, 0)$;

b) de centro (2, 4) e um dos vértices em (2, 2).

37. Determine as coordenadas dos focos e as coordenadas dos vértices da hipérbole equilátera de equação $x^2 - y^2 = 25$.

38. Numa hipérbole equilátera com centro em (0, 0), a distância entre os vértices é 8. Sabendo que os focos estão sobre o eixo **y**, determine a equação dessa hipérbole.

39. Considere uma hipérbole equilátera, com centro em (0, 0), cujos focos $\mathbf{F_1}$ e $\mathbf{F_2}$ estão no eixo **x** e que passa pelo ponto **P**(13, −12). Nessas condições, calcule a área do triângulo PF_1F_2.

5 Outras aplicações

Exercícios resolvidos

29. Dada a função quadrática $y = x^2 + 6x + 5$, obtenha as coordenadas do foco da parábola que representa o gráfico dessa função.

Resolução:

Completando quadrados:

$y = x^2 + 6x + 5 \Rightarrow y - 5 + \_\_\_ = x^2 + 6x + \_\_\_ \Rightarrow$

$\Rightarrow y - 5 + 9 = x^2 + 6x + 9 \Rightarrow$

$\Rightarrow y + 4 = (x + 3)^2 \Rightarrow (x + 3)^2 = y + 4$

Comparando com $(x - x_V)^2 = \pm 4c(y - y_V)$, temos que as coordenadas do vértice são (−3, −4) e o parâmetro **c** é igual a $\frac{1}{4}$. Então as coordenadas do foco são -3 e $-4 + \frac{1}{4}$, ou seja, $\mathbf{F}\left(-3, -\frac{15}{4}\right)$.

30. Um arquiteto projetou no salão central de um espaço cultural duas paredes parabólicas, opostas uma à outra, de forma que duas pessoas, com suas cabeças posicionadas cada uma no respectivo foco da parábola de sua parede, poderiam conversar normalmente, sem precisar gritar. Sua obra virou um sucesso, com todos os visitantes do espaço cultural querendo experimentar o tal "telefone de parede". Entretanto, alguns visitantes têm dificuldade de encontrar o ponto correto onde a conversação é perfeita (no foco da parábola) e ficam mexendo a cabeça até conseguir.

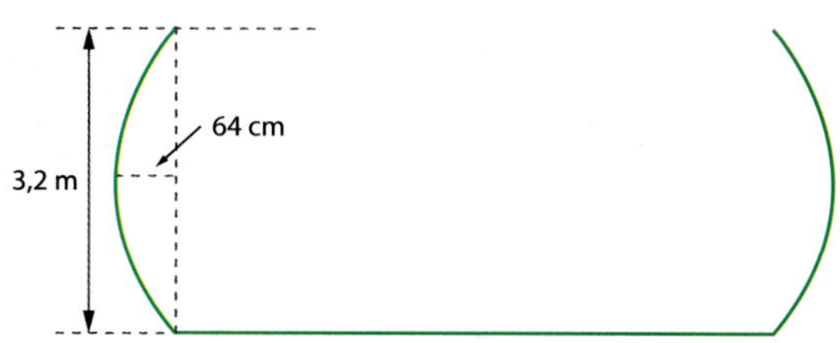

O pé direito do salão (distância entre o chão e o teto) tem 3,2 m. Considerando uma linha vertical pelos pontos no chão e no teto onde a parede parabólica começa e acaba, o ponto da parede mais afastado dessa vertical está a 64 cm. Além disso, as duas paredes parabólicas são iguais e têm eixo de simetria horizontal passando a 1,60 m do chão. Qual é o melhor lugar para se posicionar a cabeça para uma conversação perfeita, em relação à vertical citada?

Resolução:

Precisamos obter a equação da parábola. Escolheremos um sistema de coordenadas adequado que simplifique o processo analítico. Portanto, o eixo **y** coincidirá com a vertical citada no enunciado e o eixo **x** coincidirá com o eixo de simetria. A escala será em centímetros.

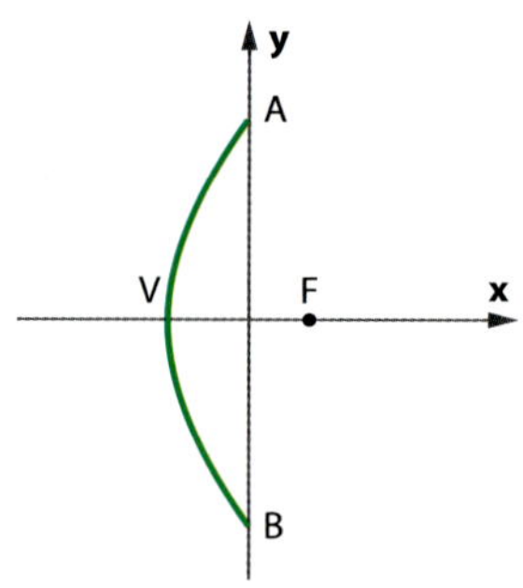

Assim, as coordenadas do vértice serão **V**(−64, 0), e dos pontos, **A**(0, 160) e **B**(0, −160). A equação da parábola é, então:

$(y - 0)^2 = 4c(x + 64) \Rightarrow y^2 = 4c(x + 64)$

Substituindo o ponto **A** na equação, temos:

$$160^2 = 4c(0 + 64) \Rightarrow 4c = \frac{160 \cdot 160}{64} \Rightarrow c = 100$$

Portanto, as coordenadas do foco neste sistema de coordenadas são (−64 + 100, 0) = (36, 0).

O melhor lugar para posicionar a cabeça é a 1,60 m do chão (onde passa o eixo de simetria da parábola) e a 36 cm da linha vertical do pé da parede, que é o ponto do foco da parábola.

Exercícios propostos

40. A tabela abaixo mostra a excentricidade da órbita elíptica ao redor do Sol dos oito planetas do Sistema Solar. Qual dos planetas tem a órbita mais parecida com uma circunferência? Para esse planeta, calcule a diferença percentual entre o tamanho do semieixo menor e do maior.

Planeta	Excentricidade da órbita
Mercúrio	0,206
Vênus	0,007
Terra	0,017
Marte	0,093
Júpiter	0,048
Saturno	0,056
Urano	0,046
Netuno	0,009

41. Dada a função quadrática $y = -4x^2 + 8x + 12$, obtenha as coordenadas do foco da parábola que representa o gráfico dessa função.

42. Sabendo que a órbita de Mercúrio em torno do Sol tem excentricidade 0,206; que o Sol é sempre um dos focos da elipse das órbitas planetárias; que a unidade astronômica (UA) vale 1 para a distância média entre o Sol e a Terra; que o ponto da órbita em que o planeta está mais afastado do Sol chama-se afélio e, no afélio, Mercúrio está a 0,47 UA do Sol; e que o ponto da órbita em que o planeta está mais próximo do Sol chama-se periélio, obtenha, em unidades astronômicas, a distância de Mercúrio ao Sol no periélio. Use sua calculadora se desejar.

Portal Pedagógico

Acesse o *Portal Pedagógico* (veja instruções na seção "Conheça seu livro", página 5) e amplie o estudo deste capítulo. Selecione o capítulo 4 e você encontrará os seguintes materiais:

- *Atividades adicionais* (Atividades para imprimir);
- *Reconhecimento de cônicas* (Texto complementar).

Desafio

(UFPB) Em certo sistema marítimo de navegação, duas estações de rádio, localizadas na costa, nos pontos **A** e **B**, transmitem simultaneamente sinais de rádio para qualquer embarcação que se encontre no mar, na área de alcance dessas estações. Sendo **P** o ponto onde está localizada uma embarcação que recebe esses sinais, o computador de bordo da embarcação calcula a diferença, PA − PB, das distâncias da embarcação a cada uma das estações. Um navio que estava ancorado no mar recebeu o sinal da estação localizada em **B** e, 120 microssegundos (μs) depois, recebeu o sinal da estação localizada em **A**, conforme a figura abaixo.

Considere as estações de rádio e o ponto **P** onde esse navio estava ancorado como pontos de um plano cartesiano, onde a unidade de comprimento é o quilômetro e **A**(−30, 0) e **B**(30, 0).

Nesse contexto, é correto afirmar que a hipérbole com focos nos pontos **A** e **B**, e que contém o ponto **P** tem como equação a expressão:

a) $\frac{x^2}{324} - \frac{y^2}{576} = 1.$

b) $\frac{x^2}{361} - \frac{y^2}{676} = 1.$

c) $\frac{x^2}{576} - \frac{y^2}{324} = 1.$

d) $\frac{x^2}{676} - \frac{y^2}{361} = 1.$

e) $\frac{x^2}{289} - \frac{y^2}{628} = 1.$

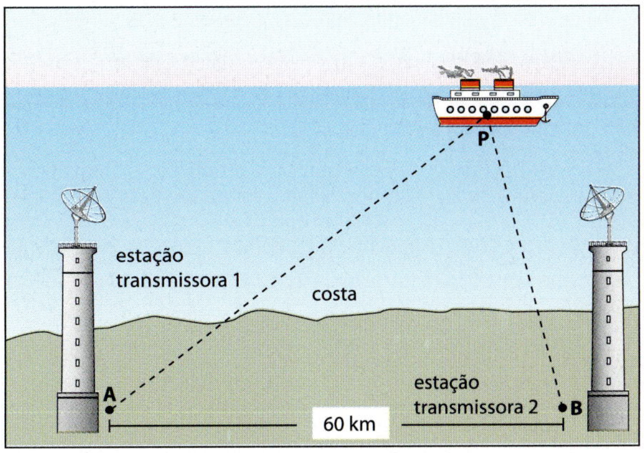

FORMATO COMUNICAÇÃO LTDA./ARQUIVO DA EDITORA

Dados:
- 1 s = 10^6 μs
- A velocidade do sinal de rádio é de 300 000 km/s

PENSANDO NO ENEM

1. Antenas parabólicas são usadas na recepção de sinais de UHF e micro-ondas, pois possuem a capacidade de concentrar num único ponto (foco) o sinal recebido, melhorando a qualidade da recepção. Geometricamente, a antena parabólica é uma superfície tridimensional chamada paraboloide de revolução. Quando se secciona uma paraboloide pelo plano que contém seu eixo de simetria (onde fica o foco da antena parabólica), obtém-se uma parábola cuja rotação em torno desse eixo dá origem ao paraboloide. Considere que uma antena parabólica seja seccionada pelo plano que contém seu eixo, conforme ilustração abaixo, e que a equação de sua parábola seja dada por $x^2 - 4x - 4y + 8 = 0$, de acordo com um sistema de coordenadas devidamente escolhido.

ILUSTRAÇÕES: FORMATO COMUNICAÇÃO LTDA./ARQUIVO DA EDITORA

Analise as afirmações seguintes e diga qual é a verdadeira, considerando o mesmo sistema de coordenadas.

a) O receptor de ondas (foco) dessa antena deve estar nas coordenadas $(-2, 2)$.

b) O eixo de simetria dessa antena possui como equação a reta $x = 1$.

c) A equação da reta diretriz da parábola que representa essa antena é $x = 0$.

d) A soma das coordenadas do vértice dessa parábola é 3.

e) A equação reduzida da parábola cuja equação foi apresentada no enunciado é $(x + 2)^2 = 4(y - 1)$.

2. A figura a seguir representa as órbitas ao redor do Sol dos planetas telúricos ou sólidos (Mercúrio, Vênus, Terra e Marte) e do planeta anão Ceres. Todas essas órbitas têm excentricidade mais próxima de 0 que de 1, visto que suas órbitas são bem arredondadas. Para referência, a distância média entre a Terra e o Sol é de 150 milhões de km ou 1 UA (unidade astronômica).

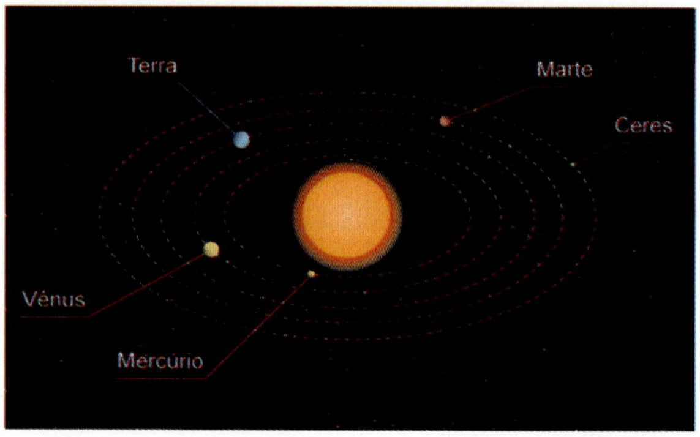

As órbitas na figura acima estão em escala. Os planetas e o Sol não estão em escala.

Suponhamos que um dos planetas do Sistema Solar tivesse como órbita uma elipse cuja equação fosse dada por $\frac{(x-2)^2}{25} + \frac{(y-4)^2}{9} = 1$ e que o Sol estivesse sobre um dos focos. O centro dessa elipse e as coordenadas do ponto onde o planeta está mais próximo do Sol seriam, respectivamente:

a) $(-2, -4)$ e $(7, 4)$.

b) $(0, 0)$ e $(-4, 2)$.

c) $(2, 4)$ e $(7, 4)$.

d) $(2, 4)$ e $(5, 3)$.

e) $(-2, -4)$ e $(5, 3)$.

3. Considere que uma praça foi construída de forma que os gramados são separados do caminho de passeio por dois ramos de uma hipérbole, conforme o esquema abaixo:

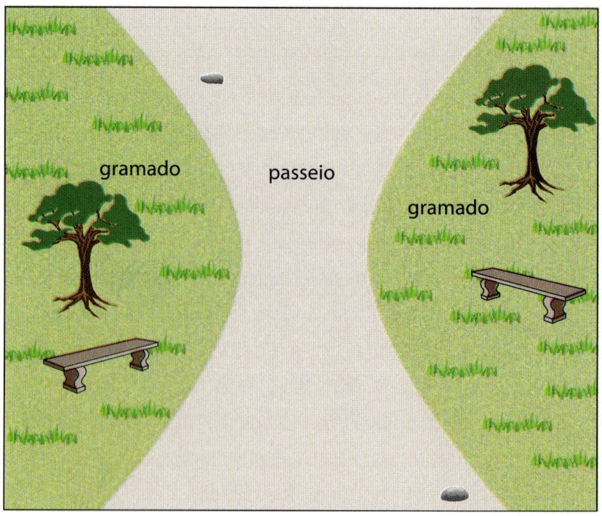

Considere ainda que, de acordo com a origem do sistema de coordenadas adotado pelo arquiteto responsável pela obra, a equação dessa hipérbole seja $\frac{(x-50)^2}{400} - \frac{(y-30)^2}{225} = 1$. A menor largura do passeio dessa praça, em metros, é:

a) 20.

b) 25.

c) 30.

d) 35.

e) 40.

A MATEMÁTICA E AS PRÁTICAS SOCIAIS

Kepler, a elipse e as proporções

Matemática e Astronomia sempre andaram juntas, desde há muito tempo. Muitos cálculos e descobertas astronômicas não aconteceriam sem a Matemática, que, por sua vez, foi por tantas vezes impulsionada pelas necessidades dos astrônomos.

O astrônomo alemão Johannes Kepler (1571-1630) passou dezessete anos estudando e pesquisando dados acumulados em vinte anos de observações astronômicas de seu mestre, o astrônomo dinamarquês Tycho Brahe, e desses estudos surgiram as famosas leis de Kepler.

Na 1ª lei, Kepler refuta as ideias de Nicolau Copérnico (1473-1543) de que as órbitas planetárias seriam circulares, ao afirmar que tais órbitas são na verdade elípticas, com o Sol ocupando um dos focos da elipse (e não o centro de um círculo). São elipses de pequena excentricidade, praticamente circulares, mas ainda assim são elipses. Para se ter uma ideia, uma elipse de excentricidade nula ($e = 0$) é uma circunferência, e a excentricidade da elipse da translação terrestre é $e = 0{,}017$. O planeta com maior excentricidade é Mercúrio, com $e = 0{,}206$.

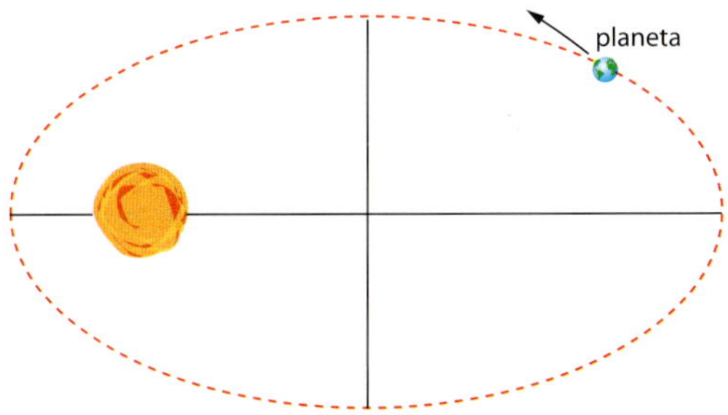

1ª Lei de Kepler: Todo planeta gira em torno do Sol, descrevendo uma elipse, da qual o Sol ocupa um dos focos.

Na 2ª lei, Kepler diz que a linha imaginária que une o Sol ao planeta varre áreas iguais em intervalos de tempos iguais, o que significa dizer que o planeta se move mais rapidamente quando está mais próximo do Sol.

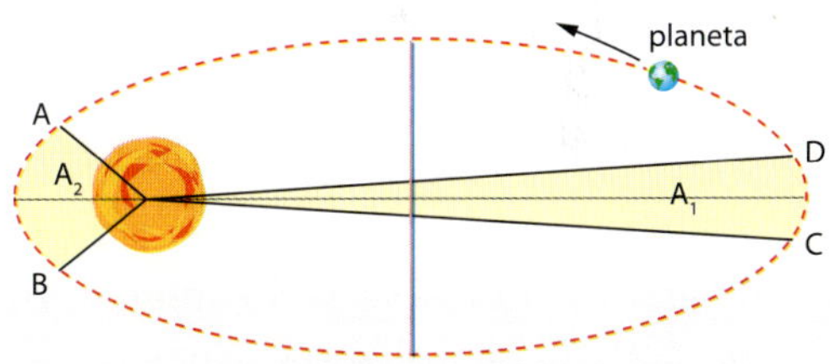

2ª Lei de Kepler: As áreas $\mathbf{A_1}$ e $\mathbf{A_2}$ são iguais.

Na 3ª lei, Kepler afirma que o quadrado do período da órbita de um planeta é proporcional ao cubo do semieixo maior da elipse orbital descrita por esse planeta. Em outras palavras, se **a** é o semieixo maior da elipse orbital e **T** é o período da órbita planetária, então $\frac{T^2}{a^3}$ é constante para todos os planetas. Para se ter uma ideia, a Terra leva um ano para dar uma volta ao redor do Sol, e o raio de sua órbita é, por definição, igual a 1 UA (unidade astronômica), enquanto Netuno, cujo semieixo maior (ou raio) de sua órbita é 30,1 UA (é o planeta mais afastado do Sol), leva 165 anos para dar uma volta completa, pois $= \frac{1^2}{1^3} = \frac{165^2}{30{,}1^3}$.

Esse é apenas um exemplo da frutífera parceria da Matemática com a Astronomia ao longo dos muitos séculos de ciência humana.

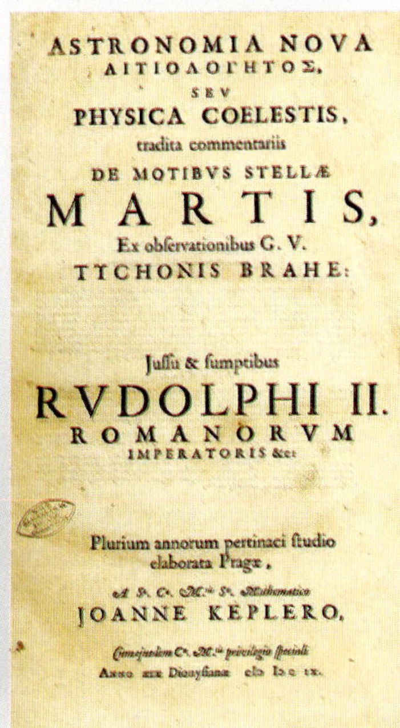
ASTRONOMIA NOVA
ΑΙΤΙΟΛΟΓΗΤΟΣ,
SEV
PHYSICA COELESTIS,
tradita commentariis
DE MOTIBVS STELLÆ
MARTIS,
Ex obſervationibus G. V.
TYCHONIS BRAHE:

Juſſu & ſumptibus
RVDOLPHI II.
ROMANORVM
IMPERATORIS &c:

Plurium annorum pertinaci ſtudio
elaborata Pragæ,
JOANNE KEPLERO,

Capa da obra *Astronomia nova* (1609), de Johannes Kepler. Nesta obra são apresentadas as duas primeiras leis de Kleper do movimento planetário.

Curiosidades

O Sol

- A luz do Sol demora 8 minutos e 18 segundos para chegar até nós.
- A distância média entre o Sol e a Terra é de 149,6 milhões de quilômetros.
- Sua massa é 332 900 vezes maior que a massa da Terra.
- Seu diâmetro é 109 vezes maior que o da Terra.
- Na superfície a temperatura chega a 5 500 °C.
- Calcula-se que no centro a temperatura chegue a 15 700 000 °C.

SEBASTIAN KAULITZKI/SHUTTERSTOCK/GLOW IMAGES

Sol

A Terra

- A massa do planeta é 5,9 sextilhões de toneladas.
- A Terra é o único planeta que possui água no estado líquido e uma combinação de fatores (oceanos, atmosfera, etc.) que levam ao desenvolvimento de formas de vida.

Fonte: <http://pt.wikipedia.org>. Acesso em: 20 fev. 2010.

ALI ENDER BIRER/SHUTTERSTOCK/GLOW IMAGES

Terra vista do espaço.

Calculando e compreendendo melhor o texto

1. De acordo com a 2ª lei de Kepler, a reta que une um planeta ao Sol varre áreas iguais em tempos iguais. Ou seja, os planetas se movem mais rapidamente quando próximos ao Sol. De acordo com a figura abaixo, em qual ponto a velocidade do planeta é menor?

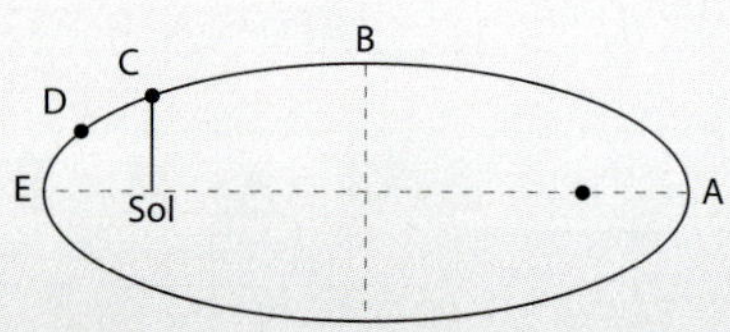

a) A b) B c) C d) D e) E

2. Sabendo que as distâncias entre o Sol e o periélio (ponto da órbita mais próximo do Sol) e entre o Sol e o afélio (ponto da órbita mais afastado do Sol) no movimento de translação da Terra são, respectivamente, 147×10^6 km e 152×10^6 km, calcule a medida da distância focal da trajetória elíptica sabendo que a excentricidade da curva é $\frac{1}{50}$.

3. Com as seguintes informações a respeito da trajetória elíptica de dois planetas em determinado sistema solar, qual planeta tem a trajetória mais próxima de um movimento circular? Por quê?
a) Planeta A de excentricidade 0,8.
b) Planeta B de excentricidade 0,6.

Pesquisando e discutindo

4. A distância da Terra a Marte é de aproximadamente 78 000 000 km. Com o auxílio de uma calculadora, determine o tempo que um foguete viajando a 8 000 km/h levaria para se deslocar da Terra até Marte.

5. Pesquise e discuta com seus colegas sobre o nosso Sistema Solar.
a) Quais são os planetas?
b) Quais são vistos a olho nu?

Veja mais sobre o assunto

Procure mais informações em jornais, revistas e nos *sites* <http://astro.if.ufrgs.br>, <www.astronomia2009.org.br> e <www.sbaa.com.br>.

QUESTÕES DE VESTIBULAR

1. (UFCG-PB) As cônicas são curvas usadas na descrição de vários fenômenos da natureza e têm grandes aplicações na Ciência e em nosso quotidiano. Dentre as propriedades dessas curvas, listadas abaixo, determine a que é falsa.

a) Uma circunferência pode ser considerada uma elipse, cujos focos estão no mesmo ponto.

b) Os raios de luz que saem do foco de uma parábola e batem nela são refletidos paralelamente ao eixo de simetria dessa parábola. (Estamos supondo que a parábola possa refletir o raio).

c) Uma hipérbole é formada por duas parábolas, dispostas simetricamente em relação a um eixo de simetria.

d) Uma parábola é a curva que pode ser formada pela intersecção de um plano com um cone circular reto, em que o plano é paralelo a uma geratriz desse cone e não contém essa geratriz.

e) Uma hipérbole pode ser gerada pela intersecção de um plano com um cone circular reto de duas folhas, sem que necessariamente este plano seja paralelo ao eixo de simetria desse cone.

2. (Ufam) Uma parábola tem foco no ponto **F**(3, 5) e sua diretriz é a reta de equação $y = -3$. Então a sua equação é igual a:

a) $(x - 3)^2 = 8(y - 1)$.
b) $(x - 3)^2 = -16(y - 1)$.
c) $(x - 3)^2 = 16(y - 1)$.
d) $(x - 3)^2 = -8(y - 1)$.
e) $(x - 3)^2 = 8(y + 1)$.

3. (UFPA) Determine a distância entre os focos da elipse $5x^2 + 9y^2 - 10x - 31 = 0$.

4. (UFC-CE) O número de pontos de intersecção das curvas $x^2 + y^2 = 4$ e $\frac{x^2}{15} + \frac{y^2}{2} = 1$ é igual a:

a) 0. b) 3. c) 4. d) 5. e) 6.

5. (Unifor-CE) Na figura abaixo tem-se uma elipse.

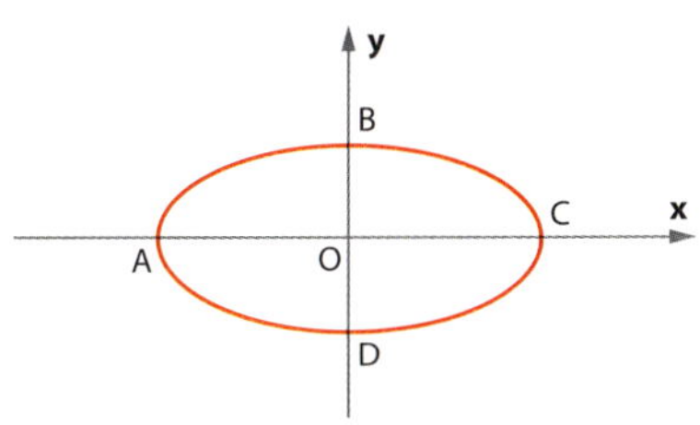

Se OB = 2 cm e OC = 4 cm, a equação dessa elipse é:

a) $\frac{x^2}{12} + \frac{y^2}{4} = 1$.
b) $\frac{x^2}{4} + \frac{y^2}{2} = 1$.
c) $\frac{x^2}{16} + \frac{y^2}{4} = 1$.
d) $\frac{x^2}{2} + \frac{y^2}{4} = 1$.
e) $\frac{x^2}{4} + \frac{y^2}{16} = 1$.

6. (UFRN) O gráfico que melhor representa a equação $ax^2 + by^2 = ab$, com **a** e **b** positivos e $a > b$, é :

a)
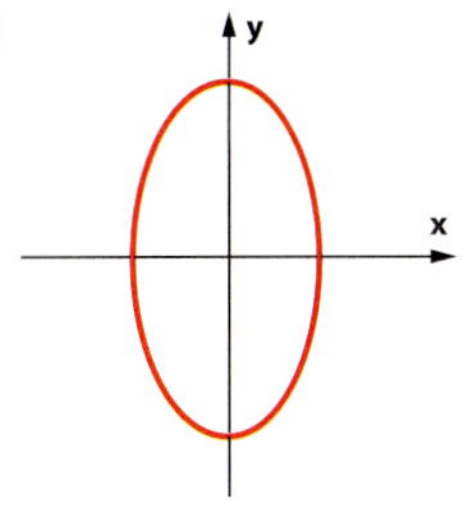

c)
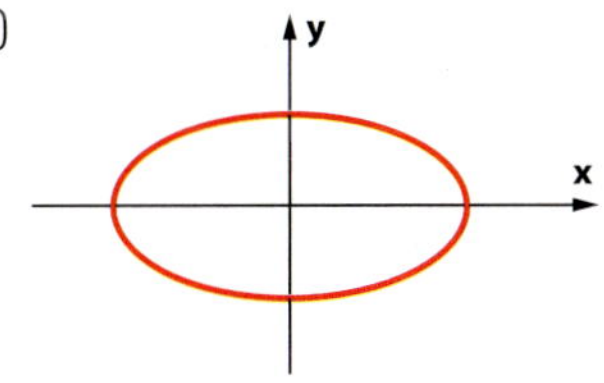

b)
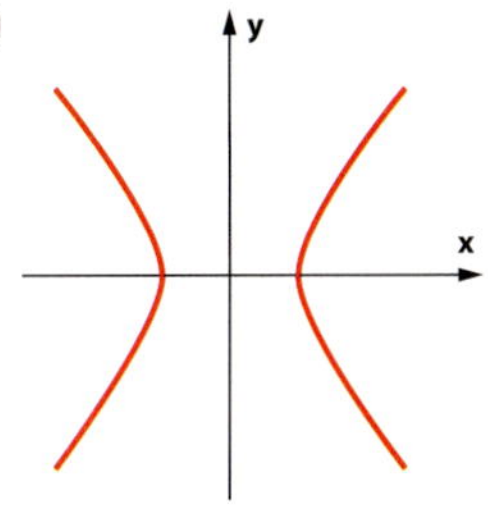

d)
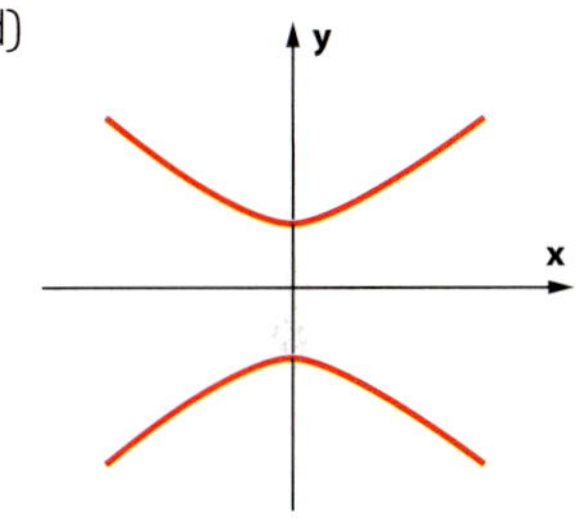

7. (UEPB) Se **P**(0, −7) e **Q**(x, y) são pontos de uma elipse de focos $\mathbf{F_1}(0, -5)$, $\mathbf{F_2}(0, 5)$, o perímetro do triângulo QF_1F_2, em cm, é:

a) 20.
b) 22.
c) 26.
d) 28.
e) 24.

8. (UFC-CE) O lugar geométrico dos pontos do plano cartesiano cujas coordenadas satisfazem a equação $y^2 - 2y = 3 - x^2$ é um(a):

a) par de retas concorrentes.
b) circunferência.
c) parábola.
d) elipse.
e) hipérbole.

9. (UFMA) A equação da elipse cujo gráfico é mostrado na figura a seguir é dada por:

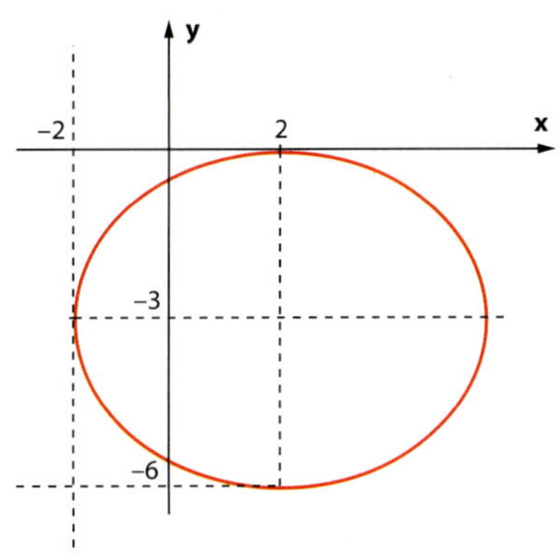

a) $16x^2 + 9y^2 + 96x - 36y + 36 = 0$.
b) $16x^2 + 9y^2 - 96x + 36y + 36 = 0$.
c) $9x^2 + 16y^2 - 36x - 96y + 36 = 0$.
d) $9x^2 - 16y^2 - 36x + 96y + 36 = 0$.
e) $9x^2 + 16y^2 - 36x + 96y + 36 = 0$.

10. (Vunesp) A figura representa uma elipse.

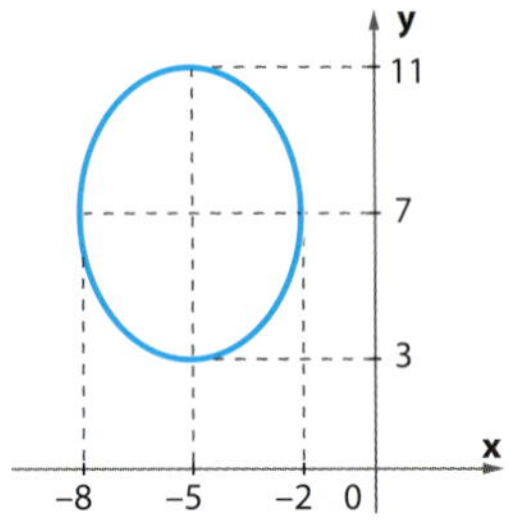

A partir dos dados disponíveis, a equação dessa elipse é:

a) $\frac{x^2}{5} + \frac{y^2}{7} = 1.$

b) $\frac{(x+5)^2}{9} + \frac{(y-7)^2}{16} = 1.$

c) $(x-5)^2 + (y-7)^2 = 1.$

d) $\frac{(x-5)^2}{9} + \frac{(y+7)^2}{16} = 1.$

e) $\frac{(x+3)^2}{5} + \frac{(y-4)^2}{7} = 1.$

11. (Fuvest-SP) A elipse $x^2 + \frac{y^2}{2} = \frac{9}{4}$ e a reta $y = 2x + 1$, do plano cartesiano, se interceptam nos pontos **A** e **B**. Pode-se, pois, afirmar que o ponto médio do segmento AB é:

a) $\left(\frac{-2}{3}, \frac{-1}{3}\right).$

b) $\left(\frac{2}{3}, \frac{-7}{3}\right).$

c) $\left(\frac{1}{3}, \frac{-5}{3}\right).$

d) $\left(\frac{-1}{3}, \frac{1}{3}\right).$

e) $\left(\frac{-1}{4}, \frac{1}{2}\right).$

12. (ITA-SP) A distância entre o vértice e o foco da parábola de equação

$2x^2 - 4x - 4y + 3 = 0$ é igual a:

a) 2. b) $\frac{3}{2}$. c) 1. d) $\frac{3}{4}$. e) $\frac{1}{2}$.

13. (UPF-RS) Sejam **P** e **Q** os pontos de intersecção das funções definidas por $y = -2x + 1$ e $y = x^2 + 4x - 6$. Nestas condições, a distância entre os pontos **P** e **Q** vale:

a) $8\sqrt{5}$.

b) 10.

c) $10\sqrt{2}$.

d) $8\sqrt{3}$.

e) 13.

14. (UFMA) No plano cartesiano, como se vê na figura abaixo, uma parábola intersecta a circunferência $x^2 + y^2 = 1$ nos pontos **A** e **B** e passa pela origem do sistema de coordenadas. Além disso, o eixo de simetria da parábola é perpendicular ao eixo **x**.

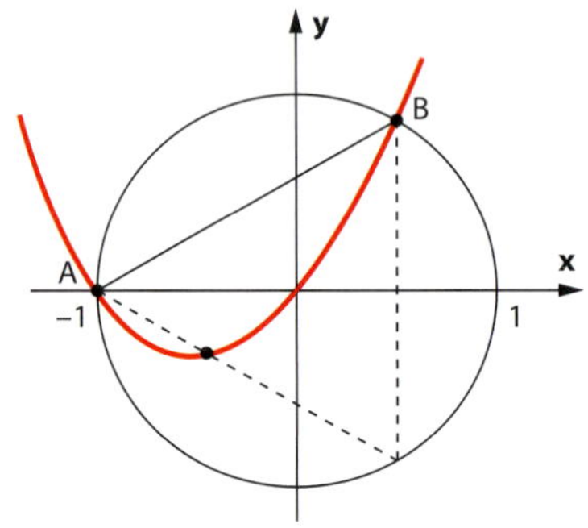

Se o segmento AB é o lado de um triângulo equilátero inscrito na circunferência, qual é a equação da parábola?

a) $\frac{2\sqrt{3}}{3}(x^2 + x)$.

b) $\frac{2\sqrt{3}}{3}(x^2 - x)$.

c) $\frac{\sqrt{3}}{3}(x^2 + x)$.

d) $\frac{\sqrt{3}}{3}(x^2 - x)$.

e) $\frac{2\sqrt{3}}{3}x^2$.

15. (UFBA) No sistema de coordenadas cartesianas, as curvas **E** e **C** satisfazem as seguintes propriedades:

- Para qualquer ponto **Q**(x, y) de **E**, a soma das distâncias de **Q**(x, y) a $\mathbf{F_1}(-\sqrt{3}, 0)$ e de **Q**(x, y) a $\mathbf{F_2}(\sqrt{3}, 0)$ é constante e igual a 4 u.c.
- **C** é uma parábola com vértice na intersecção de **E** com o semieixo positivo Oy e passa por $\mathbf{F_2}$.

Com base nessas informações, determine os pontos de intersecção de **E** e **C**.

16. (UFPI) A área do triângulo retângulo formado pelos eixos coordenados e pela reta tangente à elipse $\frac{x^2}{4} + \frac{y^2}{9} = 1$ em um dos pontos de abscissa $x = 1$, é igual a:

a) $\frac{4}{9}$ unidades de área.

b) $\frac{9}{4}$ unidades de área.

c) $2\sqrt{3}$ unidades de área.

d) $4\sqrt{3}$ unidades de área.

e) $\frac{9}{4}\sqrt{3}$ unidades de área.

Leitura

A hipérbole e os telescópios*

Vamos considerar um espelho refletor com a forma de um ramo de hipérbole, com a parte refletora do "lado de fora" (parte côncava) da hipérbole. Uma interessante propriedade das hipérboles é o fato de que todo raio de luz que vem de um ponto **A** e incide no espelho em **P** (de forma que a reta AP passa pelo foco **F'**) é refletido de forma a passar pelo outro foco **F** (figura 1).

Os primeiros telescópios eram refratores e tinham muitos inconvenientes. Posteriormente, apareceram os telescópios refletores, que possibilitavam observações muito mais precisas.

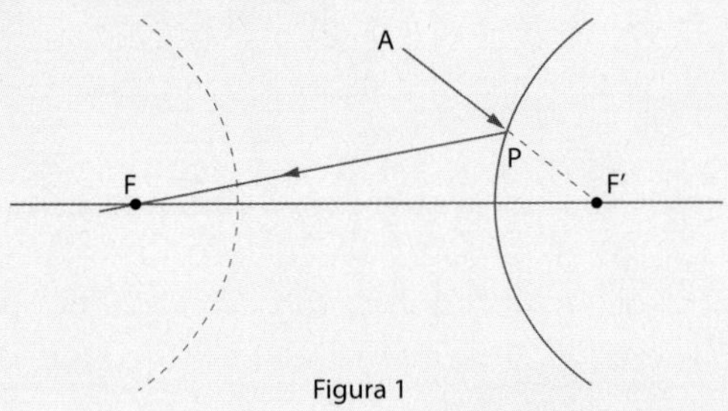

Figura 1

Um *telescópio refletor* é um espelho parabólico no fundo de um tubo. Os raios provenientes de um corpo celeste distante (estrela, galáxia, planeta, etc.) formam um feixe praticamente paralelo, que se reflete no espelho e vai formar a imagem do objeto no foco **F**.

O problema era que, para observar essa imagem, o observador teria de estar com seu olho posicionado no foco da parábola, o que é impossível na prática (figura 2).

Isaac Newton (1642-1727) resolveu esse problema em seu telescópio refletor, colocando um espelho **E** entre o espelho parabólico e o foco **F**. Com isso, os raios que iriam formar a imagem **F** são novamente refletidos e vão formar essa imagem num ponto **F'** fora do tubo do telescópio, onde se posiciona o observador (figura 3).

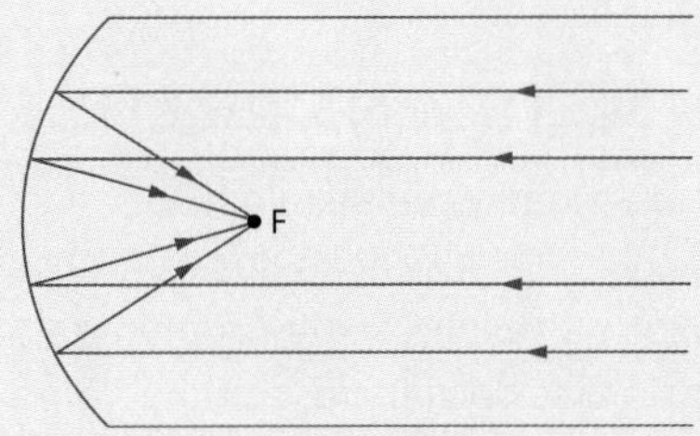

Figura 2

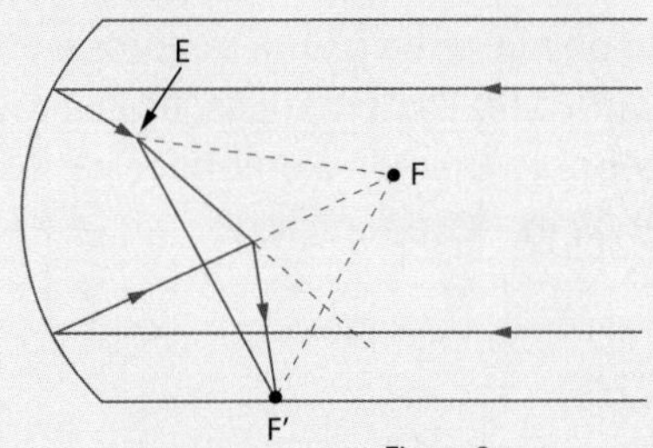

Figura 3

Em 1672, o astrônomo francês **Cassegrain** propôs a utilização de um espelho hiperbólico **E**, como ilustra a figura abaixo, em lugar do espelho plano de Newton. Um dos focos da hipérbole coincide com o foco **F** da parábola. Agora, os raios que iriam formar a imagem no foco **F** são refletidos pelo espelho **E** e formarão essa imagem no outro foco **F'** da hipérbole (figura 4).

Esse modelo de Cassegrain tem muitas vantagens sobre o modelo de Newton. O famoso telescópio óptico do observatório do Monte Palomar, que fica 80 km a nordeste de San Diego, na Califórnia (Estados Unidos), utiliza várias montagens do tipo de Cassegrain.

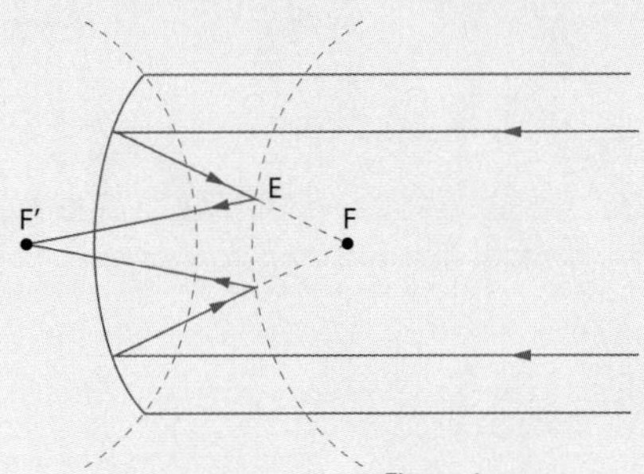

Figura 4

* Baseado no artigo "A hipérbole e os telescópios", de Geraldo Ávila, publicado na *Revista do Professor de Matemática* (RPM), n. 34, p. 22.

Capítulo 5 Números complexos

A MATEMÁTICA NA PRÁTICA

➲ A partir de meados do século XIX intensificou-se a aplicação dos números complexos na resolução de problemas de várias áreas da ciência, como mecânica de fluidos, hidrodinâmica, eletrostática e teoria quântica. Esse conjunto de números é uma poderosa ferramenta para matemáticos, físicos e engenheiros, ajudando a entender vários fenômenos da Matemática.

DESAFIO

➲ Em 1545, Cardano propôs em um de seus livros o seguinte problema: "Divida 10 em duas partes de modo que seu produto seja 40".

a) Registre uma equação que traduza esse problema.

b) Resolva a equação obtida, observando as propriedades válidas para os números reais.

Girolamo Cardano (1501-1576), matemático e médico italiano. Escreveu a obra *Ars Magna*, um dos primeiros trabalhos significativos para o surgimento e a consolidação do número complexo. Nessa obra, introduziu as ideias gerais da teoria das equações algébricas.

Em seu livro *Discurso do método*, René Descartes (1596-1650) diz: "Nem sempre as raízes verdadeiras (positivas) ou falsas (negativas) de uma equação são reais. Às vezes, são imaginárias". Por isso, até hoje o número $\sqrt{-1}$ é chamado número imaginário.

FUNDO: ALEX ARGOZINO/ARQUIVO DA EDITORA

UM POUCO DE HISTÓRIA

O conhecimento matemático é uma construção coletiva, para a qual vários estudiosos contribuíram. Isso pode ser evidenciado com os NÚMEROS COMPLEXOS (da área de Álgebra), que surgiram no século XVI pela necessidade de se resolver equações de terceiro grau em que ocorriam raízes de números negativos.

Leonhard Euler (1707-1783), matemático suíço, contribuiu para melhorar a simbologia introduzindo o **i** para substituir o número $\sqrt{-1}$.

O alemão Carl F. Gauss (1777-1855) impulsionou o uso do número complexo elaborando o teorema fundamental da Álgebra e introduzindo algumas das notações utilizadas até hoje.

O matemático polonês Benoît Mandelbrot (1924-2010) é considerado o precursor da *Geometria dos fractais*. O fractal é definido como o conjunto de pontos **C** no plano complexo (sendo **C** um número complexo) para o qual a sequência é definida repetitivamente.

1 Introdução

Entre os conjuntos numéricos já conhecidos tínhamos inicialmente o conjunto dos números naturais:

$$\mathbb{N} = \{0, 1, 2, 3, ..., n, ...\}$$

Para que a subtração fosse sempre possível, ele foi estendido e obtivemos o conjunto dos números inteiros:

$$\mathbb{Z} = \{..., -n, ..., -2, -1, 0, 1, 2, ..., n, ...\}$$

Para que também a divisão fosse possível, estendemos este último e obtivemos o conjunto dos números racionais, que podem ser escritos na forma de fração, com numerador e denominador inteiros:

$$\mathbb{Q} = \left\{x = \frac{a}{b}, \text{ com } a \in \mathbb{Z}, b \in \mathbb{Z} \text{ e } b \neq 0\right\}$$

Fique atento

Em $\mathbb{Q}$, a única divisão impossível é a divisão por 0.

Em $\mathbb{Q}$, a equação $x^2 = 2$ não pode ser resolvida, ou seja, as soluções $x = \sqrt{2}$ e $x = -\sqrt{2}$ não podem ser representadas por uma fração $\frac{a}{b}$, com $b \neq 0$ e **a** e **b** pertencentes a $\mathbb{Z}$. $\sqrt{2}$ e $-\sqrt{2}$ são exemplos dos números chamados de irracionais ($\mathbb{I}r$).

Da união dos racionais com os irracionais surgem os números reais ($\mathbb{R}$):

$$\mathbb{R} = \mathbb{Q} \cup \mathbb{I}r$$

Portanto, podemos identificar $\mathbb{N}$ como uma parte de $\mathbb{Z}$, $\mathbb{Z}$ como uma parte de $\mathbb{Q}$, e $\mathbb{Q}$ como uma parte de $\mathbb{R}$ e escrever:

$$\mathbb{N} \subset \mathbb{Z} \subset \mathbb{Q} \subset \mathbb{R}$$

Sabemos que, se $x \in \mathbb{R}$, então $x^2 \geqslant 0$. Assim, a equação $x^2 + 1 = 0$ não tem solução em $\mathbb{R}$, pois:

$$x^2 + 1 = 0 \Rightarrow x^2 = -1 \Rightarrow x = \pm\sqrt{-1}$$

e não existe um número real **x** que elevado ao quadrado resulte -1. Por isso, temos de estender o conjunto dos números reais para obter um novo conjunto chamado de conjunto dos *números complexos* ($\mathbb{C}$).

2 O conjunto dos números complexos

O conjunto $\mathbb{C}$ é um conjunto cujos elementos — os números complexos — devem ser tais que possam ser somados e multiplicados, e também possibilitem a extração da raiz quadrada de um número negativo. Logicamente, os números reais precisam ser elementos desse conjunto $\mathbb{C}$, e as operações de adição e multiplicação definidas no conjunto dos números reais devem ser as mesmas já conhecidas. Note que, se isso não fosse observado, o conjunto $\mathbb{R}$ não seria um subconjunto de $\mathbb{C}$.

Ao longo do tempo, os elementos do conjunto $\mathbb{C}$, os números complexos, foram definidos de várias formas. O matemático alemão Carl F. Gauss (1777-1855), por exemplo, definiu os complexos como pares ordenados de números reais (a, b). Desse modo, os números reais são os pares que têm o segundo elemento igual a zero: (a, 0).

Hoje em dia, a notação preferida para definir os elementos do conjunto complexo é a forma algébrica, que estudaremos agora.

A forma algébrica

Todo número complexo **z** pode ser escrito de maneira única na forma:

$$z = a + bi \quad (a \in \mathbb{R}, b \in \mathbb{R} \text{ e } i^2 = -1)$$

Essa é a *forma algébrica* ou *forma binomial* de escrever um número complexo. Observemos que um número complexo escrito nessa forma tem duas partes:

$$z = \underbrace{a}_{\substack{\text{parte} \\ \text{real de } \mathbf{z}}} + \underbrace{bi}_{\substack{\text{parte} \\ \text{imaginária} \\ \text{de } \mathbf{z}}}$$

$\mathrm{Re}(z) = a$ $\qquad$ $\mathrm{Im}(z) = b$

i é a unidade imaginária, tal que $i^2 = -1$.

A existência do **i** é que permite que no conjunto $\mathbb{C}$ exista raiz de índice par de números negativos, não definida no conjunto $\mathbb{R}$.

Por exemplo, se $x \in \mathbb{C}$ e $x^2 = -25$, então $x = \pm 5i$, pois:

$$-25 = (i^2) \cdot 25 = i^2 5^2 = (5i)^2$$

> **Fique atento**
> - Como $i^2 = -1$, é comum encontrar quem defina $i = \sqrt{-1}$. Neste livro preferimos continuar usando $i^2 = -1$.
> - Todo número real é um número complexo, mas nem todo número complexo é um número real.
> - A unidade imaginária **i** é um número complexo não real.

Se o número complexo possui a unidade imaginária (ou seja, se $b \neq 0$) ele é chamado de *imaginário*.

Devemos observar também que, se $b = 0$, temos $z = a$ (*número real*); e se $a = 0$ e $b \neq 0$, temos $z = bi$, que é um número imaginário puro.

Exemplos:

1º) Em $z = 2 + 3i$, temos $\mathrm{Re}(z) = 2$ e $\mathrm{Im}(z) = 3$.

2º) Em $z = 3$, temos $\mathrm{Re}(z) = 3$ e $\mathrm{Im}(z) = 0$. Portanto, **z** é real.

3º) Em $z = -2i$, temos $\mathrm{Re}(z) = 0$ e $\mathrm{Im}(z) = -2$. Portanto, **z** é um número imaginário puro.

Operações na forma algébrica

Usando a forma algébrica, as operações de adição, subtração e multiplicação são intuitivas. Na multiplicação, por exemplo, basta aplicar a mesma propriedade distributiva usada na multiplicação de binômios, porém observando que $\mathbf{i}^2$ é um número real e vale -1. Não há necessidade alguma de decorar fórmulas.

Exemplos:

1º) $(2 + 3i) + (-3 + 4i) = (2 - 3) + (3 + 4)i = -1 + 7i$

2º) $(1 + 2i)(2 - 3i) = 1 \cdot 2 + 1(-3i) + (2i)2 + (2i)(-3i) = 2 - 3i + 4i - 6i^2 = 2 + i - 6(-1) =$
$= 2 + i + 6 = 8 + i$

3º) $(1 + i) - (3 + 2i) = (1 + i) + (-3 - 2i) = (1 - 3) + (1 - 2)i = -2 - 1i = -2 - i$

Igualdade entre números complexos

Os números complexos $z = a + bi$ e $w = c + di$, com **a**, **b**, **c** e **d** reais, são iguais se, e somente se, suas *partes reais* forem iguais e suas *partes imaginárias* também forem iguais.

$$a + bi = c + di \Leftrightarrow \begin{cases} a = c, \text{ isto é, } \mathrm{Re}(z) = \mathrm{Re}(w) \\ b = d, \text{ isto é, } \mathrm{Im}(z) = \mathrm{Im}(w) \end{cases}$$

Potências de i

A definição da unidade imaginária implica a existência de quatro valores, apenas, para potências de **i** com expoentes inteiros. Veja:

- $i^0 = 1$
- $i^1 = i$
- $i^2 = -1$
- $i^3 = i^2 \cdot i = (-1) \cdot i = -i$

A partir desses valores, temos:

- $i^4 = i^2 \cdot i^2 = (-1) \cdot (-1) = 1$
- $i^5 = i^4 \cdot i = 1 \cdot i = i$
- $i^6 = i^4 \cdot i^2 = 1 \cdot (-1) = -1$
- $i^7 = i^4 \cdot i^3 = 1 \cdot (-i) = -i$

Note então que, usando o mesmo raciocínio, temos:

- $i^0 = i^4 = i^8 = i^{12} = ... = 1$
- $i^1 = i^5 = i^9 = i^{13} = ... = i$
- $i^2 = i^6 = i^{10} = i^{14} = ... = -1$
- $i^3 = i^7 = i^{11} = i^{15} = ... = -i$

Observe que as potências de **i** começam a se repetir depois de **i⁴**. Logo, o resultado pode ser generalizado da seguinte forma:

$i^n = i^p$, em que **p** é o resto da divisão de **n** por 4.

Exercícios resolvidos

1. Dados os números complexos $z_1 = 1 + 3i$ e $z_2 = -2 + i$, calcule:

a) $z_1 + z_2$
b) z_1z_2
c) z_1^2
d) $z_1 + z_2^2$

Resolução:

a) $z_1 + z_2 = (1 + 3i) + (-2 + i) =$
$= (1 - 2) + (3 + 1)i = -1 + 4i$

b) $z_1z_2 = (1 + 3i)(-2 + i) =$
$= 1(-2) + 1 \cdot i + 3i(-2) + 3i \cdot i =$
$= -2 + i - 6i + 3i^2 = -2 - 5i + 3(-1) =$
$= -5 - 5i$

c) $z_1^2 = (1 + 3i)^2 = 1^2 + 2 \cdot 1 \cdot 3i + (3i)^2 =$
$= 1 + 6i + 9i^2 = 1 + 6i + 9(-1) = -8 + 6i$

d) $z_1 + z_2^2 = (1 + 3i) + (-2 + i)^2 =$
$= (1 + 3i) + [4 - 4i + i^2] =$
$= (1 + 3i) + [4 - 4i + (-1)] =$
$= (1 + 3i) + (3 - 4i) = 1 + 3i + 3 - 4i = 4 - i$

2. Calcule $z_1 - z_2$, dados os números complexos $z_1 = 2 + 3i$ e $z_2 = -1 + 4i$.

Resolução:

$z_1 - z_2 = (2 + 3i) - (-1 + 4i) = (2 + 3i) + (1 - 4i) =$
$= (2 + 1) + (3 - 4)i = 3 - i$

3. Determine o valor real de **x** para que o número complexo:

a) $z = (1 - 2x) + 3i$ seja um número imaginário puro.
b) $z = (8 - x) + (2x - 3)i$ seja um número imaginário puro.
c) $z = 6 - (3x - 5)i$ seja um número real.
d) $z = (1 - x) + (x - 1)i$ seja o número real 0.

Resolução:

a) $z = (1 - 2x) + 3i$

Para que **z** seja um número imaginário puro é necessário que $Re(z) = 0$, pois $Im(z) = 3 \neq 0$.
Então:

$Re(z) = 1 - 2x = 0 \Rightarrow x = \frac{1}{2}$

Verificando, vem:

$z = (1 - 2x) + 3i = \left(1 - 2 \cdot \frac{1}{2}\right) + 3i =$

$= (1 - 1) + 3i = 0 + 3i = 3i$ (número imaginário puro)

Logo, $x = \frac{1}{2}$.

b) $z = (8 - x) + (2x - 3)i$

$Re(z) = 0 \Rightarrow 8 - x = 0 \Rightarrow x = 8$

Para $x = 8$, temos:

$Im(z) = (2 \cdot 8 - 3) = 13 \neq 0$

Verificando, para $x = 8$:

$z = (8 - 8) + (2 \cdot 8 - 3)i = 0 + 13i = 13i$ (número imaginário puro)

Logo, $x = 8$.

c) $z = 6 - (3x - 5)i$

Para que **z** seja real é necessário que $Im(z) = 0$:

$Im(z) = -(3x - 5) = 0 \Rightarrow -3x + 5 = 0 \Rightarrow x = \frac{5}{3}$

Verificando, para $x = \frac{5}{3}$:

$z = 6 - \left(3 \cdot \frac{5}{3} - 5\right)i = 6 - (5 - 5)i =$

$= 6 - 0i = 6$ (número real)

Logo, $x = \frac{5}{3}$.

d) $z = (1 - x) + (x - 1)i$

Para que **z** seja 0 é necessário que $Re(z) = 0$ e $Im(z) = 0$. Então:

$Re(z) = 0 \Rightarrow 1 - x = 0 \Rightarrow x = 1$

$Im(z) = 0 \Rightarrow x - 1 = 0 \Rightarrow x = 1$

Verificando, para $x = 1$:

$z = (1 - x) + (x - 1)i = (1 - 1) + (1 - 1)i = 0 + 0i = 0$

Logo, $x = 1$.

4. Efetue as operações indicadas:

a) $(6 + 5i) + (3 - 4i)$
b) $(1 - i) - (3 - 2i)$
c) $(1 + i)(1 - i)$
d) $(3 - i)^3$
e) $(2 - 3i)^2 - (3 - i)2i$

Resolução:

a) $(6 + 5i) + (3 - 4i) = 6 + 5i + 3 - 4i =$
$= (6 + 3) + (5 - 4)i = 9 + i$

b) $(1 - i) - (3 - 2i) = 1 - i - 3 + 2i =$
$= (1 - 3) + (2 - 1)i = -2 + i$

c) $(1 + i)(1 - i) = 1 \cdot 1 - \cancel{1i} + \cancel{1i} - i^2 =$
$= 1 - i^2 = 1 - (-1) = 1 + 1 = 2$

d) $(3 - i)^3 = (3 - i)^2(3 - i) =$
$= (3^2 - 2 \cdot 3i + i^2)(3 - i) = (9 - 6i - 1)(3 - i) =$
$= (8 - 6i)(3 - i) = 24 - 8i - 18i + 6i^2 =$
$= 24 - 26i - 6 = 18 - 26i$

e) $(2 - 3i)^2 - (3 - i)2i =$
$= 2^2 - 2 \cdot 2 \cdot 3i + (3i)^2 - (6i - 2i^2) =$
$= 4 - 12i + 9i^2 - 6i + 2i^2 = 4 - 18i - 11 =$
$= -7 - 18i$

5. Calcule o valor de:

a) i^{49} b) i^{100} c) $3i^{15} - i^{16}$

Resolução:

a) $i^{49} = i^{48} \cdot i = (i^4)^{12} \cdot i = i$

Ou, de outra maneira:

$i^{49} = i^{48} \cdot i = (i^2)^{24} i = (-1)^{24} i = 1i = i$

Portanto, $i^{49} = i$.

b) $i^{100} = (1^2)^{50} = (-1)^{50} = 1$

Ou, de outra maneira:

$i^{100} = (i^4)^{25} \cdot i^0 = i^0 = 1$

Portanto, $i^{100} = 1$.

c) $3i^{15} - i^{16}$

$i^{15} = i^{14} \cdot i = (i^2)^7\, i = (-1)^7\, i = -1i = -i$

$i^{16} = (i^2)^8 = (-1)^8 = 1$

Então, temos:

$3i^{15} - i^{16} = 3(-i) - 1 = -3i - 1$

Portanto, $3i^{15} - i^{16} = -1 - 3i$.

Fique atento

De acordo com o texto anterior, *Potências de **i***, temos:

$i^{49} = i^1 = i$ — $49 \div 4$: quociente 12, resto 1

$i^{15} = i^3 = -i$ — $15 \div 4$: quociente 3, resto 3

$i^{100} = i^0 = 1$ — $100 \div 4$: quociente 25, resto 0

$i^{74} = i^2 = -1$ — $74 \div 4$: quociente 18, resto 2

6. Resolva a equação $x^2 + 4x + 5 = 0$.

Resolução:

$$x = \frac{-4 \pm \sqrt{16 - 20}}{2} = \frac{-4 \pm \sqrt{-4}}{2}$$

(impossível em $\mathbb{R}$)

Em $\mathbb{C}$ podemos resolvê-la. Assim, temos:

$$x = \frac{-4 \pm \sqrt{(-1)4}}{2} = \frac{-4 \pm \sqrt{i^2 \cdot 4}}{2} = \frac{-4 \pm 2i}{2} \Rightarrow$$

$$\Rightarrow x' = \frac{-4 + 2i}{2} = -2 + i \text{ e } x'' = \frac{-4 - 2i}{2} = -2 - i$$

Verificando, vem:

$S = x' + x'' = (-2 + i) + (-2 - i) = -4$

$P = x'x'' = (-2 + i)(-2 - i) = 4 + \cancel{2i} - \cancel{2i} - i^2 =$
$= 4 - (-1) = 5$

Satisfazendo então $x^2 - Sx + P = 0$, ou seja, $x^2 + 4x + 5 = 0$.

7. Encontre o número complexo **z** tal que:

a) $z - i^{36} = i^{43} - z$; b) $iz = z - 1 + 5i$.

Resolução:

a) $z - i^{36} = i^{43} - z \Rightarrow z + z = i^{43} + i^{36} \Rightarrow$

$$\Rightarrow 2z = -i + 1 \Rightarrow z = \frac{1}{2} - \frac{i}{2}$$

Logo, $z = \frac{1}{2} - \frac{i}{2}$.

b) $iz = z - 1 + 5i$

Como $z = a + bi$, temos:

$i(a + bi) = a + bi - 1 + 5i \Rightarrow$

$$\Rightarrow -b + ai = (a - 1) + (b + 5)i \Rightarrow \begin{cases} -b = a - 1 \\ a = b + 5 \end{cases}$$

Então:

$-b = b + 5 - 1 \Rightarrow -2b = 4 \Rightarrow b = -2$

$a = -2 + 5 = 3$

Logo, $z = 3 - 2i$.

8. Calcule o valor de:

a) $(1 + i)^2$; b) $(1 + i)^{20}$; c) $(1 + i)^{21}$.

Resolução:

a) $(1 + i)^2 = 1^2 + 2i + i^2 = 1 + 2i + (-1) = 2i$

b) $(1 + i)^{20} = [(1 + i)^2]^{10} = [2i]^{10} =$
$= 2^{10} \cdot i^{10} = 1\,024 \cdot i^2 = -1\,024$

c) $(1 + i)^{21} = (1 + i)^{20} \cdot (1 + i) =$
$= -1\,024 \cdot (1 + i) = -1\,024 - 1\,024i$

9. Determine as raízes quadradas de $3 - 4i$.

Resolução:

Determinar as raízes quadradas de $3 - 4i$ significa determinar os complexos $z = a + bi$, com **a** e **b** reais, tais que $z^2 = 3 - 4i$. Então, temos:

$z^2 = (a + bi)^2 = a^2 + 2abi + (bi)^2 = a^2 - b^2 + 2abi =$
$= 3 - 4i$

Logo, para que essa última igualdade seja verdadeira, devemos ter:

$$\begin{cases} a^2 - b^2 = 3 \quad \text{(I)} \\ 2ab = -4 \Rightarrow b = -\dfrac{2}{a} \quad \text{(II)} \end{cases}$$

Substituindo (II) em (I), obtemos:

$$a^2 - \frac{4}{a^2} = 3 \Rightarrow a^4 - 3a^2 - 4 = 0$$

Considerando $a^2 = x$, temos $x^2 - 3x - 4 = 0$.

Essa equação tem como raízes $x = 4$ ou $x = -1$, logo $a^2 = 4$ ou $a^2 = -1$. Como **a** é um número real, temos apenas $a = 2$ ou $a = -2$ e, consequentemente, $b = -1$ ou $b = 1$, respectivamente.

Portanto, as raízes quadradas de $3 - 4i$ são $(2 - i)$ e $(-2 + i)$.

Exercícios propostos

1. Dados os números complexos $z_1 = 1 + 2i$, $z_2 = -1 + 3i$ e $z_3 = 2 - 2i$, calcule:

a) $z_1 + z_2$
b) $z_1 - z_2$
c) $z_1 z_2$
d) $(z_1 + z_2)z_3$
e) $(z_1 + z_2) + z_3$
f) $z_3 - z_2$
g) $z_1^2 + z_2$
h) $z_1 z_3 + z_2 z_3$
i) $z_1 + (z_2 + z_3)$
j) $z_2 - z_1$
k) $z_1 + z_2 z_3$
l) $z_2^2 + z_3^2 - z_1^2$

2. Determine o número **z** em cada caso:

a) $3z + 4i = z - 6i^{20}$
b) $3zi = z + i$

3. Efetue:

a) i^9
b) i^{14}
c) i^{60}
d) i^{99}
e) $i^{1\,035}$
f) $(-i)^{16}$
g) $\dfrac{i^{25} + i^{18}}{i^{22}}$
h) $16i^5 + 5i^{10} - (3i)^3$
i) $(1 - 2i)^5$
j) $i^{600} - i^{285}$

4. Sendo $z = 2 - 2i$, calcule:

a) z^2
b) z^8
c) z^9

5. Resolva o sistema $\begin{cases} 3z_1 - z_2 = 1 - i \\ 5z_1 - 2z_2 = 1 + 3i \end{cases}$ de incógnitas $\mathbf{z_1}$ e $\mathbf{z_2}$.

6. Determine o valor de **x**, real, para que o número complexo:

a) $(x^2 - x) + 3i$ seja um número imaginário puro;
b) $(x^2 - 1) + i$ seja um número imaginário puro;
c) $x + (x^2 - 4)i$ seja um número real;
d) $x + xi$ seja o número real 0;
e) $(x^2 - 4x + 3) + (x - 2)i$ seja um número imaginário puro;
f) $x + (x^2 - 7x + 12)i$ seja um número real;
g) $(1 - xi)(x + i)$ seja um número real.

7. Verifique as seguintes igualdades:

a) $(2 - 3i)(-2 + i) = -1 + 8i$
b) $(3 + i)(3 - i)\left(\dfrac{1}{5} + \dfrac{1}{10}i\right) = 2 + i$
c) $\left(\sqrt{2} - i\right) - i\left(1 - i\sqrt{2}\right) = -2i$
d) $(1 - i)^4 = -4$

8. Mostre que os números complexos $z_1 = 1 + i$ e $z_2 = 1 - i$ são as soluções da equação $z^2 - 2z + 2 = 0$.

9. Encontre a expressão geral da adição e multiplicação de números complexos na forma algébrica, supondo que $z_1 = a_1 + b_1 i$ e $z_2 = a_2 + b_2 i$.

10. Prove que, se **z** é um número complexo, então $(1 + z)^2 = 1 + 2z + z^2$.

11. Mostre que a soma de quatro potências de **i** consecutivas é igual a zero.

12. Mostre que o produto de quatro potências de **i** consecutivas é igual a -1.

13. Calcule o valor da expressão $E = i + i^2 + i^3 + i^4 + \ldots + i^{100}$.

14. Determine o valor da expressão $E = i \cdot i^2 \cdot i^3 \cdot i^4 \cdot \ldots \cdot i^{100}$.

15. Sabendo que **x** é um número real e que a parte imaginária do número complexo $(3 + i) \cdot (x - 2i)$ é zero, qual é o valor de **x**?

16. Determine os números reais **x** e **y** de modo que $x + y + 4i = 7 - (3y - 2x)i$.

3 Conjugado de um número complexo

A propriedade do inverso multiplicativo pode ser escrita da seguinte maneira: se $z \neq 0$, existe um único número complexo $\dfrac{1}{z}$ tal que $z \cdot \dfrac{1}{z} = 1$.

Vejamos a seguinte questão:

Como podemos determinar o número $\dfrac{1}{z}$ na forma algébrica?

Para isso, precisamos definir o que vem a ser o conjugado de um número complexo.

O conjugado de um número complexo $z = (a, b) = a + bi$ é o número complexo $\bar{z} = (a, -b) = a - bi$.

Assim:

- Se $z = 2 + 3i$, então $\bar{z} = 2 - 3i$.
- Se $z = -3 - 4i$, então $\bar{z} = -3 + 4i$.
- Se $z = 2$, então $\bar{z} = 2$.
- Se $z = 5i$, então $\bar{z} = -5i$.
- Se $z = i$, então $\bar{z} = -i$.
- Se $z = (2, 3)$, então $\bar{z} = (2, -3)$.
- Se $z = (-1, -1)$, então $\bar{z} = (-1, 1)$.
- Se $z = 0$, então $\bar{z} = 0$.

Para refletir

Em que casos temos $z = \bar{z}$?

Exercício resolvido

10. Determine o número complexo **z** tal que $2z - 1 = \overline{z} + i$.

Resolução:

Consideremos $z = a + bi$. Então:

$2z - 1 = \overline{z} + i \Leftrightarrow 2(a + bi) - 1 = (a - bi) + i \Leftrightarrow$

$\Leftrightarrow 2a + 2bi - 1 = a - bi + i \Leftrightarrow$

$\Leftrightarrow (2a - 1) + 2bi = a + (-b + 1)i$

Igualando as partes reais e imaginárias, temos:

$2a - 1 = a \Rightarrow a = 1$

$2b = -b + 1 \Rightarrow 3b = 1 \Rightarrow b = \frac{1}{3}$

Logo, $z = 1 + \frac{1}{3}i$.

Propriedades do conjugado

1ª) $\overline{\overline{z}} = z$

Demonstração:

Se $z = a + bi$, temos $\overline{\overline{z}} = \overline{(a - bi)} = a + bi = z$.

2ª) Se $z = a + bi$, então:

$z\overline{z} = a^2 + b^2$

(que é real, positivo ou nulo).

Demonstração:

Se $z = a + bi$ e $\overline{z} = a - bi$, temos:

$z\overline{z} = (a + bi)(a - bi) = a^2 - (bi)^2 = a^2 - (-1)b^2 = a^2 + b^2$

3ª) Para o número complexo **z**, temos que:

$z = \overline{z} \Leftrightarrow$ **z** é número real

Demonstração:

Se $z = a + bi$, temos:

$z = \overline{z} \Leftrightarrow a + bi = a - bi \Leftrightarrow bi = -bi \Leftrightarrow b = 0 \Leftrightarrow$ **z** é real

4ª) Se $\mathbf{z_1}$ e $\mathbf{z_2}$ são números complexos, então:

$\overline{z_1 + z_2} = \overline{z}_1 + \overline{z}_2$

(o conjugado da soma é igual à soma dos conjugados).

Demonstração:

Se $z_1 = a + bi$ e $z_2 = c + di$, temos:

$\overline{z_1 + z_2} = \overline{(a + bi) + (c + di)} = \overline{(a + c) + (b + d)i} = (a + c) - (b + d)i = a + c - bi - di =$

$= (a - bi) + (c - di) = \overline{z}_1 + \overline{z}_2$

5ª) Se $\mathbf{z_1}$ e $\mathbf{z_2}$ são números complexos, então:

$\overline{z_1z_2} = \overline{z}_1 \cdot \overline{z}_2$

(o conjugado de um produto indicado é igual ao produto dos conjugados).

Demonstração:

Se $z_1 = a + bi$ e $z_2 = c + di$, temos:

$z_1z_2 = (ac - bd) + (bc + ad)i \Rightarrow \overline{z_1z_2} = (ac - bd) - (bc + ad)i$ (I)

Sabemos também que $\overline{z}_1 = a - bi$ e $\overline{z}_2 = c - di$. Portanto:

$\overline{z}_1\overline{z}_2 = (a - bi)(c - di) = (ac - bd) - (bc + ad)i$ (II)

Comparando (I) e (II), concluímos que $\overline{z_1z_2} = \overline{z}_1\overline{z}_2$.

Exercícios resolvidos

11. Dado $z \neq 0$, determine $\frac{1}{z}$ na forma $a + bi$ de tal modo que $z \cdot \frac{1}{z} = 1$ (questão proposta na página 158).

Resolução:

Basta multiplicar numerador e denominador por $\bar{z}$ ou seja, pelo conjugado de **z**, que é diferente de 0, pois $z \neq 0$. Assim:

$$\frac{1}{z} = \frac{\bar{z}}{z\bar{z}} \Rightarrow \frac{1}{a+bi} =$$

$$= \frac{a-bi}{(a+bi)(a-bi)} = \frac{a-bi}{a^2+b^2} =$$

$$= \frac{a}{a^2+b^2} - \frac{b}{a^2+b^2}i$$

Logo:

$$\frac{1}{z} = \frac{a}{a^2+b^2} - \frac{b}{a^2+b^2}i$$

12. Dado $z = 1 + 2i$, encontre o inverso multiplicativo de $z\left(\frac{1}{z} \text{ ou } z^{-1}\right)$.

Fique atento

Se $z \neq 0$, $\frac{1}{z}$ é o inverso multiplicativo de **z** e pode ser indicado também por $\mathbf{z^{-1}}$.

Resolução:

1ª maneira:

$$\frac{1}{z} = \frac{1}{1+2i} = \frac{1-2i}{(1+2i)(1-2i)} =$$

$$= \frac{1-2i}{1^2-(2i)^2} = \frac{1-2i}{1+4} = \frac{1-2i}{5} = \frac{1}{5} - \frac{2}{5}i$$

Logo, $\frac{1}{z} = \frac{1}{5} - \frac{2}{5}i$.

2ª maneira:

$$\frac{1}{z} = \frac{\bar{z}}{a^2+b^2} = \frac{1-2i}{1+4} = \frac{1}{5} - \frac{2}{5}i$$

4 Divisão de números complexos

O quociente $\frac{z_1}{z_2}$ entre dois números complexos, com $z_2 \neq 0$, é dado por $\frac{z_1}{z_2} = \frac{z_1\bar{z}_2}{z_2\bar{z}_2}$.

Exercícios resolvidos

13. Escreva na forma $a + bi$ o número complexo $\frac{1}{3-i}$.

Resolução:

$$\frac{1}{3-i} = \frac{1(3+i)}{(3-i)(3+i)} = \frac{3+i}{9+1} = \frac{3}{10} + \frac{1}{10}i$$

14. Efetue $\frac{z_1}{z_2}$ sabendo que $z_1 = 1 + 2i$ e $z_2 = 2 + 5i$.

Resolução:

$$\frac{z_1}{z_2} = \frac{1+2i}{2+5i} = \frac{(1+2i)(2-5i)}{(2+5i)(2-5i)} =$$

$$= \frac{2-5i+4i-10i^2}{2^2+5^2} = \frac{12-i}{29} = \frac{12}{29} - \frac{1}{29}i$$

Logo, $\frac{z_1}{z_2} = \frac{12}{29} - \frac{1}{29}i$.

Exercícios propostos

17. Determine $\bar{z}$ para:

a) $z = 1 + 5i$;

b) $z = 2i$;

c) $z = 0$;

d) $z = -4 + 2i$;

e) $z = 5$;

f) $z = 3 + 3i$;

g) $z = -1 - i$;

h) $z = \sqrt{2} - 2i$.

18. Calcule $z\bar{z}$ nos casos:

a) $z = 3 - 4i$ b) $z = 7i$ c) $z = -1 - i$

19. Se $z_1 = 2 - 3i$ e $z_2 = 3 + 5i$, determine:

a) $\bar{z}_1$, $\bar{z}_2$, $\bar{z}_1 + \bar{z}_2$ e $\overline{z_1 + z_2}$

b) $z_1 + \bar{z}_2$

c) $z_1\bar{z}_2$

d) $z_1\bar{z}_1 + z_2$

20. Encontre **z** tal que $\overline{z} + 2zi - 1 = 2$.

21. Determine o inverso multiplicativo de **z**, sabendo que:

a) $z = 2 + 4i$
b) $z = -1 - 2i$
c) $z = 1 - 3i$
d) $z = -2 + 3i$

22. Efetue as divisões indicadas:

a) $\dfrac{2 + 3i}{1 + 2i}$
b) $\dfrac{1}{3 + 2i}$
c) $\dfrac{1 + 3i}{1 - i}$
d) $\dfrac{1 + i}{i}$
e) $\dfrac{1 - i}{1 + i}$

23. Escreva na forma $z = a + bi$ os números complexos:

a) $z = \dfrac{1}{1 + i}$

b) $z = \dfrac{(3 - 4i)(4 - 3i)}{3 - 2i}$

c) $z = \dfrac{i}{2 + i} - \dfrac{2 + i}{i}$

d) $z = \left(\dfrac{1 + i}{2i}\right)^4$

5 Representação geométrica dos números complexos

Conforme foi dito anteriormente, os números complexos podem ser representados de várias formas. Até agora vimos a forma algébrica $a + bi$. Outra maneira de representar um complexo **z** é através de um par ordenado de números reais. Assim, se $z = a + bi$, podemos escrever que $z = (a, b)$. (Gauss só usava essa notação.)

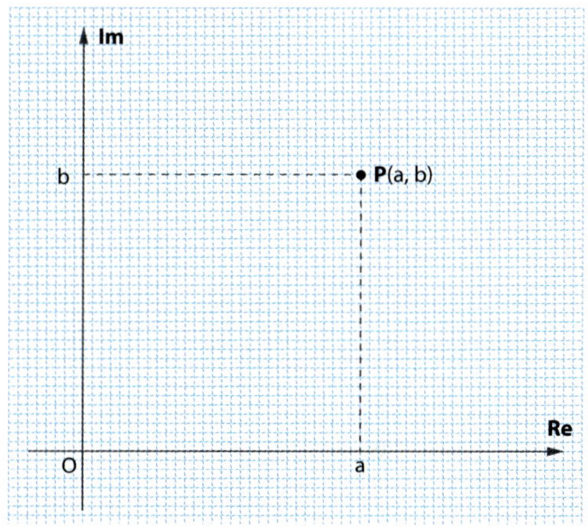

Por outro lado, sabemos que a cada par de números reais (a, b) está associado um único ponto do plano. Logo, podemos associar a cada número complexo $z = a + bi$ o ponto **P** do plano de coordenadas **a** e **b**, isto é, **P**(a, b).

O plano cartesiano no qual estão representados os números complexos é denominado *plano complexo* ou *plano de Argand-Gauss*. Dizemos que o ponto **P**(a, b) é a *imagem* do número complexo $a + bi$.

Exemplo: Vamos representar geometricamente os números complexos $z_1 = 3 - 2i$, $z_2 = 5$, $z_3 = -2i$, $z_4 = 2 + i$ e $z_5 = -2 + i$.

$z_1 = 3 - 2i \Rightarrow (3, -2)$
$z_2 = 5 \Rightarrow (5, 0)$
$z_3 = -2i \Rightarrow (0, -2)$
$z_4 = 2 + i \Rightarrow (2, 1)$
$z_5 = -2 + i \Rightarrow (-2, 1)$

? Você sabia

O ponto **P** (a, b) é a imagem do número $z = a + bi$, e o número $z = a + bi$ é o *afixo* do ponto **P** (a, b).

Observações:

1ª) Os números complexos reais pertencem ao eixo real (Re), pois sua parte imaginária é igual a zero, mantendo a correspondência segundo a qual para cada número real existe um ponto da reta.

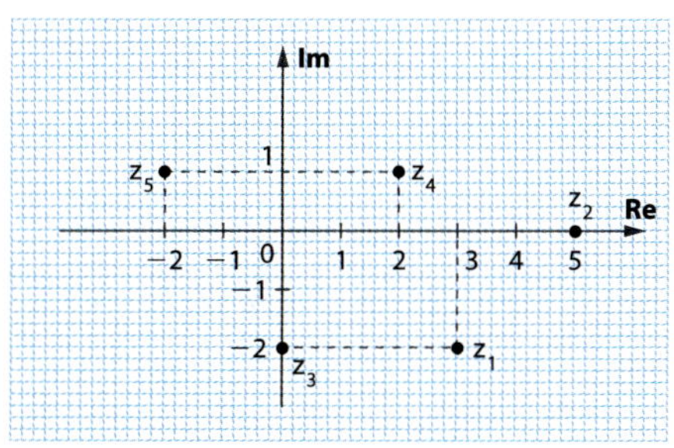

2ª) Os números imaginários puros pertencem ao eixo imaginário (Im), pois sua parte real é igual a zero.

3ª) Os demais números complexos ($a + bi$, com $a \neq 0$ e $b \neq 0$) pertencem aos vários quadrantes, de acordo com os sinais de **a** e **b**.

4ª) Para cada número complexo existe um único ponto do plano e vice-versa.

5ª) Podemos associar a cada complexo $z = a + bi$ um único vetor com extremidades no ponto **O**, origem do sistema de coordenadas cartesianas, e no ponto **P**(a, b).
Nesse plano complexo, ao lado, além do número complexo $z = a + bi$, estão representados outros dois números complexos, $\mathbf{z_1}$ e $\mathbf{z_2}$, e a soma deles, $z_1 + z_2$ (diagonal do paralelogramo formado por $\mathbf{z_1}$ e $\mathbf{z_2}$).

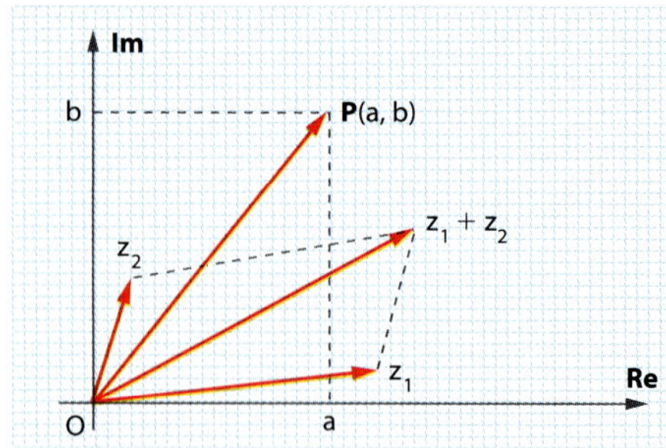

6ª) A associação dos números complexos $z = a + bi$ aos vetores permite o uso dos números complexos em diversos campos nos quais as grandezas são vetoriais. Um exemplo disso é o estudo da eletricidade em nível superior; o aluno que optar por um curso superior na área de exatas descobrirá que nos conceitos corrente elétrica, voltagem, impedância, etc. são utilizados os números complexos.

Exercícios resolvidos

15. Dados os números complexos $z_1 = -4 + 2i$, $z_2 = -3i$ e $z_3 = 4$, localize, no plano complexo, os pontos correspondentes a cada número.

Resolução:

$z_1 = -4 + 2i \Rightarrow (-4, 2)$

$z_2 = -3i \Rightarrow (0, -3)$

$z_3 = 4 \Rightarrow (4, 0)$

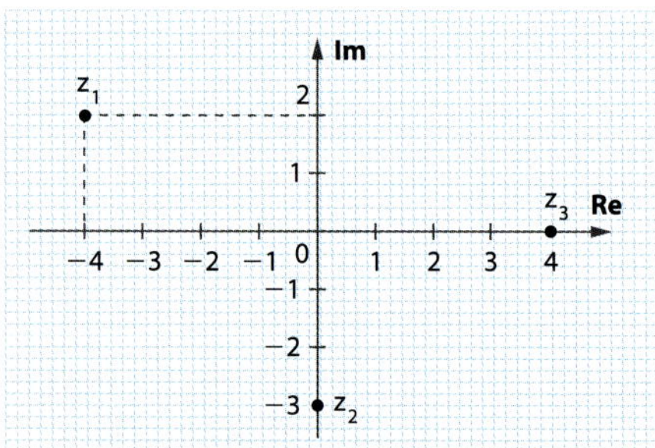

16. Determine os números complexos correspondentes aos pontos **A**, **B**, **C**, **D** e **E** na figura abaixo.

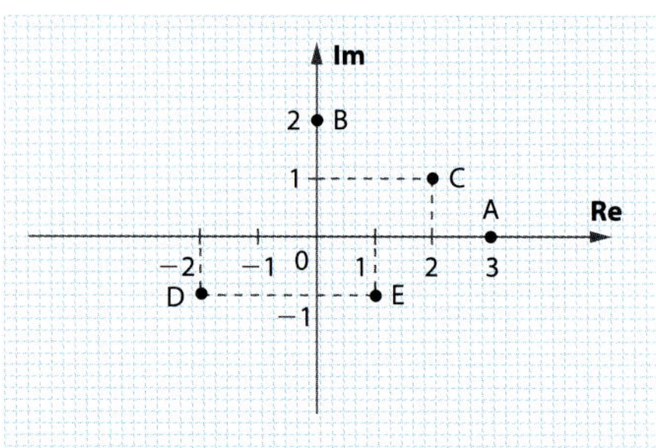

Resolução:

A(3, 0) $\Rightarrow z = 3$

B(0, 2) $\Rightarrow z = 2i$

C(2, 1) $\Rightarrow z = 2 + i$

D(−2, −1) $\Rightarrow z = -2 - i$

E(1, −1) $\Rightarrow z = 1 - i$

17. Dados os pontos correspondentes aos números complexos $\mathbf{z_1}$ e **z**, descubra os pontos correspondentes aos números $\mathbf{-z_1}$ e $\mathbf{-z_2}$.

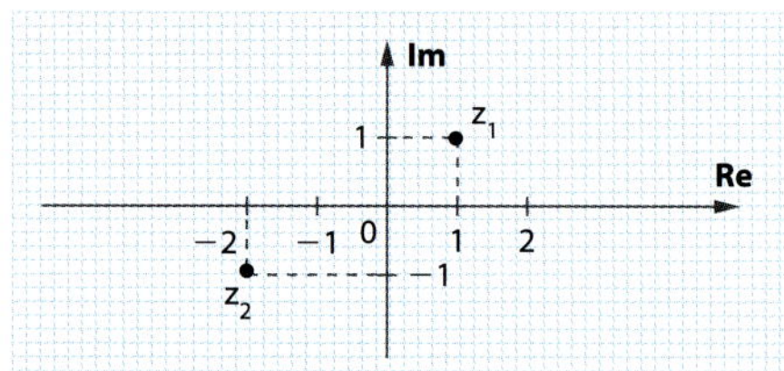

Resolução:

P(1, 1) $\Rightarrow z_1 = 1 + i \Rightarrow -z_1 = -1 - i \Rightarrow$
$\Rightarrow$ **P'**(−1, −1)

Q(−2, −1) $\Rightarrow z_2 = -2 - i \Rightarrow -z_2 = 2 + i \Rightarrow$ **Q'**(2, 1)

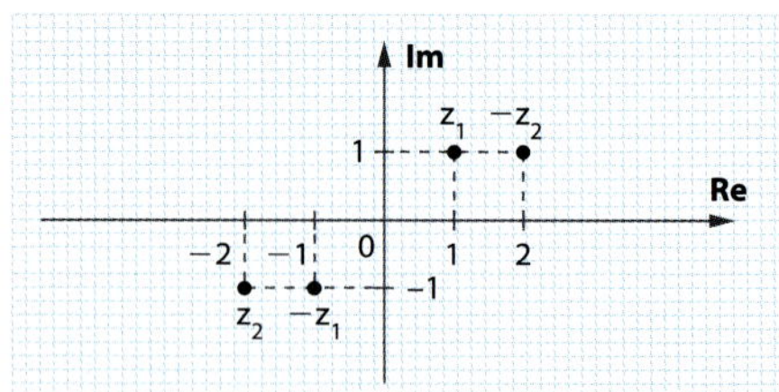

18. Localize os pontos do plano correspondentes aos números complexos $z = a + bi$, nos seguintes casos:

a) $a = 3$

b) $a \geq 0$ e $b \leq 0$

c) $a < 0$ e $b = 0$

Resolução:

a) $a = 3$

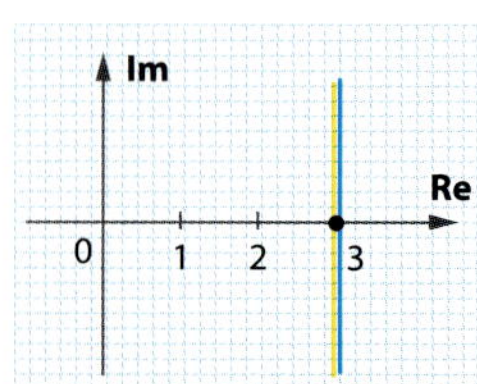

Pontos $z = a + bi$, com $a = 3$ e **b** qualquer.

b) $a \geq 0$ e $b \leq 0$

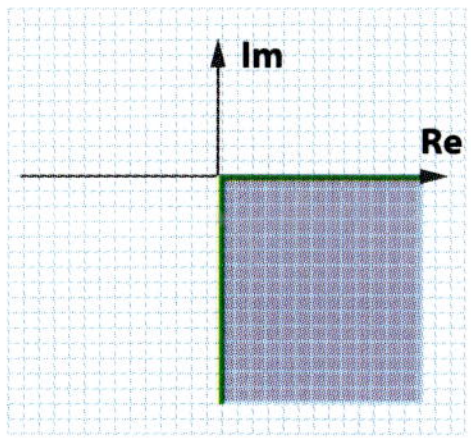

Pontos $z = a + bi$, com $a \geq 0$ e $b \leq 0$.

c) $a < 0$ e $b = 0$

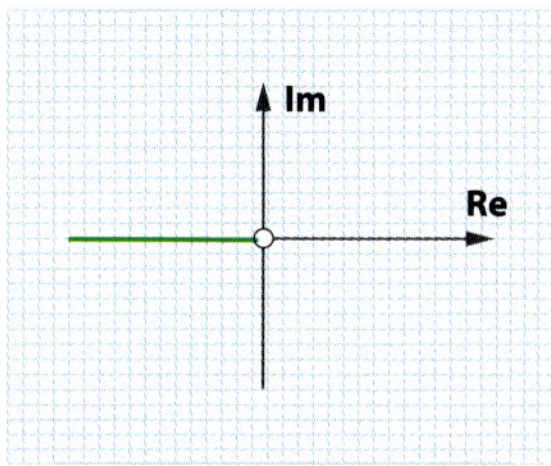

Pontos $z = a + bi$, com $a < 0$ e $b = 0$.

19. Efetue algébrica e geometricamente a adição dos números complexos $z_1 = 1 + 2i$ e $z_2 = 4 + i$.

Resolução:

Algebricamente, temos:

$z_1 + z_2 = (1 + 2i) + (4 + i) = 5 + 3i = z_3$

Geometricamente, vem:

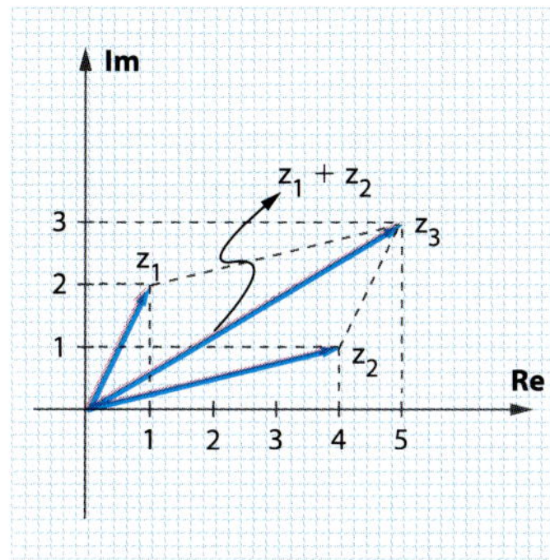

Observe que $\mathbf{z_3}$ corresponde ao ponto (5, 3), ou seja, ao número complexo $z_3 = 5 + 3i$.

Exercícios propostos

24. Num mesmo plano complexo, localize os pontos correspondentes aos seguintes números complexos:

$z_1 = -3 + 3i$; $z_2 = 1 + 4i$; $z_3 = 2i$; $z_4 = -4i$;
$z_5 = 2 - 3i$; $z_6 = 3$; $z_7 = -4$.

25. Escreva os números complexos correspondentes aos pontos **A**, **B**, **C**, **D**, **E** e **F** do plano:

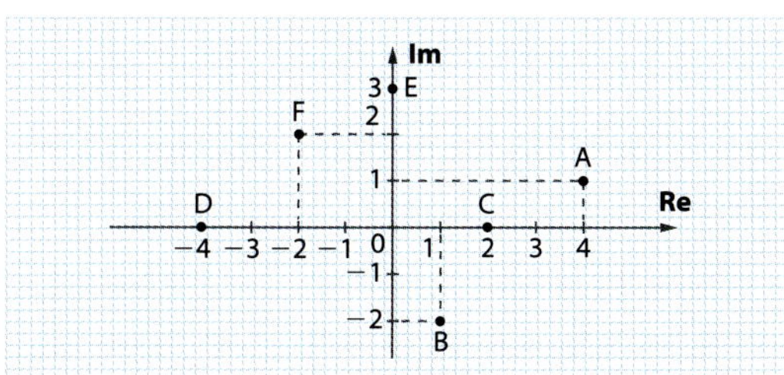

26. Dados os pontos correspondentes aos números complexos $\mathbf{z_1}$, $\mathbf{z_2}$ e $\mathbf{z_3}$, descubra os pontos correspondentes aos números complexos $-\mathbf{z_1}$, $-\mathbf{z_2}$ e $-\mathbf{z_3}$.

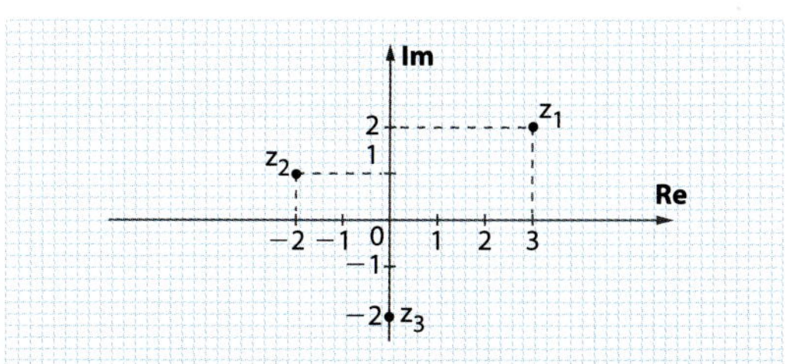

27. Localize os pontos do plano correspondentes aos números complexos $z = a + bi$, nos seguintes casos:

a) $b = -2$

b) $a = -1$ e $b > 0$

c) $a = 0$ e $b > 0$

d) $a \leq 3$ e $b \geq -3$

e) $a > 0$

f) $a > 2$ e $b \geq 3$

28. Determine os possíveis valores reais de **a** e **b** para que os pontos correspondentes aos números $z = a + bi$ estejam na região colorida.

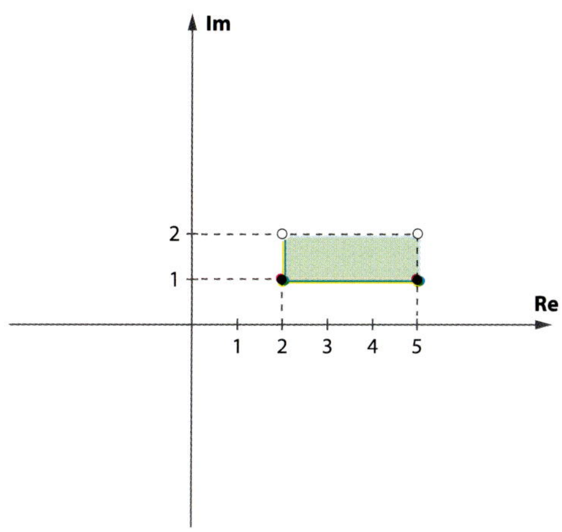

Interpretação geométrica do conjugado

Geometricamente, o conjugado $\bar{z}$ de **z** é representado pelo simétrico de **z** em relação ao eixo O_x.

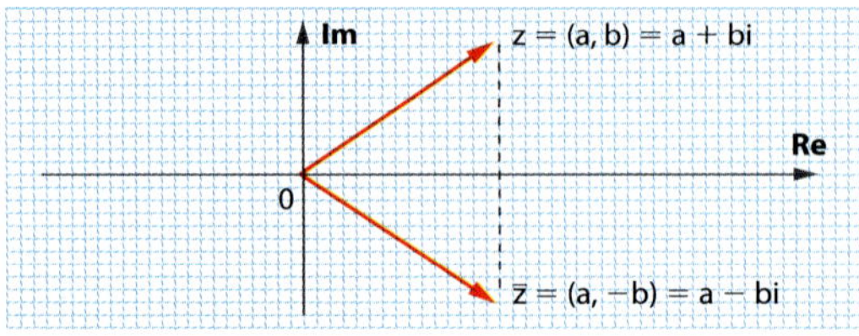

Exercícios propostos

29. Localize no plano complexo os números complexos dados abaixo e seus respectivos conjugados:

a) $z = 1 + 3i$
b) $z = -1 - i$
c) $z = 3i$
d) $z = 3$
e) $z = 3 - 2i$
f) $z = -5 + 4i$
g) $z = -2i$
h) $z = -5$

30. Dada a figura, localize nela os números complexos $-z$, $\bar{z}$ e $-\bar{z}$.

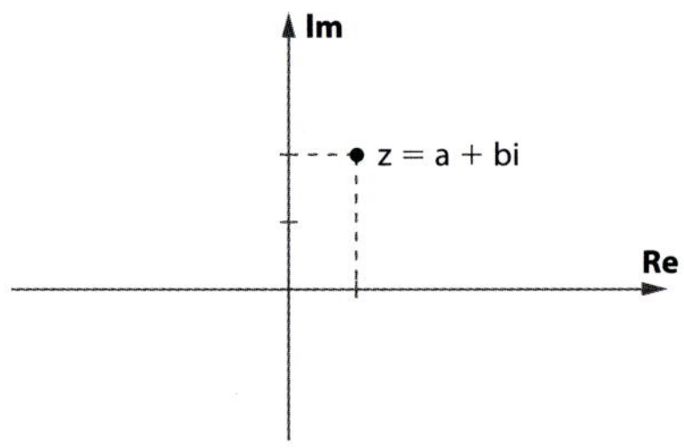

6 Módulo de um número complexo

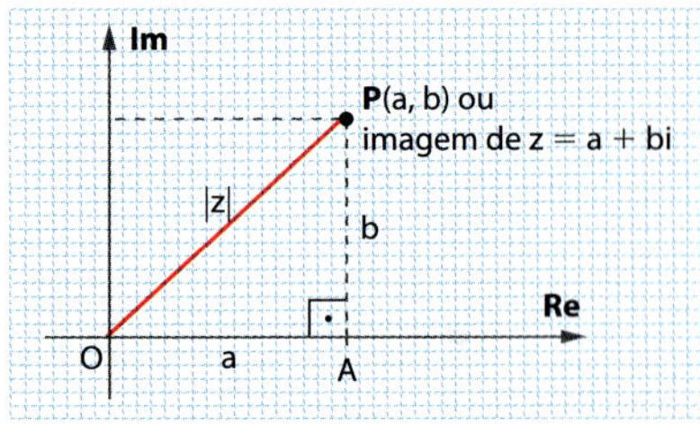

Geometricamente, o módulo de um número complexo é a distância da origem do sistema de coordenadas **O** à imagem de **z**.

Aplicando o teorema de Pitágoras no triângulo OAP, temos:

$|z|^2 = a^2 + b^2 \Rightarrow |z| = \sqrt{a^2 + b^2}$

Observemos que essa igualdade vale também para os pontos situados nos eixos e nos demais quadrantes.

Então podemos dizer que, dado um número complexo $z = a + bi$, chama-se *módulo* de **z** e indica-se por $|z|$ o número real positivo ou nulo dado por:

$$|z| = \sqrt{a^2 + b^2}$$

Observação: Uma conexão interessante com a Geometria analítica é que, pensando nos complexos **z** e **w** como pontos no plano, o módulo da diferença é a distância entre os dois pontos: $|z - w| = d(z, w)$.

Exercícios resolvidos

20. Determine o módulo dos seguintes números complexos:

a) $z = 2 + 3i$
b) $z = 3i$
c) $z = -1 - 2i$
d) $z = \frac{1}{2}$
e) $z = -3$
f) $z = 0$

Resolução:

a) Se $z = 2 + 3i$, então:

$|z| = |2 + 3i| = \sqrt{4 + 9} = \sqrt{13}$

b) Se $z = 3i$, então:

$|z| = |3i| = \sqrt{9} = 3$

c) Se $z = -1 - 2i$, então:

$|z| = |-1 - 2i| = \sqrt{(-1)^2 + (-2)^2} = \sqrt{1 + 4} =$

$= \sqrt{5}$

d) Se $z = \frac{1}{2}$, então:

$|z| = \left|\frac{1}{2}\right| = \frac{1}{2}$

e) Se $z = -3$, então:
$|z| = |-3| = 3$

f) Se $z = 0$, então:
$|z| = |0| = 0$

21. Descubra a distância do ponto **A**(1, 2) ao ponto **B**(5, −1).

Resolução:
1º processo:
$d(A, B) = \sqrt{(1-5)^2 + (2+1)^2} = \sqrt{25} = 5$
2º processo:
$z = 1 + 2i$ e $w = 5 - i$
$z - w = -4 + 3i$
$d(A, B) = |z - w| = |-4 + 3i| = \sqrt{16 + 9} = 5$

Propriedades envolvendo módulo

1ª) Se **z** é um número complexo, então: $z\bar{z} = |z|^2$.
Demonstração:
Sabemos que:
$z\bar{z} = (a + bi)(a - bi) = a^2 + b^2$
$|z| = \sqrt{a^2 + b^2}$
Logo:
$|z|^2 = (\sqrt{a^2 + b^2})^2 = a^2 + b^2 = z\bar{z}$
Portanto, $z\bar{z} = |z|^2$.

2ª) Se **z** é um número complexo, então: $|z| = |\bar{z}|$.
Demonstração:
Dado $z = a + bi$, temos:
$\bar{z} = a - bi$
$|z| = \sqrt{a^2 + b^2}$
$|\bar{z}| = \sqrt{a^2 + (-b)^2} = \sqrt{a^2 + b^2}$
Portanto, $|z| = |\bar{z}|$.

Para refletir
Quando $|z| = 1$, o que ocorre com $\mathbf{z^{-1}}$?

3ª) Se $\mathbf{z_1}$ e $\mathbf{z_2}$ são números complexos, então: $|z_1z_2| = |z_1||z_2|$.
Demonstração:
Usando a primeira propriedade, temos:
$|z_1z_2|^2 = (z_1z_2)(\overline{z_1z_2})$ (I)
Mas sabemos que:
$\overline{z_1z_2} = \bar{z}_1\bar{z}_2$ (II)
Então, substituindo (II) em (I), vem:
$|z_1z_2|^2 = z_1z_2\bar{z}_1\bar{z}_2 = (z_1\bar{z}_1)(z_2\bar{z}_2) = |z_1|^2|z_2|^2 = (|z_1||z_2|)^2$
Como o módulo é um número positivo ou nulo, podemos extrair a raiz quadrada em ambos os membros e chegamos ao que queríamos demonstrar:
$|z_1z_2| = |z_1||z_2|$

4ª) Se $\mathbf{z_1}$ e $\mathbf{z_2}$ são números complexos, com $z_2 \neq 0$, então: $\left|\frac{z_1}{z_2}\right| = \frac{|z_1|}{|z_2|}$

Para refletir
Demonstre a 4ª propriedade.

5ª) Se **z** é um número complexo, então: $|z^n| = |z|^n$

Demonstração:
$|z^n|^2 = z^n \cdot \overline{z^n} = z^n \cdot (\bar{z})^n = (z \cdot \bar{z})^n = (|z|^2)^n = (|z|^n)^2$
Portanto, $|z^n| = |z|^n$.

Exercícios propostos

31. Determine o módulo de cada um dos seguintes números complexos:

a) $z = 1 + i$
b) $z = -3 - 2i$
c) $z = -7$
d) $z = \sqrt{3} - \sqrt{2}i$
e) $z = 3 + 4i$
f) $z = 3i$
g) $z = 3 + 4\sqrt{2}i$
h) $z = -\sqrt{2} - i\sqrt{2}$

32. Determine o módulo de cada um dos números complexos:

a) $(3 - i)(2 + 2i)$
b) $\dfrac{(2 + 3i)^2}{i}$
c) $\dfrac{3 + 4i}{2 + i}$
d) $\dfrac{(1 + i)\overline{(2 + 3i)}}{1 - i}$

33. Se $z_1 = 1 - 3i$ e $z_2 = 2 + 5i$, determine:

a) $|z_1| + |z_2|$
b) $|z_1 z_2|$
c) $\dfrac{|z_1|}{|z_2|}$
d) $|z_1 + z_2|$
e) $|z_1||z_2|$
f) $\left|\dfrac{z_1}{z_2}\right|$
g) $|z_1|^4$
h) $|z_2|^6$
i) $|z_1|^3$

34. Localize graficamente os números complexos **z** tal que:

a) $|z| = 4$
b) $|z| > 4$
c) **z** é um imaginário puro e $|z| \geq 4$
d) $|z| \leq 2$

35. Prove que, se $\mathbf{z_1}$ e $\mathbf{z_2}$ são dois números complexos quaisquer, com $z_2 \neq 0$, então $\left|\dfrac{z_1}{z_2}\right| = \dfrac{|z_1|}{|z_2|}$.

7 Forma trigonométrica dos números complexos

Sabemos que um número complexo $z = a + bi$ é representado por um ponto do plano, de coordenadas (a, b). Essas são as coordenadas cartesianas do ponto **z**. Veremos agora que esse mesmo ponto pode ser representado por suas *coordenadas polares*, que são:

1ª) o módulo do vetor $\overrightarrow{Oz}$, indicado por $|z|$ ou ρ, representando a distância do ponto **P** à origem do plano (supondo $|z| \neq 0$);

2ª) o ângulo θ, em que $0 \leq \theta < 2\pi$, que o vetor $\overrightarrow{Oz}$ forma com o eixo **x**. Esse ângulo θ é chamado *argumento* de **z** (ou *argumento principal* de **z**) e indicado por arg(z).

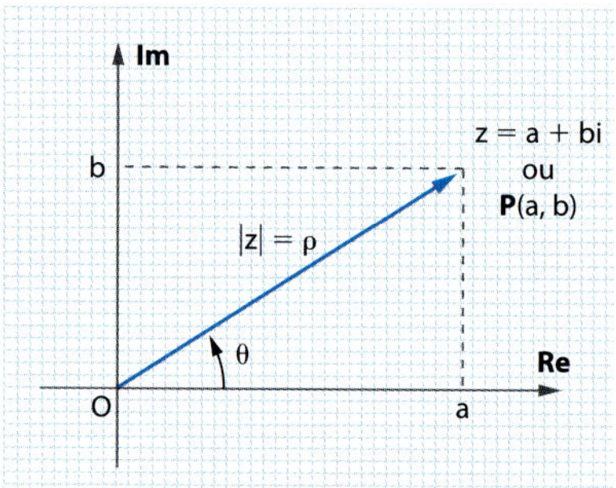

$z = a + bi,\ z \neq 0$

$|z| = \rho = \sqrt{a^2 + b^2}$

$\arg(z) = \theta$

Fique atento

Devemos considerar θ a partir do eixo **x**, no sentido anti-horário.

Já vimos em Trigonometria que:

$$\cos\theta = \frac{a}{|z|} \quad \text{e} \quad \text{sen}\,\theta = \frac{b}{|z|} \quad (\text{com } 0 \leq \theta < 2\pi)$$

Essas igualdades levam a:

$$\cos\theta = \frac{a}{|z|} \Rightarrow a = |z| \cdot \cos\theta$$

$$\text{sen}\,\theta = \frac{b}{|z|} \Rightarrow b = |z| \cdot \text{sen}\,\theta$$

Substituindo esses valores em $z = a + bi$, temos:

$z = a + bi = |z| \cdot \cos\theta + |z| \cdot \text{sen}\,\theta i = |z|(\cos\theta + i \cdot \text{sen}\,\theta)$

Portanto:

$$z = |z|(\cos\theta + i \cdot \text{sen}\,\theta)$$

que é chamada *forma trigonométrica* ou *forma polar* de **z**.

Exercícios resolvidos

22. Determine a representação geométrica e a forma trigonométrica do número complexo dado:

a) $z = 1 + i$

b) $z = 1 + i\sqrt{3}$

c) $z = -1 + i$

d) $z = 2i$

e) $z = -3$

Resolução:

a) $z = 1 + i$

$a = 1; b = 1$

Então:

$|z| = |1 + i| = \sqrt{1^2 + 1^2} = \sqrt{2}$

$$\left.\begin{aligned} \cos\theta &= \frac{a}{|z|} = \frac{1}{\sqrt{2}} = \frac{\sqrt{2}}{2} \\ \operatorname{sen}\theta &= \frac{b}{|z|} = \frac{1}{\sqrt{2}} = \frac{\sqrt{2}}{2} \\ 0 &\leq \theta < 2\pi \end{aligned}\right\} \Rightarrow \theta = \arg(z) = \frac{\pi}{4}$$

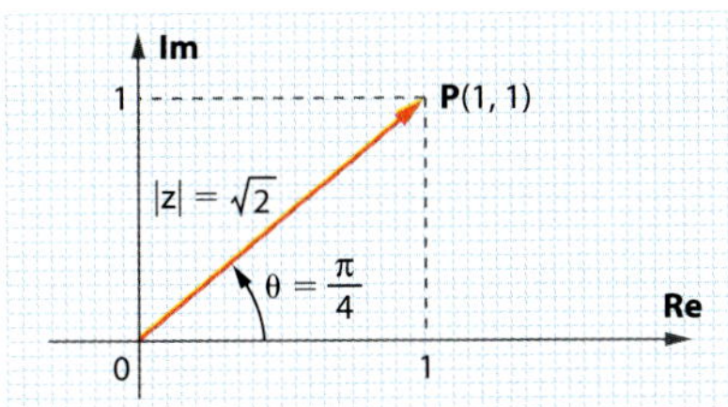

Assim, a forma trigonométrica de **z** é dada por:

$z = |z|(\cos\theta + i \cdot \operatorname{sen}\theta) = \sqrt{2}\left(\cos\frac{\pi}{4} + i \cdot \operatorname{sen}\frac{\pi}{4}\right)$

Verificação:

Como $\cos\frac{\pi}{4} = \frac{\sqrt{2}}{2}$ e $\operatorname{sen}\frac{\pi}{4} = \frac{\sqrt{2}}{2}$, temos:

$$z = \sqrt{2}\left(\frac{\sqrt{2}}{2} + i \cdot \frac{\sqrt{2}}{2}\right) =$$

$$= \frac{\sqrt{2} \cdot \sqrt{2}}{2} + i \cdot \frac{\sqrt{2} \cdot \sqrt{2}}{2} = \frac{2}{2} + i \cdot \frac{2}{2} = 1 + i$$

b) $z = 1 + i\sqrt{3}$

$a = 1$

$b = \sqrt{3}$

Então:

$|z| = \left|1 + i\sqrt{3}\right| = \sqrt{1^2 + \left(\sqrt{3}\right)^2} = \sqrt{4} = 2$

$$\left.\begin{aligned} \cos\theta &= \frac{a}{|z|} = \frac{1}{2} \\ \operatorname{sen}\theta &= \frac{b}{|z|} = \frac{\sqrt{3}}{2} \\ 0 &\leq \theta < 2\pi \end{aligned}\right\} \Rightarrow \theta = \arg(z) = \frac{\pi}{3}$$

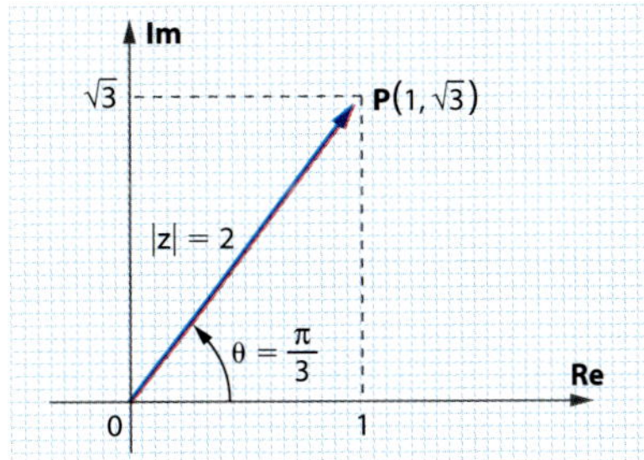

Portanto, a forma trigonométrica é dada por:

$z = |z|(\cos\theta + i \cdot \operatorname{sen}\theta) =$

$= 2\left(\cos\frac{\pi}{3} + i \cdot \operatorname{sen}\frac{\pi}{3}\right)$

c) $z = -1 + i$

$a = -1$

$b = 1$

Então:

$|z| = |-1 + i| = \sqrt{(-1)^2 + 1^2} = \sqrt{2}$

$$\left.\begin{aligned} \cos\theta &= \frac{a}{|z|} = \frac{-1}{\sqrt{2}} = -\frac{\sqrt{2}}{2} \\ \operatorname{sen}\theta &= \frac{b}{|z|} = \frac{1}{\sqrt{2}} = \frac{\sqrt{2}}{2} \\ 0 &\leq \theta < 2\pi \end{aligned}\right\} \Rightarrow \theta = \arg(z) = \frac{3\pi}{4}$$

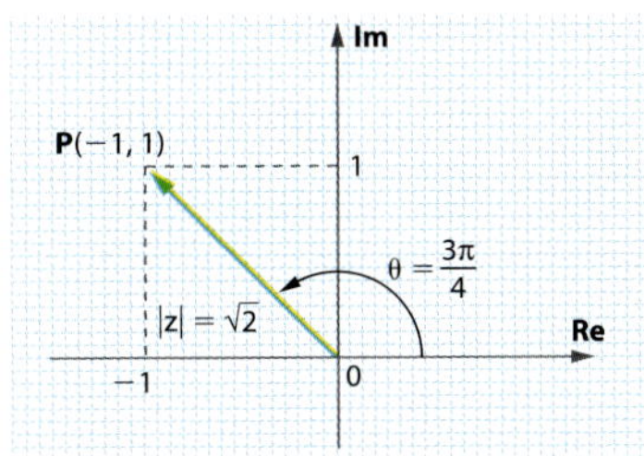

Logo, a forma trigonométrica é dada por:

$z = |z|(\cos\theta + i \cdot \operatorname{sen}\theta) =$

$= \sqrt{2}\left(\cos\frac{3\pi}{4} + i \cdot \operatorname{sen}\frac{3\pi}{4}\right)$

d) $z = 2i$

$a = 0$

$b = 2$

Então:

$|z| = |2i| = \sqrt{0^2 + 2^2} = \sqrt{4} = 2$

$$\left.\begin{aligned} \cos\theta &= \frac{a}{|z|} = \frac{0}{2} = 0 \\ \operatorname{sen}\theta &= \frac{b}{|z|} = \frac{2}{2} = 1 \\ 0 &\leq \theta < 2\pi \end{aligned}\right\} \Rightarrow \theta = \arg(z) = \frac{\pi}{2}$$

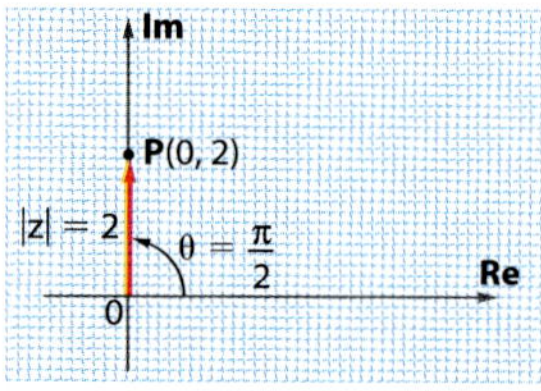

Logo, a forma trigonométrica é dada por:

$z = |z|(\cos\theta + i \cdot \text{sen}\,\theta) = 2\left(\cos\frac{\pi}{2} + i \cdot \text{sen}\,\frac{\pi}{2}\right)$

e) $z = -3$

$a = -3$

$b = 0$

Então, $|z| = |-3| = 3$.

$$\left.\begin{aligned} &\cos\theta = \frac{a}{|z|} = \frac{-3}{3} = -1 \\ &\text{sen}\,\theta = \frac{b}{|z|} = \frac{0}{3} = 0 \\ &0 \leqslant \theta < 2\pi \end{aligned}\right\} \Rightarrow \theta = \arg(z) = \pi$$

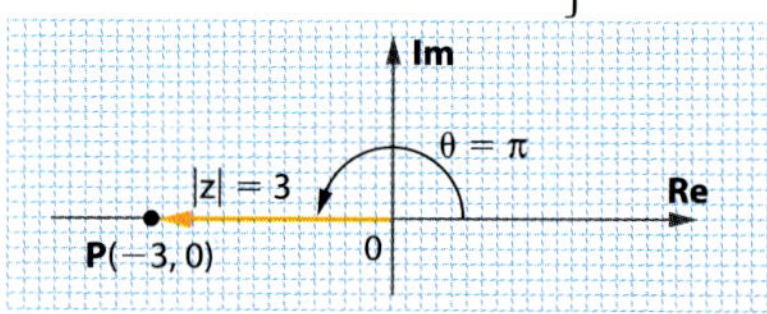

Logo, a forma trigonométrica é dada por:

$z = 3(\cos\pi + i \cdot \text{sen}\,\pi)$

23. Escreva na forma algébrica os seguintes números complexos:

a) $z = 2\left(\cos\frac{\pi}{4} + i \cdot \text{sen}\,\frac{\pi}{4}\right)$

b) $z = \sqrt{3}\left(\cos\frac{\pi}{2} + i \cdot \text{sen}\,\frac{\pi}{2}\right)$

c) $z = 8\left(\cos\frac{7\pi}{6} + i \cdot \text{sen}\,\frac{7\pi}{6}\right)$

Resolução:

a) $z = 2\left(\cos\frac{\pi}{4} + i \cdot \text{sen}\,\frac{\pi}{4}\right) =$

$= 2\left(\frac{\sqrt{2}}{2} + i \cdot \frac{\sqrt{2}}{2}\right) = \frac{2\sqrt{2}}{2} + i \cdot \frac{2\sqrt{2}}{2} =$

$= \sqrt{2} + i\sqrt{2}$

Logo, $z = \sqrt{2} + i\sqrt{2}$.

b) $z = \sqrt{3}\left(\cos\frac{\pi}{2} + i \cdot \text{sen}\,\frac{\pi}{2}\right) = \sqrt{3}(0 + i \cdot 1) =$

$= \sqrt{3} \cdot 0 + i\sqrt{3} \cdot 1 = i\sqrt{3}$

Logo, $z = i\sqrt{3}$.

c) $z = 8\left(\cos\frac{7\pi}{6} + i \cdot \text{sen}\,\frac{7\pi}{6}\right) =$

$= 8\left[-\cos\frac{\pi}{6} + i\left(-\text{sen}\,\frac{\pi}{6}\right)\right] =$

$= 8\left[-\frac{\sqrt{3}}{2} + i\left(-\frac{1}{2}\right)\right] = -4\sqrt{3} - 4i$

Logo, $z = -4\sqrt{3} - 4i$.

Exercícios propostos

36. Dê a representação geométrica e a forma trigonométrica dos seguintes números complexos:

a) $\sqrt{3} + i$

b) $-\sqrt{3} + i$

c) $\sqrt{3} - i$

d) $-\sqrt{3} - i$

37. Escreva na forma trigonométrica os seguintes números complexos:

a) $6i$

b) $2 + 2i$

c) $-8\sqrt{3} + 8i$

d) 4

e) $2 - 2i$

f) -3

g) i

38. Escreva na forma algébrica os seguintes números complexos:

a) $2\left(\cos\frac{\pi}{6} + i \cdot \text{sen}\,\frac{\pi}{6}\right)$

b) $5(\cos 0 + i \cdot \text{sen}\,0)$

c) $\cos\frac{3\pi}{2} + i \cdot \text{sen}\,\frac{3\pi}{2}$

d) $4(\cos\pi + i \cdot \text{sen}\,\pi)$

e) $2\left(\cos\frac{\pi}{4} + i \cdot \text{sen}\,\frac{\pi}{4}\right)$

39. Determine o valor do arg(z) dos números complexos:

a) $z = \frac{-2}{1 + i\sqrt{3}}$

b) $z = \frac{i}{-2 - 2i}$

40. Dados os números complexos $z_1 = 1 + \sqrt{3}i$ e $z_2 = 3i$:

a) coloque-os na forma trigonométrica;

b) efetue o produto z_1z_2 e coloque-o na forma trigonométrica;

c) constate que $|z_1z_2| = |z_1||z_2|$ e que $\arg(z_1z_2) = \arg(z_1) + \arg(z_2)$.

41. Um número complexo **z** possui módulo igual a 2 e argumento $\frac{\pi}{3}$. Sendo $\bar{z}$ o conjugado de **z**, determine a forma algébrica do complexo $\bar{z}$.

Multiplicação de números complexos na forma trigonométrica

Consideremos os números complexos $\mathbf{z_1}$ e $\mathbf{z_2}$, dados na forma trigonométrica:

$$z_1 = |z_1|(\cos\theta_1 + i\cdot\text{sen}\,\theta_1)$$
$$z_2 = |z_2|(\cos\theta_2 + i\cdot\text{sen}\,\theta_2)$$

O produto z_1z_2 é dado por:

$$z_1z_2 = |z_1|(\cos\theta_1 + i\cdot\text{sen}\,\theta_1)|z_2|(\cos\theta_2 + i\cdot\text{sen}\,\theta_2) = |z_1||z_2|(\cos\theta_1 + i\cdot\text{sen}\,\theta_1)(\cos\theta_2 + i\cdot\text{sen}\,\theta_2) =$$
$$= |z_1||z_2|[(\cos\theta_1\cdot\cos\theta_2 - \text{sen}\,\theta_1\cdot\text{sen}\,\theta_2) + i(\text{sen}\,\theta_1\cdot\cos\theta_2 + \text{sen}\,\theta_2\cdot\cos\theta_1)] =$$
$$= |z_1||z_2|[\cos(\theta_1+\theta_2) + i\cdot\text{sen}\,(\theta_1+\theta_2)]$$

Portanto:

$$z_1z_2 = |z_1||z_2|[\cos(\theta_1+\theta_2) + i\cdot\text{sen}\,(\theta_1+\theta_2)]$$

Assim, o produto de dois números complexos escritos na forma trigonométrica é o número complexo cujo módulo é igual ao produto dos módulos dos fatores e cujo argumento é igual à soma dos argumentos dos fatores, reduzida à 1ª volta ($0 \leq \arg(z_1z_2) < 2\pi$).

Exercício resolvido

24. Calcule o produto z_1z_2 com

$$z_1 = 2\left(\cos\frac{\pi}{4} + i\cdot\text{sen}\,\frac{\pi}{4}\right) \text{ e}$$

$$z_2 = 3\left(\cos\frac{\pi}{2} + i\cdot\text{sen}\,\frac{\pi}{2}\right).$$

Resolução:

Substituindo os dados do problema na fórmula, temos:

$$z_1z_2 = 2\cdot 3\left[\cos\left(\frac{\pi}{4}+\frac{\pi}{2}\right) + i\cdot\text{sen}\left(\frac{\pi}{4}+\frac{\pi}{2}\right)\right] =$$

$$= 6\left(\cos\frac{3\pi}{4} + i\cdot\text{sen}\,\frac{3\pi}{4}\right)$$

Fazendo a interpretação geométrica desse problema, obtemos:

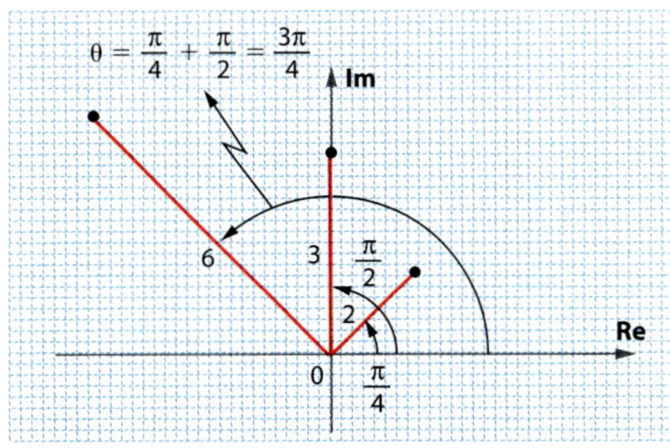

Em z_1z_2 houve uma rotação positiva a $\mathbf{z_1}$ de um ângulo igual ao ângulo de $\mathbf{z_2}$. Ou seja, nesse caso, houve uma rotação de $\frac{\pi}{2}$ a $\mathbf{z_1}$. Como o argumento de $\mathbf{z_1}$ era $\frac{\pi}{4}$ e $\mathbf{z_1}$ recebeu uma rotação de $\frac{\pi}{2}$, o produto z_1z_2 passa a ter argumento igual a $\frac{\pi}{4} + \frac{\pi}{2} = \frac{3\pi}{4}$. Já o módulo z_1z_2 é 6, que corresponde a $2\cdot 3$ ou $|z_1||z_2|$.

Observação: A fórmula da multiplicação de dois números complexos, segundo a qual *basta multiplicar os módulos e somar seus argumentos*, é válida para um número qualquer finito de valores. Isso nos levará à potenciação de números complexos.

Divisão de números complexos na forma trigonométrica

Dados os números complexos $\mathbf{z_1}$ e $\mathbf{z_2}$ na forma trigonométrica:

$$z_1 = |z_1|(\cos\theta_1 + i\cdot\text{sen}\,\theta_1)$$
$$z_2 = |z_2|(\cos\theta_2 + i\cdot\text{sen}\,\theta_2)$$

podemos obter o quociente $\frac{z_1}{z_2}$, para $z_2 \neq 0$; assim:

$$\frac{z_1}{z_2} = \frac{|z_1|}{|z_2|}[\cos(\theta_1 - \theta_2) + i \cdot \text{sen}(\theta_1 - \theta_2)]$$

A demonstração dessa relação pode ser feita mostrando que o produto de $\frac{|z_1|}{|z_2|}[\cos(\theta_1 - \theta_2) + i \cdot \text{sen}(\theta_1 - \theta_2)]$ por $\mathbf{z_2}$ é igual a $\mathbf{z_1}$.

Para refletir

Faça a demonstração mencionada.

Assim, o quociente de dois números complexos na forma trigonométrica, com o segundo número diferente de 0, é o número complexo cujo módulo é o quociente dos módulos e cujo argumento é a diferença dos argumentos dos dois números na ordem dada, reduzida à 1ª volta $\left(0 \leq \arg\left(\frac{z_1}{z_2}\right) < 2\pi\right)$.

Exercício resolvido

25. Calcule o quociente

$\frac{z_1}{z_2}$ para $z_1 = 2\left(\cos\frac{\pi}{4} + i \cdot \text{sen}\frac{\pi}{4}\right)$ e

$z_2 = 3\left(\cos\frac{\pi}{2} + i \cdot \text{sen}\frac{\pi}{2}\right)$.

Resolução:

Substituindo $\mathbf{z_1}$ e $\mathbf{z_2}$ na fórmula dada, temos:

$$\frac{z_1}{z_2} = \frac{2}{3}\left[\cos\left(\frac{\pi}{4} - \frac{\pi}{2}\right) + i \cdot \text{sen}\left(\frac{\pi}{4} - \frac{\pi}{2}\right)\right] =$$

$$= \frac{2}{3}\left[\cos\left(-\frac{\pi}{4}\right) + i \cdot \text{sen}\left(-\frac{\pi}{4}\right)\right] =$$

$$= \frac{2}{3}\left(\cos\frac{7\pi}{4} + i \cdot \text{sen}\frac{7\pi}{4}\right)$$

Logo, $\frac{z_1}{z_2} = \frac{2}{3}\left(\cos\frac{7\pi}{4} + i \cdot \text{sen}\frac{7\pi}{4}\right)$.

Você sabia

$\frac{7\pi}{4}$ é o ângulo côngruo de $-\frac{\pi}{4}$ tal que $0 \leq \frac{7\pi}{4} < 2\pi$.

Exercícios propostos

42. Dados os números complexos

$z = 6\left(\cos\frac{5\pi}{6} + i \cdot \text{sen}\frac{5\pi}{6}\right)$ e

$w = 3\left(\cos\frac{\pi}{4} + i \cdot \text{sen}\frac{\pi}{4}\right)$, calcule:

a) zw.

b) w^2.

c) $\frac{z}{w}$.

d) $\frac{w}{z}$.

43. Determine o número complexo $\mathbf{z_1}$, sabendo que

$z_2 = 10\left(\cos\frac{\pi}{9} + i \cdot \text{sen}\frac{\pi}{9}\right)$ e

$z_1z_2 = 20\sqrt{3}\left(\cos\frac{17\pi}{18} + i \cdot \text{sen}\frac{17\pi}{18}\right)$.

Fique atento

Os números obtidos devem ter seus argumentos tal que $0 \leq \theta < 2\pi$.

Potenciação de números complexos na forma trigonométrica — A primeira fórmula de De Moivre*

A potência $\mathbf{z^n}$, $n \in \mathbb{N}^*$, é dada por $z^n = \underbrace{z \cdot z \cdot ... \cdot z}_{\text{n fatores}}$.

Assim, se um número complexo **z** está escrito na forma trigonométrica $z = |z|(\cos\theta + i \cdot \text{sen}\,\theta)$, temos:

$$z^n = \underbrace{z \cdot z \cdot ... \cdot z}_{\substack{\text{multiplicação} \\ \text{de n fatores}}} = \underbrace{|z| \cdot |z| \cdot ... \cdot |z|}_{\substack{\text{produto de} \\ \text{n módulos}}} \cdot [\cos\underbrace{(\theta + \theta + ... + \theta)}_{\substack{\text{soma de n} \\ \text{argumentos}}} + i \cdot \text{sen}\,\underbrace{(\theta + \theta + ... + \theta)}_{\substack{\text{soma de n} \\ \text{argumentos}}}] \Rightarrow$$

$$\Rightarrow \boxed{z^n = |z|^n[\cos(n\theta) + i \cdot \text{sen}\,(n\theta)]} \quad \text{(fórmula de De Moivre)}$$

Para $n = 0$, temos:

$$z^0 = |z|^0[\cos(0 \cdot \theta) + i \cdot \text{sen}\,(0 \cdot \theta)] = 1(\cos 0 + i \cdot \text{sen}\,0) = 1(1 + 0) = 1$$

Assim, podemos dizer que a potência de ordem **n** de um número complexo escrito na forma trigonométrica é o número complexo cujo módulo é igual ao módulo do número elevado a **n** e cujo argumento é igual ao argumento do número multiplicado por **n**, reduzido à primeira volta ($0 \leq \arg(z^n) < 2\pi$).

Exercícios resolvidos

26. Dado o número $z = 2\left(\cos\frac{\pi}{4} + i \cdot \text{sen}\,\frac{\pi}{4}\right)$, determine $\mathbf{z^7}$.

Resolução:

Na forma trigonométrica, temos:

$$z^7 = \left[2\left(\cos\frac{\pi}{4} + i \cdot \text{sen}\,\frac{\pi}{4}\right)\right]^7 =$$

$$= 2^7\left(\cos 7 \cdot \frac{\pi}{4} + i \cdot \text{sen}\,7 \cdot \frac{\pi}{4}\right) =$$

$$= 128\left(\cos\frac{7\pi}{4} + i \cdot \text{sen}\,\frac{7\pi}{4}\right)$$

Logo, $z^7 = 128\left(\cos\frac{7\pi}{4} + i \cdot \text{sen}\,\frac{7\pi}{4}\right)$.

Na forma algébrica, vem:

$$z = 2\left(\cos\frac{\pi}{4} + i \cdot \text{sen}\,\frac{\pi}{4}\right) = 2\left(\frac{\sqrt{2}}{2} + i \cdot \frac{\sqrt{2}}{2}\right) =$$

$$= \sqrt{2} + i\sqrt{2}$$

$$z^7 = 128\left(\cos\frac{7\pi}{4} + i \cdot \text{sen}\,\frac{7\pi}{4}\right) =$$

$$= 128\left(\frac{\sqrt{2}}{2} - \frac{\sqrt{2}i}{2}\right) = 64\sqrt{2} - 64\sqrt{2}i$$

Logo, $z^7 = 64\sqrt{2} - 64\sqrt{2}i$.

27. Calcule a potência $(1 - i)^{10}$.

Resolução:

Uma das maneiras é multiplicar $(1 - i)$ por ele mesmo, usando dez fatores. Outra é desenvolver a expressão $(1 - i)^{10}$ usando o binômio de Newton. Uma terceira maneira é escrever o número complexo $(1 - i)$ na forma trigonométrica e usar a fórmula de De Moivre. Assim, temos:

$z = 1 - i$

$a = 1$

$b = -1$

Então:

$$|z| = \sqrt{(1)^2 + (-1)^2} = \sqrt{2}$$

$$\left.\begin{array}{l} \cos\theta = \dfrac{a}{|z|} = \dfrac{1}{\sqrt{2}} = \dfrac{\sqrt{2}}{2} \\[2ex] \text{sen}\,\theta = \dfrac{b}{|z|} = \dfrac{-1}{\sqrt{2}} = \dfrac{-\sqrt{2}}{2} \\[2ex] 0 \leq \theta < 2\pi \end{array}\right\} \Rightarrow \theta = \arg(z) = \frac{7\pi}{4}$$

Assim:

$$z = 1 - i = \sqrt{2}\left(\cos\frac{7\pi}{4} + i \cdot \text{sen}\,\frac{7\pi}{4}\right)$$

Logo:

$$z^{10} = (1 - i)^{10} =$$

$$= \left(\sqrt{2}\right)^{10}\left[\cos\left(10 \cdot \frac{7\pi}{4}\right) + i \cdot \text{sen}\left(10 \cdot \frac{7\pi}{4}\right)\right]$$

* Abraham de Moivre (1667-1754), matemático francês.

Mas:

$$\left(\sqrt{2}\right)^{10} = \left(2^{\frac{1}{2}}\right)^{10} = 2^{\frac{10}{2}} = 2^5$$

$$10 \cdot \frac{7\pi}{4} = \frac{70\pi}{4} = \frac{35\pi}{2}$$

$\frac{35\pi}{2}$ corresponde a oito voltas mais $\frac{3\pi}{2}$, isto é:

$$\frac{35\pi}{2} = \frac{32\pi}{2} + \frac{3\pi}{2} = 16\pi + \frac{3\pi}{2} = 8 \cdot 2\pi + \frac{3\pi}{2}$$

Ou seja, $\frac{35\pi}{2}$ é côngruo de $\frac{3\pi}{2}$.

Portanto:

$$z^{10} = (1 - i)^{10} = 2^5\left(\cos\frac{3\pi}{2} + i \cdot \text{sen}\,\frac{3\pi}{2}\right)$$

Na forma algébrica, temos:

$z^{10} = (1 - i)^{10} = 32[0 + i(-1)] =$
$= 32 \cdot 0 - 32i = -32i$

Logo, $z^{10} = -32i$.

28. Determine o menor valor de $n \in \mathbb{N}^*$, para o qual $\left(2\sqrt{3}i + 2\right)^n$ é real e positivo.

Resolução:

Passando o número $z = 2 + 2\sqrt{3}i$ para a forma trigonométrica:

$$|z| = \sqrt{2^2 + \left(2\sqrt{3}\right)^2} = \sqrt{4 + 12} = 4$$

$$\left.\begin{aligned} \cos\theta &= \frac{a}{|z|} = \frac{2}{4} = \frac{1}{2} \\ \text{sen}\,\theta &= \frac{b}{|z|} = \frac{2\sqrt{3}}{4} = \frac{\sqrt{3}}{2} \end{aligned}\right\} \Rightarrow \theta = \frac{\pi}{3}\ (60°)$$

Usando a fórmula de De Moivre, temos:

$z^n = |z|^n(\cos n\theta + i \cdot \text{sen}\, n\theta) =$

$$= 4^n\left(\cos\frac{n\pi}{3} + i \cdot \text{sen}\,\frac{n\pi}{3}\right)$$

Para que $\mathbf{z^n}$ seja real e positivo, devemos ter:

$$\text{sen}\,\frac{n\pi}{3} = 0 \qquad \cos\frac{n\pi}{3} > 0$$

Como $n \in \mathbb{N}^*$, fazemos:

$$n = 1 \Rightarrow \text{sen}\,\frac{1\pi}{3} = \frac{\sqrt{3}}{2} \neq 0$$

$$n = 2 \Rightarrow \text{sen}\,\frac{2\pi}{3} = \frac{\sqrt{3}}{2} \neq 0$$

$n = 3 \Rightarrow \text{sen}\,\frac{3\pi}{3} = \text{sen}\,\pi = 0$ e $\cos\frac{3\pi}{3} = \cos\pi =$
$= -1 < 0$

⋮

$n = 6 \Rightarrow \text{sen}\,\frac{6\pi}{3} = \text{sen}\,2\pi = 0$ e $\cos\frac{6\pi}{3} =$
$= \cos 2\pi = 1 > 0$

Logo, o menor valor de $n \in \mathbb{N}^*$ é 6.

Nesse caso, temos:

$\left(2\sqrt{3}i + 2\right)^6 = 4^6(\cos 2\pi + i \cdot \text{sen}\, 2\pi) = 4\,096$ (real positivo)

Para refletir

Verifique para n = 4 e n = 5.

29. (UFRJ) Um jantar secreto é marcado para a hora em que as extremidades dos ponteiros do relógio forem representadas pelos números complexos **z** e **w** a seguir: $z = \alpha\left[\cos\left(\frac{\pi}{2}\right) + i \cdot \text{sen}\left(\frac{\pi}{2}\right)\right]$, $w = z^2$, sendo α um número real fixo, $0 < \alpha < 1$. Determine a hora do jantar.

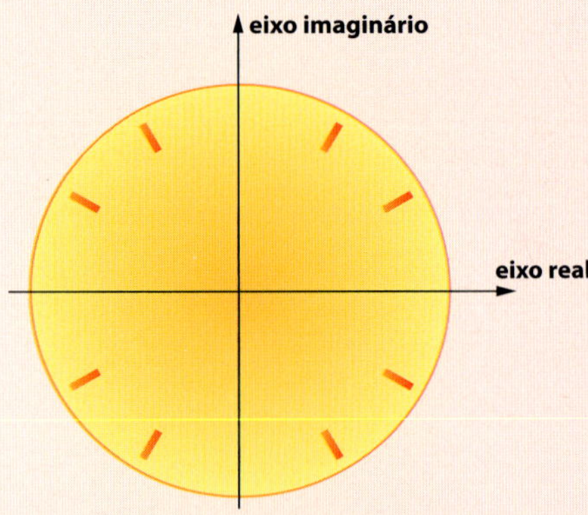

> RESOLUÇÃO PASSO A PASSO:

1. Lendo e compreendendo

a) O que é dado no problema?

São dados dois números complexos, **z** e **w**, e se diz que a representação deles no plano equivale à extremidade dos ponteiros das horas e dos minutos (não necessariamente nessa ordem).

b) O que se pede?

Pede-se a hora marcada para o jantar secreto por meio da interpretação dos números complexos **z** e **w** dados.

2. Planejando a solução

Vamos obter a forma algébrica dos dois números complexos para representá-los no plano e, com isso, descobrir que horas os ponteiros marcam.

3. Executando o que foi planejado

- $z = \alpha\left[\cos\left(\dfrac{\pi}{2}\right) + i \cdot \text{sen}\left(\dfrac{\pi}{2}\right)\right]$

  Como $\cos\left(\dfrac{\pi}{2}\right) = 0$ e $\text{sen}\left(\dfrac{\pi}{2}\right) = 1$, então

  $z = \alpha\,[0 + i] = \alpha i$.

- $w = z^2$

  Para obter **w** vamos usar o valor algébrico de **z**: $w = z^2 = (\alpha i)^2 = \alpha^2 \cdot i^2$. Como $i^2 = -1$, então $w = -\alpha^2$.

  O afixo de $z = \alpha i$ é o ponto $(0, \alpha)$ e o afixo de **w** é o ponto $(-\alpha^2, 0)$. E como $0 < \alpha < 1$, podemos afirmar que $\alpha^2 < \alpha$, de forma que o módulo de **w** é menor que o módulo de **z**. Assim, a representação obtida é:

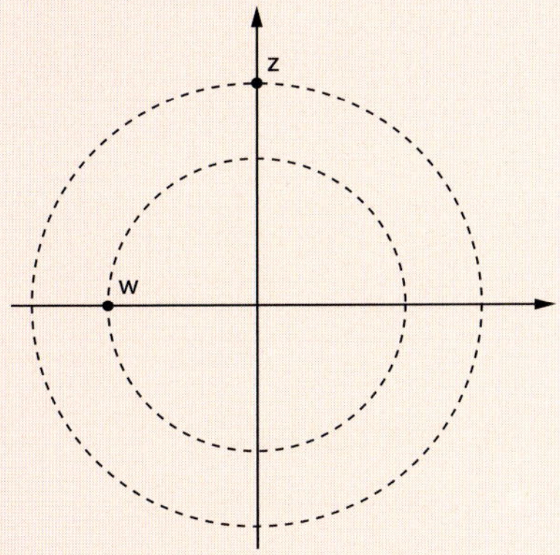

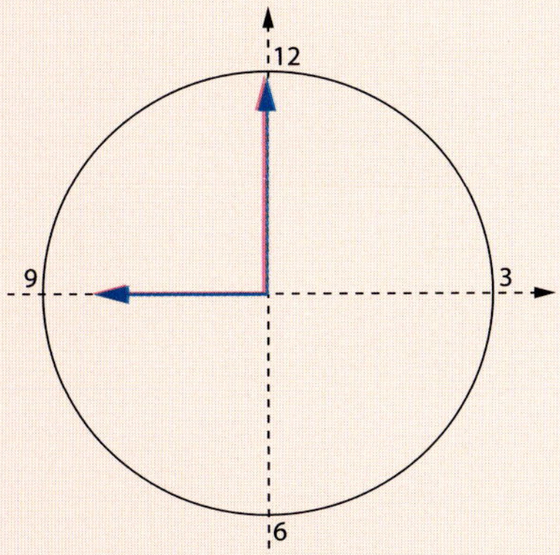

Como o ponteiro das horas é sempre o ponteiro menor, deduzimos que ele é **w**, e o ponteiro dos minutos é **z**. Assim, o relógio marca 9h (ou 21h, já que se trata de um jantar).

4. Verificando

Se o horário secreto é 21h (9h), então o menor ponteiro deve estar no 9 (e portanto deve ser um número complexo de argumento π) e o maior ponteiro deve estar no 12 (e portanto deve ser um número complexo de argumento $\dfrac{\pi}{2}$, além de ter módulo maior que o outro número complexo). Analisando **z** e **w**, temos que:

$z = \alpha\left[\cos\left(\dfrac{\pi}{2}\right) + i \cdot \text{sen}\left(\dfrac{\pi}{2}\right)\right]$, ou seja, tem módulo α e argumento $\dfrac{\pi}{2}$.

Usando a 1ª fórmula de De Moivre, temos que:

$$w = z^2 = \alpha^2\left[\cos\left(2 \cdot \frac{\pi}{2}\right) + i \cdot \text{sen}\left(2 \cdot \frac{\pi}{2}\right)\right] =$$

$$= \alpha^2\ [\cos\pi + i \cdot \text{sen}\,\pi]$$

Assim, $w = \alpha^2\,[\cos\pi + i \cdot \text{sen}\,\pi]$, ou seja, tem módulo α^2 e argumento π. Como $\alpha < 1$, então $\alpha^2 < \alpha$. Isso verifica todas as condições necessárias para que **z** e **w** indiquem o horário secreto das 21h.

5. Respondendo

O jantar será às 21h (9 horas da noite).

6. Ampliando o problema

a) Se $\alpha > 1$, o horário do jantar seria diferente?

b) **Discussão em equipe**

Em todas as épocas, houve necessidade de mandar mensagens secretas que deveriam ser lidas apenas pelo destinatário da mensagem, motivando o aparecimento de determinados processos que impedissem terceiros de conhecer o conteúdo da mensagem. Esses processos compõem um ramo da matemática chamado *criptografia* (do grego *kryptós*, "escondido", e *gráphein*, "escrita"). Hoje em dia, a criptografia está presente em vários momentos do nosso cotidiano, na maioria das vezes sem que percebamos. Por exemplo, quando você se cadastra em um *site* da internet, a senha é criptografada antes de ser armazenada no banco de dados. Assim, se um *hacker* roubar o banco de dados com as senhas, ele não conseguirá lê-las.

Conversem com seus colegas e opinem sobre outras possíveis situações em que a criptografia está presente na vida moderna. Reflitam sobre quais informações são restritas e não devem ser de conhecimento de terceiros.

Exercícios propostos

44. Determine o produto z_1z_2 e o quociente $\frac{z_1}{z_2}$ para:

a) $z_1 = 2\left(\cos \frac{2\pi}{3} + i \cdot \text{sen } \frac{2\pi}{3}\right)$ e

$z_2 = 3\left(\cos \frac{\pi}{4} + i \cdot \text{sen } \frac{\pi}{4}\right)$

b) $z_1 = 4\left(\cos \frac{\pi}{6} + i \cdot \text{sen } \frac{\pi}{6}\right)$ e

$z_2 = 2\left(\cos \frac{3\pi}{4} + i \cdot \text{sen } \frac{3\pi}{4}\right)$

45. Determine o produto z_1z_2 e dê a sua interpretação geométrica nos casos:

a) $z_1 = 2\left(\cos \frac{\pi}{3} + i \cdot \text{sen } \frac{\pi}{3}\right)$ e

$z_2 = 5\left(\cos \frac{\pi}{2} + i \cdot \text{sen } \frac{\pi}{2}\right)$

b) $z_1 = \cos \frac{3\pi}{4} + i \cdot \text{sen } \frac{3\pi}{4}$ e

$z_2 = \cos \frac{2\pi}{3} + i \cdot \text{sen } \frac{2\pi}{3}$

46. Calcule os valores das potências $\mathbf{z^2}$, $\mathbf{z^3}$ e $\mathbf{z^9}$, sabendo que $z = 2\left(\cos \frac{\pi}{3} + i \cdot \text{sen } \frac{\pi}{3}\right)$.

47. Usando a fórmula de De Moivre, calcule as potências:

a) $(1 - i)^3$

b) $(3 - 3i)^5$

c) $\left(\sqrt{2} + i\sqrt{2}\right)^7$

d) $\left(-1 - \sqrt{3}i\right)^{100}$

e) $\left(1 + \sqrt{3}i\right)^4$

f) $\left(\sqrt{3} + i\right)^9$

g) $\left(-\frac{1}{2} + \frac{\sqrt{3}}{2}i\right)^8$

h) $(-3i)^{17}$

48. Sabendo que $z_1 = 2(\cos 30° + i \cdot \text{sen } 30°)$ e $z_2 = 3(\cos 150° + i \cdot \text{sen } 150°)$, determine:

a) z_1z_2

b) $\frac{z_1}{z_2}$

c) z_1^3

d) z_2^{99}

Radiciação — Raízes enésimas de números complexos

Dado um número complexo **z** e um número natural **n**, $n > 1$, definimos em $\mathbb{C}$:

Raiz enésima de z é um número complexo ω tal que $\omega^n = z$.

Exemplos:

1º) 2, −2, 2i e −2i são as raízes quartas do número complexo 16.

2, pois $2^4 = 16$
−2, pois $(-2)^4 = 16$
2i, pois $(2i)^4 = 16$
−2i, pois $(-2i)^4 = 16$

Há, portanto, em $\mathbb{C}$, quatro raízes quartas de 16.

2º) **i** e **−i** são as raízes quadradas do número complexo −1.

i, pois $i^2 = -1$
−i, pois $(-i)^2 = -1$

Há, portanto, em $\mathbb{C}$, duas raízes quadradas de −1.

3º) 3 e −3 são as raízes quadradas do número complexo 9.

3, pois $3^2 = 9$
−3, pois $(-3)^2 = 9$

Há, portanto, em $\mathbb{C}$, duas raízes quadradas de 9.

4º) 1, −1, **i** e **−i** são as raízes quartas do número complexo 1.

1, pois $1^4 = 1$
−1, pois $(-1)^4 = 1$
i, pois $i^4 = 1$
−i, pois $(-i)^4 = 1$

Há, portanto, em $\mathbb{C}$, quatro raízes quartas de 1.

5º) A única raiz quinta de 0 é 0, pois 0 é o único número complexo tal que $0^5 = 0$.

A pergunta então é: Quantas são as raízes enésimas de um número complexo $z \neq 0$ e como podemos determiná-las? Veremos isso com a *segunda fórmula de De Moivre*.

A segunda fórmula de De Moivre

Consideremos o número complexo $z \neq 0$ tal que $z = |z|(\cos\theta + i \cdot \text{sen}\,\theta)$. Encontrar as raízes enésimas de **z** significa determinar todos os números complexos distintos do tipo:

$$\omega = |\omega|(\cos\alpha + i \cdot \text{sen}\,\alpha)$$

de modo que $\omega^n = z$, para $n > 1$, ou seja, procurar números ω tal que:

$$[|\omega|(\cos\alpha + i \cdot \text{sen}\,\alpha)]^n = |z|(\cos\theta + i \cdot \text{sen}\,\theta)$$

Aplicando a primeira fórmula de De Moivre, temos:

$$|\omega|^n(\cos n\alpha + i \cdot \text{sen}\,n\alpha) = |z|(\cos\theta + i \cdot \text{sen}\,\theta)$$

Da igualdade:

$$\omega^n = |\omega|^n(\cos n\alpha + i \cdot \text{sen}\,n\alpha) = z = |z|(\cos\theta + i \cdot \text{sen}\,\theta)$$

vem $|\omega|^n = |z|$, $\cos n\alpha = \cos\theta$ e $\text{sen}\,n\alpha = \text{sen}\,\theta$.

De $|\omega|^n = |z|$, temos $|\omega| = \sqrt[n]{|z|}$ (sempre real e positivo).

De $\cos n\alpha = \cos\theta$ e $\text{sen}\,n\alpha = \text{sen}\,\theta$, temos:

$$n\alpha = \theta + 2k\pi \Rightarrow \alpha = \frac{\theta + 2k\pi}{n} \text{ (com } k \in \mathbb{Z})$$

Mas, para que $0 \leqslant \alpha < 2\pi$, é necessário que $0 \leqslant k \leqslant n - 1$.

Assim, concluímos que:

$$\omega_k = \sqrt[n]{|z|}\left(\cos\frac{\theta + 2k\pi}{n} + i \cdot \text{sen}\,\frac{\theta + 2k\pi}{n}\right)$$

(segunda fórmula de De Moivre) para $k = 0, 1, 2, ..., (n - 1)$.

Após $k = n - 1$, os valores começam a se repetir. Então, de 0 a $n - 1$, temos **n** raízes distintas. Observemos que essa fórmula também pode ser escrita assim:

$$\omega_k = \sqrt[n]{|z|}\left[\cos\left(\frac{\theta}{n} + k \cdot \frac{2\pi}{n}\right) + i \cdot \text{sen}\left(\frac{\theta}{n} + k \cdot \frac{2\pi}{n}\right)\right]$$

Assim, qualquer número complexo **z**, não nulo, admite **n** raízes enésimas distintas. Todas elas têm módulo igual a $\sqrt[n]{|z|}$ e seus argumentos formam uma progressão aritmética de primeiro termo $\frac{\theta}{n}$ e razão $\frac{2\pi}{n}$.

Geometricamente, as **n** raízes são vértices de um polígono regular de **n** lados.

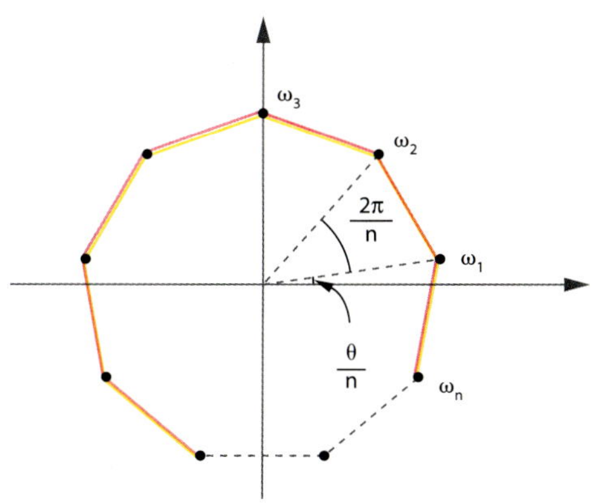

Logo, sabendo uma delas e sabendo quantas são no total, é possível obter as $n - 1$ raízes desconhecidas.

Exercícios resolvidos

30. Determine as raízes cúbicas de $-\mathbf{i}$ e interprete-as geometricamente.

Fique atento

Números complexos da forma $z = ai$ têm argumento $\frac{\pi}{2}$ para $a > 0$ e $\frac{3\pi}{2}$ para $a < 0$.

Resolução:

Escrevendo $\mathbf{z}$ na forma trigonométrica, temos:

$z = -i$

$a = 0$

$b = -1$

$|z| = \sqrt{0^2 + (-1)^2} = \sqrt{1} = 1$

$$\left.\begin{array}{l} \cos\theta = \frac{0}{1} = 0 \\ \text{sen}\,\theta = \frac{-1}{1} = -1 \\ 0 \leqslant \theta < 2\pi \end{array}\right\} \Rightarrow \theta = \arg(z) = \frac{3\pi}{2}$$

Portanto, $z = 1\left(\cos\frac{3\pi}{2} + i \cdot \text{sen}\,\frac{3\pi}{2}\right)$.

Usando a segunda fórmula de De Moivre, vem:

$$\omega_k = \sqrt[n]{|z|}\left(\cos\frac{\theta + 2k\pi}{n} + i \cdot \text{sen}\,\frac{\theta + 2k\pi}{n}\right) =$$

$$= \sqrt[3]{1}\left(\cos\frac{\frac{3\pi}{2} + 2k\pi}{3} + i \cdot \text{sen}\,\frac{\frac{3\pi}{2} + 2k\pi}{3}\right) =$$

$= \sqrt[3]{1} = 1$ (real positivo)

Como $n = 3$, então $\mathbf{k}$ poderá ser 0, 1 ou 2. Assim, temos:

- para $k = 0$:

$$\frac{\frac{3\pi}{2} + 2k\pi}{3} = \frac{\frac{3\pi}{2}}{3} = \frac{3\pi}{6} = \frac{\pi}{2}$$

- para $k = 1$:

$$\frac{\frac{3\pi}{2} + 2k\pi}{3} = \frac{\frac{3\pi}{2} + 2\pi}{3} = \frac{\frac{7\pi}{2}}{3} = \frac{7\pi}{6}$$

- para $k = 2$:

$$\frac{\frac{3\pi}{2} + 2k\pi}{3} = \frac{\frac{3\pi}{2} + 4\pi}{3} = \frac{\frac{11\pi}{2}}{3} = \frac{11\pi}{6}$$

Observe que $\frac{\pi}{2} = \frac{3\pi}{6}, \frac{7\pi}{6}, \frac{11\pi}{6}$ é uma PA de razão $\frac{4\pi}{6}$.

Assim, as raízes cúbicas de $-\mathbf{i}$ são:

$$\omega_0 = 1\left(\cos\frac{\pi}{2} + i \cdot \text{sen}\,\frac{\pi}{2}\right) =$$

$$= \cos\frac{\pi}{2} + i \cdot \text{sen}\,\frac{\pi}{2} = 0 + i \cdot 1 = i$$

$$\omega_1 = 1\left(\cos\frac{7\pi}{6} + i \cdot \text{sen}\,\frac{7\pi}{6}\right) =$$

$$= \cos\frac{7\pi}{6} + i \cdot \text{sen}\,\frac{7\pi}{6} = -\frac{\sqrt{3}}{2} + i\left(-\frac{1}{2}\right) =$$

$$= -\frac{\sqrt{3}}{2} - \frac{1}{2}i$$

$$\omega_2 = 1\left(\cos\frac{11\pi}{6} + i \cdot \text{sen}\,\frac{11\pi}{6}\right) =$$

$$= \cos\frac{11\pi}{6} + i \cdot \text{sen}\,\frac{11\pi}{6} =$$

$$= \frac{\sqrt{3}}{2} + i\left(-\frac{1}{2}\right) = \frac{\sqrt{3}}{2} - \frac{1}{2}i$$

Interpretando geometricamente, as três raízes cúbicas estão sobre uma circunferência de raio $|\omega| = 1$ e dividem a circunferência em três arcos congruentes de $\frac{4\pi}{6}$ rad, formando um triângulo equilátero de vértices $\mathbf{P_0}$, $\mathbf{P_1}$ e $\mathbf{P_2}$. Se calculássemos ω_3, encontraríamos $\omega_3 = \omega_0$ e $\mathbf{P_3}$ coincidiria com $\mathbf{P_0}$. E assim por diante: $P_4 \equiv P_1$, $P_5 \equiv P_2$, etc.

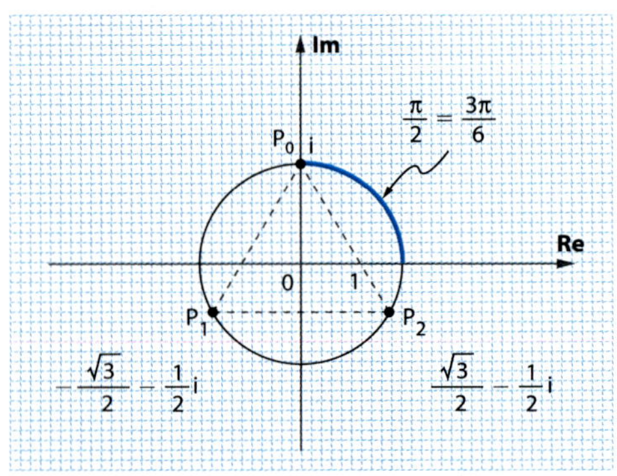

31. Encontre as raízes quartas do número complexo $1 + i$.

Fique atento

Para $a > 0$, verifica-se que:

$a + ai$ tem argumento $\frac{\pi}{4}$; $-a + ai$ tem argumento $\frac{3\pi}{4}$;

$-a - ai$ tem argumento $\frac{5\pi}{4}$; $a - ai$ tem argumento $\frac{7\pi}{4}$.

Resolução:

$z = 1 + i$

$a = 1$

$b = 1$

$|z| = \sqrt{1^2 + 1^2} = \sqrt{2}$

$$\left.\begin{array}{l} \cos\theta = \dfrac{1}{\sqrt{2}} = \dfrac{\sqrt{2}}{2} \\ \operatorname{sen}\theta = \dfrac{1}{\sqrt{2}} = \dfrac{\sqrt{2}}{2} \\ 0 \leqslant \theta < 2\pi \end{array}\right\} \Rightarrow \theta = \arg(z) = \frac{\pi}{4}$$

Portanto:

$$z = \sqrt{2}\left(\cos\frac{\pi}{4} + i \cdot \operatorname{sen}\frac{\pi}{4}\right)$$

Aplicando a segunda fórmula de De Moivre, temos:

$$\omega_k = \sqrt[n]{|z|}\left(\cos\frac{\theta + 2k\pi}{n} + i \cdot \operatorname{sen}\frac{\theta + 2k\pi}{n}\right) \Rightarrow$$

$$\Rightarrow \omega_k = \sqrt[4]{\sqrt{2}}\left(\cos\frac{\frac{\pi}{4} + 2k\pi}{4} + i \cdot \operatorname{sen}\frac{\frac{\pi}{4} + 2k\pi}{4}\right),$$

mas $\sqrt[4]{\sqrt{2}} = \sqrt[8]{2}$.

Como $n = 4$, então **k** poderá ser 0, 1, 2 e 3. Assim:

- para $k = 0$:

$$\frac{\frac{\pi}{4} + 0}{4} = \frac{\frac{\pi}{4}}{4} = \frac{\pi}{16}$$

- para $k = 1$:

$$\frac{\frac{\pi}{4} + 2\pi}{4} = \frac{\frac{9\pi}{4}}{4} = \frac{9\pi}{16}$$

- para $k = 2$:

$$\frac{\frac{\pi}{4} + 4\pi}{4} = \frac{\frac{17\pi}{4}}{4} = \frac{17\pi}{16}$$

- para $k = 3$:

$$\frac{\frac{\pi}{4} + 6\pi}{4} = \frac{\frac{25\pi}{4}}{4} = \frac{25\pi}{16}$$

Observe que os argumentos $\frac{\pi}{16}, \frac{9\pi}{16}, \frac{17\pi}{16}, \frac{25\pi}{16}$ formam uma PA de razão $\frac{8\pi}{16}$. As raízes quartas de **z** são dadas por:

$$\omega_0 = \sqrt[8]{2}\left(\cos\frac{\pi}{16} + i \cdot \operatorname{sen}\frac{\pi}{16}\right)$$

$$\omega_1 = \sqrt[8]{2}\left(\cos\frac{9\pi}{16} + i \cdot \operatorname{sen}\frac{9\pi}{16}\right)$$

$$\omega_2 = \sqrt[8]{2}\left(\cos\frac{17\pi}{16} + i \cdot \operatorname{sen}\frac{17\pi}{16}\right)$$

$$\omega_3 = \sqrt[8]{2}\left(\cos\frac{25\pi}{16} + i \cdot \operatorname{sen}\frac{25\pi}{16}\right)$$

Geometricamente, as quatro raízes quartas estão sobre uma circunferência de raio $\sqrt[8]{2}$ e dividem a circunferência em quatro arcos congruentes a $\frac{8\pi}{16}$ rad, formando um quadrado de vértices $\mathbf{P_0}$, $\mathbf{P_1}$, $\mathbf{P_2}$ e $\mathbf{P_3}$.

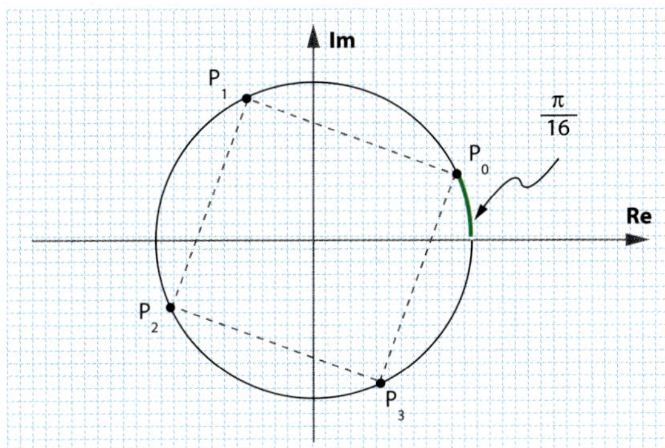

32. Determine as raízes enésimas do número complexo 1.

Resolução:

$z = 1$

$a = 1$

$b = 0$

$|z| = |1| = 1$

> **Fique atento**
>
> Todo número real positivo ou nulo tem argumento 0 e todo número real negativo tem argumento π.

$$\left.\begin{array}{l} \cos\theta = \dfrac{1}{1} = 1 \\ \operatorname{sen}\theta = \dfrac{0}{1} = 0 \\ 0 \leqslant \theta < 2\pi \end{array}\right\} \Rightarrow \theta = \arg(z) = 0$$

Portanto:

$z = 1(\cos 0 + i \cdot \operatorname{sen} 0)$

Pela segunda fórmula de De Moivre, temos:

$$\omega_k = \sqrt[n]{1}\left(\cos\frac{0 + 2k\pi}{n} + i \cdot \operatorname{sen}\frac{0 + 2k\pi}{n}\right)$$

em que $k = 0, 1, 2, 3, ..., (n - 1)$.

Portanto, as raízes enésimas da unidade são dadas por:

$$\sqrt[n]{1} = 1\left(\cos \frac{2k\pi}{n} + i \cdot \text{sen } \frac{2k\pi}{n}\right),$$

$k = 0, 1, 2, 3, ..., n - 1$

Por exemplo, as raízes quartas da unidade são obtidas por ($n = 4, k = 0, k = 1, k = 2, k = 3$):

- para $k = 0$:

$$\omega_0 = 1(\cos 0 + i \cdot \text{sen } 0) = 1$$

- para $k = 1$:

$$\omega_1 = 1\left(\cos \frac{2\pi}{4} + i \cdot \text{sen } \frac{2\pi}{4}\right) = 1(0 + i) = i$$

- para $k = 2$:

$$\omega_2 = 1\left(\cos \frac{4\pi}{4} + i \cdot \text{sen } \frac{4\pi}{4}\right) =$$
$$= 1(-1 + i \cdot 0) = -1$$

- para $k = 3$:

$$\omega_3 = 1\left(\cos \frac{6\pi}{4} + i \cdot \text{sen } \frac{6\pi}{4}\right) =$$
$$= 1[0 + i(-1)] = -i$$

Geometricamente, as **n** raízes enésimas da unidade estão sobre a circunferência de raio 1 e dividem a circunferência em **n** partes congruentes a $\frac{2\pi}{n}$. Neste exemplo, a circunferência ficou dividida em quatro arcos congruentes a $\frac{\pi}{2}$.

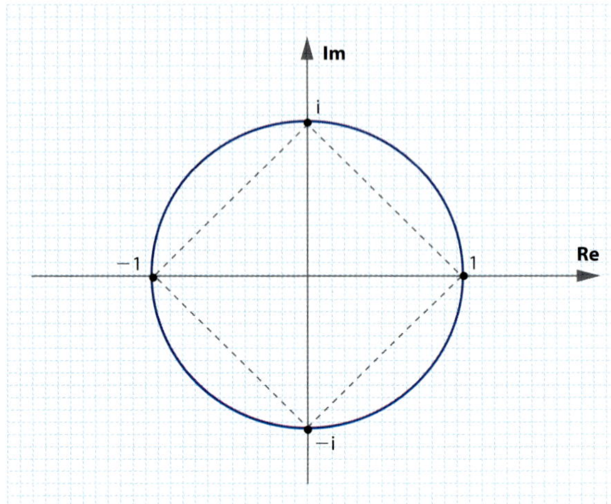

Observação: Se ω é uma das raízes enésimas de um número complexo **z** e $\mu_1, \mu_2, ..., \mu_n$ são raízes enésimas da unidade, então $\omega\mu_1, \omega\mu_2, ..., \omega\mu_n$ são as raízes enésimas de **z**. Por exemplo, para determinar as raízes quartas de 81:

$3^4 = 81 \Rightarrow \omega = 3$ (é uma raiz quarta de 81)

Como as raízes quartas da unidade são $\mu_1 = 1$, $\mu_2 = i$, $\mu_3 = -1$ e $\mu_4 = -i$, então as quatro raízes quartas de 81 são:

$\omega\mu_1 = 3 \cdot 1 = 3$

$\omega\mu_2 = 3 \cdot i = 3i$

$\omega\mu_3 = 3(-1) = -3$

$\omega\mu_4 = 3(-i) = -3i$

Exercícios propostos

49. Determine as raízes quadradas dos seguintes números complexos e dê sua representação geométrica:

a) -4

b) $-i$

c) $1 - i$

d) $1 - \sqrt{3}i$

50. Determine as raízes quartas dos seguintes números complexos e dê sua representação geométrica:

a) -1

b) $-1 - \sqrt{3}i$

c) $-i$

d) $-8 - 8\sqrt{3}i$

e) $\sqrt{3} + i$

51. Calcule as raízes sextas de 729.

52. Encontre as raízes cúbicas dos seguintes números complexos e dê sua representação geométrica:

a) 125

b) -27

c) $8i$

d) $1 - i$

53. Calcule e represente geometricamente as raízes:

a) cúbicas da unidade;

b) quintas da unidade;

c) sextas da unidade.

54. Um hexágono regular está inscrito na circunferência de equação $x^2 + y^2 = 4$ e um de seus vértices é o afixo de $z = 2i$. Determine os outros cinco vértices.

8 Equações binômias e trinômias

Qualquer equação que possa ser reduzida à forma:

$$ax^n + b = 0 \quad (\text{com } a \in \mathbb{C} \text{ e } b \in \mathbb{C},\ a \neq 0 \text{ e } n \in \mathbb{N})$$

é chamada *equação binômia*.

Para resolvê-la, isolamos **x^n** no primeiro membro e aplicamos a segunda fórmula de De Moivre:

$$ax^n + b = 0 \Leftrightarrow x^n = \frac{-b}{a}$$

Essa equação admite **n** raízes enésimas de $\frac{-b}{a}$.

Outro tipo muito comum de equação que envolve números complexos é o que se pode reduzir à chamada *equação trinômia*:

$$ax^{2n} + bx^n + c = 0 \quad (\text{com } a \in \mathbb{C},\ b \in \mathbb{C} \text{ e } c \in \mathbb{C},\ a \neq 0,\ b \neq 0 \text{ e } n \in \mathbb{N})$$

Para resolvê-la, fazemos uma mudança de variável, $x^n = y$, obtendo uma equação do 2º grau:

$$ay^2 + by + c = 0$$

cujas soluções são **y'** e **y''**.

Recaímos, então, nas equações anteriores, pois $y' = x^n$ e $y'' = x^n$.

Resolvendo-as, temos as raízes da equação inicial.

Exercício resolvido

33. Resolva as equações em $\mathbb{C}$:

a) $2x^3 - 16i = 0$ b) $x^6 + 26x^3 - 27 = 0$

Resolução:

a) $2x^3 - 16i = 0 \Rightarrow 2x^3 = 16i \Rightarrow x^3 = 8i$

Vamos procurar as raízes cúbicas de 8i:

$z = 8i$

$a = 0$

$b = 8$

$|z| = \sqrt{0^2 + 8^2} = 8$

$$\left.\begin{array}{l} \cos\theta = \frac{0}{8} = 0 \\ \text{sen}\,\theta = \frac{8}{8} = 1 \\ 0 \leq \theta < 2\pi \end{array}\right\} \Rightarrow \theta = \arg(z) = \frac{\pi}{2}$$

Portanto:

$$z = 8i = 8\left(\cos\frac{\pi}{2} + i \cdot \text{sen}\,\frac{\pi}{2}\right)$$

$$\omega_k = \sqrt[n]{|z|}\left(\cos\frac{\theta + 2k\pi}{n} + i \cdot \text{sen}\,\frac{\theta + 2k\pi}{n}\right)$$

Como $n = 3, k = 0, k = 1, k = 2$, $\sqrt[3]{8} = 2$ e $\theta = \frac{\pi}{2}$, temos:

$$\omega_0 = 2\left(\cos\frac{\pi}{6} + i \cdot \text{sen}\,\frac{\pi}{6}\right) = \sqrt{3} + i$$

$$\omega_1 = 2\left(\cos\frac{5\pi}{6} + i \cdot \text{sen}\,\frac{5\pi}{6}\right) = -\sqrt{3} + i$$

$$\omega_2 = 2\left(\cos\frac{9\pi}{6} + i \cdot \text{sen}\,\frac{9\pi}{6}\right) = -2i$$

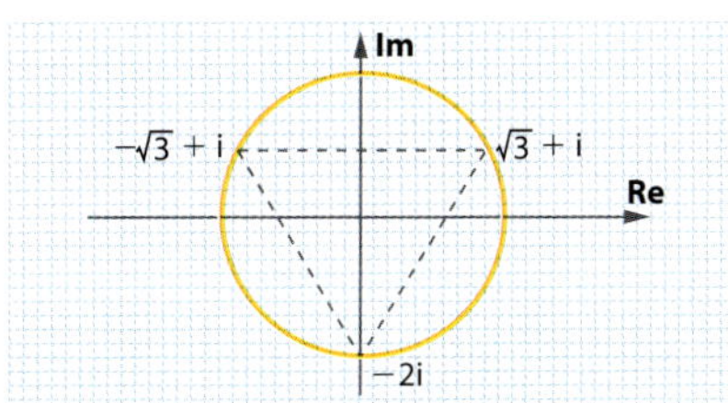

Logo, o conjunto solução da equação $2x^3 - 16i = 0$ é $S = \{\sqrt{3} + i, -\sqrt{3} + i, -2i\}$.

b) $x^6 + 26x^3 - 27 = 0$

Fazendo a mudança de variável $x^3 = y$, temos:

$y^2 + 26y - 27 = 0 \Rightarrow$

$$\Rightarrow y = \frac{-26 \pm \sqrt{26^2 - 4 \cdot 1(-27)}}{2} =$$

$$= \frac{-26 \pm \sqrt{784}}{2} = \frac{-26 \pm 28}{2} \Rightarrow$$

$\Rightarrow y' = 1$ e $y'' = -27$

Agora, precisamos resolver as equações binômias $x^3 = 1$ e $x^3 = -27$, ou seja, precisamos encontrar as raízes cúbicas de 1 e de -27.

- $x^3 = 1$

  $z = 1 \Rightarrow |z| = 1$

  $\theta = \arg(z) = 0$

  Portanto:

  $$\omega_k = \sqrt[n]{|z|}\left(\cos\frac{\theta + 2k\pi}{n} + i \cdot \text{sen}\,\frac{\theta + 2k\pi}{n}\right)$$

  $n = 3$, $k = 0$, $k = 1$, $k = 2$ e $\theta = 0$

  $\omega_0 = 1(\cos 0 + i \cdot \text{sen}\, 0) = 1$

  $$\omega_1 = 1\left(\cos\frac{2\pi}{3} + i \cdot \text{sen}\,\frac{2\pi}{3}\right) = -\frac{1}{2} + \frac{\sqrt{3}}{2}i$$

  $$\omega_2 = 1\left(\cos\frac{4\pi}{3} + i \cdot \text{sen}\,\frac{4\pi}{3}\right) = -\frac{1}{2} - \frac{\sqrt{3}}{2}i$$

- $x^3 = -27$

  $z = -27 \Rightarrow |z| = 27$

  $\theta = \arg(z) = \pi$

  $\sqrt[3]{27} = 3$

  $$\omega_0 = 3\left(\cos\frac{\pi}{3} + i \cdot \text{sen}\,\frac{\pi}{3}\right) = \frac{3}{2} + \frac{3}{2}\sqrt{3}i$$

  $\omega_1 = 3(\cos \pi + i \cdot \text{sen}\, \pi) = -3$

  $$\omega_2 = 3\left(\cos\frac{5\pi}{3} + i \cdot \text{sen}\,\frac{5\pi}{3}\right) = \frac{3}{2} - \frac{3}{2}\sqrt{3}i$$

Logo, o conjunto solução da equação $x^6 + 26x^3 - 27 = 0$ é:

$$S = \left\{1, -\frac{1}{2} + \frac{\sqrt{3}}{2}i, -\frac{1}{2} - \frac{\sqrt{3}}{2}i, \frac{3}{2} + \frac{3}{2}\sqrt{3}i, -3, \frac{3}{2} - \frac{3}{2}\sqrt{3}i\right\}.$$

Exercícios propostos

55. Resolva as equações em $\mathbb{C}$:

a) $x^3 - 8 = 0$

b) $x^2 - i = 0$

c) $x^4 + 1 = 0$

d) $x^4 - i = 0$

e) $x^6 + 729 = 0$

f) $2x^5 - 64 = 0$

g) $x^4 - (1 + i) = 0$

h) $x^2 + 4x + 5 = 0$

i) $x^4 - 10x^2 + 9 = 0$

j) $x^8 - 17x^4 + 16 = 0$

k) $x^2 - 2ix + 3 = 0$

l) $x^6 + 7x^3 - 8 = 0$

m) $x^6 - 26x^3 - 27 = 0$

56. Constate que $1 + i\sqrt{3}$ é uma das seis soluções da equação $x^6 + 9x^3 + 8 = 0$.

9 Outras aplicações dos números complexos

Exercícios resolvidos

34. *Aplicação à Geometria*

Uma aplicação importante da multiplicação de números complexos na forma trigonométrica é possibilitar a rotação de coordenadas no plano. No volume 2 desta coleção vimos algumas aplicações de matrizes à computação gráfica, sendo uma delas a rotação de pontos em relação à origem. Esse mesmo papel anteriormente exercido por uma matriz de rotação pode ser desempenhado pelos números complexos, pois na multiplicação de dois complexos na forma trigonométrica multiplicam-se os módulos e somam-se os argumentos. Portanto, se um ponto (a, b) deve ser rotacionado, em relação à origem, em α graus no sentido anti-horário, basta multiplicar o número complexo $a + bi$ pelo complexo $1(\cos \alpha + i \cdot \text{sen}\, \alpha)$.

De acordo com o texto acima:

a) Encontre as novas coordenadas do ponto **A**(3, 4) após uma rotação de 90° no sentido anti-horário em relação à origem.

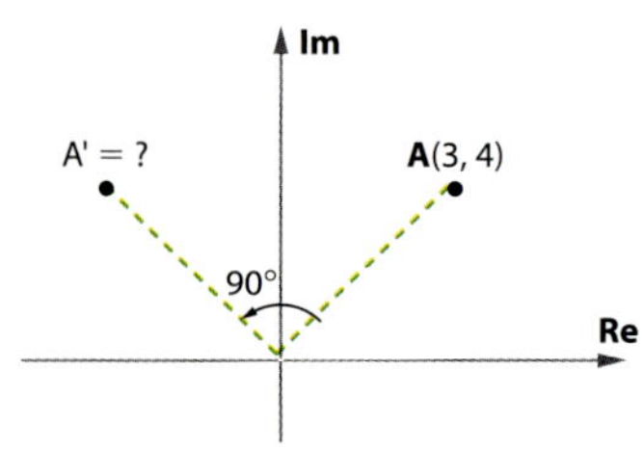

b) Encontre as novas coordenadas do segmento AB, com **A**(1, 1) e **B**(3, 4) após uma rotação de 90° no sentido anti-horário em relação ao ponto **A**.

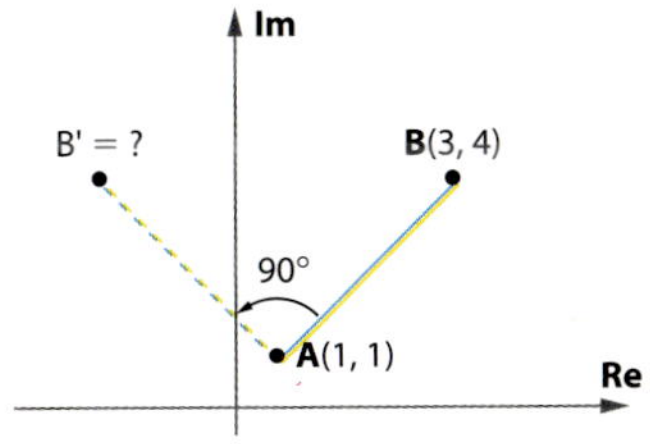

Resolução:

a) O ponto **A**(3, 4) representa geometricamente o complexo $z = 3 + 4i$. Para haver uma rotação de 90° no sentido anti-horário, precisamos multiplicar **z** por $1(\cos 90° + i \cdot \text{sen } 90°)$. Como $1(\cos 90° + i \cdot \text{sen } 90°) = i$, então basta multiplicar **z** por **i**.
$(3 + 4i) \cdot i = -4 + 3i = (-4, 3)$
Então, as novas coordenadas do ponto **A** são -4 e 3, ou seja, **A'**$(-4, 3)$.

b) O ponto **A**(1, 1) e o ponto **B**(3, 4) representam geometricamente os complexos $w = 1 + i$ e $z = 3 + 4i$. Como a rotação é em torno do ponto **A**, devemos rotacionar apenas o número complexo **t** que equivale à diferença $z - w$ (no caso, $t = z - w = 2 + 3i$) e depois somá-lo novamente com **w**. Assim, como visto no item **a**, para haver uma rotação de 90° no sentido anti-horário precisamos multiplicar por **i** e depois somar $t + w$, pois a rotação é em torno de **w**:
$t' = (2 + 3i) \cdot i = -3 + 2i$
$t' + w = -3 + 2i + 1 + i = -2 + 3i$
Assim, as novas coordenadas do ponto **B** são -2 e 3, ou seja, o ponto **A**(1, 1) se mantém após a rotação e **B'**$(-2, 3)$.

35. Encontre as novas coordenadas do segmento AB, com **A**$(-1, 0)$ e **B**$(5, -4)$, após uma rotação de 60° no sentido anti-horário em relação ao ponto **A**.

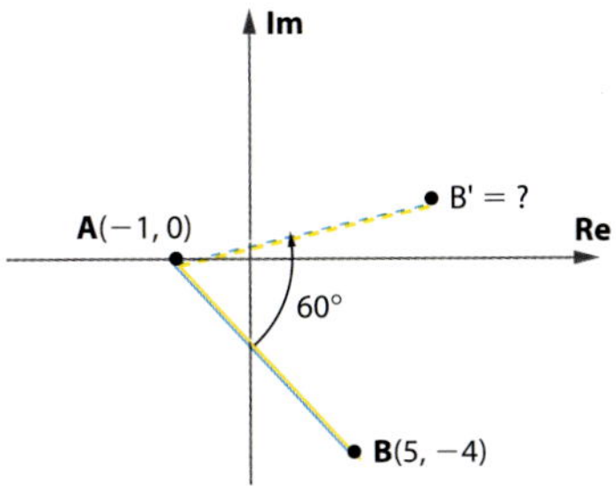

Resolução:

O complexo responsável pela rotação pedida é

$$1(\cos 60° + i \cdot \text{sen } 60°) = \frac{1}{2} + \frac{\sqrt{3}}{2}i.$$

A$(-1, 0) = w = -1$
B$(5, -4) = z = 5 - 4i$
O complexo **t** que representa AB é
$(5 - 4i) - (-1) = 6 - 4i$.

Efetuando a rotação de **t**, temos:

$$t' = (6 - 4i)\left(\frac{1}{2} + \frac{\sqrt{3}}{2}i\right) = 3 + 3\sqrt{3}i - 2i + 2\sqrt{3} =$$
$$= \left(2\sqrt{3} + 3\right) + \left(3\sqrt{3} - 2\right)i$$

Então: $w + t' = -1 + \left(2\sqrt{3} + 3\right) + \left(3\sqrt{3} - 2\right)i =$
$= \left(2\sqrt{3} + 2\right) + \left(3\sqrt{3} - 2\right)i$, ou seja,
B'$\left(2\sqrt{3} + 2, 3\sqrt{3} - 2\right)$. O ponto **A** se mantém **A**$(-1, 0)$, após a rotação.

36. *Aplicação à Engenharia elétrica*

Em circuitos de corrente alternada, por exemplo, as instalações elétricas residenciais, as grandezas elétricas são analisadas com o auxílio dos números complexos, o que facilita muito os cálculos. A relação $U = Ri$, estudada na Física do ensino médio e que se utiliza dos números reais, torna-se $U = Zi$, em que **U** é a tensão, **Z** é a impedância e **i** é a corrente elétrica, e essas grandezas passam a ser representadas através de números complexos. Para que não haja confusão entre **i**, símbolo da corrente elétrica, e **i**, unidade imaginária, os engenheiros elétricos usam **j** como unidade imaginária na representação algébrica **a + bj**. Além disso, usam a notação $|w| \angle \theta$ para a forma trigonométrica $|w|(\cos \theta + i \cdot \text{sen } \theta)$ do número complexo **w**.
Baseado no texto acima resolva o problema a seguir:
Uma fonte de tensão, de valor eficaz $220 \angle 0°$, alimenta uma carga de impedância $Z = (10 + 10j)$ ohm. Obtenha a corrente fornecida pela fonte.

Resolução:

$$U = Zi \Rightarrow i = \frac{U}{Z}$$

Para efetuar essa divisão, é preferível ter **U** e **Z** na forma trigonométrica.
Já temos $U = 220 \angle 0° = 220(\cos 0° + i \cdot \text{sen } 0°)$, e agora precisamos obter a forma trigonométrica de **Z**:

$$Z = 10 + 10j \Rightarrow |Z| = \sqrt{10^2 + 10^2} = 10\sqrt{2}$$

$$\left.\begin{array}{l} \cos \theta = \dfrac{10}{10\sqrt{2}} = \dfrac{\sqrt{2}}{2} \\ \text{sen } \theta = \dfrac{10}{10\sqrt{2}} = \dfrac{\sqrt{2}}{2} \end{array}\right\} \Rightarrow \theta = 45°$$

Então:
$10 + 10j = 10\sqrt{2}(\cos 45° + i \cdot \text{sen } 45°) = 10\sqrt{2} \angle 45°$
Assim, a corrente fornecida pela fonte é dada por:

$$i = \frac{U}{Z} = \frac{220}{10\sqrt{2}}[\cos(0° - 45°) + i \cdot \text{sen}(0° - 45°)] =$$
$$= 11\sqrt{2}[\cos(-45°) + i \cdot \text{sen}(-45°)] =$$
$$= 11\sqrt{2}\left(\frac{\sqrt{2}}{2} - \frac{\sqrt{2}}{2}j\right) = 11 - 11j$$

(ou $11\sqrt{2} \angle -45°$)

Exercícios propostos

57. Qual número complexo, na forma algébrica, deve ser usado para se conseguir uma rotação de:

a) 45° anti-horário;
b) 180° anti-horário;
c) 90° horário.

58. Considerando as informações do *exercício resolvido 36*, resolva o problema:

Uma fonte de tensão, de valor eficaz $110 \angle 0°$, fornece uma corrente de $i = 11 \angle 60°$ para alimentar uma carga. Qual é a impedância **Z** dessa carga?

59. Dado $\overline{AB}$, lado de um triângulo equilátero ABC, com **A**(2, 1) e **B**(6, 3), obtenha o vértice **C** sabendo que ele pertence ao 1º quadrante.

60. Uma fonte de tensão, de valor eficaz **U**, fornece uma corrente de $i = 11 \angle 30°$ para alimentar uma carga de impedância $Z = 20 \angle 15°$. Qual o valor eficaz dessa fonte de tensão, na forma algébrica?

Portal Pedagógico

Acesse o *Portal Pedagógico* (veja instruções na seção "Conheça seu livro", página 5) e amplie o estudo deste capítulo. Selecione o capítulo 5 e você encontrará *Atividades adicionais* (Atividades para imprimir).

Desafios

1. Calcule o valor de $\sum_{n=0}^{1002} i^n$.

2. Considere um número complexo **z** com módulo 5 e que o módulo da soma desse número com o seu conjugado seja 8. Sabendo que o afixo de **z** pertence ao 4º quadrante, qual é o valor de **z**?

3. Identifique geometricamente o conjunto dos complexos $z = t + it^2$, quando o número real **t** varia de 0 a 1.

4. Determine o lugar geométrico dos números complexos $z = (t + 1) + it$, quando **t** varia nos reais.

PENSANDO NO ENEM

1. Seja **k** um número positivo e **O** a origem do sistema de coordenadas. A inversão de centro **O** e potência $\mathbf{k^2}$ é uma transformação do plano nele mesmo, que a cada ponto **P** associa um ponto **P'** tal que **P'** e **P** estão na mesma semirreta de origem **O** e $OP \cdot OP' = k^2$.

A função $f(z) = \dfrac{k^2}{\bar{z}}$ transforma cada complexo **z** em seu inverso, com centro de inversão **O** (origem) e potência $\mathbf{k^2}$. A figura abaixo mostra um golfinho e seu inverso, onde a inversão tem centro na origem **O** e potência 1.

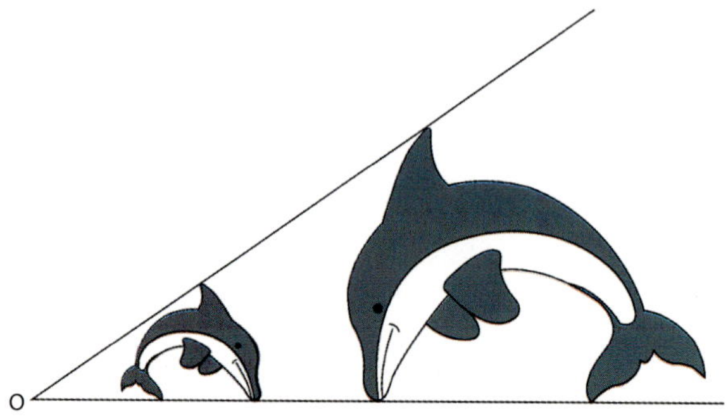

Sabendo que o olho do golfinho maior está representado no plano pelo número complexo $z = 3 + 4i$, podemos afirmar que o olho do golfinho menor está representado pelo número complexo:

a) $4 + 3i$.
b) $4 - 3i$.
c) $\dfrac{1}{3} + \dfrac{1}{4}i$.
d) $\dfrac{3}{25} + \dfrac{4}{25}i$.
e) $\dfrac{4}{25} - \dfrac{3}{25}i$.

2. Na Física, para facilitar determinados cálculos, é comum estudar o centro de massa de um sistema considerando-o plano, no plano de Argand-Gauss. Sendo assim, o centro de massa de um conjunto de pontos materiais de massas $\mathbf{m_1}$, $\mathbf{m_2}$ e $\mathbf{m_3}$ localizados, respectivamente, nos afixos dos números complexos $\mathbf{z_1}$, $\mathbf{z_2}$ e $\mathbf{z_3}$ é dado pelo afixo do número complexo

$$z = \frac{m_1 \cdot z_1 + m_2 \cdot z_2 + m_3 \cdot z_3}{m_1 + m_2 + m_3}.$$

Com base no exposto e considerando três pontos materiais de massas 1 kg, 3 kg e 4 kg, localizados no plano de Argand-Gauss, nos afixos dos números complexos $z_1 = 1 + i$, $z_2 = 5 + i$ e $z_3 = 4 + 3i$, respectivamente, pode-se inferir que o centro de massa desse sistema é o afixo do número complexo:

a) $2 + 4i$.
b) $4 + 2i$.
c) $5 + 3i$.
d) $32 + 16i$.
e) $16 + 32i$.

QUESTÕES DE VESTIBULAR

1. (Fuvest-SP) Determine os números complexos **z** tal que $z + \bar{z} = 4$ e $z\bar{z} = 13$, em que $\bar{\mathbf{z}}$ é conjugado de **z**.

2. (UEL-PR) Seja **z** um número complexo de módulo 2 e argumento principal 120°. O conjunto de **z** é:

a) $2 - 2i\sqrt{3}$.
b) $2 + 2i\sqrt{3}$.
c) $-1 - i\sqrt{3}$.
d) $-1 + i\sqrt{3}$.
e) $1 + i\sqrt{3}$.

3. (UFMA) Considere o seguinte gráfico que representa o número complexo **z**.

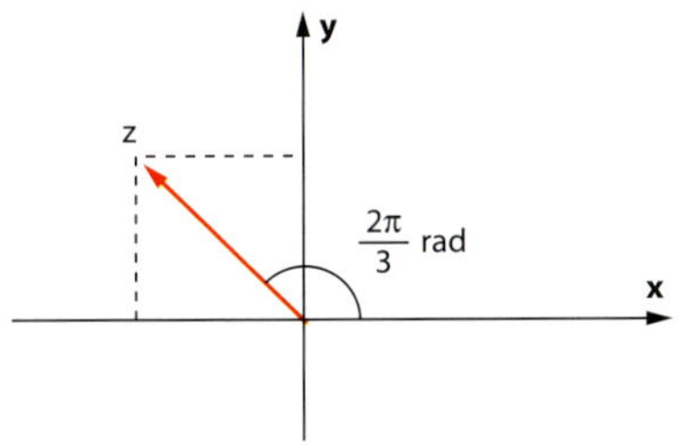

Se $|z| = \sqrt{2}$, assinale a única alternativa correta.

a) $z = -\frac{\sqrt{2}}{2} + \frac{\sqrt{3}}{2}i$
b) $z = -\frac{\sqrt{2}}{2} + \frac{\sqrt{6}}{2}i$
c) $z = -\frac{1}{2} + \frac{\sqrt{3}}{2}i$
d) $z = -\frac{\sqrt{6}}{2} + \frac{\sqrt{2}}{2}i$
e) $z = -\frac{\sqrt{3}}{2} + \frac{1}{2}i$

4. (UFG-GO) O número complexo $z = x + yi$ pode ser representado no plano, como abaixo. Considere $r = \sqrt{x^2 + y^2}$ o módulo de **z**. O número complexo **z** pode ser escrito como:

a) $z = r(\cos\alpha + i\text{sen}\,\alpha)$.
b) $z = r(\cos\alpha - i\text{sen}\,\alpha)$.
c) $z = r(\text{sen}\,\theta + i\cos\theta)$.
d) $z = r(\text{sen}\,\alpha - i\cos\alpha)$.
e) $z = r(\cos\theta + i\text{sen}\,\theta)$.

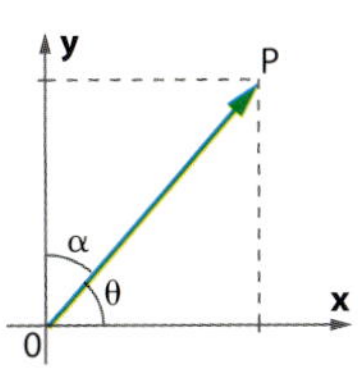

5. (UFPI) Considere o número complexo $z = i$. Pode-se afirmar que o valor da soma $z^0 + z^1 + z^2 + ... + z^{2008}$ é:

a) -1.
b) 0.
c) 1.
d) i.
e) $-i$.

6. (Uece) No plano complexo o número $z = 2 - 3i$ é o centro de um quadrado e $w = 5 - 5i$ é um de seus vértices. O vértice do quadrado não consecutivo a **w** é o número complexo:

a) $2 - 2i$.
b) $1 - i$.
c) $-1 - i$.
d) $-2 - 2i$.

7. (Ufal) Seja $f: \mathbb{C} \to \mathbb{C}$, com $\mathbb{C}$ denotando o conjunto dos números complexos, a função dada por $f(z) = iz$, com **i** sendo a unidade imaginária e $z \in \mathbb{C}$. No gráfico a seguir, estão representados os complexos **z** e **iz**. Considerando estas informações, assinale a alternativa incorreta.

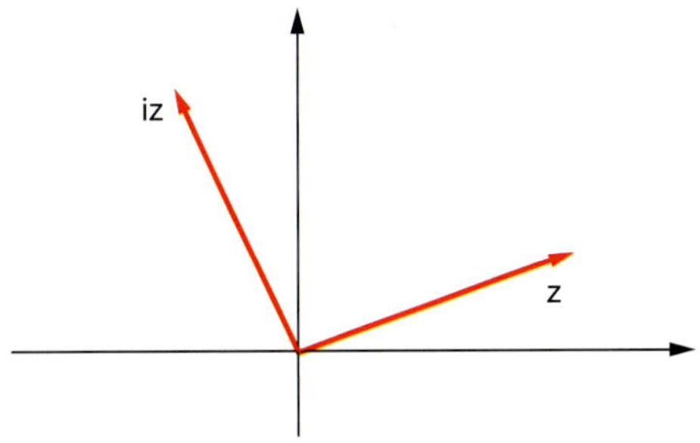

a) $f(a + bi) = -b + ai$, para quaisquer reais de **a** e **b**.
b) Para $z \neq 0$, os afixos de **z**, f(z) e zero são vértices de um triângulo retângulo isósceles.
c) $f(z) = z$ se, e somente se, $z = 0$.
d) $f(f(f(i))) = -1$.
e) $f(f(z)) = -z$, para todo $z \in \mathbb{C}$.

8. (Vunesp) Considere o número complexo $u = \frac{\sqrt{3}}{2} + \frac{1}{2}i$, em que $i = \sqrt{-1}$. Encontre o número complexo **v** cujo módulo é igual a 2 e cujo argumento principal é o triplo do argumento principal de **u**.

9. (UEL-PR) O número complexo **z** que verifica a equação $iz - 2\bar{z} + (1 + i) = 0$ é:

a) $z = 1 + i$.
b) $z = \frac{1}{3} - i$.
c) $z = \frac{1-i}{3}$.
d) $z = 1 + \frac{i}{3}$.
e) $z = 1 - i$.

10. (UFCE) O valor do número complexo $\left(\frac{1 + i^9}{1 + i^{27}}\right)^{20}$ é:

a) 1. b) i. c) $-i$. d) -1. e) 2^{20}.

11. (ITA-SP) Considere, no plano cartesiano, um polígono regular cujos vértices são as soluções da equação $z^6 = 1$. A área desse polígono, em unidades de área, é igual a:

a) $\sqrt{3}$. b) 5. c) π. d) $\frac{3\sqrt{3}}{2}$. e) 2π.

12. (UFRGS-RS) O ângulo formado pelas representações geométricas dos números complexos $z = \sqrt{3} + i$ e $\mathbf{z^4}$ é:

a) $\frac{\pi}{6}$. b) $\frac{\pi}{4}$. c) $\frac{\pi}{3}$. d) $\frac{\pi}{2}$. e) π.

13. (UFRJ) No jogo *Batalha Complexa* são dados números complexos **z** e **w**, chamados mira e alvo respectivamente. O tiro certeiro de **z** em **w** é o número complexo **t** tal que $tz = w$.

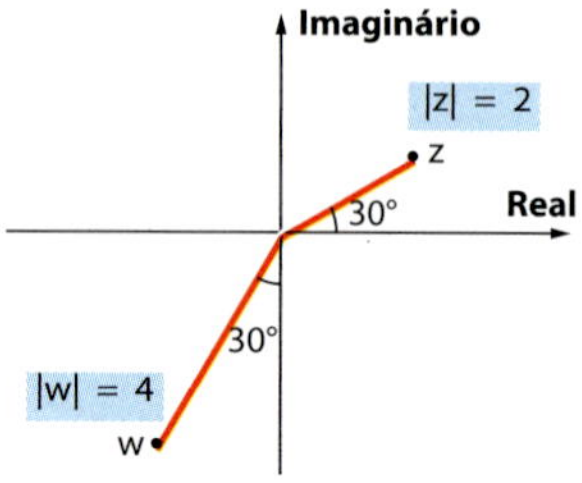

Considere a mira **z** e o alvo **w** indicados na figura acima. Determine o tiro certeiro de **z** em **w**.

14. (Ufac) Considere **x** um número real. Dados os números complexos $w_1 = (x - 7)i$ e $w_2 = -2 + (x + 7)i$, o único caso em que ocorre a igualdade $|w_1| = |w_2|$ é quando:

a) $x = \frac{2\sqrt{3}}{3}$.

b) $x = 0$.

c) $x = \frac{1}{7}$.

d) $x = -\frac{1}{7}$.

e) $x = -\frac{\sqrt{2}}{2}$.

15. (Ufam) Na figura a seguir os números complexos z_1, z_2, z_3, z_4, z_5 e z_6 estão representados pelos vértices de um hexaedro regular. Podemos afirmar que $\frac{z_2 \cdot z_3}{z_5 \cdot z_6}$ é:

a) 1.
b) −1.
c) 2.
d) −2
e) 3.

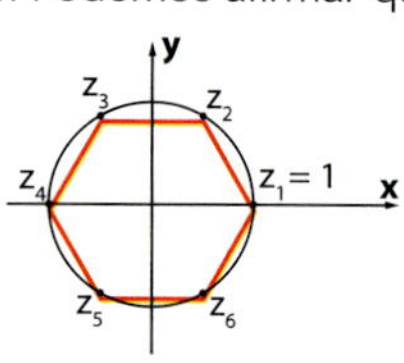

16. (Vunesp) Se **a**, **b**, **c** são números inteiros positivos tais que $c = (a + bi)^2 - 14i$, em que $i^2 = -1$, o valor de **c** é:

a) 48.
b) 36.
c) 24.
d) 14.
e) 7.

17. (FGV-SP) Admita que o centro do plano complexo Argand-Gauss coincida com o centro de um relógio de ponteiros, como indica a figura. Se o ponteiro dos minutos tem 2 unidades de comprimento, às 11h55 sua ponta estará sobre o número complexo:

a) $-1 + \sqrt{3}\,i$.
b) $1 + \sqrt{3}\,i$.
c) $1 - \sqrt{3}\,i$.
d) $\sqrt{3} - i$.
e) $\sqrt{3} + i$.

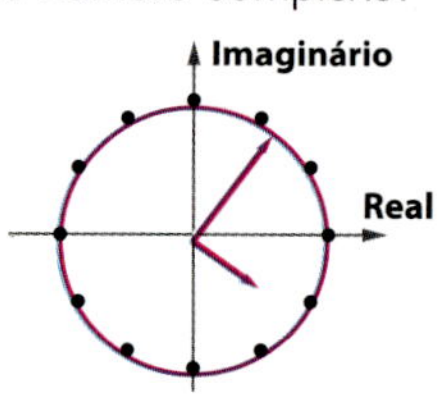

18. (Unifesp) No plano de Argand-Gauss (figura), o ponto **A** é chamado afixo do número complexo $z = x + yi$, cujo módulo (indicado por $|z|$) é a medida do segmento $\overline{OA}$, no sentido anti-horário, a partir do eixo Re (z). O número complexo $z = i$ é chamado "unidade imaginária".

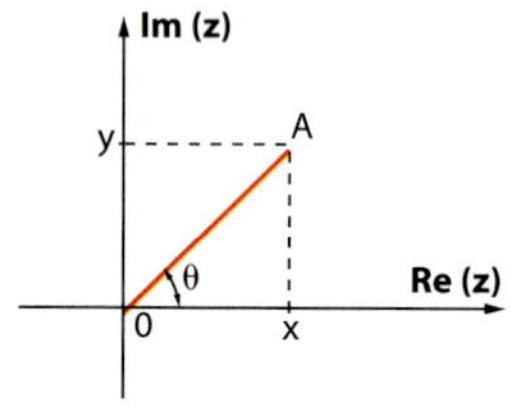

a) Determine os números reais **x** tal que $z = (x + 2i)^4$ seja um número real.

b) Se uma das raízes quartas de um número complexo **z** é o complexo z_0 cujo afixo é o ponto (0, a), $a > 0$, determine $|z|$.

19. (ITA-SP) Se $a = \cos\frac{\pi}{5}$ e $b = \text{sen}\,\frac{\pi}{5}$, então o número complexo $\left(\cos\frac{\pi}{5} + i \cdot \text{sen}\,\frac{\pi}{5}\right)^{54}$ é igual a:

a) $a + bi$.
b) $-a + bi$.
c) $(1 - 2a^2b^2) + ab(1 + b^2)i$.
d) $a - bi$.
e) $1 - 4a^2b^2 + 2ab(1 - b^2)i$.

20. (UFPI) Se $\bar{z} = x - yi$ é o conjugado complexo $z = x + yi$, então a equação $z\bar{z} + z + \bar{z} = 0$ representa:

a) uma reta paralela ao eixo imaginário.
b) uma circunferência com centro na origem.
c) a semirreta bissetriz do primeiro quadrante.
d) um segmento de reta de comprimento quatro.
e) uma circunferência com centro no ponto (−1, 0).

21. (UFSE) Para analisar as sentenças dadas, considere os números complexos $u = \cos\frac{3\pi}{4} + i \cdot \text{sen}\,\frac{3\pi}{4}$, $v = 1 + i$ e $w = (1 - i)^n$, em que **n** é um número natural.

0-0) Se **n** é um número par, então **w** é um número imaginário puro.

1-1) O conjugado de u^{11} é igual a $\frac{\sqrt{2}}{2} - i \cdot \frac{\sqrt{2}}{2}$.

2-2) No plano de Argand-Gauss, o ponto imagem de v^3 pertence ao terceiro quadrante.

3-3) Se **x** e **y** são números reais tal que $x \cdot u^2 + y \cdot v = 2 - 3 \cdot i$, então $x + y = 7$.

4-4) Os argumentos principais das raízes cúbicas de **v** constituem uma progressão aritmética de razão $\frac{2\pi}{3}$.

Leitura

Um pouco de História*

Apesar de encontrarmos menções a uma raiz quadrada de número negativo em autores da Antiguidade, como por exemplo a expressão $\sqrt{81-144}$, que aparece em uma obra de Heron de Alexandria (século I), ou $\sqrt{1849-2016}$ que aparece na tentativa de Diofanto (século III) de resolver a equação $336x^2 + 24 = 172x$, foi apenas no século XVI, com os matemáticos italianos, que tais raízes começaram a aparecer sistematicamente.

Em 1539, Girolamo Cardano (1501-1576) convenceu Niccolò Fontana Tartaglia (1499-1557) a revelar seu método de resolver equações cúbicas, sob o juramento de que não o publicaria antes que Tartaglia o fizesse. Ao começar a estudar a fórmula de Tartaglia, Cardano se deparou com raízes de números negativos. Escreveu para Tartaglia, relatando suas dificuldades com tais raízes, mas Tartaglia, arrependido de ter revelado sua fórmula, recusou-se a ajudá-lo. Provavelmente Tartaglia não havia entendido que os números complexos estavam surgindo na Matemática.

Em 1543, Cardano descobriu, ao tomar conhecimento do trabalho de Scipione del Ferro (1465-1526), que Tartaglia não havia sido o único a descobrir a fórmula para resolver as equações cúbicas. Na óptica de Cardano, isso o desobrigava de seu juramento. Ele havia jurado não revelar a fórmula de Tartaglia, mas não a de Del Ferro. Assim, publicou em 1545 sua obra *Ars Magna*, na qual revelava a solução de equações cúbicas e quárticas, além de todo o seu trabalho produzido após seu conhecimento da fórmula de Tartaglia. Cardano e Del Ferro foram creditados pela descoberta, e Tartaglia ficou furioso (hoje em dia, porém, a fórmula que resolve as equações cúbicas é chamada em muitos países de fórmula de Cardano-Tartaglia).

A importância do trabalho de Cardano foi apresentar raízes de números negativos nas aplicações da fórmula para resolver equações cúbicas (os chamados casos irredutíveis). Cardano não havia entendido exatamente o seu próprio trabalho com essas raízes e, durante muitas décadas, todos os que trabalharam com raízes quadradas de números negativos não o fizeram com fé.

Rafael Bombelli (1526-1572) estudou profundamente o trabalho de Cardano, principalmente os casos irredutíveis das equações cúbicas, que levavam a raízes de números negativos. Foi o primeiro matemático a definir as regras de adição e multiplicação para raízes de números negativos, escrevendo que $\sqrt{-n} \cdot \sqrt{-n} = -n$. Com suas regras, a fórmula de Cardano-Tartaglia funcionava perfeitamente em qualquer caso, o que o deixava seguro de seus resultados. Foi o primeiro a dar alguma importância aos números complexos.

Cardano não trabalhava com a notação $\sqrt{-15}$, nem Bombelli com $\sqrt{-n}$. Ao longo dos anos, cada matemático que tratava a questão o fazia de um modo diferente. Coube ao suíço Leonhard Euler (1707-1783), num trabalho de 1777, mas só publicado em 1794, definir $\sqrt{-1}$ como sendo **i**, de forma que $i^2 = -1$ (como ele mesmo escreveu). Essa mesma notação foi depois usada pelo alemão Carl Friedrich Gauss (1777-1855) em 1801, e, dada a sua autoridade, essa notação acabou tornando-se padrão.

Em 1749, Euler (que já havia usado **i** para uma quantidade imaginária, mas sem definir seu significado, e até então só trabalhava com $\sqrt{-1}$) mostrou que, se $a + b\sqrt{-1}$ for raiz de uma equação, $a - b\sqrt{-1}$ também será. Mesmo assim, como a maioria até então, Euler ainda era reticente ao trabalhar com os números complexos.

A grande obra a favor dos números complexos apareceu em 1831, na qual Gauss inventou a expressão "números complexos". Nesse trabalho, ele apresentou uma detalhada explicação de como os números complexos poderiam ser desenvolvidos segundo uma teoria exata, apoiada na representação desses números no plano cartesiano. Gauss já visualizava os números complexos dessa forma desde 1811. Antes dele, matemáticos como o suíço Jean Robert Argand (1768-1822) e o norueguês Caspar Wessel (1745-1818) já haviam escrito sobre a representação geométrica dos complexos no plano, porém a pouca representatividade desses matemáticos fez com que seus trabalhos não alcançassem a notoriedade merecida na época.

Finalmente, em 1837, Sir William Rowan Hamilton (1805-1865) galgou o último degrau dessas descobertas reconhecendo os números complexos como um par ordenado de números reais (a, b) e reescrevendo as definições geométricas de Gauss na forma algébrica.

* Baseado em Morgado, Augusto César et alii. *Trigonometria e números complexos*. Rio de Janeiro: SBM, 1992. (Coleção do Professor de Matemática.); Davis, Harold T. *Tópicos de história da Matemática para uso em sala de aula*. São Paulo: Atual, 1992; <http://www-history.mcs.st-and.ac.uk/history/BiogIndex.html>; <http://www.und.edu/instruct/lgeller/complex.html>. Acesso em: 12 jul. 2011.

Capítulo 6 Polinômios e equações algébricas

A MATEMÁTICA NA PRÁTICA

➲ Além do uso que se faz das equações algébricas na resolução de problemas de uma infinidade de situações do cotidiano, o estudo dessas equações propiciou o surgimento de áreas bastante avançadas do cálculo algébrico, destacando-se a Análise matemática, ferramenta essencial para grandes avanços na pesquisa científica.

Registros em antigos papiros egípcios já apresentavam problemas com quantidades desconhecidas e alguns métodos numéricos de resolução. Por volta do ano 825, o matemático árabe al-Khowarizmi propôs uma organização dos termos para chegar à solução de uma equação, inaugurando a "ciência das equações".

DESAFIO

➲ A medida do comprimento de uma sala é 2 m maior do que a medida da largura.

a) Expresse a área dessa sala em função da largura, indicando-a como $A(x)$.

b) Calcule a área para uma largura de 4 m.

c) Sendo a área 35 m², quais as dimensões da sala?

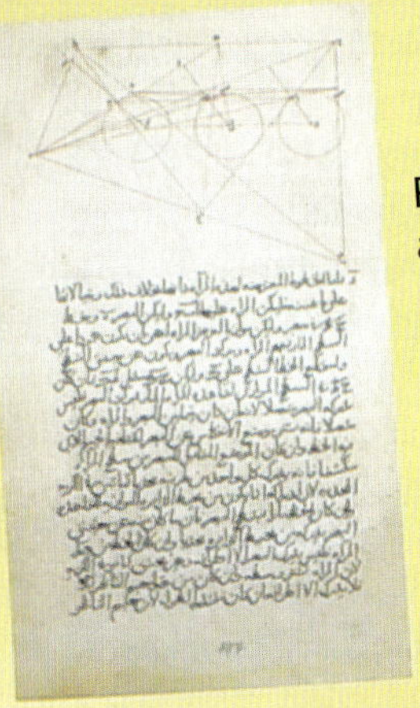

WIKIMEDIA COMMONS/ARQUIVO DA EDITORA

Página da obra de al-Khowarizmi, escrita por volta do ano 825.

BRITISH MUSEUM/LATINSTOCK

Fragmento do *Papiro de Rhind* ou *Papiro de Ahmes*, documento egípcio de cerca de 1650 a.C. com 85 problemas resolvidos, alguns deles por tentativas, atribuindo-se valores falsos para a incógnita, que hoje designamos por **x**, até se obter o valor correto.

WIKIMEDIA COMMONS/ARQUIVO DA EDITORA

Muitos matemáticos contribuíram para o avanço da Álgebra, termo que vem do título do livro *Hisab al-jabr-mugabalah*, escrito por al-Khowarizmi.

Mohammed ibn-Musa al-Khowarizmi (c.780-c. 850).

PAULO MANZI/ARQUIVO DA EDITORA

UM POUCO DE HISTÓRIA

Ao longo de 3 mil anos, diversos estudiosos desenvolveram gradualmente símbolos para representar as EQUAÇÕES ALGÉBRICAS. De retórica ou verbal, a representação tornou-se totalmente simbólica a partir do século XVI.

Vários problemas envolvendo equações de segundo grau aparecem em uma obra intitulada *Lilavati*, escrita pelo matemático hindu Bhaskara (c. 1114-c. 1185), porém nas resoluções não se usa a fórmula atual, desenvolvida somente quatro séculos depois.

No século XVI, matemáticos introduziram símbolos para representar operações e incógnitas, facilitando ao matemático francês François Viète (1540-1603) o desenvolvimento da fórmula geral para a resolução de equações até o 4º grau.

SHEILA TERRY/SCIENCE PHOTO LIBRARY/LATINSTOCK

O matemático italiano Paolo Ruffini (1765-1822) confirmou que não existia fórmula para a resolução de equações de grau superior a 4...

WIKIMEDIA COMMONS/ARQUIVO DA EDITORA

... mas isso somente seria demonstrado definitivamente pelo matemático norueguês Niels Henrik Abel (1802-1829).

BETTMANN/CORBIS/LATINSTOCK

1 Introdução

Na resolução de problemas, é muito comum ocorrerem situações em que a leitura e a compreensão do enunciado nos levam a formular expressões que depois permitem a resolução do problema por meio de uma equação oriunda das expressões obtidas. Imagine, por exemplo, que, em determinados problemas, os enunciados nos levem às seguintes figuras e suas dimensões:

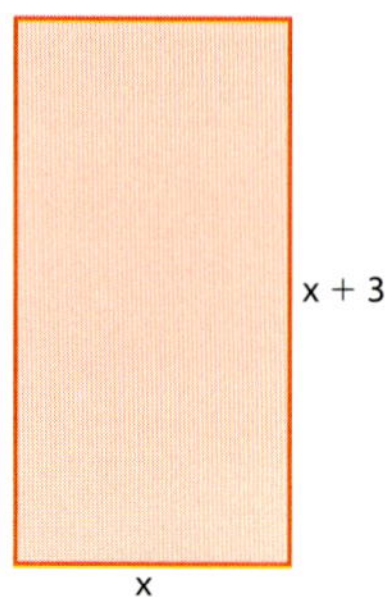

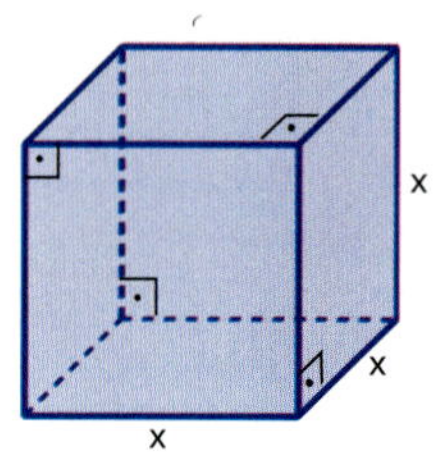

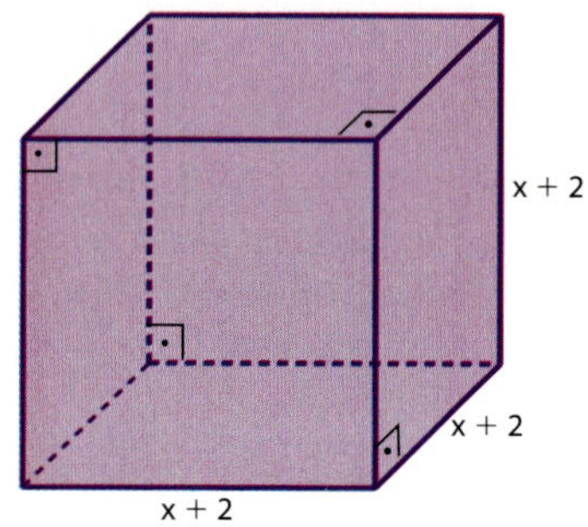

A primeira figura é uma região retangular de dimensões **x** e **x + 3**, cujo perímetro é indicado pela expressão:

$$2x + 2(x + 3) \text{ ou } 4x + 6$$

e cuja área é indicada por:

$$x(x + 3) \text{ ou } x^2 + 3x$$

A segunda figura é um cubo com arestas de medida **x**, cuja área total é indicada por:

$$6x^2$$

e cujo volume é expresso por:

$$x^3$$

A terceira figura é outro cubo, com arestas **x + 2**, cuja área total é:

$$6(x + 2)^2 \text{ ou } 6(x^2 + 4x + 4) \text{ ou } 6x^2 + 24x + 24$$

e cujo volume é expresso por:

$$(x + 2)^3 \text{ ou } x^3 + 6x^2 + 12x + 8$$

Todas essas expressões são chamadas *expressões polinomiais* ou *polinômios*. Iniciamos o estudo desse assunto no ensino fundamental e iremos aprofundá-lo neste capítulo.

2 Definição

Chamamos expressão polinomial ou polinômio na variável complexa **x** toda expressão da forma:

$$a_nx^n + a_{n-1}x^{n-1} + a_{n-2}x^{n-2} + \ldots + a_2x^2 + a_1x + a_0$$

em que:

- $a_n, a_{n-1}, a_{n-2}, \ldots, a_2, a_1, a_0$ são números complexos denominados coeficientes;
- **n** é um número inteiro positivo ou nulo;
- o maior expoente de **x**, com coeficiente não nulo, é o grau da expressão.

Veja, por exemplo, as expressões polinomiais:

1ª) $4x + 6$: expressão polinomial do 1º grau (grau 1).

2ª) $x^2 + 3x$: expressão polinomial do 2º grau (grau 2).

3ª) x^3: expressão polinomial do 3º grau (grau 3).

4ª) $6x^2 + (1 - i)x + 5$: expressão polinomial do 2º grau (grau 2).

Para refletir

Que nome se dá às expressões seguintes?

a) $6x^5$

b) $x^4 + 6x^2 + 6x + 8$

Pela definição não são expressões polinomiais:

- $x^{-2} + 3x^{-1} + 1$, pois o expoente da variável **x** não pode ser negativo.
- $x^3 + \frac{1}{x^2} + \frac{1}{x}$, pois a variável **x** não pode aparecer em denominador.
- $x^{\frac{2}{3}} + 5x^{\frac{1}{2}} + 6$, pois o expoente da variável **x** não pode ser fracionário.
- $\sqrt[3]{x} + 6\sqrt{x} + 2$, pois a variável **x** não pode aparecer sob radical.

3 Função polinomial

As funções complexas f: $\mathbb{C} \to \mathbb{C}$ definidas por expressões polinomiais são denominadas *funções polinomiais*. Assim:

- $f(x) = 2x - 1$ é uma função polinomial de grau 1.
- $g(x) = 3x^2 - 2x - 1$ é uma função polinomial de grau 2
- $h(x) = x^3 - 6x^2 + x - 1$ é uma função polinomial de grau 3.
- $p(x) = x^4 - ix^2$ é uma função polinomial de grau 4.

Então, toda função definida por:

$$f(x) = a_nx^n + a_{n-1}x^{n-1} + ... + a_2x^2 + a_1x + a_0$$

para todo **x** complexo, é denominada função polinomial de grau **n**, em que **n** é um número inteiro positivo ou nulo e $\mathbf{a_n}$ é diferente de 0.

Se o grau de uma função polinomial for 0, então a função é definida por $f(x) = a_0$, com $a_0 \neq 0$.

Exemplos:

1º) $f(x) = 5$

2º) $p(x) = -2$

Polinômio

A cada função polinomial associa-se um único polinômio (ou expressão polinomial) e vice-versa, de forma que não há confusão em nos referirmos indistintamente às funções polinomiais ou aos polinômios.

Exemplos:

1º) $p(x) = 5$ é um polinômio de grau 0 ou polinômio constante.

2º) $p(x) = 2x + 1$ é um polinômio do 1º grau.

3º) $p(x) = x^2 - 5x + 6$ é um polinômio do 2º grau.

Polinômio identicamente nulo

Define-se o polinômio identicamente nulo (Pin) como o polinômio cujos coeficientes são todos nulos. Assim,
$p(x) = a_nx^n + a_{n-1}x^{n-1} + ... + a_1x + a_0$ é polinômio nulo se, e somente se, $a_n = a_{n-1} = ... = a_1 = a_0 = 0$.

Fique atento

Como o Pin não tem coeficiente não nulo, não se define grau para ele.

Exercícios resolvidos

1. Dado o polinômio

$p(x) = (m^2 - 1)x^3 + (m + 1)x^2 - x + 4$, com $m \in \mathbb{R}$, discuta o seu grau.

Resolução:

Fazendo os coeficientes de $\mathbf{x^3}$ e $\mathbf{x^2}$ iguais a 0, temos:

$m^2 - 1 = 0 \Rightarrow m^2 = 1 \Rightarrow m = \pm 1$

$m + 1 = 0 \Rightarrow m = -1$

Analisando, vem:

- se $m \neq 1$ e $m \neq -1$, o polinômio será do 3º grau.
- se $m = 1$, o polinômio será do 2º grau.
- se $m = -1$, o polinômio será do 1º grau.

2. Calcule os valores de **a**, **b** e **c** para os quais o polinômio $p(x) = (a + b)x^2 + (a - b - 4)x + (b + 2c - 6)$ seja nulo.

Resolução:

$$\text{Se } p(x) = 0 \Rightarrow \begin{cases} a + b = 0 & \text{(I)} \\ a - b - 4 = 0 & \text{(II)} \\ b + 2c - 6 = 0 & \text{(III)} \end{cases}$$

Reunindo (I) e (II), temos:

$$\begin{cases} a + b = 0 \\ a - b = 4 \end{cases}$$

Resolvendo o sistema, obtemos $a = 2$ e $b = -2$.
Substituindo **b** em (III), vem:
$b + 2c - 6 = 0 \Rightarrow -2 + 2c - 6 = 0 \Rightarrow 2c = 8 \Rightarrow$
$\Rightarrow c = 4$
Logo, $a = 2$, $b = -2$ e $c = 4$.

Exercícios propostos

1. Verifique se são polinômios:

a) $p(x) = 2x^3 + x + 4$
b) $s(x) = \sqrt{x^3} + 2\sqrt{x} - 1$
c) $r(x) = x^{-2} + 3x^{-1} + 4$
d) $q(x) = x^3 - x^2 + 2x - 2$
e) $h(x) = x^5 - 1$
f) $q(x) = 4x^5 - 1$
g) $p(x) = 2$
h) $g(x) = \frac{1}{x^2} - 3x$

2. Em que condições o grau do polinômio $p(x) = (a + 2)x^2 + (b - 3)x + (c - 1)$ é 0?

3. Discuta, para $m \in \mathbb{R}$, o grau dos polinômios:

a) $p(x) = (m - 4)x^3 + (m + 2)x^2 + x + 1$.
b) $p(x) = (m^2 - 4)x^4 + (m - 2)x + m$.
c) $p(x) = (m^2 - 1)x^4 + (m + 1)x^3 + x^2 + 3$.

4 Valor numérico de um polinômio

Considere um polinômio p(x) e um número real α.

O valor numérico do polinômio p(x) para $x = \alpha$ é o número que se obtém substituindo **x** por α e efetuando os cálculos necessários. Indica-se por $p(\alpha)$.

Então, $p(\alpha)$ é o valor numérico de p(x) para $x = \alpha$.

Exemplos:

1º) O valor numérico de $p(x) = 2x^2 - 3x + 5$ para $x = 4$ é:
$p(4) = 2(4)^2 - 3(4) + 5 = 32 - 12 + 5 = 25$
Logo, $p(4) = 25$.

2º) Dado $p(x) = 4x^3 - 3x^2 + 5x - 10$, o valor de p(x) para $x = 3$ é:
$p(3) = 4(3)^3 - 3(3)^2 + 5(3) - 10 = 108 - 27 + 15 - 10 = 86$
Logo, $p(3) = 86$.

Fique atento

O valor numérico do polinômio nulo é 0 para qualquer valor de **x**.

3º) Se $p(x) = 3x^2 - 7$, então, para $x = i$, o valor numérico de p(x) é $p(i) = -3 - 7 = -10$.

Assim, de modo geral, dado o polinômio:

$$p(x) = a_nx^n + a_{n-1}x^{n-1} + a_{n-2}x^{n-2} + ... + a_1x + a_0$$

o valor numérico de p(x) para $x = \alpha$ é:

$$p(\alpha) = a_n\alpha^n + a_{n-1}\alpha^{n-1} + a_{n-2}\alpha^{n-2} + ... + a_1\alpha + a_0$$

Observações:

1ª) Se $\alpha = 1$, o valor numérico de p(x) é a soma de seus coeficientes:
$p(1) = a_n \cdot 1^n + a_{n-1} \cdot 1^{n-1} + a_{n-2} \cdot 1^{n-2} + ... + a_1 \cdot 1 + a_0 \Rightarrow p(1) = a_n + a_{n-1} + a_{n-2} + ... + a_1 + a_0$

2ª) Se $\alpha = 0$, o valor numérico de p(x) é o termo independente:
$p(0) = a_n \cdot 0^n + a_{n-1} \cdot 0^{n-1} + a_{n-2} \cdot 0^{n-2} + ... + a_1 \cdot 0 + a_0 \Rightarrow p(0) = a_0$

Exercícios resolvidos

3. Dado o polinômio $p(x) = 2x^3 - x^2 + x + 5$, calcule $p(2) - p(-1)$.

Resolução:

Calculando $p(2)$ e $p(-1)$ separadamente, temos:

$p(2) = 2(2)^3 - (2)^2 + 2 + 5 = 16 - 4 + 2 + 5 = 19$

$p(-1) = 2(-1)^3 - (-1)^2 + (-1) + 5 = -2 - 1 - 1 + 5 = 1$

Assim:

$p(2) - p(-1) = 19 - 1 = 18$

4. Dado o polinômio, na forma fatorada, $p(x) = (x^2 + 2)^2(x^3 - 2)^5$, determine:

a) a soma dos seus coeficientes;

b) o termo independente.

Resolução:

a) Para obter a soma dos coeficientes, basta fazer: $p(1) = (1^2 + 2)^2(1^3 - 2)^5 = 3^2 \cdot (-1)^5 = -9$

b) Para obter o termo independente, basta fazer: $p(0) = (0^2 + 2)^2(0^3 - 2)^5 = 2^2 \cdot (-2)^5 =$ $= 4(-32) = -128$

5. Um polinômio $p(x)$ é do 2º grau. Sabendo que $p(2) = 0$, $p(-1) = 12$ e $p(0) = 6$, escreva o polinômio e determine $p(5)$.

Resolução:

Se $p(x)$ é um polinômio do 2º grau, sua forma é: $p(x) = ax^2 + bx + c$.

Então:

$p(2) = 0 \Rightarrow a(2)^2 + b(2) + c = 0 \Rightarrow$
$\Rightarrow 4a + 2b + c = 0$ (I)

$p(-1) = 12 \Rightarrow a(-1)^2 + b(-1) + c = 12 \Rightarrow$
$\Rightarrow a - b + c = 12$ (II)

$p(0) = 6 \Rightarrow a(0)^2 + b(0) + c = 6 \Rightarrow c = 6$ (III)

Substituindo (III) em (I) e (II), temos:

$$\begin{cases} 4a + 2b = -6 \\ a - b = 6 \end{cases} \Rightarrow \begin{cases} 2a + b = -3 \\ a - b = 6 \end{cases}$$

Resolvendo o sistema, obtemos $a = 1$ e $b = -5$.

Sabendo que $a = 1$, $b = -5$ e $c = 6$, vamos escrever $p(x)$:

$p(x) = ax^2 + bx + c = x^2 - 5x + 6$

Agora, vamos calcular $p(5)$:

$p(5) = (5)^2 - 5(5) + 6 = 25 - 25 + 6 = 6$

Logo, $p(x) = x^2 - 5x + 6$ e $p(5) = 6$.

Exercícios propostos

4. Dado $p(x) = x^4 - x - 3$, calcule $p(-2)$.

5. Dados $p(x) = -3x^3 + x^2 + x - 2$ e $g(x) = x^3 - x^2 + x - 1$, calcule $p(-1) + g(1)$.

6. Calcule o valor de $p(x) = x^4 - 3x^2 + 5$ para $x = \sqrt{3}$.

7. Consideremos o polinômio $p(x) = 2x^3 - 6x^2 + mx + n$. Se $p(2) = 0$ e $p(-1) = -6$, calcule os valores de **m** e **n**.

8. Sabendo que $p(-1) = 0$, calcule o valor de **a** em $p(x) = -2x^3 - 4x^2 - 3x + 2a$.

9. Determine o polinômio $p(x)$ do 1º grau tal que $p(5) = 13$ e $p(3) = 7$.

10. Calcule a soma dos coeficientes do polinômio $p(x) = (x - 2)^{13}(x^6 - x + 2)^5$.

11. Calcule o termo independente do polinômio $p(x)$ obtido desenvolvendo-se a expressão $(x^2 - 3x + 2)^4(8x^4 - 8x^2 - 1)^8$.

12. Considere o polinômio $p(x) = ax^8 + bx^5 + cx^2 + d$. Se $p(1) = 7$ e $p(0) = 2$, qual o valor de $a + b + c$?

5 Igualdade de polinômios

Dizemos que dois polinômios são iguais ou idênticos se, e somente se, seus valores numéricos são iguais para todo $\alpha \in \mathbb{C}$. Assim:

$$p(x) = q(x) \Leftrightarrow p(\alpha) = q(\alpha) \quad \text{(para qualquer } \alpha \in \mathbb{C}\text{)}$$

Para que isso aconteça, sua diferença $p(x) - q(x)$ deve ser o Pin. Assim, dois polinômios $p(x)$ e $q(x)$ são iguais se, e somente se, têm coeficientes respectivamente iguais (os coeficientes dos termos de mesmo grau são todos iguais).

Você sabia

Polinômios de graus diferentes nunca são iguais.

Exemplo:

Dados os polinômios $p(x) = ax^3 + bx^2 + cx + d$ e $q(x) = 2x^3 + 5x^2 - 4x + 3$, temos:

$$p(x) = q(x) \Leftrightarrow a = 2,\ b = 5,\ c = -4 \text{ e } d = 3$$

Exercício resolvido

6. Determine os valores de **a**, **b**, **c**, **d** e **e** de modo que os polinômios $p(x) = ax^4 + 5x^2 + dx - b$ e $g(x) = 2x^4 + (b - 3)x^3 + (2c - 1)x^2 + x + e$ sejam iguais.

Resolução:
Para que $p(x) = g(x)$, devemos ter:

$a = 2$
$0 = b - 3 \Rightarrow b = 3$
$5 = 2c - 1 \Rightarrow 2c = 6 \Rightarrow c = 3$
$d = 1$
$e = -b = -3$
Logo, $a = 2$, $b = 3$, $c = 3$, $d = 1$ e $= -3$.

Exercícios propostos

13. Determine os valores de **a** e **b** para que sejam iguais os polinômios $p(x) = 3x + 2$ e $q(x) = (a + b)x^2 + (a + 3)x + (2 - b)$.

14. Dados $p(x) = (mx^2 + nx + p)(x + 1)$ e $g(x) = 2x^3 + 3x^2 - 2x - 3$, determine os valores de **m**, **n** e **p** para que se tenha $p(x) = g(x)$.

6 Raiz de um polinômio

Já sabemos que $p(\alpha)$ é o valor numérico do polinômio $p(x)$ para $x = \alpha$.
Se um número complexo α é tal que $p(\alpha) = 0$, então esse número α é chamado de *raiz* do polinômio $p(x)$.

Exemplos:

1º) Dado o polinômio $p(x) = x^2 - 7x + 10$, temos:
$p(5) = 0 \Rightarrow 5$ é raiz de $p(x)$ $\quad$ $p(3) = -2 \Rightarrow 3$ não é raiz de $p(x)$

2º) Dado o polinômio $p(x) = x^3 - 3x^2 + 2$, temos:
$p(1) = 0 \Rightarrow 1$ é raiz de $p(x)$ $\quad$ $p(3) = 2 \Rightarrow 3$ não é raiz de $p(x)$

3º) O número **i** é raiz do polinômio $p(x) = x^2 + 1$, pois $p(i) = -1 + 1 = 0$.

Exercícios resolvidos

7. Sabendo que -3 é raiz de $p(x) = x^3 - 4x^2 - ax + 48$, calcule o valor de **a**.

Resolução:
Se -3 é raiz de $p(x)$, então $p(-3) = 0$.
Daí:
$p(-3) = (-3)^3 - 4(-3)^2 - a(-3) + 48 = 0 \Rightarrow$
$\Rightarrow -27 - 36 + 3a + 48 = 0 \Rightarrow 3a = 15 \Rightarrow a = 5$
Logo, $a = 5$.

8. O polinômio $p(x) = x^3 + ax^2 + bx$ admite as raízes 6 e 1. Calcule os coeficientes **a** e **b**.

Resolução:
Se $p(x)$ admite a raiz 6, então $p(6) = 0$.
$p(6) = 6^3 + a(6)^2 + b(6) = 0 \Rightarrow$
$\Rightarrow 216 + 36a + 6b = 0 \Rightarrow 36 + 6a + b = 0$
Se $p(x)$ admite a raiz 1, então $p(1) = 0$.
$p(1) = 1^3 + a(1)^2 + b(1) = 0 \Rightarrow 1 + a + b = 0$
Vamos formar, então, o sistema:

$$\begin{cases} 6a + b = -36 \\ a + b = -1 \end{cases}$$

Resolvendo o sistema, obtemos $a = -7$ e $b = 6$.
Logo, $a = -7$ e $b = 6$.

Exercícios propostos

15. Verifique se o número 3 é raiz do polinômio $p(x) = x^3 - 3x^2 + 2x - 6$.

16. Determine o valor de **k** no polinômio:
a) $p(x) = x^3 + 7x^2 - kx + 3$, sabendo que $x = -1$ é raiz do polinômio;
b) $p(x) = 4x^4 - 8x^3 - (k + 5)x^2 + (3k - 2)x + 5 - k$, sabendo que $x = 2$ é raiz do polinômio.

17. Calcule os valores de **a** e **b** no polinômio:
a) $p(x) = x^3 + (a - 2)x^2 + (b - 4)x - 3$, sabendo que 1 e -1 são raízes do polinômio;
b) $p(x) = x^3 + ax^2 + (b - 18)x + 1$, sabendo que 1 é raiz do polinômio e $p(2) = 25$.

18. Determine o valor de **a** para que o número $1 - i$ seja raiz do polinômio $p(x) = x^2 - 2x + a$.

7 Operações com polinômios

Por meio de exemplos, vamos retomar operações conhecidas no estudo de expressões algébricas, como adição, subtração e multiplicação de polinômios, além da multiplicação de um número real por um polinômio. Em seguida, estudaremos mais detalhadamente a divisão de polinômios.

1º) Se $p(x) = 3x^2 + 2x - 1$ e $q(x) = -x^3 + 4x^2 - 2x - 5$, temos:
$p(x) + q(x) = 3x^2 + 2x - 1 - x^3 + 4x^2 - 2x - 5 =$
$= -x^3 + (3 + 4)x^2 + (2 - 2)x + (-1 - 5) = -x^3 + 7x^2 - 6$

2º) Se $p(x) = 3x^2 - 4x + 1$ e $q(x) = 5x^2 - 3x + 4$, temos:
$p(x) - q(x) = 3x^2 - 4x + 1 - 5x^2 + 3x - 4 = -2x^2 - x - 3$

3º) Dado $p(x) = 2x^3 - 4x^2 + 5x - 3$, temos:
$7 \cdot p(x) = 7(2x^3 - 4x^2 + 5x - 3) = 14x^3 - 28x^2 + 35x - 21$

4º) Dados $p(x) = 3x - 4$ e $q(x) = -2x + 5$, temos:
$p(x) \cdot q(x) = (3x - 4)(-2x + 5) = -6x^2 + 15x + 8x - 20 = -6x^2 + 23x - 20$

Fique atento

Sejam:
$gr(p)$ = grau de $p(x)$;
$gr(q)$ = grau de $q(x)$.
Então:
- $gr(p \pm q) \leq$ maior valor entre $gr(p)$ e $gr(q)$;
- $gr(p \cdot q) = gr(p) + gr(q)$.

Exercícios resolvidos

9. Determine os valores de **a**, **b** e **c** para que se verifique a igualdade
$[ax^2 + (2a + b)x + 2b] + [cx^2 + (3 - 2c)x - 6] =$
$= 2x^2 - 4$.

Resolução:
O polinômio $[ax^2 + (2a + b)x + 2b] +$
$+ [cx^2 + (3 - 2c)x - 6]$ pode ser escrito na forma:
$(a + c)x^2 + (2a + b + 3 - 2c)x + 2b - 6$

Logo, temos:
$(a + c)x^2 + (2a + b + 3 - 2c)x + 2b - 6 = 2x^2 - 4$

Vamos formar, então, o sistema:

$$\begin{cases} a + c = 2 & \text{(I)} \\ 2a + b + 3 - 2c = 0 & \text{(II)} \\ 2b - 6 = -4 & \text{(III)} \end{cases}$$

Da equação (III), vem:
$2b - 6 = -4 \Rightarrow 2b = 2 \Rightarrow b = 1$

Substituindo na equação (II), obtemos o novo sistema:

$$\begin{cases} a + c = 2 \\ 2a - 2c = -4 \end{cases} \Rightarrow \begin{cases} a + c = 2 \\ a - c = -2 \end{cases}$$

Resolvendo o sistema, temos $a = 0$, $b = 1$ e $c = 2$.

10. Sabendo que $\frac{a}{x + 2} + \frac{b}{x - 1} = \frac{7x + 8}{x^2 + x - 2}$, determine os valores de **a** e **b**.

Resolução:
Como $(x + 2)(x - 1) = x^2 + x - 2$, temos:

$$\frac{a(x - 1) + b(x + 2)}{(x + 2)(x - 1)} = \frac{7x + 8}{x^2 + x - 2} \Rightarrow$$

$$\Rightarrow \frac{ax - a + bx + 2b}{(x + 2)(x - 1)} = \frac{7x + 8}{x^2 + x - 2} \Rightarrow$$

$$\Rightarrow \frac{(a + b)x + (-a + 2b)}{(x + 2)(x - 1)} = \frac{7x + 8}{x^2 + x - 2}$$

Para que a igualdade se verifique, devemos ter:

$$\begin{cases} a + b = 7 \\ -a + 2b = 8 \end{cases}$$

Resolvendo o sistema, obtemos $a = 2$ e $b = 5$.

11. Se os polinômios **p**, **q** e **r** têm, respectivamente, graus 3, 5 e 1, determine o grau de:

a) $p + q$;
b) $p \cdot q$;
c) $p \cdot r - q$.

Resolução:

a) Na soma de um polinômio de grau 3 com um de grau 5 prevalece o maior grau. Logo, o grau de $(p + q)$ é 5.

b) No produto de um polinômio de grau 3 com um de grau 5 o resultado terá grau $3 + 5 = 8$.

c) O grau do produto $p \cdot r$ é $3 + 1 = 4$. Na subtração $p \cdot r - q$ prevalece o maior grau entre o grau 4 de $p \cdot r$ e o grau 5 de **q**. Assim, o grau de $(p \cdot r - q)$ é 5.

Exercícios propostos

19. Dados os polinômios $p(x) = x^2 - 4x + 3$, $q(x) = -2x + 4$ e $r(x) = 2x^3 - 4x + 5$, calcule:

a) $p(x) + r(x)$.
b) $q(x) - p(x)$.
c) $-4 \cdot r(x)$.
d) $p(x) \cdot q(x)$.
e) $[q(x)]^2$.

20. Dados os polinômios $p(x) = ax^2 - 8x + b$ e $q(x) = 3x^2 - bx + a - c$, determine **a**, **b** e **c** para os quais $p(x) + q(x)$ é um polinômio nulo.

21. Dado $\frac{a}{x} + \frac{bx + c}{x - 3} = \frac{1}{x^2 - 3x}$, com $x \neq 0$ e $x \neq 3$, calcule os valores de **a**, **b** e **c**.

22. Determine os valores reais de **a** e **b** para que o binômio $2x^2 + 17$ seja igual à expressão $(x^2 + b)^2 - (x^2 + a^2)(x^2 - a^2)$.

23. Sabendo que $p(x) = \begin{vmatrix} a & b & c \\ -1 & x & 0 \\ 0 & -1 & x \end{vmatrix}$ e

$g(x) = \frac{1}{4}(x - 3)(x + 5)$, determine os valores de **a** e **b** para que $p(x) = g(x)$.

24. Se os polinômios **p**, **q** e **r** têm graus 2, 3 e 4, respectivamente, então o grau do polinômio $p \cdot q + r$ é:

a) igual a 10.
b) igual a 9.
c) igual a 5.
d) menor ou igual a 5.
e) menor ou igual a 4.

Divisão de polinômios

Dados dois polinômios p(x) e h(x), com h(x) não nulo, dividir p(x) por h(x) significa encontrar dois polinômios q(x) e r(x) que satisfaçam as seguintes condições:

1ª) $p(x) = h(x) \cdot q(x) + r(x)$

2ª) o grau de r(x) não pode ser igual nem maior que o grau de h(x) ou então $r(x) = 0$.

Assim, dizemos que:

- p(x) é o dividendo;
- h(x) é o divisor;
- q(x) é o quociente;
- r(x) é o resto.

Para efetuar a divisão de polinômios usaremos o método da chave, semelhante ao empregado para números inteiros.

Método da chave

Consideremos a seguinte divisão de números inteiros:

1º)	2º)	3º)	4º)
$\overset{\frown}{33}7 \;\|\; 8$ → 4 33 : 8 → 4	$\overset{\frown}{33}7 \;\|\; 8$ -32 → 4 1 4 · 8 = 32 Subtraindo (ou somando com o sinal trocado): 33 − 32 = 1	$\overset{\frown}{33}7 \;\|\; 8$ -32 → 42 17 17 : 8 → 2	$\overset{\frown}{33}7 \;\|\; 8$ -32 → 42 17 -16 1 2 · 8 = 16 17 − 16 = 1

Observemos que:

$$\underbrace{337}_{\text{dividendo}} = \underbrace{8}_{\text{divisor}} \cdot \underbrace{42}_{\text{quociente}} + \underbrace{1}_{\text{resto}}$$

Vamos utilizar a mesma técnica para a divisão de polinômios:

1º) $$\begin{array}{r|l} x^2 - 5x + 6 & x - 3 \\ \hline & x \end{array}$$

$x^2 : x = x$

2º) $$\begin{array}{r|l} x^2 - 5x + 6 & x - 3 \\ \cline{2-2} -x^2 + 3x & x \\ \cline{1-1} -2x + 6 & \end{array}$$

$x(x - 3) = x^2 - 3x$

Trocando o sinal: $-x^2 + 3x$

3º) $$\begin{array}{r|l} x^2 - 5x + 6 & x - 3 \\ \cline{2-2} -x^2 + 3x & x - 2 \\ \cline{1-1} -2x + 6 & \end{array}$$

$-2x : x = -2$

4º) $$\begin{array}{r|l} x^2 - 5x + 6 & x - 3 \\ \cline{2-2} -x^2 + 3x & x - 2 \\ \cline{1-1} -2x + 6 & \\ 2x - 6 & \\ \cline{1-1} 0 & \end{array}$$

$-2(x - 3) = -2x + 6$

Trocando o sinal: $2x - 6$

? Você sabia

Quando $r(x) = 0$, dizemos que a divisão é exata e o polinômio $p(x)$ é divisível pelos polinômios $h(x)$ e $q(x)$.

Verificamos que:

$$\begin{array}{ccccccc} p(x) & = & h(x) & \cdot & q(x) & + & r(x) \\ x^2 - 5x + 6 & = & (x - 3) & & (x - 2) & + & 0 \\ \text{dividendo} & & \text{divisor} & & \text{quociente} & & \text{resto} \end{array}$$

Fique atento

O grau de $q(x)$ é a diferença entre os graus de $p(x)$ e $h(x)$.

Vejamos outra divisão de polinômios:

1º) $$\begin{array}{r|l} x^4 + x^3 - 7x^2 + 9x - 1 & x^2 + 3x - 2 \\ \hline & x^2 \end{array}$$

$x^4 : x^2 = x^2$

2º) $$\begin{array}{r|l} x^4 + x^3 - 7x^2 + 9x - 1 & x^2 + 3x - 2 \\ \cline{2-2} -x^4 - 3x^3 + 2x^2 & x^2 \\ \cline{1-1} -2x^3 - 5x^2 + 9x - 1 & \end{array}$$

$x^2(x^2 + 3x - 2) = x^4 + 3x^3 - 2x^2$

Trocando o sinal: $-x^4 - 3x^3 + 2x^2$

3º) $$\begin{array}{r|l} x^4 + x^3 - 7x^2 + 9x - 1 & x^2 + 3x - 2 \\ \cline{2-2} -x^4 - 3x^3 + 2x^2 & x^2 - 2x \\ \cline{1-1} -2x^3 - 5x^2 + 9x - 1 & \end{array}$$

$-2x^3 : x^2 = -2x$

4º) $$\begin{array}{r|l} x^4 + x^3 - 7x^2 + 9x - 1 & x^2 + 3x - 2 \\ \cline{2-2} -x^4 - 3x^3 + 2x^2 & x^2 - 2x \\ \cline{1-1} -2x^3 - 5x^2 + 9x - 1 & \\ 2x^3 + 6x^2 - 4x & \\ \cline{1-1} x^2 + 5x - 1 & \end{array}$$

$-2x(x^2 + 3x - 2) = -2x^3 - 6x^2 + 4x$

Trocando o sinal: $2x^3 + 6x^2 - 4x$

5º) $$\begin{array}{r|l} x^4 + x^3 - 7x^2 + 9x - 1 & x^2 + 3x - 2 \\ \cline{2-2} -x^4 - 3x^3 + 2x^2 & x^2 - 2x + 1 \\ \cline{1-1} -2x^3 - 5x^2 + 9x - 1 & \\ 2x^3 + 6x^2 - 4x & \\ \cline{1-1} x^2 + 5x - 1 & \end{array}$$

$x^2 : x^2 = 1$

6º) $$\begin{array}{r|l} x^4 + x^3 - 7x^2 + 9x - 1 & x^2 + 3x - 2 \\ \cline{2-2} -x^4 - 3x^3 + 2x^2 & x^2 - 2x + 1 \\ \cline{1-1} -2x^3 - 5x^2 + 9x - 1 & \\ 2x^3 + 6x^2 - 4x & \\ \cline{1-1} x^2 + 5x - 1 & \\ -x^2 - 3x + 2 & \\ \cline{1-1} 2x + 1 & \end{array}$$

$1(x^2 + 3x - 2) = x^2 + 3x - 2$

Trocando o sinal: $-x^2 - 3x + 2$

Podemos verificar que:

$$\underbrace{x^4 + x^3 - 7x^2 + 9x - 1}_{\text{dividendo}} = \underbrace{(x^2 + 3x - 2)}_{\text{divisor}}\underbrace{(x^2 - 2x + 1)}_{\text{quociente}} + \underbrace{(2x + 1)}_{\text{resto}}$$

Exercícios resolvidos

12. Efetue a divisão de $p(x) = 2x^4 - 2x^3 - 13x^2 + 10x - 1$ por $h(x) = 2x^2 + 4x - 3$ e faça a verificação.

Resolução:

$$\begin{array}{r|l}
2x^4 - 2x^3 - 13x^2 + 10x - 1 & 2x^2 + 4x - 3 \\
\hline
-2x^4 - 4x^3 + 3x^2 \qquad\qquad & x^2 - 3x + 1 \\
\hline
-6x^3 - 10x^2 + 10x - 1 & \\
6x^3 + 12x^2 - 9x \qquad & \\
\hline
2x^2 + x - 1 & \\
-2x^2 - 4x + 3 & \\
\hline
-3x + 2 &
\end{array}$$

Fazendo a verificação, vem:

$q(x) \cdot h(x) + r(x) = (x^2 - 3x + 1)(2x^2 + 4x - 3) +$
$+ (-3x + 2) = (2x^4 - 2x^3 - 13x^2 + 13x - 3) +$
$+ (-3x + 2) = 2x^4 - 2x^3 - 13x^2 + 10x - 1 = p(x)$

13. Usando o método da chave, efetue a divisão do polinômio $p(x) = x^3 + x^2 - 6x - 8$ por $h(x) = x^2 - x - 4$.

Resolução:

$$\begin{array}{r|l}
x^3 + x^2 - 6x - 8 & x^2 - x - 4 \\
\hline
-x^3 + x^2 + 4x \quad & x + 2 \\
\hline
2x^2 - 2x - 8 & \\
-2x^2 + 2x + 8 & \\
\hline
0 &
\end{array}$$

Lembre-se de que, como $r(x) = 0$, $p(x)$ é divisível por $h(x)$.

14. O polinômio $p(x) = x^3 + ax + b$ é divisível por $h(x) = x^2 + 2x + 5$. Então, calcule os valores **a** e **b**.

Resolução:

O polinômio $p(x) = x^3 + ax + b$ deve ser escrito como:

$p(x) = x^3 + 0x^2 + ax + b$

Usando o método da chave, temos:

$$\begin{array}{r|l}
x^3 + 0x^2 + ax + b & x^2 + 2x + 5 \\
\hline
-x^3 - 2x^2 - 5x \qquad & x - 2 \\
\hline
-2x^2 + (a - 5)x + b & \\
2x^2 + 4x + 10 & \\
\hline
(a - 1)x + (b + 10) &
\end{array}$$

Efetuada a divisão, obtemos:

$r(x) = (a - 1)x + (b + 10)$.

Como o resto deve ser o polinômio nulo, temos:

$a - 1 = 0 \Rightarrow a = 1$

$b + 10 = 0 \Rightarrow b = -10$

Logo, $a = 1$ e $b = -10$.

15. O polinômio $p(x) = x^3 - 4x^2 - x + 4$ é divisível por $h(x) = x^2 - 3x - 4$. Nessas condições, resolva a equação $x^3 - 4x^2 - x + 4 = 0$.

Resolução:

$$\begin{array}{r|l}
x^3 - 4x^2 - x + 4 & x^2 - 3x - 4 \\
\hline
-x^3 + 3x^2 + 4x \quad & x - 1 \\
\hline
-x^2 + 3x + 4 & \\
+x^2 - 3x - 4 & \\
\hline
0 &
\end{array}$$

Então:

$x^3 - 4x^2 - x + 4 = (x^2 - 3x - 4)(x - 1)$

Como $x^3 - 4x^2 - x + 4 = 0$, vem:

$(x^2 - 3x - 4)(x - 1) = 0$.

Portanto, a resolução da equação dada recai na resolução de equações de graus menores, que já sabemos fazer:

$(x^2 - 3x - 4)(x - 1) = 0 \Rightarrow x^2 - 3x - 4 = 0$ ou $x - 1 = 0$

Resolvendo a primeira equação, temos:

$x^2 - 3x - 4 = 0 \Rightarrow x' = 4$ e $x'' = -1$

Resolvendo a segunda, vem:

$x - 1 = 0 \Rightarrow x = 1$

Logo, $S = \{-1, 1, 4\}$.

16. Calcule os valores de **m** e **n** de modo que o resto da divisão de $p(x) = x^4 + mx^3 - x^2 + nx + 1$ por $h(x) = x^2 + x + 1$ seja igual a $r(x) = x + 2$.

Resolução:

Indicando o quociente por $q(x)$, temos:

$p(x) = h(x) \cdot q(x) + r(x)$

Como o grau de $p(x)$ é 4 e o grau de $h(x)$ é 2, então o grau de $q(x)$ é 2. Portanto, $q(x) = ax^2 + bx + c$.

Daí:

$$\underbrace{x^4 + mx^3 - x^2 + nx + 1}_{p(x)} =$$

$$= \underbrace{(x^2 + x + 1)}_{h(x)}\underbrace{(ax^2 + bx + c)}_{q(x)} + \underbrace{(x + 2)}_{r(x)} =$$

$= ax^4 + (a + b)x^3 + (a + b + c)x^2 + (b + c)x +$
$+ c + x + 2 = ax^4 + (a + b)x^3 + (a + b + c)x^2 +$
$+ (b + c + 1)x + c + 2$

Pela igualdade de polinômios, temos:

$a = 1$ (I)

$a + b = m$ (II)

$a + b + c = -1$ (III)

$b + c + 1 = n$ (IV)

$c + 2 = 1 \Rightarrow c = -1$ (V)

Conhecidos $a = 1$ e $c = -1$, temos:

$\cancel{1} + b - \cancel{1} = -1 \Rightarrow b = -1$

Substituindo em (II), temos:

$1 - 1 = m \Rightarrow m = 0$

Substituindo em (IV), temos:

$-1 - \cancel{1} + \cancel{1} = n \Rightarrow n = -1$

Logo, $m = 0$ e $n = -1$.

17. Considere a divisão de p(x) por d(x), com quociente q(x) e resto r(x) não nulo. Se o grau de p(x) é 7 e o grau de d(x) é 2, o que podemos deduzir sobre o grau de q(x) e o grau de r(x)?

Resolução:

O grau de q(x) é a diferença entre o grau de p(x) e de d(x). Assim, o grau de q(x) é $7 - 2 = 5$.

O grau de r(x) é menor que o grau de d(x), portanto pode ser 1 ou 0.

Exercícios propostos

25. Efetue a divisão de p (x) por h(x) quando:

a) $p(x) = x^2 + 4x + 3$ e $h(x) = x + 1$.

b) $p(x) = 2x^3 + x - 1$ e $h(x) = x - 1$.

c) $p(x) = 7x^3 + 30x^2 - 40x + 15$ e $h(x) = x^2 + 5x - 6$.

26. Calcule os valores de **m** e **n** para que seja exata a divisão do polinômio $p(x) = 2x^3 + mx^2 + nx - 1$ por $h(x) = 2x^2 - x - 1$.

27. Dividindo $p(x) = x^3 - 4x^2 + 7x - 3$ por certo polinômio h(x), obtemos o quociente $q(x) = x - 1$ e o resto $r(x) = 2x - 1$. Determine o polinômio h(x).

28. Sabendo que o polinômio $p(x) = x^3 - 6x^2 + 3x + 10$ é divisível por $h(x) = x - 2$, resolva a equação $x^3 - 6x^2 + 3x + 10 = 0$.

Divisão por (x − a): dispositivo prático de Briot-Ruffini

Usando o método da chave, vamos efetuar a divisão de $p(x) = 3x^3 - 5x^2 + x - 2$ por $h(x) = x - 2$.

$$\begin{array}{r|l} 3x^3 - 5x^2 + x - 2 & x - 2 \\ \hline -3x^3 + 6x^2 \qquad\qquad & 3x^2 + x + 3 \\ x^2 + x - 2 & \\ -x^2 + 2x \quad\; & \\ 3x - 2 & \\ -3x + 6 & \\ 4 & \end{array}$$

Assim, temos:

$$q(x) = 3x^2 + x + 3$$
$$r(x) = 4$$

Há, porém, um dispositivo que permite efetuar as divisões por polinômios do tipo x − a de uma maneira mais simples e rápida: é o chamado *dispositivo prático* ou *algoritmo de Briot-Ruffini*.

termo constante do divisor, com sinal trocado	coeficientes de **x** do dividendo p(x)	termo constante do dividendo p(x)
	coeficientes do quociente	resto

Vejamos o roteiro desse dispositivo prático, efetuando a divisão de $p(x) = 3x^3 - 5x^2 + x - 2$ por $h(x) = x - 2$.

1º)

2	3	−5	1	−2

2º)

2	3	−5	1	−2
	↓ 3			

Repetimos (ou "abaixamos") o primeiro coeficiente do dividendo

3º)

2	3	−5	1	−2
	3	6 + (−5) → 1		

$3 \cdot 2 = 6$ e $6 + (-5) = 1$

Multiplicamos o termo repetido pelo divisor e somamos o produto com o próximo termo do dividendo.

4º)

2	3	−5	1	−2
		$6 + (-5)$	$2 + 1$	
	3	1	3	

$1 \cdot 2 = 2$ e $2 + 1 = 3$

Repetimos o processo para obter o novo termo do quociente.

5º)

2	3	−5	1	−2
		$6 + (-5)$	$2 + 1$	$6 + (-2)$
	3	1	3	4

$3 \cdot 2 = 6$ e $6 + (-2) = 4$

Pelo quadro, temos:

$$q(x) = 3x^2 + x + 3 \qquad r(x) = 4$$

o mesmo resultado obtido pelo método da chave. Logo:

$$3x^3 - 5x^2 + x - 2 = (x - 2)(3x^3 + x + 3) + 4$$

Fique atento

Na divisão por $x - a$, o resto é sempre uma constante, pois $x - a$ é um polinômio do 1º grau.

Exercícios resolvidos

18. Divida $p(x) = 2x^4 + 7x^3 - 4x + 5$ por $h(x) = x + 3$.

Resolução:

−3	2	7	0	−4	5
		$-6 + 7$	$-3 + 0$	$9 + (-4)$	$-15 + 5$
	2	1	−3	5	−10

Quociente: $q(x) = 2x^3 + x^2 - 3x + 5$

Resto: $r(x) = -10$

Logo, $2x^4 + 7x^3 - 4x + 5 =$

$= (x + 3)(2x^3 + x^2 - 3x + 5) - 10$.

19. Determine o quociente e o resto da divisão de $p(x) = 2x^2 - 5x + 2$ por $h(x) = 2x - 1$.

Resolução:

Observe que, neste caso, o coeficiente de **x** no binômio não é igual a 1. Para obter o quociente e o resto pedidos, devemos dividir todos os coeficientes de p(x) e de h(x) por 2. Assim obtemos o quociente procurado q(x), enquanto o resto também ficará dividido por 2, ou seja, encontraremos $\left(\frac{r(x)}{2}\right)$.

Então, temos:

$$\frac{p(x)}{2} = x^2 - \frac{5}{2}x + 1$$

$$\frac{h(x)}{2} = x - \frac{1}{2}$$

Aplicando o dispositivo prático, vem:

$\frac{1}{2}$	1	$-\frac{5}{2}$	1
		$\frac{1}{2} + \left(-\frac{5}{2}\right)$	$-1 + 1$
	2	−2	0

Quociente: $q(x) = x - 2$

Resto: $\frac{r(x)}{2} = 0 \Rightarrow r(x) = 0$

Logo, $2x^2 - 5x + 2 = (x - 2)(2x - 1)$.

Fique atento

$$p(x) = \overbrace{(ax - b)}^{h(x)}\,q(x) + r(x) \text{ dividido por } a \neq 0:$$

$$\frac{p(x)}{a} = \frac{(ax - b)q(x)}{a} + \frac{r(x)}{a} \Rightarrow$$

$$\Rightarrow \frac{p(x)}{a} = \overbrace{\left(x - \frac{b}{a}\right)}^{\frac{h(x)}{a}} q(x) + \frac{r(x)}{a}$$

20. Calcule o valor de **m** de modo que o polinômio $p(x) = 2x^3 + 5x^2 + mx + 12$ seja divisível por $h(x) = x + 3$.

Resolução:

−3	2	5	m	12
	2	−1	m + 3	−3m + 3

Para que p(x) seja divisível por h(x) devemos ter resto nulo, ou seja:

$-3m + 3 = 0 \Rightarrow 3m = 3 \Rightarrow m = 1$

Logo, m = 1.

21. Efetue a divisão de p(x) por q(x) para $p(x) = x^3 - (4 + 2i)x^2 + 9ix + 2$ e $q(x) = x - 2i$.

Resolução:

2i	1	−4 − 2i	9i	2
	1	−4	i	0

Logo, $p(x) \div q(x) = x^2 - 4x + i$.

Exercícios propostos

29. Aplicando o dispositivo prático de Briot-Ruffini, calcule o quociente e o resto da divisão de:

a) $p(x) = 5x^2 - 3x + 2$ por $h(x) = x + 3$.

b) $p(x) = 2x^3 - 10x^2 + 8x - 3$ por $h(x) = x - 5$.

c) $p(x) = 2x^3 - 3x^2 + x + 2$ por $h(x) = 2x - 1$.

d) $p(x) = x^2 - 2x + 1$ por $h(x) = 3x + 1$.

30. Nos esquemas seguintes foi aplicado o dispositivo prático de Briot-Ruffini; calcule, então, o dividendo p(x), o divisor h(x), o quociente q(x) e o resto r(x).

a)

2	a	b	c	d
	1	3	−2	1

b)

3	m	n	p	q	r
	2	−1	1	−2	1

31. Calcule o valor de **a**, sabendo que

$p(x) = 2x^3 + 4x^2 - 5x + a$ é divisível por $h(x) = x - 1$.

32. Efetue a divisão do polinômio

$p(x) = 3x^3 - 2x^2 + ix - 3i$ por $(x + i)$.

33. Determine o resto da divisão do polinômio

$p(x) = 6x^3 - 2x^2 + x + 1$ por $q(x) = 3x - 6$.

Teorema de D'Alembert

Segundo este teorema, o resto da divisão de um polinômio p(x) por x − a é p(a).

Antes de fazer a demonstração, vamos verificar o teorema por meio de um exercício.

Vamos determinar o resto da divisão de $p(x) = x^3 - x^2 - 2x + 3$ por $x + 2$ e compará-lo com $p(-2)$.

- Usando o método da chave:

$$
\begin{array}{r|l}
x^3 - x^2 - 2x + 3 & x + 2 \\ \cline{2-2}
-x^3 + 2x^2 & x^2 - 3x + 4 \\ \cline{1-1}
-3x^2 - 2x + 3 & \\
3x^2 + 6x & \\ \cline{1-1}
4x + 3 & \\
-4x - 8 & \\ \cline{1-1}
-5 & \\
\end{array}
$$

−5 ← resto

- Utilizando o dispositivo prático de Briot-Ruffini:

−2	1	−1	−2	3
	1	−3	4	−5 ← resto

- Verificando o teorema de D'Alembert:

$$p(-2) = (-2)^3 - (-2)^2 - 2(-2) + 3 = -8 - \cancel{4} + \cancel{4} + 3 = -5$$

Agora, faremos a demonstração.

Considerando que a divisão de p(x) por x − a resulta um quociente q(x) e um resto **r**, temos:

$$p(x) = (x - a)q(x) + r$$

Fazendo x = a, vem:

$$p(a) = (a - a)q(a) + r = 0 \cdot q(a) + r = r \Rightarrow r = p(a)$$

Fique atento

Na substituição de **x** por **a**, o resto **r** não muda, pois é um valor constante.

Exercícios resolvidos

22. Calcule o resto da divisão de $p(x) = 2x^3 - x^2 + 5x - 3$ por $h(x) = x - 4$.

Resolução:

De acordo com o teorema de D'Alembert, o resto é igual a:

$p(4) = 2(4)^3 - (4)^2 + 5(4) - 3 =$

$= 128 - 16 + 20 - 3 = 129$

Logo, o resto desta divisão é 129.

23. Determine o valor de **a** de modo que o polinômio $p(x) = 2x^3 + 5x^2 - ax + 2$ seja divisível por $h(x) = x - 2$.

Resolução:

Se p(x) é divisível por h(x), o resto da divisão é 0. Então, pelo teorema de D'Alembert, temos:

$p(2) = 0 \Rightarrow 2(2)^3 + 5(2)^2 - a(2) + 2 = 0 \Rightarrow$

$\Rightarrow 16 + 20 - 2a + 2 = 0 \Rightarrow 2a = 38 \Rightarrow a = 19$

Logo, $a = 19$.

24. Um polinômio p(x) é do 2º grau. Quando dividimos p(x) por **x**, por $x - 1$ e por $x + 2$, obtemos restos 1, 0 e 4, respectivamente. Determine o polinômio p(x).

Resolução:

De acordo com o problema, p(x) é um polinômio do 2º grau. Então, ele é da forma $p(x) = ax^2 + bx + c$. Segundo o teorema de D'Alembert, temos:

$p(0) = 1 \Rightarrow a(0)^2 + b(0) + c = 1 \Rightarrow c = 1$ (I)

$p(1) = 0 \Rightarrow a(1)^2 + b(1) + c = 0 \Rightarrow$

$\Rightarrow a + b + 1 = 0$ (II)

$p(-2) = 4 \Rightarrow a(-2)^2 + b(-2) + c = 4 \Rightarrow$

$\Rightarrow 4a - 2b + 1 = 4$ (III)

Reunindo (II) e (III), obtemos:

$$\begin{cases} a + b = -1 \\ 4a - 2b = 3 \end{cases}$$

Resolvendo o sistema, temos $a = \frac{1}{6}$ e $b = -\frac{7}{6}$.

Logo, $p(x) = \frac{1}{6}x^2 - \frac{7}{6}x + 1$.

Exercícios propostos

34. Calcule o resto da divisão de:

a) $p(x) = 2x^3 - 4x^2 + x - 1$ por $h(x) = x - 1$;

b) $p(x) = x^4 + 2x^2 - x - 5$ por $h(x) = x + 3$.

35. Verifique se o polinômio $p(x) = x^2 - 3x + 2$ é divisível por $x + 3$.

36. Calcule o valor de **a** a fim de que o polinômio $p(x) = x^2 - ax + 2$ seja divisível por $h(x) = x - 2$.

37. Determine **b** e **c** de modo que o polinômio $p(x) = x^4 + x^2 + bx + c$ seja divisível por $h(x) = x - 2$, mas, quando dividido por $g(x) = x + 2$, deixe resto igual a 4.

Teorema do fator

Se **c** é uma raiz de um polinômio p(x), de grau $n > 0$, então $x - c$ é um fator de p(x).

Pelo teorema de D'Alembert, a divisão de p(x) por $x - c$ resulta um quociente q(x) e um resto p(c) tal que:

$$p(x) = (x - c)q(x) + p(c)$$

Se **c** é uma raiz de p(x), então $p(c) = 0$ e temos:

$$p(x) = (x - c)q(x)$$

Portanto, $x - c$ é um fator de p(x).

Como consequência, podemos dizer que p(x) é divisível por $(x - a)$ e por $(x - b)$, com $a \neq b$, se, e somente se, p(x) for divisível por $(x - a)(x - b)$.

> **Para refletir**
>
> Demonstre a recíproca: se $x - c$ é um fator de p(x), então **c** é raiz de p(x).

Divisões sucessivas

Como consequência do teorema do fator podem ocorrer estas duas situações:

1ª) Seja P(x) um polinômio de grau maior que 1, com **a** e **b** números complexos. Quando P(x) é divisível por $x - a$, e o quociente dessa divisão é divisível por $x - b$, dizemos que P(x) é divisível por $(x - a)(x - b)$.

Demonstração:

$$\begin{array}{l|l} P(x) & x-a \\ \hline R=0 & q(x) \;\big|\; \underline{x-b} \\ & \quad r=0 \quad q'(x) \end{array}$$

Da primeira divisão, temos $P(x) = (x - a)q(x)$ (I)

Da segunda divisão, temos $q(x) = (x - b)q'(x)$ (II)

Substituindo a equação (II) na equação (I), temos:

$P(x) = (x - a)(x - b)q'(x)$

Logo, P(x) é divisível por $(x - a)(x - b)$.

2ª) Se P(x) é divisível por $(x - a)$ e por $(x - b)$ separadamente, com **a** e **b** números complexos e $a \neq b$, P(x) é divisível por $(x - a)(x - b)$.

Demonstração:

Ao efetuar a divisão de P(x) por $(x - a)(x - b)$, obtemos um quociente q(x) e um resto $R(x) = mx + n$ (pois o grau do resto é menor que o grau do divisor, que por sua vez é igual a 2).

$$\begin{array}{l|l} P(x) & (x-a)(x-b) \\ \hline R(x) & \quad q(x) \end{array} \Rightarrow P(x) = (x-a)(x-b)q(x) + R(x) \Rightarrow P(x) = (x-a)(x-b)q(x) + mx + n \quad \text{(I)}$$

Queremos mostrar que $R(x) = mx + n$ é identicamente nulo.

Temos por hipótese que:

- P(x) é divisível por $x - a$, logo, pelo teorema de D'Alembert, $P(a) = 0$;
- P(x) é divisível por $x - b$, logo, pelo teorema de D'Alembert, $P(b) = 0$.

Na equação (I), temos:

$P(a) = (a - a)(a - b)q(a) + ma + n \Rightarrow ma + n = 0$ (II)

$P(b) = (b - a)(b - b)q(b) + mb + n \Rightarrow mb + n = 0$ (III)

Fazendo (III) − (II), temos $m(a - b) = 0$; como $a \neq b$, segue que $m = 0$, logo $n = 0$. Portanto $R(x) = 0$ para todo **x** complexo.

Exercícios resolvidos

25. Mostre que $x - 6$ é um fator de $p(x) = x^3 - 6x^2 + x - 6$ e calcule o quociente da divisão de p(x) por $x - 6$.

Resolução:

Aplicando o dispositivo prático de Briot-Ruffini, temos:

6	1	−6	1	−6
	1	0	1	0

Logo, $p(6) = 0$, $q(x) = x^2 + 1$ e $p(x) = (x - 6)(x^2 + 1)$.

26. Dado $p(x) = x^3 + x^2 - 10x + 8$, determine p(x) para $x = 3$, $x = 2$ e $x = 0$. A seguir, escreva p(x) como produto de dois fatores.

Resolução:

$p(3) = (3)^3 + (3)^2 - 10(3) + 8 = 27 + 9 - 30 + 8 = 14$

$p(2) = (2)^3 + (2)^2 - 10(2) + 8 = 8 + 4 - 20 + 8 = 0$

$p(0) = (0)^3 + (0)^2 - 10(0) + 8 = 8$

Como $p(2) = 0$, então $x - 2$ é um fator de p(x).

Vamos aplicar o dispositivo Briot-Ruffini:

2	1	1	−10	8
	1	3	−4	0

Logo, $q(x) = x^2 + 3x - 4$.

Então, $p(x) = (x - 2)(x^2 + 3x - 4)$.

27. Verifique se é exata a divisão de $p(x) = x^3 + 2x^2 - x - 2$ por $(x + 2)(x + 1)$.

Resolução:

Se $p(-2) = 0$ e $p(-1) = 0$, a divisão será exata.

$p(-2) = (-2)^3 + 2(-2)^2 - (-2) - 2 =$

$= -8 + 8 + 2 - 2 = 0$

$p(-1) = (-1)^3 + 2(-1)^2 - (-1) - 2 =$

$= -1 + 2 + 1 - 2 = 0$

Logo, a divisão é exata.

28. Determine os valores de **a** e **b** para que o polinômio $p(x) = x^3 + ax^2 + bx + 20$ seja divisível por $(x + 1)(x - 4)$.

Resolução:

Para que p(x) seja divisível por $(x + 1)(x - 4)$, ele deve ser divisível por $(x + 1)$ e por $(x - 4)$.

Se p(x) é divisível por $x + 1$, temos:

$p(-1) = 0 \Rightarrow (-1)^3 + a(-1)^2 + b(-1) + 20 = 0 \Rightarrow$

$\Rightarrow -1 + a - b + 20 = 0 \Rightarrow a - b = -19$

Se p(x) é divisível por $x - 4$, vem:

$p(4) = 0 \Rightarrow (4)^3 + a(4)^2 + b(4) + 20 = 0 \Rightarrow$

$\Rightarrow 64 + 16a + 4b + 20 = 0 \Rightarrow 4a + b = -21$

Então, temos:

$$\begin{cases} a - b = -19 \\ 4a + b = -21 \end{cases}$$

Resolvendo o sistema, obtemos $a = -8$ e $b = 11$.

Exercícios propostos

38. Mostre que $x + 4$ é fator do polinômio $p(x) = x^3 - x^2 - 18x + 8$ e calcule o quociente de p(x) por $x + 4$.

39. Dado $p(x) = 2x^3 + x^2 - 5x + 2$, determine p(x) para $x = -2$, $x = -1$, $x = 0$, $x = 1$ e $x = 2$. A seguir, escreva os fatores de p(x).

8 Equações polinomiais ou algébricas*

Denomina-se *equação polinomial* ou *algébrica* toda equação que pode ser escrita na forma:

$$a_nx^n + a_{n-1}x^{n-1} + ... + a_2x^2 + a_1x + a_0 = 0 \text{ (com } a_n \neq 0)$$

em que os $\mathbf{a}_i$ (a_n, a_{n-1}, ..., a_2, a_1, a_0) são elementos do conjunto dos números complexos, $n \in \mathbb{N}^*$ e **n** é o grau da equação.

Exemplos:

1º) $3x + 1 = 0$ é uma equação algébrica do 1º grau.

2º) $x^2 - 3x - 4 = 0$ é uma equação algébrica do 2º grau.

3º) $x^3 - 2x^2 + x - 2 = 0$ é uma equação algébrica do 3º grau.

4º) $x^4 - 8x = 0$ é uma equação algébrica do 4º grau.

5º) $3x^2 - 2ix + 1 = 0$ é uma equação algébrica do 2º grau.

Raiz de uma equação polinomial ou algébrica

Denomina-se *raiz* da equação algébrica

$$a_nx^n + a_{n-1}x^{n-1} + ... + a_2x^2 + a_1x + a_0 = 0$$

o valor α de **x** que satisfaz a igualdade, ou seja, o valor tal que:

$$a_n\alpha^n + a_{n-1}\alpha^{n-1} + ... + a_1\alpha + a_0 = 0$$

Exemplos:

1º) $x^2 - 7x + 10 = 0$ admite $x = 5$ como raiz, pois:

$(5)^2 - 7(5) + 10 = 25 - 35 + 10 = 0$

2º) $x^3 - 3x^2 + 2 = 0$ admite $x = 1$ como raiz, pois:

$(1)^3 - 3(1)^2 + 2 = 1 - 3 + 2 = 0$

3º) $x^4 + x^3 - x^2 - 4 = 0$ admite $x = -2$ como raiz, pois:

$(-2)^4 + (-2)^3 - (-2)^2 - 4 = 16 - 8 - 4 - 4 = 0$

4º) $x^2 + 1 = 0$ admite $x = i$ como raiz, pois:

$i^2 + 1 = -1 + 1 = 0$

* Leia texto sobre o assunto no final deste capítulo, na seção *Leitura*.

Conjunto solução de uma equação algébrica

Denomina-se conjunto solução de uma equação algébrica o conjunto das raízes da equação:

Exemplos:

1º) $x^2 - 7x + 10 = 0$

$S = \{2, 5\}$

2º) $3x - 5 = 0$

$S = \left\{\frac{5}{3}\right\}$

3º) $x^3 + x^2 - 4x - 4 = 0$

$S = \{-2, -1, 2\}$

4º) $x^2 + 1 = 0$

$S = \{-i, i\}$

Exercícios propostos

40. Verifique se o **x** indicado é raiz da equação dada:

a) $x = 2$; equação $x^3 - 2x^2 - x + 2 = 0$

b) $x = -3$; equação $x^3 + 6x^2 + 11x + 6 = 0$

c) $x = -1$; equação $x^4 - x^3 + 2x^2 - 1 = 0$

d) $x = 2 + 3i$; equação $x^2 - 4x + 13 = 0$

41. Encontre o conjunto solução da equação $x^3 - 7x^2 + 14x - 8 = 0$, sabendo que ele é um subconjunto de $A = \{0, 1, 2, 3, 4\}$.

Determinação das raízes de uma equação algébrica

Nosso objetivo é determinar o conjunto solução formado pelas raízes de uma equação algébrica, ou seja, resolver equações da forma $p(x) = 0$, em que $p(x)$ é um polinômio.

Já sabemos resolver equações do 1º e do 2º grau por meio de fórmulas simples, além de algumas de grau maior do que 2 por meio de fatoração ou outro artifício:

- $ax + b = 0$ (com $a \neq 0$) $\Rightarrow x = -\frac{b}{a}$ (raiz da equação de 1º grau);
- $ax^2 + bx + c = 0$ (com $a \neq 0$) $\Rightarrow x = \frac{-b \pm \sqrt{\Delta}}{2a}$ (raízes da equação do 2º grau), em que $\Delta = b^2 - 4ac$.

Durante muito tempo, esforços foram feitos para encontrar fórmulas que permitissem resolver qualquer equação algébrica de grau maior do que 2, como, por exemplo:

- $x^3 - 6x^2 - 7x + 60 = 0$
- $x^4 - 8x^3 - 25x^2 + 44x + 60 = 0$

Verificou-se, por fim, que o melhor meio de resolver essas equações polinomiais seria fazer estimativas de possíveis soluções.

Neste tópico, nosso objetivo é examinar alguns métodos que nos permitam estimar uma ou mais raízes de uma equação polinomial e, assim, determinar todas elas.

Exercícios propostos

42. Calcule as raízes das seguintes equações algébricas:

a) $3x - 12 = 0$.

b) $\sqrt{2}x - 1 = 0$.

c) $x^2 - 6x + 10 = 0$.

d) $10x + 5 = 0$.

e) $x^2 - 4x - 5 = 0$.

43. Utilizando a fatoração, calcule as raízes das equações algébricas:

a) $x^3 - 4x^2 + 3x = 0$.

b) $x^3 + 2x^2 + x + 2 = 0$.

c) $x^3 + 2x^2 + 9x + 18 = 0$.

d) $x^3 - 2x^2 + 2x = 0$.

(*Sugestões*: No item **a**, $x(x^2 - 4x + 3) = 0$; no item **b**, $x^2(x + 2) + 1(x + 2) = 0 \Rightarrow (x + 2)(x^2 + 1) = 0$.)

Fique atento

Se o produto é nulo, pelo menos um dos fatores é nulo.
Exemplo: $(x + 2)(x^2 - 1) = 0 \Rightarrow x + 2 = 0$ ou $x^2 - 1 = 0$.

44. Resolva as equações algébricas em IR:

a) $x^4 - 5x^2 + 4 = 0$

b) $x^6 - 3x^3 + 2 = 0$

(*Sugestões*: No item **a**, chame $\mathbf{x^2}$ de **p**; no item **b**, chame $\mathbf{x^3}$ de **p**.)

9 Teorema fundamental da Álgebra

O *teorema fundamental da Álgebra*, que admitiremos sem demonstração, diz que:

Toda equação algébrica $p(x) = 0$ de grau **n** ($n \geq 1$) possui pelo menos uma raiz complexa (real ou não).

Esse teorema foi demonstrado em 1799 pelo matemático Carl F. Gauss, então com 21 anos, em sua tese de doutorado.

10 Decomposição em fatores de primeiro grau

Usando o teorema fundamental da Álgebra, é possível demonstrar que:

Todo polinômio $p(x) = a_nx^n + a_{n-1}x^{n-1} + ... + a_2x^2 + a_1x + a_0$ (com $n \geq 1$ e $a_n \neq 0$) pode ser decomposto num produto de **n** fatores de 1º grau.

$p(x) = a_n(x - x_1)(x - x_2)(x - x_3) \cdot ... \cdot (x - x_n)$

Naturalmente:

$$p(x) = 0 \Rightarrow a_n(x - x_1)(x - x_2)(x - x_3) \cdot ... \cdot (x - x_n) = 0$$

ou seja, toda equação polinomial de grau **n** tem exatamente **n** raízes complexas (reais ou não).

Exercícios resolvidos

29. Uma das raízes da equação $2x^3 - 4x^2 - 2x + 4 = 0$ é 1. Resolva a equação.

Fique atento

Resolver a equação significa determinar seu conjunto solução, que neste caso é formado pelo número 1 e pelas demais raízes.

Resolução:

Se 1 é raiz de $p(x) = 0$, temos:

$p(x) = (x - 1)q_1(x) = 0 \Rightarrow x - 1 = 0$ ou $q_1(x) = 0$

Observando que o grau de $q_1(x)$ é 2 e sabendo resolver uma equação do 2º grau, podemos dizer que $q_1(x) = 0$ fornece as outras raízes.

Determinando $q_1(x)$, temos:

1	2	−4	−2	4
	2	−2	−4	0

$q_1(x) = 2x^2 - 2x - 4$

Determinando as raízes de $q_1(x) = 0$, vem:

$2x^2 - 2x - 4 = 0$

$\Delta = 4 + 32 = 36$

$x = \dfrac{2 \pm 6}{4} \Rightarrow x' = 2$ e $x'' = -1$

Logo, as outras raízes são 2 e −1 e o conjunto solução da equação é $S = \{-1, 1, 2\}$.

Fique atento

O polinômio $2x^3 - 4x^2 - 2x + 4$ pode ser decomposto assim: $2(x + 1)(x - 1)(x - 2)$.

30. Resolva a equação $x^4 - x^3 - 7x^2 + x + 6 = 0$, sabendo que −2 e 1 são raízes da equação.

Resolução:

Se −2 e 1 são raízes de $p(x)$, temos:

$p(x) = (x + 2)(x - 1)q_1(x) = 0$.

Dividindo $p(x)$ por $x + 2$ e, em seguida, dividindo o quociente dessa divisão por $x - 1$, vem:

−2	1	−1	−7	1	6
1	1	−3	−1	3	0
	1	−2	−3	0	

$q_1(x) = x^2 - 2x - 3$

Determinando as raízes de $q_1(x) = 0$, obtemos:

$x^2 - 2x - 3 = 0$

$\Delta = 16$

$x = \dfrac{2 \pm 4}{2} \Rightarrow x' = 3$ e $x'' = -1$

Logo, $S = \{-2, -1, 1, 3\}$.

31. Determine os valores de **a**, **b** e **c**, sabendo que as raízes da equação $3x^3 + ax^2 + bx + c = 0$ são 1, −1 e 5.

Resolução:

Se 1, −1 e 5 são raízes da equação $p(x) = 0$, então $p(x)$ é divisível por $x - 1$, $x + 1$ e $x - 5$. Assim, temos:

1	3	a	b	c
−1	3	3 + a	3 + a + b	3 + a + b + c
5	3	a	3 + b	
	3	15 + a		

Como os restos devem ser iguais a zero, vem:

$$\begin{cases} 3 + a + b + c = 0 \\ 3 + b = 0 \Rightarrow b = -3 \\ 15 + a = 0 \Rightarrow a = -15 \end{cases}$$

Substituindo os valores de **a** e **b** na primeira equação, obtemos:

$$\cancel{3} + (-15) + (-\cancel{3}) + c = 0 \Rightarrow c = 15$$

Logo, $a = -15$, $b = -3$ e $c = 15$.

Para refletir

Substitua os valores de **a**, **b** e **c** encontrados e escreva o polinômio do 1º membro como um produto de quatro fatores.

Exercícios propostos

45. Sabendo que 2 é raiz da equação $x^3 + 2x^2 - 5x + c = 0$, calcule o valor de **c** e o conjunto solução da equação.

46. Resolva as equações a seguir:

a) $x^4 - 2x^3 + x^2 + 2x - 2 = 0$, sabendo que duas de suas raízes são −1 e 1;

b) $x^3 - 7x^2 + 36 = 0$, sabendo que −2 é uma de suas raízes.

47. Determine o conjunto solução das equações:

a) $x^4 - 8x^3 - 25x^2 + 44x + 60 = 0$, sabendo que −1 e 2 são duas de suas raízes.

b) $x^3 - ix^2 + 4x - 4i = 0$, sabendo que **i** é uma de suas raízes.

Multiplicidade da raiz

Na decomposição de um polinômio $p(x)$ de grau $n > 0$ em um produto de **n** fatores do 1º grau, podemos encontrar dois ou mais fatores idênticos.

Então, em uma equação algébrica de grau **n**, obtemos **n** raízes, das quais algumas podem ser iguais, ou seja, toda equação algébrica de grau $n > 0$ tem, no máximo, **n** raízes distintas.

Fique atento

De cada fator do 1º grau, obtemos uma raiz.

O número de vezes que uma mesma raiz aparece indica a multiplicidade da raiz.

Exemplos:

1º) No polinômio $p(x) = x^2 - 6x + 9 = (x - 3)^2 = (x - 3)(x - 3)$, há dois fatores idênticos a $x - 3$. Nesse caso, dizemos que 3 é *raiz dupla* ou de *multiplicidade 2*.

2º) No polinômio $p(x) = x^3 - 3x - 2 = (x + 1)(x + 1)(x - 2) = (x + 1)^2(x - 2)$, há dois fatores idênticos a $(x + 1)$ e um fator $(x - 2)$. Nesse caso, dizemos que −1 é *raiz dupla* ou de *multiplicidade 2*, e 2 é *raiz simples* ou de *multiplicidade 1*.

3º) No polinômio
$p(x) = x^5 - 7x^4 + 10x^3 + 18x^2 - 27x - 27 = (x - 3)^3(x + 1)^2 = (x - 3)(x - 3)(x - 3)(x + 1)(x + 1)$, há três fatores idênticos a $(x - 3)$ e dois fatores idênticos a $(x + 1)$. Nesse caso, dizemos que 3 é *raiz tripla* ou de *multiplicidade 3* e −1 é *raiz dupla* ou de *multiplicidade 2*.

Exercícios resolvidos

32. Qual é a multiplicidade da raiz 2 do polinômio
$p(x) = x^4 - 5x^3 + 6x^2 + 4x - 8$?

Resolução:

Vamos eliminar a raiz 2 do polinômio sucessivas vezes, até que isso não seja mais possível.

sim →	2	1	−5	6	4	−8
sim →	2	1	−3	0	4	0
sim →	2	1	−1	−2	0	
sim →	2	1	1	0		
		1	$3 \neq 0$			

Então:

$p(x) = (x - 2)^3(x + 1)$

Logo, 2 é raiz tripla ou de multiplicidade 3.

33. Resolva a equação $x^4 - 3x^3 - 3x^2 + 7x + 6 = 0$, sabendo que −1 é raiz dupla.

Resolução:

Se −1 é raiz dupla da equação, esta pode ser escrita na forma $(x + 1)^2q(x) = 0$.

Para determinar q(x), devemos eliminar da equação a raiz −1 duas vezes sucessivas:

−1	1	−3	−3	7	6
−1	1	−4	1	6	0
	1	−5	6	0	

(1, −5, 6: coeficientes de q(x))

$q(x) = x^2 - 5x + 6$

Caímos na equação $x^2 - 5x + 6 = 0$.

Resolvendo-a, temos $x' = 3$ e $x'' = 2$.

Logo, $S = \{-1, 2, 3\}$.

34. Dada a equação $x^3 + ax^2 - 8x + b = 0$, calcule os valores de **a** e **b** de forma que 2 seja raiz dupla da equação.

Resolução:

Eliminando a raiz 2 duas vezes sucessivas, temos:

2	1	a	−8	b
2	1	2 + a	2a − 4	4a − 8 + b
	1	4 + a	4a + 4	

Fazendo os restos iguais a zero, vem:

$$\begin{cases} 4a + 4 = 0 & \text{(I)} \\ 4a - 8 + b = 0 & \text{(II)} \end{cases}$$

Da equação (I), vem:

$4a + 4 = 0 \Rightarrow 4a = -4 \Rightarrow a = -1$

Substituindo $a = -1$ na equação (II), temos:

$-4 - 8 + b = 0 \Rightarrow b = 12$

Logo, $a = -1$ e $b = 12$.

35. Determine uma equação algébrica do 4º grau que tenha −1 como raiz de multiplicidade 3 e 2 como outra raiz.

Resolução:

Pelos dados do problema, temos:

$(x + 1)(x + 1)(x + 1)(x - 2) = 0 \Rightarrow$

$\Rightarrow (x + 1)^3(x - 2) = 0 \Rightarrow$

$\Rightarrow (x^3 + 3x^2 + 3x + 1)(x - 2) = 0 \Rightarrow$

$\Rightarrow x^4 + x^3 - 3x^2 - 5x - 2 = 0$

Logo, a equação procurada é

$x^4 + x^3 - 3x^2 - 5x - 2 = 0$, ou qualquer outra equivalente a ela, como $2x^4 + 2x^3 - 6x^2 - 10x - 4 = 0$.

Exercícios propostos

48. Na equação $(x - 3)^3(x + 4)^2(x - 1)^5 = 0$, quais são as multiplicidades de suas raízes?

49. Qual é a multiplicidade da raiz −1 na equação
$x^3 + x^2 - 3x - 3 = 0$?

50. Resolva a equação polinomial
$x^5 + 5x^4 + 6x^3 - 2x^2 - 7x - 3 = 0$, sabendo que −1 é raiz tripla da equação.

51. Sabendo que 1 é raiz dupla da equação
$x^3 + ax^2 - 2x + b = 0$, determine o valor de a + b.

52. O número 3 é raiz dupla da equação
$x^4 - 7x^3 + 13x^2 + 3x - 18 = 0$. Determine as outras duas raízes da equação.

53. Considerando a equação
$(x - 2)^2(x - 1)^3(x^2 + 3x - 4) = 0$, qual é a multiplicidade da raiz 1?

54. Determine uma equação polinomial do 3º grau com $S = \{3, 5\}$, em que 3 é raiz de multiplicidade 2.

Observação: Quando resolvemos a equação $ax^2 + bx + c = 0$ $(a \neq 0)$:

- em $\mathbb{R}$, isto é, com variáveis e coeficientes reais, podemos ter:
  $\Delta > 0 \Rightarrow$ duas raízes reais distintas;
  $\Delta = 0 \Rightarrow$ duas raízes reais iguais, ou seja, uma raiz real de multiplicidade 2;
  $\Delta < 0 \Rightarrow$ nenhuma raiz real.
- em $\mathbb{C}$, isto é, com variável e coeficientes complexos, podemos ter:
  $\Delta = 0 \Rightarrow$ uma raiz complexa de multiplicidade 2;
  $\Delta \neq 0 \Rightarrow$ duas raízes complexas distintas.

Fique atento

Quando dizemos raiz complexa significa número real ou não, pois $\mathbb{R} \subset \mathbb{C}$.

11 Relações de Girard*

As relações de Girard são fórmulas matemáticas que relacionam os coeficientes e as raízes de uma equação algébrica. Vejamos algumas situações.

Na equação de 2º grau

Consideremos a equação algébrica do 2º grau $ax^2 + bx + c = 0$ $(a \neq 0)$ e sejam $\mathbf{x_1}$ e $\mathbf{x_2}$ as suas raízes. A decomposição do primeiro membro em fatores do 1º grau é:

$$ax^2 + bx + c = a(x - x_1)(x - x_2)$$

Desenvolvendo o produto, temos:

$$ax^2 + bx + c = a[x^2 - (x_1 + x_2)x + x_1x_2]$$

Fique atento

$\mathbf{x_1}$ e $\mathbf{x_2}$ podem ser distintas ou não.

Dividindo todos os termos por **a**, vem:

$$x^2 + \frac{b}{a}x + \frac{c}{a} = x^2 - (x_1 + x_2)x + x_1x_2$$

Pela igualdade de polinômios, temos:

$$x_1 + x_2 = -\frac{b}{a} \qquad x_1x_2 = \frac{c}{a}$$

Conhecidas de estudos anteriores, essas relações se estabelecem entre os coeficientes e as raízes de uma equação algébrica do 2º grau. Veremos em seguida as relações para equações algébricas de grau maior do que 2.

Na equação de 3º grau

Consideremos a equação algébrica do 3º grau $ax^3 + bx^2 + cx + d = 0$ $(a \neq 0)$ e sejam $\mathbf{x_1}$, $\mathbf{x_2}$ e $\mathbf{x_3}$ as suas raízes.

A sua decomposição em fatores do 1º grau é:

$$ax^3 + bx^2 + cx + d = a(x - x_1)(x - x_2)(x - x_3)$$

Desenvolvendo o produto, temos:

$$ax^3 + bx^2 + cx + d = a[x^3 - (x_1 + x_2 + x_3)x^2 + (x_1x_2 + x_1x_3 + x_2x_3)x - x_1x_2x_3]$$

Dividindo todos os termos por **a**, vem:

$$x^3 + \frac{b}{a}x^2 + \frac{c}{a}x + \frac{d}{a} = x^3 - (x_1 + x_2 + x_3)x^2 + (x_1x_2 + x_1x_3 + x_2x_3)x - x_1x_2x_3$$

* Albert Girard, matemático francês (1595-1632).

Pela igualdade de polinômios, temos:

$$x_1 + x_2 + x_3 = -\frac{b}{a} \qquad x_1x_2 + x_1x_3 + x_2x_3 = \frac{c}{a} \qquad x_1x_2x_3 = -\frac{d}{a}$$

Na equação de 4º grau

Consideremos, agora, a equação algébrica do 4º grau $ax^4 + bx^3 + cx^2 + dx + e = 0$ $(a \neq 0)$ e sejam $\mathbf{x_1}$, $\mathbf{x_2}$, $\mathbf{x_3}$ e $\mathbf{x_4}$ as suas raízes.

A sua decomposição em fatores do 1º grau é:

$$ax^4 + bx^3 + cx^2 + dx + e = a(x - x_1)(x - x_2)(x - x_3)(x - x_4)$$

Usando o mesmo raciocínio para o desenvolvimento, obtemos:

$$x_1 + x_2 + x_3 + x_4 = -\frac{b}{a}$$

$$x_1x_2 + x_1x_3 + x_1x_4 + x_2x_3 + x_2x_4 + x_3x_4 = \frac{c}{a}$$

$$x_1x_2x_3 + x_1x_2x_4 + x_1x_3x_4 + x_2x_3x_4 = -\frac{d}{a}$$

$$x_1x_2x_3x_4 = \frac{e}{a}$$

Na equação de grau n

De forma análoga, considerando a equação algébrica de grau **n**:

$$a_nx^n + a_{n-1}x^{n-1} + a_{n-2}x^{n-2} + \dots + a_2x^2 + a_1x + a_0 = 0$$

de raízes $\mathbf{x_1}$, $\mathbf{x_2}$, $\mathbf{x_3}$, $\mathbf{x_4}$, ..., $\mathbf{x_n}$, são válidas as seguintes relações, entre as raízes e os coeficientes, conhecidas como *relações de Girard*:

1ª) A soma das raízes é:

$$x_1 + x_2 + x_3 + \dots + x_n = -\frac{a_{n-1}}{a_n}$$

2ª) O produto das **n** raízes é:

$$x_1x_2x_3 \cdot \dots \cdot x_n = (-1)^n \frac{a_0}{a_n}$$

3ª) A soma dos produtos das raízes, quando tomadas:

a) duas a duas, é:

$$x_1x_2 + x_1x_3 + \dots + x_{n-1}x_n = \frac{a_{n-2}}{a_n}$$

b) três a três, é:

$$x_1x_2x_3 + x_1x_2x_4 + \dots + x_{n-2}x_{n-1}x_n = -\frac{a_{n-3}}{a_n}$$

c) quatro a quatro, é:

$$x_1x_2x_3x_4 + x_1x_2x_3x_5 + \dots + x_{n-3}x_{n-2}x_{n-1}x_n = \frac{a_{n-4}}{a_n}$$

Exercícios resolvidos

36. Escreva as relações de Girard para a equação algébrica $x^3 + 7x^2 - 3x + 5 = 0$, considerando $\mathbf{x_1}$, $\mathbf{x_2}$ e $\mathbf{x_3}$ as raízes da equação.

Resolução:

Pela equação, temos:

$a_n = 1$ $\quad a_{n-2} = -3$

$a_{n-1} = 7$ $\quad a_0 = 5$

Assim, obtemos as seguintes relações:

$$x_1 + x_2 + x_3 = -\frac{a_{n-1}}{a_n} = -\frac{7}{1} = -7$$

$$x_1x_2 + x_1x_3 + x_2x_3 = \frac{a_{n-2}}{a_n} = \frac{-3}{1} = -3$$

$$x_1x_2x_3 = (-1)^n\frac{a_0}{a_n} = (-1)^3\frac{5}{1} = -5$$

Fazendo de forma mais prática, temos:

$$x_1 + x_2 + x_3 = -\left(\frac{7}{1}\right) = -7$$

$$x_1x_2 + x_1x_3 + x_2x_3 = +\left(\frac{-3}{1}\right) = -3$$

$$x_1x_2x_3 = -\left(\frac{5}{1}\right) = -5$$

Fique atento

Partindo de $-\left(\frac{b}{a}\right)$, alternamos os sinais de **−** e **+** para $\frac{b}{a}, \frac{c}{a}, \frac{d}{a}, \frac{e}{a}, \frac{f}{a}$, e assim por diante, de acordo com o grau da equação.

37. Uma equação algébrica do 3º grau tem raízes −1, 1 e 2. Sabendo que o coeficiente do termo de 3º grau é 2, determine os outros coeficientes e escreva a equação.

Resolução:

Se a equação é do 3º grau, tem a forma $ax^3 + bx^2 + cx + d = 0$, com $a = 2$. Então, temos:

$2x^3 + bx^2 + cx + d = 0$

Daí, vem:

$$x_1 + x_2 + x_3 = -1 + 1 + 2 = 2 = -\left(\frac{b}{2}\right) \Rightarrow$$
$$\Rightarrow b = -4$$

$$x_1x_2 + x_1x_3 + x_2x_3 = -1 - 2 + 2 = -1 = +\left(\frac{c}{2}\right) \Rightarrow$$
$$\Rightarrow c = -2$$

$$x_1x_2x_3 = (-1)1 \cdot 2 = -2 = -\left(\frac{d}{2}\right) \Rightarrow d = 4$$

Logo, os outros coeficientes são $b = -4$, $c = -2$ e $d = 4$ e a equação pedida é $2x^3 - 4x^2 - 2x + 4 = 0$.

Para refletir

Podemos escrever a equação com $a = 1$ e depois multiplicar todos os seus termos por 2. Faça isso e confira.

38. Escreva as relações de Girard para a equação algébrica $3x^4 - 2x^3 - 5x^2 + 3x + 7 = 0$, sendo $\mathbf{x_1}$, $\mathbf{x_2}$, $\mathbf{x_3}$ e $\mathbf{x_4}$ as quatro raízes.

Resolução:

$$x_1 + x_2 + x_3 + x_4 = -\left(\frac{-2}{3}\right) = \frac{2}{3}$$

$$x_1x_2 + x_1x_3 + x_1x_4 + x_2x_3 + x_2x_4 + x_3x_4 =$$
$$= +\left(\frac{-5}{3}\right) = -\frac{5}{3}$$

$$x_1x_2x_3 + x_1x_2x_4 + x_1x_3x_4 + x_2x_3x_4 = -\left(\frac{3}{3}\right) = -1$$

$$x_1x_2x_3x_4 = +\left(\frac{7}{3}\right) = \frac{7}{3}$$

39. Sendo $\mathbf{x_1}$, $\mathbf{x_2}$ e $\mathbf{x_3}$ as raízes da equação $x^3 - 2x^2 - 4x + 1 = 0$, calcule $x_1^2 + x_2^2 + x_3^2$.

Resolução:

Pelas relações de Girard, sabemos que:

$x_1 + x_2 + x_3 = 2$ (I)

$x_1x_2 + x_1x_3 + x_2x_3 = -4$ (II)

$x_1x_2x_3 = -1$ (III)

Considerando a relação (I), vamos elevar ambos os membros ao quadrado:

$$(x_1 + x_2 + x_3)^2 = 2^2 \Rightarrow$$
$$\Rightarrow x_1^2 + x_2^2 + x_3^2 + 2x_1x_2 + 2x_1x_3 + 2x_2x_3 = 4 \Rightarrow$$
$$\Rightarrow x_1^2 + x_2^2 + x_3^2 + 2(x_1x_2 + x_1x_3 + x_2x_3) = 4$$

Como $x_1x_2 + x_1x_3 + x_2x_3 = -4$, temos:

$$x_1^2 + x_2^2 + x_3^2 + 2(-4) = 4 \Rightarrow$$
$$\Rightarrow x_1^2 + x_2^2 + x_3^2 - 8 = 4 \Rightarrow x_1^2 + x_2^2 + x_3^2 = 12$$

Logo, $x_1^2 + x_2^2 + x_3^2 = 12$.

40. As raízes da equação $x^3 - 9x^2 + 23x - 15 = 0$ estão em PA. Nessa condição, resolva a equação.

Resolução:

Sendo $\mathbf{x_1}$, $\mathbf{x_2}$ e $\mathbf{x_3}$ as raízes da equação, vamos representá-las por:

$x_1 = \alpha - r$
$x_2 = \alpha$
$x_3 = \alpha + r$

Pela relação de Girard, temos:

$x_1 + x_2 + x_3 = 9 \Rightarrow \alpha - \not{r} + \alpha + \alpha + \not{r} = 9 \Rightarrow$

$\Rightarrow 3\alpha = 9 \Rightarrow \alpha = 3$

Como $x_2 = \alpha = 3$ é uma das raízes, temos:

$p(x) = (x - 3)q(x) = 0$

3	1	−9	23	−15
	1	−6	5	0

$q(x) = x^2 - 6x + 5 = 0$

Resolvendo a equação, obtemos x' = 5 e x" = 1.

Logo, S = {1, 3, 5}.

41. Resolva a equação $x^3 - 5x^2 + 7x - 3 = 0$, sabendo que uma raiz é dupla.

Resolução:

Como uma raiz é dupla, vamos indicar as raízes por $\mathbf{x_1}$, $\mathbf{x_1}$ e $\mathbf{x_2}$.

Usando as relações de Girard, temos:

$x_1 + x_1 + x_2 = 5 \Rightarrow 2x_1 + x_2 = 5$ (I)

$x_1x_1 + x_1x_2 + x_1x_2 = 7 \Rightarrow x_1^2 + 2x_1x_2 = 7$ (II)

$x_1x_1x_2 = 3 \Rightarrow x_1^2x_2 = 3$ (III)

Da relação (I), temos:

$2x_1 + x_2 = 5 \Rightarrow x_2 = 5 - 2x_1$

Substituindo em (II), vem:

$x_1^2 + 2x_1x_2 = 7 \Rightarrow x_1^2 + 2x_1(5 - 2x_1) = 7 \Rightarrow$

$\Rightarrow x_1^2 + 10x_1 - 4x_1^2 - 7 = 0 \Rightarrow$

$\Rightarrow -3x_1^2 + 10x_1 - 7 = 0 \Rightarrow 3x_1^2 - 10x_1 + 7 = 0$

$\Delta = 16$

$x_1 = \dfrac{10 \pm 4}{6} \Rightarrow x_1' = \dfrac{7}{3}$ e $x_1'' = 1$.

Vamos verificar qual dos valores de $\mathbf{x_1}$ é raiz da equação inicial:

$p\left(\dfrac{7}{3}\right) = -\dfrac{32}{27} \Rightarrow \dfrac{7}{3}$ não é a raiz da equação

$p(1) = 0 \Rightarrow 1$ é a raiz dupla da equação

Assim, se $x_1 = 1$, vem:

$x_2 = 5 - 2(1) = 3$

Logo, S = {1, 3}.

42. As raízes da equação $8x^3 - kx^2 + 7x - 1 = 0$, com $k \in \mathbb{R}$, são três números reais em PG. Determine essas raízes.

Resolução:

Se as raízes estão em PG, podem ser representadas por $\dfrac{r}{q}$, r e rq ($q \neq 0$).

Usando uma das relações de Girard, temos:

$\dfrac{r}{q} \cdot r \cdot rq = -\left(\dfrac{-1}{8}\right) \Rightarrow r^3 = \dfrac{1}{8} \Rightarrow$

$\Rightarrow r = \dfrac{1}{2}$ (uma das raízes)

Substituindo a raiz $\dfrac{1}{2}$ na equação, vem:

$8\left(\dfrac{1}{2}\right)^3 - k\left(\dfrac{1}{2}\right)^2 + 7 \cdot \dfrac{1}{2} - 1 = 0 \Rightarrow$

$\Rightarrow 1 - \dfrac{k}{4} + \dfrac{7}{2} - 1 = 0 \Rightarrow \dfrac{k}{4} = \dfrac{7}{2} \Rightarrow k = 14$

Se k = 14, a equação é $8x^3 - 14x^2 + 7x - 1 = 0$ e $\dfrac{1}{2}$ é uma das raízes. Podemos então obter as outras raízes:

$\frac{1}{2}$	8	−14	7	−1
	8	−10	2	0

$8x^2 - 10x + 2 = 0 \Rightarrow 4x^2 - 5x + 1 = 0$

$\Delta = 9$

$x = \dfrac{5 \pm 3}{8} \Rightarrow x' = 1$ e $x'' = \dfrac{1}{4}$.

Logo, as raízes são $\dfrac{1}{4}$, $\dfrac{1}{2}$ e 1.

Exercícios propostos

55. A equação $3x^3 + 2x^2 - x - 3 = 0$ admite raízes $\mathbf{x_1}$, $\mathbf{x_2}$ e $\mathbf{x_3}$. Escreva as relações de Girard para essa equação.

56. Os números −2 e 3 são duas raízes da equação $2x^3 - x^2 + mx + n = 0$, em que $m \in \mathbb{R}$, $n \in \mathbb{R}$. Determine a terceira raiz da equação e os valores de **m** e **n**.

57. Consideremos a equação polinomial $x^3 - 2x^2 + ax + b = 0$. Sabendo que os números 1 e −3 são raízes da equação, calcule a terceira raiz e escreva a equação.

58. As raízes da equação polinomial $x^3 - 15x^2 + 71x - 105 = 0$ estão em PA. Calcule essas raízes.

59. Resolva a equação algébrica $x^3 - 3x^2 - 6x + 8 = 0$, sabendo que a soma de duas de suas raízes é igual a 5.

60. Sendo **a**, **b** e **c** as raízes da equação $2x^3 + 13x^2 - 5x + 1 = 0$, determine o valor de $a^2 + b^2 + c^2$.

61. Os números **a**, **b** e **c** são as raízes da equação $2x^3 - 4x^2 + 3x - 1 = 0$. Nessas condições, qual é o valor da expressão $\frac{1}{ab} + \frac{1}{ac} + \frac{1}{bc}$?

62. Qual é o valor de **k** na equação algébrica $x^3 - 3x^2 - 6x + k = 0$ para que as raízes da equação estejam em PA?

63. Calcule o determinante da matriz $\begin{bmatrix} a & a & -c \\ 0 & b & c \\ 1 & 0 & 1 \end{bmatrix}$, sabendo que **a**, **b** e **c** são as raízes da equação $x^3 - 5x^2 + 4 = 0$.

12 Pesquisa de raízes racionais de uma equação algébrica de coeficientes inteiros

As equações polinomiais de grau maior do que 2 não têm um processo determinado de resolução por meio de fórmulas. Devemos procurar, então, uma ou mais raízes para com elas encontrar todas as raízes.

Vamos agora estudar uma propriedade que auxilia na pesquisa das raízes racionais de uma equação algébrica de coeficientes inteiros.

Se o número racional $\frac{p}{q}$, com **p** e **q** primos entre si, é raiz de uma equação algébrica de coeficientes inteiros:

$$a_nx^n + a_{n-1}x^{n-1} + a_{n-2}x^{n-2} + \ldots + a_2x^2 + a_1x + a_0 = 0$$

então **p** é divisor de $\mathbf{a_0}$ e **q** é divisor de $\mathbf{a_n}$.

? Você sabia

Dizer que o número racional $\frac{p}{q}$ tem **p** e **q** inteiros e primos entre si equivale a dizer que $\frac{p}{q}$ é uma fração irredutível.

Exercícios resolvidos

43. Pesquise as raízes racionais da equação $3x^3 + 2x^2 - 7x + 2 = 0$.

Resolução:

Na equação dada, temos $a_0 = 2$ e $a_n = 3$.

p é divisor de $2 \Rightarrow p \in \{-1, 1, -2, 2\}$

q é divisor de $3 \Rightarrow q \in \{-1, 1, -3, 3\}$

Pela propriedade, as prováveis raízes racionais são:

$$\frac{p}{q} \in \left\{-1, 1, -2, 2, -\frac{1}{3}, \frac{1}{3}, -\frac{2}{3}, \frac{2}{3}\right\}$$

Fazendo a verificação, temos:

$p(-1) = 8 \Rightarrow -1$ (não é raiz)

$p(1) = 0 \Rightarrow 1$ é raiz

A partir da raiz descoberta, vem:

1	3	2	−7	2
	3	5	−2	0

$3x^2 + 5x - 2 = 0$

$\Delta = 25 + 24 = 49$

$x = \frac{-5 \pm 7}{6} \Rightarrow x' = \frac{2}{6} = \frac{1}{3}$ e $x'' = \frac{-12}{6} = -2$

Logo, $S = \left\{-2, \frac{1}{3}, 1\right\}$.

Observação: Como as outras duas raízes, além de 1, também são números racionais, elas seriam descobertas se a pesquisa das raízes racionais prosseguisse:

$p(-2) = 0 \Rightarrow -2$ é raiz

$p(2) = 20 \Rightarrow 2$ não é raiz

$p\left(-\frac{1}{3}\right) = \frac{40}{9} \Rightarrow -\frac{1}{3}$ não é raiz

$p\left(\frac{1}{3}\right) = 0 \Rightarrow \frac{1}{3}$ é raiz

$p\left(-\frac{2}{3}\right) = \frac{20}{3} \Rightarrow -\frac{2}{3}$ não é raiz

$p\left(\frac{2}{3}\right) = -\frac{8}{9} \Rightarrow \frac{2}{3}$ não é raiz

Fique atento

- Nem todo número $\frac{p}{q}$ obtido é raiz da equação.
- Essa pesquisa de raízes racionais só pode ser feita em equações com todos os coeficientes inteiros.

44. Resolva a equação $x^4 + x^3 - 7x^2 - x + 6 = 0$.

Resolução:

Pela equação dada, temos $a_0 = 6$ e $a_n = 1$.

p é divisor de 6 $\Rightarrow p \in \{-1, 1, -2, 2, -3, 3, -6, 6\}$

q é divisor de 1 $\Rightarrow q \in \{-1, 1\}$

Pela propriedade, as possíveis raízes racionais são:

$\frac{p}{q} \in \{-1, 1, -2, 2, -3, 3, -6, 6\}$

Fazendo a pesquisa, temos:

$p(-1) = 0 \Rightarrow -1$ é raiz

$p(1) = 0 \Rightarrow 1$ é raiz

Observando que -1 e 1 são raízes da equação, vamos obter as outras duas raízes:

−1	1	1	−7	−1	6
1	1	0	−7	6	0
	1	1	−6	0	

Daí, temos:

$p(x) = (x + 1)(x - 1)q(x) = 0$ e $q(x) = x^2 + x - 6$

Fazendo $x^2 + x - 6 = 0$ e resolvendo a equação, obtemos $x' = 2$ e $x'' = -3$.

Logo, $S = \{-1, -3, 1, 2\}$.

Fique atento

- Se a soma dos coeficientes do polinômio for nula, então 1 é raiz do polinômio.
- Se o termo independente for nulo, então 0 é raiz.

45. Determine as raízes inteiras da equação algébrica $2x^3 + 5x^2 - x - 6 = 0$.

Resolução:

Pela equação dada, temos $a_0 = -6$ e $a_n = 2$.

p é divisor de $-6 \Rightarrow p \in \{-1, 1, -2, 2, -3, 3, -6, 6\}$

q é divisor de 2 $\Rightarrow q \in \{-1, 1, -2, 2\}$

Pela propriedade, as possíveis raízes racionais são:

$\frac{p}{q} \in \left\{-1, 1, -2, 2, -3, 3, -6, 6, -\frac{1}{2}, \frac{1}{2}, -\frac{3}{2}, \frac{3}{2}\right\}$

Como foram pedidas apenas as raízes inteiras, temos:

$p(-1) = -2 \Rightarrow -1$ não é raiz

$p(1) = 0 \Rightarrow 1$ é raiz

Vamos determinar, agora, as outras duas raízes:

1	2	5	−1	−6
	2	7	6	0

$p(x) = (x - 1)q(x)$ e $q(x) = 2x^2 + 7x + 6$

Fazendo $2x^2 + 7x + 6 = 0$ e resolvendo a equação, obtemos $x' = -\frac{3}{2}$ e $x'' = -2$.

Logo, as raízes inteiras da equação são 1 e -2.

46. (FGV-SP) Durante o último jogo da seleção brasileira, brinquei com meu primo, apostando quem conseguiria colocar mais pipocas na boca. Comecei colocando 2 na boca e fui aumentando **r** pipocas por vez, como em uma PA. Ele começou colocando 1 na boca e foi multiplicando por **r**, como numa PG. Na quarta vez em que colocamos pipocas na boca, descobrimos que a quantidade colocada por nós dois foi a mesma. Nessa nossa brincadeira, o valor de **r** é:

a) um número quadrado perfeito.
b) um número maior que 3.
c) um divisor de 15.
d) um múltiplo de 3.
e) um número primo.

> RESOLUÇÃO PASSO A PASSO:

1. Lendo e compreendendo

a) O que é dado no problema?
São dadas uma PA cujo primeiro termo é 2 e uma PG de primeiro termo 1, ambas de razão **r**. É informado que o 4º termo de ambas é igual.

b) O que se pede?
O valor de **r**, que, segundo o enunciado, é a razão das sequências descritas no texto.

2. Planejando a solução

Vamos obter o 4º termo de cada sequência, igualá-los e resolver a equação cúbica resultante. Para tal, precisaremos obter uma raiz.

3. Executando o que foi planejado

Vamos construir a PA e a PG de acordo com o enunciado:

PA $(2, 2 + r, 2 + 2r, 2 + 3r, \ldots)$

PG $(1, r, r^2, r^3, \ldots)$

Como o 4º termo das duas sequências é igual, então temos que $r^3 = 2 + 3r$.

Para obter o valor de **r**, precisamos resolver a equação $r^3 - 3r - 2 = 0$. Vamos então pesquisar as prováveis raízes racionais dessa equação:

p é divisor de 2 $\Rightarrow p \in \{-1, 1, -2, 2\}$

q é divisor de 1 $\Rightarrow q \in \{-1, 1\}$

Então, $\frac{p}{q} \in \{-1, 1, -2, 2\}$

Fazendo a verificação:

$p(-1) = (-1)^3 - 3(-1) - 2 \Rightarrow$
$\Rightarrow p(-1) = -1 + 3 - 2 = 0$
Como $p(-1) = 0$, então -1 é raiz.

Vamos eliminar a raiz -1 utilizando o dispositivo de Briot-Ruffini e obter as raízes restantes:

−1	1	0	−3	−2
	1	−1	−2	0

Portanto, as duas raízes restantes são as raízes da equação $r^2 - r - 2 = 0$:

$\Delta = (-1)^2 - 4 \cdot 1 \cdot (-2) = 9$

$$r = \frac{-(-1) \pm \sqrt{9}}{2 \cdot 1} = \frac{1 \pm 3}{2} \Rightarrow r = 2 \text{ ou } r = -1$$

Assim, o conjunto solução dessa equação é $S = \{-1, 2\}$. Porém, para haver coerência com o enunciado, somente a raiz positiva pode ser a razão das sequências apresentadas (não há "pipocas negativas"). Desse modo, $r = 2$; portanto, **r** é um número primo.

4. Verificando

Se $r = 2$ é solução, então as sequências da PA e de PG do enunciado são:

PA (2, 4, 6, 8, ...)

PG (1, 2, 4, 8, ...)

Como o 4º elemento de cada sequência é o mesmo, isso verifica que 2 é o valor procurado.

5. Respondendo

A resposta é a alternativa **e**.

6. Ampliando o problema

a) Quantas pipocas o narrador colocou na boca até o momento relatado no texto? E o primo?

b) Se os rapazes continuarem a brincadeira, seguindo as mesmas regras, qual dos dois (o narrador ou o primo) conseguirá continuar pondo pipoca na boca?

Exercícios propostos

64. Pesquise as raízes racionais das equações algébricas a seguir:

a) $2x^3 - x^2 - 2x + 1 = 0$

b) $4x^4 - 4x^3 - 3x^2 + 4x - 1 = 0$

c) $4x^3 - 5x + 1 = 0$

d) $2x^3 - 7x^2 + 7x - 2 = 0$

65. Determine as raízes da equação $x^4 + 2x^3 - 2x^2 + 2x - 3 = 0$.

13 Raízes complexas não reais numa equação algébrica de coeficientes reais

Consideremos a equação algébrica $x^2 - 2x + 2 = 0$, que tem todos os coeficientes reais e pode ser resolvida pela chamada fórmula de Bhaskara:

$$x = \frac{2 \pm \sqrt{-4}}{2} = \frac{2 \pm 2i}{2} \Rightarrow x' = 1 + i \text{ e } x'' = 1 - i$$

$$S = \{1 + i, 1 - i\}$$

Observemos que a raiz $1 + i$ é um número complexo não real e a outra raiz, $1 - i$, é o seu conjugado.

Podemos demonstrar que, se uma equação polinomial de coeficientes reais admite como raiz o número complexo $a + bi$, com $b \neq 0$, então o complexo conjugado $a - bi$ também é raiz da equação.

Antes de fazer a demonstração, vamos lembrar as propriedades do conjugado de um número complexo vistas no capítulo anterior.

Dados os números complexos $\mathbf{z_1}$ e $\mathbf{z_2}$ e sendo $\overline{z_1}$ e $\overline{z_2}$ os seus respectivos conjugados, temos:

- $z_1 = z_2 \Leftrightarrow \overline{z_1} = \overline{z_2}$
- $\overline{z_1 + z_2} = \overline{z_1} + \overline{z_2}$
- $z_1 = \overline{z_1} \Leftrightarrow \mathbf{z_1}$ é número real
- $\overline{z_1 z_2} = \overline{z_1}\,\overline{z_2}$
- $\overline{z_1^n} = (\overline{z_1})^n$

Consideremos, agora, a equação algébrica de grau $n > 1$, com todos os coeficientes reais:

$$a_n x^n + a_{n-1} x^{n-1} + \dots + a_1 x + a_0 = 0$$

Vamos supor que o número complexo não real **z** seja raiz dessa equação e demonstrar que $\bar{z}$ também é. Procure justificar cada passagem.

$$z \text{ é raiz} \Rightarrow a_n z^n + a_{n-1} z^{n-1} + \dots + a_1 z + a_0 = 0 \Rightarrow$$
$$\Rightarrow \overline{a_n z^n + a_{n-1} z^{n-1} + \dots + a_1 z + a_0} = \overline{0} \Rightarrow$$
$$\Rightarrow \overline{a_n z^n} + \overline{a_{n-1} z^{n-1}} + \dots + \overline{a_1 z} + \overline{a_0} = 0 \Rightarrow$$
$$\Rightarrow a_n \overline{z^n} + a_{n-1} \overline{z^{n-1}} + \dots + a_1 \bar{z} + a_0 = 0 \Rightarrow$$
$$\Rightarrow a_n (\bar{z})^n + a_{n-1} (\bar{z})^{n-1} + \dots + a_1 \bar{z} + a_0 = 0 \Rightarrow \bar{z} \text{ é raiz}$$

> **Fique atento**
>
> Em uma equação algébrica de coeficientes reais, se **z** é raiz de multiplicidade **m**, $\bar{z}$ também é raiz de multiplicidade **m**.

Uma diferença importante entre equação algébrica de coeficientes reais de graus par e ímpar é que a de grau ímpar tem no mínimo uma raiz real. Observe os gráficos abaixo, que mostram três funções polinomiais do 3º grau. Note que haverá no mínimo uma raiz real.

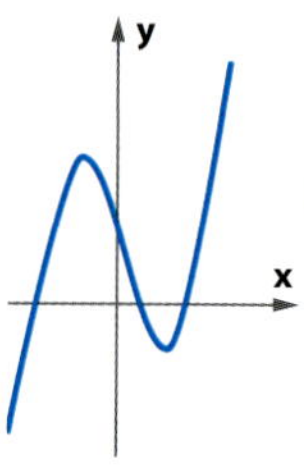

$p(x) = x^3 - 3x + 1$
3 raízes reais

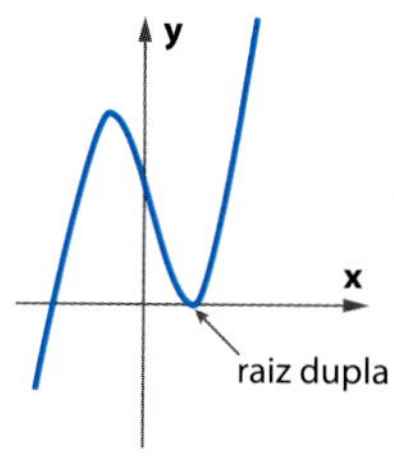

$p(x) = x^3 - 3x + 2$
3 raízes reais

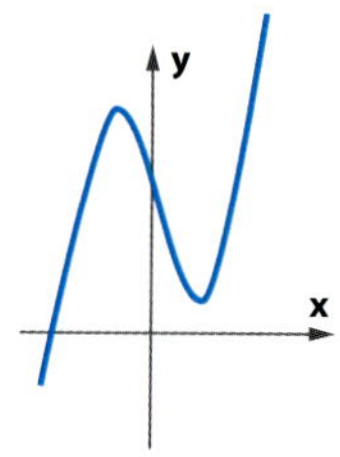

$p(x) = x^3 - 3x + 3$
1 raiz real

As próximas figuras mostram o gráfico de seis funções polinomiais do 4º grau. Note que não há necessidade de haver raiz real; quando há, existem duas ou quatro, pois as imaginárias vêm aos pares.

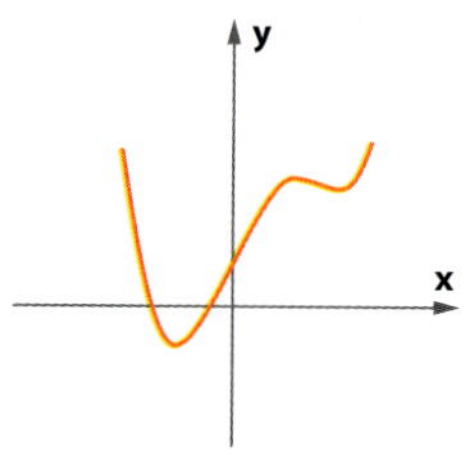

$p(x) = 3x^4 + 4x^3 - 12x^2 + 36$
Nenhuma raiz real

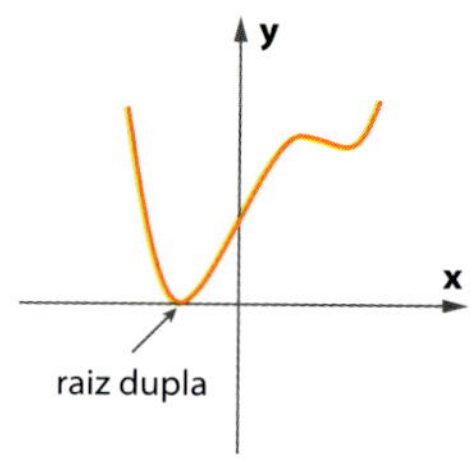

$p(x) = 3x^4 + 4x^3 + 12x^2 + 32$
2 raízes reais

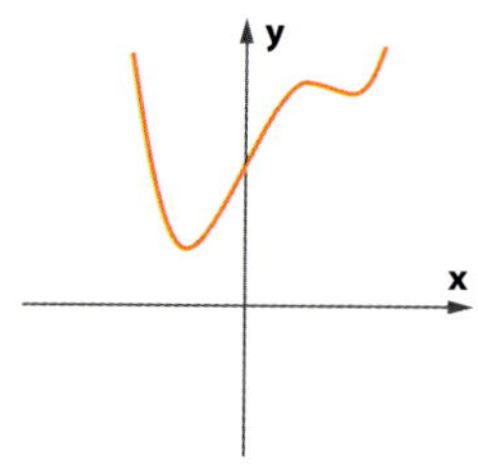

$p(x) = 3x^4 + 4x^3 - 12x^2 + 24$
2 raízes reais

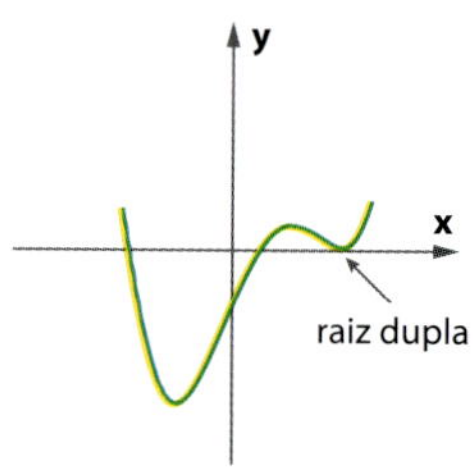

$p(x) = 3x^4 + 4x^3 - 12x^2 + 5$
4 raízes reais

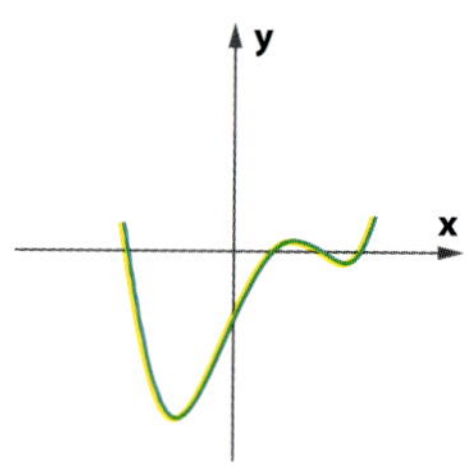

$p(x) = 3x^4 + 4x^3 - 12x^2 + 4$
4 raízes reais

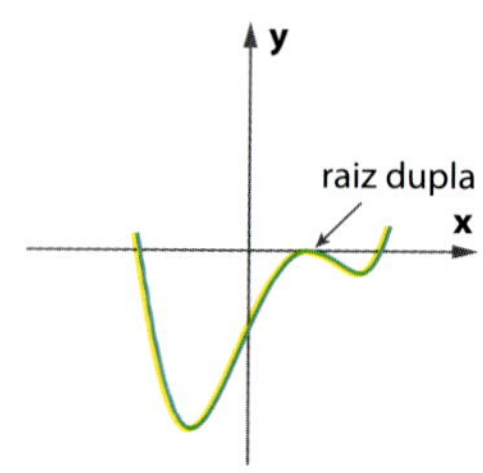

$p(x) = 3x^4 + 4x^3 - 12x^2 + 36$
4 raízes reais

Exercícios resolvidos

47. Resolva as equações abaixo:

a) $x^4 - 9x^3 + 30x^2 - 42x + 20 = 0$, sabendo que $3 + i$ é uma raiz da equação;

b) $x^5 - 3x^4 + 5x^3 - 15x^2 + 4x - 12 = 0$, sabendo que **i** e $2i$ são raízes.

Resolução:

a) $x^4 - 9x^3 + 30x^2 - 42x + 20 = 0$

Se $3 + i$ é raiz da equação dada, então seu conjugado $3 - i$ é também raiz da equação. Logo:

$p(x) = [x - (3 + i)][x - (3 - i)]q(x) =$

$= [(x - 3) - i][(x - 3) + i]q(x) =$

$= [(x - 3)^2 - i^2]q(x) = (x^2 - 6x + 10)q(x)$

Vamos calcular $q(x)$, dividindo $p(x)$ por $x^2 - 6x + 10$:

$$\begin{array}{rrrrr|l} x^4 & -9x^3 & +30x^2 & -42x & +20 & x^2 - 6x + 10 \\ -x^4 & +6x^3 & -10x^2 & & & x^2 - 3x + 2 \\ \hline & -3x^3 & +20x^2 & -42x & +20 & \\ & +3x^3 & -18x^2 & +30x & & \\ \hline & & 2x^2 & -12x & +20 & \\ & & -2x^2 & +12x & -20 & \\ \hline & & & & 0 & \end{array}$$

Então, $q(x) = x^2 - 3x + 2$.

Fazendo $x^2 - 3x + 2 = 0$ e resolvendo a equação, obtemos $x' = 2$ e $x'' = 1$.

Logo, $S = \{3 + i, 3 - i, 2, 1\}$.

b) $x^5 - 3x^4 + 5x^3 - 15x^2 + 4x - 12 = 0$

Se **i** e 2i são raízes, como todos os coeficientes são números reais, podemos garantir que seus conjugados **−i** e −2i também são raízes. Resta descobrir a quinta raiz, que é um número real:

i	1	−3	5	−15	4	−12
−i	1	−3 + i	4 − 3i	−12 + 4i	−12i	0
2i	1	−3	4	−12	0	
−2i	1	−3 + 2i	−6i	0		
	1	−3	0			

$x - 3 = 0 \Rightarrow x = 3$

Logo, $S = \{i, -i, 2i, -2i, 3\}$.

Para refletir

O que garante ser a quinta raiz um número real?

48. Cortando-se quadrados de 2 cm de lado nos cantos de uma folha quadrada de papelão de 14 cm de lado e dobrando-os conforme a figura a seguir, obtém-se uma caixa sem tampa cujo volume é igual a 200 cm³.

Existe algum outro valor do lado do quadrado a ser recortado em cada canto para o qual o volume da caixa resultante também seja igual a 200 cm³? Qual é esse valor, caso ele exista?

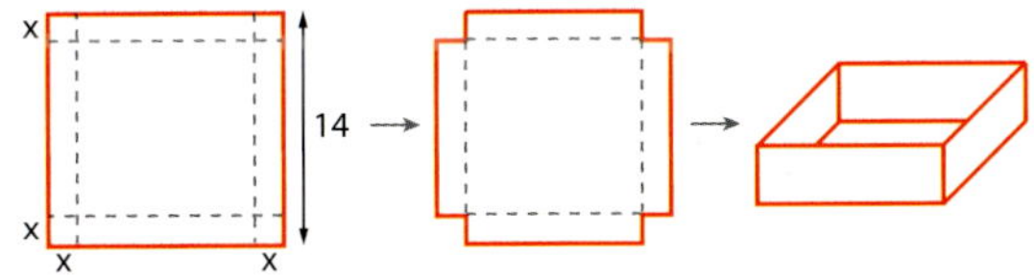

Resolução:

O volume da caixa é dado por:

$A_B \cdot h = (14 - 2x)^2 \cdot x = 200 \Rightarrow$

$\Rightarrow (196 - 56x + 4x^2)x - 200 = 0 \Rightarrow$

$\Rightarrow 4x^3 - 56x^2 + 196x - 200 = 0$

Dividindo por 4, temos a equação equivalente

$x^3 - 14x^2 + 49x - 50 = 0$.

Do enunciado, sabemos que $x = 2$ é uma raiz dessa equação, então $x^3 - 14x^2 + 49x - 50$ é divisível por $(x - 2)$.

Usando o dispositivo prático de Briot-Ruffini, temos:

2	1	−14	49	−50
	1	−12	25	0

Daí, temos que $x^3 - 14x^2 + 49x - 50 = (x - 2)(x^2 - 12x + 25)$. As raízes de $x^2 - 12x + 25 = 0$ são $6 + \sqrt{11}$ e $6 - \sqrt{11}$.

Como o lado **x** do quadrado recortado deve ser menor que a metade do lado do quadrado maior, então $6 + \sqrt{11}$ não é aceitável. Assim, apenas $6 - \sqrt{11}$ (aproximadamente 2,68 cm) é solução do problema.

Logo, esse valor existe; é $\left(6 - \sqrt{11}\right)$ cm (aproximadamente 2,68 cm).

Exercícios propostos

66. Determine as raízes das equações abaixo, sabendo que **i** é uma das raízes:

a) $x^4 - x^3 - 11x^2 - x - 12 = 0$

b) $x^4 - 4x^3 + 6x^2 - 4x + 5 = 0$

67. Qual deve ser o valor de **a** para que 2i seja uma das raízes da equação $x^4 - 3x^3 + 6x^2 + ax + 8 = 0$?

68. Os números 1 e 2 + i são raízes da equação algébrica $x^3 + ax^2 + bx - c = 0$, em que **a**, **b** e **c** são coeficientes reais. Calcule o valor do coeficiente **c**.

69. O número 2 + i é uma das raízes da equação $3x^3 - 14x^2 + mx - 10 = 0$. Nessas condições, calcule o valor de **m** e a raiz real da equação.

Portal Pedagógico

Acesse o *Portal Pedagógico* (veja instruções na seção "Conheça seu livro", página 5) e amplie o estudo deste capítulo. Selecione o capítulo 6 e você encontrará os seguintes materiais:

- *Atividades adicionais* (Atividades para imprimir);
- *Métodos numéricos para resolução de equações* (Texto complementar);
- *Polinômios* (*Slides* para aula).

Desafios

1. (ITA-SP) Se P(x) é um polinômio do 5º grau que satisfaz as condições $1 = P(1) = P(2) = P(3) = P(4) = P(5)$ e $P(6) = 0$, então temos:

a) $P(0) = 4$.
b) $P(0) = 3$.
c) $P(0) = 9$.
d) $P(0) = 2$.
e) nda.

2. Cortando-se quadrados de lado 3 cm nos cantos de uma folha quadrada de papelão de 20 cm de lado e dobrando conforme a figura, formamos uma caixa sem tampa cujo volume é igual a 588 cm³. Existe algum outro valor do lado do quadrado a ser recortado em cada canto para o qual o volume da caixa resultante também seja igual a 588 cm³?

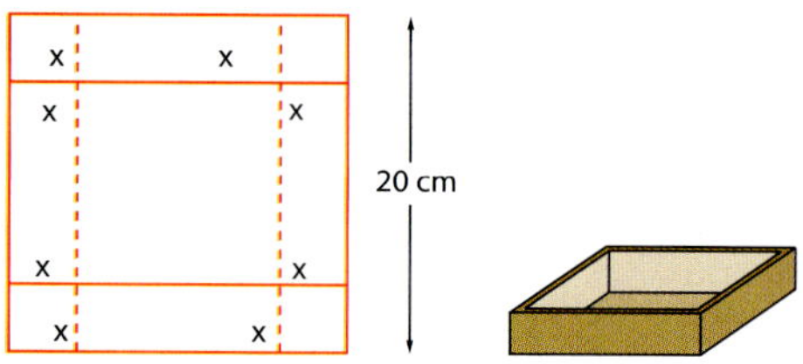

3. Na tentativa de analisar em que situações certa empresa teria lucro, o gerente fez um levantamento da receita e do custo que essa empresa tinha com a produção de **x** peças (**x** em milhares). Após calcular a diferença entre a receita e o custo, chegou à função $L(x) = x^3 - 7x^2 + 14x - 8$, que representa o lucro da empresa em milhares de reais com a produção de **x** peças. De acordo com essa situação, responda:

a) Se a empresa não produzir qualquer peça, significa dizer que ela não terá lucro nem prejuízo?
b) Determine o valor de L(x) na venda de 3 000 peças. Interprete esse resultado.
c) Quantas peças devem ser vendidas para que a empresa não tenha lucro nem prejuízo?
d) Em quais intervalos de unidades vendidas a empresa passa a ter lucro?

4. (Mack-SP) Considerando as divisões de polinômios, podemos afirmar que o resto da divisão de P(x) por $x^2 - 8x + 12$ é:

P(x)	x − 2
4	Q(x)

Q(x)	x − 6
1	$Q_1(x)$

a) $3x - 2$.
b) $x + 1$.
c) $2x + 2$.
d) $2x + 1$.
e) $x + 2$.

PENSANDO NO ENEM

1. Com a intenção de interditar certa rua durante os sábados à tarde para a realização de uma feira artesanal, a Prefeitura procurou saber quantos motoristas seriam prejudicados. Para isso, os técnicos monitoraram a quantidade de veículos em determinado sábado, entre 12h e 17h. Verificou-se que a quantidade de veículos poderia ser expressa pela função polinomial:
$Q(t) = t^3 + bt^2 + ct + d$, em que Q(t) é a quantidade de veículos que passaram naquela rua durante as **t** primeiras horas contadas a partir do início do monitoramento, que se deu ao meio-dia. Sabendo que, exatamente no início do monitoramento estavam passando 4 veículos, isto é, $Q(0) = 4$, uma hora depois foi contabilizado um total de 8 veículos e, no final do monitoramento (às 17h) um total de 184 veículos, pode-se inferir que:

a) a função que modela esta situação é dada por $Q(t) = t^3 + t^2 + 2t + 4$.
b) 20 veículos passaram na rua desde o início dos estudos até as 14h.
c) o total de veículos que passou na rua durante a segunda hora da tarde foi igual 22.
d) 52 veículos passaram na rua durante a terceira hora da tarde.
e) 132 veículos passaram na rua durante as duas últimas horas dessa tarde.

2. Quando um reservatório está parcialmente cheio, uma torneira é aberta para enchê-lo. Depois de aberta a torneira, o volume de água que ainda falta para encher o reservatório, em metros cúbicos, é dado pela função $V(t) = t^3 - 2t^2 - 4t + 8$, com **t** dado em horas. Sendo assim, o volume, em **m³**, da água contida no reservatório no momento em que a torneira foi aberta e o tempo (em horas) necessário para que o reservatório fique completamente cheio são, respectivamente, iguais a:

a) 8 e 2.
b) 2 e 8.
c) 4 e 6.
d) 3 e 6.
e) 6 e 3.

A MATEMÁTICA E AS PRÁTICAS SOCIAIS

O mundo geneticamente modificado

Os **transgênicos**, também conhecidos como organismos geneticamente modificados, são plantas e animais que tiveram sua composição genética modificada em laboratório por cientistas. Todos os organismos vivos são constituídos por conjuntos de genes. As diferentes composições desses conjuntos determinam as características de cada organismo. Pela alteração dessas composições os cientistas podem mudar as características de uma planta ou de um animal. O processo consiste na transferência de um gene responsável por determinada característica num organismo para outro ao qual se pretende incorporar essa característica. Nesse tipo de tecnologia é possível transferir genes de plantas ou bactérias, ou vírus, para outras plantas e ainda combinar genes de plantas com plantas, de plantas com animais ou de animais entre si, superando por completo as barreiras naturais que separam as espécies.

SCIENCE/AGENCE FRANCE-PRESSE

Andi (sigla invertida de "inserted DNA"), filhote de macaco Rhesus nascido em 2 de outubro de 2000, foi o primeiro primata transgênico criado no mundo. Embora pesquisas em animais transgênicos estejam em andamento desde 1980, a experiência gerou polêmica pelo fato de ter sido realizada com uma espécie próxima à humana.

Pesquisa divulgada em 2011 mostrava que 29 países plantavam lavouras geneticamente modificadas. A maior parte das plantações de transgênicos encontrava-se nos Estados Unidos, mas elas aumentaram nas nações em desenvolvimento mais rapidamente do que nas nações industrializadas. Dos dez maiores produtores mundiais, oito eram países em desenvolvimento, e dos vinte e nove que naquele momento produziam transgênicos, dezenove eram nações em desenvolvimento.

Áreas com culturas geneticamente modificadas

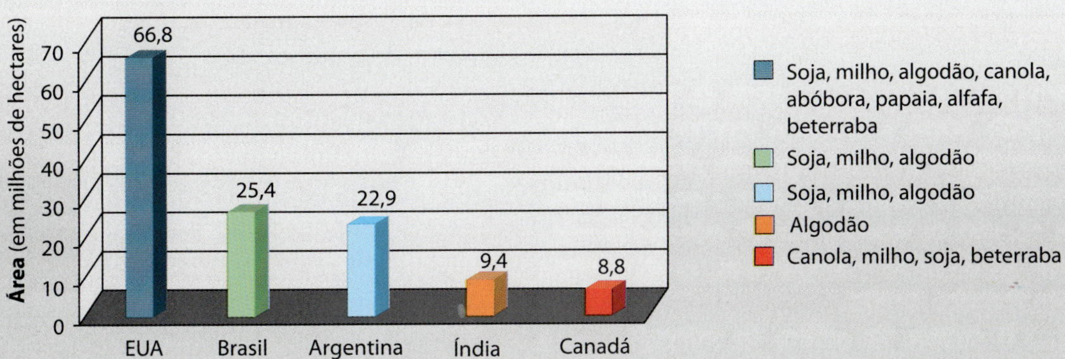

Adaptado de: <www.revistaepoca.globo.com/Revista/Epoca/0,,EMI213224-15227,0.html>. Acesso em 4 abr. 2011.

Calculando e compreendendo melhor o texto

1. Em 2011, no mundo todo há 148 milhões de hectares com lavoura transgênica. O estado de São Paulo tem uma área aproximada de 250 000 km^2. A área plantada com lavoura transgênica em 2011 corresponde a quantas vezes a área do estado de São Paulo?

2. Um fazendeiro deseja plantar lavouras geneticamente modificadas. O número de produtos diferentes que ele vai plantar equivale ao número de raízes distintas da equação $x^4 - 9x^3 + 30x^2 - 44x + 24 = 0$. Descubra o número de produtos distintos que o fazendeiro vai plantar.

   a) 0 b) 1 c) 2 d) 3 e) 4

Pesquisando e discutindo

3. Formem duas equipes. Em seguida, leiam os textos abaixo.

   I) No núcleo da pressão pelos transgênicos se encontra a fome de poder de um número restrito de enormes conglomerados empresariais, que, no limite, buscam usar as novas tecnologias para dominar a oferta de sementes e reduzir a autonomia dos agricultores e, por extensão, das sociedades. É assustador imaginar um futuro em que algo tão vital como as sementes – assim como as fontes da alimentação em geral – estejam nas mãos de pouquíssimas corporações.

   PÁDUA, José Augusto. Orgânicos × Transgênicos – A gente não quer só comida. *Folha de S.Paulo*, 29 out. 2006. Disponível em: <www.aspta.org.br/aspta>. Acesso em: 12 dez. 2009.

   II) O Brasil é o país onde o cultivo de lavouras transgênicas mais avança no mundo. Em 2010 foram plantados 25,4 milhões de hectares de lavouras geneticamente modificadas (soja, milho e algodão) – aumento de 19%, ou 4 milhões de hectares, em relação a 2009. A área total equivale ao estado do Piauí. O resultado levou o Brasil a manter a posição conquistada em 2009, quando ultrapassou a Argentina e passou a ocupar o segundo posto no *ranking* mundial dos 29 países que adotam as culturas transgênicas, atrás apenas dos Estados Unidos.

   "[...] O avanço do cultivo de transgênicos é preocupante porque o Brasil não possui meios eficazes para controlar os riscos que esse tipo de lavoura traz", diz Sérgio Leitão, diretor de campanhas do Greenpeace. "Entre os riscos a que os agricultores estão sujeitos está o de desabastecimento de sementes de grãos não transgênicos. [...] Outro problema é o surgimento de pragas mais resistentes, que surgem apenas em lavouras geneticamente modificadas", completa Leitão.

CLAYTON DE SOUZA/AGÊNCIA ESTADO

Milho transgênico e milho comum, respectivamente.

Disponível em: <cromatec.wordpress.com/2011/03/09/plantacao-de-transgenicos-avanca-no-brasil-e-cresce-19-em-apenas-um-ano>. Acesso em: 22 mar. 2011.

Pesquisem e discutam quais são os possíveis benefícios e malefícios dos alimentos geneticamente modificados. Peçam orientação ao professor de Biologia. Promovam um debate entre as duas equipes: uma defende os alimentos orgânicos, a outra defende os transgênicos. Usem recursos como cartazes, vídeos e panfletos.

Veja mais sobre o assunto

Procure mais informações em jornais, revistas e nos *sites*:

- <www.greenpeace.org.br/transgenicos/transgenicos.php>;
- <www.drauziovarella.ig.com.br/artigos/rtransgenicas.asp>;
- <www.esplar.org.br/publicacoes/transgenicos.htm>.

QUESTÕES DE VESTIBULAR

1. (Mack-SP) Determine $m \in \mathbb{R}$ para que o polinômio $p(x) = (m - 4)x^3 + (m^2 - 16)x^2 + (m + 4)x + 4$ seja de grau 2.

2. (UFG-GO) Considere o polinômio
$p(x) = (x - 1)(x - 3)^2(x - 5)^3(x - 7)^4(x - 9)^5(x - 11)^6$.
O grau de $p(x)$ é igual a:
a) 6. b) 21. c) 36. d) 720. e) 1 080.

3. (UFRGS-RS) Se $P(x)$ é um polinômio de grau 5, então o grau de $[P(x)]^3 + [P(x)]^2 + 2P(x)$ é:
a) 3. b) 8. c) 15. d) 20. e) 30.

4. (Mack-SP) Calcule os valores de **m**, **n** e **ℓ** para os quais o polinômio $p(x) = (2m - 1)x^3 - (5n - 2)x^2 + (3 - 2\ell)$ é nulo.

5. (Uece) Coloque **V** (verdadeira) ou **F** (falsa) nas seguintes proposições:
I) ( ) O quociente da divisão de um polinômio de grau $n + 2$ por um polinômio de grau $n - 1$ é um polinômio de grau 4.
II) ( ) O resto da divisão de um polinômio de grau $n + 1$ por um polinômio de grau **n** é um polinômio de grau menor que **n** ou é o polinômio identicamente nulo.
III) ( ) O resto da divisão de um polinômio de grau 25 por um polinômio de grau 17 pode ser um polinômio de grau 19.
IV) ( ) A soma dos coeficientes do polinômio $x^5(x^5 + 5) - x^2(10x - 1) + 8$ é igual a 5.

A sequência correta, de cima para baixo, é:
a) VFFV. c) VFVF.
b) FVFV. d) FVVF.

6. (UFRGS-RS) A soma dos coeficientes do polinômio $(x^2 + 3x - 3)^{50}$ é:
a) 0. b) 1. c) 5. d) 25. e) 50.

7. (Unir-RO) Se $p(x)$ é o polinômio dado por $p(x) = nx^n + (n - 1)x^{n-1} + (n - 2)x^{n-2} + \ldots + 2x^2 + x$, com **n** inteiro positivo, o valor de $p(1)$ é:
a) $\dfrac{n(n + 1)}{2}$ d) n
b) $\dfrac{(n + 1)(n + 2)}{2}$ e) $n + 2$
c) $n + 1$

8. (Uece) Se $P(x) = (x - 1)(x^3 + x^2 + x + 13) + 5$ e $Q(x) = \dfrac{P(x) - P(1)}{3x - 1}$ para $x \neq \dfrac{1}{3}$, então o valor de $Q(0)$ é igual a:
a) 13. b) 12. c) 11. d) 10.

9. (PUC-SP) Calcule o valor de **a** para que o resto da divisão do polinômio $p(x) = ax^3 - 2x + 1$ por $h(x) = x - 3$ seja igual a 4.

10. (UFPB) O polinômio $p(x) = x^4 - 4x^3 + mx^2 + 4x + n$ é divisível por $(x - 1)(x - 2)$. Calcule o valor de $5m + 2n$.

11. (FGV-SP) Determine o produto mn sabendo que o polinômio $p(x) = x^3 - 6x^2 + mx + n$ é divisível por $(x - 1)(x - 2)$.

12. (UFMS) Sabendo-se que o polinômio
$p(x) = x^3 - x^2 + mx - n$ é divisível pelo polinômio $q(x) = x^2 + x - 2$, é correto afirmar que:
a) $m + n = 0$. d) $m - 2n = 4$.
b) $m = 2n$. e) $m = n + 1$.
c) $m = -\dfrac{4}{3}$.

13. (UFMS) O resto da divisão do polinômio
$p(x) = 3x^3 - (5 + 3a)x^2 + (2 + 5a)x + 3a$ pelo polinômio $q(x) = x - a$ é igual ao número 35. Então, qual é o valor numérico do produto $p(2) \cdot q(20)$?

14. (UFPI) Considerem-se os polinômios
$p(x) = (x - 1)(x - 2)(x - 3) \ldots (x - 100)$ e $d(x) = x$.
O resto da divisão de $p(x)$ por $d(x)$ é:
a) -1. c) 100. e) 100!.
b) 0. d) 10!.

15. (UFCG-PB) A largura, a profundidade e a altura de um paralelepípedo são raízes do polinômio $p(x) = (x - 20)(x - 15)(x - n)$. O resto da divisão de **p** pelo monômio $x - 10$ é igual a 400. Diante desses dados, o volume do paralelepípedo é:
(Observação: u.v. significa unidade de volume.)
a) 800 u.v. d) 1 050 u.v.
b) 750 u.v. e) 1 500 u.v.
c) 600 u.v.

16. (UPE) Sabendo-se que
$$\frac{5x^2 - x + 2}{(x^2 + 2)(x - 1)} = \frac{Ax + B}{x^2 + 2} + \frac{B}{x - 1}$$
para quaisquer valores reais da variável **x** diferente de 1 e que **A** e **B** são ambos números reais, é correto afirmar que:
a) $A + B = 5$. d) $A + B = 0$.
b) $A - B = 5$. e) $A - B = 2$.
c) $B - A = 2$.

17. (Fuvest-SP) O polinômio $P(x) = x^3 + ax^2 + bx$, em que **a** e **b** são números reais, tem restos 2 e 4 quando dividido por $x - 2$ e $x - 1$, respectivamente. Assim, o valor de **a** é:

a) -6.
b) -7.
c) -8.
d) -9.
e) -10.

18. (UFPI) Seja p(x) um polinômio que, quando dividido por $(x - 1)$ e $(x - 2)$, deixa restos 1 e 2, respectivamente. Analise as afirmativas abaixo e assinale **V** (verdadeira) ou **F** (falsa).

1) p(x), quando dividido por $(x - 1) \cdot (x - 2)$, deixa resto $r(x) = x$.
2) p(x), quando dividido por $(x - 1) \cdot (x - 2)$, deixa resto $r(x) = x - 3$.
3) p(x), quando dividido por $(x - 1) \cdot (x - 2)$, deixa resto $r(x) = 2x$.
4) p(x), quando dividido por $(x - 1) \cdot (x - 2)$, deixa resto $r(x) = 1$.

19. (UFPI) Um polinômio p(x) é divisível por $x - 1$ e, quando dividido por $x^2 + 2$, deixa quociente $x^2 + 1$ e resto r(x). Se $r(-1) = 2$, pode-se afirmar que p(x) é igual a:

a) $x^4 + 3x^2 - 4x$.
b) $x^4 + 3x^2 - 4$.
c) $-x^4 + x^2$.
d) $x^4 + x^2 - 2$.
e) $x^4 - 1$.

20. (UFMA) O resto da divisão do polinômio p(x) pelo produto $(x - 1)(x + 1)(x + 2)$, sendo 0, 4 e 6 os restos da divisão de p(x) por $x - 1$, $x + 1$ e $x + 2$, respectivamente, é:

a) $r(x) = x^2 - x + 1$.
b) $r(x) = 2x - 2$.
c) $r(x) = x^2 + 1$.
d) $r(x) = -2x + 2$.
e) $r(x) = x^2 + x - 1$.

21. (Ufac) Um polinômio com coeficientes reais (na variável **x**) p(x) é divisível por $(x - \alpha)$ se, e somente se, $p(\alpha) = 0$ [J. R. D'Alembert (1717-1783)]. Admitindo este resultado, se temos $x^4 - 2x^3 + mx^2 - 64x + n$ divisível por $x^2 - 6x + 5$, vale que:

a) $m = n = 5$.
b) $m + n = 68$.
c) $m = 70$ e $n = 10$.
d) $m = -5$ e $n = 70$.
e) $m = 60$ e $n = 5$.

22. (UFPA) Considere o polinômio $P(x) = x^3 + 2x^2 + mx + n$, com $m, n \in \mathbb{R}$. Sabendo que $P(x) + 2$ é divisível por $x + 2$ e $P(x) - 2$ é divisível por $x - 2$, determine os valores de **m** e **n**.

23. (PUC-RS) O resto da divisão de $x^{500} - 1$ por $x - 1$ é:

a) -1.
b) 0.
c) 1.
d) $-x$.
e) x.

24. (ITA-SP) Determine os valores de **a** e **b** para que os polinômios $p(x) = x^3 - 2ax^2 + (3a + b)x$ e $g(x) = x^3 - (a + 2b)x + 2a$ sejam divisíveis por $h(x) = x + 1$.

25. (Unicamp-SP) Determine o quociente e o resto da divisão de $x^{100} + x + 1$ por $x^2 - 1$.

26. (ITA-SP) A divisão de um polinômio P(x) por $x^2 - x$ resulta no quociente $6x^2 + 5x + 3$ e resto $-7x$. O resto da divisão de P(x) por $2x + 1$ é igual a:

a) 1.
b) 2.
c) 3.
d) 4.
e) 5

27. (UFG-GO) Sabe-se que todo polinômio de grau ímpar com coeficientes reais admite pelo menos uma raiz real. Dado o polinômio $p(x) = [(m - 1)(m^2 + 1)]x^5 + x^2 + kx + 1$, com $m, k \in \mathbb{R}$, as condições sobre **m** e **k**, para que o polinômio p(x) não admita raiz real, são:

a) $m = 0$ e $k < -2$.
b) $m = -1$ e $-2 < k < 2$.
c) $m = 1$ e $k < -2$.
d) $m = 1$ e $-2 < k < 2$.
e) $m = 0$ e $k > 2$.

28. (Ufam/PS) Sabe-se que 2 é a raiz da equação $x^4 - 4x^3 + x^2 + 6x = 0$. A forma fatorada dessa equação é:

a) $x(x - 2)(x - 1)(x + 3)$.
b) $x(x - 2)(x - 1)(x - 3)$.
c) $x(x + 2)(x + 1)(x - 3)$.
d) $x(x - 2)(x + 1)(x - 3)$.
e) $x(x + 2)(x - 1)(x - 3)$.

29. (UFRR) Sejam $\mathbf{r_1}$, $\mathbf{r_2}$ e $\mathbf{r_3}$ as raízes da equação $x^3 + 11x^2 - 160x + r = 0$, $r \in P$. Sabe-se que uma das raízes da equação é -20. Então:

a) as outras duas raízes são 3 e -4.
b) as outras duas raízes são -4 e 5.
c) as outras duas raízes são 4 e 5.
d) as outras duas raízes são -3 e -5.
e) as outras duas raízes são 3 e 5.

30. (UFCE) Considere a expressão $x^4 - x^3 - 5x^2 - x - 6$. Pede-se:

a) Encontre o valor numérico da expressão para $x = -2$.

b) Obtenha todas as raízes complexas do polinômio $p(x) = x^4 - x^3 - 5x^2 - x - 6$.

31. (Unifap) Considere o seguinte polinômio $p(x) = 8x^3 - 14x^2 + 7x - 1$, então:

a) determine suas raízes;

b) colocando as raízes do polinômio em ordem crescente, verifique se elas formam uma progressão geométrica, e em caso afirmativo determine sua razão.

32. (UFPR) Sabendo-se que $x = 2$ é um zero do polinômio $p(x) = 9x^3 - 21x^2 + 4x + 4$, é correto afirmar que a soma das outras duas raízes é igual a:

a) $\frac{1}{3}$.
b) $\frac{3}{7}$.
c) 1.
d) $\frac{4}{21}$.
e) $\frac{4}{9}$.

33. (ITA-SP) Quais são as raízes inteiras da equação $x^3 + 4x^2 + 2x - 4 = 0$?

34. (Unicamp-SP) Sabendo que a equação $x^3 - 2x^2 + 7x - 4 = 0$ tem raízes **a**, **b** e **c**, escreva, com seus coeficientes numéricos, uma equação cúbica que tenha como raízes $a + 1$, $b + 1$ e $c + 1$.

35. (PUC-SP) Calcule os valores de **a** e **b** para que o polinômio $p(x) = x^3 + ax + b$ seja divisível por $g(x) = (x - 1)^2$.

36. (Fuvest-SP) O número 2 é raiz dupla da equação $ax^3 + bx + 16 = 0$. Calcule os valores de **a** e **b**.

37. (PUC-RS) Se os números -3, **a** e **b** são as raízes da equação $x^3 + 5x^2 - 2x - 24 = 0$, calcule o valor de $a + b$.

38. (EEM-SP) Dada a equação algébrica $3x^3 - 16x^2 + 23x - 6 = 0$ e sabendo que o produto de duas de suas raízes é igual a 1, calcule as raízes da equação.

39. (UFMG) As dimensões **a**, **b** e **c**, em cm, de um paralelepípedo retângulo são as raízes do polinômio $p(x) = 6x^3 - 44x^2 + 103x - 77$.

a) Calcule o volume desse paralelepípedo.

b) Calcule a soma das áreas das faces desse paralelepípedo.

c) Calcule o comprimento da diagonal desse paralelepípedo.

40. (UFMA) Determine $\alpha^2 + \beta^2 + \varphi^2$, sendo $\boldsymbol{\alpha}$, $\boldsymbol{\beta}$ e $\boldsymbol{\varphi}$ as raízes da equação $2x^3 - 3x^2 + 4x + 7 = 0$.

a) $\frac{7}{4}$
b) $-\frac{7}{4}$
c) $\frac{1}{4}$
d) $\frac{3}{4}$
e) $\frac{5}{4}$

41. (Ufam) Se x_1, x_2 e x_3 são as raízes da equação $3x^3 + 2x^2 - 7x + 2$, podemos afirmar que a soma dos inversos dessas raízes é igual a:

a) 4,5.
b) 5,5
c) 1,5.
d) 2,5.
e) 3,5.

42. (UFPB) Mestre Laureano, técnico e professor de Eletrônica, em uma das suas aulas práticas, escolheu três resistores e propôs aos seus alunos que calculassem o valor da resistência do resistor equivalente aos três resistores escolhidos, associados em paralelo. Para isso ele informou aos alunos que:

- os valores R_1, R_2 e R_3 das resistências dos três resistores escolhidos, medidas em ohms, são raízes do polinômio $p(x) = x^3 - 7x^2 + 16x - 12$.
- o valor **R** da resistência, medida em ohms, do resistor equivalente aos três resistores escolhidos, associados em paralelo, satisfaz a relação $\frac{1}{R} = \frac{1}{R_1} + \frac{1}{R_2} + \frac{1}{R_3}$.

Com base nessas informações, é correto afirmar que o valor de **R**, em ohms, é igual a:

a) 0,55.
b) 0,65.
c) 0,75.
d) 0,85.
e) 0,95.

43. (ITA-SP) Se as soluções da equação algébrica $2x^3 - ax^2 + bx + 54 = 0$, com coeficientes $a, b \in \mathbb{R}$, $b \neq 0$, formam, em uma determinada ordem, uma progressão geométrica, então, $\frac{a}{b}$ é igual a:

a) -3.
b) $-\frac{1}{3}$.
c) $\frac{1}{3}$.
d) 1.
e) 3.

44. (UFRR) A soma das raízes complexas da equação $x^4 + 4x^2$ é:

a) -1
b) -4
c) 1
d) 4
e) 0

45. (UFMG) Os números **a**, **b** e **c** são as raízes da equação $x^3 + x - 1 = 0$. Nessas condições, calcule o valor de $\log\left(\frac{1}{a} + \frac{1}{b} + \frac{1}{c}\right)$.

46. (Uece) Se os números **m**, **p** e **q** são as soluções da equação $x^3 - 7x^2 + 14x - 8 = 0$, então o valor da soma $\log_2 m + \log_2 p + \log_2 q$ é:

a) 1. b) 2. c) 3. d) 4.

47. (Unirio-RJ) Determine o valor dos coeficientes reais **a**, **b** e **c** do polinômio $p(x) = x^3 + ax^2 + bx + c$, sabendo que as raízes deste polinômio estão em progressão geométrica de razão 2 e que $p(0) = -8$.

48. Considere o polinômio $p(x) = a_5x^5 + a_4x^4 + a_3x^3 + a_2x^2 - a_1$, em que uma das raízes é $x = -1$. Sabendo-se que $\mathbf{a_1}$, $\mathbf{a_2}$, $\mathbf{a_3}$, $\mathbf{a_4}$ e $\mathbf{a_5}$ são reais e formam, nesta ordem, uma progressão aritmética com $a_4 = \frac{1}{2}$, então $p(-2)$ é igual a:

a) −25. c) −36. e) −40.
b) −27. d) −39.

49. (UFPE) Sabendo que $1 + i$ é uma das raízes da equação $x^3 - 2x + a = 0$, com **a** real, indique o valor de **a**.

50. (Ufam) As três raízes de $x^3 - 12x^2 + 39x - 28 = 0$ são **r**, **s** e 4. O valor de $\sqrt{r^2 + s^2}$ é:

a) $2\sqrt{10}$. c) $5\sqrt{2}$. e) $5\sqrt{17}$.
b) $2\sqrt{5}$. d) $\sqrt{17}$.

51. (Fuvest-SP) Considere o polinômio não nulo $p(x) = a_0 + a_1x + a_2x^2 + ... + a_nx^n$, em que $a_0, a_1, a_2, ..., a_n$ estão em PG de razão $q \neq 0$.

a) Calcule $p\left(\frac{1}{q}\right)$.
b) Mostre que, para **n** par, o polinômio p(x) não tem raiz real.

52. (UFPR) A respeito do polinômio $p(x) = ax^3 + bx^2 + cx + d$, sendo **a**, **b**, **c**, **d** números reais, considere as seguintes afirmativas:

I) Se 1 é raiz de p(x), então $a + b + c + d = 0$.
II) O resto da divisão de p(x) por $(x - k)$ é $p(k)$.
III) Se $a = 0$, então p(x) tem duas raízes reais.
IV) Se $d = 0$, então p(x) possui pelo menos uma raiz real.

Assinale a alternativa correta.

a) Somente as afirmativas I, II e IV são verdadeiras.
b) Somente as afirmativas II e IV são verdadeiras.
c) Somente as afirmativas III e IV são verdadeiras.
d) Somente as afirmativas I, II e III são verdadeiras.
e) Somente as afirmativas I e II são verdadeiras.

53. (UFMT) Determine **a** para que a equação $x^3 + 3x^2 + ax - 15 = 0$ apresente suas raízes em PA.

54. (FEI-SP) Dado o polinômio $p(x) = 4x^4 - 5x^2 - 3bx + a$, calcule os valores de **a** e **b** de modo que p(x) seja divisível por $g(x) = x^2 - 1$.
[*Sugestão*: Faça $x^2 - 1 = (x + 1)(x - 1)$.]

55. (UFRGS-RS) Na figura abaixo está representado o gráfico de um polinômio de grau 3.

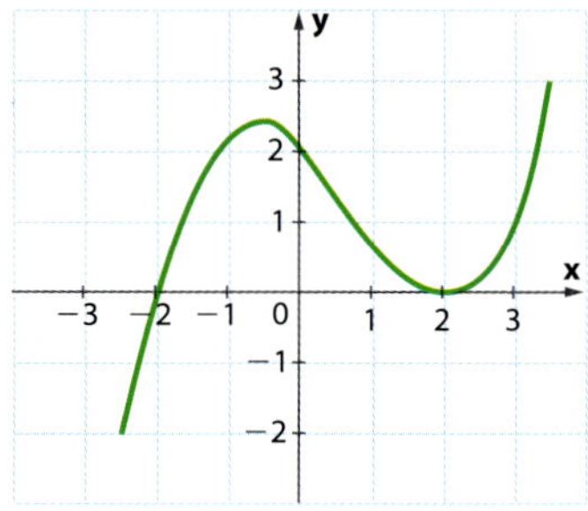

A soma dos coeficientes desse polinômio é:

a) 0,5. b) 0,75. c) 1. d) 1,25. e) 1,5.

56. (UFT-TO) O gráfico no plano cartesiano (x, y) da função $y = p(x)$, onde p(x) é definida por $p(x) = x^3 + bx^2 + cx + d$, intercepta o eixo **x** em $x = 1$ e em $x = 2$, e o eixo **y** em $y = -2$. Nestas condições, podemos afirmar que o valor de $b - c$ é:

a) −3. b) −9. c) 1. d) 9.

57. (UFCG-PB) Um praticante de *skate* projetou uma pista de competição cujo formato é representado pela curva da figura abaixo. Essa curva é o gráfico de um polinômio do quarto grau com coeficientes reais que passam pelos pontos (−3, 0), (0, −1), (6, 0) e tangencia o eixo das abscissas no ponto (2, 0).

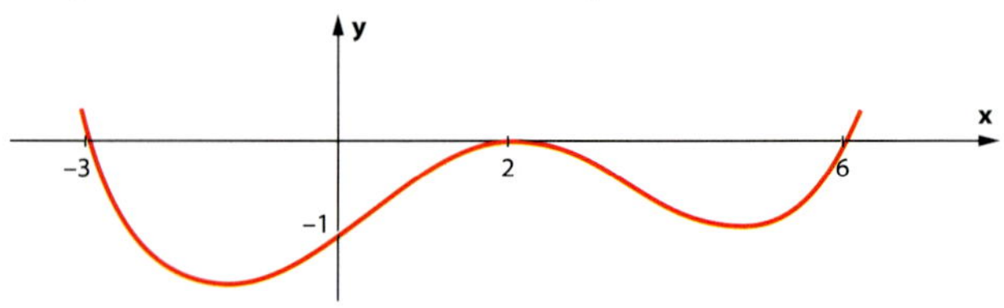

A expressão do polinômio é:

a) $(x + 3)(x + 2)^2(x - 6)$.
b) $\frac{1}{72}(x - 3)(x + 2)^2(x + 6)$.
c) $-\frac{1}{72}(x + 3)(x - 2)^2(x - 6)$.
d) $(x + 3)(x - 2)^2(x - 6)$.
e) $\frac{1}{72}(x + 3)(x - 2)^2(x - 6)$.

Leitura

A história das equações algébricas

Como vimos no capítulo anterior, a história recente das equações cúbicas e quárticas começa com os matemáticos italianos, um pouco antes da traição de Girolamo Cardano (1501-1576), que publicou, em 1545, na sua obra *Ars Magna*, o método de resolução das equações cúbicas revelado a ele por Niccolò Fontana Tartaglia (1499-1557), sob juramento de segredo total. Cardano justificou a traição com o pretexto de que, ao tomar conhecimento do trabalho de Scipione del Ferro (1465-1526), Tartaglia não havia sido o único nem o primeiro a descobrir a fórmula para resolver as cúbicas.

Realmente, Del Ferro estudou as cúbicas antes de Tartaglia, em total segredo. Um pouco antes de sua morte, revelou-o a um aluno, que depois ousou desafiar Tartaglia para um duelo matemático sobre resolução de cúbicas e perdeu, caindo na obscuridade. Há suspeitas de que o método de Del Ferro não era suficiente para resolver todas as cúbicas, pois Del Ferro não conhecia os números negativos (até então, somente a Matemática hindu lidava bem com as quantidades negativas).

Junto com o método de resolução das cúbicas, o *Ars Magna*, de Cardano, trazia toda a discussão acerca da resolução das quárticas, resultado de um profundo estudo de Ludovico Ferrari (1522-1565), aluno de Cardano, em cima dos resultados de Tartaglia para as cúbicas. Tartaglia ficou furioso com a publicação do *Ars Magna*, acusando Cardano de traidor. Ferrari, por sua vez, escreveu a Tartaglia pedindo desculpas e desafiando-o a uma disputa pública. Tartaglia não estava convencido de que derrotaria Ferrari e adiou ao máximo a disputa, que só ocorreu em Milão, três anos depois. Em uma disputa que toda a cidade acompanhou, Ferrari começou levando a melhor, demonstrando uma compreensão mais profunda da resolução das equações quárticas e cúbicas. Tartaglia, antevendo a derrota, fugiu de Milão e abandonou a disputa.

Nos anos que se seguiram à publicação do *Ars Magna*, muitos matemáticos publicaram contribuições para a resolução das equações cúbicas e quárticas.

Soluções de equações algébricas até o quarto grau (as quárticas) são possíveis por fórmulas que envolvem os coeficientes, as quatro operações aritméticas e a extração de raízes. Entretanto, a resolução das quínticas (equações polinomiais de grau 5) continuou sendo um quebra-cabeça por quase 300 anos, pois todos acreditavam que elas também poderiam ser resolvidas por fórmulas; assim, muitos matemáticos tentaram, em vão, obter a fórmula.

Em 1799, Paolo Ruffini (1765-1822) publicou um trabalho em que, exceto por um pequeno engano, provava a impossibilidade de resolução das quínticas por fórmulas. Entretanto, esse engano não lhe deveria tirar o mérito de ter sido o primeiro a perceber esse fato. Como nessa época era um contrassenso acreditar que alguma equação algébrica não pudesse ser resolvida por meio de fórmulas, Ruffini morreu sem poder corrigir sua prova e sem ser reconhecido.

A primeira prova correta da impossibilidade de resolver as quínticas por fórmulas foi publicada pelo norueguês Niels Henrik Abel (1802-1829) em 1824. O curioso é que, três anos antes, Abel chegou a acreditar ter obtido a fórmula de resolução das quínticas, porém, ao produzir um exemplo de utilização da fórmula, percebeu que se enganara. Além dele, Évariste Galois (1811-1832) também provou essa impossibilidade usando a sua própria teoria, mais tarde chamada teoria de Galois. Graças a esse gênio francês, que morreu num duelo aos 21 anos de idade, hoje sabemos quais equações são ou não passíveis de resolução por fórmulas que envolvem os coeficientes.

Texto baseado em: DAVIS, Harold T. *Tópicos de história da Matemática para uso em sala de aula*. São Paulo: Atual, 1992; <www-history.mcs.st-and.ac.uk/history/BiogIndex.html>; <www-history.mcs.st-and.ac.uk/history/HistTopics/Quadratic_etc_equations.html>; <members.fortunecity.com/kokhuitan/polyneqn.html>. Acesso em: 12 jul. 2011.

Capítulo 7 Princípio de Indução Finita

UM POUCO DE HISTÓRIA

➲ Desde a Grécia antiga, época de Sócrates (470 a.C.-399 a.C.), Platão (428 a.C.-347 a.C.) e Aristóteles (384 a.C.-322 a.C.), há estudos sobre o raciocínio indutivo. No século XIX, o matemático italiano Giuseppe Peano (1858-1932) utilizou o raciocínio indutivo para elaborar a teoria dos números naturais.

A MATEMÁTICA NA PRÁTICA

➲ Um processo indutivo caracteriza-se pela passagem do particular para a generalização. O Princípio de Indução Finita mostra-se um instrumento eficiente para essa passagem em numerosas demonstrações da teoria matemática, como nas propriedades e teoremas referentes aos números naturais, além de desempenhar um papel fundamental nas ciências experimentais.

Veja a sequência de números triangulares:

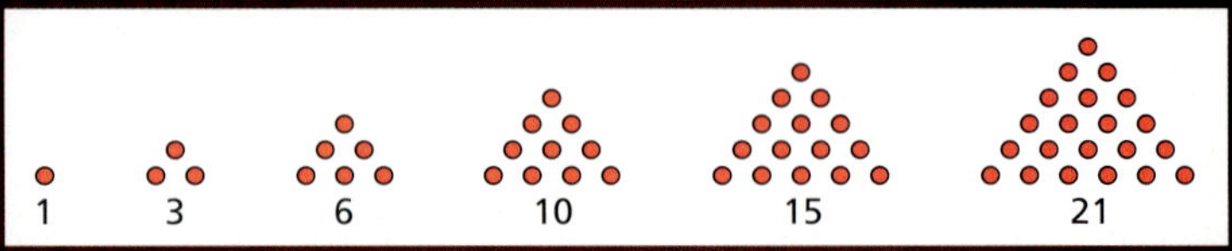

Responda:

- Qual é o 10º número triangular da sequência?
- E qual é o 100º?

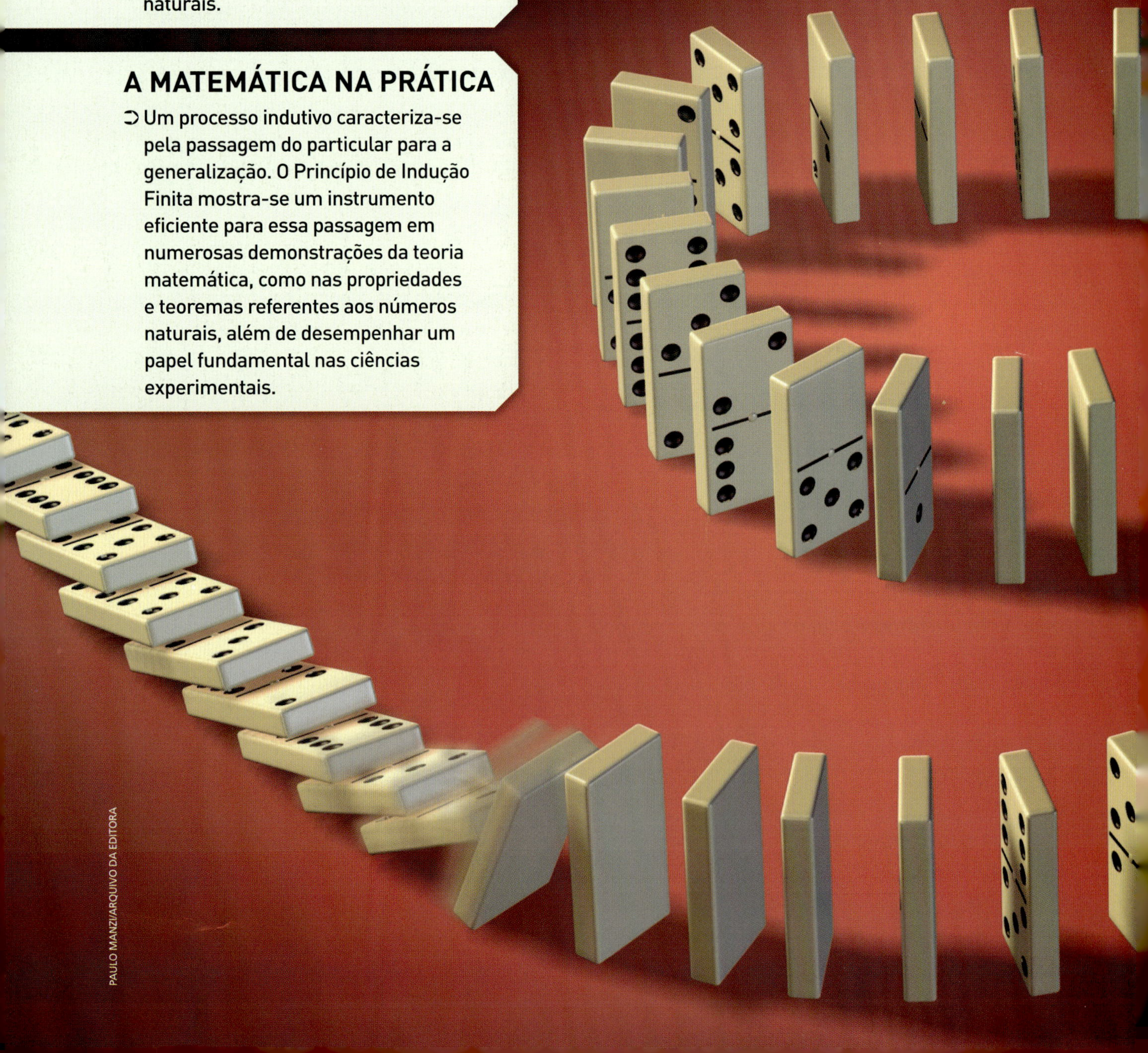

PAULO MANZI/ARQUIVO DA EDITORA

DESAFIO

Os números 1, 3, 6, 10, 15, 21, ... são chamados números triangulares. Essa nomenclatura se justifica pela sequência de configurações geométricas triangulares que podem ser formadas com esses números. (Observe a sequência apresentada na página ao lado.)

Intuitivamente, o Princípio de Indução Finita pode ser explicado da seguinte forma: se derrubarmos a primeira peça de uma série finita de peças de dominó dispostas verticalmente uma diante da outra, esta derrubará a segunda, que derrubará a terceira, e assim por diante. Nessas condições, podemos concluir que, caindo a primeira, todas cairão.

1 Introdução

A essência do método matemático é o *raciocínio* dedutivo, que leva a uma *demonstração*. Na lógica clássica de Aristóteles, uma das primeiras inferências dedutivas é conhecida por *silogismo*. Observe um silogismo:

Todo homem é mortal.
Sócrates é homem.] Premissas (hipóteses)

Portanto, Sócrates é mortal.] Conclusão

NICK PAVLAKIS/SHUTTERSTOCK

Sócrates (c. 470-399 a.C.).

A partir de duas premissas chegamos, por raciocínio lógico dedutivo, à conclusão. Esse é um exemplo de raciocínio dedutivo.

Há muitos outros tipos de demonstrações em Matemática. Por exemplo, vamos demonstrar (ou provar) que:

"A soma de dois números naturais pares é um número natural par".

Sabemos que um número natural par pode ser representado por **2n**, com $n \in \mathbb{N}^* = \{1, 2, 3, 4, ...\}$. Por exemplo, $10 = 2 \cdot 5$; $6 = 2 \cdot 3$; $24 = 2 \cdot 12$.

Consideremos dois números naturais pares **a** e **b**. Eles podem ser representados por:

$a = 2n,\ n \in \mathbb{N}^*$
$b = 2m,\ m \in \mathbb{N}^*$] Hipóteses

$a + b = 2k,\ k \in \mathbb{N}^*$] Conclusão

Demonstração:

A soma de dois números naturais é sempre um número natural (propriedade do fechamento da adição de números naturais).

$a + b = 2n + 2m = 2\underbrace{(n + m)}_{k} = 2k,\ k \in \mathbb{N}^*$, ou seja, $a + b = 2k, k \in \mathbb{N}^*$, o que prova que $a + b$ é um número natural par, ou seja, deduzimos que "a soma de dois números naturais pares é um número natural par".

Por outro lado, o raciocínio que se baseia na análise de uma variedade de casos ou numa amostra ou conjunto de dados, descobrindo probabilidades de ocorrência e tirando conclusões, é chamado *raciocínio indutivo*.

Os cientistas usam o raciocínio indutivo quando fazem experimentos para descobrir leis da natureza. Os estatísticos usam o raciocínio indutivo quando tiram conclusões de um conjunto de dados.

O raciocínio indutivo leva a uma *conjectura*, uma afirmação que é verdadeira para um número significativo de casos, mas que ainda não foi provada se é verdadeira ou falsa nem nunca será.

O raciocínio indutivo sempre comportará exceção à regra. Vejamos um exemplo de conjectura falsa.

O fato de uma proposição ser verdadeira para alguns valores particulares não significa que ela é verdadeira para *qualquer* valor ou para *todos* os valores em questão.

Fermat (1601-1665) conjecturou que a fórmula $p = 2^{2^n} + 1$, para $n \in \mathbb{N} = \{0, 1, 2, 3, 4, ...\}$, gerava apenas números primos para qualquer $n \in \mathbb{N}$. É provável que ele tenha verificado até $n = 4$, encontrando, de fato, os primos:

- para $n = 0$ temos $p = 2^{2^0} + 1 = 3$;
- para $n = 1$ temos $p = 2^{2^1} + 1 = 5$;
- para $n = 2$ temos $p = 2^{2^2} + 1 = 17$;
- para $n = 3$ temos $p = 2^{2^3} + 1 = 257$;
- para $n = 4$ temos $p = 2^{2^4} + 1 = 65\,537$.

Mas Euler (1707-1783) provou que essa conjectura é falsa para n = 5. Observe que para n = 5 temos $p = 2^{2^5} + 1 = 2^{32} + 1 = 4294967297 = 641 \times 6700417$, que é divisível por 641 e, portanto, não é primo.

Esse exemplo mostra que as afirmações matemáticas não combinam com o raciocínio indutivo. Elas requerem, necessariamente, o raciocínio dedutivo, pois queremos que tal propriedade seja verdadeira para *todo* o universo considerado.

Um dos métodos de dedução que nos permitem concluir se uma proposição matemática é verdadeira ou falsa é o *Princípio de Indução Finita* (P.I.F.). Ele se aplica quando as proposições dizem respeito aos números naturais.

Por exemplo, consideremos a igualdade $1 + 2 + 3 + 4 + \ldots + n = \dfrac{n(n+1)}{2}$, para qualquer $n \in \mathbb{N}^*$.

Vejamos o que ocorre para alguns valores particulares de **n**:

- para $n = 1$ temos $1 = \dfrac{1(1+1)}{2}$ e $1 = 1$;
- para $n = 2$ temos $1 + 2 = \dfrac{2(2+1)}{2}$ e $3 = 3$;
- para $n = 3$ temos $1 + 2 + 3 = \dfrac{3(3+1)}{2}$ e $6 = 6$.

> **Fique atento**
>
> O P.I.F. não é um tipo de raciocínio indutivo, apesar de o nome conter a palavra "indução". O P.I.F. é um tipo de raciocínio dedutivo.

Vemos que, para esses casos particulares, a proposição é verdadeira. Mas como demonstrar isso para *qualquer* $n \in \mathbb{N}^*$? Neste capítulo, aprenderemos a utilizar o P.I.F. como método dedutivo para fazer as demonstrações.

2 O Princípio de Indução Finita (P.I.F.)

Consideremos $\mathbb{N}^*$ o conjunto dos números naturais sem o zero ou dos inteiros positivos. Seja **P(n)** uma propriedade ou uma proposição aplicável aos números desse conjunto $\mathbb{N}^*$.

> Se
> (1) P(1) (para n = 1) é verdadeira
> e se
> (2) P(k) verdadeira acarretar que P(k + 1) também é verdadeira, para *qualquer* $k \in \mathbb{N}^*$,
> então
> P(n) é verdadeira, para *qualquer* $n \in \mathbb{N}^*$.

Exemplos:

1º) Vamos demonstrar que a proposição $1 + 3 + 5 + 7 + \ldots + (2n - 1) = n^2$ é verdadeira, qualquer que seja $n \in \mathbb{N}^*$.

(1) Notamos que P(1) é verdadeira, pois para n = 1 temos $1 = 1^2$.

(2) Suponhamos que P(k): $1 + 3 + 5 + 7 + \ldots + (2k - 1) = k^2$, $k \in \mathbb{N}^*$, seja verdadeira.

Vamos provar que P(k + 1) também é verdadeira.

Sabemos que $1 + 3 + 5 + 7 + \ldots + (2k - 1) = k^2$ (hipótese).

Somando (2k + 1) a ambos os membros da igualdade acima, temos:

$$1 + 3 + 5 + 7 + \ldots + (2k - 1) + (2k + 1) = k^2 + (2k + 1) = (k + 1)^2$$

Assim, P(k + 1) é verdadeira. Portanto, pelo Princípio de Indução Finita, a proposição $1 + 3 + 5 + 7 + \ldots + (2n - 1) = n^2$ é verdadeira para *qualquer* $n \in \mathbb{N}^*$.

2º) Vamos provar que a proposição $1 + 2 + 3 + \ldots + n = \frac{n(n+1)}{2}$ é verdadeira qualquer que seja $n \in \mathbb{N}^*$.

(1) Observamos que P(1) é verdadeira, pois para n = 1 temos:

$$\frac{n(n+1)}{2} = \frac{1(1+1)}{2} = \frac{2}{2} = 1 \quad \therefore \quad 1 = 1$$

(2) Hipótese do P.I.F.:

$$P(k) = 1 + 2 + 3 + \ldots + k = \frac{k(k+1)}{2} \text{ (é verdadeira)} \quad (\text{I})$$

Devemos provar que:

$$P(k+1): 1 + 2 + 3 + \ldots + k + k + 1 = \frac{(k+1)(k+2)}{2} \text{ é verdadeira.}$$

Somando (k + 1) a ambos os membros de (I), temos:

$$1 + 2 + 3 + \ldots + k + (k+1) = \frac{k(k+1)}{2} + (k+1)$$

$$1 + 2 + 3 + \ldots + k + (k+1) = \frac{k(k+1) + 2(k+1)}{2}$$

$$1 + 2 + 3 + \ldots + k + (k+1) = \frac{(k+1)(k+2)}{2}, \text{ que constitui } P(k+1)$$

Portanto, pelo Princípio de Indução Finita, a proposição $1 + 2 + 3 + \ldots + n = \frac{n(n+1)}{2}$ é verdadeira para *qualquer* que seja $n \in \mathbb{N}^*$.

Exercícios resolvidos

1. Demonstre que $n^3 + 2n$ é divisível por 3, qualquer que seja $n \in \mathbb{N}^*$.

Resolução:

(1) Para n = 1, temos $1^3 + 2 \cdot 1 = 3$, que é divisível por 3 (verdadeiro).

(2) Para n = k, temos $k^3 + 2k$, que é divisível por 3 (hipótese).

Para n = k + 1, temos:

$(k + 1)^3 + 2(k + 1)$ (vamos provar que é divisível por 3).

$$(k+1)^3 + 2(k+1) = k^3 + 3k^2 + 3k + 1 + 2k + 2 =$$
$$= \underbrace{k^3 + 2k} + \underbrace{3(k^2 + k + 1)}$$

Sabemos que $k^3 + 2k$ é divisível por 3 (por hipótese). Temos que $3(k^2 + k + 1)$ também é divisível por 3. Logo, P(k + 1) é verdadeira.

Portanto, a proposição "$n^3 + 2n$ é divisível por 3" é verdadeira *qualquer* que seja $n \in \mathbb{N}^*$.

2. Demonstre a proposição P(n): $2^n > n$, para qualquer $n \in \mathbb{N}^*$.

Resolução:

(1) Notamos que P(1) é verdadeira, pois $2^1 = 2 > 1$.

(2) Hipótese para algum k > 1, vale a desigualdade $2^k > k$.

Vamos provar que $2^{k+1} > k + 1$, ou seja, que P(k + 1) é verdadeira.

$2^k > k$ (hipótese)

Multiplicando ambos os membros por 2, temos:

$2 \cdot 2^k > 2k$ ou $2^{k+1} > k + k \geq k + 1$ ou $2^{k+1} > k + 1$

Assim, P(k + 1) é verdadeira. Pelo Princípio de Indução Finita, a proposição $2^n > n$ é verdadeira para *todo* $n \in \mathbb{N}^*$.

3. Demonstre que $5^{2n} - 1$ é divisível por 24, qualquer que seja $n \in \mathbb{N}^*$.

Resolução:

(1) Para $n = 1$, temos $5^2 - 1 = 25 - 1 = 24$ (que é divisível por 24).

(2) Pela hipótese de indução, supomos que exista um $k \in \mathbb{N}^*$, tal que $5^{2k} - 1$ é divisível por 24, ou seja, $5^{2k} - 1 = 24x$, com $x \in \mathbb{N}$.

Provaremos que essa proposição é válida para $k + 1 \in \mathbb{N}^*$.

$5^{2k} - 1 = 24x \Rightarrow 5^2(5^{2k} - 1) = 5^2(24x) \Rightarrow$

$\Rightarrow 5^{2k+2} - 25 = 24 \cdot 25x \Rightarrow$

$\Rightarrow 5^{2k+2} - 1 = 24 \cdot 25x + 24 \Rightarrow$

$\Rightarrow 5^{2(k+1)} - 1 = 24(25x + 1)$, que é divisível por 24.

Portanto, pelo Princípio de Indução Finita, $5^{2n} - 1$ é divisível por 24, *qualquer* que seja $n \in \mathbb{N}^*$.

4. Torre de Hanói, também conhecida como Torre do Fim do Mundo, é um quebra-cabeça formado por uma base com três pinos, em um dos quais são colocados alguns discos uns sobre os outros, em ordem decrescente de diâmetro, de baixo para cima. O desafio consiste em passar todos os discos do primeiro pino para outro qualquer, usando um dos pinos como auxiliar. Mas só é permitido movimentar um disco de cada vez, um disco maior não pode ficar sobre um menor e um disco deve estar sempre num dos três pinos ou em movimento. O número de discos pode variar, mas no jogo mais simples há apenas três discos.

WIKIMEDIA COMMONS/ ARQUIVO DA EDITORA

Torre de Hanói com 8 discos.

O jogo Torre de Hanói foi criado em 1883 pelo matemático francês Édouard Lucas (1842-1891). Para acompanhar o jogo, Lucas se inspirou em uma curiosa lenda sobre uma torre que havia sido criada no início dos tempos pelo deus Brahma. Nessa torre havia 64 discos de ouro e mais duas estacas equilibradas sobre uma plataforma. Os monges deviam mover todos os discos de uma estaca para outra de forma que apenas um disco poderia ser movido por vez e nunca um disco maior deveria ficar por cima de um disco menor. Quando todos os discos fossem transferidos de uma estaca para a outra, o mundo acabaria.

Por exemplo, a transferência de 3 discos é feita do seguinte modo:

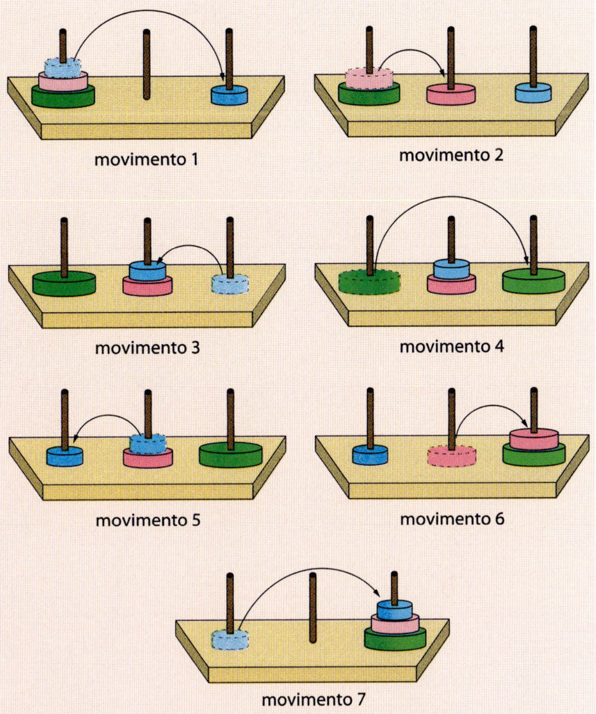

Perceba que foram efetuados 7 movimentos.

Com 64 discos, como na lenda, seriam necessários pelo menos 18 446 744 073 709 551 615 movimentos. Se cada movimento fosse feito em 1 segundo, levaríamos algo como 585 bilhões de anos para transferir todos os 64 discos de uma estaca para outra.

Vamos provar que é possível resolver um Hanói de **n** discos com um mínimo de $2^n - 1$ movimentos.

> RESOLUÇÃO PASSO A PASSO:

1. Lendo e compreendendo

a) O que é dado no problema?

É dada a hipótese que se pretende provar, ou seja, a fórmula $2^n - 1$, em que **n** é o número de discos da Torre de Hanói.

b) O que se pede?

A prova de que o número mínimo de movimentos para se resolver um Hanói de **n** discos é $2^n - 1$.

2. Planejando a solução

Usaremos indução finita para provar essa hipótese.

3. Executando o que foi planejado

Vamos chamar de H(n) o número mínimo de movimentos para se resolver um Hanói de **n** discos.

Inicialmente, devemos provar que a hipótese é válida para $n = 1$.

Como, para mover um único disco, basta um único movimento, então sabemos que $H(1) = 1$.

Pela hipótese:

$H(n) = 2^n - 1 \Rightarrow H(1) = 2^1 - 1 \Rightarrow H(1) = 1.$

Portanto, a hipótese é verdadeira para $n = 1$.

Agora, precisamos provar que a hipótese é verdadeira para $H(n + 1)$, desde que seja válida para $H(n)$.

Então, devemos mostrar que $H(n + 1) = 2^{n+1} - 1$ é verdadeiro.

Para isso, consideremos $n + 1$ discos na torre 1, sendo um maior (o que está mais embaixo) e os **n** que estão acima deste. Para movimentar os **n** discos que estão em cima do maior disco da torre 1 para a torre 2, gastamos $H(n)$ movimentos (por hipótese). Após esse procedimento, teremos o disco maior na torre 1 e os **n** discos na torre 2. Com mais um movimento, colocamos o disco maior na torre 3. Agora, com mais $H(n)$ movimentos, colocamos os **n** discos da torre 2 na torre 3, terminando a transferência dos $n + 1$ discos da torre 1 para a torre 3. Nesse processo, usamos um total de $H(n) + 1 + H(n) = 2H(n) + 1$ movimentos.

Como $H(n) = 2^n - 1$ por hipótese, então

$2H(n) + 1 = 2(2^n - 1) + 1 = 2^{n+1} - 2 + 1 =$

$= 2^{n+1} - 1$.

Assim, por experimentação, mostramos que $H(n + 1) = 2^{n+1} - 1$ é verdadeiro, terminando a demonstração por indução finita.

4. Respondendo

A tese foi demonstrada.

5. Ampliando o problema

a) Qual é o número mínimo de movimentos para se resolver um Hanói de 4 discos? E um de 5 discos?

b) Um Hanói de **n** discos precisa de 1 023 movimentos, no mínimo, para ser resolvido. Quantos são os discos desse Hanói?

c) **Discussão em equipe**

Confiram no *site* do laboratório virtual da USP um jogo *on-line* da Torre de Hanói: <www.ideiasnacaixa.com/laboratoriovirtual/torreHanoi.html>. (Acesso em: 7 mar. 2011.)

Vejam quem consegue resolver o problema, no menor número de movimentos, com um Hanói de 4 discos. Se a turma começar a ficar craque na resolução do Hanói de 4 discos, tentem com 5. Não é tão simples quanto parece!

Exercícios propostos

1. Demonstre que:

a) $1 + q + q^2 + \ldots + q^n = \dfrac{1 - q^{n+1}}{1 - q}$ $(q \neq 1)$

b) $\dfrac{1}{1 \cdot 2} + \dfrac{1}{2 \cdot 3} + \dfrac{1}{3 \cdot 4} + \ldots + \dfrac{1}{n(n + 1)} = \dfrac{n}{n + 1}$

2. Prove que:

a) $1^3 + 2^3 + 3^3 + \ldots + n^3 = \dfrac{n^2(n + 1)^2}{4}$

b) $1 \cdot 2 + 2 \cdot 3 + 3 \cdot 4 + \ldots + n(n + 1) =$

$= \dfrac{n(n + 1)(n + 2)}{3}$

c) $2^0 + 2^1 + 2^2 + 2^3 + 2^4 + \ldots + 2^{n-1} = 2^n - 1$

3. Prove que:

a) $2^n > n^2$, qualquer que seja $n \geq 5$.

b) $2^n > n^3$, qualquer que seja $n \geq 10$.

4. Demonstre que:

a) $3^n - 1$ é divisível por 2, qualquer que seja $n \in \mathbb{N}^*$.

b) $n^3 - n$ é divisível por 6, qualquer que seja $n \in \mathbb{N}^*$.

5. Demonstre que

$1^3 + 3^3 + 5^3 + \ldots + (2n - 1)^3 = n^2 \cdot (2n^2 - 1)$ para qualquer $n \in \mathbb{N}^*$.

Desafios

1. Demonstre que, para $n \in \mathbb{N}$ e $x \geq 1$, vale a desigualdade $(1 + x)^n \geq 1 + nx$ (desigualdade de Bernoulli – Jacques Bernoulli, 1654-1705).

2. (IME-RJ) Considere a sequência cujos primeiros termos são 1, 2, 3, 5, 8, 13, 21, 34, 55, ... (sequência de Fibonacci).

Seja $\mathbf{a_n}$ seu n-ésimo termo. Mostre que $a_n < \left(\dfrac{1 + \sqrt{5}}{2}\right)^n$ para todo $n \geq 2$.

QUESTÕES DE VESTIBULAR

1. (Fuvest-SP) Prove que, para todo número $n \geq 1$, o número $a_n = \dfrac{4^n - 1}{3}$ é inteiro e ímpar.

2. (UFRJ) Prove que, se **n** é um número natural par, então $2^n - 1$ é divisível por 3.

3. (Unicamp-SP) Mostre que 3 divide $n^3 - n$ qualquer que seja o número natural **n**.

4. (ITA-SP) Qual é o maior número de partes em que um plano pode ser dividido por **n** linhas retas? (*Sugestão*: usar indução finita.)

a) n^2

b) $n(n + 1)$

c) $\dfrac{n(n + 1)}{2}$

d) $\dfrac{n^2 + n + 2}{2}$

e) N.d.r.a.

5. (Vunesp) Considere a sequência $(a_n) = 3^{2n} - 1$, $n \in \mathbb{N}$.

a) Para cada $n \in \mathbb{N}$, mostre que $a_{n+1} = a_n + 8 \cdot 3^{2n}$.

b) Demonstre, por indução sobre **n**, que $\mathbf{a_n}$ é divisível por 8, para todo $n \in \mathbb{N}$.

6. (Vunesp) Considere as sequências $(\mathbf{o_n})$ e $(\mathbf{t_n})$, $n = 1, 2, 3, ...$, cujos termos gerais são, respectivamente, $o_n = n(n + 1)$ e $t_n = \dfrac{n(n + 1)}{2}$. Demonstre que, para todo $n \geq 1$, $t_{2n} = o_n + n^2$.

7. (IME-RJ) Mostre que:

$$\frac{1}{2} + \cos x + \cos 2x + ... + \cos nx = \frac{\operatorname{sen} \dfrac{(2n + 1)x}{2}}{2 \cdot \operatorname{sen} \dfrac{x}{2}}$$

8. (IME-RJ) Dada a função $F: \mathbb{N}^2 \to \mathbb{N}$ com as seguintes características:

- $F(0, 0) = 1$;
- $F(n, m + 1) = q \cdot F(n, m)$, em que **q** é um número real diferente de zero;
- $F(n + 1, 0) = r + F(n, 0)$, em que **r** é um número real diferente de zero.

Determine o valor de $\sum_{i=0}^{2009} F(i, i)$, $i \in \mathbb{N}$.

9. (ITA-SP) Considere uma função $f: \mathbb{R} \to \mathbb{R}$ não constante e tal que $f(x + y) = f(x) \cdot f(y)$, $\forall x, y \in \mathbb{R}$.

Das afirmações:

I) $f(x) > 0$, $\forall x \in \mathbb{R}$.

II) $f(xn) = [f(x)]^2$, $\forall x \in \mathbb{R}$, $\forall n \in \mathbb{N}^*$.

III) **f** é par.

É(São) verdadeira(s):

a) apenas I e II.

b) apenas II e III

c) apenas I e III.

d) todas.

e) nenhuma.

10. (IME-RJ) Calcule o determinante da matriz $n \times n$ em função de **b**, em que **b** é um número real tal que $b^2 \neq 1$.

$$\underbrace{\begin{vmatrix} b^2+1 & b & 0 & 0 & \dots & 0 & 0 \\ b & b^2+1 & b & 0 & \dots & 0 & 0 \\ 0 & b & b^2+1 & b & \dots & 0 & 0 \\ 0 & 0 & b & b^2+1 & \dots & 0 & 0 \\ 0 & \dots & \dots & \dots & \dots & \dots & \dots \\ 0 & 0 & 0 & 0 & \dots & b^2+1 & b \\ 0 & 0 & 0 & 0 & \dots & b & b^2+1 \end{vmatrix}}_{\mathbf{n}\text{ colunas}} \Bigg\} \mathbf{n}\text{ linhas}$$

Capítulo 8 Noções intuitivas sobre derivada

A MATEMÁTICA NA PRÁTICA

➲ A derivada é um recurso eficiente para o cálculo de grandezas em áreas como a Física, a Economia, a Química e a Engenharia. Uma de suas grandes aplicações é no estudo do movimento, pois, se conhecermos a função dos espaços ocupados por um corpo no decorrer do tempo, é possível determinar a função que rege sua velocidade de modo muito prático.

DESAFIO

➲ Um objeto se move sobre uma trajetória segundo a função $S(t) = t^2 - 2t + 4$ e tem sua velocidade dada pela função $v(t) = 2t - 2$. (Considere **v** em m/s, **S** em m e **t** em s.) Determine:

a) a posição do móvel nos instantes $t = 3$ s e $t = 4$ s.

b) a velocidade instantânea do móvel no instante $t = 4$ s.

c) a posição do móvel no instante em que ele está parado.

Com base em ideias de muitos pensadores, de Arquimedes de Siracusa a Pierre de Fermat (criador de um método para estabelecer tangentes), os cientistas Leibniz e Newton lançaram no século XVII as bases teóricas para o Cálculo diferencial e integral, área da Matemática que inclui a derivada.

No Cálculo, a derivada representa a taxa de variação de uma função em determinado ponto. A função velocidade, por exemplo, representa a taxa de variação (derivada) da função espaço. Dizemos então que a derivada da função posição em relação à variável tempo (**t**) é a função velocidade.

Alguns matemáticos que contribuíram para a elaboração do conceito de derivada

ALBUM/AKG-IMAGES/LATINSTOCK

Arquimedes de Siracusa (287 a.C.-212 a.C.), matemático e físico grego.

SHEILA TERRY/SCIENCE PHOTO LIBRARY/LATINSTOCK

Galileu Galilei (1564-1642), físico, matemático e astrônomo italiano.

SCIENCE PHOTO LIBRARY/LATINSTOCK

Pierre de Fermat (1601-1665), matemático e cientista francês.

LEBRECHT MUSIC ARTS/CORBIS/LATINSTOCK

Isaac Newton (1642-1727), físico, matemático e astrônomo inglês.

ALBUM/AKG/NORTH WIND PICTURE ARCHIVES/LATINSTOCK

Gottfried W. Leibniz (1646-1716), filósofo e matemático alemão.

UM POUCO DE HISTÓRIA

O grande propulsor do desenvolvimento da DERIVADA foi o estudo das leis do movimento dos corpos, iniciado por Galileu Galilei no século XVI e consolidado por Isaac Newton e Gottfried W. Leibniz no século XVII.

POLEZE/SHUTTERSTOCK/GLOW IMAGES

1 Introdução

Estudar o comportamento de uma função significa obter informações, como taxa de variação, intervalos de seu domínio nos quais ela é crescente ou decrescente, pontos de máximo e de mínimo, sem necessariamente conhecer seu gráfico. Significa, portanto, descrever suas características. Para isso, é possível utilizar a derivada.

Para compreender o conceito de derivada, é preciso estudar as noções de incremento de uma variável, de incremento de uma função e de taxa de variação. Usaremos a ideia intuitiva de limite, sem desenvolvê-la sistematicamente.

2 Incremento de uma variável

Qualquer acréscimo ou variação em uma variável **x** é chamado de *incremento*. O incremento pode ser positivo, negativo ou zero. Por exemplo, se a temperatura era 25 °C às 12 horas e 29 °C às 15 horas, então o incremento (ou a variação) na temperatura foi de 4 °C. Se a temperatura era 26 °C às 16 horas e 23 °C às 23 horas, então o incremento (ou a variação) na temperatura foi de −3 °C. Se a temperatura era 23 °C às 10 horas e 23 °C às 12 horas, então o incremento (ou a variação) na temperatura foi de 0 °C.

Como já vimos em outros tópicos de Matemática e também em Física, a letra grega Δ (delta) simboliza uma diferença (subtração), e como um incremento é a diferença entre dois valores, também aqui o símbolo Δ é adequado. Assim, um incremento (ou uma variação) em **x** é escrito como **Δx**. Por exemplo, se $x_1 = 5$ e $x_2 = 8$, então:

$$\Delta x = x_2 - x_1 = 8 - 5 = 3 \therefore \Delta x = 3$$

Quando uma temperatura **T** varia de −2 °C para 10 °C, seu incremento **ΔT** é positivo:

$$\Delta T = T_2 - T_1 = 10 - (-2) = 10 + 2 = 12 \therefore \Delta T = 12\ °C$$

> **Fique atento**
>
> O símbolo ∴ indica portanto.

3 Incremento de uma função

Quando uma variável **y** é dada em função de outra variável **x** (y = f(x)), então, para qualquer incremento (acréscimo) **Δx** dado a **x**, há um incremento **Δy** correspondente em **y** dado por:

$$\Delta y = f(x + \Delta x) - f(x)$$

Por exemplo, para a função definida por $y = f(x) = x^2 + 2x$, se **x** varia de 3 para 7, a função **y** varia de 15 a 63, pois:

- para $x_1 = 3$, temos $f(3) = 3^2 + 2 \cdot 3 = 9 + 6 = 15$
- para $x_2 = 7$, temos $f(7) = 7^2 + 2 \cdot 7 = 49 + 14 = 63$

Assim:

$\Delta x = x_2 - x_1 = 7 - 3 = 4 \therefore \Delta x = 4$

$\Delta y = f(x_2) - f(x_1) = f(x_1 + \Delta x) - f(x_1) = f(3 + 4) - f(3) = f(7) - f(3) = 63 - 15 = 48 \therefore \Delta y = 48$

4 Razão entre incrementos: taxa média de variação

A razão entre o incremento de uma função **y** e o incremento de uma variável **x** é dada por:

$$\frac{\Delta y}{\Delta x} = \frac{f(x + \Delta x) - f(x)}{\Delta x}$$

Essa razão chama-se *razão incremental*.

> **Fique atento**
>
> **Δx** é diferente de zero, pois, se Δx = 0, teríamos $\frac{0}{0}$, que é indeterminado.

Na função $y = f(x) = x^2 + 2x$, quando **x** varia de 3 para 7, a função varia de $f(3) = 15$ para $f(3 + 4) = f(7) = 63$. Assim, $\Delta x = 4$ e $\Delta y = f(3 + 4) - f(3) = 63 - 15 = 48$. Daí, temos:

$$\frac{\Delta y}{\Delta x} = \frac{f(3+4) - f(3)}{4} = \frac{48}{4} = 12$$

O número 12 representa a *taxa média de variação* da função **y** quando **x** varia de 3 para 7.

Fique atento

Podemos dizer *taxa média de variação ou taxa de variação média.*

Exemplo:

Vamos supor que o odômetro de um carro em movimento em uma rodovia indique 13 600 km às 8 horas da manhã e 13 840 km às 10 horas.

Para determinar a taxa média de variação da distância em relação ao tempo, ou seja, a velocidade média do carro, chamamos de **S** a distância em quilômetros (km) e **t** o tempo em horas (h) e vemos que:

- $\Delta t = t_2 - t_1 = 10 - 8 = 2 \therefore \Delta t = 2$ horas
- $\Delta S = S_2 - S_1 = 13\,840 - 13\,600 = 240 \therefore \Delta S = 240$ km

Assim, a taxa média de variação, ou velocidade média, é dada por:

$$\frac{\Delta S}{\Delta t} = \frac{240}{2} = 120 \text{ km/h}$$

Isto é, a taxa média de variação da distância é de 120 km para cada variação de 1 hora no tempo, ou seja, a velocidade média é de 120 km/h.

Observação: A taxa média de variação *não* informa como o veículo foi conduzido em cada momento, pois ele pode ter rodado, por exemplo, a 100 km/h em certo intervalo de tempo e a 140 km/h em outro; a velocidade média de 120 km/h não indica a velocidade em determinado instante. Para obter uma informação precisa da velocidade em determinado instante, precisamos de um novo conceito, que é o de *taxa instantânea de variação*, que será oportunamente estudado.

Exercícios propostos

1. Determine a taxa média de variação de cada uma das funções:

a) $f(x) = x^2$; de $x = 5$ a $x = 8$

b) $i(t) = t^2 + 2t$; de $t = 2$ a $t = 2,5$

c) $v(t) = t^2 - t$; de $t = 2,6$ a $t = 3,2$

d) $P(i) = 15i^2$; de $i = 5$ a $i = 6,5$

2. Se a temperatura em Natal (RN) era 28 °C às 10 horas e 33 °C às 14 horas, num mesmo dia, determine a taxa média de variação da temperatura por hora, nesse dia.

3. Uma corrente elétrica varia de 6,0 ampères para 5,4 ampères em 0,5 segundo. Qual é a taxa média de variação da corrente por segundo?

4. O odômetro de um carro numa rodovia mostra 15 000 km às 10 horas e 15 300 km às 13 horas. Determine a velocidade média, por hora, nesse intervalo de tempo.

5. Um objeto cai em queda livre aproximadamente segundo a função $S(t) = 4,9t^2$, onde **S** representa a distância em metros (m) e **t** representa o tempo em segundos (s). Determine a velocidade média desse objeto no intervalo de $t = 3$ a $t = 6$ segundos.

6. O velocímetro de um carro mostra 80 km/h às 10 horas e mostra 90 km/h, 30 segundos mais tarde. Determine a aceleração média (taxa média da variação da velocidade) durante esse intervalo de 30 segundos.

5 Taxa de variação instantânea

Já vimos nas páginas 234 e 235 como calcular a *taxa média de variação* de uma função. Acompanhe nos exemplos seguintes a necessidade de estudarmos o significado de taxa de variação instantânea.

Exemplos:

1º) Para um objeto em queda livre, a distância **S** (em metros) percorrida em função do tempo **t** (em segundos) é dada, aproximadamente, pela função $S(t) = 4{,}9t^2$. Quando t = 3 s, temos que S = 44,1 m; quando t = 5 s, temos S = 122,5 m. Assim:

$\Delta t = 2$ s e $\Delta S = 78{,}4$ m

Já vimos que *a velocidade média* é dada por:

$$\frac{\Delta S}{\Delta t} = \frac{78{,}4}{2} = 39{,}2 \text{ m/s}$$

durante o intervalo de 2 segundos.

Vamos supor agora que queiramos a velocidade do objeto exatamente no instante t = 4 s. Isto é o que se chama de *velocidade instantânea* no instante t = 4 s. Para um objeto em queda livre a velocidade varia continuamente. No instante t = 4 s, a velocidade não é a mesma que no instante t = 4,1 s. Assim, precisaremos aprender a calcular a *taxa de variação instantânea*.

2º) Suponhamos que num circuito elétrico a potência **(P)** seja dada por $P(i) = 20i^2$. Quando i = 4 ampères, P = 320 watts; quando i = 7 ampères, P = 980 watts. Assim:

$\Delta i = 3$ ampères e $\Delta P = 660$ watts

Então, a taxa média de variação da potência **P** com relação à corrente **i** é dada por:

$$\frac{\Delta P}{\Delta i} = \frac{660 \text{ watts}}{3 \text{ ampères}} = 220 \text{ watts por ampère}$$

Esse resultado significa que a potência varia em média 220 watts para cada variação de 1 ampère na corrente.

Entretanto, se quisermos saber a taxa de variação da potência num particular instante, novamente precisaremos da *taxa de variação instantânea*.

3º) No caso da colisão de um carro com um poste, o estrago causado depende da *velocidade instantânea* no momento do impacto e não da velocidade média da viagem.

Como podemos observar, nessas situações precisamos conhecer a *taxa de variação instantânea*, ou seja, a taxa de variação em um determinado instante. E isso acontecerá, também, em muitas outras situações.

Significado e cálculo da taxa de variação instantânea

Vamos ver agora o significado da *taxa de variação instantânea* de uma função e como podemos determiná-la.

Consideremos a função $y = f(x) = x^2$.

Vamos iniciar com o valor x = 4. Faremos a variável **x** sofrer incrementos **Δx** cujos valores sejam cada vez menores, isto é, faremos **Δx** "tender a zero" e veremos o que ocorre com **Δy** e com a razão incremental.

$$\frac{\Delta y}{\Delta x} = \frac{f(x + \Delta x) - f(x)}{\Delta x} = \frac{(x + \Delta x)^2 - x^2}{\Delta x} = \frac{(4 + \Delta x)^2 - 4^2}{\Delta x} = \frac{8 \cdot \Delta x + (\Delta x)^2}{\Delta x} = 8 + \Delta x$$

Observe a tabela:

Δx	Novo x $x + \Delta x$	Novo y $y + \Delta y$	Δy	$\frac{\Delta y}{\Delta x}$
3	7	49	33	11
2	6	36	20	10
1	5	25	9	9
0,5	4,5	20,25	4,25	8,5
0,1	4,1	16,81	0,81	8,1
0,01 ↓ 0	4,01 ↓ 4	16,0801 ↓ 16	0,0801 ↓ 0	8,01 ↓ ?

Vemos na tabela que, quando Δx tende a zero, Δy também tende a zero, e a razão incremental $\frac{\Delta y}{\Delta x}$, nesse caso, tende a uma constante que é igual a 8.

Esse valor 8 é chamado *taxa de variação instantânea* da função $y = f(x) = x^2$ no ponto $x = 4$, ou a *derivada* da função $y = f(x) = x^2$ no ponto $x = 4$.

6 Derivada

Na quinta coluna da tabela acima há vários valores da razão incremental $\frac{\Delta y}{\Delta x}$, que, como visto, tendem para um valor constante (no caso, para o valor 8).

Quando Δx tende a zero e a razão incremental se aproxima de um valor finito **m**, dizemos que **m** é o limite da razão incremental com Δx tendendo a zero, e escrevemos:

$m = \lim_{\Delta x \to 0} \frac{\Delta y}{\Delta x}$, que se lê "limite de $\frac{\Delta y}{\Delta x}$ quando Δx tende a zero".

Definição de derivada

Consideremos uma função $f: I \to \mathbb{R}$, definida em um intervalo **I**, e x_0 um ponto desse intervalo.

A razão incremental em x_0 é dada por:

$$\frac{\Delta y}{\Delta x} = \frac{f(x_0 + \Delta x) - f(x_0)}{\Delta x}$$

A *derivada* da função $y = f(x)$, em x_0, é o limite, se existir, da razão incremental quando Δx tende a zero:

$$\lim_{\Delta x \to 0} \frac{\Delta y}{\Delta x} = \lim_{\Delta x \to 0} \frac{f(x_0 + \Delta x) - f(x_0)}{\Delta x}$$

Esse limite é chamado *derivada de **f** em x_0* e é representado assim:

$$f'(x_0)$$

Então:

$$f'(x_0) = \lim_{\Delta x \to 0} \frac{f(x_0 + \Delta x) - f(x_0)}{\Delta x}$$

Fique atento

A notação $f'(x_0)$ significa "a derivada da função $y = f(x)$ no ponto x_0".

Para facilitar a notação, vamos substituir o Δx por **h**, ou seja:

$$f'(x_0) = \lim_{h \to 0} \frac{f(x_0 + h) - f(x_0)}{h}$$

Observação: Quando falamos em derivada de uma função $y = f(x)$ em um ponto genérico **x** do domínio da função, referimo-nos a ela simplesmente como derivada da função **f**.

Cálculo da derivada

Vamos determinar a derivada $f'(x_0)$ da função $y = f(x) = x^2$, no ponto $\mathbf{x_0}$.

1ª maneira

- Substituímos **x** por $(x + h)$ e **y** por $(y + \Delta y)$ na equação $y = x^2$ (I) e fazemos o desenvolvimento:
  $y + \Delta y = (x + h)^2 = x^2 + 2xh + h^2$ (II)
- Subtraímos (I) de (II) para obter o valor de $\mathbf{\Delta y}$:

$$\begin{array}{rl} y + \Delta y = & x^2 + 2xh + h^2 \\ y \quad\;\;\; = & x^2 \quad\quad\quad\quad\quad - \\ \hline \Delta y = & \quad\;\; 2xh + h^2 \end{array}$$

- Dividimos ambos os membros por **h**:

$$\frac{\Delta y}{h} = 2x + h$$

- Fazemos **h** tender a zero. No primeiro membro aparecerá o limite, que é a derivada. No segundo membro aparecerá o valor da derivada:

$$\lim_{h \to 0} \frac{\Delta y}{h} = 2x \text{ ou } f'(x) = 2x$$

Portanto, a derivada da função $f(x) = x^2$ é $f'(x) = 2x$.

> **Fique atento**
> Já vimos que **h** é sempre diferente de zero.

Observação: Na página 237 construímos uma tabela para a função $y = x^2$, tomamos o valor inicial $x = 4$ e chegamos ao valor da derivada igual a 8, o que confere, pois:

$f'(x) = 2x$

$f'(4) = 2 \cdot 4 = 8$

No ponto $x = 6$, a derivada é 12, pois:

$f'(x) = 2x$

$f'(6) = 2 \cdot 6 = 12$

E, num ponto qualquer $x = x_0$, a derivada da função $y = f(x) = x^2$ é dada por:

$f'(x_0) = 2x_0$

> **Fique atento**
> Nos exercícios propostos você escolhe qual maneira usar para resolvê-los.

2ª maneira

- Sabemos que:

  $y = f(x) = x^2$

  e

$$f'(x) = \lim_{h \to 0} \frac{\Delta y}{h} = \lim_{h \to 0} \frac{f(x + h) - f(x)}{h}$$

- Calculamos $\Delta y = f(x + h) - f(x)$:

  $\Delta y = (x + h)^2 - x^2 \Rightarrow \Delta y = x^2 + 2xh + h^2 - x^2 \Rightarrow \Delta y = 2xh + h^2$

- Dividimos o resultado por **h**:

$$\frac{\Delta y}{h} = \frac{2xh + h^2}{h} = 2x + h$$

- Passamos ao limite quando **h** tende a zero:

$$\lim_{h \to 0} \frac{\Delta y}{h} = \lim_{h \to 0} \frac{f(x + h) - f(x)}{h} = \lim_{h \to 0} 2x + h = 2x$$

Portanto, $f'(x) = 2x$. E, no ponto $\mathbf{x_0}$, $f'(x_0) = 2x_0$.

QUADRO-RESUMO PARA DETERMINAR A DERIVADA
1ª maneira
1. Substituir **x** por (x + h) e **y** por (y + Δy). Desenvolver a expressão, se necessário. **2.** Subtrair a função original para isolar o valor de **Δy**. **3.** Dividir ambos os membros por **h** para obter a razão incremental $\frac{\Delta y}{h}$. **4.** Fazer **h** tender a zero determinando o limite: $\lim_{h \to 0} \frac{\Delta y}{h} = f'(x)$.
2ª maneira
1. Escrever f(x) e f(x + h). **2.** Calcular Δy = f(x + h) − f(x). **3.** Dividir o resultado por **h** para obter a razão incremental $\frac{\Delta y}{h}$. **4.** Fazer **h** tender a zero determinando o limite: $\lim_{h \to 0} \frac{\Delta y}{h} = f'(x)$.

Exercícios resolvidos

1. Qual é a derivada da função $f(x) = x^3$ no ponto $x = 2$?

Resolução:

1ª maneira

- Substituímos **x** por (x + h) e **y** por (y + Δy) na função $y = f(x) = x^3$ (I).
  $y + \Delta y = (x + h)^3$
- Fazemos o desenvolvimento:
  $y + \Delta y = x^3 + 3x^2h + 3xh^2 + h^3$ (II)
- Subtraímos (I) de (II) para isolar o valor de **Δy**:

$$\begin{array}{rl} y + \Delta y &= x^3 + 3x^2h + 3xh^2 + h^3 \\ y &= x^3 \qquad - \\ \hline \Delta y &= 3x^2h + 3xh^2 + h^3 \end{array}$$

- Dividimos ambos os membros por **h**:

$$\frac{\Delta y}{h} = 3x^2 + 3xh + h^2$$

- Fazemos **h** tender a zero:

$$\lim_{h \to 0} \frac{\Delta y}{h} = 3x^2$$

Portanto, $f'(x) = 3x^2$.

No ponto x = 2, temos $f'(2) = 3 \cdot 2^2 = 12$.

Logo, $f'(2) = 12$.

2ª maneira

$y = f(x) = x^3$

- Calculamos $\Delta y = f(x + h) - f(x)$:
  $\Delta y = f(x + h) - f(x) = (x + h)^3 - x^3 \Rightarrow$
  $\Rightarrow \Delta y = x^3 + 3x^2h + 3xh^2 + h^3 - x^3 \Rightarrow$
  $\Rightarrow \Delta y = 3x^2h + 3xh^2 + h^3$
- Dividimos por **h** para obter a razão incremental $\frac{\Delta y}{h}$:

$$\frac{\Delta y}{h} = 3x^2 + 3xh + h^2$$

- Fazemos **h** tender a zero:

$$\lim_{h \to 0} \frac{\Delta y}{h} = 3x^2$$

Portanto, $f'(x) = 3x^2$.

No ponto x = 2, temos $f'(2) = 3 \cdot 2^2 = 3 \cdot 4 = 12$.

2. Determine a derivada f′(x) da função

$f(x) = \frac{5}{x - 1}$ $(x \neq 1)$, para x = 5.

Resolução:

1ª maneira:

- Substituímos **x** por (x + h) e **y** por (y + Δy) na função $y = f(x) = \frac{5}{x - 1}$ $(x \neq 1)$:

$$y + \Delta y = \frac{5}{x + h - 1}$$

- Subtraímos a expressão original:

$$\begin{array}{rl} y + \Delta y &= \frac{5}{x + h - 1} \\ y &= \frac{5}{x - 1} \qquad - \\ \hline \Delta y &= \frac{5(x - 1) - 5(x + h - 1)}{(x + h - 1)(x - 1)} \Rightarrow \end{array}$$

$$\Rightarrow \Delta y = \frac{\cancel{5x} - \cancel{5} - \cancel{5x} - 5h + \cancel{5}}{(x + h - 1)(x - 1)} =$$

$$= \frac{-5h}{(x + h - 1)(x - 1)}$$

- Dividimos ambos os membros por **h**:

$$\frac{\Delta y}{h} = \frac{\frac{-5h}{(x+h-1)(x-1)}}{h} = \frac{-5}{(x+h-1)(x-1)}$$

- Fazemos **h** tender a zero, obtendo a derivada:

$$f'(x) = \lim_{h \to 0} \frac{\Delta y}{h} = \frac{-5}{(x+0-1)(x-1)} =$$

$$= \frac{-5}{(x-1)(x-1)} \Rightarrow f'(x) = \frac{-5}{(x-1)^2}$$

Portanto, a derivada da função $f(x) = \frac{5}{x-1}$ $(x \neq 1)$ é dada por $f'(x) = \frac{-5}{(x-1)^2}$.

Para $x = 5$, temos $f'(5) = \frac{-5}{16}$.

3. Determine a derivada da função quadrática $y = f(x) = ax^2 + bx + c$ $(a \neq 0)$.

Resolução:

Sabemos que $f'(x) = \lim_{h \to 0} \frac{\Delta y}{h} = \lim_{h \to 0} \frac{f(x+h) - f(x)}{h}$.

- Calculamos $f(x + h)$:

$f(x+h) = a(x+h)^2 + b(x+h) + c \Rightarrow$

$\Rightarrow f(x+h) = a(x^2 + 2xh + h^2) + bx + bh + c \Rightarrow$

$\Rightarrow f(x+h) = ax^2 + 2axh + ah^2 + bx + bh + c$

- Calculamos $\Delta y = f(x+h) - f(x)$:

$\Delta y = f(x+h) - f(x) \Rightarrow$

$\Rightarrow \Delta y = ax^2 + 2axh + ah^2 + bx + bh + c -$

$-(ax^2 + bx + c) \Rightarrow$

$\Rightarrow \Delta y = \cancel{ax^2} + 2axh + ah^2 + \cancel{bx} + bh +$

$+ \cancel{c} - \cancel{ax^2} - \cancel{bx} - \cancel{c} \Rightarrow$

$\Rightarrow \Delta y = 2axh + ah^2 + bh$

- Dividimos ambos os membros por **h**:

$$\frac{\Delta y}{h} = \frac{2axh + ah^2 + bh}{h} = \frac{(2ax + ah + b)\cancel{h}}{\cancel{h}} =$$

$= 2ax + ah + b$

- Fazemos **h** tender a zero:

$$\lim_{h \to 0} \frac{\Delta y}{h} = 2ax + a \cdot 0 + b = 2ax + b$$

Portanto, a derivada da função quadrática $y = f(x) = ax^2 + bx + c$ $(a \neq 0)$ é dada por $f'(x) = 2ax + b$.

Num ponto $x = x_0$, teremos $f'(x_0) = 2ax_0 + b$.

4. Determine a derivada $f'(x)$ da função $y = f(x) = x^2 + 2x - 3$ no ponto $x = 3$.

Resolução:

1ª maneira

- Substituímos **x** por $(x + h)$ e **y** por $(y + \Delta y)$:

$y + \Delta y = (x+h)^2 + 2(x+h) - 3 \Rightarrow$

$\Rightarrow y + \Delta y = x^2 + 2xh + h^2 + 2x + 2h - 3$

- Subtraímos a função original:

$$\begin{array}{rcl} y + \Delta y &=& x^2 + 2xh + h^2 + 2x + 2h - 3 \\ y &=& x^2 \qquad\qquad\quad + 2x \qquad - 3 \;\; - \\ \hline \Delta y &=& 2xh + h^2 \qquad + 2h \end{array}$$

- Dividimos ambos os membros por **h**:

$$\frac{\Delta y}{h} = 2x + h + 2$$

- Fazemos **h** tender a zero:

$$\lim_{h \to 0} \frac{\Delta y}{h} = 2x + 2$$

Portanto, a derivada da função $y = f(x) = x^2 + 2x - 3$ é dada por $f'(x) = 2x + 2$.
Para $x = 3$, temos:
$f'(3) = 2 \cdot 3 + 2 = 8$

2ª maneira

$y = f(x) = x^2 + 2x - 3$

- Calculamos $\boldsymbol{\Delta y}$:

$\Delta y = f(x+h) - f(x) =$

$= (x+h)^2 + 2(x+h) - 3 - (x^2 + 2x - 3) \Rightarrow$

$\Rightarrow \Delta y = \cancel{x^2} + 2xh + h^2 + \cancel{2x} + 2h - \cancel{3} - \cancel{x^2} - \cancel{2x} + \cancel{3} \Rightarrow$

$\Rightarrow \Delta y = 2xh + h^2 + 2h$

- Dividimos por **h**:

$$\frac{\Delta y}{h} = 2x + h + 2$$

- Fazemos **h** tender a zero:

$$\lim_{h \to 0} \frac{\Delta y}{h} = 2x + 2$$

Portanto, $f'(x) = 2x + 2$.
Para $x = 3$, temos $f'(3) = 2 \cdot 3 + 2 = 8$.

3ª maneira:

De acordo com o exercício resolvido 3, a derivada de $f(x) = ax^2 + bx + c$ $(a \neq 0)$ num ponto $x = x_0$ é $f'(x_0) = 2ax_0 + b$.

Assim, como $f(x) = y = x^2 + 2x - 3$, temos $f'(3) = 2 \cdot 1 \cdot 3 + 2 = 8$.

5. Determine $f'(2)$ sabendo que $f(x) = x^2 + x$.

Resolução:

Pela 3ª maneira:

Sabemos que, se $y = f(x) = x^2 + x$, então $f'(x) = 2x + 1$.
Assim, $f'(2) = 2 \cdot 2 + 1 = 5$.

Exercícios propostos

7. Determine a derivada de cada uma das funções usando a maneira que quiser:

a) $y = x^2 - 3$

b) $f(x) = 2 - x^2$

c) $y = x^2 + 4x - 1$

d) $f(x) = \dfrac{2}{x + 3}$

e) $y = \dfrac{4}{x}$

f) $f(x) = \dfrac{3}{2 - 3x}$

g) $P(i) = 10i^2$

h) $S(t) = t^2 + 3t - 2$

i) $V(r) = 8r^3$

8. Determine a derivada de cada uma das funções nos valores indicados:

a) $y = x^2 - 5x + 4$ para $x = 3$

b) $S(t) = t^2 + 4t + 3$ para $t = 1$

c) $f(x) = \dfrac{5}{x}$ para $x = 4$

d) $y = 1 - 3x - 2x^2$ para $x = 3$

e) $S(t) = \dfrac{10}{t + 1}$ para $t = 2$

f) $f(x) = 2 - x$ para $x = 1$

9. Se $A(r) = \pi r^2$, determine $A'(r)$ quando $r = 5$.

10. Se $S(t) = 4{,}9t^2$, determine a taxa de variação instantânea no instante $t = 10$ s.

7 Derivadas de algumas funções elementares

Agora que já aprendemos a determinar a derivada de uma função pela definição, ou seja, obtendo o limite da razão $\dfrac{\Delta y}{\Delta x}$ para quando Δx tende a zero, podemos começar a generalizar as derivadas mais comuns e aprender algumas propriedades operatórias.

Dessa forma, a obtenção das derivadas será mais ágil e prática, evidenciando ainda mais o enorme potencial dessa importante ferramenta matemática.

Derivada da função afim: f(x) = ax + b

Considerando $f(x) = ax + b$ ($a \in \mathbb{R}^*$, $b \in \mathbb{R}$), temos:

$$\frac{f(x + h) - f(x)}{h} = \frac{a(x + h) + b - (ax + b)}{h} = \frac{a\cancel{h}}{\cancel{h}} = a$$

Então, $f'(x) = \lim\limits_{h \to 0} a = a$.

Logo, podemos escrever que:

Fique atento

O limite de uma constante é igual a essa constante.

$$\text{se } f(x) = ax + b, \text{ então } f'(x) = a$$

Exemplos:

1º) Se $f(x) = 2x + 3$, então $f'(x) = 2$.

2º) Se $f(x) = -\dfrac{1}{2}x + 5$, então $f'(x) = -\dfrac{1}{2}$.

Derivada da função identidade: f(x) = x

Se na função afim dada anteriormente fizermos $a = 1$ e $b = 0$, teremos a função identidade $f(x) = x$ e poderemos escrever que:

$$\text{se } f(x) = x, \text{ então } f'(x) = 1$$

Derivada da função constante: $f(x) = k$

Se na função afim $f(x) = ax + b$ fizermos $a = 0$ e $b = k$ ($k \in \mathbb{R}$), teremos $f'(x) = a = 0$. Assim:

$$\text{se } f(x) = k\text{, então } f'(x) = 0$$

Exemplos:

1º) Se $f(x) = 8$, então $f'(x) = 0$.

2º) Se $f(x) = \sqrt{3}$, então $f'(x) = 0$.

Derivada da função potência com expoente natural: $f(x) = x^n$

Consideremos a função $f: \mathbb{R} \to \mathbb{R}$ definida por $f(x) = x^n$, $n \in \mathbb{N}$. Admitiremos sem demonstração que:

$$\text{se } f(x) = x^n,\ n \in \mathbb{N}\text{, então } f'(x) = nx^{n-1}$$

Exemplos:

1º) Se $f(x) = x^6$, então $f'(x) = 6x^5$.

2º) Se $f(x) = x^2$, então $f'(x) = 2x$.

Derivada do produto de uma constante por uma função: $g(x) = c \cdot f(x)$

Admitiremos sem demonstração que:

$$\text{se } g(x) = c \cdot f(x)\text{, então } g'(x) = c \cdot f'(x)$$

Exemplos:

1º) Se $f(x) = 3 \cdot x^6$, então $f'(x) = 3 \cdot 6 \cdot x^5 = 18x^5$.

2º) Se $f(x) = a \cdot x^n$, então $f'(x) = a \cdot n \cdot x^{n-1}$.

QUADRO-RESUMO DAS DERIVADAS	
Função	**Derivada**
$f(x) = ax + b$ ($a, b \in \mathbb{R}$)	$f'(x) = a$
$f(x) = x$	$f'(x) = 1$
$f(x) = k$ ($k \in \mathbb{R}$)	$f'(x) = 0$
$f(x) = x^n$ ($n \in \mathbb{N}$)	$f'(x) = nx^{n-1}$
$g(x) = c \cdot f(x)$	$g'(x) = c \cdot f'(x)$
$f(x) = ax^2 + bx + c$ ($a, b, c \in \mathbb{R}$, $a \neq 0$)	$f'(x) = 2ax + b$

Exemplo:

Vamos calcular a derivada da função $f(x) = x^3$.

Se $f(x) = x^3$, então $f'(x) = 3x^2$.

8 Propriedades operatórias das derivadas

Vejamos, agora, duas propriedades operatórias das derivadas, que admitiremos verdadeiras sem demonstração. O conhecimento dessas propriedades facilita o cálculo das derivadas.

Derivada de uma soma (ou diferença) de funções

A derivada da soma (ou diferença) de duas funções é igual à soma (ou diferença) das derivadas dessas funções. Ou seja, se **f** e **g** são funções deriváveis no ponto **x**, então f + g (ou f − g) também é derivável nesse ponto, e:

$$(f + g)'(x) = f'(x) + g'(x)$$
$$(f - g)'(x) = f'(x) - g'(x)$$

Exercício resolvido

6. Determine $f'(x)$ das funções a seguir.

a) $f(x) = x^2 + x + 1$

b) $f(x) = 3x^5$

c) $f(x) = 3x^2 + 2x + 1$

d) $f(x) = ax^2 + bx + c$

Resolução:

a) $f(x) = x^2 + x + 1$

$f'(x) = (x^2 + x + 1)' = (x^2)' + x' + 1' = 2x + 1 + 0 = 2x + 1$

Logo, $f'(x) = 2x + 1$.

b) $f(x) = 3x^5$

Neste caso, $k = 3$ e $g(x) = x^5$.

Então, $f(x) = 3 \cdot g(x)$. Logo:

$f'(x) = 3 \cdot g'(x) = 3 \cdot 5x^4 = 15x^4$

Ou, ainda:

$(3x^5)' = 3(x^5)' = 3 \cdot 5x^4 = 15x^4$

Logo, $f'(x) = 15x^4$.

c) $f(x) = 3x^2 + 2x + 1$

$f'(x) = (3x^2 + 2x + 1)' = (3x^2)' + (2x)' + 1' =$

$= 3(x^2)' + 2x' + 1' = 3 \cdot 2x + 2 \cdot 1 + 0 = 6x + 2$

Logo, $f'(x) = 6x + 2$.

d) $f(x) = ax^2 + bx + c$

$f'(x) = (ax^2 + bx + c)' = (ax^2)' + (bx)' + c' =$

$= a(x^2)' + bx' + c' = a \cdot 2x + b \cdot 1 + 0 = 2ax + b$

Portanto, $f'(x) = 2ax + b$.

Exercício proposto

11. Determine as derivadas das seguintes funções:

a) $f(x) = 100$

b) $f(x) = -x^4$

c) $f(x) = x^2 + x - 4$

d) $f(x) = 3x^4$

e) $f(x) = \sqrt{2}x^3 - 2x$

f) $f(x) = -10x^3 + 2x^2$

9 Aplicações da derivada

Velocidade média

Já vimos que a velocidade média é dada pela taxa média de variação da distância em relação ao tempo.

Por exemplo, vamos supor que um veículo passe pelo ponto **A** num determinado instante e, 5 segundos mais tarde, passe pelo ponto **B**, sendo a distância entre **A** e **B** de 200 metros.

Se $S = S(t)$ representa a distância percorrida antes de **A**, então, a distância AB será chamada de ΔS (o incremento na distância). O tempo de 5 segundos é Δt (o incremento no tempo). Sabemos que a velocidade média é dada por:

$$\frac{\Delta S}{\Delta t} = \frac{200\ m}{5\ s} = 40\ m/s$$

Velocidade instantânea num ponto

Para obter a velocidade instantânea no ponto **A**, fazemos Δt cada vez menor e tendendo a zero. Assim, ΔS também tende a zero.

A velocidade instantânea no ponto **A** será o limite da razão $\frac{\Delta S}{\Delta t}$ quando Δt tende a zero, isto é:

$$\text{velocidade instantânea } v = \lim_{\Delta t \to 0} \frac{\Delta S}{\Delta t}$$

ou seja, a velocidade instantânea num ponto é a derivada de **S** em relação a **t** nesse ponto. Indicamos por:

$$v(t) = \frac{\Delta S}{\Delta t} = S'(t)$$

Exercícios resolvidos

7. Um ponto material se move sobre uma trajetória qualquer segundo a função horária $S(t) = t^2 - 2t + 5$, em que **S** é dado em metros (m) e **t** é dado em segundos (s). Determine a velocidade instantânea do ponto material no instante $t = 3$ s.

Resolução:

A velocidade instantânea é dada pela derivada da função $S(t)$ no instante $t = 3$ s.

$S(t) = t^2 - 2t + 5$

$S'(t) = 2t - 2$

$v(t) = 2t - 2$

Para $t = 3$ segundos, temos:

$v(3) = 2 \cdot 3 - 2 = 4$

Portanto, a velocidade instantânea desse ponto material no instante $t = 3$ s é de 4 m/s.

8. Um objeto, a uma distância razoável da Terra, cai em queda livre, aproximadamente, segundo a função $S(t) = 4{,}9t^2$, em que **S** representa a distância em metros e **t** representa o tempo em segundos. Que distância ele percorre e qual é a velocidade instantânea no final de 5 segundos?

Resolução:

Vamos calcular a velocidade instantânea:

$S(t) = 4{,}9t^2$

$S'(t) = 2 \cdot 4{,}9t \Rightarrow S'(t) = 9{,}8t$

Como a derivada da função espaço é a função velocidade, temos:

$v(t) = 9{,}8t$

Para $t = 5$ s, temos:

$v(5) = 9{,}8 \cdot 5 \Rightarrow v(5) = 49$ m/s

Para calcular a distância percorrida basta fazermos $S(5)$:

$S(5) = 4{,}9 \cdot 5^2 \Rightarrow S(5) = 122{,}5$ m

Portanto, no final de 5 segundos, o objeto percorreu 122,5 m e está a uma velocidade de 49 m/s.

9. Do topo de um prédio uma bola é lançada para cima. A distância (em metros) da bola até o chão no tempo de **t** segundos é dada pela função $S(t) = 16 + 24t - 4t^2$. Determine (desprezando a resistência do ar):

a) a altura do prédio;

b) a velocidade inicial da bola;

c) a altura máxima atingida pela bola.

Resolução:

Vamos, inicialmente, calcular a derivada da distância para obter a velocidade.

$S(t) = 16 + 24t - 4t^2$

$S'(t) = 0 + 1 \cdot 24 - 2 \cdot 4t = 24 - 8t$

$v(t) = 24 - 8t$

Portanto, a função velocidade é dada por $v(t) = 24 - 8t$.

Quando a bola deixa o topo do prédio (ao ser lançada para cima), temos $t = 0$. Então:

a) $S(0) = 16 + 24 \cdot 0 - 4 \cdot 0^2 = 16$ m (altura do prédio)

b) $v(0) = 24 - 8 \cdot 0 = 24$ m/s (velocidade inicial da bola)

c) Quando a bola atinge o máximo de sua altura, sua velocidade é zero. Então, $24 - 8t = 0$ e, portanto, $t = 3$ segundos.

Isso significa que a bola atinge o máximo da sua altura no final de 3 segundos.

Para encontrar a altura máxima atingida pela bola, substituímos **t** por 3 na função $S(t) = 16 + 24t - 4t^2$.

$S(3) = 16 + 24 \cdot 3 - 4 \cdot 3^2 = 16 + 72 - 36 = 52$ m (altura máxima atingida)

Aceleração

O conceito de *aceleração* está relacionado com a variação de velocidade: sempre que a velocidade de um ponto material varia é porque ele foi acelerado. Mas não basta saber quanto variou a velocidade; é necessário saber também em que intervalo de tempo essa variação ocorreu.

Aceleração média

Inicialmente vamos considerar a *aceleração média* por meio de um exemplo.

Suponha dois carros em movimento, cada um com velocidade de 5 metros por segundo. Algum tempo mais tarde cada um está viajando a 30 metros por segundo. Entretanto, um carro requer 20 segundos para fazer essa mudança e o outro necessita de 5 segundos. Indicamos assim:

Δv: mudança na velocidade

Δt: mudança no tempo

A *aceleração média* é dada pela razão $\frac{\Delta v}{\Delta t}$.

Observe a tabela:

	v_1	v_2	Δv	Δt	$\frac{\Delta v}{\Delta t}$
1º carro	5	30	25 m/s	20 s	1,25 m/s^2
2º carro	5	30	25 m/s	5 s	5 m/s^2

A última coluna mostra a aceleração média durante o intervalo de tempo:

- aceleração média do 1º carro: 1,25 m/s^2
- aceleração média do 2º carro: 5 m/s^2

Observação: Dizer que um móvel tem aceleração média de 5 m/s^2 equivale a dizer que a cada segundo sua velocidade varia de 5 m/s.

Aceleração instantânea

Sabemos que a *aceleração média* é a aceleração do móvel calculada em certo intervalo de tempo; *aceleração instantânea* é a aceleração do móvel em determinado instante, ou seja, num intervalo de tempo infinitamente pequeno, isto é, quando Δt tende a zero.

Para obter a aceleração instantânea num ponto, fazemos Δt tender a zero. Assim, Δv também tende a zero. Ao limite da razão $\frac{\Delta v}{\Delta t}$, quando Δt tende a zero, chamamos de *aceleração instantânea* **a** e indicamos por:

$$a = \lim_{\Delta t \to 0} \frac{\Delta v}{\Delta t} = v' \text{ (derivada da velocidade)}$$

Concluindo:

- Velocidade é a derivada da distância **S**, ou seja, $v = \frac{\Delta S}{\Delta t}$.
- Aceleração é a derivada da velocidade **v**, ou seja, $a = \frac{\Delta v}{\Delta t}$.

Observação: Quando nos referimos simplesmente à *aceleração*, estamos nos referindo à *aceleração instantânea*.

Exercícios resolvidos

10. (UEL-PR) A equação horária de um móvel é $y = \frac{t^3}{3} + 2t$, sendo **y** sua altura em relação ao solo, medida em metros, e **t** o número de segundos transcorridos após sua partida. Sabe-se que a velocidade do móvel no instante t = 3 s é dada por y'(3), ou seja, é a derivada de **y** calculada em 3. Essa velocidade é igual a:

a) 6 m/s.

b) 11 m/s.

c) 15 m/s.

d) 27 m/s.

e) 29 m/s.

> RESOLUÇÃO PASSO A PASSO:

1. Lendo e compreendendo

a) O que é dado no problema?

É fornecida a equação horária do móvel, que relaciona a altura dele em relação ao solo com o instante de tempo **t**; é dada a informação de que a velocidade instantânea pode ser obtida pela derivada da função horária no instante desejado.

b) O que se pede?

A velocidade do móvel no instante t = 3 s.

2. Planejando a solução

Vamos obter a derivada da equação horária e, depois, o valor da derivada encontrada no ponto 3.

3. Executando o que foi planejado

A equação horária do móvel é $y = \frac{t^3}{3} + 2t$. Derivando, temos:

$$y' = 3 \cdot \frac{t^2}{3} + 2 = t^2 + 2$$

No ponto t = 3, temos $y'(3) = 3^2 + 2 = 11$ m/s.

4. Verificando

Para verificar o resultado obtido para y'(3), faremos uma tabela com os valores de **y** e **t** no entorno de t = 3, que nos permitirá calcular as velocidades médias em intervalos de tempo muito pequenos antes e depois do instante t = 3. Assim:

t (segundos)	**y** (metros)
2,999	14,989003
3	15
3,001	15,011003

A velocidade média entre os instantes t = 2,999 e t = 3 é:

$$v_1 = \frac{15 - 14{,}989003}{3 - 2{,}999} \Rightarrow v_1 = \frac{0{,}010997}{0{,}001} \Rightarrow$$

$$\Rightarrow v_1 = 10{,}997 \text{ m/s}$$

A velocidade média entre os instantes t = 3 e t = 3,001 é:

$$v_2 = \frac{15{,}011003 - 15}{3{,}001 - 3} \Rightarrow v_2 = \frac{0{,}011003}{0{,}001} \Rightarrow$$

$$\Rightarrow v_2 = 11{,}003 \text{ m/s}$$

Era esperado que a maneira escolhida não fosse exatamente a resposta obtida, pois em vez de calcularmos a velocidade instantânea no ponto t = 3, calculamos a velocidade média num intervalo de tempo de 1 milésimo antes e depois de t = 3. Entretanto, como y'(3) é tal que $v_1 < y'(3) < v_2$, então podemos garantir que a resposta obtida no item 3 está verificada.

5. Respondendo

A resposta é a alternativa **b**.

6. Ampliando o problema

a) Qual é a altura desse móvel em relação ao solo, no instante t = 3 s e em t = 9 s?

b) Qual é a aceleração desse móvel no instante t = 3 s e t = 9 s? Sabe-se que a aceleração de um móvel é a derivada da função velocidade.

c) A velocidade da luz no vácuo é de 299 792 458 m/s. Entretanto, para a pergunta a seguir, suponha que ela seja 299 982 402 m/s. Em que instante esse móvel atingirá a velocidade da luz? Use uma calculadora para fazer as contas.

d) **Discussão em equipe**

Observe suas respostas para os itens **a**, **b** e **c**, e use-as como base para discutir com seus colegas a situação proposta no enunciado original do exercício. Por exemplo, percebam o que está acontecendo com a altura, a velocidade e a aceleração do móvel com o passar do tempo. Imaginem a situação passados 1 minuto, 1 hora, 1 dia... O que acontecerá com esse móvel descrito no enunciado?

11. Uma partícula se move de acordo com a função $S(t) = t^3 - 6t^2 + 9t - 5$ (**S** em metros e **t** em segundos). Determine:

a) a posição, a velocidade e a aceleração para $t = 0$ e $t = 2$.

b) quando e onde a partícula para.

Resolução:

Vamos calcular a velocidade instantânea, ou seja, a derivada de **S**.

$S(t) = t^3 - 6t^2 + 9t - 5$

$S'(t) = 3t^2 - 2 \cdot 6t + 9 = 3t^2 - 12t + 9$

Portanto, $v(t) = 3t^2 - 12t + 9$.

Vamos calcular agora a aceleração instantânea, ou seja, a derivada de **v**.

$v(t) = 3t^2 - 12t + 9$

$v'(t) = 2 \cdot 3t - 12 = 6t - 12$

$a(t) = 6t - 12$

Assim, temos as equações:

- do espaço: $S(t) = t^3 - 6t^2 + 9t - 5$
- da velocidade: $v(t) = 3t^2 - 12t + 9$
- da aceleração: $a(t) = 6t - 12$

E podemos determinar o que o problema pede:

a) Para encontrar a posição, a velocidade e a aceleração quando $t = 0$ s, substituímos **t** por 0 nas respectivas equações e obtemos:

$S(0) = -5$ m; $v(0) = 9$ m/s; $a(0) = -12$ m/s^2

Para encontrar a posição, a velocidade e a aceleração quando $t = 2$ s, substituímos **t** por 2 nas respectivas equações e obtemos:

$S(2) = -3$ m; $v(2) = -3$ m/s; $a(2) = 0$

b) A partícula para quando $v = 0$, isto é,

$3t^2 - 12t + 9 = 0$.

Resolvendo essa equação, encontramos $t = 1$ e $t = 3$.

Então, a partícula para quando:

- $t = 1$ s, na posição $S = -1$ m;
- $t = 3$ s, na posição $S = -5$ m.

Exercícios propostos

12. Em cada um dos itens abaixo, determine a distância **S**, a velocidade **v** e a aceleração **a**, quando $t = 0$ s e quando $t = 1$ s (**S** é dado em metros e **t** é dado em segundos).

a) $S(t) = 4t + 5$

b) $S(t) = t^2 - 5t - 4$

c) $S(t) = 8 + 3t - t^2$

d) $S(t) = t^3 - 6t^2 + 15t$

13. Uma partícula se movimenta de acordo com a função $S(t) = t^3 - 9t^2 + 15t - 4$ (**S** é dado em metros e **t** é dado em segundos).

a) Determine a posição, a velocidade e a aceleração quando $t = 0$ s e quando $t = 4$ s.

b) Quando e onde a partícula para?

14. Do topo de um prédio uma bola é lançada para cima e sua distância (em metros) ao chão é dada pela função $S(t) = 20 + 24t - 4t^2$ (**t** é dado em segundos). Determine (desprezando a resistência do ar):

a) a altura do prédio;

b) a velocidade inicial da bola;

c) o número de segundos que ela leva para atingir o ponto mais alto;

d) a altura máxima atingida pela bola;

e) a velocidade quando ela chega ao chão.

15. O movimento de uma partícula é dado pela função $S(t) = 10 - 9t + 6t^2 - t^3$ (**S** é dado em metros e **t** é dado em segundos).

a) Determine a posição, a velocidade e a aceleração no instante $t = 0$.

b) Quando e onde a partícula para?

c) Qual é a aceleração quando $v = 0$?

16. Um objeto é solto de um avião que está a 2 592,1 m de altitude em relação à Terra. A função que representa esse movimento é $S(t) = 4{,}9t^2$ (**S** dado em metros e **t** dado em segundos). (Despreze a resistência do ar e considere a aceleração da gravidade $g = 9{,}8$ m/s^2.)

a) Determine a distância percorrida e a velocidade do objeto no final de 10 segundos.

b) Determine a velocidade do objeto no momento do impacto com a Terra.

10 Interpretação geométrica da derivada

Declividade ou coeficiente angular de uma reta

Já estudamos, no capítulo 2, a declividade de uma reta. Vimos que, dada uma reta **r**, sua declividade (coeficiente angular) é dada por:

$$m = \frac{\Delta y}{\Delta x} = \frac{y_2 - y_1}{x_2 - x_1}$$

em que $\mathbf{P_1}(x_1, y_1)$ e $\mathbf{P_2}(x_2, y_2)$ são dois pontos quaisquer da reta **r**. Chamando de α o ângulo que **r** forma com o eixo **x**, a declividade é a tangente de α, ou seja:

$$m = \text{tg}\ \alpha$$

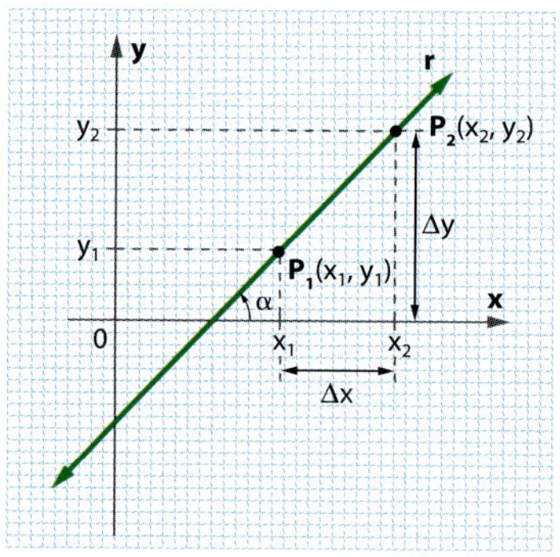

Fique atento

- Consideramos α a partir do eixo **x**, em direção a **r** no sentido anti-horário.
- Não existe **m** quando **r** é paralela ao eixo **y**.

Exemplo:

A declividade da reta que passa pelos pontos (4, 2) e (0, −2) é dada por:

$$m = \frac{-2 - 2}{0 - 4} = \frac{-4}{-4} = 1 \Rightarrow m = 1$$

Já vimos também que a equação da reta de declividade **m** que passa pelo ponto (x_0, y_0) é dada por

$m = \dfrac{y - y_0}{x - x_0}$, ou seja, $y - y_0 = m(x - x_0)$.

Assim, a equação da reta de declividade m = 1 que passa pelo ponto (4, 2) é dada por:

$$y - 2 = 1(x - 4) \Rightarrow y = x - 4 + 2 \Rightarrow y = x - 2$$

Observe que $m = \text{tg}\ \alpha = \text{tg}\ 45° = 1$.

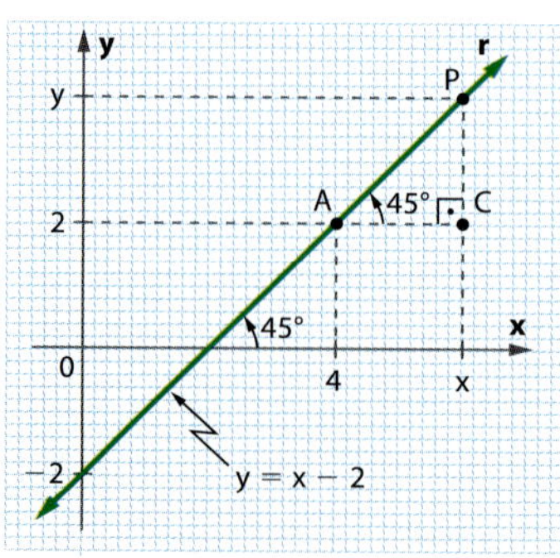

Reta tangente a uma curva num ponto

A reta tangente a uma circunferência num ponto **P** é a reta que intersecta essa circunferência somente nesse ponto; ou, de modo equivalente, a tangente à circunferência num ponto **P** é a reta que passa por **P** e é perpendicular ao segmento OP.

E como definir uma reta tangente a uma curva qualquer em determinado ponto dela?

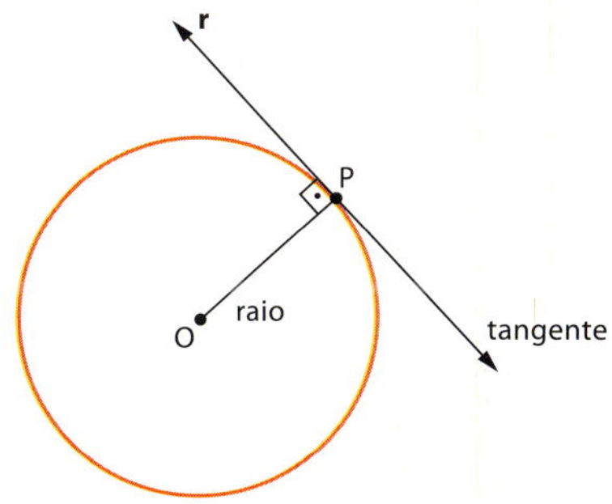

Reta tangente, declividade de uma curva e derivada

Considere a curva abaixo como o gráfico de uma função qualquer **f**. Seja **P**(x, y) um ponto qualquer da curva por onde pretendemos traçar a tangente. Agora, vamos dar a **x** um incremento $\Delta x = MN$. Consequentemente, **y** vai variar de um incremento $\Delta y = RQ$. Observe que o ponto **Q** da curva tem coordenadas **Q**$(x + \Delta x, y + \Delta y)$.

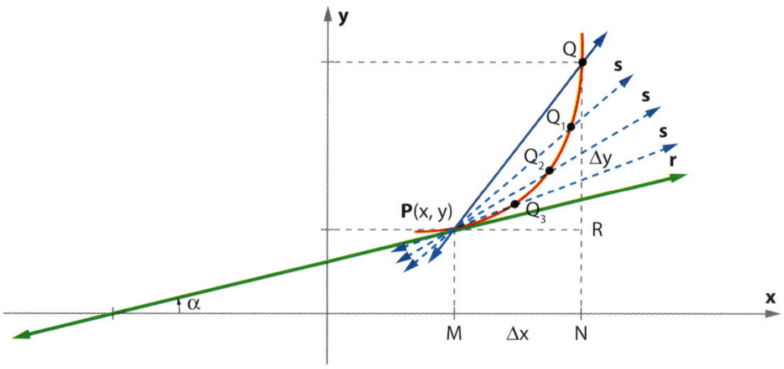

A declividade da reta secante PQ é dada pela razão incremental:

$$\frac{\Delta y}{\Delta x} = \frac{f(x + \Delta x) - f(x)}{\Delta x} = \frac{RQ}{PR}$$

Fique atento

Δx é sempre diferente de zero, pois, se $\Delta x = 0$, teríamos $\frac{0}{0}$, que é indeterminado.

Agora imagine que o ponto **Q** se mova sobre a curva aproximando-se cada vez mais de **P** (**P** permanece fixo), mas sem atingi-lo, passando pelas posições Q_1, Q_2, Q_3, etc. A secante PQ assume as posições PQ_1, PQ_2, PQ_3, etc. É esperado que a razão incremental, que é a declividade da secante, se aproxime de determinado valor **m**, à medida que **Q** se aproxima de **P**. Quando isso ocorre, definimos *reta tangente* à curva no ponto **P** como aquela que passa por **P** e cuja declividade é **m**.

P aproxima-se de **Q** quando fazemos **Δx** tender a zero. Quando **Δx** tende a zero e a razão incremental se aproxima de um valor finito **m**, podemos escrever:

$$\lim_{\Delta x \to 0} \frac{\Delta y}{\Delta x} = \lim_{\Delta x \to 0} \frac{f(x + \Delta x) - f(x)}{\Delta x} = m$$

Observe que, existindo o limite acima, ele é a *derivada* da função **f** no ponto **P**, como já havíamos visto.

Portanto, $f'(x)$ = declividade da reta tangente.

Assim, existindo a derivada da função **f** num ponto $\mathbf{x_0}$, existirá a reta tangente no ponto $(x_0, f(x_0))$ e:

$$f'(x_0) = m = \text{tg}\ \alpha$$

Equação da reta tangente

Podemos concluir, então, que a equação da reta tangente ao gráfico de $y = f(x)$ em um ponto $(x_0, f(x_0))$ é dada por:

$$f'(x_0) = \frac{y - f(x_0)}{x - x_0} \quad \text{ou} \quad y - f(x_0) = f'(x_0)(x - x_0)$$

Fique atento

A declividade **m** da reta tangente depende do ponto considerado.

Observação: Nem toda curva admite reta tangente em determinado ponto. Para admitir reta tangente em determinado ponto, o gráfico da função não pode dar "salto" (não pode ser descontínuo) nem mudar bruscamente de direção (formar "bico") nesse ponto. Não admitem reta tangente no ponto de abscissa x_0 os seguintes gráficos de funções:

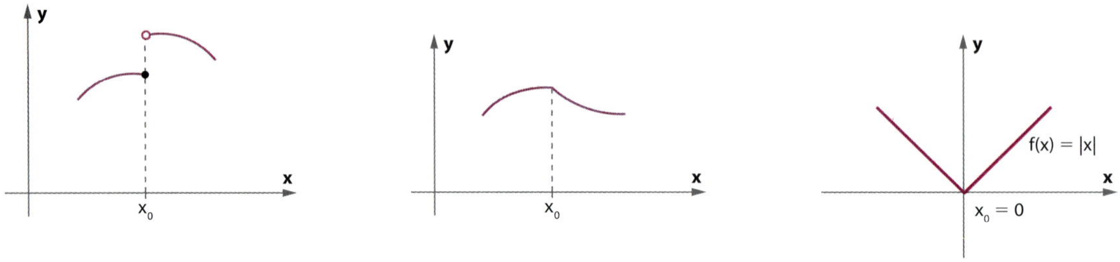

Exercícios resolvidos

12. Determine a equação da reta tangente ao gráfico da função $f(x) = x^2$ no ponto **P** de abscissa $x = 1$.

Resolução:

$f(x) = x^2$

Assim, $f(1) = 1$ e **P**(1, 1).

Aprendemos que $f'(x) = 2x$. Portanto, $f'(1) = 2$.

Conhecendo $m = 2$, podemos escrever a equação da reta tangente à curva no ponto **P**(1, 1).

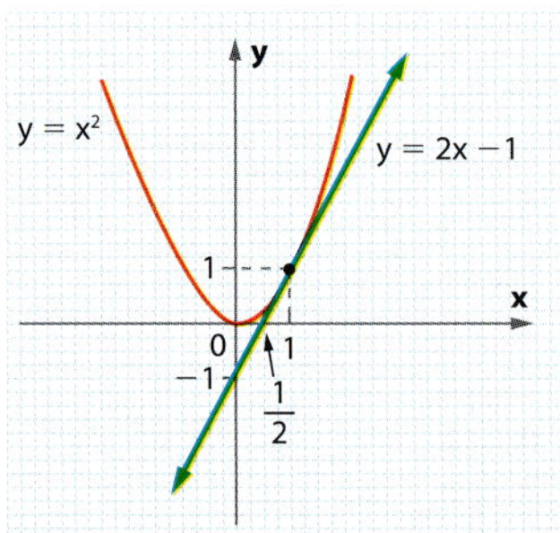

$y - f(x_0) = f'(x_0)(x - x_0) \Rightarrow$

$\Rightarrow y - 1 = m(x - 1) \Rightarrow$

$\Rightarrow y - 1 = 2(x - 1) \Rightarrow y = 2x - 1$

Portanto, a equação da reta tangente à curva no ponto **P**(1, 1) é $y = 2x - 1$.

Essa reta tem declividade $m = 2$, corta o eixo Ox no ponto de abscissa $x = \frac{1}{2}$ e o eixo Oy no ponto de ordenada $y = -1$.

13. Escreva a equação da reta tangente ao gráfico da função $f(x) = x^3$ no ponto **P** de abscissa $x = 2$.

Resolução:

$f(x) = x^3$

Logo, $f(2) = 8$ e **P**(2, 8).

Aprendemos que $f'(x) = 3x^2$. Assim, $f'(2) = 12 = m$.

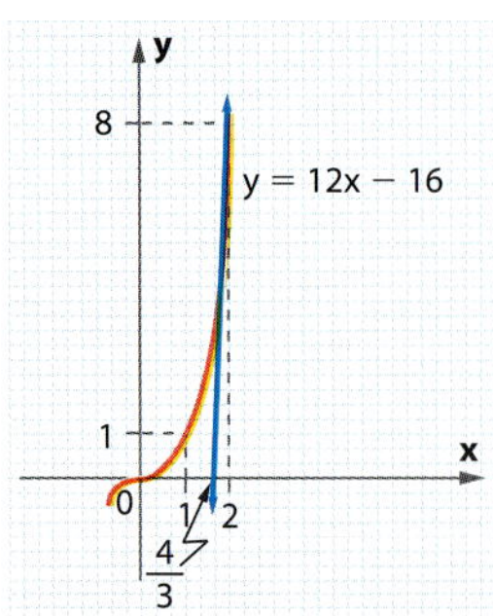

A equação da reta tangente à curva no ponto (2, 8) é dada por:

$y - f(x_0) = f'(x_0)(x - x_0) \Rightarrow$

$\Rightarrow y - 8 = 12(x - 2) \Rightarrow y = 12x - 16$

Essa reta tem declividade $m = 12$, corta o eixo Ox no ponto de abscissa $x = \frac{4}{3}$ e o eixo Oy no ponto de ordenada $y = -16$.

14. Determine a equação da reta tangente ao gráfico da função $f(x) = x^2 - 4x - 5$ no ponto (3, −8).

Resolução:

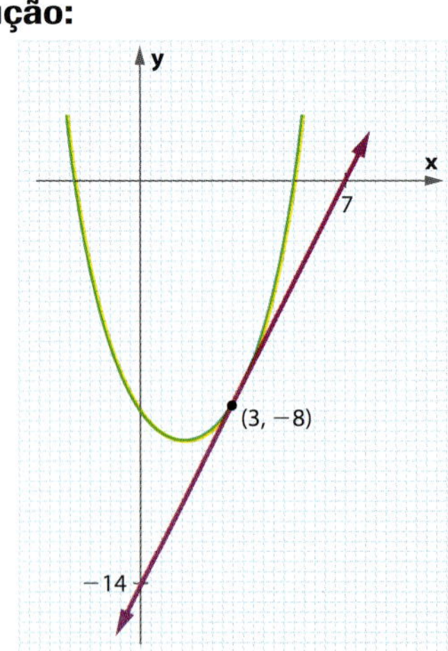

Vamos determinar **m**, ou seja, a derivada $f'(x)$ no ponto $x = 3$.

$f(x) = x^2 - 4x - 5$

Derivando a função **f**, obtemos $f'(x) = 2x - 4$:

$f'(3) = 2 = m$

Equação da reta tangente no ponto (3, −8):

$y - f(x_0) = f'(x_0)(x - x_0) \Rightarrow y + 8 = 2(x - 3) \Rightarrow$

$\Rightarrow y = 2x - 14$

Essa reta tem declividade (coeficiente angular) $m = 2$, corta o eixo Ox no ponto de abscissa $x = 7$ e o eixo Oy no ponto de ordenada $y = -14$.

15. Em que ponto a curva $y = x^2 - 6x + 8$ tem uma tangente horizontal?

Resolução:

Para ter tangente horizontal, **m** tem de ser zero.

Vamos determinar a derivada da função:

$y = x^2 - 6x + 8 \qquad y' = 2x - 6$

- Para $2x - 6 = 0$, temos $x = 3$.
- Para $x = 3$, temos $y = 3^2 - 6 \cdot 3 + 8 = -1$.

Portanto, a curva tem declividade zero, ou seja, a tangente é horizontal no ponto $(3, -1)$.

16. Dada a função $y = x^3 - 3x^2 - 9x + 12$, vamos determinar:

a) os pontos do gráfico onde $m = 0$;

b) a reta tangente para $x = 2$.

Resolução:

Vamos determinar a derivada da função:

$y = x^3 - 3x^2 - 9x + 12$

$y' = f'(x) = 3x^2 - 6x - 9$

Para $m = 0$, temos $3x^2 - 6x - 9 = 0$. Resolvendo essa equação, obtemos $x = -1$ e $x = 3$.

- Para $x = -1$:
  $y = (-1)^3 - 3(-1)^2 - 9(-1) + 12 = 17$
- Para $x = 3$:
  $y = 3^3 - 3 \cdot 3^2 - 9 \cdot 3 + 12 = -15$

a) Assim, a declividade **m** é zero nos pontos $(-1, 17)$ e $(3, -15)$.

b) Para $x = 2$, $m = 3 \cdot 2^2 - 6 \cdot 2 - 9 = -9$ e
$y = 2^3 - 3 \cdot 2^2 - 9 \cdot 2 + 12 = -10$.

Então, a equação da reta tangente no ponto $(2, -10)$ é:

$y - f(x_0) = m(x - x_0) \Rightarrow$

$\Rightarrow y + 10 = -9(x - 2) \Rightarrow y = -9x + 8$

Exercícios propostos

17. Determine a declividade de cada uma das curvas nos pontos dados:

a) $y = x^2 - 2x - 3$ nos pontos $(2, -3)$ e $(-1, 0)$

b) $f(x) = 2x^3 + 4x^2 - 5x - 3$ nos pontos $(1, -2)$ e $(0, -3)$

18. Escreva a equação da reta tangente à curva nos pontos dados:

a) $y = x^2 - x - 2$ para $x = 1$

b) $f(x) = 4 - 2x - x^2$ para $x = -1$

c) $y = x^2 - x + 3$ no ponto $(1, 3)$

d) $f(x) = 3x^2 - 2x + 6$ no ponto $(1, 7)$

19. Dadas as funções abaixo, determine os pontos do gráfico onde $m = 0$.

a) $y = x^2 - 4x - 3$

b) $f(x) = x^3 - 3x^2 - 9x + 10$

c) $y = 2x^2 - 5x + 3$

d) $f(x) = 4 + 15x + 6x^2 - x^3$

20. Determine o valor de **y** quando $f'(t) = 0$ nos casos:

a) $y = f(t) = t^2 - 3t + 2$

b) $y = f(t) = t^3 - 9t^2 + 15t + 5$

11 Estudo do comportamento de funções

Podemos estudar o comportamento de uma função por meio das derivadas: para quais intervalos do seu domínio a função é crescente ou decrescente e quais são seus valores máximos ou mínimos, quando existirem.

Recordemos que, se **f** é definida no conjunto dos números reais ou em um intervalo, dizemos que **f** é *crescente* se ela varia no mesmo sentido que **x**, isto é, f(x) cresce à medida que **x** cresce, e decresce à medida que **x** decresce. Escrevemos isso assim:

$$\text{Se } x_1 < x_2, \text{ então } f(x_1) < f(x_2).$$

De modo análogo, dizemos que uma função **f** é *decrescente* se **x** e f(x) variam em sentidos contrários, ou seja, se **x** cresce, então f(x) decresce e, se **x** decresce, então f(x) cresce. Indicamos isso assim:

$$\text{Se } x_1 < x_2, \text{ então } f(x_1) > f(x_2).$$

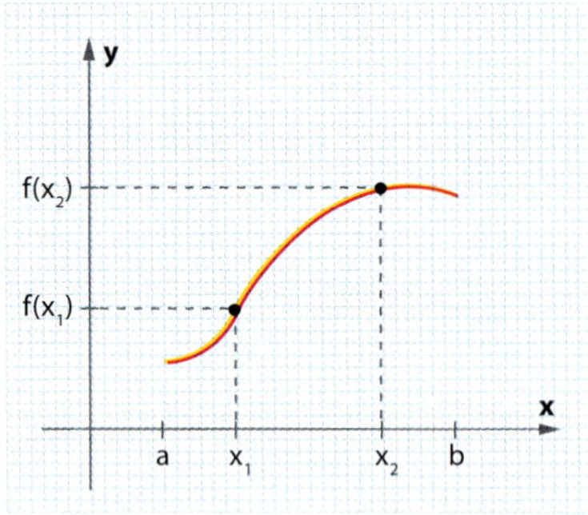

f é crescente em [a, b], pois, para $x_1 < x_2$, temos $f(x_1) < f(x_2)$.

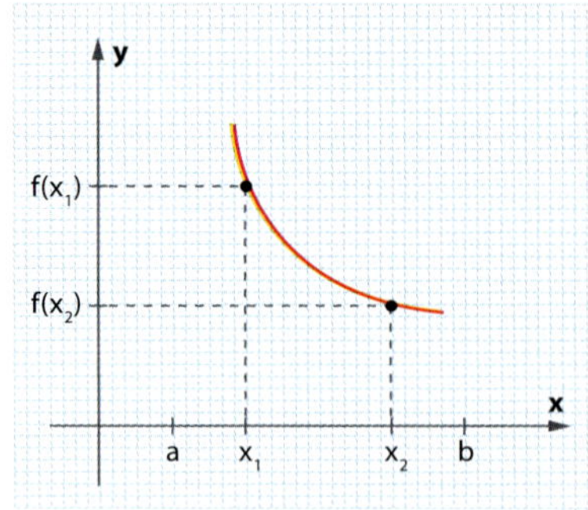

f é decrescente em [a, b], pois, para $x_1 < x_2$, temos $f(x_1) > f(x_2)$.

Observemos agora os seguintes gráficos:

a)

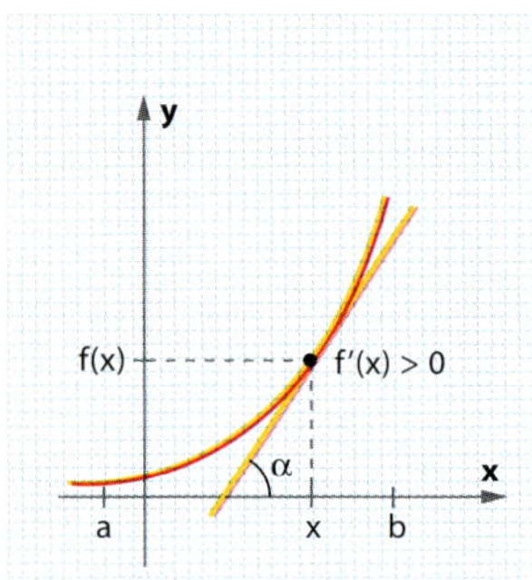

$f'(x) = \text{tg}\,\alpha > 0 \left(0 < \alpha < \dfrac{\pi}{2}\right)$

f é crescente em [a, b].

b)

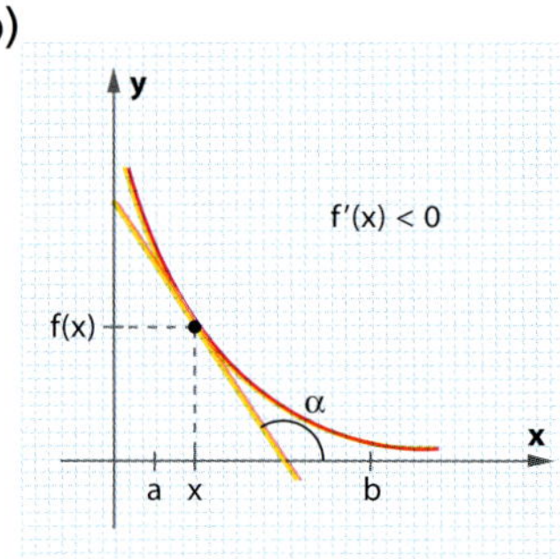

$f'(x) = \text{tg}\,\alpha < 0 \left(\dfrac{\pi}{2} < \alpha < \pi\right)$

f é decrescente em [a, b].

c)

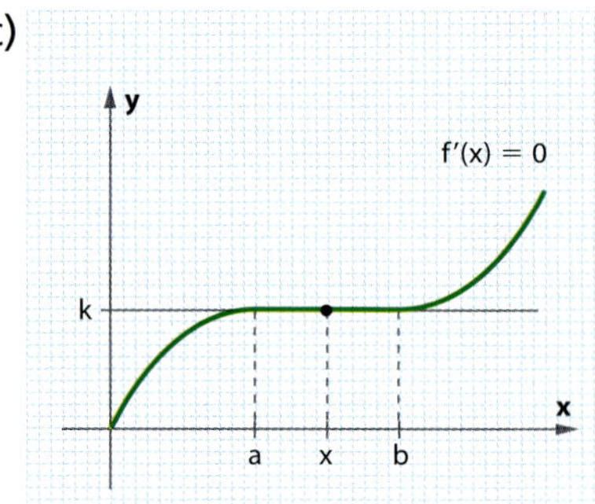

$f'(x) = \text{tg}\,\alpha = 0$, pois em [a, b] **f** é constante.

Demonstra-se matematicamente o que os gráficos anteriores sugerem:

1. Se a derivada da função é positiva em um intervalo, a função é crescente nesse mesmo intervalo. Basta ver no gráfico do item **a** que a declividade da reta tangente no ponto (x, f(x)) é positiva e, nas vizinhanças desse ponto, o gráfico de **f** é ascendente. Assim:

Se $f'(x) > 0$, então **f** é crescente.

2. Se a derivada da função é negativa em um intervalo, a função é decrescente nesse mesmo intervalo. Observe no gráfico do item **b** que a declividade da reta tangente no ponto (x, f(x)) é negativa e, nas vizinhanças desse ponto, o gráfico de **f** é descendente. Assim:

Se $f'(x) < 0$, então **f** é decrescente.

3. Se a derivada da função é zero em um intervalo [a, b], então a função é constante nesse mesmo intervalo. Observe isso no gráfico do item **c**. Assim:

Se $f'(x) = 0$ para qualquer $x \in [a, b]$, então $f(x) = k$, $x \in [a, b]$.

Comportamento da função afim $y = f(x) = ax + b$

Você já estudou no capítulo 4 do volume 1 que o gráfico da função afim $y = ax + b$ $(a \neq 0)$ é uma reta crescente se $a > 0$, e decrescente se $a < 0$.

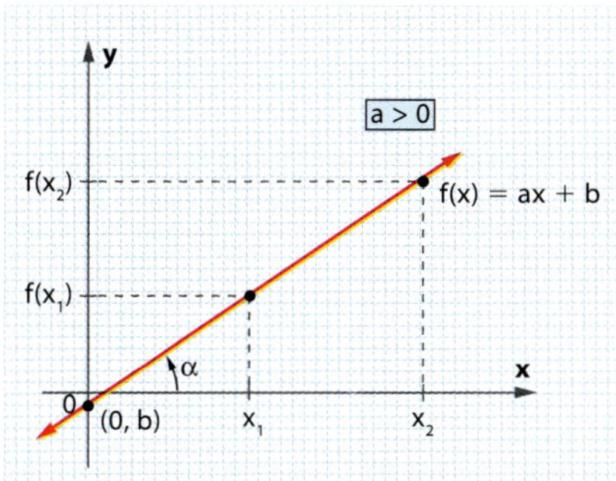

$x_2 > x_1 \Rightarrow f(x_2) > f(x_1)$

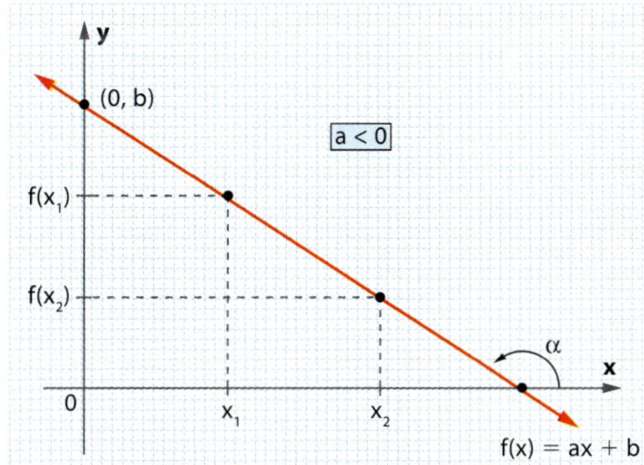

$x_2 > x_1 \Rightarrow f(x_2) < f(x_1)$

No caso de $a = 0$, o valor de $f(x)$ permanece constante $[f(x) = b]$ e o gráfico de **f** é a reta paralela ao eixo **x** que passa pelo ponto $(0, b)$.

Agora vamos confirmar esse estudo calculando a derivada da função afim $y = ax + b$.

$$y = ax + b$$
$$y' = a$$

Portanto, a derivada de $f(x) = ax + b$ é:

$$f'(x) = a$$

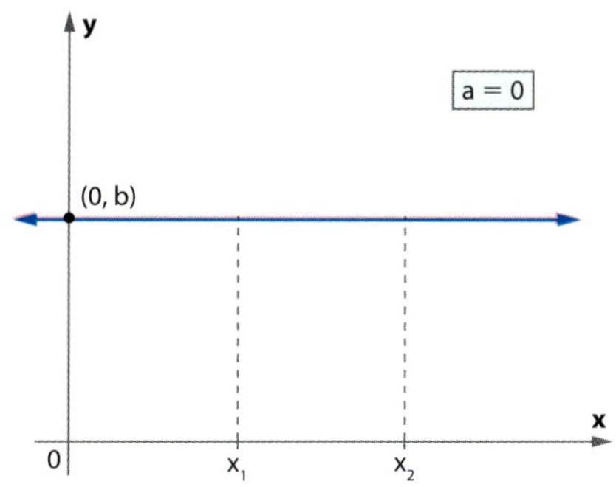

$f(x) = b$ para qualquer **x** real

Assim:

- se $a > 0$, então $f'(x) > 0$ e, como vimos, $f(x)$ é crescente no intervalo em que a função estiver definida;
- se $a < 0$, então $f'(x) < 0$. Nesse caso, $f(x)$ é decrescente no intervalo em que a função estiver definida.

Portanto, com o uso da derivada, comprovamos o que já havíamos estudado no 1º ano do ensino médio.

Exercícios resolvidos

17. Dada a função afim $f(x) = 2x + 3$ para $x \in \mathbb{R}$, verifique em que conjunto ela é crescente.

Resolução:

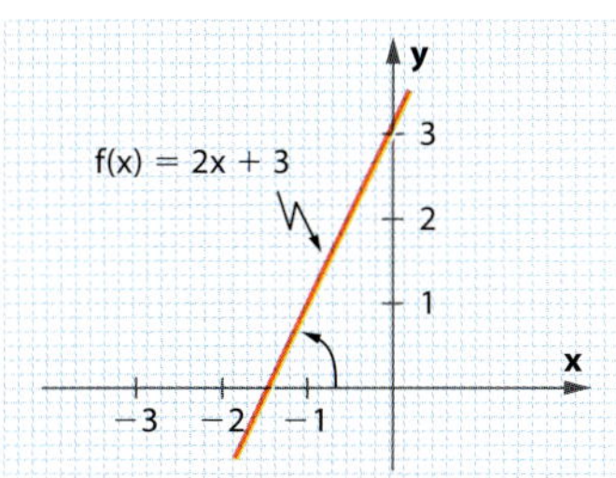

Nesse caso, $a = 2$.

Como $f'(x) = a$, então temos $f'(x) = 2$ e assim $f'(x) > 0$ para qualquer $x \in \mathbb{R}$.

Logo, $f(x) = 2x + 3$ é crescente em $\mathbb{R}$.

18. Em que conjunto $f(x) = -2x + 2$, $x \in \mathbb{R}$, é decrescente?

Resolução:

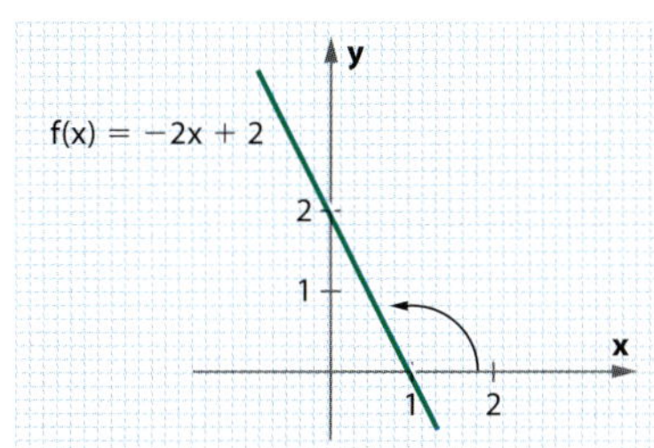

Nesse caso, $a = -2$.

Como $f'(x) = a$, então temos $f'(x) = -2$ e assim $f'(x) < 0$ para qualquer $x \in \mathbb{R}$.

Logo, é decrescente em $\mathbb{R}$.

Comportamento da função quadrática $y = f(x) = ax^2 + bx + c$

Você já estudou no capítulo 5 do volume 1 o sinal da função quadrática $y = f(x) = ax^2 + bx + c$ ($a \neq 0$), analisando os sinais do **a** e do $\Delta = b^2 - 4ac$.

Agora, usando derivada, vamos estudar a variação do sinal e do valor da função quadrática. Faremos isso analisando dois exemplos:

1º) Estudo do comportamento da função quadrática $y = f(x) = x^2 - 5x + 6$.

Nesse caso, **a** é positivo.

Vamos calcular a derivada.

$y = x^2 - 5x + 6$

$y' = f'(x) = 2x - 5$

Como:

$$2x - 5 > 0 \Rightarrow 2x > 5 \Rightarrow x > \frac{5}{2}$$

e

$$2x - 5 < 0 \Rightarrow 2x < 5 \Rightarrow x < \frac{5}{2},$$

temos $f'(x)$ positiva para $x > \frac{5}{2}$ e negativa para $x < \frac{5}{2}$.

> **Fique atento**
>
> A derivada da função quadrática $y = ax^2 + bx + c$ é dada por $f'(x) = 2ax + b$. A raiz da equação da derivada é exatamente a abscissa do vértice da representação gráfica dessa função quadrática.

Portanto, a função é crescente para $x > \frac{5}{2}$ e decrescente para $x < \frac{5}{2}$, ou seja, a função decresce quando **x** varia de $-\infty$ até $x = \frac{5}{2}$ e cresce quando **x** varia de $x = \frac{5}{2}$ até $+\infty$. Logo, ela atinge seu *valor mínimo* em $x = \frac{5}{2}$, que é dado por $f\left(\frac{5}{2}\right) = \left(\frac{5}{2}\right)^2 - 5 \cdot \frac{5}{2} + 6 = -\frac{1}{4}$.

Nesse ponto $\left(\frac{5}{2}, -\frac{1}{4}\right)$, a tangente é horizontal, pois $f'\left(\frac{5}{2}\right) = 2 \cdot \frac{5}{2} - 5 = 0$. Essa função não tem valor máximo.

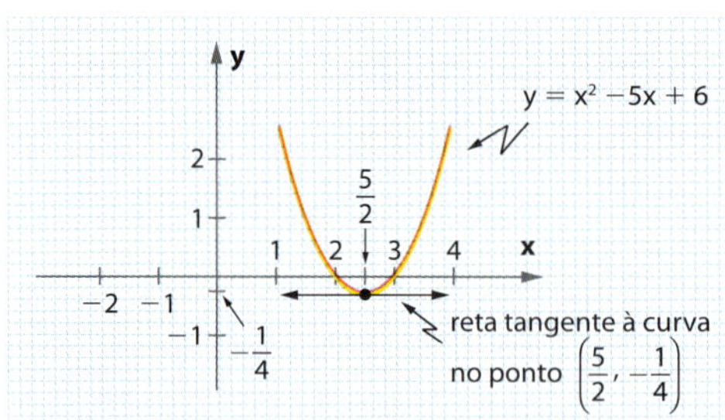

Os zeros da função, isto é, onde a função se anula ($y = 0$), são $x = 2$ e $x = 3$. Basta ver que:

$y = 0 \Rightarrow x^2 - 5x + 6 = 0 \Rightarrow x = 2$ e $x = 3$ (raízes da equação)

O gráfico de $y = f(x) = x^2 - 5x + 6$ está decrescendo quando passa por $x = 2$ e crescendo quando passa por $x = 3$. Assim, **y** é positivo para $x < 2$ e $x > 3$, e negativo para **x** no intervalo das raízes ($2 < x < 3$).

A derivada $f'(x) = 2x - 5$ é uma função crescente ($a = 2 > 0$) para todo **x** real. Assim, a declividade da reta tangente ao gráfico de **f** cresce com o crescer de **x**. Geometricamente, isso mostra que a reta tangente vai girando no sentido anti-horário com o crescer de **x** (ver figura ao lado) e o gráfico tem sua *concavidade* voltada para cima.

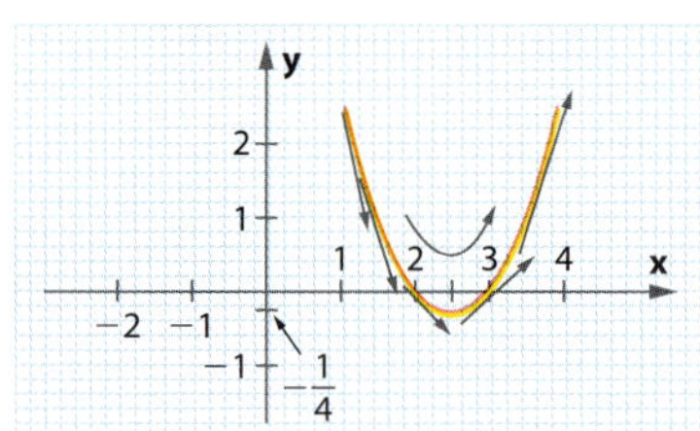

2º) Estudo do comportamento da função quadrática $y = f(x) = -x^2 + 4x - 3$.

Nesse caso, **a** é negativo.

Vamos calcular a derivada.

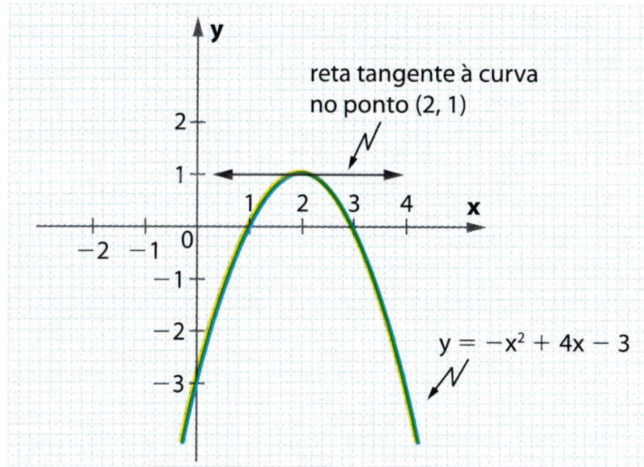

$y = -x^2 + 4x - 3$ $\qquad$ $y' = f'(x) = -2x + 4$

Assim:

- $-2x + 4 > 0 \Rightarrow -2x > -4 \Rightarrow x < 2$
- $-2x + 4 < 0 \Rightarrow -2x < -4 \Rightarrow x > 2$

Logo:

f′ é positiva para $x < 2$ e negativa para $x > 2$.

Portanto, a função é crescente para $x < 2$ e decrescente para $x > 2$, ou seja, a função cresce quando **x** varia de $-\infty$ até $x = 2$ e decresce quando **x** varia de $x = 2$ até $+\infty$. Logo, ela atinge seu valor máximo em $x = 2$. Esse valor máximo é dado por $f(2) = -2^2 + 4 \cdot 2 - 3 = 1$.

No ponto (2, 1) a tangente é horizontal, pois $f'(2) = -2x + 4 = -2 \cdot 2 + 4 = 0$.

Essa função não tem valor mínimo. Os zeros da função ($y = 0$) são $x = 1$ e $x = 3$.

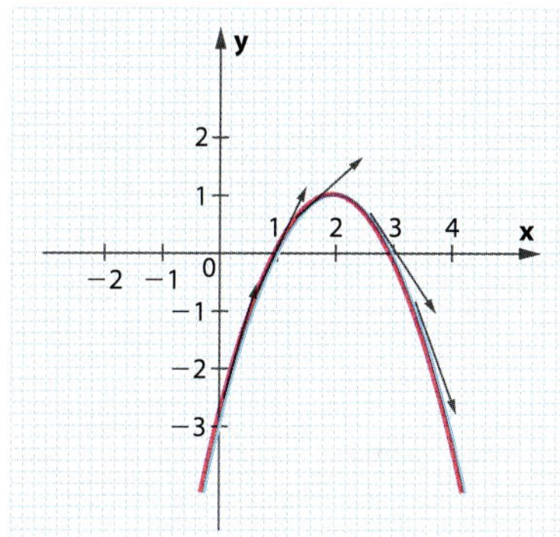

O gráfico de $y = f(x) = -x^2 + 4x - 3$ está crescendo quando passa por $x = 1$ e decrescendo quando passa por $x = 3$. Nesse caso, **y** é negativo para $x < 1$ e $x > 3$ e positivo para **x** no intervalo das raízes ($1 < x < 3$).

A derivada $f'(x) = -2x + 4$ é uma função decrescente ($a = -2$; $a < 0$) para todo **x** real. Logo, a declividade da reta tangente ao gráfico de **f** decresce à medida que **x** cresce. A interpretação geométrica disso é que a reta tangente vai girando no sentido horário (ver figura ao lado) quando **x** cresce e o gráfico tem sua concavidade voltada para baixo.

Observação: O estudo do comportamento de qualquer função quadrática $y = f(x) = ax^2 + bx + c$ ($a \neq 0$) ou recai no caso do primeiro exemplo (quando $a > 0$) ou recai no caso do segundo exemplo (quando $a < 0$).

Exercícios propostos

21. Em quais conjuntos as funções abaixo definidas em $\mathbb{R}$ são crescentes ou decrescentes?

a) $f(x) = 3x + 6$

b) $f(x) = -3x + 1$

c) $f(x) = -x^2 + x(x + 2) + 5$

d) $g(x) = (x - 3)^2 - x^2$

22. Estude o comportamento de cada uma das funções quadráticas. Esboce o gráfico de cada uma delas.

a) $y = x^2 - 2x - 3$

b) $f(x) = -x^2 + 4x + 12$

c) $y = x^2 - 6x + 8$

d) $f(x) = 2x - 2x^2 - 3$

e) $y = -x^2 + 2x + 3$

f) $f(x) = 12x - 9 - 4x^2$

23. Um ponto material se desloca segundo o gráfico abaixo:

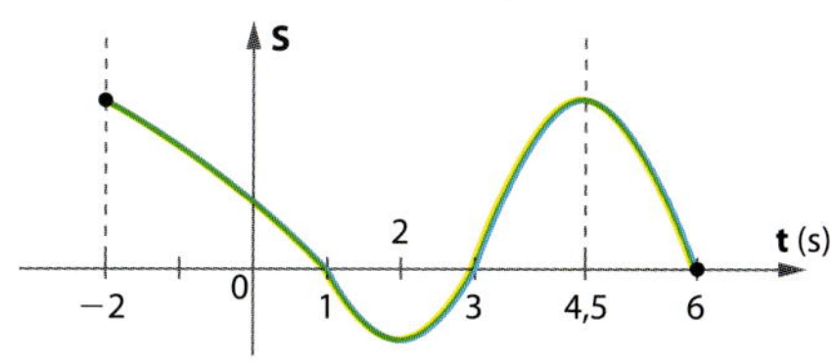

a) Em que instantes **S** é uma função crescente do tempo?

b) Em que instantes **S** é uma função decrescente do tempo?

24. Um ponto material se move de acordo com a função horária $S(t) = 2t^3 - 24t^2 + 72t + 3$ (**S** dado em metros e **t** dado em segundos). Determine em que instantes o ponto material tem velocidade:

a) crescente; b) decrescente.

Portal Pedagógico

Acesse o *Portal Pedagógico* (veja instruções na seção "Conheça seu livro", página 5) e amplie o estudo deste capítulo. Selecione o capítulo 8 e você encontrará os seguintes materiais:

- *Atividades adicionais* (Atividades para imprimir);
- *A ideia intuitiva de limite* (Texto complementar).

Desafios

1. Mostre que o retângulo de área máxima inscrito em uma circunferência de raio **r** é um quadrado.

2. Mostre que, entre todos os triângulos isósceles de igual perímetro, o de área máxima é o triângulo equilátero.

3. Determine o ponto da curva $y^2 = 4x$ mais próximo do ponto (2, 1).

PENSANDO NO ENEM

1. O século XVII assistiu a um importante avanço na área da Geometria analítica: a sistematização do cálculo diferencial e integral, que vem se tornando um instrumento cada vez mais indispensável por sua grande aplicabilidade em diversos campos da ciência. O físico e matemático inglês Isaac Newton, por exemplo, foi um dos responsáveis pelo surgimento do processo matemático chamado **derivação de funções**, que permite obter certas grandezas instantâneas, como a que se pede abaixo.

Em uma competição de marcha atlética, durante os 5 primeiros segundos, Sofia movimentou-se conforme a equação horária dos espaços $S = 0{,}35t^2$ (com espaço em metros e tempo em segundos). Após os 5 segundos iniciais, manteve sua velocidade constante. Com que velocidade ela cruzou a linha de chegada?

a) 35 km/h
b) 23 km/h
c) 9,6 km/h
d) 10,8 km/h
e) 12,6 km/h

2. É comum nas grandes cidades nos depararmos com as "lombadas eletrônicas" que exibem a *velocidade instantânea* do veículo e possuem em destaque a velocidade máxima.

FERNANDO DONASCI/FOLHAPRESS

Definimos a velocidade instantânea como o limite $\lim\limits_{\Delta t \to 0} \dfrac{\Delta S}{\Delta t}$. Suponha que uma pessoa dirija um carro segundo a função horária $S(t) = 5t^3 - 8t$, a partir do instante $t_0 = 0$, com o tempo medido em horas, e passe pela lombada após 2 horas do início do movimento. Considerando que o limite de velocidade é de 60 km/h, ao passar pela lombada eletrônica, essa pessoa:

a) atingiu o limite de velocidade.
b) ultrapassou o limite de velocidade em mais de 10%.
c) ultrapassou o limite de velocidade em menos de 8%.
d) teve uma velocidade aproximadamente 13% inferior à velocidade permitida.
e) não atingiu metade da velocidade permitida.

QUESTÕES DE VESTIBULAR

1. (UEL-PR) A derivada da função **f**, de IR em IR, definida por $f(x) = -2x^5 + 4x^3 + 3x - 6$, no ponto de abscissa $x = -1$, é igual a:

a) 25.
b) 19.
c) 9.
d) 5.
e) 3.

2. (Mack-SP) Se $f(x) = \frac{x^2}{a}$, então f'(a) vale:

a) 2.
b) 1.
c) 0.
d) a.
e) 2a.

3. (Ufam) Se $f(x) = (2x - 1)^4$, então f'(1) será:

a) 2.
b) 4.
c) 32.
d) 16.
e) 8.

4. (Mack-SP) Se $f(x) = (2x + 3)^3$, então f'(0) é igual a:

a) 27.
b) 54.
c) 72.
d) 108.
e) 0.

5. (Cesgranrio-RJ) A tangente à curva $y = x^3$ no ponto (1, 1) tem coeficiente angular igual a:

a) 1.
b) 2.
c) 3.
d) 4.
e) 5.

6. (Mack-SP) A derivada da função **f** dada por

$$f(x) = \begin{vmatrix} 1 & x & x^2 \\ 2x & 3x^2 & 4 \\ 5 & 6x & 2x^2 \end{vmatrix} \text{ é:}$$

a) $3x^2$.
b) Não existe.
c) $-4x^3 - 4$.
d) $15x^4$.
e) $6x^4$.

7. (UFMT) Admita que a posição de uma partícula em tempo **t** seja dada pelo polinômio
$p(t) = a_n t^n + a_{n-1} t^{n-1} + ... + a_1 t + a_0$.
Para esse polinômio, considere que
$q(t) = n \cdot a_n t^{n-1} + (n - 1)a_{n-1} t^{n-2} + ... + a_1$ indica a velocidade instantânea da partícula para cada **t** não negativo. Nessas condições, se $p(t) = 3t^3 + 4t$, a velocidade instantânea da partícula em t = 3 é:

a) 80.
b) 85.
c) 75.
d) 65.
e) 90.

8. (FCC-SP) Uma partícula está em movimento, obedecendo à função horária $x = 5 - 2t + t^2$, em unidades do sistema internacional de unidades. A partícula sofrerá reversão da velocidade na posição e no instante:

a) 13 m e −2 s.
b) 8 m e −1 s.
c) 5 m e 2 s.
d) 5 m e 0 s.
e) 4 m e 1 s.

9. (PUC-SP) Uma partícula movimenta-se sobre uma reta, e a lei horária do movimento é dada por
$S = 2t^2 - 5t - 2$ (SI). A aceleração escalar do movimento é:

a) 2 m/s².
b) 4 m/s².
c) −5 m/s².
d) −7 m/s².
e) zero.

10. (Fuvest-SP) Se $f'(x) = 6x$, podemos afirmar que f(x) vale: (sendo **k** uma constante real)

a) $6x^2 + 3x + k$.
b) $3x^2 + k$.
c) $6x^2 + k$.
d) $3x + k$.
e) $x^6 + k$.

11. (Mack-SP) A reta $y = ax + b$ é tangente à parábola $y = 3x^2 + c$, no ponto de abscissa 1. Os valores de **b** e **c** são tal que:

a) $c - b = 3$.
b) $c + b = 3$.
c) $c - b = -3$.
d) $c + b = -3$.
e) $b + c = 0$.

12. (FEI-SP) Seja f: IR → IR a função tal que
$f(x) = x^3 - 9x^2 + 24x + 5$. O intervalo em que
$f'(x) < 0$ é:

a)]−∞, 2[.
b)]−∞, 4[.
c)]2, 4[.
d)]2, +∞[.
e)]4, +∞[.

13. (Mack-SP) A tangente à curva de equação $y = x^3 - 2$ é paralela à reta de equação $y = 12x + 5$, nos pontos:

a) (2, 6) e (−2, −10).
b) (1, −1) e (−1, −3).
c) (2, 6) e (−2, 6).
d) (3, −5) e (−1, −3).
e) n.d.a.

14. (UEL-PR) A equação da reta tangente à curva de equação $y = x^3 + 2x - 1$, no ponto em que $x = -1$, é:

a) $y = 5x + 1$.
b) $y = 4x + 1$.
c) $y = 3x - 1$.
d) $y = -3x + 1$.
e) $y = -4x + 1$.

QUESTÕES DO ENEM (Exame Nacional do Ensino Médio)

2005

1. Analise o quadro acerca da distribuição da miséria no mundo, nos anos de 1987 a 1998.

Mapa da miséria					
População que vive com menos de US$ 1 por dia (em %)					
Região	**1987**	**1990**	**1993**	**1996**	**1998***
Extremo Oriente e Pacífico	26,6	27,6	25,2	14,9	15,3
Europa e Ásia Central	0,2	1,6	4,0	5,1	5,1
América Latina e Caribe	15,3	16,8	15,3	15,6	15,6
Oriente Médio e Norte da África	4,3	2,4	1,9	1,8	1,9
Sul da Ásia	44,9	44,0	42,4	42,3	40,0
África Subsaariana	46,6	47,7	49,7	48,5	46,3
Mundo	**28,3**	**29,0**	**28,1**	**24,5**	**24,0**

* Preliminar (**Fonte**: Banco Mundial.)
(Adaptado. *Gazeta Mercantil*, 17 de outubro de 2001, p. A-6.)

A leitura dos dados apresentados permite afirmar que, no período considerado:

a) no sul da Ásia e na África Subsaariana está, proporcionalmente, a maior concentração da população miserável.
b) registra-se um aumento generalizado da população pobre e miserável.
c) na África Subsaariana, o percentual de população pobre foi crescente.
d) em números absolutos a situação da Europa e da Ásia Central é a melhor dentre todas as regiões consideradas.
e) o Oriente Médio e o Norte da África mantiveram o mesmo percentual de população miserável.

2. Podemos estimar o consumo de energia elétrica de uma casa considerando as principais fontes desse consumo. Pense na situação em que apenas os aparelhos que constam da tabela abaixo fossem utilizados diariamente da mesma forma.
Tabela: A tabela fornece a potência e o tempo efetivo de uso diário de cada aparelho doméstico.

Aparelho	Potência (kW)	Tempo de uso diário (horas)
Ar-condicionado	1,50	8
Chuveiro elétrico	3,30	$\frac{1}{3}$
Freezer	0,20	10
Geladeira	0,35	10
Lâmpadas	0,10	6

Supondo que o mês tenha 30 dias e que o custo de 1 kWh é de R$ 0,40, o consumo de energia elétrica mensal dessa casa é de aproximadamente:

a) R$ 135.
b) R$ 165.
c) R$ 190.
d) R$ 210.
e) R$ 230.

3. A escolaridade dos jogadores de futebol nos grandes centros é maior do que se imagina, como mostra a pesquisa abaixo, realizada com os jogadores profissionais dos quatro principais clubes de futebol do Rio de Janeiro.

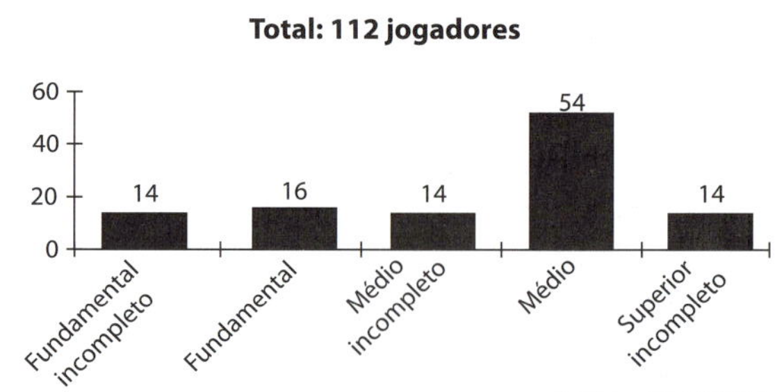

O *Globo*, 24/7/2005.

De acordo com esses dados, o percentual dos jogadores dos quatro clubes que concluíram o ensino médio é de aproximadamente:

a) 14%.
b) 48%.
c) 54%.
d) 60%.
e) 68%.

2006

1.

Época, 8/5/2006 (com adaptações).

A partir desses dados, foram feitas as afirmações abaixo.

I) As famílias brasileiras, em 30 anos, aumentaram muito o consumo de proteínas e grãos, que, por seu alto valor calórico, não são recomendáveis.

II) O aumento do consumo de alimentos muito calóricos deve ser considerado indicador de alerta para a saúde, já que a obesidade pode reduzir a expectativa de vida humana.

III) Doenças cardiovasculares podem ser desencadeadas pela obesidade decorrente das novas dietas alimentares.

É correto apenas o que se afirma em:

a) I.
b) II.
c) III.
d) I e II.
e) II e III.

2. A poluição ambiental tornou-se grave problema a ser enfrentado pelo mundo contemporâneo. No gráfico seguinte, alguns países estão agrupados de acordo com as respectivas emissões médias anuais de CO_2 *per capita*.

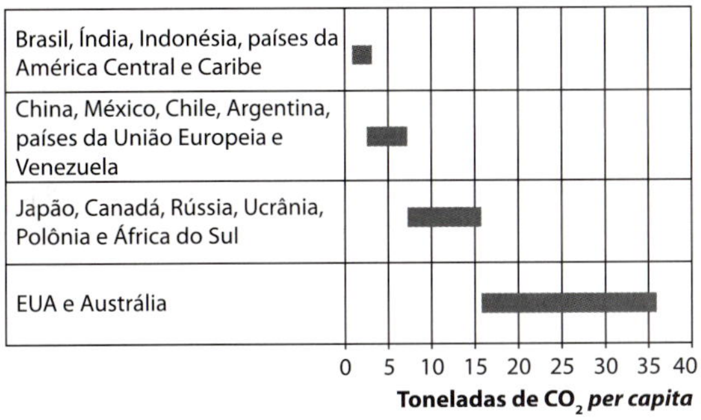

O Estado de S. Paulo, 22/7/2004 (com adaptações).

Considerando as características dos países citados, bem como as emissões médias anuais de CO_2 *per capita* indicadas no gráfico, assinale a opção correta.

a) O índice de emissão de CO_2 *per capita* dos países da União Europeia se equipara ao de alguns países emergentes.
b) A China lança, em média, mais CO_2 *per capita* na atmosfera que os EUA.
c) A soma das emissões de CO_2 *per capita* de Brasil, Índia e Indonésia é maior que o total lançado pelos EUA.
d) A emissão de CO_2 é tanto maior quanto menos desenvolvido é o país.
e) A média de lançamento de CO_2 em regiões e países desenvolvidos é superior a 15 toneladas por pessoa ao ano.

3. Na avaliação da eficiência de usinas quanto à produção e aos impactos ambientais, utilizam-se vários critérios, tais como: razão entre produção efetiva anual de energia elétrica e potência instalada ou razão entre potência instalada e área inundada pelo reservatório. No quadro seguinte, esses parâmetros são aplicados às duas maiores hidrelétricas do mundo: Itaipu, no Brasil, e Três Gargantas, na China.

Parâmetros	Itaipu	Três Gargantas
Potência instalada	12 600 MW	18 200 MW
Produção efetiva de energia elétrica	93 bilhões de kWh/ano	84 bilhões de kWh/ano
Área inundada pelo reservatório	1 400 km²	1 000 km²

<www.itaipu.gov.br>.

Com base nessas informações, avalie as afirmativas que se seguem.

I. A energia elétrica gerada anualmente e a capacidade nominal máxima de geração da hidrelétrica de Itaipu são maiores que as da hidrelétrica de Três Gargantas.

II. Itaipu é mais eficiente que Três Gargantas no uso da potência instalada na produção de energia elétrica.

III. A razão entre potência instalada e área inundada pelo reservatório é mais favorável na hidrelétrica Três Gargantas do que em Itaipu.

É correto apenas o que se afirma em:

a) I.
b) II.
c) III.
d) I e III.
e) II e III.

2007

O *Aedes aegypti* é o vetor transmissor da dengue. Uma pesquisa feita em São Luís (MA), de 2000 a 2002, mapeou os tipos de reservatório onde esse mosquito era encontrado. A tabela abaixo mostra parte dos dados coletados nessa pesquisa.

Tipos de reservatório	População de *Aedes aegypti*		
	2000	**2001**	**2002**
Pneu	895	1 658	974
Tambor/tanque/depósito de barro	6 855	46 444	32 787
Vaso de planta	456	3 191	1 399
Material de construção/peça de carro	271	436	276
Garrafa/lata/plástico	675	2 100	1 059
Poço/cisterna	44	428	275
Caixa-d'água	248	1 689	1 014
Recipiente natural, armadilha, piscina e outros	615	2 658	1 178
Total	**10 059**	**58 604**	**38 962**

Fonte: *Caderno Saúde Pública*, v. 20, n. 5, Rio de Janeiro, out. 2004 (com adaptações).

De acordo com essa pesquisa, o alvo inicial para a redução mais rápida dos focos do mosquito vetor da dengue nesse município deveria ser constituído por:

a) pneus e caixas-d'água.
b) tambores, tanques e depósitos de barro.
c) vasos de plantas, poços e cisternas.
d) materiais de construção e peças de carro.
e) garrafas, latas e plásticos.

2008

No gráfico a seguir estão especificados a produção brasileira de café, em toneladas; a área plantada, em hectares (ha); e o rendimento médio do plantio, em kg/ha, no período de 2001 a 2008. Use esses dados para resolver as questões 1 e 2.

Café (em grão) — Brasil

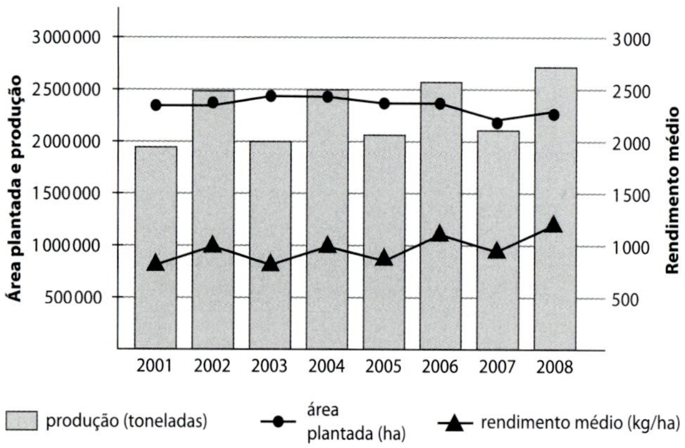

Fonte: IBGE.

1. A análise dos dados mostrados no gráfico revela que:
   a) a produção em 2003 foi superior a 2 100 000 toneladas de grãos.
   b) a produção brasileira foi crescente ao longo de todo o período observado.
   c) a área plantada decresceu a cada ano no período de 2001 a 2008.
   d) os aumentos na produção correspondem a aumentos no rendimento médio do plantio.
   e) a área plantada em 2007 foi maior que a de 2001.

2. Se a tendência de rendimento observada no gráfico, no período de 2001 a 2008, for mantida nos próximos anos, então o rendimento médio do plantio do café, em 2012, será aproximadamente de:
   a) 500 kg/ha.
   b) 750 kg/ha.
   c) 850 kg/ha.
   d) 950 kg/ha.
   e) 1 250 kg/ha.

2009

1. A tabela mostra alguns dados da emissão de dióxido de carbono de uma fábrica, em função do número de toneladas produzidas.

Produção (em toneladas)	**Emissão de dióxido de carbono** (em partes por milhão - ppm)
1,1	2,14
1,2	2,30
1,3	2,46
1,4	2,64
1,5	2,83
1,6	3,03
1,7	3,25
1,8	3,48
1,9	3,73
2,0	4,00

Cadernos do Gestar II, Matemática TP3.
Disponível em: <www.mec.gov.br>. Acesso em: 14 jul. 2009.

Os dados na tabela indicam que a taxa média de variação entre a emissão de dióxido de carbono (em ppm) e a produção (em toneladas) é:
   a) inferior a 0,18.
   b) superior a 0,18 e inferior a 0,50.
   c) superior a 0,50 e inferior a 1,50.
   d) superior a 1,50 e inferior a 2,80.
   e) superior a 2,80.

2. Brasil e França têm relações comerciais há mais de 200 anos. Enquanto a França é a 5ª nação mais rica do planeta, o Brasil é a 10ª, e ambas se destacam na economia mundial. No entanto, devido a uma série de restrições, o comércio entre esses dois países ainda não é adequadamente explorado, como mostra a tabela seguinte, referente ao período 2003-2007.

Investimentos bilaterais (em milhões de dólares)

Ano	Brasil na França	França no Brasil
2003	367	825
2004	357	485
2005	354	1 458
2006	539	744
2007	280	1 214

Os dados da tabela mostram que, no período considerado, os valores médios dos investimentos da França no Brasil foram maiores que os investimentos do Brasil na França em um valor:

a) inferior a 300 milhões de dólares.

b) superior a 300 milhões de dólares, mas inferior a 400 milhões de dólares.

c) superior a 400 milhões de dólares, mas inferior a 500 milhões de dólares.

d) superior a 500 milhões de dólares, mas inferior a 600 milhões de dólares.

e) superior a 600 milhões de dólares.

3. Na tabela são apresentados dados da cotação mensal do ovo extra branco vendido no atacado, em Brasília, em reais, por caixa de 30 dúzias de ovos, em alguns meses dos anos 2007 e 2008.

Mês	Cotação	Ano
Outubro	R$ 83,00	2007
Novembro	R$ 73,10	2007
Dezembro	R$ 81,60	2007
Janeiro	R$ 82,00	2008
Fevereiro	R$ 85,30	2008
Março	R$ 84,00	2008
Abril	R$ 84,60	2008

De acordo com esses dados, o valor da mediana das cotações mensais do ovo extra branco nesse período era igual a:

a) R$ 73,10.

b) R$ 81,60.

c) R$ 82,00.

d) R$ 83,00.

e) R$ 85,30.

4. Suponha que a etapa final de uma gincana escolar consista em um desafio de conhecimentos. Cada equipe escolheria 10 alunos para realizar uma prova objetiva, e a pontuação da equipe seria dada pela mediana das notas obtidas pelos alunos. As provas valiam, no máximo, 10 pontos cada. Ao final, a vencedora foi a equipe Ômega, com 7,8 pontos, seguida pela equipe Delta, com 7,6 pontos. Um dos alunos da equipe Gama, a qual ficou na terceira e última colocação, não pôde comparecer, tendo recebido nota zero na prova. As notas obtidas pelos 10 alunos da equipe Gama foram 10; 6,5; 8; 10; 7; 6,5; 7; 8; 6; 0. Se o aluno da equipe Gama que faltou tivesse comparecido, essa equipe:

a) teria a pontuação igual a 6,5 se ele obtivesse nota 0.

b) seria a vencedora se ele obtivesse nota 10.

c) seria a segunda colocada se ele obtivesse nota 8.

d) permaneceria na terceira posição, independentemente da nota obtida pelo aluno.

e) empataria com a equipe Ômega na primeira colocação se o aluno obtivesse nota 9.

2010

1. Em sete de abril de 2004, um jornal publicou o *ranking* de desmatamento, conforme gráfico abaixo, da chamada Amazônia Legal, integrada por nove estados.

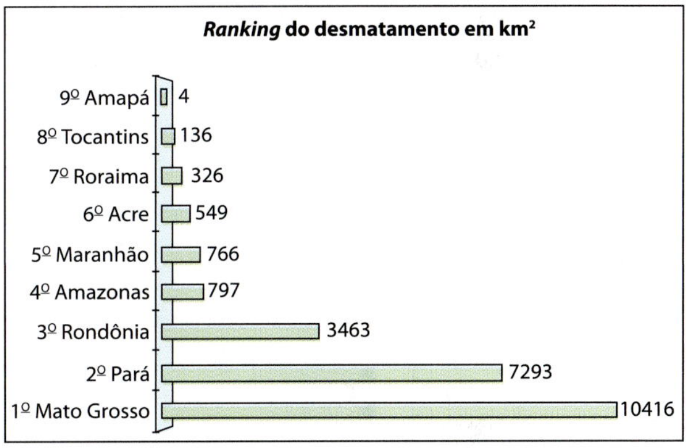

Disponível em: <www.folhaonline.com.br>. Acesso em: 30 abr. 2010 (adaptado).

Considerando-se que até 2009 o desmatamento cresceu 10,5% em relação aos dados de 2004, o desmatamento médio por estado em 2009 está entre:

a) 100 km² e 900 km².

b) 1 000 km² e 2 700 km².

c) 2 800 km² e 3 200 km².

d) 3 300 km² e 4 000 km².

e) 4 100 km² e 5 800 km².

2. A figura a seguir é a representação de uma região por meio de curvas de nível, que são curvas fechadas representando a altitude da região, com relação ao nível do mar. As coordenadas estão expressas em graus de acordo com a longitude, no eixo horizontal, e a latitude, no eixo vertical. A escala em tons de cinza desenhada à direita está associada à altitude da região.

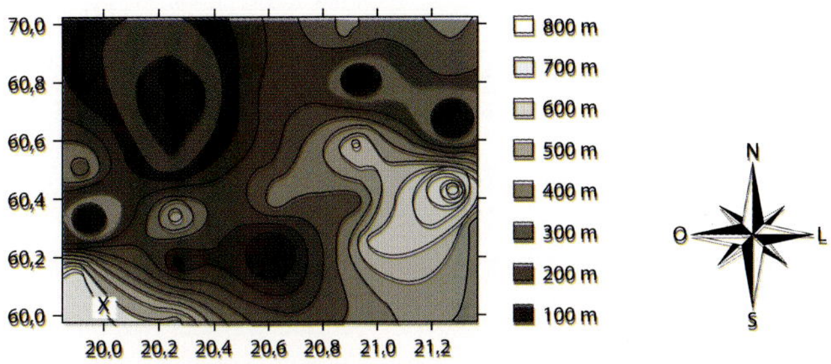

Um pequeno helicóptero usado para reconhecimento sobrevoa a região a partir do ponto X = (20; 60). O helicóptero segue o percurso:

0,8° L → 0,5° N → 0,2° O → 0,1° S → 0,4° N → 0,3° L

Ao final, desce verticalmente até pousar no solo.

De acordo com as orientações, o helicóptero pousou em um local cuja altitude é:

a) menor ou igual a 200 m.
b) maior que 200 m e menor ou igual a 400 m.
c) maior que 400 m e menor ou igual a 600 m.
d) maior que 600 m e menor ou igual a 800 m.
e) maior que 800 m.

3. O gráfico a seguir apresenta o gasto militar dos Estados Unidos, no período de 1988 a 2006.

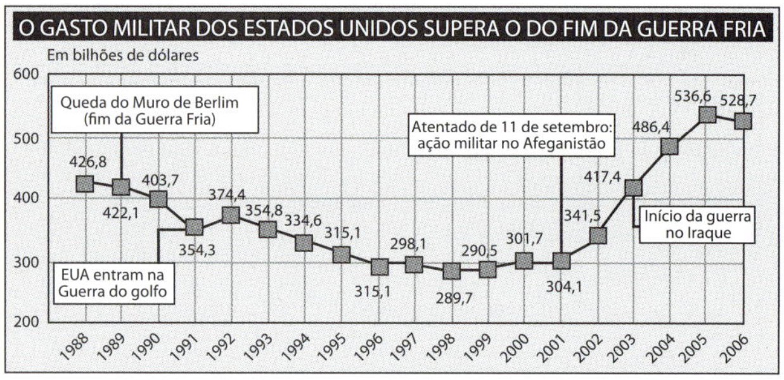

Almanaque Abril 2008. Editora Abril.

Com base no gráfico, o gasto militar no início da guerra no Iraque foi de:

a) US$ 4 174 000,00.
b) US$ 41 740 000,00.
c) US$ 417 400 000,00.
d) US$ 41 740 000 000,00.
e) US$ 417 400 000 000,00.

4. O gráfico apresenta a quantidade de gols marcados pelos artilheiros das Copas do Mundo desde a Copa de 1930 até a de 2006.

Quantidade de gols dos artilheiros das Copas do Mundo

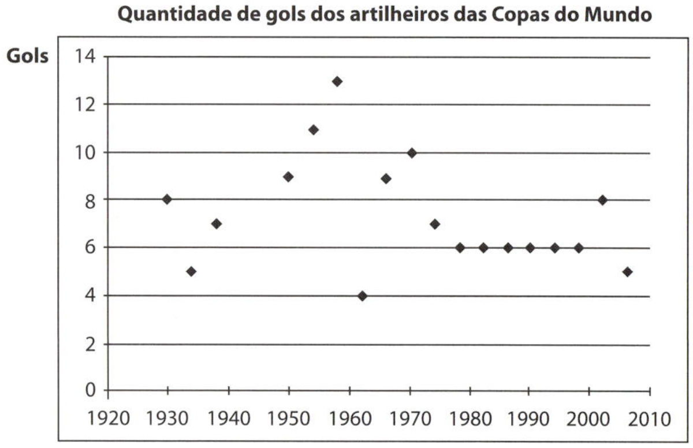

Disponível em: <www.suapesquisa.com>.
Acesso em: 23 abr. 2010 (adaptado).

A partir dos dados apresentados, qual a mediana das quantidades de gols marcados pelos artilheiros das Copas do Mundo?

a) 6 gols
b) 6,5 gols
c) 7 gols
d) 7,3 gols
e) 8,5 gols

5. Marco e Paulo foram classificados em um concurso. Para classificação no concurso o candidato deveria obter média aritmética na pontuação igual ou superior a 14. Em caso de empate na média, o desempate seria em favor da pontuação mais regular. No quadro a seguir são apresentados os pontos obtidos nas provas de Matemática, Português e Conhecimentos gerais, a média, a mediana e o desvio padrão dos dois candidatos.

Dados dos candidatos no concurso

	Matemática	Português	Conhecimentos gerais	Média	Mediana	Desvio padrão
Marco	14	15	16	15	15	0,32
Paulo	8	19	18	15	18	4,97

O candidato com pontuação mais regular, portanto mais bem classificado no concurso, é:

a) Marco, pois a média e a mediana são iguais.
b) Marco, pois obteve menor desvio padrão.
c) Paulo, pois obteve a maior pontuação da tabela, 19 em Português.
d) Paulo, pois obteve maior mediana.
e) Paulo, pois obteve maior desvio padrão.

6. O quadro seguinte mostra o desempenho de um time de futebol no último campeonato. A coluna da esquerda mostra o número de gols marcados e a coluna da direita informa em quantos jogos o time marcou aquele número de gols.

Gols marcados	Quantidade de partidas
0	5
1	3
2	4
3	3
4	2
5	2
7	1

Se **X**, **Y** e **Z** são, respectivamente, a média, a mediana e a moda desta distribuição, então:

a) X = Y < Z.
b) Z < X = Y.
c) Y < Z < X.
d) Z < X < Y.
e) Z < Y < X.

REVISÃO GERAL

Revisão do Ensino Fundamental

Potenciação

Propriedades

1ª) $a^0 = 1$ (para $a \neq 0$)

2ª) $a^{-n} = \left(\frac{1}{a}\right)^n$ (para $a \neq 0$)

3ª) $a^n \cdot a^m = a^{n+m}$

4ª) $\frac{a^n}{a^m} = a^{n-m}$

5ª) $(a^n)^m = a^{nm} = (a^m)^n$

6ª) $(a \cdot b)^n = a^n \cdot b^n$

7ª) $\left(\frac{a}{b}\right)^n = \frac{a^n}{b^n}$

Potência de expoente racional: $a^{\frac{n}{m}} = \sqrt[m]{a^n}$

Notação científica: **x** está em notação científica se $x = \alpha \cdot 10^n$, com $1 \leq \alpha < 10$.

Produtos notáveis

$(a + b)(a - b) = a^2 - b^2$

$(a + b)^2 = a^2 + 2ab + b^2$

$(a - b)^2 = a^2 - 2ab + b^2$

$(a + b + c)^2 = a^2 + b^2 + c^2 + 2ab + 2ac + 2bc$

$(a + b)^3 = a^3 + 3a^2b + 3ab^2 + b^3$

$(a - b)^3 = a^3 - 3a^2b + 3ab^2 - b^3$

Fatoração de expressões algébricas

Fator comum em evidência:

$ax + ay + az = a(x + y + z)$

Agrupamento: $ax + ay + bx + by =$
$= a(x + y) + b(x + y) = (x + y)(a + b)$

Diferença de quadrados:

$a^2 - b^2 = (a + b)(a - b)$

Trinômio quadrado perfeito:

$a^2 + 2ab + b^2 = (a + b)^2$

$a^2 - 2ab + b^2 = (a - b)^2$

Trinômio do 2º grau:

$ax^2 + bx + c = a(x - x_1)(x - x_2)$, em que x_1 e x_2 são as raízes do trinômio

Cubos: $a^3 + b^3 = (a + b)(a^2 - ab + b^2)$

$a^3 - b^3 = (a - b)(a^2 + ab + b^2)$

$a^3 + 3a^2b + 3ab^2 + b^3 = (a + b)^3$

$a^3 - 3a^2b + 3ab^2 - b^3 = (a - b)^3$

Questões de vestibular

1. (UFPR) Durante o mês de dezembro, uma loja de cométicos obteve um total de R$ 900,00 pelas vendas de um certo perfume. Com a chegada do mês de janeiro, a loja decidiu dar um desconto para estimular as vendas, baixando o preço desse perfume em R$ 10,00. Com isso, vendeu em janeiro 5 perfumes a mais do que em dezembro, obtendo um total de R$ 1 000,00 pelas vendas de janeiro. O preço pelo qual esse perfume foi vendido em dezembro era de:

a) R$ 55,00. c) R$ 65,00. e) R$ 75,00.
b) R$ 60,00. d) R$ 70,00.

2. (FGV-SP) Sejam **x** e **y** a soma e o produto, respectivamente, dos dígitos de um número natural. Por exemplo, se o número é 142, então $x = 7$ e $y = 8$. Sabendo-se que **N** é um número natural de dois dígitos tal que $N = x + y$, o dígito da unidade de **N** é:

a) 2. b) 3. c) 6. d) 8. e) 9.

3. (ESPM-SP) O valor da expressão $\left(\frac{x + y}{x - y} + \frac{y - x}{x + y}\right) : \frac{6}{x^2 - y^2}$ para $x = 24$ e $y = 0{,}125$ é:

a) 0. b) 1. c) 2. d) 3. e) 4.

4. (UTFPR) Encontre o valor numérico da expressão algébrica $\frac{2x^2 - 3xy}{\sqrt{x^2 + 3y - 4}}$, para $x = -1$ e $y = 4$.

a) $\frac{10}{3}$ c) $\frac{12}{7}$ e) $\frac{14}{3}$
b) $\frac{11}{3}$ d) $\frac{13}{7}$

5. (UFRGS-RS) O quadrado do número $\sqrt{2 + \sqrt{3}} + \sqrt{2 - \sqrt{3}}$ é:

a) 4. b) 5. c) 6. d) 7. e) 8.

6. (FGV-SP) Seja **N** o resultado da operação $375^2 - 374^2$. A soma dos algarismos de **N** é:

a) 18. b) 19. c) 20. d) 21. e) 22.

7. (Ufscar-SP) Considere **a**, **b** e **c** algarismos que fazem com que a conta a seguir, realizada com números de três algarismos, esteja correta.

$$\begin{array}{r} 4\ a\ 5 \\ -\ 1\ 5\ b \\ \hline c\ 7\ 7 \end{array}$$

Nas condições dadas, $b \cdot c^{-a}$ é igual a:

a) 0. b) $\frac{1}{16}$. c) $\frac{1}{4}$. d) 1. e) 16.

8. (Cefet-SC) Se $a = \frac{1}{2}$, $b = \frac{1}{3}$ e $c = \frac{1}{6}$ então, o valor de $m = b^2 - 4 \cdot a \cdot c$ é:

a) $\frac{1}{6}$. c) 1. e) -1.

b) 0. d) $-\frac{2}{9}$.

9. (PUC-MG) A expressão $\dfrac{0{,}3 - \frac{1}{4}}{\sqrt[3]{-1}} + 0{,}036 : 0{,}04$ é igual a:

a) 0,45. c) 0,75.
b) 0,65. d) 0,85.

10. (Unemat-MT) Dada a expressão

$$1 + \cfrac{1}{1 + \cfrac{1}{1 + \cfrac{1}{3}}} = x;$$ assinale a alternativa correta.

a) $x = \frac{2}{3}$ d) $x = \frac{11}{7}$

b) $x = \frac{11}{3}$ e) $x = \frac{7}{3}$

c) $x = \frac{4}{7}$

11. (PUC-RS) Pitágoras estabeleceu a seguinte relação entre as sete notas musicais e números racionais:

Dó	Ré	Mi	Fá	Sol	Lá	Si	Dó
1	$\frac{8}{9}$	$\frac{64}{81}$	$\frac{3}{4}$	$\frac{2}{3}$	$\frac{16}{27}$	$\frac{128}{243}$	$\frac{1}{2}$

Para encontrarmos o número $\frac{16}{27}$ relativo à nota LÁ, multiplicamos $\frac{2}{3}$ (o correspondente da nota SOL) por $\frac{8}{9}$. Assim, para obtermos $\frac{3}{4}$ (relativo à nota FÁ), devemos multiplicar $\frac{64}{81}$ (da nota MI) por:

a) $\frac{8}{9}$. c) $\frac{243}{256}$. e) $\frac{192}{324}$.

b) $\frac{9}{8}$. d) $\frac{256}{243}$.

12. (UTFPR) A expressão algébrica:

$\left(\dfrac{x}{x+1} = \dfrac{x}{x-1}\right) \cdot \dfrac{1 - x^2}{2}$ equivale a:

a) 2x. c) $-2x$. e) $\frac{x^2}{x^2 - 1}$.

b) x. d) $-x$.

13. (Fuvest-SP) Sabendo que os anos bissextos são os múltiplos de 4 e que o primeiro dia de 2007 foi segunda-feira, o próximo ano a começar também em uma segunda-feira será:

a) 2012. d) 2018.
b) 2014. e) 2020.
c) 2016.

14. (Mack-SP) A fração $\dfrac{2^{98} + 4^{50} - 8^{34}}{2^{99} - 32^{20} + 2^{101}}$ é igual a:

a) 1. d) $-\frac{5}{2}$.

b) $-\frac{11}{6}$. e) $\frac{7}{4}$.

c) 2.

Conjuntos, conjuntos numéricos e funções

Conjuntos

Número de subconjuntos de um conjunto **A** com **n** elementos: $p(A) = 2^n$.

Operações

União (∪)

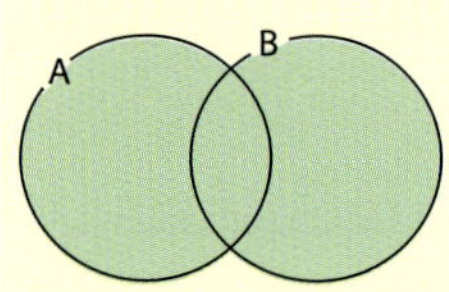

A ∪ B

Diferença (−)

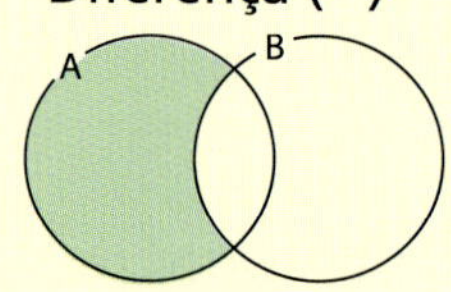

A − B

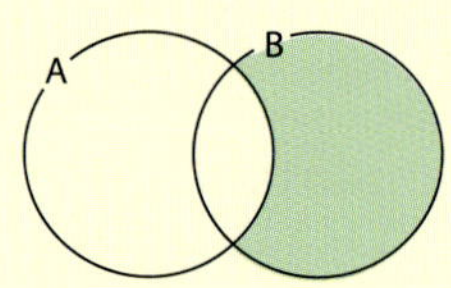

B − A

Intersecção (∩)

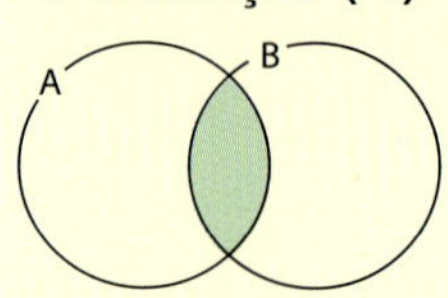

A ∩ B

Complementar em relação ao universo

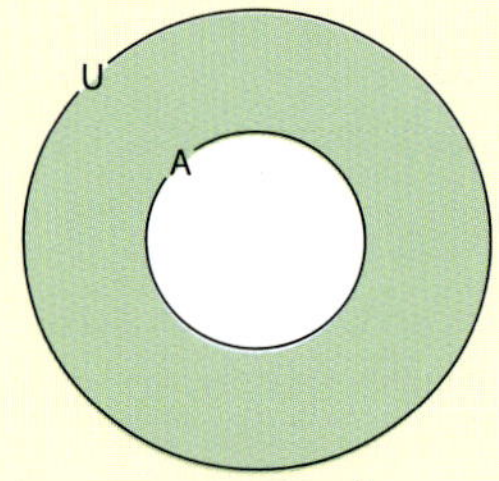

$\bar{A}$ ou A^C ou C_U^A

Número de elementos da união:
$n(A \cup B) = n(A) + n(B) - n(A \cap B)$.

Conjuntos numéricos

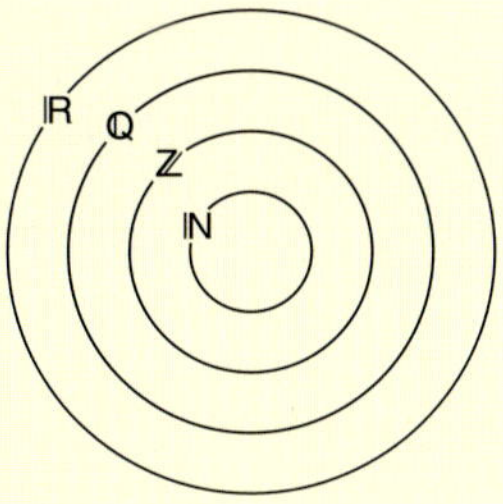

$\mathbb{N} \subset \mathbb{Z} \subset \mathbb{Q} \subset \mathbb{R}$

Funções

Dados dois conjuntos não vazios **A** e **B**, uma função de **A** em **B** é uma associação de cada elemento $x \in A$ a um único elemento $y \in B$.

Usamos a seguinte notação:

$$f: A \longrightarrow B \text{ ou } A \xrightarrow{f} B$$

que se lê: **f** é uma função de **A** em **B**.

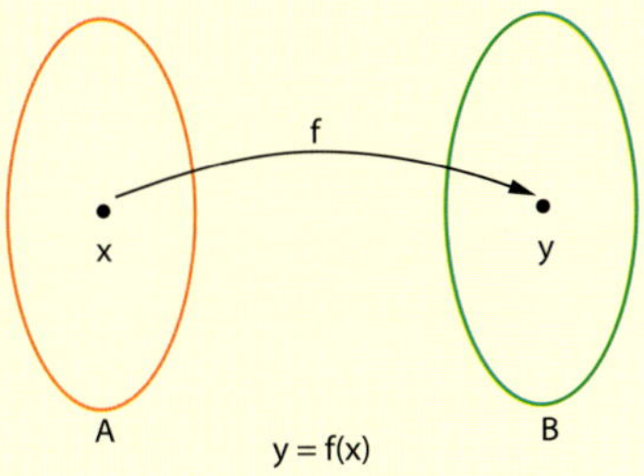

- **A**: domínio de **f**: D(f)
- **B**: contradomínio de **f**: CD(f)
- O conjunto dos **y** obtidos é a imagem de **f**: Im(f)

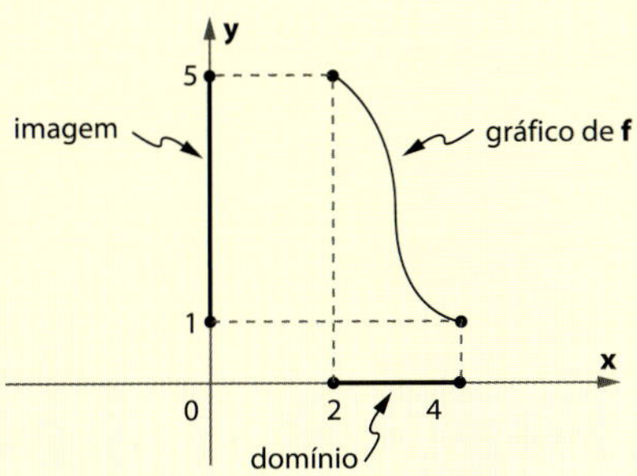

$D(f) = \{x \in \mathbb{R} \mid 2 \leq x \leq 4\} = [2, 4]$

$Im(f) = \{y \in \mathbb{R} \mid 1 \leq y \leq 5\} = [1, 5]$

Tipos de funções

- Função injetiva: $f: A \longrightarrow B$ tal que $x_1 \neq x_2$ em **A** $\Rightarrow$ $\Rightarrow f(x_1) \neq f(x_2)$ em **B**
- Função sobrejetiva: $f: A \longrightarrow B$ tal que $Im(f) = B$
- Função bijetiva: $f: A \longrightarrow B$ tal que **f** é injetiva e sobrejetiva simultaneamente

- Função composta

Dadas as funções $f: A \longrightarrow B$ e $g: B \longrightarrow C$, denominamos função composta de **g** e **f** a função $g \circ f: A \longrightarrow C$, que é definida por $(g \circ f)(x) = g(f(x))$, $x \in A$.

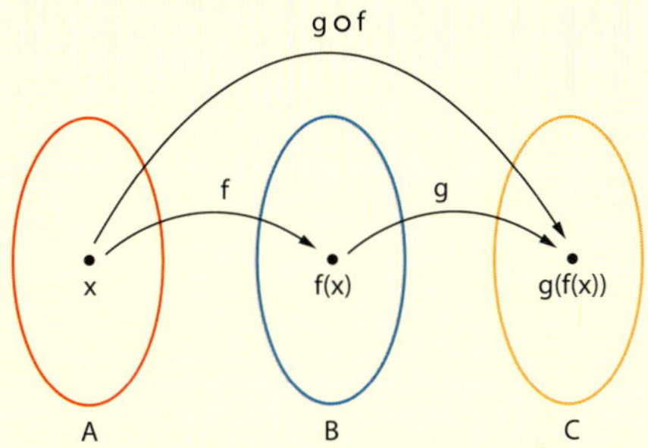

- Função inversa

Dada uma função $f: A \longrightarrow B$, bijetiva, denomina-se função inversa de **f** a função $g: B \longrightarrow A$ tal que, se $f(a) = b$, então $g(b) = a$, com $a \in A$ e $b \in B$.

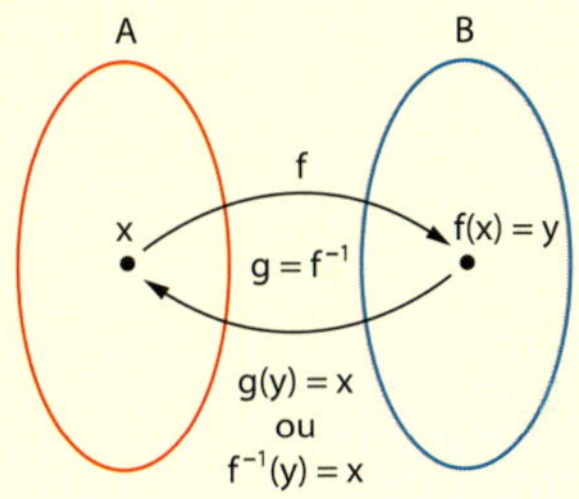

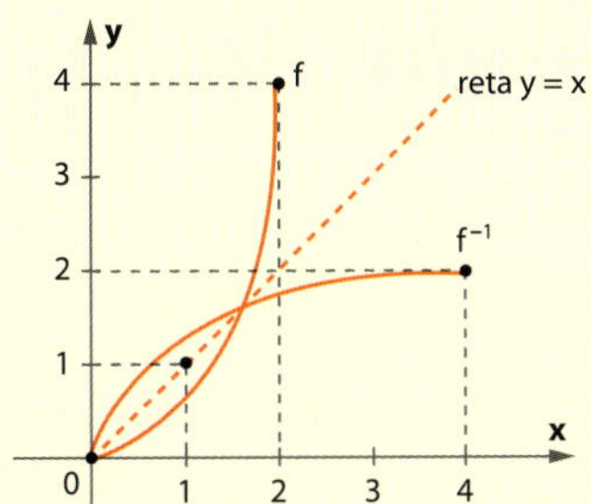

Só existe função inversa de uma função bijetiva.

Questões de vestibular

15. (UFPB) Para avaliar o aspecto disciplinar dos jogadores em certo campeonato de futebol, depois de selecionada uma partida para cada time participante do campeonato, foi feito um levantamento das faltas cometidas pelos jogadores durante essas partidas. O resultado obtido indicou que, dentre os jogadores que cometeram pelo menos uma falta, 20 receberam cartão amarelo ou vermelho e dentre eles:

- 6 receberam cartão vermelho após ter recebido o amarelo;
- 4 receberam cartão vermelho sem ter recebido o amarelo.

Com base nesses dados, é correto afirmar que, nas partidas selecionadas, o número de jogadores que receberam cartão amarelo pelas faltas cometidas foi de:

a) 8. b) 12. c) 14. d) 16. e) 18.

16. (UEL-PR) É comum representar um conjunto pelos pontos interiores a uma linha fechada e não entrelaçada. Esta representação é chamada de diagrama de Venn. Considere quatro conjuntos não vazios **A**, **B**, **C** e **D**. Se $A \not\subset C$, $C \not\subset A$, $B \supset (A \cap C)$ e $D \subset (A \cap C)$, então o diagrama de Venn que representa tal situação é:

a) 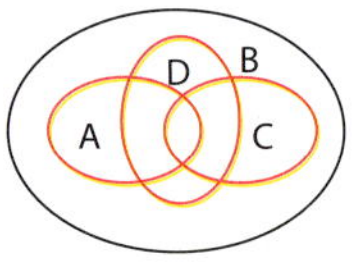

d) 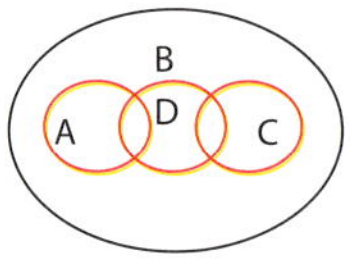

b) 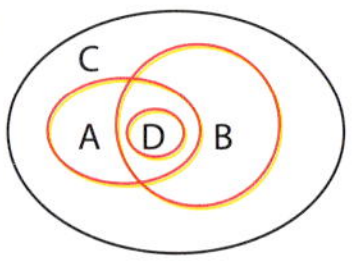

e) 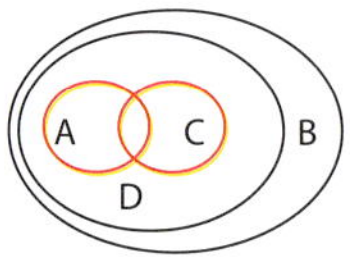

c) 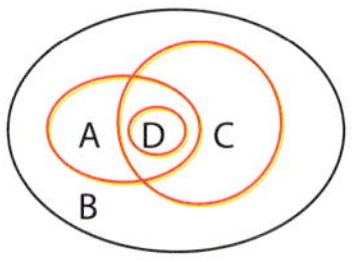

17. (UFBA) A resposta desta questão é igual à soma dos pontos das afirmações verdadeiras.

Sobre números reais, é correto afirmar:

(01) Se **m** é um inteiro divisível por 3 e **n** é um inteiro divisível por 5, então $m + n$ é divisível por 15.

(02) O quadrado de um inteiro divisível por 7 é também divisível por 7.

(04) Se o resto da divisão de um inteiro **n** por 3 é ímpar, então **n** é ímpar.

(08) Se **x** e **y** são números reais positivos, então existe um número natural **n** tal que $n > \frac{y}{x}$.

(16) Se **x** é um número real positivo, então $x^2 > x$.

(32) O produto de dois números irracionais distintos é um número irracional.

18. (Unifor-CE) Sejam os conjuntos:

A: consoantes da palavra CEARÁ;
B: vogais da palavra CEARÁ;
C: consoantes da palavra FORTALEZA;
D: vogais da palavra FORTALEZA.

Sobre as informações:

I) $A \subset C$;
II) $D - B = \{0\}$;
III) $A \cup B = \{A, C, E, R\}$;

está correto somente o que se afirma em:

a) I. c) III. e) II e III.
b) II. d) I e II.

19. (UEL-PR) Considere os seguintes conjuntos:

$A = \{x \in \mathbb{R} \mid 2 < x < 20\}$

$B = \{x \in \mathbb{N} \mid x = 2n, n \in \mathbb{N}\}$

$C = \left\{x \in \mathbb{N} \mid x = \frac{40}{n}, n \in \mathbb{N}^*\right\}$

O conjunto $(A \cap B) \cap C$ tem:

a) dois elementos. d) oito elementos.
b) três elementos. e) quatorze elementos.
c) quatro elementos.

20. (PUC-PR) As pessoas atendidas em uma unidade de saúde apresentaram os seguintes sintomas: febre alta, dores no corpo e dores de cabeça. Os dados foram tabulados conforme quadro a seguir:

Sintomas	Número de pacientes
Febre	22
Dor no corpo	16
Náuseas	24
Febre e dor no corpo	10
Dor no corpo e náuseas	10
Náuseas e febre	8
Febre, dor no corpo e náuseas	6

Determine o número de pacientes atendidos no posto de saúde.

a) 62 pessoas. d) 86 pessoas.
b) 68 pessoas. e) 42 pessoas.
c) 40 pessoas.

21. (UEPG-PR) A resposta desta questão é igual à soma dos pontos das afirmações verdadeiras.

Assinale o que for correto.

01) O número real representado por 0,5222... é um número racional.

02) O quadrado de qualquer número irracional é um número racional.

04) Se **m** e **n** são números irracionais, então $m \cdot n$ pode ser racional.

08) O número real $\sqrt{3}$ pode ser escrito sob a forma $\frac{a}{b}$, em que **a** e **b** são inteiros e $b \neq 0$.

16) Toda raiz de uma equação algébrica do 2º grau é um número real.

22. (UFF-RJ) Segundo o matemático Leopold Kronecker (1823-1891), "Deus fez os números inteiros, o resto é trabalho do homem".

Os conjuntos numéricos são, como afirma o matemático, uma das grandes invenções humanas.

Assim, em relação aos elementos desses conjuntos, é correto afirmar que:

a) o produto de dois números irracionais é sempre um número irracional.

b) a soma de dois números irracionais é sempre um número irracional.

c) entre os números reais 3 e 4 existe apenas um número irracional.

d) entre dois números racionais distintos existe pelo menos um número racional.

e) a diferença entre dois números inteiros negativos é sempre um número inteiro negativo.

23. (UFT-TO) Foi aplicado um teste contendo três questões para um grupo de 80 alunos. O gráfico abaixo representa a porcentagem de acerto dos alunos por questão.

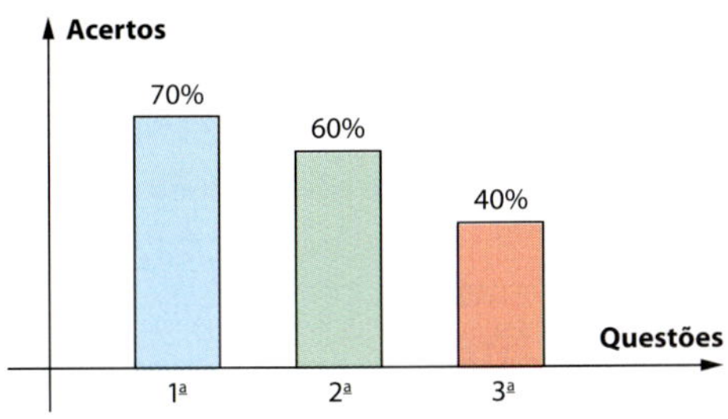

Suponha que 52 alunos acertaram pelo menos duas questões e 8 alunos não acertaram nenhuma. O número de alunos que acertaram as três questões é:

a) 44.
b) 40.
c) 12.
d) 20.
e) 30.

24. (ESPM-SP) Numa empresa multinacional, sabe-se que 60% dos funcionários falam inglês, 45% falam espanhol e 30% deles não falam nenhuma destas línguas. Se exatamente 49 funcionários falam inglês e espanhol, podemos concluir que o número de funcionários dessa empresa é igual a:

a) 180.
b) 140.
c) 210.
d) 165.
e) 127.

25. (UFS-SE) Considere os conjuntos $A = \{x \in \mathbb{R} \mid x^2 - 4 < 0\}$, $B = \{x \in \mathbb{R} \mid x > 0\}$ e $C = \{x \in \mathbb{R} \mid 3x - 3 \leq 0\}$ para analisar as sentenças seguintes.

0-0) $-3 \in A$

1-1) $A \cap B =]0, 2[$

2-2) $C - A =]-\infty, 1[$

3-3) $B \cup C = \mathbb{R}$

4-4) $A - (B \cap C) =]-2, 0] \cup]1, 2[$

26. (Cefet-SP) Considere os conjuntos $R = \{a, b, c\}$, $S = \{b, c, d\}$ e $T = \{a, c, d, e\}$. Assinale a alternativa que corresponde ao conjunto $(R - T) \cup (T - S) \cup (R \cap S \cap T)$.

a) {b, c, d, e}
b) {b, d, e}
c) {a, c, d, e}
d) {a, c, e}
e) {a, b, c, e}

27. (UFPA/PSS) Em um jornal de circulação nacional foi publicada uma pesquisa, realizada no Brasil, com os percentuais, em função do ano, de famílias compostas por pai, mãe e filhos, chamadas famílias nucleares, e de famílias resultantes de processos de separação ou divórcio, chamadas novas famílias.

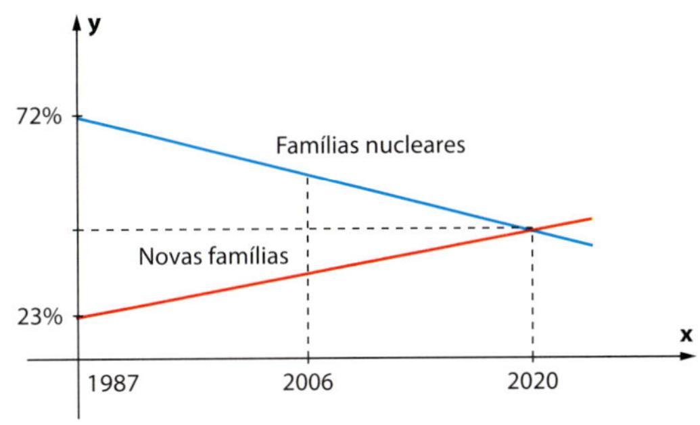

Sabendo-se que o gráfico acima representa, a partir de 1987, a variação percentual desses dois tipos de família, com suas respectivas projeções para anos futuros, é correto afirmar:

a) No ano de 2030, o número de novas famílias será igual ao de famílias nucleares.

b) No ano de 2030, o número de novas famílias será menor do que o de famílias nucleares.

c) No ano de 2030, o número de novas famílias será maior do que o de famílias nucleares.

d) No ano de 2015, o número de novas famílias será igual ao de famílias nucleares.

e) No ano de 2012, o número de famílias nucleares será menor do que o de novas famílias.

28. (FGV-SP) Uma pequena empresa fabrica camisas de um único modelo e as vende por R$ 80,00 a unidade. Devido ao aluguel e a outras despesas fixas que não dependem da quantidade produzida, a empresa tem um custo fixo anual de R$ 96 000,00. Além do custo fixo, a empresa tem que arcar com custos que dependem da quantidade produzida, chamados custos variáveis, tais como matéria-prima, por exemplo; o custo variável por camisa é R$ 40,00.

Em 2009, a empresa lucrou R$ 60 000,00. Para dobrar o lucro em 2010, em relação ao lucro de 2009, a quantidade vendida em 2010 terá de ser x% maior que a de 2009. O valor mais próximo de **x** é:

a) 120. b) 100. c) 80. d) 60. e) 40.

29. (Fuvest-SP) Sejam $f(x) = 2x - 9$ e $g(x) = x^2 + 5x + 3$. A soma dos valores absolutos das raízes da equação $f(g(x)) = g(x)$ é igual a:

a) 4. b) 5. c) 6. d) 7. e) 8.

30. (UFT-TO) Seja $f:]-\infty, 2] \to [-1, \infty[$ definida por $f(x) = x^2 - 4x + 3$. Então a função inversa $\mathbf{f^{-1}}$ é:

a) $f^{-1}(x) = 2 - \sqrt{x + 1}$. b) $f^{-1}(x) = \sqrt{\dfrac{x + 1}{2}}$. c) $f^{-1}(x) = -\sqrt{x + 1}$. d) $f^{-1}(x) = 2 + \sqrt{x + 1}$.

31. (UEPG-PR) A resposta desta questão é igual à soma dos valores das afirmações verdadeiras. Em relação à função de IR em IR definida por $f(x) = 3^x + 2$, assinale o que for correto.

01) $f(f(0)) = 29$
02) Sua imagem é o conjunto $]2, +\infty[$.
04) $f(a + b) = f(a) + f(b)$.
08) A função é decrescente.
16) $f(x + 1) - f(x) = 2 \cdot 3^x$

32. (ITA-SP) Sejam f, g: IR → IR tal que **f** é par e **g** é ímpar. Das seguintes afirmações:

I) $f \cdot g$ é ímpar. II) $f \circ g$ é par. III) $g \circ f$ é ímpar.

é(são) verdadeira(s):

a) apenas I. b) apenas II. c) apenas III. d) apenas I e II. e) todas.

33. (Cefet-SC) Na conta de energia elétrica apresentada abaixo, podemos observar, no lado esquerdo, o consumo mensal da conta e, no direito, o valor pago por kWh. Podemos assim observar que, se o consumidor gastar até 150 kWh, ele paga uma taxa mensal de R$ 0,331733 por kWh gasto. Ultrapassando esse valor, a taxa sobe para R$ 0,392683 por kWh.

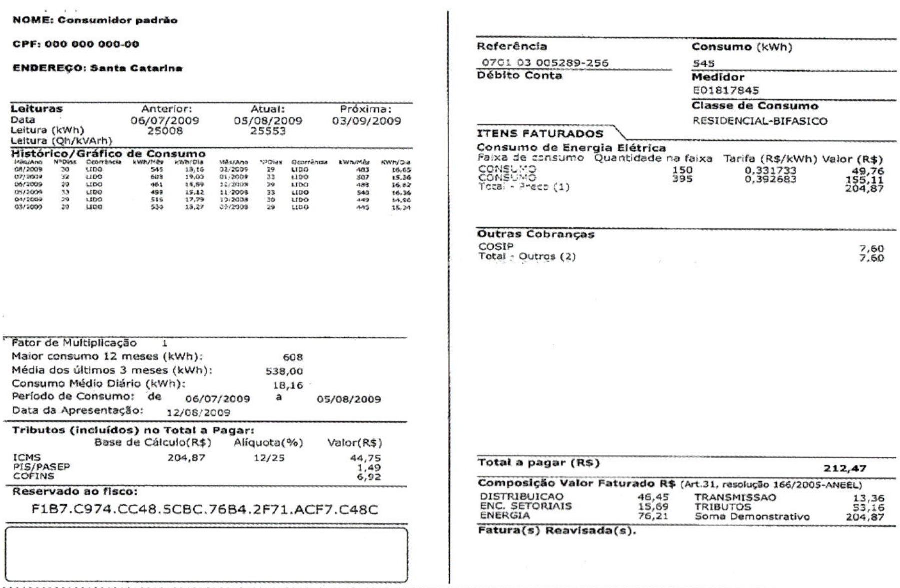

NOME: Consumidor padrão

CPF: 000 000 000-00

ENDEREÇO: Santa Catarina

Leituras	Anterior:	Atual:	Próxima:
Data	06/07/2009	05/08/2009	03/09/2009
Leitura (kWh)	25008	25553	
Leitura (Qh/kVArh)			

Histórico/Gráfico de Consumo

Mês/Ano	NºDias	Ocorrência	kWh/Mês	kWh/Dia	Mês/Ano	NºDias	Ocorrência	kWh/Mês	kWh/Dia
08/2009	30	LIDO	545	18,16	02/2009	29	LIDO	483	16,65
07/2009	32	LIDO	608	19,03	01/2009	33	LIDO	507	15,36
06/2009	29	LIDO	461	15,89	12/2008	29	LIDO	488	16,82
05/2009	33	LIDO	499	15,12	11/2008	33	LIDO	540	16,36
04/2009	29	LIDO	516	17,79	10/2008	30	LIDO	449	14,96
03/2009	29	LIDO	530	18,27	09/2008	29	LIDO	445	15,34

Fator de Multiplicação 1
Maior consumo 12 meses (kWh): 608
Média dos últimos 3 meses (kWh): 538,00
Consumo Médio Diário (kWh): 18,16
Período de Consumo: de 06/07/2009 a 05/08/2009
Data da Apresentação: 12/08/2009

Tributos (incluídos) no Total a Pagar:

	Base de Cálculo(R$)	Alíquota(%)	Valor(R$)
ICMS	204,87	12/25	44,75
PIS/PASEP			1,49
COFINS			6,92

Reservado ao fisco:
F1B7.C974.CC48.5CBC.76B4.2F71.ACF7.C48C

Referência 0701 03 005289-256
Débito Conta
Consumo (kWh) 545
Medidor E01817845
Classe de Consumo RESIDENCIAL-BIFASICO

ITENS FATURADOS

Consumo de Energia Elétrica

Faixa de consumo	Quantidade na faixa	Tarifa (R$/kWh)	Valor (R$)
CONSUMO	150	0,331733	49,76
CONSUMO	395	0,392683	155,11
Total - Preço (1)			204,87

Outras Cobranças

COSIP	7,60
Total - Outros (2)	7,60

Total a pagar (R$) **212,47**

Composição Valor Faturado R$ (Art.31, resolução 166/2005-ANEEL)

DISTRIBUICAO	46,45	TRANSMISSAO	13,36
ENC. SETORIAIS	15,69	TRIBUTOS	53,16
ENERGIA	76,21	Soma Demonstrativo	204,87

Fatura(s) Reavisada(s).

Qual das funções f(x) abaixo melhor descreve esse consumo, considerando **x** o número de kWh que esse consumidor gasta por mês?

a) $f(x) = \begin{cases} 0{,}331733x, \text{ se } x \leq 150 \\ 49{,}76 + 0{,}392683x, \text{ se } x > 150 \end{cases}$

b) $f(x) = \begin{cases} 0{,}331733x, \text{ se } x \leq 150 \\ 49{,}76 + 0{,}392683(x - 150), \text{ se } x > 150 \end{cases}$

c) $f(x) = \begin{cases} 0{,}331733x, \text{ se } x \leq 150 \\ 0{,}392683(x - 150), \text{ se } x > 150 \end{cases}$

d) $f(x) = \begin{cases} 0{,}331733x, \text{ se } x \leq 150 \\ 0{,}392683(x - 150), \text{ se } x > 150 \end{cases}$

e) $f(x) = \begin{cases} 49{,}76, \text{ se } x \leq 150 \\ 49{,}76 + 0{,}392683x, \text{ se } x > 150 \end{cases}$

34. (UFG-GO) A distância que um automóvel percorre até parar, após ter os freios acionados, depende de inúmeros fatores. Essa distâcia em metros pode ser calculada aproximadamente pela expressão $D = \frac{v^2}{250\mu}$, onde **v** é a velocidade em km/h no momento inicial da frenagem e μ é um coeficiente adimensional que depende das características dos pneus e do asfalto.

Considere que o tempo de reação de um condutor é de um segundo, do instante em que vê um obstáculo até acionar os freios. Com base nessas informações, e considerando $\mu = 0{,}8$, qual é a distância aproximada percorrida por um automóvel do instante em que o condutor vê um obstáculo, até parar completamente, se estiver trafegando com velocidade constante de 90 km/h?

a) 25,0 m
b) 40,5 m
c) 65,5 m
d) 72,0 m
e) 105,5 m

35. (Mack-SP) Considere a função **f** tal que para todo **x** real tem-se $f(x + 2) = 3f(x) + 2^x$. Se $f(-3) = \frac{1}{4}$ e $f(-1) = a$, então o valor de $\mathbf{a^2}$ é:

a) $\frac{25}{36}$.
b) $\frac{36}{49}$.
c) $\frac{64}{100}$.
d) $\frac{16}{81}$.
e) $\frac{49}{64}$.

36. (UFG-GO) Grande parte da arrecadação da Coroa Portuguesa, no século XVIII, provinha de Minas Gerais devido à cobrança do quinto, do dízimo e das entradas (*Revista de História da Biblioteca Nacional*). Desses impostos, o dízimo incidia sobre o valor de todos os bens de um indivíduo, com uma taxa de 10% desse valor. E as entradas incidiam sobre o peso das mercadorias (secos e molhados, entre outros) que entravam em Minas Gerais, com uma taxa de, aproximadamente, 1,125 conto de réis por arroba de peso. O gráfico a seguir mostra o rendimento das entradas e do dízimo, na capitania, durante o século XVIII.

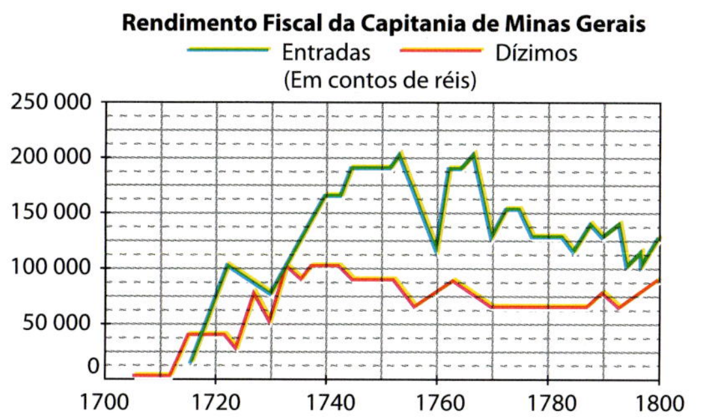

Revista de História da Bibllioteca Nacional, Rio de Janeiro, ano 2, n. 23, ago. 2007. (Adaptado).

Com base nessas informações, em 1760, na capitania de Minas Gerais, o total de arrobas de mercadorias, sobre as quais foram cobradas entradas, foi de aproximadamente:

a) 1 000.
b) 60 000.
c) 80 000.
d) 100 000.
e) 750 000.

37. (UEL-PR) Um consumidor adquiriu um aparelho de telefonia celular que possibilita utilizar os serviços das operadoras de telefonia **M** e **N**. A operadora **M** cobra um valor fixo de R$ 0,06 quando iniciada a ligação e mais R$ 0,115 por minuto da mesma ligação. De modo análogo, a operadora **N** cobra um valor fixo de R$ 0,08 e mais R$ 0,11 por minuto na ligação.

Considere as afirmações a seguir:

I) O custo de uma ligação de exatos 4 minutos é o mesmo, qualquer que seja a operadora.
II) O custo da ligação pela operadora **M** será menor do que o custo da ligação pela operadora **N**, independentemente do tempo de duração da ligação.
III) Uma ligação de 24 minutos efetuada pela operadora **M** custará R$ 0,10 a mais do que uma efetuada pela operadora **N**.
IV) O custo da ligação pela operadora **N** será menor do que o custo da ligação pela operadora **M**, independentemente do tempo de duração da ligação.

Assinale a alternativa que contém todas as afirmativas corretas.

a) I e II.
b) I e III.
c) III e IV.
d) I, II e IV,
e) II, III e IV.

38. (UFPA) O custo **c** de produção de uma peça em função do número **n** de produtos é dado pela fórmula $c(n) = \frac{1}{1 + n^2}$.

A função inversa desta fórmula é:

a) $n = \frac{1}{1 + c^2}$.
b) $n = \frac{1}{1 - c^2}$.
c) $n = \sqrt{\frac{1 - c}{c}}$.
d) $n = \sqrt{\frac{1 + c}{c}}$.
e) $n = \sqrt{\frac{1 + c^2}{c}}$.

39. (UFMG) Considere a função:

$$f(x) = \begin{cases} \mathbf{x}, \text{ se } \mathbf{x} \text{ é racional} \\ \frac{1}{x}, \text{ se } \mathbf{x} \text{ é irracional} \end{cases}$$

Então, é correto afirmar que o maior elemento do conjunto $\left\{f\left(\frac{7}{31}\right), f(1), f(3,14), f\left(\frac{\sqrt{24}}{\sqrt{2}}\right)\right\}$ é:

a) $f\left(\frac{7}{31}\right)$.
b) $f(1)$.
c) $f(3,14)$.
d) $f\left(\frac{\sqrt{24}}{\sqrt{2}}\right)$.

40. (Ufscar-SP) Seja f: $\mathbb{N} \rightarrow \mathbb{Q}$ uma função definida por:

$$f(x) = \begin{cases} x + 1, \text{ se } \mathbf{x} \text{ é ímpar} \\ \dfrac{x}{2}, \text{ se } \mathbf{x} \text{ é par} \end{cases}$$

Se **n** é ímpar e $f(f(f(n))) = 5$, a soma dos algarismos de **n** é igual a:

a) 10. b) 9. c) 8. d) 7. e) 6.

41. (PUC-RS) A imagem da função dada por $f(n) = \dfrac{n}{n+1}$, em que $n \in \mathbb{N}^*$, é um:

a) intervalo.
b) conjunto finito.
c) subconjunto de [0, 1].
d) subconjunto de $\mathbb{N}$.
e) subconjunto de $\mathbb{Z}$.

42. (Cefet-SC) A velocidade de um carro é medida durante 30 s. O gráfico a seguir mostra a variação dessa velocidade **v** (em km/h) ao longo do tempo **t** (em s).

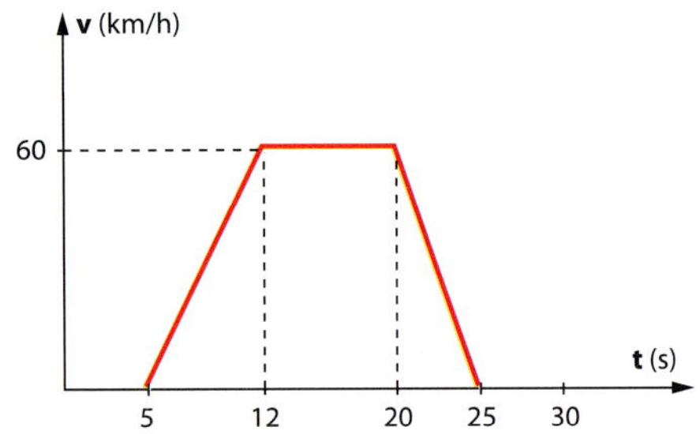

Leia atentamente as afirmativas abaixo:

I) O automóvel permaneceu parado nos primeiros 5 segundos analisados.

II) Entre os instantes 12 s e 20 s a velocidade do automóvel variou.

III) O carro não se movimentou entre os instantes 12 s e 20 s.

IV) A velocidade que o carro atingiu no instante 10 s voltou a ser atingida entre os instantes 20 s e 25 s.

Estão corretas apenas as afirmações:

a) I, II e IV.
b) II e IV.
c) I e IV.
d) I, III e IV.
e) III e IV.

43. (UFC-CE) O coeficiente **b** da função quadrática f: $\mathbb{R} \rightarrow \mathbb{R}$, $f(x) = x^2 + bx + 1$, que satisfaz a condição $f(f(-1)) = 3$, é igual a:

a) −3. b) −1. c) 0. d) 1. e) 3.

Função afim

Uma função f: $\mathbb{R} \longrightarrow \mathbb{R}$ chama-se *função afim* quando existem dois números reais **a** e **b** tal que $f(x) = ax + b$, para todo $x \in \mathbb{R}$.

Se $a = 0$, $f(x) = b$ é função constante.

Se $b = 0$, $f(x) = ax$ é função linear.

Geometricamente, **b** é a ordenada do ponto onde a reta, que é gráfico da função $f(x) = ax + b$, intersecta o eixo Oy, pois para $x = 0$ temos $f(0) = a \cdot 0 + b = b$.

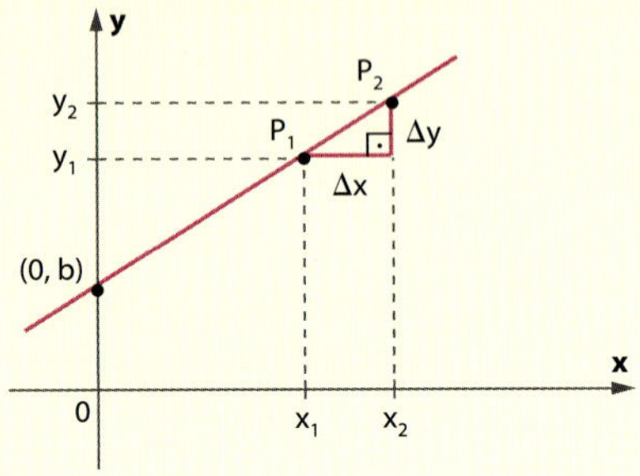

$P_1(x_1, y_1)$ e $P_2(x_2, y_2)$

$$a = \frac{\Delta y}{\Delta x} = \frac{y_2 - y_1}{x_2 - x_1}$$

O número **a** chama-se *taxa de variação* ou *coeficiente angular*.

Função afim crescente, decrescente e zero da função

$a > 0 \longrightarrow$ função crescente

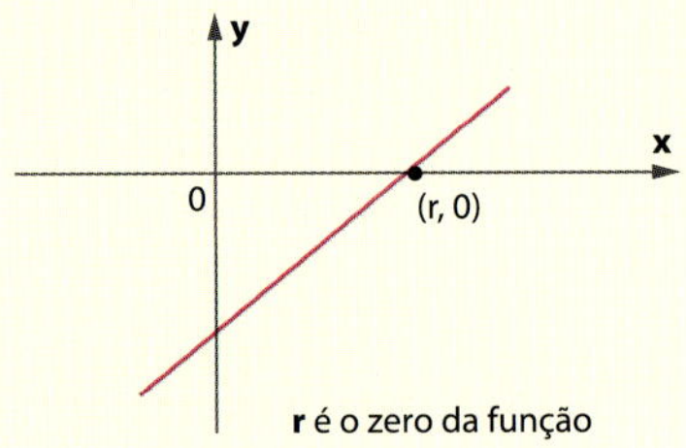

$$x = r \Rightarrow f(x) = 0$$
$$x > r \Rightarrow f(x) > 0$$
$$x < r \Rightarrow f(x) < 0$$

$a < 0 \longrightarrow$ função decrescente

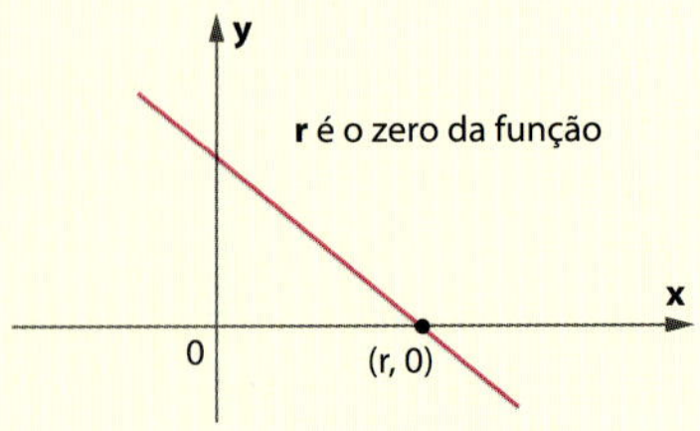

$$x = r \Rightarrow f(x) = 0$$
$$x > r \Rightarrow f(x) < 0$$
$$x < r \Rightarrow f(x) > 0$$

Questões de vestibular

44. (FGV-SP) Uma função polinomial **f** do 1º grau é tal que $f(3) = 6$ e $f(4) = 8$. Portanto, o valor de $f(10)$ é:

a) 16.
b) 17.
c) 18.
d) 19.
e) 20.

45. (FGV-SP) Como consequência da construção de futura estação de metrô, estima-se que uma casa que hoje vale R$ 280 000,00 tenha um crescimento linear com o tempo (isto é, o gráfico do valor do imóvel em função do tempo é uma reta), de modo que a estimativa de seu valor daqui a 3 anos seja de R$ 325 000,00. Nessas condições, o valor estimado dessa casa daqui a 4 anos e 3 meses será de:

a) R$ 346 000,00.
b) R$ 345 250,00.
c) R$ 344 500,00.
d) R$ 343 750,00.
e) R$ 343 000,00.

46. (Cefet-SC) O volume de água de um reservatório aumenta em função do tempo, de acordo com o gráfico abaixo:

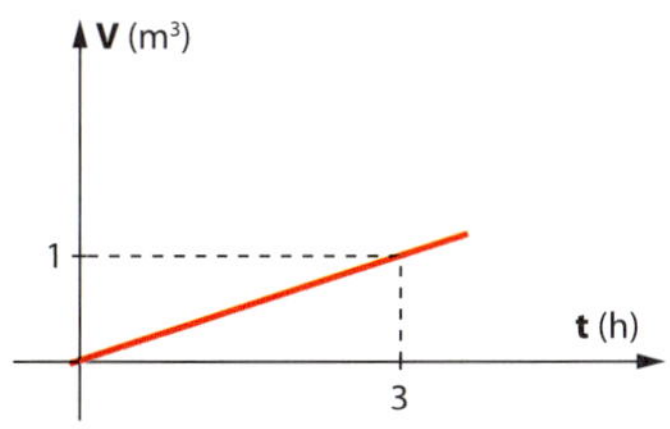

Para encher este reservatório de água com 2 500 litros, uma torneira é aberta. Qual o tempo necessário para que o reservatório fique completamente cheio?

a) 7 h
b) 6 h 50 min
c) 6 h 30 min
d) 7 h 30 min
e) 7 h 50 min

47. (UEMG) "Em janeiro de 2008, o Brasil tinha 14 milhões de usuários residenciais na rede mundial de computadores. Em fevereiro de 2008, esses internautas somavam 22 milhões de pessoas – 8 milhões, ou 57% a mais. Deste total de usuários, 42% ainda não usam banda larga (internet mais rápida e estável). Só são atendidos pela rede discada."

Atualidade e Vestibular 2009, 1º semestre, Editora Abril.

Baseando-se nessa informação, observe o gráfico a seguir:

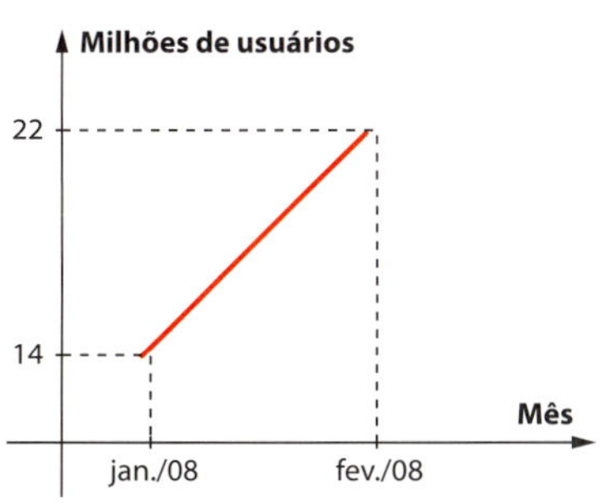

Se mantida, pelos próximos meses, a tendência de crescimento linear, mostrada no gráfico acima, o número de usuários residenciais de computadores, em dezembro de 2009, será igual a:

a) 178×10^6.
b) 174×10^5.
c) 182×10^7.
d) 198×10^6.

48. (ESPM-SP) O gráfico a seguir mostra o número de pessoas comprovadamente infectadas pelo vírus H1N1 numa certa cidade do Brasil, entre os meses de maio e setembro de 2009.

Pessoas infectadas pelo H1N1

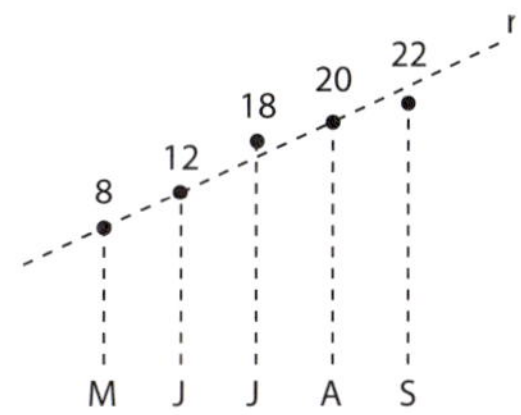

Na hipótese de um crescimento linear desse surto, representado pela reta **r**, pode-se prever que o número de pessoas infectadas em dezembro de 2009 será igual a:

a) 30.
b) 36.
c) 40.
d) 44.
e) 48.

49. (Mack-SP) Na figura, considere os gráficos das funções $f(x) = ax + b$ e $g(x) = mx + n$.

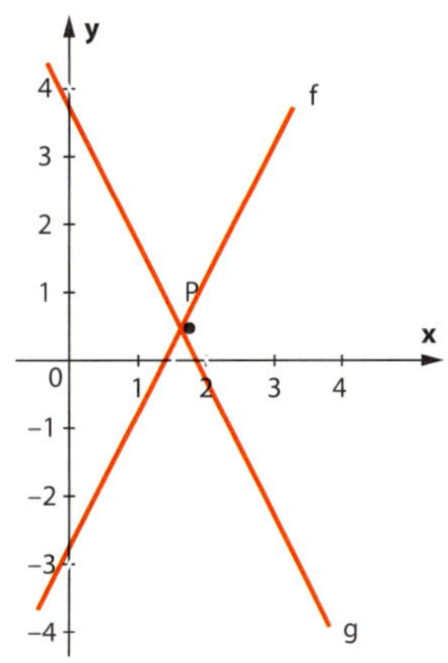

Se $P = \left(\frac{7}{4}, \frac{1}{2}\right)$, o valor de $\frac{a + n}{b \cdot m}$ é:

a) 3.
b) 2.
c) 6.
d) 5.
e) 1.

50. (UFRJ) Um ponto **P** desloca-se sobre uma reta numerada, e sua posição (em metros) em relação à origem é dada, em função do tempo **t** (em segundos), por $P(t) = 2(1 - t) + 8t$.

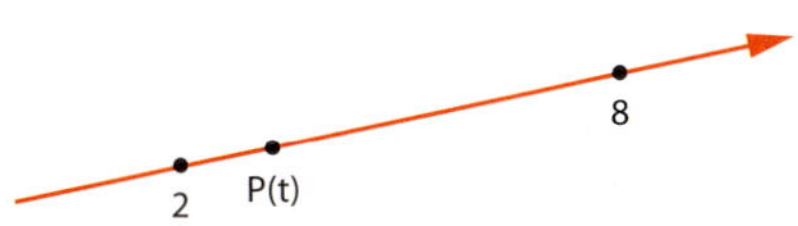

a) Determine a posição do ponto **P** no instante inicial ($t = 0$).

b) Determine a medida do segmento de reta correspondente ao conjunto dos pontos obtidos pela variação de **t** no intervalo $\left[0, \frac{3}{2}\right]$.

51. (Mack-SP) Locadora **X**

Taxa fixa: R$ 50,00

Preço por quilômetro percorrido: R$ 1,20

Locadora **Y**

Taxa fixa: R$ 56,00

Preço por quilômetro percorrido: R$ 0,90

Observando os dados anteriores, referentes aos valores cobrados por duas locadoras **X** e **Y** de veículos, é correto afirmar que:

a) para exatamente 20 quilômetros percorridos, esses valores são iguais.

b) a partir de 20 quilômetros rodados, o custo total em **X** é menor do que em **Y**.

c) para **X**, o custo total é sempre menor.

d) a partir de 15 quilômetros rodados, o custo total em **Y** é menor do que em **X**.

e) até 32 quilômetros rodados, o custo total em **X** é menor do que em **Y**.

52. (Unicamp-SP) Duas locadoras de automóveis oferecem planos diferentes para a diária de um veículo econômico. A locadora Saturno cobra uma taxa fixa de R$ 30,00, além de R$ 0,40 por quilômetro rodado. Já a locadora Mercúrio tem um plano mais elaborado: ela cobra uma taxa fixa de R$ 90,00 com uma franquia de 200 km, ou seja, o cliente pode percorrer 200 km sem custos adicionais. Entretanto, para cada km rodado além dos 200 km incluídos na franquia, o cliente deve pagar R$ 0,60.

a) Para cada locadora, represente no gráfico a função que descreve o custo diário de locação em termos da distância percorrida no dia.

b) Determine para quais intervalos cada locadora tem o plano mais barato. Supondo que a locadora Saturno vá manter inalterada a sua taxa fixa, indique qual deve ser seu novo custo por km rodado para que ela, lucrando o máximo possível, tenha o plano mais vantajoso para clientes que rodam quaisquer distâncias.

53. (UFSM-RS) Duas pipas, com capacidade de 300 litros cada uma, contêm vinho tinto. A primeira tem 60 litros de vinho e a segunda, $\frac{2}{3}$ da capacidade. Para terminar de encher a primeira, utiliza-se uma torneira que escoa 60 litros de vinho por minuto e, para encher a segunda, utiliza-se uma torneira que escoa 25 litros de vinho por minuto. Se o processo for feito ao mesmo tempo, pode-se afirmar que:

a) a primeira pipa transbordará primeiro.

b) a segunda pipa transbordará primeiro.

c) as duas pipas transbordarão ao mesmo tempo.

d) nenhuma das pipas transbordará antes de 6 minutos.

e) somente a segunda pipa transbordará antes de 6 minutos.

54. (UEG-GO) Uma loja anunciou a contratação de funcionários e para isso fez a seleção aplicando um teste com 40 questões objetivas. O critério de avaliação foi o seguinte: para cada questão respondida corretamente somavam-se 3,5 pontos e subtraía-se 1,5 ponto para cada questão respondida erradamente ou não respondida. Quantas questões acertou um candidato que fez 95 pontos?

55. (UFPA) Um fornecedor **A** oferece a um supermercado um certo produto com os seguintes custos: R$ 210,00 de frete mais R$ 2,90 por cada quilograma. Um fornecedor **B** oferece o mesmo produto, cobrando R$ 200,00 de frete mais R$ 3,00 por cada quilograma. O gráfico que representa os custos de supermercado com os fornecedores, em função da quantidade de quilogramas, é:

a)

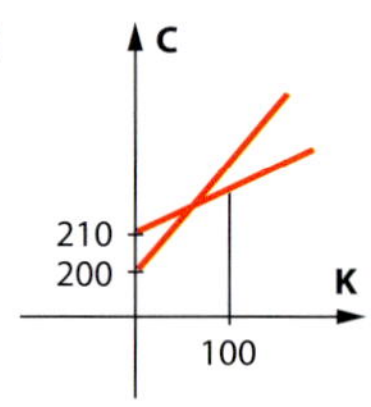

b)

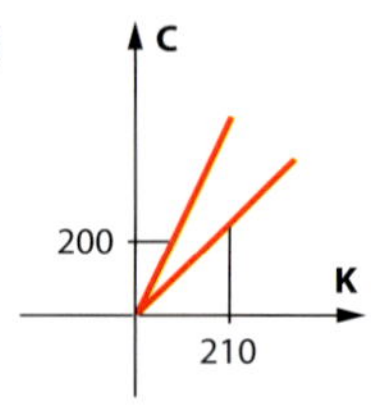

c)

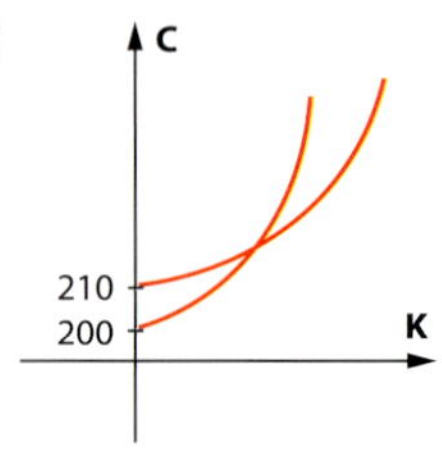

d)

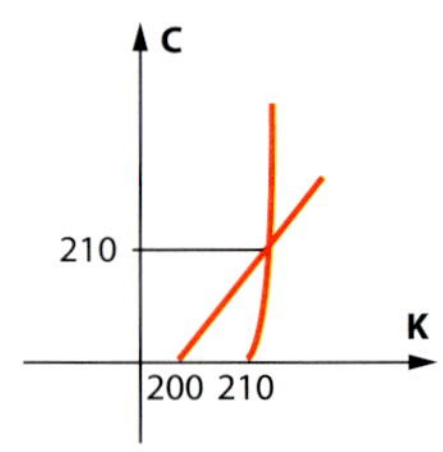

e)

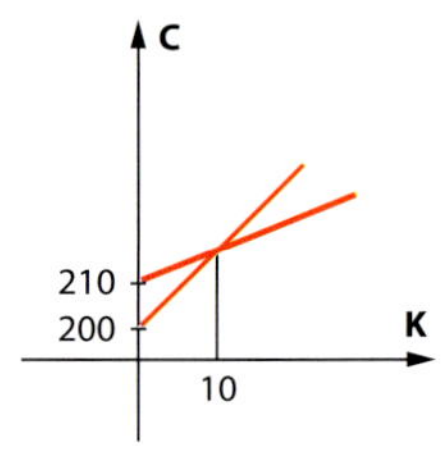

56. (Cefet-CE) Seja f: IR → IR, tal que, para todo $x \in$ IR, $f(3x) = 3f(x)$. Se $f(9) = 45$, então $f(1)$ é igual a:

a) 5. b) 6. c) 9. d) 7. e) 8.

57. (UFPB) Marquinhos trabalha em uma loja de informática e o seu salário é composto por uma parte fixa de R$ 400,00, acrescida de 5% sobre as vendas mensais por ele efetuadas. No mês em que o total de vendas de Marquinhos for R$ 40 000,00, seu salário será:

a) R$ 2 400,00.
b) R$ 2 000,00.
c) R$ 1 440,00.
d) R$ 600,00.
e) R$ 400,00.

58. (UFG-GO) Duas empresas financeiras, $\mathbf{E_1}$ e $\mathbf{E_2}$, operam emprestando um capital **C**, a ser pago numa única parcela após um mês. A empresa $\mathbf{E_1}$ cobra uma taxa fixa de R$ 60,00 mais 4% de juros sobre o capital emprestado, enquanto a empresa $\mathbf{E_2}$ cobra uma taxa fixa de R$ 150,00 mais juros de 3% sobre o capital emprestado. Dessa forma:

a) determine as expressões que representam o valor a ser pago em função do capital emprestado, nas duas empresas, e esboce os respectivos gráficos.
b) calcule o valor de **C**, de modo que o valor a ser pago seja o mesmo, nas duas empresas.

59. (Vunesp) A unidade usual de medida para a energia contida nos alimentos é kcal (quilocaloria). Uma fórmula aproximada para o consumo diário de energia (em kcal) para meninos entre 15 e 18 anos é dada pela função $f(h) = 17h$, onde **h** indica a altura em cm e, para meninas nessa mesma faixa de idade, pela função $g(h) = (15,3)h$. Paulo, usando a fórmula para meninos, calculou seu consumo diário de energia e obteve 2 975 kcal. Sabendo-se que Paulo é 5 cm mais alto que sua namorada Carla (e que ambos têm idade entre 15 a 18 anos), o consumo diário de energia para Carla, de acordo com a fórmula, em kcal, é:

a) 2 501.
b) 2 601.
c) 2 770.
d) 2 875.
e) 2 970.

60. (Ufal) O gráfico a seguir estabelece a relação entre o preço total **p**, em reais, cobrado pelo aluguel de um barco de turismo em um passeio pelo litoral norte de Alagoas, e o número de horas **x** gasto no passeio.

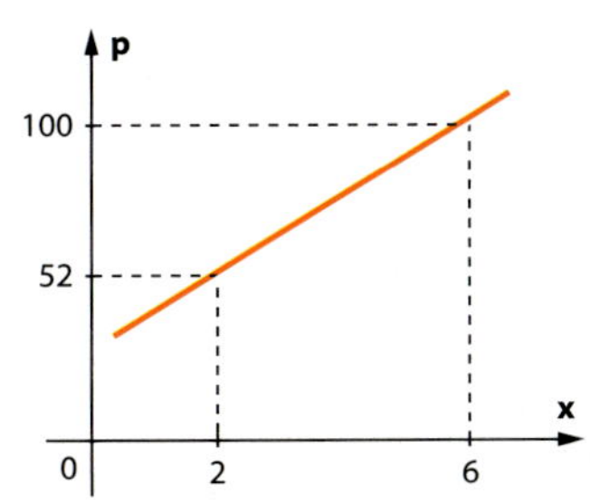

Analisando o gráfico conclui-se que:

( ) A cada passeio, é cobrada uma quantia fixa de R$ 28,00.
( ) O preço **p** cresce a uma taxa constante de 30%.

Atenção: Para responder às alternativas seguintes considere uma segunda opção: o aluguel ser cobrado somente pelo número de horas do passeio, a R$ 18,00 por hora.

( ) Nesse caso, o preço **p** cresceria a uma taxa constante de 34%.
( ) Para que a segunda opção seja mais vantajosa que a primeira para o dono do barco, o número mínimo de horas inteiras que o passeio deveria durar é 5.
( ) A segunda opção será sempre mais vantajosa para o dono do barco.

61. (UEL-PR) Os produtos farmacêuticos devem especificar as dosagens recomendadas para uso de adultos e de crianças. As fórmulas a seguir são utilizadas para modificar a dosagem de uso dos adultos para a dosagem de uso por crianças (**y**).

Fórmula **A**: $y = \frac{1}{24}(t + 1) \cdot a$

Fórmula **B**: $y = \frac{1}{21}t \cdot a$

em que **a** denota a dosagem de adulto em miligramas e **t** a idade da criança em anos.
Assinale a alternativa que apresenta a idade da criança na qual as duas fórmulas especificam a mesma dosagem.

a) 2 anos
b) 6 anos
c) 7 anos
d) 8 anos
e) 10 anos

Função quadrática

Uma função $f: \mathbb{R} \to \mathbb{R}$ chama-se *quadrática* quando existem números reais **a**, **b** e **c**, com $a \neq 0$, tal que $f(x) = ax^2 + bx + c$ para todo $x \in \mathbb{R}$.

$$f: \mathbb{R} \to \mathbb{R}$$
$$x \to ax^2 + bx + c$$

Forma canônica

$f(x) = a(x - m)^2 + k$, em que $m = -\frac{b}{2a}$ e

$$k = f(m) = \frac{4ac - b^2}{4a}$$

Zeros da função quadrática

$x = \dfrac{-b \pm \sqrt{b^2 - 4ac}}{2a}$ (fórmula que fornece as raízes da equação do 2º grau $ax^2 + bx + c = 0$)

Observações:

1ª) O número $\Delta = b^2 - 4ac$ é chamado *discriminante* da função quadrática $f(x) = ax^2 + bx + c$.

2ª) Quando $\Delta > 0$, a função $f(x) = ax^2 + bx + c$ tem dois zeros reais diferentes.

Quando $\Delta = 0$, a função $f(x) = ax^2 + bx + c$ tem um zero real duplo.

Quando $\Delta < 0$, a função $f(x) = ax^2 + bx + c$ não tem zeros reais.

Relações entre coeficientes e raízes da equação quadrática $ax^2 + bx + c = 0$ $(a \neq 0)$

Existindo zeros reais tal que $x' = \dfrac{-b + \sqrt{\Delta}}{2a}$ e $x'' = \dfrac{-b - \sqrt{\Delta}}{2a}$, obtemos:

$$S = x' + x'' = -\frac{b}{a}$$

$$P = x' \cdot x'' = \frac{c}{a}$$

Forma fatorada

$ax^2 + bx + c = a(x - x')(x - x'') = a(x^2 - Sx + P)$

Gráfico da função quadrática

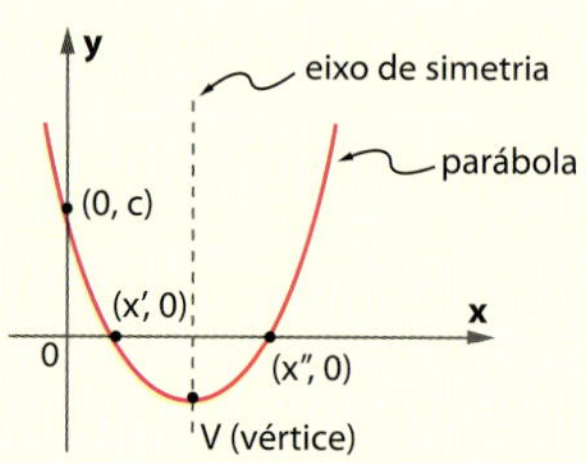

O gráfico da função quadrática é uma parábola.

Concavidade da parábola

$a > 0$

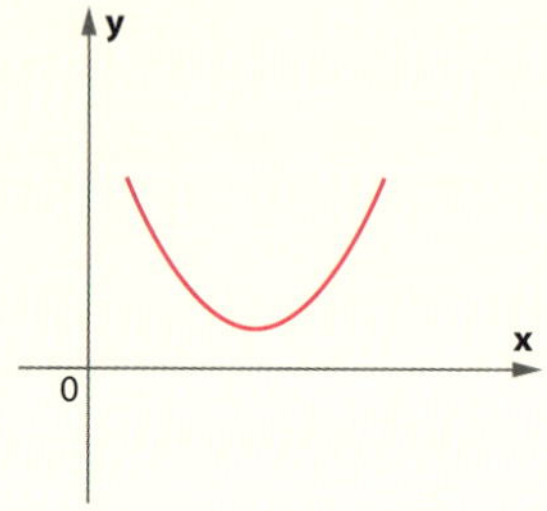

$a < 0$

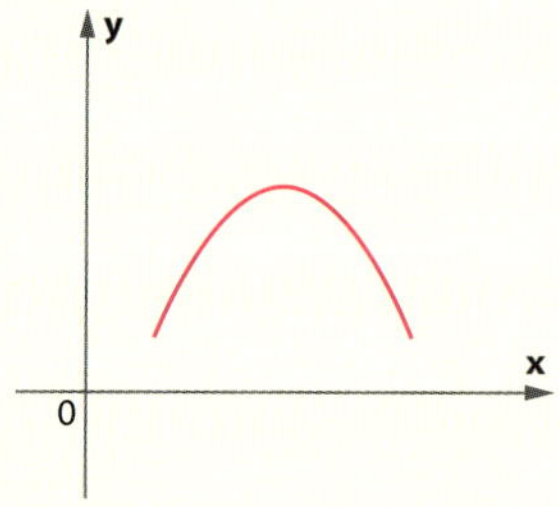

Vértice

O vértice de uma parábola dada por $f(x) = ax^2 + bx + c$, $a \neq 0$, pode ser calculado assim: $\mathbf{V}\left(-\dfrac{b}{2a}, -\dfrac{\Delta}{4a}\right)$.

$$x_V = -\frac{b}{2a}$$

$$y_V = -\frac{\Delta}{4a}$$

Máximos e mínimos

Valor máximo: $a < 0$

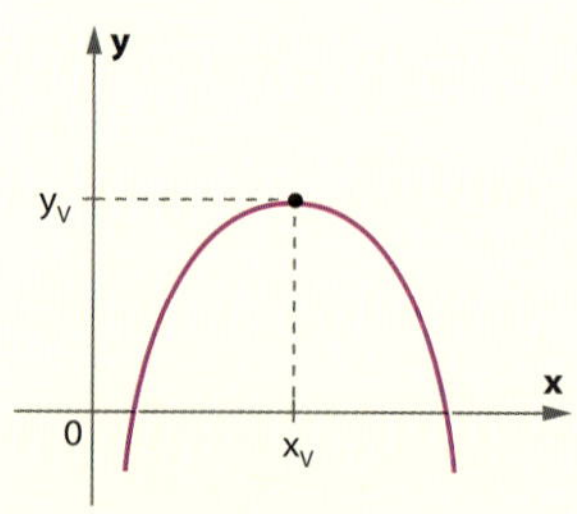

Valor mínimo: $a > 0$

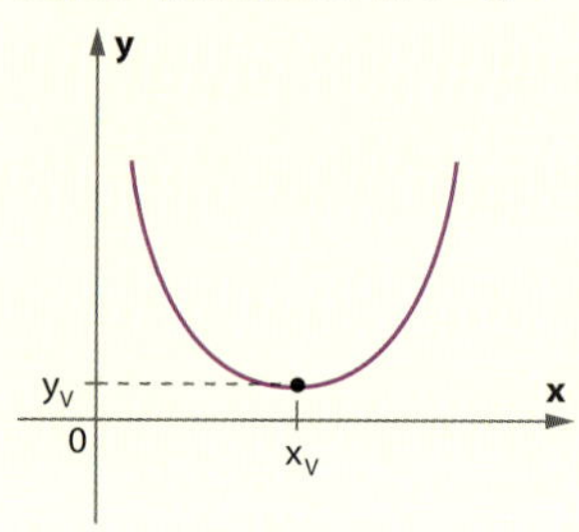

Número de zeros e concavidade

	$\Delta < 0$	$\Delta = 0$	$\Delta > 0$
$a > 0$	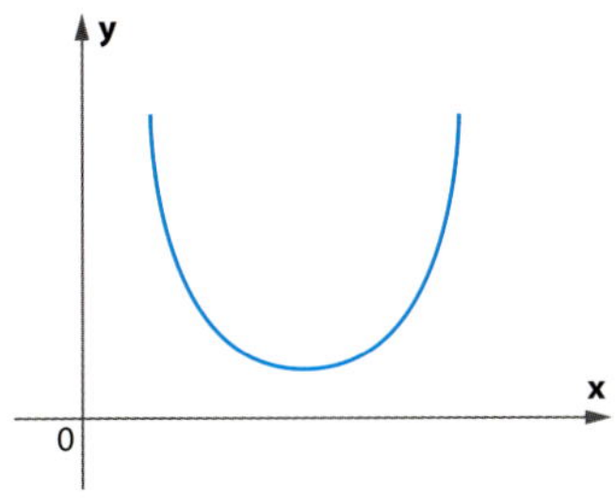	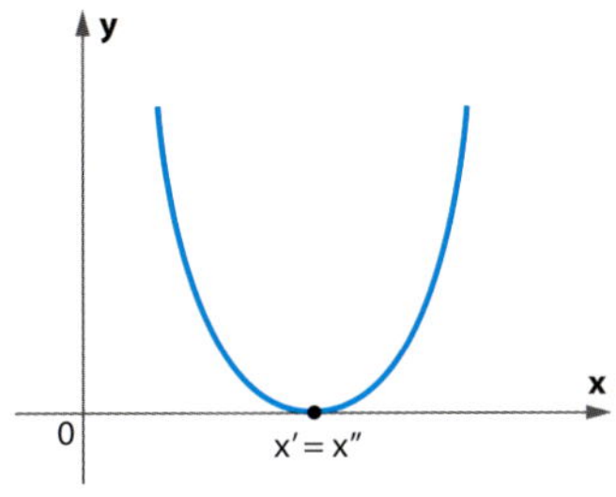	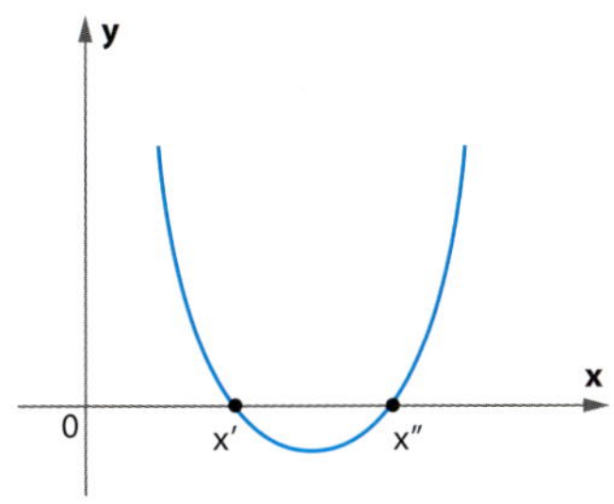
$a < 0$	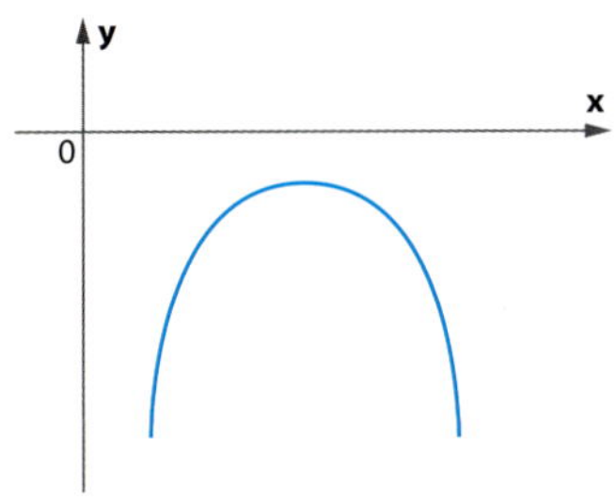	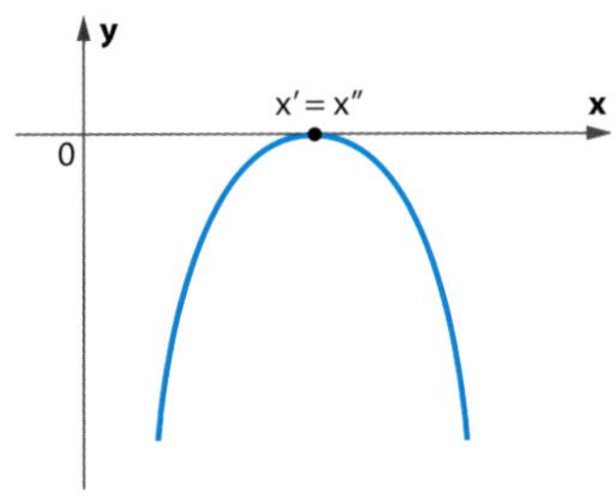	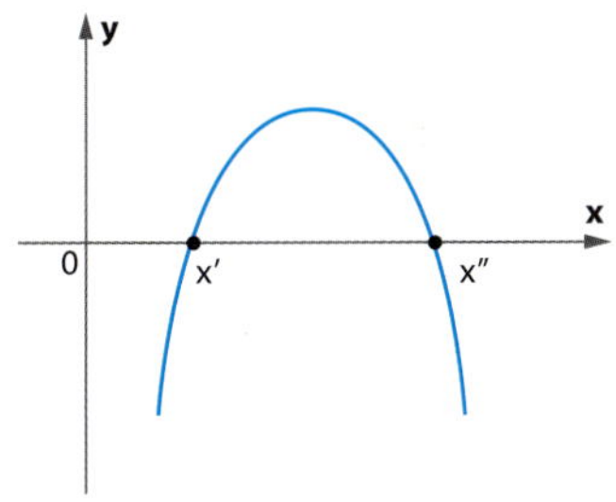

Questões de vestibular

62. (UFPB) A função $L(x) = -100x^2 + 1\,200x - 2\,700$ representa o lucro de uma empresa, em milhões de reais, em que **x** é a quantidade de unidades vendidas. Nesse contexto, considere as seguintes afirmações:

I) Se vender apenas 2 unidades, a empresa terá lucro.

II) Se vender exatamente 6 unidades, a empresa terá lucro máximo.

III) Se vender 15 unidades, a empresa terá prejuízo.

Está(ão) correta(s) apenas:

a) I.
b) II.
c) III.
d) I e II.
e) II e III.

63. (Mack-SP)

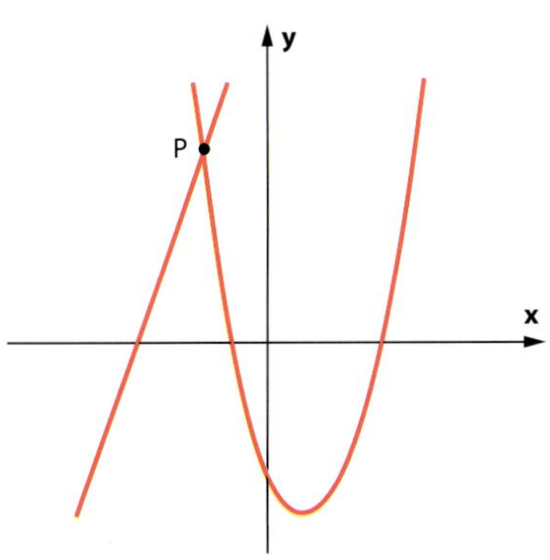

Na figura, estão representados os gráficos das funções $f(x) = x^2 - 2x - 3$ e $g(x) = 3x + 11$. A soma da abscissa do ponto **P** com o valor mínimo de f(x) é:

a) 1,5.
b) −5.
c) −2.
d) −6.
e) 0,5.

64. (UFPR) Uma calha será construída a partir de folhas metálicas em formato retangular, cada uma medindo 1 m por 40 cm. Fazendo-se duas dobras de largura **x**, paralelas ao lado maior de uma dessas folhas, obtêm-se três faces de um bloco retangular, como mostra a figura da direita.

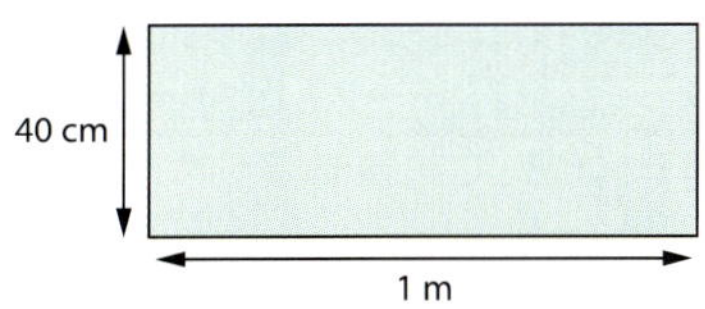

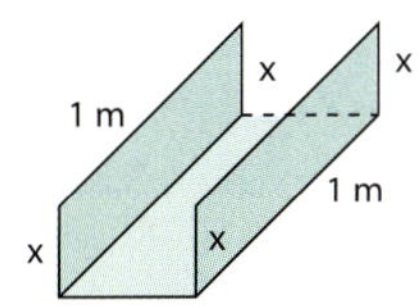

a) Obtenha uma expressão para o volume desse bloco retangular em termos de **x**.

b) Para qual valor de **x** o volume desse bloco retangular será máximo?

65. (Fuvest-SP) A função f: IR → IR tem como gráfico uma parábola e satisfaz $f(x + 1) - f(x) = 6x - 2$, para todo número real **x**. Então, o menor valor de f(x) ocorre quando **x** é igual a:

a) $\frac{11}{6}$. b) $\frac{7}{6}$. c) $\frac{5}{6}$. d) 0. e) $-\frac{5}{6}$.

66. (Uece) A idade de Paulo, em anos, é um número inteiro par que satisfaz a desigualdade $x^2 - 32x + 252 < 0$. O número que representa a idade de Paulo pertence ao conjunto:

a) {12, 13, 14}.
b) {15, 16, 17}.
c) {18, 19, 20}.
d) {21, 22, 23}.

67. (UFBA) A resposta desta questão é igual à soma dos valores das afirmações verdadeiras.

Uma empresa observou que a quantidade **Q**, em toneladas, de carne que ela exporta em uma semana é dada por $Q(x) = ax^2 + bx + c$, sendo **a**, **b** e **c** constantes, e **x** o preço do produto, em reais, por quilograma, praticado na referida semana, sendo $3 \leqslant x \leqslant 8$. Sabe-se que para o preço de R$ 3,00, a quantidade é de 7,5 toneladas, que para R$ 4,00, a quantidade é máxima e que para R$ 8,00, a quantidade é zero.

Com base nessas informações, pode-se afirmar:

01) A quantidade Q(x) diminui à medida que o preço **x** aumenta.
02) Para o preço de R$ 5,00, a quantidade é de 7,5 toneladas.
04) A constante $\frac{b}{a}$ é igual a -8.
08) Existe um único preço **x**, $3 \leqslant x \leqslant 8$, tal que $Q(x) = 3,5$.
16) Para cada preço **x**, $3 \leqslant x \leqslant 8$, tem-se $Q(x) = -x^2 + 8x$.

68. (UFC-CE) João escreveu o número 10 como soma de duas parcelas inteiras positivas, cujo produto é o maior possível. O valor desse produto é:

a) 9.
b) 16.
c) 21.
d) 25.
e) 27.

69. (UFRGS-RS) Sabendo-se que um polinômio p(x) de grau 2 satisfaz $p(1) = -1$, $p(2) = -2$ e $p(3) = -1$, é correto afirmar que a soma de suas raízes é:

a) 0.
b) 1.
c) 2.
d) 3.
e) 4.

70. (Cesgranrio-RJ) Um corpo **A** desloca-se em Movimento Retilíneo Uniformemente Variado de modo que a sua posição, em relação a uma origem previamente determinada, é dada pela função horária $S_A = 2 + \frac{7t}{4} - \frac{t^2}{4}$. Um corpo **B** desloca-se em Movimento Retilíneo e Uniforme, na mesma direção do movimento de **A**, de forma que a sua posição, em relação à mesma origem, é dada pela função horária $S_B = 2 + \frac{t}{2}$. **A** e **B** iniciaram seus movimentos no mesmo instante. Em ambas as funções, **t** está em segundos e **S**, em metros. Depois de certo tempo, os corpos chocam-se frontalmente.

O maior afastamento, em metros, entre os corpos **A** e **B** é:

a) $\frac{25}{4}$.
b) $\frac{25}{8}$.
c) $\frac{25}{16}$.
d) $\frac{81}{8}$.
e) $\frac{81}{16}$.

71. (UEL-PR) Seja **f** uma função real definida por $f(x) = ax^2 - x - 2$, onde $a > 0$. Se $f(1) < 0$, é correto afirmar que a função **f**:

a) possui uma raiz positiva e uma negativa.
b) possui duas raízes positivas.
c) possui duas raízes negativas.
d) não possui raiz real.
e) possui uma única raiz real.

72. (UFPA) O vértice da parábola $y = ax^2 + bx + c$ é o ponto $(-2, 3)$. Sabendo que 5 é a ordenada onde a curva corta o eixo vertical, podemos afirmar que:

a) $a > 1$, $b < 1$ e $c < 4$.
b) $a > 2$, $b > 3$ e $c > 4$.
c) $a < 1$, $b < 1$ e $c > 4$.
d) $a < 1$, $b > 1$ e $c > 4$.
e) $a < 1$, $b < 1$ e $c < 4$.

73. (UFSM-RS) Durante um passeio noturno de barco, diversão preferida de um grupo de jovens, surgiu uma situação de perigo, em que houve necessidade de disparar um sinalizador para avisar o restante do grupo que ficara no acampamento. A função que descreve o movimento do sinal luminoso é dada por $h(t) = 30t - 3t^2$, em que **h** é a altura do sinal em metros e **t**, o tempo decorrido em segundos, desde o disparo até o momento em que o sinalizador cai na água. Assim, a altura máxima atingida pelo sinalizador e o tempo decorrido até cair na água são, respectivamente:

a) 75 m e 10 s.
b) 75 m e 5 s.
c) 74 m e 10 s.
d) 74 m e 5 s.
e) 70 m e 5 s.

74. (Uece) A função quadrática **f** assume seu mínimo quando $x = 2$ e é tal que seu gráfico contém os pontos $(-1, 0)$ e $(0, -5)$. O valor de f(4) é:

a) -4.
b) -5.
c) 5.
d) 4.

75. (Vunesp) O desenvolvimento da gestação de uma determinada criança, que nasceu com 40 semanas, 50,6 cm de altura e com 3 446 gramas de massa, foi modelado, a partir da 20ª semana, aproximadamente, pelas funções matemáticas $h(t) = 1{,}5t - 9{,}4$ e $p(t) = 3{,}8t^2 - 72t + 246$, em que **t** indica o tempo em semanas, $t \geqslant 20$, h(t) a altura em centímetros e p(t) a massa em gramas. Admitindo o modelo matemático, determine quantos gramas tinha o feto quando sua altura era 35,6 cm.

76. (UEG-GO) O lucro de uma empresa é dado pela relação R = L + C, em que **L** é o lucro, **R** é a receita e **C** é o custo de produção. Numa empresa que produziu **x** unidades de um produto, verificou-se que $C(x) = 2x^2 + 2\,500x + 3\,000$ e $R(x) = x^2 + 7\,500x + 3\,000$. Quantas unidades essa empresa deve produzir para obter o maior lucro possível?

77. (Ufscar-SP) Considere que a representação gráfica da função $f: \mathbb{R} \to \mathbb{R}$, dada por $f(x) = mx^2 - x + n$, com **m** e **n** reais, é uma parábola com ordenada do vértice maior que **n**. Se $m \cdot n > \frac{1}{4}$, uma possível representação gráfica de **f** é:

a)
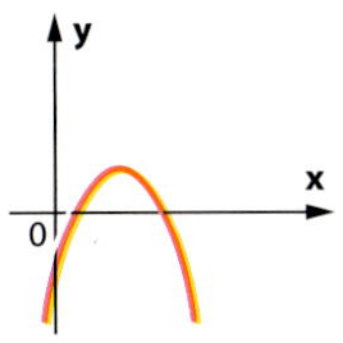

b)
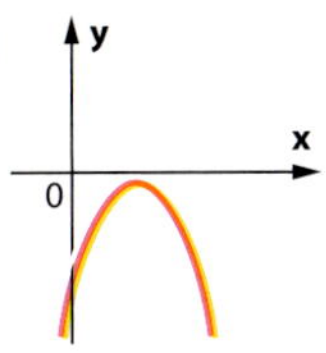

c)
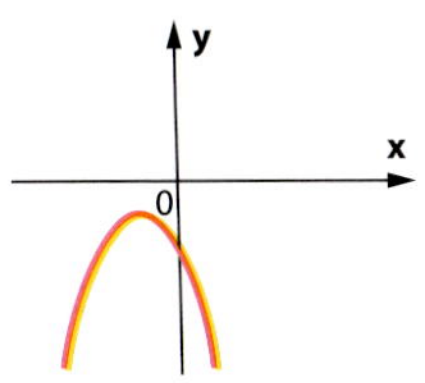

d)
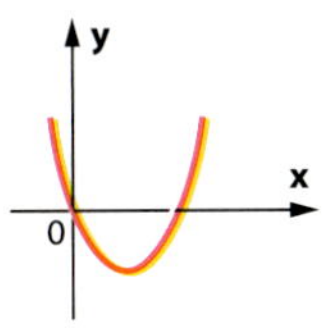

e)
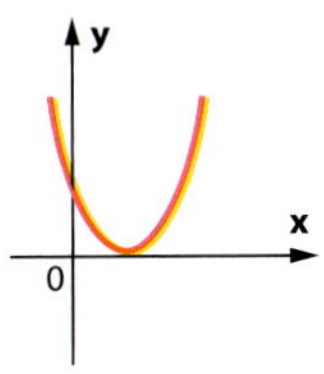

78. (Ufla-MG) Uma bolinha de tênis, após se chocar com o solo, no ponto **O**, segue uma trajetória ao longo de quatro parábolas, como pode ser observado no gráfico a seguir.

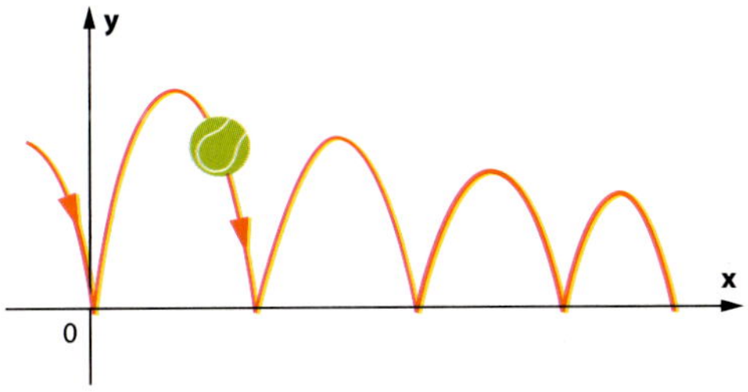

A altura máxima atingida em cada uma das parábolas é $\frac{3}{4}$ do valor da altura máxima da parábola anterior. Sabendo-se que as distâncias entre os pontos onde a bolinha toca o solo são iguais e que a equação da primeira parábola é $y = -4x^2 + 8x$, a equação da quarta parábola é:

a) $y = x^2 - 14x + 48$.

b) $y = -x^2 - 14x + 48$.

c) $y = -\frac{27}{16}(x - 6)(x - 8)$.

d) $y = -\left(\frac{3}{4}\right)^3(x - 6)(x - 8)$.

e) $y = -8x^2 + 16x$.

79. (Ufes) A temperatura de uma certa cidade num determinado dia foi expressa por uma função quadrática. Sabendo que nesse dia a temperatura atingiu o valor de 20 °C nos dois horários, às 8 horas e às 18 horas, e que a temperatura máxima desse dia foi de 30 °C, determine:

a) a expressão da temperatura em °C em função da hora **t** desse dia, para $8 \leqslant t \leqslant 18$;

b) os horários desse dia, nos quais a temperatura atingiu o valor de 26,4 °C.

80. (Ufac) Sejam **a** um número real negativo e as funções $f(x) = ax^2$ e $g(x) = ax$, com **x** percorrendo o conjunto dos números reais. Considere os seguintes itens em romanos:

I) $f(x) > g(x)$ para **x** no intervalo]0, 1[.

II) **f** é crescente em $\mathbb{R}$.

III) **g** é decrescente em $\mathbb{R}$.

Relativamente aos itens, podemos dizer que:

a) todos são verdadeiros.

b) todos são falsos.

c) I e III são verdadeiros.

d) I é falso.

e) I e II são falsos.

81. (Unir-RO) Admita que **f** seja uma função real, quadrática, cujo gráfico é uma parábola com abscissa do vértice igual a 3, que a imagem de −1 é igual a zero e que a imagem de zero é igual a 1. A partir dessas informações, pode-se afirmar que a função **f**:

a) têm raízes -1 e 4.
b) é positiva para todo **x** real menor que -1.
c) é estritamente crescente em todo seu domínio.
d) tem concavidade voltada para cima.
e) é negativa no intervalo $]-\infty, -1]$.

82. (UFS-SE) Para analisar as afirmativas abaixo, considere a função **f**, de $\mathbb{R}$ em $\mathbb{R}$, definida por $f(x) = 2x + 3$.

0-0) A função inversa de **f** é definida por $f^{-1}(x) = x - \frac{3}{2}$.

1-1) A função composta f o f é definida por $f(f(x)) = 4x + 6$.

2-2) A função **g** definida por $g(x) = [f(x)]^2$ tem por gráfico uma parábola de concavidade para cima e que intercepta o eixo das abscissas nos pontos $\left(-\frac{3}{2}, 0\right)$ e $\left(\frac{3}{2}, 0\right)$.

3-3) O vértice da parábola definida por $y = x^2 - 2x + 6$ pertence ao gráfico de **f**.

4-4) Se o gráfico de **f** intercepta os eixos coordenados nos pontos **A** e **B**, a função quadrática cujo gráfico contém os pontos **A**, **B** e $\left(\frac{9}{2}, 0\right)$ é definida por $y = -\frac{4}{9}x^2 + \frac{4}{3}x + 3$.

83. (Uespi) Um comerciante comprou a unidade de certo artigo por R$ 20,00, e calculou que se o comercializasse por **x** reais cada, venderia por dia $(60 - x)$ unidades desses artigos. Considerando $0 < x < 60$ e as condições apresentadas, podemos concluir que, para maximizar o seu lucro, o comerciante terá que vender:

a) 20 artigos, cada um ao custo de R$ 40,00.
b) 25 artigos, cada um ao custo de R$ 20,00.
c) 30 artigos, cada um ao custo de R$ 30,00.
d) 35 artigos, cada um ao custo de R$ 35,00.
e) 40 artigos, cada um ao custo de R$ 30,00.

Módulo, função modular, função exponencial, logaritmo e função logarítmica

Módulo de um número real

O *módulo* ou *valor absoluto* de um número real **r**, que representamos por $|r|$, é igual a **r** se $r \geq 0$ e igual a $-$**r** se $r < 0$.

$$|r| = r, \text{ se } r \geq 0$$

e

$$|r| = -r, \text{ se } r < 0$$

Observação: Para todo $x \in \mathbb{R}$, temos $\sqrt{x^2} = |x|$.

Propriedades

1ª) Para todo $r \in \mathbb{R}$, temos $|r| = |-r|$.

2ª) Para todo $x \in \mathbb{R}$, temos $|x^2| = |x|^2 = x^2$.

Função modular

Denomina-se *função modular* a função **f**, de $\mathbb{R}$ em $\mathbb{R}$, tal que $f(x) = |x|$, ou seja:

$$f(x) = \begin{cases} x, \text{ para } x \geq 0 \\ -x, \text{ para } x < 0 \end{cases}$$

Função exponencial

Dado um número real **a** ($a > 0$ e $a \neq 1$), denominamos *função exponencial de base* ***a*** uma função **f** de $\mathbb{R}$ em $\mathbb{R}_+^*$ definida por $f(x) = a^x$ ou $y = a^x$.

Gráficos da função exponencial

$a > 1$

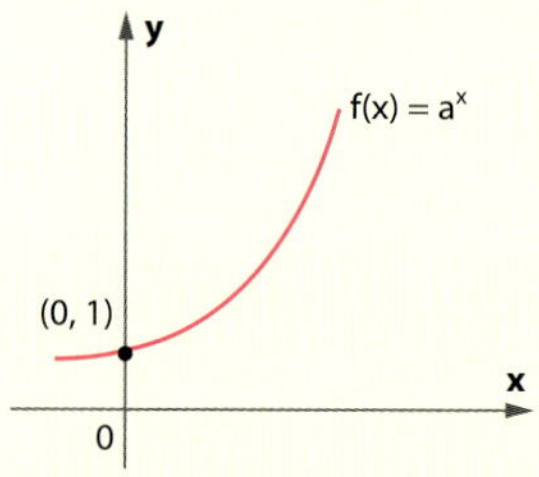

$0 < a < 1$

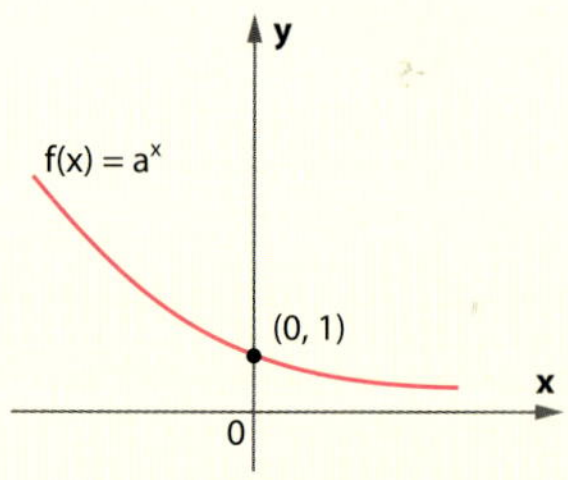

Equação: $a^x = a^y \Leftrightarrow x = y$

Inequação: $a^x > a^y \Rightarrow \begin{cases} x > y, \text{ se } a > 1 \\ x < y, \text{ se } 0 < a < 1 \end{cases}$

Logaritmo de um número

Dados os números reais positivos **a** e **b**, com $a \neq 1$, se $b = a^c$, então o expoente **c** chama-se *logaritmo de* ***b*** *na base* ***a***, ou seja:

$\log_a b = c \Leftrightarrow a^c = b$, com **a** e **b** positivos e $a \neq 1$

Nessa equivalência, temos:

Forma logarítmica	Forma exponencial
$\log_a b = c$	$a^c = b$
c: logaritmo **a**: base do logaritmo **b**: logaritmando	**b**: potência **a**: base da potência **c**: expoente

Condição de existência: $\log_a b$ existe quando e somente quando $\begin{cases} b > 0 \\ a > 0 \text{ e } a \neq 1 \end{cases}$.

Consequências da definição de logaritmo

Considerando as condições de existência, temos:

1ª) $\log_a 1 = 0$ 4ª) $\log_a a^N = N$

2ª) $\log_a a = 1$ 5ª) $\log_a x = \log_a y \Leftrightarrow x = y$

3ª) $a^{\log_a N} = N$

Propriedades

Considerando as condições de existência, temos:

1ª) $\log_a (M \cdot N) = \log_a M + \log_a N$

2ª) $\log_a \dfrac{M}{N} = \log_a M - \log_a N$

3ª) $\log_a M^N = N \cdot \log_a M$

4ª) $\log_b N = \dfrac{\log_a N}{\log_a b}$ (mudança de base)

Função logarítmica

Dado um número real **a** ($a > 0$ e $a \neq 1$) denomina-se *função logarítmica de base **a*** uma função **f** de $\mathbb{R}_+^*$ em $\mathbb{R}$ definida por $f(x) = \log_a x$ ou $y = \log_a x$.

Observação: A função logarítmica é a inversa da função exponencial.

Gráficos da função logarítmica

$a > 1$

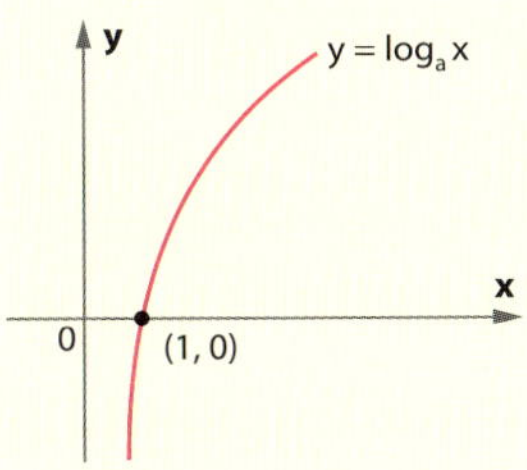

$0 < a < 1$

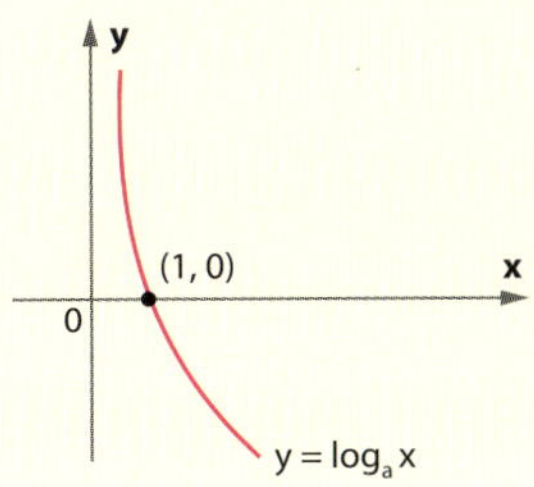

Equação: $\log_a x = \log_a y \Leftrightarrow x = y$

Inequação: $\log_a x > \log_a y \Leftrightarrow \begin{cases} x > y, \text{ se } a > 1 \\ x < y, \text{ se } 0 < a < 1 \end{cases}$

Questões de vestibular

84. (Fuvest-SP) Seja $f(x) = |x| - 1$, $\forall x \in \mathbb{R}$, e considere também a função composta $g(x) = f(f(x))$, $\forall x \in \mathbb{R}$.

a) Esboce o gráfico da função **f** indicando seus pontos de intersecção com os eixos coordenados.

b) Esboce o gráfico de função **g** indicando seus pontos de intersecção com os eixos coordenados.

c) Determine os valores de **x** para os quais $g(x) = 5$.

85. (Udesc) A alternativa que representa o gráfico da função $f(x) = |x + 1| + 2$ é:

a)

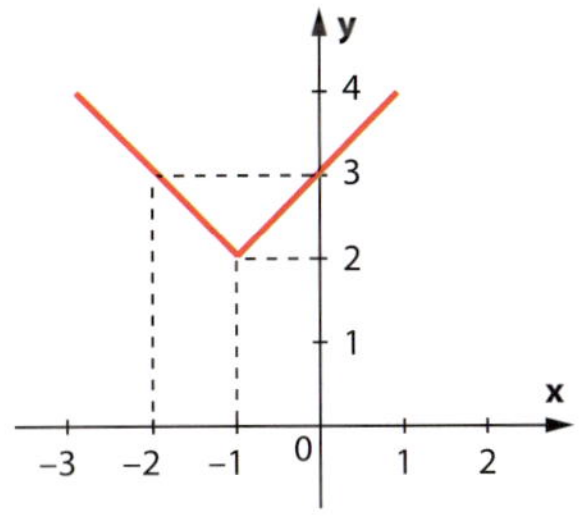

b)

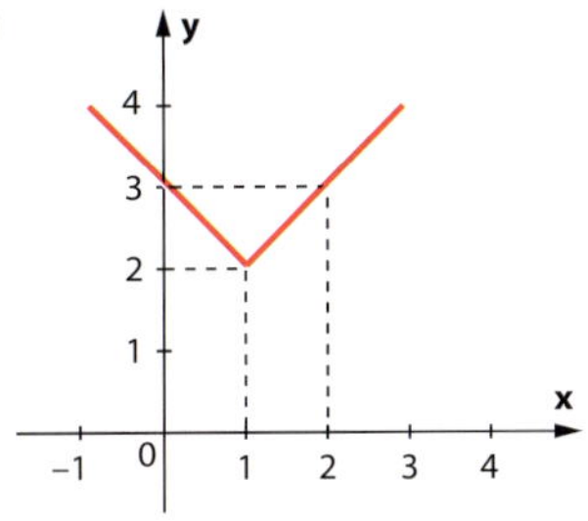

c)

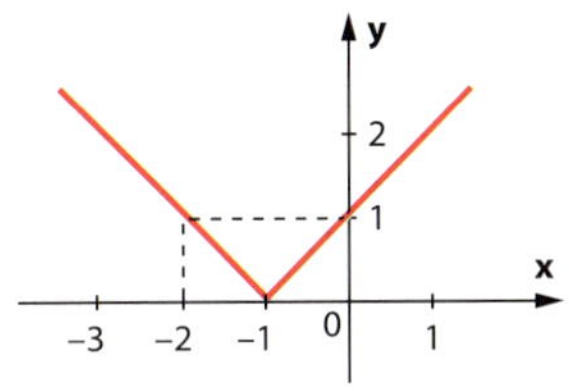

d)

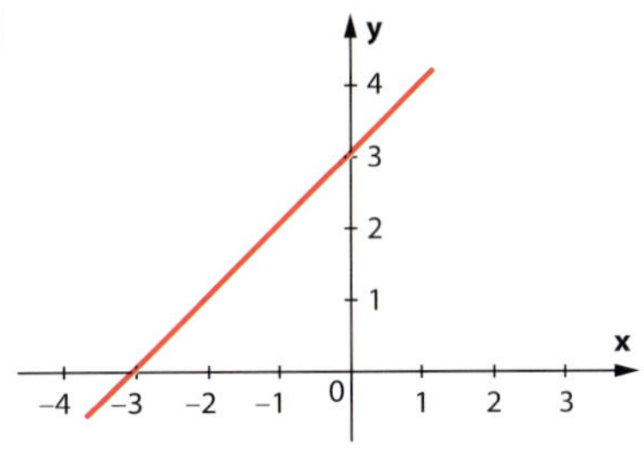

e)

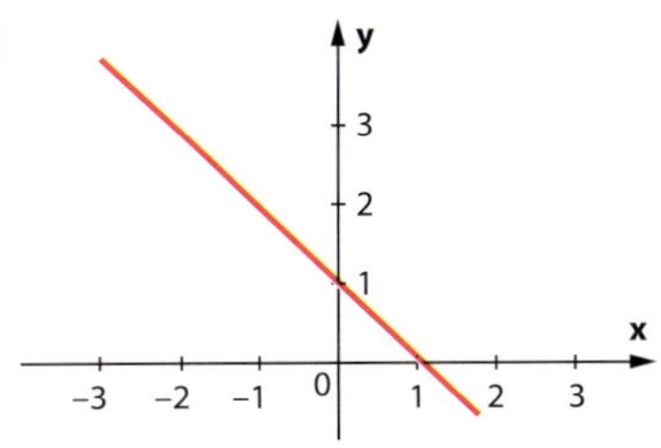

86. (UFT-TO) Sejam **f** e **g** funções reais de uma variável real definidas por $f(x) = |x - 1|$ e $g(x) = 5$. A área da região limitada pelos gráficos dessas funções é:

a) 10 unidades de área.

b) 30 unidades de área.

c) 50 unidades de área.

d) 25 unidades de área.

87. (UFC-CE) Dadas as funções f: IR → IR e g: IR → IR definidas por $f(x) = |1 - x^2|$ e $g(x) = |x|$, o número de pontos na intersecção do gráfico de **f** com o gráfico de **g** é igual a:

a) 5.
b) 4.
c) 3.
d) 2.
e) 1.

88. (UEG-GO) Dada a função $f(x) = |x - 1| + 1$, $x \in [-1, 2]$:

a) esboce o gráfico da função **f**;
b) calcule a área da região delimitada pelo gráfico da função **f**, pelo eixo das abscissas e pelas retas $x = -1$ e $x = 2$.

89. (UEA-AM) O conjunto solução da inequação $|x^2 + 2x - 2| \geqslant -x^2$ é:

a) $]-\infty, \infty[$.
b) $\varnothing$
c) $\left]-\infty, -\frac{3}{2}\right[\cup \left[\frac{1}{2}, \infty\right[$.
d) $\left[\frac{1}{2}, \infty\right[$.
e) $\left[-\frac{3}{2}, \frac{1}{2}\right]$.

90. (UFPA-PSS) Um professor de Matemática Aplicada enviou a seguinte mensagem ao seu melhor aluno, um estudante chamado Nicéphoro, que gostava muito de desenhar e traçar gráficos:

> Prezado Nicéphoro
>
> Estive analisando cuidadosamente aquele problema de Matemática e percebi que ele é regido por uma função pulso-unitário definida por $f(x) = \begin{cases} 1, \text{ se } |x| \leqslant 1 \\ 0, \text{ se } |x| > 1 \end{cases}$.
>
> Trace, por favor, usando os seus conhecimentos, o gráfico desta função e o envie para mim.
>
> Um abraço e saudações matemáticas.
>
> Euclides Arquimedes

Nicéphoro traçou corretamente o gráfico da função acima e o enviou ao prof. Euclides Arquimedes.
O gráfico enviado foi:

a)
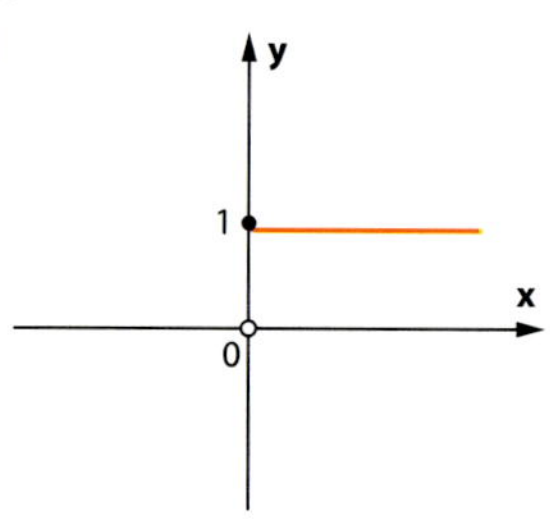

b)
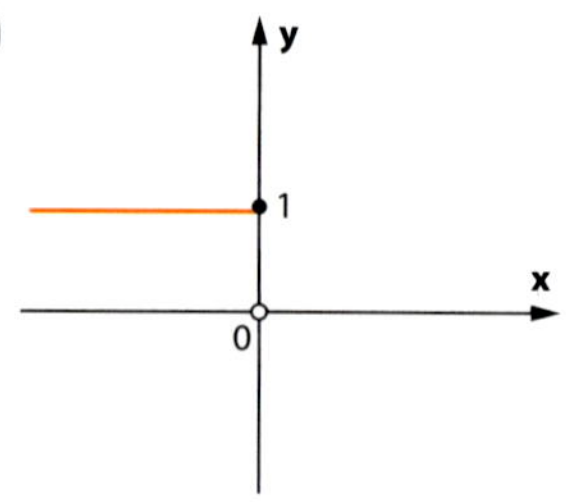

c)
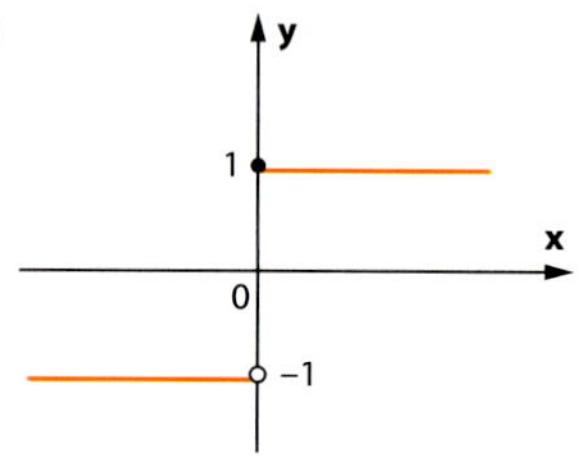

d)
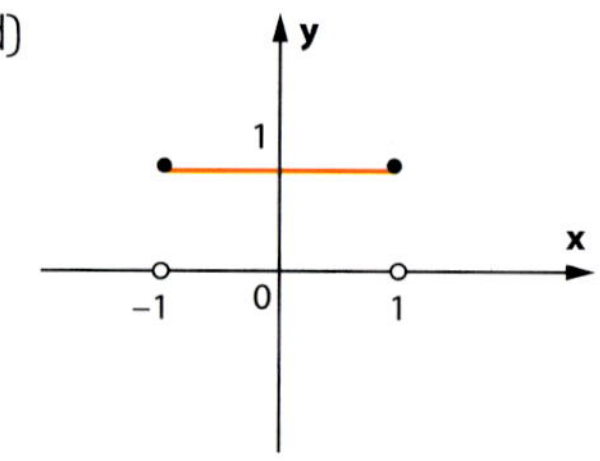

e)
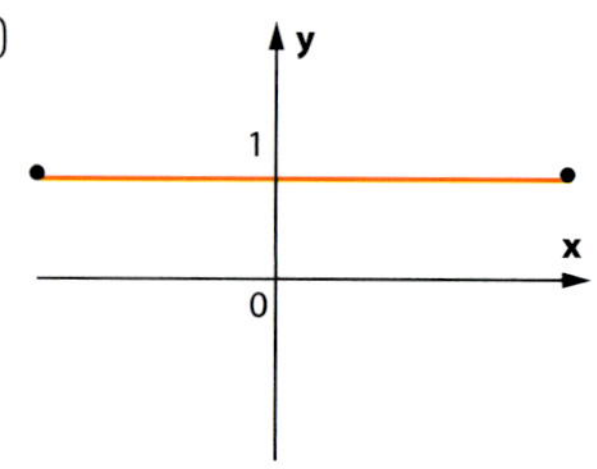

91. (UFRN) Sendo $f(x) = |x^2 - 2x|$, o gráfico que melhor representa **f** é:

a)
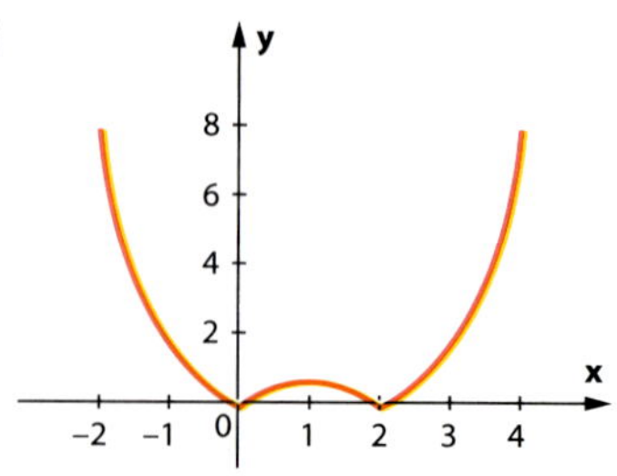

b)
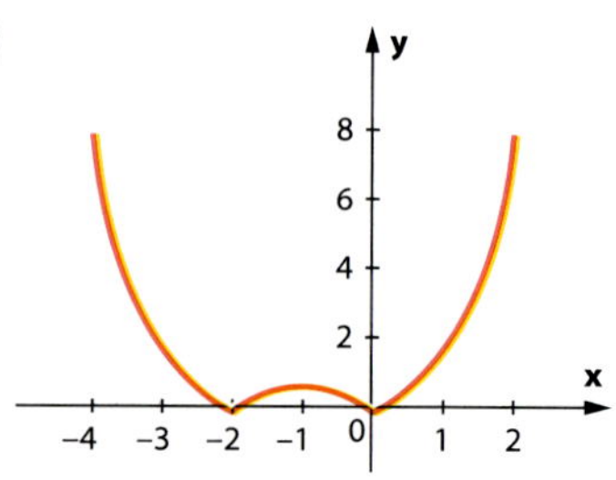

c)

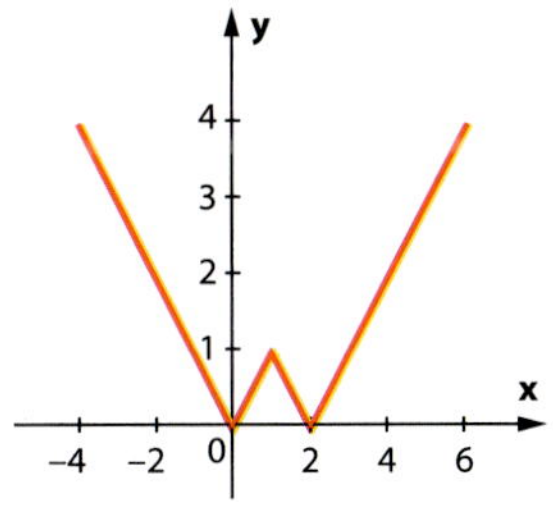

d)

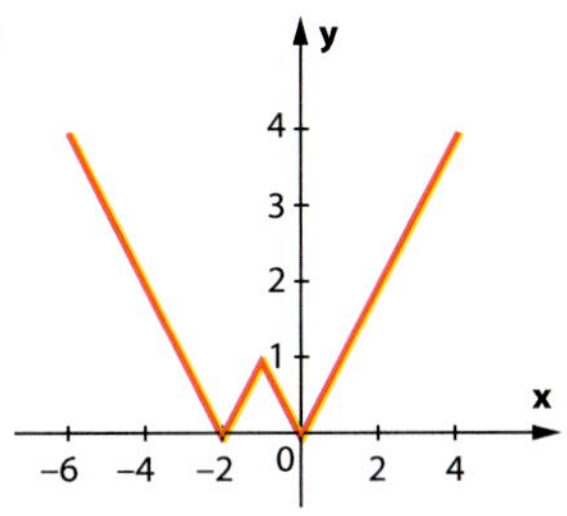

92. (UFU-MG) A soma das soluções reais da equação $|x^2 + 3x + 2| - |6x| = 0$ é igual a:

a) 3.
b) −6.
c) −3.
d) 6.

93. (Uerj) O volume de água em um tanque varia com o tempo de acordo com a equação
$V = 10 - |4 - 2t| - |2t - 6|$, $t \in IR_+$. Nela, **V** é o volume medido em m^3 após **t** horas, contadas a partir de 8h de uma manhã. Determine os horários inicial e final dessa manhã em que o volume permanece constante.

94. (FGV-SP) A soma dos valores inteiros de **x** que satisfazem simultaneamente as desigualdades $|x - 5| < 3$ e $|x - 4| \geq 1$ é:

a) 25.
b) 13.
c) 16.
d) 18.
e) 21.

95. (PUC-PR) Sendo **x** e **y** números reais, quais das afirmações são sempre verdadeiras?

I) Se $x > y$, então $-x > -y$.
II) Se $|x| = -x$, então $x < 0$.
III) Se $0 < x < y$, então $\frac{1}{x} > \frac{1}{y}$.
IV) Se $x^2 \geq 9$, então $x \geq 3$.
V) $x^2 - 2x + y^2 > 0$.

a) Somente I e II.
b) Somente II e IV.
c) Somente II e III.
d) Todas.
e) Somente I e III.

96. (Fuvest-SP) Seja $f(x) = a + 2^{b + c}$, em que **a**, **b** e **c** são números reais. A imagem de **f** é a semirreta $]-1, \infty[$ e o gráfico de **f** intercepta os eixos coordenados nos pontos (1, 0) e $\left(0, -\frac{3}{4}\right)$. Então, o produto **abc** vale:

a) 4.
b) 2.
c) 0.
d) −2.
e) −4.

97. (Mack-SP) O valor de **x** na equação $\left(\frac{\sqrt{3}}{9}\right)^{2x - 2} = \frac{1}{27}$ é:

a) tal que $2 < x < 3$.
b) negativo.
c) tal que $0 < x < 1$.
d) múltiplo de 2.
e) 3.

98. (PUC-RS) A função exponencial é usada para representar as frequências das notas musicais. Dentre os gráficos a seguir, o que melhor representa a função $f(x) = e^x + 2$ é:

a)

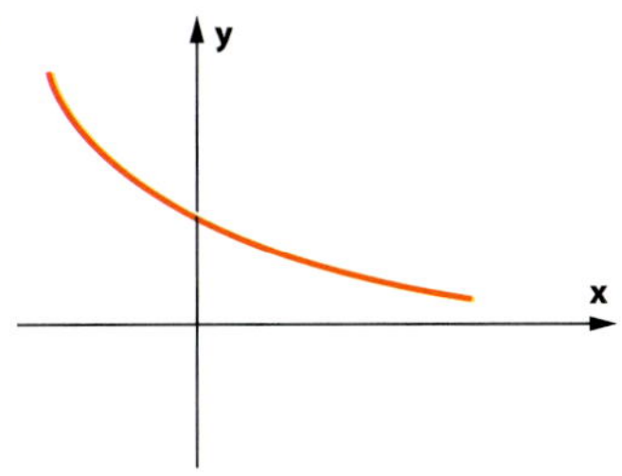

b)

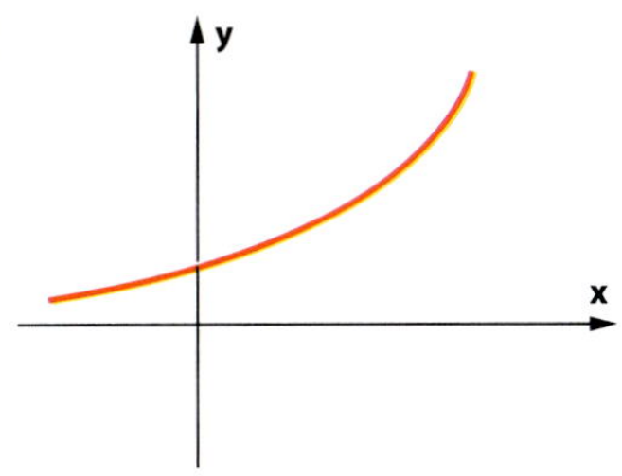

c)

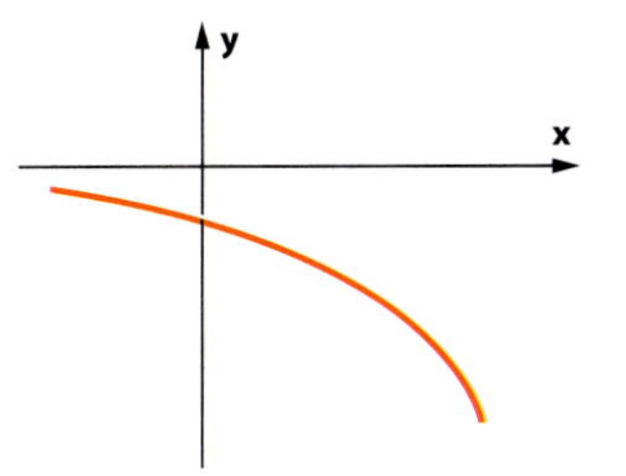

d)

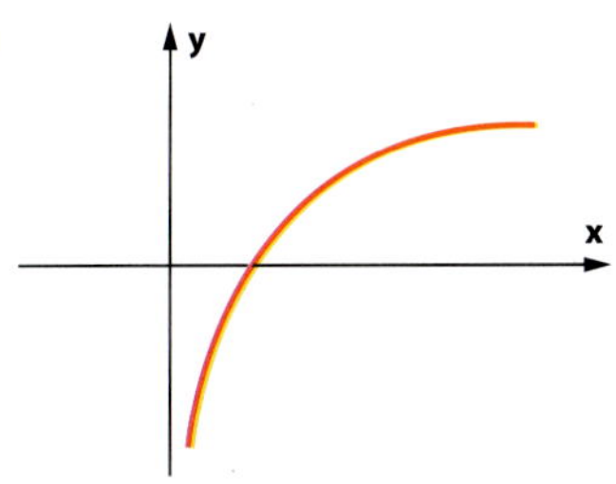

e) 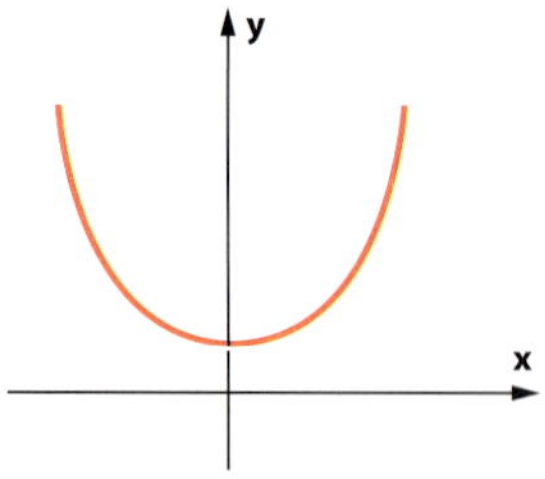

99. (UEPG) A resposta desta questão é igual à soma dos valores das afirmações verdadeiras.
Em relação à função IR em IR definida por $f(x) = 3^x + 2$, assinale o que for correto.

01) $f(f(0)) = 29$

02) Sua imagem é o conjunto $]2, +\infty[$.

04) $f(a + b) = f(a) + f(b)$

08) A função é decrescente.

16) $f(x + 1) - f(x) = 2 \cdot 3^x$

100. (PUC-MG) O valor de certo equipamento, comprado por R$ 60 000,00, é reduzido à metade a cada 15 meses. Assim, a equação $V(t) = 60\,000 \cdot 2^{-\frac{t}{15}}$, em que **t** é o tempo de uso em meses e V(t) é o valor em reais, representa a variação do valor desse equipamento. Com base nessas informações, é correto afirmar que o valor do equipamento após 45 meses de uso será igual a:

a) R$ 3 750,00.
b) R$ 7 500,00.
c) R$ 10 000,00.
d) R$ 20 000,00.

101. (Udesc) O conjunto solução da inequação $\left[\sqrt[3]{(2^{x-2})}\right]^{x+3} > 4^x$ é:

a) $S = \{x \in IR \mid -1 < x < 6\}$.

b) $S = \{x \in IR \mid x < -6 \text{ ou } x > 1\}$.

c) $S = \{x \in IR \mid x < -1 \text{ ou } x > 6\}$.

d) $S = \{x \in IR \mid -6 < x < 1\}$.

e) $S = \left\{x \in IR \mid x < -\sqrt{6} \text{ ou } x > \sqrt{6}\right\}$.

102. (UEL-PR) Seja a equação exponencial $9^{x+3} = \left(\dfrac{1}{27}\right)^x$. Assinale a alternativa que contém a solução da equação exponencial dada.

a) $x = -6$

b) $x = -\dfrac{6}{5}$

c) $x = \dfrac{5}{6}$

d) $x = \dfrac{5}{2}$

e) $x = 6$

103. (PUC-MG) Os pontos (1, 6) e (0, 3) pertencem ao gráfico da função $f(x) = b \cdot a^x$, em que **a** e **b** são constantes não nulas. Então, o valor de f(3) é igual a:

a) 18.
b) 24.
c) 30.
d) 36.

104. (UFSM-RS) Sabe-se que as equações são expressões matemáticas que definem uma relação de igualdade. Dessa forma, dada as funções $f(x) = \dfrac{1}{(9^{x-1})}$ e $h(x) = 3^{x+1}$, para que seus gráficos tenham um ponto em comum, deve existir um valor de **x**, de modo que as imagens desse valor, pelas duas funções, coincidam. Isso ocorre no ponto:

a) (1, −1).

b) (−1, 1).

c) (3, 81).

d) $\left(\dfrac{1}{3}, \dfrac{4}{3}\right)$.

e) $\left(\dfrac{1}{3}, 3^3\sqrt{3}\right)$.

105. (Vunesp) Cássia aplicou o capital de R$ 15 000,00 a juros compostos, pelo período de 10 meses e à taxa de 2% a.m. (ao mês). Considerando a aproximação $(1{,}02)^5 = 1{,}1$, Cássia computou o valor aproximado do montante a ser recebido ao final da aplicação. Esse valor é:

a) R$ 18 750,00.
b) R$ 18 150,00.
c) R$ 17 250,00.
d) R$ 17 150,00.
e) R$ 16 500,00.

106. (UFPA) A quantidade **x** de nicotina no sangue diminui com o tempo **t** de acordo com a função $x = x_0 \cdot e^{\frac{kt}{2}}$. Se a quantidade inicial $\mathbf{x_0}$ se reduz à metade em 2 horas, em 5 horas existirá no sangue:

a) 17,4% de $\mathbf{x_0}$.
b) 17,7% de $\mathbf{x_0}$.
c) 20.0% de $\mathbf{x_0}$.
d) 20,3% de $\mathbf{x_0}$.
e) 20,6% de $\mathbf{x_0}$.

(Considere $\sqrt{2} = 1{,}41$.)

107. (Fatec-SP) Seja **k** um número real positivo. Simplificando a expressão $(k^{0,5} + k^{-0,5})^2 - (3 + k^{-1})$ obtém-se:

a) **k**.
b) $k - 1$.
c) $k - 3$.
d) $k - k^{-1}$.
e) $k + 2k^{-1} - 3$.

108. (UFRJ) Considere o programa representado pelo seguinte fluxograma:

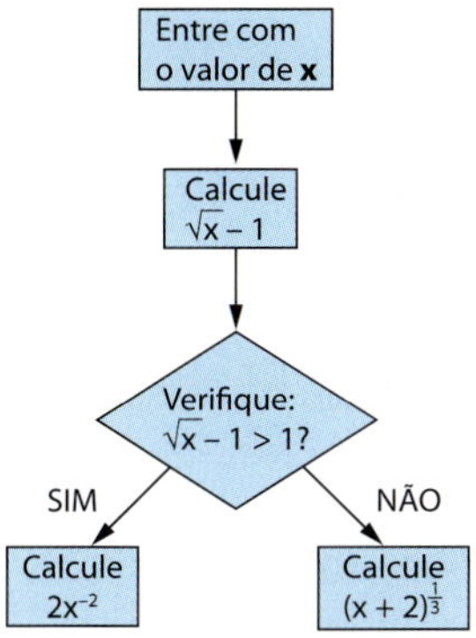

a) Determine os valores reais de **x** para os quais é possível executar esse programa.
b) Aplique o programa para $x = 0$, $x = 4$ e $x = 9$.

109. (UFF-RJ) O gráfico da função exponencial **f**, definida por $f(x) = k \cdot a^x$, foi construído utilizando-se o programa de geometria dinâmica gratuito Geogebra (http://www.geogebra.org), conforme mostra a figura a seguir:

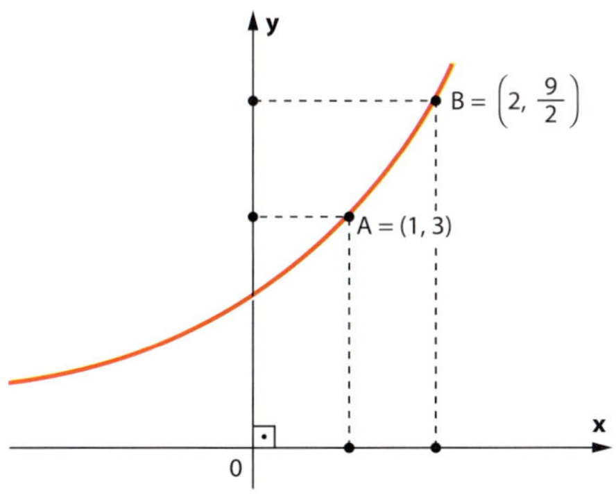

Sabe-se que os pontos **A** e **B**, indicados na figura, pertencem ao gráfico de **t**. Determine:
a) os valores das constantes **a** e **k**;
b) f(0) e f(3).

110. (FGV-SP) O valor de um carro decresce exponencialmente, de modo que seu valor, daqui a **x** anos, será dado por $V = Ae^{-kx}$, em que $e = 2{,}7182...$ Hoje, o carro vale R$ 40 000,00 e daqui a 2 anos valerá R$ 30 000,00. Nessas condições, o valor do carro daqui a 4 anos será:
a) R$ 17 500,00.
b) R$ 20 000,00.
c) R$ 22 500,00.
d) R$ 25 000,00.
e) R$ 27 500,00.

111. (UFRGS-RS) A distância que a luz percorre em um ano, chamada ano-luz, é de aproximadamente $38 \cdot 4^5 \cdot 5^{12}$ quilômetros. A notação científica desse número é:
a) $9{,}5 \cdot 10^{10}$.
b) $0{,}95 \cdot 10^{12}$.
c) $9{,}5 \cdot 10^{12}$.
d) $95 \cdot 10^{12}$.
e) $9{,}5 \cdot 10^{14}$.

112. (Unifesp) Sob determinadas condições, o antibiótico gentamicina, quando ingerido, é eliminado pelo organismo à razão de metade do volume acumulado a cada 2 horas. Daí, se **K** é o volume da substância no organismo, pode-se utilizar a função $f(t) = K \cdot \left(\frac{1}{2}\right)^{\frac{t}{2}}$ para estimar a sua eliminação depois de um tempo **t** em horas. Neste caso, o tempo mínimo necessário para que uma pessoa conserve no máximo 2 mg desse antibiótico no organismo, tendo ingerido 128 mg numa única dose, é de:
a) 12 horas e meia.
b) 12 horas.
c) 10 horas e meia.
d) 8 horas.
e) 6 horas.

113. (Cefet-CE) A solução da equação $27^{2x-1} = \left(3\sqrt{3}\right)^x$ é um elemento de:
a) $\{\mathbf{x};\ -2 < x < -1\}$.
b) $\{\mathbf{x};\ -1 < x < 0\}$.
c) $\{\mathbf{x};\ 0 < x < 1\}$.
d) $\{\mathbf{x};\ 1 < x < 2\}$.
e) $\{\mathbf{x};\ x > 2\}$.

114. (Uece) Sobre o conjunto **M** dos pontos de interseção dos gráficos das funções definidas por $f(x) = |2^x - 1|$ e $g(x) = x + 1$ é possível afirmar, corretamente, que **M**:
a) é o único conjunto vazio.
b) é um conjunto unitário.
c) possui dois elementos.
d) possui três elementos.

115. (UFJF-MG) Uma pessoa aplicou uma quantia inicial em um determinado fundo de investimento. Suponha que a função **F**, que fornece o valor, em reais, que essa pessoa possui investido em relação ao tempo **t**, seja dada por $F(t) = 100(1{,}2)^t$.
O tempo **t**, em meses, é contado a partir do instante do investimento inicial.
a) Qual foi a quantia inicial aplicada?
b) Quanto essa pessoa teria no fundo de investimento após 5 meses da aplicação inicial?
c) Utilizando os valores aproximados $\log_{10} 2 = 0{,}3$ e $\log_{10} 3 = 0{,}48$, quantos meses, a partir do instante do investimento inicial, seriam necessários para que essa pessoa possuísse, no fundo de investimento, uma quantia igual a R$ 2 700,00?

116. (UFPR) Um importante estudo a respeito de como se processa o esquecimento foi desenvolvido pelo alemão Hermann Ebbinghaus no final do século XIX. Utilizando métodos experimentais, Ebbinghaus determinou que, dentro de certas condições, o percentual **P** do conhecimento adquirido que uma pessoa retém após **t** semanas pode ser aproximado pela fórmula $P = (100 - a) \cdot b^t + a$, sendo que **a** e **b** variam de uma pessoa para outra. Se essa fórmula é válida para um certo estudante, com $a = 20$ e $b = 0{,}5$, o tempo necessário para que o percentual se reduza a 28% será:

a) entre uma e duas semanas.
b) entre duas e três semanas.
c) entre três e quatro semanas.
d) entre quatro e cinco semanas.
e) entre cinco e seis semanas.

117. (FGV-SP) O serviço de compras via internet tem aumentado cada vez mais. O gráfico ilustra a venda anual de *e-books*, livros digitais, em milhões de dólares nos Estados Unidos.

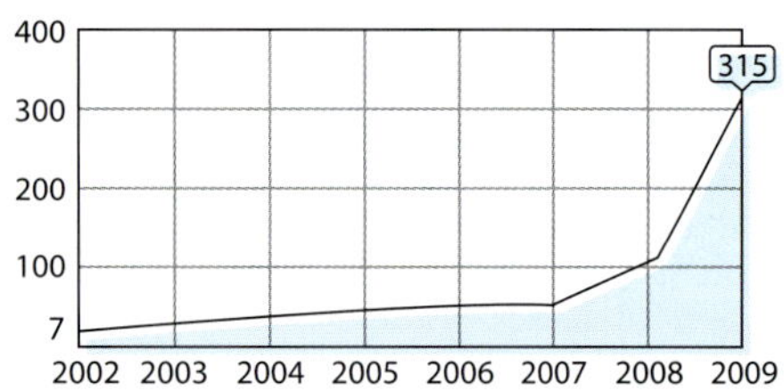

Suponha que as vendas anuais em US$ milhões possam ser estimadas por uma função como $y = a \cdot e^{kx}$, em que $x = 0$ representa o ano 2002, $x = 1$, o ano 2003, e assim por diante; **e** é o número de Euler. Assim, por exemplo, em 2002 a venda foi de 7 milhões de dólares. A partir de que ano a venda de livros digitais nos Estados Unidos vai superar 840 milhões de dólares? (Use as seguintes aproximações para estes logaritmos neperianos: $\ell n\ 2 = 0{,}7$; $\ell n\ 3 = 1{,}1$; $\ell n\ 5 = 1{,}6$.)

118. (Fuvest-SP) Tendo em vista as aproximações $\log_{10} 2 = 0{,}30$, $\log_{10} 3 = 0{,}48$, então o maior número inteiro **n**, satisfazendo $10^n \leq 12^{418}$, é igual a:

a) 424.
b) 437.
c) 443.
d) 451.
e) 460.

119. (PUC-PR) Sabendo que $\log 20 = 1{,}3$ e $\log 5 = 0{,}7$, é correto afirmar que $\log_5 20$ corresponde a:

a) exatamente 2.
b) exatamente 0,6.
c) um valor maior ou igual a 0,5 e menor que 0,6.
d) um valor entre 1,8 e 1,9.
e) nenhuma das alternativas anteriores.

120. (FGV-SP) Adotando o valor de 0,30 para log 2, a raiz da equação $2^{3x - 6} = 5^{1 - x}$, arredondada para duas casas decimais, é:

a) 1,32.
b) 1,44.
c) 1,56.
d) 1,65.
e) 1,78.

121. (UFG-GO) A lei de resfriamento de Newton estabelece para dois corpos, **A** e **B**, com temperatura inicial de 80 °C e 160 °C, respectivamente, imersos num meio com temperatura constante de 30 °C, que as temperaturas dos corpos, após um tempo **t**, serão dadas pelas funções $T_A = 30 + 50 \times 10^{-nt}$ e $T_B = 30 + 130 \times 10^{-2nt}$, em que **n** é uma constante. Qual será o tempo decorrido até que os corpos tenham temperaturas iguais?

a) $\frac{1}{n} \log 5$
b) $\frac{2}{n} \log \frac{18}{5}$
c) $\frac{1}{n} \log \frac{13}{5}$
d) $\frac{2}{n} \log \frac{5}{2}$
e) $\frac{1}{n} \log \frac{2}{5}$

122. (UFG-GO) Segundo reportagem da *Revista Aquecimento Global* (ano 2, n. 8, 2009, p. 20-23), o acordo ambiental conhecido como "20-20-20", assinado por representantes dos países-membros da União Europeia, sugere que, até 2020, todos os países da comunidade reduzam em 20% a emissão de dióxido de carbono (CO_2), em relação ao que cada país emitiu em 1990.
Suponha que em certo país o total estimado de CO_2 emitido em 2009 foi 28% maior que em 1990. Com isso, após o acordo, esse país estabeleceu a meta de reduzir sua emissão de CO_2, ano após ano, de modo que a razão entre o total emitido em um ano **n** (E_n) e o total emitido no ano anterior (E_{n-1}) seja constante, começando com a razão $\frac{E_{2010}}{E_{2009}}$ até $\frac{E_{2020}}{E_{2019}}$, atingindo em 2020 a redução preconizada pelo acordo. Assim, essa razão de redução será de:
(Use: $\log 5 = 0{,}695$.)

a) $10^{-0{,}01}$.
b) $10^{-0{,}02}$.
c) $10^{-0{,}12}$.
d) $10^{-0{,}28}$.
e) $10^{-0{,}30}$.

123. (UFT-TO) Considere a equação $\log_2 x \cdot \log_2 x - 3 \cdot \log_2 x = 0$, $x > 0$ no conjunto dos números reais. A soma dos valores de **x** que satisfazem esta equação é:

a) 0.
b) 2.
c) 8.
d) 9.
e) $\frac{2}{3}$.

124. (Udesc) O conjunto de números reais que representa a intersecção entre os domínios das funções $f(x) = \sqrt{(-2x^2 - 6x + 8)}$ e $g(x) = \log(x + 2)$ é um intervalo:

a) aberto à direita e fechado à esquerda.
b) aberto nos dois extremos.
c) fechado nos dois extremos.
d) infinito.
e) aberto à esquerda e fechado à direita.

125. (Ibmec-RJ) A figura mostra os gráficos das funções $g(x) = \log_a(x + b)$ e $f(x) = m^{1-x}$, em que $x > -b$, $0 < a \neq 1$, $0 < m \neq 1$.

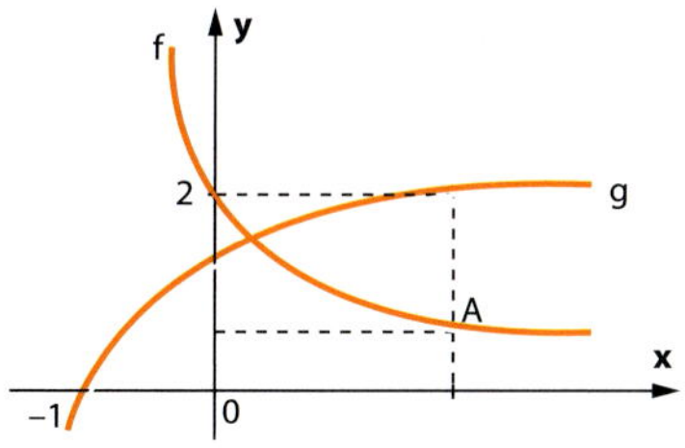

O ponto **A** tem ordenada **y** igual a $\frac{1}{2}$. Então, o valor de $\log_{4m}(a \cdot b)$ é igual a:

a) $-\frac{1}{2}$.
b) $\frac{1}{2}$.
c) $\frac{2}{3}$.
d) $\frac{3}{2}$.
e) 2.

126. (UFC-CE) Considere o número real $3^{\sqrt{4,1}}$.

a) Mostre que $3^{\sqrt{4,1}} > 9$.
b) Mostre que $3^{\sqrt{4,1}} < 10$. Sugestão: $\log_{10} 3 < 0,48$ e $\sqrt{4,1} < 2,03$.

127. (Udesc) Sabendo que os gráficos das funções $f(x) = ax + b$ e $g(x) = \log_b x$ se intersectam no ponto $\mathbf{P}\left(\sqrt{3}, \frac{1}{2}\right)$, então o produto $a \cdot b$ é igual a:

a) $\frac{7\sqrt{3}}{2}$.
b) $\frac{\sqrt{3}}{2}$.
c) $\frac{-5\sqrt{3}}{2}$.
d) $-\frac{\sqrt{3}}{2}$.
e) $\frac{3}{2}$.

128. (Unifesp) A figura refere-se a um sistema cartesiano ortogonal em que os pontos de coordenadas (a, c) e (b, c), com $a = \frac{1}{\log_5 10}$, pertencem aos gráficos de $y = 10^x$ e $y = 2^x$, respectivamente.

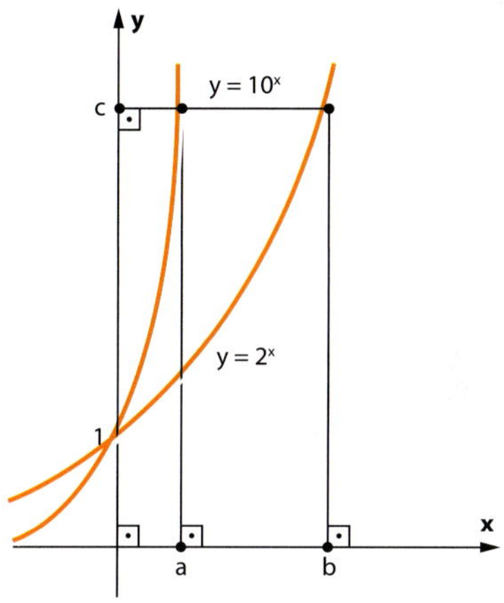

A abscissa **b** vale:

a) 1.
b) $\frac{1}{\log_3 2}$.
c) 2.
d) $\frac{1}{\log_5 2}$.
e) 3.

129. (Fuvest-SP) O número real **a** é o menor dentre os valores de **x** que satisfazem a equação $2\log_2\left(1 + \sqrt{2}x\right) - \log_2\left(\sqrt{2}x\right) = 3$. Então, $\log_2\left(\frac{2a + 4}{3}\right)$ é igual a:

a) $\frac{1}{4}$. b) $\frac{1}{2}$. c) 1. d) $\frac{3}{2}$. e) 2.

130. (UFC-CE) Calcule o menor valor inteiro de **n** tal que $2^n > 5^{20}$, sabendo que $0,3 < \log_{10} 2 < 0,302$.

131. (Uece) Na figura a seguir estão representados seis retângulos com lados paralelos aos eixos coordenados e vértices opostos sobre o gráfico da função $f(x) = \log_2 x$, $x > 0$.

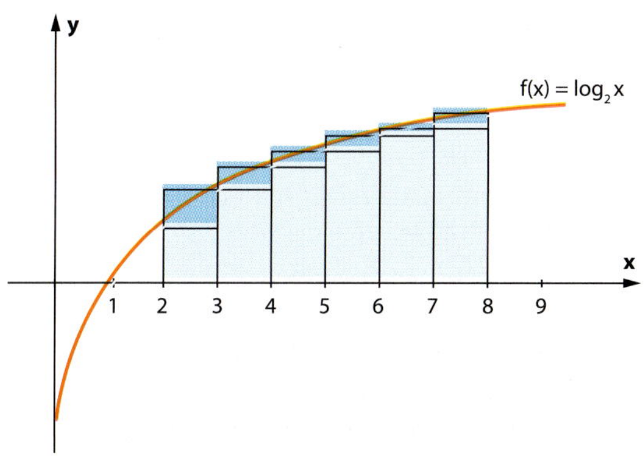

A soma das áreas dos seis retângulos é igual a:

a) 2 unidades de área.
b) 3 unidades de área.
c) 4 unidades de área.
d) 5 unidades de área.

132. (UFPB) Um artista plástico pintou um painel na fachada de um prédio, que está representado, graficamente, pela parte hachurada da figura a seguir.

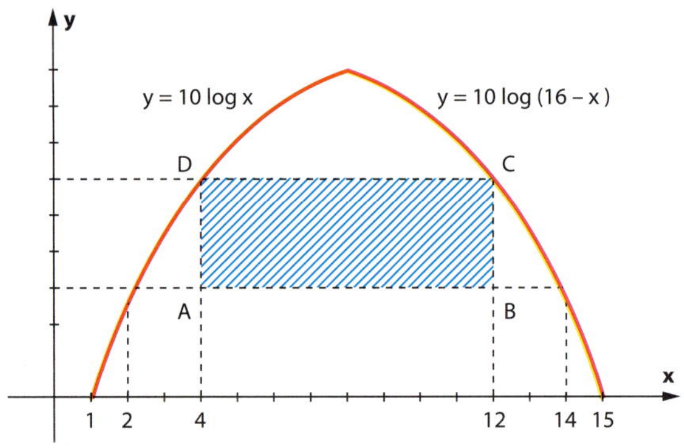

Sabe-se que a região retangular ABCD representa o painel. De acordo com a figura, pode-se concluir que a área do painel, em m², é:

a) 16 log 32.
b) 20 log 8.
c) 80 log 4.
d) 20 log 12.
e) 80 log 3.

133. (UnB-DF)

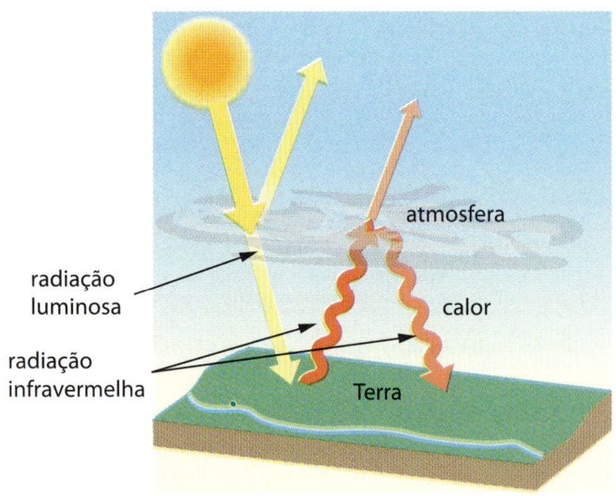

A manutenção da temperatura na Terra pela atmosfera é um fator importante para a garantia de vida no planeta. Por isso, o aquecimento global que se tem verificado nos últimos anos, como consequência do efeito estufa, deve ser controlado.

Estudos recentes demonstram que a temperatura média do planeta vem subindo. Se for mantida a tendência, nos próximos 50 anos, haverá um aquecimento de 4 °C a 5 °C, o que pode provocar o degelo de parte das calotas polares e, como consequência, a elevação do nível dos mares e a inundação de cidades litorâneas. Comparando o nível dos oceanos em 2000 com o registrado em 1900, verifica-se uma elevação de 30 cm, e esse processo tem-se acelerado em consequência da atuação do homem. A energia luminosa solar incidente sobre o planeta é parcialmente refletida pela atmosfera de maneira difusa. Como ilustrado na figura anterior, parte da energia luminosa absorvida pela Terra é irradiada sob a forma de radiação infravermelha, contribuindo para o efeito estufa. O aumento da emissão de gases na atmosfera, como o dióxido de carbono, o metano, o ozônio e o óxido de dinitrogênio, entre outros, eleva a temperatura da Terra.

A função abaixo, em que **A** e **k** são constantes reais positivas e a constante **e** é a base dos logaritmos neperianos, é um modelo que relaciona a variação **T**, em °C, da temperatura nos polos da Terra, com relação à existente em 2000, com elevação h(T), em cm, do nível dos oceanos, com relação ao valor constatado em 1900: $h(t) = \dfrac{Ae^{kt}}{e^{kt} + 9}$.

Considerando as informações acima, das quais se obtém $h(0) = 30$, julgue os itens:

1) No modelo proposto, $A = 300$.
2) A elevação de 1 cm no nível dos oceanos, com relação ao nível verificado no ano 2000, resultará de uma variação da temperatura polar de $\ell n\left(\sqrt[k]{\dfrac{A-31}{9-k}}\right)$ °C.

134. (UFRN) Suponha que, numa colônia de fungos, a massa biológica de sua população, no instante **t** (horas), denotada por m(t), seja dada pela expressão $m(t) = \dfrac{2^t}{10^{11}}$ gramas. (Considere que $\log_{10} 2 \cong 0{,}3$.)

De acordo com o ritmo de crescimento populacional estabelecido por essa expressão, a massa da população de fungos, em 50 horas, é da ordem de:

a) 100 g.
b) 10 g.
c) 10 000 g.
d) 1 000 g.

135. (Uespi) Após alguns experimentos envolvendo a mistura do enxofre com o sódio, um químico chegou a um produto cuja relação entre a quantidade **y** de sódio em função da quantidade de **x** de enxofre existente na sua composição obedecia à equação $y = k \cdot x^{2n}$, em que **k** e **n** são duas constantes reais. Supondo que numa dessas experiências com o produto foram obtidos os dados da tabela a seguir e que log 3 = 0,48, calcule o valor de 100n.

x	y
3	15
30	50

a) 25
b) 26
c) 37
d) 38
e) 40

136. (Unicamp-SP) O álcool no sangue de um motorista alcançou o nível de 2 gramas por litro logo depois de ele ter bebido uma considerável quantidade de cachaça. Considere que esse nível decresce de acordo com a fórmula $N(t) = 2(0,5)^t$, em que **t** é o tempo medido em horas a partir do momento em que o nível foi constatado. Quanto tempo deverá o motorista esperar antes de dirigir seu veículo se o limite permitido de álcool no sangue para dirigir com segurança é de 0,8 grama por litro? (Use 0,3 para $\log_{10} 2$.).

Progressões

Progressão aritmética (PA)

Razão: $r = a_n - a_{n-1}$

Termo geral: $a_n = a_1 + (n - 1)r$ ou $a_n = a_p + (n - p)r$

Três termos consecutivos na PA (..., a, b, c, ...): $2b = a + c$

Notação especial de PA de três termos: PA $(x - r, x, x + r)$

Equidistância de termos:

$$a_x + a_y = a_p + a_q \Leftrightarrow x + y = p + q$$

Soma dos **n** primeiros termos: $S_n = \dfrac{(a_1 + a_n)n}{2}$

Observação: $S_1 = a_1$ e $S_n - S_{n-1} = a_n$

Progressão geométrica (PG)

Razão: $q = \dfrac{a_n}{a_{n-1}}$

Termo geral: $a_n = a_1q^{n-1}$ ou $a_n = a_pq^{n-p}$

Três termos consecutivos na PG (..., a, b, c, ...): $b^2 = ac$

Notação especial de PG de três termos: PG$\left(\dfrac{x}{q}, x\ xq\right)$

Equidistância de termos:
$a_x \cdot a_y = a_p \cdot a_q \Leftrightarrow x + y = p + q$

Soma dos **n** primeiros termos: $S_n = a_1 \cdot \dfrac{q^n - 1}{q - 1}$

Limite da soma (para $|q| < 1$): $S_\infty = \dfrac{a_1}{1 - q}$

Questões de vestibular

137. (Ufac) Considere uma sequência de números reais positivos (a_n), com $1 \leqslant n \in \mathbb{N}$. Supondo $a_i + a_{i+1} = a_{i+2}$, para i = 1, 2, 3, ...; $a_6 = 21$ e $a_7 \cdot a_8 = 1\,870$, é correto afirmar que:
a) $a_1 = 4$.
b) $a_1 = 3$.
c) $a_1 = 2$.
d) $a_1 = 1$.
e) $a_1 = 0$.

138. (Unemat-MT) Dada uma PA cujo $\mathbf{a_1}$ é o quádruplo de sua razão e $\mathbf{a_{20}}$ é igual a 69, sua razão será:
a) 2.
b) 6.
c) 4.
d) 5.
e) 3.

139. (Unemat-MT) Lança-se uma bola, verticalmente de cima para baixo, da altura de 4 metros. Após cada choque com o solo, ela recupera apenas $\frac{1}{2}$ da altura anterior. A soma de todos os deslocamentos (medidos verticalmente) efetuados pela bola até o momento de repouso é:
a) 12 m.
b) 6 m.
c) 8 m.
d) 4 m.
e) 16 m.

140. (UFPA) Uma dívida deve ser paga em quatro parcelas de valores decrescentes segundo uma razão constante. Calcule o valor dessa dívida sabendo que a primeira parcela é de R$ 6 400,00 e a quarta é de R$ 800,00.

141. (Uece) Se os dois primeiros termos de uma progressão geométrica são dados por $x_1 = p^2 - q^2$ e $x_2 = (p - q)^2$, com $p > q > 0$, então a expressão do décimo primeiro termo desta progressão será:
a) $\dfrac{(p - q)^9}{(p + q)^{11}}$.
b) $\dfrac{(p - q)^{11}}{(p + q)^9}$.
c) $\dfrac{(p + q)^9}{(p - q)^{11}}$.
d) $\dfrac{(p - q)^9}{(p - q)^{11}}$.

142. (Uece) A sequência de triângulos equiláteros, ilustrada na figura abaixo, apresenta certo número de pontos assinalados em cada triângulo.

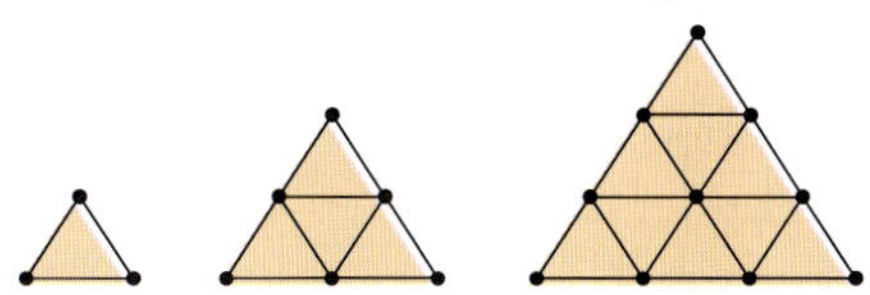

T_1 T_2 T_3 ... T_8

Seguindo a lógica utilizada na construção da sequência, o número de pontos que estarão assinalados no oitavo triângulo é:

a) 65. b) 54. c) 45. d) 56.

143. (UFC-CE) O conjunto formado pelos números naturais cuja divisão por 5 deixa o resto 2 forma uma progressão aritmética de razão igual a:

a) 2. b) 3. c) 4. d) 5. e) 6.

144. (UFRGS-RS) Sabendo-se que os números $1 + \log a$, $2 + \log b$, $3 + \log c$ formam uma progressão aritmética de razão **r**, é correto afirmar que os números **a**, **b**, **c** formam uma:

a) progressão geométrica de razão 10^{r-1}.
b) progressão geométrica de razão $10^r - 1$.
c) progressão geométrica de razão $\log r$.
d) progressão aritmética de razão $1 + \log r$.
e) progressão aritmética de razão $10^{r + \log r}$.

145. (PUC-RS) Devido à epidemia de gripe do último inverno, foram suspensos alguns concertos em lugares fechados. Uma alternativa foi realizar espetáculos em lugares abertos, como parques ou praças. Para uma apresentação, precisou-se compor uma plateia com oito filas, de tal forma que na primeira fila houvesse 10 cadeiras; na segunda, 14 cadeiras; na terceira, 18 cadeiras; e assim por diante. O total de cadeiras foi:

a) 384. c) 168. e) 80.
b) 192. d) 92.

146. (UFRGS-RS) Considere o padrão de construção representado pelos desenhos a seguir.

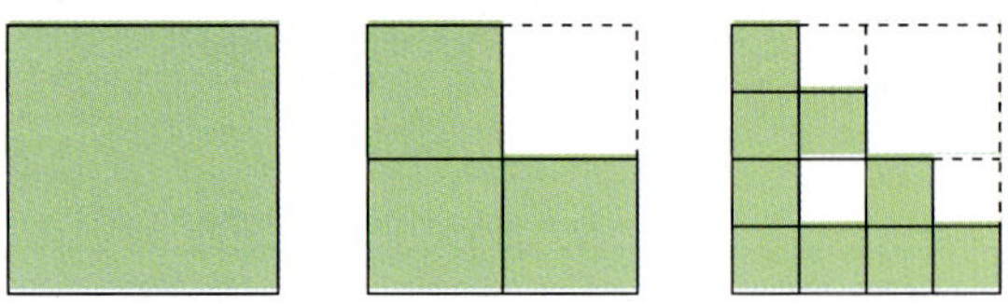

Etapa 1 Etapa 2 Etapa 3

Na Etapa 1, há um único quadrado com lado 10. Na Etapa 2, esse quadrado foi dividido em quatro quadrados congruentes, sendo um deles retirado, como indica a figura. Na etapa 3 e nas seguintes, o mesmo processo é repetido em cada um dos quadrados da etapa anterior. Nessas condições, a área restante na Etapa 6 será de:

a) $100\left(\frac{1}{4}\right)^5$. d) $100\left(\frac{3}{4}\right)^6$.

b) $100\left(\frac{1}{3}\right)^6$. e) $100\left(\frac{3}{4}\right)^5$.

c) $100\left(\frac{1}{3}\right)^5$.

147. (UFF-RJ) Ao se fazer um exame histórico da presença africana no desenvolvimento do pensamento matemático, os indícios e os vestígios nos remetem à matemática egípcia, sendo o papiro de Rhind um dos documentos que resgatam essa história.
Nesse papiro encontramos o seguinte problema:
"Divida 100 pães entre 5 homens de modo que as partes recebidas estejam em progressão artmética e que um sétimo da soma das três partes maiores seja igual à soma das duas menores."

Fragmento do papiro de Rhind.

Coube ao homem que recebeu a parte maior da divisão acima a quantidade de:

a) $\frac{115}{3}$ pães. c) 20 pães. e) 35 pães.

b) $\frac{55}{6}$ pães. d) $\frac{65}{6}$ pães.

148. (FGV-SP) Roberto obtém um financiamento na compra de um apartamento. O empréstimo deverá ser pago em 100 prestações mensais, de modo que uma parte de cada prestação é o juro pago. Junto com a 1ª prestação, o juro pago é de R$ 2 000,00; com a 2ª prestação, o juro pago é R$ 1 980,00 e, genericamente, em cada mês, o juro pago é R$ 20,00 inferior ao juro pago na prestação anterior.
Nessas condições, a soma dos juros pagos desde a 1ª até a 100ª prestação vale:

a) R$ 100 000,00. d) R$ 103 000,00.
b) R$ 101 000,00. e) R$ 104 000,00.
c) R$ 102 000,00.

149. (Fuvest-SP) Os números a_1, a_2, a_3 formam uma progressão aritmética de razão **r**, de tal modo que $a_1 + 3$, $a_2 - 3$ e $a_3 - 3$ estejam em progressão geométrica. Dado ainda que $a_1 > 0$ e $a_2 = 2$, conclui-se que **r** é igual a:

a) $3 + \sqrt{3}$. c) $3 + \frac{\sqrt{3}}{4}$. e) $3 - \sqrt{3}$.

b) $3 + \frac{\sqrt{3}}{2}$. d) $3 - \frac{\sqrt{3}}{2}$.

150. (Fuvest-SP) A soma dos cinco primeiros termos de uma PG, de razão negativa, é $\frac{1}{2}$. Além disso, a diferença entre o sétimo termo e o segundo termo da PG é igual a 3. Nessas condições, determine:

a) a razão da PG;

b) a soma dos três primeiros termos da PG.

151. (Uerj) Moedas idênticas de 10 centavos de real foram arrumadas sobre uma mesa, obedecendo à disposição apresentada no desenho: uma moeda no centro e as demais formando camadas tangentes.

Considerando que a última camada é composta por 84 moedas, calcule a quantia, em reais, do total de moedas usadas nessa arrumação.

152. (Ibmec-RJ) Sendo **x** e **y** números reais positivos, é correto afirmar que $\sqrt{x\sqrt{y\sqrt{x\sqrt{y\ldots\ldots}}}}$ é igual a:

a) $x^{\frac{1}{3}}y^{\frac{2}{3}}$.

b) $x^{\frac{2}{3}}y^{\frac{1}{3}}$.

c) $x^{\frac{2}{3}}y^{\frac{2}{3}}$.

d) $x^{\frac{1}{4}}y^{\frac{1}{4}}$.

e) $x^{\frac{1}{4}}y^{\frac{2}{3}}$.

153. (UFU-MG) Dada a função real de variável real, $f(x) = ax^2 + bx + c$, em que, **a**, **b** e **c** são números reais, o gráfico desta função corresponde a uma parábola **P**.

Sabendo que:

a) os pontos de coordenadas cartesianas (1, 15) e (3, 9) pertencem à parábola **P**;

b) os números **a**, **b** e **c**, nesta ordem, formam uma progressão aritmética;

determine todos os valores da variável **x** que sejam números inteiros e de forma que a imagem de cada um desses valores, f(x), seja um número positivo.

154. (Fuvest-SP) Seja $x > 0$ tal que a sequência $a_1 = \log_2 x$, $a_2 = \log_4 (4x)$, $a_3 = \log_8 (8x)$ forme, nessa ordem, uma progressão aritmética. Então, $a_1 + a_2 + a_3$ é igual a:

a) $\frac{13}{2}$.

b) $\frac{15}{2}$.

c) $\frac{17}{2}$.

d) $\frac{19}{2}$.

e) $\frac{21}{2}$.

155. (Vunesp) Um fazendeiro plantou 3 960 árvores em sua propriedade no período de 24 meses. A plantação foi feita mês a mês, em progressão aritmética. No primeiro mês foram plantadas **x** árvores, no mês seguinte $(x + r)$ árvores, $r > 0$, e assim sucessivamente, sempre plantando no mês seguinte **r** árvores a mais do que no mês anterior. Sabendo-se que ao término do décimo quinto mês do início do plantio ainda restavam 2 160 árvores para serem plantadas, o número de árvores plantadas no primeiro mês foi:

a) 50.

b) 75.

c) 100.

d) 150.

e) 165.

156. (Udesc) Se os números reais, **x**, **y** e **z** formarem, nesta ordem, uma progressão geométrica de razão 10^x, pode-se afirmar que log (xyz) é igual a:

a) $\log (3x) + 3 \log (x)$.

b) $3x + \log (3)$.

c) $3x + 3 \log (x)$.

d) $x^3 + \log (x^3)$.

e) $x^3 + \log (3x^3)$.

Geometria plana

Ângulos

Figura plana formada por duas semirretas de mesma origem.

- **Ângulo raso: ângulo de medida 180°**
- **Ângulo reto: ângulo de medida 90°**
- **Ângulo agudo: ângulo cuja medida está entre 0° e 90°**
- **Ângulo obtuso: ângulo cuja medida está entre 90° e 180°**
- **Ângulos congruentes: ângulos que têm a mesma medida (símbolo: ≅)**
- **Ângulos complementares: par de ângulos cuja soma das medidas é 90°**
- **Ângulos suplementares: par de ângulos cuja soma das medidas é 180°**
- **Ângulos adjacentes: ângulos que possuem um lado comum e as regiões determinadas por eles não têm mais pontos comuns**

- Ângulos formados por duas retas paralelas cortadas por uma transversal:

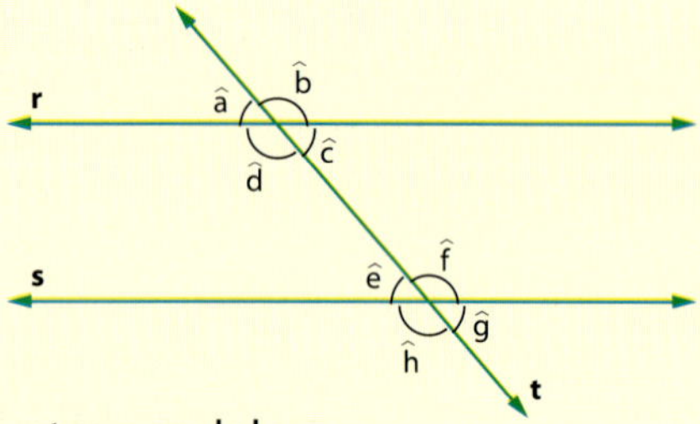

r e **s**: retas paralelas
t: reta transversal
â e **ĉ**: ângulos opostos pelo vértice
â e **ê**: ângulos correspondentes
â e **ĝ**: ângulos alternos externos
ĉ e **ê**: ângulos alternos internos
ĉ e **f̂**: ângulos colaterais internos
â e **ĥ**: ângulos colaterais externos

Triângulos

Polígono que tem três lados (consequentemente tem três vértices e três ângulos internos).

Classificação de triângulos

Quanto aos ângulos	Quanto aos lados
• *Acutângulo*: possui três ângulos agudos.	• *Equilátero*: três lados de mesma medida.
• *Retângulo*: possui dois ângulos agudos e um reto.	• *Isósceles*: dois lados de mesma medida.
• *Obtusângulo*: possui dois ângulos agudos e um obtuso.	• *Escaleno*: três lados de medidas diferentes entre si.

Propriedades dos triângulos

- Isósceles: Os ângulos da base têm a mesma medida.
- Equilátero: os três ângulos internos têm a mesma medida, igual a 60°.
- Retângulo: teorema de Pitágoras (o quadrado da hipotenusa é igual à soma dos quadrados dos catetos).

Soma dos ângulos internos

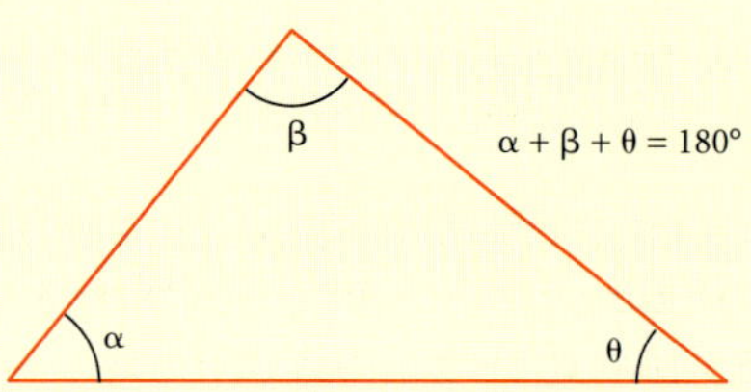

Ângulo externo

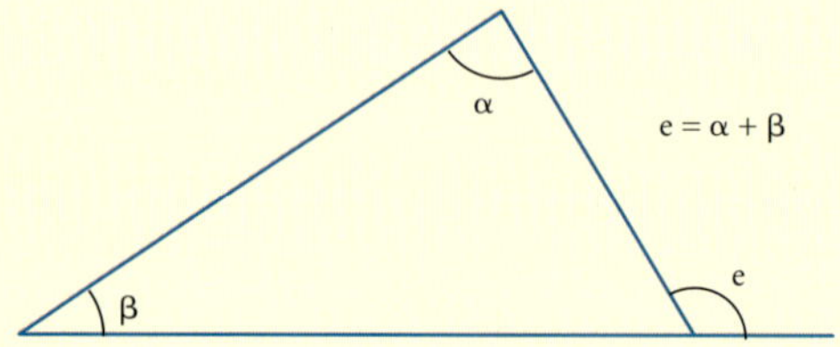

Congruência de triângulos

1º caso: LAL

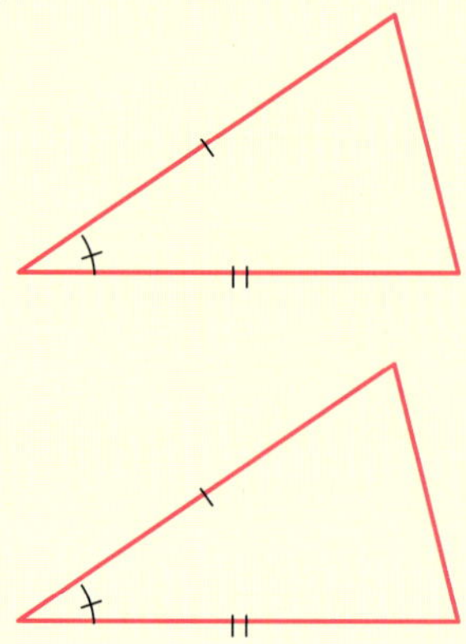

2º caso: ALA

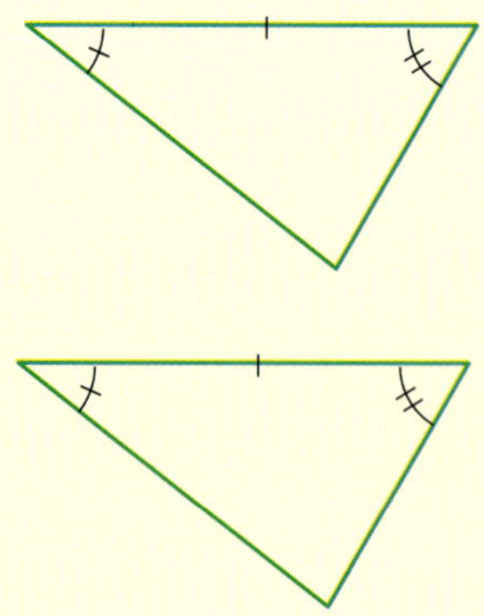

3º caso: LLL

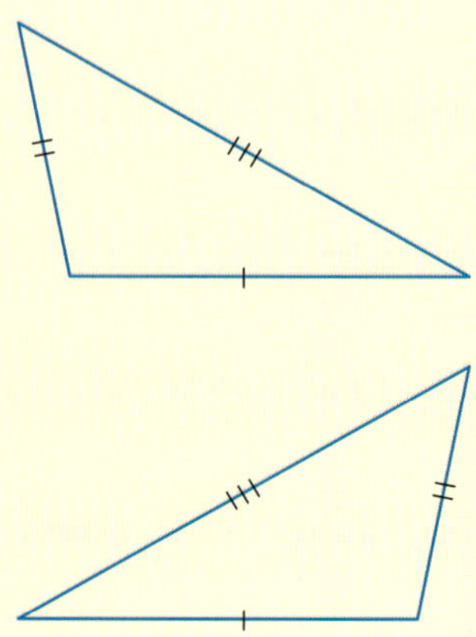

4º caso: LAA_o

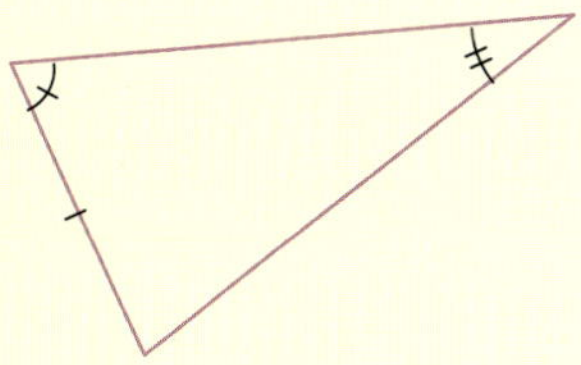

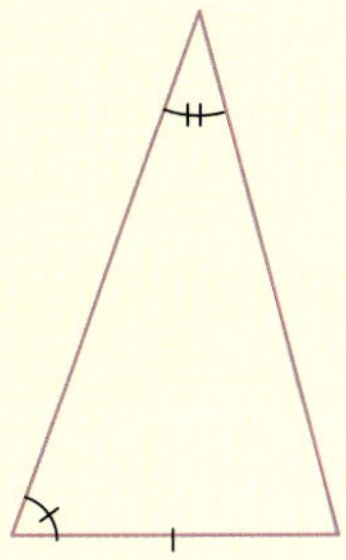

Desigualdade triangular

- Ao maior ângulo opõe-se o maior lado e, reciprocamente, ao maior lado opõe-se o maior ângulo.
- A medida de cada lado de um triângulo deve ser menor do que a soma das medidas dos outros dois lados.

Quadriláteros

Polígono de quatro lados e, portanto, de quatro vértices e quatro ângulos internos.

Quaisquer

- Soma dos ângulos internos: 360°
- Duas diagonais

Paralelogramos

Quadriláteros formados por dois pares de lados paralelos.

Propriedades

1ª) Em todo paralelogramo, dois ângulos opostos são congruentes e dois ângulos não opostos são suplementares (soma das medidas: 180°).

2ª) Em todo paralelogramo, os lados opostos são congruentes.

3ª) Em todo paralelogramo, as diagonais cortam-se ao meio.

Trapézios

Quadriláteros que têm apenas um par de lados paralelos: base maior e base menor.

Trapézio retângulo

Todo trapézio que tem dois ângulos retos. Nele, um dos lados que não é base é perpendicular às duas bases.

Trapézio isósceles

Todo trapézio que tem dois lados não paralelos congruentes.

Polígonos convexos

Diagonais: $d = \frac{n(n-3)}{2}$

Soma dos ângulos internos: $S_i = (n - 2) \cdot 180°$

Soma dos ângulos externos: $S_e = 360°$

Polígonos regulares

Ângulo interno: $a_i = \frac{S_i}{n} = \frac{(n-2) \cdot 180°}{n}$

Ângulo externo: $a_e = \frac{S_e}{n} = \frac{360°}{n}$

$$a_e + a_i = 180°$$

Pontos notáveis de um triângulo

	Definição	Ponto notável
Mediana	Segmento que tem como extremidades um vértice do triângulo e o ponto médio do lado oposto a esse vértice.	***Baricentro***: encontro das medianas do triângulo; centro de gravidade (ponto de equilíbrio) do triângulo.
Bissetriz	Segmento que tem uma extremidade em um vértice do triângulo, divide o ângulo ao meio e tem a outra extremidade no lado oposto a esse vértice.	***Incentro***: encontro das bissetrizes internas ao triângulo; centro da circunferência inscrita no triângulo, pois equidista dos três lados.
Altura	Segmento com uma extremidade em um vértice e a outra extremidade no lado oposto ou no seu prolongamento, formando com ele ângulos retos.	***Ortocentro***: ponto de encontro das retas que contêm as alturas, podendo pertencer ao exterior do triângulo.
Mediatriz	Reta que passa pelo ponto médio de um lado do triângulo e é perpendicular a ele.	***Circuncentro***: ponto de encontro das mediatrizes dos lados do triângulo; centro da circunferência circunscrita ao triângulo, pois equidista dos três vértices.

Teorema de Tales

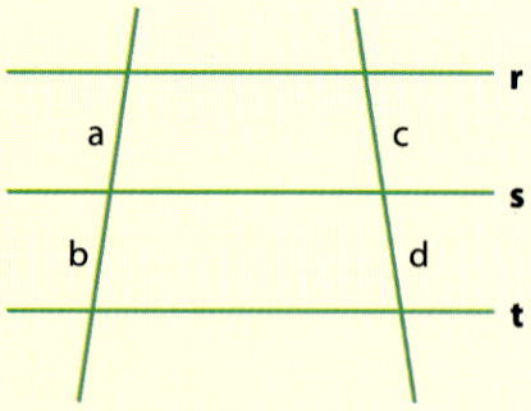

$r // s // t$

$$\frac{a}{b} = \frac{c}{d} \text{ ou } \frac{a}{c} = \frac{b}{d}$$

Teorema da bissetriz de um ângulo interno de um triângulo

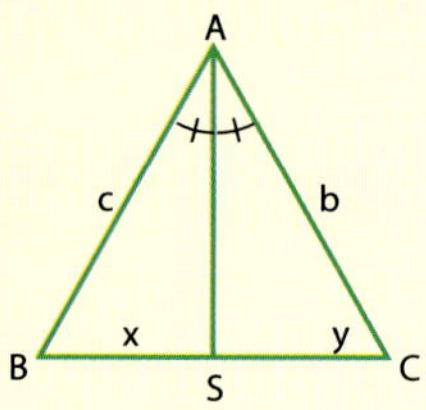

$\overline{AS}$: bissetriz

$$\frac{x}{c} = \frac{y}{b}$$

Semelhança de triângulos

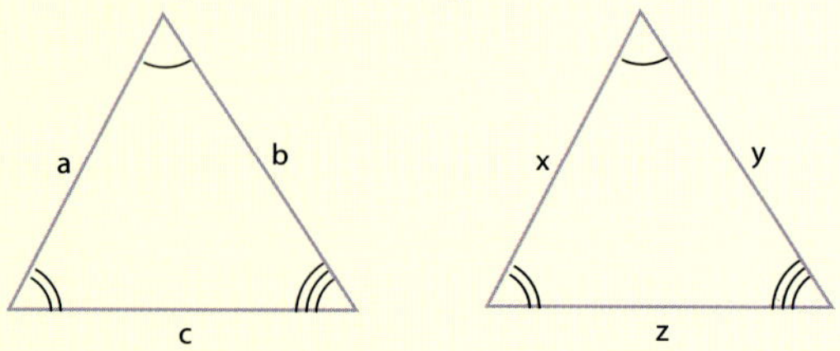

$$\frac{a}{x} = \frac{b}{y} = \frac{c}{z} = k \text{ (razão de semelhança)}$$

Casos de semelhança

1º caso: AA

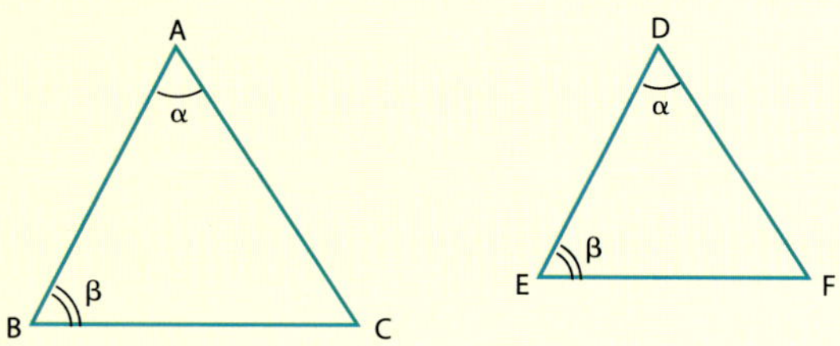

$$\left.\begin{matrix} \hat{A} \cong \hat{D} \\ \hat{B} \cong \hat{E} \end{matrix}\right\} \triangle ABC \sim \triangle DEF$$

2º caso: LLL

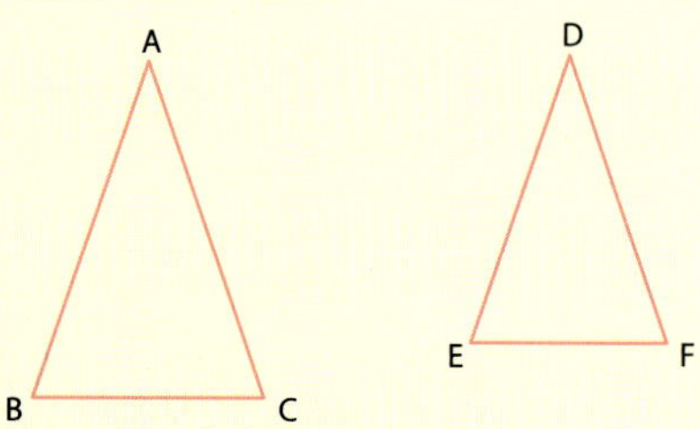

$$\left.\frac{AB}{DE} = \frac{BC}{EF} = \frac{AC}{DF}\right\} \triangle ABC \sim \triangle DEF$$

3º caso: LAL

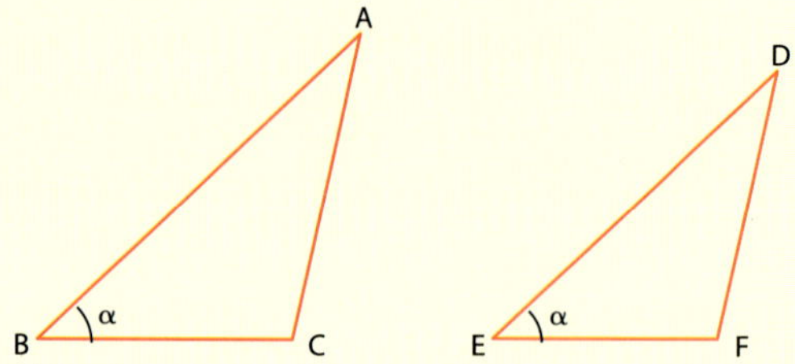

$$\left.\begin{matrix} \dfrac{AB}{DE} = \dfrac{BC}{EF} \\ \hat{B} \cong \hat{E} \end{matrix}\right\} \triangle ABC \sim \triangle DEF$$

Teorema fundamental da semelhança

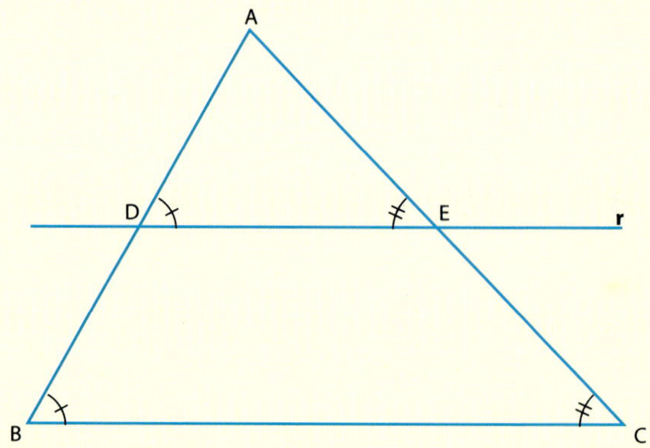

$r // \overline{BC} \rightarrow \triangle ADE \sim \triangle ABC$

Relações métricas nos triângulos retângulos

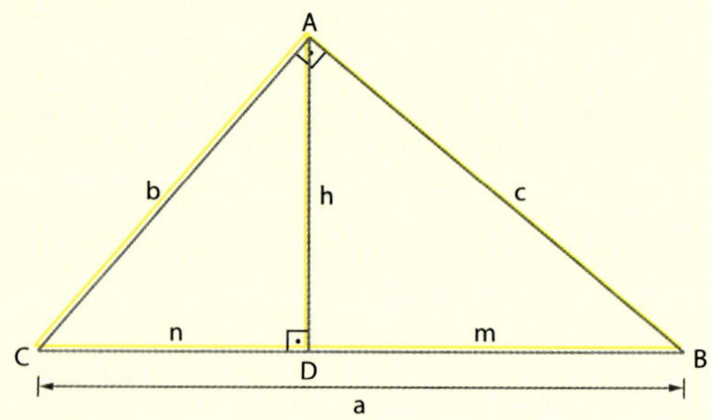

Teorema de Pitágoras: $a^2 = b^2 + c^2$

$$\text{Relações métricas} \begin{cases} b^2 = an \\ c^2 = am \\ h^2 = mn \\ ah = bc \end{cases}$$

Circunferência

Figura geométrica formada por todos os pontos de um plano equidistantes de um dado ponto desse plano, chamado centro.

Posições relativas entre reta e circunferência

Tangentes (um único ponto comum)	Secantes (dois pontos comuns)	Externas (nenhum ponto comum)
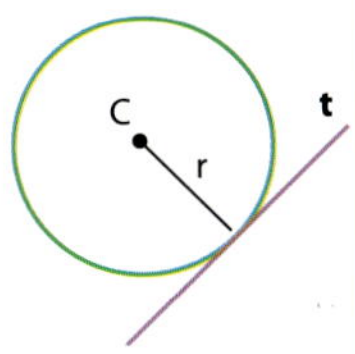	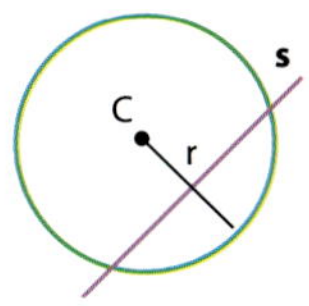	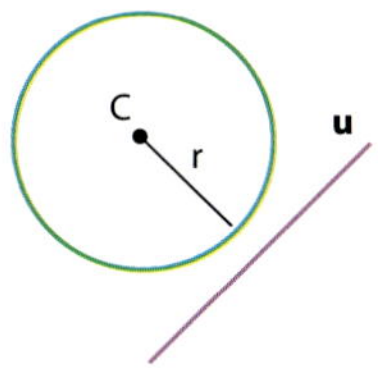
$d_{C,t} = \text{raio}$	$d_{C,s} < \text{raio}$	$d_{C,u} > \text{raio}$

Posições relativas entre duas circunferências

São dadas em função do número de pontos comuns às circunferências.

Chamando de $\mathbf{O_1}$ e $\mathbf{O_2}$ os centros e $\mathbf{r_1}$ e $\mathbf{r_2}$ os respectivos raios, sendo $r_1 > r_2$, obteremos:

Pontos comuns	Posição relativa	Distância entre os centros em função dos raios	Figura
2	Secantes	$r_1 - r_2 < d < r_1 + r_2$	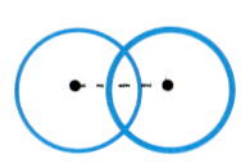
1	Tangentes internas	$d = r_1 - r_2$	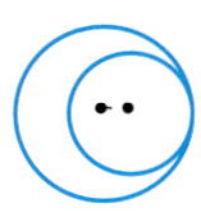
	Tangentes externas	$d = r_1 + r_2$	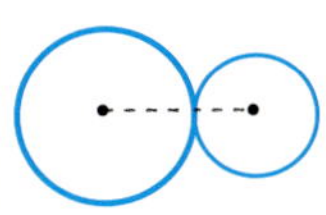
0	Internas concêntricas	$d = 0$	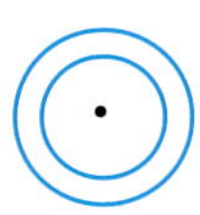
	Internas não concêntricas	$d < r_1 - r_2$	
	Externas	$d > r_1 + r_2$	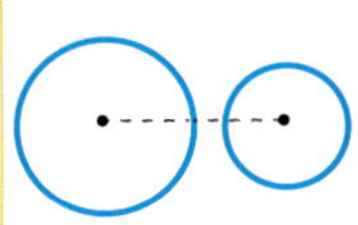

Ângulos em uma circunferência

Ângulo central

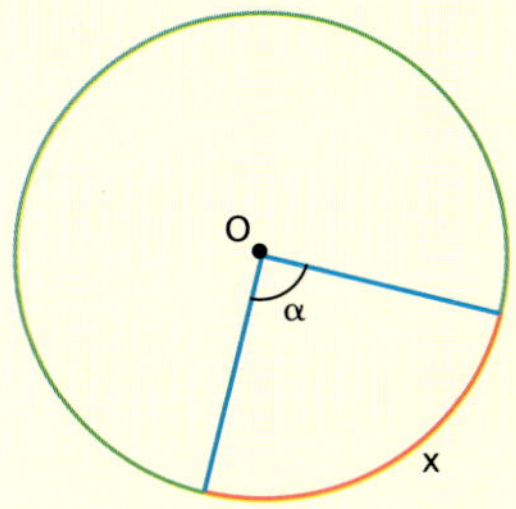

$\alpha = x$

Ângulo inscrito

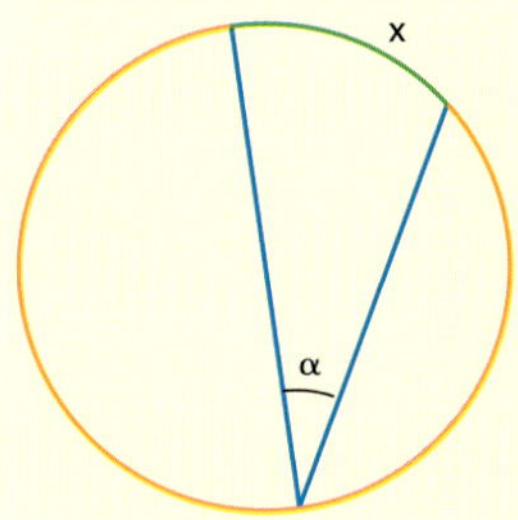

$\alpha = \dfrac{x}{2}$

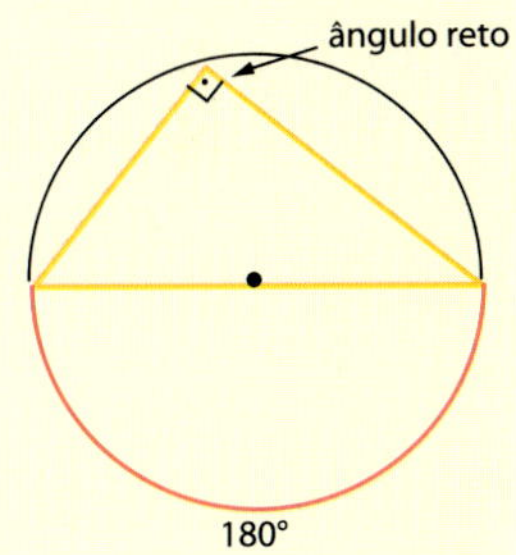

Ângulo de segmento

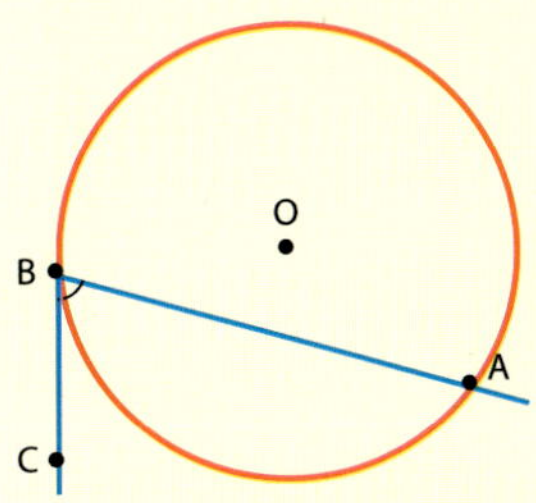

$A\hat{B}C$ é ângulo de segmento.

Relações métricas na circunferência

Cruzamento de duas cordas

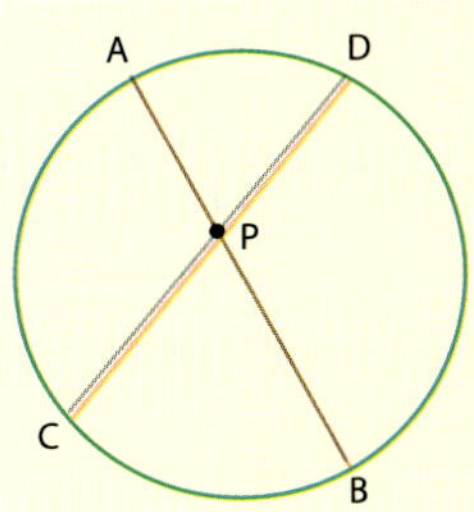

$PA \cdot PB = PC \cdot PD$

Dois segmentos secantes a partir de um mesmo ponto

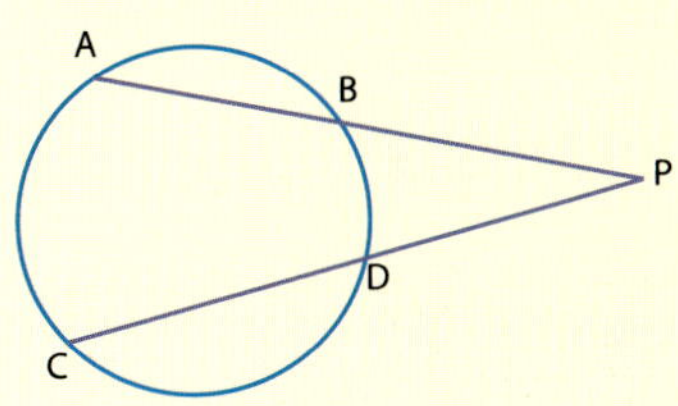

$PA \cdot PB = PC \cdot PD$

Segmento secante e segmento tangente a partir de um mesmo ponto

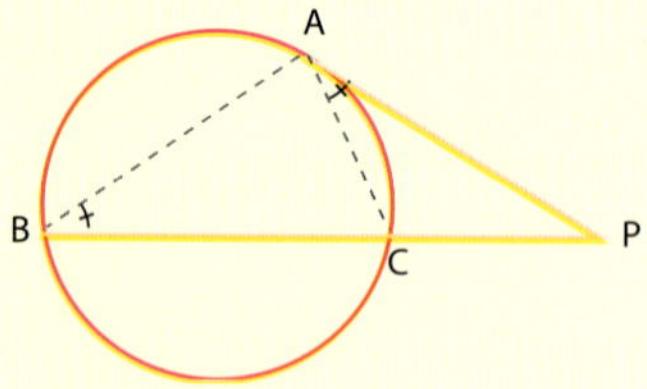

$$(PA)^2 = PB \cdot PC$$

Polígonos regulares inscritos na circunferência

Apótema é um segmento com uma extremidade no centro da circunferência circunscrita e outra no ponto médio de um de seus lados.

Se desenharmos uma circunferência inscrita ao polígono regular, o apótema coincidirá com seu raio.

Quadrado

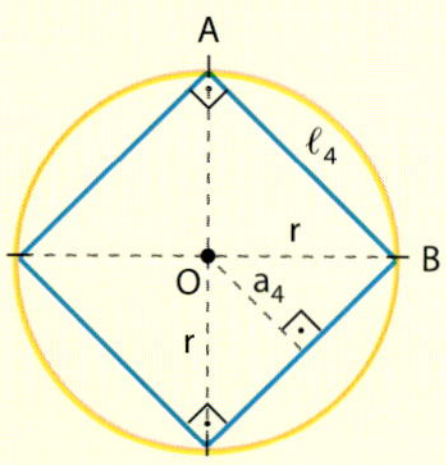

$$\ell_4 = r\sqrt{2}$$

$$a_4 = \frac{r\sqrt{2}}{2}$$

Hexágono

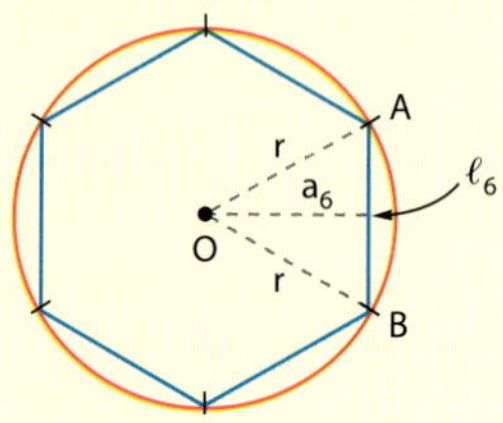

$$\ell_6 = r$$

$$a_6 = \frac{r\sqrt{3}}{2}$$

Triângulo equilátero

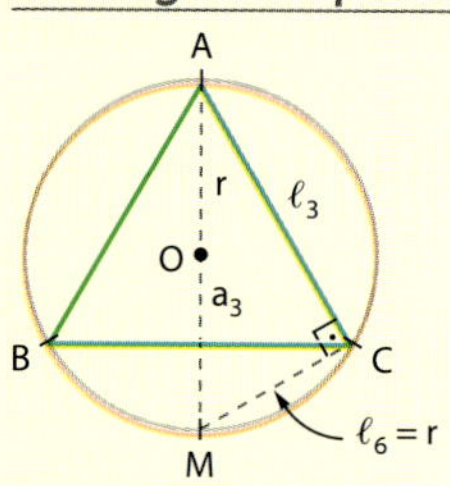

$$\ell_3 = r\sqrt{3}$$

$$a_3 = \frac{r}{2}$$

Comprimento da circunferência

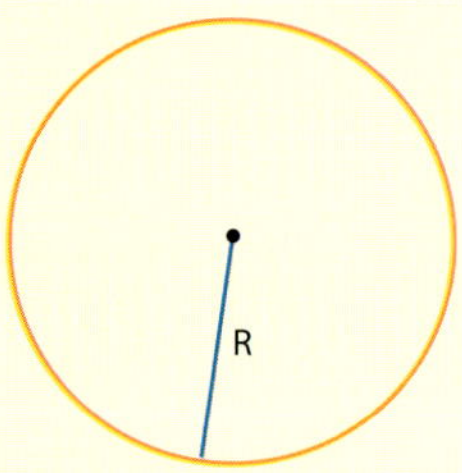

$$C = 2\pi R$$

Áreas

Área da região quadrada

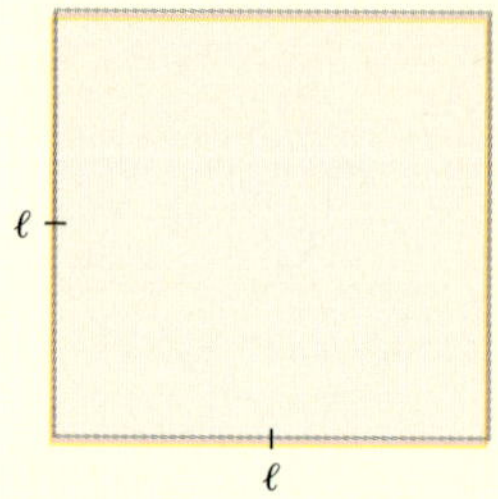

$$A = \ell^2$$

Área da região retangular

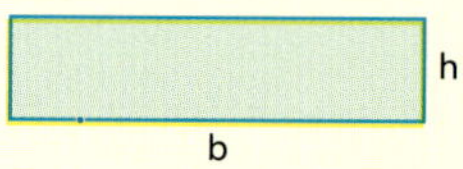

$$A = bh$$

Área da região limitada por um paralelogramo

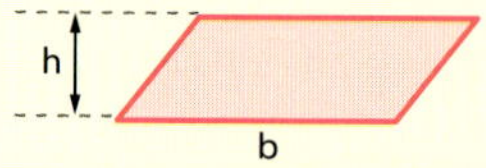

$$A = bh$$

Área da região triangular

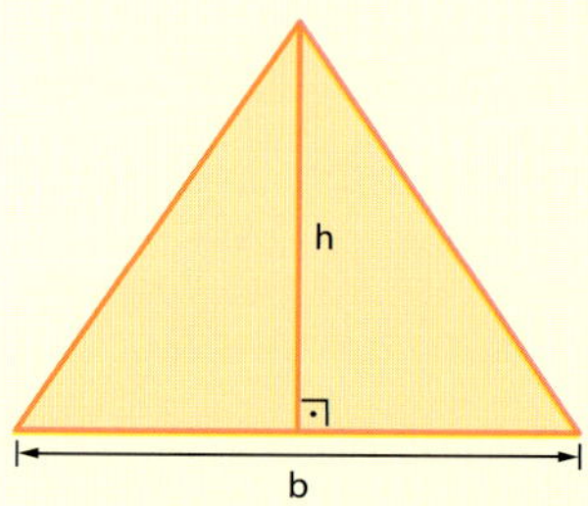

$$A = \frac{bh}{2}$$

Área da região triangular sendo conhecidos os três lados (Fórmula de Heron)

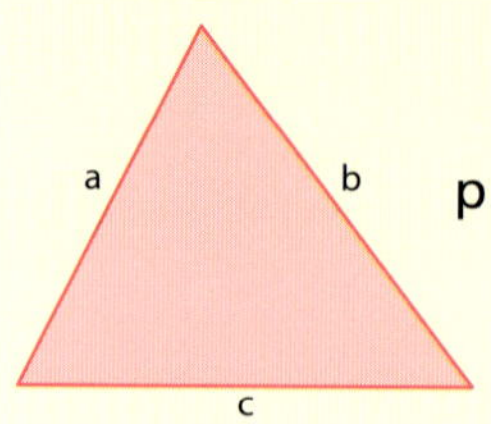

$$p = \frac{a + b + c}{2} \text{ (semiperímetro)}$$

$$A = \sqrt{p(p - a)(p - b)(p - c)}$$

Área da região limitada por um triângulo equilátero

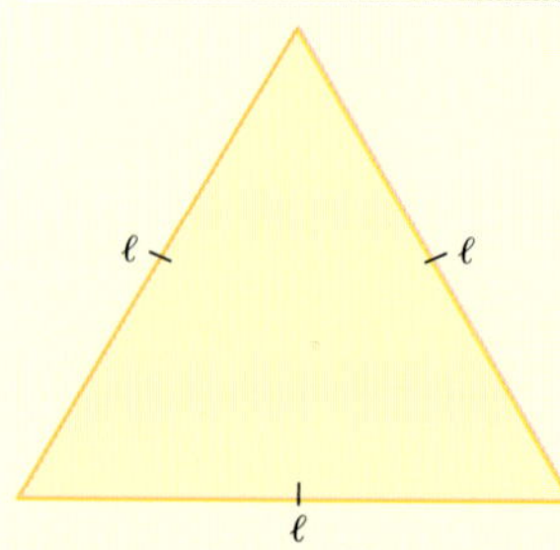

$$A = \frac{\ell^2\sqrt{3}}{4}$$

Área de uma região triangular com o auxílio da Trigonometria

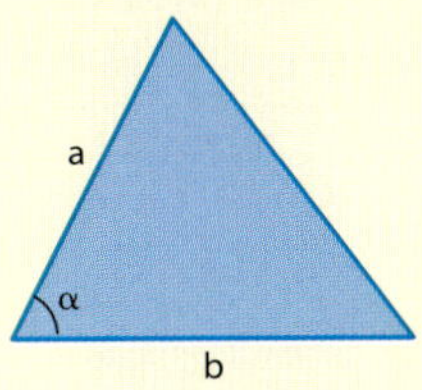

$$A = \frac{1}{2}\,ab\,\text{sen}\,\alpha$$

Área da região limitada por um trapézio

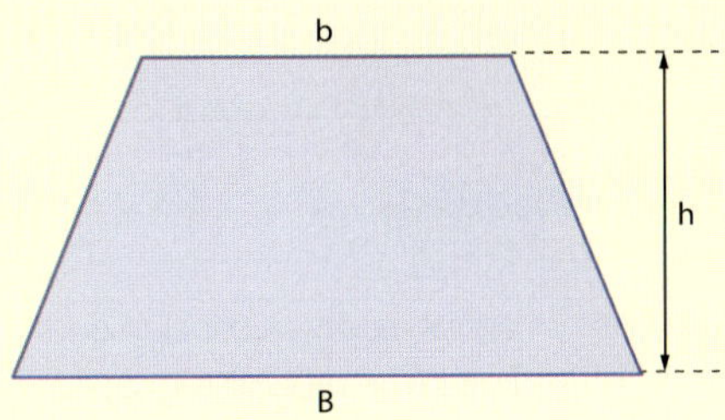

$$A = \frac{(B + b)h}{2}$$

Área da região limitada por um losango

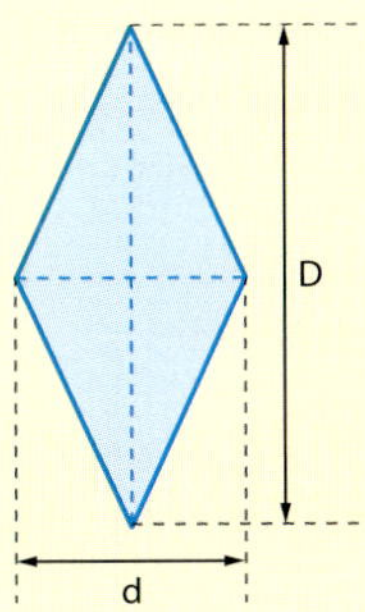

$$A = \frac{D \cdot d}{2}$$

Área da regiãzo limitada por um hexágono regular

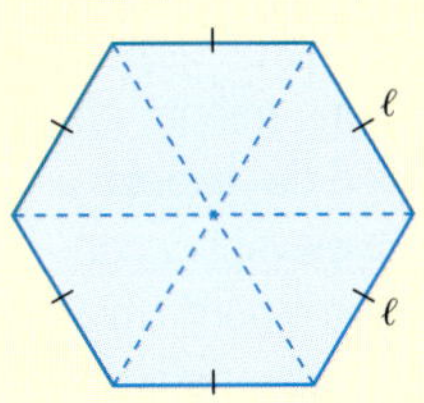

$$A = \frac{3\ell^2\sqrt{3}}{2}$$

Área de uma região limitada por um polígono regular

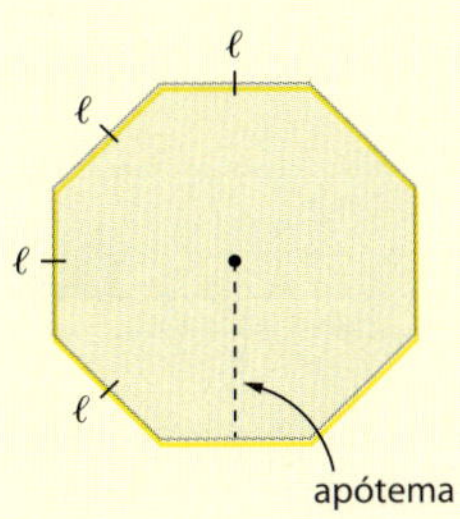

n lados
p: semiperímetro

$$A = \frac{n\ell a}{2}$$

$$A = pa$$

Área do círculo

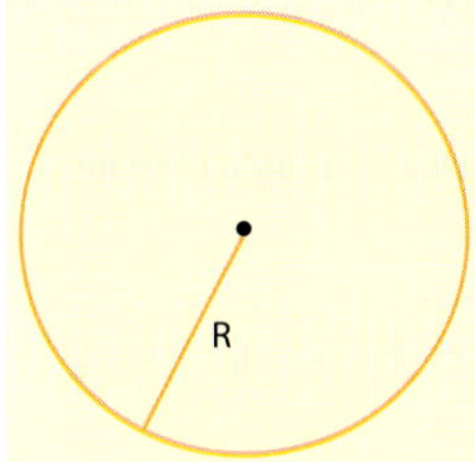

$$A = \pi R^2$$

Área do setor circular

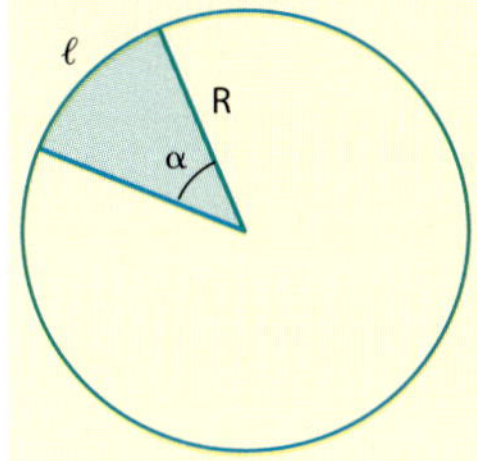

$$\frac{A_{setor}}{\pi R^2} = \frac{\alpha_{graus}}{360°} = \frac{\alpha_{rad}}{2\pi} = \frac{\ell}{2\pi R}$$

Questões de vestibular

157. (UFT-TO) Na figura a seguir, $A = 30°$, $\alpha = \frac{B}{3}$ e $\beta = \frac{C}{3}$.

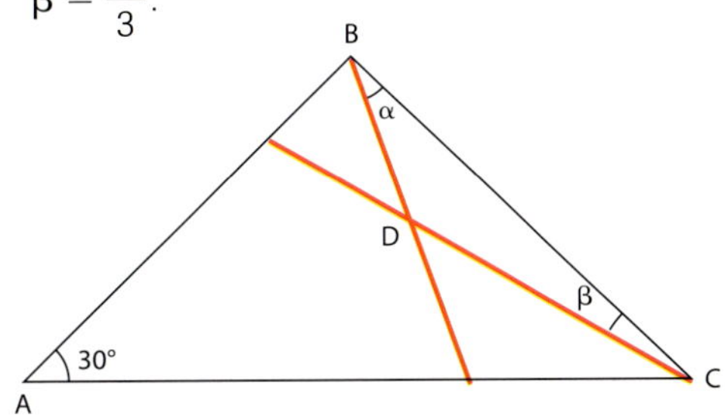

No triângulo BDC o ângulo **D** é:

a) 90°. b) 130°. c) 150°. d) 120°.

158. (Unemat-MT) No triângulo equilátero ABC, os pontos **M** e **N** são respectivamente pontos médios dos lados $\overline{AB}$ e $\overline{AC}$. O segmento $\overline{MN}$ mede 6 cm.

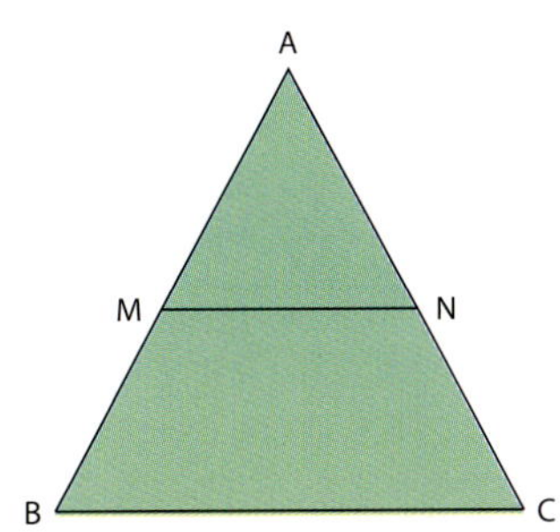

A área do triângulo ABC mede:

a) $18\sqrt{3}$ cm².
b) $24\sqrt{2}$ cm².
c) $30\sqrt{2}$ cm².
d) $30\sqrt{3}$ cm².
e) $36\sqrt{3}$ cm².

159. (UFG-GO) Os "*Sulbasutras*" são manuscritos que foram escritos pelos habitantes do noroeste da Índia por volta de 1 500 a.C. Eles trazem instruções para a realização de cerimônias religiosas que requeriam a construção de altares em formatos combinados de triângulos, retângulos e trapézios. Uma dessas instruções é um método para construir um quadrado a partir de dois quadrados menores. Denotando-se por ABCD e PQRS os dois quadrados menores na figura a seguir, marca-se um ponto **X** no lado DC, de modo que DX = PQ; em seguida, liga-se **A** e **X** e constrói-se o novo quadrado AXFE.

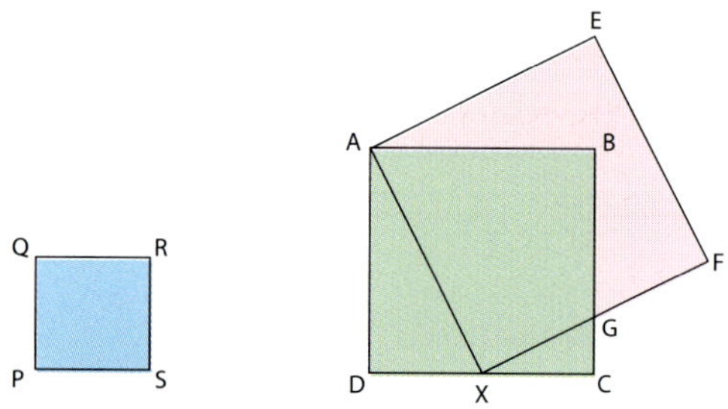

Sabendo que PQ = 2 m e AD = 4 m, calcule a área da região sombreada ABGFE.

160. (UEG-GO) A razão entre o perímetro e a área de um retângulo de lados **a** e **b** é 3. Nessas condições, o valor da expressão $a^{-1} + b^{-1}$ é:

a) 1,4. b) 1,6. c) 1,5. d) 1,7.

161. (Uece) Uma reta paralela a um dos lados de um triângulo equilátero intercepta os outros dois lados determinando um triângulo menor e um trapézio, os quais têm o mesmo perímetro. A razão entre a área do triângulo menor e a área do trapézio é:

a) $\frac{6}{4}$. b) $\frac{7}{5}$. c) $\frac{8}{6}$. d) $\frac{9}{7}$.

162. (UFC-CE) Um triângulo equilátero, um quadrado e um círculo têm o mesmo perímetro. Se At, Aq e Ac denotam respectivamente as áreas do triângulo, do quadrado e do círculo, podemos afirmar que:

a) At > Aq > Ac.
b) Ac > Aq > At.
c) Aq > At > Ac.
d) Aq > Ac > At.
e) Ac > At > Aq.

163. (Uece) No retângulo PQRS as medidas dos lados PQ e PS são, respectivamente, 15 m e 10 m. Pelo ponto médio **F** do lado PS traça-se o segmento FR dividindo o retângulo em duas partes. Se **E** é o ponto do lado PQ tal que a medida do segmento EQ é 5 m, traça-se por **E** uma perpendicular a FR determinando o ponto **G** em FR. Nestas condições, a medida da área, em metros quadrados, do quadrilátero PFGE é:

a) 50,25.
b) 53,25.
c) 56,25.
d) 59,25.

164. (UFPB) A figura a seguir representa um barril totalmente fechado, que foi construído unindo-se 12 tábuas encurvadas e iguais, encaixadas e presas a outras 2 tábuas circulares e iguais, de raio 10 cm.

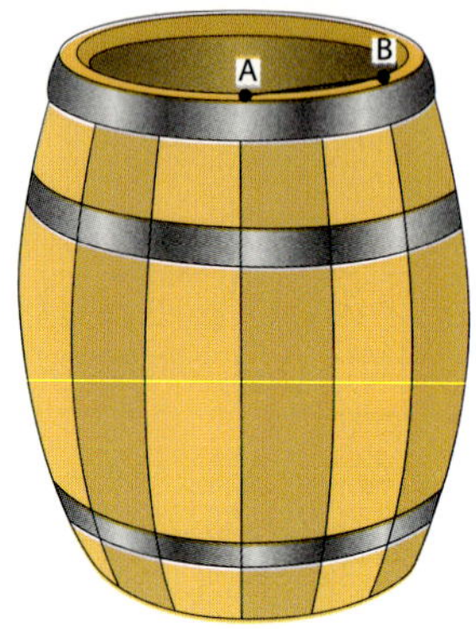

Com base nessas informações, pode-se concluir que a medida, em cm, do segmento de reta AB é igual a:

a) 10. b) 8. c) 7. d) 6. e) 5.

165. (UFPR) Um telhado inclinado reto foi construído sobre três suportes verticais de aço, colocados nos pontos **A**, **B** e **C**, como mostra a figura abaixo. Os suportes nas extremidades **A** e **C** medem, respectivamente, 4 m e 6 m de altura.

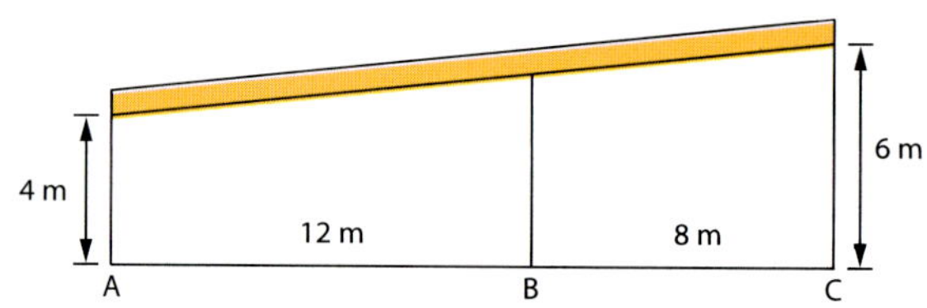

A altura do suporte em **B** é, então, de:

a) 4,2 m.
b) 4,5 m.
c) 5 m.
d) 5,2 m.
e) 5,5 m.

166. (UFPR) Uma corda de 3,9 m de comprimento conecta um ponto na base de um bloco de madeira a uma polia localizada no alto de uma elevação, conforme o esquema abaixo. Observe que o ponto mais alto dessa polia está 1,5 m acima do plano em que esse bloco desliza. Caso a corda seja puxada 1,4 m, na direção indicada abaixo, a distância **x** que o bloco deslizará será de:

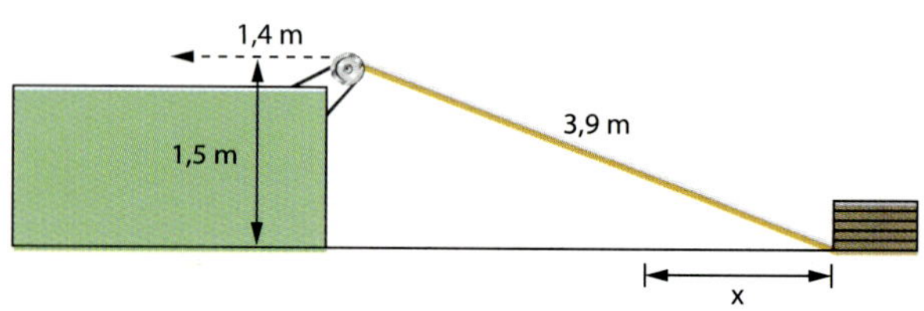

a) 1,0 m.
b) 1,3 m.
c) 1,6 m.
d) 1,9 m.
e) 2,1 m.

167. (UEL-PR) Um losango com lado 20 cm e um ângulo de 30° tem área de:

a) 57 cm^2.
b) 87 cm^2.
c) 200 cm^2.
d) 346 cm^2.
e) 400 cm^2.

168. (UFPR) Um canteiro de flores possui 25 m^2 de área e tem o formato de um triângulo retângulo. Este triângulo foi dividido em cinco partes, por segmentos de reta igualmente espaçados e paralelos a um dos catetos, conforme indica a figura a seguir. Qual é a área do trapézio hachurado indicado na figura?

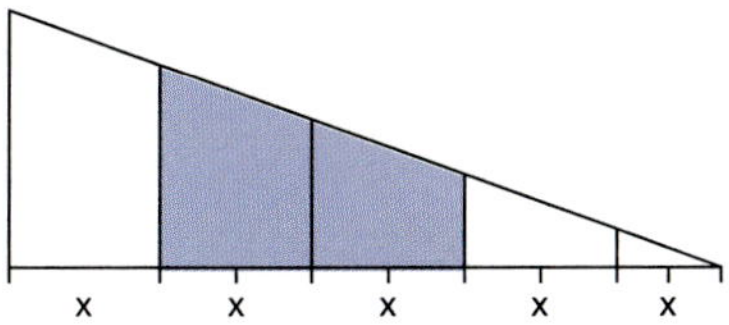

169. (UFRES-RS) Na figura abaixo, os círculos menores são tangentes entre si e aos círculos concêntricos de raios **r** e **R**.

A área da região sombreada é:

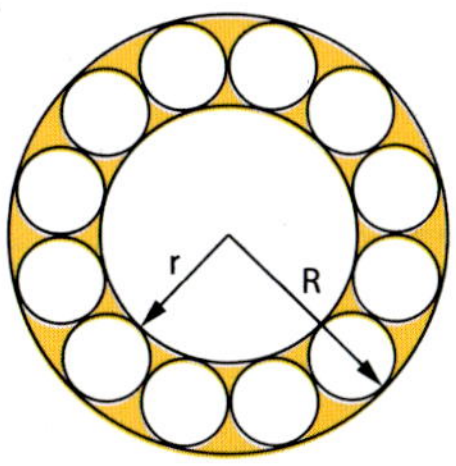

a) $2\pi(r^2 - R^2 + 3Rr)$.
b) $2\pi(-r^2 - R^2 + 3Rr)$.
c) $2\pi(-2r^2 - R^2 + 3Rr)$.
d) $\pi(r^2 - R^2 + 3Rr)$.
e) $\pi(-2r^2 - R^2 + 3Rr)$.

170. (UFRJ) A figura 1 a seguir apresenta um pentágono regular de lado 4L; a figura 2, dezesseis pentágonos regulares, todos de lado **L**.

figura 1

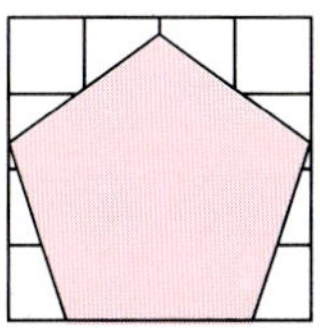

figura 2

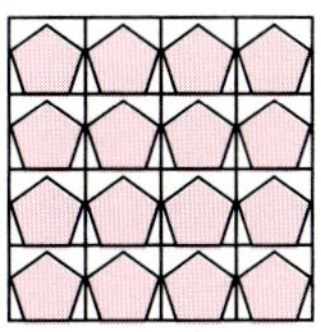

Qual é maior: a área **A** do pentágono da figura 1 ou a soma **B** das áreas dos pentágonos da figura 2? Justifique sua resposta.

171. (Fuvest-SP) Na figura, o triângulo ABC é equilátero de lado 1, e ACDE, AFGB e BHIC são quadrados.

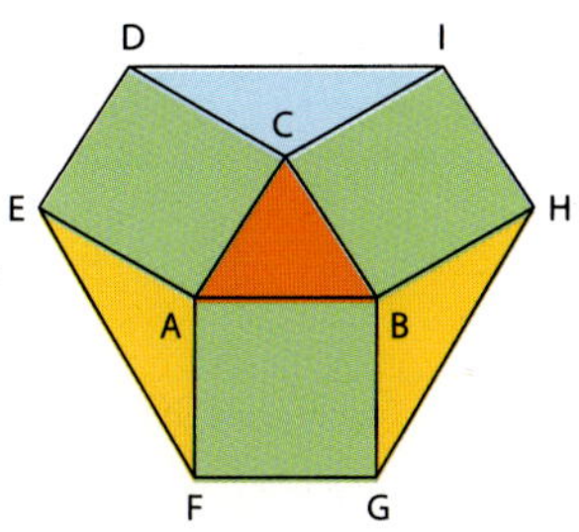

A área do polígono DEFGHI vale:

a) $1 + \sqrt{3}$.
b) $2 + \sqrt{3}$.
c) $3 + \sqrt{3}$.
d) $3 + 2\sqrt{3}$.
e) $3 + 3\sqrt{3}$.

172. (Unicamp-SP) Para trocar uma lâmpada, Roberto encostou uma escada na parede de sua casa, de forma que o topo da escada ficou a uma altura de 4 m. Enquanto Roberto subia os degraus, a base da escada escorregou por 1 m, tocando o muro paralelo à parede, conforme ilustração abaixo. Refeito do susto, Roberto reparou que, após deslizar, a escada passou a fazer um ângulo de 45° com o piso horizontal.

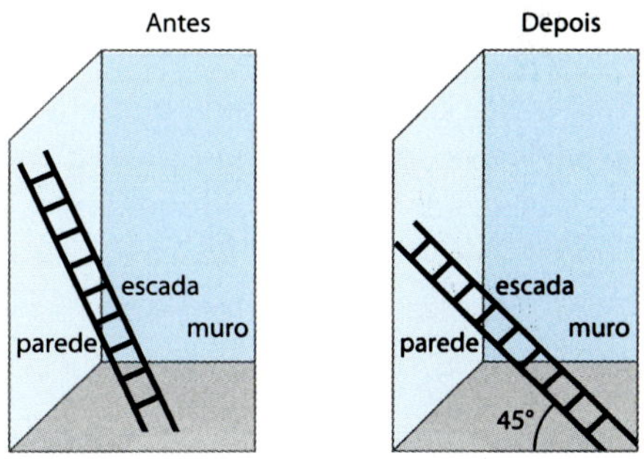

A distância entre a parede da casa e o muro equivale a:

a) $\left(4\sqrt{3} + 1\right)$ m.
b) $\left(3\sqrt{2} - 1\right)$ m.
c) $4\sqrt{3}$ m.
d) $\left(3\sqrt{2} - 2\right)$ m.

173. (PUC-MG) De uma placa quadrada de 16 cm^2, foi recortada uma peça conforme indicado na figura.

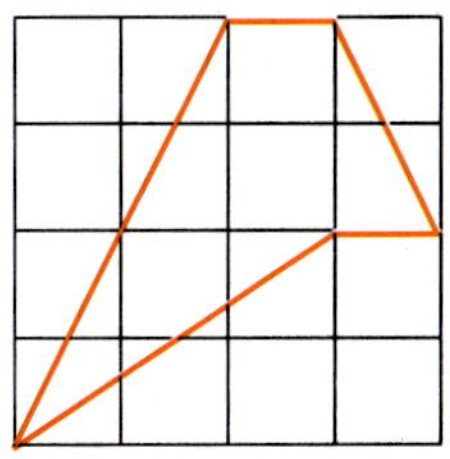

A medida da área da peça recortada, em centímetros quadrados, é:

a) 4.
b) 5.
c) 6.
d) 7.

174. (UFRJ) Os 18 retângulos que compõem o quadrado a seguir são todos congruentes.

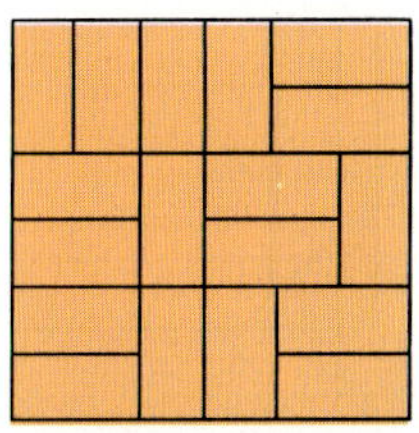

Sabendo que a medida da área do quadrado é 12 cm^2, determine o perímetro de cada retângulo.

175. (PUC-MG) Para fazer um modelo de ladrilho, certo desenhista une um dos vértices de um quadrado aos pontos médios dos lados que não contêm esse vértice, obtendo um triângulo isósceles.

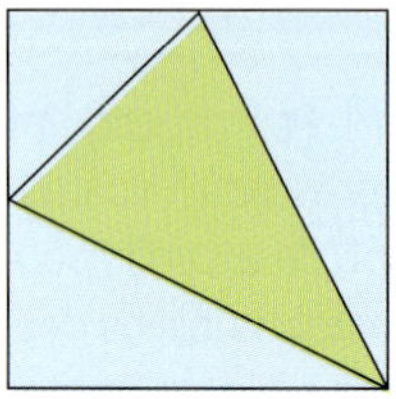

A razão entre a medida da área desse triângulo e a medida da área desse quadrado é igual a:

a) 0,350.
b) 0,375.
c) 0,380.
d) 0,385.

176. (Ufla-MG) Um cão de guarda é amarrado a uma corda de 9 m de comprimento, fixada a uma argola que desliza por uma barra de ferro posicionada ao longo de uma das paredes de um galpão. Assim, o cão pode proteger uma considerável região ao redor do galpão.

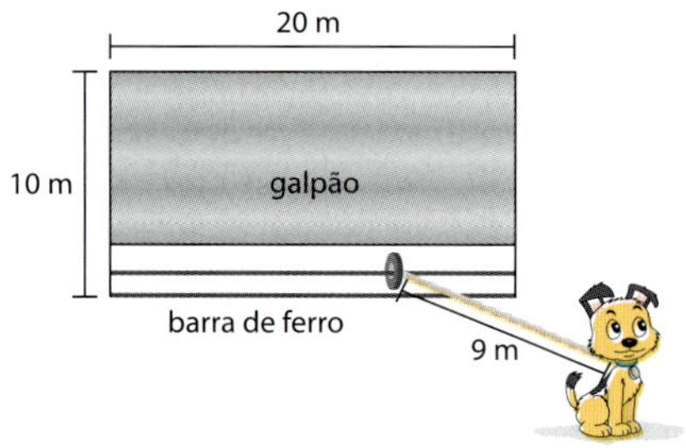

Qual a área da região na qual o cão pode circular mesmo estando preso por essa corda?

a) $\left[\left(\dfrac{81\pi}{2}\right) + 180\right]$ m^2
b) 180 m^2
c) 200 m^2
d) $(81\pi + 180)$ m^2

177. (UFMG) O octógono regular de vértices ABCDEFGH, cujos lados medem 1 dm cada um, está inscrito no quadrado de vértices PQRS, conforme mostrado nesta figura:

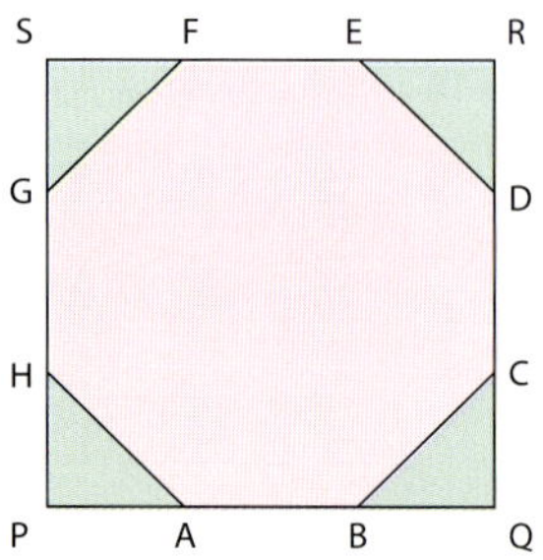

Então, é correto afirmar que a área do quadrado PQRS é:

a) $\left(1 + 2\sqrt{2}\right)$ dm^2.
b) $\left(1 + \sqrt{2}\right)$ dm^2.
c) $\left(3 + 2\sqrt{2}\right)$ dm^2.
d) $\left(3 + \sqrt{2}\right)$ dm^2.

178. (Fuvest-SP) Na figura, o triângulo ABC é retângulo com catetos BC = 3 e AB = 4. Além disso, o ponto **D** pertence ao cateto $\overline{AB}$, o ponto **E** pertence ao cateto $\overline{BC}$ e o ponto **F** pertence à hipotenusa $\overline{AC}$, de tal forma que DECF seja um paralelogramo.

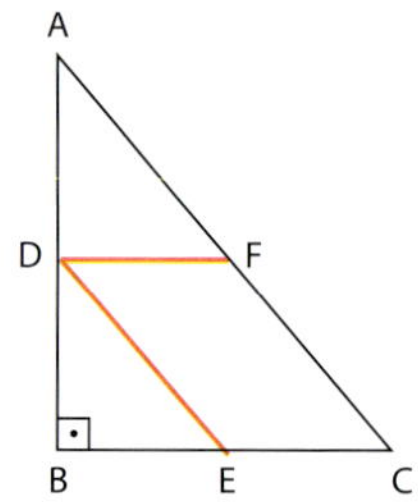

Se DE $= \dfrac{3}{2}$, então a área do paralelogramo DECF vale:

a) $\dfrac{63}{25}$.
b) $\dfrac{12}{5}$.
c) $\dfrac{58}{25}$.
d) $\dfrac{56}{25}$.
e) $\dfrac{11}{5}$.

Trigonometria

Trigonometria no triângulo retângulo

Teorema de Pitágoras: $a^2 = b^2 + c^2$

Razões trigonométricas:

$\text{sen}\ \alpha = \dfrac{b}{a}$

$\cos \alpha = \dfrac{c}{a}$

$\text{tg}\ \alpha = \dfrac{b}{c}$

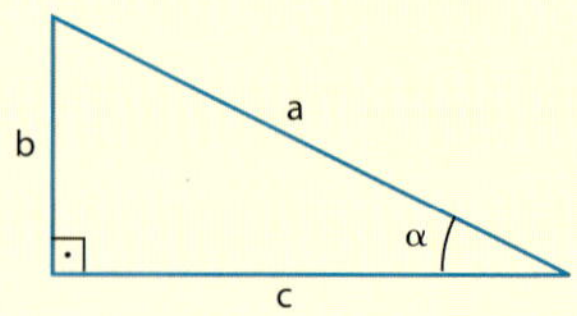

Ângulos notáveis:

	30°	45°	60°
sen	$\dfrac{1}{2}$	$\dfrac{\sqrt{2}}{2}$	$\dfrac{\sqrt{3}}{2}$
cos	$\dfrac{\sqrt{3}}{2}$	$\dfrac{\sqrt{2}}{2}$	$\dfrac{1}{2}$
tg	$\dfrac{\sqrt{3}}{3}$	1	$\sqrt{3}$

Observação: Se $\alpha + \beta = 90°$ (ou seja, complementares), então sen $\alpha = \cos \beta$ e sen $\beta = \cos \alpha$.

Lei dos cossenos

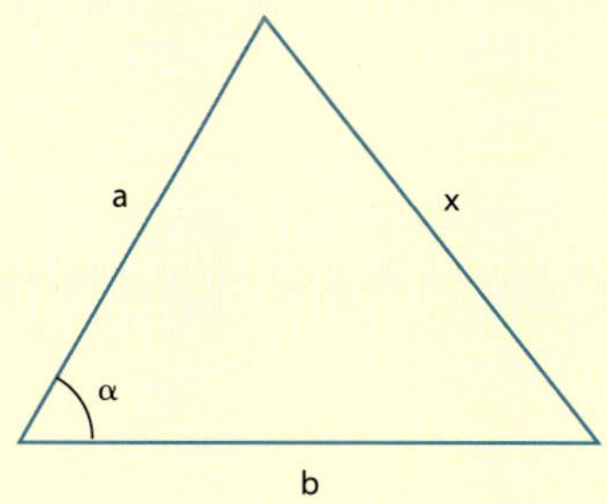

$x^2 = a^2 + b^2 - 2ab \cdot \cos \alpha$

Lei dos senos

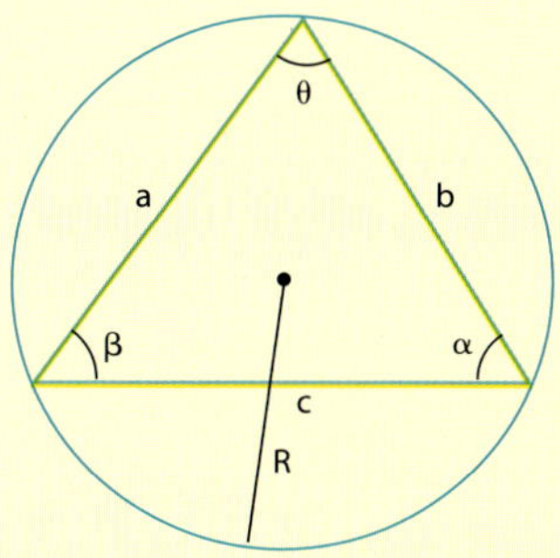

$$\frac{a}{\text{sen}\,\alpha} = \frac{b}{\text{sen}\,\beta} = \frac{c}{\text{sen}\,\theta} = 2R$$

Graus e radianos

$180° = \pi$ rad

Seno, cosseno e tangente

- $\text{sen}^2\,x + \cos^2 x = 1$
- $\text{tg}\,x = \dfrac{\text{sen}\,x}{\cos x}$
- Simetria

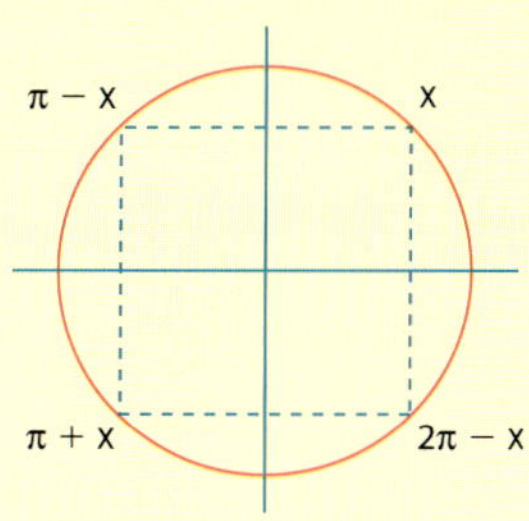

- Sinais

seno

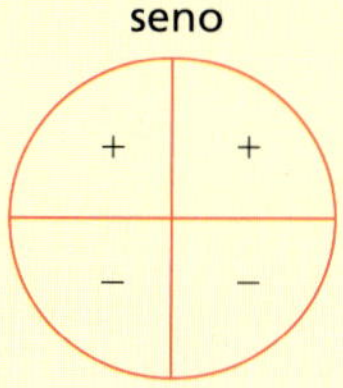

cosseno

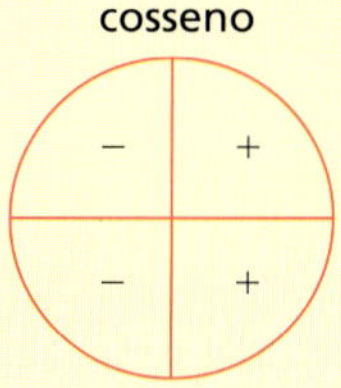

tangente

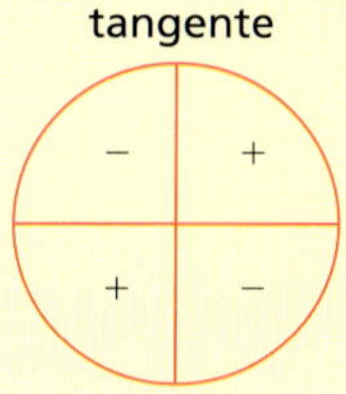

Outras relações trigonométricas

- $\text{cotg}\,x = \dfrac{1}{\text{tg}\,x} = \dfrac{\cos x}{\text{sen}\,x}$
- $\sec x = \dfrac{1}{\cos x}$
- $\text{cossec}\,x = \dfrac{1}{\text{sen}\,x}$
- $\sec^2 x = 1 + \text{tg}^2\,x$
- $\text{cossec}^2\,x = 1 + \text{cotg}^2\,x$

Adição e subtração de arcos

- $\text{sen}\,(a + b) = \text{sen}\,a \cdot \cos b + \text{sen}\,b \cdot \cos a$
- $\text{sen}\,(a - b) = \text{sen}\,a \cdot \cos b - \text{sen}\,b \cdot \cos a$
- $\cos\,(a + b) = \cos a \cdot \cos b - \text{sen}\,a \cdot \text{sen}\,b$
- $\cos\,(a - b) = \cos a \cdot \cos b + \text{sen}\,a \cdot \text{sen}\,b$
- $\text{tg}\,(a + b) = \dfrac{\text{tg}\,a + \text{tg}\,b}{1 - \text{tg}\,a \cdot \text{tg}\,b}$ (para os arcos em que a tangente for definida)
- $\text{tg}\,(a - b) = \dfrac{\text{tg}\,a - \text{tg}\,b}{1 + \text{tg}\,a \cdot \text{tg}\,b}$

Arco duplo e arco metade

- $\text{sen}\,2a = 2 \cdot \text{sen}\,a \cdot \cos a$
- $\cos 2a = \cos^2 a - \text{sen}^2\,a$
- $\cos 2a = 2 \cdot \cos^2 a - 1$
- $\cos 2a = 1 - 2 \cdot \text{sen}^2\,a$
- $\text{tg}\,2a = \dfrac{2\,\text{tg}\,a}{1 - \text{tg}^2\,a}$

Transformação em produto

- $\text{sen}\,x + \text{sen}\,y = 2 \cdot \text{sen}\,\dfrac{x + y}{2} \cdot \cos \dfrac{x - y}{2}$
- $\text{sen}\,x - \text{sen}\,y = 2 \cdot \text{sen}\,\dfrac{x - y}{2} \cdot \cos \dfrac{x + y}{2}$
- $\cos x + \cos y = 2 \cdot \cos \dfrac{x + y}{2} \cdot \cos \dfrac{x - y}{2}$
- $\cos x - \cos y = -2 \cdot \text{sen}\,\dfrac{x + y}{2} \cdot \text{sen}\,\dfrac{x - y}{2}$

Função seno

Gráfico

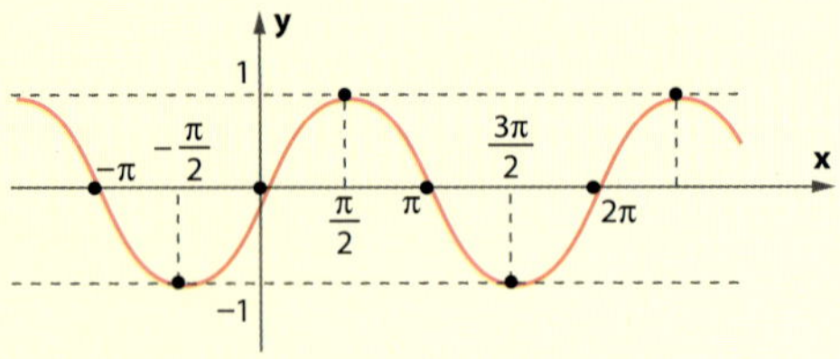

Características

1ª) Função seno é a função de $\mathbb{R}$ em $\mathbb{R}$ definida por $f(x) = \text{sen } x$.

2ª) A função seno tem $D = \mathbb{R}$ e $Im = [-1, 1]$.

3ª) A função seno não é injetiva nem sobrejetiva.

4ª) A função seno é função ímpar, isto é, $\text{sen } x = -\text{sen }(-x), \forall x \in \mathbb{R}$.

5ª) A função seno é periódica de período $p = 2\pi$.

Função cosseno

Gráfico

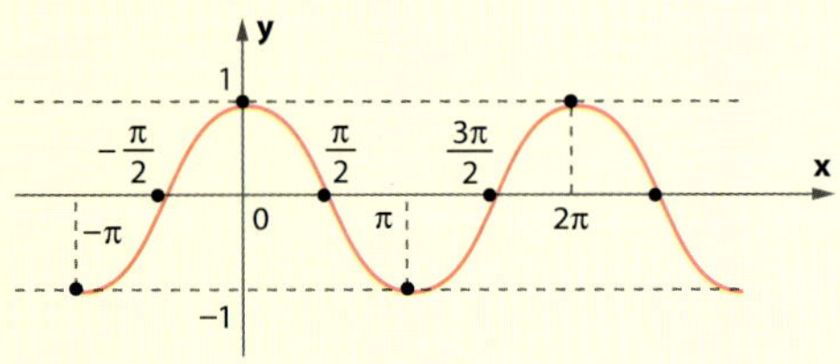

Características

1ª) O domínio é o mesmo: $f: \mathbb{R} \to \mathbb{R}$ tal que $f(x) = \cos x$ tem $D = \mathbb{R}$.

2ª) A imagem é a mesma: $f: \mathbb{R} \to \mathbb{R}$ tal que $f(x) = \cos x$ tem $Im = [-1, 1]$.

3ª) O período é o mesmo: a função cosseno é periódica de período $p = 2\pi$.

4ª) A função cosseno também não é nem injetiva nem sobrejetiva.

5ª) A função cosseno é par, isto é, $\cos x = \cos(-x), \forall x \in \mathbb{R}$.

Senoides do tipo $y = a + b \cdot \text{sen}(cx - d)$ ou $y = a + b \cdot \cos(cx - d)$

O domínio de qualquer senoide é sempre $D = \mathbb{R}$. O que varia é a imagem e o período. Para obter a imagem, basta lembrar que $-1 \leqslant \text{sen } \alpha \leqslant 1$ e $-1 \leqslant \cos \alpha \leqslant 1$ e substituir nas funções.

Para obter o período, basta fazer $p = \dfrac{2\pi}{|c|}$.

Observações:

1ª) Se $b < 0$, o gráfico fica simétrico ao gráfico com $b > 0$ (simetria em relação ao eixo **x**).

2ª) Antes de desenhar o gráfico, é importante deixar o parâmetro **c** positivo. Para isso, usamos a paridade de seno e cosseno: $\text{sen}(-cx) = -\text{sen}(cx)$ e $\cos(-cx) = \cos(cx)$

3ª) Se $d \neq 0$, o gráfico translada $\dfrac{d}{c}$ unidades.

d positivo: o gráfico translada para a direita.
d negativo: o gráfico translada para a esquerda.

Questões de vestibular

179. (UEA-AM) Pretende-se obter a altura aproximada de uma árvore. Com base nos dados apresentados na figura, podemos afirmar que a altura **h** da árvore, em metros, é:

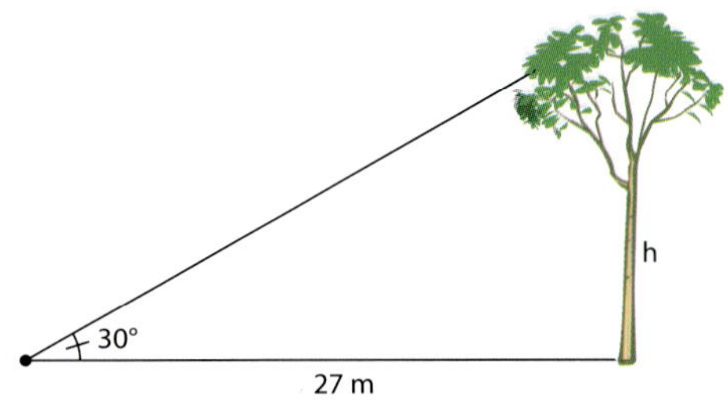

a) $\dfrac{27}{2}$.
b) $9\sqrt{3}$.
c) $\dfrac{27\sqrt{3}}{2}$.
d) $27\sqrt{2}$.
e) $27\sqrt{3}$.

180. (UEL-PR) Dois observadores, um situado em **A** e o outro em **B**, observam uma torre entre eles. Das duas posições, os ângulos de visada da torre são respectivamente α e β, como mostra a figura a seguir:

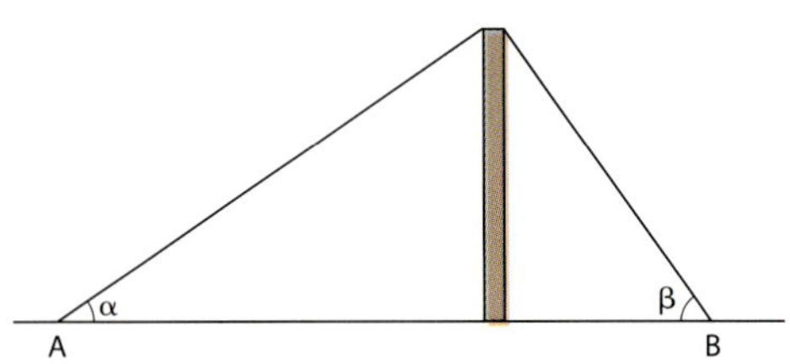

Se $AB = 200$ m, $\text{tg } \alpha = 0,2$ e $\text{tg } \beta = 0,3$, a altura da torre é de:

a) 22 m.
b) 24 m.
c) 18 m.
d) 20 m.
e) 26 m.

181. (UEG-GO) Considere os segmentos A_0A_1, A_1A_2 e A_2A_3 da figura abaixo, na qual cada segmento é perpendicular a um lado do ângulo θ.

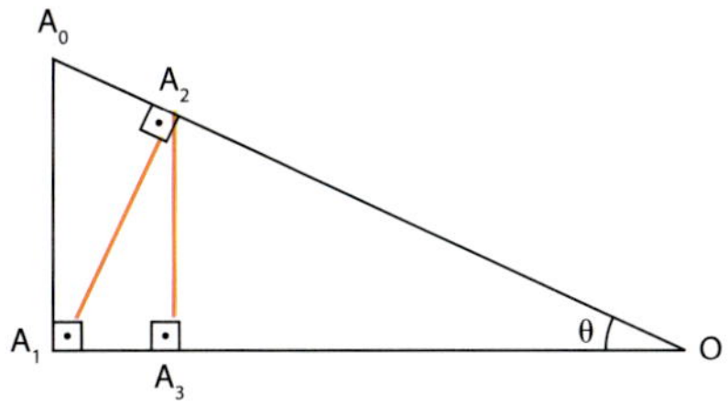

Se a medida do segmento A_0A_1 é 1 e $\theta = 30°$, a medida do segmento A_2A_3 é:

a) $\sqrt{\frac{3}{4}}$.

b) $\frac{1}{4}$.

c) $\frac{1}{2}$.

d) $\frac{3}{4}$.

182. (UFC-CE) Dois dos ângulos internos de um triângulo têm medidas iguais a 30° e 105°. Sabendo que o lado oposto ao ângulo de medida 105° mede $(\sqrt{3} + 1)$ cm, é correto afirmar que a área do triângulo mede, em cm²:

a) $\frac{1}{2}(\sqrt{3} + 1)$.

b) $\frac{1}{2}\sqrt{3} + 1$.

c) $\frac{1}{2}(\sqrt{3} - 1)$.

d) $1 - \frac{\sqrt{3}}{2}$.

e) $2 + \sqrt{3}$.

183. (UFPB) Em um *shopping*, uma pessoa sai do primeiro pavimento para o segundo através de uma escada rolante, conforme a figura a seguir.

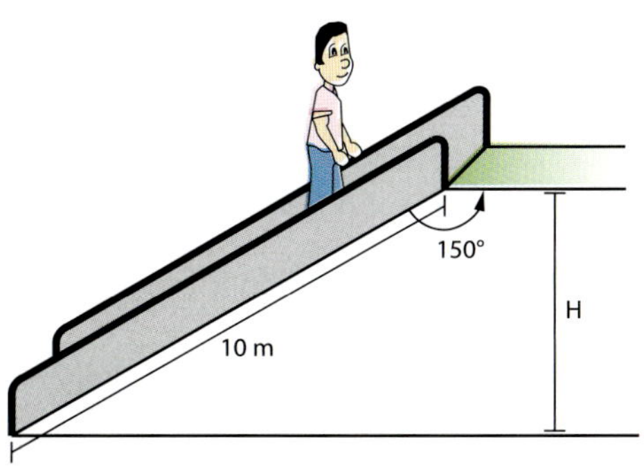

A altura **H**, em metros, atingida pela pessoa, ao chegar ao segundo pavimento, é:

a) 15.

b) 10.

c) 5.

d) 3.

e) 2.

184. (Ufal) Na figura a seguir, os pontos **A** e **B** representam a localização de duas pessoas em um terreno plano e a forma como veem os topos de um poste (**P**) e de uma antena (**T**).

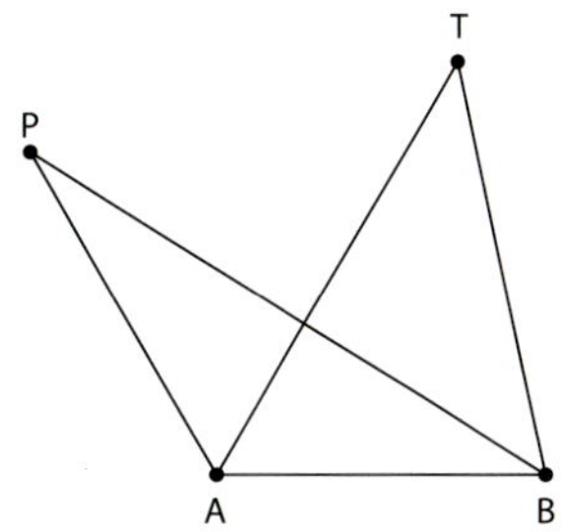

Sabendo que AB = 4 m e as medidas dos ângulos $P\hat{A}B$, $P\hat{B}A$, $T\hat{A}B$ e $T\hat{B}A$ são, respectivamente, 120°, 30°, 60° e 75°, determine a distância de **P** a **T**.

185. (UEL-PR) Uma cidade planejada foi construída com seu sistema de esgoto obedecendo à esquematização de uma malha linear representada no gráfico a seguir, onde cada vértice dista do outro de uma unidade.

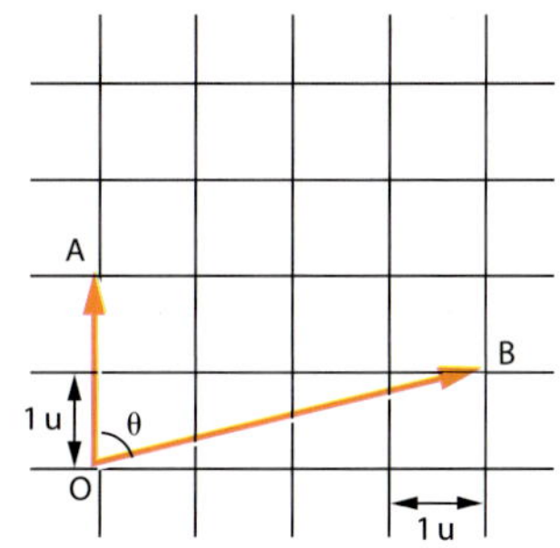

Os pontos **A** e **B** representam duas casas e o ponto **O** representa a origem de uma confluência de canos que necessitam de uma "luva de união". O valor do seno do ângulo θ que a luva de união em **O** possui é:

a) $\frac{1}{2}$.

b) $\frac{\sqrt{2}}{2}$.

c) $\frac{\sqrt{3}}{2}$.

d) $\frac{4\sqrt{17}}{17}$.

e) $\frac{2\sqrt{17}}{17}$.

186. (UEA-AM) Analise a figura.

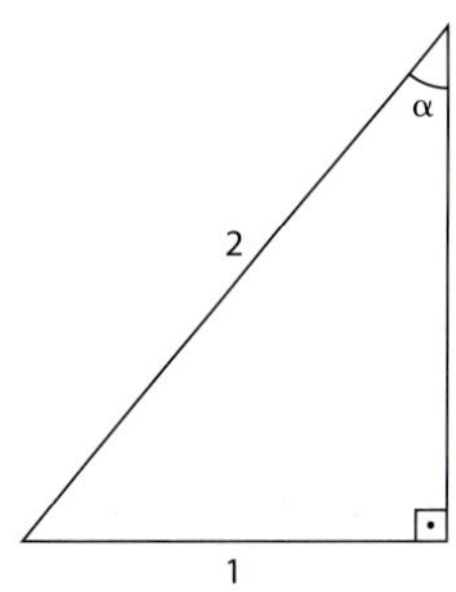

Com relação ao ângulo α, pode-se afirmar que tg 2α vale:

a) $\frac{\sqrt{3}}{2}$.

b) $\frac{1}{2}$.

c) $\frac{\sqrt{3}}{3}$.

d) $\sqrt{3}$.

e) $\frac{\sqrt{2}}{2}$.

187. (Cetef-MG) Um foguete é lançado de uma rampa situada no solo sob um ângulo de 60°, conforme a figura.

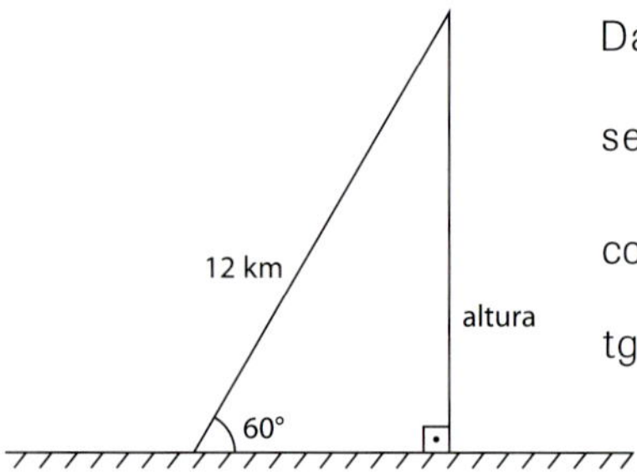

Dados:

sen 60° $= \frac{\sqrt{3}}{2}$

cos 60° $= \frac{1}{2}$

tg 60° $= \sqrt{3}$

A altura em que se encontra o foguete, após ter percorrido 12 km, é:

a) 600 dam.

b) 12 000 m.

c) $6000\sqrt{3}$ dm.

d) $600\,000\sqrt{3}$ cm.

188. (FGV-SP) A figura ilustra as medidas que um topógrafo tomou para calcular a distância do ponto **A** a um barco ancorado no mar.
(Dados: sen 62° = 0,88; cos 62° = 0,47; sen 70° = 0,94; cos 70° = 0,34.)

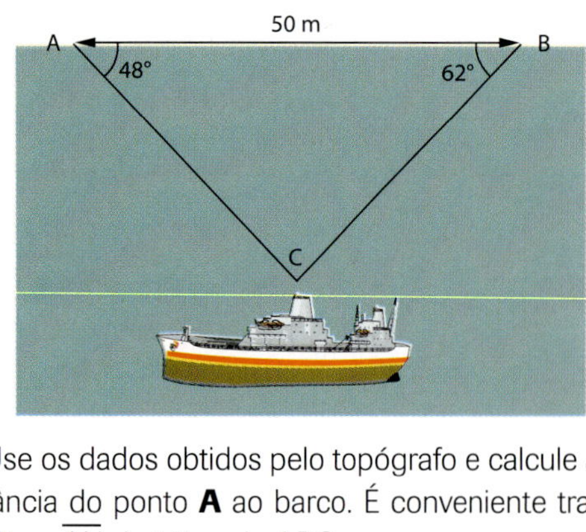

Use os dados obtidos pelo topógrafo e calcule a distância do ponto **A** ao barco. É conveniente traçar a altura $\overline{AH}$ do triângulo ABC.

189. (PUC-RS) Ao visitar o Panteon, em Paris, Tales conheceu o Pêndulo de Foucault. O esquema a seguir indica a posição do pêndulo fixado a uma haste horizontal, num certo instante. Sendo **L** o seu comprimento e **x** o ângulo em relação a sua posição de equilíbrio, então a altura **h** do pêndulo em relação à haste horizontal é expressa pela função:

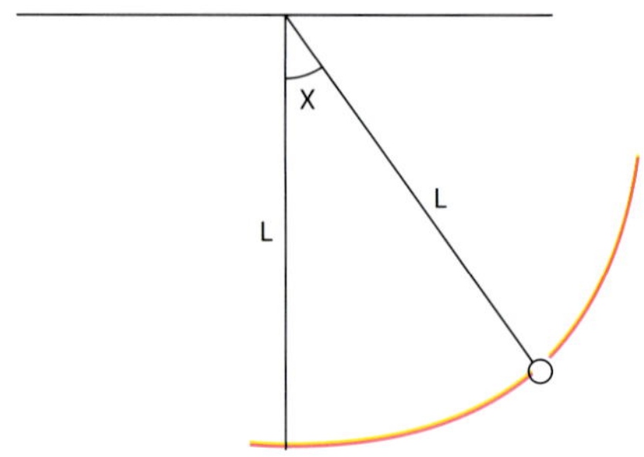

a) h(x) = L cos (x).

b) h(x) = L sen (x).

c) h(x) = L sen (2x).

d) h(x) = L cos (2x).

e) h(x) = 2L cos (x).

190. (UFSM-RS) A figura a seguir apresenta o delta do rio Jacuí, situado na região metropolitana de Porto Alegre. Nele se encontra o parque estadual Delta do Jacuí, importante parque de preservação ambiental. Sua proximidade com a região metropolitana torna-o suscetível aos impactos ambientais causados pela atividade humana.

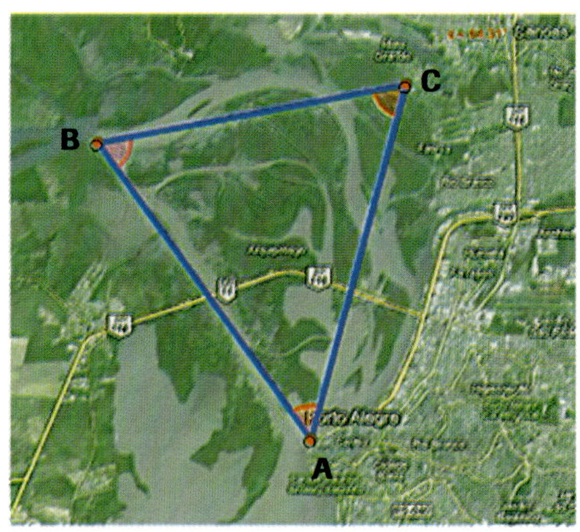

GOOGLE MAPS/2011 GOOGLE EARTH/DIGITALGLOBE

A distância do ponto **B** ao ponto **C** é de 8 km, o ângulo $\hat{A}$ mede 45° e o ângulo $\hat{C}$ mede 75°. Uma maneira de estimar quanto do Delta do Jacuí está sob influência do meio urbano é dada pela distância do ponto $\hat{A}$ ao ponto $\hat{C}$. Essa distância, em km, é:

a) $\frac{8\sqrt{6}}{3}$.

b) $4\sqrt{6}$.

c) $8\sqrt{2} + \sqrt{3}$.

d) $8\left(\sqrt{2} + \sqrt{3}\right)$.

e) $\frac{2\sqrt{6}}{3}$.

191. (Ufal) De um ponto **A**, situado no mesmo nível da base de uma torre, o ângulo de elevação do topo da torre é de 20°. De um ponto **B**, situado na mesma vertical de **A** e 5 m acima, o ângulo de elevação do topo da torre é de 18°. Qual a altura da torre? (Dados: use as aproximações tg 20° $\simeq$ 0,36 e tg 18° $\simeq$ 0,32.)

a) 42 m
b) 43 m
c) 44 m
d) 45 m
e) 46 m

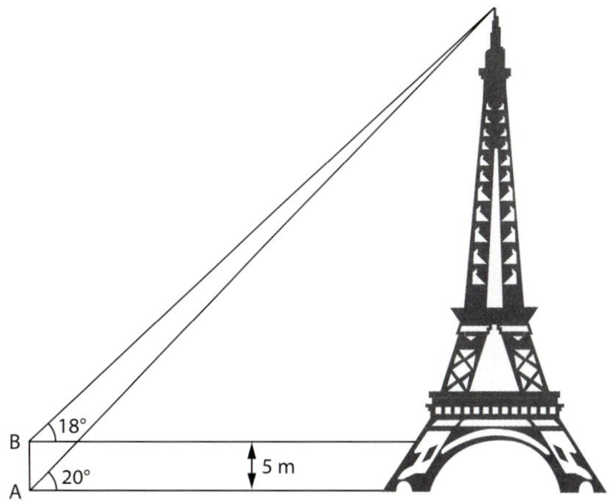

192. (UFPB) Em parques infantis, é comum encontrar um brinquedo, chamado escorrego, constituído de uma superfície plana inclinada e lisa (rampa), por onde as crianças deslizam, e de uma escada que dá acesso à rampa. No parque de certa praça, há um escorrego, apoiado em um piso plano e horizontal, cuja escada tem 2 m de comprimento e forma um ângulo de 45° com o piso; e a rampa forma um ângulo de 30° com o piso, conforme ilustrado na figura abaixo.

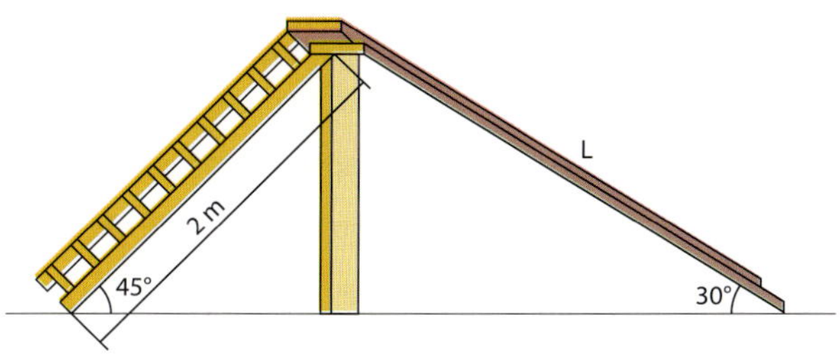

De acordo com essas informações, é correto afirmar que o comprimento (**L**) da rampa é de:

a) $\sqrt{2}$ m.
b) $2\sqrt{2}$ m.
c) $3\sqrt{2}$ m.
d) $4\sqrt{2}$ m.
e) $5\sqrt{2}$ m.

193. (UFPB) A prefeitura de certa cidade vai construir, sobre um rio que corta essa cidade, uma ponte que deve ser reta e ligar dois pontos, **A** e **B**, localizados nas margens opostas do rio. Para medir a distância entre esses pontos, um topógrafo localizou um terceiro ponto, **C**, distante 200 m do ponto **A** e na mesma margem do rio onde se encontra o ponto **A**. Usando um teodolito (instrumento de precisão para medir ângulos horizontais e ângulos verticais, muito empregado em trabalhos topográficos), o topógrafo observou que os ângulos $A\hat{C}B$ e $B\hat{A}C$ mediam, respectivamente, 30° e 105°, conforme ilustrado na figura abaixo.

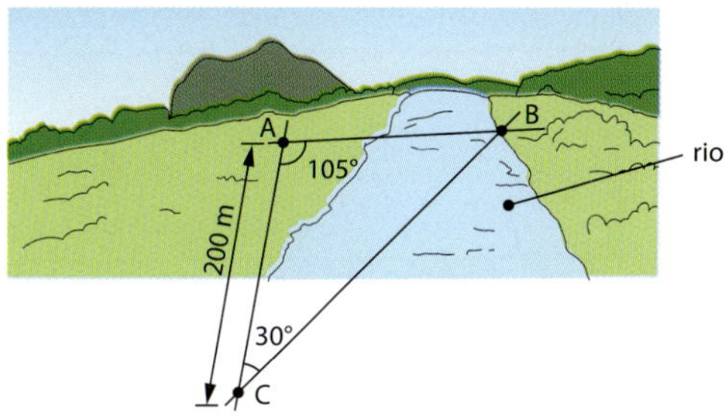

Com base nessas informações, é correto afirmar que a distância, em metros, do ponto **A** ao ponto **B** é de:

a) $200\sqrt{2}$.
b) $180\sqrt{2}$.
c) $150\sqrt{2}$.
d) $100\sqrt{2}$.
e) $50\sqrt{2}$.

194. (UFRN) Para medir a altura de uma árvore, da qual não podia aproximar-se, um ambientalista colocou, a certa distância dessa árvore, um cavalete de 1 m de altura e observou seu ponto mais alto, segundo um ângulo de 30°. Aproximando-se mais 10 m, observou o mesmo ponto segundo um ângulo de 45°, conforme a figura abaixo.

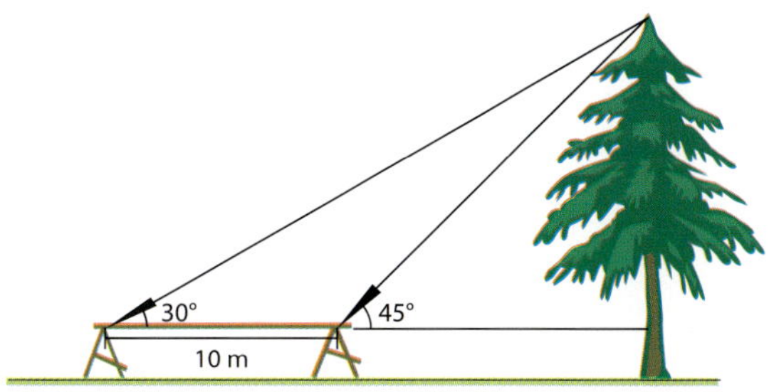

Com esse procedimento, o ambientalista obteve como resultado que a altura da árvore era de:

a) $5\sqrt{3} + 15$.
b) $5\sqrt{3} + 5$.
c) $5\sqrt{3} + 6$.
d) $5\sqrt{3} + 16$.

195. (Vunesp) Uma pessoa se encontra no ponto **A** de uma planície, às margens de um rio, e vê, do outro lado do rio, o topo do mastro de uma bandeira, ponto **B**. Com o objetivo de determinar a altura **h** do mastro, ela anda, em linha reta, 50 m para a direita do ponto em que se encontrava e marca o ponto **C**. Sendo **D** o pé do mastro, avalia que os ângulos $B\hat{A}C$ e $B\hat{C}D$ valem 30°, e o ângulo $A\hat{C}B$ vale 105°, como mostra a figura.

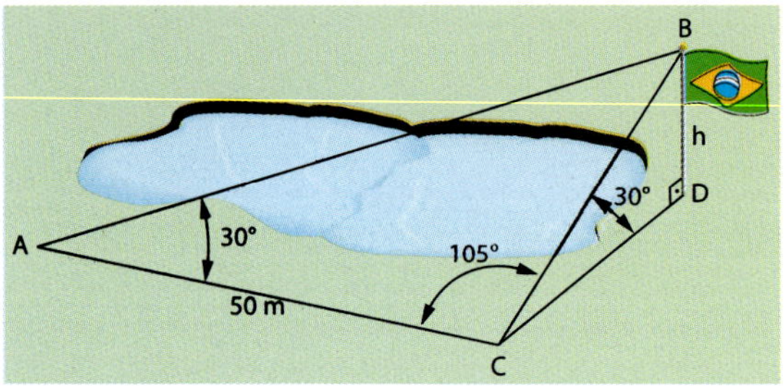

A altura **h** do mastro da bandeira, em metros, é:

a) 12,5.
b) $12{,}5\sqrt{2}$.
c) 25,0.
d) $25{,}0\sqrt{2}$.
e) 35,0.

196. (Ufla-MG) Para levar eletricidade a uma casa foram necessários, em razão de uma série de obstáculos, quatro postes. O topógrafo, também em razão dos obstáculos, mediu ângulos que os fios formam com retas horizontais ou verticais. Mediu, também, as distâncias horizontais entre os postes.

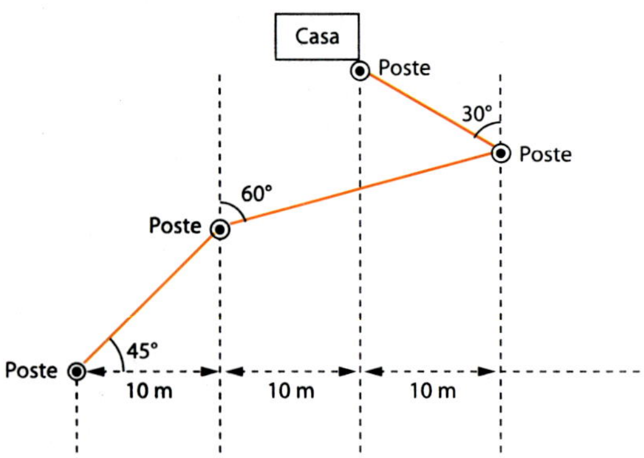

A quantidade de fio necessária para a ligação é:

a) $\left(20 + 10\sqrt{2} + \dfrac{40\sqrt{3}}{3}\right)$ m.
b) $\left(30\sqrt{2}\right)$ m.
c) $\left(30\sqrt{3}\right)$ m.
d) $10\left(\dfrac{\sqrt{2}}{2} + \dfrac{\sqrt{3}}{2} + \dfrac{1}{2}\right)$ m.

197. (UEMG) Na figura abaixo, um fazendeiro (**F**) dista 600 m da base da montanha (ponto **B**). A medida do ângulo $A\hat{F}B$ é igual a 30°.

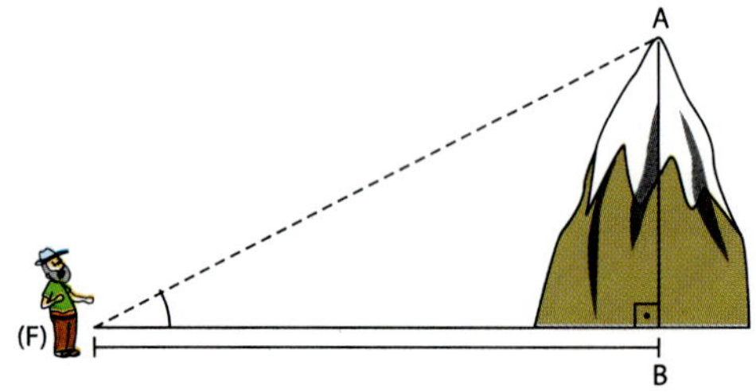

Ao calcular a altura da montanha, em metros, o fazendeiro encontrou a medida correspondente a:

a) $200\sqrt{3}$.
b) $100\sqrt{2}$.
c) $150\sqrt{3}$.
d) $250\sqrt{2}$.

198. (Unimontes-MG) em uma biblioteca pública, deve ser construída uma rampa para acesso a portadores de deficiência. Sabendo-se que a altura da rampa é de 1,5 m e que a inclinação deve ser de 30°, o comprimento da rampa será de:

a) 3 m.
b) 4,5 m.
c) $\sqrt{3}$ m.
d) $\dfrac{\sqrt{3}}{2}$ m.

199. (UFGD-MS) Em um triângulo, os lados são 4, 5 e $\sqrt{61}$, então o valor do maior ângulo é:

a) 90°.
b) 60°.
c) 150°.
d) 120°.
e) 135°.

200. (Fuvest-SP) Para se calcular a altura de uma torre, utilizou-se o seguinte procedimento ilustrado na figura: um aparelho (de altura desprezível) foi colocado no solo, a uma certa distância da torre, e emitiu um raio em direção ao ponto mais alto da torre. O ângulo determinado entre o raio e o solo foi de $\alpha = \dfrac{\pi}{3}$ radianos. A seguir, o aparelho foi deslocado 4 metros em direção à torre e o ângulo então obtido foi de β radianos, com $\text{tg}\,\beta = 3\sqrt{3}$.

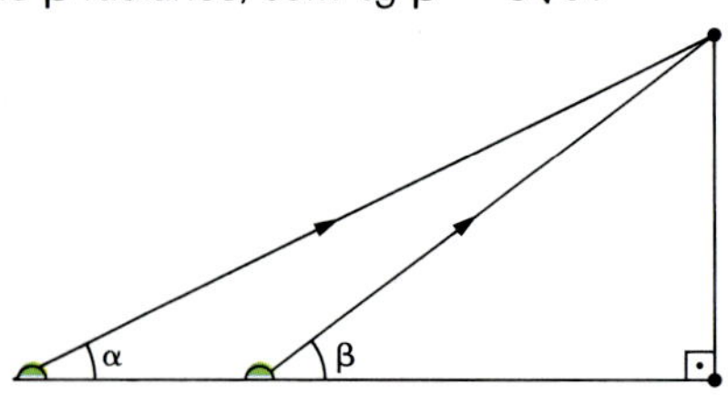

É correto afirmar que a altura da torre, em metros, é:

a) $4\sqrt{3}$.
b) $5\sqrt{3}$.
c) $6\sqrt{3}$.
d) $7\sqrt{3}$.
e) $8\sqrt{3}$.

201. (Cetef-MG) O valor do seno do arco de medida $\frac{19\pi}{3}$ radianos é:

a) $-\frac{\sqrt{3}}{2}$.
b) $-\frac{1}{2}$.
c) $\frac{1}{2}$.
d) $\frac{\sqrt{3}}{2}$.

202. (Cefet-CE) Um ângulo **x** é igual ao seu complemento. Nestas condições:

a) $\text{sen}\ (2x) = 0$.
b) $\text{sen}\left(\frac{x}{2}\right) = 1$.
c) $\text{sen}\ (x + 2k\pi) = \frac{\sqrt{2}}{2}$, $k \in \mathbb{Z}$.
d) $\cos\ (3x) = 0$.
e) $\text{tg}\ x = \sqrt{2}$.

203. (UFRN) Considere a figura abaixo, na qual a circunferência tem raio igual a 1.

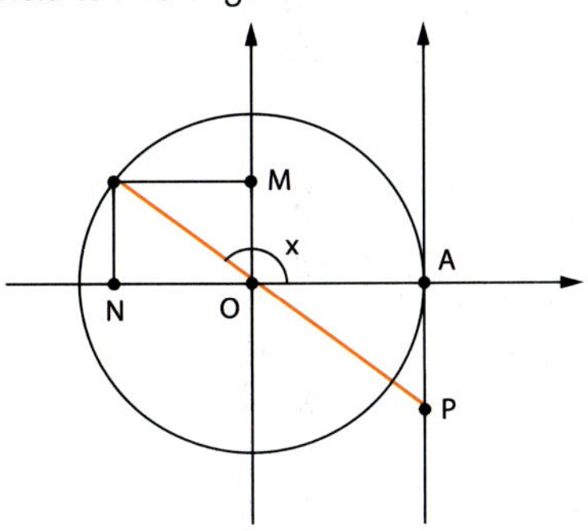

Nesse caso, as medidas dos segmentos $\overline{ON}$, $\overline{OM}$ e $\overline{AP}$, correspondem, respectivamente, a:

a) sen x, sec x e cotg x.
b) cos x, sen x e tg x.
c) cos x, sec x e cossec x.
d) tg x, cossec x e cos x.

204. (Fuvest-SP) No quadrilátero a seguir, $BC = CD = 3$ cm, $AB = 2$ cm, $A\hat{D}C = 60°$ e $A\hat{B}C = 90°$.

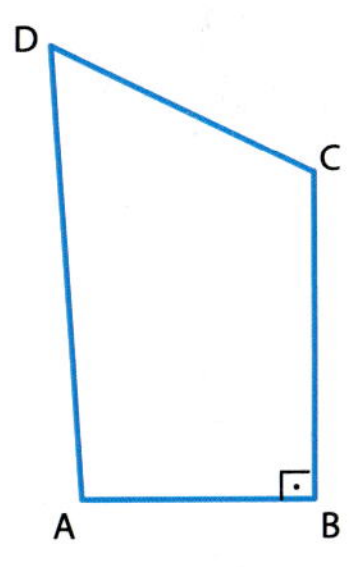

A medida, em cm, do perímetro do quadrilátero é:

a) 11.
b) 12.
c) 13.
d) 14.
e) 15.

205. (UFJF-MG) Seja **x** um número real tal que $0 < x < \frac{\pi}{2}$.
É correto afirmar que:

a) sen x > cos x.
b) cos x > sen x.
c) tg x > cos x.
d) tg x > sen x.
e) sen x > tg x.

206. (UEPB) O valor da expressão

$\text{tg}\ \frac{5\pi}{3} - 3\ \text{tg}\ (-210°)$ é:

a) $\sqrt{3}$.
b) $-2\sqrt{3}$.
c) 0.
d) $-\sqrt{3}$.
e) 3.

207. (UFRB-BA) Um observador visualiza um ponto **P** no alto de um prédio de **h** metros de altura, sob um ângulo de 30° com a horizontal. Aproximando-se do prédio, horizontalmente, 5 metros, a contar de onde estava, o observador passa a ver o ponto sob um ângulo **θ** tal que $\text{tg}\ \theta = \frac{2\sqrt{3}}{5}$. Desprezando a altura do observador, determine $\frac{h}{\sqrt{3}}$.

208. (UFGD-MS) Um dispositivo mecânico pode girar no sentido horário e anti-horário e um contador registra o ângulo, em graus, que mede o quanto o dispositivo girou em relação ao ponto de partida. Se o contador marca um ângulo de 5 000° negativos, o ângulo positivo correspondente é:

a) 32°.
b) 320°.
c) 13°.
d) 40°.
e) 328°.

209. (Furg-RS) Sabendo que

$\frac{\text{cossec}\ (x)}{\text{sec}\ (x)} + \frac{\text{sec}\ (x)}{\text{cossec}\ (x)} = 5$, então o valor de $(\text{sen}\ (x) + \cos\ (x))^2$ é:

a) $\frac{7}{5}$.
b) $\frac{7}{2}$.
c) $\frac{2}{5}$.
d) 1.
e) 2.

210. (IME-RJ) Determine o conjunto solução da equação $\text{sen}^3 x + \cos^3 x = 1 - \text{sen}^2 x \cdot \cos^2 x$.

211. (PUC-RJ) Quantas soluções a equação $\cos\ (2x - 1) = 0$ tem no intervalo [0, 5]? (Lembre que $\pi \simeq 3{,}14$.)

a) 1
b) 2
c) 3
d) 4
e) 5

212. (Ufac) Seja $x \in \mathbb{R} - \left\{\frac{\pi}{2} + k\pi;\ \text{com } k \in \mathbb{Z}\right\}$.
Então, a expressão
$\sec x \cdot \cos x - \text{tg } x \cdot \text{sen } x \cdot \cos x - \cos^2 x$ é igual a:

a) $1 - \text{sen } \pi$.
b) $1 + \cos 3\pi$.
c) $1 - \cos \pi$.
d) $1 + 2 \cos \pi$.
e) $1 - 3 \cos \pi$.

213. (UTFPR) Se $\sqrt{3}\ \sec^2 x + 4 \tan x = 0$, com $x \in \left[-\frac{\pi}{4}, \frac{\pi}{4}\right]$, então cos x vale:

a) $\frac{\sqrt{3}}{2}$.
b) $-\frac{\sqrt{3}}{2}$.
c) $\frac{1}{2}$.
d) $-\frac{1}{2}$.
e) 1.

214. (UFU-MG) Seja **θ** um ângulo agudo tal que $\text{tg}(\theta) = 7$. Então, o valor de $\cos(\theta)$ é igual a: (Sugestão: Lembre-se da relação trigonométrica fundamental.)

a) $\frac{\sqrt{2}}{8}$.
b) $\frac{\sqrt{3}}{4}$.
c) $\frac{\sqrt{2}}{10}$.
d) $\frac{\sqrt{3}}{2}$.

215. (UFJF-MG) Sejam **x** e **y** tal que $y - x = \pi$ e que $\text{sen } x = 2 \cos y$. O valor de tg y é:

a) -2.
b) 2.
c) -1.
d) 1.
e) 4.

216. (UFV-MG) Para **θ**, em radianos, uma solução da equação $4 \cos \theta + 16 \text{ sen}^2 \theta = (2 \cos \theta + 1)^2$ está no intervalo:

a) $\left[\frac{3\pi}{9}, \frac{4\pi}{9}\right)$.
b) $\left[\frac{2\pi}{9}, \frac{3\pi}{9}\right)$.
c) $\left[\frac{\pi}{9}, \frac{2\pi}{9}\right)$.
d) $\left[\frac{4\pi}{9}, \frac{5\pi}{9}\right)$.

217. (Ufscar-SP) Na figura indicada, $0 < \alpha < \frac{\pi}{2}$, **C** é o centro do círculo, $\overline{AB}$ tangencia o círculo no ponto **A**, os pontos **B**, **C** e **D** estão alinhados, assim como os pontos **A**, **C** e **E**.

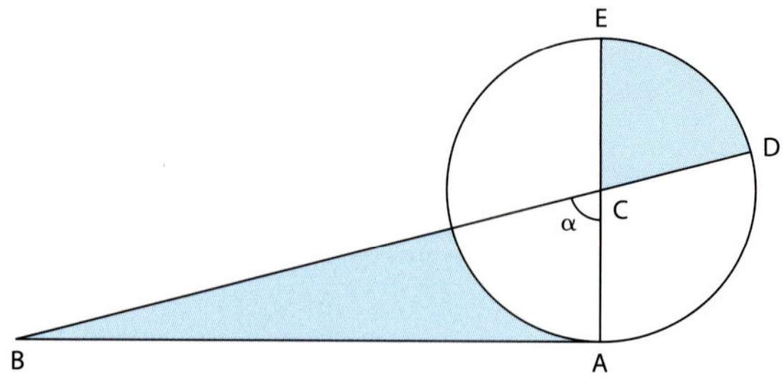

Uma condição necessária e suficiente para que as duas áreas sombreadas na figura sejam iguais é:

a) $\text{tg } \alpha = \alpha$.
b) $\text{tg } \alpha = 2\alpha$.
c) $\text{tg } \alpha = 4\alpha$.
d) $\text{tg } 2\alpha = \alpha$.
e) $\text{tg } \frac{\alpha}{2} = \alpha$.

218. (UERN) O conjunto solução da equação $\text{sen } x \cdot \cos x = \frac{\sqrt{2}}{4}$, para que $x \in [0, 2\pi]$, é:

a) $\left\{\frac{3\pi}{8}, \frac{13\pi}{8}\right\}$.
b) $\left\{\frac{\pi}{4}, \frac{\pi}{2}, \frac{3\pi}{4}, \frac{5\pi}{4}\right\}$.
c) $\left\{\frac{\pi}{8}, \frac{\pi}{4}\right\}$.
d) $\left\{\frac{\pi}{8}, \frac{3\pi}{8}, \frac{9\pi}{8}, \frac{11\pi}{8}\right\}$.

219. (UERN) Considerando-se que $\mathbf{x_1}$ e $\mathbf{x_2}$ são raízes da equação $2 \cos 2x + 1 = 0$ e que pertencem ao intervalo $[0, \pi]$, pode-se afirmar que $x_1 + x_2$ é igual a:

01) $\frac{\pi}{3}$.
02) $\frac{2\pi}{3}$.
03) $\frac{3\pi}{4}$.
04) π.

220. (UEA-AM) Na equação $\cos^2 x + \cos x = 2$ o valor de **x** é:

a) $\{2k\pi, k \in \mathbb{Z}\}$.
b) $\{k\pi, k \in \mathbb{Z}\}$.
c) $\{0, \pi, 2\pi\}$.
d) $\{0, -\pi\}$.
e) $\{0, \pi\}$.

221. (UFBA) Sendo **x** a medida de um arco, em radianos, determine as soluções da equação
$4 \cos^2\left(\frac{\pi}{4}\right) \cos x \cdot \text{sen}\left(\frac{\pi}{2} - x\right) - \cos(x + 7\pi) + \text{sen}\left(\frac{11\pi}{2}\right) = 0$ que pertencem ao intervalo $[-6, 8]$.

222. (Fuvest-SP) Sejam **x** e **y** dois números reais, com $0 < x < \frac{\pi}{2}$ e $\frac{\pi}{2} < y < \pi$, satisfazendo $\text{sen } y = \frac{4}{5}$ e $11 \text{ sen } x + 5 \cos(y - x) = 3$. Nessas condições, determine:

a) cos y;
b) sen 2x.

223. (UPE) As raízes da equação $x^2 - 3x + 2 = 0$ são $\text{tg } \alpha$ e $\text{tg } \beta$. Pode-se afirmar que $\text{tg}(\alpha + \beta)$ é igual a:

a) 3.
b) 2.
c) -2.
d) -3.
e) 0.

224. (Furg-RS) Ao sair de um quiosque (em **A**) na praia do Cassino, um turista avista um navio parado (em **N**), sob um ângulo de 30°. Ele caminha em linha reta pela praia, em direção aos Molhes da Barra, e instala seu guarda-sol (em **B**) a 1 500 m do quiosque. Nesse ponto, ele avista o mesmo navio sob um ângulo de 45°, conforme a figura abaixo.

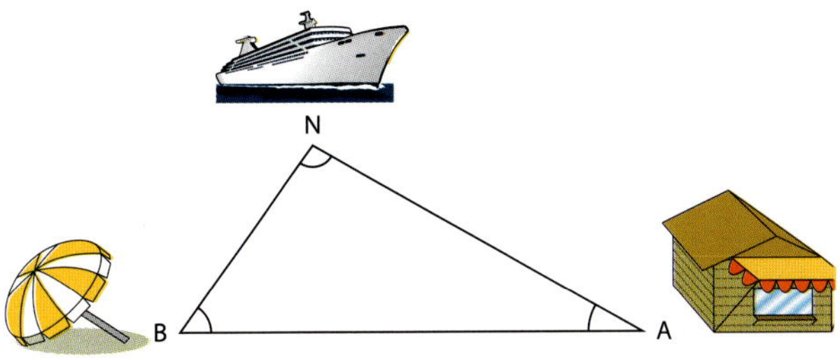

A distância do navio ao guarda-sol, em metros, é de:

a) $1500(\sqrt{3} - 1)$.

b) $750\sqrt{2}$.

c) $750(\sqrt{6} - \sqrt{2})$.

d) $375(\sqrt{6} - \sqrt{2})$.

e) $1500(\sqrt{3} - \sqrt{2})$.

225. (ESCS-DF) Um observador de 1,80 m de altura vê o ponto mais alto de uma torre segundo um ângulo de 25° em relação ao plano horizontal que passa pelos seus olhos. Caminhando 50 m em direção à torre, passa a vê-la sob ângulo de 50°, como está representado no esquema abaixo.

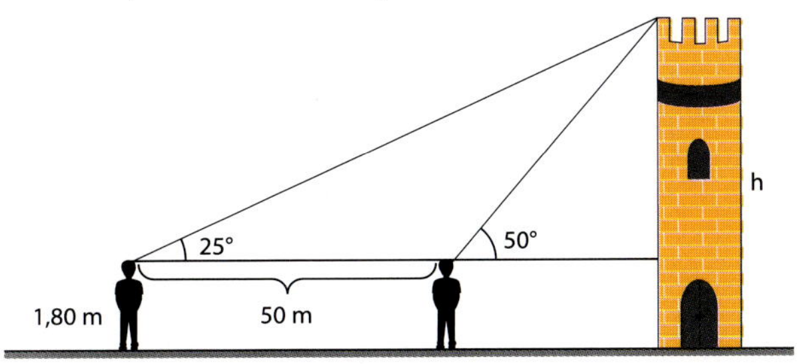

Sabendo que o seno de 25° é igual a 0,42 e que o cosseno de 2° é igual a 0,91, a altura **h** da torre em relação ao solo é de, aproximadamente:

a) 44 m.

b) 42 m.

c) 40 m.

d) 38 m.

e) 36 m.

226. (ITA-SP) Calcule $\left(\cos^2 \frac{\pi}{5} - \text{sen}^2 \frac{\pi}{5}\right) \cos \frac{\pi}{10} - 2 \,\text{sen}\, \frac{\pi}{5} \cos \frac{\pi}{5} \,\text{sen}\, \frac{\pi}{10}$.

227. (Ufpel-RS) Na figura abaixo, considere $\text{sen}\,(2\alpha) = \frac{4}{5}$.

Nessas condições, o valor de **h**, em cm, é:

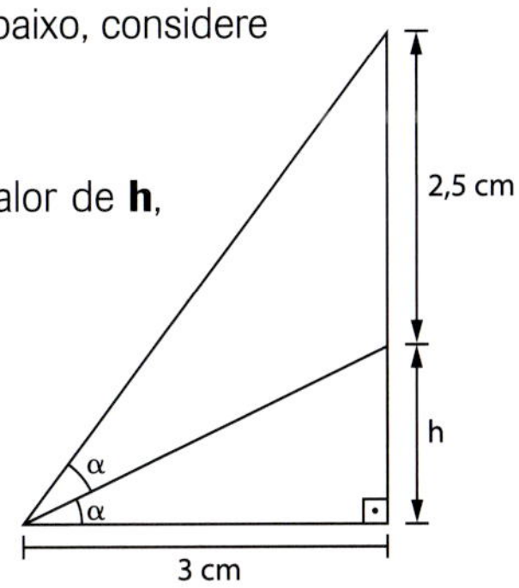

a) $\frac{3}{2}$.

b) 2.

c) $\frac{5}{2}$.

d) $\frac{7}{2}$.

e) $\sqrt{10}$.

f) I.R.

228. (UFSC) Assinale a(s) proposição(ões) correta(s).

01) A equação sen 2x + cos x = 0 admite 4 soluções no intervalo $[0, 3\pi]$.

02) Um antigo mapa escondido embaixo de uma rocha continha as seguintes instruções para se encontrar uma panela de moedas de ouro enterrada pelos tropeiros naquela região: a partir da rocha ande 4 km, em linha reta, no sentido leste-oeste. Depois disso, gire 60° para norte e caminhe, em linha reta, 3 km. A menor distância entre o local onde está enterrada a panela de moedas de ouro e a rocha onde estava escondido o mapa é de aproximadamente 6 km.

04) O valor numérico de **y** na expressão $y = \frac{\text{tg}\, 240° + \cos 330°}{\text{sen}\, 870° - \sec 11\pi}$ é $\sqrt{3}$.

08) Se $\sec x = -\sqrt{5}$ e $x \in \left(\pi, \frac{3\pi}{2}\right)$, então tg x + cotg x é igual a $\frac{3}{2}$.

229. (UFT-TO) Se $\text{sen}\, \theta = \frac{5}{13}$ e $\theta \in \left[\frac{3\pi}{4}, \pi\right]$, então o valor de tg (2θ) é:

a) $-\frac{12}{13}$.

b) $-\frac{120}{119}$.

c) $\frac{120}{119}$.

d) 1.

e) $\frac{\sqrt{3}}{3}$.

230. (Ufal) Quantas soluções a equação trigonométrica $\text{sen}^4 x - \cos^4 x = \frac{1}{2}$ admite no intervalo fechado com extremos 0 e 35π?

a) 66. b) 68. c) 70. d) 72. e) 74.

231. (Ufop-MG) Sendo $1 + a = \text{tg}\, \theta$, marque a alternativa que representa a expressão de sen 2θ em função de **a**.

a) $\frac{-2a - a^2}{2 + 2a + a^2}$

b) $\frac{2 + 2a}{-2a - a^2}$

c) $\frac{2 + 2a}{2 + 2a + a^2}$

d) $\frac{1 + a}{\sqrt{2 + 2a + a^2}}$

232. (Ufla-MG) No triângulo retângulo ABC o segmento $\overline{BH}$ é a bissetriz do ângulo $\hat{B}$. O segmento $\overline{HA}$ mede:

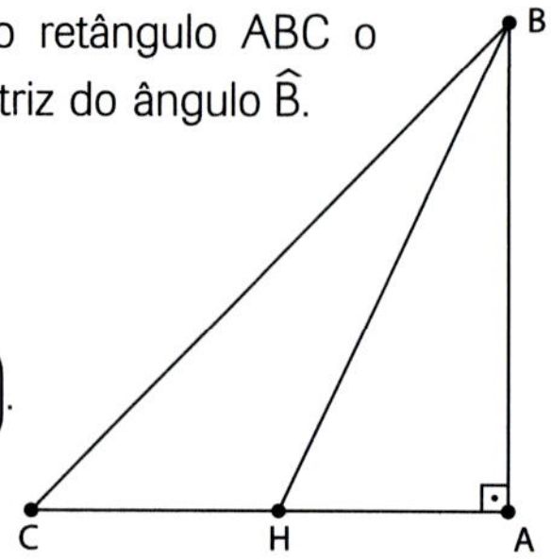

a) $\dfrac{AC}{2}$.

b) $BC \cos(\hat{C}) \operatorname{cotg}\left(\dfrac{\hat{B}}{2}\right)$.

c) $BC \operatorname{sen}(\hat{C}) \operatorname{tg}\left(\dfrac{\hat{B}}{2}\right)$.

d) $\sqrt{(BC)^2 - (AB)^2 - (CH)^2}$.

233. (Ucpel-RS) Sabendo que sen 30° $= \dfrac{1}{2}$, então pode-se afirmar que sen 15° · cos 15° é:

a) $\dfrac{1}{4}$. c) $\dfrac{3}{4}$. e) $\dfrac{1}{2}$.

b) $\dfrac{2}{3}$. d) $\dfrac{3}{2}$.

234. (UEL-PR) Se $\cos(2x) = \dfrac{1}{3}$, em que $x \in (0, \pi)$, então o valor de $y = \dfrac{\operatorname{sen}(3x) - \operatorname{sen}(x)}{\cos(2x)}$ é:

a) -1. d) $\dfrac{2\sqrt{3}}{3}$.

b) $\dfrac{\sqrt{3}}{3}$. e) 1.

c) $\dfrac{3}{\sqrt{3}}$.

235. (UFGD-MS) Um observador está na janela de um apartamento e vê um edifício vizinho que fica a 20 m a sua frente. O observador está no ponto **O**, como na figura abaixo, que fica a uma altura de 20 m do solo. Sabendo-se que ele pode medir o ângulo de visão do ponto mais baixo **A** até o topo **B** do prédio vizinho e este ângulo mede $\theta = 105°$, a altura do prédio vizinho é:

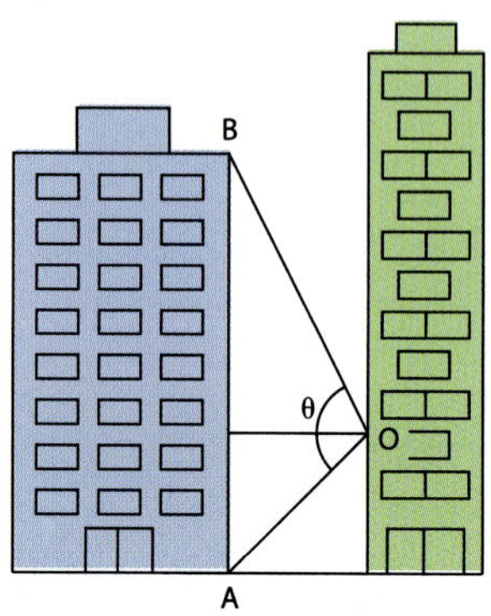

a) $\left(\sqrt{3} + 20\right)$ m. d) 30 m.

b) $20\sqrt{3}$ m. e) $\left(20\sqrt{3} + 10\right)$ m.

c) $20\left(\sqrt{3} + 1\right)$ m.

236. (UFSJ-MG) Analise o gráfico da função trigonométrica apresentado a seguir.

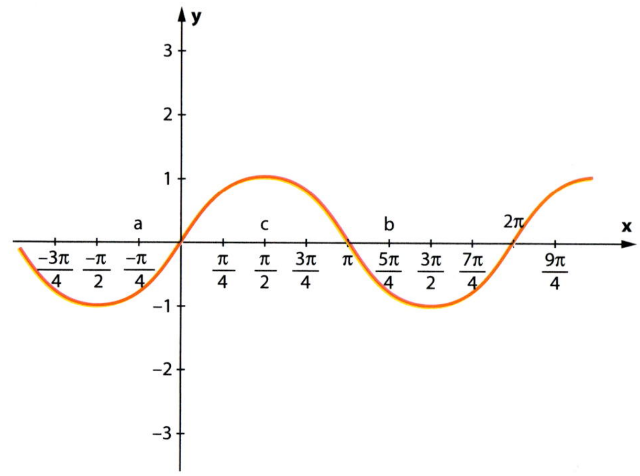

A respeito dessa função, é correto afirmar que:

a) sen a = sen b.

b) sen b > sen c.

c) o período dessa função é π.

d) trata-se da função cosseno.

237. (UFSM-RS)

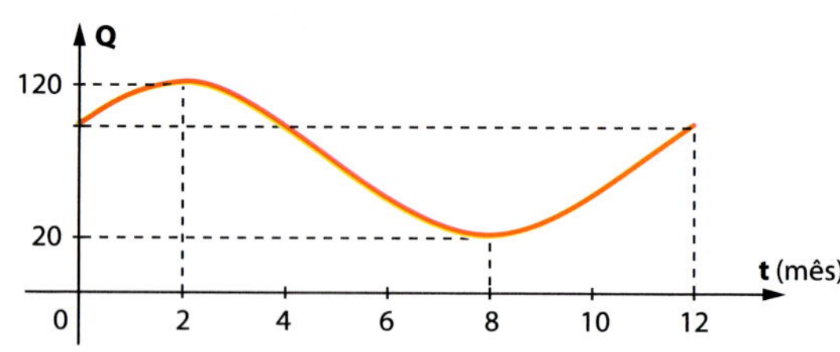

O gráfico mostra a quantidade de animais que uma certa área de pastagem pode sustentar ao longo de 12 meses. Propõe-se a função $Q(t) = a\,\operatorname{sen}(b + ct) + d$ para descrever essa situação. De acordo com os dados, Q(0) é igual a:

a) 100. b) 97. c) 95. d) 92. e) 90.

238. (Ufam) *O Encontro das Águas* é um fenômeno que acontece na confluência entre o rio Negro, de água negra, e o rio Solimões, de água barrenta. É uma das principais atrações turísticas da cidade de Manaus. As águas dos dois rios correm lado a lado sem se misturar por uma extensão de mais de 6 km. Esse fenômeno acontece em decorrência da diferença de temperatura e densidade dessas águas, além da diferença de velocidade das correntezas.

Uma equipe de pesquisadores da Ufam mediu a temperatura (em °C) da água no *Encontro das Águas* durante dois dias, em intervalos de 1 hora.
A medição começou a ser feita às 2 horas do primeiro dia ($t = 0$) e terminou 48 horas depois ($t = 48$). Os dados resultam na função
$F(t) = 24 + 8\ \text{sen}\left(\frac{3\pi}{2} + \frac{\pi}{12}t\right)$, em que **t** indica o tempo (em horas) e $F(t)$ a temperatura (em °C) no instante **t**.
A temperatura máxima e o horário em que essa temperatura ocorreu são respectivamente:

a) 28 °C e 11:00h.
b) 29 °C e 12:00h.
c) 30 °C e 13:00h.
d) 31 °C e 15:00h.
e) 32 °C e 14:00h.

239. (UFPA) Se $y = a + \cos(x + b)$ tem como gráfico

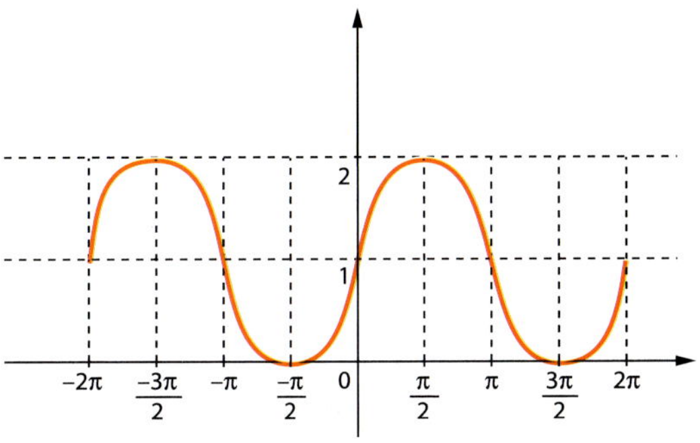

podemos afirmar que:

a) $a = 2, b = \frac{\pi}{2}$.
b) $a = 1, b = -\frac{\pi}{2}$.
c) $a = 2, b = -\frac{\pi}{2}$.
d) $a = 1, b = \frac{\pi}{2}$.
e) $a = 0, b = 0$.

240. (UFPE) Considere a função **f**, com domínio e contradomínio o conjunto dos números reais, dada por $f(x) = \sqrt{3}\cos x - \text{sen}\ x$, que tem parte de seu gráfico esboçado a seguir.

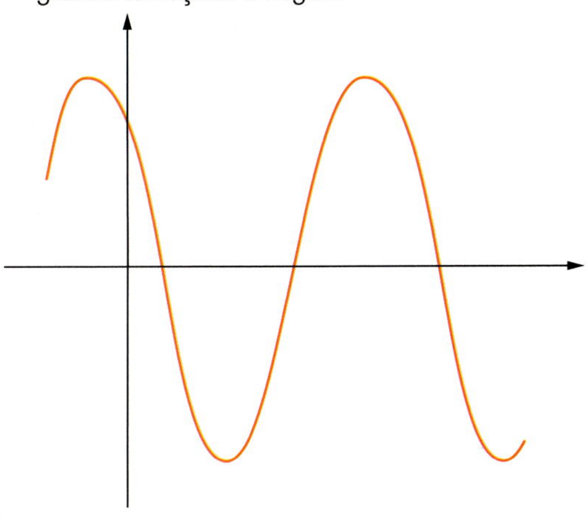

Analise a veracidade das afirmações seguintes acerca de **f**.

0-0) $f(x) = 2 \cdot \text{sen}\left(x + \frac{\pi}{6}\right)$, para todo **x** real.
1-1) **f** é periódica com período 2π.
2-2) As raízes de $f(x)$ são $-\frac{\pi}{6} + 2k\pi$, com **k** inteiro.
3-3) $f(x) \geq -\sqrt{3}$, para todo **x** real.
4-4) $f(x) \leq 2$, para todo **x** real.

241. (UFG-GO) O horário do nascer e do pôr do sol depende de diversos fatores, especialmente da latitude do observador e do dia do ano (posição da Terra ao longo de sua órbita em torno do Sol). No início do verão do hemisfério sul, o tempo em horas, **T**, entre o nascer e o pôr do sol, para latitudes entre zero e 40 graus sul, pode ser calculado aproximadamente, com erro de alguns minutos, pela função $T = 12 + 3{,}31\ \text{tg}(\theta)$, em que θ é a latitude do local.
Tendo em vista estas informações, no dia que marca o início do verão, qual é, aproximadamente, a diferença entre o total de horas de sol na cidade de Porto Alegre, cuja latitude é de 30 graus sul, e na cidade de Macapá, que está sobre a linha do equador?

a) 1 hora e 24 minutos
b) 1 hora e 40 minutos
c) 1 hora e 54 minutos
d) 3 horas e 20 minutos
e) 3 horas e 31 minutos

242. (UFMS) Seja uma função trigonométrica definida por $F(x) = 2\cos\left(2x + \frac{\pi}{4}\right)$, onde $x \in \mathbb{R}$ (conjunto dos números reais).
Assinale a(s) afirmação(ões) correta(s).

(001) O ponto $\left(0, \sqrt{2}\right)$ pertence ao gráfico da função **F**.
(002) A imagem da função **F** é o intervalo fechado $[-1, 1]$.
(004) A função **F** tem duas raízes no intervalo fechado $[0, \pi]$.
(008) Os valores mínimos de **F** são assumidos em $x = \frac{3\pi}{8} + k\pi$, com **k** inteiro.
(016) Os valores máximos de **F** são assumidos em $x = \frac{\pi}{4} + k\pi$, com **k** inteiro.

243. (UFTM-MG) A função $f(x)$ é expressa por $f(x) = 8 - 4\cos x$. O valor máximo que essa função assume é:

a) 2. b) 4. c) 8. d) 12. e) 16.

244. (Unimontes-MG) O gráfico da função f: IR → IR, dada por f(x) = sen 2x, intercepta um quadrado de lado π, dado pela figura abaixo, em:

a) 3 pontos.
b) 4 pontos.
c) 5 pontos.
d) 6 pontos.

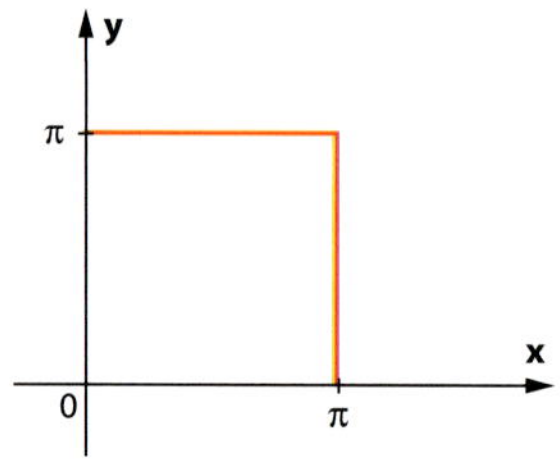

245. (UPE) A figura abaixo representa o gráfico de uma função y = f(x) no intervalo $-\pi \leq x \leq \pi$ correspondente a uma das funções abaixo definidas.

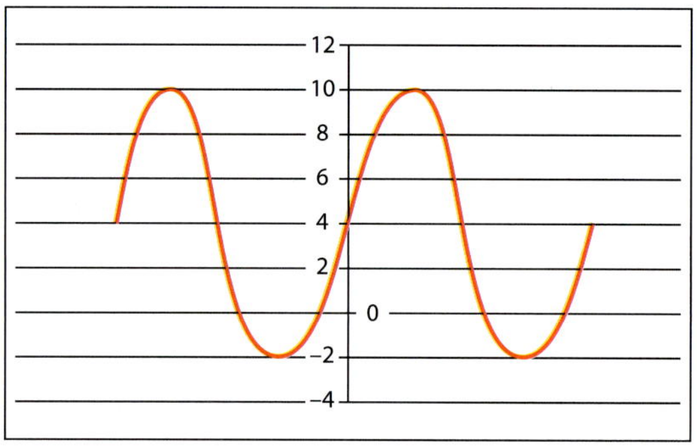

Nestas condições, a função que melhor corresponde a este gráfico é:

a) y = 4 + 4 sen (2x).
b) y = 4 + 5 sen (2x).
c) y = 4 + 6 sen (2x).
d) y = 4 + 5 sen (x).
e) y = 4 + 6 sen (x).

246. (UEPB) Sendo **f** uma função definida por $f(x) = \text{sen}\left(\frac{x}{2}\right)$, $0 \leq x \leq 4\pi$, então f(x) é positiva, quando:

a) $0 < x < 6\pi$.
b) $0 < x < 4\pi$.
c) $-\pi \leq x \leq 2\pi$.
d) $-\pi < x < \pi$.
e) $0 < x < 2\pi$.

247. (Uneal) A expressão $P(t) = 105 - 25\cos\left(\frac{8\pi}{3}t\right)$ representa a variação da pressão sanguínea **P**, em milímetros de mercúrio, de uma pessoa, em função do tempo **t**, em segundos. Sabe-se que a função é periódica, sendo que cada período equivale a um batimento cardíaco. Assinale a alternativa que aponta a(s) correta(s).

I) O intervalo de tempo de um batimento cardíaco (um período completo) é de 0,75 segundos.
II) O número de batimentos cardíacos por minuto (bpm), dessa pessoa, é de 80 bpm.
III) No intervalo de 1,125 segundo a 1,5 segundo, a função **P** é crescente.

a) Apenas I.
b) Apenas II.
c) Apenas I e II.
d) Apenas I e III.
e) Apenas II e III.

248. (Uespi) Um pistão realiza um movimento periódico ao interior de um cilindro, percorrendo 18 cm na subida e 18 cm na descida, tal que cada oscilação completa de 36 cm (subida e descida) é realizada pelo pistão em $\frac{1}{80}$ minuto.
Considerando que, no instante inicial, o pistão está subindo e que sua cabeça está a 9 cm da base do cilindro, a função que descreve a altura h(t) atingida pela cabeça do pistão, em relação à base, em função do tempo **t**, em minutos, é:

01) $h(t) = 18\cos(60\pi t)$.
02) $h(t) = 18\,\text{sen}(60\pi t)$.
03) $h(t) = 9\,\text{sen}(60\pi t)$.
04) $h(t) = 9\cos(120\pi t)$.
05) $h(t) = 9\,\text{sen}(120\pi t)$.

249. (UEPG-PR) Em relação às funções $f(x) = \text{sen}\left(2x - \frac{\pi}{2}\right)$ e $g(x) = 3 + 2\cos 6x$, assinale o que for correto.

01) O período de g(x) é 3π.
02) A imagem de g(x) é [1, 5].
03) $f(-\pi) = -1$.
08) $g\left(f\left(\frac{\pi}{4}\right)\right) = 3$.
16) O período de f(x) é π.

250. (Furg-RS) A função $N(t) = 308 - 280\cos\left(\frac{\pi}{6}t\right)$ representa o número de casos de uma doença em certa região, em função do tempo **t**, em meses. Então, é correto afirmar:

a) Inicialmente, o número de pessoas doentes é 308.
b) O número máximo de casos ocorre quando t = 3.
c) O período da função **N** é 6.
d) O menor valor de **N** é 28.
e) O número de casos varia de 308 a 588.

251. (UEA-AM) A imagem da função $f(x) = \sqrt{1 - \cos^2 x}$ é o conjunto:

a) [−1, 1[.
b) [−1, 1].
c)]0, 1[.
d) [0, 1].
e) [−1, 0[.

252. (UFPA) Uma partícula inicia um movimento oscilatório harmônico ao longo de um eixo ordenado, de amplitude igual a 5 unidades e centrado na origem, de modo que a sua posição pode ser descrita, em função do tempo em segundos, pela função $f(t) = 5\cos(t)$. Ao mesmo tempo, uma outra partícula inicia um movimento também harmônico, centrado em 3, de amplitude igual a 1 e com o dobro da frequência da primeira partícula, de modo que sua posição é descrita pela função $g(t) = \cos(2t) + 3$.
Acerca da posição relativa das duas partículas, é correto afirmar que:

a) elas se chocarão no instante $t = \frac{\pi}{3}$ s.

b) elas se chocarão no instante $t = \frac{\pi}{4}$ s.

c) elas se chocarão no instante $t = \frac{\pi}{6}$ s.

d) elas se chocarão no instante $t = 3$ s.

e) elas não se chocarão.

253. (UFPA) Um fabricante produz telhas senoidais como a da figura abaixo.

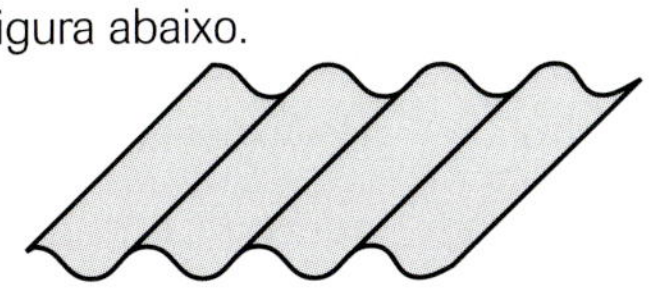

Para a citação do molde da telha a ser fabricada, é necessário fornecer a função cujo gráfico será a curva geratriz da telha. A telha padrão produzida pelo fabricante possui por curva geratriz o gráfico da função $y = \text{sen } x$ (veja detalhe na figura abaixo).

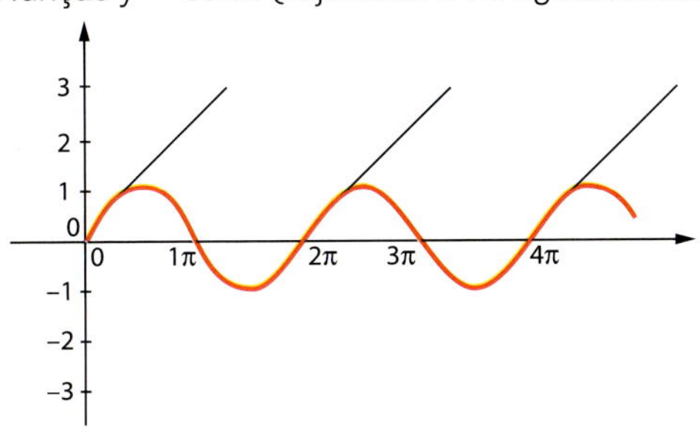

Um cliente solicitou então a produção de telhas que fossem duas vezes "mais sanfonadas" e que tivessem o triplo da altura da telha padrão, como na figura abaixo.

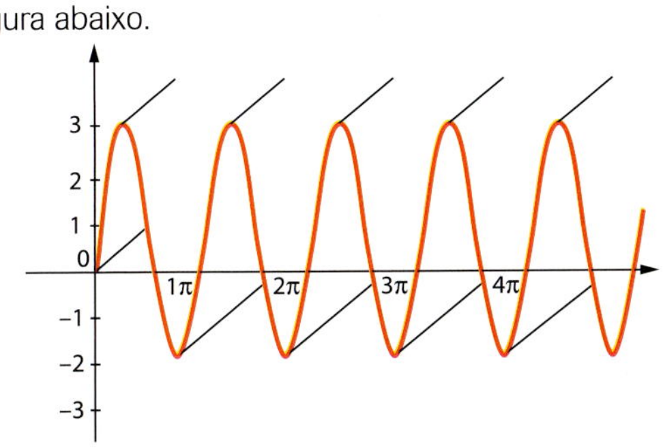

A curva geratriz dessa nova telha será então o gráfico da função:

a) $y = 3\text{ sen}\left(\frac{1}{2}x\right)$.

b) $y = 3\text{ sen}(2x)$.

c) $y = 2\text{ sen}\left(\frac{1}{3}x\right)$.

d) $y = \frac{1}{3}\text{ sen}\left(\frac{1}{2}x\right)$.

e) $y = 2\text{ sen}(3x)$.

254. (Vunesp) Num determinado ambiente convivem duas espécies que desempenham o papel de predador (**C**) e de presa (**H**). As populações dessas espécies, em milhares de indivíduos, são dadas pelas seguintes equações:

$$C(t) = 1 + \frac{1}{2}\cos\left(\sqrt{2}t + \frac{\pi}{4}\right)$$

$$H(t) = 1 + \frac{1}{2\sqrt{2}}\text{ sen}\left(\sqrt{2}t + \frac{\pi}{4}\right)$$

onde **t** é o tempo em meses. Determine qual a duração do ciclo de crescimento e decrescimento das populações, isto é, a cada quanto tempo as populações voltam, simultaneamente, a ter as mesmas quantidades de indivíduos de $t = 0$.

255. (UFU-MG) Dois balões de ar **A** e **B**, com volumes iniciais de 6 m^3 e 3 m^3, respectivamente, são inflados e esvaziados continuamente. As funções que determinam os volumes desses balões, em m^3, são $f(t) = 3\cos(t) + 3$, para o balão **A** e $g(t) = -3\text{ sen}(t) + 3$ para o balão **B**. Se o tempo é medido em minutos, marque, para as afirmativas abaixo, (**V**) Verdadeira, (**F**) Falsa ou (**SO**) Sem Opção.

1) ( ) O volume do balão **A** é sempre maior que o volume do balão **B**.

2) ( ) A partir do tempo $t = 0$, o balão **B** se esvazia totalmente antes do que o balão **A**.

3) ( ) Existe um instante de tempo t_0, com $0 < t_0 < \pi$, no qual o volume dos dois balões são iguais.

4) ( ) O volume máximo do balão **B** é 3 m^3.

Geometria espacial

Geometria espacial de posição

Uma reta fica determinada por dois pontos distintos.

Um plano fica determinado por:

- três pontos não colineares;
- duas retas paralelas distintas;
- duas retas concorrentes;
- uma reta e um ponto fora dela.

Posições relativas de duas retas no espaço

- Duas retas no espaço
  - distintas
    - coplanares
      - paralelas
      - concorrentes
        - perpendiculares
        - oblíquas
    - reversas
      - ortogonais
      - não ortogonais
  - coincidentes (paralelas iguais)

Posições relativas de uma reta e um plano no espaço

- Uma reta **r** e um plano α no espaço
  - a reta é paralela ao plano ($r \,/\!/\, \alpha$)
  - a reta está contida no plano ($r \subset \alpha$)
  - a reta intersecta o plano
    - a reta é perpendicular ao plano ($r \perp \alpha$)
    - a reta é oblíqua ao plano ($r \not\perp \alpha$)

Posições relativas de dois planos no espaço

- Dois planos no espaço
  - distintos
    - paralelos
    - secantes
      - perpendiculares
      - oblíquos
  - coincidentes (paralelos iguais)

Poliedros

Relação de Euler: $V - A + F = 2$

Prismas

Paralelepípedo reto retangular

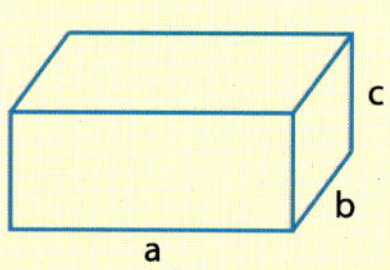

Diagonal: $D = \sqrt{a^2 + b^2 + c^2}$
Área total: $A_t = 2(ab + ac + bc)$
Volume: $V = abc$

Cubo

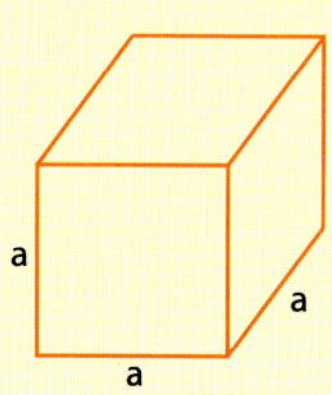

Diagonal: $D = a\sqrt{3}$
Área total: $A_t = 6a^2$
Volume: $V = a^3$

Prismas regulares

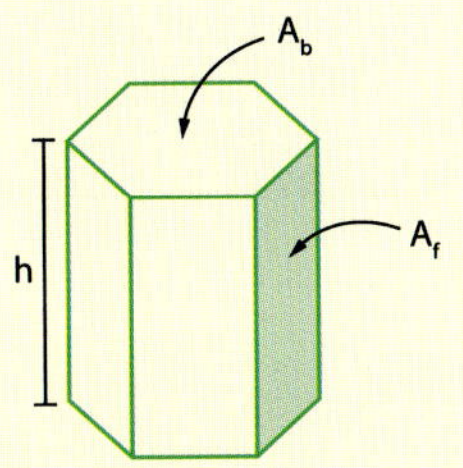

A_b: área da base (polígono de **n** lados)
A_f: área de uma face (retângulo)
h: altura
Área lateral: $A_l = n \cdot A_f$
Área total: $A_t = 2A_b + A_l$
Volume: $V = A_b \cdot h$

Pirâmides

Pirâmide regular

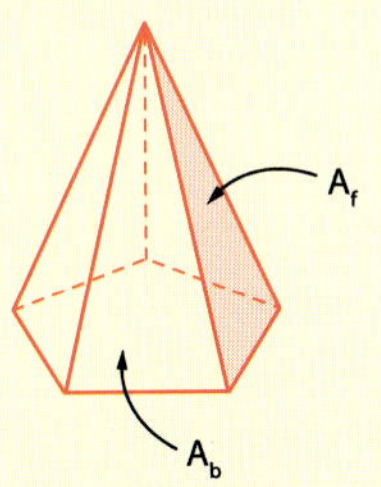

A_b: área da base (polígono de **n** lados)
A_f: área da face (triângulo)
Área lateral: $A_l = n \cdot A_f$
Área total: $A_t = A_b + A_l$
Volume: $V = \dfrac{A_b \cdot h}{3}$

Tronco de pirâmide

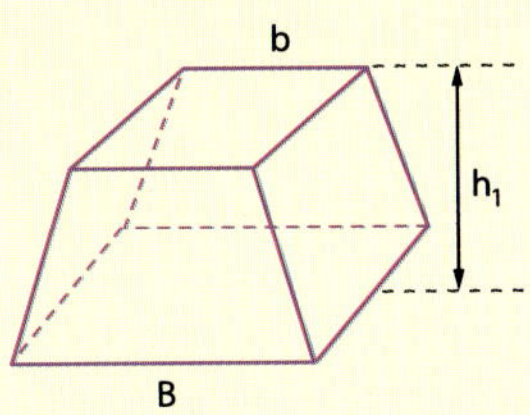

$$V = \frac{h_1}{3}\left(B + \sqrt{Bb} + b\right)$$

Corpos redondos

Cilindro

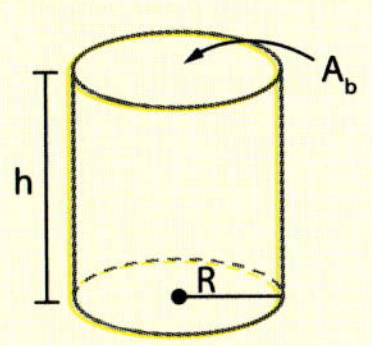

$A_b = \pi R^2$
$A_l = 2\pi Rh$
$A_t = 2\pi R(R + h)$
$V = \pi R^2 h$
Cilindro equilátero: $h = 2R$

Cone

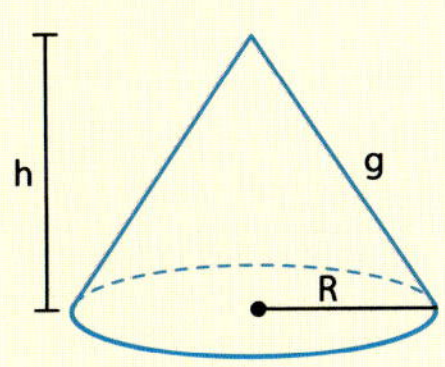

$g^2 = h^2 + R^2$
$A_b = \pi R^2$
$A_l = \pi Rg$
$A_t = \pi R(g + R)$
$V = \dfrac{\pi R^2 h}{3}$
Cone equilátero: $g = 2R$

Ângulo do setor circular que equivale à área lateral: $\alpha = \dfrac{2\pi R}{g}$ (em radianos)

Tronco de cone

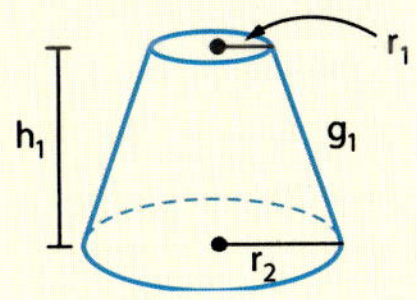

$A_l = \pi g_1(r_1 + r_2)$
$V = \dfrac{\pi h_1}{3}\left(r_1^2 + r_1 r_2 + r_2^2\right)$

Esfera

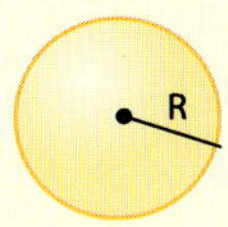

$A = 4\pi R^2$
$V = \dfrac{4}{3}\pi R^3$

Fuso

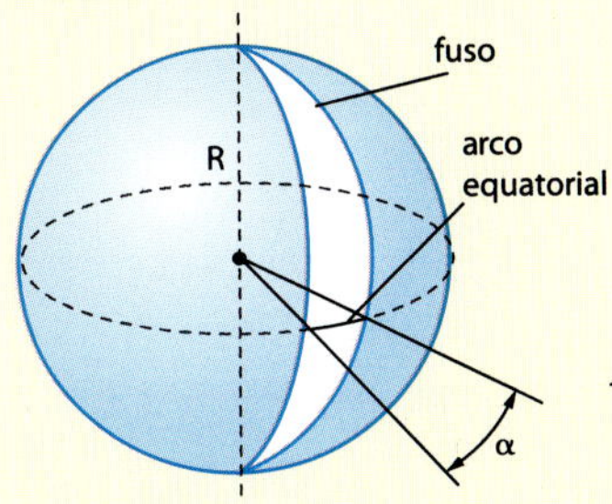

$$\frac{A_{fuso}}{4\pi R^2} = \frac{\alpha_{graus}}{360°} = \frac{\alpha_{rad}}{2\pi}$$

Cunha

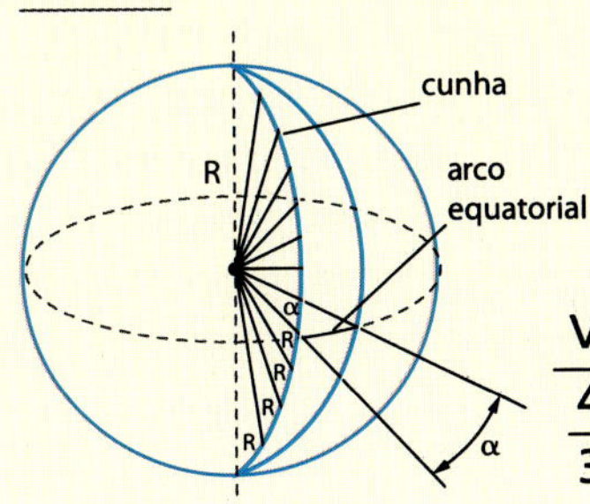

$$\frac{V_{cunha}}{\frac{4}{3}\pi R^3} = \frac{\alpha_{graus}}{360°} = \frac{\alpha_{rad}}{2\pi}$$

Questões de vestibular

256. (UFSJ-MG) Analise as afirmativas apresentadas a seguir.

I) Duas retas reversas podem ser paralelas a um mesmo plano.
II) Dois planos perpendiculares não podem ter uma reta paralela comum.
III) Se uma reta **r** é paralela a um plano **α**, qualquer reta **s**, concorrente com a reta **r**, também será paralela ao plano **α**.
IV) Um reta pode ser perpendicular a dois planos, desde que estes sejam paralelos.

Com base nessa análise, estão corretas apenas as afirmativas:

a) II e III.
b) I e IV.
c) I e II.
d) II, III e IV.

257. (UFMT) Sobre geometria espacial de posição, assinale a afirmativa correta.

a) Se dois planos são paralelos a uma reta, então eles são paralelos entre si.
b) Quatro pontos no espaço determinam quatro planos.
c) Três planos distintos podem se cortar, dois a dois, segundo três retas duas a duas paralelas.
d) A intersecção de dois planos secantes pode ser um único ponto.
e) Duas retas reversas determinam um plano.

258. (Ufam) Se **r** e **s** são duas retas paralelas a um plano α, então:

a) **r** e **s** se interceptam.
b) **r** e **s** são paralelas.
c) **r** e **s** são perpendiculares.
d) **r** e **s** são reversas.
e) nada se pode concluir.

259. (Ufop-MG) Considere as quatro afirmações seguintes:

I) Se dois planos distintos são paralelos a uma mesma reta, então eles são paralelos entre si.
II) Se duas retas distintas são paralelas a um mesmo plano, então elas são paralelas entre si.
III) Se dois planos distintos são perpendiculares a uma mesma reta, então eles são paralelos entre si.
IV) Se duas retas distintas são perpendiculares a um mesmo plano, então elas são paralelas entre si.

A alternativa que contém todas as afirmações corretas é:

a) I, II, III e IV.
b) I e II.
c) III e IV.
d) IV.

260. (UFV-MG) Considere, no espaço, duas retas paralelas e distintas. Uma terceira reta intercepta, em um único ponto, somente umas das retas anteriores. O número de planos que contêm duas das três retas citadas é:

a) 0. b) 1. c) 2. d) 3.

261. (Unimontes-MG) Todas as afirmações a seguir são falsas, exceto:

a) A intersecção de dois planos só pode ser uma reta.
b) Se dois planos são secantes, então eles têm um único ponto em comum.
c) Se a interseção de dois planos não é vazia, então eles são iguais.
d) Se dois planos distintos têm um ponto em comum, então eles são secantes.

262. (Unimontes-MG) Considere dois planos secantes π e α, cuja intersecção é a reta **r**. Esses dois planos dividem o espaço em quatro regiões, cada uma chamada de:

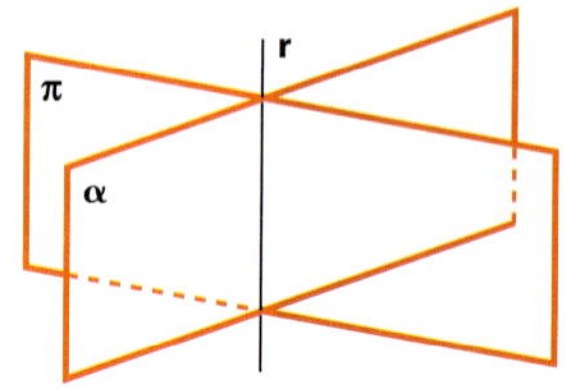

a) triedo.
b) diedro.
c) poliedro.
d) tetraedro.

263. (UEPB) Considere as sentenças:

I) Uma reta perpedicular a uma reta de um plano é perpendicular a esse plano.
II) Uma reta perpendicular a duas retas concorrentes de um plano é perpendicular a esse plano.
III) Dois planos distintos paralelos a uma reta são paralelos entre si,
IV) Se a intersecção entre duas retas é o conjunto vazio, elas são paralelas.

O número de sentenças verdadeiras acima é:

a) zero.
b) quatro.
c) três.
d) dois.
e) um.

264. (Fuvest-SP) Uma pirâmide tem como base um quadrado de lado 1, e cada uma de suas faces laterais é um triângulo equilátero. Então, a área do quadrado, que tem como vértices os baricentros de cada uma das faces laterais, é igual a:

a) $\frac{5}{9}$.
b) $\frac{4}{9}$.
c) $\frac{1}{3}$.
d) $\frac{2}{9}$.
e) $\frac{1}{9}$.

265. (Uerj) A embalagem de papelão de um determinado chocolate, representada na figura abaixo, tem a forma de um prisma pentagonal reto de altura igual a 5 cm.

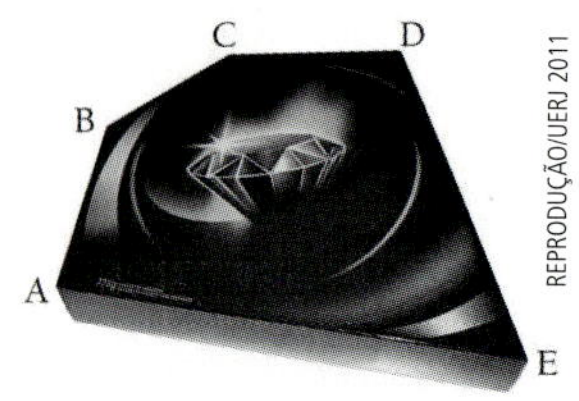

Em relação ao prisma, considere:

- cada um dos ângulos **A**, **B**, **C** e **D** da base superior medindo 120°;
- as arestas AB, BC e CD medindo 10 cm cada.

Considere, ainda, que o papelão do qual é feita a embalagem custa R$ 10,00 por m^2 e que $\sqrt{3} = 1,73$. Na confecção de uma dessas embalagens, o valor, em reais, gasto somente com o papelão é aproximadamente igual a:

a) 0,50.
b) 0,95.
c) 1,50.
d) 1,85.

266. (UEA-AM) A soma das medidas de todas as arestas do cubo mostrado na figura é 24 cm. Sabe-se que os pontos **A** e **B** são pontos médios de duas das arestas desse cubo.

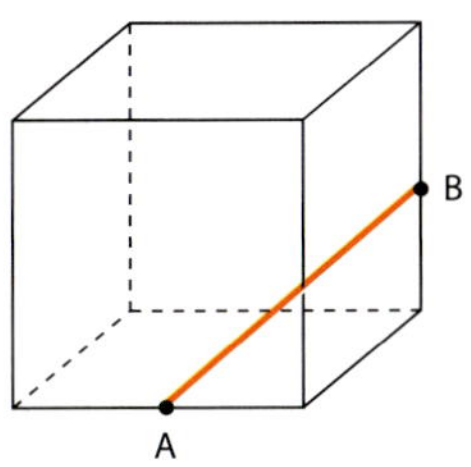

Ligando-se pontos **A** e **B**, conforme indicado na figura, obtém-se o segmento AB, cuja medida, em cm, é:

a) $\sqrt{3}$.
b) $\sqrt{5}$.
c) $\sqrt{6}$.
d) $2\sqrt{3}$.
e) $2\sqrt{6}$.

267. (UFBA) Sendo θ o ângulo formado entre uma diagonal e uma face de um mesmo cubo, determine $\frac{1}{\text{sen}^2\,\theta}$.

268. (Unifei-MG) Determine a área total, em m^2, de um prisma reto de altura 5 m e cuja base é um hexágono regular inscrito num círculo de raio 2 m.

269. (Fuvest-SP) Na figura abaixo, o cubo de vértices **A**, **B**, **C**, **D**, **E**, **F**, **G**, **H** tem lado ℓ. Os pontos **M** e **N** são pontos médios das arestas $\overline{AB}$ e $\overline{BC}$, respectivamente. Calcule a área da superfície do tronco de pirâmide de vértices **M**, **B**, **N**, **E**, **F**, **G** .

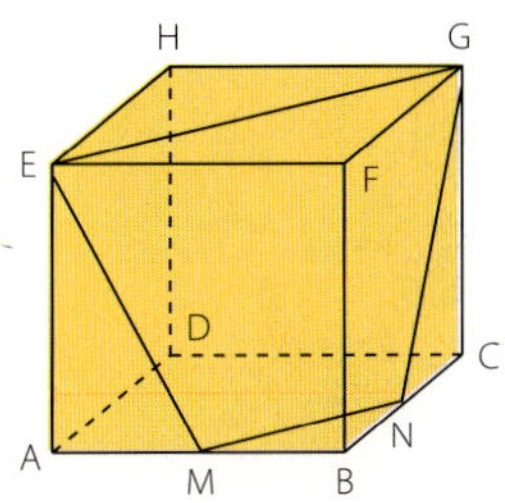

270. (PUC-MG) Uma piscina tem 25 m de largura, 50 m de comprimento, 1,5 m de profundidade na parte mais rasa e 2,5 m na outra extremidade. Seu fundo é um plano inclinado. A partir desses dados, é correto afirmar que o volume dessa piscina, em metros cúbicos, é igual a:

a) 2 000.
b) 2 300.
c) 2 500.
d) 2 800.

271. (PUC-RS) Em Roma, nosso amigo encontrou um desafio:

Dado um cubo de aresta $a = 2\sqrt{3}$, calcule sua diagonal **d**.

O primeiro que acertar o resultado ganha o prêmio de 100d euros.

Tales foi o primeiro a chegar ao resultado correto.

Portanto, recebeu ________ euros.

a) 200
b) 280
c) 300
d) 340
e) 600

272. (UEFS-BA) As áreas das faces de um paralelepípedo reto retângulo são proporcionais a 3, 5 e 15 e a área total é 184 cm^2. A medida da diagonal desse paralelepípedo, em cm, é igual a:

a) $\sqrt{21}$.
b) $\sqrt{30}$.
c) $2\sqrt{21}$.
d) $2\sqrt{30}$.
e) $2\sqrt{35}$.

273. (UEG-GO) Uma rapadura, em geral, é fabricada na forma de paralelepípedo retângulo. Uma dessas rapaduras foi feita com as áreas das faces medindo, respectivamente, 60 cm^2, 90 cm^2 e 216 cm^2. Se essa rapadura for esquentada até derreter, transformando-se em melado, a capacidade mínima, em litros, de um recepiente em que todo o melado pode ser colocado, é de:

a) 1,24.
b) 1,08.
c) 0,96.
d) 0,88.

274. (UEM-PR) Considerando que as medidas, em centímetros, dos lados de um paralelepípedo retângulo são três números inteiros consecutivos, tais que o produto deles é oito vezes a sua soma, assinale a(s) alternativa(s) correta(s).

01) A soma é um múltiplo de 5.

02) O volume do paralelepípedo é 60 cm^3.

04) A área lateral do paralelepípedo é 148 cm^2.

08) O comprimento da maior diagonal do paralelepípedo é 9 cm.

16) Uma das medidas dos lados do paralelepípedo é múltiplo de 3.

275. (UFPE) Uma pirâmide hexagonal regular tem a medida da área da base igual à metade da área lateral. Se a altura da pirâmide mede 6 cm, assinale o inteiro mais próximo do volume da pirâmide, em cm^3.

Dado: use a aproximação $\sqrt{3} \simeq 1{,}73$.

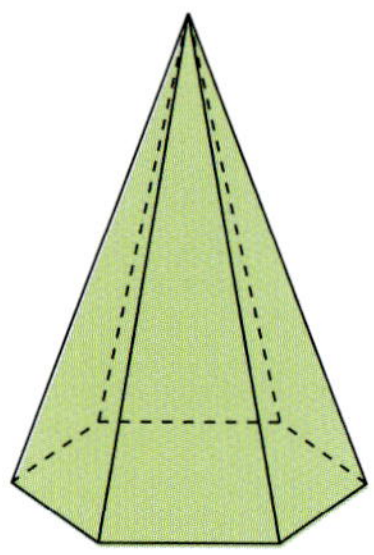

276. (UFU-MG) Um bloco de madeira retangular e sólido mede 30 cm de largura, 20 cm de comprimento e 10 cm de altura e o seu exterior foi colorido de azul. Por meio de cortes paralelos a cada uma de suas faces, esse bloco é inteiramente dividido em cubos de 1 cm de aresta, que são colocados dentro de uma urna.

Considerando essas informações, determine a quantidade de cubos que resultou da divisão desse bloco de madeira.

277. (UFMG) Considere um reservatório, em forma de paralelepípedo retângulo, cujas medidas são 8 m de comprimento, 5 m de largura e 120 cm de profundidade.

Bombeia-se água para dentro desse reservatório, inicialmente vazio, a uma taxa de 2 litros por segundo.

Com base nessas informações, é correto afirmar que, para se encher completamente esse reservatório, serão necessários:

a) 40 min.
b) 240 min.
c) 400 min.
d) 480 min.

278. (UFTM-MG) Uma caixa com a forma de prisma hexagonal regular tem volume $192\sqrt{3}$ cm^3. Sabe-se que a altura dessa caixa é igual à distância entre dois vértices opostos de uma mesma base.

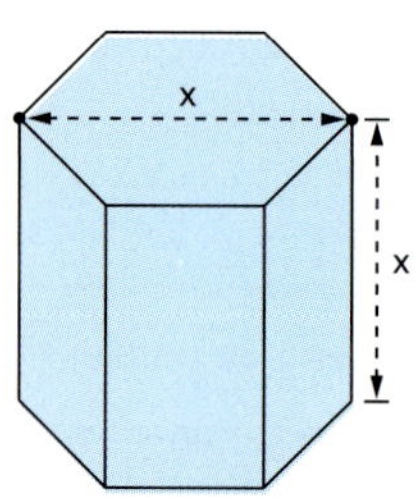

Figura fora de escala.

Assim, a altura da caixa, em centímetros, é igual a:

a) 4. b) 5. c) 6. d) 7. e) 8.

279. (Ufla-MG) Deseja-se construir uma caixa, sem tampa, utilizando uma cartolina de dimensões 20 por 25 centímetros. Para isso, serão cortados quatro quadrados, cada um deles com área igual a 16 centímetros quadrados nos cantos da cartolina. A caixa é obtida dobrando-se as abas resultantes.

Qual é o volume da caixa?

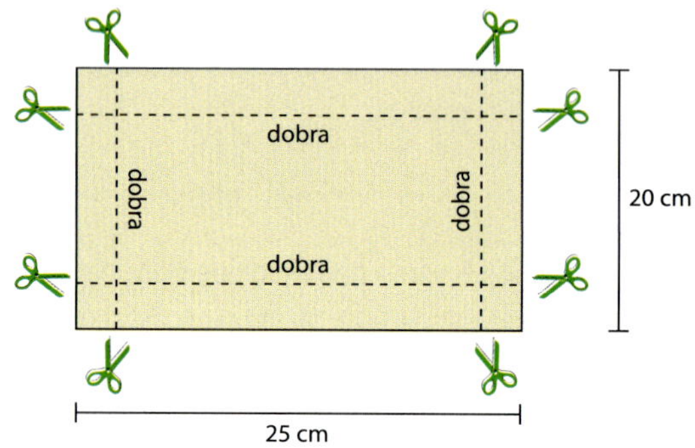

a) 888 cm^3
b) 970 cm^3
c) 816 cm^3
d) 1 010 cm^3

280. (Ufla-MG) O reservatório de água de uma cidade tem dimensões 200 m × 100 m × 5 m.

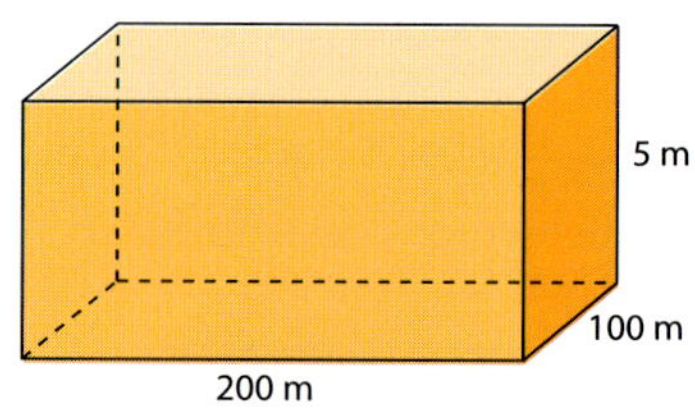

A cidade possui 20 000 casas com um consumo médio por casa de 5 000 litros de água por semana. Sabendo que um metro cúbico equivale a 1 000 litros, o reservatório tem capacidade de armazenamento de água para:

a) 2 semanas.
b) 3 semanas.
c) 1 semana.
d) 4 semanas.

281. (UFF-RJ) Em 1596, em sua obra *Mysterium Cosmographicum*, Johannes Kepler estabeleceu um modelo do cosmos onde os cinco poliedros regulares são colocados um dentro do outro, separados por esferas. A ideia de Kepler era relacionar as órbitas dos planetas com as *razões harmônicas* dos poliedros regulares.

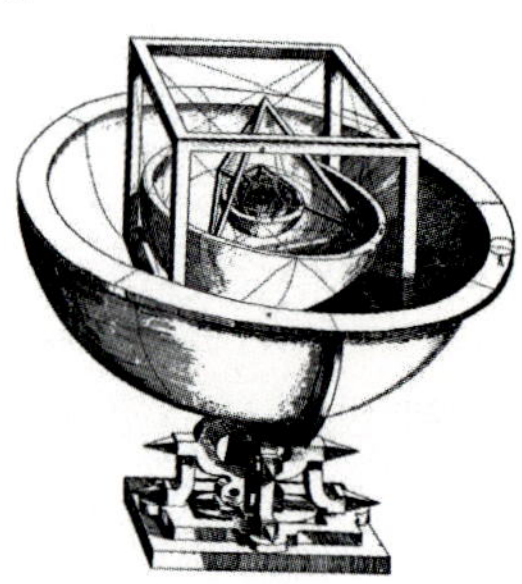

A *razão harmônica* de um poliedro regular é a razão entre o raio da esfera circunscrita e o raio da esfera inscrita no poliedro. A *esfera circunscrita* a um poliedro regular é aquela que contém todos os vértices do poliedro. A *esfera inscrita*, por sua vez, é aquela que é tangente a cada uma das faces do poliedro. A razão harmônica de qualquer cubo é igual a:

a) 1.
b) 2.
c) $\sqrt{2}$.
d) $\sqrt{3}$.
e) $\sqrt[3]{2}$.

282. (Vunesp) É muito comum, nos períodos de verão, faltar água potável em cidades turísticas litorâneas. Para garantir o abastecimento de sua casa, um proprietário construiu uma segunda caixa-d'água com as seguintes medidas úteis: 1 m de comprimento, 0,80 m de largura e 0,70 m de altura. As medidas são idênticas às da caixa anterior, e as duas passaram a trabalhar interligadas. A capacidade total final de armazenamento de água é de:

a) 560 L.
b) 1 120 L.
c) 1 120 cm^3.
d) 11 200 cm^3.
e) 110 000 cm^3.

283. (Vunesp) Com um papelão quadrado de 30 cm de lado, deseja-se construir uma caixa com a forma de paralelepípedo reto retângulo, cortando-se quatro quadrados de seus cantos e fazendo quatro dobras no papelão. Sendo **x** a medida dos lados desses quadrados recortados dos cantos, e **V** o volume em cm^3 dessa caixa, o valor aproximado de **V**, para x = 3 cm, é:

a) 300.
b) 900.
c) 1 700.
d) 2 200.
e) 3 000.

284. (UFBA) Em relação a um prisma pentagonal regular, é correto afirmar:

01) O prisma tem 15 arestas e 10 vértices.
02) Dado um plano que contém uma face lateral, existe uma reta que não intercepta esse plano e contém uma aresta da base.
04) Dadas duas retas, uma contendo uma aresta lateral e outra contendo uma aresta da base, elas são concorrentes ou reversas.
08) A imagem de uma aresta lateral por uma rotação de 72° em torno da reta que passa pelo centro de cada uma das bases é outra aresta lateral.
16) Se o lado da base e a altura do prisma medem, respectivamente, 4,7 cm e 5,0 cm, então a área lateral do prisma é igual a 115 cm^2.

285. (UFRRJ) O sólido representado na figura foi construído com blocos de pedra idênticos, esculpidos em forma de cubos perfeitos e é parte das ameias de um castelo medieval que está sendo pesquisado por um grupo de historiadores.

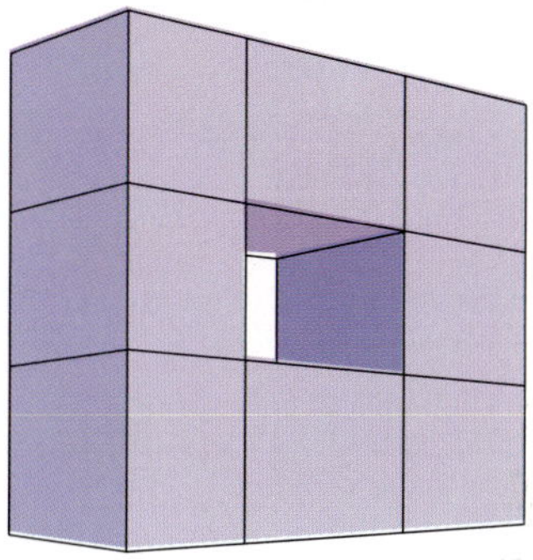

Sabendo que o volume de cada cubo é 8 dm^3, é correto afirmar que a área total do sólido mede:

a) 28 dm^2.
b) 32 dm^2.
c) 112 dm^2.
d) 128 dm^2.
e) 196 dm^2.

286. (Unicamp-SP) Uma caixa-d'água tem o formato de um tronco de pirâmide de bases quadradas e paralelas, como mostra a figura abaixo, na qual são apresentadas as medidas referentes ao interior da caixa.

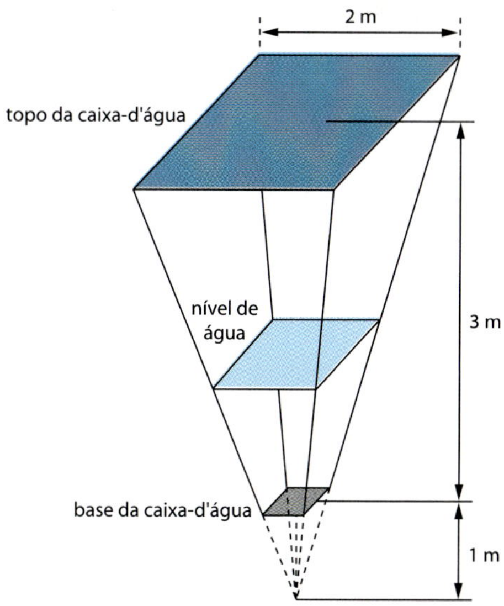

a) Qual o volume total da caixa-d'água?

b) Se a caixa contém $\frac{13}{6}$ m^3 de água, a que altura de sua base está o nível de água?

287. (Unifei-MG) O triângulo da figura ao lado representa a seção meridiana de um cone circular reto. Qual é o volume desse cone? E a sua área total?

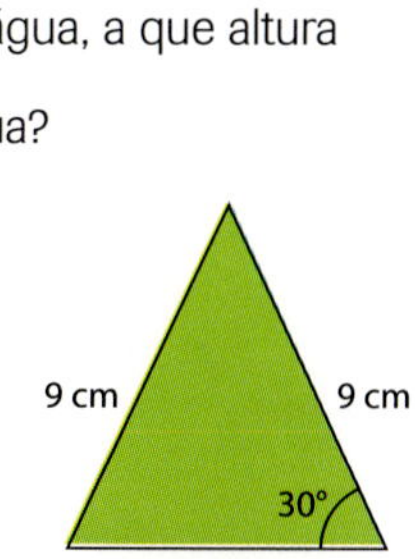

288. (ESPCEX-SP) A figura abaixo representa a planificação de um tronco de cone reto com a indicação das medidas dos raios das circunferências das bases e da geratriz.

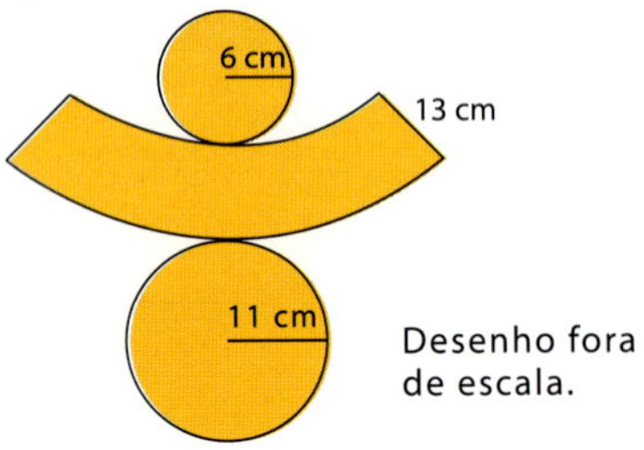

A medida da altura desse tronco de cone é:

a) 13 cm.
b) 12 cm.
c) 11 cm.
d) 10 cm.
e) 9 cm.

289. (ESPM-SP) Um reservatório cilíndrico de 2 m de diâmetro interno contém água até uma determinada altura **h**. Na sua base circular, que está num plano horizontal, encontra-se uma torneira utilizada para esvaziá-lo. O gráfico abaixo mostra a variação do volume de água do reservatório conforme o tempo de esvaziamento.

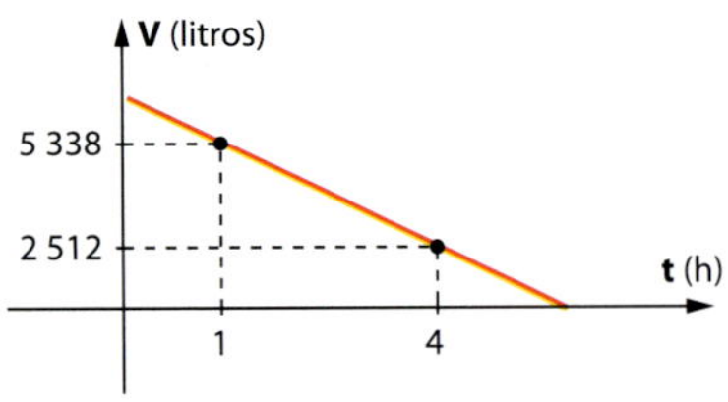

Pode-se dizer que a altura **h** é igual a:

a) 3,0 m.
b) 2,5 m.
c) 2,0 m.
d) 1,5 m.
e) 1,0 m.

290. (Fatec-SP) O volume de um cilindro circular reto de raio **r** é $\frac{1}{4}$ do volume de um bloco retangular com base quadrada de lado 10. Se o cilindro e o bloco retangular têm alturas iguais, conclui-se que a medida de **r** é:

a) $\frac{1}{\sqrt{\pi}}$.
b) $\frac{2}{\sqrt{\pi}}$.
c) $\frac{3}{\sqrt{\pi}}$.
d) $\frac{4}{\sqrt{\pi}}$.
e) $\frac{5}{\sqrt{\pi}}$.

291. (Ibmec-SP) Uma lata, cuja capacidade é igual a 300 mL, contém água e 60 bolas de gude iguais e perfeitamente esféricas com diâmetro de 2 cm cada. Considerando $\pi = 3,14$ e sabendo que a lata está completamente cheia, o volume de água, em mL, é dado por:

a) 48,5.
b) 48,6.
c) 48,8.
d) 48,9.
e) 49.

292. (Udesc) Considere o cilindro reto de base circular, de raio **r** e altura **h**, conforme mostra a figura.

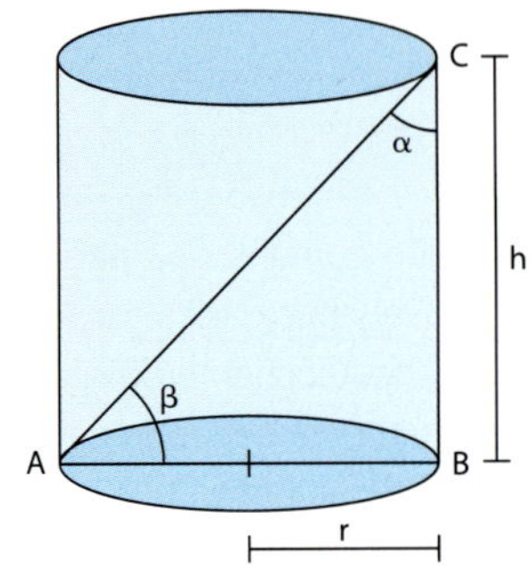

Sabendo-se que o volume do cilindro é igual a 4 vezes a área da base e que a área lateral é igual a $\frac{4}{3}$ do volume, analise as afirmativas:

I) A área do triângulo ABC é igual a 3 unidades de área.
II) O perímetro do triângulo ABC é igual a 12 unidades de comprimento.
III) $2 < \cos\alpha + \cos\beta < 3$.

Assinale a alternativa correta.

a) Somente as afirmativas I e II são verdadeiras.
b) Somente a afirmativa II é verdadeira.
c) Somente as afirmativas II e III são verdadeiras.
d) Somente a afirmativa III é verdadeira.
e) Todas as afirmativas são verdadeiras.

293. (Ufpel-RS) Dois cilindros circulares retos $\mathbf{C_1}$ e $\mathbf{C_2}$ têm raios $\mathbf{r_1}$ e $\mathbf{r_2}$ e alturas $\mathbf{h_1}$ e $\mathbf{h_2}$, respectivamente. Sendo o volume de $\mathbf{C_1}$ igual a 40% do volume de $\mathbf{C_2}$ e $r_1 = 2r_2$, é correto afirmar que a relação entre as alturas desses cilindros é:

a) $h_2 = \frac{16}{10}h_1$.
b) $h_2 = 10h_1$.
c) $h_2 = 40h_1$.
d) $h_2 = 4h_1$.
e) $h_2 = 0,4h_1$.
f) I.R.

294. (UFU-MG) Para produzir uma tonelada de papel são consumidas cerca de 10 árvores de eucalipto *E. pilularis* (figura 1), uma grande quantidade de água (mais que qualquer outra atividade industrial) e muita energia (está em quinto lugar na lista das que mais consomem energia). O uso de produtos químicos altamente tóxicos na separação e no branqueamento da celulose representa um sério risco para a saúde humana e para o meio ambiente – comprometendo a qualidade da água, do solo e dos alimentos. Reciclar papel e papelão não só ajuda a reduzir o volume de lixo como evita a derrubada de árvores. Sabe-se que cada cm^3 da madeira do eucalipto *E. pilutaris* da região de Uberaba pesa 0,600 g.

(Disponível em: <www.cnpf.embrapa.br/publica/boletim/botarque/boletim14/sturion.pdf)

Considere que uma árvore de eucalipto *E. pilularis* fornece uma tora correspondente a um cilindro circular reto de raio 15 cm e altura 8 m (figura 2). Para simplificar os cálculos, assuma que $\pi = 3{,}1$.

Figura 1

Figura 2

Figura 3

Disponível em: <http:/www.crcforestry.com.au/view/index.aspx?id=51870>

Considerando as informações apresentadas, marque, para as afirmativas abaixo, (**V**) Verdadeira, (**F**) Falsa ou (**SO**) Sem Opção.

1) ( ) Um metro cúbico dessa madeira pesa 600 kg,
2) ( ) Cada tora tem volume menor que meio metro cúbico.
3) ( ) Para se produzir uma tonelada de papel serão necessárias menos que 3 toneladas de tora de eucalipto *E. pilularis*.
4) ( ) Considere que uma tora foi dividida em duas partes iguais, conforme a figura 3 acima. A área total de cada uma das partes é maior do que 7 m^2.

295. (UFU-MG) Um fabricante de bebidas utiliza três tipos de miniaturas de embalagens para promover seus produtos:

- Embalagem **A**: esférica de raio **r**.
- Embalagem **B**: piramidal reta de base quadrada cujos lados da base medem 2 cm.
- Embalagem **C**: cilíndrica circular reta com altura 8 cm e raio da base **s**.

Considerando as informações apresentadas, marque, para as afirmativas abaixo, (**V**) Verdadeira, (**F**) Falsa ou (**SO**) Sem Opção.

1) Se cada aresta lateral da embalagem **B** mede $3\sqrt{2}$ cm, então o volume desta embalagem é igual a $4\sqrt{2}$ cm^3.
2) Se $\frac{r^3}{s^2} = \frac{3}{2}$, então a razão do volume da Embalagem **A** pelo volume da embalagem **C** é igual a $\frac{1}{4}$.
3) Se cada apótema da embalagem **B** mede $\left(\frac{17\pi}{8} - 1\right)$ cm e se a área total desta embalagem for igual à área total da embalagem **C**, então **s** é um número racional.
4) Se a razão da área da base da embalagem **B** pela área da embalagem **A** é igual a π, então **r** é um número irracional.

296. (UFG-GO) Numa caixa de isopor, na forma de paralelepípedo retângulo com dimensões internas de 60 cm de largura, 80 cm de comprimento e 12 cm de altura, podem ser colocadas 48 latas completamente cheias de refrigerante, cada uma na forma de cilindro circular reto, com altura de 12 cm e raio da base de 5 cm. Todo o líquido contido nas latas foi despejado no interior da caixa de isopor, deixando-a parcialmente cheia. Desprezando o volume do material utilizado na fabricação das latas, a altura atingida pelo líquido no interior da caixa é, em centímetros:
(Use $\pi = 3{,}14$.)

a) 1,88.
b) 2,40.
c) 5,12.
d) 9,42.
e) 10,46.

297. (UFG-GO) Uma confeiteira produziu 30 trufas de formato esférico com 4 cm de diâmetro cada. Para finalizar, cada unidade será coberta com uma camada uniforme de chocolate derretido, passando a ter um volume de 16π cm^3. Considerando-se que, com 100 g de chocolate, obtém-se 80 mL de chocolate derretido, que quantidade de chocolate, em gramas, será necessária para cobrir as 30 trufas?
(Dado $\pi = 3{,}14$.)

a) 608
b) 618
c) 628
d) 638
e) 648

298. (Unemat-MT) Um copo cilíndrico tem altura de 15 cm e uma jarra, de mesmo formato, tem altura de 45 cm. Se o volume do copo é de 60 mL, o volume da jarra cilíndrica é de:

a) 1 550 mL.
b) 1 350 mL.
c) 1 000 mL.
d) 1 800 mL.
e) 1 620 mL.

299. (Unemat-MT) Para projetar um reservatório cilíndrico de volume 81π m^3, dispõe-se de uma área circular de 6 m de diâmetro. Considerando $\pi = 3{,}14$, a altura deverá ser de:

a) 6 m.
b) 9 m.
c) 12 m.
d) $\frac{81}{6}\pi$ m.
e) 3π m.

300. (UFS-SE) Nove cubos de gelo, cada um com aresta igual a 3 cm, derretem dentro de um copo cilíndrico, inicialmente vazio, com raio da base também igual a 3 cm. Após o gelo derreter completamente, a altura do nível da água no copo será de aproximadamente:

a) 8,5 cm.
b) 8,0 cm.
c) 7,5 cm.
d) 9,0 cm.
e) 7,0 cm.

301. (Uerj) Observe o dado ilustrado abaixo, formado a partir de um cubo, e com suas seis faces numeradas de 1 a 6.

REPRODUÇÃO/UERJ 2009

Esses números são representados por buracos deixados por semiesferas idênticas retiradas de cada uma das faces. Todo o material retirado equivale a 4,2% do volume total do cubo.
Considerando $\pi = 3$, a razão entre a medida da aresta do cubo e a do raio de uma das semiesferas, expressas na mesma unidade, é igual a:

a) 6.
b) 8.
c) 9.
d) 10.

302. (Ufop-MG) Um cilindro reto $\mathbf{C}_1$ possui altura igual ao diâmetro da base. Se $\mathbf{C}_2$ for outro cilindro circular reto com a mesma capacidade e com altura igual ao dobro do diâmetro da base, é correto afirmar que a razão da área da superfície lateral de $\mathbf{C}_1$ pela área da superfície lateral de $\mathbf{C}_2$ é:

a) $\frac{\sqrt[3]{4}}{2}$.
b) $\sqrt[3]{4}$.
c) 2.
d) $\frac{1}{2}$.

303. (Ufam) Uma seringa tem forma cilíndrica com 3 cm de diâmetro por 9 cm de comprimento. Quando o êmbolo se afastar 6 cm da extremidade da seringa próxima à agulha, então o volume, em cm^3, de remédio líquido que a seringa pode conter é igual a:

a) $27{,}5\pi$.
b) 18π.
c) $13{,}5\pi$.
d) $11{,}25\pi$.
e) 54π.

304. (Vunesp) As figuras seguintes descrevem os primeiros passos na fabricação de um cilindro a partir de uma chapa retangular laminada de metal:

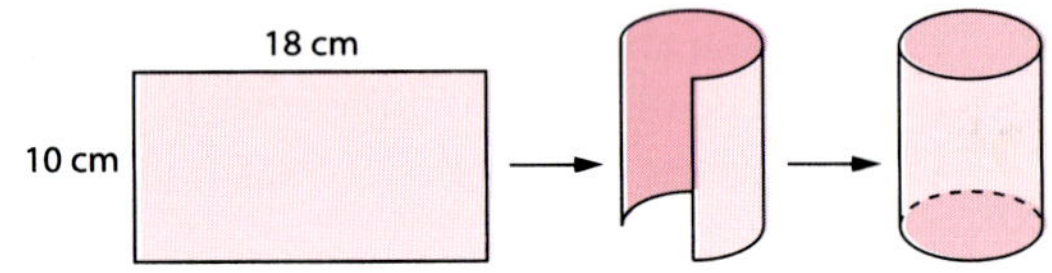

O volume do cilindro resultante, de base circular, em cm^3, é um valor compreendido entre:

a) 450 e 500.
b) 400 e 450.
c) 350 e 400.
d) 300 e 350.
e) 250 e 300.

Matrizes, determinantes e sistemas lineares

Matrizes

Matriz é uma tabela.

Matriz m × n $\begin{cases} \textbf{m linhas} \\ \textbf{n colunas} \end{cases}$

Elemento a_{ij}: está na linha i e na coluna j

Matriz quadrada

m = n (ordem **n**)

$$\begin{bmatrix} a & b \\ c & d \end{bmatrix}$$

diagonal principal

Matriz identidade (I_n)

$$I_2 = \begin{bmatrix} 1 & 0 \\ 0 & 1 \end{bmatrix};\ I_3 = \begin{bmatrix} 1 & 0 & 0 \\ 0 & 1 & 0 \\ 0 & 0 & 1 \end{bmatrix}$$

Matriz nula ($0_{m \times n}$ ou 0_n)

$$0_{2 \times 3} = \begin{bmatrix} 0 & 0 & 0 \\ 0 & 0 & 0 \end{bmatrix};\ 0_2 = \begin{bmatrix} 0 & 0 \\ 0 & 0 \end{bmatrix}$$

Matriz transposta

A matriz transposta de A é a matriz A^t cujas linhas são ordenadamente as colunas de A.

Multiplicação de matrizes

$A_{m \times n} \cdot B_{n \times p} = AB_{m \times p}$

(n: igual)

Matriz inversa

A e $\mathbf{A^{-1}}$ são inversas se $A \cdot A^{-1} = I = A^{-1} \cdot A$.

Determinantes

Determinante é um número associado a uma matriz quadrada.

Determinante de ordem 1

$|x| = x$

Determinante de ordem 2

$$\begin{vmatrix} a & b \\ c & d \end{vmatrix} = ad - bc$$

Determinante de ordem 3

$$\begin{vmatrix} a & b & c \\ d & e & f \\ g & h & i \end{vmatrix} = aei + bfg + cdh - ceg - bdi - afh$$

Propriedades principais

1ª) $\det A^t = \det A$

2ª) $\det A^{-1} = \dfrac{1}{\det A}$

3ª) $\det (AB) = \det A \cdot \det B$

4ª) $\det (kA) = k^n \cdot \det A$ (**k** é um número real e **n** é a ordem de **A**)

Sistemas lineares

Sistema
- possível (tem solução)
  - determinado (SPD: sistema possível e determinado) (a solução é única)
  - indeterminado (SPI: sistema possível e indeterminado) (tem infinitas soluções)
- impossível (SI: sistema impossível) (não tem solução)

$$\begin{cases} ax + by = c \\ dx + ey = f \end{cases}$$

$$D = \begin{vmatrix} a & b \\ d & e \end{vmatrix} \Rightarrow \begin{cases} D \neq 0 \rightarrow SPD \\ D = 0 \rightarrow SPI \text{ ou } SI \end{cases}$$

Sistema homogêneo (SH)

Quando todos os termos independentes são nulos:

$$\begin{cases} ax + by = 0 \\ cx + dy = 0 \end{cases}$$

Questões de vestibular

305. (UFBA) Considerando-se a matriz

$$M = \begin{pmatrix} 0 & \cos b & \operatorname{sen} b \\ \cos a & \operatorname{tg} a & 0 \\ \operatorname{sen} a & 0 & \operatorname{sen}^2 a + \cos^2 b \end{pmatrix}, \text{ em que}$$

a e **b** são números reais, é correto afirmar:

01) Existem **a** e **b** tal que **M** é a matriz nula de ordem 3.

02) Se $a = b = 0$, então existe uma única matriz **N** tal que $M + N$ é a matriz identidade de ordem 3.

04) Se $a = b$, então **M** é uma matriz simétrica.

08) Se $a = b$, então o produto de **M** pela matriz $\begin{pmatrix} 0 \\ \cos a \\ \operatorname{sen} a \end{pmatrix}$ é a matriz $\begin{pmatrix} 1 \\ \operatorname{sen} a \\ \operatorname{sen} a \end{pmatrix}$.

306. (ESPCEX-SP) Os números das contas bancárias ou dos registros de identidade costumam ser seguidos por um ou dois dígitos, denominados dígitos verificadores, que servem para conferir sua validade e prevenir erros de digitação.

Em um grande banco, os números de todas as contas são formados por algarismos de 0 a 9, na forma abcdef-xy, em que a sequência (abcdef) representa, nessa ordem, os algarismos do número da conta, e **x** e **y**, nessa ordem, representam os dígitos verificadores. Para obter os dígitos **x** e **y**, o sistema de processamento de dados do banco constrói as seguintes matrizes:

$$A = \begin{bmatrix} 1 & -2 & 1 \\ 0 & 1 & 0 \\ 0 & 2 & -1 \end{bmatrix};\ B = \begin{bmatrix} x \\ y \\ z \end{bmatrix};\ C = \begin{bmatrix} (a-b) \\ (c-d) \\ (e-f) \end{bmatrix}$$

Os valores de **x** e **y** são obtidos pelo resultado da operação matricial $A \cdot B = C$, desprezando-se o valor de **z**. Assim, os dígitos verificadores correspondentes à conta corrente de número 356281 são:

a) 34.
b) 41.
c) 49.
d) 51.
e) 54.

307. (Furg-RS) Em uma Instituição de Ensino Superior, um aluno do curso de Engenharia Metalúrgica anotou suas médias bimestrais nas disciplinas: Cálculo I

(CI), Álgebra Linear (AL), Física I (FI) e Introdução à Computação (IC) e obteve a seguinte tabela:

Disciplina \ Bimestre	1º	2º	3º	4º
CI	4,0	6,0	8,0	9,0
AL	5,5	7,2	6,8	8,5
FI	9,5	8,3	7,2	5,5
IC	9,0	9,4	9,3	8,7

Nesta Instituição, as notas dos dois primeiros bimestres têm peso 1 e dos dois últimos têm peso 2. Dessa forma, para determinar a média anual do aluno em cada matéria, basta fazer a média ponderada de suas notas bimestrais. Representando a tabela de notas acima pela matriz

$N = \begin{bmatrix} 4{,}0 & 6{,}0 & 8{,}0 & 9{,}0 \\ 5{,}5 & 7{,}2 & 6{,}8 & 8{,}5 \\ 9{,}5 & 8{,}3 & 7{,}2 & 5{,}5 \\ 9{,}0 & 9{,}4 & 9{,}3 & 8{,}7 \end{bmatrix}$, qual é a matriz **X** de modo que $M = N \cdot X$ corresponda à matriz das médias anuais desse aluno?

a) $\begin{bmatrix} \frac{1}{6} \\ \frac{1}{6} \\ \frac{1}{3} \\ \frac{1}{3} \end{bmatrix}$

b) $\begin{bmatrix} \frac{1}{4} & \frac{1}{4} & \frac{1}{2} & \frac{1}{2} \end{bmatrix}$

c) $\begin{bmatrix} \frac{1}{4} \\ \frac{1}{4} \\ \frac{1}{4} \\ \frac{1}{4} \end{bmatrix}$

d) $\begin{bmatrix} \frac{1}{4} \\ \frac{1}{4} \\ \frac{1}{2} \\ \frac{1}{2} \end{bmatrix}$

e) $\begin{bmatrix} \frac{1}{3} & \frac{1}{3} & \frac{1}{6} & \frac{1}{6} \end{bmatrix}$

308. (Ibmec-SP) Seja a matriz $A = \begin{bmatrix} a & 2 & b \\ c & d & e \\ -1 & 3 & f \end{bmatrix}$, denotemos por $\mathbf{A^t}$ a matriz transposta da matriz **A**. A única afirmativa correta é:

a) Se $A = -A^t$, então o elemento **a** é um número diferente de zero.
b) Se $A = A^t$, então os elementos **a**, **d** e **f** são todos iguais a zero.
c) Se $A = A^t$, então o determinante de **A** é igual a zero.
d) Se $A = -A^t$, então o determinante de **A** é igual a zero.
e) Se $A = -A^t$, então $c = 2$.

309. (UEL-PR) Uma indústria utiliza borracha, couro e tecido para fazer três modelos de sapatos. A matriz **Q** fornece a quantidade de cada componente na fabricação dos modelos de sapatos, enquanto a matriz **C** fornece o custo unitário, em reais, destes componentes.

Dados: $Q = \begin{bmatrix} 2 & 1 & 1 \\ 1 & 2 & 0 \\ 2 & 0 & 2 \end{bmatrix}$ (colunas: borracha, couro, tecido; linhas: modelo 1, modelo 2, modelo 3)

$C = \begin{bmatrix} 10 \\ 50 \\ 30 \end{bmatrix}$ (borracha, couro, tecido)

A matriz **V** que fornece o custo final, em reais, dos três modelos de sapatos é dada por:

a) $V = \begin{pmatrix} 110 \\ 120 \\ 80 \end{pmatrix}$

b) $V = \begin{pmatrix} 90 \\ 100 \\ 60 \end{pmatrix}$

c) $V = \begin{pmatrix} 80 \\ 110 \\ 80 \end{pmatrix}$

d) $V = \begin{pmatrix} 120 \\ 110 \\ 100 \end{pmatrix}$

e) $V = \begin{pmatrix} 100 \\ 110 \\ 80 \end{pmatrix}$.

310. (UFSM-RS)

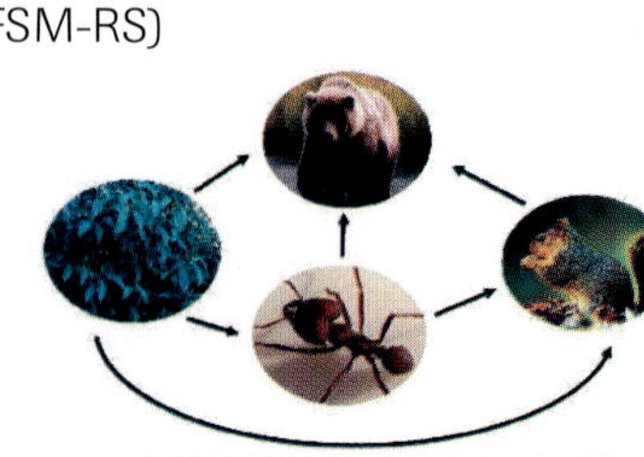

O diagrama dado representa a cadeia alimentar simplificada de um determinado ecossistema. As setas indicam a espécie de que a outra espécie se alimenta. Atribuindo valor 1 quando uma espécie se alimenta de outra e zero quando ocorre o contrário, tem-se a seguinte tabela:

	Urso	Esquilo	Inseto	Planta
Urso	0	1	1	1
Esquilo	0	0	1	1
Inseto	0	0	0	1
Planta	0	0	0	0

A matriz $A = (a_{ij})_{4 \times 4}$, associada à tabela, possui a seguinte lei de formação:

a) $a_{ij} = \begin{cases} 0, \text{ se } i \leq j \\ 1, \text{ se } i > j \end{cases}$

b) $a_{ij} = \begin{cases} 0, \text{ se } i = j \\ 1, \text{ se } i \neq j \end{cases}$

c) $a_{ij} = \begin{cases} 0, \text{ se } i \geq j \\ 1, \text{ se } i < j \end{cases}$

d) $a_{ij} = \begin{cases} 0, \text{ se } i \neq j \\ 1, \text{ se } i = j \end{cases}$

e) $a_{ij} = \begin{cases} 0, \text{ se } i < j \\ 1, \text{ se } i > j \end{cases}$

311. (UFRN) Uma companhia de aviação pretende fazer manutenção em três de seus aviões e, para isso, definiu o período de 4 dias, a contar da aprovação das propostas, para a conclusão do serviço. Os orçamentos (em milhares de reais) das três empresas que apresentaram propostas estão indicados na matriz $A_{3 \times 3}$ abaixo, onde cada $\mathbf{a_{ij}}$ corresponde ao orçamento da empresa **i** para a manutenção do avião **j**.

$$A = \begin{pmatrix} 23 & 66 & 17 \\ 19 & 62 & 12 \\ 28 & 57 & 08 \end{pmatrix}$$

Como cada uma dessas empresas só terá condições de efetuar, no prazo estabelecido, a manutenção de um avião, a companhia terá que escolher, para cada avião, uma empresa distinta.

A escolha que a companhia de aviação deverá fazer para que a sua despesa seja a menor possível será:

a) empresa 1: avião 1; empresa 2: avião 3 e empresa 3: avião 2.

b) empresa 1: avião 1; empresa 2: avião 2 e empresa 3: avião 3.

c) empresa 1: avião 3; empresa 2: avião 2 e empresa 3: avião 1.

d) empresa 1: avião 2; empresa 2: avião 3 e empresa 3: avião 1.

312. (Ufla-MG) Matrizes são arranjos retangulares de números que sistematizam uma série de informações e nos ajudam a trabalhar com elas. Por exemplo, a tabela de preços para três lojas:

	Produto 1	Produto 2	Produto 3
Loja A	5,00	4,00	3,00
Loja B	3,00	3,00	2,00
Loja C	4,00	4,00	5,00

pode ser expressa pela matriz $\begin{bmatrix} 5 & 4 & 3 \\ 3 & 3 & 2 \\ 4 & 4 & 5 \end{bmatrix}$.

Em relação ao produto de matrizes

$$\begin{bmatrix} 5 & 4 & 3 \\ 3 & 3 & 2 \\ 4 & 4 & 5 \end{bmatrix} \begin{bmatrix} 6 \\ 1 \\ 7 \end{bmatrix} = \begin{bmatrix} 55 \\ 35 \\ 63 \end{bmatrix}$$

assinale a operação incorreta.

a) R$ 35,00 é o custo para o consumidor comprar, na loja **B**, 6 unidades do produto 1, 1 unidade do produto 2 e 7 unidades do produto 3.

b) R$ 55,00 é o custo para o consumidor comprar 6 unidades do produto 1 na loja **A**, 1 unidade do produto 1 na loja **B** e 7 unidades do produto 1 na loja **C**.

c) A loja **C** é a mais cara para o consumidor comprar 6 unidades do produto 1, 1 unidade do produto 2 e 7 unidades do produto 3.

d) A loja **B** é a mais barata para o consumidor comprar uma mesma quantidade de produtos 1, 2 e 3.

313. (UFTM-MT) A soma dos elementos da 3ª linha da matriz $A = (a_{ij})_{3 \times 3}$ definida por $a_{ij} = \begin{cases} i + j, \text{ se } i = j \\ i - j, \text{ se } i \neq j \end{cases}$ é igual a:

a) 9. b) 8. c) 7. d) 5. e) 4.

314. (UFF-RJ)

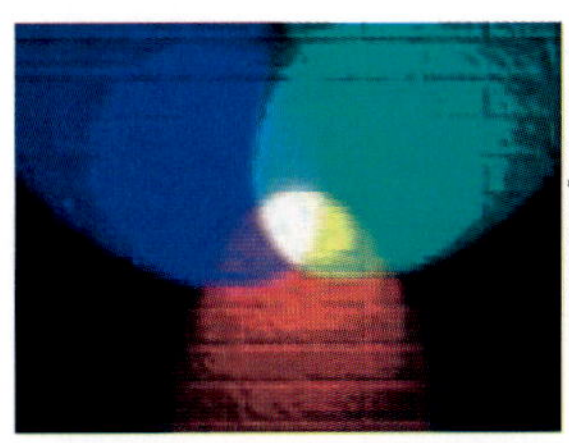

Em computação gráfica, o sistema RGB identifica uma cor a partir de três números **R**, **G** e **B** que especificam, respectivamente, as quantidades de vermelho (*Red*), verde (*Green*) e azul (*Blue*) que compõem a cor. Outro sistema de identificação de cores é o NTSC (usado em TV). Nesse sistema, uma cor também é definida por três números: **Y** (luminância), **I** (sinal em fase) e **Q** (quadratura). Os dois sistemas estão relacionados através da seguinte equação matricial:

$$\begin{bmatrix} Y \\ I \\ Q \end{bmatrix} = \begin{bmatrix} 0{,}299 & 0{,}587 & 0{,}114 \\ 0{,}596 & -0{,}274 & -0{,}322 \\ 0{,}211 & -0{,}523 & 0{,}312 \end{bmatrix} \begin{bmatrix} R \\ G \\ B \end{bmatrix}$$

Se $0 \leq R \leq 1$, $0 \leq G \leq 1$ e $0 \leq B \leq 1$, então:

a) $0 \leq Y \leq 1$, $0 \leq I \leq 1$ e $0 \leq Q \leq 1$.

b) $0 \leq Y \leq 1$, $-0{,}596 \leq I \leq 0{,}596$ e $-0{,}523 \leq Q \leq 0{,}523$.

c) $0 \leq Y \leq 0{,}299$, $0 \leq I \leq 0{,}596$ e $0 \leq Q \leq 0{,}211$.

d) $0{,}114 \leq Y \leq 0{,}587$, $-0{,}322 \leq I \leq 0{,}596$ e $-0{,}523 \leq Q \leq 0{,}312$.

e) $0{,}211 \leq Y \leq 0{,}596$, $-0{,}523 \leq I \leq 0{,}587$ e $-0{,}322 \leq Q \leq 0{,}312$.

315. (UFF-RJ) A transmissão de mensagens codificadas em tempos de conflitos militares é crucial. Um dos métodos de criptografia mais antigos consiste em permutar os símbolos das mensagens. Se os símbolos são números, uma permutação pode ser efetuada usando-se multiplicações por matrizes de permutação, que são matrizes quadradas que satisfazem as seguintes condições:

- cada coluna possui um único elemento igual a 1 (um) e todos os demais elementos são iguais a zero;
- cada linha possui um único elemento igual a 1 (um) e todos os demais elementos são iguais a zero.

Por exemplo, a matriz $M = \begin{bmatrix} 0 & 1 & 0 \\ 0 & 0 & 1 \\ 1 & 0 & 0 \end{bmatrix}$ permuta os elementos da matriz coluna $Q = \begin{bmatrix} a \\ b \\ c \end{bmatrix}$, transformando-a na matriz $P = \begin{bmatrix} b \\ c \\ a \end{bmatrix}$, pois $P = M \cdot Q$.

Pode-se afirmar que a matriz que permuta $\begin{bmatrix} a \\ b \\ c \end{bmatrix}$, transformando-a em $\begin{bmatrix} c \\ a \\ b \end{bmatrix}$, é:

a) $\begin{bmatrix} 0 & 0 & 1 \\ 1 & 0 & 0 \\ 0 & 1 & 0 \end{bmatrix}$.

b) $\begin{bmatrix} 1 & 0 & 0 \\ 0 & 0 & 1 \\ 0 & 1 & 0 \end{bmatrix}$.

c) $\begin{bmatrix} 0 & 1 & 0 \\ 1 & 0 & 0 \\ 0 & 0 & 1 \end{bmatrix}$.

d) $\begin{bmatrix} 0 & 0 & 1 \\ 0 & 1 & 0 \\ 1 & 0 & 0 \end{bmatrix}$.

e) $\begin{bmatrix} 1 & 0 & 0 \\ 0 & 1 & 0 \\ 0 & 0 & 1 \end{bmatrix}$.

316. (Unifei-MG) Sendo $a > 0$ e $a \neq 1$, encontre o valor de **x** que verifica a equação $\begin{vmatrix} a^x & a^x & 1 \\ a^x & a^{-x} & 0 \\ 0 & a^{-x} & 1 \end{vmatrix} = 2 - a^8$.

317. (Fatec-SP) Sejam **a** e **b** números reais tal que o sistema:

$$\begin{cases} x \cdot \cos a + y \cdot \operatorname{sen} a = \operatorname{sen} \dfrac{3\pi}{5} \\ x \cdot \cos b + y \cdot \operatorname{sen} b = -\cos \dfrac{7\pi}{5} \end{cases}$$

nas incógnitas **x** e **y**, admita uma única solução. Nessas condições pode-se afirmar que, sendo **k** um número inteiro:

a) $b \neq a + k \cdot \dfrac{\pi}{2}$.

b) $b \neq a + k \cdot \pi$.

c) $b \neq a + k \cdot \dfrac{2\pi}{3}$.

d) $b \neq a + \dfrac{\pi}{2} + k \cdot \pi$.

e) $b \neq a + \dfrac{\pi}{2} + k \cdot \dfrac{2\pi}{3}$.

318. (ITA-SP) Considere as afirmações abaixo:

I) Se **M** é uma matriz quadrada de ordem $n > 1$, não nula e não inversível, então existe matriz não nula **N**, de mesma ordem, tal que MN é matriz nula.

II) Se **M** é uma matriz quadrada inversível de ordem **n** tal que $\det(M^2 - M) = 0$, então existe matriz não nula **X**, de ordem $n \times 1$, tal que $MX = X$.

III) A matriz $\begin{bmatrix} \cos\theta & -\operatorname{sen}\theta \\ \dfrac{\operatorname{tg}\theta}{\sec\theta} & 1 - 2\operatorname{sen}^2\dfrac{\theta}{2} \end{bmatrix}$ é inversível, $\forall \theta \neq \dfrac{\pi}{2} + k\pi$, $k \in \mathbb{Z}$.

Destas, é (são) verdadeira(s):

a) apenas II.
b) apenas I e II.
c) apenas I e III.
d) apenas II e III.
e) todas.

319. (Mack-SP) Dada a matriz $A = \begin{pmatrix} \cos(x) & \text{sen}(x) \\ \text{sen}(x) & \cos(x) \end{pmatrix}$, o determinante da matriz inversa de **A** é:

a) cossec (2x).
b) sec (2x).
c) 1.
d) sen (2x).
e) cos (2x).

320. (Udesc) Seja $A = [a_{ij}]$ uma matriz quadrada de ordem 3 tal que $a_{ij} = i \times j$. Analise as afirmações dadas abaixo, classificando-as como verdadeiras (**V**) ou falsas (**F**).

( ) **A** é uma matriz inversível e igual a sua transposta.
( ) Os elementos de cada uma das linhas de **A** estão dispostos em progressão aritmética, cuja razão é igual ao número da linha correspondente.
( ) Os elementos de pelo menos uma das colunas de **A** estão dispostos em progressão geométrica.

Assinale a alternativa que contém a sequência correta, de cima para baixo.

a) V – V – F
b) V – F – V
c) F – V – F
d) F – F – F
e) F – V – V

321. (Ufac) Considere todas as matrizes quadradas de ordem 2 cujos elementos (ou entradas) são 0 ou 1. O número dessas matrizes que são inversíveis é:

a) primo.
b) maior que 14.
c) negativo.
d) múltiplo de 6.
e) um quadrado perfeito.

322. (UFMT) Sejam **A** e **B** matrizes quadradas de ordem 2 cujos determinantes são, respectivamente, **k** e $\mathbf{k}^2$, **k** real positivo. Nessas condições, é correto afirmar:

a) É possível **B** ser igual a kA.
b) **B** é sempre igual a kA.
c) **B** é sempre igual a $\mathbf{A}^2$.
d) É impossível **A** ser igual a 2B.
e) É impossível **A** ser igual a **B**.

323. (UFMT) Seja **A** uma matriz quadrada, de ordem **n**, que satisfaz a equação matricial $A^3 = 3A$. Sabendo-se que o determinante de **A** é um número inteiro positivo, o valor de **n**, necessariamente, é:

a) múltiplo de 3.
b) ímpar.
c) par.
d) primo.
e) múltiplo de 5.

324. (Ufla-MG) Considere a matriz $A = \begin{bmatrix} x & 1 \\ -3 & \frac{1}{\pi} \end{bmatrix}$.

Qual é o valor que **x** deve assumir para que o determinante de $(A^{-1})^t$ seja igual a -3, sabendo-se que $\mathbf{A}^t$ é a matriz transposta de **A** e $\mathbf{A}^{-1}$ é a matriz inversa de **A**?

a) $\frac{5}{3}\pi$
b) $\frac{8}{7}\pi + 1$
c) $-\frac{10}{3}\pi$
d) 5

325. (UFMT) Simplificando-se o determinante $\begin{vmatrix} \cos x & -1 \\ \text{sen}\, x & \text{cotg}\, x \end{vmatrix}$, encontra-se:

a) 1.
b) $\cos^2 x$.
c) tg x.
d) sec x.
e) cossec x.

326. (UFV-MG) Considere a matriz $A = (a_{ij})_{2 \times 2}$, em que $a_{ij} = 2^{i-j}$, e a matriz **C** dada por $C = A^2 + 2A$. Logo, o determinante da matriz **C** é:

a) 0.
b) 1.
c) 3.
d) 2.

327. (ESPCEX-SP) Para que o sistema linear $\begin{cases} 2x + y = 5 \\ ax + 2y = b \end{cases}$ seja possível e indeterminado, o valor de a + b é:

a) -1.
b) 4.
c) 9.
d) 14.
e) 19.

328. (ITA-SP) O sistema $\begin{cases} x + 2y + 3z = a \\ y + 2z = b \\ 3x - y - 5cz = 0 \end{cases}$:

a) é possível, $\forall a, b, c \in \mathbb{R}$.
b) é possível quando $a = \frac{7b}{3}$ ou $c \neq 1$.
c) é impossível quando $c = 1$, $\forall a, b \in \mathbb{R}$.
d) é impossível quando $a \neq \frac{7b}{3}$, $\forall c \in \mathbb{R}$.
e) é possível quando $c = 1$ e $a \neq \frac{7b}{3}$.

329. (IME-RJ) Considere o sistema de equações lineares representado abaixo:

$$\begin{pmatrix} 1 & 3 & 0 & 2 & 1 & 0 \\ 0 & 2 & 0 & 3 & 0 & 0 \\ 1 & 5 & 0 & 0 & 0 & 0 \\ 3 & 1 & 2 & 0 & 0 & 0 \\ 4 & 0 & 0 & 0 & 0 & 0 \\ 2 & 0 & 0 & 1 & 0 & 2 \end{pmatrix} \times \begin{pmatrix} a \\ b \\ c \\ d \\ e \\ f \end{pmatrix} = \begin{pmatrix} 13 \\ 11 \\ 7 \\ 9 \\ 8 \\ 13 \end{pmatrix}$$

Os valores de **a** e **d** são, respectivamente:

a) 1 e 2.
b) 2 e 3.
c) 3 e 2.
d) 2 e 2.
e) 3 e 1.

330. (PUC-RS) Em Amsterdam, uma das principais atrações turísticas é a visita a museus. Tales visitou o Museu Van Gogh, o Museu Rijks e a Casa de Anne Frank. A tabela a seguir indica o valor do ingresso para estudante, adulto e sênior, em euros (€):

	Estudante	Adulto	Sênior
Museu Van Gogh	11,20	14,00	12,60
Museu Rijks	10,00	12,50	11,25
Casa de Anne Frank	7,65	8,50	7,65

Num determinado momento de um dia, com a venda de **x** ingressos para estudantes, **y** ingressos para adultos e **z** ingressos para sêniores, o Museu Van Gogh arrecadou € 1162,00, o Museu Rijks € 1037,50 e a Casa de Anne Frank € 722,50. Para determinar a quantidade de ingressos vendidos, resolve-se o sistema:

a) $\begin{cases} 11,20x + 14,00y + 12,60z = 1\,162,00 \\ 10,00x + 12,50y + 11,25z = 1\,037,50 \\ 7,65x + 8,50y + 7,65z = 722,50 \end{cases}$.

b) $\begin{cases} 11,20x + 14,00y + 12,60z = 3780,00 \\ 10,00x + 12,50y + 11,25z = 3375,00 \\ 7,65x + 8,50y + 7,65z = 2\,380,00 \end{cases}$.

c) $\begin{cases} 11,20x + 10,00y + 7,65z = 1\,162,00 \\ 14,00x + 12,50y + 8,50z = 1\,037,00 \\ 12,60x + 11,25y + 7,65z = 722,50 \end{cases}$.

d) $\begin{cases} 11,20x + 14,00y + 12,60z = 116\,200 \\ 10,00x + 12,50y + 11,25z = 103\,750 \\ 7,65x + 8,50y + 7,65z = 72\,250 \end{cases}$.

e) $\begin{cases} 11,20x + 10,00y + 7,65z = 116\,200 \\ 14,00x + 12,50y + 8,50z = 103\,700 \\ 12,60x + 11,25y + 7,65z = 72\,250 \end{cases}$.

331. (Udesc) Se (x, y, z) é a solução do sistema linear $\begin{cases} 2x + y + z = 15 \\ x - y + 3z = 2 \\ 2y + z = 3 \end{cases}$, analise as seguintes afirmativas:

I) O produto xyz é um número real positivo.

II) O resultado de $x^2 + y^2 + z^2$ é um número par.

III) O resultado de $\frac{1}{x} + \frac{1}{y} + \frac{1}{z}$ é um número menor que -1.

IV) A soma $x + y + z$ é um número primo.

Assinale a alternativa correta.

a) Apenas duas afirmativas são verdadeiras.
b) Apenas uma afirmativa é verdadeira.
c) Todas as afirmativas são falsas.
d) Apenas três afirmativas são verdadeiras.
e) Todas as afirmativas são verdadeiras.

332. (UEM-PR) Considerando os sistemas lineares

I: $\begin{cases} 2x - \frac{1}{5}y = 5 \\ 6x - 2y = 8 \end{cases}$ e II: $\begin{cases} kx + 2y = 2k + 4 \\ 2x - y = 1 \end{cases}$, em que

k é uma constante real, assinale o que for correto.

01) O sistema I é possível e determinado.

02) Não existe valor real de **k** para o qual o sistema II seja possível e indeterminado.

04) Existe um único valor da constante real **k** para o qual o sistema II seja possível e determinado.

08) Se $k = -6$, o sistema II é equivalente ao sistema I.

16) O par ordenado $(-1, 1)$ é solução do sistema II, para algum valor real de **k**.

333. (Ufal) Três ligas metálicas têm as constituições seguintes:

- a primeira é formada por 20 gramas de ouro, 30 gramas de prata e 40 gramas de bronze;
- a segunda é formada por 30 gramas de ouro, 40 gramas de prata e 50 gramas de bronze;
- a terceira liga é formada por 40 gramas de ouro, 50 gramas de prata e 90 gramas de bronze.

As três ligas devem ser combinadas para compor uma nova liga contendo 37 gramas de ouro, 49 gramas de prata e 76 gramas de bronze. Quanto será utilizado da terceira liga?

a) 0,3 grama
b) 0,4 grama
c) 0,5 grama
d) 0,6 grama
e) 0,7 grama

334. (UFPB) O colégio "Evariste Galois" disribui, na merenda, 400 refeições, contendo os ingredientes arroz, feijão e carne, os quais pesam juntos, em cada refeição, 500 gramas. Considere que em cada refeição:

- a quantidade de feijão é o dobro da quantidade de arroz;
- a quantidade de carne é 50 gramas menor que a quantidade de feijão.

Com base nesses dados, é correto afirmar que as quantidades, em quilogramas, de arroz, feijão e carne que são utilizadas para preparar as 400 refeições da merenda são, respectivamente:

a) 44; 88 e 68.
b) 46; 92 e 62.
c) 48; 96 e 56.
d) 42; 84 e 74.
e) 50; 100 e 50.

335. (UFPE) Uma fábrica de automóveis utiliza três tipos de aço, $\mathbf{A_1}$, $\mathbf{A_2}$ e $\mathbf{A_3}$ na construção de três tipos de carros $\mathbf{C_1}$, $\mathbf{C_2}$ e $\mathbf{C_3}$. A quantidade dos três tipos de aço, em toneladas, usados na confecção dos três tipos de carro, está na tabela a seguir:

	C_1	C_2	C_3
A_1	2	3	4
A_2	1	1	2
A_3	3	2	1

Se foram utilizadas 26 toneladas de aço do tipo $\mathbf{A_1}$, 11 toneladas do tipo $\mathbf{A_2}$ e 19 toneladas do tipo $\mathbf{A_3}$, qual o total de carros construídos (dos tipos $\mathbf{C_1}$, $\mathbf{C_2}$ ou $\mathbf{C_3}$)?

336. (UFMS) Um funcionário de uma mercearia está encarregado de armazenar caixas fechadas de dois produtos diferentes; arroz e feijão. As caixas de arroz pesam 60 kg cada uma, e as de feijão 40 kg cada uma. Num determinado dia, chegou um carregamento de 2,5 toneladas, com caixas de arroz e caixas de feijão, totalizando 53 caixas. Sabe-se que cada caixa de arroz ou de feijão está cheia com sacos contendo exatamente 5 kg do alimento. A partir dos dados fornecidos, assinale a(s) afirmação(ões) correta(s).

001) O carregamento daquele dia continha exatamente 272 sacos de feijão.
002) O carregamento daquele dia continha exatamente 208 sacos de arroz.
004) O carregamento daquele dia continha exatamente 19 caixas de arroz.
008) O carregamento daquele dia continha exatamente 30 caixas de feijão.
016) O carregamento daquele dia continha exatamente 480 sacos de alimentos (entre arroz e feijão).

337. (Ufla-MG) Uma fábrica produz dois tipos de mercadorias. Com a mercadoria 1, tem-se um lucro de R$ 2,00 por unidade e, com a mercadoria 2, um lucro de R$ 3,00 por unidade. Se o número total de mercadorias produzidas foi de 300 unidades e o lucro de R$ 700,00, a quantidade produzida do produto 1 foi de:

a) 150 unidades.
b) 100 unidades.
c) 200 unidades.
d) 180 unidades.

338. (Vunesp) Uma família fez uma pesquisa de mercado, nas lojas de eletrodomésticos, à procura de três produtos que desejava adquirir: uma TV, um *freezer* e uma churrasqueira. Em três das lojas pesquisadas, os preços de cada um dos produtos eram coincidentes entre si, mas nenhuma das lojas tinha os três produtos simultaneamente para a venda. A loja **A** vendia a churrasqueira e o *freezer* por R$ 1 288,00. A loja **B** vendia a TV e o *freezer* por R$ 3 698,00, e a loja **C** vendia a churrasqueira e a TV por R$ 2 588,00. A família acabou comprando a TV, o *freezer* e a churrasqueira nestas três lojas. O valor total pago, em reais, pelos três produtos foi de:

a) 3 767,00.
b) 3 777,00.
c) 3 787,00.
d) 3 797,00.
e) 3 807,00.

339. (Unimontes-MG) Em uma loja de brinquedos, uma bola, duas petecas e três quebra-cabeças custam R$ 10,00. Duas bolas, cinco petecas e oito quebra-cabeças custam R$ 23,50. Na compra de uma bola, uma peteca e um quebra-cabeça, pagarei:

a) R$ 7,00.
b) R$ 6,00.
c) R$ 7,50.
d) R$ 8,50.

340. (Uneal) Com relação ao sistema **S** de equações lineares $\begin{cases} mx - 4y = 0 \\ 3x + my - 8 = 0 \\ x - y - 1 = 0 \end{cases}$ nas incógnitas **x** e **y**, assinale a alternativa correta.

a) **S** tem solução para uma infinidade de valores de **m**.
b) **S** tem solução para um único valor de **m**.
c) **S** tem solução apenas para $m \neq 2$ e $m \neq -10$.
d) **S** tem solução apenas para $m = 2$ ou $m = -10$.
e) **S** é impossível para qualquer valor de **m**.

Análise combinatória e probabilidade

Análise combinatória

Fatorial

(**n** inteiro positivo)

$0! = 0$

$1! = 1$

$n! = n(n - 1)(n - 2) \cdot ... \cdot 2 \cdot 1 \ (n \geq 2)$

Permutação simples de *n* elementos

$P_n = n!$

Arranjo simples

Arranjos simples de **n** elementos tomados **p** a **p** ($p \leq n$) são os agrupamentos ordenados diferentes que se podem formar com **p** dos **n** elementos dados.

$$A_{n,p} = \frac{n!}{(n-p)!}$$

Combinação simples

Combinações simples de **n** elementos tomados **p** a **p** ($p \leq n$) são os subconjuntos com exatamente **p** elementos que se podem formar com os **n** elementos dados.

$$C_{n,\,p} = \frac{n!}{p!(n-p)!}$$

Permutação de *n* elementos

A permutação de **n** elementos dos quais α são de um tipo, β de outro e γ de outro, com $\alpha + \beta + \gamma = n$, é dada por:

$$P_n^{\alpha,\,\beta,\,\gamma} = \frac{n!}{\alpha!\beta!\gamma!}$$

Números binomiais

$$\binom{n}{p} = C_{n,p} = \frac{n!}{p!(n-p)!} \text{ (para } n \geq p \text{ e } n, p \in \mathbb{N})$$

$$\binom{n}{a} = \binom{n}{b} \Leftrightarrow \begin{cases} a = b \\ a + b = n \end{cases}$$

Triângulo de Pascal

$$\begin{array}{llllll} 1 & & & & & = \binom{0}{0} \\ 1 & 1 & & & & = \binom{1}{0}\binom{1}{1} \\ 1 & 2 & 1 & & & = \binom{2}{0}\binom{2}{1}\binom{2}{2} \\ 1 & 3 & 3 & 1 & & = \binom{3}{0}\binom{3}{1}\binom{3}{2}\binom{3}{3} \\ 1 & 4 & 6 & 4 & 1 & = \binom{4}{0}\binom{4}{1}\binom{4}{2}\binom{4}{3}\binom{4}{4} \\ 1 & 5 & 10 & 10 & 5\ 1 & = \binom{5}{0}\binom{5}{1}\binom{5}{2}\binom{5}{3}\binom{5}{4}\binom{5}{5} \\ \vdots & & & & & \vdots \\ 1 & \ldots\ n & & & & = \binom{n}{0}\binom{n}{1} \ldots \binom{n}{n} \end{array}$$

Observações:

1ª) Relação de Stifel: $\binom{n}{p} + \binom{n}{p+1} = \binom{n+1}{p+1}$

2ª) $\binom{n}{0} + \binom{n}{1} + \binom{n}{2} + \binom{n}{3} + \ldots + \binom{n}{n-1} + \binom{n}{n} = 2^n$

Binômio de Newton

Termo geral de $(x + y)^n$:

$$T_{k+1} = \binom{n}{k} \cdot x^{n-k} \cdot y^k$$

Probabilidade

$$p = \frac{\text{número de resultados favoráveis}}{\text{número total de resultados possíveis}}$$

$0 \leq p \leq 1$

Probabilidade do evento complementar

A e $\bar{\textbf{A}}$: eventos complementares

$p(\bar{A}) = 1 - p(A)$

Probabilidade da união de dois eventos

$p(A \cup B) = p(A) + p(B) - p(A \cap B)$

Probabilidade condicional

$$p(A/B) = \frac{p(A \cap B)}{p(B)} \Leftrightarrow p(A \cap B) = p(A/B) \cdot p(B)$$

Eventos independentes

Se **A** e **B** forem eventos independentes, então $p(A \cap B) = p(A) \cdot p(B)$.

Questões de vestibular

341. (Fuvest-SP) Maria deve criar uma senha de 4 dígitos para sua conta bancária. Nessa senha, somente os algarismos 1, 2, 3, 4 e 5 podem ser usados e um mesmo algarismo pode aparecer mais de uma vez.

Contudo, supersticiosa, Maria não quer que sua senha contenha o número 13, isto é, o algarismo 1 seguido imediatamente pelo algarismo 3. De quantas maneiras distintas Maria pode escolher sua senha?

a) 551

b) 552

c) 553

d) 554

e) 555

342. (Fuvest-SP) Um lotação possui três bancos para passageiros, cada um com três lugares, e deve transportar os três membros da família Sousa, o casal Lúcia e Mauro e mais quatro pessoas. Além disso,

- a família Sousa quer ocupar um mesmo banco;
- Lúcia e Mauro querem sentar-se lado a lado.

Nessas condições, o número de maneiras distintas de dispor os nove passageiros no lotação é igual a:

a) 928.

b) 1 152.

c) 1 828.

d) 2 412.

e) 3 456.

343. (UnB/PAS-DF)

REPRODUÇÃO/UnB/PAS-DF-2007

<www.abril.com.br>

Em 1997, Michael Lau, pintor e *designer* criativo de Hong Kong, foi chamado por amigos da banda Anodize para criar a capa de um novo CD. Lau decidiu *customizar* alguns bonecos dos Comandos em Ação para deixá-los parecidos com os integrantes da banda e, depois, fotografá-los. Pouca gente conhece, hoje, a banda Anodize, mas Michael Lau é uma estrela — pelo menos no mundo que ajudou a criar: o mundo da *toy art*, que relaciona a arte à indústria. Logo depois de seus primeiros trabalhos, Lau criou um personagem de quadrinhos chamado Maxx, um *skatista cool* cheio de *piercings* e *tattoos*. Em pouco tempo, Maxx já era um boneco de 30 cm de altura e parte de uma grande coleção de bonecos chamada Gardeners. Esses bonecos viraram febre entre jovens descolados de Hong Kong e do Japão e, posteriormente, entre o pessoal de moda, música e arte na Europa, nos Estados Unidos da América e no Brasil.

<www.abril.com.br> (com adaptações)

Após a leitura do texto anterior julgue a afirmação: Considerando-se que um grupo de bonecos esqueitistas amigos de Maxx seja composto de 5 bonecos homens e 6 bonecos mulheres, é correto afirmar que existem mais de 210 maneiras diferentes de escolher 4 bonecos desse grupo, incluindo-se, pelo menos, 2 bonecos homens.

344. (UFF-RJ) Muitos consideram a Internet como um novo continente que transpassa fronteiras geográficas e conecta computadores dos diversos países do globo. Atualmente, para que as informações migrem de um computador para outro, um sistema de endereçamento denominado IPv4 (Internet Protocol Version 4) é usado. Nesse sistema, cada endereço é constituído por quatro campos, separados por pontos. Cada campo, por sua vez, é um número inteiro no intervalo $[0, 2^8 - 1]$. Por exemplo, o endereço IPv4 do servidor WEB da UFF é 200.20.0.21.

Um novo sistema está sendo proposto: o IPv6. Nessa nova versão, cada endereço é constituído por oito campos e cada campo é um número inteiro no intervalo $[0, 2^{16} - 1]$.

Com base nessas informações, é correto afirmar que:

a) o número de endereços diferentes no sistema IPv6 é o quádruplo do número de endereços diferentes do sistema IPv4.

b) existem exatamente $4 \cdot (2^8 - 1)$ endereços diferentes no sistema IPv4.

c) existem exatamente 2^{32} endereços diferentes no sistema IPv4.

d) o número de endereços diferentes no sistema IPv6 é o dobro do número de endereços diferentes do sistema IPv4.

e) existem exatamente $(2^8 - 1)^4$ endereços diferentes no sistema IPv4.

345. (UnB/PAS-DF)

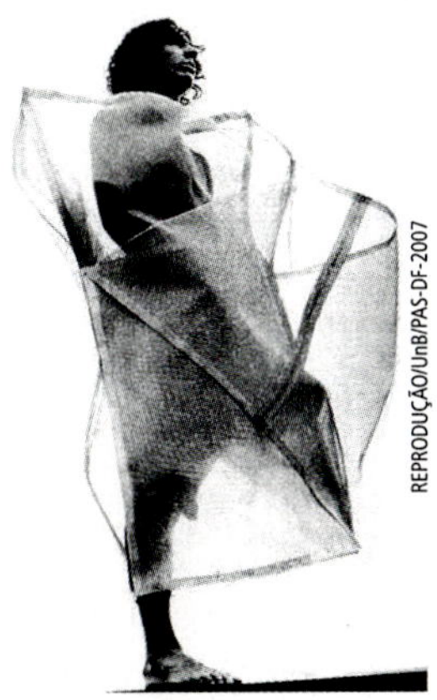

REPRODUÇÃO/UnB/PAS-DF-2007

Luiz Fernando Guimarães veste **Parangolé**.
Nova Yorque, 1972, foto de Hélio Oiticica.

Para Hélio Oiticica, a obra de arte só existia como antiarte, já que, classicamente, a arte operou em um mundo dissociado dos valores cotidianos, tidos como superficiais ou mundanos. Nos espaços/quadros/objetos/ideias criados por Oiticica, arte e cotidiano se fundem, criando um jogo com o participante. A antiarte, nesse sentido, não é a negação da arte, mas, sim, uma oposição ao rotineiro e ao sistema de arte, pois, no momento em que não existe mais obra, mas apenas proposta, o objeto desaparece, e, com sua ausência, não se tem mais contemplação nem comércio de arte. Para Hélio Oiticica, assim como para Mário Pedrosa, a arte tem uma natureza afetiva, que aflora no exercício experimental da liberdade.

Francisco Augusto Poltroniere. In: Internet: <www.fapz.org> (com adaptações)

Após a leitura do texto acima, julgue a afirmação: Sabendo-se que um anagrama é uma permutação das letras de uma palavra, o número de anagramas do nome próprio OITICICA que comecem por vogal é inferior a 2 200, contadas as permutações que têm e as que não têm significado na linguagem comum.

346. (Uerj) Uma máquina contém pequenas bolas de borracha de 10 cores diferentes, sendo 10 bolas de cada cor. Ao inserir uma moeda na máquina, uma bola é expelida ao acaso. Para garantir a retirada de 4 bolas de uma mesma cor, o menor número de moedas a serem inseridas na máquina corresponde a:

a) 5.
b) 13.
c) 31.
d) 40.

347. (Unimontes-MG) Os pontos **A**, **B**, **C**, **D**, **E**, **F** e **G**, **H**, **I**, **J** pertencem às retas paralelas **r** e **s**, respectivamente. Esses pontos determinam **n** triângulos. O valor de **n** é:

a) 120.
b) 720.
c) 104
d) 96.

348. (Cefet-CE) Colocam-se todos os anagramas com 5 letras formados apenas pelas letras **D**, **E**, **O**, **P** e **R**, sem repetição, em ordem alfabética.

a) Em que posição aparece o anagrama ORDEP?
b) Qual anagrama aparece na 80ª posição?

349. (Unifei-MG) Dispõe-se de um grupo de 10 pessoas para formar comissões constituídas por 4 pessoas. Porém, entre essas 10 pessoas, existe um casal (marido e esposa) que não pode participar, juntos, dessas comissões. De quantas maneiras distintas essas comissões podem ser formadas?

350. (ESPCEX-SP) Os alunos de uma escola realizam experiências no laboratório de Química utilizando 8 substâncias diferentes. O experimento consiste em misturar quantidades iguais de duas dessas substâncias e observar o produto obtido.
O professor recomenda, entretanto, que as substâncias **S1**, **S2** e **S3** não devem ser misturadas entre si, pois produzem como resultado o gás metano, de odor muito ruim. Assim, o número possível de misturas diferentes que se pode obter, sem produzir o gás metano, é:

a) 16.
b) 24.
c) 25.
d) 28.
e) 56.

351. (FGV-SP) Preparando-se para a festa de aniversário de sessenta anos, uma senhora quer usar três anéis de cores diferentes nos dedos das mãos, um anel em cada dedo. De quantos modos diferentes pode colocá-los, se não vai pôr nenhum anel nos polegares?

352. (Fuvest-SP) Para a prova de um concurso vestibular, foram elaboradas 14 questões, sendo 7 de Português, 4 de Geografia e 3 de Matemática. Diferentes versões da prova poderão ser produzidas, permutando-se livremente essas questões.

a) Quantas versões distintas de prova poderão ser produzidas?
b) A instituição responsável pelo vestibular definiu as versões classe **A** da prova como sendo aquelas que seguem o seguinte padrão: as 7 primeiras questões são de Português, a última deve ser uma questão de Matemática e, ainda mais: duas questões de Matemática não podem aparecer em posições consecutivas. Quantas versões classe **A** distintas da prova poderão ser produzidas?

353. (Ibmec-SP) Um campeonato de futebol é disputado em dois turnos, cada clube jogando duas vezes com cada um dos outros. Sabendo que o total de partidas é 306, podemos afirmar que o número total de clubes que estão disputando o campeonato é igual a:

a) 16.
b) 17.
c) 18.
d) 19.
e) 20.

354. (IME-RJ) Um trem conduzindo 4 homens e 6 mulheres passa por seis estações. Sabe-se que cada um destes passageiros irá desembarcar em qualquer uma das seis estações e que não existe distinção dentre os passageiros de mesmo sexo. O número de possibilidades distintas de desembarque destes passageiros é:

a) 1 287.
b) 14 112.
c) 44 200.
d) 58 212.
e) 62 822.

355. (Mack-SP) Cada um dos círculos da figura deverá ser pintado com uma cor, escolhida dentre três disponíveis.

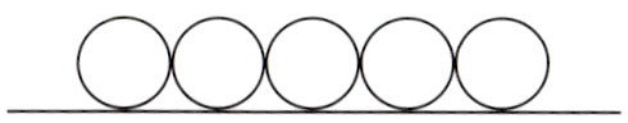

Sabendo que dois círculos consecutivos nunca serão pintados com a mesma cor, o número de formas de se pintar os círculos é:

a) 72.
b) 68.
c) 60.
d) 54.
e) 48.

356. (PUC-RJ) Pedro mora em um bairro com ruas no sentido leste-oeste e avenidas no sentiido norte-sul. A casa de Pedro está em uma esquina três quadras ao norte e quatro quadras a oeste de sua escola (que também fica em uma esquina). Pedro vai a pé de sua casa até a escola e gosta de variar o caminho, mas sempre usando caminhos de comprimento mínimo.

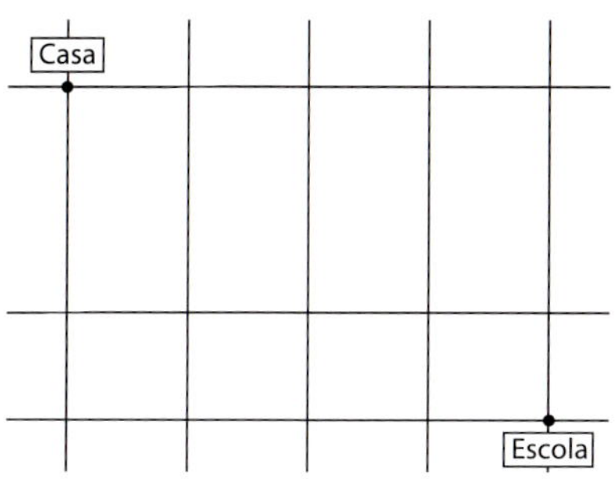

Quantos caminhos diferentes ele pode fazer?

a) 12
b) 21
c) 28
d) 35
e) 42

357. (UEFS-BA) Um joalheiro dispõe de cinco tipos de pedras preciosas, para confeccionar alianças. As pedras são distribuídas em volta da joia de forma que fiquem igualmente espaçadas. Usando em cada aliança uma pedra de cada tipo, o número de maneiras distintas que ele pode construir essas joias é igual a:

a) 12.
b) 24.
c) 60.
d) 72.
e) 120.

358. (UEL-PR) Um grupo de 6 alunos decide escrever todos os anagramas da palavra PERGUNTA. Esta tarefa será feita em vários turnos de trabalho. Em cada turno 3 alunos escrevem e os outros descansam. Para serem justos, decidiram escrever o mesmo número de anagramas em cada turno. Qual deve ser o número mínimo de anagramas, escrito por turno, de modo que não se repitam grupos de trabalho?

a) 23
b) 720
c) 2016
d) 5040
e) 35000

359. (UEL-PR) O jogo da Mega-Sena consiste no sorteio de 6 números distintos entre 1 e 60. Um apostador escolhe 20 números distintos e faz todos os $C_{20,\,6}$ jogos possíveis de serem realizados com os 20 números. Se ele acertar os seis números sorteados, entre os vinte escolhidos, além da aposta sorteada com a sena, quantas apostas premiadas com a quina (cinco números corretos) ele conseguirá?

a) 75 apostas
b) 84 apostas
c) $C_{20,\,5}$ apostas
d) $C_{6,\,5}$ apostas
e) 70 apostas

360. (Ufal) Uma equipe, formada por cinco estudantes, deve ser escolhida em uma turma com vinte estudantes, para participar de uma olimpíada. De quantas maneiras a equipe pode ser escolhida, se o estudante que ganhou a olimpíada do ano anterior, e que faz parte do grupo dos vinte estudantes, deve fazer parte da equipe?

a) 3872
b) 3874
c) 3876
d) 3878
e) 3880

361. (UFRN) Uma pessoa foi ao dentista e constatou que estava com cinco cáries, cada uma em um dente. Ficou decidido que seria restaurado um dente cada vez que ela voltasse ao consultório. O dentista combinou que marcaria as datas em cinco semanas seguidas, um dia a cada semana. Considerando-se apenas os dias úteis e sabendo-se que, nesse período, ocorreriam, ao todo, dois feriados, em semanas diferentes, o número de maneiras distintas para se programar o tratamento do paciente seria:

a) 3 125.
b) 1 875.
c) 1 600.
d) 2 000.

362. (UFCG-PB) Com o objetivo de fazer uma boa campanha nos Jogos Olímpicos de Pequim em 2008, almejando a conquista da medalha de ouro para o nosso futebol, o técnico da seleção brasileira feminina de futebol convocou 18 jogadoras para formar nossa seleção. Dentre estas estavam: 2 goleiras, 3 laterais, 3 zagueiras, 6 meio-campistas e 4 atacantes. Pensando sempre na melhor formação para representar nosso país, o número de possibilidades que o técnico teve para montar um time com 1 goleira, 2 laterais, 2 zagueiras, 4 meio-campistas e 2 atacantes foi:

a) 1 620.
b) 720.
c) 810.
d) 135.
e) 1 080.

363. (UFMG) Para montar a programação de uma emissora de rádio, o programador musical conta com 10 músicas distintas, de diferentes estilos, assim agrupadas: 4 de MPB, 3 de *Rock* e 3 de Pop. Sem tempo para fazer essa programação, ele decide que, em cada um dos programas da emissora, serão tocadas, de forma aleatória, todas as 10 músicas.

Assim sendo, é correto afirmar que o número de programas distintos em que as músicas vão ser tocadas agrupadas por estilo é dado por:

a) $4! \times 3! \times 3! \times 3!$
b) $\frac{10!}{7!}$
c) $4! \times 3! \times 3!$
d) $\frac{10!}{7! \times 3!}$

364. (UFU-MG) A presente prova é composta por 20 questões de Matemática de múltipla escolha, com 4 alternativas por questão. Assim, relativamente às questões de Matemática, o número de gabaritos possíveis é igual a:

a) 2^{20}.
b) 80.
c) 20.
d) 2^{40}.

365. (Uerj) Considere como um único conjunto as 8 crianças — 4 meninos e 4 meninas — personagens da tirinha. A partir desse conjunto, podem-se formar **n** grupos, não vazios, que apresentam um número igual de meninos e de meninas.

O MENINO MALUQUINHO Ziraldo

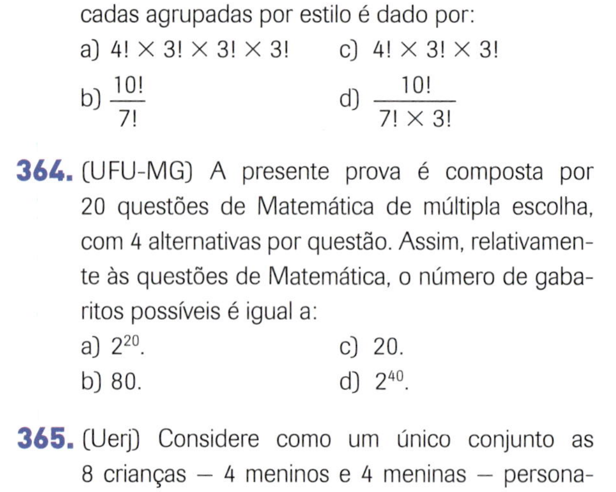

O Globo, 18/03/2009.

O maior valor de **n** é equivalente a:

a) 45.
b) 56.
c) 69.
d) 81.

366. (Ufes) Uma rede de lojas de eletrodomésticos tem 50 vendedores. Deseja-se escolher 3 desses vendedores para trabalhar em 3 lojas, uma no bairro Jardim da Santa, outra no bairro Praia da Beira e a outra no Centro. Cada uma das 3 lojas deverá ficar com um, e apenas um, dos 3 vendedores. O número de possíveis maneiras de fazer essa escolha é:

a) 300.
b) 19 600.
c) 39 200.
d) 58 800.
e) 117 600.

367. (Vunesp) Uma jovem vai desfilar exibindo saia, blusa, bolsa e casaco. O estilista do desfile afirma que três modelos de saias, cinco de blusas, três de casacos e certo número de bolsas permitem mais de 200 possibilidades diferentes de escolhas de traje. Assinale a alternativa que apresenta o número mínimo de bolsas que torna verdadeira a afirmação do estilista.

a) 4 b 5 c) 11 d) 30 e) 44

368. (Uerj) Uma fábrica produz sucos com os seguintes sabores: uva, pêssego e laranja. Considere uma caixa com 12 garrafas desses sucos, sendo 4 garrafas de cada sabor. Retirando-se, ao acaso, 2 garrafas dessa caixa, a probabilidade de que ambas contenham suco com o mesmo sabor equivale a:

a) 9,1%.
b) 18,2%.
c) 27,3%.
d) 36,4%.

369. (Uerj) Uma máquina contém pequenas bolas de borracha de 10 cores diferentes, sendo 10 bolas de cada cor. Ao inserir uma moeda na máquina, uma bola é expelida ao acaso. Inserindo-se 3 moedas, uma de cada vez, a probabilidade de que a máquina libere 3 bolas, sendo apenas duas delas brancas, é aproximadamente de:

a) 0,008.
b) 0,025.
c) 0,040.
d) 0,072.

370. (UnB/PAS-DF) Suponha que, em um circuito elétrico, os componentes **A**, **B** e **C** estejam ligados em série e funcionem de forma independente. Considerando que as probabilidades de **A**, **B** e **C** não funcionarem corretamente sejam, respectivamente, iguais a 15%, 20% e 25%, calcule a probabilidade, em porcentagem, de não passar corrente por esse circuito. Multiplique o resultado por 10.

371. (UEA-AM) Os formandos de um determinado curso superior foram classificados em função da idade e do ano em que iniciaram o curso, conforme mostra a tabela a seguir.

Idade (em anos)	Início de 2005	Início de 2006
23	10	210
24	200	20
25	40	20

Um aluno foi sorteado para entregar um presente ao paraninfo. A probabilidade de ele ter iniciado o curso em 2005 e ter 24 anos é de:

a) $\frac{10}{11}$.
b) $\frac{5}{6}$.
c) $\frac{10}{13}$.
d) $\frac{5}{8}$.
e) $\frac{2}{5}$.

372. (UFBA) Considere o conjunto de todos os números de cinco algarismos distintos, formados com os algarismos 1, 3, 5, 8 e 9. Escolhendo, aleatoriamente, um elemento desse conjunto, calcule a probabilidade de o número escolhido ser menor que o número 58 931.

373. (ESPM-SP) Dos alunos de uma sala de aula, sabe-se que 50% são do sexo feminino, que 40% usam óculos e que apenas 30% das meninas não usam óculos. Escolhendo-se um menino dessa sala ao acaso, a probabilidade de que ele não use óculos é de:

a) 50%.
b) 60%.
c) 45%.
d) 75%.
e) 90%.

374. (ESPM-SP) Uma urna contém 50 cartões numerados de 1 a 50. Dois cartões são retirados e descartados sem que seus números sejam vistos. Um terceiro cartão é retirado da urna. A probabilidade de que esse cartão contenha o número 50 é de:

a) 1%.
b) 2%.
c) 3%.
d) 4%.
e) 5%,

375. (Fatec-SP) O Centro Paula Souza administra Escolas Técnicas (Etecs) e Faculdades de Tecnologa (Fatecs) estaduais em 149 municípios, no Estado de São Paulo. Para participar de um simpósio sobre educação a distância, a Fatec São Paulo enviou cinco alunos, sendo dois homens; a Fatec Sorocaba enviou três alunos, sendo uma mulher; e a Fatec da Baixada Santista enviou quatro alunos, sendo dois homens. Para a abertura desse simpósio, será selecionada, ao acaso, uma dessas Fatecs e dela se escolherá, também ao acaso, um aluno para representar o Centro Paula Souza. A probabilidade de que o aluno escolhido seja uma mulher é:

a) $\frac{16}{45}$.
b) $\frac{37}{90}$.
c) $\frac{19}{45}$.
d) $\frac{43}{90}$.
e) $\frac{28}{45}$.

376. (FGV-SP) Extraímos uma bola da urna representada abaixo, anotamos o seu número e a devolvemos à urna. Retiramos uma segunda bola, anotamos o seu número e o adicionamos ao anterior. Qual é a probabilidade de que a soma seja 4?

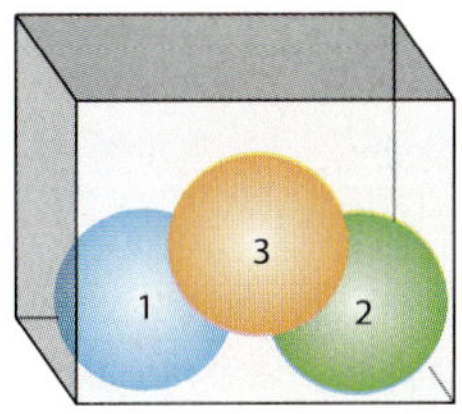

377. (Furg-RS) A prova de Matemática do vestibular da Universidade Federal do Rio Grande (Furg) é composta por 15 questões de múltipla escolha, cada uma com 5 alternativas, sendo apenas 1 correta. A probabilidade de um candidato, respondendo à prova de forma aleatória, acertar todas as questões é:

a) 0.
b) $\frac{1}{5^{15}}$.
c) $\frac{1}{5}$.
d) $\frac{1}{75}$.
e) $\frac{1}{15^5}$.

378. (Ibmec-SP) De 120 estudantes, 60 estudam francês, 50 espanhol e 20, francês e espanhol. Se um estudante é escolhido aleatoriamente, a probabilidade de ele não estudar nem francês nem espanhol é de:

a) $\frac{1}{4}$.
b) $\frac{1}{2}$.
c) $\frac{3}{4}$.
d) $\frac{3}{2}$.
e) $\frac{2}{3}$.

379. (ITA-SP) Numa caixa com 40 moedas, 5 apresentam duas caras, 10 são normais (cara e coroa) e as demais apresentam duas coroas. Uma moeda é retirada ao acaso e a face observada mostra uma coroa. A probabilidade de a outra face desta moeda também apresentar uma coroa é:

a) $\frac{7}{8}$.
b) $\frac{5}{7}$.
c) $\frac{5}{8}$.
d) $\frac{3}{5}$.
e) $\frac{3}{7}$.

380. (ITA-SP) Sobre uma mesa estão dispostos 5 livros de história, 4 de biologia e 2 de espanhol. Determine a probabilidade de os livros serem empilhados sobre a mesa de tal forma que aqueles que tratam do mesmo assunto estejam juntos.

381. (PUC-SP) Um aluno prestou vestibular em apenas duas Universidades. Suponha que, em uma delas, a probabilidade de que ele seja aprovado é de 30%, enquanto na outra, pelo fato de a prova ter sido mais fácil, a probabilidade de sua aprovação sobe para 40%. Nessas condições, a probabilidade de que esse aluno seja aprovado em pelo menos uma dessas Universidades é de:

a) 70%. c) 60%. e) 52%.
b) 68%. d) 58%.

382. (UFPE) Um construtor compra 60% das suas telhas da Companhia **A** e o restante da Companhia **B**. Suponha que 96% das telhas compradas de **A** são entregues sem defeito, e o mesmo ocorre com 98% das telhas de **B**. Se uma telha foi entregue com defeito, calcule a probabilidade percentual p% de ter sido entregue pela Companhia **A**. Indique **p**.

383. (UFU-MG) O Programa Nacional de Tecnologia Educacional do MEC financia e instala laboratórios de informática nas escolas públicas de Educação Básica. Suponha que, no processo de licitação para a compra dos computadores destinados aos laboratórios, o MEC tenha a sua disposição 15 consultores técnicos, sendo que 10 são consultores júnior e 5 são consultores sênior. Dois fabricantes de computadores, sendo um da marca **A** e o outro da marca **B**, resolveram participar do processo de licitação. Para decidir qual marca comprar, uma equipe de consultores técnicos testou as duas marcas durante uma semana. Os técnicos concluíram que a probabilidade de que ocorra um problema em computadores da marca **A** é de $\frac{1}{2}$, da marca **B** é de $\frac{1}{4}$, e, em ambas, é de $\frac{1}{100}$. Com base nestas informações, responda às seguintes perguntas:

a) Se o MEC deseja designar 5 consultores técnicos para compor a equipe de testes, sendo que 3 são consultores júnior e 2 são consultores sênior, de quantas maneiras distintas podem ser escolhidos os 5 consultores?

b) Durante os testes realizados, qual a probabilidade de que nenhuma marca tenha apresentado problema?

384. (UFRRJ) Separando-se as letras da palavra **tempo** e colocando-as em uma urna, a probabilidade de se retirar uma consoante é de:

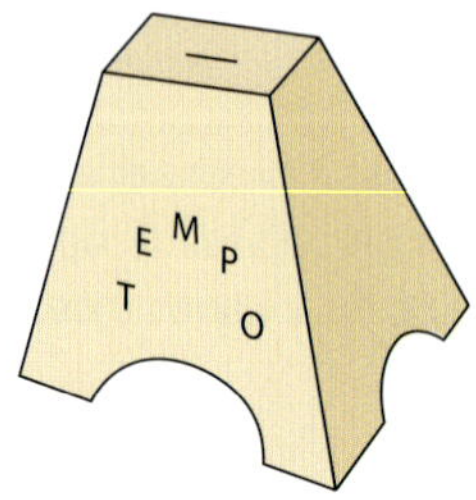

a) 20%. c) 40%. e) 60%.
b) 30%. d) 50%.

385. (Vunesp) Em uma partida de vôlei feminino entre as seleções da Alemanha (**A**) e do Brasil (**B**), segundo a "crítica especializada", as chances de vitória são, respectivamente, de 5 para 4. A probabilidade de vencer, para cada uma dessas seleções, é:

a) $P(A) = \frac{5}{4}$; $P(B) = \frac{4}{5}$.

b) $P(A) = \frac{4}{9}$; $P(B) = \frac{1}{9}$.

c) $P(A) = \frac{5}{9}$; $P(B) = \frac{1}{9}$.

d) $P(A) = \frac{4}{9}$; $P(B) = \frac{5}{9}$.

e) $P(A) = \frac{5}{9}$; $P(B) = \frac{4}{9}$.

Estatística e Matemática financeira

Noções básicas de Estatística

Média aritmética (MA)

$$MA = \frac{x_1 + x_2 + x_3 + \ldots + x_n}{n} = \frac{\sum_{i=1}^{n} x_i}{n}$$

Moda (Mo)

Em Estatística, moda é a medida de tendência central definida como o valor mais frequente de um grupo de valores observados.

Mediana (Me)

Dados **n** números em ordem crescente ou decrescente, a mediana será:

- o número que ocupar a posição central se **n** for ímpar;
- a média aritmética dos dois números que estiverem no centro se **n** for par.

Variância (V)

$$V = \frac{\sum_{i=1}^{n}(x_i - MA)^2}{n}$$

Desvio padrão (DP)

$DP = \sqrt{V}$

Noções de Matemática financeira

x é a% de **P**: $x = \frac{a}{100} \cdot P$

Fator de atualização (f)

$$f = \frac{\text{valor novo}}{\text{valor velho}}$$

$f > 1$: aumento ⟶ $f = 1 + \text{taxa}$

$f < 1$: desconto ⟶ $f = 1 - \text{taxa}$

$f = 1$: não variou

Aumentos e descontos sucessivos

$f_{acumulado} = f_1 \cdot f_2 \cdot ... \cdot f_n$

Juros simples

M: montante

C: capital

j: juros do período total

i: taxa de juros

t: número de períodos

$j = Cit$ e $M = C + j$

Juros compostos

$M = C(1 + i)^t$ $j = M - C$ $f = 1 + i$

$f_{acumulado} = (1 + i)^t$

Valor futuro

$VF = VP \cdot (1 + i)^n$

Valor presente

$$VP = \frac{VF}{(1 + i)^n}$$

Questões de vestibular

386. (FGV-SP) A média aritmética de 20 números reais é 30, e a média aritmética de 30 outros números reais é 20. A média aritmética desses 50 números é:

a) 27.
b) 26.
c) 25.
d) 24.
e) 23.

387. (Vunesp) A média aritmética dos elementos de um conjunto formado por **n** valores numéricos diminui quatro unidades quando o número 58 é retirado. Quando o número 57 é adicionado ao conjunto original, a média aritmética dos elementos desse novo conjunto aumenta três unidades em relação à média inicial. Qual o valor da soma dos elementos originais do conjunto?

388. (UEPB) O salário médio, em reais, dos funcionários de uma empresa, conforme nos mostra a tabela de distribuição abaixo, é:

Faixa salarial (em reais)	Número de funcionários
800 ⊢— 1 100	300
1 100 ⊢— 1 400	600
1 400 ⊢— 1 700	150
1 700 ⊢— 2 000	50
2 000 ⊢— 2 300	30
2 300 ⊢— 2 600	20

a) 1 408,60.
b) 1 380,60.
c) 1 281,30.
d) 1 283,50.
e) 1 285,50.

389. (FGV-SP) O gráfico seguinte apresenta os lucros (em milhares de reais) de uma empresa ao longo de 10 anos (ano 1, ano 2, até ano 10).

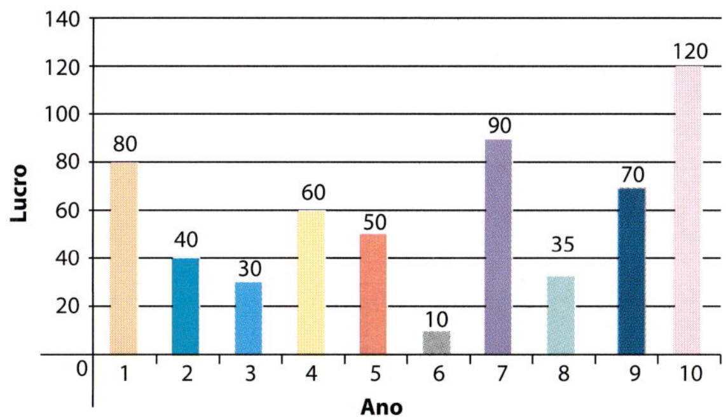

O ano em que o lucro ficou mais próximo da média aritmética dos 10 lucros anuais foi:

a) ano 2.
b) ano 3.
c) ano 4.
d) ano 5.
e) ano 9.

390. (Ibmec-SP) O gráfico representa as notas dos alunos de uma turma numa prova que realizaram.

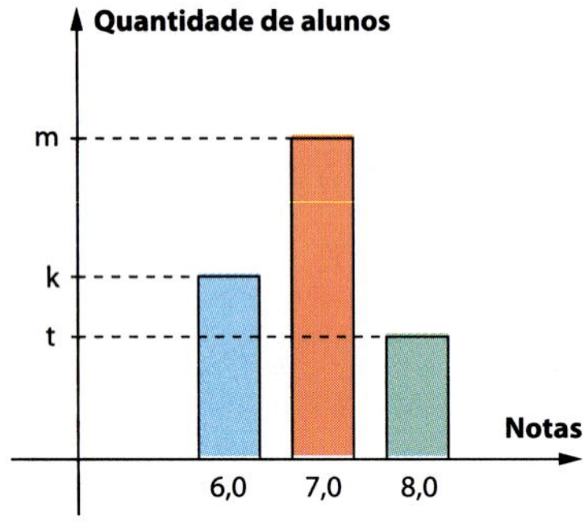

A média das notas representadas no gráfico é:

a) $\dfrac{6k + 7m + 8t}{21}$.

b) $\dfrac{6k + 7m + 8t}{k + m + t}$.

c) 7.

d) $\dfrac{k + m + t}{21}$.

e) $\dfrac{21}{6k + 7m + 8t}$.

391. (ESPM-SP) Considere o conjunto $A = \{x \in \mathbb{N}^* \mid x \leq 51\}$. Retirando-se um número desse conjunto, a média aritmética entre seus elementos não se altera. Esse número é:

a) ímpar.

b) primo.

c) quadrado perfeito.

d) maior que 30.

e) múltiplo de 13.

392. (Ibmec-SP) O gráfico abaixo representa as notas de um grupo de alunos em uma prova de matemática. A altura de cada barra corresponde à quantidade de alunos que obteve a nota indicada na base da respectiva barra.

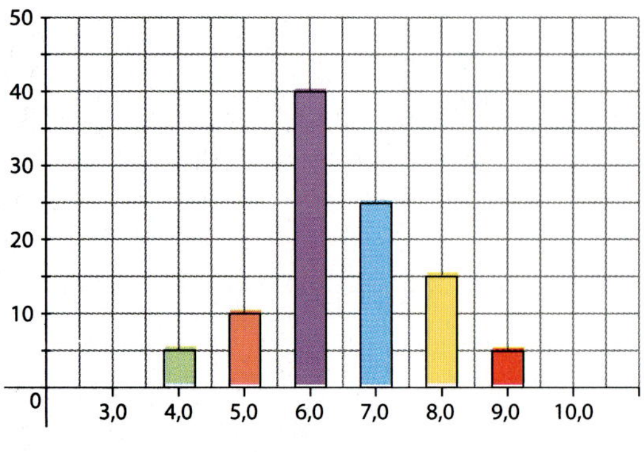

Numa prova de português, a média dos mesmos alunos foi um ponto maior do que a média nessa prova de matemática. Dos gráficos a seguir, aquele que pode representar as notas de português é:

a)

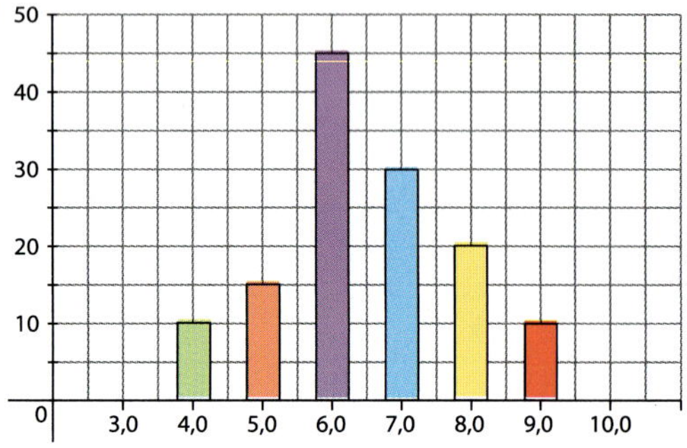

b)

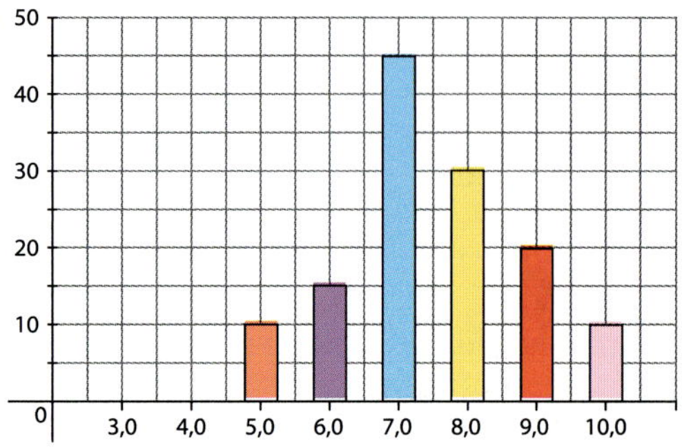

c)

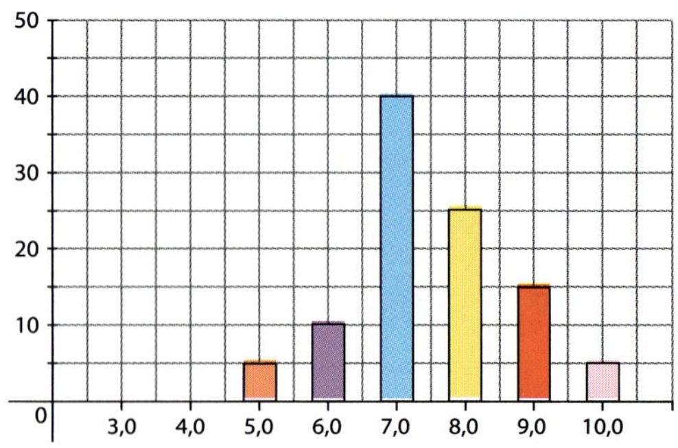

d)

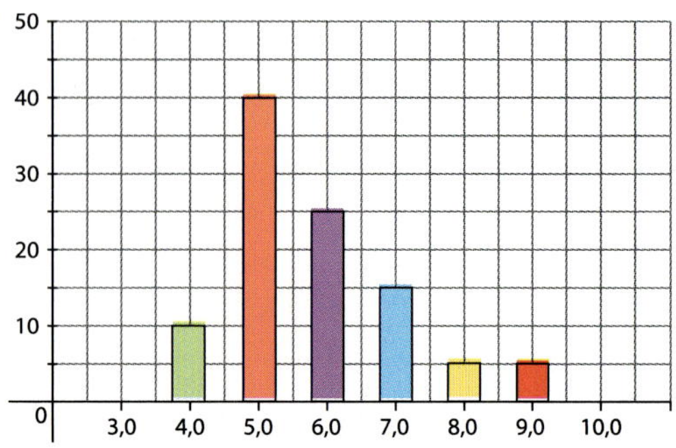

e)

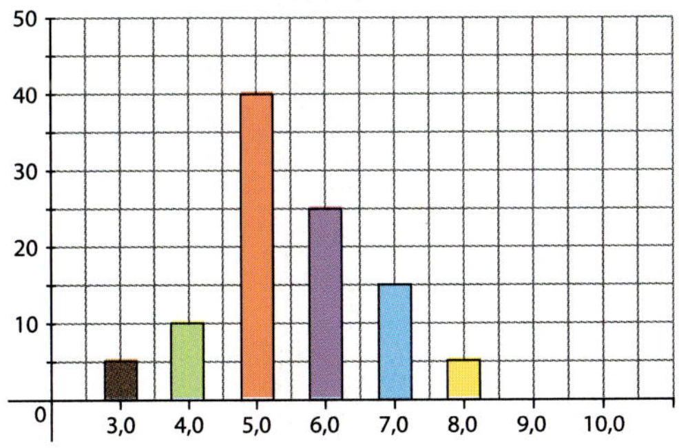

393. (FGV-SP) A tabela indica a frequência de distribuição das correspondências, por apartamento, entregues em um edifício na segunda-feira.

Número de correspondências	Quantidade de apartamentos
0	4
1	6
3	5
4	6
5	1
6	2
7	1

A mediana dos dados apresentados supera a média de correspondências por apartamento em:

a) 0,20.
b) 0,24.
c) 0,36.
d) 0,72.
e) 1,24.

394. (UFSM-RS) No ano de 2009, foi realizada a 17ª edição do *Rally* dos Sertões. A disputa começou em Goiânia (GO), passou por 7 estados brasileiros, terminando em Natal (RN). O percurso total do *Rally* foi de 5 038 km, divididos em 10 etapas; por sua vez, cada etapa possuía uma parte especial. A tabela a seguir apresenta o percurso total e o especial de cada etapa.

Etapa	Total da etapa	Especial da etapa
1ª	327 km	356 km
2ª	469 km	334 km
3ª	636 km	393 km
4ª	762 km	487 km
5ª	538 km	300 km
6ª	558 km	364 km
7ª	543 km	235 km
8ª	421 km	213 km
9ª	439 km	184 km
10ª	350 km	114 km

A média aritmética das cinco primeiras etapas do percurso especial é:

a) 304 km.
b) 310 km.
c) 322 km.
d) 348 km.
e) 354 km.

395. (FGV-SP) A média aritmética dos elementos do conjunto {17, 8, 30, 21, 7, x} supera em uma unidade a mediana dos elementos desse conjunto. Se **x** é um número real tal que $8 < x < 21$ e $x \neq 17$, então a média aritmética dos elementos desse conjunto é igual a:

a) 16.
b) 17.
c) 18.
d) 19.
e) 20.

396. (UEPB) A média para as notas fornecidas pela distribuição de frequências abaixo é igual a:

Notas	fi
0 ⊢ 2	2
2 ⊢ 4	5
4 ⊢ 6	15
6 ⊢ 8	12
8 ⊢ 10	6

a) 5,75.
b) 5,5.
c) 5,25.
d) 5,0.
e) 6,0.

397. (Unir-RO) O gráfico abaixo apresenta o desmatamento mensal (em km²) da Amazônia.

A evolução do desmatamento na Amazônia

Acompanhe os dados mês a mês, segundo o Instituto Nacional de Pesquisas Expaciais (INPE) [Atualização: 1º de setembro de 2009]

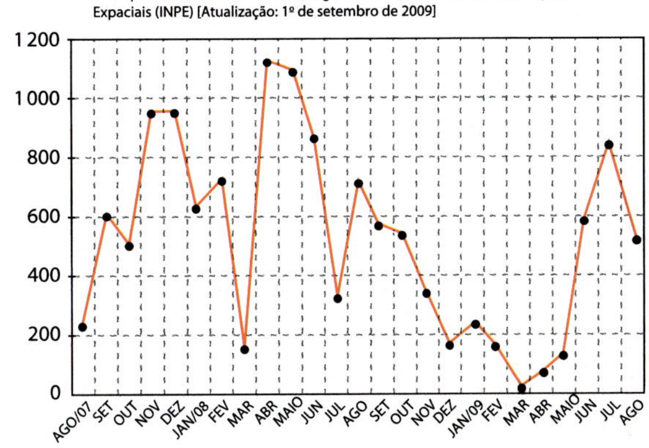

A partir das informações contidas no gráfico, marque **V** para as afirmativas verdadeiras e **F** para as falsas.

( ) No período de nov./2007 a mar./2008, a quantidade de área desmatada foi sempre decrescente.

( ) Não houve alteração na quantidade de área desmatada no período de nov./2007 a dez./2007 e no período de abr./2008 a maio/2008.

( ) No período de ago./2007 a ago./2009, o mês em que mais se desmatou pertence ao primeiro semestre de 2008.

Assinale a sequência correta.

a) F, V, F
c) V, V, F
e) F, F, V
b) F, V, V
d) V, F, V

398. (FGV-SP) Um conjunto de dados numéricos tem variância igual a zero. Podemos concluir que:

a) a média também vale zero.
b) a mediana também vale zero.
c) a moda também vale zero.
d) o desvio padrão também vale zero.
e) todos os valores desse conjunto são iguais a zero.

399. (FGV-SP) Seja **f** uma função de $\mathbb{N}$ em $\mathbb{Q}$, dada por

$$f(x) = \begin{cases} 2x - 1, & 1 \leq x < 5 \\ -x + 12, & 5 \leq x \leq 12 \end{cases}.$$ Sabendo que a função **f** determina o número de vezes que um equipamento foi utilizado em cada um dos 12 meses de um ano, é correto afirmar que a mediana (estatística) dos 12 registros é igual a:

a) 3. b) 3,5. c) $\frac{11}{3}$. d) 4. e) 5,5.

400. (PUCC-SP) Sabe-se que os números **x** e **y** fazem parte de um conjunto de 100 números, cuja média aritmética é 9,83. Retirando-se **x** e **y** desse conjunto, a média aritmética dos números restantes será 8,5. Se $3x - 2y = 125$, então:

a) $x = 95$.
c) $x = 80$.
e) $x = 75$.
b) $y = 65$.
d) $y = 55$.

401. (Fuvest-SP) Sabe-se que a média aritmética de 5 números inteiros distintos, estritamente positivos, é 16. O maior valor que um desses inteiros pode assumir é:

a) 16. b) 20. c) 50. d) 70. e) 100.

402. (PUC-SP) O histograma a seguir apresenta a distribuição de frequência das faixas salariais numa pequena empresa.

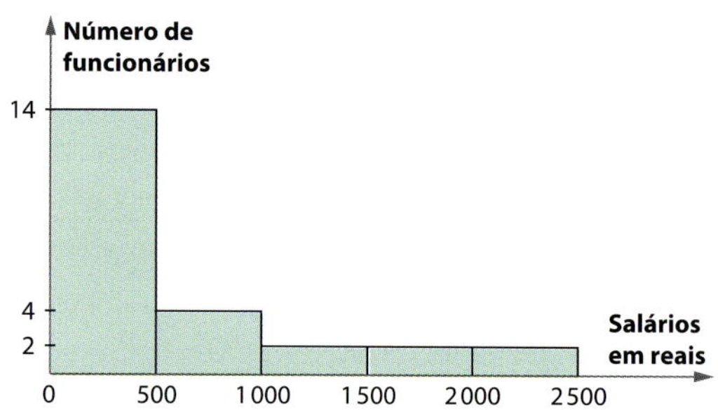

Com os dados disponíveis, pode-se concluir que a média desses salários é, aproximadamente:

a) R$ 420,00.
d) R$ 640,00.
b) R$ 536,00.
e) R$ 708,00.
c) R$ 562,00.

403. (UEL-PR) O gráfico a seguir apresenta dados referentes ao número de visitantes em uma galeria de arte, durante uma exposição de Cândido Portinari.

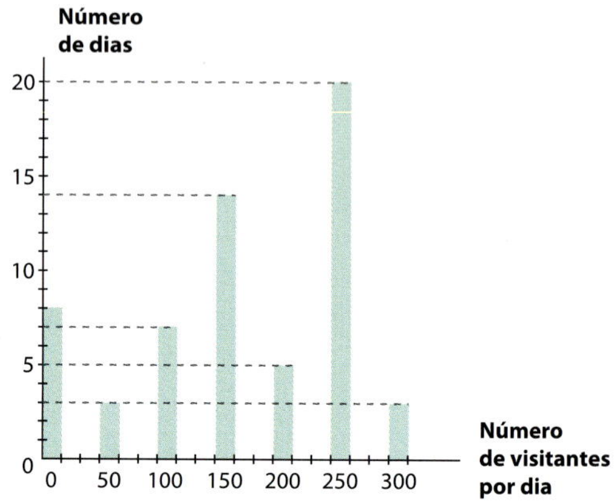

De acordo com o gráfico, visitaram a exposição:

a) 3 pessoas por dia.
b) 100 pessoas no sétimo dia.
c) 750 pessoas em 20 dias.
d) 1 050 pessoas em 60 dias.
e) 9 850 pessoas em 60 dias.

404. (UFMG) A média das notas na prova de Matemática de uma turma com 30 alunos foi de 70 pontos. Nenhum dos alunos obteve nota inferior a 60 pontos. O número máximo de alunos que podem ter obtido nota igual a 90 pontos é:

a) 13. b) 10. c) 23. d) 16.

405. (UFC-CE) A média aritmética das notas dos alunos de uma turma formada por 25 meninas e 5 meninos é igual a 7. Se a média aritmética das notas dos meninos é igual a 6, a média aritmética das notas das meninas é igual a:

a) 6,5. b) 7,2. c) 7,4. d) 7,8. e) 8,0.

406. (FGV-SP) Numa pequena ilha, há 100 pessoas que trabalham na única empresa ali existente. Seus salários (em moeda local) têm a seguinte distribuição de frequências:

Salários	Frequência
$ 50,00	30
$ 100,00	60
$ 150,00	10

a) Qual a média dos salários das 100 pessoas?
b) Qual a variância dos salários? Qual o desvio padrão dos salários?

407. (UFRJ) A altura média de um grupo de quinhentos e três recrutas é de 1,81 m. Sabe-se também que nem todos os recrutas do grupo têm a mesma altura. Diga se cada uma das afirmações a seguir é verdadeira, falsa ou se os dados são insuficientes para uma conclusão. Em cada caso, justifique sua resposta.

a) "Há, no grupo em questão, pelo menos um recruta que mede mais de 1,81 m e pelo menos um que mede menos de 1,81 m."
b) "Há, no grupo em questão, mais de um recruta que mede mais de 1,81 m e mais de um que mede menos de 1,81 m."

408. (FGV-SP) Um conjunto de 10 valores numéricos x_1, x_2, x_3, ..., x_{10} tem média aritmética igual a 100 e variância igual a 20. Se adicionarmos 5 a cada valor, isto é, se obtivermos o conjunto $(x_1 + 5)$, $(x_2 + 5)$, $(x_3 + 5)$, ..., $(x_{10} + 5)$:

a) Qual a média do novo conjunto de valores? (Justifique).
b) Qual a variância do novo conjunto de valores? (Justifique).

409. (UFT-TO) Uma TV de plasma com 20% de desconto é vendida por R$ 2 500,00. O preço da TV sem desconto é:

a) R$ 3 125,00.
b) R$ 3 000,00.
c) R$ 2 800,00.
d) R$ 3 100,00.
e) R$ 3 500,00.

410. (UFT-TO) Em uma fazenda produtora de soja duas colheitadeiras **A** e **B** são utilizadas para a colheita da produção. Quando trabalham juntas conseguem fazer toda a colheita em 72 horas. Porém, utilizando apenas a colheitadeira **A**, em 120 horas. Se o produtor utilizar apenas a colheitadeira **B**, toda a colheita será feita em:

a) 180 horas.
b) 165 horas.
c) 157 horas.
d) 192 horas.

411. (UEG-GO) A fazenda do João da Rosa produz, em média, 80 litros de leite por dia. Desse leite, 65% são utilizados na fabricação de queijos que são vendidos a R$ 7,50 o quilo, e o restante é vendido no laticínio da cidade a R$ 0,75 o litro. Se a cada 8 litros de leite João fabrica 1 quilo de queijo, a arrecadação mensal de João da Rosa com a venda dos queijos e do leite será:

a) menor que 1 946 reais.
b) maior que 2 200 e menor que 2 275 reais.
c) maior que 1 987 e menor que 2 200 reais.
d) maior que 1 950 e menor que 2 170 reais.

412. (UEG-GO) Uma pequena empresa foi aberta em sociedade por duas pessoas. O capital inicial aplicado por elas foi de 30 mil reais. Os sócios combinaram que os lucros ou prejuízos que eventualmente viessem a ocorrer seriam divididos em partes proporcionais aos capitais por eles empregados. No momento da apuração dos resultados, verificaram que a empresa apresentou lucro de 5 mil reais. A partir dessa constatação, um dos sócios retirou 14 mil reais, que correspondia à parte do lucro devida a ele e ainda o total do capital por ele empregado na abertura da empresa. Determine o capital que cada sócio empregou na abertura da empresa.

413. (Uece) Renato contratou um empréstimo de R$ 1 400,00, para pagar um mês depois, com juros de 15% ao mês. Ao final do mês, não podendo pagar o total, deu por conta apenas R$ 750,00 e, para o restante, firmou um novo contrato nas mesmas bases do anterior, o qual foi pago integralmente um mês depois. O valor do último pagamento foi:

a) R$ 889,00.
b) R$ 939,00.
c) R$ 989,00.
d) R$ 1 009,00.

414. (UFBA) Considerando-se operações de empréstimo com taxa de juros compostos de 5% ao mês e operações de desconto simples com taxa de 2% ao mês, é correto afirmar:

(01) Contraindo-se um empréstimo de R$ 1 000,00, o montante a ser pago, ao final de 30 dias, será R$ 1 500,00.
(02) Para um empréstimo a ser pago no prazo de 10 meses, o total de juros será igual à metade do valor do empréstimo.
(04) O montante de um empréstimo a ser pago ao final de **n** meses é igual ao valor do empréstimo multiplicado por $1{,}05^n$.
(08) para uma operação de desconto simples, o valor atual de um título, com valor nominal R$ 2 000,00 e vencimento em três meses, é igual a R$ 1 880,00.
(16) Em uma operação de desconto simples, o valor atual de um título, com vencimento em um mês, é igual a 98% do seu valor nominal.

415. (UFC-CE) Uma garrafa está cheia de uma mistura, na qual $\frac{2}{3}$ do conteúdo é composto pelo produto **A** e $\frac{1}{3}$ pelo produto **B**. Uma segunda garrafa, com o dobro da capacidade da primeira, está cheia de uma mistura dos mesmos produtos da primeira garrafa, sendo agora $\frac{3}{5}$ do conteúdo composto pelo produto **A** e $\frac{2}{5}$ pelo produto **B**. O conteúdo das duas garrafas é derramado em uma terceira garrafa, com o triplo da capacidade da primeira. Que fração do conteúdo da terceira garrafa corresponde ao produto **A**?

a) $\frac{10}{15}$
b) $\frac{5}{15}$
c) $\frac{28}{45}$
d) $\frac{17}{45}$
e) $\frac{3}{8}$

416. (UEPG-PR) Marcelo tinha um capital de R$ 5 000,00. Parte desse capital ele aplicou no banco **A**, por um ano, à taxa de juros simples de 2% ao mês, obtendo R$ 360,00 de juros. O restante aplicou no banco **B**, também pelo período de 1 ano, à taxa de juros simples de 20% ao ano. Com base nesses dados, assinale o que for correto.

01) No banco **B** ele aplicou menos de R$ 3 000,00.
02) Marcelo obteve um montante de R$ 6 060,00 referente às duas aplicações.
04) A aplicação no banco **B** rendeu R$ 700,00 de juros.
08) Ele aplicou no banco **A** 20% de seu capital.

417. (UEMG) "O ministro da Saúde, José Gomes Temporão, afirmou nesta sexta-feira que mais 19 casos de gripe suína – a gripe A (H1N1) – foram confirmados no Brasil. Com isso, o número de pessoas infectadas sobe para 756. Os novos casos foram confirmados em São Paulo (7), Minas Gerais (6), Rio de Janeiro (2), Rio Grande do Sul (2), Paraná (1) e Mato Grosso do Sul (1). De acordo com o governo, a maioria dos infectados no país, desde 8 de maio, já recebeu alta ou está em processo de recuperação".

Folha On Line, 03/07/2009.

Com base nestas informações, em relação aos novos casos da gripe suína, o número de infectados, na região Sudeste, corresponde, aproximadamente, a:

a) 79% dos casos.
b) 65% dos casos.
c) 70% dos casos.
d) 90% dos casos.

418. (FGV-SP) Em uma escola, a razão entre o número de alunos e o de professores é de 50 para 1. Se houvesse mais 400 alunos e mais 16 professores, a razão entre o número de alunos e o de professores seria de 40 para 1. Podemos concluir que o número de alunos da escola é:

a) 1 000.
b) 1 050.
c) 1 100.
d) 1 150.
e) 1 200.

419. (Unicamp-SP) O valor presente, $\mathbf{V_p}$, de uma parcela de um financiamento, a ser paga daqui a **n** meses, é dado pela fórmula a seguir, em que **r** é o percentual mensal de juros ($0 \leq r \leq 100$) e **p** é o valor da parcela.

$$V_p = \frac{p}{\left[1 + \frac{r}{100}\right]^n}.$$

a) Suponha que uma mercadoria seja vendida em duas parcelas iguais de R$ 200,00, uma a ser paga à vista, e outra a ser paga em 30 dias (ou seja, 1 mês). Calcule o valor presente da mercadoria, $\mathbf{V_p}$, supondo uma taxa de juros de 1% ao mês.
b) Imagine que outra mercadoria, de preço 2p, seja vendida em duas parcelas iguais a **p**, sem entrada, com o primeiro pagamento em 30 dias (ou seja, 1 mês) e o segundo em 60 dias (ou 2 meses). Supondo, novamente, que a taxa mensal de juros é igual a 1%, determine o valor presente da mercadoria, $\mathbf{V_p}$, e o percentual mínimo de desconto que a loja deve dar para que seja vantajoso, para o cliente, comprar à vista.

420. (UFPA/PSS) Se uma poupança rende 0,9% ao mês e **S** a aplicação inicial, então em 7 meses o saldo acumulado é dado por:

a) $0{,}09^7 \cdot S$.
b) $7 \cdot 0{,}009S$.
c) $1{,}097S$.
d) $(1 + 7 \cdot 0{,}09)S$.
e) $(1{,}009)^7S$.

421. (Ufpel-RS) Um dos motivos que leva as pessoas a enfrentarem o problema do desemprego é a busca, por parte das empresas, de mão de obra qualificada, dispensando funcionários não habilitados e pagando a indenização a que têm direito. Um funcionário que vivenciou tal problema recebeu uma indenização de R$ 57 000,00 em três parcelas, em que a razão da primeira para a segunda é de $\frac{4}{5}$ e a razão da segunda para a terceira, de $\frac{6}{12}$.

Com base no texto e em seus conhecimentos, detemine:

a) o valor de cada parcela.
b) o tempo necessário para que o funcionário aplique o valor da primeira parcela, a juro composto, a uma taxa de 1% ao mês, para acumular um montante de R$ 12 738,00.
c) a taxa mensal que deve ser aplicada, a juro simples, à segunda parcela, para que o funcionário, no final de 2 anos, obtenha o montante de R$ 25 800,00.

422. (UnB-DF) A tabela a seguir representa os percentuais dos grupos sanguíneos na população de um país.

	O	A	B	AB
Rh^+	35,0%	38,1%	6,2%	2,8%
Rh^-	9,0%	7,2%	1,2%	0,5%

Com base nessas informações, julgue os itens seguintes.

1) A porcentagem da população desse país pertencente ao grup O é superior a 45%.
2) A porcentagem da população com fator Rh^+ é inferior a 80%.
3) Dos indivíduos que pertencem ao grupo AB, o percentual daqueles com fator Rh^- é superior a 15%.

423. (UFMS) Uma loja vende um produto por R$ 510,00 para pagamento à vista. Um cliente pode pedir um financiamento pelo plano (1 + 1) pagamentos iguais, ou seja, o primeiro pagamento deve ser feito no ato da compra e o segundo, um mês após essa data. Se a taxa de juros praticada pela loja for de 4% ao mês, então o valor de cada uma das prestações será de:

a) R$ 267,60.
b) R$ 265,20.
c) R$ 260,00.
d) R$ 257,50.
e) R$ 270,50.

Geometria analítica

Ponto e reta

Ponto

Distância entre dois pontos:

$$d = \sqrt{(x_B - x_A)^2 + (y_B - y_A)^2}$$

Ponto médio: $M\left(\dfrac{x_A + x_B}{2}, \dfrac{y_A + y_B}{2}\right)$

Condição de alinhamento de três pontos:

$$\begin{vmatrix} x_A & y_A & 1 \\ x_B & y_B & 1 \\ x_C & y_C & 1 \end{vmatrix} = 0$$

Reta

Coeficiente angular da reta: $m = \text{tg}\,\alpha = \dfrac{y_A - y_B}{x_A - x_B}$

(se $x_A \neq x_B$)

Equações da reta:

- $y - y_0 = m(x - x_0)$ (fundamental)
- $y = mx + n$ (reduzida)
- $ax + by + c = 0$ (geral)
- $\dfrac{x}{q} + \dfrac{y}{n} = 1$ (segmentária)

Retas paralelas: $m_1 = m_2$

Retas perpendiculares: $m_1 \cdot m_2 = -1$

Distância entre ponto e reta

$$d = \frac{|ax_P + by_P + c|}{\sqrt{a^2 + b^2}}$$

Distância entre duas retas paralelas

$$d = \frac{|c_1 - c_2|}{\sqrt{a^2 + b^2}}$$

Ângulo formado por duas retas

$$\text{tg}\,\theta = \left|\frac{m_1 - m_2}{1 + m_1m_2}\right|$$

Área do triângulo

$$S = \frac{1}{2}|D|, \text{ em que } D = \begin{vmatrix} x_1 & y_1 & 1 \\ x_2 & y_2 & 1 \\ x_3 & y_3 & 1 \end{vmatrix}$$

Circunferência

- $(x - a)^2 + (y - b)^2 = r^2$ (reduzida)
- $x^2 + y^2 - 2ax - 2by + (a^2 + b^2 - r^2) = 0$ (normal)

Secções cônicas

Equações da parábola com vértice na origem

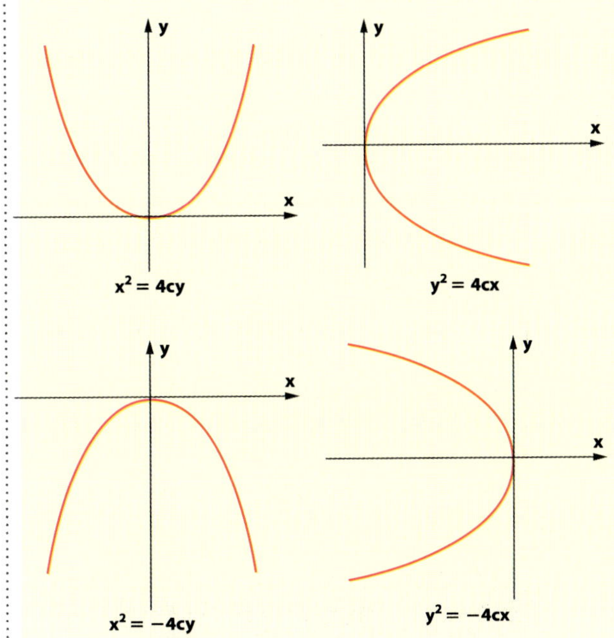

Equações da elipse com centro na origem

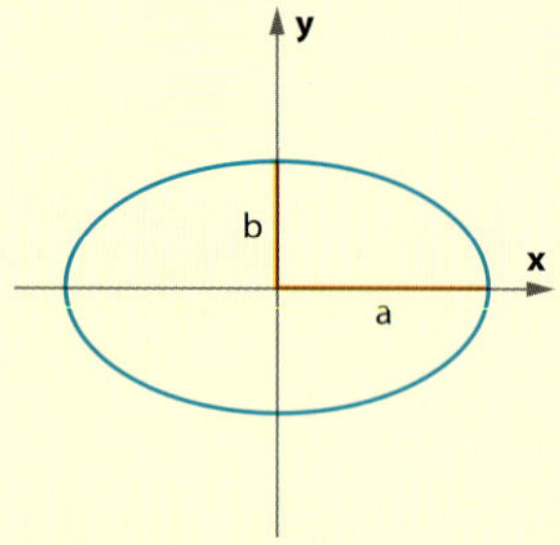

$$\frac{x^2}{a^2} + \frac{y^2}{b^2} = 1$$

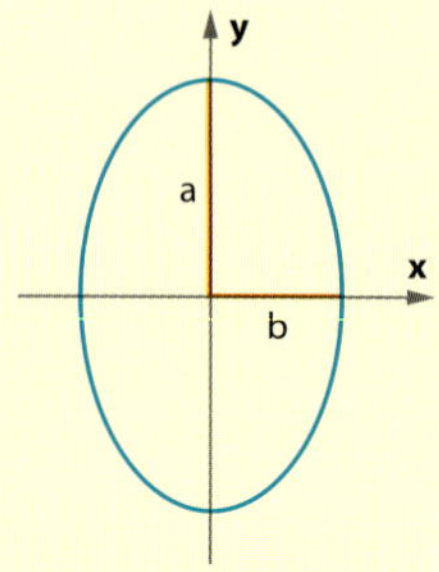

$$\frac{x^2}{b^2} + \frac{y^2}{a^2} = 1$$

Excentricidade: $e = \frac{c}{a}$

Equações da hipérbole com centro na origem

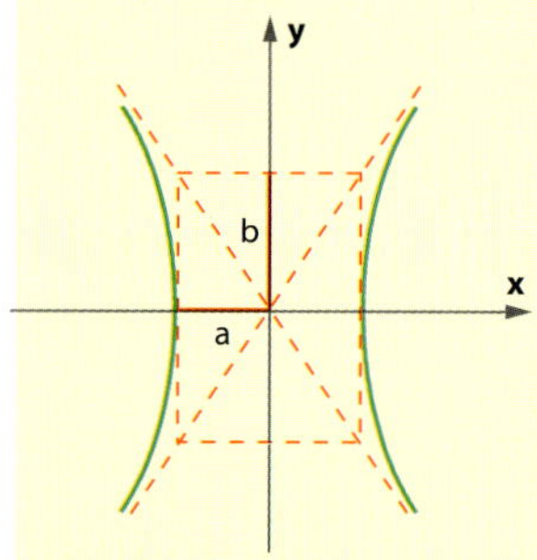

$$\frac{x^2}{a^2} - \frac{y^2}{b^2} = 1$$

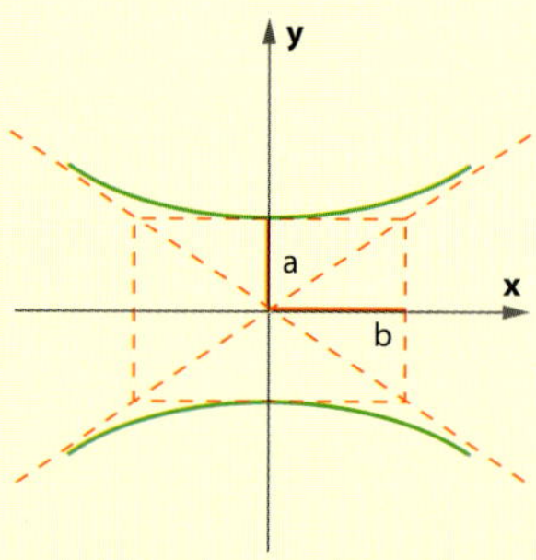

$$\frac{y^2}{a^2} - \frac{x^2}{b^2} = 1$$

Excentricidade: $e = \frac{c}{a}$

Assíntotas: $bx - ay = 0$ e $bx + ay = 0$

Questões de vestibular

424. (UEPG-PR) Considerando que os pontos **A**(0, 5), **B**(3, 1) e **C** são vértices de um triângulo equilátero, assinale o que for correto.

01) A altura do triângulo é maior que 5 u. c.

02) A área do triângulo é $\frac{25\sqrt{3}}{4}$ u. a.

04) O ponto **C** pertence à circunferência $(x - 3)^2 + (y - 1)^2 = 25$.

08) A equação da reta suporte da altura relativa ao lado AB é $y = 6x + 15$.

16) **C** pertence à reta $6x - 8y + 15 = 0$.

425. (UEPB) O quádruplo da área de um triângulo de vértices **B**(0, −1), **C**(1, 2) e **D**(−3, 1) é:

a) $\frac{11}{4}$ u. a.
b) 11 u. a.
c) 22 u. a.
d) 88 u. a.
e) 44 u. a.

426. (ESPM-SP) O triângulo de vértices **A**(0, 4), **B**(2, 0) e **C**(x, 0) é isósceles de base AB. Sua área mede:

a) 8.
b) 10.
c) 12.
d) 14.
e) 16.

427. (Unimontes-MG) A área do pentágono cujos vértices são **A**(0, 0), **B**(3, 2), **C**(2, 3), **D**(1, 5) e **E**(−2, 1) é:

a) 14,5. b) 10,5. c) 12,5. d) 11,5.

428. (Fatec-SP) No plano cartesiano representado a seguir, o coeficiente angular da reta $\overleftrightarrow{OA}$ é 1, e a área do losango ABCO é $8\sqrt{2}$.

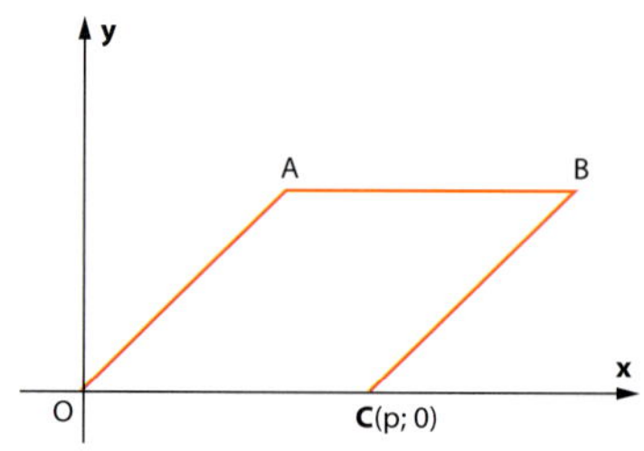

Portanto, o valor de **p** é:

a) 2. b) 4. c) 6. d) 8. e) 10.

429. (Unimontes-MG) Considere os pontos **A**(6, −2), **B**(−2, 2) e **C**(1, −2). Assumindo que as medidas estão em centímetros, podemos afirmar que:

a) ABC é um triângulo equilátero, de área igual a 10 cm^2.
b) ABC é um triângulo isósceles, de área igual a 10 cm^2.
c) ABC é um triângulo isósceles, de área igual a 20 cm^2.
d) ABC é um triângulo equilátero, de área igual a 20 cm^2.

430. (UEPB) O perímetro de um triângulo de vértices **D**(−2, 0), **E**(0, 4) e **F**(0, −4) é:

a) $8\sqrt{5}$ u. c.
b) $8(1 + \sqrt{5})$ u. c.
c) $4(2 + \sqrt{5})$ u. c.
d) $12\sqrt{5}$ u. c.
e) $20\sqrt{5}$ u. c.

431. (Ibmec-RJ) O triângulo ABC é isósceles, com AB = AC. Os vértices **B** e **C** são, respectivamente, (15, 1) e (19, 3). Se o vértice **A** pertence ao eixo das ordenadas (Oy), sua ordenada é igual a:

a) 35.
b) 36.
c) 37.
d) 38.
e) 39.

432. (Unimontes-MG) O semiperímetro do triângulo ABC de vértices **A**(0, 2), **B**$(\sqrt{3}, 5)$ e **C**(0, 6) é:

a) $6 + 2\sqrt{3}$.
b) $3 + \sqrt{3}$.
c) $6 + \sqrt{3}$.
d) $3 + 2\sqrt{3}$.

433. (FGV-SP) No plano cartesiano, uma circunferência, cujo centro se encontra no segundo quadrante, tangencia os eixos **x** e **y**.

Se a distância da origem ao centro da circunferência é igual a 4, a equação da circunferência é:

a) $x^2 + y^2 + (2\sqrt{10})x - (2\sqrt{10})y + 0 = 0$.
b) $x^2 + y^2 + (2\sqrt{8})x - (2\sqrt{8})y + 8 = 0$.
c) $x^2 + y^2 - (2\sqrt{10})x + (2\sqrt{10})y + 10 = 0$.
d) $x^2 + y^2 - (2\sqrt{8})x + (2\sqrt{8})y + 8 = 0$.
e) $x^2 + y^2 - 4x + 4y + 4 = 0$.

434. (FGV-SP) Dada a circunferência de equação $x^2 + y^2 - 6x - 10y + 30 = 0$, seja **P** seu ponto de ordenada máxima. A soma das coordenadas de **P** é:

a) 10. b) 10,5. c) 11. d) 11,5. e) 1.

435. (Fepecs-DF) Em $\mathbb{R}^2$, uma circunferência de centro no ponto **C**(4, −3) é tangente à reta de equação $x - y + 3 = 0$. Se essa circunferência tem equação $x^2 + y^2 + px + qy + r = 0$, o valor de $(p + q - r)$ é:

a) 21. b) 23. c) 25. d) 27. e) 31.

436. (FGV-SP) No plano cartesiano, o ponto **C**(2, 3) é o centro de uma circunferência que passa pelo ponto médio do segmento $\overline{CP}$, em que **P** é o ponto de coordenadas (5, 7). A equação da circunferência é:

a) $4x^2 + 4y^2 - 16x - 24y + 27 = 0$.
b) $x^2 + y^2 - 4x - 6y + 7 = 0$.
c) $4x^2 + 4y^2 - 16x - 24y + 29 = 0$.
d) $x^2 + y^2 - 4x - 6y + 8 = 0$.
e) $4x^2 + 4y^2 - 16x - 24y + 31 = 0$.

437. (Unifesp) Um ponto do plano cartesiano é representado pelas coordenadas $(x + 3y, -x - y)$ e também por $(4 + y, 2x + y)$, em relação a um mesmo sistema de coordenadas. Nestas condições, $\mathbf{x^y}$ é igual a:

a) −8. b) −6. c) 1. d) 8. e) 9.

438. (UEL-PR) Considere os pontos **A**(1, −2), **B**(2, 0) e **C**(0, −1). O comprimento da mediana do triângulo ABC, relativa ao lado AC, é:

a) $8\sqrt{2}$.
b) $6\sqrt{2}$.
c) $4\sqrt{2}$.
d) $3\sqrt{2}$.
e) $\frac{3\sqrt{2}}{2}$.

439. (ITA-SP) Três pontos de coordenadas, respectivamente, (0, 0), (b, 2b) e (5b, 0), com $b > 0$, são vértices de um retângulo. As coordenadas do quarto vértice são dadas por:

a) (−b, −b).
b) (2b, −b).
c) (4b, −2b).
d) (3b, −2b).
e) (2b, −2b).

440. (UPF-RS) Os pontos **A**(−1, 1), **B**(2, −2) e **C**(3, 4):

a) estão alinhados.
b) formam um triângulo retângulo.
c) formam um triângulo isósceles.
d) formam um triângulo escaleno de 42 u. a.
e) formam um triângulo escaleno de 10,5 u. a.

441. (Ibmec-SP) Para que os pontos do plano cartesiano de coordenadas (1, 1), (a, 2) e (2, b) estejam sobre uma mesma reta é necessário e suficiente que:

a) $ab = a - b$.
b) $ab = a + b$.
c) $ab = b - a$.
d) $ab = a^2 - b^2$.
e) $ab = a^2 + b^2$.

442. (FGV-SP) No plano cartesiano, o ponto **P** que pertence à reta de equação $y = x$ e é equidistante dos pontos **A**(−1, 3) e **B**(5, 7) tem abscissa igual a:

a) 3,1. b) 3,3. c) 3,4. d) 3,5. e) 3,2.

443. (Vunesp) Num sistema de coordenadas cartesianas ortogonais, o coeficiente angular e a equação geral da reta que passa pelos pontos **P** e **Q**, sendo **P**(2, 1) e **Q** o simétrico, em relação ao eixo **y**, do ponto **Q'**(1, 2) são, respectivamente:

a) $\frac{1}{3}$; $x - 3y - 5 = 0$.
b) $\frac{2}{3}$; $2x - 3y - 1 = 0$.
c) $-\frac{1}{3}$; $x + 3y - 5 = 0$.
d) $\frac{1}{3}$; $x + 3y - 5 = 0$.
e) $-\frac{1}{3}$; $x + 3y + 5 = 0$.

444. (UFPI) A reta **r** passa pelos pontos (1, 2) e (3, 1) e intercepta os eixos coordenados nos pontos **P** e **Q**. O valor numérico da distância entre **P** e **Q** é:

a) $\frac{\sqrt{5}}{2}$.
b) $\frac{5}{\sqrt{5}}$.
c) $\frac{5\sqrt{5}}{2}$.
d) $\frac{25}{\sqrt{5}}$.
e) $\frac{5\sqrt{5}}{4}$.

445. (UFTM-MG) A figura representa um pentágono regular ABCDE no sistema de coordenadas cartesianas de origem **O**. O ponto **A** pertence ao eixo **y** e o segmento BC, de medida 1, está contido no eixo **x**.

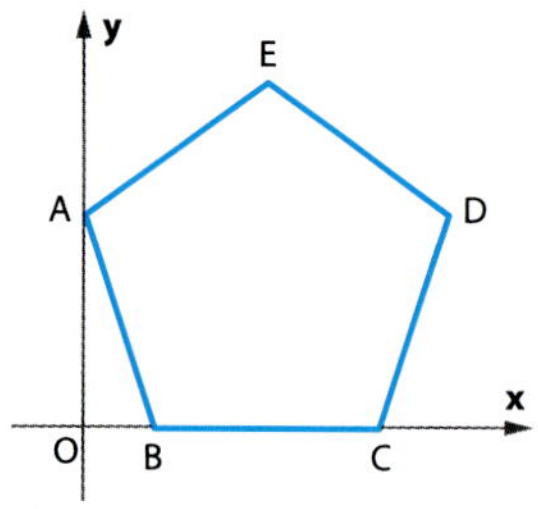

A equação da reta que contém o segmento AB é:
a) $y = -\text{tg } 72° \cdot x + \text{sen } 72°$.
b) $y = \text{tg } 72° \cdot x - \text{sen } 36°$.
c) $y = \text{tg } 36° \cdot x - \cos 36°$.
d) $y = -\text{tg } 72° \cdot x + \cos 72°$.
e) $y = \text{tg } 36° \cdot x + \cos 72°$.

446. (Fuvest-SP) O conjunto dos pontos (x, y) do plano cartesiano que satisfazem $t^2 - t - 6 = 0$, onde $t = |x - y|$, consiste de:
a) uma reta.
b) duas retas.
c) quatro retas.
d) uma parábola.
e) duas parábolas.

447. (UFRGS-RS) Sabe-se que a reta **r**, de equação $ax + by = 0$, é paralela à reta **t**, de equação $3x - 6y + 4 = 0$, então, $\frac{a}{b}$ vale:

a) -2. b) $-\frac{1}{2}$. c) $\frac{1}{2}$. d) 1. e) 2.

448. (UEL-PR) Considere os pontos **A**(1, −2), **B**(2, 0) e **C**(0, −1). A equação da reta suporte da altura do triângulo ABC, relativa ao lado BC, é:
a) $2x + y = 0$.
b) $2x - y = 0$.
c) $x + 2y = 0$.
d) $2x + y - 2 = 0$.
e) $2x - y + 2 = 0$.

449. (Fazu-MG) Se **P**(a, b) é o ponto de intersecção das retas $\begin{cases} 9x - 3y - 7 = 0 \\ 3x + 6y - 14 = 0 \end{cases}$, então a + b é igual a:

a) 3. b) $\frac{1}{3}$. c) $\frac{1}{4}$. d) $\frac{5}{3}$. e) $\frac{11}{3}$.

450. (FGV-SP) No plano cartesiano, existem dois valores de **m** de modo que a distância do ponto **P**(m, 1) à reta de equação $3x + 4y + 4 = 0$ seja 6; a soma destes valores é:

a) $-\frac{16}{3}$.
b) $-\frac{17}{3}$.
c) $-\frac{18}{3}$.
d) $-\frac{19}{3}$.
e) $-\frac{20}{3}$.

451. (Unirio-RJ) A equação $x^2 + y^2 - 4x + 6y - 3 = 0$ é de uma circunferência cuja soma do raio e das coordenadas do centro é igual a:
a) -2.
b) 3.
c) 5.
d) 8.
e) 15.

452. (UEL-PR) São dados:

- uma circunferência de centro $\mathbf{C}\left(\frac{3}{2}, 1\right)$;
- um ponto $\mathbf{T}\left(\frac{3}{2}, -1\right)$ que pertence à circunferência.

A equação da circunferência dada é:
a) $4x^2 + 4y^2 - 12x - 8y - 3 = 0$.
b) $4x^2 + 4y^2 - 12x - 8y - 4 = 0$.
c) $3x^2 + y^2 - 6x - 4y - 2 = 0$.
d) $3x^2 + y^2 - 6x - 4y - 4 = 0$.
e) $x^2 + y^2 - \frac{3}{2}x - y = 0$.

453. (UFC-CE) O segmento que une os pontos de intersecção da reta $2x + y - 4 = 0$ com os eixos coordenados determina um diâmetro de uma circunferência.

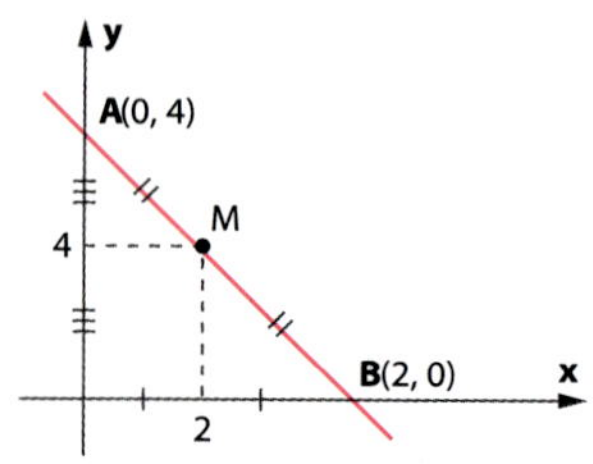

A equação dessa circunferência é:
a) $(x - 1)^2 + (y - 2)^2 = 5$.
b) $(x - 1)^2 + (y - 2)^2 = 20$.
c) $(x - 1)^2 + (y - 2)^2 = 25$.
d) $(x + 1)^2 + (y + 2)^2 = 5$.
e) $(x + 1)^2 + (y + 2)^2 = 20$.

454. (Vunesp) A equação da elipse de focos $F_1(-2, 0)$, $F_2(2, 0)$ e eixo maior igual a 6 é dada por:

a) $\frac{x^2}{10} + \frac{y^2}{20} = 1.$

b) $\frac{x^2}{9} + \frac{y^2}{5} = 1.$

c) $\frac{x^2}{9} + \frac{y^2}{15} = 1.$

d) $\frac{x^2}{6} + \frac{y^2}{15} = 1.$

e) $\frac{x^2}{4} + \frac{y^2}{25} = 1.$

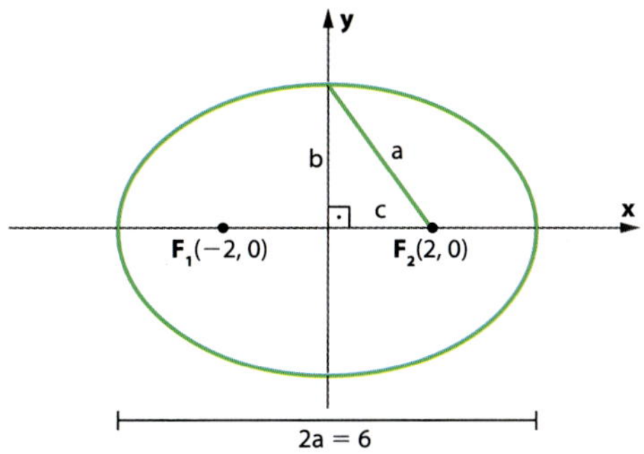

455. (UFPB) Uma reta tem coeficiente angular $m = -1$ e passa pelo vértice da parábola $4x - y^2 + 6y - 5 = 0$. Sua equação cartesiana é:

a) $x + y - 2 = 0$.
b) $x - y + 3 = 0$.
c) $x - y - 1 = 0$.
d) $2x + y - 1 = 0$.
e) $x + y - 1 = 0$.
f) $3x + y - 3 = 0$.

456. (PUC-PR) Na figura seguinte, temos representadas as funções definidas por $y = x$ e $y = x^2$.

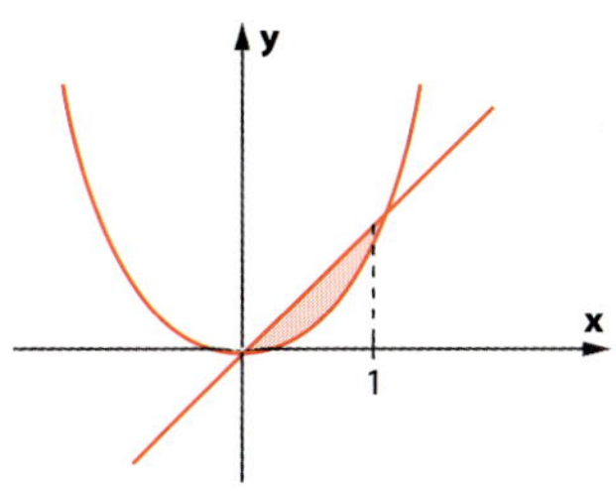

A região pintada é definida por:

a) $\{(x, y) \in \mathbb{R}^2 \mid 0 \leq x \leq \sqrt{2} \text{ e } x \leq y \leq x^2\}$.
b) $\{(x, y) \in \mathbb{R}^2 \mid 0 \leq x \leq \sqrt{2} \text{ e } x^2 \leq y \leq x\}$.
c) $\{(x, y) \in \mathbb{R}^2 \mid 0 \leq x \leq 1 \text{ e } x \leq y \leq x^2\}$.
d) $\{(x, y) \in \mathbb{R}^2 \mid 0 \leq y \leq \sqrt{2} \text{ e } \sqrt{y} \leq x \leq y\}$.
e) $\{(x, y) \in \mathbb{R}^2 \mid 0 \leq x \leq 1 \text{ e } x^2 \leq y \leq x\}$.

457. (Ufscar-SP) Os pontos **A**(3, 6), **B**(1, 3) e **C**(x_C, y_C) são vértices do triângulo ABC, sendo **M**(x_M, y_M) e **N**(4, 5) pontos médios dos lados AB e AC, respectivamente.

a) Calcule a distância entre os pontos **M** e **N**.
b) Determine a equação geral da reta suporte do lado BC do triângulo ABC.

458. (Unifesp) Considere a região sombreada na figura, delimitada pelo eixo Ox e pelas retas de equações $y = 2x$ e $x = k$, $k > 0$.

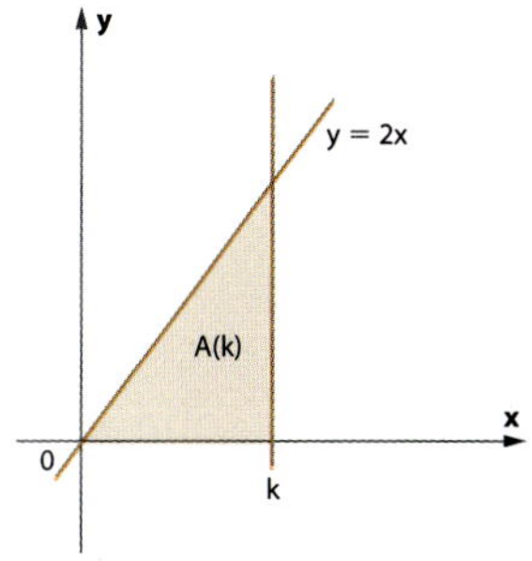

Nessas condições, expresse, em função de **k**:

a) a área A(k) da região sombreada;
b) o perímetro do triângulo que delimita a região sombreada.

459. (Fatec-SP) Os pontos **A**(1, 2), **B** e **C**(5, −2) pertencem a uma mesma reta. Determine o ponto **B**, sabendo que ele é do eixo Ox.

460. (UFMG) Considere a parábola de equação $y = 8x - 2x^2$ e a reta que contém os pontos (4, 0) e (0, 8). Sejam **A** e **B** os pontos da interseção entre a reta e a parábola. Determine a equação da mediatriz do segmento AB.

461. (Fuvest-SP) A reta **s** passa pela origem **O** e pelo ponto **A** do primeiro quadrante. A reta **r** é perpendicular à reta **s**, no ponto **A**, e intercepta o eixo **x** no ponto **B** e o eixo **y** no ponto **C**. Determine o coeficiente angular de **s** se a área do triângulo OBC for o triplo da área do triângulo OAB.

462. (UFMG) Observe a figura:

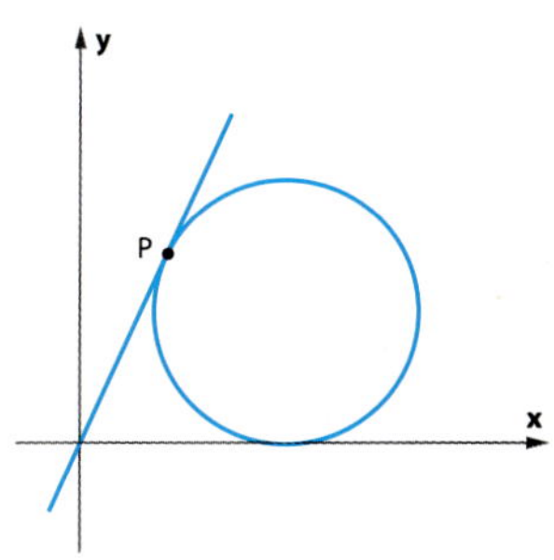

Nessa figura, a circunferência tangencia a reta da equação $y = 2x$ no ponto **P** de abscissa $x = 2$ e tangencia, também, o eixo **x**. Determine o raio e as coordenadas do centro da circunferência.

463. (UFC-CE) Encontre uma equação da reta tangente à curva $x^2 - 2x + y^2 = 0$ no ponto (1, 1).

Números complexos, polinômios e equações algébricas

Números complexos

Forma algébrica

$z = a + bi$

Parte real de **z**: $Re(z) = a$

Parte imaginária de **z**: $Im(z) = b$

Unidade imaginária: **i**, tal que $i^2 = -1$

Potência de *i*

$i^0 = 1$

$i^1 = i$

$i^2 = -1$

$i^3 = -i$

$i^n = i^R$, em que **R** é o resto da divisão de **n** por 4:

$$\begin{array}{l|l} n & 4 \\ \hline R & q \end{array}$$

Conjugado ($\bar{z}$)

Se $z = a + bi$, então $\bar{z} = a - bi$.

Plano de Gauss

$z = a + bi = (a, b)$

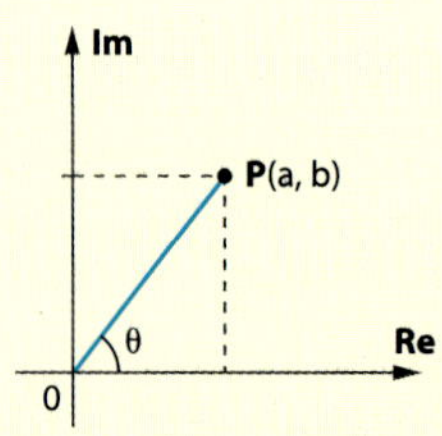

Módulo (ρ)

$|z| = \rho = \sqrt{a^2 + b^2}$

Argumento (θ)

$\text{sen } \theta = \dfrac{b}{\rho}$ $\cos \theta = \dfrac{a}{\rho}$ $\text{tg } \theta = \dfrac{b}{a}$

Forma trigonométrica

$z = \rho(\cos \theta + i \text{ sen } \theta)$

Multiplicação e divisão na forma trigonométrica

Sendo $z_1 = \rho_1(\cos \theta_1 + i \text{ sen } \theta_1)$ e $z_2 = \rho_2(\cos \theta_2 + i \text{ sen } \theta_2)$, temos:

$z_1 z_2 = \rho_1 \rho_2[\cos (\theta_1 + \theta_2) + i \text{ sen } (\theta_1 + \theta_2)]$

$\dfrac{z_1}{z_2} = \dfrac{\rho_1}{\rho_2}[\cos (\theta_1 - \theta_2) + i \text{ sen } (\theta_1 - \theta_2)]$

Potenciação (1ª fórmula de Moivre)

Seja $z = \rho(\cos \theta + i \text{ sen } \theta)$, então:

$z^n = \rho^n[\cos (n\theta) + i \text{ sen } (n\theta)]$

Polinômios

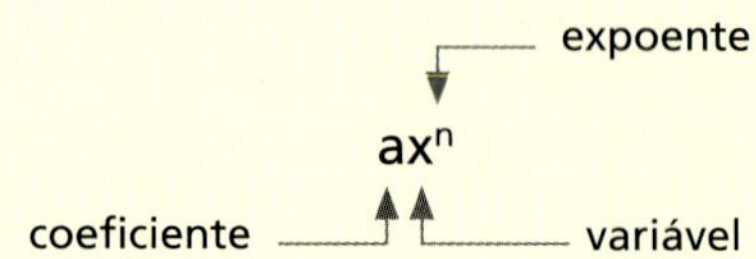

$p(x) = a_n x^n + a_{n-1}x^{n-1} + a_{n-2}x^{n-2} + ... + a_2x^2 + a_1x + a_0$,

em que:

- $a_n, a_{n-1}, a_{n-2}, ..., a_2, a_1, a_0$ são números complexos denominados coeficientes;
- **n** é um número inteiro positivo ou nulo;
- o maior expoente de **x**, com coeficiente não nulo, é o grau do polinômio.

Polinômio identicamente nulo (PIN)

$p(x) = a_n x^n + a_{n-1}x^{n-1} + ... + a_1x + a_0$ é o polinômio nulo $\Leftrightarrow a_n = a_{n-1} = ... = a_1 = a_0 = 0$.

Observação: Não se define grau para o PIN.

Valor numérico de um polinômio

O valor numérico de $p(x)$ para $x = \alpha$ é $p(\alpha)$.

Se $p(\alpha) = 0$, então α é raiz de $p(x)$.

Divisão de polinômios

$$\begin{array}{l|l} p(x) & h(x) \\ \hline r(x) & q(x) \end{array} \Rightarrow p(x) = h(x) \cdot q(x) + r(x)$$

Grau de $r(x) <$ grau de $h(x)$

Grau de $q(x)$ = grau de $p(x)$ − grau de $h(x)$

Teorema do resto

O resto da divisão de um polinômio $p(x)$ por $(x - a)$ é $p(a)$.

Teorema do fator

Se **c** é uma raiz de $p(x)$, então $(x - c)$ é um fator de $p(x)$.

Equações algébricas

Teorema fundamental da Álgebra (TFA)

Toda equação algébrica $p(x) = 0$ de grau **n** $(n \geqslant 1)$ possui pelo menos uma raiz complexa (real ou não).

Decomposição em fatores do primeiro grau

Todo polinômio pode ser decomposto em fatores do 1º grau:

$$p(x) = a_n(x - x_1)(x - x_2)(x - x_3) \cdot \ldots \cdot (x - x_n)$$

em que $\mathbf{x_i}$ são as raízes de p(x) e $\mathbf{a_n}$ é o coeficiente de $\mathbf{x_n}$.

Multiplicidade das raízes

É o número de vezes que uma mesma raiz aparece.

1 vez: raiz simples

2 vezes: raiz dupla ou multiplicidade 2

3 vezes: raiz tripla ou multiplicidade 3

⋮

n vezes: raiz de multiplicidade **n**

Relações de Girard

Grau 2

$ax^2 + bx + c = a(x - x_1)(x - x_2)$

- $S = x_1 + x_2 = \frac{-b}{a}$
- $P = x_1x_2 = \frac{c}{a}$

Grau 3

$ax^3 + bx^2 + cx + d = a(x - x_1)(x - x_2)(x - x_3)$

- $S = x_1 + x_2 + x_3 = \frac{-b}{a}$
- $x_1x_2 + x_1x_3 + x_2x_3 = \frac{c}{a}$
- $P = x_1x_2x_3 = \frac{-d}{a}$

Grau 4

$ax^4 + bx^3 + cx^2 + dx + e = a(x - x_1)(x - x_2)(x - x_3)(x - x_4)$

- $S = x_1 + x_2 + x_3 + x_4 = \frac{-b}{a}$
- $x_1x_2 + x_1x_3 + x_1x_4 + x_2x_3 + x_2x_4 + x_3x_4 = \frac{c}{a}$
- $x_1x_2x_3 + x_1x_2x_4 + x_1x_3x_4 + x_2x_3x_4 = \frac{-d}{a}$
- $P = x_1x_2x_3x_4 = \frac{e}{a}$

Raízes complexas não reais

Se a + bi for raiz de p(x), então a − bi também será.

$$p(z) = 0 \Leftrightarrow p(\bar{z}) = 0$$

Questões de vestibular

464. (UEPB) O valor de $\left(3\sqrt{3}i^{15} + i^{16} + 1^2\right)^2$ é:

a) 9i.
b) −9.
c) 27i.
d) −27.
e) −i.

465. (Uespi) Se o número complexo **z** satisfaz as equações $|z| = |z + \sqrt{2}| = 1$ então $\mathbf{z^8}$ é igual a:

a) 0.
b) 1.
c) −1.
d) 2.
e) −2.

466. (Unimontes-MG) O valor da potência $\mathbf{i^{2n+1}}$, em que $n \in \mathbb{N}$, é:

a) **i** ou **−i**.
b) **i**.
c) 1 ou −1.
d) −1.

467. (Vunesp) As soluções da equação $z^3 = i$, onde **z** é um número complexo e $i^2 = -1$, são:

a) $z = \pm\frac{\sqrt{2}}{2} + \frac{1}{2}i$ ou $z = -i$.

b) $z = \pm\frac{\sqrt{3}}{2} - \frac{1}{2}i$ ou $z = -i$.

c) $z = \pm\frac{\sqrt{3}}{2} + \frac{1}{2}i$ ou $z = -i$.

d) $z = \pm\frac{\sqrt{2}}{2} - \frac{1}{2}i$ ou $z = -i$.

e) $z = \pm\frac{1}{2} - \frac{\sqrt{3}}{2}i$ ou $z = -i$.

468. (FGV-SP) Sendo **i** a unidade imaginária, então $(1 + i)^{20} - (1 - i)^{20}$ é igual a:

a) −1 024.
b) −1 024i.
c) 0.
d) 1 024.
e) 1 024i.

469. (ITA-SP) Os argumentos principais das soluções da equação em **z**, $iz + 3\bar{z} + (z + \bar{z})^2 - 1 = 0$, pertencem a:

a) $\left]\frac{\pi}{4}, \frac{3\pi}{4}\right[$.

b) $\left]\frac{3\pi}{4}, \frac{5\pi}{4}\right[$.

c) $\left[\frac{5\pi}{4}, \frac{3\pi}{2}\right[$.

d) $\left]\frac{\pi}{4}, \frac{\pi}{2}\right[\cup \left]\frac{3\pi}{2}, \frac{7\pi}{4}\right[$.

e) $\left]0, \frac{\pi}{4}\right[\cup \left]\frac{7\pi}{4}, 2\pi\right[$.

470. (FMJ-SP) Seja **z** um número complexo e $\bar{\mathbf{z}}$ o seu conjugado. Sendo $z(z + \bar{z}) = 32 + 12i$, pode-se dizer que o módulo de **z** é igual a:

a) $\sqrt{73}$.
b) $\frac{\sqrt{73}}{2}$.
c) 5.
d) $\frac{\sqrt{55}}{2}$.
e) $\frac{\sqrt{22}}{2}$.

471. (Unimontes-MG) Se $z = 2\left(\cos\frac{\pi}{4} + i\,\text{sen}\frac{\pi}{4}\right)$, então o conjugado de $\mathbf{z^2}$ vale:

a) $-4i$.
b) $\sqrt{2} + \sqrt{2}i$.
c) $-\sqrt{2} - i\sqrt{2}$.
d) $\sqrt{2} - i\sqrt{2}$.

472. (UFCG-PB) Um professor de Matemática propõe várias questões sobre números complexos para seus alunos. Dentre as respostas abaixo, apresentadas pelos alunos, qual está correta?

a) A igualdade $\left[2\left(\cos\frac{\pi}{6} + i \cdot \text{sen}\frac{\pi}{6}\right)\right]^6 = 2^6$ é verdadeira.

b) Se $z = a + bi$, então $z^2 - \bar{z}^2 = 4abi$, em que **a** e **b** são números reais e $\bar{\mathbf{z}}$ é o conjugado de **z**.

c) A parte real do número $\frac{1 + i^7}{2 + i}$ é $\frac{2}{5}$.

d) Se o argumento de **z** é 2, então o argumento de $\frac{1}{z}$ é $\frac{1}{2}$.

e) Para todos os números complexos não nulos $\mathbf{z_1}$ e $\mathbf{z_2}$ vale a igualdade $|z_1 - z_2| = |z_1| - |z_2|$.

Observação: $i = \sqrt{-1}$ é a unidade imaginária dos números complexos.

473. (Cefet-PR) Considere todos os números complexos $z = x + yi$. O lugar geométrico de todos os números complexos que possuem módulo 1 é dado pela equação:

a) $x^2 + y^2 = 1$.
b) $x = 1$.
c) $y = 1$.
d) $x + y = 1$.
e) $x^2 + y^2 + 1 = 0$.

474. (Vunesp) Se **a**, **b**, **c** são números inteiros positivos tal que $c = (a + bi)^2 - 14i$, em que $i^2 = -1$, o valor de **c** é:

a) 48. b) 36. c) 24. d) 14. e) 7.

475. (UFPB) Sejam **x** e **y** elementos quaisquer do conjunto $G = \{g = m + ni \mid m, n \in \mathbb{Z}\}$, onde $i = \sqrt{-1}$. Considere as seguintes proposições e assinale com **V** a(s) verdadeira(s) e com **F**, a(s) falsa(s).

( ) Se $y \neq 0$, o quociente $\frac{x}{y} \in G$.
( ) O produto $xy \in G$.
( ) A soma $x + y \in G$.

A sequência correta é:

a) VFF.
b) FVF.
c) FFV.
d) VVF.
e) VFV.
f) FVV.

476. (Fazu-MG) O quociente $\frac{8 + i}{2 - i}$ é igual a:

a) $3 + 2i$.
b) $2 + 2i$.
c) $1 + 2i$.
d) $2 + i$.
e) $2 + 3i$.

477. (Ufscar-SP) Sejam **i** a unidade imaginária e $\mathbf{a_n}$ o n-ésimo termo de uma progressão geométrica com $a_2 = 2a_1$. Se $\mathbf{a_1}$ é um número ímpar, então $i^{a_1} + i^{a_2} + i^{a_3} + ... + i^{a_{10}}$ é igual a:

a) $9i$ ou $-9i$.
b) $-9 + i$ ou $-9 - i$.
c) $9 + i$ ou $9 - i$.
d) $8 + i$ ou $8 - i$.
e) $7 + i$ ou $7 - i$.

478. (Vunesp) A figura representa, no plano complexo, um semicírculo de centro na origem e raio 1. Indique por Re(z), Im(z) e |z| a parte real, a parte imaginária e o módulo de um número complexo $z = x + yi$, respectivamente, onde **i** indica a unidade imaginária.

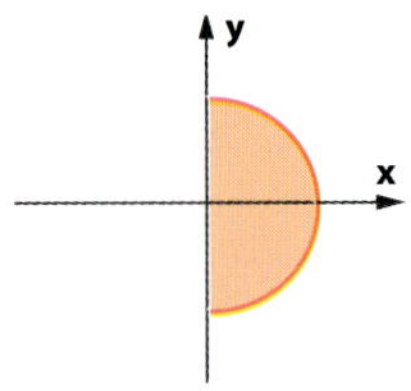

A única alternativa que contém as condições que descrevem totalmente o subconjunto do plano que representa a região sombreada, incluindo sua fronteira, é:

a) $\text{Re}(z) \geq 0$, $\text{Im}(z) \geq 0$ e $|z| \leq 1$.
b) $\text{Re}(z) \geq 0$, $\text{Im}(z) \leq 0$ e $|z| \leq 1$.
c) $\text{Re}(z) \geq 0$ e $|z| \geq 1$.
d) $\text{Im}(z) \geq 0$ e $|z| \geq 1$.
e) $\text{Re}(z) \geq 0$ e $|z| \leq 1$.

479. (Uniube-MG) Considere os números complexos $z = x + iy$, em que $x, y \in \mathbb{R}$ e $i^2 = -1$, que têm módulo igual a $\sqrt{3}$ e cujas representações geométricas encontram-se sobre a parábola $y = x^2 - 1$, contida no plano complexo. Se **w** é a soma desses números complexos, então |w| é igual a:

a) $\sqrt{3}$. b) 3. c) 2. d) $\sqrt{6}$.

480. (UEL-PR) Seja **z** um número complexo de módulo 2 e argumento principal 120°. O conjugado de **z** é:

a) $2 - 2i\sqrt{3}$.
b) $2 + 2i\sqrt{3}$.
c) $-1 - i\sqrt{3}$.
d) $-1 + i\sqrt{3}$.
e) $1 + i\sqrt{3}$.

481. (Vunesp) Se **a**, **b**, **c** são números reais tais que $ax^2 + b(x + 1)^2 + c(x + 2)^2 = (x + 3)^2$ para todo **x** real, então o valor de $a - b + c$ é:
a) -5.
b) -1.
c) 1.
d) 3.
e) 7.

482. (Uece) O resultado da divisão do polinômio $x^5 + 1$ por $x + 1$ é:
a) $x^4 + x^3 + x^2 + x + 1$.
b) $x^4 - x^3 + x^2 - x + 1$.
c) $x^4 + 1$.
d) $x^4 - 1$.

483. (PUC-RJ) Se o polinômio $p(x) = x^5 + 2ax^4 + 2b$ é divisível por $(x + 1)^2$, então a soma $a + b$ vale:
a) 1.
b) -1.
c) 2.
d) $-\frac{1}{2}$.
e) $\frac{1}{2}$.

484. (Fuvest-SP) O grau dos polinômios **f**, **g** e **h** é 3. O número natural **n** pode ser o grau do polinômio não nulo $f \cdot (g + h)$ se e somente se:
a) $n = 6$.
b) $n = 9$.
c) $0 \leq n \leq 6$.
d) $3 \leq n \leq 9$.
e) $3 \leq n \leq 6$.

485. (Fuvest-SP) Seja $p(x)$ um polinômio divisível por $x - 3$. Dividindo $p(x)$ por $x - 1$ obtemos quociente $q(x)$ e resto $r = 10$. O resto da divisão de $q(x)$ por $x - 3$ é:
a) -5. b) -3. c) 0. d) 3. e) 5.

486. (PUC-SP) Sabe-se que o polinômio $f = x^4 + 3x^3 - 3x^2 - 11x - 6$ admite a raiz -1 com multiplicidade 2 e que outra de suas raízes é igual ao módulo de um número complexo **z** cuja parte imaginária é igual a -1. A forma trigonométrica de **z** pode ser igual a:
a) $2\left(\cos\frac{11\pi}{6} + i \operatorname{sen}\frac{11\pi}{6}\right)$.
b) $2\left(\cos\frac{5\pi}{6} + i \operatorname{sen}\frac{5\pi}{6}\right)$.
c) $2\left(\cos\frac{5\pi}{3} + i \operatorname{sen}\frac{5\pi}{3}\right)$.
d) $2\left(\cos\frac{4\pi}{3} + i \operatorname{sen}\frac{4\pi}{3}\right)$.
e) $2\left(\cos\frac{7\pi}{4} + i \operatorname{sen}\frac{7\pi}{4}\right)$.

487. (Ibmec-SP) Um polinômio de 7º grau $p(x)$, com coeficientes reais, é divisível pelos polinômios $q(x) = 2x^2 - 9$ e $r(x) = x^2 + 3x + 4$. Se **n** é o número de raízes reais do polinômio $p(x)$, então:
a) $n = 3$ ou $n = 5$.
b) $n = 4$ ou $n = 6$.
c) $2 \leq n \leq 4$.
d) $n \leq 3$.
e) $n \geq 5$.

488. (UFC-CE) O produto das raízes reais da equação $4x^2 - 14x + 6 = 0$ é igual a:
a) $-\frac{3}{2}$. b) $-\frac{1}{2}$. c) $\frac{1}{2}$. d) $\frac{3}{2}$. e) $\frac{5}{2}$.

489. (UFTM-MG) Sabendo que a unidade imaginária é raiz da equação $x^4 + 3x^2 + 2 = 0$, o produto das suas outras três raízes é igual a:
a) $2i$. b) $-2i$. c) $2 + i$. d) $2 - i$. e) 2.

490. (UFMG) A soma de todas as raízes de $f(x) = (2x^2 + 4x - 30)(3x - 1)$ é:
a) $\frac{5}{3}$. b) $\frac{3}{5}$. c) $-\frac{3}{5}$. d) $-\frac{5}{3}$.

491. (PUC-PR) Sendo **x** e **y** números reais positivos tais que
$$\begin{cases} \log\left(x^2\sqrt{y}\right) = \log 2 + 1 \\ x - \sqrt{y} = -3 \end{cases}$$
, o produto xy é igual a:
a) 10. b) 30. c) 50. d) 60. e) 25.

492. (UFC-CE) Se **i** representa o número complexo cujo quadrado é igual a -1, determine o valor numérico da soma $1 + i + i^2 + i^3 + ... + i^{27}$.

493. (Vunesp) Seja $z = 1 + i$ um número complexo.
a) Escreva **z** e $\mathbf{z^3}$ na forma trigonométrica.
b) Determine o polinômio de coeficientes reais, de menor grau, que tem **z** e $|z|^2$ como raízes e coeficiente dominante igual a 1.

494. (UFPA) Considere o polinômio $P(x) = x^3 + 2x^2 + mx + n$, com $m, n \in \mathbb{R}$. Sabendo que $P(x) + 2$ é divisível por $x + 2$ e $P(x) - 2$ é divisível por $x - 2$, determine os valores de **m** e **n**.

495. (Vunesp) Considere a matriz $A = \begin{bmatrix} x & 1 & x \\ 0 & x & 1 - \frac{x}{2} \\ 2 & 0 & x \end{bmatrix}$.

O determinante de **A** é um polinômio $p(x)$.
a) Verifique se 2 é uma raiz de $p(x)$.
b) Determine todas as raízes de $p(x)$.

Noções sobre derivada

Incremento de uma função

$\Delta y = f(x + \Delta x) - f(x)$

Razão entre incrementos (taxa média de variação)

$$\frac{\Delta y}{\Delta x} = \frac{f(x + \Delta x) - f(x)}{\Delta x}$$

Limite

$$m = \lim_{\Delta x \to 0} \frac{\Delta y}{\Delta x}$$

Derivadas

$$f'(x_0) = \lim_{\Delta x \to 0} \frac{\Delta y}{\Delta x} = \lim_{x \to x_0} \frac{f(x) - f(x_0)}{x - x_0} =$$

$$= \lim_{\Delta x \to 0} \frac{f(x_0 + \Delta x) - f(x_0)}{\Delta x}$$

Equação da reta tangente

$$f'(x_0) = \frac{y - f(x_0)}{x - x_0} \text{ ou } y - f(x_0) = f'(x_0)(x - x_0)$$

Função derivada

$$f'(x) = \lim_{h \to 0} \frac{f(x + h) - f(x)}{h}$$

Derivadas de algumas funções elementares

Função	Derivada
$f(x) = x$	$f'(x) = 1$
$f(x) = k$ ($k \in \mathbb{R}$)	$f'(x) = 0$
$f(x) = x^n$ ($n \in \mathbb{N}$)	$f'(x) = nx^{n-1}$
$f(x) = ax^2 + bx + c$ ($a, b, c \in \mathbb{R}$, $a \neq 0$)	$f'(x) = 2ax + b$
$f(x) = ax + b$ ($a, b \in \mathbb{R}$)	$f'(x) = a$
$g(x) = c \cdot f(x)$	$g'(x) = c \cdot f'(x)$

Propriedades operatórias das derivadas

Derivada indicada	Derivada calculada
$(f + g)'(x)$ $(f - g)'(x)$	$f'(x) + g'(x)$ $f'(x) - g'(x)$

Comportamento das funções

Dada uma função **f** contínua no intervalo [a, b] e derivável no intervalo (a, b), temos:

1º) Se $f'(x) > 0$ em (a, b), então **f** é crescente em [a, b].

2º) Se $f'(x) < 0$ em (a, b), então **f** é decrescente em [a, b].

3º) Se $f'(x) = 0$ em (a, b), então **f** é constante em [a, b].

Questões de vestibular

496. (UEL-PR) A equação horária de um móvel é $y = \frac{t^3}{3} + 2t$, sendo **y** sua altura em relação ao solo, medida em metros, e **t** o número de segundos transcorridos após sua partida. Sabe-se que a velocidade do móvel no instante t = 3 s é dada por y'(3), ou seja, é a derivada de **y** calculada em 3. Essa velocidade é igual a:

a) 6 m/s.
b) 11 m/s.
c) 15 m/s.
d) 27 m/s.
e) 29 m/s.

497. (UEL-PR) A equação da reta tangente à curva de equação $y = x^3 + 2x - 1$, no ponto em que $x = -1$, é:

a) $y = 5x + 1$.
b) $y = 4x + 1$.
c) $y = 3x - 1$.
d) $y = -3x + 1$.
e) $y = -4x + 1$.

498. (ITA-SP) Ache a equação da reta tangente à curva $y = 2x^2 + 5x - 7$ no ponto $(0, -7)$.

499. (Cefet-MG) A derivada da função $f(x) = \text{sen } x + \cos x + \text{tg } x$, no ponto $x = \pi$, é:

a) −2.
b) −1.
c) 0.
d) 1.

500. (UFU-MG) A função real de variável real definida por $y = 2x^3 + 9x^2 - 24x + 6$ é decrescente no intervalo:

a) $-4 < x < 1$.
b) $x < -4$.
c) $x > 0$.
d) $x > 1$.
e) $-1 < x < 4$.

RESPOSTAS

Capítulo 1

Abertura

Desafio

763 milhões de reais

1. a) Universo estatístico: conjunto formado pela totalidade dos clientes, ou seja, 3 500 clientes.
Amostra: conjunto formado pelos clientes consultados, ou seja, 210 clientes.
b) Cor: qualitativa nominal; preço: quantitativa contínua; número de portas: quantitativa discreta; estado de conservação: qualitativa ordinal.
c) Branca, vermelha e azul.

2.

Time	FA	FR (%)
Santos	2	10
Palmeiras	4	20
Corinthians	8	40
São Paulo	6	30
Total	20	100

3.

Peso (classes)	Contagem	FA	FR (decimal)	FR (%)
44 ⊢ 46 kg	|	1	0,05	5
46 ⊢ 48 kg	□	4	0,20	20
48 ⊢ 50 kg	⧄∟	7	0,35	35
50 ⊢ 52 kg	⧄	5	0,25	25
52 ⊢ 54 kg	⊔	3	0,15	15
Total		20	1,00	100

4. a) Sexo, cor de cabelo, *hobby*.
b) **M** (masculino) e **F** (feminino)
c) 10; $\frac{10}{25}$; 0,4 e 40%
d) Castanho

5.

Desempenho em Matemática	Contagem	FA	FR (%)
Ótimo	⧄∟	7	28
Bom	⧄□	9	36
Regular	⧄	5	20
Insuficiente	□	4	16
Total		25	100

6.

Altura (cm)	Contagem	FA	FR (%)
146 ⊢ 151	∟	2	8
151 ⊢ 156	∟	2	8
156 ⊢ 161	□	4	16
161 ⊢ 166	⧄⧄|	11	44
166 ⊢ 171	□	4	16
171 ⊢ 176	∟	2	8
Total		25	100

7.

Gênero musical	FA	FR	FR	FR (%)
Sertanejo	15	$\frac{3}{10}$	0,30	30
MPB	12	$\frac{6}{25}$	0,24	24
Rock	16	$\frac{8}{25}$	0,32	32
Clássico	7	$\frac{7}{50}$	0,14	14
Total	50	$\frac{50}{50}$	1,00	100

8.

Salário (R$)	FA	FR (%)
600 ⊢ 690	6	10
690 ⊢ 780	15	25
780 ⊢ 870	30	50
870 ⊢ 960	6	10
960 ⊢ 1050	3	5
Total	60	100

9. a)

Resultados	FA	FR (%)
Vitórias	3	60
Empates	1	20
Derrotas	1	20
Total	5	100

b)

Gols marcados por partida	FA	FR (%)
0	1	20
1	1	20
2	1	20
3	2	40
Total	5	100

RESPOSTAS

10. a) De agosto a setembro e de outubro a dezembro
b) Outubro
c) Agosto
d) Novembro

11.

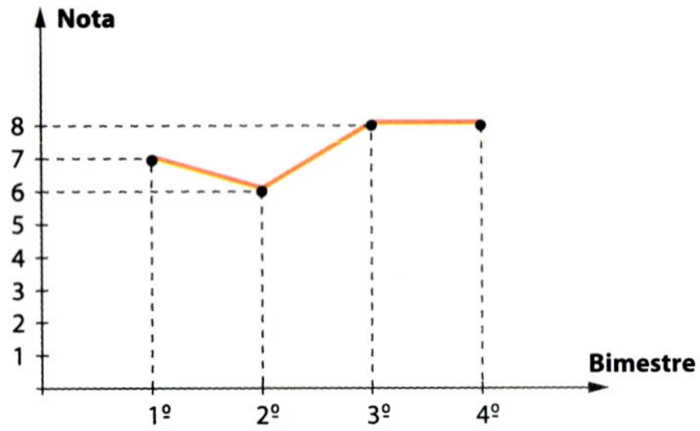

Conclusões:

- houve uma queda de rendimento do 1º para o 2º bimestre;
- houve uma melhora de rendimento do 2º para o 3º bimestre;
- houve uma conservação no rendimento do 3º para o 4º bimestre.

12. a) Janeiro
b) Dezembro
c) Teve a maior queda mensal, com variação negativa de 1 bilhão e 544 milhões de dólares.
d) Cresceu 2 bilhões e 165 milhões de dólares.

13.

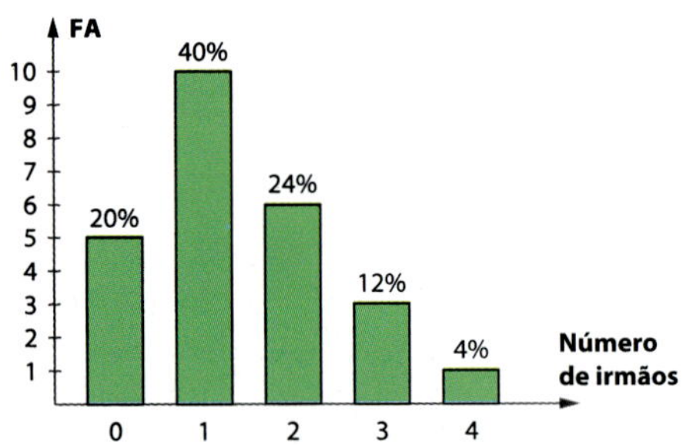

14.

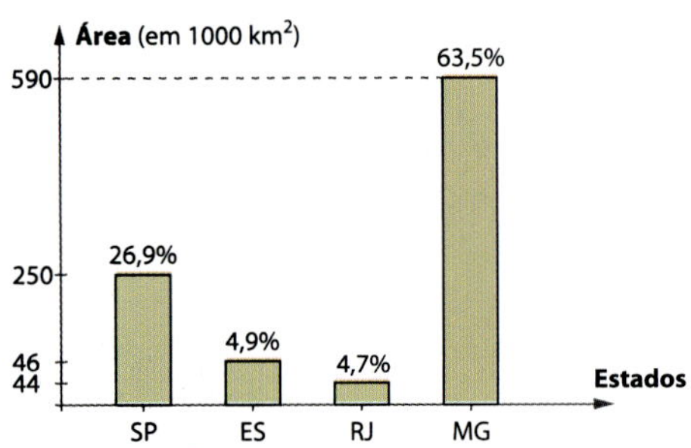

15. a) 40 alunos, sendo 19 homens e 21 mulheres.
b) 12 votos.
c) 3 mulheres.
d) 50%.

16. a)

Candidato	FA	FR (%)
A	50	25
B	80	40
C	60	30
BN	10	5
Total	200	100

b)

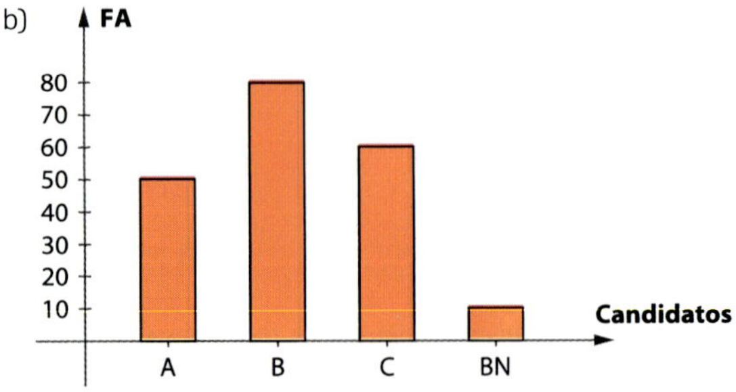

c)

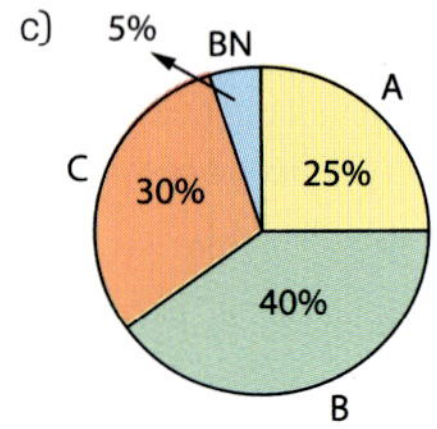

17. a) 3h 36min
b) 30%

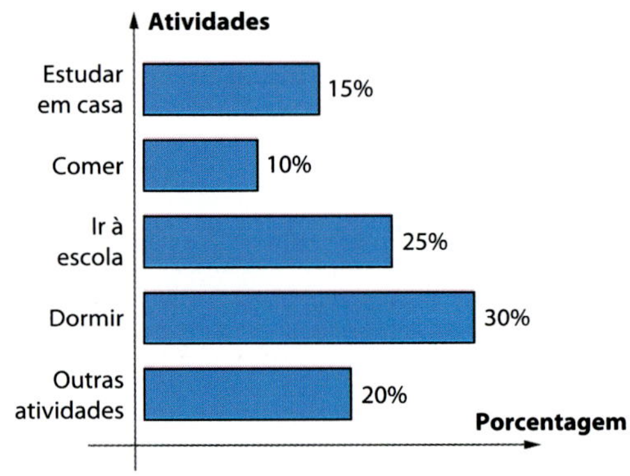

18. a)

Salário (R$)	FA	FR (%)
600 ⊢ 650	4	20
650 ⊢ 700	5	25
700 ⊢ 750	5	25
750 ⊢ 800	4	20
800 ⊢ 850	2	10
Total	20	100

b)

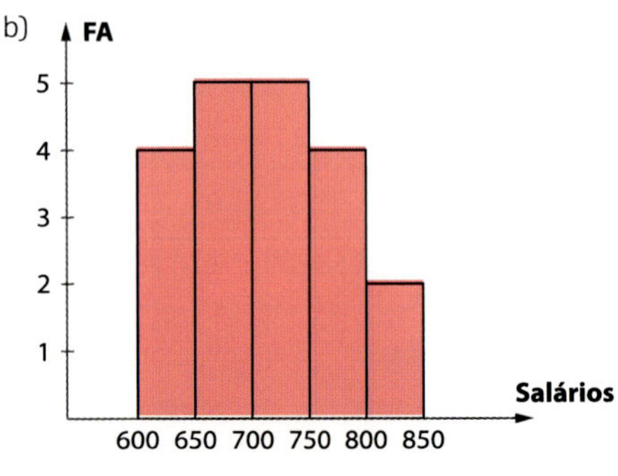

RESPOSTAS

19.

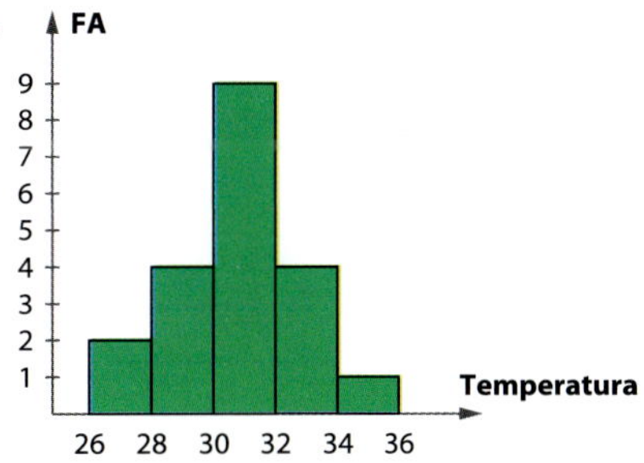

20.

Língua estrangeira	FA	FR (%)
Espanhol	12	30
Francês	8	20
Inglês	16	40
Italiano	4	10

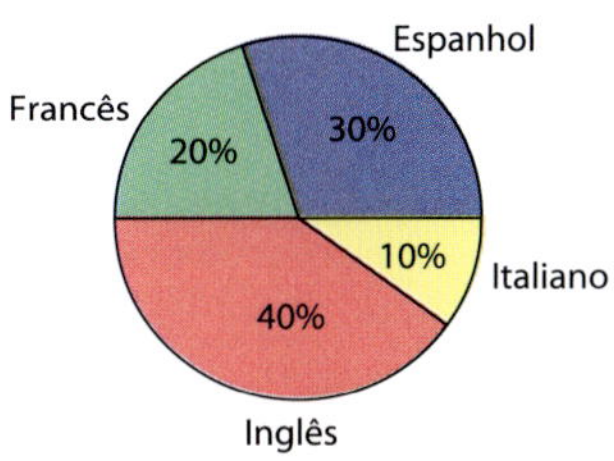

Resolução passo a passo

6. a) Não

b) 3 000

21. a) 2 gols b) 1 gol

22. 7,5 **23.** 17,2 anos **24.** 7,0 **25.** d

26. a) 121 b) 121,5 c) 126

27. a) 2,3 gols b) 1, 2 e 3 c) 2

28. a) 13 reais b) 14 c) 13,5

29. a) MA = 14,3; Mo = 15; Me = 14,5

b) MA ≃ 1,71; Mo = 1,67; Me = 1,71

30.

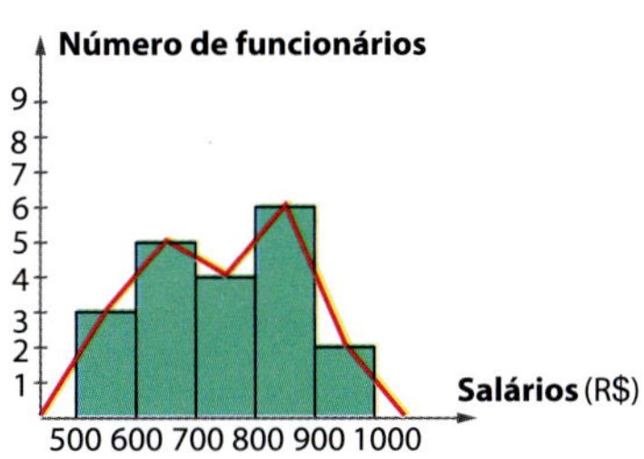

MA = 745; Mo = 850; Me = 750

31. a) 40 alunos

b) 12,5%

c) 72,5%

d) MA = 3,15; Mo = 3; Me = 3

32. MA = 61; DP ≃ 3,56

33. a) e b)

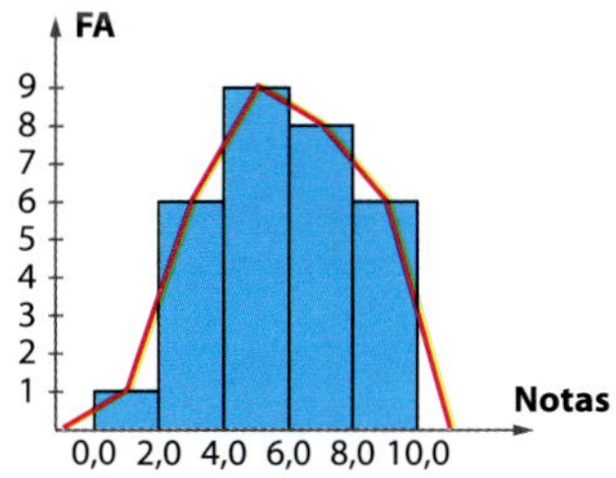

c) MA = 5,8; Mo = 5,0; Me = 5,0; DP ≃ 2,4

34. a)

Face	Número de vezes	Frequência relativa (%)
1	157	15,7
2	171	17,1
3	160	16,0
4	166	16,6
5	171	17,1
6	175	17,5

b) Sim

35. 0,000085% **36.** 30%

Desafios

1. d

2. 1) Falsa 2) Verdadeira 3) Verdadeira

3. a) 72,2 pontos b) 3

Pensando no Enem

1. d **2.** a

A Matemática e as práticas sociais

1. A taxa de natalidade tende a diminuir e a expectativa de vida tende a aumentar.

2. a) Sexo masculino: 98 330 018; sexo feminino: 102 551 667.
b) Sexo masculino: 48,95%; sexo feminino: 51,05%
c) 4 221 649
d) 2,1%
e) Em valores absolutos, sim (2,1% a mais).

3. a) 2040
b) Aproximadamente 219 milhões.

4. a) A base, indicativo da população infantil, está se reduzindo em função do tempo, enquanto a população de idosos vem aumentando.
b) Pagamento de aposentadoria e pensão aos idosos. Invertendo-se a pirâmide, aumentariam os custos com aposentadoria, além de reduzir a população economicamente ativa, que compreende a grande maioria dos trabalhadores que contribuem com a previdência.

Questões de vestibular

1. b **2.** d **3.** c **4.** d **5.** b **6.** c

7. d **8.** e **9.** e **10.** a **11.** d **12.** a

13. a) Falsa
b) Verdadeira
c) Falsa

14. d

15. a) 14 800 acidentes
b) 2 800 acidentes

16. a) A variância é nula se todos os valores forem iguais, pois, neste caso, os valores individuais são todos iguais à média.
b) **m** é a média aritmética entre $\mathbf{x_1}$, $\mathbf{x_2}$ e $\mathbf{x_3}$.

17. 1) $\bar{x} = 3{,}25$; $d = \dfrac{\sqrt{5}}{4}$

2) Todos os elementos do conjunto **X** pertencem ao intervalo **C**.

18. d **19.** e

Para refletir

Página 12

Quando todos os elementos do universo são pesquisados.

Página 13

"Esporte favorito" é variável qualitativa, pois seus valores são qualidades dos indivíduos, gostar ou não de um esporte. É nominal, pois não existe graduação em seus valores.

Página 19

- A diferença entre o montante obtido com as exportações e o montante gasto nas importações.
- Gráfico de barras com frequência absoluta:

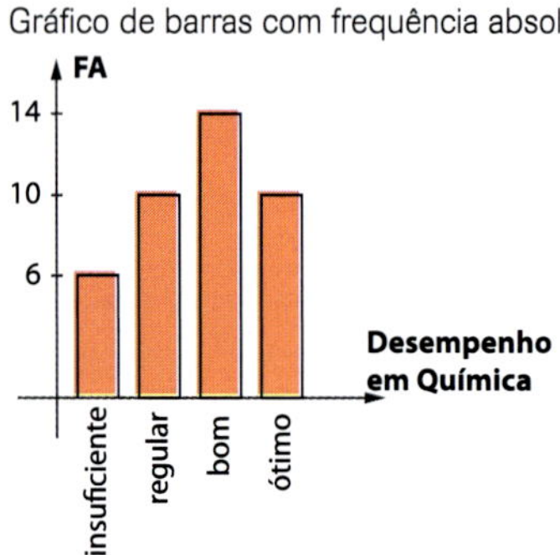

Página 21

Sala **B**: 72°; sala **C**: 180°

Página 22

Altura	140 ⊢ 150	150 ⊢ 160	160 ⊢ 170	170 ⊢ 180	180 ⊢ 190
$\bar{x}$	145	155	165	175	185

Página 28

É uma distribuição em que a moda é dada por três valores diferentes.

Página 32

Por ser uma propriedade das médias aritméticas.

Capítulo 2

Abertura

Desafio

$20 + 2\sqrt{5} + 5\sqrt{10}$

1. a) **A**(2, 5) b) **B**(5, 2) c) **C**(−4, 3) d) **D**(−1, −6) e) **E**(3, −4)

2.

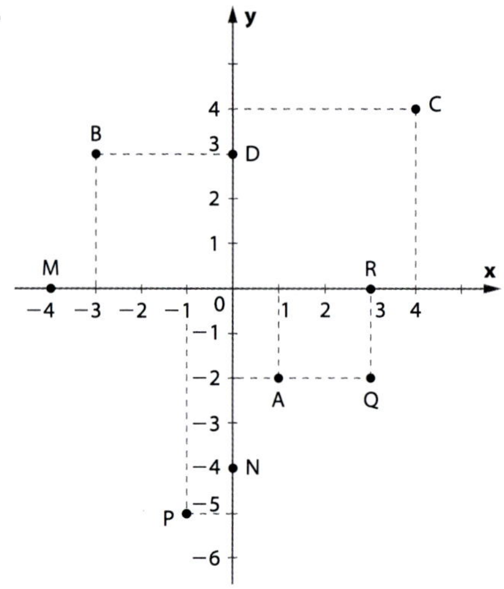

3. **A**(0, 0); **B**(2a, 0); **C**(2a, a); **D**(0, a)

4. a **5.** **A**(2, 0); **B**(0, 2); **C**(−2, 0); **D**(0, −2)

6. P ∈ 1º quadrante ou P ∈ 3º quadrante

7. $\left\{m \in \mathbb{R} \mid -\dfrac{4}{3} < m < -\dfrac{1}{2}\right\}$

8. a) $\sqrt{13}$ b) 6 c) $\sqrt{29}$ d) $\sqrt{5}$ e) $6\sqrt{2}$ f) 5

9. $a = \pm 2\sqrt{2}$ **10.** $\sqrt{2}$ **11.** 3 e 0 **12.** −2 ou 8

13. $3x^2 + 3y^2 + 42x + 22y + 46 = 0$

14. Um triângulo é isósceles se dois de seus lados forem congruentes. Vamos calcular as medidas de seus lados:

$d(A, B) = \sqrt{(3 - 0)^2 + (-2 - 5)^2} = \sqrt{9 + 49} = \sqrt{58}$

$d(A, C) = \sqrt{(-3 - 0)^2 + (-2 - 5)^2} = \sqrt{9 + 49} = \sqrt{58}$

$d(B, C) = \sqrt{(-3 - 3)^2 + (-2 + 2)^2} = \sqrt{36 + 0} = \sqrt{36} = 6$

Como os lados AB e AC são congruentes, então o triângulo ABC é isósceles.

perímetro $= 2\sqrt{58} + 6$

15. a) **M**(−3, 5) b) **M**(2, −6) c) $\mathbf{M}\left(2, \dfrac{3}{2}\right)$ d) **M**(−3, −3)

16. **B**(8, −2)

17. Mediana AM_3: $3\sqrt{2}$; mediana BM_2: 3; mediana CM_1: 3

18. 6 **19.** **C**(0, −7) e **D**(−4, −8) **20.** **P**(5, 4)

RESPOSTAS

21. **C**(8, 3) e **D**(13, 5)

22. (4, 6)

23. a) Não b) Sim

24. $x \neq -1$

25. $\mathbf{P}\left(0, -\frac{6}{5}\right)$

26. $k = \frac{2\pi}{3}$

27. a) $\frac{1}{2}$ b) -1 c) Não existe. d) $-\frac{1}{2}$ e) $\frac{5}{7}$ f) $-\frac{1}{5}$

28.

α	0°	30°	45°	60°	90°	120°	135°	150°
m	0	$\frac{\sqrt{3}}{3}$	1	$\sqrt{3}$	Não existe.	$-\sqrt{3}$	-1	$-\frac{\sqrt{3}}{3}$

29. a) $4x - y - 11 = 0$ b) $x - y - 3 = 0$ c) $y = -5$ d) $3x + 8y - 17 = 0$ e) $x = -3$

30. Não pertence.

31. $-\frac{3}{4}$

32. $y = -2x - 3$

33. $y = \frac{1}{2}x - \frac{9}{2}$

34. $y = 4x - 1$

35. a) $y = x$ ou $x - y = 0$ b) $y = -x$ ou $x + y = 0$ c) $y = 0$ d) $x = 0$

36. a) $\frac{x}{3} + \frac{y}{2} = 1$ b) $\frac{x}{5} + \frac{y}{-10} = 1$ c) $\frac{x}{2} + \frac{y}{3} = 1$ d) $\frac{x}{5} + \frac{y}{5} = 1$

37. $\frac{x}{3} + \frac{y}{3} = 1$

38. Reta CM: $\frac{x}{2} + \frac{y}{4} = 1$; reta AN: $\frac{x}{4} + \frac{y}{2} = 1$

39. a) $3x + y - 3 = 0$ b) $9x - 4y + 41 = 0$ c) $2x - 3y - 10 = 0$ d) $4x - y - 9 = 0$

40. $a = \frac{9}{2}$

41. $x - 3y + 7 = 0$

42. Reta-suporte de $\overline{AB}$: $2x + y - 4 = 0$;
reta-suporte de $\overline{AC}$: $x - y - 2 = 0$;
reta-suporte de $\overline{BC}$: $x + 2y - 8 = 0$.

43. $k = 1$; $3x - 2y - 4 = 0$

44. Reta-suporte da diagonal AC: $4x - 5y + 1 = 0$;
reta-suporte da diagonal BD: $2x + 3y - 16 = 0$.

45. Paralela

46. $a = -4$ ou $a = 1$

47. a) $y = -4x + 6$ b) $y = -\frac{3x}{2} + 8$ c) $x = 2$

48. $y = 5$

49. a) $\mathbf{P}\left(-2, \frac{5}{2}\right)$ b) $\mathbf{P}(-2, 5)$ c) $\mathbf{P}\left(-\frac{1}{2}, 3\right)$ d) $\mathbf{P}(2, 4)$ e) Todos os pontos são comuns.

50. $(-9, 5)$; $(17, 5)$ e $\left(4, -\frac{3}{2}\right)$

51.

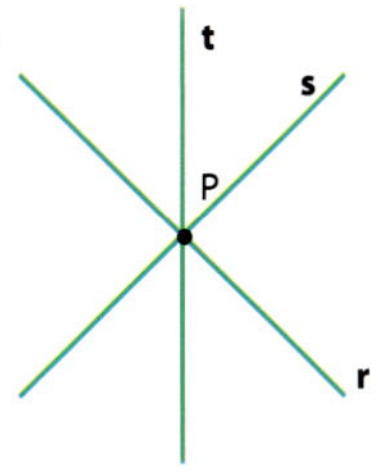

Se o ponto **P** é comum às três retas, então **P** pertence a intersecção de **r** e **s** e também a **t**, por exemplo.
Para resolver o problema, obteremos a intersecção de **r** e **s** e verificaremos se o ponto obtido pertence à reta **t**.

- Intersecção de duas das retas, por exemplo, $2x + 3y - 1 = 0$ e $3x + 4y - 1 = 0$:

$$\begin{cases} 2x + 3y - 1 = 0 & (\cdot\ 3) \\ 3x + 4y - 1 = 0 & (\cdot\ -2) \end{cases} \Rightarrow \begin{cases} \cancel{6x} + 9y - 3 = 0 \\ \cancel{-6x} - 8y + 2 = 0 \end{cases} +$$

$$y - 1 = 0 \Rightarrow y = 1$$

Substituindo $y = 1$ na primeira equação, temos:
$2x + 3 \cdot 1 - 1 = 0 \Rightarrow 2x + 3 - 1 = 0 \Rightarrow 2x = -2 \Rightarrow x = -1$
O ponto **P** de intersecção das duas retas escolhidas é **P**$(-1, 1)$.

- Vamos verificar se **P**$(-1, 1)$ pertence à terceira reta, substituindo as coordenadas de **P** na equação da reta:
$x + y = 0 \Rightarrow -1 + 1 = 0$
Como o ponto **P** pertence às três retas, então elas concorrem neste ponto.

52. $\mathbf{M}\left(\frac{7}{2}, 3\right)$

Seja **M** o ponto médio de $\overline{AC}$ e $\overline{BD}$.
O ponto médio de $\overline{AC}$ é:

$$\left(\frac{x_A + x_C}{2}, \frac{y_A + y_C}{2}\right) = \left(\frac{1+6}{2}, \frac{1+5}{2}\right) = \left(\frac{7}{2}, 3\right)$$

O ponto médio de $\overline{BD}$ é:

$$\left(\frac{x_B + x_D}{2}, \frac{y_B + y_D}{2}\right) = \left(\frac{5+2}{2}, \frac{2+4}{2}\right) = \left(\frac{7}{2}, 3\right)$$

Logo, **M** é ponto médio de $\overline{AC}$ e $\overline{BD}$.

53. $\mathbf{M}\left(\frac{56}{13}, \frac{24}{13}\right)$

54. $y = \frac{x}{2} + 1$

55. $\left(\frac{3}{4}, \frac{1}{2}\right)$

Resolução passo a passo

6. a) Ficará à mesma distância de todas as cidades.
b) $1\,250\pi$ km².

56. a) $4x - 3y + 18 = 0$ b) $x + 2y - 14 = 0$ c) $x + y - 5 = 0$ d) $x = 3$

57. $k = -\frac{1}{4}$

58. (2, 3)

59. **N**(10, −4)

60. Para mostrar que as retas-suporte das diagonais $\overline{AC}$ e $\overline{BD}$ são perpendiculares basta que seus coeficientes angulares, $\mathbf{m_1}$ e $\mathbf{m_2}$, respectivamente, sejam tal que $m_1m_2 = -1$.

RESPOSTAS

Temos **A**(a, b); **B**(a + 4, b + 3); **C**(a + 7, b + 7) e **D**(a + 3, b + 4).

- Cálculo do coeficiente angular $\mathbf{m_1}$ da reta-suporte de $\overline{AC}$:

$$m_1 = \frac{y_C - y_A}{x_C - x_A} = \frac{\cancel{b} + 7 - \cancel{b}}{\cancel{a} + 7 - \cancel{a}} = 1$$

- Cálculo do coeficiente angular $\mathbf{m_2}$ da reta-suporte de $\overline{BD}$:

$$m_2 = \frac{y_D - y_B}{x_D - x_B} = \frac{b + 4 - (b + 3)}{a + 3 - (a + 4)} = \frac{\cancel{b} + 4 - \cancel{b} - 3}{\cancel{a} + 3 - \cancel{a} - 4} =$$

$$= \frac{1}{-1} = -1$$

Como $m_1m_2 = -1$, então as retas-suporte de $\overline{AC}$ e $\overline{BD}$ são perpendiculares.

61. $\mathbf{P}\left(3\frac{1}{3}, 4\frac{1}{3}\right)$

62. a) 2   b) $\frac{21}{5}$ c) $2\sqrt{5}$ d) 2

63. $\frac{22}{5}$ **64.** 3   **65.** $p = 4$ ou $p = -\frac{8}{3}$ **66.** 12

67. a) $\frac{18}{5}$ d) 4

b) $\frac{7\sqrt{13}}{13}$ e) 4

c) 0   f) $\frac{10\sqrt{29}}{29}$

68. $k = \frac{52}{3}$ ou $k = 4$

69. a) $\text{tg } \theta = \frac{2}{3}$ d) Retas perpendiculares

b) Retas perpendiculares   e) $\text{tg } \theta = \frac{7}{9}$

c) $\text{tg } \theta = \frac{4}{7}$ f) $\text{tg } \theta = \frac{3}{4}$

70. $y = -\frac{3x}{2} + 4$ e $y = \frac{2x}{3} - \frac{1}{3}$

71. 4   **72.** 84,5   **73.** $k = -16$ ou $k = 16$

74. 4   **75.** 12   **76.** 38   **77.** e

78. Vamos adotar um sistema de eixos coordenados onde um dos vértices do triângulo coincide com a origem, e um dos lados está sobre um dos eixos.

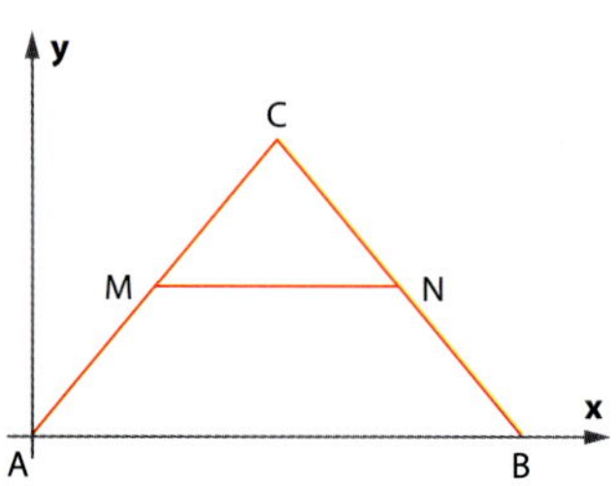

Os vértices do triângulo são **A**(0, 0); **B**(b, 0) e **C**(x, y).

O ponto **M**, médio de $\overline{AC}$, é $\mathbf{M}\left(\frac{x}{2}, \frac{y}{2}\right)$ e o ponto **N**, médio de $\overline{BC}$, é $\mathbf{N}\left(\frac{b + x}{2}, \frac{y}{2}\right)$.

a) A reta-suporte do segmento $\overline{MN}$ tem coeficiente angular $m = 0$, pois as ordenadas de **M** e **N** são as mesmas. Portanto, a reta-suporte de $\overline{MN}$ é horizontal e, então, paralela à reta-suporte do segmento $\overline{AB}$, como queríamos mostrar.

b) O comprimento de $\overline{AB}$ é igual a **b**.
O comprimento de $\overline{MN}$ é igual a:

$$\sqrt{\left(\frac{b + x}{2} - \frac{x}{2}\right)^2 + \left(\frac{y}{2} - \frac{y}{2}\right)^2} = \sqrt{\left(\frac{b}{2}\right)^2 + 0^2} = \frac{b}{2}$$

Portanto, metade do comprimento de $\overline{AB}$, como queríamos mostrar.

79. $2x + 3y + k = 0, k \in \mathbb{R}$

80. $3x - 2y + k = 0, k \in \mathbb{R}$

81. a) $ax + by - (ax_0 + by_0) = 0$
b) $bx - ay + (ay_0 - bx_0) = 0$

Desafios

1. b   **2.** $3x - 2y = 0$ **3.** b

4. a) $\mathbf{P}\left(\frac{-b}{a}, 0\right)$; **Q**(a, b) e $\mathbf{R}\left(\frac{b}{2b - 2a}, \frac{2b^2 - ab}{2b - 2a}\right)$
b) $a = -8$; $b = 4$; $c = 16$

Pensando no Enem

1. c   **2.** b   **3.** b   **4.** b

A Matemática e as práticas sociais

1. $\frac{1}{2}$ km²   **2.** 2,5 km   **3.** 4 km

Questões de vestibular

1. a   **2.** a   **3.** e

4. a) $3\sqrt{2}$ b) **C**(3, 4)

5. d   **6.** a   **7.** b   **8.** a   **9.** b

10. b   **11.** b   **12.** b   **13.** b

14. a) $\frac{\sqrt{17}}{2}$ b) $x - 4y + 11 = 0$

15. $\sqrt{2}$

16. a) $y = -2x + 8$ b) 3

17. a   **18.** d   **19.** a   **20.** d

21. (−3, 1); (5, 1)   **22.** e   **23.** a

24. a) $m = \pm 2\sqrt{2}$ b) 1

RESPOSTAS

25. b

26. a) **M**(4, 5) b) **C**(7, −1) c) **B**(10, 8); **D**(−2, 2)

27. 8 **28.** a **29.** d **30.** 01, 04, 08, 16 e 32

31. a **32.** e **33.** a

Para refletir

Página 53

Porque se **A** coincidir com **B** não há segmento. Portanto, não há ponto médio.

Página 60

- 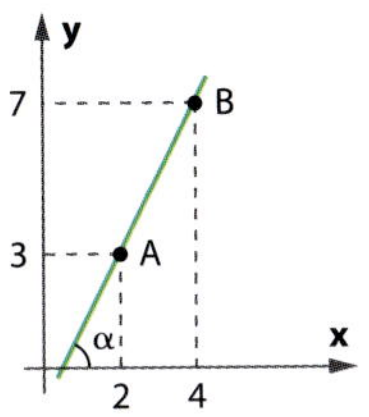

- 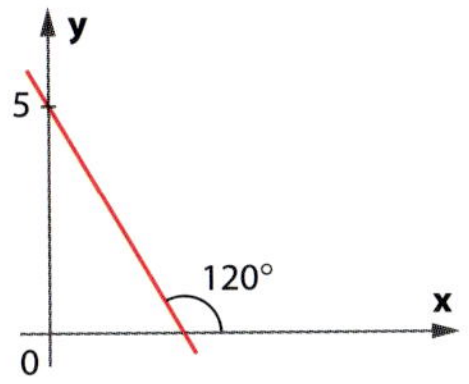

Página 63

- $y = 3x + 8$
- $y = 4x - 1$

Página 66

Substituindo (6, 10) em **r**, obtemos $2 \cdot 6 - 10 - 2 = 0$, porque $(6, 10) \in r$.

Página 67

- Observação 3:

  Basta transformar a equação geral em reduzida, isolando **y**:

  $$ax + by + c = 0 \Rightarrow by = -ax - c \Rightarrow y = \frac{-a}{b}x - \frac{c}{b} \Rightarrow m_r = \frac{-a}{b}$$

  Observação 4:

  Em $ax + by + c = 0$, se $y = 0$, temos:

  $$ax + c = 0 \Rightarrow x = \frac{-c}{a}$$

  Logo, a reta intersecta o eixo **x** em $\left(-\frac{c}{a}, 0\right)$.

  Em $ax + by + c = 0$, se $x = 0$, temos:

  $$by + c = 0 \Rightarrow y = \frac{-c}{b}$$

  Logo, a reta intersecta o eixo **y** em $\left(0, -\frac{c}{b}\right)$.

- 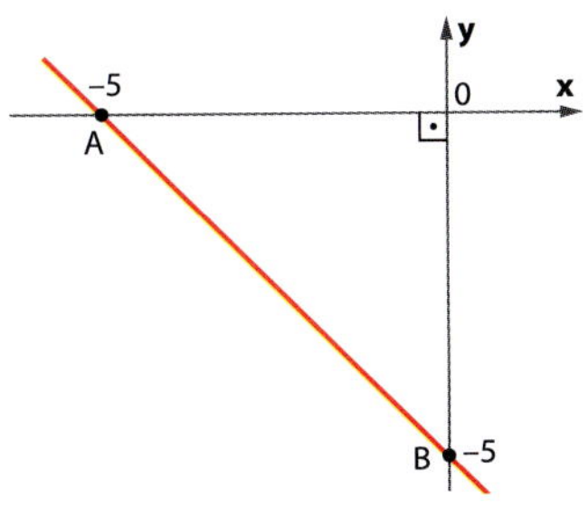

  hipotenusa: $5\sqrt{2}$

Página 70

As retas são paralelas (coincidentes ou distintas).

Página 74

$$m_2 = -\frac{1}{m_1} \Rightarrow \frac{-a'}{b'} = -\frac{1}{-\frac{a}{b}} \Rightarrow \frac{-a'}{b'} = \frac{b}{a} \Rightarrow aa' + bb' = 0$$

Página 75

$10x + 12y + 7 = 0$

Página 79

Quando $P \in r$.

Página 80

$$\frac{4\sqrt{13}}{13}$$

Capítulo 3

Abertura

Desafio

C(4, 8); $d(0, c) = 4\sqrt{5}$

Resolução passo a passo

6. a) 0,48 m^2

1. a) **C**(5, 4) e $r = 1$ b) **C**(2, 0) e $r = 2$ c) **C**(−3, 1) e $r = 4$ d) **C**(0, 0) e $r = \sqrt{10}$

2. a) $(x - 2)^2 + (y - 5)^2 = 9$ b) $(x + 1)^2 + (y + 4)^2 = 2$ c) $x^2 + (y + 2)^2 = 16$ d) $(x - 4)^2 + y^2 = 25$

3. a) **C**(2, −3) e $r = 4$ b) **C**(3, 1) e $r = 4$

4. a) **C**(2, 4) e $r = 2$ b) **C**(−6, 2) e $r = 7$ c) **C**(−4, 0) e $r = \sqrt{5}$

5. a) Sim b) Não c) Não d) Sim e) Não

6. **A** e **B** **7.** $x^2 + (y + 4)^2 = 2$

8. $(x - 3)^2 + (y + 1)^2 = 2$ **9.** $(x - 2)^2 + y^2 = 8$

10. $\{k \in \mathbb{R} \mid k < 2\}$

11. a) **P** pertence a λ. b) **P** é externo a λ. c) **P** é interno a λ.

12. **P** pertence à circunferência.

13. $(x + 1)^2 + (y - 4)^2 = 17$

14. a) Não há ponto comum e a reta é exterior à circunferência.

b) Os pontos (2, 2) e (−1, −1) são comuns à reta e à circunferência, ou seja, a reta é secante à circunferência.

c) (−2, 0) é o único ponto comum. Logo, a reta é tangente à circunferência.

15. (6, −1) e (3, 2) **16.** 4 **17.** Secantes

18. $\sqrt{2}$ **19.** $m = \pm\frac{3}{4}$

20. $x + 2y - 8 = 0$

RESPOSTAS

21. $y = 3$ e $3y - 4x - 9 = 0$

22. $(x - 1)^2 + (y - 1)^2 = 32$

23. $(x - 4)^2 + (y + 4)^2 = 16$

24. $(x - 2)^2 + y^2 = 4$

25. a) A circunferência λ_2 é interna a λ_1.
b) Ponto comum: $(2, -1)$; as circunferências são tangentes externas.

26. 4 **27.** $(x - 3)^2 + (y - 4)^2 = 49\pi$ **28.** 1 cm

29. O mais conveniente é colocar cada um dos três vértices do triângulo sobre algum eixo coordenado.

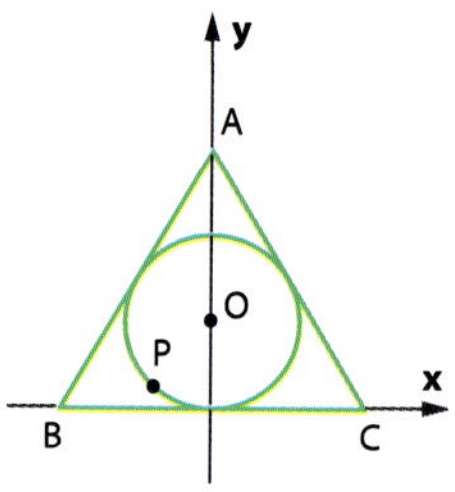

Como o lado do triângulo vale $2\sqrt{3}$, sua altura vale 3 $\left(h = \dfrac{\ell\sqrt{3}}{2}\right)$.

Assim, os vértices do triângulo são **A**(0, 3), **B**$(-\sqrt{3}, 0)$ e **C**$(\sqrt{3}, 0)$.

O centro da circunferência é o baricentro do triângulo, portanto está a $\dfrac{1}{3}$ da altura: **O**(0, 1) e o seu raio é 1. Assim, a equação da circunferência é $x^2 + (y - 1)^2 = 1$.

Para todo ponto **P**(x, y) pertencente à circunferência, temos:

$x^2 + (y - 1)^2 = 1 \Rightarrow x^2 + y^2 - 2y = 0$

As três distâncias de **P** aos vértices são:

$d(P, A) = \sqrt{(x - 0)^2 + (y - 3)^2} = \sqrt{x^2 + y^2 - 6y + 9}$

$d(P, B) = \sqrt{(x + \sqrt{3})^2 + (y - 0)^2} = \sqrt{x^2 + y^2 + 2\sqrt{3}x + 3}$

$d(P, C) = \sqrt{(x - \sqrt{3})^2 + (y - 0)^2} = \sqrt{x^2 + y^2 - 2\sqrt{3}x + 3}$

Somando o quadrado das três distâncias, temos:

$x^2 + y^2 - 6y + 9 + x^2 + y^2 + 2\sqrt{3}x + 3 + x^2 + y^2 - 2\sqrt{3}x + 3 =$
$= 3x^2 + 3y^2 - 6y + 15 = 3(x^2 + y^2 - 2y) + 15$

Como $x^2 + y^2 - 2y = 0$, então a soma dos quadrados é $3 \cdot 0 + 15 = 15$, portanto, constante, como queríamos mostrar.

Desafios

1. e **2.** $\dfrac{5(29\sqrt{2} + 3\sqrt{29})}{49}$

Pensando no Enem

1. e **2.** c

A Matemática e as práticas sociais

1. 36π u.a. **2.** $x^2 + y^2 = (61)^2$ **3.** e

4. a) 40 m b) Sim **5.** 180 u. a.

Questões de vestibular

1. a **2.** 5 **3.** **O**$\left(\dfrac{15}{2}, \dfrac{15}{2}\right)$

4. e **5.** a **6.** b

7. a) $(x - 3)^2 + (y - 4)^2 = 5$ b) **P**(0, 8)

8. $d = \sqrt{3}$; $4d^2 = 12$

9. c **10.** e **11.** b **12.** c **13.** a

14. a **15.** a **16.** b **17.** e

18. $\left(x - \dfrac{5}{2}\right)^2 + (y - 4)^2 = \left(\dfrac{3}{2}\right)^2$

19. a) **P**(−1, −2) b) $(x + 5)^2 + (y - 1)^2 = 5^2$ c) $\dfrac{25}{4}$

20. d **21.** a **22.** d

23. $a = 9$; $b = -2$; $r = 8\sqrt{2}$ **24.** c

Para refletir

Página 110

Não existem pontos em comum.

Capítulo 4

Abertura

Desafio

A - parábolas; **B** - elipses; **C** - hipérboles.

1. a) $y^2 = 36x$ c) $x^2 = 28y$
b) $x^2 = -24y$ d) $y^2 = -20x$

2. a) **F**(7, 0); **V**(0, 0); **d**: $x = -7$
b) **F**(0, −1); **V**(0, 0); **d**: $y = 1$
c) **F**$\left(0, \dfrac{5}{2}\right)$; **V**(0, 0); **d**: $y = -\dfrac{5}{2}$
d) **F**(−4, 0); **V**(0, 0); **d**: $x = 4$

3. A concavidade de $x^2 = -12y$ é maior que a concavidade de $x^2 = -2y$.

$x^2 = -12y$

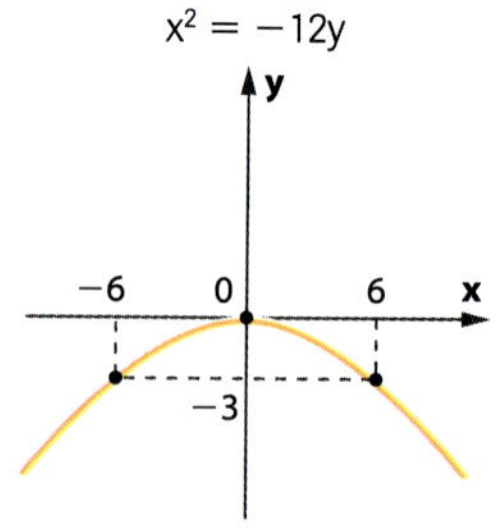

$x^2 = -2y$

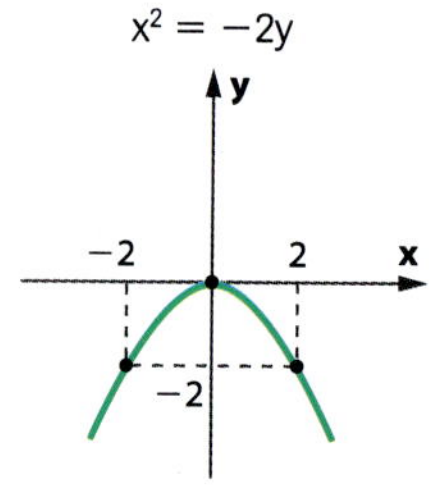

4. a) $y^2 = 12x$ c) $(y - 2)^2 = 6\left(x + \dfrac{1}{2}\right)$
b) $x^2 = -12y$ d) $(y + 3)^2 = 12(x + 1)$

5. a) **F**(0, 1) e **d**: $y = -1$ d) **F**(−1, 0) e **d**: $x = 1$
b) **F**$\left(\dfrac{1}{2}, 0\right)$ e **d**: $x = -\dfrac{1}{2}$ e) **F**$\left(0, \dfrac{1}{4}\right)$ e **d**: $y = -\dfrac{1}{4}$
c) **F**(−2, 0) e **d**: $x = 2$

RESPOSTAS

6. a) **V**(1, 3); **F**(4, 3); **d**: $x = -2$; $y = 3$

b) **V**(1, 3); **F**$\left(1, \frac{13}{4}\right)$; **d**: $y = \frac{11}{4}$; $x = 1$

7. 1

8. a) $(x + 1)^2 = -4(y - 4)$ b) $(x - 4)^2 = 12(y - 2)$

9. $(y - 1)^2 = 8(x - 1)$; (9, 9) e (1, 1)

Resolução passo a passo

6. a) Aproximadamente 250 m².

10. a) $\frac{x^2}{16} + \frac{y^2}{7} = 1$ b) $\frac{x^2}{25} + \frac{y^2}{20} = 1$

11. a) $F_1(\sqrt{63}, 0)$; $F_2(-\sqrt{63}, 0)$; $A_1(12, 0)$; $A_2(-12, 0)$; $e = \frac{\sqrt{7}}{4}$

b) $F_1(4, 0)$; $F_2(-4, 0)$; $A_1(5, 0)$; $A_2(-5, 0)$; $e = \frac{4}{5}$

c) $F_1(0, 1)$; $F_2(0, -1)$; $A_1(0, \sqrt{2})$; $A_2(0, -\sqrt{2})$; $e = \frac{\sqrt{2}}{2}$

12. $\frac{x^2}{34} + \frac{y^2}{9} = 1$ **13.** 12 **14.** 16

15. $\frac{(x - 2)^2}{1} + \frac{(y - 4)^2}{10} = 1$

16. $B_1(2, 2)$; $B_2(2, 0)$ **17.** A segunda elipse.

18. a **19.** d **20.** a

21. $\frac{(x - 6)^2}{25} + \frac{(y - 7)^2}{9} = 1$ **22.** 6

23. a) $\frac{x^2}{25} - \frac{y^2}{39} = 1$

b) $\frac{x^2}{9} - \frac{y^2}{7} = 1$

c) $\frac{x^2}{9} - \frac{y^2}{27} = 1$

24. a) $F_1(\sqrt{29}, 0)$; $F_2(-\sqrt{29}, 0)$; $A_1(5, 0)$; $A_2(-5, 0)$; $e = \frac{\sqrt{29}}{5}$

b) $F_1(\sqrt{41}, 0)$; $F_2(-\sqrt{41}, 0)$; $A_1(4, 0)$; $A_2(-4, 0)$; $e = \frac{\sqrt{41}}{4}$

c) $F_1(\sqrt{21}, 0)$; $F_2(-\sqrt{21}, 0)$; $A_1(2\sqrt{3}, 0)$; $A_2(-2\sqrt{3}, 0)$;

$e = \frac{\sqrt{7}}{2}$

25. $\frac{x^2}{16} - \frac{y^2}{9} = 1$

26. 10 **27.** $m = \sqrt{3}$

28. $F_1(2\sqrt{5}, 0)$ e $F_2(-2\sqrt{5}, 0)$

29. $x^2 + y^2 = 20$

30. a) $e = 3$

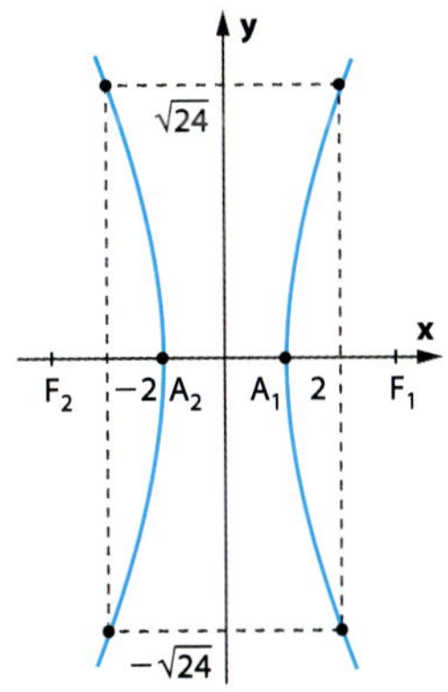

c) $e = 2$

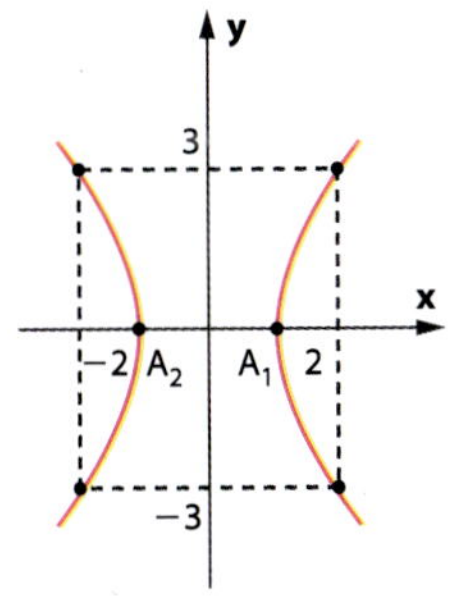

b) $e = \sqrt{6}$

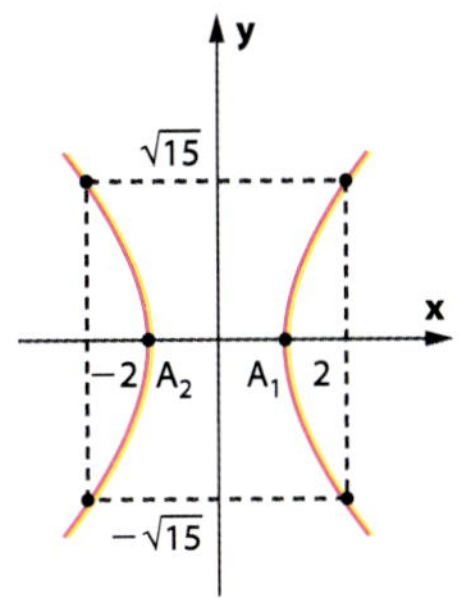

31. $\frac{y^2}{27} - \frac{(x - 3)^2}{9} = 1$

32. $2\sqrt{29}$

33. $\frac{(x - 4)^2}{9} - \frac{(y + 3)^2}{4} = 1$; $F_1(4 - \sqrt{13}, -3)$;

$F_2(4 + \sqrt{13}, -3)$

34. a) $y = \frac{3}{4}x$ e $y = -\frac{3}{4}x$

b) $y = \frac{2}{5}x$ e $y = -\frac{2}{5}x$

c) $3x - 4y - 1 = 0$ e $3x + 4y - 17 = 0$

35. $\frac{x^2}{9} - \frac{y^2}{36} = 1$

36. a) $\frac{x^2}{18} - \frac{y^2}{18} = 1$ b) $\frac{(y - 4)^2}{4} - \frac{(x - 2)^2}{4} = 1$

37. $F_1(5\sqrt{2}, 0)$; $F_2(-5\sqrt{2}, 0)$; $A_1(5, 0)$; $A_2(-5, 0)$

38. $\frac{y^2}{16} - \frac{x^2}{16} = 1$

39. $60\sqrt{2}$

40. Vênus; 0,0024%

41. $F\left(1, \frac{63}{8}\right)$ **42.** 0,31 UA

RESPOSTAS

Desafios

1. a)

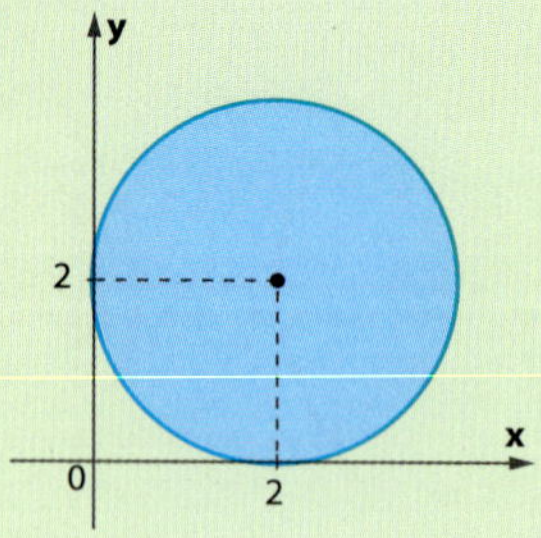

b)

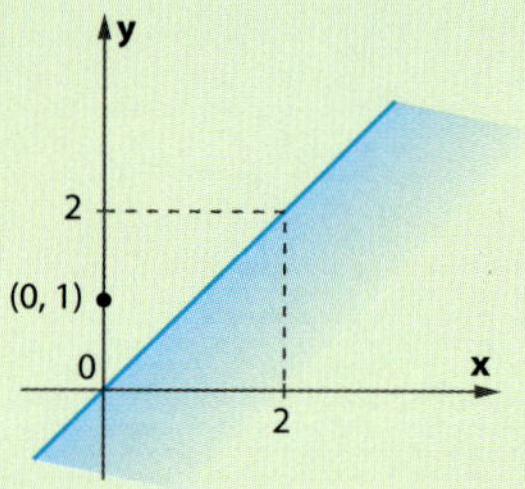

c) 2π

2. a

Pensando no Enem

1. d **2.** e **3.** e

A Matemática e as práticas sociais

1. a **2.** $6 \cdot 10^6$ km **3.** B **4.** 13,5 meses

5. a) Mercúrio, Vênus, Terra, Marte, Júpiter, Saturno, Urano e Netuno.
b) Mercúrio, Vênus, Marte, Júpiter e Saturno.

Questões de vestibular

1. c **2.** c **3.** $\frac{8\sqrt{5}}{5}$ **4.** c **5.** c

6. a **7.** e **8.** b **9.** e **10.** b

11. d **12.** e **13.** a **14.** a

15. $(0, 1), \left(\frac{\sqrt{15}}{2}, -\frac{1}{4}\right)$ e $\left(-\frac{\sqrt{15}}{2}, -\frac{1}{4}\right)$ **16.** d

Para refletir

Página 125

Porque, se o eixo de simetria fosse horizontal, a parábola representaria uma relação em que teríamos duas imagens para um mesmo elemento do domínio, o que contradiz a definição de função.

Página 131

$\mathbf{B_1}(0, 2)$ e $\mathbf{B_2}(0, -2)$

Página 133

Ela tenderá a ser uma circunferência.

Capítulo 5

Abertura

Desafio

a) $x^2 - 10x + 40 = 0$ b) $x = \frac{10 \pm 2\sqrt{15} \cdot \sqrt{-1}}{2}$

1. a) $5i$
b) $2 - i$
c) $-7 + i$
d) $10 + 10i$
e) $2 + 3i$
f) $3 - 5i$
g) $-4 + 7i$
h) $10 + 10i$
i) $2 + 3i$
j) $-2 + i$
k) $5 + 10i$
l) $-5 - 18i$

2. a) $z = -3 - 2i$ b) $z = \frac{3}{10} - \frac{1}{10}i$

3. a) i
b) -1
c) 1
d) $-i$
e) $-i$
f) 1
g) $1 - i$
h) $-5 + 43i$
i) $41 + 38i$
j) $1 - i$

4. a) $-8i$
b) 4 096
c) $8\,192 - 8\,192i$

5. $z_1 = 1 - 5i$; $z_2 = 2 - 14i$

6. a) $x = 0$ ou $x = 1$
b) $x = \pm 1$
c) $x = \pm 2$
d) $x = 0$
e) $x = 3$ ou $x = 1$
f) $x = 4$ ou $x = 3$
g) $x = \pm 1$

7. Todas são verdadeiras.

8. $z^2 - 2z + 2 = 0 \Rightarrow z = \frac{2 \pm \sqrt{4 - 8}}{2} = \frac{2 \pm \sqrt{-4}}{2} =$

$= \frac{2 \pm \sqrt{4(-1)}}{2} = \frac{2 \pm 2\sqrt{-1}}{2} \Rightarrow z_1 = 1 + i$ e $z_2 = 1 - i$

Assim, $\mathbf{z_1}$ e $\mathbf{z_2}$ são raízes da equação dada.

Vamos verificar se $z_1 = 1 + i$ é raiz de $z^2 - 2z + 2 = 0$.

Substituindo $\mathbf{z_1}$ na equação, temos:

$(1 + i)^2 - 2(1 + i) + 2 = 1 + \cancel{2i} + i^2 - \cancel{2} - \cancel{2i} + \cancel{2} = 1 - 1 = 0$

Logo, $\mathbf{z_1}$ é raiz da equação.

O mesmo faremos para $\mathbf{z_2}$:

$(1 - i)^2 - 2(1 - i) + 2 = 1 - \cancel{2i} + i^2 - \cancel{2} + \cancel{2i} + \cancel{2} = 1 - 1 = 0$

Logo, $\mathbf{z_2}$ é raiz da equação.

9. $z_1 + z_2 = (a_1 + a_2) + (b_1 + b_2)i$;
$z_1z_2 = (a_1a_2 - b_1b_2) + (a_1b_2 + b_1a_2)i$

10. $z = x + yi$
$(1 + z)^2 = (1 + x + yi)^2 = [1 + (x + yi)][1 + (x + yi)] =$
$= 1 + (x + yi) + (x + yi) + (x + yi)^2 = 1 + 2(x + yi) + (x + yi)^2 =$
$= 1 + 2z + z^2$

RESPOSTAS

11. Com $n \in \mathbb{Z}$, temos:
$i^n + i^{n+1} + i^{n+2} + i^{n+3} = i^n(i + i^2 + i^3 + i^4) =$
$= i^n(i + (-1) + (-i) + 1) = i^n \cdot 0 = 0$

12. Com $n \in \mathbb{Z}$, temos:
$i^n \cdot i^{n+1} \cdot i^{n+2} \cdot i^{n+3} = i^{(n+n+1+n+2+n+3)} =$
$= i^{4n+6} = i^{2(2n+3)} = (i^2)^{2n+3} = (-1)^{2n+3}$
Com $n \in \mathbb{Z}$, 2n é par e 2n + 3 é ímpar, portanto:
$(-1)^{2n+3} = (-1)^{\text{ímpar}} = -1$

13. 0 **14.** −1 **15.** x = 6 **16.** x = 5 e y = 2

17. a) $\bar{z} = 1 - 5i$
b) $\bar{z} = -2i$
c) $\bar{z} = 0$
d) $\bar{z} = -4 - 2i$
e) $\bar{z} = 5$
f) $\bar{z} = 3 - 3i$
g) $\bar{z} = -1 + i$
h) $\bar{z} = \sqrt{2} + 2i$

18. a) 25 b) 49 c) 2

19. a) $\bar{z}_1 = 2 + 3i$; $\bar{z}_2 = 3 - 5i$; $\bar{z}_1 + \bar{z}_2 = 5 - 2i$; $\overline{z_1 + z_2} = 5 - 2i$
b) $5 - 8i$
c) $-9 - 19i$
d) $16 + 5i$

20. $z = -1 - 2i$

21. a) $\frac{1}{10} - \frac{1}{5}i$
b) $-\frac{1}{5} + \frac{2}{5}i$
c) $\frac{1}{10} + \frac{3}{10}i$
d) $-\frac{2}{13} - \frac{3}{13}i$

22. a) $\frac{8}{5} - \frac{1}{5}i$
b) $\frac{3}{13} - \frac{2}{13}i$
c) $-1 + 2i$
d) $1 - i$
e) $-i$

23. a) $\frac{1}{2} - \frac{1}{2}i$
b) $\frac{50}{13} - \frac{75}{13}i$
c) $-\frac{4}{5} + \frac{12}{5}i$
d) $-\frac{1}{4}$

24.

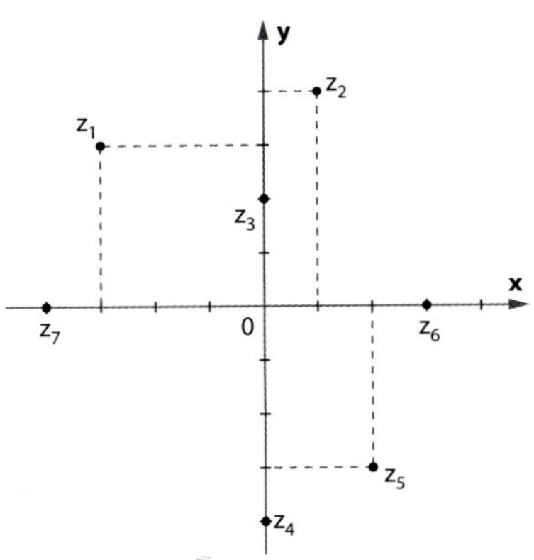

25. $z_1 = 4 + i$; $z_2 = 1 - 2i$; $z_3 = 2$; $z_4 = -4$; $z_5 = 3i$;
$z_6 = -2 + 2i$

26. $-z_1 = (-3, -2)$; $-z_2 = (2, -1)$; $-z_3 = (0, 2)$

27. a)

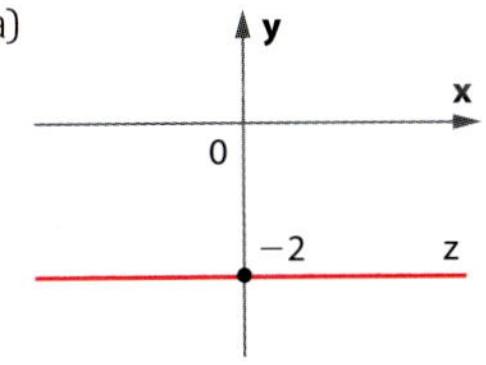

d)

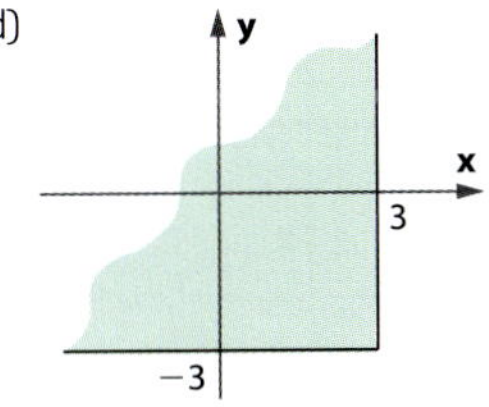

b)

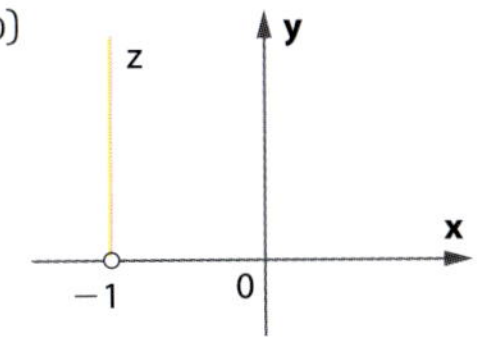

e)

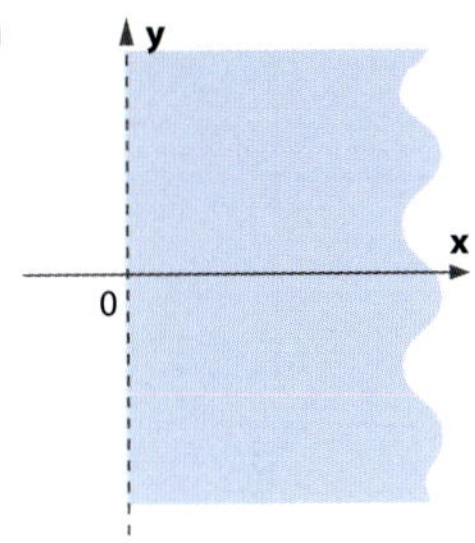

c)

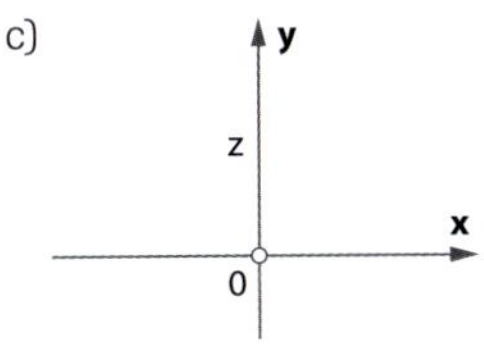

f)

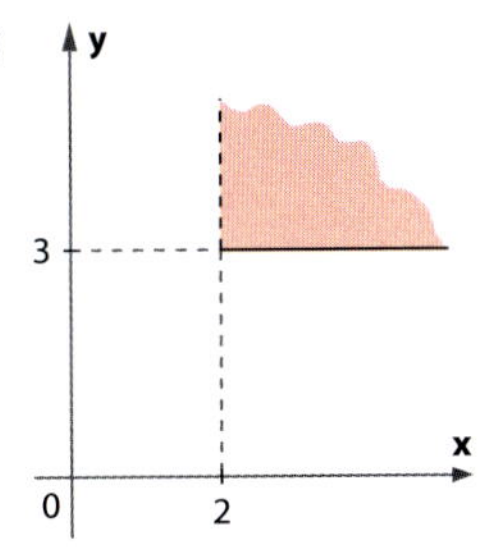

28. $2 \leq a \leq 5$ e $1 \leq b < 2$

29. a)

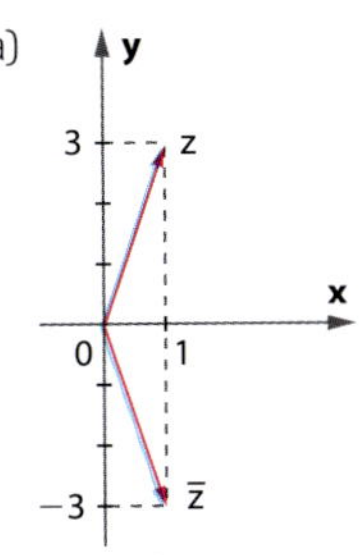

d)

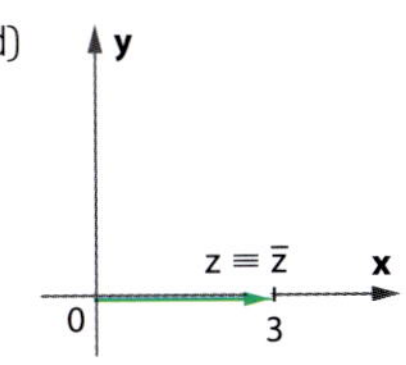

b)

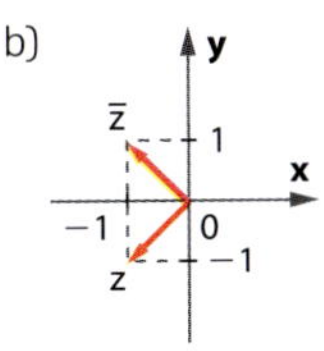

e)

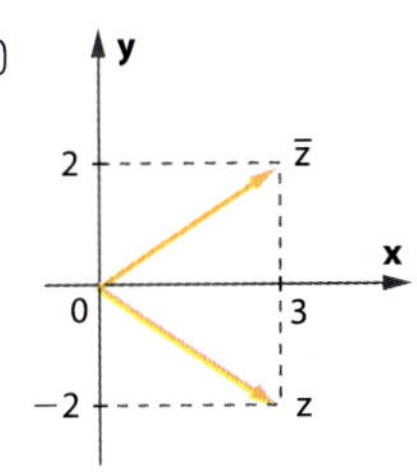

c)

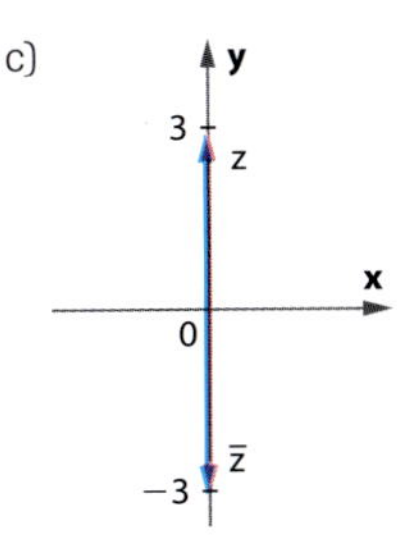

f)

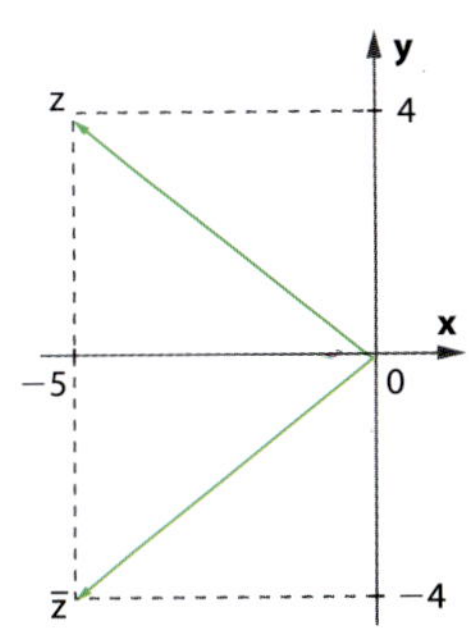

RESPOSTAS

g)

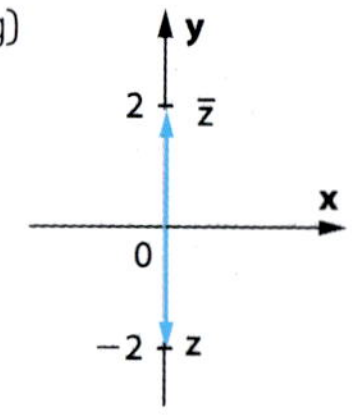

h)

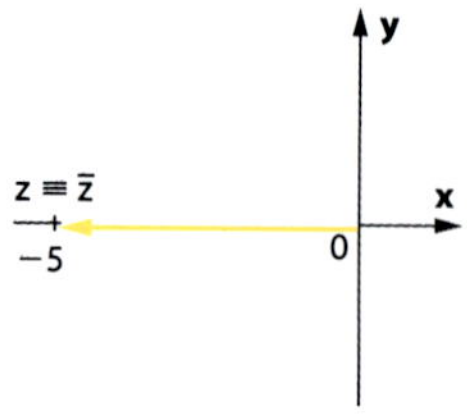

30.

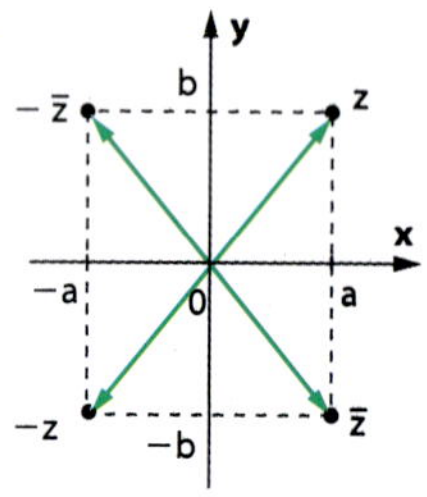

31. a) $\sqrt{2}$ b) $\sqrt{13}$ c) 7 d) $\sqrt{5}$ e) 5 f) 3 g) $\sqrt{41}$ h) 2

32. a) $4\sqrt{5}$ b) 13 c) $\sqrt{5}$ d) $\sqrt{13}$

33. a) $\sqrt{10} + \sqrt{29}$ b) $\sqrt{290}$ c) $\dfrac{\sqrt{290}}{29}$ d) $\sqrt{13}$ e) $\sqrt{290}$ f) $\dfrac{\sqrt{290}}{29}$ g) 100 h) 24 389 i) $10\sqrt{10}$

34. a)

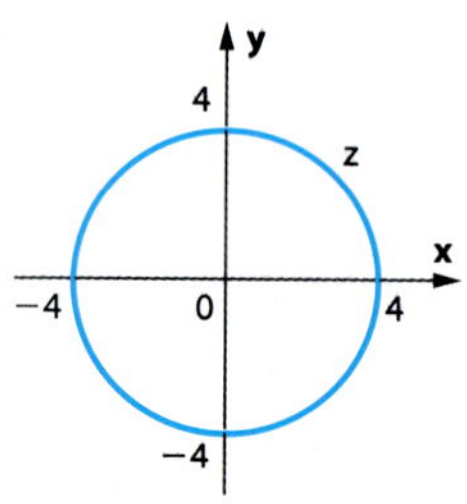

c)

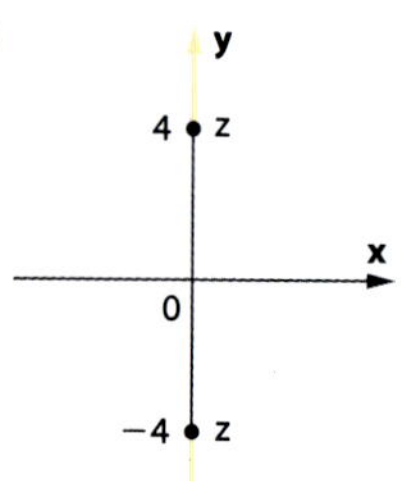

b)

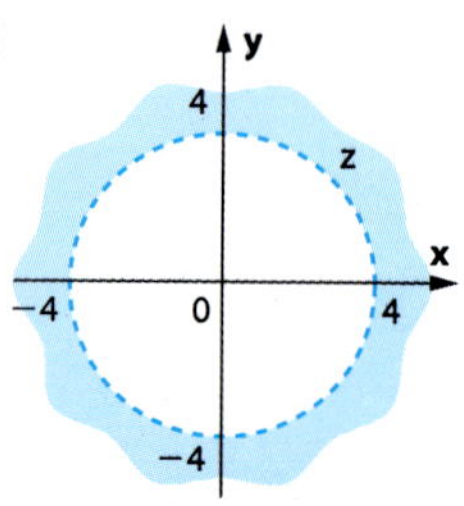

d)

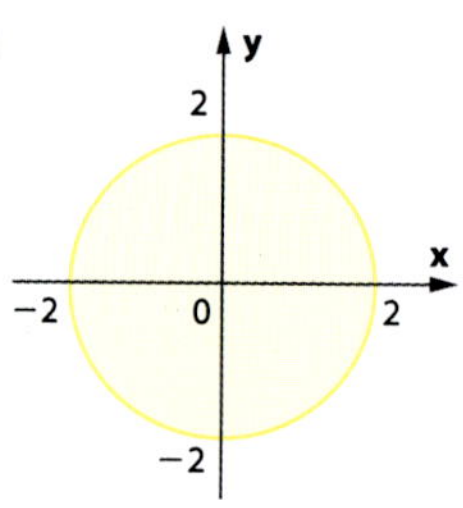

35. Usando a propriedade demonstrada ($z\bar{z} = |z|^2$),

$$\left|\frac{z_1}{z_2}\right|^2 = \frac{z_1}{z_2}\overline{\left(\frac{z_1}{z_2}\right)} = \frac{z_1}{z_2}\cdot\frac{\bar{z}_1}{\bar{z}_2} = \frac{z_1\bar{z}_1}{z_2\bar{z}_2} = \frac{|z_1|^2}{|z_2|^2} = \left(\frac{|z_1|}{|z_2|}\right)^2$$

Como $\left|\frac{z_1}{z_2}\right| \geqslant 0$, $|z_1| \geqslant 0$ e $|z_2| > 0$, então de $\left|\frac{z_1}{z_2}\right|^2 = \left(\frac{|z_1|}{|z_2|}\right)^2$

podemos tirar $\left|\frac{z_1}{z_2}\right| = \frac{|z_1|}{|z_2|}$, com $z_2 \neq 0$.

36. a)

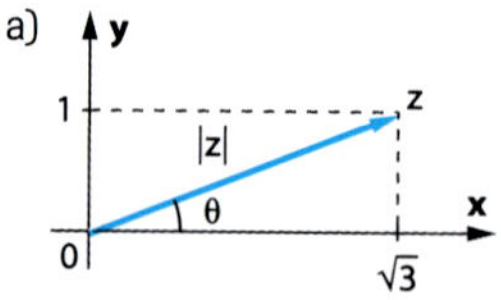

$z = 2\left(\cos\frac{\pi}{6} + i\cdot\text{sen}\,\frac{\pi}{6}\right)$

b)

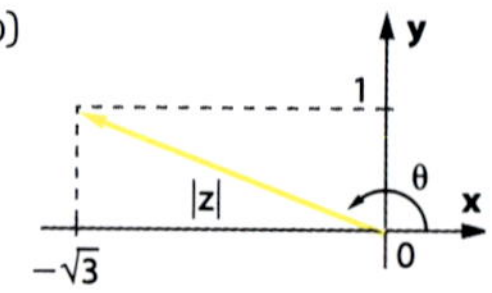

$z = 2\left(\cos\frac{5\pi}{6} + i\cdot\text{sen}\,\frac{5\pi}{6}\right)$

c)

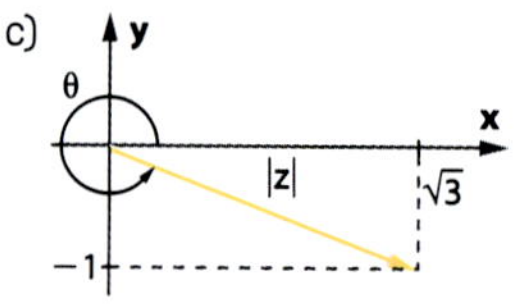

$z = 2\left(\cos\frac{11\pi}{6} + i\cdot\text{sen}\,\frac{11\pi}{6}\right)$

d)

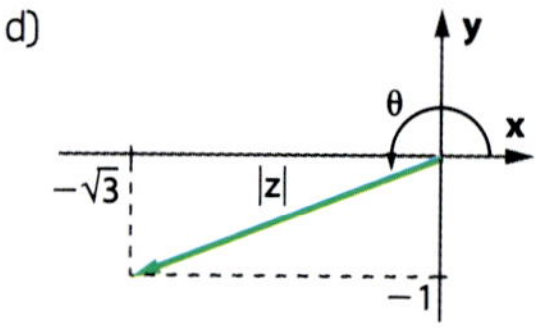

$z = 2\left(\cos\frac{7\pi}{6} + i\cdot\text{sen}\,\frac{7\pi}{6}\right)$

37. a) $z = 6\left(\cos\frac{\pi}{2} + i\cdot\text{sen}\,\frac{\pi}{2}\right)$

b) $z = 2\sqrt{2}\left(\cos\frac{\pi}{4} + i\cdot\text{sen}\,\frac{\pi}{4}\right)$

c) $z = 16\left(\cos\frac{5\pi}{6} + i\cdot\text{sen}\,\frac{5\pi}{6}\right)$

d) $z = 4(\cos 0 + i\cdot\text{sen}\,0)$

e) $z = 2\sqrt{2}\left(\cos\frac{7\pi}{4} + i\cdot\text{sen}\,\frac{7\pi}{4}\right)$

f) $z = 3(\cos\pi + i\cdot\text{sen}\,\pi)$

g) $z = 1\left(\cos\frac{\pi}{2} + i\cdot\text{sen}\,\frac{\pi}{2}\right)$

38. a) $z = \sqrt{3} + i$ b) $z = 5$ c) $z = -i$ d) $z = -4$ e) $z = \sqrt{2} + \sqrt{2}\,i$

39. a) $\dfrac{2\pi}{3}$ b) $\dfrac{5\pi}{4}$

40. a) $z_1 = 2\left(\cos\frac{\pi}{3} + i\cdot\text{sen}\,\frac{\pi}{3}\right)$; $z_2 = 3\left(\cos\frac{\pi}{2} + i\cdot\text{sen}\,\frac{\pi}{2}\right)$

b) $z_1z_2 = -3\sqrt{3} + 3i = 6\left(\cos\frac{5\pi}{6} + i\cdot\text{sen}\,\frac{5\pi}{6}\right)$

c) $|z_1| = 2$, $|z_2| = 3$ e $|z_1z_2| = 6$

Como $6 = 2\cdot 3$, então $|z_1z_2| = |z_1||z_2|$.

$\theta_1 = \frac{\pi}{3}$, $\theta_2 = \frac{\pi}{2}$ e $\theta = \frac{5\pi}{6}$

Mas:

$\frac{5\pi}{6} = \frac{\pi}{3} + \frac{\pi}{2}$

Então, $\arg(z_1z_2) = \arg(z_1) + \arg(z_2)$

RESPOSTAS

41. $\bar{z} = 2 - i \cdot \sqrt{3}$

42. a) $zw = 18\left(\cos \frac{13\pi}{12} + i \cdot \text{sen } \frac{13\pi}{12}\right)$

b) $w^2 = 36\left(\cos \frac{5\pi}{3} + i \cdot \text{sen } \frac{5\pi}{3}\right)$

c) $\frac{z}{w} = 2\left(\cos \frac{7\pi}{12} + i \cdot \text{sen } \frac{7\pi}{12}\right)$

d) $\frac{w}{z} = \frac{1}{2}\left(\cos \frac{17\pi}{12} + i \cdot \text{sen } \frac{17\pi}{12}\right)$

43. $z_1 = 2\sqrt{3}\left(\cos \frac{5\pi}{6} + i \cdot \text{sen } \frac{5\pi}{6}\right)$

Resolução passo a passo

6. a) Sim

44. a) $z_1z_2 = 6\left(\cos \frac{11\pi}{12} + i \cdot \text{sen } \frac{11\pi}{12}\right)$;

$\frac{z_1}{z_2} = \frac{2}{3}\left(\cos \frac{5\pi}{12} + i \cdot \text{sen } \frac{5\pi}{12}\right)$

b) $z_1z_2 = 8\left(\cos \frac{11\pi}{12} + i \cdot \text{sen } \frac{11\pi}{12}\right)$;

$\frac{z_1}{z_2} = 2\left(\cos \frac{17\pi}{12} + i \cdot \text{sen } \frac{17\pi}{12}\right)$

45. a) $z_1z_2 = 10\left(\cos \frac{5\pi}{6} + i \cdot \text{sen } \frac{5\pi}{6}\right)$

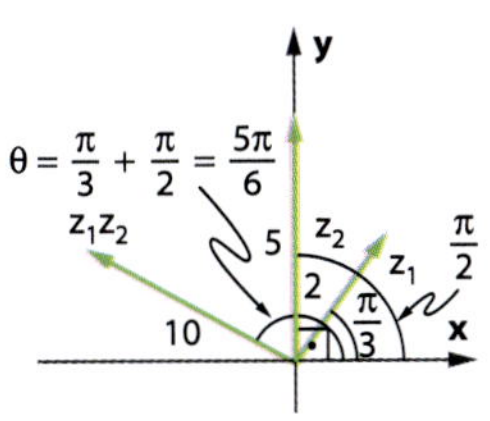

b) $z_1z_2 = 1\left(\cos \frac{17\pi}{12} + i \cdot \text{sen } \frac{17\pi}{12}\right)$

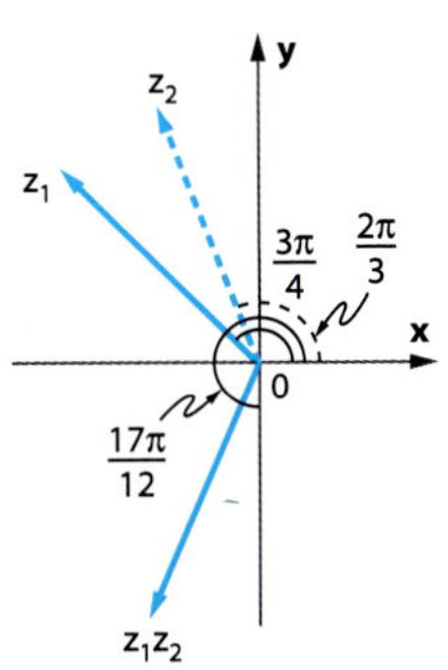

46. $z^2 = -2 + 2\sqrt{3}\ i$, $z^3 = -8$; $z^9 = -512$

47. a) $-2 - 2i$

b) $-972 + 972i$

c) $64\sqrt{2} - 64\sqrt{2}\ i$

d) $-2^{99} - 2^{99}\sqrt{3}\ i$

e) $-8 - 8\sqrt{3}\ i$

f) $-512i$

g) $-\frac{1}{2} - \frac{\sqrt{3}}{2}i$

h) -3^{17}

48. a) -6

b) $-\frac{1}{3} - \frac{\sqrt{3}}{3}i$

c) $8i$

d) $3^{99}i$

49. a) $w_0 = 2i$; $w_1 = -2i$

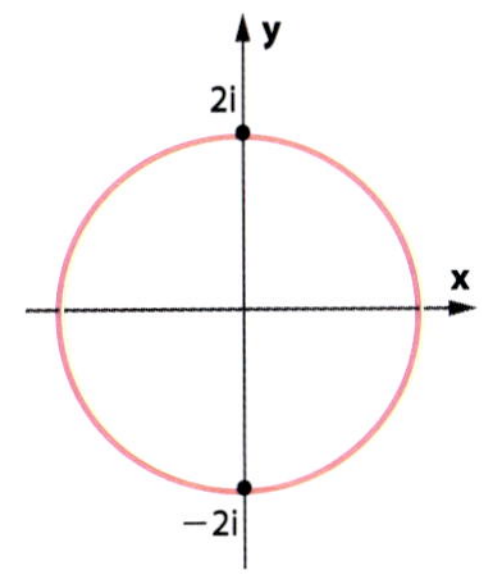

b) $w_0 = -\frac{\sqrt{2}}{2} + \frac{\sqrt{2}}{2}i$; $w_1 = \frac{\sqrt{2}}{2} - \frac{\sqrt{2}}{2}i$

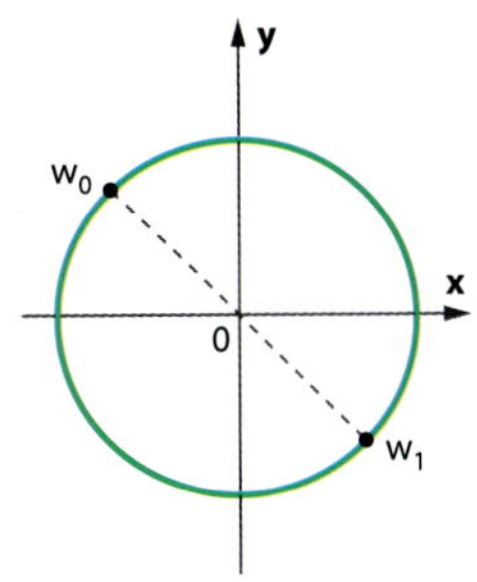

c) $w_0 = \sqrt[4]{2}\left(\cos \frac{7\pi}{8} + i \cdot \text{sen } \frac{7\pi}{8}\right)$;

$w_1 = \sqrt[4]{2}\left(\cos \frac{15\pi}{8} + i \cdot \text{sen } \frac{15\pi}{8}\right)$

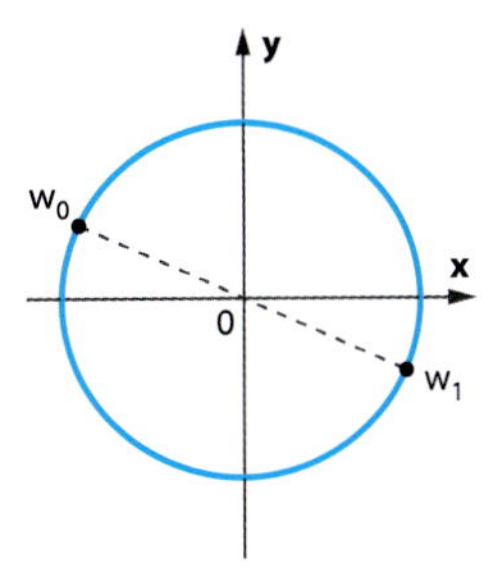

RESPOSTAS

d) $w_0 = -\frac{\sqrt{6}}{2} + \frac{\sqrt{2}}{2}i$; $w_1 = \frac{\sqrt{6}}{2} - \frac{\sqrt{2}}{2}i$

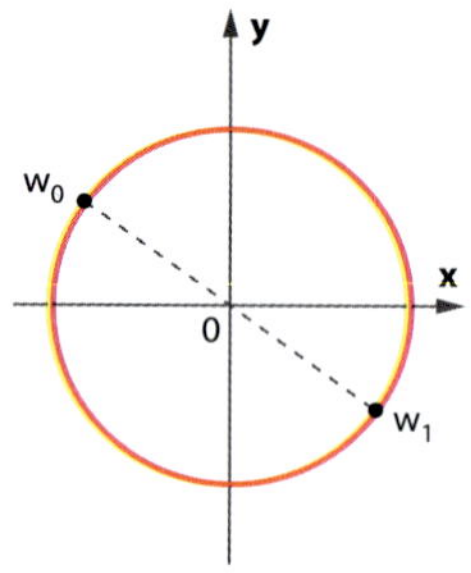

50. a) $w_0 = \frac{\sqrt{2}}{2} + \frac{\sqrt{2}}{2}i$; $w_1 = -\frac{\sqrt{2}}{2} + \frac{\sqrt{2}}{2}i$;

$w_2 = -\frac{\sqrt{2}}{2} - \frac{\sqrt{2}}{2}i$; $w_3 = \frac{\sqrt{2}}{2} - \frac{\sqrt{2}}{2}i$;

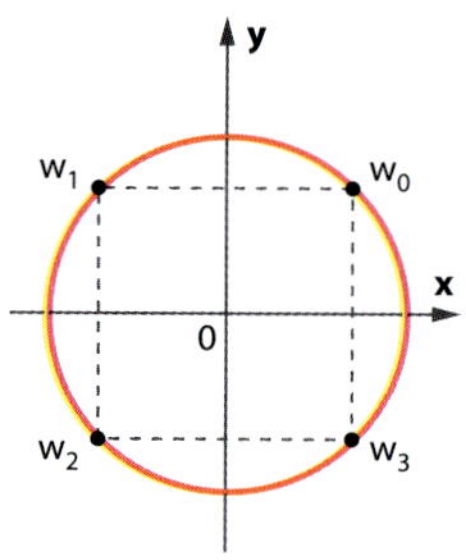

b) $w_0 = \sqrt[4]{2}\left(\cos\frac{\pi}{3} + i \cdot \text{sen}\,\frac{\pi}{3}\right)$;

$w_1 = \sqrt[4]{2}\left(\cos\frac{5\pi}{6} + i \cdot \text{sen}\,\frac{5\pi}{6}\right)$;

$w_2 = \sqrt[4]{2}\left(\cos\frac{4\pi}{3} + i \cdot \text{sen}\,\frac{4\pi}{3}\right)$;

$w_3 = \sqrt[4]{2}\left(\cos\frac{11\pi}{6} + i \cdot \text{sen}\,\frac{11\pi}{6}\right)$

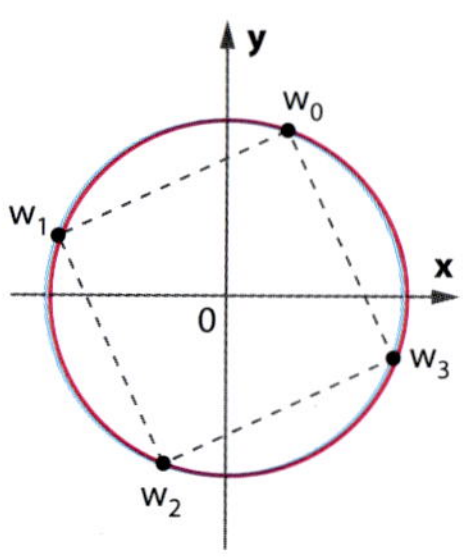

c) $w_0 = 1\left(\cos\frac{3\pi}{8} + i \cdot \text{sen}\,\frac{3\pi}{8}\right)$;

$w_1 = 1\left(\cos\frac{7\pi}{8} + i \cdot \text{sen}\,\frac{7\pi}{8}\right)$;

$w_2 = 1\left(\cos\frac{11\pi}{8} + i \cdot \text{sen}\,\frac{11\pi}{8}\right)$;

$w_3 = 1\left(\cos\frac{15\pi}{8} + i \cdot \text{sen}\,\frac{15\pi}{8}\right)$

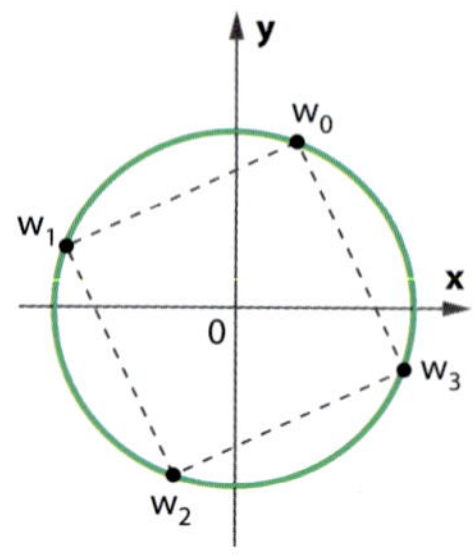

d) $w_0 = 2\left(\cos\frac{\pi}{3} + i \cdot \text{sen}\,\frac{\pi}{3}\right)$;

$w_1 = 2\left(\cos\frac{5\pi}{6} + i \cdot \text{sen}\,\frac{5\pi}{6}\right)$;

$w_2 = 2\left(\cos\frac{4\pi}{3} + i \cdot \text{sen}\,\frac{4\pi}{3}\right)$;

$w_3 = 2\left(\cos\frac{11\pi}{6} + i \cdot \text{sen}\,\frac{11\pi}{6}\right)$;

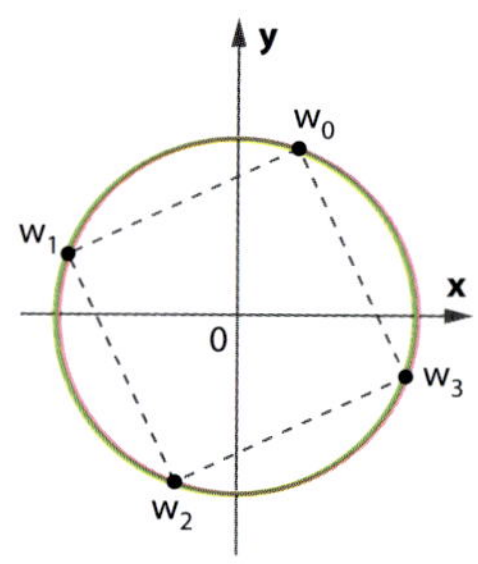

e) $w_0 = \sqrt[4]{2}\left(\cos\frac{\pi}{24} + i \cdot \text{sen}\,\frac{\pi}{24}\right)$;

$w_1 = \sqrt[4]{2}\left(\cos\frac{13\pi}{24} + i \cdot \text{sen}\,\frac{13\pi}{24}\right)$;

$w_2 = \sqrt[4]{2}\left(\cos\frac{25\pi}{24} + i \cdot \text{sen}\,\frac{25\pi}{24}\right)$;

$w_3 = \sqrt[4]{2}\left(\cos\frac{37\pi}{24} + i \cdot \text{sen}\,\frac{37\pi}{24}\right)$;

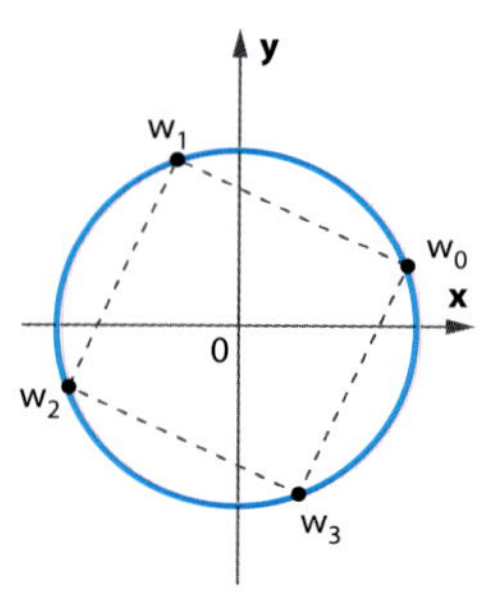

51. 3, −3, $\frac{3}{2} \pm \frac{3\sqrt{3}}{2}i$, $-\frac{3}{2} \pm \frac{3\sqrt{3}}{2}i$

RESPOSTAS

52. a) $5, -\frac{5}{2} + \frac{5\sqrt{3}}{2}i, -\frac{5}{2} - \frac{5\sqrt{3}}{2}i$

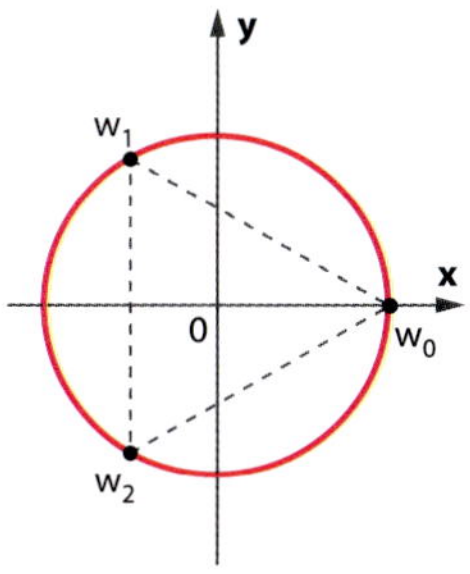

b) $\frac{3}{2} + \frac{3\sqrt{3}}{2}i, -3, \frac{3}{2} - \frac{3\sqrt{3}}{2}i$

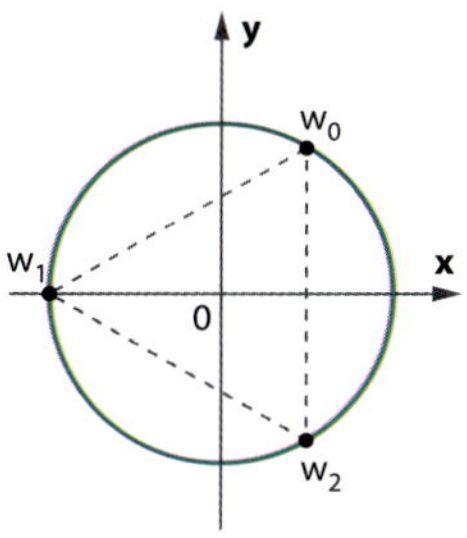

c) $\sqrt{3} + i, -\sqrt{3} + i, -2i$

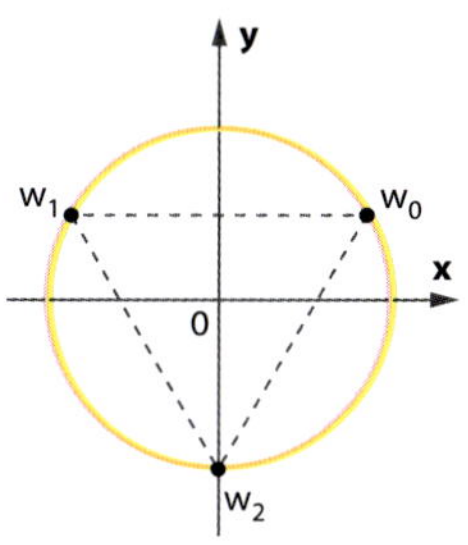

d) $w_0 = \sqrt[6]{2}\left(\cos\frac{7\pi}{12} + i \cdot \text{sen}\,\frac{7\pi}{12}\right);$

$w_1 = \sqrt[6]{2}\left(\cos\frac{5\pi}{4} + i \cdot \text{sen}\,\frac{5\pi}{4}\right);$

$w_2 = \sqrt[6]{2}\left(\cos\frac{23\pi}{12} + i \cdot \text{sen}\,\frac{23\pi}{12}\right)$

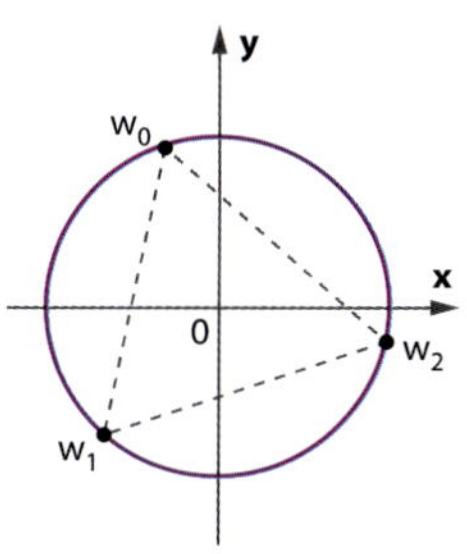

53. a) $w_0 = 1;\ w_1 = -\frac{1}{2} + \frac{\sqrt{3}}{2}i;\ w_2 = -\frac{1}{2} - \frac{\sqrt{3}}{2}i$

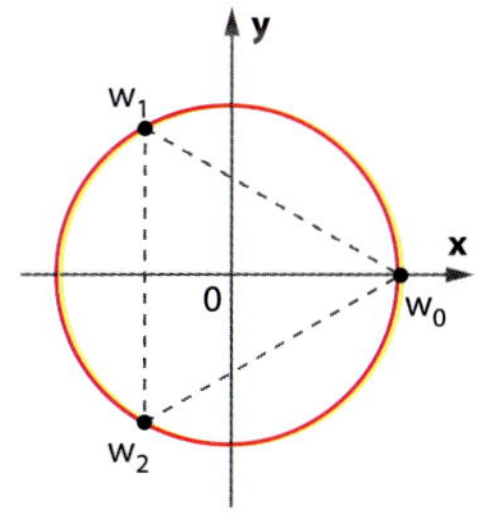

b) $w_0 = 1;\ w_1 = 1\left(\cos\frac{2\pi}{5} + i \cdot \text{sen}\,\frac{2\pi}{5}\right);$

$w_2 = 1\left(\cos\frac{4\pi}{5} + i \cdot \text{sen}\,\frac{4\pi}{5}\right);$

$w_3 = 1\left(\cos\frac{6\pi}{5} + i \cdot \text{sen}\,\frac{6\pi}{5}\right);$

$w_4 = 1\left(\cos\frac{8\pi}{5} + i \cdot \text{sen}\,\frac{8\pi}{5}\right)$

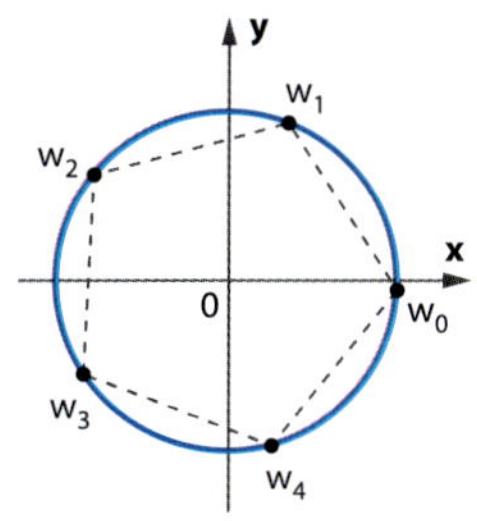

c) $w_0 = 1;\ w_1 = \frac{1}{2} + \frac{\sqrt{3}}{2}i;$

$w_2 = -\frac{1}{2} + \frac{\sqrt{3}}{2}i;\ w_3 = -1;$

$w_4 = -\frac{1}{2} - \frac{\sqrt{3}}{2}i;\ w_5 = \frac{1}{2} - \frac{\sqrt{3}}{2}i$

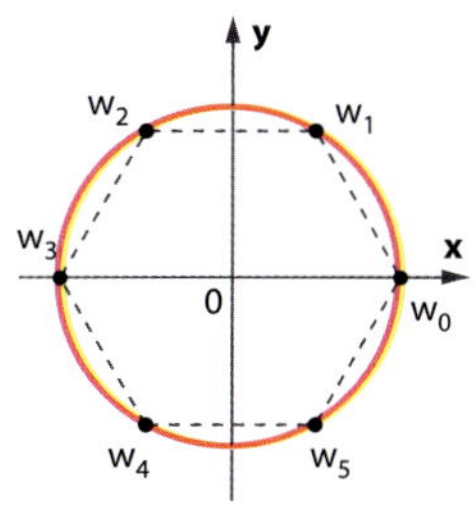

54. $(0, 2); (-\sqrt{3}, 1); (-\sqrt{3}, -1); (0, -2); (\sqrt{3}, -1); (\sqrt{3}, 1)$

55. a) $S = \{2, -1 + \sqrt{3}\,i, -1 - \sqrt{3}\,i\}$

b) $S = \left\{\frac{\sqrt{2}}{2} + \frac{\sqrt{2}}{2}i, -\frac{\sqrt{2}}{2} - \frac{\sqrt{2}}{2}i\right\}$

c) $S = \left\{\frac{\sqrt{2}}{2} \pm \frac{\sqrt{2}}{2}i, -\frac{\sqrt{2}}{2} \pm \frac{\sqrt{2}}{2}i\right\}$

RESPOSTAS

d) $S = \left\{\cos\frac{\pi}{8} + i \cdot \text{sen}\,\frac{\pi}{8};\ \cos\frac{5\pi}{8} + i \cdot \text{sen}\,\frac{5\pi}{8};\ \cos\frac{9\pi}{8} + i \cdot \text{sen}\,\frac{9\pi}{8};\ \cos\frac{13\pi}{8} + i \cdot \text{sen}\,\frac{13\pi}{8}\right\}$

e) $S = \left\{3i, -3i, \frac{3\sqrt{3}}{2} + \frac{3}{2}i, \frac{3\sqrt{3}}{2} - \frac{3}{2}i, -\frac{3\sqrt{3}}{2} + \frac{3}{2}i, -\frac{3\sqrt{3}}{2} - \frac{3}{2}i\right\}$

f) $S = \left\{2;\ 2\left(\cos\frac{2\pi}{5} + i \cdot \text{sen}\,\frac{2\pi}{5}\right);\ 2\left(\cos\frac{4\pi}{5} + i \cdot \text{sen}\,\frac{4\pi}{5}\right);\ 2\left(\cos\frac{6\pi}{5} + i \cdot \text{sen}\,\frac{6\pi}{5}\right);\ 2\left(\cos\frac{8\pi}{5} + i \cdot \text{sen}\,\frac{8\pi}{5}\right)\right\}$

g) $S = \left\{\sqrt[8]{2}\left(\cos\frac{\pi}{16} + i \cdot \text{sen}\,\frac{\pi}{16}\right);\ \sqrt[8]{2}\left(\cos\frac{9\pi}{16} + i \cdot \text{sen}\,\frac{9\pi}{16}\right);\ \sqrt[8]{2}\left(\cos\frac{17\pi}{16} + i \cdot \text{sen}\,\frac{17\pi}{16}\right);\ \sqrt[8]{2}\left(\cos\frac{25\pi}{16} + i \cdot \text{sen}\,\frac{25\pi}{16}\right)\right\}$

h) $S = \{-2 + i, -2 - i\}$

i) $S = \{1, -1, 3, -3\}$

j) $S = \{-2i, 2i, -i, i, -2, 2, -1, 1\}$

k) $S = \{3i, -i\}$

l) $S = \left\{1 + \sqrt{3}i;\ -2;\ 1 - \sqrt{3}i;\ 1;\ -\frac{1}{2} + \frac{\sqrt{3}}{2}i;\ -\frac{1}{2} - \frac{\sqrt{3}}{2}i\right\}$

m) $S = \left\{3;\ -\frac{3}{2} + \frac{3\sqrt{3}}{2}i;\ -\frac{3}{2} - \frac{3\sqrt{3}}{2}i;\ \frac{1}{2} + \frac{\sqrt{3}}{2}i;\ \frac{1}{2} - \frac{\sqrt{3}}{2}i;\ -1\right\}$

56. $z^3 = (1 + \sqrt{3}i)^3 = 1^3 + 3 \cdot 1^2 \cdot \sqrt{3}i + 3 \cdot 1 \cdot (\sqrt{3}i)^2 + (\sqrt{3}i)^3 =$

$= 1 + 3\sqrt{3}i - 9 - 3\sqrt{3}i = -8$

$z^6 = (-8)^2 = 64$

Então:

$z^6 + 9z^3 + 8 = 64 - 72 + 8 = 0$

Logo, **z** é raiz da equação.

57. a) $\frac{\sqrt{2}}{2} + \frac{\sqrt{2}}{2}i$ b) -1 c) $-i$

58. $5 - 5\sqrt{3}i$ (ou $10 \angle -60°$)

59. $C(4 - \sqrt{3},\ 2\sqrt{3} + 2)$

60. $U = 110\sqrt{2} + 110\sqrt{2}j$

Desafios

1. i

2. $z = 4 - 3i$

3.

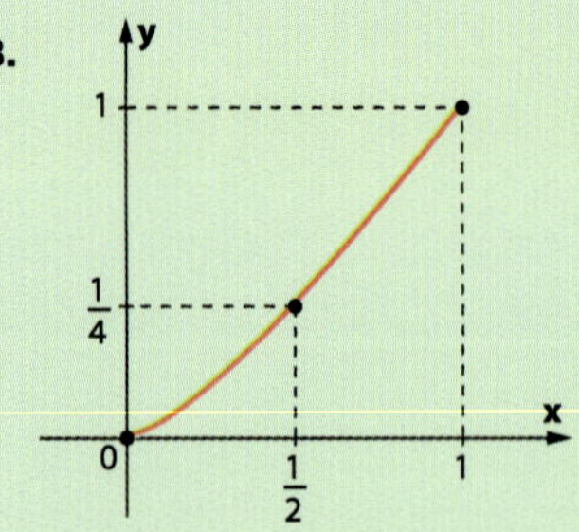

4.

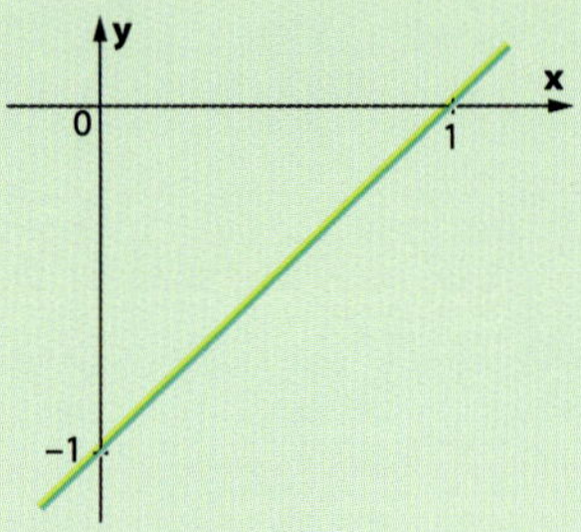

Pensando no Enem

1. d **2.** b

Questões de vestibular

1. $2 + 3i$ e $2 - 3i$

2. c **3.** b **4.** e **5.** c

6. c **7.** d **8.** $v = 2i$ **9.** e

10. a **11.** d **12.** d **13.** $-\sqrt{3} - i$

14. d **15.** a **16.** a **17.** a

18. a) $x = 0$ ou $x = -2$ ou $x = 2$ b) $|z| = a^4$

19. b **20.** e

21. 0-0) Falsa
1-1) Falsa
2-2) Falsa
3-3) Verdadeira
4-4) Verdadeira

Para refletir

Página 158

Quando **z** for real.

Página 165

- $z^{-1} = \bar{z}$
- Sendo $z_1 = a + bi$ e $z_2 = c + di \neq 0$, temos:

$|z_1| = \sqrt{a^2 + b^2}$

$|z_2| = \sqrt{c^2 + d^2}$

RESPOSTAS

$$\frac{z_1}{z_2} = \frac{(a + bi)}{(c + di)} = \frac{(a + bi) \cdot (c - di)}{(c + di) \cdot (c - di)} = \frac{ac - adi + bci - bdi^2}{c^2 - d^2i^2}$$

$$= \frac{(ac + bd)}{c^2 + d^2} + \frac{(bc - ad)i}{c^2 + d^2}$$

$$\left|\frac{z_1}{z_2}\right| = \sqrt{\left(\frac{ac + bd}{c^2 + d^2}\right)^2 + \left(\frac{bc - ad}{c^2 + d^2}\right)^2} =$$

$$= \sqrt{\frac{a^2c^2 + 2abcd + b^2d^2}{(c^2 + d^2)^2} + \frac{b^2c^2 - 2abcd + a^2d^2}{(c^2 + d^2)^2}} \Rightarrow$$

$$\Rightarrow \left|\frac{z_1}{z_2}\right| = \sqrt{\frac{a^2c^2 + a^2d^2 + b^2c^2 + b^2d^2}{(c^2 + d^2)^2}} =$$

$$= \sqrt{\frac{a^2(c^2 + d^2) + b^2(c^2 + d^2)}{(c^2 + d^2)^2}} = \sqrt{\frac{(c^2 + d^2) \cdot (a^2 + b^2)}{(c^2 + d^2)^2}} \Rightarrow$$

$$\Rightarrow \left|\frac{z_1}{z_2}\right| = \sqrt{\frac{(a^2 + b^2)}{(c^2 + d^2)}} = \frac{\sqrt{(a^2 + b^2)}}{\sqrt{(c^2 + d^2)}} = \frac{|z_1|}{|z_2|}$$

Página 170

$z_1 = |z_1|(\cos \theta_1 + i \cdot \text{sen } \theta_1)$

$z_2 = |z_2|(\cos \theta_2 + i \cdot \text{sen } \theta_2)$

Então:

$$\frac{z_1}{z_2} = \frac{|z_1|(\cos \theta_1 + i \cdot \text{sen } \theta_1)}{|z_2|(\cos \theta_2 + i \cdot \text{sen } \theta_2)} =$$

$$= \frac{|z_1|(\cos \theta_1 + i \cdot \text{sen } \theta_1)}{|z_2|(\cos \theta_2 + i \cdot \text{sen } \theta_2)} \cdot \frac{\cos \theta_2 - i \cdot \text{sen } \theta_2}{\cos \theta_2 - i \cdot \text{sen } \theta_2} =$$

$$= \frac{|z_1|(\cos \theta_1 \cdot \cos \theta_2 - i \cdot \cos \theta_1 \cdot \text{sen } \theta_2 + i \cdot \text{sen } \theta_1 \cdot \cos \theta_2 - i^2 \cdot \text{sen } \theta_1 \cdot \text{sen } \theta_2)}{|z_2|(\cos^2 \theta_2 - i^2 \cdot \text{sen}^2 \theta_2)} =$$

$$= \frac{|z_1|\overbrace{(\cos \theta_1 \cdot \cos \theta_2 + \text{sen } \theta_1 \cdot \text{sen } \theta_2)}^{\cos(\theta_1 - \theta_2)} + i\overbrace{(\text{sen } \theta_1 \cdot \cos \theta_2 - \text{sen } \theta_2 \cdot \text{sen } \theta_1)}^{\text{sen }(\theta_1 - \theta_2)}}{|z_2|(\cos^2 \theta_2 + \text{sen}^2 \theta_2)}$$

Como $\cos^2 \theta_2 + \text{sen}^2 \theta_2 = 1$, temos:

$$\frac{z_1}{z_2} = \left|\frac{z_1}{z_2}\right| [\cos(\theta_1 - \theta_2) + i \cdot \text{sen }(\theta_1 - \theta_2)]$$

Página 172

$n = 4$: $\text{sen } \frac{4\pi}{3} = -\frac{\sqrt{3}}{2} \neq 0$

$\cos \frac{4\pi}{3} = -\frac{1}{2} < 0$

$n = 5$: $\text{sen } \frac{5\pi}{3} = -\frac{\sqrt{3}}{2} \neq 0$

$\cos \frac{5\pi}{3} = \frac{1}{2} > 0$

Capítulo 6

Abertura

Desafio

a) $A(x) = x^2 + 2x$

b) 24 m²

c) Largura = 5 m; comprimento = 7 m

1. a) Sim b) Não c) Não d) Sim e) Sim f) Sim g) Sim h) Não

2. $a = -2$, $b = 3$ e $c \neq 1$

3. a) Para $m = 4$, o polinômio será do 2º grau; para $m \neq 4$, o polinômio será do 3º grau .

b) Para $m \neq \pm 2$, o grau do polinômio será 4; para $m = 2$, o grau do polinômio será 0; para $m = -2$, o grau do polinômio será 1.

c) Para $m \neq \pm 1$, o grau do polinômio será 4; para $m = 1$, o grau do polinômio será 3; para $m = -1$, o grau do polinômio será 2.

4. 15 **5.** 1 **6.** 5 **7.** $m = 2$ e $n = 4$

8. $a = -\frac{1}{2}$ **9.** $p(x) = 3x - 2$

10. -32 **11.** -16 **12.** 5

13. $a = 0$ e $b = 0$ **14.** $m = 2$, $n = 1$ e $p = -3$ **15.** Sim

16. a) $k = -9$ b) $k = 19$

17. a) $a = 5$ e $b = 3$ b) $a = 10$ e $b = 6$

18. $a = 2$

19. a) $2x^3 + x^2 - 8x + 8$

b) $-x^2 + 2x + 1$

c) $-8x^3 + 16x - 20$

d) $-2x^3 + 12x^2 - 22x + 12$

e) $4x^2 - 16x + 16$

20. $a = -3$, $b = -8$ e $c = -11$ **21.** $a = -\frac{1}{3}$, $b = 0$ e $c = \frac{1}{3}$

22. $a = \pm 2$ e $b = 1$ **23.** $a = \frac{1}{4}$ e $b = \frac{1}{2}$

24. c

25. a) $q(x) = x + 3$; $r(x) = 0$

b) $q(x) = 2x^2 + 2x + 3$; $r(x) = 2$

c) $q(x) = 7x - 5$; $r(x) = 27x - 15$

26. $m = 1$ e $n = -2$ **27.** $h(x) = x^2 - 3x + 2$

28. $S = \{-1, 2, 5\}$

29. a) $q(x) = 5x - 18$; $r(x) = 56$

b) $q(x) = 2x^2 + 8$; $r(x) = 37$

c) $q(x) = x^2 - x$; $r(x) = 2$

d) $q(x) = \frac{x}{3} - \frac{7}{9}$; $r(x) = \frac{16}{9}$

30. a) $p(x) = x^3 + x^2 - 8x + 5$; $h(x) = x - 2$; $q(x) = x^2 + 3x - 2$; $r(x) = 1$

b) $p(x) = 2x^4 - 7x^3 + 4x^2 - 5x + 7$; $h(x) = x - 3$;
$q(x) = 2x^3 - x^2 + x - 2$; $r(x) = 1$

31. $a = -1$

32. $q(x) = 3x^2 + (-2 - 3i)x + (-3 + 3i)$; $r(x) = 3$

33. $r(x) = 43$

34. a) $r(x) = -2$ b) $r(x) = 97$

RESPOSTAS

35. Não

36. $a = 3$

37. $b = -1$ e $c = -18$

38. Aplicando o dispositivo prático de Briot-Ruffini, temos:

-4	1	-1	-18	8
	1	-5	2	0

q(x)

Logo, $p(-4) = 0$ e $p(x) = (x + 4)(x^2 - 5x + 2)$. Portanto, o quociente de p(x) por $x + 4$ é $q(x) = x^2 - 5x + 2$.

39. $p(-2) = 0$; $p(-1) = 6$; $p(0) = 2$; $p(1) = 0$; $p(2) = 12$

Fatores: $x + 2$; $x - 1$; $2x - 1$

40. a) Sim b) Sim c) Não d) Sim

41. $S = \{1, 2, 4\}$

42. a) $x = 4$

b) $x = \frac{\sqrt{2}}{2}$

c) $x' = 3 + i$ e $x'' = 3 - i$

d) $x = -\frac{1}{2}$

e) $x' = 5$ e $x'' = -1$

43. a) $x = 0$ ou $x = 1$ ou $x = 3$

b) $x = -2$ ou $x = \pm i$

c) $x = -2$ ou $x = \pm 3i$

d) $x = 0$ ou $x = 1 + i$ ou $x = 1 - i$

44. a) $S = \{1, -1, 2, -2\}$ b) $S = \{1, \sqrt[3]{2}\}$

45. $c = -6$; $S = \{-3, -1, 2\}$

46. a) $S = \{-1, 1, 1 + i, 1 - i\}$ b) $S = \{-2, 3, 6\}$

47. a) $S = \{-1, 2, 10, -3\}$ b) $S = \{i, 2i, -2i\}$

48. 3 tem multiplicidade 3; -4 tem multiplicidade 2 e 1 tem multiplicidade 5.

49. 1 **50.** $S = \{-1, 1, -3\}$ **51.** 1

52. $x' = 2$ e $x'' = -1$ **53.** 4

54. $x^3 - 11x^2 + 39x - 45 = 0$

55. $x_1 + x_2 + x_3 = -\frac{2}{3}$; $x_1x_2 + x_1x_3 + x_2x_3 = -\frac{1}{3}$; $x_1x_2x_3 = 1$

56. $x_3 = -\frac{1}{2}$; $m = -13$ e $n = -6$

57. $x_3 = 4$; $x^3 - 2x^2 - 11x + 12 = 0$

58. Raízes: 3, 5 e 7.

59. $S = \{1, -2, 4\}$

60. $\frac{189}{4}$ **61.** 4 **62.** $k = 8$ **63.** 0

Resolução passo a passo

6. a) Narrador: 20; primo: 15.

b) Narrador.

64. a) $1, -1$ e $\frac{1}{2}$

b) $1, -1$ e $\frac{1}{2}$

c) 1

d) $1, 2$ e $\frac{1}{2}$

65. $1, -3, i$ e $-i$

66. a) $i, -i, -3$ e 4

b) $i, -i, 2 + i$ e $2 - i$

67. $a = -12$

68. $c = 5$

69. $m = 23$; raiz real: $\frac{2}{3}$

Desafios

1. d

2. Sim, $\frac{17 - \sqrt{93}}{2}$

3. a) Não, pois a empresa terá prejuízo.

b) $L(x) = -2000$. A empresa terá um prejuízo de R$ 2 000,00.

c) 1 000, 2 000 e 4 000 peças.

d) Entre 1 000 e 2 000 peças ou acima de 4 000 peças.

4. e

5. e

Pensando no Enem

1. e **2.** a

A Matemática e as práticas sociais

1. 59,2 vezes

2. c

Questões de vestibular

1. Não existe. **2.** b **3.** c

4. $m = \frac{1}{2}$; $n = \frac{2}{5}$; $\ell = \frac{3}{2}$

5. b **6.** b **7.** a **8.** a

9. $a = \frac{1}{3}$ **10.** 7 **11.** $mn = -66$

12. d **13.** 195 **14.** e

15. c **16.** a **17.** a

18. 1) V 2) F 3) F 4) F

19. a **20.** d **21.** d

22. $m = -3$ e $n = -8$

23. b

RESPOSTAS

24. $a = -\frac{3}{7}$ e $b = \frac{8}{7}$

25. $q(x) = x^{98} + x^{96} + ... + x^2 + 1$; $r(x) = x + 2$

26. e **27.** d **28.** d **29.** c

30. a) 0 b) −2, 3, i e −i.

31. a) $1, \frac{1}{2}$ e $\frac{1}{4}$

b) $\left(\frac{1}{4}, \frac{1}{2}, 1\right)$ formam uma PG de razão $\frac{\frac{1}{2}}{\frac{1}{4}} = \frac{1}{\frac{1}{2}} = 2$.

32. a **33.** −2

34. $x^3 - 5x^2 + 14x - 14 = 0$

35. $a = -3$ e $b = 2$ **36.** $a = 1$ e $b = -12$

37. $a + b = -2$ **38.** 3 e $\frac{1}{3}$

39. a) $\frac{77}{6}$ cm³ b) $\frac{103}{3}$ cm² c) $\frac{5\sqrt{7}}{3}$ cm

40. b **41.** e **42.** c **43.** b

44. e **45.** 0 **46.** c

47. $a = -7$, $b = 14$ e $c = -8$

48. a **49.** $a = 4$ **50.** c

51. a) $(n + 1)a_0$

b) $p(x) = a_0 + a_0qx + a_0q^2x^2 + ... + a_0q^nx^n =$
$= a_0(1 + qx + q^2x^2 + ... + q^nx^n) = 0 \Rightarrow$
$\Rightarrow 1 + qx + q^2x^2 + ... + q^nx^n = 0$

52. a

53. $a = -13$

54. $a = 1$ e $b = 0$

55. b **56.** b **57.** e

Para refletir

Página 188

a) Expressão polinomial de grau 5.
b) Expressão polinomial de grau 4.

Página 200

Se $(x - c)$ é fator de $p(x)$, então $p(x) = (x - c)q(x)$, com $r(x) = 0$.
Sendo $x = c$, vem:
$p(c) = (c - c)q(c) = 0$
Logo, **c** é raiz de $p(x) = 0$.

Página 205

$3(x - 1)(x + 1)(x - 5)$

Página 209

$2x^3 - 4x^2 - 2x + 4 = 0$

Página 215

Como o grau é ímpar e igual a 5, temos cinco raízes. Se a quinta raiz fosse complexa, então o conjunto desta raiz seria também raiz da equação e teríamos uma equação do 5º grau com seis raízes, o que é impossível. Logo, a última raiz é real.

Capítulo 7

Abertura

Desafio

- 55
- 5 050

Resolução passo a passo

5. a) No mínimo 15 movimentos; no mínimo 31 movimentos.
b) 10

1. a) $1 + q + q^2 + ... + q^n = \frac{1 - q^{n+1}}{1 - q}$ $(q \neq 1)$

- P(1)

$n = 1$: $\frac{1 - q^2}{1 - q} = \frac{(1 - q) \cdot (1 + q)}{1 - q} = 1 + q$

Logo, P(1) é verdadeira.

- $P(k) \Rightarrow P(k + 1)$

Suponhamos que P(k) seja verdadeira, isto é:

$$1 + q + q^2 + ... + q^k = \frac{1 - q^{k+1}}{1 - q} \quad \text{(hipótese de indução)}$$

Devemos mostrar que:

$$1 + q + q^2 + ... + q^k + q^{k+1} = \frac{1 - q^{k+2}}{1 - q}$$

Pela hipótese,

$$1 + q + q^2 + ... + q^k + q^{k+1} =$$
$$= \frac{1 - q^{k+1}}{1 - q} + q^{k+1} = \frac{1 - q^{k+1} + (1 - q) \cdot q^{k+1}}{1 - q} =$$
$$= \frac{1 - q^{k+1} + q^{k+1} - q^{k+2}}{1 - q} = \frac{1 - q^{k+2}}{1 - q}$$

Logo, $P(k) \Rightarrow P(k + 1)$.

Pelo Princípio de Indução Finita, a proposição P(n) é verdadeira para todo $n \in \mathbb{N}^*$.

b) (1) Observamos que P(1) é verdadeira, pois para $n = 1$ temos:

$$\frac{1}{1(1 + 1)} = \frac{1}{1 + 1} \Rightarrow \frac{1}{2} = \frac{1}{2}$$

(2) Hipótese de indução:
Para $n = k$, temos:

$$\frac{1}{1 \cdot 2} + \frac{1}{2 \cdot 3} + \frac{1}{3 \cdot 4} + ... + \frac{1}{k(k + 1)} =$$
$$= \frac{k}{k + 1}.$$

Devemos provar que:

$$\frac{1}{1 \cdot 2} + \frac{1}{2 \cdot 3} + \frac{1}{3 \cdot 4} + ... + \frac{1}{(k + 1)(k + 2)} =$$
$$= \frac{k + 1}{k + 2}$$

RESPOSTAS

Observe que:

$\frac{1}{1 \cdot 2} = \frac{1}{1} - \frac{1}{2}$; $\frac{1}{2 \cdot 3} = \frac{1}{2} - \frac{1}{3}$;

$\frac{1}{3 \cdot 4} = \frac{1}{3} - \frac{1}{4}$

e assim por diante.

$$\frac{1}{1 \cdot 2} + \frac{1}{2 \cdot 3} + \frac{1}{3 \cdot 4} + ... + \frac{1}{(k+1)(k+2)} =$$

$$= \frac{k+1}{k+2} \Rightarrow \frac{1}{1} - \frac{1}{2} + \frac{1}{2} - \frac{1}{3} + \frac{1}{3} - \frac{1}{4} +$$

$$+ \frac{1}{4} - \frac{1}{5} + ... - \frac{1}{(k+1)} + \frac{1}{(k+1)} -$$

$$- \frac{1}{(k+2)} = \frac{k+1}{k+2}$$

No 1º membro restarão apenas dois termos:

$\frac{1}{1} - \frac{1}{(k+2)} = \frac{k+1}{k+2}$ (agora é fácil verificar a igualdade)

$\frac{k+1}{k+2} = \frac{k+1}{k+2}$ (c.q.d.)

2. a) $1^3 + 2^3 + 3^3 + ... + n^3 = \frac{n^2(n+1)^2}{4}$

- P(1)

  $n = 1$: $\frac{1^2 \cdot (1+1)^2}{4} = \frac{1 \cdot 4}{4} = 1$

  Logo, P(1) é verdadeira.

- P(k) ⇒ P(k + 1)

  Suponhamos que P(k) seja verdadeira, isto é:

  $1^3 + 2^3 + 3^3 + ... + k^3 = \frac{k^2 \cdot (k+1)^2}{4}$ (hipótese de indução)

  Devemos mostrar que:

  $1^3 + 2^3 + 3^3 + ... + k^3 + (k+1)^3 = \frac{(k+1)^2 \cdot (k+2)^2}{4}$

  Pela hipótese,

  $$1^3 + 2^3 + 3^3 + ... + k^3 + (k+1)^3 =$$

  $$= \frac{k^2 \cdot (k+1)^2}{4} + (k+1)^3 =$$

  $$= \frac{k^2 \cdot (k+1)^2 + 4(k+1)^3}{4} =$$

  $$= \frac{(k+1)^2 \cdot (k^2 + 4(k+1))}{4} =$$

  $$= \frac{(k+1)^2 \cdot (k^2 + 4k + 4)}{4} = \frac{(k+1)^2 \cdot (k+2)^2}{4}$$

  Logo, P(k) ⇒ P(k + 1).

Pelo Princípio de Indução Finita, a proposição P(n) é verdadeira para todo $n \in \mathbb{N}^*$.

b) $1 \cdot 2 + 2 \cdot 3 + 3 \cdot 4 + ... + n(n+1) = \frac{n(n+1)(n+2)}{3}$

- P(1)

  $n = 1$: $\frac{1(1+1)(1+2)}{3} = \frac{1 \cdot 2 \cdot \cancel{3}}{\cancel{3}} = 1 \cdot 2$

  Logo, P(1) é verdadeira.

- P(k) ⇒ P(k + 1)

  Suponhamos que P(k) seja verdadeira, isto é:

  $1 \cdot 2 + 2 \cdot 3 + 3 \cdot 4 + ... + k(k+1) = \frac{k(k+1)(k+2)}{3}$

  (hipótese de indução)

  Devemos mostrar que:

  $1 \cdot 2 + 2 \cdot 3 + 3 \cdot 4 + ... + k(k+1) + (k+1)(k+2) =$

  $= \frac{(k+1)(k+2)(k+3)}{3}$

  Pela hipótese,

  $$1 \cdot 2 + 2 \cdot 3 + 3 \cdot 4 + ... + k(k+1) + (k+1)(k+2) =$$

  $$= \frac{k(k+1)(k+2)}{3} + (k+1)(k+2) =$$

  $$= \frac{k(k+1)(k+2) + 3(k+1)(k+2)}{3} =$$

  $$= \frac{[(k+1)(k+2)](k+3)}{3} = \frac{(k+1)(k+2)(k+3)}{3}$$

  Logo, P(k) ⇒ P(k + 1).

  Pelo Princípio de Indução Finita, a proposição P(n) é verdadeira para todo $n \in \mathbb{N}^*$.

c) (1) Observamos que P(1) é verdadeira, pois para $n = 1$ temos:

$2^{1-1} = 2^1 - 1 \Rightarrow 1 = 1$

(2) Hipótese de indução:

Para $n = k$, temos:

$2^0 + 2^1 + 2^2 + 2^3 + 2^4 + ... + 2^{k-1} = 2^k - 1$

Devemos provar que:

Para $n = k + 1$, temos:

$2^0 + 2^1 + 2^2 + 2^3 + 2^4 + ... + 2^{k-1} + 2^k = 2^{k+1} - 1$

Como $2^0 + 2^1 + 2^2 + 2^3 + 2^4 + ... + 2^{k-1} = 2^k - 1$, passamos a ter:

$2^k - 1 + 2^k = 2^{k+1} - 1 \Rightarrow 2 \cdot 2^k = 2^{k+1} \Rightarrow$

$\Rightarrow 2^{k+1} = 2^{k+1}$ (c.q.d.)

3. a) Inicialmente, precisaremos provar um resultado que será usado na demonstração:

(I) Precisamos provar que $n^2 > 2n + 1$ para $n \geq 5$.

- P(5) é verdadeira, pois para $n = 5$ temos:

  $5^2 = 25 > 2 \cdot 5 + 1 = 11$

- P(k) ⇒ P(k + 1)

  Suponhamos que P(k) seja verdadeira, isto é:

  $k^2 > 2k + 1$ (hipótese de indução)

  Assim, devemos mostrar que $(k+1)^2 > 2(k+1) + 1$:

  $(k+1)^2 = k^2 + 2k + 1 > \underbrace{2k + 1 + 2k + 1}_{2(k+1) + 2k > 2(k+1) + 1}$

  $\therefore (k+1)^2 > 2(k+1) + 1$

RESPOSTAS

Pelo Princípio de Indução Finita, a proposição P(n) é verdadeira para todo $n \geq 5$, $n \in \mathbb{N}^*$.

Agora, vamos fazer a demonstração do exercício em si:

$2^n > n^2$ $(n \geq 5)$

- P(5)

  $n = 5$: $2^5 = 32 > 5^2 = 25$

  Logo, P(5) é verdadeira.

- $P(k) \Rightarrow P(k + 1)$

  Suponhamos que P(k) seja verdadeira, isto é:

  $2^k > k^2$ (hipótese de indução)

  Devemos mostrar que $2^{k+1} > (k + 1)^2$.

  Por hipótese, $2^k \cdot 2 > k^2 \cdot 2 = k^2 + k^2$.

  Nesse ponto, precisamos do resultado (I) inicialmente provado: $k^2 > 2k + 1$.

  Assim, $k^2 + k^2 > k^2 + 2k + 1 = (k + 1)^2$.

  Logo, $P(k) \Rightarrow P(k + 1)$.

  Pelo Princípio de Indução Finita, a proposição P(n) é verdadeira para todo $n \geq 5$, $n \in \mathbb{N}^*$.

b) Inicialmente, precisaremos provar dois resultados que serão usados na demonstração:

(I) Precisamos provar que $3(n^2) - 1 > 3(n + 1) + 1$ para $n \geq 10$.

- P(10) é verdadeira, pois:

  $3(10^2) - 1 = 299 > 3(10 + 1) + 1 = 34$

- $P(k) \Rightarrow P(k + 1)$

  Suponhamos que $3(k^2) - 1 > 3(k + 1) + 1$.

  $3(k + 1)^2 - 1 = 3k^2 + 6k + 3 - 1 =$

  $= 3k^2 + 6k + 2 > 3(k + 1) + 1 + 6k + 3$

  $$\begin{gathered} 3(k+1)+1+6k+3 \\ \parallel \\ 3k + 3 + 1 + 6k + 3 \\ \parallel \\ 3(k + 2) + 1 + 6k > 3(k + 2) + 1 \end{gathered}$$

  Pelo Princípio de Indução Finita, a proposição P(n) é verdadeira para todo $n \geq 10$, $n \in \mathbb{N}^*$.

(II) Precisamos provar que $n^3 > 3n^2 + 3n + 1$ para $n \geq 10$.

- P(10) é verdadeira, pois:

  $10^3 = 1\,000 > 3 \cdot 10^2 + 3 \cdot 10 + 1 = 331$

- $P(k) \Rightarrow P(k + 1)$

  Suponhamos que $k^3 > 3k^2 + 3k + 1$.

  $(k + 1)^3 = k^3 + 3k^2 + 3k + 1 > 3k^2 + 3k + 1 + 3k^2 +$

  $+ 3k + 1 = 3(k + 1)^2 + 3k^2 - 1$

  Nesse ponto, precisamos do resultado (I) provado anteriormente: $3k^2 - 1 > 3(k + 1) + 1$.

  Assim, $3(k + 1)^2 + 3k^2 - 1 > 3(k + 1)^2 + 3(k + 1) + 1$.

  Pelo Princípio de Indução Finita, a proposição P(n) é verdadeira para todo $n \geq 10$, $n \in \mathbb{N}^*$.

  Agora, vamos fazer a demonstração do exercício em si:

  $2^n > n^3$ $(n \geq 10)$

- P(10)

  $n = 10$: $2^{10} = 1\,024 > 10^3 = 1\,000$

  Logo, P(10) é verdadeira.

- $P(k) \Rightarrow P(k + 1)$

  Suponhamos que P(k) seja verdadeira, isto é:

  $2^k > k^3$ (hipótese de indução).

  Devemos mostrar que $2^{k+1} > (k + 1)^3$.

  Por hipótese:

  $2^{k+1} = 2^k \cdot 2 > 2k^3 = k^3 + k^3$

  Nesse ponto, precisamos do resultado (II) provado anteriormente: $k^3 > 3k^2 + 3k + 1$.

  Assim, $k^3 + k^3 > k^3 + 3k^2 + 3k + 1 = (k + 1)^3$

  $\therefore 2^{k+1} > (k + 1)^3$

  Logo, $P(k) \Rightarrow P(k + 1)$.

  Pelo Princípio de Indução Finita, a proposição P(n) é verdadeira para todo $n \geq 10$, $n \in \mathbb{N}^*$.

4. a) $3^n - 1$ é divisível por 2, qualquer que seja $n \in \mathbb{N}^*$.

- P(1)

  $3^1 - 1 = 2$, que é divisível por 2.

  Logo, P(1) é verdadeira.

- $P(k) \Rightarrow P(k + 1)$

  Suponhamos que $3^k - 1$ seja divisível por 2, isto é, exista $p \in \mathbb{N}$ tal que $3^k - 1 = 2p \Rightarrow 3^k = 2p + 1$.

  Devemos mostrar que $3^{k+1} - 1$ é divisível por 2.

  $3^{k+1} - 1 = 3^k \cdot 3 - 1 = (2p + 1) \cdot 3 - 1 =$

  $= 6p + 3 - 1 = 6p + 2 = 2(3p + 1)$

  Logo, $P(k) \Rightarrow P(k + 1)$.

Pelo Princípio de Indução Finita, a proposição P(n) é verdadeira para todo $n \in \mathbb{N}^*$.

b) $n^3 - n$ é divisível por 6, qualquer que seja $n \in \mathbb{N}^*$.

- P(1)

  $n = 1$: $1^3 - 1 = 0$, que é divisível por 6.

  Logo, P(1) é verdadeira.

- $P(k) \Rightarrow P(k + 1)$

  Suponhamos que $k^3 - k$ seja divisível por 6, isto é, exista $p \in \mathbb{N}$ tal que $k^3 - k = 6p$.

  Devemos mostrar que $(k + 1)^3 - (k + 1)$ é divisível por 6.

  Antes, porém, precisamos mostrar que (I) $3n^2 + 3n$ é divisível por 6, para todo $n \in \mathbb{N}^*$.

  - P(1) é verdadeira, pois $3 \cdot (1)^2 + 3 \cdot 1 = 6$, que é divisível por 6.

  - $P(k) \Rightarrow P(k + 1)$

    Suponhamos que $3k^2 + 3k = 6q$.

    $3(k + 1)^2 + 3(k + 1) = 3k^2 + 6k + 3 + 3k + 3 =$

    $= 6q + 6k + 6 = 6(q + k + 1)$

    Logo, $P(k) \Rightarrow P(k + 1)$.

  Pelo Princípio de Indução Finita, a proposição P(n) é verdadeira para todo $n \in \mathbb{N}^*$.

  Agora, finalmente, podemos provar que $(k + 1)^3 - (k + 1)$ é divisível por 6:

  $(k + 1)^3 - (k + 1) = k^3 + 3k^2 + 3k \cancel{+1} - k \cancel{-1} =$

  $= 6p + 3k^2 + 3k = 6p + 6q = 6(p + q)$

  Logo, $P(k) \Rightarrow P(k + 1)$.

RESPOSTAS

Pelo Princípio de Indução Finita, a proposição P(n) é verdadeira para todo $n \in \mathbb{N}^*$.

5. $1^3 + 3^3 + 5^3 + ... + (2n - 1)^3 = n^2 \cdot (2n^2 - 1)$ para qualquer $n \in \mathbb{N}^*$.

- P(1)

  $n = 1$: $1^2 \cdot (2 \cdot 1^2 - 1) = 1 \cdot (2 - 1) = 1 \cdot (2 \cdot 1 - 1)^3$

  Logo, P(1) é verdadeira.

- $P(k) \Rightarrow P(k + 1)$

  Suponhamos que P(k) seja verdadeira, isto é:

  $1^3 + 3^3 + 5^3 + ... + (2k - 1)^3 = k^2 \cdot (2k^2 - 1)$ (hipótese de indução)

  Devemos mostrar que:

  $1^3 + 3^3 + 5^3 + \ldots + (2k - 1)^3 + (2k + 1)^3 =$
  $= (k + 1)^2 \cdot (2(k + 1)^2 - 1) =$
  $= (k^2 + 2k + 1) \cdot (2k^2 + 4k + 1) =$
  $= 2k^4 + 4k^3 + k^2 + 4k^3 + 8k^2 + 2k + 2k^2 + 4k + 1 =$
  $= 2k^4 + 8k^3 + 11k^2 + 6k + 1$

  Por hipótese:

  $1^3 + 3^3 + 5^3 + \ldots + (2k - 1)^3 + (2k + 1)^3 =$
  $= k^2 \cdot (2k^2 - 1) + (2k + 1)^3 =$
  $= 2k^4 + k^2 + 8k^3 + 12k^2 + 6k + 1 =$
  $= 2k^4 + 8k^3 + 11k^2 + 6k + 1$

  Logo, $P(k) \Rightarrow P(k + 1)$.

Pelo Princípio de Indução Finita, a proposição P(n) é verdadeira para todo $n \in \mathbb{N}^*$.

Desafios

1. (1) Observamos que P(1) é verdadeira, pois para $n = 1$ temos: $(1 + x)^1 \geq 1 + 1x \Rightarrow 1 + x \geq 1 + x$

(2) Hipótese de indução:

Para $n = k$, temos: $(1 + x)^k \geq 1 + kx$

Devemos provar que, para $n = k + 1$, temos:

$(1 + x)^{k+1} \geq 1 + (k + 1)x$

Multiplicando ambos os lados da hipótese por $(1 + x)$, temos:

$(1 + x)(1 + x)^k \geq (1 + x)(1 + kx) \Rightarrow$

$\Rightarrow (1 + x)^{k+1} \geq 1 + kx + x + kx^2 \Rightarrow$

$\Rightarrow (1 + x)^{k+1} \geq 1 + (k + 1)x + kx^2$

Se $(1 + x)^{k+1} \geq 1 + (k + 1)x + kx^2$, automaticamente concluímos que $(1 + x)^{k+1} \geq 1 + (k + 1)x$. (c.q.d.)

2. (1) Observamos que para $n = 2$ a afirmação é verdadeira, pois temos:

$$a_2 < \left(\frac{1 + \sqrt{5}}{2}\right)^2 \Rightarrow 2 < \frac{1 + 2\sqrt{5} + 5}{4} \Rightarrow$$

$$\Rightarrow 2 < \frac{3 + \sqrt{5}}{2}$$

(2) A hipótese de indução é que, para $n = k$, temos:

$$a_k < \left(\frac{1 + \sqrt{5}}{2}\right)^k$$

Devemos provar que, para $n = k + 1$, temos:

$$a_{k+1} < \left(\frac{1 + \sqrt{5}}{2}\right)^{k+1}$$

Observe que, a partir do terceiro termo, cada elemento da sequência é dado pela soma dos dois anteriores. Ou seja, $a_{k+1} = a_{k-1} + a_k$.

$$a_{k+1} < \left(\frac{1 + \sqrt{5}}{2}\right)^{k+1} \Rightarrow a_{k-1} + a_k < \left(\frac{1 + \sqrt{5}}{2}\right)^{k+1}$$

Como, por hipótese, $a_{k-1} < \left(\frac{1 + \sqrt{5}}{2}\right)^{k-1}$ e

$a_k < \left(\frac{1 + \sqrt{5}}{2}\right)^k$, temos que:

$$\left(\frac{1 + \sqrt{5}}{2}\right)^{k-1} + \left(\frac{1 + \sqrt{5}}{2}\right)^k \leq \left(\frac{1 + \sqrt{5}}{2}\right)^{k+1}$$

(Se isso for provado, automaticamente

$a_{k-1} + a_k < \left(\frac{1 + \sqrt{5}}{2}\right)^{k+1}$ estará provado.)

$$\left(\frac{1 + \sqrt{5}}{2}\right)^{k-1}\left[1 + \left(\frac{1 + \sqrt{5}}{2}\right)\right] \leq$$

$$\leq \left(\frac{1 + \sqrt{5}}{2}\right)^k \left(\frac{1 + \sqrt{5}}{2}\right)^1$$

Dividindo-se ambos os membros por $\left(\frac{1 + \sqrt{5}}{2}\right)^{k-1}$, temos:

$$1 + \left(\frac{1 + \sqrt{5}}{2}\right) \leq \left(\frac{1 + \sqrt{5}}{2}\right)^2 \Rightarrow$$

$$\Rightarrow \frac{2 + 1 + \sqrt{5}}{2} \leq \frac{1 + 2\sqrt{5} + 5}{4} \Rightarrow \frac{3\sqrt{5}}{2} \leq \frac{3\sqrt{5}}{2}$$

(c.q.d.)

Questões de vestibular

1. A afirmação é verdadeira para $n = 1$.

$$A_1 = \frac{4^1 - 1}{3} = 1 = 1, \text{ que é ímpar.}$$

Por hipótese, $a_n = \frac{4^n - 1}{3}$ é ímpar.

$$a_{n+1} = \frac{4^{n+1} - 1}{3} = \frac{4 \cdot 4^n - 1}{3} = \frac{4 \cdot 4^n - 1 + 4 - 4}{3} =$$

$$= \frac{4 \cdot 4^n + 3 - 4}{3} \Rightarrow$$

$$\Rightarrow a_{n+1} = \frac{4 \cdot 4^n - 4}{3} + \frac{3}{3} = 4 \cdot a_n + 1, \text{ que é ímpar também.}$$

Logo, está provada a tese.

RESPOSTAS

2. Devemos provar que $2^n - 1$ é divisível por 3, para **n** natural par.
Para $n = 0$, a afirmação é verdadeira, pois $2^0 - 1 = 0$ e, portanto, divisível por 3.
Se, por hipótese, $2^n - 1$ é divisível por 3 para **n** natural par, então $2^n - 1 = 3k$, **k** inteiro.
Portanto, devemos mostrar que $2^{n+2} - 1$ também é divisível por 3. (Deve-se prestar atenção para o fato de que, se **n** é natural par, o sucessor de **n** é $n + 2$.)
Assim:
$2^{n+2} - 1 = 2^n \cdot 2^2 - 1 = 4 \cdot 2^n - 1 = 4 \cdot 2^n - 4 + 3 =$
$= 4(2^n - 1) + 3 = 4(3k) + 3 = 3(4k + 1)$, que é divisível por 3.
Logo, está provada a afirmação.

3. Devemos provar que $n^3 - n$ é divisível por 3 para qualquer **n** natural.
Para $n = 0$, a afirmação é verdadeira, pois $0^3 - 0 = 0$ e, portanto, divisível por 3.
Se, por hipótese, $n^3 - n$ é divisível por 3 para **n** natural, então $n^3 - n = 3k$, **k** inteiro.
Portanto, devemos mostrar que $(n + 1)^3 - (n + 1)$ também é divisível por 3.
Assim:
$(n + 1)^3 - (n + 1) = n^3 + 3n^2 + 3^n + 1 - n - 1 =$
$= n^3 - n + 3n^2 + 3n + 1 - 1 = (n^3 - n) + 3n^2 + 3n =$
$= 3k + 3n(n + 1) = 3(k + n(n+1))$, que é divisível por 3.
Logo, está provada a afirmação.

4. d

5. a) $a_{n+1} = 3^{2(n+1)} - 1 = 3^{2n+2} - 1 = 3^{2n} \cdot 3^2 - 1 = 9 \cdot 3^{2n} - 1 =$
$= 3^{2n} + 8 \cdot 3^{2n} - 1 = 3^{2n} - 1 + 8 \cdot 3^{2n} \Rightarrow a_{n+1} = a_n + 8 \cdot 3^{2n}$

b) A partir de $a_k = 3^{2k} + 1$, temos:

(1) Se $k = 1$, temos $a_1 = 3^{2 \cdot 1} - 1 = 9 - 1 = 8$, ou seja, $\mathbf{a_1}$ é divisível por 8.

(2) Supondo que $\mathbf{a_k}$ é divisível por 8 (hipótese), $a_k = 8_p$ para algum $p \in \mathbb{Z}$.
Devemos provar que a_{k+1} é divisível por 8.
De acordo com o demonstrado no item **a**, temos:
$a_{k+1} = a_k + 8 \cdot 3^{2k} = 8 \cdot p + 8 \cdot 3^{2k} \Rightarrow a_{k+1} = 8(p + 3^{2k})$
Como $(p + 3^{2k})$ é um número inteiro, a_{k+1} é divisível por 8.
Portanto, pelo Princípio de Indução Finita, $\mathbf{a_n}$ é divisível por 8.

6. $o_n = n(n + 1) = n^2 + n$

$t_n = \dfrac{n(n + 1)}{2}$

$t_{2n} = \dfrac{2n(2n + 1)}{2} = n(2n + 1) = 2n^2 + n = \underbrace{n^2 + n}_{o_n} + n^2$

Portanto, $t_{2n} = o_n + n^2$ para todo $n \geqslant 1$.

7. 1) Para $n = 1$, temos:

$$\frac{1}{2} + \cos x = \frac{\operatorname{sen}\left(\frac{3x}{2}\right)}{2 \cdot \operatorname{sen}\left(\frac{x}{2}\right)} \Rightarrow$$

$$\Rightarrow \frac{1}{2} \cdot 2 \cdot \operatorname{sen}\left(\frac{x}{2}\right) + 2 \cdot \operatorname{sen}\left(\frac{x}{2}\right) \cdot \cos x = \operatorname{sen}\left(\frac{3x}{2}\right) \Rightarrow$$

$$\Rightarrow \operatorname{sen}\left(\frac{x}{2}\right) + 2 \cdot \operatorname{sen}\left(\frac{x}{2}\right) \cdot \cos x = \operatorname{sen}\left(\frac{3x}{2}\right) \quad \text{(I)}$$

Podemos escrever:

$$\operatorname{sen}\left(\frac{x}{2}\right) = \operatorname{sen}\left(x - \frac{x}{2}\right) = \operatorname{sen} x \cdot \cos\left(\frac{x}{2}\right) - \operatorname{sen}\left(\frac{x}{2}\right) \cdot \cos x \quad \text{(II)}$$

Substituindo (II) em (I), temos:

$$\operatorname{sen} x \cdot \cos\left(\frac{x}{2}\right) - \operatorname{sen}\left(\frac{x}{2}\right) \cdot \cos x + 2 \operatorname{sen}\left(\frac{x}{2}\right) = \cos x =$$

$$= \operatorname{sen}\left(\frac{3x}{2}\right) \Rightarrow$$

$$\Rightarrow \operatorname{sen} x \cdot \cos\left(\frac{x}{2}\right) + \operatorname{sen}\left(\frac{x}{2}\right) \cdot \cos x = \operatorname{sen}\left(\frac{3x}{2}\right) \Rightarrow$$

$$\Rightarrow \operatorname{sen}\left(x + \frac{x}{2}\right) = \operatorname{sen}\left(\frac{3x}{2}\right) \Rightarrow \operatorname{sen}\left(\frac{3x}{2}\right) = \operatorname{sen}\left(\frac{3x}{2}\right)$$

Portanto, para $n = 1$ a igualdade é verdadeira.

2) Supondo que para $n = k$ a igualdade é verdadeira, devemos mostrar que para $n = k + 1$ também é verdadeira.
Para $n = k$, vem:

$$\frac{1}{2} + \cos x + \cos(2x) + \dots + \cos(kx) = \frac{\operatorname{sen}\left[\frac{(2k + 1)x}{2}\right]}{2 \cdot \operatorname{sen}\left(\frac{x}{2}\right)} \quad \text{(III)}$$

Para $n = k + 1$, vem:

$$\frac{1}{2} + \cos x + \cos(2x) + \dots + \cos(kx) + [(\cos k + 1)x] =$$

$$= \frac{\operatorname{sen} \frac{[2(k + 1) + 1]x}{2}}{2 \cdot \operatorname{sen}\left(\frac{x}{2}\right)} \quad \text{(IV)}$$

Substituindo (III) em (IV), temos:

$$\frac{\operatorname{sen}\left[\frac{(2k + 1)}{2}x\right]}{2 \cdot \operatorname{sen}\left(\frac{x}{2}\right)} + \cos[(k + 1)x] = \frac{\operatorname{sen}\left[\frac{(2k + 3)x}{2}\right]}{2 \cdot \operatorname{sen}\left(\frac{x}{2}\right)} \Rightarrow$$

$$\Rightarrow \operatorname{sen}\left[\frac{(2k + 1)x}{2}\right] + 2 \cdot \operatorname{sen}\left(\frac{x}{2}\right) \cdot \cos[(k + 1)x] =$$

$$= \operatorname{sen}\left[\frac{(2k + 3)x}{2}\right] \quad \text{(V)}$$

Mas:

$$\frac{(2k + 1)x}{2} = \frac{(2k + 2 - 1)x}{2} = \frac{(2k + 2)x}{2} - \frac{x}{2} =$$

$$= (k + 1)x - \frac{x}{2}$$

Então:

$$\operatorname{sen}\left[\frac{(2k + 1)x}{2}\right] = \operatorname{sen}\left[(k + 1)x - \frac{x}{2}\right] =$$

$$= \operatorname{sen}[(k + 1)x] \cdot \cos\left(\frac{x}{2}\right) - \operatorname{sen}\left(\frac{x}{2}\right) \cdot \cos[(k + 1)x] \quad \text{(VI)}$$

Substituindo (VI) em (V), vem:

$$\operatorname{sen}[(k + 1)x] \cdot \cos\left(\frac{x}{2}\right) - \operatorname{sen}\left(\frac{x}{2}\right) \cdot \cos[(k + 1)x] +$$

$$+ \operatorname{sen}\left(\frac{x}{2}\right) \cdot \cos[(k + 1)x] = \operatorname{sen}\left[\frac{(2k + 3)x}{2}\right] \Rightarrow$$

$$\Rightarrow \operatorname{sen}[(k + 1)x] \cdot \cos\left(\frac{x}{2}\right) + \operatorname{sen}\left(\frac{x}{2}\right) \cdot \cos[(k + 1)x] =$$

$$= \operatorname{sen}\left[\frac{(2k + 3)x}{2}\right]$$

RESPOSTAS

Sendo $a = (k + 1)x$ e $b = \frac{x}{2}$, o lado esquerdo é sen (a + b), então:

$$\text{sen}\left[(k+1)x + \frac{x}{2}\right] + \text{sen}\left[\frac{(2k+3)x}{2}\right] \Rightarrow$$

$$\Rightarrow \text{sen}\left[\frac{2(k+1)x + x}{2}\right] = \text{sen}\left[\frac{(2k+3)x}{2}\right] \Rightarrow$$

$$\Rightarrow \text{sen}\left[\frac{(2k+2+1)x}{2}\right] = \text{sen}\left[\frac{(2k+3)x}{2}\right]$$

Isso mostra que para $n = k + 1$, a igualdade é verdadeira. Então, pelo Princípio da Indução Finita, a igualdade está demonstrada.

8. $\sum_{i=0}^{2009} F(i, i) = \frac{1 - q^{2010}}{1 - q} + \frac{r \cdot q(1 - q^{2009})}{(1 - q)^2} - \frac{2009 \cdot r \cdot q^{2010}}{1 - q}$

9. a **10.** $\frac{b^{2n+2} - 1}{b^2 - 1}$

Capítulo 8

Abertura

Desafio

a) $S(3) = 7$ m; $S(4) = 12$ m

b) 6 m/s

c) 3 m

1. a) 13 b) 6,5 c) 4,8 d) 172,5

2. 1,25 °C/h **3.** −1,2 A/s **4.** 100 km/h

5. 44,1 m/s **6.** 0,09 m/s²

7. a) $2x$ d) $\frac{-2}{(x+3)^2}$ g) $20i$

b) $-2x$ e) $\frac{-4}{x^2}$ h) $2t + 3$

c) $2x + 4$ f) $\frac{9}{(2 - 3x)^2}$ i) $24r^2$

8. a) 1 c) −0,3125 e) Aproximadamente −1,11.

b) 6 d) −15 f) −1

9. 10π **10.** 98

11. a) 0 c) $2x + 1$ e) $3\sqrt{2}x^2 - 2$

b) $-4x^3$ d) $12x^3$ f) $-30x^2 + 4x$

Resolução passo a passo

6. a) Para $t = 3$ s, $y = 11$ m; para $t = 9$ s, $y = 245$ m.

b) Para $t = 3$ s, a aceleração é de 6 m/s²; para $t = 9$ s, a aceleração é de 18 m/s².

c) 4 h 48 min 40 s

12. a) $S(0) = 5$ m; $v(0) = 4$ m/s; $a(0) = 0$ m/s²
$S(1) = 9$ m; $v(1) = 4$ m/s; $a(1) = 0$ m/s²

b) $S(0) = -4$ m; $v(0) = -5$ m/s; $a(0) = 2$ m/s²
$S(1) = -8$ m; $v(1) = -3$ m/s; $a(1) = 2$ m/s²

c) $S(0) = 8$ m; $v(0) = 3$ m/s; $a(0) = -2$ m/s²
$S(1) = 10$ m; $v(1) = 1$ m/s; $a(1) = -2$ m/s²

d) $S(0) = 0$ m; $v(0) = 15$ m/s; $a(0) = -12$ m/s²
$S(1) = 10$ m; $v(1) = 6$ m/s; $a(1) = -6$ m/s²

13. a) $S(0) = -4$ m; $v(0) = 15$ m/s; $a(0) = -18$ m/s²
$S(4) = -24$ m; $v(4) = -9$ m/s; $a(4) = 6$ m/s²

b) $t = 1$ s, $S = 3$ m; $t = 5$ s, $S = -29$ m

14. a) 20 m c) 3 s e) 30 m/s

b) 24 m/s d) 56 m

15. a) $S(0) = 10$ m; $v(0) = -9$ m/s; $a(0) = 12$ m/s²

b) $t = 1$ s, $S = 6$ m; $t = 3$ s, $S = 10$ m

c) 6 m/s² no instante 1 s; −6 m/s² no instante 3 s

16. a) 490 m; 98 m/s b) 225,4 m/s

17. a) $m = 2$; $m = -4$ b) $m = 9$; $m = -5$

18. a) $y = x - 3$ c) $y = x + 2$

b) $y = 5$ d) $y = 4x + 3$

19. a) (2, −7) c) $\left(\frac{5}{4}, -\frac{1}{8}\right)$

b) (−1, 15) e (3, −17) d) (−1, −4) e (5, 104)

20. a) $-\frac{1}{4}$ b) 12 e −20

21. a) Crescente c) Crescente

b) Decrescente d) Decrescente

22. a) O gráfico de $y = f(x) = x^2 - 2x - 3$ está decrescendo quando passa por $x = -1$ e crescendo quando passa por $x = 3$. Assim, **y** é positivo para **x** < -1 e $x > 3$, e negativo para **x** no intervalo das raízes $(-1 < x < 3)$.

A derivada $f'(x) = 2x - 2$ é uma função crescente ($a = 2 > 0$) para todo **x** real. Assim, o gráfico tem sua concavidade voltada para cima.

Esboço do gráfico $f(x) = x^2 - 2x - 3$:

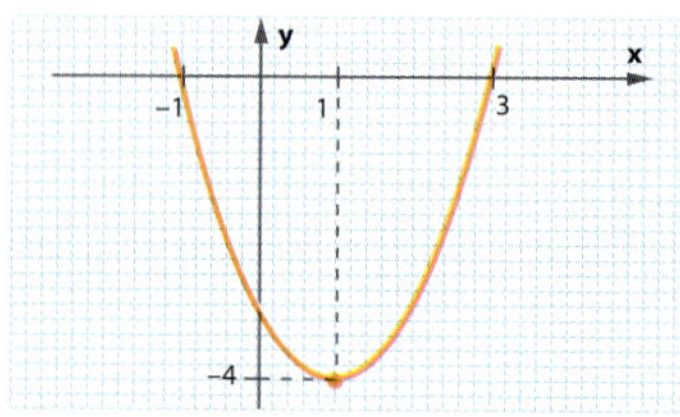

b) O gráfico de $y = f(x) = -x^2 + 4x + 12$ está crescendo quando passa por $x = -2$ e decrescendo quando passa por $x = 6$. Assim, **y** é negativo para $x < -2$ e $x > 6$, e positivo para **x** no intervalo das raízes $(-2 < x < 6)$.

A derivada $f'(x) = -2x + 4$ é uma função decrescente ($a = -2 < 0$) para todo **x** real. Assim, o gráfico tem sua concavidade voltada para baixo.

RESPOSTAS

Esboço do gráfico $f(x) = -x^2 + 4x + 12$:

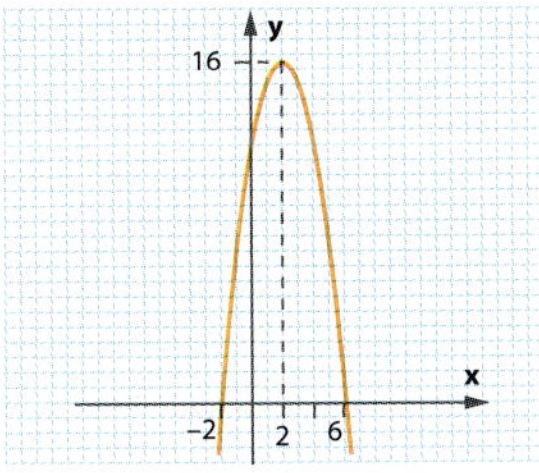

c) O gráfico de $y = f(x) = x^2 - 6x + 8$ está decrescendo quando passa por $x = 2$ e crescendo quando passa por $x = 4$. Assim, **y** é positivo para $x < 2$ e $x > 4$, e negativo para **x** no intervalo das raízes $(2 < x < 4)$.

A derivada $f'(x) = 2x - 6$ é uma função crescente $(a = 2 > 0)$ para todo **x** real. Assim, o gráfico tem sua concavidade voltada para cima.

Esboço do gráfico $f(x) = x^2 - 6x + 8$:

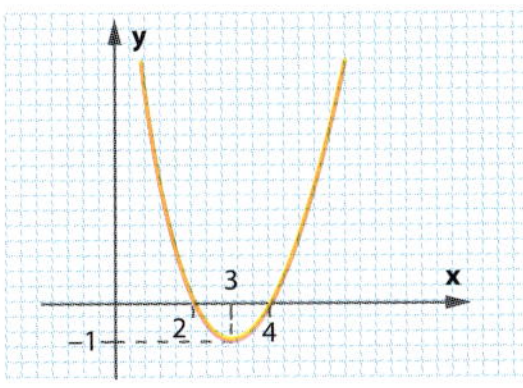

d) Resolvendo a equação $-2x^2 + 2x - 3 = 0$, não encontramos raízes reais.

A derivada $f'(x) = -4x + 2$ é uma função decrescente $(a = -2 < 0)$ para todo **x** real. Assim, o gráfico tem sua concavidade voltada para baixo.

Esboço do gráfico $f(x) = 2x - 2x^2 - 3$:

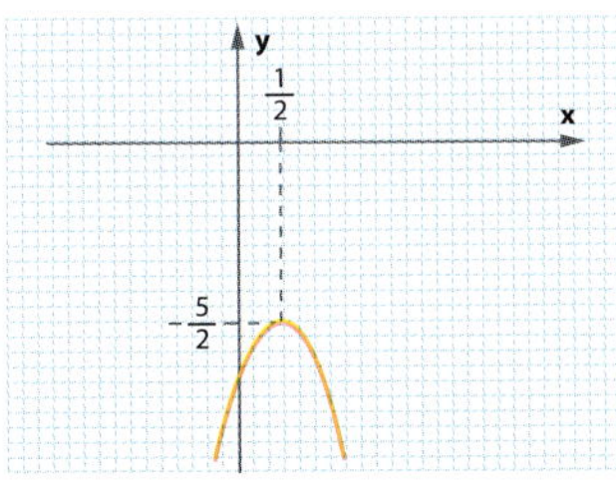

e) O gráfico de $y = f(x) = -x^2 + 2x + 3$ está crescendo quando passa por $x = -1$ e decrescendo quando passa por $x = 3$. Assim, **y** é negativo para $x < -1$ e $x > 3$, e positivo para **x** no intervalo das raízes $(-1 < x < 3)$.

A derivada $f'(x) = -2x + 2$ é uma função decrescente $(a = -2 < 0)$ para todo **x** real. Assim, o gráfico tem sua concavidade voltada para baixo.

Esboço do gráfico $f(x) = -x^2 + 2x + 3$:

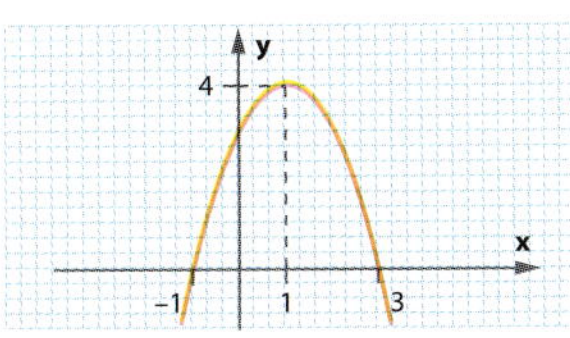

f) Resolvendo a equação $-4x^2 + 12x - 9 = 0$, encontramos $x = \frac{3}{2}$.

Assim, **y** é negativo para todo **x** real, $x \neq \frac{3}{2}$.

A derivada $f'(x) = -8x + 12$ é uma função decrescente $(a = -2 < 0)$ para todo **x** real. Assim, o gráfico tem sua concavidade voltada para baixo.

Esboço do gráfico $f(x) = 12x - 9 - 4x^2$:

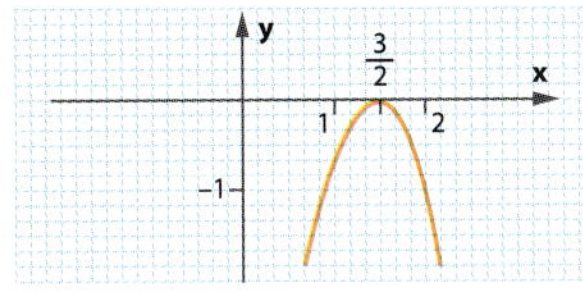

23. a) $[2; 4{,}5]$ b) $[-2, 2]$ e $[4{,}5; 6]$

24. a) $t > 4$ b) $t < 4$

Desafios

1.

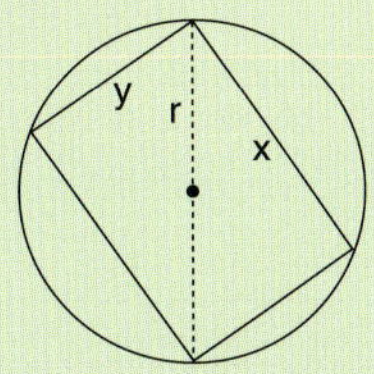

$$x^2 + y^2 = 4r^2 \Rightarrow y = \sqrt{4r^2 - x^2}$$

Área do retângulo: $A = xy = x\sqrt{4r^2 - x^2}$

Vamos obter $A'(x)$ e $A''(x)$:

$$A'(x) = (x)'\sqrt{4r^2 - x^2} + x\left(\sqrt{4r^2 - x^2}\right)'$$

Vamos derivar $\sqrt{4r^2 - x^2}$:

$$g(x) = \sqrt{4r^2 - x^2}$$

$$u(x) = 4r^2 - x^2 \Rightarrow u'(x) = -2x$$

$$h(u) = \sqrt{u} \Rightarrow h'(u) = \frac{1}{2\sqrt{u}}$$

$$g'(x) = h'(u) \cdot u'(x) = \frac{1}{2\sqrt{u}}(-2x) = \frac{-x}{\sqrt{4r^2 - x^2}}$$

Logo:

$$A'(x) = \sqrt{4r^2 - x^2} + x \cdot \frac{-x}{\sqrt{4r^2 - x^2}} = \frac{4r^2 - x^2 - x^2}{\sqrt{4r^2 - x^2}} =$$

$$= \frac{4r^2 - 2x_0^2}{\sqrt{4r^2 - x_0^2}} = 0 \Rightarrow 4r^2 = 2x_0^2 \Rightarrow x_0^2 = 2r^2 \Rightarrow x_0 = r\sqrt{2}$$

Para ter $x_0 = r\sqrt{2}$ ponto de máximo ou mínimo local, devemos obter $A''(x)$:

$$A''(x) = \frac{(4r^2 - 2x^2)'\sqrt{4r^2 - x^2} - (4r^2 - 2x^2)\left(\sqrt{4r^2 - x^2}\right)'}{\left(\sqrt{4r^2 - x^2}\right)^2} =$$

$$= \frac{-2x\sqrt{4r^2 - x^2} - (4r^2 - 2x^2)\frac{-x}{\sqrt{4r^2 - x^2}}}{(4r^2 - x^2)} =$$

$$= \frac{-2x(4r^2 - x^2) + (4r^2 - 2x^2)x}{(4r^2 - x^2)\sqrt{4r^2 - x^2}} =$$

RESPOSTAS

$$= \frac{-8xr^2 + 2x^3 + 4xr^2 - 2x^3}{\left(4r^2 - x^2\right)^{\frac{3}{2}}} = \frac{-4xr^2}{\left(4r^2 - x^2\right)^{\frac{3}{2}}}$$

$$A''\left(x_0\right) = \frac{-4r\sqrt{2} \cdot r^2}{\left(4r^2 - 2r^2\right)^{\frac{3}{2}}} = -\frac{4r^3\sqrt{2}}{\left(2r^2\right)^{\frac{3}{2}}} < 0$$

Logo, $x_0 = r\sqrt{2}$ é ponto de máximo. Então:

$$y_0 = \sqrt{4r^2 - x^2} = \sqrt{4r^2 - 2r^2} = r\sqrt{2}$$

Logo, o retângulo é um quadrado de lado $r\sqrt{2}$.

2.

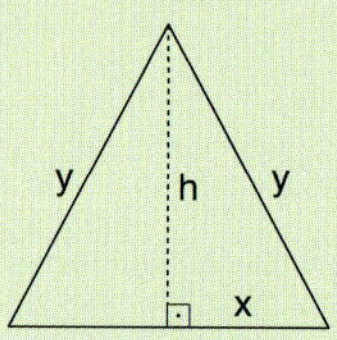

$$h = \sqrt{y^2 - x^2}$$

Seus lados são 2x, **y** e **y**.

Seu perímetro 2P é:

$2P = 2x + 2y \Rightarrow y = P - x$

Sua área é:

$$\frac{2xh}{2} = xh \Rightarrow A(x) = x\sqrt{y^2 - x^2} = x\sqrt{(P - x)^2 - x^2} =$$

$$= x\sqrt{P^2 - 2Px + \cancel{x^2} - \cancel{x^2}} = x\sqrt{P^2 - 2Px}$$

$$A'(x) = \sqrt{P^2 - 2Px} + x \cdot \frac{-P}{\sqrt{P^2 - 2Px}} = 0 \Rightarrow$$

$$\Rightarrow P^2 - 2Px - Px = 0 \Rightarrow -3Px = -P^2 \Rightarrow x_0 = \frac{P}{3}$$

Para saber se $\mathbf{x_0}$ é máximo ou mínimo local, devemos obter $A''(x)$:

$$A'(x) = \sqrt{P^2 - 2Px} - \frac{Px}{\sqrt{P^2 - 2Px}} = \frac{P^2 - 2Px - Px}{\sqrt{P^2 - 2Px}} =$$

$$= \frac{P^2 - 3Px}{\sqrt{P^2 - 2Px}}$$

$$A''(x) = \left(-3P\left(\sqrt{P^2 - 2Px}\right) - \left(P^2 - 3Px\right) \cdot \frac{P}{\sqrt{P^2 - 2Px}}\right):$$

$$:\left(P^2 - 2Px\right) = \frac{\left[-3P\left(P^2 - 2Px\right) - \left(P^2 - 3Px\right)P\right]}{\left(P^2 - 2Px\right)^{\frac{3}{2}}} =$$

$$= \frac{-3P^3 + 6P^2x - P^3 + 3P^2x}{\left(P^2 - 2Px\right)^{\frac{3}{2}}} = \frac{-4P^3 + 9P^2x}{\left(P^2 - 2Px\right)^{\frac{3}{2}}}$$

Assim:

$$A''\left(\frac{P}{3}\right) = \frac{-4P^3 + 9P^2 \cdot \frac{P}{3}}{\left(P^2 - 2P \cdot \frac{P}{3}\right)^{\frac{3}{2}}} = \frac{-P^3}{\left(\frac{P^2}{3}\right)^{\frac{3}{2}}} < 0$$

Se $A''\left(x_0\right) < 0$, então $\mathbf{x_0}$ é ponto de máximo local.

Assim:

$$y = P - x = P - \frac{P}{3} = \frac{2P}{3}$$

Logo, os lados do triângulo são $2x = \frac{2P}{3}$, $\frac{2P}{3}$ e $\frac{2P}{3}$, ou seja, o triângulo é equilátero.

3. (1, 2)

Pensando no Enem

1. e

2. d

Questões de vestibular

1. d **2.** a **3.** e **4.** b

5. c **6.** c **7.** b **8.** e

9. b **10.** b **11.** a **12.** c

13. a **14.** a

Questões do Enem

2005

1. a **2.** e **3.** d

2006

1. e **2.** a **3.** e

2007

b

2008

1. d **2.** e

2009

1. d **2.** d **3.** d **4.** d

2010

1. c **2.** a **3.** e **4.** b **5.** b **6.** e

Revisão geral

1. b **2.** e **3.** c **4.** e

5. c **6.** c **7.** d **8.** d

9. d **10.** d **11.** c **12.** b

RESPOSTAS

13. d **14.** b **15.** d **16.** c

17. 10 **18.** e **19.** b **20.** c

21. 05 **22.** d **23.** c **24.** b

25. 0-0) Falsa
1-1) Verdadeira
2-2) Falsa
3-3) Verdadeira
4-4) Verdadeira

26. e **27.** c **28.** e **29.** d

30. a **31.** 19 **32.** d **33.** b

34. c **35.** e **36.** d **37.** b

38. c **39.** c **40.** a **41.** c

42. c **43.** d **44.** e **45.** d

46. d **47.** d **48.** b **49.** e

50. a) 2 b) 9 **51.** a

52. a)

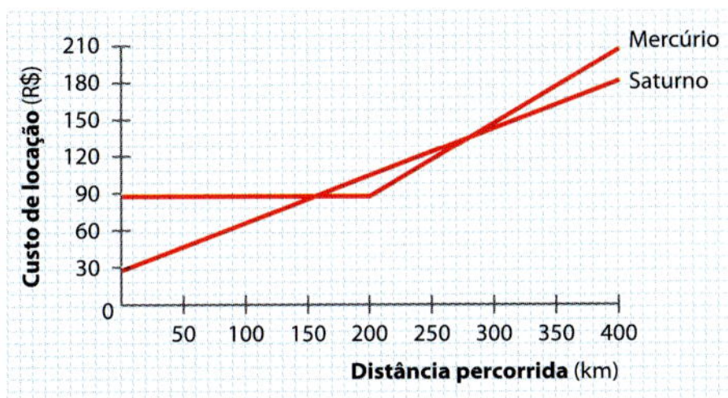

b) Para $0 < q < 150$ e para $q > 300$, a locadora Saturno é a mais vantajosa, e, para $150 < q < 300$, a locadora Mercúrio é a mais vantajosa.

Lucro máximo Saturno: (200, 90)

$\frac{90 - 30}{200 - 0}$ = R$ 0,30 por quilômetro rodado

53. c **54.** 31 **55.** a **56.** a **57.** a

58. a) $\mathbf{E_1}$: $M_1 = 60 + 1{,}04C$
$\mathbf{E_2}$: $M_2 = 150 + 1{,}03C$

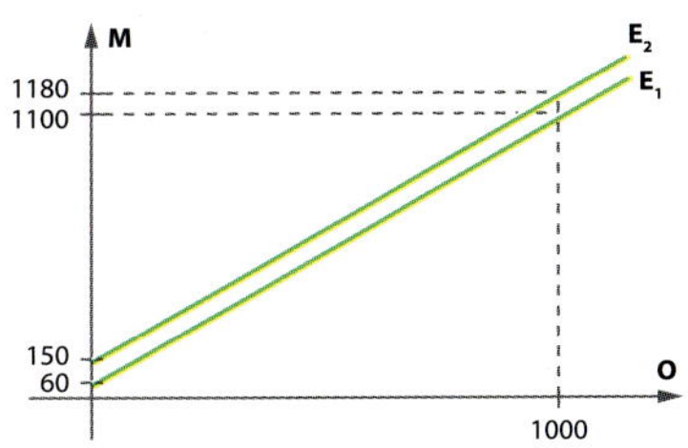

b) C = 9 000

59. b **60.** V, F, F, V, F

61. c **62.** e **63.** d

64. a) $V = 4\,000x - 200x^2$
b) 10 cm

65. c **66.** b **67.** 14 **68.** d

69. e **70.** c **71.** a **72.** d

73. a **74.** b **75.** 1 506 g

76. 2 500 unidades **77.** c **78.** c

79. a) $f(t) = -\frac{2}{5}t^2 + \frac{52}{5}t - \frac{188}{5}$
b) 10 horas e 16 horas

80. c **81.** e

82. 0-0) Errada
1-1) Errada
2-2) Errada
3-3) Correta
4-4) Correta

83. a

84. a)

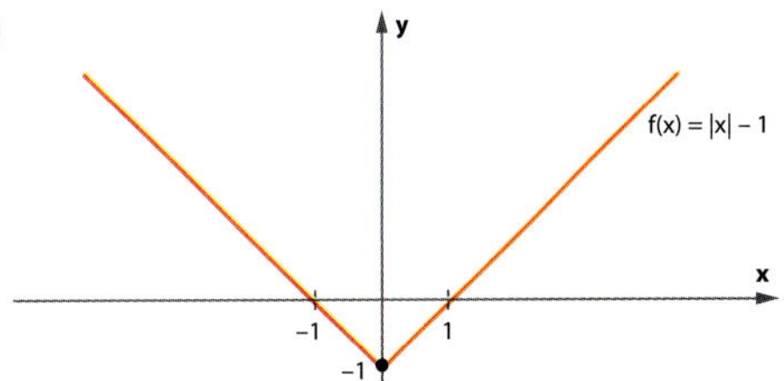

Pontos de intersecção: (−1, 0), (1, 0) e (0, −1).

b)

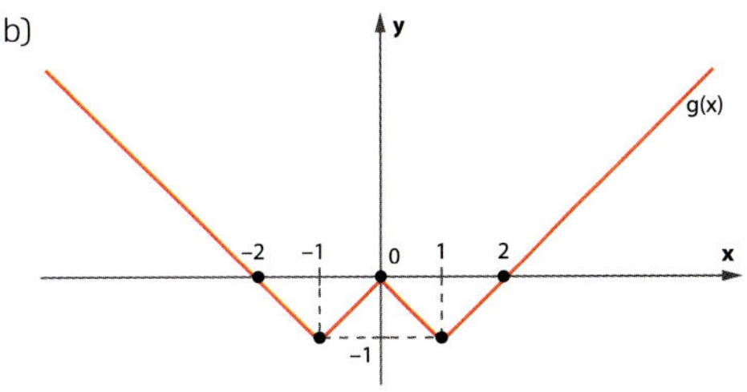

Pontos de intersecção: (−2, 0), (0, 0), (2, 0).

c) $x = 7$ ou $x = -7$

85. a **86.** d **87.** b

88. a)

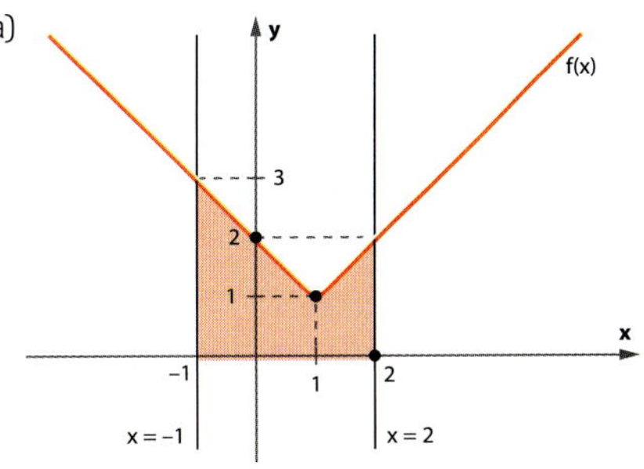

b) $A = \frac{11}{2}$ u. a.

89. a **90.** d **91.** a **92.** b

93. 10h e 11h **94.** e **95.** c

RESPOSTAS

96. a **97.** d **98.** b

99. 01 + 02 + 16 = 19

100. b **101.** c **102.** b **103.** b

104. e **105.** b **106.** b **107.** b

108. a) $x \geq 0$

b) • $x = 0 \rightarrow \sqrt[3]{2}$

• $x = 4 \rightarrow \sqrt[3]{6}$

• $x = 9 \rightarrow \frac{2}{81}$

109. a) $a = \frac{3}{2}$ e $k = 2$

b) $f(0) = 2$ e $f(3) = \frac{27}{4}$

110. c **111.** c **112.** b **113.** c **114.** c

115. a) R$ 100,00

b) Aproximadamente R$ 248,83

c) 18 meses

116. c **117.** 2011 **118.** d **119.** d

120. c **121.** c **122.** b **123.** d

124. e **125.** c

126. a) Seja f: $\mathbb{R} \rightarrow \mathbb{R}_+^*$ e $f(x) = 3^x$. Sabemos que **f** é crescente, então:

$2 < \sqrt{4,1} \Rightarrow 3^2 < 3^{\sqrt{4,1}} \Rightarrow 9 < 3^{\sqrt{4,1}}$

b) Seja g: $\mathbb{R}_+^* \rightarrow \mathbb{R}$ e $g(x) = \log x$. Então, $\log 3^{\sqrt{4,1}} = \sqrt{4,1} \cdot \log 3$.

Como pelo enunciado $\log 3 < 0,48$ e $\sqrt{4,1} < 2,03$, vem:

$\sqrt{4,1} \cdot \log 3 < 2,03 \cdot 0,48 \Rightarrow \sqrt{4,1} \cdot \log 3 < 0,9744 \Rightarrow$

$\Rightarrow \sqrt{4,1} \cdot \log 3 < 1$

Como g(x) é crescente, temos:

$\log 3^{\sqrt{4,1}} < 1 \Rightarrow \log 3^{\sqrt{4,1}} < \log 10 \Rightarrow \log 3^{\sqrt{4,1}} < 10$

127. a **128.** d **129.** b

130. n = 47 **131.** a **132.** a

133. 1) Verdadeiro

2) Falso

134. c **135.** b **136.** $t = \frac{4}{3}$ horas

137. c **138.** e **139.** a

140. R$ 12 000,00 **141.** b **142.** c

143. d **144.** a **145.** b **146.** e

147. a **148.** b **149.** e

150. a) $q = -2$

b) $\frac{3}{22}$

151. R$ 63,10 **152.** b **153.** −1, 0, 1, 2 e 3

154. b **155.** a **156.** c **157.** b

158. e **159.** 9 m^2 **160.** c **161.** d

162. b **163.** c **164.** a **165.** d

166. c **167.** c **168.** 12 m^2 **169.** c

170. A área do pentágono da figura 1 é igual à soma das áreas dos pentágonos da figura 2. Os pentágonos são regulares, logo podemos concluir que são semelhantes. Assim sendo, vem:

$$\frac{A_1}{A_2} = \left(\frac{4L}{L}\right)^2 \Rightarrow \frac{A_1}{A_2} = 16 \Rightarrow A_1 = 16A_2$$

171. c **172.** b **173.** c **174.** $2\sqrt{3}$

175. b **176.** d **177.** c **178.** a

179. b **180.** b **181.** d **182.** a

183. c **184.** $2\sqrt{6}$ m **185.** d **186.** d

187. d **188.** Aproximadamente 46,80 m

189. a **190.** b **191.** d **192.** b

193. d **194.** c **195.** b **196.** a

197. a **198.** a **199.** d **200.** c

201. d **202.** c **203.** b **204.** b

205. d **206.** c **207.** 10 **208.** d

209. a

210. $S = \left\{\frac{\pi}{2} + k\pi \text{ ou } 0 + 2k\pi, k \in \mathbb{Z}\right\}$

211. c **212.** b **213.** a **214.** c

215. a **216.** c **217.** b **218.** d

219. 04 **220.** a

221. $S = \left\{-\pi, -\frac{\pi}{3}, -\frac{5\pi}{3}, \pi, \frac{\pi}{3}, \frac{5\pi}{3}\right\}$

222. a) $-\frac{3}{5}$ b) $\frac{120}{169}$

223. d **224.** c **225.** c **226.** 0

227. a **228.** 02 e 04 **229.** b **230.** c

231. c **232.** c **233.** a **234.** d

235. c **236.** a **237.** c **238.** e

239. b

240. 0-0) Falsa

1-1) Verdadeira

2-2) Falsa

3-3) Falsa

4-4) Verdadeira

241. c **242.** 001, 004, e 008 **243.** d

RESPOSTAS

244. a **245.** c **246.** e **247.** c

248. 05 **249.** 02, 04 e 16 **250.** d

251. d **252.** c **253.** b **254.** $\pi\sqrt{2}$

255. 1) Falsa
2) Verdadeira
3) Verdadeira
4) Falsa

256. b **257.** c **258.** e **259.** c

260. b **261.** a **262.** b **263.** e

264. d **265.** b **266.** c **267.** 3

268. $\left(12\sqrt{3} + 60\right)\,m^2$

269. $\frac{13\ell^2}{4}$

270. c **271.** e **272.** e **273.** b

274. 01 e 16 **275.** 83 cm^3 **276.** 6 000

277. c **278.** e **279.** c **280.** c

281. d **282.** b **283.** c

284. 01, 04 e 08 **285.** d

286. a) $\frac{21}{4}\,m^3$
b) A 2 m da base menor da caixa.

287. $V = 364{,}5\pi\ cm^3$; $A_{total} = \frac{243\pi}{2} + 81\pi\sqrt{3}\ cm^2$

288. b **289.** c **290.** e **291.** c

292. b **293.** b

294. 1) Falsa
2) Verdadeira
3) Falsa
4) Falsa

295. 1) Falsa
2) Verdadeira
3) Verdadeira
4) Verdadeira

296. d **297.** c **298.** e **299.** b

300. a **301.** d **302.** b **303.** c

304. e **305.** 02, 04 e 08 **306.** e

307. a **308.** a **309.** e **310.** c

311. a **312.** b **313.** a **314.** b

315. a **316.** x = 4 **317.** b **318.** e

319. b **320.** c **321.** d **322.** c

323. c **324.** c **325.** e **326.** a

327. d **328.** b **329.** b **330.** a

331. b **332.** 01, 02 e 08 **333.** c

334. a **335.** 9 carros **336.** 001 e 004

337. c **338.** c **339.** d **340.** a

341. a **342.** e **343.** A afirmação está correta.

344. c **345.** A afirmação está correta. **346.** c

347. d

348. a) 61ª posição
b) PEDRO

349. 182 **350.** c **351.** 336

352. a) 14!
b) 864 · 7!

353. c **354.** d **355.** e **356.** d

357. b **358.** c **359.** b **360.** c

361. d **362.** a **363.** a **364.** d

365. c **366.** e **367.** b **368.** c

369. b **370.** 4,9 **371.** e

372. $\frac{13}{24}$ **373.** e **374.** b **375.** d

376. $\frac{1}{3}$ **377.** b **378.** a **379.** b

380. $\frac{1}{1155}$ **381.** d **382.** 75%

383. a) 1 200
b) $\frac{13}{50}$

384. e **385.** e **386.** d **387.** 240

388. c **389.** c **390.** b **391.** e

392. c **393.** b **394.** e **395.** a

396. a **397.** e **398.** d **399.** b

400. b **401.** d **402.** e **403.** e

404. b **405.** b

406. a) R$ 90,00
b) V = 900; DP = R$ 30,00

RESPOSTAS

407. a) Verdadeira
b) Os dados são insuficientes para uma conclusão.

408. a) 105
b) 20

409. a **410.** a **411.** d

412. R$ 12 000,00 e R$ 18 000,00

413. c **414.** 04, 08 e 16 **415.** c

416. 02 e 04 **417.** a **418.** e

419. a) R$ 398,02
b) $V_p = 1{,}97P$; 1,5%

420. e

421. a) R$ 12 000,00; R$ 15 000,00; R$ 30 000,00
b) 6,0233 meses
c) 3% a.m.

422. 1) Errado
2) Errado
3) Certo

423. c **424.** 02, 04 e 16 **425.** c

426. b **427.** d **428.** b **429.** b

430. b **431.** b **432.** b **433.** b

434. a **435.** b **436.** a **437.** a

438. e **439.** c **440.** e **441.** b

442. e **443.** c **444.** c **445.** a

446. b **447.** b **448.** a **449.** a

450. a **451.** b **452.** a **453.** a

454. b **455.** a **456.** e

457. a) $\frac{\sqrt{17}}{2}$ b) $x - 4y + 11 = 0$

458. a) $A(k) = k^2$
b) perímetro $= k(3 + \sqrt{5})$

459. **B**(3, 0)

460. $2x - 4y + 7 = 0$

461. $\frac{\sqrt{2}}{2}$

462. $r = 5 - \sqrt{5}$ e **C**$(2\sqrt{2}, 5 - \sqrt{5})$

463. y = 1 **464.** d **465.** b **466.** a

467. c **468.** c **469.** c **470.** b

471. a **472.** b **473.** a **474.** a

475. f **476.** a **477.** e **478.** e

479. c **480.** c **481.** e **482.** b

483. e **484.** e **485.** a **486.** a

487. a **488.** d **489.** b **490.** d

491. c **492.** 0

493. a) $z = \sqrt{2}\left(\cos\frac{\pi}{4} + i\,\text{sen}\,\frac{\pi}{4}\right)$; $z^3 = 2\sqrt{2}\left(\cos\frac{3\pi}{4} + i\,\text{sen}\,\frac{3\pi}{4}\right)$
b) $p(x) = x^3 - 4x^2 + 6x - 4$

494. $m = -3$ e $n = -8$

495. a) Sim
b) 2, 1 e −1

496. b **497.** a

498. $y = 5x - 7$ **499.** c

500. a

SIGNIFICADO DAS SIGLAS

Cefet-CE: Centro Federal de Educação Tecnológica do Ceará

Cefet-MG: Centro Federal de Educação Tecnológica de Minas Gerais

Cefet-PR: Centro Federal de Educação Tecnológica do Paraná

Cefet-SC: Centro Federal de Educação Tecnológica de Santa Catarina

Cefet-SP: Centro Federal de Educação Tecnológica de São Paulo

Cesgranrio-RJ: Centro de Seleção de Candidatos ao Ensino Superior do Grande Rio (Rio de Janeiro)

Cesupa: Centro Universitário do Pará

EEM-SP: Escola de Engenharia Mauá (São Paulo)

Enem: Exame Nacional do Ensino Médio - Ministério da Educação

ESCS-DF: Escola Superior de Ciências da Saúde (Distrito Federal)

ESPCEX-SP: Escola Preparatória de Cadetes do Exército (São Paulo)

ESPM-SP: Escola Superior de Propaganda e Marketing (São Paulo)

Ibmec-SP: Instituto Brasileiro de Mercado de Capitais (São Paulo)

Fatec-SP: Faculdade de Tecnologia de São Paulo

Fazu-MG: Faculdade de Agronomia e Zootecnia de Uberaba (Minas Gerais)

FCC-SP: Fundação Carlos Chagas (São Paulo)

FEI-SP: Faculdade de Engenharia Industrial (São Paulo)

FEPECS-DF: Fundação de Ensino e Pesquisa em Ciências da Saúde (Distrito Federal)

FGV-SP: Fundação Getúlio Vargas (São Paulo)

FMJ-SP: Faculdade de Medicina de Jundiaí (São Paulo)

Furg-RS: Fundação Universidade Federal do Rio Grande (Rio Grande do Sul)

Fuvest-SP: Fundação Universitária para o Vestibular (São Paulo)

IME-RJ: Instituto Militar de Engenharia (Rio de Janeiro)

ITA-SP: Instituto Tecnológico de Aeronáutica (São Paulo)

Mack-SP: Universidade Presbiteriana Mackenzie (São Paulo)

PUCC-SP: Pontifícia Universidade Católica de Campinas (São Paulo)

PUC-MG: Pontifícia Universidade Católica de Minas Gerais

PUC-PR: Pontifícia Universidade Católica do Paraná

PUC-RJ: Pontifícia Universidade Católica do Rio de Janeiro

PUC-RS: Pontifícia Universidade Católica do Rio Grande do Sul

PUC-SP: Pontifícia Universidade Católica de São Paulo

Ucpel-RS: Universidade Católica de Pelotas (Rio Grande do Sul)

Udesc: Universidade do Estado de Santa Catarina

UEA-AM: Universidade do Estado do Amazonas

Uece: Universidade Estadual do Ceará

UEFS-BA: Universidade Estadual de Feira de Santana (Bahia)

UEG-GO: Universidade Estadual de Goiás

UEL-PR: Universidade Estadual de Londrina (Paraná)

UEMG: Universidade Estadual de Minas Gerais

UEM-PR: Universidade Estadual de Maringá (Paraná)

UEPB: Universidade Estadual da Paraíba

UEPG-PR: Universidade Estadual de Ponta Grossa (Paraná)

Uerj: Universidade Estadual do Rio de Janeiro

UERN: Universidade Estadual do Rio Grande do Norte

Uespi: Universidade Estadual do Piauí

Ufac: Universidade Federal do Acre

Ufal: Universidade Federal de Alagoas

Ufam: Universidade Federal do Amazonas

Ufam/PSM: Universidade Federal do Amazonas/Processo Seletivo Macro

UFBA: Universidade Federal da Bahia

SIGNIFICADO DAS SIGLAS

UFC-CE: Universidade Federal do Ceará

UFCG-PB: Universidade Federal de Campina Grande (Paraíba)

Ufes: Universidade Federal do Espírito Santo

UFF-RJ: Universidade Federal Fluminense (Rio de Janeiro)

UFGD-MS: Universidade da Grande Dourados (Mato Grosso do Sul)

UFG-GO: Universidade Estadual de Goiás

UFJF-MG: Universidade Federal de Juiz de Fora (Minas Gerais)

Ufla-MG: Universidade Federal de Lavras (Minas Gerais)

UFMA: Universidade Federal do Maranhão

UFMG: Universidade Federal de Minas Gerais

UFMS: Universidade Federal de Mato Grosso do Sul

UFMT: Universidade Federal de Mato Grosso

Ufop-MG: Universidade Federal de Ouro Preto (Minas Gerais)

UFPA: Universidade Federal do Pará

UFPA/PSS: Universidade Federal do Pará/Processo Seletivo Seriado

UFPB: Universidade Federal da Paraíba

UFPE: Universidade Federal de Pernambuco

Ufpel-RS: Universidade Federal de Pelotas (Rio Grande do Sul)

UFPI: Universidade Federal do Piauí

UFPR: Universidade Federal do Paraná

UFRB-BA: Universidade Federal do Recôncavo da Bahia (Bahia)

UFRGS-RS: Universidade Federal do Rio Grande do Sul

UFRJ: Universidade Federal do Rio de Janeiro

UFRN: Universidade Federal do Rio Grande do Norte

UFRR: Universidade Federal de Roraima

UFRRJ: Universidade Federal Rural do Rio de Janeiro

UFSC: Universidade Federal de Santa Catarina

Ufscar-SP: Universidade Federal de São Carlos (São Paulo)

UFSJ-MG: Universidade Federal de São João del-Rei (Minas Gerais)

UFSM-RS: Universidade Federal de Santa Maria (Rio Grande do Sul)

UFS-SE: Universidade Federal de Sergipe

UFTM-MG: Universidade Federal do Triângulo Mineiro (Minas Gerais)

UFT-TO: Universidade Federal do Tocantins

UFU-MG: Universidade Federal de Uberlândia (Minas Gerais)

UFV-MG: Universidade Federal de Viçosa (Minas Gerais)

UnB-DF: Universidade de Brasília (Distrito Federal)

UnB/PAS-DF: Universidade de Brasília/ Processo de Avaliação Seriada (Distrito Federal)

Uneal: Universidade Estadual de Alagoas

Unemat-MT: Universidade do Estado de Mato Grosso

Unicamp-SP: Universidade Estadual de Campinas (São Paulo)

Unifap: Universidade Federal do Amapá

Unifei-MG: Universidade Federal de Itajubá (Minas Gerais)

Unifesp: Universidade Federal de São Paulo

Unifor-CE: Universidade de Fortaleza (Ceará)

Unimontes-MG: Universidade Estadual de Montes Claros (Minas Gerais)

Unirio-RJ: Universidade do Rio de Janeiro

Unir-RO: Universidade Federal de Rondônia

UPE: Universidade de Pernambuco

UPF-RS: Universidade de Passo Fundo (Rio Grande do Sul)

UTFPR: Universidade Tecnológica Federal do Paraná

Vunesp: Fundação para o Vestibular da Unesp (São Paulo)

SUGESTÕES DE *SITES*

Os *sites* relacionados a seguir podem ser utilizados em qualquer ano do ensino médio, pois tratam de assuntos envolvidos nos 3 volumes desta coleção.

- www.brasilescola.com/matematica
  Site com materiais de diferentes disciplinas, útil para estudo e pesquisa. Destaque para os "Canais de Matemática" e os "Artigos de Matemática", que apresentam textos interessantes abrangendo diferentes tópicos.
- www.bussolaescolar.com.br/matematica
  Bússola Escolar
  Apresenta *links* para as mais variadas disciplinas. Em Matemática apresenta resumo dos conteúdos que fazem parte do currículo. Conforme o assunto, ele encaminha para diferentes endereços.
- www.diadematematica.com
  Dia de Matemática
  Apresenta questões em forma de testes sobre Álgebra e Números, Geometria e Tratamento da informação e, ao final, fornece as respostas, mas não as resoluções.
- www.exatas.mat.br
  Página gratuita desenvolvida para auxiliar os estudantes no aprendizado da Matemática. Possui textos teóricos e listas de exercícios separados por assuntos.
- www.matematica.br
  IMática - A Matemática Interativa na Internet
  Site criado e alimentado por professores do IME-USP.
- www.obm.org.br
  Olimpíada Brasileira de Matemática (OBM)
  Apresenta as provas e a resolução das questões de todas as Olimpíadas de Matemática realizadas.
- www.obmep.org.br
  Olimpíada Brasileira de Matemática das Escolas Públicas - Obmep
  Apresenta as provas e a resolução das questões, assim como um banco de questões, para que você possa se preparar para as provas.
- www.sercomtel.com.br/matematica
  Matemática essencial
  Matemática para o ensino fundamental, médio e superior. Apresenta passatempos, resumos e exercícios resolvidos sobre Matemática Financeira, Álgebra, Trigonometria, Geometria.
- www.sobresites.com/pesquisa
  Pesquisa escolar
  Apresenta *links* para *sites* sobre educação com comentários para cada um deles.
- www.somatematica.com.br
  Só Matemática
  O *site* apresenta resumos de temas estudados no ensino médio, tópicos de história da Matemática, biografias de matemáticos famosos e desafios matemáticos. É necessário (e simples) fazer o cadastro.
- www.tooantonioreis.seed.pr.gov.br
  Apresenta resumo de conteúdos trabalhados no ensino médio e traz vários exercícios sobre esses temas. O tema Funções aparece no item Cálculo diferencial e integral e é adequado para alunos do ensino médio.

BIBLIOGRAFIA

ÁVILA, G. *Cálculo 1*; funções de uma variável. Rio de Janeiro: Livros Técnicos e Científicos, 1982.

BOYER, Carl B. *História da Matemática*. São Paulo: Edgard Blücher/Edusp, 1974.

COLEÇÃO DO PROFESSOR DE MATEMÁTICA. Rio de Janeiro: SBM, 1993. 14 v.

DANTE, L. R. *Formulação e resolução de problemas de Matemática – Teoria e prática*. São Paulo: Ática, 2010.

DAVIS, P. J.; HERSH, R. *A experiência matemática*. Rio de Janeiro: Francisco Alves, 1989.

LIMA E. L. et al. *A Matemática do Ensino Médio*. Rio de Janeiro: SBM, 1997. (Coleção do Professor de Matemática, v. 1 e 2.)

MORETTIN, P. A.; BUSSAB, W. O. *Estatística básica*. São Paulo: Atual, 1981.

POLYA, G. *A arte de resolver problemas*. Rio de Janeiro: Interciência, 1986.

_____. *Mathematical discovery*. Nova York: John Wiley & Sons, 1981. 2 v.

REVISTA DO PROFESSOR DE MATEMÁTICA. São Paulo: SBM, 1982/1998. v. 1 a 36.